"十三五"国家重点出版物出版规划项目
国家科技基础性工作专项重点项目
国家社会公益研究专项项目
中国农业科学院科技创新工程

中国土壤剖面数据集

·京津冀卷

主　编　张维理

本卷主编　刘宝存　张凤荣　刘孟朝　贾小红　高贤彪

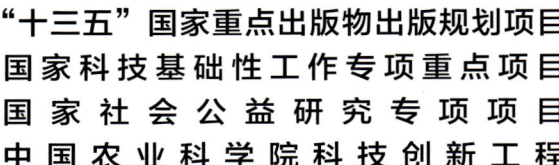

版权所有　侵权必究

图书在版编目（CIP）数据

中国土壤剖面数据集. 京津冀卷 / 张维理主编；刘宝存等本卷主编. -- 杭州：浙江科学技术出版社，2024.6. -- ISBN 978-7-5739-1294-7

Ⅰ．S152.2

中国国家版本馆 CIP 数据核字第 2024G1J466 号

书　　名	中国土壤剖面数据集·京津冀卷			
主　　编	张维理			
本卷主编	刘宝存　张凤荣　刘孟朝　贾小红　高贤彪			

出版发行　浙江科学技术出版社
　　　　　　杭州市拱墅区环城北路 177 号　邮政编码：310006
　　　　　　办公室电话：0571-85152719
　　　　　　销售部电话：0571-85176040

排　　版　杭州万方图书有限公司
印　　刷　浙江新华数码印务有限公司
经　　销　全国各地新华书店

开　　本	787 mm × 1092 mm　1/8	印　　张	91.5
字　　数	1616 千字		
版　　次	2024 年 6 月第 1 版	印　　次	2024 年 6 月第 1 次印刷
书　　号	ISBN 978-7-5739-1294-7	定　　价	700.00 元
地图审核号	GS 浙（2024）312 号		

策划组稿　詹　喜　章建林　　**责任编辑**　赵雷霖
责任校对　陈宇珊　　　　　　**责任美编**　金　晖　　**责任印务**　叶文炀

如发现印、装问题，请与承印厂联系。电话：0571-85155604

《中国土壤剖面数据集》
编委会

主　　任　赵其国

副 主 任　张维理

委　　员（按姓氏笔画排序）

　　　　　毛达如　　史学正　　刘　旭　　刘先林　　刘更另
　　　　　孙　睿　　孙九林　　孙铁珩　　杨　鹏　　张洪江
　　　　　张维理　　周健民　　赵其国　　陶　澍　　黄鸿翔
　　　　　黄德明　　傅伯杰

《中国土壤剖面数据集·京津冀卷》
编写人员

主　　编　张维理

本卷主编　刘宝存　　张凤荣　　刘孟朝　　贾小红　　高贤彪

本卷编委（按姓氏笔画排序）

　　　　　王正祥　　王丽英　　龙怀玉　　田　阳　　吕英华
　　　　　刘宝存　　刘建军　　刘孟朝　　许永红　　孙世友
　　　　　杜连凤　　李　红　　肖　辉　　张凤荣　　张认连
　　　　　张有山　　张余良　　张维理　　陈子学　　陈印军
　　　　　武淑霞　　郑育锁　　孟宪清　　赵同科　　贾小红
　　　　　贾良良　　徐　艳　　徐爱国　　高贤彪　　黄鸿翔
　　　　　雷秋良　　廖　红　　冀宏杰

土壤大数据整合与数字制图

设　　计　张维理

制　　作　徐爱国　　张认连　　冀宏杰

程序编制　贾　萌　　吴章生　　严　豪

地图编辑　中国地图出版社集团有限公司

内容提要

本数据集以分县主要土壤类型与土壤剖面点分布图、土壤剖面理化性状表的形式，提供了我国各地详尽的土壤资源与质量的科学数据。全集共 25 卷，收录了全国 2200 多个县（市、区）的分县土壤图和 6 万多个土壤剖面的分层理化性状数据。根据各省级行政区土壤剖面数量和地域关联特征，既有一个省（自治区）的单卷，也有多个省（自治区、直辖市、特别行政区）的合订卷。各卷内容包含分县主要土类说明、主要土壤类型与土壤剖面点分布图、中心区气候特征图表，还含有全国和各卷所涉省级行政区的土壤图、土壤有机质含量图与地势图，以便读者在全国、省级和县级不同视角和尺度上，了解土壤资源与质量状况及其空间分布特征，以及土壤类型、土壤肥力与气候条件、地势、地貌之间的相互关联。

北京市地处华北平原西北隅，东与天津市毗连，并与天津市一起被河北省环绕。北京市地势西北高、东南低。西部为西山属太行山脉；北部和东北部为军都山属燕山山脉。全市平均海拔 43.5m，平原海拔 20—60m，山地海拔 1000—1500m；属暖温带半湿润半干旱季风气候。主要土壤类型有褐土、潮土、棕壤、粗骨土、石质土、砂姜黑土、水稻土、风沙土、山地草甸土、新积土等 10 个土类。天津市位于华北平原东北部，地势以平原和洼地为主，北部有低山丘陵，海拔由北向南逐渐下降。北部海拔 1052m，东南部海拔 3.5m。属暖温带半湿润季风性气候。主要土壤类型有潮土、褐土、滨海盐土、沼泽土、棕壤等 5 个土类。河北省地势西北高、东南低，由西北向东南倾斜。地貌复杂多样，高原、山地、丘陵、盆地、平原类型齐全，有坝上高原、燕山和太行山山地、河北平原三大地貌单元。属温带大陆性季风气候。主要土壤类型有褐土、潮土、棕壤、栗钙土、粗骨土、栗褐土、石质土、滨海盐土、风沙土、灰色森林土、新积土、灌淤土、沼泽土、砂姜黑土、草甸土、水稻土、山地草甸土、草甸盐土、黑土等 19 个土类。本卷收录了北京市 11 个区、天津市 7 个区、河北省 142 个县（市、区）2889 个典型土壤剖面的分层理化性状数据，便于读者了解北京市、天津市、河北省主要土壤类型的分布特征及剖面特征，可作为农业、林业、环境、气象、国土、水利、经济等领域的科研、管理和技术人员的工具书和参考书，也适合高等院校相关专业研究生参考使用。

序

万物土中生，有土斯有粮。土为万物之本，土壤的重要性是怎么强调都不为过的。现在，土壤相关数据已成为农业、林业、环境、气象、国土、水利等各部门、各行业的基础数据。土壤研究最基础、最重要的表现形式是土壤剖面数据，其反映了不同层次的土壤理化性状。然而，长期以来，我国一直缺乏一套完整的系统性表现全国各区域土壤性状的剖面数据。

中华人民共和国成立以来，我国曾开展了两次全国性土壤普查，其中20世纪70年代末开始的全国第二次土壤普查是迄今为止最完整的。当时全国挖掘了550余万个剖面，各地分县完成了大比例尺土壤图，数据完整且可靠性高；然而，限于种种因素，当时仅完成了全国范围小比例尺土壤类型图和养分图的汇总，未及时完成全国土壤剖面库的整理。这些纸质资料散落于各地，并且年代久远，面临丢失、损毁的风险。这些宝贵数据具有时空尺度的唯一性，一旦出现问题，将对国家和社会各层面造成无法挽回的损失。

自2001年起，在国家社会公益研究专项项目资助下，张维理研究员带领团队，在全国范围开始对分散存留各地的土壤调查资料进行抢救性收集和整理。2006年，科技部启动了国家科技基础性工作专项项目，"我国1∶5万土壤图籍编撰及高精度数字土壤构建"项目被列入首批重点项目并连续获得两期资助。该项目由中国农业科学院农业资源与农业区划研究所牵头，全国近20个科研单位（两期）共同承担任务，极大地加快了土壤数据抢救的进程，为编制本数据集奠定了基础。在参与本数据集编制的土壤科技工作者20年的持续努力下，在2019年度国家出版基金的资助下，在中国农业科学院科技创新工程的持续支持下，本数据集终于得以面世。

本数据集以涵盖全国2200多个县的土壤剖面分层数据为主体，首次同时展示了分县土壤图与典型土壤剖面分布图，描述了影响土壤发生的气候特征、主要土类的性状等，内容丰富，兼具专业性和科普性。全集共25卷，既有一个省、自治区的单卷，也有多个省、自治区、直辖市、特别行政区的合订卷。鉴于其数据的完整性、系统性、科学性，本数据集可成为我国资源环境领域的必备工具书之一。

本数据集至少可以应用于以下几个方面：

第一，直接服务于农业生产，保障粮食安全和食品安全。全国分县的不同土壤类型分层养分数据、土壤质地信息，可为科学施肥、土壤培肥与耕作措施的制定提供决策依据。

第二，为水利、环境、建筑、旅游等行业提供便捷、直观的土壤分层次基础信息。信息后标有剖面点经纬度，便于查询获取。

第三，对于土壤质量演变、耕地地力演变、碳储量、面源污染、气候变化等多学科研究具有土壤科学起始点数据意义。

我国疆域辽阔，编制本数据集需要对各地分县完成的大比例尺土壤图和土壤调查资料进行数字化整合，创建覆盖我国全域的高精度数字土壤，再进行分县土壤剖面表的提取与分县土壤图的缩编。本数据集的总数据处理量达到 TB 级且数据来源多而复杂、专业性强、处理难度大，按常规方法，需数万人历时多年方能处理完成。张维理研究员创造性地将数据科学、人工智能与人机交互设计原理引入土壤学范畴，首创土壤大数据方法，以土壤科学需求设计统领其他各层级设计，以智能化、自动化、人机交互式的数据分析流程替代人工流程，高效、精准地完成了土壤大数据的时空整合和表达，这一巨著才得以面世。作为两期项目的专家组组长，我亲历了整个项目的全过程，对张维理研究员勇于创新、踏实、勤奋、务实、敬业、有担当的优秀品质印象深刻，也深感钦佩！

本数据集的完成前后历时 20 年之久，直接参与数据收集、编撰人数近百人，涉及我国各省（自治区、直辖市）的土壤肥料相关单位。正是他们的付出和努力，才使得本数据集得以面世。衷心希望本数据集能在农业、林业、环境、气象、国土、水利以及肥料工业等领域发挥积极作用，更好地服务于我国经济和社会发展。

中国科学院院士　赵其国

2021 年 12 月

前 言

土壤是农业的基础，是陆地生态系统生命过程的基础，也是维持地球上能量与水的交换、生命元素循环的重要基础。《中国土壤剖面数据集》首次以分县土壤图和土壤剖面理化性状表的形式，提供了我国陆域全覆盖的土壤资源与质量的科学数据，为农业、林业、环境、气象、国土、水利等部门和相关行业精准了解各地土壤资源分布与质量状况，科学利用土壤资源，发展绿色农业、特色农业和节水农业，进行耕地保育、科学施肥、面源污染防治和基本农田保护等提供了科学依据；也为农业科学、环境科学及地学、气象、测绘、水利等多个学科领域的科研工作者研究陆地生态系统生产力演变、地球物质循环、气候与环境变化提供了基础数据。

编入本数据集的分县土壤图和土壤剖面理化性状表主要源于对全国第二次土壤普查（以下简称"二普"）调查资料的收集、整理、提取与汇总。二普是我国现代规模最大的以查清土壤资源和土壤肥力为主要目标的土壤资源综合调查，既完成了我国迄今为止最详尽的土壤分类调查，也首次在全国范围进行了较高密度的土壤采样化验，开启了我国用土壤理化性状量化指标描述土壤资源与质量状况的时代。二普地面调查采样实施于1979—1987年，通过550万个土壤剖面观测和采样，分县完成了1∶5万比例尺土壤图绘制和10万余个土壤剖面的分层采样、化验、记录，其中的土壤质量稳定性要素，如土体构造、质地、母质、成土条件、土壤类型等时效性长，CRT值（土壤特性响应时间，characteristic response time）达上千年，可长久使用；土壤有机质含量，氮、磷、钾含量，酸碱度，耕层厚度等土壤质量变化性要素为了解土壤与环境质量演变提供了重要信息。无论从数量还是质量上看，二普获取的土壤科学数据至今都是我国最详尽、最有价值的土壤资源基础数据，其精度与质量超过许多发达国家的土壤资源基础数据。

20世纪末期以来，全球性人口和经济快速增长导致的人均土地资源与水资源紧缺、环境污染、气候变化、粮食安全危机，使科学界对土壤及其形成过程的关注度不断提高，关注重点也从了解土壤与环境质量现状转变为弄清演变趋势、引致变化的内在机理和驱动因素。土壤圈处于地球大气圈、水圈、生物圈和岩石圈的交会处。土壤层中的生物过程和物质循环过程既活跃，又具有一定的稳定性，能较好地反映地球水圈、土壤圈、大气圈、生物圈及岩石圈五大圈层动态交互作用的结果。只要对近年来国际上关于碳足迹、气候变化的研究进展稍加关注，就可知晓具有时空维度的土壤科学数据对于阐明土壤与环境过程并弄清其驱动因素、预测未来土壤与环境质量变化具有无可替代的作用。本数据集编入的土壤质量数据既是我国在全国范围内首次完成的土壤理化性状的科学记载，也是40多年前对我国土壤质量变化性要素的客观记录，能帮助我们了解改革开放以来经济、农业高速发展以及农用化学品投入量高速增长对土壤与环境质量的影响，对了解我国土壤与环境质量时空演变亦具有起始点土壤科学数据的意义。本数据集编入的起始点数据使我们对全国土壤及相关过程的认识延伸了40多年。历史上的土壤调查结果不能被新的调查结果替代，这一不可替代性使得本数据集将成为我国农业与环境领域最具影响力的工具书和参考书之一。

本数据集既是我国老一辈土壤与农业科研工作者在全国土壤普查工作中取得的成果，也是数据集编制人员长期以来默默耕耘的结晶。二普完成的大比例尺土壤图件和土壤剖面理化性状主要为手绘纸质图件和非正式出版的铅印或油印资料，份数少且由各地自行保存。二普结束后，随着各地机构调整与人员变动，土壤调查资料被损毁或丢失严重，难以发挥作用。在我国多位知名科学家的倡议和推动下，"十一五"期间，"我国1∶5万土壤图籍编撰及高精度数字土壤构建"项目（2006—2017）被列为国家科技基础性工作专项重点项目。其目的是对各地宝贵的土壤科学数据进行抢救性收集、数字化和整合，提升我国科学研究与管理基础数据的条件。为实现这一目标，项目组研究人员首先对各地分散存留的纸质分县土壤调查资料进行了全面的收集、修复和整理。针对国际范围内缺少对异源、异质、异构、异形土壤大数据的提取、整合方法的难题，项目组研究人员积极探索、勇于创新，融合应用土壤学、地理信息系统技术、数据科学、人工智能、人机交互设计方法，创建了土壤大数据方法，以层级化的流程设计实现土壤科学层面的需求设计统领体系架构、数据流程及模块设计，以独立于数据流程的监控设计实现土壤科学家对全流程的掌控和人工干预，以智能化、人机交互式数据流程替代人工流程，优质、高效地完成了对各地异源土壤资料的审核、提取、过滤、分类、整合与表达，完成了覆盖我国全陆域的1∶5万比例尺土壤图绘制与土壤剖面点空间数据库建设工作。为满足各行各业准确了解我国各地土壤资源与质量状况的广泛需求，编者通过对1∶5万比例尺土壤图数据的缩编表达与10万余个土壤剖面理化性状数据的进一步提取，最终完成了本数据集的编制。

本数据集共25卷，收录了全国2200多个县（市、区）的分县土壤图和6万多个土壤剖面的理化性状数据。根据各省级行政区土壤剖面数量的多寡和地域关联特征，既有一个省（自治区）的单卷，也有多个省（自治区、直辖市、特别行政区）的合订卷。为便于读者了解全国及各省级行政区土壤资源与质量的分布特征，特别编制了全国及各省级行政区土壤图、土壤有机质含量图与地势图三个序图，读者可以方便地查询全国及各省级行政区任何地区拥有的主要土壤类型，了解其土壤有机质含量及地势、地貌特征。在各分卷中，分县土壤资源与质量性状由主要土类说明、中心区气候特征图表、分县主要土壤类型与土壤剖面点分布图以及土壤剖面理化性状表共同呈现。

本数据集既可作为工具书、参考书，供农业、林业、环境、气象、国土、水利、经济等领域的管理人员和技术人员使用，也适合高等院校相关专业研究生参考使用。

我国幅员辽阔，从收集、整理全国分县土壤调查资料，到完成覆盖我国全境的1:5万比例尺土壤图籍，再到完成本数据集的编制，来自全国近20家研究机构的科研人员组成项目组，辛苦工作了20多年。其间，本项工作得到了国家社会公益研究专项项目、国家科技基础性工作专项重点项目的长期、连续资助和在项目实施年限上给予的充分理解，同时得到了中国农业科学院科技创新工程的资助，全国50多家国家级及省级土壤、测绘、农业科研与管理机构的大力支持以及我国老一辈土壤科学家自始至终的关心和鼓励。在整个项目实施期间，有9位院士和7位长期从事土壤科学、农业资源环境研究的专家给予了直接和全程的指导。近20年间，项目组研究人员一方面要承担艰难而繁重的科研任务，另一方面要顶着多年没有科研产出的压力，没有他们的坚持和付出，就没有本数据集的面世。在此，谨向所有参加数据集编制的科研人员及对本项工作给予支持的部门和人员一并表示衷心的感谢！

由于本数据集包含的数据量庞大，且不限于土壤学本身，尽管我们在编撰过程中极尽斟酌，仍难免存在不足之处，敬请读者批评指正，以便今后修订完善。

中国农业科学院研究员 张维理

2021年12月

目 录

第一编　编制说明与序图

编制说明

编制目的	002
土壤数据基础知识	002
数据集内容	005
土壤数据来源	005
编制方法——土壤大数据方法	006
中国土壤图、中国土壤有机质含量图与中国地势图编制	007
分省土壤图、分省土壤有机质含量图与分省地势图编制	009
县域中心区气候特征图表编制	011
分县主要土壤类型与土壤剖面点分布图编制	012
分县土壤剖面理化性状表编制	012
土壤专题图与土壤剖面数据可靠性检验	017
参编单位	019

序　图

中国土壤图	020
中国土壤有机质含量图	022
中国地势图	024
北京市土壤图	026
北京市土壤有机质含量图	028
北京市地势图	030
天津市土壤图	032
天津市土壤有机质含量图	034
天津市地势图	036

河北省土壤图 036
河北省土壤有机质含量图 038
河北省地势图 040

第二编　北京市分县土壤图与土壤剖面数据

北　京　市

市辖区 046	大兴区 074
门头沟区 052	怀柔区 078
房山区 057	平谷区 082
通州区 062	密云区 086
顺义区 067	延庆区 089
昌平区 070	

第三编　天津市分县土壤图与土壤剖面数据

天　津　市

市辖区 094	宁河区 109
武清区 099	静海区 113
宝坻区 103	蓟州区 116
滨海新区 106	

第四编　河北省分县土壤图与土壤剖面数据

石　家　庄　市

市辖区 122	行唐县 148
藁城区 125	灵寿县 154
鹿泉区 131	高邑县 158
栾城区 135	深泽县 162
井陉县 138	赞皇县 168
正定县 144	无极县 172

平山县	175	晋州市	190
元氏县	179	新乐市	194
赵县	185		

唐 山 市

丰南区	198	迁西县	217
丰润区	202	玉田县	220
曹妃甸区	206	遵化市	223
滦南县	209	迁安市	226
乐亭县	213	滦州市	230

秦 皇 岛 市

市辖区	234	昌黎县	246
抚宁区	238	卢龙县	250
青龙满族自治县	242		

邯 郸 市

市辖区	253	邱县	298
肥乡区	259	鸡泽县	305
永年区	266	广平县	310
临漳县	270	馆陶县	316
成安县	274	魏县	319
大名县	278	曲周县	325
涉县	285	武安市	329
磁县	291		

邢 台 市

市辖区	335	内丘县	353
任泽区	340	柏乡县	356
南和区	344	隆尧县	359
临城县	348	宁晋县	365

巨鹿县	369	清河县	391
新河县	375	临西县	396
广宗县	379	南宫市	400
平乡县	383	沙河市	404
威县	388		

保 定 市

市辖区	409	安新县	454
满城区	412	易县	457
清苑区	416	曲阳县	462
徐水区	420	蠡县	465
涞水县	423	顺平县	469
阜平县	428	博野县	473
定兴县	432	雄县	478
唐县	435	涿州市	482
高阳县	438	定州市	485
容城县	442	安国市	491
涞源县	446	高碑店市	495
望都县	450		

张 家 口 市

市辖区	500	尚义县	528
宣化区	503	蔚县	532
万全区	507	阳原县	537
崇礼区	512	怀来县	541
张北县	515	涿鹿县	544
康保县	518	赤城县	547
沽源县	521		

承 德 市

市辖区	550	兴隆县	557
承德县	553	滦平县	561

隆化县	565	围场满族蒙古族自治县	578
丰宁满族自治县	569	平泉市	582
宽城满族自治县	575		

沧 州 市

青县	585	献县	609
东光县	589	孟村回族自治县	612
海兴县	592	泊头市	615
盐山县	596	任丘市	618
肃宁县	600	黄骅市	621
南皮县	603	河间市	624
吴桥县	606		

廊 坊 市

市辖区	627	文安县	643
固安县	630	大厂回族自治县	646
永清县	633	霸州市	651
香河县	637	三河市	654
大城县	640		

衡 水 市

市辖区	657	安平县	677
冀州区	660	故城县	681
枣强县	663	景县	684
武邑县	667	阜城县	687
武强县	670	深州市	690
饶阳县	673		

附　录

附录 1　北京市县级行政区及分县主要土壤类型与土壤剖面点分布图地域名对照表 ………………………………………………… 694

附录 2　天津市县级行政区及分县主要土壤类型与土壤剖面点分布图地域名对照表 ………………………………………………… 695

附录 3　河北省县级行政区及分县主要土壤类型与土壤剖面点分布图地域名对照表 ………………………………………………… 696

附录 4　专题图基础地理要素图例 …………………………………… 699

附录 5　土壤图土类图例 ……………………………………………… 700

附录 6　中国主要土壤类型简表 ……………………………………… 702

附录 7　北京市、天津市、河北省主要土壤类型表 ………………… 707

附录 8　分省土壤有机质含量图有机质含量分级图例 ……………… 709

附录 9　北京市、天津市、河北省典型剖面 0—20cm 土层土壤理化性状中位数与平均数 ………………………………………… 710

附录 10　北京市、天津市、河北省主要土地利用类型 0—30cm 土层土壤有机质含量 ……………………………………………… 711

附录 11　北京市、天津市、河北省耕地、园地、林地和草地中主要土壤类型占比 ……………………………………………… 712

附录 12　《中国土壤剖面数据集》参编单位 ……………………… 714

参考文献 ……………………………………………………………… 716

中 国 土 壤 剖 面 数 据 集 · 京 津 冀 卷

第一编 | 编制说明与序图

编 制 说 明

编制目的

土壤是农业的基础，也是维持地球碳、氮、硫、磷等重要生命元素正常循环的基础。肥沃的土壤促进了人类文明的诞生和繁荣。科学研究表明，地球上种类繁多、形态各异的土壤是在气候、生物、地形、时间、成土母质五大成土因素共同作用下形成的。北京社稷坛铺设的青、白、红、黑、黄五种不同颜色的土壤（五色土），分别代表我国东、西、南、北、中五大区域的典型土壤。不同类型的土壤性状差别很大。例如，南方红壤呈酸性，易缺乏钾离子、钙离子、镁离子等阳离子，农业生产上要注意调酸和补充富含钾、钙、镁的肥料；而西部土壤有机质含量低，施用有机肥料和秸秆还田对提高地力至关重要。我国人均土地资源紧缺，要实现粮食安全、环境安全和可持续发展，需要精准掌握各地土壤资源与质量状况，做到因土制宜，科学管理。

《中国土壤剖面数据集》是国家自然资源基本资料之一，其首次以分县土壤图和土壤剖面理化性状表的形式，提供了我国各地详尽的土壤资源与质量科学数据，为农业、林业、环境、气象、国土、水利等部门了解各地土壤质量状况，科学利用土壤资源，发展绿色农业、特色农业和节水农业，进行耕地保育、科学施肥、面源污染防治和基本农田保护提供了基础数据，也为农业科学、环境科学及地学、气象、测绘、水利多个学科领域的科研工作者研究陆地生态系统生产力及其演变、地球物质循环、气候与环境变化提供了科学依据。

本数据集编入的土壤质量数据亦是我国在全国范围内首次完成的土壤理化性状的科学记载，对了解我国土壤与环境质量时空演变具有起始点数据的意义。通过这些数据，科研工作者可以追溯我国全国范围土壤与环境相关过程至20世纪80年代，分析和了解导致土壤质量变化的环境和人为因素，并对土壤与环境质量演变趋势进行预报与预警。历史上的土壤调查结果不能被新的调查结果替代，这一不可替代性使得本数据集将成为我国农业与环境领域最具影响力的工具书和参考书之一。

土壤数据基础知识

本数据集收录的土壤数据源于土壤调查。为便于读者了解和应用这些数据，本节对土壤调查的目标、内容与主要方法，土壤数据的时空维度特征，土壤数据的应用领域与时效性做一简要介绍。

（一）土壤调查的目标、内容与主要方法

土壤调查的主要目标是查清一个区域内土壤资源与质量状况及其空间分布特征。19世纪末期至20世纪中后期，各国土壤调查的主要目标是查清土壤类型及分布特征[1-2]。由于不同土壤类型最典型的区别是成土过程中形成的土壤剖面特征，因而在传统的土壤调查中，需要在调查区域内进行多点采样，并在每个采样点对0—1—2m深土体的土壤剖面进行分层采样、观测、理化性状分析，记录剖面各分层土壤理化性状，据此进行土壤

分类、命名，并最终依据多点调查结果完成土壤图的绘制。

20 世纪末期以来，全球人口及经济快速增长导致人均土地资源和水资源紧缺、环境污染、气候变化与粮食安全危机，不同行业及学科领域对土壤生产功能和环境功能的关注度不断提高，土壤调查的核心内容也逐步从查清土壤类型分布特征转为土壤功能调查。土壤功能调查的目标是了解土壤生产力、土壤环境质量和土壤健康质量等。例如，为了耕地保育和科学施肥，需要进行土壤有效养分含量状况、土壤障碍因素调查；为了了解环境质量，需要进行土壤污染状况、土壤环境容量调查；为了发展节水农业，需要进行土壤保水性状调查；为了控制水污染，需要进行流域农田土壤氮、磷流失特征与风险调查。土壤功能调查的内容主要为可量化的，或含义单一且明确、易于被其他学科和行业认知的土壤功能性指标，如土壤有机碳含量、土壤重金属含量、土壤质地类型、耕层厚度等。在土壤功能调查中，也需要在调查区进行多点采样，并根据调查目标的不同，选择适宜的采样深度。例如，当调查目标是了解土壤有效养分供应量或农田土壤污染物含量时，通常仅对耕层土壤进行采样；当调查目标是了解土壤保水性能、土壤水土流失与养分流失性状时，则需要对较深的土壤剖面进行分层采样和观测。

较早的土壤调查主要通过地面多点采样来了解一个区域土壤资源与质量性状的空间分布特征。近年来，随着遥感技术、地理信息系统（GIS）技术、模拟技术与大数据技术的发展，土壤质量相关数据（如数字高程、土地覆盖、植被数据等）产生量急剧增长，这使得在大区域尺度内通过多类型相关信息精确地捕捉和表达土壤质量性状以及相关过程成为可能。在国际上，地面采样调查与辅助信息结合的方法——数字土壤制图方法（digital soil mapping）已成为土壤调查的重要方法[3]。该方法能利用采样设计、辅助信息、推理模型与地统计检验，大幅度减少地面采样和土壤理化性状测试分析的工作量。与传统方法相比，采用数字土壤制图方法进行土壤调查，可缩短调查周期，降低调查成本，提高用土壤专题地图表征土壤资源与质量性状空间分布特征的可靠性和精度，从而提高土壤调查的效率与质量。

（二）土壤数据的时空维度特征

在现代社会，农业、环境等领域的专业工作者要了解最新的土壤调查结果，更需要掌握未来土壤质量变化趋势，以便根据变化趋势、自然与人为要素对土壤质量的影响，制定具有针对性的政策与技术措施，实现高产、稳产和环境安全。要精确进行土壤与环境质量预测和预警，就需要对重要的土壤质量性状进行周期性的采样、调查、记录，构建具有时空维度的土壤质量数据。这意味着历史上完成的土壤调查不能被新的调查所替代，所以其结果十分宝贵。

土壤数据最重要的特征之一是时空维度特征。通过历史上的土壤调查结果记录，构建具有时间序列的土壤质量科学数据，能将土壤质量现状与土壤质量演变过程相关联，并以此对土壤质量演变趋势和导致其变化的因素进行分析、预测。而土壤数据标有空间坐标，便于科研工作者将土壤调查结果与其他类别的要素和过程，如与气候、地形、土地利用情况有关的变化信息，以及随施肥投入农田的碳、氮、硫、磷数据等相关联，从而进一步提高分析的精度和预测、预报的可靠性。

土壤圈处于地球大气圈、水圈、生物圈和岩石圈的交会处。土壤层中的生物过程和物质循环过程既活跃，又具有一定的稳定性，能较好地反映地球水圈、土壤圈、大气圈、生物圈及岩石圈五大圈层动态交互作用的结果。具有时空维度的土壤科学数据对于阐明土壤与环境过程并弄清其驱动因素、预测未来土壤与环境质量变化具有不可替代的作用。

近年来，具有地理坐标的土壤剖面点数据受到科学界的广泛关注。剖面数据记载了土体构造、剖面分层土壤理化性状，是了解成土过程的基础，也是构建推理模型，量化表征区域尺度土壤过程、流域水土流失与氮磷流失特征、碳氮循环与环境质量演变的基础。在过去的半个世纪中，尽管完成了大量的土壤剖面调查，但由于在较早的土壤调查中尚未使用全球定位系统（GPS）设备，各国在构建地理坐标的土壤剖面点数据库上差别较大。目前，美国完成了约 2 万个有地理位点标识的土壤剖面数据[4]，澳大利亚已完成约 16 万个有地理坐标的土壤剖面数据[5]，欧盟各成员国共享使用的土壤剖面数据库含 4000 个剖面的分层土壤理化性状数据[6]。本数据集则汇集了我国总计 6 万多个有地理坐标的土壤剖面数据。

（三）土壤数据的应用领域与时效性

表1汇总了本数据集编入的土壤理化性状及其主要影响因素与过程、时间变化特征、所关联的土壤质量性状和应用领域。

表1 土壤理化性状及其主要影响因素与过程、时间变化特征、所关联的土壤质量性状和应用领域

土壤理化性状	主要影响因素与过程	时间变化特征	所关联的土壤质量性状	应用领域
土壤类型	成土过程	变化慢	土壤肥力与环境质量	农业、水利、环境、建筑、肥料工业等
剖面深度（指剖面各土层厚度的总和）	成土过程	变化慢	土壤肥力、土壤环境容量、土壤保水和保肥性能、土壤持水性能	农业、环境等
土体构造（指土壤剖面各发生层有规律的组合，是土壤剖面最重要的特征）	成土过程	变化慢	土壤肥力、土壤环境容量、土壤保水和保肥性能、土壤持水性能、土壤透水性能	农业、水利、环境等
母质	成土因素	变化慢	土壤肥力、土壤矿物组成、矿质养分含量、土壤质地	农业、水利、环境、肥料工业等
质地	成土过程、母质	变化慢	土壤肥力、土壤环境容量、土壤持水性能、土壤耕性、土壤有机碳与养分含量、土壤重金属吸附性能等	农业、水利、环境、建筑等
颜色	土壤氧化还原、淋溶等成土过程，土壤有机质累积过程	变化较慢	土壤肥力、土壤有机碳与养分含量	农业
土壤结构	成土过程、耕作措施	耕层：变化快；深层：变化慢	土壤水分、通气与养分供应状况，土壤持水性能、土壤透水性能、土壤阳离子交换量、土壤孔隙度、土壤松紧度、土壤耕性等多个土壤肥力相关性状	农业
有机质含量	成土过程、质地、土地利用、施肥、轮作等	变化较慢	与多项土壤肥力与环境指标密切相关，是土壤肥力最重要的指标	农业、环境、肥料工业等
全氮含量	成土过程、土地利用、施肥、轮作等	变化较慢	土壤肥力、土壤供氮性能	农业、环境等
全磷含量	成土过程、母质等	变化较慢	土壤肥力、土壤供磷性能	农业、环境等
全钾含量	成土过程、母质等	变化较慢	土壤肥力、土壤供钾性能	农业、环境等
pH	成土过程、酸雨、土壤调理剂施用等	变化快	土壤肥力、土壤养分有效性、土壤结构及重金属吸附性能	农业、环境、肥料工业等
碱解氮含量	土地利用、施肥等	变化快	土壤供氮性能、土壤氮素流失特征	农业、环境、肥料工业等
有效磷含量	土地利用、施肥等	变化快	土壤供磷性能、土壤磷素流失特征	农业、环境、肥料工业等
速效钾含量	土地利用、施肥等	变化快	土壤供钾性能、土壤钾素流失特征	农业、环境、肥料工业等
阳离子交换量	成土过程、黏粒、有机质含量、盐分含量	变化较慢	土壤供肥和保肥性能、土壤重金属吸附性能	农业、环境等

在表1中，主要影响因素与过程指对某项理化性状起主要作用的过程和因素。例如，土壤类型、土壤剖面深度、土体构造、母质、土壤质地类型主要由成土过程或成土条件决定；土壤有机质含量和土壤全氮含量则受成土过程、施肥及轮作等农业技术措施的共同影响；在耕地土壤上，施肥等农业技术措施对土壤碱解氮、有效磷、速效钾等土壤有效养分含量的影响很大。

土壤理化性状的现势性主要取决于其影响因素与过程的时间尺度。自然条件下，成土过程通常需要数万年。受成土过程影响的土壤类型、土层厚度、土体构造、土壤质地类型、母质等土壤理化性状变化很慢，CRT 值（土壤特性响应时间，characteristic response time）达上千年，可称为土壤稳定性要素或慢变化性状，其相关数据时效性很长，可长久使用。而农田土壤有效养分含量、酸碱度、耕层厚度等土壤质量性状受施肥和耕作等农业措施影响大，变化较快。例如，农田土壤有效磷、速效钾养分含量，在大量施用磷、钾肥条件下，10 余年后可成倍提升。这些土壤理化性状亦可称为土壤变化性要素或快变化性状。

不同土壤理化性状的应用范围既取决于其现势性、时空维度特征，又取决于其所关联的土壤质量性状。土壤剖面深度、土体构造、质地、有机质含量等与土壤持水、保肥、通气和透水性能密切相关，可供农业、水利、环境、金融等行业用于农田稳产、高产性能，农田排灌设施规划与灌溉定额编制，农田水土流失风险分级，流域农田蓄水容量与降雨后流失水量分级，农田水、旱灾害风险分级，农田环境容量测算等各方面的地力评价。土壤有效养分含量、pH 与土壤需肥性状和调酸性状密切相关，可供农业、肥料生产和销售部门用于科学施肥和土壤改良。土体构造和质地、土壤结构、土壤有效养分含量还影响流域农田土壤养分流失特征，农业和环境部门在进行农业面源污染防控时，可利用这些土壤性状与其他要素共同编制流域污染源解析与控制类型区分布图，以便对农业面源污染采取分类型、分区段的源头控制措施。土壤有机质含量变化也是了解气候变化和碳减排措施效果的基础，对于环境管控和环境外交具有重要意义。

数据集内容

本数据集全集共 25 卷，收录了我国 2200 多个县（市、区）的分县土壤图和 6 万多个土壤剖面的理化性状数据。根据各省级行政区土壤剖面数量的多寡和地域关联特征，既有一个省（自治区）的单卷，也有多个省（自治区、直辖市、特别行政区）的合订卷。

为便于读者了解各地土壤资源与质量分布概况及其主要特征，编者为各分卷编制了省级行政区的土壤图、土壤有机质含量图与地势图三图。读者可通过分省三图查询各省级行政区任何地区拥有的主要土壤类型，了解其土壤有机质含量及其地势、地貌特征。此外，编者还编制了全国土壤图、土壤有机质含量图与地势图三图附于各分卷，供读者比较和了解各省级行政区土壤资源及质量特征同全国其他地区的区别和关联。

各分卷的第二部分为分县土壤图与土壤剖面数据。在每个省级行政区内，各分县按四部分展示土壤及其相关信息，即分县主要土类说明、本区域中心区气候特征、主要土壤类型与土壤剖面点分布图以及土壤剖面理化性状表。在本卷目录中，分县按民政部于 2022 年 3 月发布的《2021 年中华人民共和国行政区划代码》中的地级、县级行政区顺序排序。本卷目录中仅收录了县域内有土壤剖面数据的县级行政区，无土壤剖面数据的县级行政区未纳入本卷目录中，并在附录 1、附录 2、附录 3 中对其进行了标注。

土壤数据来源

编入数据集的分县土壤图与土壤剖面理化性状数据主要源于全国第二次土壤普查（以下简称"二普"）。二普是我国现代规模最大的、以查清土壤类型和土壤肥力为主要目标的土壤资源综合调查。二普之前，我国土壤调查以观测性调查和定性评价为主，很少有采样化验。在总结之前国内外土壤调查经验的基础上，二普不仅完成了我国迄今为止最为详尽的土壤分类调查，也首次在全国范围进行了高密度土壤采样化验，开启了我国用土壤理化性状量化指标描述土壤资源与质量状况的时代。

二普地面采样调查实施于 1979—1987 年，调查区域基本覆盖我国全陆域。二普不仅地面采样密度高，科学性和系统性也比较突出。全国百余名长期从事土壤研究的科研工作者共同制定了全国土壤分类系统和统一的土壤调查技术规程[7]。在地面调查中，各地以 1∶1 万比例尺地形图作为工作底图，以乡为调查单元进行野外采样作业，全国共挖取土壤观察剖面 550 余万个，记录了 1—2m 深土体各发生层形态和特征，并根据土壤分类标准对土壤进行了分类和命名。对边远区、高寒区和无人区应用遥感解译方法，填补了之前土壤调查及成图中上述地区土壤数据的空白。在大量剖面土体观测和采样调查的基础上，完成了全国绝大部分分县 1∶5 万比例尺土壤图的绘制，牧区和边疆地区完成了1∶20万—1∶10万比例尺土壤图的绘制。二普还完成了10余万个典型剖面的分层采样，化验分析了剖面分层质地，有机质含量，大量、中量和微量元素含量，pH，阳离子交换量，土壤矿物组成等多项土壤理化性状，编制了分县土壤志。二普通过野外实地调查、采样和测试获取的土壤科学数据，至今仍是我国最详尽、最有实用价值的土壤资源基础数据，其精度与质量超过许多发达国家的土壤资源基础数据[8]。

如图1所示，收录于本数据集的土壤质量数据是对我国40多年前土壤质量状况的客观记录，亦是我国在全国范围内首次完成的土壤理化性状的科学记载，其中的土壤稳定性要素现势性较长，可在今后若干年间长期使用；而土壤变化性要素对了解我国土壤与环境过程的作用亦不可替代。这些数据使我们用现代科学手段研究各地土壤及相关过程的历史可上溯至20世纪80年代。

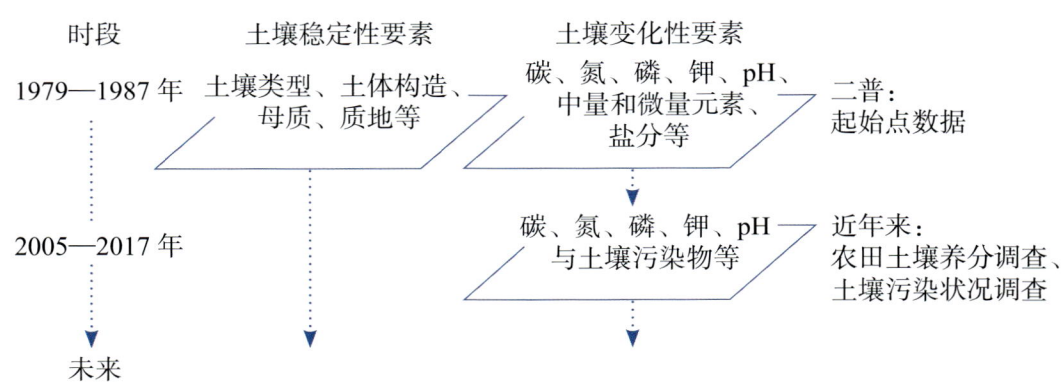

图1　全国性土壤调查所覆盖的时段

受历史条件限制，二普完成的大比例尺土壤图和土壤剖面理化性状主要为手绘纸质图件、非正式出版的铅印或油印资料，份数少且由各地自行保存。二普结束后，随着各地机构调整与人员变动，土壤调查资料被损毁或丢失严重。2000年以来，编者开始对各地分散存留的纸质分县土壤调查资料进行系统性收集、修复与整理，通过对宝贵的土壤科学数据的提取、整合和表达，我国科学研究与管理基础数据的水平得到了提升。本数据集收录的分县土壤图和剖面数据主要源于对全国分县土壤图、分县土种志和分省土种志的整理、提取、汇总与表达（表2）。

表2　数据集主要土壤资料与数据来源

资料类型	资料名称及数量
土壤图（纸质）	1∶5万分县土壤图，总计约1600个县
	1∶100万—1∶50万省级土壤图，总计570个县
土壤剖面资料（纸质）	分县土种志：约2200册，计约2200个县；分省土种志：28册
土壤有机质含量图（纸质）	全国、分省土壤有机质含量图
农区土壤耕层采样数据（电子）	2005—2017年在全国农区采集的、含GPS坐标定位的1000万个采样点耕层有机质含量数据

为编制全国与分省土壤有机质含量分布图，本数据集还使用了我国于二普期间完成的全国、分省土壤有机质含量图纸质图件和于2005—2017年在全国采集的1000万个具有GPS坐标定位的采样点耕层有机质含量数据[9]。

编制方法——土壤大数据方法

我国幅员辽阔，不同地区土壤的土壤类型及其质量状况和分布特征差别较大，各地土壤调查技术条件和水平差别也较大，因此各地分县完成的图件和剖面资料在形式和内容上有较大差异。在用异源土壤数据生成新数据时，新数据的科学性既取决于各异源数据本身的科学性和可靠性，也取决于数据整合采用方法的科学性和可靠性。例如，对分县剖面资料进行整合时，对国标上未出现过的土壤类型名进行归并需要有土壤分类学上的依据；用新的土壤调查数据对原有土壤有机质含量图进行更新，也需要有进行合并表达的科学依据。编制本数据集需要对海量异源数据进行提取、分析、整合、缩编与表达，数据分析流程复杂。同时，在数据分析过程中，土壤专业问题、非标准化数据问题、计算机硬、软件平台系统问题和数据分析员、程序员疏漏问题等可能引致多类别数据分析错误。若既要准确无误地完成各项数据分析技术任务，又要在繁复的数据分析流程中有效贯彻科学原则、实现数据分析科学目标，这就需要一套科学的方法体系。为此，本数据集编者通过研究异源非标准土壤数据特征，融合应用土壤学、数据科学、人工智能、人机交互设计方法与地理信息系统技术，创建了土壤大数据方法[10-11]。

土壤大数据方法是专门供土壤科研工作者使用的一种设计方法，是对经典土壤学研究方法的补充，主要适用于对海量异源土壤数据信息的提取、筛选、分析与表达。通过土壤大数据方法的使用，科研工作者能够分析、认识和阐明土壤性状及相关过程和规律。土壤大数据方法的主要设计规则为以层级化的流程设计实现土壤科学层面的需求设计统领体系架构设计，界定各分段流程目标和关联，部署低层级分段流程、模型和功能模块；以独立于数据流程的监控设计实现土壤科学家对全流程的掌控和人工干预。土壤大数据方法的设计内容包括数据科学分析目标与科学基础界定，数据流程体系架构，流程及软件工具设计，数据流程监控设计。设计中，所有节点均采用双命名制命名，即对流程中各节点数据同时进行土壤科学内涵命名和函数代码命名。应用以上设计方法编制设计文档，能在庞杂的异源、异质、异形、异构大数据分析中，实现以科学目标引领数据分析流程，以自动化、人工智能、人机交互式的数据流程替代人工流程，提高大数据分析效率。

在本数据集编制过程中，编者需要完成图件与资料数字化、矢量化，元数据构建，信息提取、过滤、分类、赋码，土壤空间数据逻辑结构、存储结构归一化，统计检验，数据整合，缩编表达、输出等多项数据分析任务，分段流程达1500余个，需要存储的重要节点数据超过2000个，数据量超过20TB。采用土壤大数据方法，编者自主设计和完成了6个土壤大数据分析工具软件包，其中包含157个功能模块（表3），设计文档的科学和工程目标实现率超过99%，为准确、高效完成数据集编制提供了保障，也为土壤学研究提供了新的方法。

表3　系列化土壤大数据分析软件包及其主要功能与模块数

软件包	主要功能	模块数/个
IMAT2.0（intelligent mapping tools）智能化制图工具	异源土壤空间数据的要素提取、过滤、分类、赋码、坐标转换，空间库要素与字段的编辑，图幅与图层的编辑，土壤要素空间库外挂属性表编辑与管理等	35
IMAT-big（intelligent mapping tools for big data）智能化大数据制图工具	超大土壤及相关要素空间数据的要素筛选、图层拆分、数据整合、节点监控、逻辑结构重组等分析	37
IMAP（intelligent map presentation）智能化地图表达工具	土壤大数据地图制图表达与输出	30
ISPA（intelligent soil profile data analysis）智能化土壤剖面数据分析	异源土壤剖面数据的信息提取、过滤、赋码、坐标匹配、检验、整合与统计等	22
ISPP（intelligent soil profile presentation）智能化土壤剖面表达	土壤剖面图表及辅助信息的表达	12
IMAT-SOM（intelligent mapping tools-SOM）土壤有机质图制图工具	异源土壤有机质数据整合与表达	21

中国土壤图、中国土壤有机质含量图与中国地势图编制

编制全国三图的目的是便于读者在全国视角和尺度上了解我国各地区土壤资源与质量状况空间分布特征，土壤类型和土壤肥力与地势、地貌之间的相互关联。其中，土壤图用于展示土壤资源分布状况及与成土过程相关的土壤质量状况；土壤有机质含量图用于直观反映土壤肥力情况；地势图便于读者了解不同类型和肥力水平土壤的地势、地貌特征。全国三图的制图比例尺为1:1300万。

全国三图中采用的境界、城市等基础地理信息要素源于中国地图出版社出版的《第一次全国地理国情普查地图集》[12]和《中国地图集》[13]。全国三图中，境界、水系、居民地、地级以上城市等基础地理信息要素的图示与图例表达见附录4。

（一）中国土壤图

由于制图比例尺小，中国土壤图是在二普完成的1:400万比例尺全国土壤图的基础上进行矢量化和缩编表达获得的。在缩编表达过程中，土壤类型仅保留了我国土壤分类系统中的第三层级——土类。

在土壤图中，土类颜色主要根据不同土类在其成土因素、发育程度下形成的典型颜色进行设计（附录5）。红色系供土壤富铝化程度高的土壤选用，如红壤、砖红壤、赤红壤等；黄色系、棕色系供干旱区发育程度低的土壤选用，如黄绵土、灰漠土、灰棕漠土等。受灌水、耕作和地下水影响大的土壤采用绿色系，如水稻土、灌淤土、潮土、草甸土等，表示土壤肥力较高，绿色植物生长茂盛；黑土、黑钙土、栗钙土、棕壤、褐土、黄棕壤、紫色土等分别选用深棕色系、褐色系、紫色系；盐土、碱土、沼泽土等植物生长有障碍的土类采用暗色系，如暗紫色系、灰褐色系、青灰色系等，表示土壤生产力低下，植物生长较差。这一颜色设计与国标相关规定一致[14]。

在图例中，按照我国主要土壤类型从南到北、从东向西的地带性分布规律对土类进行排序，附录6所列中国主要土壤类型的排序也按此规则编排。

（二）中国土壤有机质含量图

土壤有机质含量是指土壤中各种含碳有机物质的总和。土壤有机质主要包括土壤腐殖质、半分解的动植物残体、与土壤黏粒和细粉粒紧密结合的有机物质、土壤微生物体所含的有机物质等。以动植物残体形式进入土壤的有机物质成为土壤生物的食物，供养土壤生物的生命活动；在土壤生物，特别是土壤微生物作用下生成的土壤腐殖质，能够促进土壤团聚体形成，提高土壤保水、保肥、供水、供肥性能，提高土壤肥力，并大幅度提高耕地土壤高产、稳产性能。因此，土壤有机质含量是最重要的土壤质量指标之一。土壤有机质碳量是大气总碳量的2倍，是地球植被总碳量的3倍，参与地球陆域碳循环总碳量中80%的碳以土壤有机质碳的形式存在。研究显示，土壤有机质含量实质上是土壤有机碳投入和分解之间动态平衡的表现，影响这一平衡的主要因素为气候、土壤质地与土地利用方式，施肥和耕作等农业技术措施对其影响则相对较小。当影响平衡的主要因素未发生变化时，土壤有机质含量也比较稳定[15]。

中国土壤有机质含量图由各分省土壤有机质含量图（0—30cm土层）合并编制生成。制图用源数据和编制方法在分省土壤有机质含量图编制说明中加以叙述。

为展示全国范围的土壤有机质含量空间分布特征，编者在中国土壤有机质含量图的图示和图例表达中采用了有机质含量范围的非等距划分分级方式，将我国土壤有机质含量分为7个等级（表4），各分级所占我国陆域面积的比例也列于表中。其中，占我国陆域面积29%的"很低"和"低"两个分级的土壤（有机质含量小于10g/kg）主要分布于西北干旱地区，而"较高""高""很高"三个分级的土壤（有机质含量大于25g/kg）主要分布于东北、西南地区，这些地区森林覆盖率较高，雨量充沛，温度适宜，有利于土壤有机质的累积。

表4　中国土壤有机质含量（0—30cm土层）分级

分级	分级释义	有机质含量/（g/kg）	换算系数	有机碳含量/（g/kg）	占陆域面积/%
1	很低	≤5	1.724	≤2.9	5
2	低	5—10（含）	1.724	2.9—5.8（含）	24
3	较低	10—15（含）	1.724	5.8—8.7（含）	18
4	中	15—25（含）	1.724	8.7—14.5（含）	19
5	较高	25—35（含）	1.724	14.5—20.3（含）	9
6	高	35—45（含）	1.724	20.3—26.1（含）	16
7	很高	>45	1.724	>26.1	6

（三）中国地势图

地势图是表示制图区域地貌特征的专题地图，强调表现地面的高低起伏、倾斜程度及其区域对比关系，以及与地形密切相关的河流、湖泊等水系要素分布特征，显示出制图区域山河分布的脉络体系、结构形式、各种地貌类型的形态特征。地势是影响土壤类型的重要因素，地势图也是编制土壤图、气候图、植被图等的基础。

中国地势图的地貌晕渲图采用 SRTM3 DEM（shuttle radar topography mission, digital elevation model, 2003）数据，考虑我国地势呈三级阶梯状分布的特点，按 0—50—100—200—500—800—1000—1200—1500—2000—2500—3000—3500—5000m 及以上设计高度表，以深绿色—黄绿色—棕色—紫色色调的象征色表示海拔由低向高过渡。其他矢量数据来源于中国地图出版社编制的 1:400 万《中国地形图》[16]。河流参照中国地图出版社编制的《中国河流、水运资料图》进行选取、表达，三级及以上河流全部选取，二级及以上河流标注名称，低级别河流适当选取以反映区域水系特点；成图面积 $4mm^2$ 以上湖泊和水库全部表示，但仅标注大型湖泊名称，小面积湖泊适当选取以反映区域特点，如青藏高原湖泊群分布；山脉、山峰参照中国地图出版社编制的《中国山脉资料图》选取，三级及以上山脉全部选取、表达，二级山脉主峰及知名山峰标注名称和高程，我国主要高原、平原、盆地和沙漠均选取、表达；自然地理要素分级参考中国地图出版社采用的地图编制分级系统；根据版面载负量情况选取省会、部分地级市和少量县级居民点（主要位于西部地区），居民地主要用于定位参照。

分省土壤图、分省土壤有机质含量图与分省地势图编制

编制分省土壤图、分省土壤有机质含量图与分省地势图三图的主要目的是使读者了解各省级行政区内不同地区土壤类型、土壤肥力与地貌的主要分布特征及其相互关联。其中，土壤图用于展示土壤资源分布状况及与成土过程相关的土壤质量状况；土壤有机质含量图用于直观反映土壤肥力情况；地势图便于读者了解不同类型和肥力水平土壤的地势、地貌特征。为便于比较，每个省级行政区的分省三图采用的比例尺相同，制图则采用幅面固定、各省级行政区制图比例尺自适应方法。

分省三图中采用的境界、城市等基础地理信息要素源于中国地图出版社出版的《第一次全国地理国情普查地图集》[12]和《中国地图集》[13]。分省三图中，境界、水系、居民地、地级以上城市等基础地理信息要素的图示与图例表达见附录4。

（一）分省土壤图

为编制数据集用分省土壤图，编者对二普完成的纸质分省土壤图（原图比例尺主要为 1:50 万）进行了地理校正、空间要素提取、图层与分级码标准化、土壤学专业校正、属性表制作、挂接和专题图缩编表达。在缩编表达过程中，制图比例尺一般在 1:200 万—1:100 万之间。由于制图比例尺较小，土壤类型仅保留了我国土壤分类系统中的第三层级——土类。各土类颜色与中国土壤图中采用的土类颜色相同（附录5）。在分省土壤图中，按照我国主要土壤类型从南到北、自东向西的分布规律对图例中的土壤类型进行排序。附录6所列中国主要土壤类型的排序也按此规则编排。附录7列出了北京市、天津市、河北省主要土壤类型及其占省（市）级行政区域面积百分比。

（二）分省土壤有机质含量图

1. 数据源说明

本数据集中，土壤剖面理化性状表给出了有确切时间和空间坐标的剖面信息。分省土壤有机质含量图的主要作用是便于读者直观了解各省级行政区最重要的土壤肥力指标——土壤有机质含量的空间分布特征。

二普中，受当时技术条件限制，全国仅完成了比例尺为1∶400万的纸质土壤有机质含量分布图的绘制，19个省、自治区、直辖市完成了比例尺为1∶250万—1∶50万的纸质分省土壤有机质含量分布图的绘制。直接采用小比例尺纸质图矢量化生成的土壤有机质含量等级划线图作为分省土壤有机质含量图，存在有机质含量分级的级差大、信息均化、图斑大、制图精度不够等问题，难以精细表现一个省级行政区域内土壤有机质含量的空间分布特征。

2005—2017年，我国在农区进行了测土施肥，农田耕层采样点达到1000万个。这批数据的主要优点是采样密度大且有空间坐标，通过对这批数据进行空间插值分析，可较精细地展示各地农田土壤有机质含量分布特征；其缺点是采样点主要集中于占陆域面积不到20%的农田，仅采用这批数据难以绘制覆盖全域的土壤有机质含量分布图。考虑到土壤，尤其是林地、草地土壤的有机质含量变化较慢，在制图中采用了混合时段数据合并表达的方式。对无测土数据的林地、草地等，仍然采用从小比例尺土壤有机质含量等级划线图中提取的数据；对有测土数据的农田，则采用2005—2017年间耕层采样数据，对原有数据进行了更新。通过对两源数据的提取、土层转换、合并、插值，最终生成各省级行政区土壤有机质含量分布图（土层厚度0—30cm），这样既可较精细展示出各省级行政区土壤有机质含量的空间分布特征，也能保证所做专题图有很强的现势性。

三个数据源制图表达结果比较显示，采用异源数据合并表达的方式制图，各分省图展示的有机质含量空间分布特征与二普小比例尺图相近，但制图精度有较大改进，一个省级行政区域内土壤有机质含量的空间分布特征更为清晰（表5）。

表5　三个数据源制图表达结果比较

数据源	土壤有机质含量图制图表达效果	
	优点	存在问题
采用二普完成的手绘图	小比例尺手绘图中，土壤有机质含量地带性分布特征十分明显；基本无数据空区	局部地区图斑大，制图精度不够
采用新的测土数据插值生成	有数据的区域制图精度高	占陆域面积约80%的林地、草地和一些县域无新的测土数据，难以通过采样点插值生成覆盖全域的有机质含量图
异源数据合并表达	基本无数据空区；制图精度有较大改进；小比例尺图中土壤有机质含量的地带性分布特征被保留	用混合时段数据表达全陆域土壤有机质含量分布状况，其中林地、草地数据主要源于20世纪80年代采样数据，农田数据更新至2017年

表6汇总了分省土壤有机质含量图的主要制图信息。制图采用异源数据合并表达的方式，生成的分省土壤有机质含量图所代表的时间段为1979—2017年，图中核算土壤有机质含量的土层厚度为0—30cm。

表6　分省土壤有机质含量图制图信息

制图数据	异源数据合并表达
采样时间	草地、林地及其他非农田土壤采样时间段为1979—1987年，农田土壤采样时间段为2005—2017年
土层厚度	0—30cm（对采样深度不足0—30cm的耕层采样数据，用剖面数据进行了土层厚度转换，统一转换为0—30cm）
制图方法	普通克利金插值（ordinary Kriging）
网格尺寸	200m

2. 制图表达说明

我国地域辽阔，各地土壤有机质含量差异极大。西北部地区降水量少，土壤粗砂粒含量高，风沙土、漠土大量分布，占我国陆域总面积的12.6%，其0—30cm土层内有机质平均含量不到10g/kg；东北部地区雨量充沛，气候、植被有利于土壤有机碳累积，其0—30cm土层有机质平均含量在40g/kg以上。另外，一些省级行政区的土壤有机质含量变化范围很宽，如内蒙古土壤有机质含量主要为4—70g/kg；而北京、山东等地土壤有机质含量变化范围很窄，为7—17g/kg。

为使各省级行政区域内土壤有机质含量空间分布特征均能得到充分展示，编者在分省土壤有机质含量图的图示和图例表达中对有机质含量范围进行等距划分分级，根据各省级行政区土壤有机质含量分布特征，将有机质含量分为 7—14 个等级。各分级的颜色设计及其 RGB 与 CMYK 色码见附录 8。

（三）分省地势图

根据各省级行政区的成图比例尺和地形特点，选取合适精度的数字高程模型（DEM）栅格数据，确定设色原则和色层表进行分层设色，编制彩色晕渲的分省地势图。图中的河流水系及山峰、山脉等地理要素基于中国地图出版社研制的多尺度中国地图数据库选取，按各省级行政区地图设定的投影参数和比例尺投影转换后进行数据融合处理，再进行图形化编辑和地图整饰，最后输出成图。各省级行政区的彩色地貌晕渲图，按 0—50—200—500—1000—1500—2000—3000—4000—5000—6000m 及以上设计统一的高度表，但对一些低海拔平原地区，如天津、山东、上海等省、直辖市，则增添了 20m 等高距。确定统一的设色原则，建立色层表，以深绿色—黄绿色—棕色—紫色色调的象征色过渡方式表示海拔由低向高过渡，低海拔地区以绿色为主，中海拔地区以棕色为主，高海拔地区的高寒地带则用冷色调紫色。地势图中的其他地理要素，地级市及以上级别居民地全部选取，县级居民地根据图面载负量情况酌情选取；河流按等级选取以反映地域水系结构特点，主要河流加注名称；成图面积 4mm² 以上的湖泊和水库全部选取，大型湖泊、水库加注名称，适当选取小面积湖泊以反映区域分布特点；山脉按等级选取，仅标注主要山脉主峰和知名山峰。

县域中心区气候特征图表编制

气候是五大成土因素之一，也是土壤质量的重要影响因素。为便于读者了解各地土壤资源与质量状况及其与气候特征的关联，编者编制了各县域中心区（位于各县域中心点、代表面积约为 400km² 的区域）气候特征值表、月平均气温与月平均降水量分布图。各县域中心区气候特征值是通过对 160 个中国地面国际交换站的气象年值、月值以及日值数据的计算和空间分析获得的。气象数据的相关用语也采用中国地面国际交换站所用的表达方式。鉴于各地气候特征值需要依据多年气象观测数据分析和提取，而二普采样时段为 1979—1987 年，因此采用了 1971—2000 年共计 30 年的年值、月值和日值气象数据，气象数据时段覆盖二普采样时段。

在分县气候特征值编制过程中，先从相应的各数据源中提取出各站点年值、月值以及日值数据，再按照表 7 所示计算方法，计算 160 个站点的各项气候特征值并对其分别进行插值计算，获得覆盖我国全域、网格尺寸约为 20km 的网格化气候特征年值与月值数据，最后再与县域中心点图层叠加，提取出各县中心区气候特征值。各县所处气候带则是通过县域中心点图层与中国气候区划图叠加后提取获得的[17]。

表 7　县域中心区气候特征值的计算方法与数据来源

县域中心区气候特征	计算方法	气象数据来源
年平均气温 /℃	30 年的年值平均	中国地面国际交换站气候标准值年值数据集（160 个站点，1971—2000 年）
年平均最高气温 /℃		
年平均最低气温 /℃		
年降水量 /mm		
年平均相对湿度 /%		
年日照时数 /h		
月平均气温 /℃	30 年的月值平均	中国地面国际交换站气候标准值月值数据集（160 个站点，1971—2000 年）
月平均降水量 /mm		
≥10℃的积温 /℃	一年中日平均气温≥10℃的温度值加和	中国地面国际交换站气候资料日值数据集（160 个站点，1971—2000 年）
干燥度	修正的谢良尼诺夫公式： $干燥度 = 0.16 \times \dfrac{全年 \geq 10℃的积温}{全年 \geq 10℃期间的降水量}$	
气候带	提取	1:3200 万中国气候区划图

分县主要土壤类型与土壤剖面点分布图编制

编制分县主要土壤类型与土壤剖面点分布图的主要目的是使读者在一个较小的图幅上也能大致了解一个县域内主要土壤类型概况。编者通过对全国1∶5万土壤图的缩编表达，为有土壤剖面数据的县级行政区编制了分县主要土壤类型图。受地图幅面限制，在分县土壤图中，仅保留了我国土壤分类系统中的第三层级——土类，通过缩编滤掉了亚类、土属、土种信息。

各分县主要土壤类型与土壤剖面点分布图的制图采用幅面固定、制图比例尺自适应的方法，制图比例尺一般为1∶35万—1∶20万，自适应制图由编制者自行设计的软件模块自动完成。

在分县主要土壤类型与土壤剖面点分布图中，各土类颜色与中国土壤图中采用的土类颜色相同（附录5）。图中各土类在图例中的排序则按各土类占本县县域面积比例从大到小的顺序排列，便于读者了解本县内主要土壤类型的分布。

在分县主要土壤类型与土壤剖面点分布图中，为便于读者查找，剖面点按照其在图面的位置，先左后右、先上后下顺序编码，编码过程也由ISPP软件包（表3）中的模块自动完成。

分县主要土壤类型与土壤剖面点分布图中的基础地理底图来源于国家基础地理信息中心提供的1∶25万DLG（公众版）数据（使用许可协议编号：非2011-1011），基础地理信息要素的图示与图例表达主要参照相关国标（详见附录4）。为保证本数据集中主要土壤类型与土壤剖面点分布图的内容和土壤剖面数据表对应，分县主要土壤类型与土壤剖面点分布图中的市级界线、县级界线均采用二普时的普查界线，并以此作为分县主要土壤类型与土壤剖面点分布图的分幅标准。为兼顾地名位置定位准确性和图书实用性，地图中乡镇级及以上居民地分别根据新版《中华人民共和国行政区划简册》和各省级行政区地图册进行了更新，现势性截至2021年12月。为更好地表现全书的系统性与协调性，在地图下方加注说明县级行政区划变更情况，部分市辖区图幅的图名根据图上县级居民点进行了更新。

二普后，随着城市化的加快，城市周边土地利用情况变化很大，居民地面积大幅增加，导致一些分县土壤图中的土壤面积占县域面积比例和分县主要土类说明中的一些土类面积占县域面积比例较二普时均有下降。在一些大城市周边县（市、区），土地利用情况的变化使各类土壤总面积不到县域面积的60%。

二普时，分县完成了1∶5万比例尺土壤图编绘后，还通过省级汇总和缩编制图，完成了1∶50万比例尺省级土壤图。在省级汇总中，对一些分县土壤图中原有土壤类型名进行了修订。例如，浙江在进行省级汇总时，将分县土壤图中原命名为侵蚀型红壤亚类的大部分土属划归粗骨土类；安徽、湖北等省在省级汇总时将黏盘黄棕壤亚类改为黄褐土类。在对二普调查成果的数字整合中，编者仅收集到约1600个县的大比例尺土壤图（表2）。对大比例尺图数据缺失的县，则以省级土壤图裁切方式进行了补全。这种补全虽有利于完成覆盖我国全域的高、中精度土壤图，但也引起了在一个省级行政区里源于分县和分省的两类土壤图中土壤分类命名不统一的问题，编者在尽量保持调查资料原始记载的前提下，对这类问题进行了力所能及的修订。

分县土壤剖面理化性状表编制

分县土壤剖面理化性状表是本数据集的主体内容。前文已对各项土壤理化性状应用范围以及从分县纸质土种志中进行信息提取、表达和制作的方法做了说明，本节仅对土壤理化性状测试方法、剖面点坐标匹配方法与土壤剖面分类名的修订加以说明。

（一）土壤理化性状测定方法

本数据集所列土壤理化性状的测定方法见表8。其中，土壤有机质含量，土壤氮、磷、钾全量与有效态含量，pH，土壤阳离子交换量的测定方法以及土壤分类方法均为国标方法。剖面理化性状表中的土壤全氮、全磷、全钾、碱解氮、有效磷、速效钾含量均以N、P、K纯养分量计。

在二普中，我国大多数地区土壤质地分级采用了卡庆斯基制，仅极少数地区采用了国际制。其中，卡庆斯基制采用了简制，将土壤质地分为3组9种类型；国际制将土壤质地分为12种类型（表9）。由于两种分级制中的质地分级名并无重复，因此在分县土壤剖面理化性状表中未对两种分级制的分级名进行合并。

表8　土壤理化性状的测定方法

土壤理化性状	测定方法
有机质	湿灰化或干灰化消化后，重铬酸钾滴定法测定（丘林法）
全氮	凯氏定氮法测定
全磷	酸溶或碱熔消化后，钼锑抗比色法测定
全钾	碱熔或酸溶消化后，火焰光度法或四苯硼钠比浊法测定
pH	水浸提法，水土比为5:1或2:1
碱解氮	扩散吸收法（康惠法）测定
有效磷	中性及石灰性土壤：Olsen法测定；酸性土壤：Bray法测定
速效钾	醋酸铵浸提后，火焰光度法或四苯硼钠比浊法测定
阳离子交换量	醋酸铵法测定

表9　卡庆斯基制与国际制土壤质地分级名

等级序号	卡庆斯基制[1)]土壤质地分级名	等级序号	国际制[2)]土壤质地分级名
1	松砂土	1	砂土
2	紧砂土	2	壤质砂土
		3	砂质壤土
3	砂壤土	4	壤土
4	轻壤土	5	粉砂质壤土
5	中壤土	6	砂质黏壤土
		7	黏壤土
6	重壤土	8	粉砂质黏壤土
7	轻黏土	9	砂质黏土
		10	壤质黏土
8	中黏土	11	粉砂质黏土
9	重黏土	12	黏土

注：1）卡庆斯基制指按卡庆斯基粒径分级的质地分类。该分类制有简制和详制两种。简制有3组9种质地，其主要特点是将土粒分为物理性黏粒和物理性砂粒两级；按物理性黏粒或物理性砂粒的数量进行质地分类，而不是按照砂粒、粉粒、黏粒三个粒级的质量比分组。详制是在简制的基础上，把9种质地进一步细分为39种质地类别，把含量最多和次多的粒组作为冠词，顺序放在简制名称前面，主要用于土壤基层分类及大比例尺制图。卡庆斯基还提出根据石砾含量而定的附加分类，也可作为质地分类的冠词，主要应用于山地土壤的质地分类。

2）国际制土壤质地分类在第二届国际土壤学会上通过，根据砂粒（粒径0.02—2mm）、粉粒（粒径0.002—0.02mm）、黏粒（粒径小于0.002mm）三粒组含量的比例，通过国际制土壤质地分类三角图，以黏粒含量为主要标准，小于15%者为砂土质地组和壤土质地组，15%—25%者为黏壤组，黏粒含量大于25%者为黏土组，划定12种质地类别。

（二）土壤剖面点的坐标匹配

含地理坐标的剖面数据可直观展示该土壤剖面点所代表土壤的土层厚度、土体构造及理化性状等特征，也是构建推理模型，进行土壤及其理化性状数字制图的基础。

二普完成的分县土种志中虽无典型剖面地理坐标记载，却有关于剖面采样地点、景观和土壤剖面分类命名的详细记录，如乡镇名、村名、高程和土类、亚类、土属、土种名等。从1:5万土壤类型图与1:5万基础地理信息数据库中也能提取出上述信息。在1:5万比例尺空间数据库中,空间对象分辨率可达到100m×100m精度,折合为1hm²。在全国性土壤调查中,对于选择、确定典型剖面采样点点位,通常要求其所代表的土壤类型在面积上能代表采样点周围100亩(1亩 ≈ 666.7m²)以上的土壤,通过这种匹配方法获得的点位对实际采样点点位有较高的代表性。

为了使分县土种志中记载的剖面数据获得坐标,编者构建了多要素土壤剖面点坐标匹配模型,无空间坐标的土壤剖面从1:5万土壤类型图和基础地理信息数据库中获得空间坐标。坐标匹配模型工作机制如图2所示。首先,从分县土种志中提取出A源数据,即每个剖面隶属的土类、亚类、土属、土种名及剖面采样点地名、采样点高程等多要素信息;然后,用分县1:5万土壤图与多要素基础地理信息数据库叠加,生成含土类、亚类、土属、土种名和村名、乡镇名、高程等要素信息的空间数据,即B源数据;最后,利用多要素匹配模型,逐县对A、B两源数据进行匹配。当A源数据中某剖面点土类、亚类、土属、土种名和采样点地名、高程与B源数据中某土壤要素空间对象的四个土壤分类名、地名、高程等多要素信息一致时,该剖面点获得B源数据中土壤要素空间对象中心点坐标。若一个县域内,某剖面点与B源数据中多个空间对象存在配对关系,则取其中面积最大的空间对象的中心点坐标。

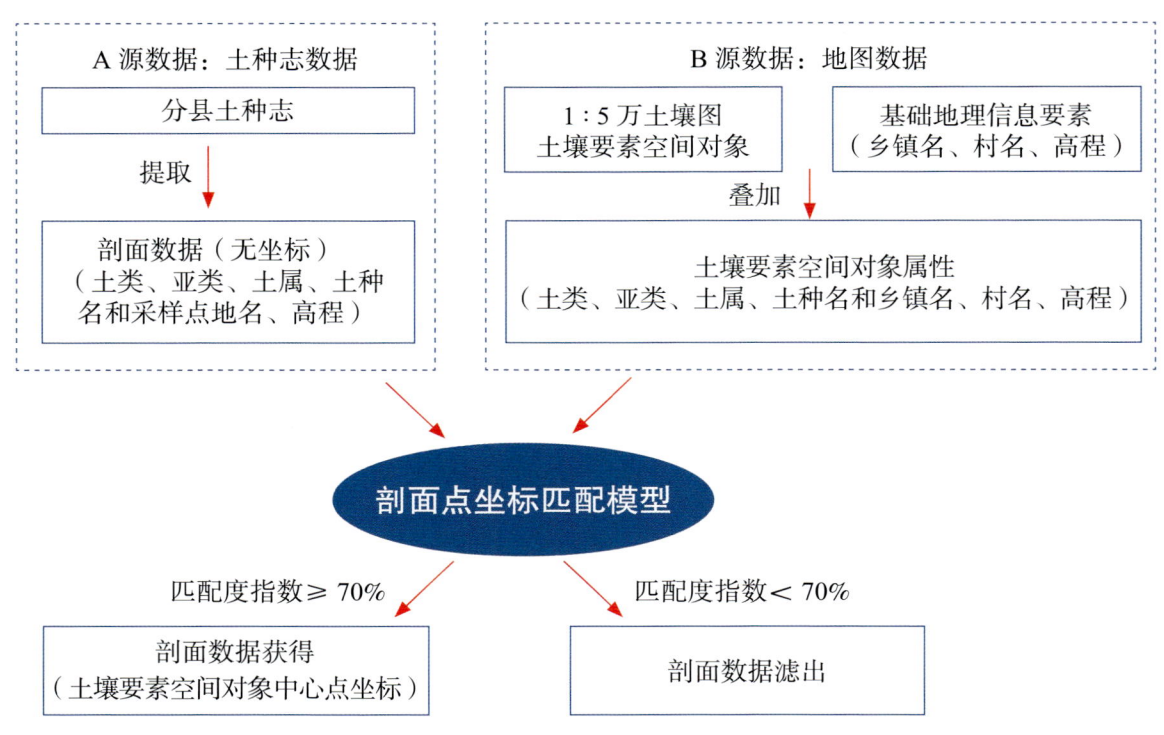

图2 土壤剖面坐标匹配模型工作机制图

为衡量每个土壤剖面坐标匹配的质量,在匹配模型中植入了匹配度评价模型,分析和提取每个土壤剖面点坐标匹配中多要素信息的吻合度。匹配度指数较高,代表两源数据中的土类、亚类、土属、土种名和地名、高程等多要素信息一致性高;匹配度指数较低,代表A、B两源多要素信息存在一些不一致性;匹配度指数小于70%的剖面数据会被滤出,该剖面也会从分县土壤剖面理化性状表中删除(表10)。利用坐标匹配模型,从分县土种志中提取出的10万余个剖面数据中,有6万多个获得了地理坐标并被收录于本数据集的分县土壤剖面理化性状表中,有约3万个由于匹配度指数较低被滤出。

表10 坐标匹配的匹配度指数及释义

匹配度指数 / %	释义
90—100	匹配度高:A(分县土种志)、B(地图)两源数据中乡镇名、村名和三个以上土壤分类名(土类、亚类、土属、土种)、高程均一致
80—90	匹配度较高:A、B两源数据中乡镇名、村名和两个土壤分类名(土类、亚类)、高程一致
70—80	具有一定匹配度:A、B两源数据中乡镇名、村名、土类名、高程一致
<70	匹配度较低:A、B两源数据中地名和土类名不能全匹配

为检验通过匹配模型获得地理坐标的剖面对当地土壤类型是否具有代表性,编者自2008年以来,在河北、

山东、黑龙江、宁夏、海南等地挖取了300余个校验剖面，进行了比对研究。比对研究结果显示，校验剖面与二普完成的剖面记载在土壤类型、土体构造、母质、质地等土壤质量慢变化性状上都有很好的一致性。

（三）土壤剖面分类名的修订

分县土壤剖面理化性状表列出了每个土壤剖面的分类名。土壤分类名是对某一类土壤资源的抽象概括和表达，表述了各类土壤的主要成土过程以及各类土壤综合性的典型特征。如黑土是指在温带半湿润地区草甸草原植被条件下形成的具有深厚均匀腐殖质层的土壤，呈黑色，富含有机质和各种养分；褐土是指在暖温带半湿润地区形成的具有弱腐殖质表层和黏化层的土壤，盐基饱和度较高，呈棕褐色。土壤分类名既具有典型性，又具有综合性，是土壤最基本的属性。

二普中，我国基于全国第一次土壤普查经验制定了六等级土壤分类系统，这也是目前的国标系统。该系统中的六等级分别为土纲、亚纲、土类、亚类、土属和土种，从高级到低级，不同层级之间为隶属关系。其中，土纲用于界定水、温等主要的土壤成土条件，亚纲用来进一步区分土纲内成土条件与过程的差异，土类反映成土条件引致的最典型土壤特征，亚类反映土类内成土条件引致剖面特征的进一步分异，土属反映母质等成土条件引致亚类剖面的分异，土种反映同一土属中土壤的分异或当地群众对该土壤的命名。

在对各地土壤调查数据进行全国汇总时，编者发现，从全国2200多个分县土壤剖面资料中提取出的土壤分类名与我国在1998—2009年发布的三版《中国土壤分类与代码》国标差异较大[18-20]。国标发布的土类、亚类、土属、土种名数量分别为60个、229个、663个和3246个，而从2200多个分县土壤图件与剖面资料中提取出的土类、亚类、土属、土种名数量分别为312个、1520个、12150个和43200个。对国标上从未出现的土壤类型名进行审核和归并需要有土壤分类学上的依据。通过对俄罗斯、美国、加拿大、澳大利亚、德国、英国等各国土壤分类研究及发展状况的研究，编者总结了我国和其他世界各国过去半个世纪中在土壤分类方面的经验，确定了土壤剖面分类名的修订原则[1]。

研究显示，我国国标分类系统中的第三层级——土类（附录6），能很好地反映我国主要土壤类型形态上的典型特征。通过土类及其隶属的12大土纲可清晰展现出我国60个土类受温度、海拔、降雨、土壤发育度、地下水盐运动、耕种垦殖等主要成土条件影响而形成的地带性分布特征。另外，土类本身属于高层级分类，数目有限，命名符合汉语语言特征，易于专业及非专业人员掌握。通过土类名，读者能够辨识各种土壤类型，了解其成土过程、土壤质量与肥力特征。因此，在土壤剖面分类名的修订中，应重视维护土类名的稳定性。根据这一原则，在对分县资料中土壤分类名的编审中，编者将国标发布的60个土类名进行了归并，对亚类及以下的中、低级分类名称则在尽量保留现场获取的一手土壤调查信息的前提下进行适度归并与整合。

为便于读者了解我国目前采用的土壤分类名与国际土壤学会推荐的土壤分类名（world reference base for soil resources，WRB）[21]之间的关联，附录6中还给出了由史学正研究员通过剖面比对建立的WRB土组名与我国60个土类名的关联及WRB土组名对我国土类名的最大可参比性[22]。

（四）剖面土层代码

在形成过程中，由于物质迁移和转化，土壤会分化成一系列组成、性质和形态各不相同的层次，称为发生层或土层。土壤剖面各土层的顺序和变化情况，反映了土壤形成过程及土壤性质。

目前各国尚无统一的土层命名。1967年国际土壤学会提出将土壤剖面划分成O层（有机层）、A层（腐殖质层）、E层（淋溶层）、B层（淀积层）、C层（母质层）和R层（基岩）等6个主要土层。全国土壤普查办公室编制出版的《中国土种志》（6卷）[23-28]、《中国土壤》[29]则将自然土壤剖面划分成O层（凋落物有机质层）、A层（表层）、B层（淀积层）、C层（母质层）、D层（岩石碎屑层）和R层（坚硬岩石层）等6个主要土层；将旱地农田土壤划分成A（耕层）、C_1（心土层）和C_2（底土层）等几个主要土层；将水田土壤划分成Aa（耕作层）、Ap（犁底层）、P（渗育层）、W（潴育层）和G（潜育层）等5个主要土层。

由于分县土种志中，土层代码和释义与以上文献给出的土层码不尽相同，因此在数据集编制中，编者主要保留了2200多个分县土种志中实际采用的土层代码和释义（表11）。为便于读者参考，编者在附录6中列出了引自《中国土壤》部分土类典型剖面的土体构造及其关联的土层代码[29]。

表 11　土壤剖面土层代码和释义[1]

代码		释义
自然土壤与旱地土壤	Ao	位于土表的枯枝落叶层
	A	自然土壤指表土层，耕地土壤指耕作层
	B	心土层，受成土作用形成的淋溶淀积层
	C	底土层，受成土作用少的母质层，较紧实，通常不受耕作、施肥影响
	D	未风化的母岩层，岩石碎屑层
水田土壤	A	耕作层，亦称淹育层和作物栽培层
	P	犁底层，位于耕作层下，经机械耕作和黏粒淀积，结构较为紧实
	W[2]	潴育层，位于犁底层下，水田在干湿交替作用下，铁、锰淋溶淀积形成斑纹层，使水稻土有较好的通透性，渗水而不漏水，渍水而不滞水
	G	潜育层，存在于水稻土、沼泽土和泥炭土中。土体长期积水，通透性不良，在还原状态下形成青灰色土层又叫青泥层，作物受还原性物质危害。若在其他土层出现，可用 g 表示，如 Pg、Wg
	E	漂洗层，侧渗作用下黏粒、有机质被淋洗，铁质溶脱，形成灰白色或白色漂洗层

注：1）表中土层代码和释义主要根据全国各分县土种志中实际采用代码和释义进行综合与汇总。土体构造中，两个字母并列表示过渡层土壤，例如 AB 层、BC 层等。
　　2）一些地区将潴育层细分为 W_1（渗育层）和 W_2（淀积层）两层。渗育层指有明显水化铁层，多见黄色锈斑；淀积层指明显有铁锰淀斑或铁锰结核的土层。

（五）其他

分县土壤剖面理化性状表中，空格代表本项无数据。

若土壤剖面的土层码为数字，则表示调查中未对该剖面的各分层进行土层代码赋码。对这类剖面，编者按从地表至底土顺序赋土层序号 1、2、3……。土层序号不具有土壤发生学上的含义，仅表达每一土层的顺序。

分县土壤剖面理化性状表中土层厚度的上、下边界表示该土层采样范围。例如：土层厚度为 0—17cm，表示土层采自剖面 0—17cm 部位；土层厚度为 50—100cm 表示采自剖面 50—100cm 部位。一些剖面底土的土层厚度仅有上界而无下界。例如：85—，表示该土层采自剖面 85cm 至更深部位。

个别剖面上、下土层的上、下边界相互不衔接，例如：两个土层厚度分别为 0—10cm、30—35cm，表示该剖面的采样为不连贯采样，每个土层只选取了该土层的代表性层段。

一些剖面分层样本上、下土层的上、下边界相互不衔接，例如：按从地表至底土顺序，6 个土层采样范围分别为 0—13cm、13—18cm、18—40cm、18—32cm、32—100cm、50—100cm，其中第三个土层 18—40cm 为额外增加的采样层。在土壤调查中，当调查者认为需要对某些区域或土类的特定土层进行单独采样和分析时，往往会出现这一情形。为了最大限度保持第一手调查资料的完整性，编者将这类土层也编入了分县土壤剖面理化性状表中。

本卷收录的北京市、天津市和河北省典型土壤剖面分别为 220、124 和 2545 个，共计 2889 个。通过对剖面数据的土层厚度转换，附录 9 给出了这些典型剖面 0—20cm 土层土壤理化性状中位数与平均数。二普剖面采样为典型土类采样，而非网格化采样。0—20cm 土层土壤理化性状中位数与平均数不代表本省（市）土壤理化性状平均状况。但二普是我国最早的大样本量调查，附录 9 所示的 0—20cm 土层土壤理化性状中位数与平均数对了解北京市、天津市、河北省 20 世纪 80 年代土壤肥力性状具有一定参考价值。

附录 10 列出了北京市、天津市和河北省耕地、园地、林地、草地和湿地 0—30cm 土层土壤有机质含量的平均值。该值由北京市、天津市和河北省土壤有机质含量图和自然资源部土地科学数据中心编制的 2019 年 1∶100 万比例尺全国土地利用缩编图通过叠加、计算生成。其中，耕地包括水田、水浇地、旱地三种土地利用类型；园地包括果园、茶园和其他园地三种土地利用类型；林地包括有林地、灌木林地和其他林地三种土地利用类型；草地包括天然牧草地、人工牧草地和其他草地三种土地利用类型；湿地包括沼泽地、沿海滩涂和内陆滩涂三种土地利用类型。鉴于北京市、天津市和河北省土壤有机质含量图源于大样本量地面采样，土壤有机质含量亦为变化较慢的土壤质量性状[15]，附录10对了解北京市、天津市和河北省耕地、园地、林地、草地和湿地的土壤有机质含量状况及演变具有较高的参考价值。为便于读者了解北京市、天津市和河北省耕地、园地、林地和草地四种土地利用类型中受成土过程影响而形成的各主要土壤类型及其在各土地利用类型中的占比情况，附录11给出了主要土壤类型在这四种土地利用类型中的占比。

土壤专题图与土壤剖面数据可靠性检验

该检验目的是对数据集中的土壤专题图和土壤剖面数据能否真实反映土壤资源与土壤理化性状及其空间分布特征给出科学、客观的评价。另外，数据集中的土壤专题图和土壤剖面数据主要源于1979—1987年的二普和2005—2017年在全国测土配方施肥项目中的土壤养分调查，因此，该检验也是对我国两次全国性土壤调查所获成果的质量评估。

对土壤专题图及含地理坐标的剖面数据的检验涉及地图制图学、测绘科学、土壤学、地统计学等多学科内容，而对于不同的学科，数据检验的目标和内容也不同。对于地图制图，精度检验十分重要；而在土壤学范畴，可靠性检验更为重要。精度检验方面，本数据集剖面坐标是通过1∶5万比例尺地图数据匹配获得，匹配用地图精度直接影响剖面数据坐标精度。可靠性检验方面，土壤专题图和土壤剖面数据均属于土壤学范畴，还需要从土壤学角度给出科学评价。借助目前仍在发展中的地统计方法，编者最终给出了合理的可靠性检验方法。为便于读者理解，本节将重点说明两点：一是地图精度与土壤专题图制图的关联；二是土壤专题图和剖面数据的地统计检验结果。

在地图制图中，地图精度用于衡量某一地物点或地物轮廓点的平面位置和高程位置偏离其真实位置的平均误差。这里的地物点或地物轮廓点可以是测量控制点、水准点、道路交叉点、境界线方向变化点、山脚点、山顶等。地图精度与地图投影、比例尺、制作方法和工艺有关。地图比例尺不同，误差控制要求也不同。一般来说，地图比例尺越大，误差越小，精度越高。换言之，地图精度或比例尺主要反映对地图中基础地理信息要素，如测量控制点、河流、道路、等高线、境界的误差控制要求。

在土壤专题图制图中，需要用基础地理信息要素标识土壤要素空间位置。在较早的土壤调查中，没有GPS设备，通常用纸质地形图为底图标识采样点位置。地面土壤采样调查完成后，根据底图标记的采样点位置和实测获得的土壤要素值，由经验丰富的土壤科学家依据土壤及相关要素的空间分布、空间相关性和空间依赖性规律进行人工综合判图，在底图上手工完成土壤专题图的勾绘和制图。我国的二普与欧美各国在20世纪80年代之前进行的全国性土壤调查基本均采用这一方法进行土壤专题图编绘。二普为大样本量土壤调查，采样密度高，采用1∶1万大比例尺地形图为工作底图，全国共挖取土壤观察剖面550余万个，采集0—20cm土壤表层样本200余万个，通过综合判图和人工勾绘，最终完成分县1∶5万比例尺土壤图和各类土壤养分含量图的编制。土壤专题图比例尺不代表地图中对土壤要素的误差控制要求，客观上，地面采样中应用大比例尺的工作底图，采样密度高，土壤采样点均衡分布于调查区域中，以此为依据编制的土壤专题图能精细地表达调查区域内土壤要素的空间变化特征。采样密度低的土壤调查结果则不适合编制大比例尺土壤专题图。

近年来，随着GPS和GIS技术的发展，地统计方法已较多用于反映和研究土壤要素的空间变化规律。地统计方法不仅提供了利用含地理坐标的土壤采样点数据制作土壤专题图的地统计模型，还提供了对模拟结果进行不确定性检验的方法。地统计检验的主要目的是了解模拟结果对真实情况反演的客观性和可靠性，而不是评价地图中土壤要素的精度或误差控制。检验结果既受地面采样原则、采样量的影响，也受所选模型类型、建模过程中是否引入协变量等因素的影响。

由于二普完成的土壤图和养分含量图中没有采样点标注，难以对其进行地统计检验。为此，编者同时对我国在全国测土配方施肥项目中完成的有GPS定位坐标的农田耕层土壤有机质含量数据进行了地统计分析和检验。与二普相似，全国测土配方施肥项目也按网格化均匀分布原则进行大样本量、高密度土壤采样，全国总计完成1000万个农田土壤耕层样本的采集。

检验方法为：首先，在我国东、南、西、北、中不同地域选取7个代表性片区，每片区包含地域相连、域内无大面积剖面点缺失的多个行政县，且含土壤剖面点500个以上。其次，提取7个片区源于二普剖面0—

20cm 土层和源于 2005—2017 年 0—20cm 农田耕层采样的土壤有机质含量数据。二普剖面数据的采样特征为在优先选取典型土壤类型的前提下，尽量均衡分布；样本量较小，全国有 6 万多个具有匹配坐标的剖面。2005—2017 年农田养分调查数据为网格化均衡分布的大样本量，全国完成了 1000 万个有 GPS 定位坐标的耕层样本。最后，用普通克利金插值（ordinary Kriging）方法进行地统计分析和检验。在每片区剖面点和耕层采样点的数据中分别随机选取 80% 作为训练样本集，20% 作为验证样本集，同时进行建模；将验证样本预测值与实测值进行线性回归，计算 R^2（决定系数）和 RMSE（均方根误差），以此评价两组数据表达土壤要素空间分布特征的可靠性和误差。选择土壤有机质含量作为检验指标的原因为该指标是最重要的土壤质量性状之一，且可量化表达，便于进行地统计检验。

二普剖面数据的检验结果显示，在 7 个代表性片区，剖面点数据表达的有机质含量分布状况可靠性均达极显著水平（表 12）。这表明，尽管二普典型剖面数据为非网格化采样，含地理坐标样本量较少，需采用匹配坐标替代原点坐标，但在一个由多县组成的片区内，当剖面样本量达到一定数量后，即使未引入可极大改进 R^2 的地形、土地利用类型等辅助变量，用普通克利金插值仍然能比较真实、可靠地反演土壤要素空间分布特征。2005—2017 年耕层采样点数据的检验结果显示，与二普剖面点数据相比，大部分片区的有机质含量分布数据 R^2 更大（达到中等相关至强相关），RMSE 更小，可靠性和预测精度明显更优，这说明就表征土壤要素空间分布特征而言，网格化均衡分布的大样本量采样得到的数据可靠性和精度相对较高。这为二普大比例尺土壤专题图数据（土壤图和土壤 pH、有机质、氮、磷、钾养分含量图）的地统计检验特征提供了佐证。二普大比例尺土壤专题图数据均源于网格化均衡分布的大样本量地面调查，其可靠性和精度应优于二普剖面点数据。

两组数据地统计检验结果还显示，尽管相隔近 30 年，两时段调查的土壤有机质含量也有一定变化，但各片区土壤有机质含量的空间分布规律总体相近。图 3 展示了东北片区两组数据通过普通克利金插值获得的土壤有机质含量分布图。可以看出，尽管二普土壤剖面样本数（546）远少于农田耕层土壤样本数（45182），20% 校验集所获 R^2 较低，预测值与实测值偏差较大，但两组数据展示的土壤有机质含量空间分布格局相近，均为东北角最高，西南角最低。另外，该片区 2005—2017 年的农田耕层有机质含量均值为 36.41g/kg，低于 1979—1987 年的二普采样结果（40.53g/kg），这一结果与东北地区所做长期定位试验结论一致。这表明，本数据集剖面数据可为了解土壤质量时空演变规律提供可靠的数据支持[9]。

表 12 二普典型土壤剖面数据和 2005—2017 年耕层采样点数据的地统计检验结果

编号	片区名	县数	面积 /km²	二普剖面土壤有机质含量[1]			耕层土壤有机质含量[2]		
				样本量	R^2 [3]	RMSE[3]	样本量	R^2 [3]	RMSE[3]
1	东北片区	19	72353	546	0.329**	14.77	45182	0.689**	6.32
2	冀鲁豫片区	64	50071	881	0.363**	5.65	256341	0.429**	3.47
3	江浙片区	53	63003	1312	0.334**	8.83	51759	0.666**	4.05
4	湖北片区	10	21044	515	0.286**	20.21	60545	0.281**	11.09
5	四川片区	39	98052	1283	0.380**	9.20	206682	0.344**	7.08
6	粤闽赣片区	27	58745	801	0.223**	13.33	51759	0.285**	6.42
7	陕甘片区	47	109010	990	0.296**	7.20	256341	0.558**	2.48

注：1）数据源于二普土壤剖面（1979—1987 年采样，0—20cm 土层）数据库，土壤有机质含量单位为 g/kg。
2）数据源于 2005—2017 年农田耕层（0—20cm）土壤养分调查数据库，土壤有机质含量单位为 g/kg。
3）20% 验证样本所获预测值与实测值的线性回归 R^2（决定系数，其中 ** 表示 1% 水平显著）和 RMSE（均方根误差）。

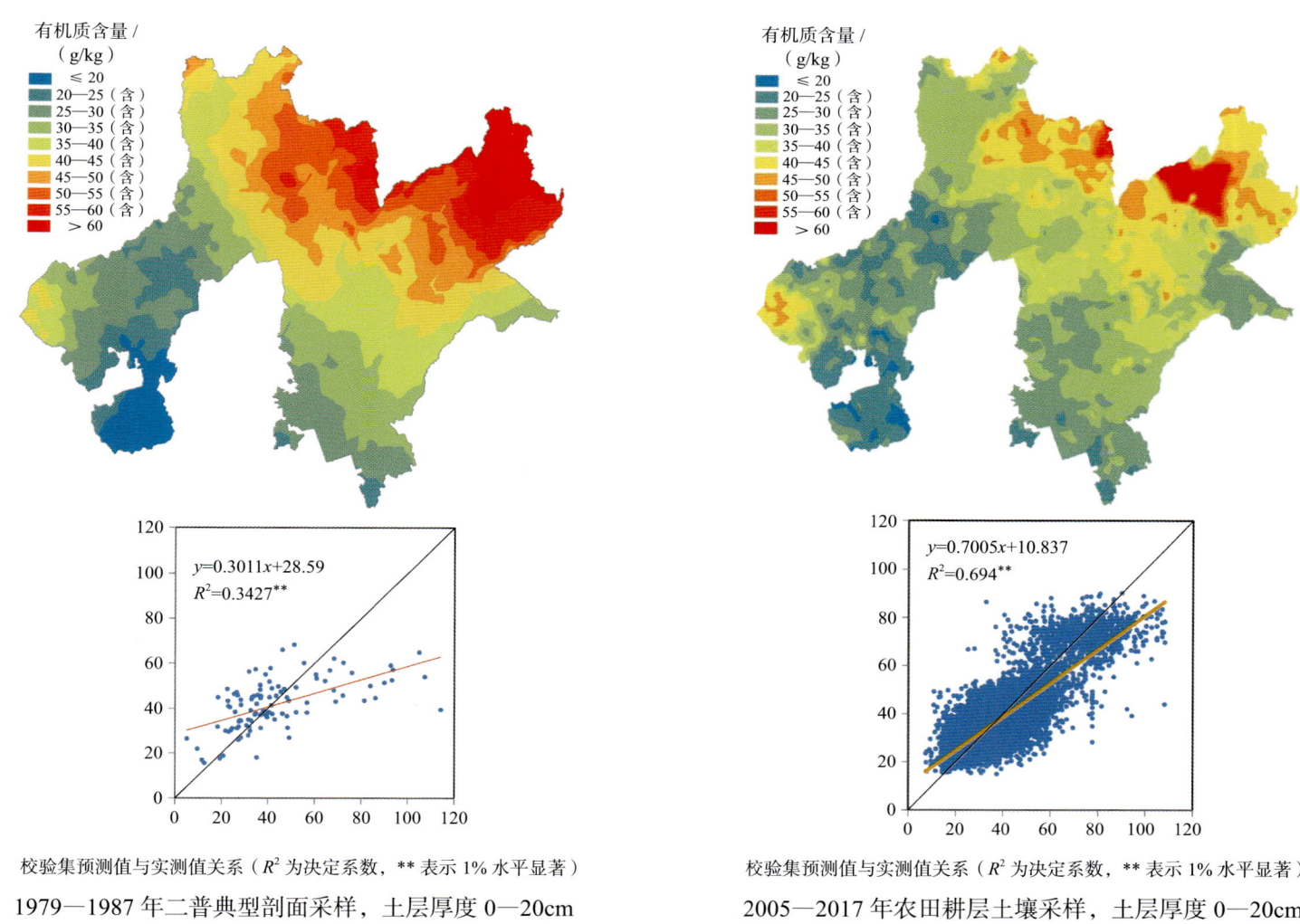

校验集预测值与实测值关系（R^2 为决定系数，** 表示 1% 水平显著）
1979—1987 年二普典型剖面采样，土层厚度 0—20cm

校验集预测值与实测值关系（R^2 为决定系数，** 表示 1% 水平显著）
2005—2017 年农田耕层土壤采样，土层厚度 0—20cm

图 3　东北片区土壤有机质含量分布图及地统计检验结果

参编单位

《中国土壤剖面数据集》的编制工作始于 1998 年。其编制过程主要分为以下两个阶段：

第一阶段为全国 1∶5 万土壤图编制和中国剖面数据库构建阶段。20 世纪末，随着现代科学研究与管理对土壤时空信息的迫切需要和大数据技术的发展，利用土壤调查结果构建我国土壤资源与质量时空数据库日益显现出可行性和必要性。1998 年，我国土壤科技工作者开始对二普分县土壤图件和资料进行系统收集和整理，这项工作曾得到国家社会公益性研究专项的资助。"十一五"期间，"我国 1∶5 万土壤图籍编撰及高精度数字土壤构建"被列为国家科技基础性工作专项重点项目。在全国各地农业、国土、档案等多家单位的大力配合和各地土壤科技工作者的支持下，项目组汇聚全国土壤科学、农业、测绘与环境领域多家专业科研院所的科研力量，深入 31 个省、自治区、直辖市以及数百个县的原始图件与资料存放部门，完成了 2200 多个县的分县大比例尺纸质土壤图与土种志的收集。同时，项目组还收集了 31 个省、自治区、直辖市的分省土壤图、土壤有机质含量图等多类别土壤专题图和分省土壤调查资料，并在此基础上，项目组研究人员通过融合多学科方法创建土壤大数据方法，以方法创新带动异源非标准海量土壤信息的时空整合与表达，至 2017 年，完成了我国 1∶5 万土壤图的整合表达和中国土壤剖面数据库的构建，为编制《中国土壤剖面数据集》奠定了科学基础、方法基础和数据基础。

第二阶段为《中国土壤剖面数据集》编制阶段。为满足我国农业、林业、环境、气象、国土、水利等各部门对公众版土壤资源与质量信息的迫切需求，项目组于 2017 年启动了数据集编制工作。在数据集编制过程中，项目组一方面利用土壤大数据方法进行数据的审核、土壤专题图的缩编与剖面数据表的表达等多项工作，另一方面组织了各省级土壤专业科研院所参与各分卷内容的审核和修订工作。数据集的编制还得到了中国农业科学院科技创新工程的资助。

本数据集的最终面世离不开多家科研单位在过去 20 多年时间里的共同付出。这些单位包括国家科技基础性工作专项重点项目"我国 1∶5 万土壤图籍编撰及高精度数字土壤构建""我国 1∶5 万土壤图籍编撰及高精度数字土壤构建二期工程"主持与参加单位、参加数据集各分卷审核和修订工作的土壤专业科研单位以及参与分县大比例尺纸质土壤图与土种志收集的各地相关管理与科研部门（附录 12）。

（张维理、徐爱国、张认连、冀宏杰）

序图

中国土壤图
1：13 000 000

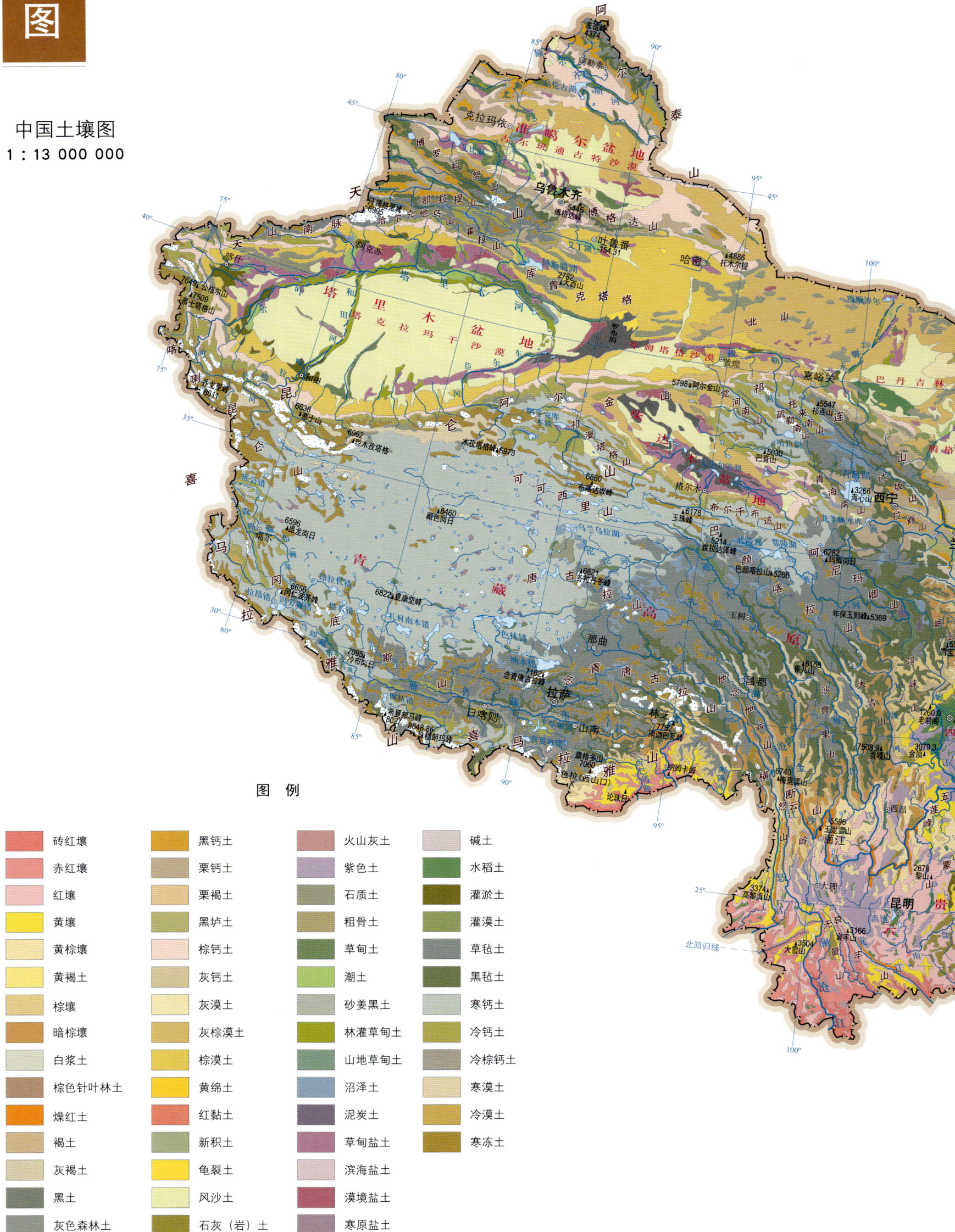

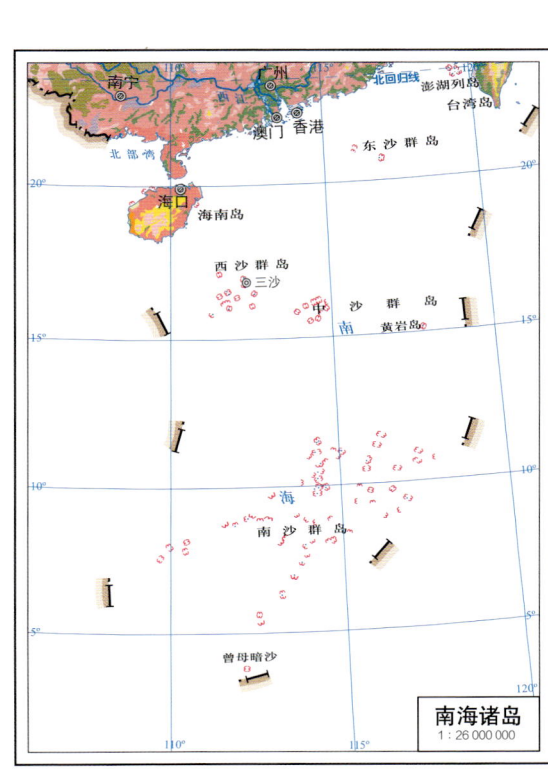

南海诸岛
1:26 000 000

第一编 编制说明与序图 | 021

中国土壤有机质含量图
1 : 13 000 000

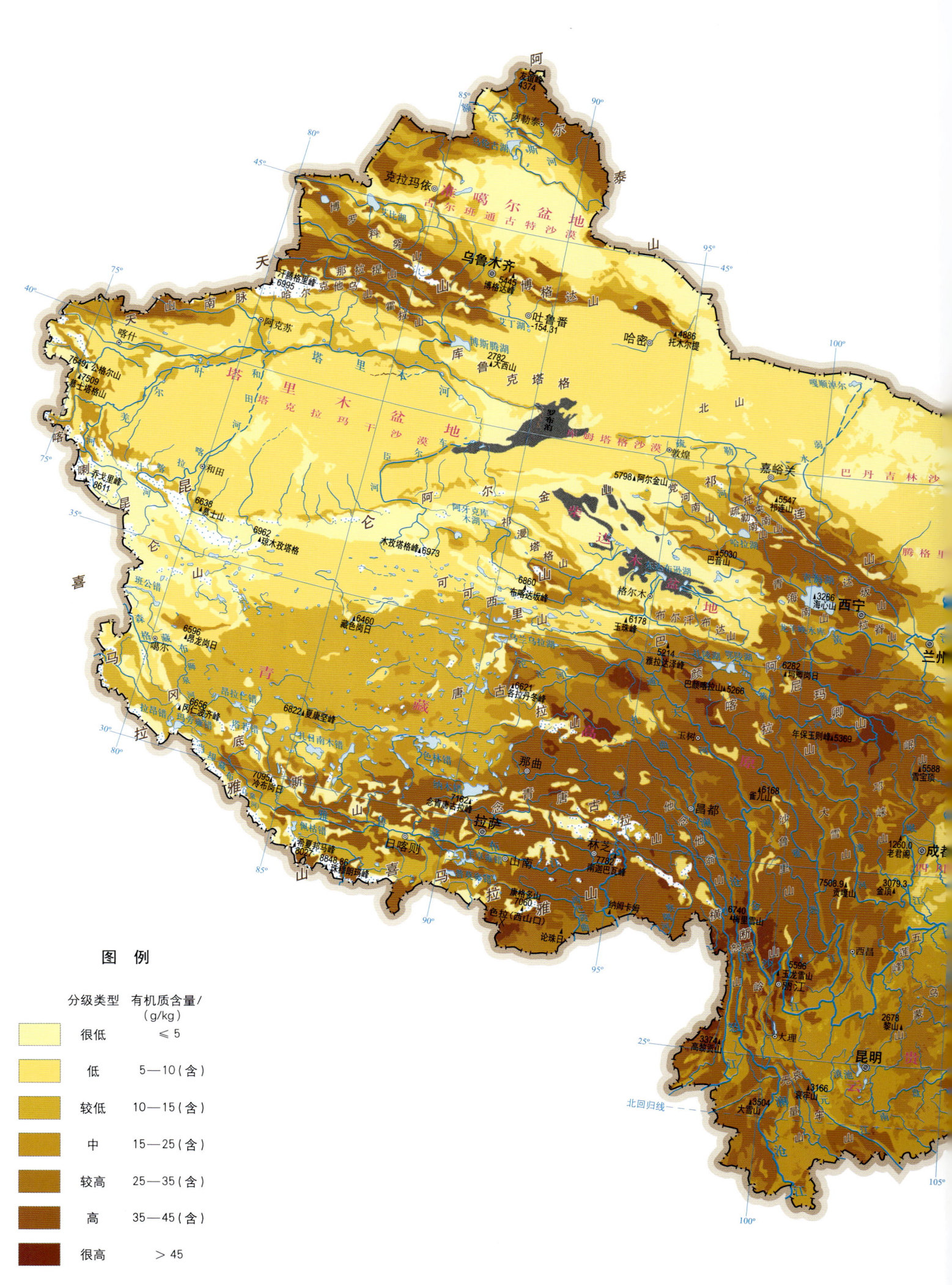

图 例

分级类型	有机质含量/(g/kg)
很低	≤ 5
低	5—10（含）
较低	10—15（含）
中	15—25（含）
较高	25—35（含）
高	35—45（含）
很高	> 45

注：土层厚度为 0—30cm。

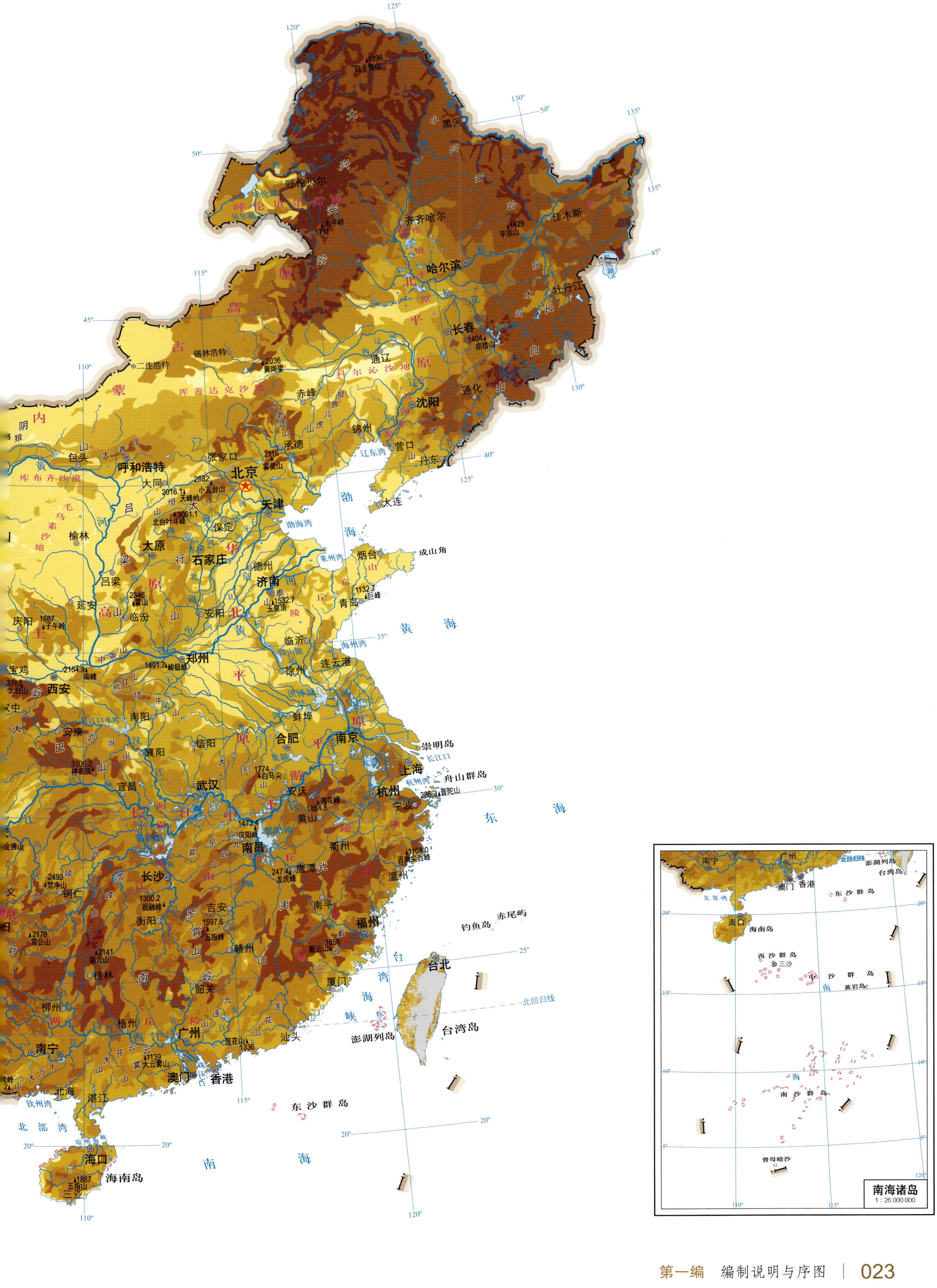

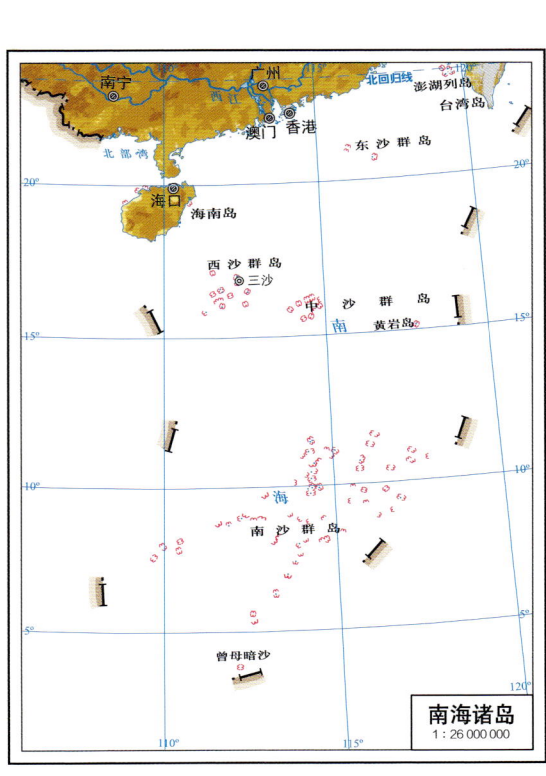

中国地势图
1∶13 000 000

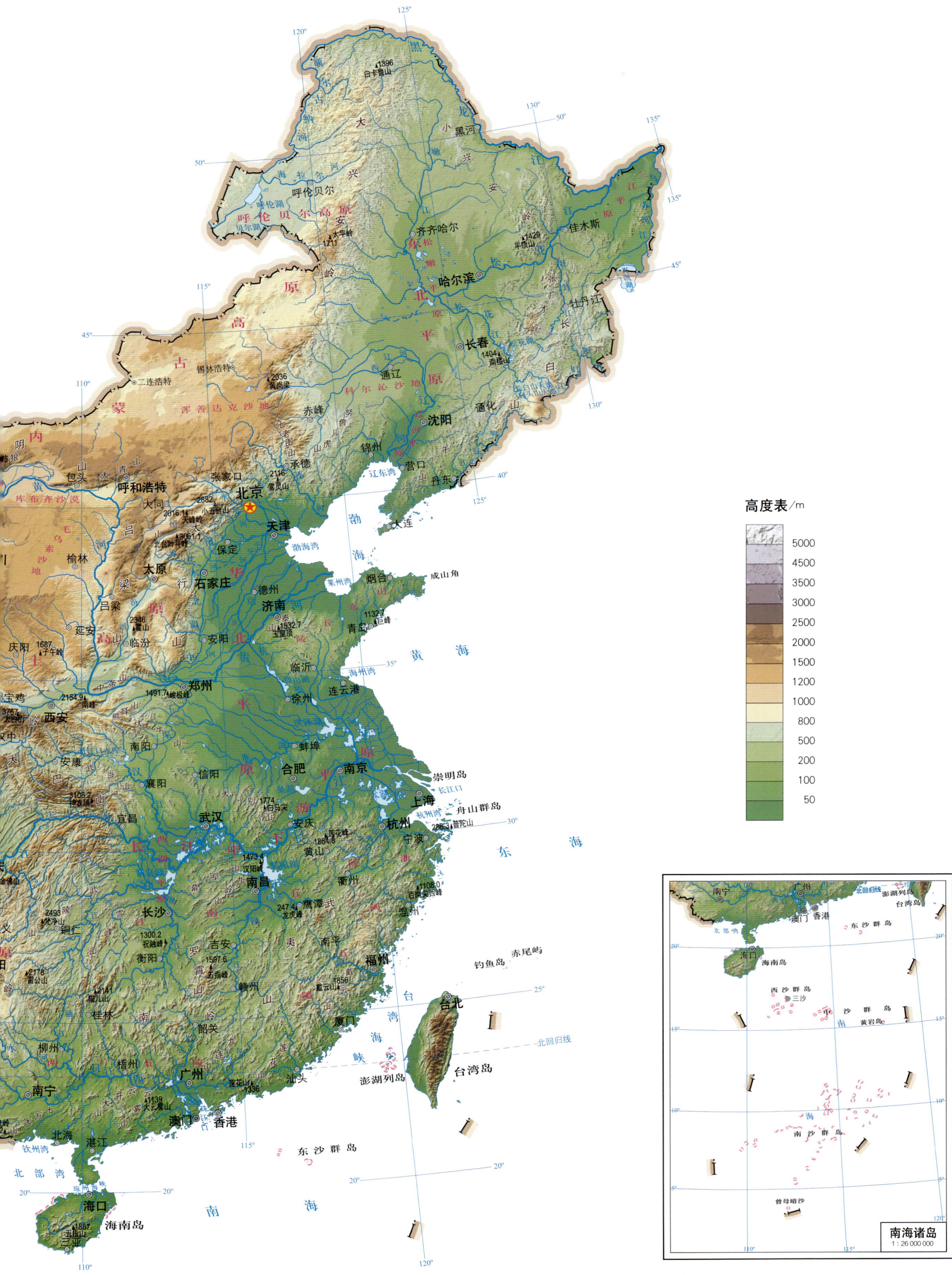

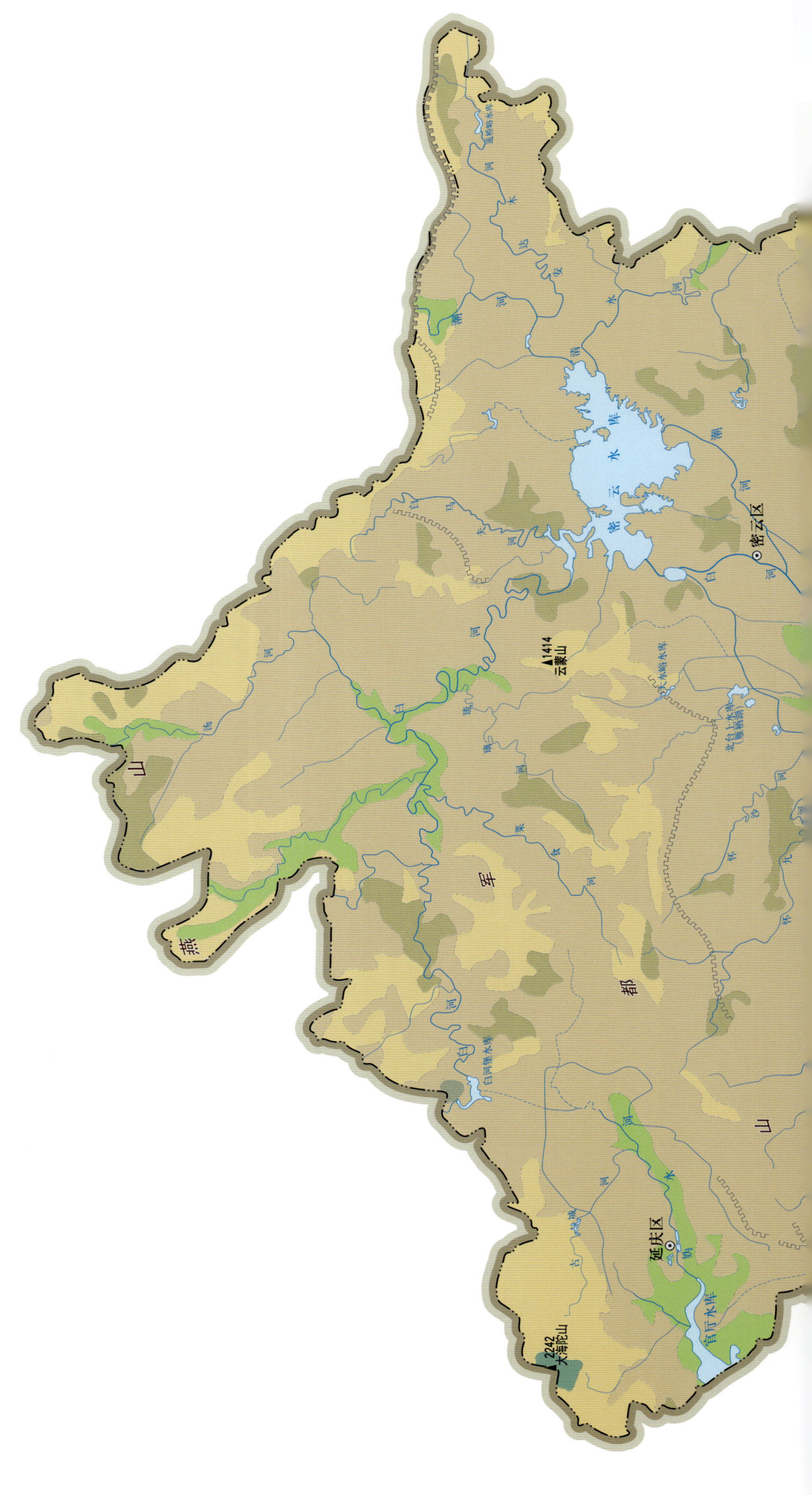

北京市土壤图
1∶530 000

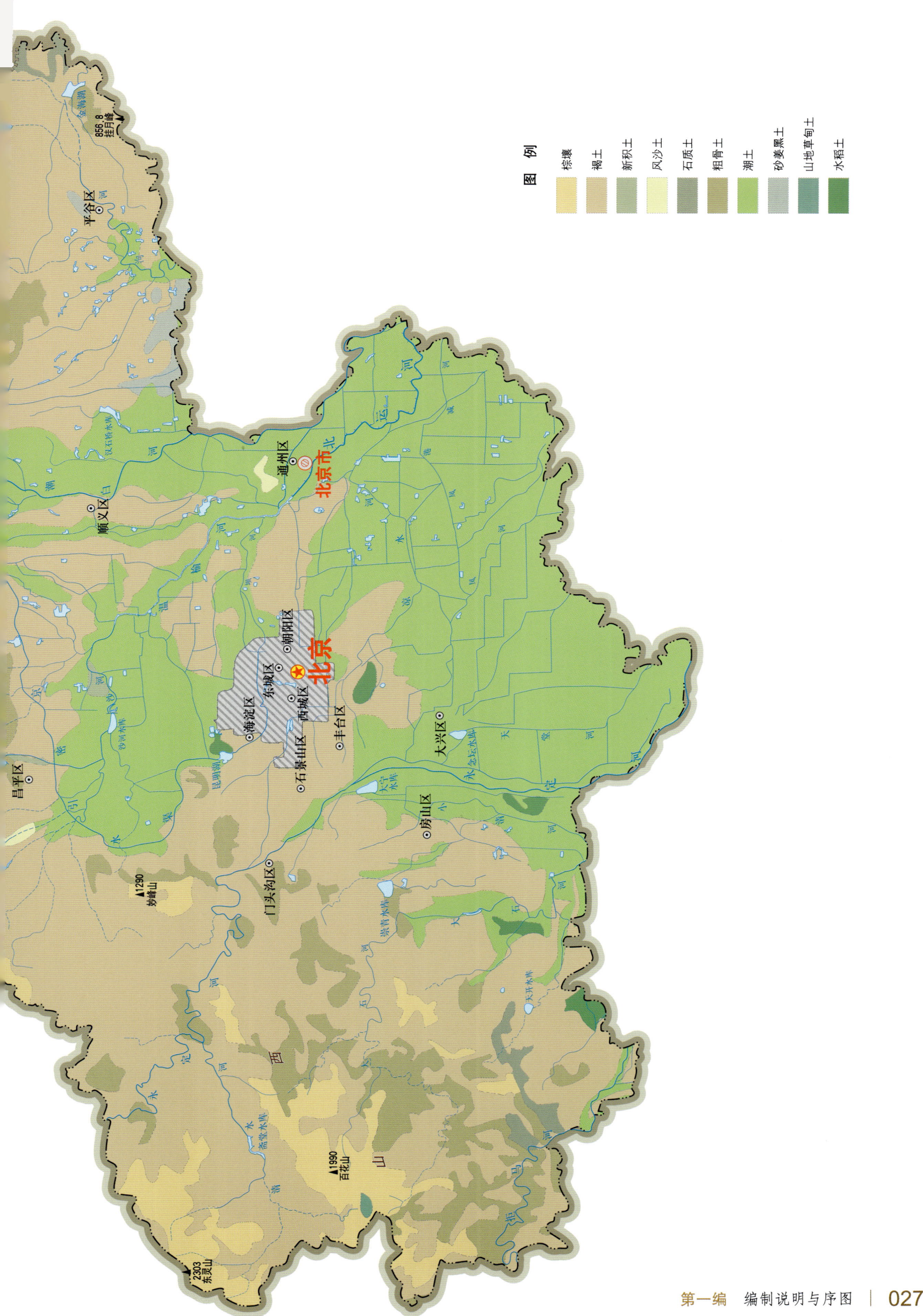

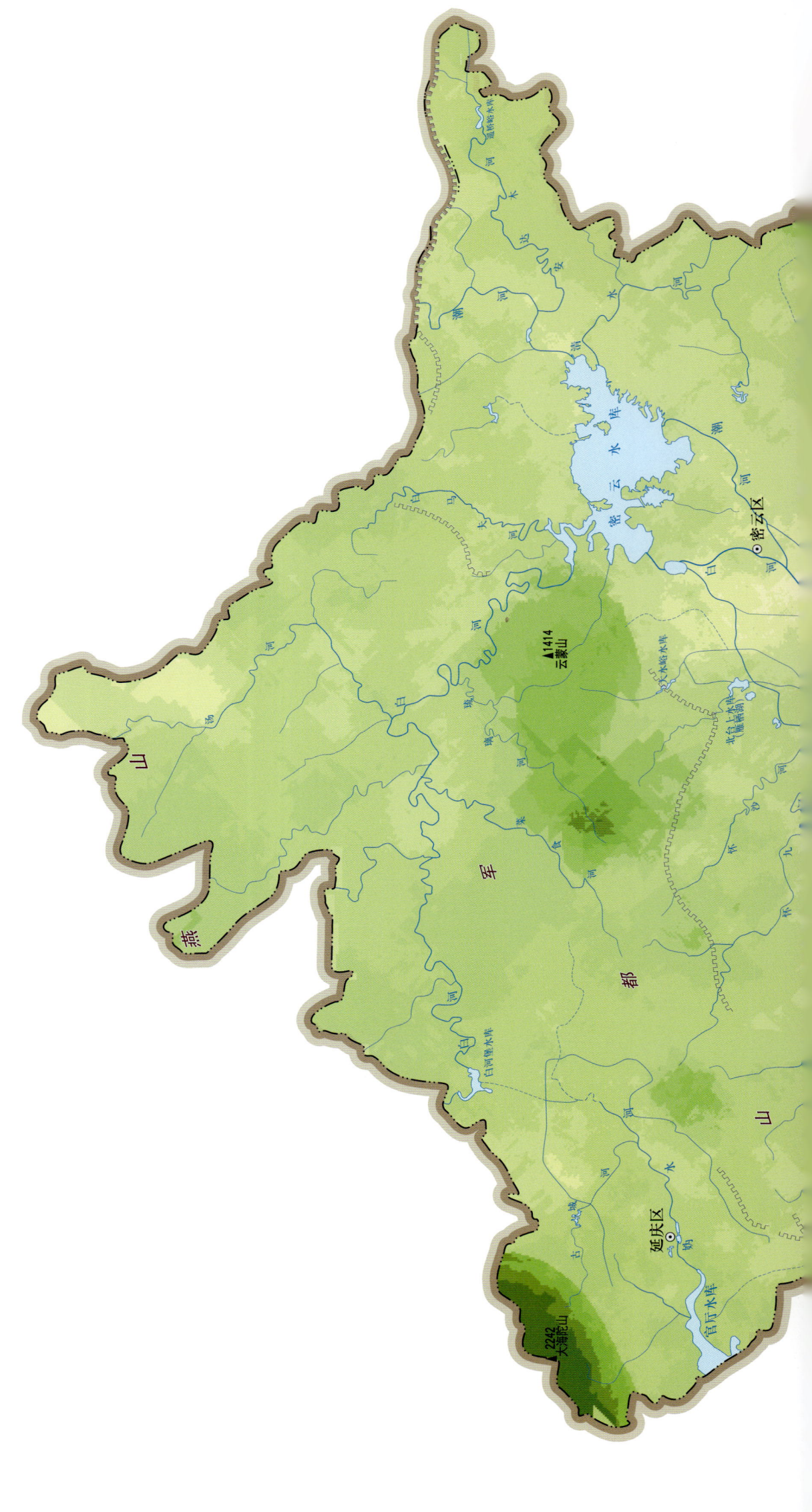

北京市土壤有机质含量图

1:530 000

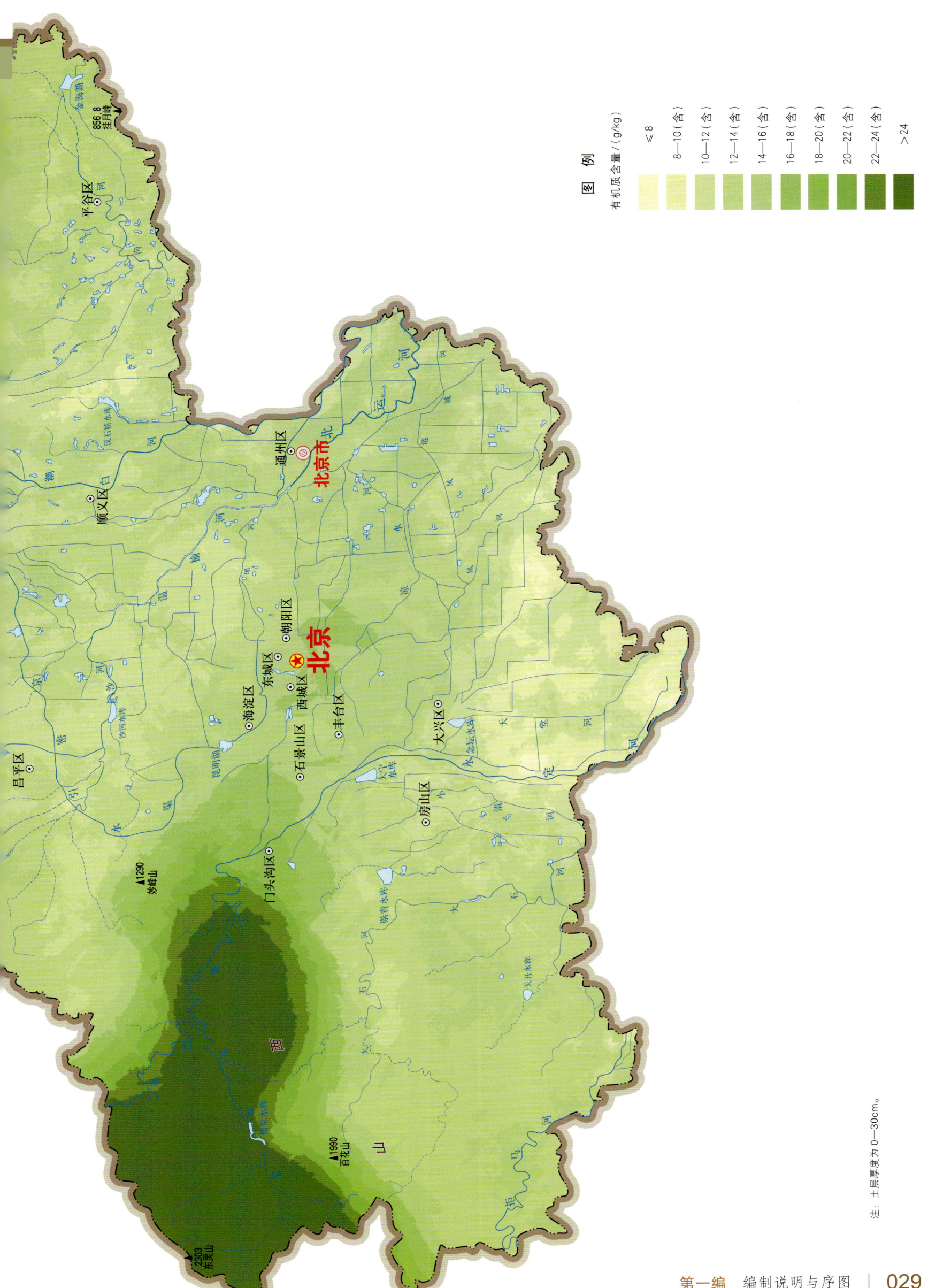

北京市地势图
1 : 530 000

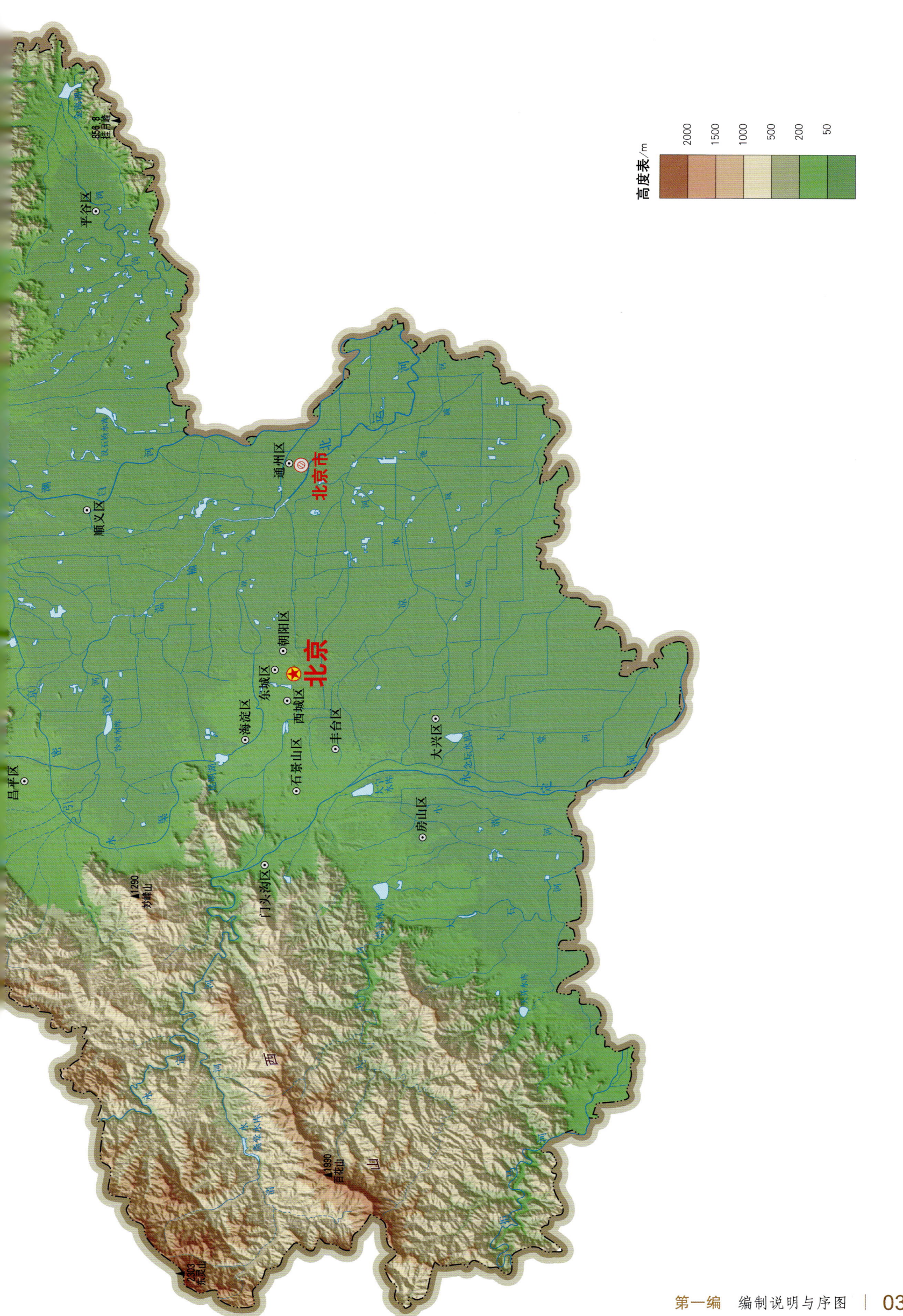

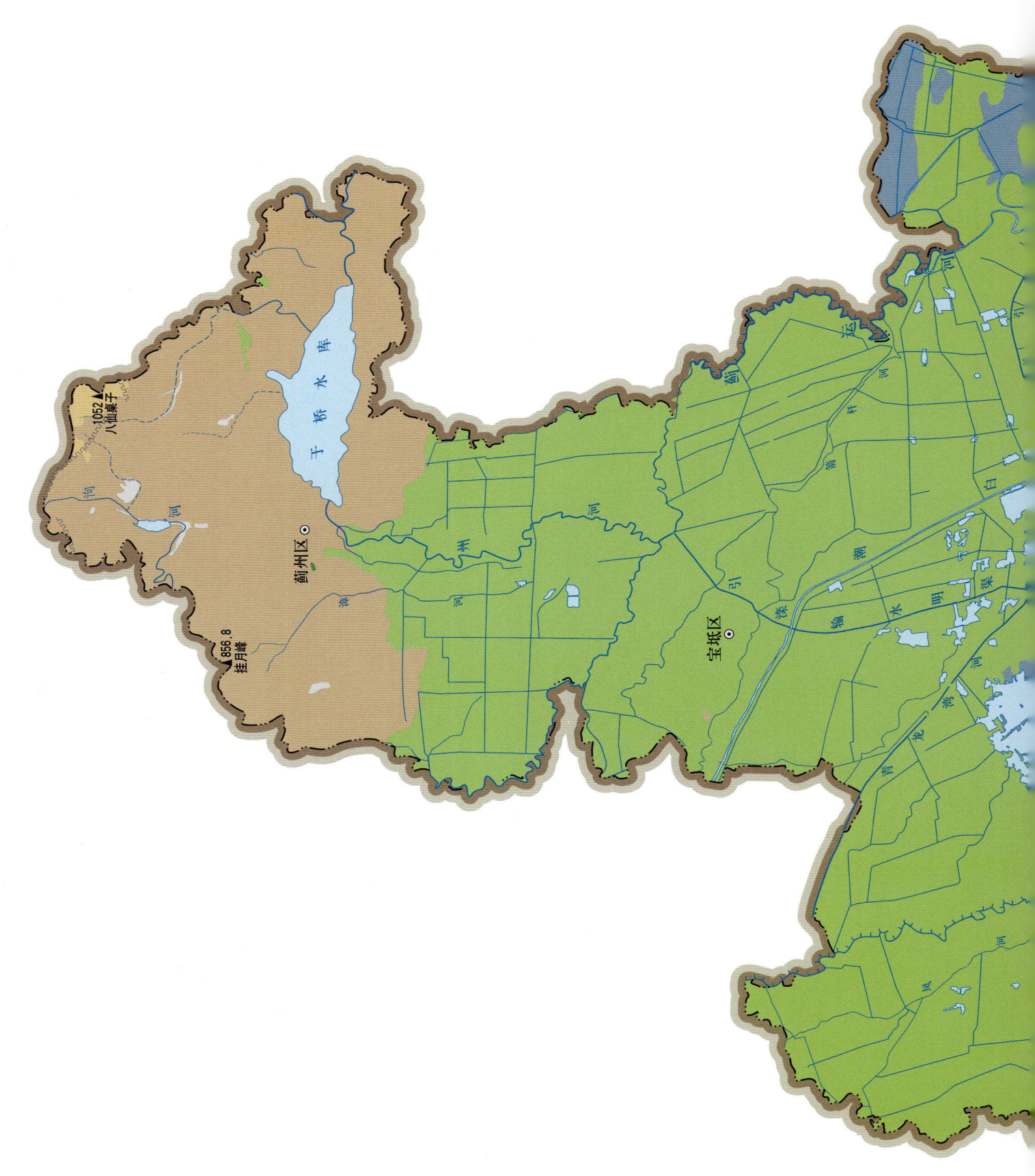

天津市土壤图
1∶1 450 000

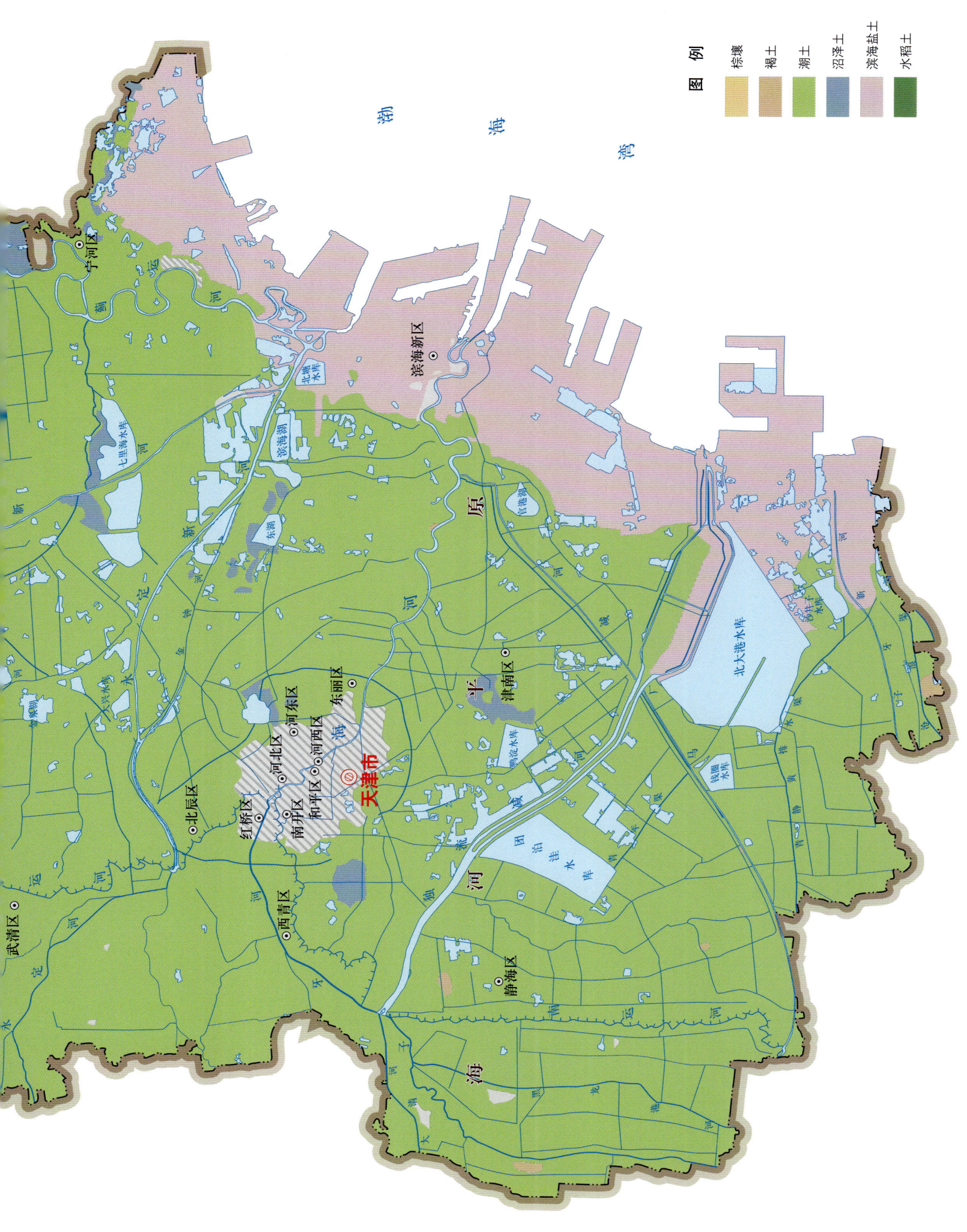

天津市土壤有机质含量图
1∶1 450 000

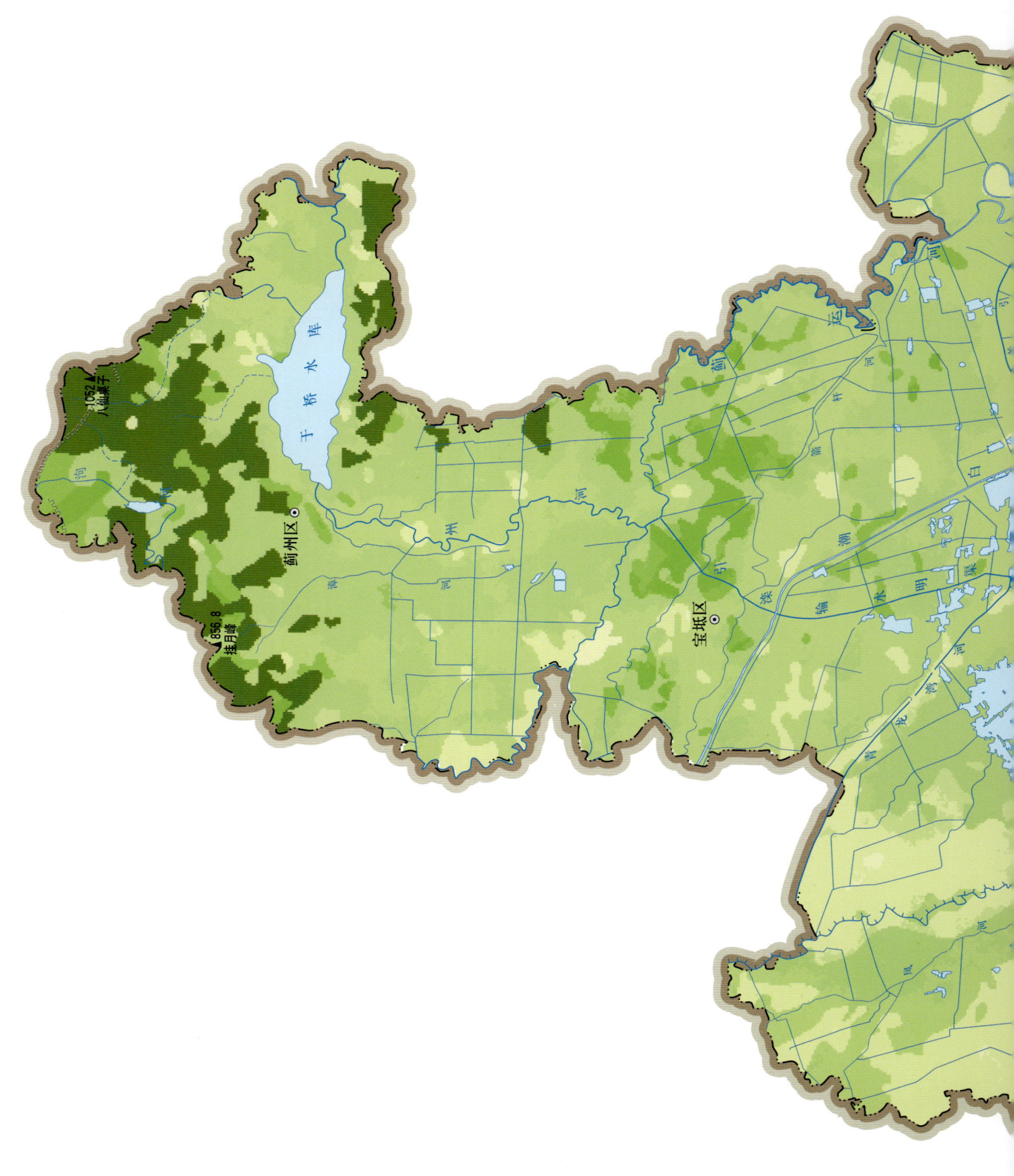

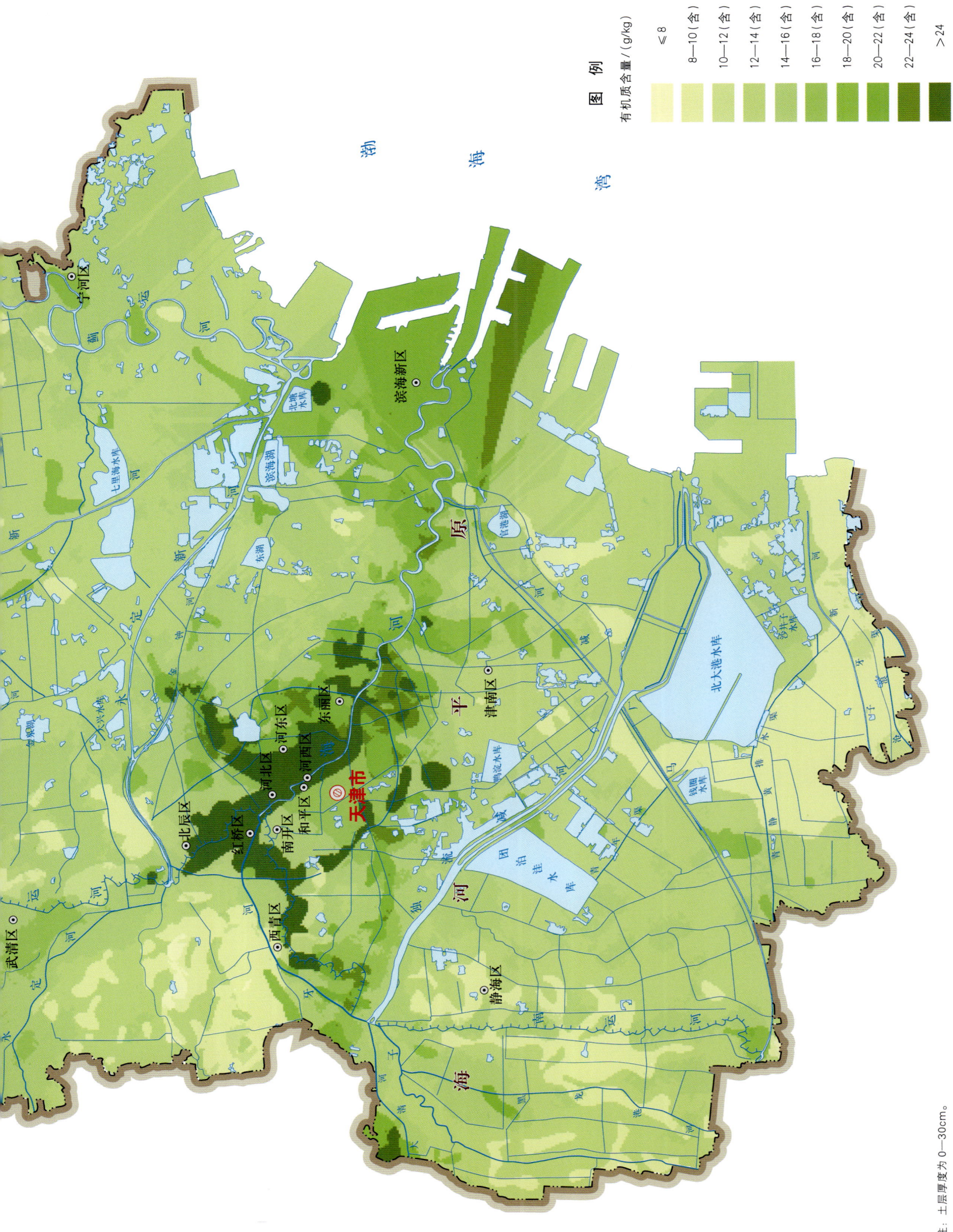

注：土层厚度为0—30cm。

第一编 编制说明与序图 | 035

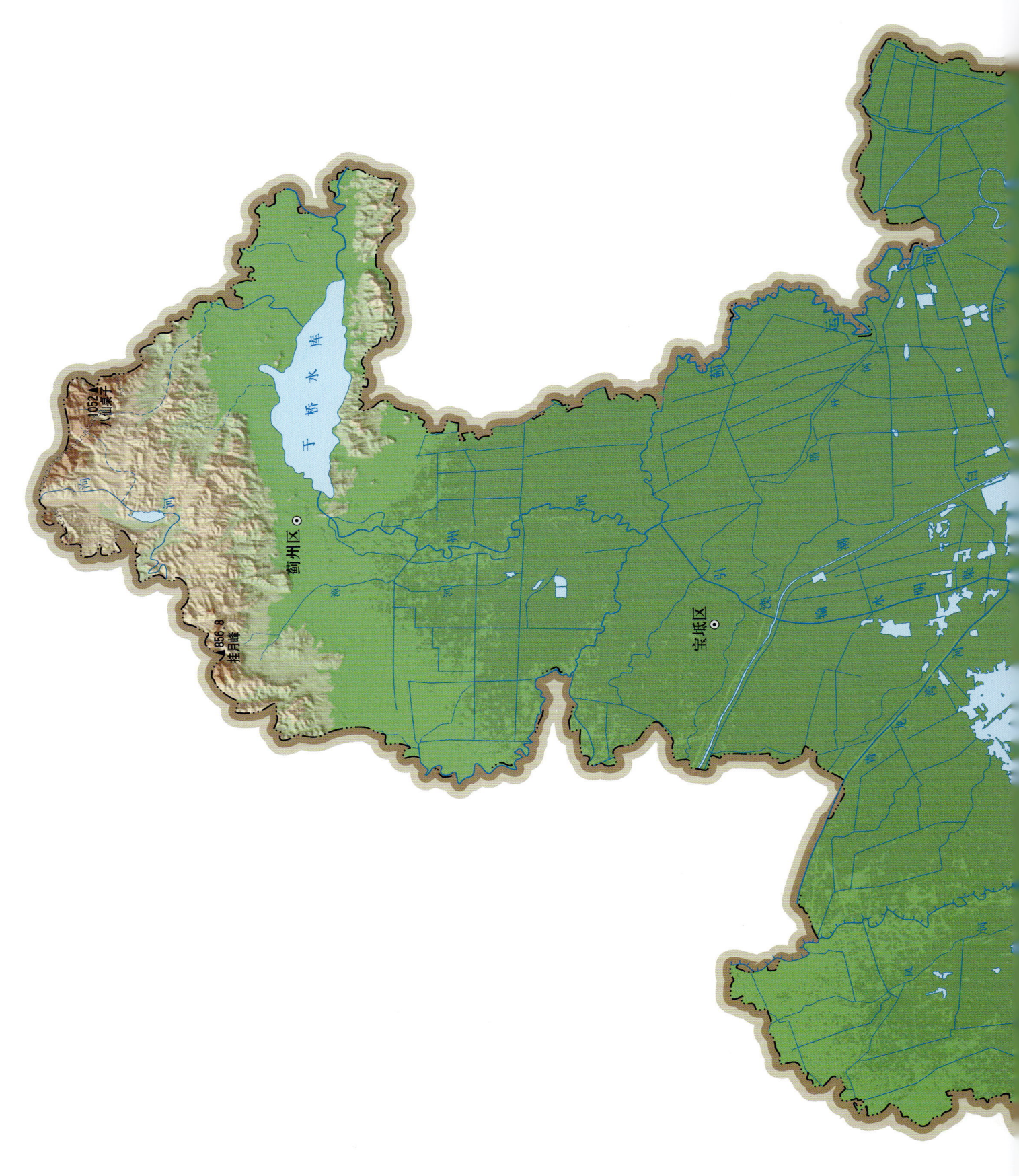

天津市地势图
1∶1 450 000

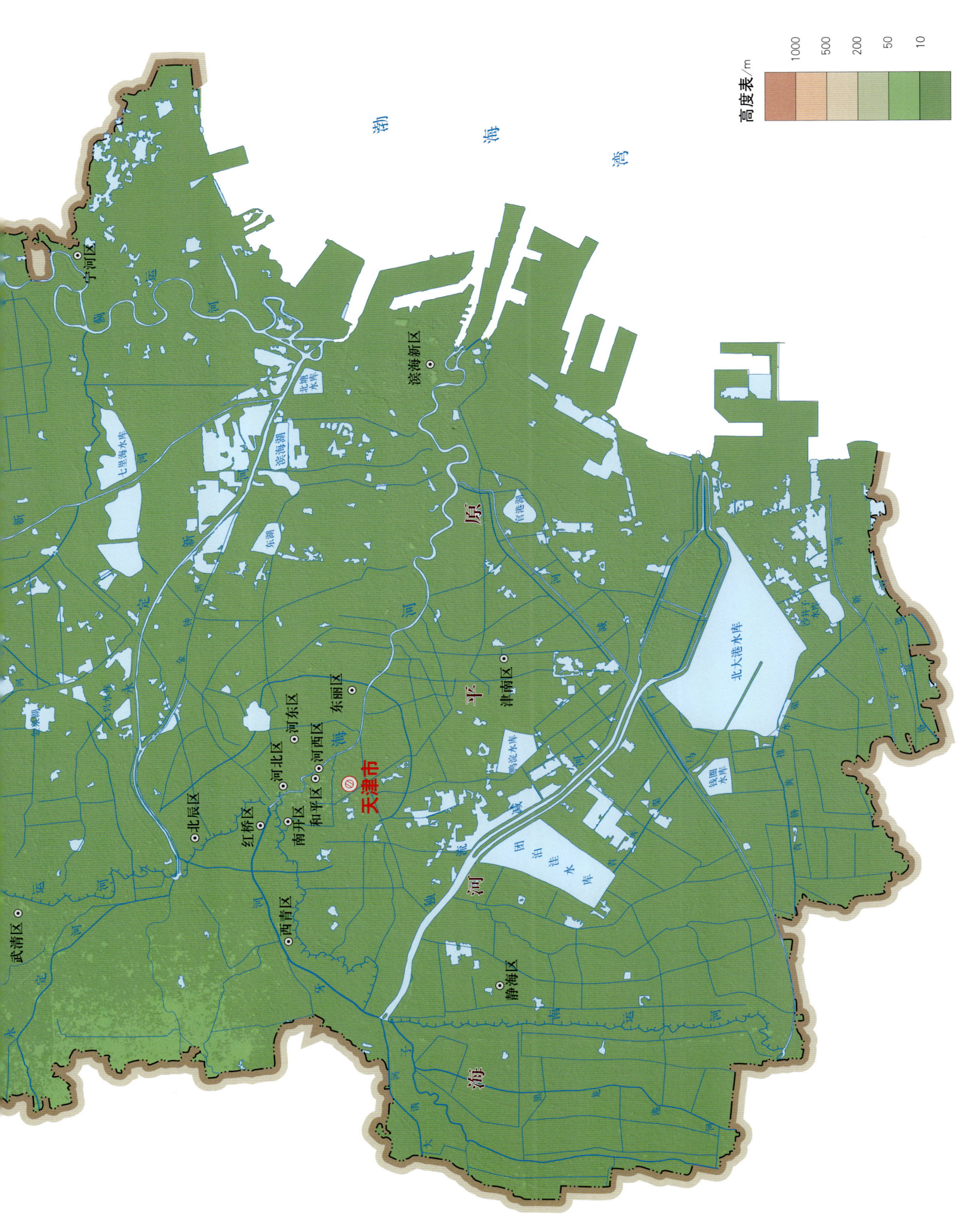

河北省土壤图
1:17 000 000

河北省土壤有机质含量图
1∶1 700 000

河北省地势图
1∶1 700 000

中国土壤剖面数据集·京津冀卷

第二编 | 北京市分县土壤图与土壤剖面数据

北 京 市

市 辖 区

主要土类说明

褐土是北京市主要土壤类型,占本市地域面积的28%,一般分布在海拔500m以下,地下潜水位在3m以下,母质多样,有各种岩石风化物,但以黄土状母质为主,土壤形成不受地下水作用,是本市地带性土壤。褐土形成的气候特点是冬干夏湿,高温与高湿同期,年平均气温为10—14℃,年降水量为450—700mm,属于暖温带半湿润大陆性季风气候。自然植被以辽东栎、洋槐、柏树等为代表的半旱生落叶阔叶林和以酸枣、荆条、茅草为代表的灌木草本为主。褐土是在暖温带半湿润区发育形成的具有黏化与钙质淋移淀积的土壤。该土壤盐基饱和,处于硅铝风化阶段,有明显黏淀层,在其A-B-C剖面构型中,B层呈棕褐色,pH为7.0—7.5,盐基饱和度达80%以上,B层下部有假菌丝状钙积层。

潮土是北京市第二大土壤类型,占本市地域面积的28%。本类土壤直接发育在河流沉积物上和洪积扇边缘地带,多见于近代河流冲积平原或低平阶地、洪积扇末端的微倾斜平地以及山区河谷的一级阶地及高河漫滩。地下水位浅,潜水参与成土过程,底土氧化还原作用交替进行,形成锈色斑纹和小型铁子,表层有机质含量为10—15g/kg,具A_{11}-A_{12}-Cu或A_{11}-C-Cu剖面构型。

小于本市地域面积3%的土壤类型还有水稻土、风沙土、棕壤等。

本区域中心区气候特征

本区域中心区气候特征值
Regional climate characteristics in central area of the region

气候带:暖温带亚湿润气候 Climate region: Warm temperate subhumid climate	
年平均气温 /℃ Annual average temperature /℃	11.8
年平均最高气温 /℃ Annual average maximum temperature /℃	17.6
年平均最低气温 /℃ Annual average minimum temperature /℃	6.6
年降水量 /mm Annual precipitation /mm	544
≥10℃的积温 /℃ Daily temperature accumulated in a year (≥10℃) /℃	4213
年日照时数 /h Annual sunshine /h	2723
年平均相对湿度 /% Annual average relative humidity /%	56
干燥度 Dryness	1.30

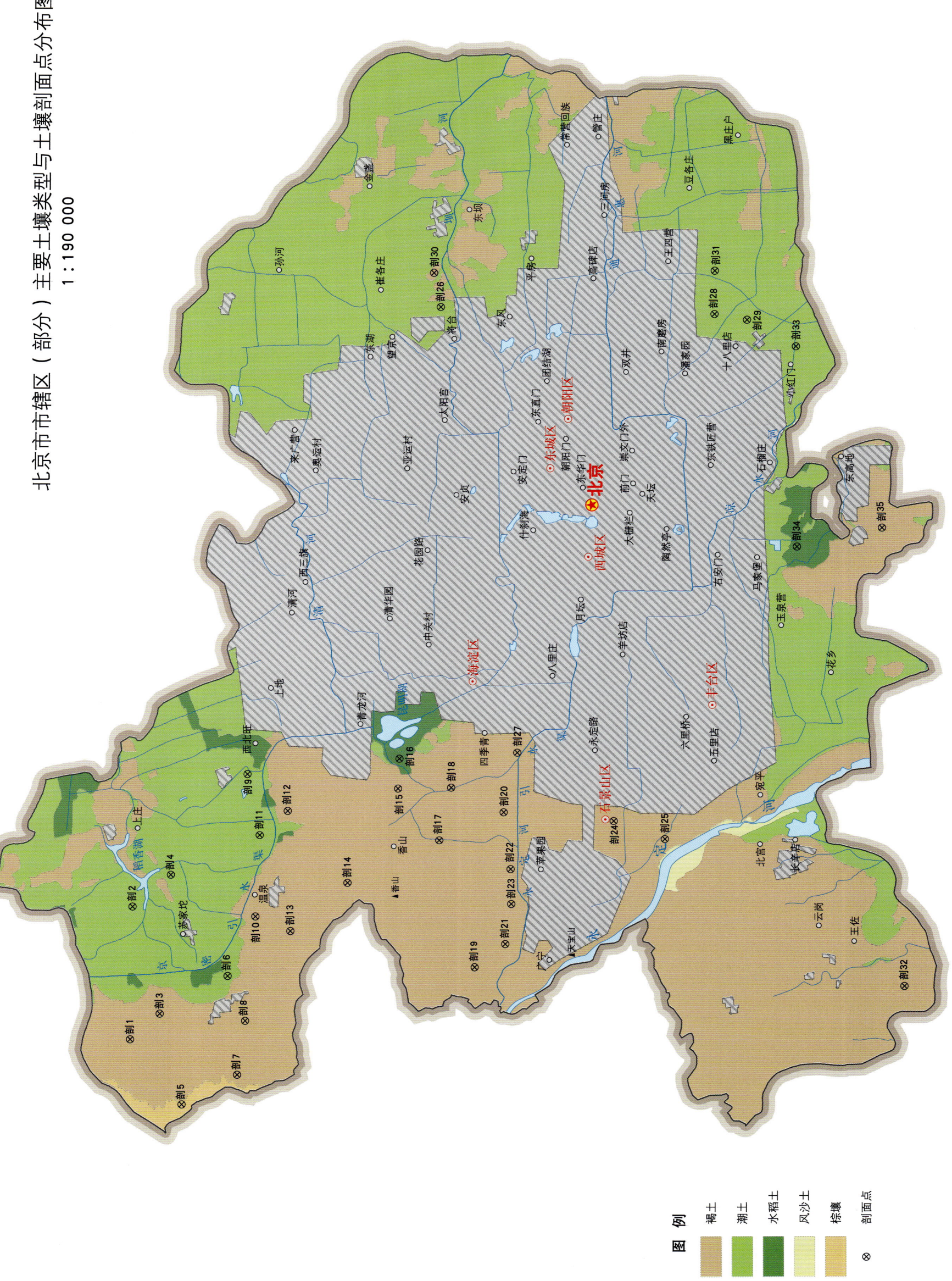

北京市土壤剖面理化性状表

剖面号 Soil profile	土纲 Soil order	土类 Soil great group	亚类 Soil subgroup	土属 Soil genus	土种 Soil species	土层码 Layer code	土层厚度 Depth/cm	颜色 Soil color	质地 Soil texture	土壤结构 Soil structure	pH	有机质 OM/(g/kg)	全氮 TN/(g/kg)	全磷 TP/(g/kg)	全钾 TK/(g/kg)	碱解氮 AN/(mg/kg)	有效磷 AP/(mg/kg)	速效钾 AK/(mg/kg)	阳离子交换量CEC/(cmol/kg)	土壤母质 Parent material	剖面点坐标 Profile coordinate	匹配指数 Matching index/%
剖1	半淋溶土	褐土	褐土	洪冲积褐土	通体轻壤质褐土	1	0–10	浅灰棕色	轻壤土	块状		17.3	1.15	0.80			54.1			洪积物、冲积物	E 116°05′29.8″ N 40°05′57.1″	84
						2	10–20	浅灰棕色	轻壤土	块状		13.6	0.94	0.62			24.9					
						3	20–60	棕色	轻壤土	块状		7.7	0.53	0.14								
						4	60–73	浅红棕色	轻壤土	块状		4.6	0.35	0.16								
						5	73–100	浅红棕色	轻壤土	块状		2.3	0.28	0.43								
剖2	半水成土	潮土	潮土	壤质潮土	黏底中壤质潮土	1	0–13	浅灰棕色	中壤土	碎块状	7.8	14.3	0.90	0.70	18.4	72	5.7	54	12.3	河流冲积物	E 116°09′51.6″ N 40°05′55.2″	80
						2	13–25	棕色	中壤土	块状	7.8	10.3	0.79	0.63	17.8	53	3.1	44	13.1			
						3	25–41	棕色	中壤土	块状	7.7	8.0	0.53	0.48	17.2	48	2.2	45	11.8			
						4	41–66	棕灰色	重壤土	块状	7.7	10.3	0.52	0.51	17.8	43	2.2	56	14.8			
						5	66–100	棕灰色	轻壤土	块状	7.8	9.1	0.56	0.56	17.3	37		68	15.0			
剖3	半淋溶土	褐土	褐土性土	洪冲积褐土性土	卵石体轻壤质褐土性土	1	0–13	棕灰色	轻壤土	块状	7.2	7.6	0.46	0.64			12.7			洪积物、冲积物	E 116°06′21.2″ N 40°05′13.6″	92
						2	13–39	棕灰色	轻壤土	无明显结构	7.1	3.7	0.25	0.75			7.4					
						3	39–80	棕灰色	砂壤土	无明显结构	7.0	1.9	0.16	0.84			8.3					
						4	80–100	棕灰色	砂壤土	无明显结构	7.0	2.7	0.16	0.84			11.4					
剖4	半水成土	潮土	潮土	黏质潮土	砂姜底质潮土	1	0–15	棕灰色	重壤土	团块状		10.1	0.74	0.56			3.1			河流冲积物	E 116°10′55.9″ N 40°04′58.8″	100
						2	15–26	灰棕色	重壤土	块状		8.2	0.67	0.45			0.9					
						3	26–43	暗棕灰色	重壤土	块状		9.1	0.70	0.56			1.3					
						4	43–85	黄棕色	重壤土	块状		3.5	0.36	0.53			1.3					
						5	85–100	黄棕色	重壤土	块状		2.2	0.27	0.51			2.6					
剖5	淋溶土	棕壤	生草棕壤	铁镁质岩类生草棕壤		1	0–19	浅灰棕色	中壤土	碎块状	6.4	24.3	1.35	0.43	19.4	101	5.0	189	15.0	铁镁质岩类	E 116°03′22.3″ N 40°04′39.3″	79
						2	20–37	浅灰棕色	中壤土	块状	6.1	15.4	0.90	0.35	20.5	72	4.0	74	13.2			
						3	37–60	黄棕色	中壤土	块状	6.2	10.6	0.74	0.34	19.7		2.0	50	13.9			
						4	60–80	黄棕色	中壤土	块状	6.4	9.3	0.62	0.33	19.5	56		48	11.1			
						5	80–															
剖6	半水成土	潮土	脱沼泽潮土	脱沼泽潮土	通体中壤质脱沼泽潮土	1	0–18	棕灰色	中壤土	碎块状	8.0	14.7	1.39	0.48			6.5			河流冲积物	E 116°07′36.5″ N 40°03′33.1″	94
						2	18–36	棕色	中壤土	块状	8.0	6.1	0.39	0.41			5.2					
						3	36–62	棕色	中壤土	块状	8.2	5.7	0.40	0.50			2.2					
						4	62–100	棕色	中壤土	块状	8.0	4.4	0.30	0.39			3.1					
剖7	半淋溶土	褐土	淋溶褐土	铁镁溶岩类淋溶褐土		1	0–19	深棕色	中壤土	碎块状	6.5	39.8	2.10	0.49						铁镁质岩类	E 116°04′22.1″ N 40°03′17.6″	94
						2	19–39	黄棕色	中壤土	块状	6.5	19.1	1.06	0.42								
						3	39–															
剖8	半淋溶土	褐土	褐土	洪冲积褐土	通体中壤质褐土	1	0–15	棕色	中壤土	碎块状	7.0	15.9	0.89	0.47		75	2.5	58		洪积物、冲积物	E 116°06′08.6″ N 40°03′06.5″	94
						2	15–55	棕色	中壤土	块状	6.7	9.1	0.62	0.41		44	1.7	46				
						3	55–86	棕色	中壤土	块状	7.0	8.6	0.56	0.32		38	0.7	46				
						4	86–100	棕色	中壤土	块状	7.0	4.5	0.27	0.41		34	0.3	46				
剖9	半水成土	潮土	潮土	壤质潮土	砂姜底中壤质潮土	1	0–19	黄灰棕色	中壤土	碎块状	8.0	10.7	0.79	0.69			6.5			河流冲积物	E 116°14′18.2″ N 40°03′06.5″	94
						2	19–28	棕色	中壤土	块状	8.0	7.0	0.55	0.65			2.6					
						3	28–40	棕色	中壤土	块状	8.1	6.0	0.48	0.54			1.3					
						4	40–100	棕色	中壤土	块状	8.0	4.9	0.42	0.43			1.3					
剖10	半淋溶土	褐土	潮褐土	洪冲积覆石灰褐土	通体轻壤质覆石潮褐土	1	0–22	浅灰棕色	轻壤土	块状	8.0	14.7	0.84	0.47			2.6			洪积物、冲积物	E 116°09′34.1″ N 40°02′52.6″	80
						2	22–71	浅红灰棕色	轻壤土		8.0	4.6	0.33	0.31			3.1					
						3	71–100	棕色	轻壤土	块状	8.1	6.0	0.33	0.46			4.4					

续表 Continued

剖面号 Soil profile	土纲 Soil order	土类 Soil great group	亚类 Soil subgroup	土属 Soil genus	土种 Soil species	土层码 Layer code	土层厚度 Depth/cm	颜色 Soil color	质地 Soil texture	土壤结构 Soil structure	pH	有机质 OM/(g/kg)	全氮 TN/(g/kg)	全磷 TP/(g/kg)	全钾 TK/(g/kg)	碱解氮 AN/(mg/kg)	有效磷 AP/(mg/kg)	速效钾 AK/(mg/kg)	阳离子交换量CEC/(cmol/kg)	土壤母质 Parent material	剖面点坐标 Profile coordinate	匹配指数 Matching index/%
剖11	半水成土	潮土	湿潮土	壤质湿潮土	黏底中壤质湿潮土	1	0-18	棕灰色	中壤土	团块状	7.9	25.0	1.28	0.54		107	2.6			河流冲积物	E 116°12′16.2″ N 40°02′47.5″	92
						2	18-25	浅棕灰色	中壤土	块状	8.2	20.3	1.02	0.50		80	5.2					
						3	25-46	棕灰色	中壤土	块状	8.1	18.0	0.98	0.52								
						4	46-90	深灰褐色	重壤土	块状	7.7	16.1	0.75	0.41								
						5	90-															
剖12	半淋溶土	褐土	潮褐土	洪冲积潮褐土	通体中壤质潮褐土	1	0-17	浅灰棕色	中壤土	团块状	8.0	12.5	0.67	0.48			5.2			洪积物、冲积物	E 116°13′05.9″ N 40°02′06.4″	85
						2	17-32	浅灰棕色	中壤土	块状	8.1	14.1	0.76	0.58			2.6					
						3	32-58	棕色	中壤土	块状	8.2	4.1	0.31	0.35			1.7					
						4	58-100	棕色	重壤土	块状	8.0	3.7	0.26	0.26			1.7					
剖13	半淋溶土	褐土	褐土	红黄土质褐土	通体轻壤红黄土质褐土	1	0-23	浅红棕色	轻壤土	碎块状	7.5	10.1	0.78	0.78		62	55.9	70		红黄土	E 116°09′05.8″ N 40°02′00.5″	72
						2	23-53	红棕色	轻壤土	块状	7.4	2.7	0.29	0.10		20	6.1	64				
						3	53-74	红棕色	轻壤土	块状	7.4	1.5	0.22	0.43		14	6.1	60				
						4	74-95	红棕色	轻壤土	块状	7.5	1.5	0.20	0.37		6	5.2	56				
						5	95-120	红棕色	轻壤土	块状	7.4	1.2	0.18	0.36		7	7.4	56				
剖14	半淋溶土	褐土	淋溶褐土	硅质岩类淋溶褐土		1	0-24	浅灰棕色	轻壤土	团块状	6.7	30.9	1.73	0.60		133	1.3	70		硅质岩类	E 116°10′42.6″ N 40°00′36.4″	80
						2	24-50	浅黄棕色	轻壤土	块状	7.1	16.5	0.94	0.40		65						
剖15	半淋溶土	褐土	褐土	洪冲积褐土	通体中壤质褐土	1	0-23	浅灰棕色	中壤土	块状	7.9	10.7	0.69	0.65			9.6	64	10.1	洪积物、冲积物	E 116°13′52.0″ N 39°59′22.9″	75
						2	23-38	棕色	中壤土	块状	7.8	5.8	0.47	0.39			3.1	40	10.5			
						3	38-68	深棕色	中壤土	块状	7.8	6.7	0.46	0.41			8.7	40	10.6			
						4	68-100	浅黄棕色	中壤土	块状	7.8	3.5	0.36	0.44			10.0	41	10.1			
剖16	人为土	水稻土	潴育水稻土	潮型潴育水稻土	黏体中壤质潴育水稻土	1	0-20	浅红棕色	中壤土	碎块状	8.1	30.7	1.94	0.50	14.4	142	5.2	44		河流冲积物	E 116°14′51.4″ N 39°59′21.1″	88
						2	20-35	浅红棕色	重壤土	块状	7.9	45.3	2.66	0.36	11.8	174	4.8	37				
						3	35-65	浅灰棕色	重壤土	块状	7.7	40.3	2.01	0.33	15.7	137	4.4	46				
						4	65-100	浅灰棕色	轻壤土	块状	7.7	22.6	1.56	0.45	18.8	106	4.4	119				
剖17	半淋溶土	褐土	褐土	红黄土质褐土	通体中壤质红黄土质褐土	1	0-22	浅灰棕色	中壤土	棱块状	7.6	15.0	0.87	0.49			5.0			红黄土	E 116°12′09.0″ N 39°58′21.0″	80
						2	22-52	红棕色	中壤土	棱块状	7.5	8.8	0.60	0.43			4.5					
						3	52-80	红棕色	中壤土	棱块状	7.6	7.4	0.49	0.37			3.8					
						4	80-100	红棕色	中壤土	棱块状	7.4	6.0	0.44	0.37			3.8					
剖18	半淋溶土	褐土	潮褐土	洪冲积潮褐土	黏底中壤质潮褐土	1	0-20	暗棕色	重壤土	碎块状		16.2	0.82	0.60			7.9	96		洪积物、冲积物	E 116°13′54.8″ N 39°58′04.1″	98
						2	20-33	浅黄棕色	中壤土	块状		11.7	0.71	0.50			4.8	84				
						3	33-45	浅黄棕色	中壤土	块状		7.9	0.62	0.58			3.9	84				
						4	45-100	浅黄棕色	中壤土	块状		10.9	0.56	0.54			3.1	138				
剖19	半淋溶土	褐土	石灰性褐土	红黄土质石灰性褐土	轻壤质石灰性褐土	1	0-22	灰棕色	轻壤土	块状										红黄土	E 116°07′57.8″ N 39°57′26.5″	93
						2	22-60	棕色	轻壤土	块状	8.1	12.9	0.82	0.63		47	2.5	55	10.2			
						3	60-110	浅黄棕色	中壤土	棱块状	8.1	11.3	0.57	0.46		47		45	10.0			
剖20	半淋溶土	褐土	褐土	红黄土质普通褐土	薄腐殖质荼园轻壤红黄土质褐土	1	0-17	棕红色	轻壤土	碎块状	8.1	6.1	0.37	0.44		33	3.8	56	11.7	红黄土	E 116°13′07.0″ N 39°56′46.0″	97
						2	17-30	棕色	轻壤土	棱块状	8.2	6.2	0.37	0.45		38	3.1	41	10.0			
						3	30-45	棕红色	中壤土	块状												
						4	45-100															
剖21	半淋溶土	褐土	褐土	红黄土质普通褐土	轻壤质褐土	1	0-24	灰红色	轻壤土	棱块状										红黄土	E 116°08′44.2″ N 39°56′41.3″	81
						2	24-48	棕色	中壤土	棱块状												
						3	48-75	棕色	轻壤土	块状												
						4	75-100	棕红色	轻壤土	块状												
剖22	半淋溶土	褐土	褐土	红黄土质普通褐土	轻壤质黏壤底褐土	1	0-28	灰棕色	中壤土	块状										红黄土	E 116°11′13.1″ N 39°56′34.6″	72
						2	28-55	棕红色	中壤土	块状												
						3	55-110															

续表 Continued

剖面号 Soil profile	土纲 Soil order	土类 Soil great group	亚类 Soil subgroup	土属 Soil genus	土种 Soil species	土层码 Layer code	土层厚度 Depth/cm	颜色 Soil color	质地 Soil texture	土壤结构 Soil structure	pH	有机质 OM/(g/kg)	全氮 TN/(g/kg)	全磷 TP/(g/kg)	全钾 TK/(g/kg)	碱解氮 AN/(mg/kg)	有效磷 AP/(mg/kg)	速效钾 AK/(mg/kg)	阳离子交换量 CEC/(cmol/kg)	土壤母质 Parent material	剖面点坐标 Profile coordinate	匹配指数 Matching index/%
剖23	半淋溶土	褐土	褐土	红黄土质普通褐土	轻壤质砾石底褐土	1	0—26	灰棕色	轻壤土	块状										红黄土	E 116°10′03.4″ N 39°56′33.0″	98
						2	26—51	褐色	中壤土	块状												
						3	51—70	棕红色	黏壤土	棱状												
						4	70—110	棕红色	黏壤土	棱块状												
剖24	半淋溶土	褐土	褐土	洪冲积褐土	轻壤质黏底褐土	1	0—25	棕色	轻壤土	块状										洪积物、冲积物	E 116°12′52.0″ N 39°54′03.4″	76
						2	25—55	棕褐色	中壤土	块状												
						3	55—110	棕褐色	黏壤土	块状												
剖25	半淋溶土	褐土	潮褐土	潮土		1	0—30	棕灰色	中壤土	粒状										洪积物、冲积物	E 116°12′15.4″ N 39°52′46.1″	85
						2	30—50	棕褐色	中壤土	块状												
						3	50—80	褐色	重壤土	棱状												
						4	80—110	褐色	重壤土	棱状												
剖26	半水成土	潮土	褐潮土	褐土		1	0—23	灰棕色	轻壤土	团块状										河流冲积物	E 116°29′48.6″ N 39°58′26.3″	88
						2	23—39	灰棕色	轻壤土	层块状												
						3	39—55	棕褐色	轻壤土	层块状												
						4	55—90	灰棕色	砂壤土	粒状												
						5	90—110	灰棕色	砂壤土	大块状												
剖27	半淋溶土	褐土	石灰性褐土	洪冲积石灰性褐土	通体轻壤质石灰性褐土	1	0—13	浅灰棕色	轻壤土	碎块状	7.6	18.3	0.81	0.93		68	14.4	53	13.1	洪积物、冲积物	E 116°15′05.8″ N 39°56′26.5″	72
						2	13—30	浅灰棕色	轻壤土	块状	7.6	16.0	0.69	0.79		56	8.7	48	10.4			
						3	30—70	棕色	中壤土	块状	7.5	7.0	0.43	0.57		35	6.1	53	14.1			
						4	70—100	棕色	中壤土	块状	7.5	6.9	0.39	0.54		29	2.6	65	13.7			
剖28	半水成土	潮土	褐潮土	褐土		1	0—30	灰棕色	中壤土	团块状										河流冲积物	E 116°29′38.9″ N 39°51′40.0″	79
						2	30—63	灰棕色	重壤土	块状												
						3	63—73	棕褐色	重壤土	核状												
						4	73—91	棕褐色	重壤土	棱柱状												
						5	91—110	棕褐色	重壤土	大块状												
剖29	半淋溶土	褐土	石灰性褐土	洪冲积石灰性褐土		1	0—21	黄棕色	重壤土	块状										洪积物、冲积物	E 116°29′28.4″ N 39°50′51.7″	81
						2	21—37	黄棕色	中壤土	片状												
						3	37—55	棕褐色	胶泥土	棱柱状												
						4	50—72	棕褐色	重壤土	棱柱状												
						5	72—98	棕褐色	重壤土	块状												
剖30	半水成土	潮土	褐潮土	褐土		1	0—19	灰棕色	轻偏中壤土	小块状										河流冲积物	E 116°30′56.2″ N 39°58′36.8″	88
						2	19—35	灰棕色	偏砂壤土	碎块状												
						3	35—60	灰棕色	偏砂壤土	碎块状												
						4	60—85	灰棕色	砂土													
						5	85—100	灰棕色	面砂土													
剖31	半水成土	潮土	褐潮土	褐土		A_{11}	0—22	浊黄橙色	砂壤土	碎块状	8.5	8.4	0.92		19.9		8.0	125	7.0		E 116°31′04.8″ N 39°51′40.0″	79
						A_{12}	22—33	浊黄橙色	砂壤土	碎块状	8.5	10.4	0.96		19.9		8.0	82	8.2			
						Btk	33—68	浊黄棕色	砂质黏壤土	块状	8.5	6.2	0.53		20.2		12.0	64	6.9			
						Bt_1	68—87	浊黄棕色	砂壤土	块状	8.4	5.2	0.48		21.2		8.0	61	6.7			
						Bt_2	87—108	浊黄棕色	砂质黏壤土	块状	8.0	2.6	0.20		21.0		10.0	61	6.8			
剖32	半淋溶土	褐土	褐土	褐泥砂土	杏黄土															洪积物、冲积物	E 116°07′28.8″ N 39°46′47.9″	78

续表 Continued

剖面号 Soil profile	土纲 Soil order	土类 Soil great group	亚类 Soil subgroup	土属 Soil genus	土种 Soil species	土层码 Layer code	土层厚度 Depth/cm	颜色 Soil color	质地 Soil texture	土壤结构 Soil structure	pH	有机质 OM/(g/kg)	全氮 TN/(g/kg)	全磷 TP/(g/kg)	全钾 TK/(g/kg)	碱解氮 AN/(mg/kg)	有效磷 AP/(mg/kg)	速效钾 AK/(mg/kg)	阳离子交换量CEC/(cmol/kg)	土壤母质 Parent material	剖面点坐标 Profile coordinate	匹配指数 Matching index/%
剖33	半水成土	潮土	褐潮土	褐潮土		1	0—20	灰棕色	轻壤土	棱柱状										河流冲积物	E 116°28′36.2″ N 39°49′38.6″	70
						2	20—32	灰棕色	轻壤土	棱块状												
						3	32—60	棕褐色	中壤土	块状												
						4	60—87	棕褐色	中壤土	块状												
						5	87—110	黄棕色	中壤土	核状												
剖34	人为土	水稻土	潜育水稻土			1	0—24	黑褐色	轻壤土	团块状											E 116°21′59.7″ N 39°49′34.3″	71
						2	24—40	蓝褐色	轻偏砂壤土	块状												
						3	40—100	蓝灰色	轻偏重壤土	棱块状												
剖35	半淋溶土	褐土	潮褐土	潮褐泥砂土	丰台灰黄土	A₁₁	0—25	暗红灰色	砂壤土	团块状	8.0	39.1	1.57	4.76	18.5		130.0	216		冲积物	E 116°22′38.7″ N 39°47′28.4″	72
						ABk	25—55	棕灰色	砂壤土	碎块状	8.3	22.2	0.73	4.04	18.5		80.0	182				
						Bk	55—110	浊橙色	砂壤土	块状	8.5	14.4	0.45	1.17	19.2		58.0	134				
						Cu	110—140	暗红棕色	砂壤土	层状	8.5	6.3	0.35	1.56	18.4		30.0	68				

门 头 沟 区

主要土类说明

褐土是门头沟区的主要土壤类型，占本区地域面积的81%，多分布在石灰岩类及黄土性母质的低山、丘陵以及河谷台地上，该类型土壤所在地区气候干旱，一般无地下水，山前有地下水也深达10m以下。自然植被多为耐旱喜钙的灌草丛，如酸枣、荆条、小叶鼠李、胡枝子、侧柏等，覆盖度低，多裸岩或裸地。母质以硅质石灰岩、白云岩、石灰岩、黄土及黄土性洪积物、冲积物为主，但也有极少量非碳酸岩母质。该类土壤通体碳酸钙含量较高，多为4%—7%，少部分为2%—4%。上下层略接近，但有自上向下逐渐增多的趋势，底层碳酸盐可达8%—10%。在各类母质中，以黄土质碳酸盐褐土的碳酸钙含量最高。各类母质的碳酸盐褐土都有假菌丝体，但以黄土上的假菌丝体最多，且常有斑块、根孔状石灰淀积现象。底土可有直立小砂姜，该层碳酸钙含量可高达10%—20%。残坡积母质的碳酸盐褐土岩石碎块背面也常有明显的碳酸钙结壳。由于所在地气候干旱，抑制了物质的淋洗，层次分化不明显，黏化程度较弱，黏化层发育不明显，氧化铁的染色程度轻，结构面没有明显的铁胶膜，褐色层发育不明显。耕层有机质含量为10—25g/kg。剖面构型以A（p）-B（k）-Ck为主。

棕壤是门头沟区的第二大土壤类型，占本区地域面积的18%，主要分布在门头沟区海拔1000m以上的中山山地，气温较低，降水量较多，湿度较大，蒸发量小。在落叶阔叶林及较湿润的气候条件下，有相对明显的淋溶、黏化及腐殖质化作用过程，但是由于西部山区的特点所致，棕壤发育较差，颜色较灰暗，黏化程度较轻，黏化层不明显。质地以轻壤土为主，氧化过程不强，铁的释放度轻。易溶盐及碳酸盐都被淋洗，通体无石灰反应，黏粒也沿剖面向下移动并发生淀积。自然林下的棕壤，侵蚀较轻，土层较厚，多为30—60cm，厚的可超过1m。剖面层次一般过渡不明显。表层一般有厚2—3cm的枯枝落叶层，松软有弹性，呈微酸性。其下腐殖质层呈灰棕色、暗棕灰色，厚10—30cm，多有假菌丝体分布，多为壤土。心土为黏化层，厚20—30cm，有黏粒聚积，比表土黏，多为中壤土，少数重壤土，呈黄棕色，核状或块状结构。有的夹少量岩屑，底土多棕色、黄棕色，壤土，夹碎石块，逐渐过渡到岩石半风化体。表土层有机质含量为40—80g/kg。剖面构型以A_o-A_1-AB-B_1-B_2-C为主。

本区域中心区气候特征

本区域中心区气候特征值
Regional climate characteristics in central area of the region

气候带：暖温带亚湿润气候 Climate region: Warm temperate subhumid climate	
年平均气温 /℃ Annual average temperature /℃	10.8
年平均最高气温 /℃ Annual average maximum temperature /℃	17.0
年平均最低气温 /℃ Annual average minimum temperature /℃	5.3
年降水量 /mm Annual precipitation /mm	453
≥10℃的积温 /℃ Daily temperature accumulated in a year (≥10℃) /℃	3849
年日照时数 /h Annual sunshine /h	2875
年平均相对湿度 /% Annual average relative humidity /%	53
干燥度 Dryness	1.44

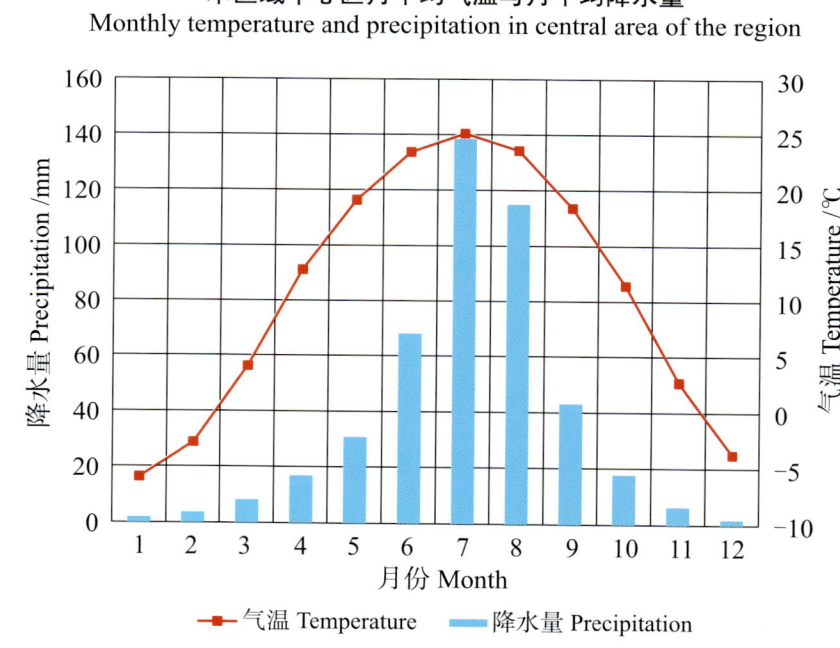

本区域中心区月平均气温与月平均降水量
Monthly temperature and precipitation in central area of the region

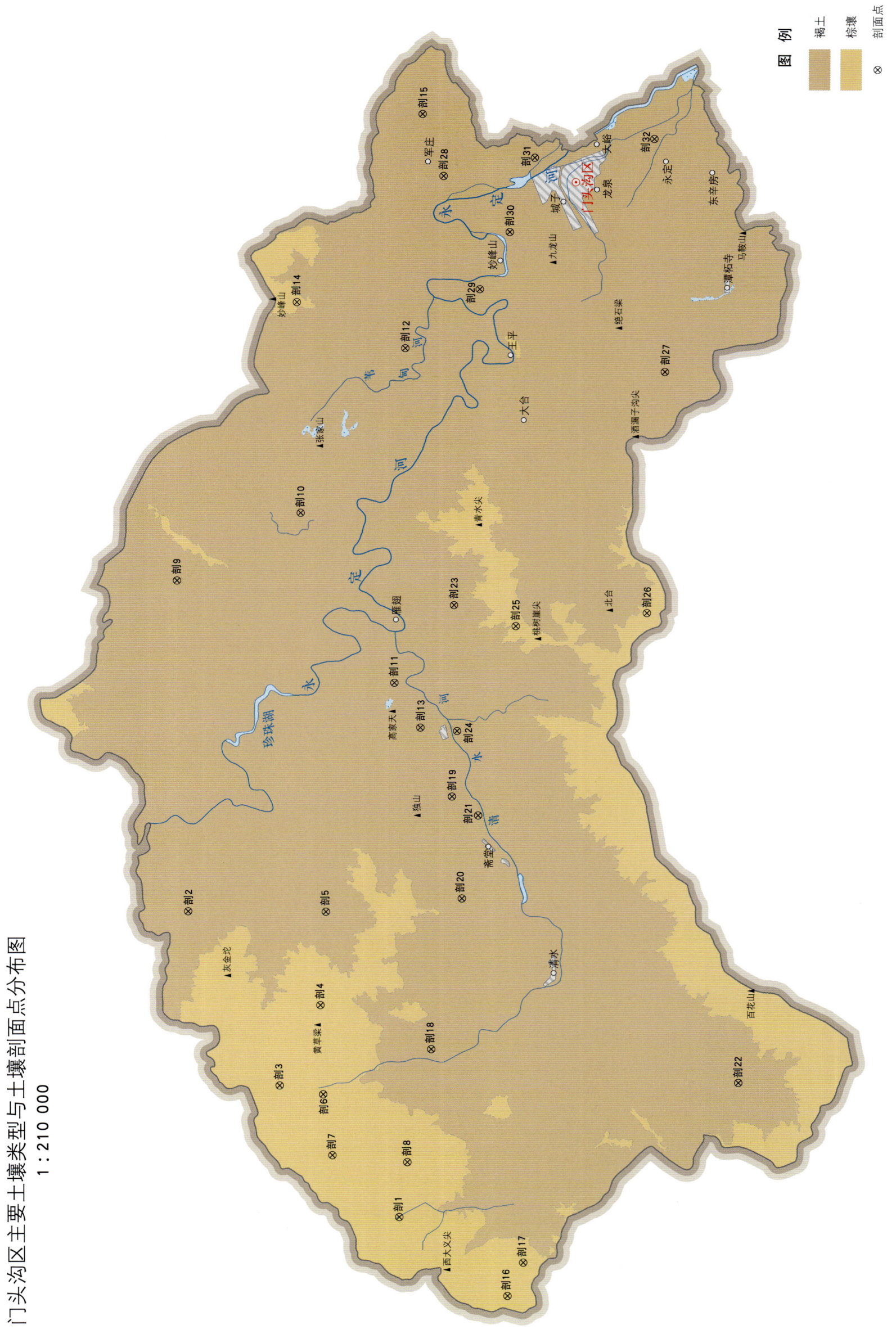

门头沟区土壤剖面理化性状表

剖面号 Soil profile	土纲 Soil order	土类 Soil great group	亚类 Soil subgroup	土属 Soil genus	土种 Soil species	土层码 Layer code	土层厚度 Depth/cm	颜色 Soil color	质地 Soil texture	土壤结构 Soil structure	pH	有机质 OM/(g/kg)	全氮 TN/(g/kg)	全磷 TP/(g/kg)	全钾 TK/(g/kg)	有效磷 AP/(mg/kg)	速效钾 AK/(mg/kg)	土壤母质 Parent material	剖面点坐标 Profile coordinate	匹配指数 Matching index/%
剖1	淋溶土	棕壤	棕壤	铁镁岩类山地棕壤		1	0–21	浅棕色	轻壤土	团粒状		92.2	4.64	2.19		34.9	421	安山岩、安块积岩风化物	E 115°28′22.2″ N 40°00′44.3″	83
						2	21–41	棕色	轻壤土	团粒状		64.8	2.99	1.79		27.2	149			
						3	41–57	黄棕色	轻壤土	块状		21.1	1.16	1.59		38.0	116			
剖2	半淋溶土	褐土	石灰性褐土	长石岩类石灰性褐土		1	0–12	浅褐色	轻壤土	粒状								长石岩类	E 115°39′06.8″ N 40°06′30.2″	74
						2	12–26	暗褐色	轻壤土	块状										
剖3	淋溶土	棕壤	棕壤	页片岩山地棕壤		1	0–21	棕色										页片岩类	E 115°32′57.1″ N 40°03′59.4″	95
						2	21–39	棕色												
剖4	淋溶土	棕壤	生草棕壤	硅质岩类山地生草棕壤		1	0–55	暗棕色	轻壤土	团粒状	6.4	78.3	4.16	2.08	17.6	0.2	131	硅质岩类	E 115°35′49.2″ N 40°02′56.0″	77
						2	55–65	棕色	轻壤土	团粒状	6.6	23.1	1.36	1.29	24.6	3.8	118			
						3	65–90	灰棕色	轻壤土	团块状	6.9	14.4	0.71		23.1	5.4	104			
						4	90–110	黄棕色	轻壤土	团粒状	6.9	12.6	0.82		23.0	1.9	92			
剖5	半淋溶土	褐土	淋溶褐土	钙质岩类淋溶褐土		1	0–13	浅褐色	轻壤土	团粒状		33.6	2.19		13.7	7.4	81	钙质岩类	E 115°39′09.7″ N 40°02′49.6″	97
						2	13–40	灰棕色	轻壤土	团块状		10.1	0.98		16.1	1.0	12			
						3	40–55	黄棕色	轻壤土	团块状		10.7	0.83		16.8	1.5	14			
剖6	淋溶土	棕壤	棕壤	页片山地棕壤		1	0–20	暗棕色		团粒状		49.5	2.36	1.11	32.0	2.4	247	页片岩类	E 115°32′39.5″ N 40°02′49.4″	80
						2	20–40	红棕色		块状		30.1	1.39	0.69	31.5	2.4	142			
						3	40–65	黄棕色		块状		19.4	0.78	0.48	29.0		118			
						4	65–90	棕色		粒状										
剖7	淋溶土	棕壤	棕壤	长石岩类山地棕壤		1	0–20	灰棕色	壤土	团粒状								长石岩类	E 115°30′31.7″ N 40°02′33.0″	74
						2	20–38	暗棕色	壤土	团粒状										
						3	38–55	褐棕色	壤土	团粒状										
						4	55–70	浅棕色	壤土	团块状										
						5	70–87	黄棕色	壤土	粒状										
剖8	淋溶土	棕壤	棕壤	钙质岩类山地棕壤		1	0–19	暗褐色	壤土	团粒状		74.6	3.73	1.23		12.4	301	钙质岩类	E 115°30′19.4″ N 40°00′32.8″	88
						2	19–41	红棕色	壤土	团粒状		24.3	1.28	0.52		1.0	104			
剖9	半淋溶土	褐土	褐土性土	堆垫褐土性土		1	0–20	褐色	砂壤土	团粒状	7.8	4.2	0.25	1.10					E 115°50′56.8″ N 40°06′56.2″	95
						2	20–45	黄褐色	砂壤土	团粒状	8.4	14.0	0.64	1.52						
剖10	半淋溶土	褐土	石灰性褐土	石灰性褐土		1	0–16	暗褐色	轻壤土	团粒状	8.3	17.3	1.20	1.30				钙质岩类	E 115°53′25.4″ N 40°03′38.9″	85
						2	16–55	黄褐色	轻壤土	团粒状	8.4	9.1	0.48	1.17						
剖11	半淋溶土	褐土	淋溶褐土	页片状岩类淋溶褐土		1	0–14	浅褐色	重壤土	团粒状		44.5	2.27	1.23			252	页片岩类	E 115°47′24.0″ N 40°01′04.8″	82
						2	14–29	暗褐色	重壤土	团粒状		30.4	1.87	1.10			143			
剖12	半淋溶土	褐土	粗骨性褐土			1	0–12	暗褐色	轻壤土	团粒状	7.5	18.1	1.07	2.59		2.3	85	页片岩类	E 115°59′21.1″ N 40°00′54.4″	85
						2	12–26	灰褐色	砂壤土	砂粒状	6.5	10.2	0.60			2.0	367			
剖13	半淋溶土	褐土	石灰性褐土	页片状类石灰性褐土		1	0–14	浅褐色	轻壤土	团粒状		60.1	3.43	1.84		22.0	427	页片岩类	E 115°45′48.2″ N 40°00′22.3″	96
						2	14–44	暗褐色	轻壤土	团粒状		57.2	3.22	1.77		7.1	130			
剖14	淋溶土	棕壤	棕壤	铁镁岩类山地棕壤		1	0–30	深褐色	轻壤土	团粒状		48.3	2.76	1.96		3.8	143	安山岩、安块积岩风化物	E 116°00′57.2″ N 40°03′49.3″	75
						2	30–62	棕褐色	重壤土	粒状		27.1	1.74	1.17		5.5	117			
						3	62–106	灰褐色	重壤土	团粒状	6.8	20.7	3.44	1.17		14.0	232			
剖15	半淋溶土	褐土	淋溶褐土	硅质岩类淋溶褐土		1	0–12	浅褐色	重壤土	团粒状	6.3							硅质岩类	E 116°07′43.0″ N 40°00′31.5″	84
						2	12–25	褐色	重壤土	团粒状	7.5	26.9	1.16	1.32		1.0	72			
						3	25–40													

续表 Continued

剖面号 Soil profile	土纲 Soil order	土类 Soil great group	亚类 Soil subgroup	土属 Soil genus	土种 Soil species	土层码 Layer code	土层厚度 Depth/cm	颜色 Soil color	质地 Soil texture	土壤结构 Soil structure	pH	有机质 OM/(g/kg)	全氮 TN/(g/kg)	全磷 TP/(g/kg)	全钾 TK/(g/kg)	有效磷 AP/(mg/kg)	速效钾 AK/(mg/kg)	土壤母质 Parent material	剖面点坐标 Profile coordinate	匹配指数 Matching index/%
剖16	淋溶土	棕壤	棕壤	长石岩类山地棕壤		1	0—20	暗棕色	壤土	团粒状	7.5	70.2	3.52	1.35		12.4	264	长石岩类	E 115°25′37.1″ N 39°57′49.0″	97
						2	20—33	褐棕色	壤土	团粒状	7.5	48.6	2.02	0.70		15.2	144			
						3	33—70	黄棕色	壤土	团粒状	7.5	42.7	2.09	1.07		4.8	145			
剖17	淋溶土	棕壤	棕壤	硅质岩类山地棕壤		1	0—36	褐棕色	轻壤土	团粒状		40.1	1.89	0.82	19.3	7.0	185	硅质岩类	E 115°26′48.9″ N 39°57′24.6″	87
						2	36—56	棕褐色	轻壤土	团粒状		8.9	0.57	0.36	18.4	1.9	55			
						3	56—70	棕褐色	中壤土	团块状		7.6	0.34	0.36	21.4	1.9	53			
						4	70—120	黄棕色	中壤土	团块状		6.3	0.33	0.32	23.1	2.4	50			
剖18	半淋溶土	褐土	石灰性褐土	黄土质石灰性褐土		1	0—20	灰褐色	轻褐土	团粒状	8.5	15.5	0.91	1.29		1.2	128	黄土	E 115°34′18.5″ N 39°59′57.5″	78
						2	20—75	褐色	轻褐土	团块状	8.5	7.3	0.55	1.20		3.2	136			
						3	75—95	褐色	轻褐土	团块状	8.5	6.6	0.48	1.25		12.6	128			
						4	95—	褐色	轻褐土	团块状	8.4	6.4	0.49	1.33		22.0	142			
剖19	半淋溶土	褐土	石灰性褐土	硅质岩类石灰性褐土		1	0—10	浅褐色	壤土	团粒状	8.5	29.2	1.63			16.5	185	硅质岩类	E 115°43′20.9″ N 39°59′30.4″	82
						2	10—19	棕褐色	轻褐土	团粒状	8.2	25.0	1.53			1.9	124			
						3	19—27	灰褐色	轻褐土	粒状	8.5	16.4	1.02			1.9	73			
剖20	半淋溶土	褐土	淋溶褐土	硅质岩类淋溶褐土		1	0—10	褐色	壤土	团粒状	7.0	28.7	1.60	1.12		5.8	97	硅质岩类	E 115°39′42.1″ N 39°59′11.8″	90
						2	10—30	褐色	重壤土	团块状	7.1	19.2	1.17	0.79		2.3	85			
剖21	半淋溶土	褐土	褐土性土	洪冲积物褐土性土		1	0—20	褐色	重壤土	团块状	7.9	30.5	1.37	2.39				洪积物、冲积物	E 115°42′40.8″ N 39°58′47.7″	73
						2	20—50	黄褐色	壤土	团块状	8.0	9.5	0.54	0.70						
						3	50—100	棕褐色	壤土	团块状	8.0	11.7	0.60	0.86						
剖22	半淋溶土	褐土	淋溶褐土	铁镁岩类淋溶褐土		1	0—17	褐色	重壤土	团粒状	7.4	55.6	3.15	1.55		4.7	338	安山岩、辉绿岩等铁镁质岩类风化物	E 115°33′15.8″ N 39°51′45.0″	80
						2	17—29	棕褐色	重壤土	团粒状	7.5	32.2	1.88	1.26			228			
剖23	半淋溶土	褐土	淋溶褐土	铁镁岩类淋溶褐土		1	0—13	黑褐色	重壤土	团粒状		72.0	3.32	1.31			130		E 115°50′11.4″ N 39°59′31.2″	71
						2	13—33	暗褐色	重壤土	团粒状		42.7	2.22	0.97						
						3	33—50	黄褐色	轻壤土	团粒状		24.8	1.28	2.02						
剖24	半淋溶土	褐土	石灰性褐土	洪冲积物石灰性褐土		1	0—15	褐色	壤土	团粒状	8.4	23.8	1.20	1.82				洪积物、冲积物	E 115°45′42.0″ N 39°59′23.4″	80
						2	15—42	黄褐色	壤土	团粒状	8.4	14.5	0.60	2.68						
						3	42—65	棕褐色	壤土	棱块状	8.5	12.8	0.69	2.10						
						4	65—74	棕褐色	轻壤土	棱块状	8.1	17.2	0.96							
剖25	半淋溶土	棕壤	棕壤	硅质岩类棕壤		1	0—23	暗棕色	壤土	团粒状				1.75		2.5	229	硅质岩类	E 115°49′28.2″ N 39°57′51.8″	82
						2	23—38	棕褐色	壤土	团粒状		61.9	4.50	1.86		2.1	134			
						3	38—70	黄棕色	壤土	团粒状		58.0	2.86	1.38		9.7	67			
剖26	半淋溶土	棕壤	棕壤	钙质岩类山地棕壤		1	0—28	暗棕色	壤土	团粒状		21.8	1.07	1.00		2.4	142	钙质岩类	E 115°49′59.2″ N 39°54′21.9″	90
						2	28—58	浅棕色	壤土	团粒状		30.7	1.46	1.19			156			
						3	58—83	黄棕色	重壤土	团粒状	8.0	37.0	2.10	1.64						
剖27	半淋溶土	褐土	淋溶褐土	钙质岩类淋溶褐土		1	0—13	浅褐色	轻壤土	团粒状	8.1	19.8	1.03					钙质岩类	E 115°58′35.9″ N 39°53′58.0″	78
						2	13—27	浅褐色	轻壤土	团粒状		10.0	0.40	0.51						
剖28	半淋溶土	褐土	石灰性褐土	洪积岩石灰性褐土		1	0—25	棕色	轻壤土	团块状	8.5	15.4	0.91	1.32				洪积物	E 116°05′30.8″ N 39°59′56.6″	98
						2	25—50	棕色	轻壤土	团块状	8.6	5.1	0.28	1.32						
						3	50—110	浅褐色	轻壤土	团块状										
剖29	半淋溶土	褐土	石灰性褐土	钙质岩类石灰性褐土		1	0—19	褐棕色	轻壤土	团块状								钙质岩类	E 116°01′29.3″ N 39°58′56.3″	85
						2	19—51	棕色	轻壤土	团块状										
						3	51—115	黄褐色	轻壤土	团块状	8.4	7.9	0.54	1.50						

续表 Continued

剖面号 Soil profile	土纲 Soil order	土类 Soil great group	亚类 Soil subgroup	土属 Soil genus	土种 Soil species	土层码 Layer code	土层厚度 Depth/cm	颜色 Soil color	质地 Soil texture	土壤结构 Soil structure	pH	有机质 OM/(g/kg)	全氮 TN/(g/kg)	全磷 TP/(g/kg)	全钾 TK/(g/kg)	有效磷 AP/(mg/kg)	速效钾 AK/(mg/kg)	土壤母质 Parent material	剖面点坐标 Profile coordinate	匹配指数 Matching index/%
剖30	半淋溶土	褐土	石灰性褐土	钙质岩类石灰性褐土		1	0—11	灰褐色	壤土	团粒状		23.1	1.63	1.26				钙质岩类	E 116°03′32.9″ N 39°58′09.2″	84
						2	11—28	棕褐色	壤土	团粒状		34.3	2.18	1.00						
剖31	半淋溶土	褐土	石灰性褐土	洪积石灰性褐土		1	0—20	暗褐色	壤土	团粒状		30.0	1.44	1.67				洪积物	E 116°06′12.0″ N 39°57′30.7″	89
						2	20—50	浅褐色	壤土	团粒状		19.9	1.22	1.72						
剖32	半淋溶土	褐土	石灰性褐土	洪冲积石灰性褐土		1	0—20	暗褐色	轻壤土	团粒状	8.2	32.7	1.56	2.55				洪积物、冲积物	E 116°06′54.4″ N 39°54′19.4″	76
						2	20—45	浅褐色	中壤土	团块状	8.5	21.3	1.03	1.78						
						3	45—100	黄褐色	中壤土	块状	8.2	13.9	0.90	1.82						

房 山 区

主要土类说明

褐土是房山区主要土壤类型，占本区地域面积的52%。房山区的西部山区多为泥质岩类淋溶褐土，多发育在页岩母质上，该类褐土质地多属轻壤土至中壤土，黏化层比较明显，紧实、透水性差，土体剖面以黄褐色和浅褐色为主，多呈中性。磨盘柿保护区内的土壤类型以褐土为主，占保护区土壤面积的80%以上。山麓地带以及大石河的冲积扇上则为复碳酸盐褐土，该区域地势平缓，母质多为富含碳酸钙的黄土性沉积物，年代古老，多属于晚更新世，地下水较深，多深于6m，近山处切割较深，切沟密布，具有典型次生黄土母质的特征。复碳酸盐褐土的发生，是早期碳酸钙曾受淋洗，而后为富含碳酸钙的黄土性洪积物、冲积物所覆盖，经次生碳酸演化而成。其褐色土层发育较好，有黏化特征，而结构面及孔隙间碳酸盐新生体（假菌丝体）有盐酸反应，显示出次生碳酸盐化特征。覆盖层多为浅棕带灰色的轻壤土，碳酸钙含量多在1.5%—3.5%，厚度一般为30—40cm，逐渐向下过渡到深埋的暗褐色土层，埋藏的褐土层有不同程度的黏化作用，质地较黏，多为中壤土、重壤土，颜色一般较鲜艳，呈棕褐色至红棕色，结构表面有棕褐色的胶膜。土体相对较厚，常达2—3m，底土多为弱石灰反应或中石灰反应。耕层有机质含量为8—20g/kg。

棕壤是房山区第二大土壤类型，占本区地域面积的28%。棕壤主要发生于湿润暖温带落叶阔叶林，多系页岩发育而成，常有一部分为中性反应，局部表层有弱石灰反应。矿质养分较高。因母岩系细粒沉积岩，质地较黏重，多为轻壤土、中壤土、重壤土，砂粒较少，通透性不良，水分状况较差，但有机质较易累积。心土有机质含量也较高（30—40g/kg），在剖面中呈通体累积的缓降型分布。剖面构型以A–B(t)–C为主。

潮土是房山区第三大土壤类型，占本区地域面积的12%，主要分布于永定河系微斜平地向洼地过渡带，但排水尚好。本类土壤多见于近代河流冲积平原或低平阶地，地下水位浅，潜水参与成土过程，底土氧化还原作用交替，形成锈色斑纹和小型铁子。质地以中壤土为主，夹黏者较多，而夹砂者较少。土壤性状介于两合土与潮黏土之间，生产特性接近两合土。因质地偏黏，潜在养分含量明显比两合土高，有机质含量为12—15g/kg，全氮含量为0.8—1.0g/kg，全磷含量为1.2—1.5g/kg，有效养分也偏高，阳离子交换量明显较高，多为13—16cmol/kg，故保肥力较强。剖面构型为A_{11}–A_{12}–Cu或A_{11}–C–Cu。

山地草甸土占房山区地域面积的4%。山地草甸土是在中山山顶平台的草甸植被下形成的薄层土壤。表层为草皮层，其下见有锈色斑纹或络合铁锰胶膜的薄层土壤，具As–A–C–D剖面构型。

小于本区地域面积3%的土壤类型还有水稻土、沼泽土、风沙土等。

本区域中心区气候特征

本区域中心区气候特征值
Regional climate characteristics in central area of the region

气候带：暖温带亚湿润气候 Climate region: Warm temperate subhumid climate	
年平均气温 /℃ Annual average temperature /℃	11.7
年平均最高气温 /℃ Annual average maximum temperature /℃	17.6
年平均最低气温 /℃ Annual average minimum temperature /℃	6.5
年降水量 /mm Annual precipitation /mm	497
≥10℃的积温 /℃ Daily temperature accumulated in a year（≥10℃）/℃	4179
年日照时数 /h Annual sunshine /h	2749
年平均相对湿度 /% Annual average relative humidity /%	55
干燥度 Dryness	1.43

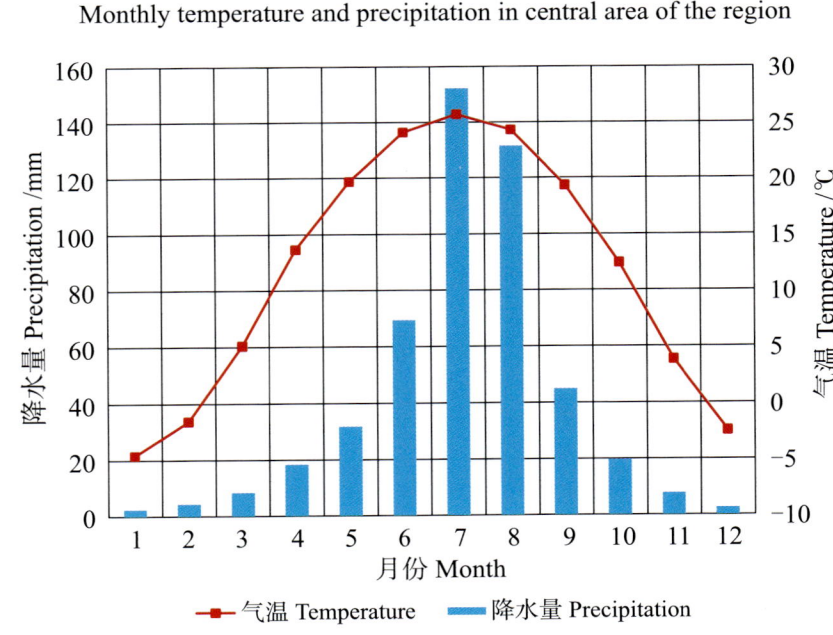

本区域中心区月平均气温与月平均降水量
Monthly temperature and precipitation in central area of the region

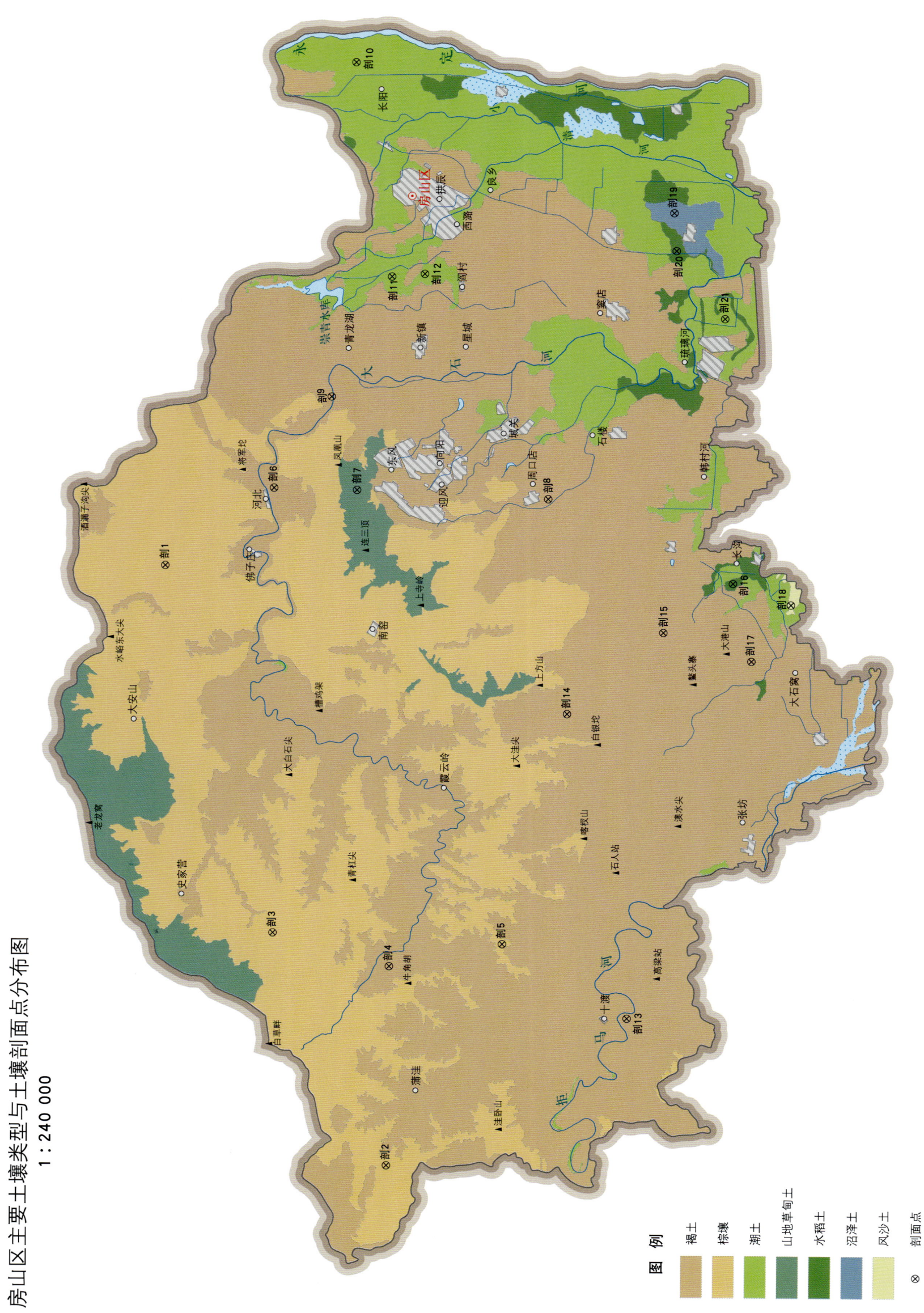

房山区主要土壤类型与土壤剖面点分布图
1∶240 000

房山区土壤剖面理化性状表

剖面号 Soil profile	土纲 Soil order	土类 Soil great group	亚类 Soil subgroup	土属 Soil genus	土种 Soil species	土层码 Layer code	土层厚度 Depth/cm	颜色 Soil color	质地 Soil texture	土壤结构 Soil structure	pH	有机质 OM/(g/kg)	全氮 TN/(g/kg)	全磷 TP/(g/kg)	全钾 TK/(g/kg)	有效磷 AP/(mg/kg)	速效钾 AK/(mg/kg)	阳离子交换量 CEC/(cmol/kg)	土壤母质 Parent material	剖面点坐标 Profile coordinate	匹配指数 Matching index/%
剖1	淋溶土	棕壤	生草棕壤			1	0—10	暗棕色	砂壤土	碎粒状	7.1								砂岩、板岩和硅灰岩风化物	E 115°53′06.4″ N 39°52′09.1″	70
						2	10—25	灰棕色	砂壤土	碎块状	6.9										
						3	25—43	棕色	砂壤土	块状	7.0										
剖2	淋溶土	棕壤	棕壤			1	0—5	灰棕色	轻壤土	粒状	6.8									E 115°29′00.8″ N 39°45′05.5″	87
						2	5—20	黄棕色	轻壤土	粒状	6.4										
						3	20—38	鲜棕色	轻壤土	粒状	6.4										
剖3	淋溶土	棕壤	潮棕壤			1	0—9	暗棕色	轻壤土	粒状	6.5								硅灰岩风化物	E 115°38′16.4″ N 39°48′41.0″	82
						2	9—20	灰棕色	轻壤土	粒状	6.0										
						3	20—50	黄棕色	轻壤土	粒状	6.4										
						4	50—75	棕色	轻壤土	碎块状	6.5										
剖4	半淋溶土	褐土	石灰性褐土			1	0—14	浅褐色	轻壤土	碎块状	7.9								岩石风化物、坡积物、堆积物	E 115°37′00.6″ N 39°45′08.9″	78
						2	14—27	黄褐色	轻壤土	片状	7.9										
						3	27—45	黄棕色	轻壤土	块状	8.1										
						4	45—70	黄棕色	轻壤土	块状	8.1										
						5	70—110	暗棕色	轻壤土	块状	7.9										
剖5	淋溶土	棕壤	粗骨性棕壤			1	0—7	浅褐色		碎块状										E 115°37′58.4″ N 39°41′44.2″	76
						2	7—16	黄褐色		碎块状	7.5										
						3	16—22	鲜棕色		碎块状	7.8										
剖6	半淋溶土	褐土	粗骨性褐土			1	0—14	暗褐色	轻壤土	碎块状	8.0									E 115°56′16.8″ N 39°48′53.6″	71
						2	14—36	褐棕色	轻壤土	块状	7.8										
						3	36—60	棕褐色	轻壤土	块状	7.9										
						4	60—77	黄褐色	轻壤土	块状	6.5										
						5	77—100	暗褐色	轻壤土	团块状	6.6										
剖7	半淋溶土	山地草甸土	山地草甸土			1	0—21	棕褐色	轻壤土	团块状	6.7								砂岩、硅灰岩残积坡积物	E 115°56′14.4″ N 39°46′23.3″	88
						2	21—34	褐棕色	轻壤土	碎粒状	6.9										
						3	34—53	黄棕色	轻壤土	屑粒状	8.4	19.3	0.95	0.56	21.8	10.0	120	15.5			
						4	53—85	棕灰色	壤质黏土	核状	8.4	15.3	0.88	0.55	21.8	8.0	96	16.7			
剖8	半淋溶土	褐土	石灰性褐土	火褐灰泥土	灰白黄土	1	0—13	灰褐色	壤质黏土	棱块状	8.4	15.8	0.41	0.52	22.8	6.0	96	16.9	石灰岩风化残坡积物	E 115°55′58.6″ N 39°40′36.0″	94
						2	13—24	暗褐色	壤质黏土	棱块状	8.5	10.2	0.57	0.57	22.7	5.0	52	19.1			
						3	24—50	棕色	粉砂质黏土	棱粒状	8.0										
						4	50—76	暗褐色		片状	8.4										
剖9	半淋溶土	褐土	潮褐土			1	0—18	灰棕色	轻壤土	碎块状	8.3								洪积物、冲积物	E 116°00′00.1″ N 39°47′11.7″	100
						2	18—24	灰棕色	轻壤土	碎粒状	8.0										
						3	24—34	浅棕色	轻壤土	团粒状	8.3										
						4	34—60	黄棕色	轻壤土	碎粒状	8.0										
						5	60—100	浅棕色	轻壤土	片状	8.3										
剖10	半水成土	潮土	潮土			1	0—14	灰棕色	轻壤土	块状	8.3								河流冲积物	E 116°13′31.4″ N 39°46′34.9″	71
						2	14—23	棕色	轻壤土	块状	8.3										
						3	23—57	棕褐色	轻壤土	块状	8.3										
						4	57—74	褐棕色	轻壤土	块状	8.3										
						5	74—100	褐棕色	轻壤土	块状	8.5										

续表 Continued

剖面号 Soil profile	土纲 Soil order	土类 Soil great group	亚类 Soil subgroup	土属 Soil genus	土种 Soil species	土层码 Layer code	土层厚度 Depth/cm	颜色 Soil color	质地 Soil texture	土壤结构 Soil structure	pH	有机质 OM/(g/kg)	全氮 TN/(g/kg)	全磷 TP/(g/kg)	全钾 TK/(g/kg)	有效磷 AP/(mg/kg)	速效钾 AK/(mg/kg)	阳离子交换量 CEC/(cmol/kg)	土壤母质 Parent material	剖面点坐标 Profile coordinate	匹配指数 Matching index/%
剖11	半水成土	潮土	褐潮土			1	0—21	棕褐色	轻壤土	团块状	8.3								河流冲积物	E 116° 04' 52.9" N 39° 45' 25.6"	70
						2	21—30	灰棕色	轻壤土	片状	8.4										
						3	30—50	黄棕色	轻壤土	碎块状	8.3										
						4	50—72	棕色	轻壤土	碎块状	8.2										
						5	72—100	黄棕色	轻壤土	块状	8.3										
						6	100—120	黄棕色	轻壤土	块状	8.0										
剖12	半水成土	潮土	盐化潮土			1	0—13	褐色	轻壤土	片状	8.1								河流冲积物	E 116° 05' 00.2" N 39° 44' 25.8"	82
						2	13—20	灰棕色	轻壤土	块状	8.2										
						3	20—50	棕褐色	轻壤土	块状	8.3										
						4	50—100	褐棕色	砂壤土	块状	8.5										
剖13	半淋溶土	褐土	褐土性土			1	0—17	灰褐色	砂壤土	粒状	8.7								洪积物、冲积物、人工堆垫物等	E 115° 35' 04.9" N 39° 37' 55.2"	96
						2	17—40	浅褐色	砂壤土	粒状	8.7										
						3	40—45	棕褐色	轻壤土	碎块状	6.9										
剖14	半淋溶土	褐土	淋溶褐土			1	0—11	浅褐色	轻壤土	碎块状	6.9								岩石风化物	E 115° 47' 19.2" N 39° 39' 54.6"	90
						2	11—20	棕褐色	轻壤土	块状	6.8										
						3	20—27	黄褐色	轻壤土	碎块状	7.6										
剖15	半淋溶土	褐土	褐土			1	0—16	棕褐色	砂壤土	片状	8.1									E 115° 50' 39.5" N 39° 37' 02.6"	96
						2	16—26	黄褐色	砂壤土	块状	8.2										
						3	26—40	黄棕色	轻壤土	棱块状	7.9										
						4	40—70	暗棕色	轻壤土	块状	8.0										
						5	70—100	灰棕色	重壤土	块状	8.2										
剖16	人为土	水稻土	淹育水稻土			1	0—24	棕褐色	轻壤土	碎块状	8.4									E 115° 52' 40.6" N 39° 34' 57.4"	71
						2	24—44	灰棕色	细砂土	片状	8.7										
						3	44—80	黄褐色	细砂土	块状	8.7										
						4	80—120	灰棕色	砂壤土	块状	8.4										
剖17	半淋溶土	褐土	石灰性褐土	覆碳酸盐褐土		1	0—16	灰褐色	轻壤土	团块状	7.9									E 115° 49' 33.1" N 39° 34' 21.8"	73
						2	16—25	暗褐色	轻壤土	片状	8.0										
						3	25—34	黄褐色	细砂土	块状	8.1										
						4	34—60	黄褐色	细砂土	块状	8.1										
						5	60—110	棕色	细砂土	块状	8.2										
						6	110—130	黄棕色	轻壤土	块状	8.0										
剖18	初育土	风沙土	风沙土			1	0—4	棕褐色	细砂土	粒状	8.3								风积物	E 115° 51' 50.8" N 39° 33' 11.9"	74
						2	4—33	黄棕色	细砂土	粒状	8.7										
						3	33—59	黄棕色	细砂土	片状	8.7										
						4	59—86	浅棕色	细砂土	粒状	8.9										
						5	86—100	黄棕色	细砂土	粒状	8.8										
剖19	水成土	沼泽土	沼泽土			1	0—10	暗灰色	轻壤土	团粒状	7.7									E 116° 07' 33.1" N 39° 36' 54.1"	88
						2	10—25	灰色	轻壤土	团块状	7.7										
						3	25—36	灰色	轻壤土	团块状	7.9										
						4	36—50	青灰色	重壤土	团块状	8.0										
						5	50—85	蓝灰色	黏壤土	块状	8.0										
						6	85—100	蓝灰色	轻壤土	团块状	8.0										

续表 Continued

剖面号 Soil profile	土纲 Soil order	土类 Soil great group	亚类 Soil subgroup	土属 Soil genus	土种 Soil species	土层码 Layer code	土层厚度 Depth/cm	颜色 Soil color	质地 Soil texture	土壤结构 Soil structure	pH	有机质 OM/(g/kg)	全氮 TN/(g/kg)	全磷 TP/(g/kg)	全钾 TK/(g/kg)	有效磷 AP/(mg/kg)	速效钾 AK/(mg/kg)	阳离子交换量CEC/(cmol/kg)	土壤母质 Parent material	剖面点坐标 Profile coordinate	匹配指数 Matching index/%
剖20	人为土	水稻土	潴育水稻土			1	0—11	浅棕色	细砂土	块状	8.5									E 116°06′01.8″ N 39°36′49.4″	94
						2	11—20	浅灰色	细砂土	片状	8.5										
						3	20—32	黄棕色	细砂土	块状	8.6										
						4	32—60	青灰色	细砂土	棱块状	8.3										
						5	60—100	蓝灰色	细砂土	棱块状	8.2										
剖21	半水成土	潮土	湿潮土			1	0—20	灰色	重壤土	团块状	8.4								河流冲积物	E 116°03′20.0″ N 39°35′19.2″	73
						2	20—45	棕灰色	重壤土	片状	8.4										
						3	45—60	棕灰色	重壤土	团块状	8.3										
						4	60—100	暗灰色	重壤土	块状	8.3										

通 州 区

主要土类说明

潮土是通州区主要土壤类型，占本区地域面积的89%，主要分布于距河道较远、平坦开阔而稍有倾斜的河间平地上。潮土见于近代河流冲积平原或低平阶地，地下水位高，潜水参与成土过程。在潮土成土过程中，底土氧化还原交替作用，形成锈色斑纹和小型铁子。在长期耕作条件下，表层有机质含量为10—15g/kg。母质是河流缓流沉积物，质地为砂壤、轻壤、中壤。地下水埋深多为1.5—3.0m，土色较灰暗，多呈灰棕色至棕灰色。由于壤质潮土受地下水作用强烈，潮化发育明显。心土、底土的水热状况及毛管状况良好，地下水升降活跃，水量较大，变幅亦大，故化学反应也较强，铁的活性大，铁、锰的淋溶淀积较明显，锈色斑纹明显。耕作层厚15—20cm，质地以轻壤土、中壤土为主，土体疏松，农作物须根较多。犁底层不明显，可出现在20cm左右，并不太紧实。心土层以下冲积层次明显，仍保留层状特征，也多为轻壤土或中壤土，以块状结构为主，30—40cm以下有明显的锈色斑纹，有的有雏形铁子。有蚯蚓活动形成的洞穴及粪粒，表明生物作用较强。土壤剖面构型以 $Ap-B_1-B_2-C$ 为主。该土壤由于砂黏适中，仍保持第四纪沉积物的疏松垒叠状况，并未显著压实，故比其他土壤疏松，通体容重多为1.24—1.45g/cm³，总孔隙度为41%—54%，通气孔隙度为7%—14%，上下土层差异不大，耕性透性良好。

褐土是通州区第二大土壤类型，占本区地域面积的7%，大多分布在海拔30—60m地区。褐土是在暖温带半湿润区发育形成的具有黏化与钙质淋移淀积的土壤。该土壤盐基饱和，处于硅铝风化阶段，有明显黏淀层。在其A-B-C剖面构型中，B层呈棕褐色。土壤pH为7.0—7.5，盐基饱和度在80%以上；B层下部有假菌丝状钙积层。本区褐土以潮褐土为主，分布在冲积扇下部，少数位于冲积平原上的残余二级阶地。母质为洪积物、冲积物，以黄土性母质居多，质地多为轻壤土、中壤土。地势平坦，微有倾斜，排水较好。地下水埋深2.5—4.0m，有的由于地下水下降到5m以下，土壤发育明显脱潮，其生产特性有的已接近褐土。潮褐土属褐土向潮土的过渡类型，是以褐土化过程为主，附加潮化过程。剖面上部不受地下水影响，进行褐土化过程，有碳酸盐的淋洗和黏化作用，以心土褐色黏化层最明显，碳酸钙含量多为0.2%—0.8%，接近普通褐土的黏化层，但略偏高。土色鲜褐，近似普通褐土的褐色黏化层，但黏化程度较轻。其剖面下部微受地下水作用，有轻微的潮化过程，在80cm以下才有少量锈色斑纹及铁锰结核，有的形成小型砂姜，这是与脱潮土相区别的主要特征。耕层有机质含量为10—15g/kg，剖面构型以 Ap-Btk-C 为主。

小于本区地域面积3%的土壤类型还有风沙土、沼泽土等。

本区域中心区气候特征

本区域中心区气候特征值
Regional climate characteristics in central area of the region

气候带：暖温带亚湿润气候 Climate region: Warm temperate subhumid climate	
年平均气温 /℃ Annual average temperature /℃	12.3
年平均最高气温 /℃ Annual average maximum temperature /℃	17.9
年平均最低气温 /℃ Annual average minimum temperature /℃	7.2
年降水量 /mm Annual precipitation /mm	570
≥10℃的积温 /℃ Daily temperature accumulated in a year (≥10℃) /℃	4372
年日照时数 /h Annual sunshine /h	2661
年平均相对湿度 /% Annual average relative humidity /%	57
干燥度 Dryness	1.27

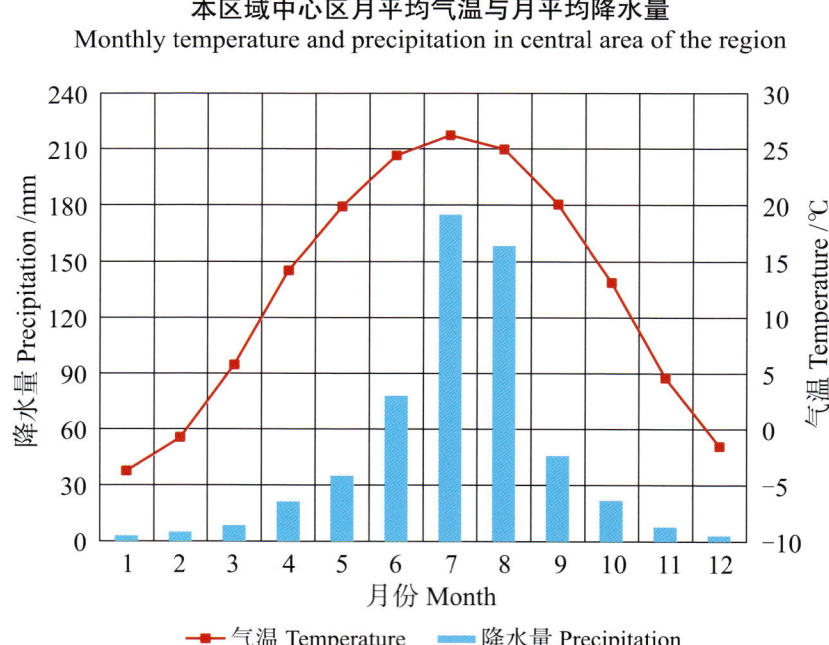

本区域中心区月平均气温与月平均降水量
Monthly temperature and precipitation in central area of the region

通州区主要土壤类型与土壤剖面点分布图
1∶160 000

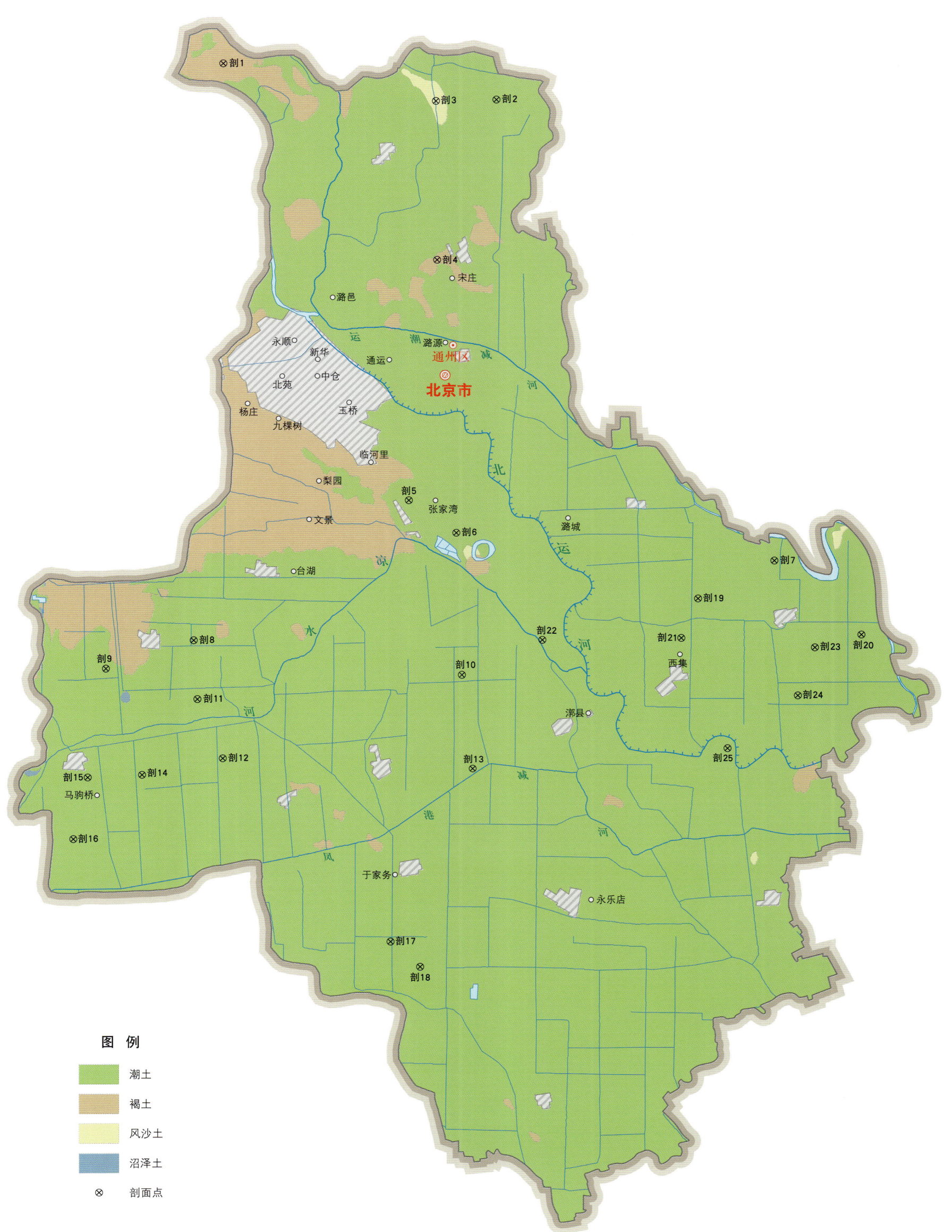

通州区土壤剖面理化性状表

剖面号 Soil profile	土纲 Soil order	土类 Soil great group	亚类 Soil subgroup	土属 Soil genus	土种 Soil species	土层码 Layer code	土层厚度 Depth/cm	颜色 Soil color	质地 Soil texture	土壤结构 Soil structure	pH	有机质 OM/(g/kg)	全氮 TN/(g/kg)	全磷 TP/(g/kg)	全钾 TK/(g/kg)	碱解氮 AN/(mg/kg)	有效磷 AP/(mg/kg)	速效钾 AK/(mg/kg)	阳离子交换量CEC/(cmol/kg)	土壤母质 Parent material	剖面点坐标 Profile coordinate	匹配指数 Matching index/%
剖1	半淋溶土	褐土	潮褐土	潮褐土	灰黄土	A₁₁	0—17	浊橙色	砂质黏壤土	屑粒状	8.4	12.9	0.82	1.17	20.3		8.0	122		古洪积物、冲积物	E 116°36′47.2″ N 40°01′08.1″	76
						A₁₂	17—33	浊橙色	砂质黏壤土	碎块状	8.6	9.2	0.52	1.12	19.3		2.0	96				
						AB	33—50	橙色	砂质黏壤土	块状	8.5	5.6	0.52	0.87	20.3		3.0	74				
						Bt	50—78	橙色	砂质黏壤土	块状	8.1	5.0	0.37	0.48	20.3		6.0	75				
						Cu	78—112	亮棕色	砂质壤土	无明显结构	8.0	2.4	0.22	0.64	20.7		5.0	46				
剖2	半水成土	潮土	潮土	潮黏土	通州潮淤土	A₁₁	0—25	浊棕色	壤质黏土	碎块状	8.3	17.7	1.19	0.88		111	35.0	154	21.0	冲积物	E 116°44′26.9″ N 40°00′22.3″	88
						AC	25—35	灰棕色	粉质黏壤土	块状	8.2	16.9	1.11	0.78		97	18.0	160	29.8			
						C	35—60	灰棕色	壤质黏壤土	块状	8.2	17.0	1.15	0.82		120	21.0	130	29.1			
						Cu	60—110	浊橙色	壤质黏壤土	片状	8.2	11.9	0.92	0.76		39	19.0	112	25.7			
剖3	初育土	风沙土	风沙土	风沙土		1	0—30		砂土			1.2		0.47		10	8.0			风积物	E 116°42′45.4″ N 40°00′20.2″	77
						2	30—60		砂土			2.9	0.25	0.52		40	9.6	46	2.6			
						3	60—90		砂土			7.8	0.49	0.45		19	16.3	46	6.3			
剖4	半淋溶土	褐土	褐土性土	沙丘土	沙丘土	1	0—17		壤质砂土		8.4	5.0	0.30		25.0	15	2.5	30	4.6	洪积物、冲积物	E 116°42′49.3″ N 39°56′49.2″	82
						2	17—25		壤质砂土		8.4	4.3	0.26	0.52	23.2	12	4.1	40	4.6			
						3	25—50		壤质砂土		8.6	2.7	0.19	0.63	26.5	6	2.5	46	5.2			
						4	50—80		壤质砂土			3.5	0.14		25.0		痕迹					
						5	80—115		砂土		8.5	3.0	0.25		25.0	10	痕迹		12.5			
剖5	半水成土	潮土	潮土	两合土	两合土	1	0—18		砂质黏壤土			14.5	0.68	0.72		56	43.5	104	13.7	冲积物	E 116°42′04.4″ N 39°51′29.3″	73
						2	18—30		砂质黏壤土			9.6	0.62	0.66		42	18.3	96				
						3	30—60		黏壤土			11.0	0.61	0.63		34	6.9	64	14.9			
						4	60—90		砂质黏壤土			5.9	0.38	0.56		22	2.3	68	13.8			
剖6	半水成土	潮土	潮土	两合土	夹砂两合土	1	0—21		黏壤土			11.3	0.77	0.60		58	6.9	92	4.4	冲积物	E 116°43′23.8″ N 39°50′46.1″	71
						2	21—56		黏壤土			11.9	0.69	0.58		73	5.5	86	14.2			
						3	56—75		壤质砂土			2.3	0.21	0.53		21	5.0	44	8.8			
						4	75—100		黏壤土			8.1	0.59	0.64		49	9.2	94	9.1			
剖7	半水成土	潮土	潮土	潮砂土	面砂土	1	0—20		砂壤土			8.9	0.60	0.59		47	13.7	146	9.3	冲积物	E 116°42′17.6″ N 39°50′10.3″	72
						2	20—40		砂壤土			6.1	0.45	0.59		37	3.2	80				
						3	40—60		砂质黏壤土			5.6	0.34	0.55		21	11.7	74				
						4	60—80		砂壤土													
						5	80—		壤质黏壤土													
剖8	半水成土	潮土	湿潮土	盐湿黑土	水稻轻盐砂姜底黑土	1	0—13		砂质黏壤土			16.3	0.96	0.68		80	32.1	158	14.5	冲积物	E 116°36′04.7″ N 39°48′21.2″	94
						2	13—20		砂质黏壤土			15.0	0.86	0.71		59	38.9	152	14.4			
						3	20—63		砂质黏壤土			5.4	0.38	0.40		38	2.3	94	15.7			
						4	63—93		砂质黏壤土			3.7	0.25	0.39		38	痕迹	76				
剖9	半水成土	潮土	潮土	两合土	砂姜底合土	1	0—20		砂质黏壤土		8.1	13.8	0.93	0.93		73	22.9	106	15.7	冲积物	E 116°33′37.8″ N 39°47′43.1″	100
						2	20—30		砂质黏壤土		8.2	12.6	0.83	0.82		70	13.3	70	9.6			
						3	30—53		砂质黏壤土		8.2	7.5	0.62	0.52		50	6.0	68				
						4	53—85		砂质黏壤土		8.2	5.5	0.48	0.50		32	6.6	52				
						5	85—140		砂质黏壤土		8.3	2.0	0.36	0.45		16	10.8		22.0			
剖10	半水成土	潮土	湿潮土	湿黑黏土	水稻砂姜底黑黏土	1	0—15		壤质黏土			12.1	0.84	0.79		64	15.1	150	21.3	冲积物	E 116°43′34.3″ N 39°47′37.0″	85
						2	15—30		壤质黏土			13.0	0.88	0.89		26	31.6	174	22.7			
						3	30—40		壤质黏土			9.3	0.77	0.79		81	6.6	108	19.8			
						4	40—60		壤质黏土			4.9	0.44	0.58		35	6.2	82				

续表 Continued

剖面号 Soil profile	土纲 Soil order	土类 Soil great group	亚类 Soil subgroup	土属 Soil genus	土种 Soil species	土层码 Layer code	土层厚度/cm Depth/cm	颜色 Soil color	质地 Soil texture	土壤结构 Soil structure	pH	有机质 OM/(g/kg)	全氮 TN/(g/kg)	全磷 TP/(g/kg)	全钾 TK/(g/kg)	碱解氮 AN/(mg/kg)	有效磷 AP/(mg/kg)	速效钾 AK/(mg/kg)	阳离子交换量CEC/(cmol/kg)	土壤母质 Parent material	剖面点坐标 Profile coordinate	匹配指数 Matching index/%
剖11	半水成土	潮土	湿潮土	湿黑土	水稻砂底黑土	1	0—14		砂质黏壤土			14.8	0.91	0.88		73	49.7	114	13.9	冲积物	E 116°36′11.5″ N 39°47′03.5″	76
						2	14—24		砂质黏壤土			8.9	0.70	0.74		55	19.2	88	15.2			
						3	24—50		壤质黏土			7.4	0.63	0.63		46	5.7	72	15.7			
						4	50—103		砂质黏土			2.7	0.54	0.54		22	3.7	40	16.0			
剖12	半水成土	潮土	潮土	两合土	黏性两合土	1	0—23		壤质黏土			15.8	0.98	0.65		64	6.9	112	16.4	冲积物	E 116°36′54.4″ N 39°45′45.0″	81
						2	23—35		壤质黏土			14.3	0.94	0.69		56	2.3	104	17.5			
						3	35—55		壤质黏土			7.2	0.69	0.66		27		88	14.5			
						4	55—82		壤质黏土			5.8	0.36	0.61		27	痕迹	62	10.2			
						5	82—100		壤质黏土			11.3	0.43	0.62		77	4.6	72	10.9			
剖13	半水成土	潮土	盐化潮土	盐两合土	轻两合土	1	0—2	褐色	轻壤土	块状	8.0									冲积物	E 116°43′52.7″ N 39°45′32.0″	99
						2	2—25	灰褐色	轻壤土	片状	8.1											
						3	25—60	棕褐色	轻壤土	块状	8.2											
						4	60—100	褐棕色	砂质壤土	块状	8.3											
剖14	半水成土	潮土	湿潮土	湿黑黏土	漏风黑黏土	1	0—22		壤质黏土			21.2	1.18	0.81	24.1	95	14.7	180	19.6	冲积物	E 116°34′39.5″ N 39°45′21.8″	96
						2	22—39		壤质黏土			16.2	0.91	0.81	22.9	69	11.7	148	20.6			
						3	39—60		粉质黏土			16.6	0.87	0.80	23.5	63	4.1	126	29.2			
						4	60—90		砂质黏土			21.3	1.21	0.79	20.1	65	19.5	134	36.8			
剖15	半水成土	潮土	褐潮土	褐潮淤	通县岗淤土	A₁₁	0—20	浊黄棕色	壤质黏土	碎块状	8.3	11.4	0.69	0.62	25.0	59	8.0	80	10.5	冲积物	E 116°33′08.2″ N 39°45′18.0″	78
						A₁₂	20—43	暗棕色	壤质黏土	块状	8.5	8.1	0.49	0.55	22.9	44	3.0	58	12.1			
						Ck	43—75	棕色	砂质黏土	块状	8.4	4.8	0.28	0.55	23.5	26	4.0		12.7			
						Cu	75—100	浊黄棕色	壤质黏土	块状	8.4	11.3	0.64	0.65	20.1	25	6.0		13.0			
剖16	半水成土	潮土	褐潮土	黄潮土	黑黏底潮土	1	0—17		砂质黏壤土		8.1	18.0	0.86	0.94	25.0	66	31.8	82	12.4	冲积物	E 116°32′44.8″ N 39°43′55.8″	90
						2	17—29		砂质黏壤土		8.3	9.9	1.09	0.81	25.0	37	13.3	62	12.4			
						3	29—50		砂质黏土		8.2	16.6	0.84	0.90	25.0	60	25.2	76	12.7			
						4	50—66		壤黏土		8.5	8.2	0.43	0.75	24.0	30	9.4	68	29.2			
						5	66—95		砂质黏土		8.2	15.6	0.86	0.77	27.0	46	11.7	160	14.4			
剖17	半水成土	潮土	潮土	两合土	黑黏底黄两合土	1	0—20		粉砂质黏壤土		8.0	13.5	0.76			44	13.7	104	15.0	冲积物	E 116°41′36.2″ N 39°41′42.0″	90
						2	20—29		砂质黏壤土		8.1	14.0	0.78			53	16.0	114	15.2			
						3	29—42		砂质黏土		8.3	11.5	1.23			44	7.8	24	37.7			
						4	42—70		壤质黏土		8.3	21.8	0.98			49	6.0	146	37.6			
						5	70—100		粉砂质黏土		8.4	20.8	1.03			42	7.3	158	39.4			
剖18	半水成土	潮土	潮土	潮壤土	砂底潮土	1	0—25		砂质黏壤土	团块状	8.1	11.9	0.70	0.59		50	13.7	90	12.6	冲积物	E 116°42′26.3″ N 39°41′08.9″	81
						2	25—50	灰棕色	砂质黏壤土	棱块状	8.2	10.5	0.53	0.51		33	4.6	56	14.2			
						3	50—75	灰棕色	砂质黏土	棱块状	8.3	5.9	0.33	0.61		18	6.9	68	16.4			
						4	75—90	灰棕色	壤土		8.4	3.8	0.20	0.56		19	6.9	62				
剖19	半水成土	潮土	潮土	两合土	黏身黏底两合土	1	0—20		砂质黏壤土		8.1	14.1	0.85	0.73		61	21.0	164	16.4	冲积物	E 116°50′10.0″ N 39°49′19.6″	80
						2	20—68		砂质黏土		8.0	15.3	0.93	0.67		67	25.0	164	23.6			
						3	68—100		黏土		8.3	18.4	1.15	0.67		74	51.0	146	37.6			
剖20	半水成土	潮土	潮土	两合土	黏底两合土	1	0—25		砂质黏壤土		8.4	11.2	0.75			46	27.3	88	12.3	冲积物	E 116°54′44.0″ N 39°48′31.7″	93
						2	25—35		砂壤土		8.6	6.2	0.40			29	0.5	64	13.5			
						3	44—54		壤质黏壤土		8.6	6.8	0.50			31	6.0	90	20.4			
						4	74—84		黏质黏壤土		8.4	10.4	0.60			29	3.9	116	14.1			
剖21	半水成土	潮土	潮土	两合土	两合土	1	0—28		砂质黏壤土											冲积物	E 116°49′41.9″ N 39°48′26.6″	81
						2	28—42		黏质黏壤土		8.6											
						3	42—69		黏质黏壤土		8.6											
						4	69—100		砂质黏壤土		8.6											

续表 Continued

剖面号 Soil profile	土纲 Soil order	土类 Soil great group	亚类 Soil subgroup	土属 Soil genus	土种 Soil species	土层码 Layer code	土层厚度 Depth/cm	颜色 Soil color	质地 Soil texture	土壤结构 Soil structure	pH	有机质 OM/(g/kg)	全氮 TN/(g/kg)	全磷 TP/(g/kg)	全钾 TK/(g/kg)	碱解氮 AN/(mg/kg)	有效磷 AP/(mg/kg)	速效钾 AK/(mg/kg)	阳离子交换量CEC/(cmol/kg)	土壤母质 Parent material	剖面点坐标 Profile coordinate	匹配指数 Matching index/%
剖22	半水成土	潮土	潮土	两合土	漏砂两合土	1	0—26		黏壤土			11.9	0.73	0.54		64	9.2	50	12.9	冲积物	E 116°45′49.0″ N 39°48′23.8″	100
						2	26—150		砂壤土			3.1	0.32	0.40		17	2.3		12.5			
剖23	半水成土	潮土	潮土	两合土	夹黏两合土	1	0—20		砂质黏壤土		8.1	12.2	0.78	0.84		79	36.2	84	12.4	冲积物	E 116°53′25.9″ N 39°48′14.6″	74
						2	20—45		砂质壤土		8.5	9.9	1.06	0.64		78	13.3	60	20.8			
						3	45—75		粉砂质黏壤土		8.0	15.8	0.99	0.76		106	20.8	112	8.1			
						4	75—100		砂壤土		8.3	4.1	0.36	0.64		36	14.4					
剖24	半水成土	潮土	潮土	潮黏土	潮黏土	1	0—15		粉砂质黏壤土		8.1	20.6	1.95	0.88		95	33.7	200	30.5	冲积物	E 116°52′57.7″ N 39°47′10.7″	99
						2	15—60		粉砂质黏壤土		8.1	17.8	1.19	0.74		112	9.9	152	27.4			
						3	60—100		粉砂质黏壤土		8.3	14.8	1.01	0.85		102	15.1	134				
剖25	半水成土	潮土	潮土	潮砂土	潮砂土	1	0—33		壤质砂土			1.4	0.16	0.41		4	4.6	42	4.5	冲积物	E 116°50′59.9″ N 39°46′00.3″	85
						2	33—59		壤质砂土			3.9	0.11	0.75		7	4.6	34				
						3	59—100		壤质砂土			2.4	0.63	0.36		5	4.6	28				

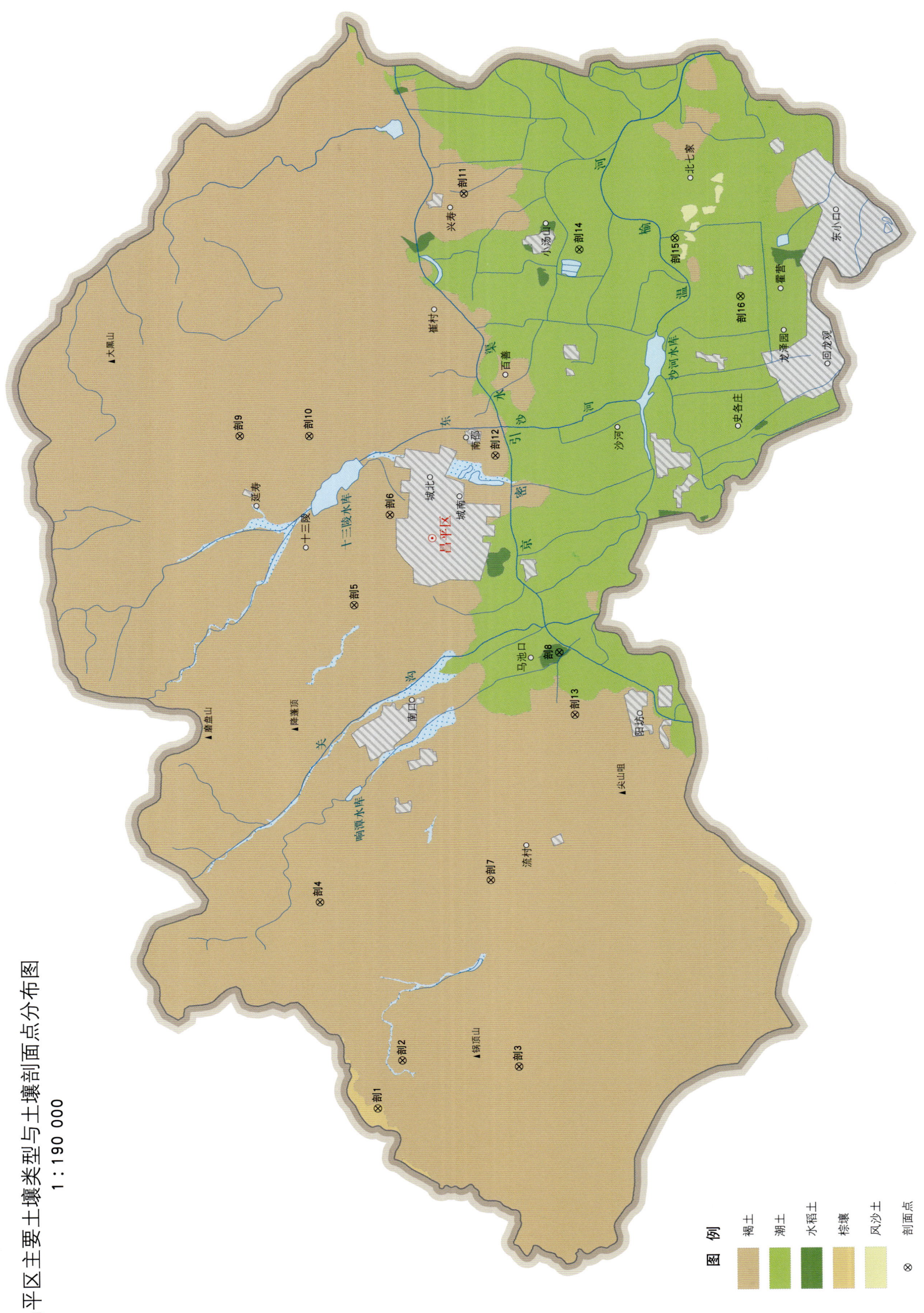

昌平区主要土壤类型与土壤剖面点分布图

昌平区土壤剖面理化性状表

剖面号 Soil profile	土纲 Soil order	土类 Soil great group	亚类 Soil subgroup	土属 Soil genus	土种 Soil species	土层码 Layer code	土层厚度 Depth/cm	颜色 Soil color	质地 Soil texture	土壤结构 Soil structure	土壤母质 Parent material	剖面点坐标 Profile coordinate	匹配指数 Matching index/%
剖1	淋溶土	棕壤	棕壤	硅质岩类山地棕壤	轻壤质含砾岩质中层棕壤	1	0–15		轻壤土		坡积物	E 115°55′00.8″ N 40°14′30.7″	90
						2	15–50		轻壤土				
						3	50–65		轻壤土				
						4	65–100		轻壤土				
剖2	半淋溶土	褐土	淋溶褐土	铁镁质岩类淋溶褐土	轻壤质厚层辉长岩岩淋溶褐土	1	0–20	深褐色	轻壤土	小块状	坡积物、残积物	E 115°56′33.8″ N 40°13′55.4″	83
						2	20–60	灰褐色	轻壤土	棱块状			
						3	60–80	棕褐色	砾石土	棱块状			
剖3	半淋溶土	褐土	淋溶褐土	长石岩类淋溶褐土		1	0–20	灰褐色	轻壤土	小块状		E 115°56′22.9″ N 40°11′06.8″	93
						2	20–40	棕褐色	轻壤土	棱块状			
						3	40–80	暗棕色	轻壤土	块状			
						4	80–100	暗棕色	轻壤土	棱块状			
剖4	半淋溶土	褐土	褐土	洪冲积褐土	中壤质褐土	1	0–30	浅棕色	砂土	碎屑状	坡积物、残积物	E 116°01′38.6″ N 40°15′55.8″	72
						2	30–60	浅黄棕色	砂土	碎屑状			
剖5	半淋溶土	褐土	褐土	洪冲积褐土	中壤质褐土	1	0–20	棕褐色	中壤土	块状	洪积物、冲积物	E 116°11′16.8″ N 40°15′09.0″	92
						2	20–50	棕褐色	中壤土	棱块状			
						3	50–100	灰棕色	轻壤土	小块状			
剖6	半淋溶土	褐土	褐土性土	人工堆垫褐土性土	轻壤质厚层堆垫褐土性土	1	0–20	暗棕色	轻壤土	小块状	堆垫物	E 116°14′11.9″ N 40°14′17.8″	100
						2	20–60	黄褐色	轻壤土	小块状			
						3	60–100	灰棕色	砂壤土	碎屑状			
剖7	半淋溶土	褐土	褐土性土	洪冲积褐土性土	砾石底体砂壤质褐土性土	1	0–25	棕褐色	砂壤土	碎屑状	页片岩岩类	E 116°02′23.3″ N 40°11′48.8″	70
						2	25–60	暗棕色	轻壤土				
剖8	人为土	水稻土	淹育水稻土			1	0–20		轻壤土			E 116°09′46.1″ N 40°10′11.6″	75
						2	20–50		轻壤土				
						3	50–100		轻壤土				
剖9	半淋溶土	褐土	淋溶褐土	页片状岩类淋溶褐土		1	0–15	灰棕色	轻壤土	小块状	页片岩岩类	E 116°16′43.3″ N 40°17′55.3″	85
						2	15–40	棕褐色	轻壤土	小块状			
剖10	半淋溶土	褐土	淋溶褐土	钙质岩类淋溶褐土		1	0–15	灰棕色	轻壤土		坡积物、残积物	E 116°16′43.7″ N 40°16′14.9″	84
						2	15–50	黄棕色	轻壤土				
剖11	半淋溶土	褐土	潮褐土			1	0–20	浅棕色	轻壤土	粒状		E 116°24′35.0″ N 40°12′32.9″	89
						2	20–40	浅棕色	中壤土	棱块状			
						3	40–65	棕褐色	中壤土	团块状			
						4	65–80	暗棕色	中壤土	团块状			
						5	80–120	暗棕色	砂壤土	团块状			
剖12	半淋溶土	褐土	潮褐土	洪冲积潮褐土	砂底砂壤质潮褐土	1	0–20	浅灰棕色	砂壤土		洪积物、冲积物	E 116°16′07.4″ N 40°11′45.5″	90
						2	20–70	黄棕色	中壤土	团块状			
						3	70—	灰棕色	中壤土				
剖13	半淋溶土	褐土	褐土性土	洪积褐土性土	砾石体砂壤质褐土性土	1	0–20	灰棕色	轻壤土	块状	洪积物、冲积物	E 116°07′45.3″ N 40°09′48.6″	87
						2	20–70	灰棕色	轻壤土	块状			
						3	70–100	灰棕色	轻壤土	块状			
剖14	半水成土	潮土	潮土	洪冲积黏质潮土	重壤质潮土	1	0–25	灰棕色	黏土	块状	洪积物、冲积物	E 116°22′47.5″ N 40°09′45.5″	81
						2	25–50	暗棕色	黏土	棱块状			
						3	50–100	浅灰棕色	黏土	棱块状			

续表 Continued

剖面号 Soil profile	土纲 Soil order	土类 Soil great group	亚类 Soil subgroup	土属 Soil genus	土种 Soil species	土层码 Layer code	土层厚度 Depth/cm	颜色 Soil color	质地 Soil texture	土壤结构 Soil structure	土壤母质 Parent material	剖面点坐标 Profile coordinate	匹配指数 Matching index/%
剖15	半水成土	潮土	潮土	冲积壤质潮土	黏底轻壤质潮土	1	0—20	浅灰棕色	轻壤土		洪积物、冲积物	E 116°23′10.1″ N 40°07′27.5″	98
						2	20—30	浅棕色	砂壤土				
						3	30—50	黄棕色	粗砂土				
						4	50—70	暗棕色	中壤土	棱块状			
						5	70—100	暗棕色	中壤土	块状			
剖16	半水成土	潮土	潮土	洪冲积壤质潮土	砂姜底轻壤质潮土	1	0—30	浅灰棕色	轻壤土	小团块状	洪积物、冲积物	E 116°21′18.6″ N 40°05′52.3″	97
						2	30—70	灰棕色	轻壤土	小块状			
						3	70—100	黄棕色	轻壤土	块状			

大 兴 区

主要土类说明

潮土是大兴区主要土壤类型，占本区地域面积的91%，分布于永定河冲积平原微高地及河流的古自然堤，以大兴区南部凤河两岸为典型，多呈狭长带状分布。潮土见于近代河流冲积平原或低平阶地，地下水位高，潜水参与成土过程。在潮土成土过程中，底土氧化还原交替作用，形成锈色斑纹和小型铁子。在长期耕作条件下，表层有机质含量为10—15g/kg。本区潮土主要为冲积物潮土，母质为河流冲积物。地下水埋藏较深，多在3—4m，常比永定河两侧冲积物潮土相对深1—2m，排水较好。由于成土时间较短，潮化程度较轻，60cm以上都以褐土化过程为主，为鲜黄棕色，有明显的假菌丝体，有初期黏化特征，但无明显的黏化层，碳酸钙淋洗较轻；60cm以下有少量锈色斑纹，但无铁子及砂姜，土体较干旱，补水能力弱。土壤质地通体以轻壤土为主，少数砂壤质，很少砂黏夹层及异质土层，剖面构型以A_{11}-A_{12}-C为主，由于该土类上村庄密集，熟化程度尚高，有机质含量为12g/kg以上，疏松通透，耕性良好，适种性广。另一种主要土壤类型则为砂质冲积物潮土，主要分布在永定河流域近河的阶地，略有起伏，为缓斜平地低平地区。地下水埋深在1.5—3.5m，浅于1.5m处易发生盐渍化，与盐潮土插花分布。土壤质地以砂壤土为主，少部分为砂质轻壤土，夹砂潮土则有漏水漏肥问题，作物产量低，属低产土壤。多呈棕色至浅棕带灰色，属粒状或碎块状结构，土体松软，心土以下有较弱的锈色斑纹。由于耕层质地偏砂，潜在肥力较低，有机质含量多为6—8g/kg，全氮也低，全磷含量仅0.6—0.8g/kg。砂土阳离子交换量低，仅6cmol/kg左右，保肥能力差。耕作层以下夹有黏性土层称为夹黏面砂土，保水、保肥性能强，作物产量高，属"蒙金"型土壤。剖面构型以A_{11}-A_{12}-C或Ap-AB-B（t）-C为主。

褐土是大兴区第二大土壤类型，占本区地域面积的4%。褐土是在暖温带半湿润区发育形成的具有黏化与钙质淋移淀积的土壤。该土壤盐基饱和，处于硅铝风化阶段，有明显黏淀层。在其A-B-C剖面构型中，B层呈棕褐色。土壤pH为7.0—7.5，盐基饱和度在80%以上；B层下部有假菌丝状钙层。本区褐土主要是冲积物褐土性土，主要分布在永定河的主流沉积地带。质地较砂，多为砂土及砂壤土。地下水下降很深，土壤多年不受地下水作用，无潮化特征。经多年发育，土色较鲜艳，土质疏松，通气好，非毛管孔隙在13%以上，养分含量低，有机质含量为8—15g/kg，全氮含量为0.5—0.9g/kg，全磷含量1.1g/kg左右，全钾保持在较高水平（33g/kg）。结构性差，有的有风蚀，漏水漏肥。剖面构型以Ap-B-C为主。

小于本区地域面积3%的土壤类型还有风沙土、沼泽土、水稻土等。

本区域中心区气候特征

本区域中心区气候特征值
Regional climate characteristics in central area of the region

气候带：暖温带亚湿润气候 Climate region: Warm temperate subhumid climate	
年平均气温 /℃ Annual average temperature /℃	12.4
年平均最高气温 /℃ Annual average maximum temperature /℃	18.0
年平均最低气温 /℃ Annual average minimum temperature /℃	7.3
年降水量 /mm Annual precipitation /mm	557
≥10℃的积温 /℃ Daily temperature accumulated in a year（≥10℃）/℃	4413
年日照时数 /h Annual sunshine /h	2664
年平均相对湿度 /% Annual average relative humidity /%	57
干燥度 Dryness	1.33

本区域中心区月平均气温与月平均降水量
Monthly temperature and precipitation in central area of the region

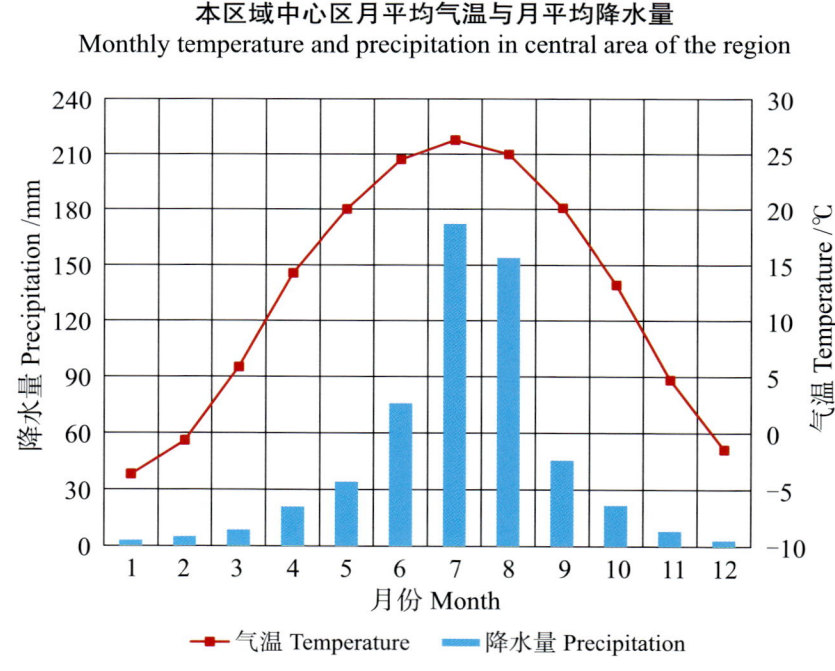

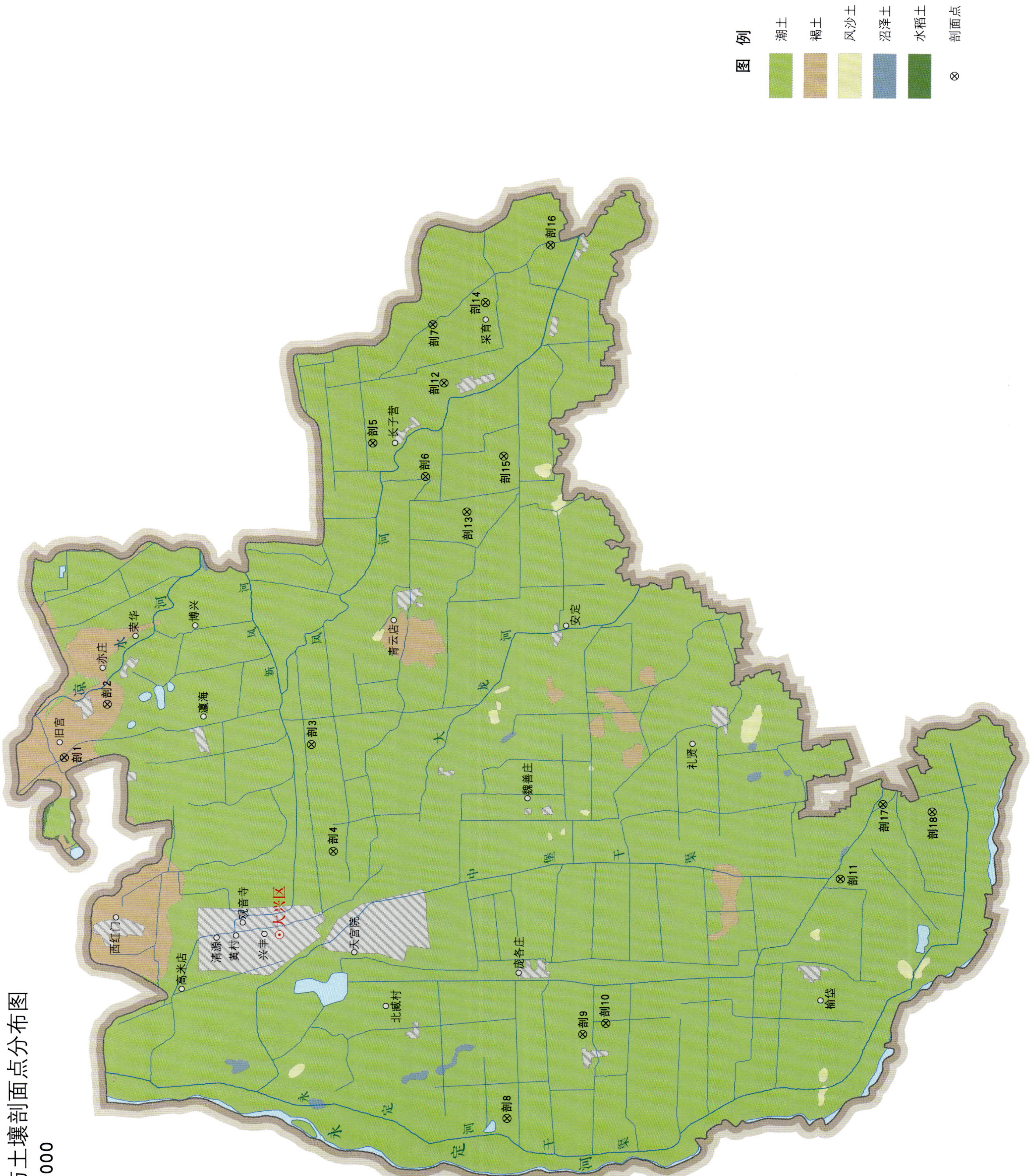

大兴区主要土壤类型与土壤剖面点分布图
1∶200 000

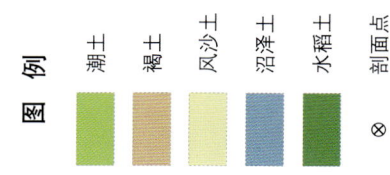

大兴区土壤剖面理化性状表

剖面号 Soil profile	土纲 Soil order	土类 Soil great group	亚类 Soil subgroup	土属 Soil genus	土种 Soil species	土层码 Layer code	土层厚度 Depth/cm	颜色 Soil color	质地 Soil texture	土壤结构 Soil structure	有机质 OM/(g/kg)	全氮 TN/(g/kg)	全磷 TP/(g/kg)	土壤母质 Parent material	剖面点坐标 Profile coordinate	匹配指数 Matching index/%
剖1	半淋溶土	褐土	潮褐土	灰黄土	漏砂面砂灰黄土	1	0—25		砂壤土		9.7	0.59			E 116°25′25.4″ N 39°48′45.1″	99
						2	25—44		砂壤土		2.5	0.29				
						3	44—100		轻壤土							
剖2	半淋溶土	褐土	潮褐土	灰黄土	灰黄土	1	0—30		中壤土		17.0	0.92	0.72		E 116°27′05.9″ N 39°47′45.6″	97
						2	30—55		中壤土		5.3	0.80	0.22			
						3	55—100		中壤土		2.3	0.29	0.21			
剖3	半水成土	潮土	潮土	两合土	面砂土	1	0—25	浅棕色	砂壤土	粒状	3.6	0.10	0.52	河流冲积物	E 116°25′53.0″ N 39°42′59.0″	83
						2	25—35	浅黄棕色	砂壤土	粒状	2.7	0.09	0.49			
						3	35—45	黄黄棕色	砂壤土	粒状	4.3	0.09	0.47			
						4	45—100	黄黄棕色	砂壤土	粒状	2.7	0.09	0.58			
剖4	半水成土	潮土	潮土	两合土	壤体细砂土	1	0—20	棕棕色	细砂土	块状	2.5	0.04	0.50	河流冲积物	E 116°22′33.2″ N 39°42′27.0″	87
						2	20—35	黄灰色	中壤土	块状	8.6	0.23	0.60			
						3	35—50	黄黄棕色	轻壤土	块状	8.9	0.20	0.62			
						4	50—80	黄棕色	中壤土	块状	9.3	0.31	0.66			
						5	80—100	黄棕色	中壤土	块状	10.2	0.40	0.67			
剖5	半水成土	潮土	潮土	潮砂土	砂底面砂土	1	0—15	暗黄棕色	砂壤土	块状	7.9	0.22	0.78	河流冲积物	E 116°35′15.7″ N 39°41′36.6″	76
						2	15—20	浅黄棕色	中壤土	块状	6.0	0.14	0.58			
						3	20—65	浅黄棕色	细砂土	粒状	3.4	0.08	0.56			
						4	65—100	棕黄色	细砂土	砂状	1.6	0.07	0.57			
剖6	半水成土	潮土	潮土	两合土	砂底两合土	1	0—25	灰灰色	轻壤土	块状		0.29	0.08	河流冲积物	E 116°34′14.5″ N 39°40′22.4″	92
						2	25—55	棕棕色	中壤土	块状		0.42	0.76			
						3	55—100	黄棕色	细砂土	砂状		0.11	0.49			
剖7	半水成土	潮土	潮土	两合土	黏体面砂土	1	0—17	黄棕色	砂壤土	块状	7.2	0.25	0.57	河流冲积物	E 116°38′57.4″ N 39°40′13.5″	91
						2	17—22	黄棕色	中壤土	块状	7.6	0.23	0.58			
						3	22—45	浅红棕色	重壤土	块状	8.2	0.21	0.60			
						4	45—100	浅红棕色	重壤土	块状	5.2	0.18	0.57			
剖8	半水成土	潮土	潮土	潮砂土	粗砂土	1	0—30	浅黄棕色	粗砂土	砂粒状	4.8	0.50	0.68	河流冲积物	E 116°14′17.4″ N 39°38′20.8″	73
						2	30—50	浅黄棕色	粗砂土	砂粒状	3.2	0.20	0.63			
						3	50—100	红棕色	粗砂土	砂粒状	1.1		0.57			
剖9	半水成土	潮土	潮土	两合土	两合土	1	0—20	棕棕色	轻壤土	块状		0.36	0.69	河流冲积物	E 116°16′54.5″ N 39°36′35.8″	95
						2	20—40	黄棕色	轻壤土	块状	7.0	0.25	0.67			
						3	40—80	黄棕色	轻壤土	块状	7.8	0.20	0.67			
						4	80—100	棕黄色	轻壤土	粒状	3.2	0.16	0.59			
剖10	半水成土	潮土	潮土	两合土	黏底面砂土	1	0—20	灰黄棕色	砂壤土	粒状	6.1	0.22	0.60	河流冲积物	E 116°17′15.0″ N 39°36′03.6″	78
						2	20—80	棕灰色	细砂土	粒状	12.5	0.50	0.56			
						3	80—100	棕棕色	重壤土	片状	11.9	0.19	0.64			
剖11	半水成土	潮土	潮土	两合土	黏性两合土	1	0—20	浅红棕色	重壤土	粒状			0.73	河流冲积物	E 116°21′46.1″ N 39°30′36.7″	78
						2	20—30	浅红棕色	重壤土	粒状		0.45	0.57			
						3	30—40	浅黄棕色	重壤土	片状	10.2	0.52	0.59			
						4	40—55	浅黄棕色	中壤土	粒状	8.9	0.19	0.53			
						5	55—80	黄棕色	中壤土	粒状	6.1	0.15	0.46			
						6	80—100									

续表 Continued

剖面号 Soil profile	土纲 Soil order	土类 Soil great group	亚类 Soil subgroup	土属 Soil genus	土种 Soil species	土层码 Layer code	土层厚度 Depth/cm	颜色 Soil color	质地 Soil texture	土壤结构 Soil structure	有机质 OM/(g/kg)	全氮 TN/(g/kg)	全磷 TP/(g/kg)	土壤母质 Parent material	剖面点坐标 Profile coordinate	匹配指数 Matching index/%
剖12	半水成土	潮土	潮土	两合土	漏砂两合土	1	0—23	浅黄棕色	轻壤土	小团粒状	12.6	0.41	1.47	河流冲积物	E 116°37′08.4″ N 39°39′57.2″	71
						2	23—33	浅黄棕色	砂壤土	小团粒状	6.1	0.19	0.55			
						3	33—50	浅黄棕色	细砂土	小团粒状	5.7	0.18	0.56			
						4	50—100	浅黄棕色	细砂土	小团粒状	4.9	0.13	0.56			
剖13	半水成土	潮土	潮土	两合土	漏砂面砂土	1	0—23	棕灰色	砂壤土	块状	3.6	0.09		河流冲积物	E 116°33′08.6″ N 39°39′24.1″	72
						2	23—100	棕黄色	细砂土	砂粒状	4.1		0.55			
剖14	半水成土	潮土	潮土	两合土	黏底两合土	1	0—25	灰棕色	轻壤土	块状		0.30	0.52	河流冲积物	E 116°39′38.9″ N 39°39′00.4″	97
						2	25—43	黄棕色	轻壤土	块状		0.28	0.57			
						3	43—100	红棕色	重壤土	块状		0.31	0.63			
剖15	半水成土	潮土	潮土	两合土	两合土	1	0—20	黄棕色	轻壤土	块状	8.2	0.16	0.62	河流冲积物	E 116°34′53.6″ N 39°38′32.9″	100
						2	20—35	灰黄棕色	轻壤土	粒状	7.1	0.21	0.63			
						3	35—60	黄棕色	中壤土	粒状	5.1	0.17	0.59			
						4	60—100	黄棕色	砂壤土	片状	3.5	0.04	0.58			
剖16	半水成土	潮土	潮土	两合土	黏体两合土	1	0—25	暗黄棕色	轻壤土	块状	7.7	0.22	0.78	河流冲积物	E 116°41′27.5″ N 39°37′29.9″	86
						2	25—30	浅黄棕色	中壤土	块状	8.6	0.14	0.58			
						3	30—45	浅黄棕色	重壤土	块状	9.6	0.08	0.56			
						4	45—100	棕黄色	重壤土	块状	9.3	0.07	0.57			
剖17	半水成土	潮土	潮土	两合土	漏砂两合土	1	0—23	棕灰色	轻壤土	块状	13.6			河流冲积物	E 116°24′07.4″ N 39°29′38.0″	94
						2	23—100	棕黄色	细砂土	砂粒状	4.1	0.09	0.55			
剖18	半水成土	潮土	潮土	潮砂土	壤底细砂土	1	0—20	棕黄色	细砂土	砂粒状	4.1	0.10	0.63	河流冲积物	E 116°23′53.9″ N 39°28′28.6″	93
						2	20—45	棕黄色	细砂土	砂粒状	5.0	0.08	0.63			
						3	45—100	棕灰色	轻壤土	块状	3.6	0.09	0.55			

怀 柔 区

主要土类说明

褐土是怀柔区主要土壤类型，占本区地域面积的82%，主要分布于暖温带半湿润的山地丘陵及山麓平原地区。本区处于褐土地带性土壤类型，在垂直分布上位于棕壤之下，直至潮土以上，均为不同类型褐土的分布范围。母质以酸性岩类、泥质岩类和基性岩类风化物为主，土层与半风化岩层不明显，土层中厚。土体无任何游离碳酸盐，pH多为6.5—7.3，颗粒组成较粗，石英粒较多，多属于中壤土、轻壤土、砂壤土。比重较大，通透性较好，水分状况较好。尽管植被较茂密，但由于质地轻，多裂隙，通透性强，转化消耗快。有机质含量为25—50g/kg，全钾含量为16—34g/kg，速效钾含量也较高，全磷含量为0.7—2.3g/kg，有效磷大都较低。剖面构型以A-AB-B（t）-C为主。本区褐土分为淋溶褐土、褐土、碳酸盐褐土、褐土性土及潮褐土等亚类。

棕壤是怀柔区第二大土壤类型，占本区地域面积的13%，主要分布在海拔800m以上的中山山地。本区棕壤为垂直带谱中分布的土壤类型。不同母岩上发育的棕壤高度不同，长石质岩类一般分布在海拔800m以上，钙质岩类则分布在海拔1000m以上。另外，阳坡较阴坡稍高些。由于石英碎屑比重大，物理化学风化都弱，故土层多较薄，中厚层仅为薄层面积的1.7倍。颗粒较粗，多为砂壤土及轻壤土，部分为砂土，都夹有砾石，愈下层愈多。通透性虽较好，但土壤养分贫瘠，尤其缺磷，全磷含量一般为1.0—1.7g/kg；钾素适中，全钾含量为23—29g/kg，故树木不茂密。有机质累积量在棕壤中较低，表层一般小于60g/kg，而且向下锐减。由于母岩不含游离碳酸盐类，全剖面土壤酸度较大，有愈下愈酸的趋势，pH多为6.0—6.5，中性反应者较少。剖面构型以Ao-A-B（t）-C为主。该类土壤主要为轻壤土，比较疏松，利于根系下扎，易于树木生长，造林易成林成材，低海拔区域是优质板栗的主要产区。

小于本区地域面积3%的土壤类型还有潮土、水稻土、风沙土、粗骨土等。

本区域中心区气候特征

本区域中心区气候特征值
Regional climate characteristics in central area of the region

气候带：暖温带亚湿润气候 Climate region: Warm temperate subhumid climate	
年平均气温 /℃ Annual average temperature /℃	10.3
年平均最高气温 /℃ Annual average maximum temperature /℃	16.5
年平均最低气温 /℃ Annual average minimum temperature /℃	4.9
年降水量 /mm Annual precipitation /mm	490
≥10℃的积温 /℃ Daily temperature accumulated in a year（≥10℃）/℃	3775
年日照时数 /h Annual sunshine /h	2830
年平均相对湿度 /% Annual average relative humidity /%	55
干燥度 Dryness	1.27

本区域中心区月平均气温与月平均降水量
Monthly temperature and precipitation in central area of the region

怀柔县主要土壤类型与土壤剖面点分布图
1∶300 000

注：国务院 2001 年 12 月批准，撤销怀柔县，设立怀柔区。

怀柔区土壤剖面理化性状表

剖面号 Soil profile	土纲 Soil order	土类 Soil great group	亚类 Soil subgroup	土属 Soil genus	土种 Soil species	土层码 Layer code	土层厚度 Depth/cm	颜色 Soil color	质地 Soil texture	土壤结构 Soil structure	pH	有机质 OM/(g/kg)	全氮 TN/(g/kg)	全磷 TP/(g/kg)	全钾 TK/(g/kg)	碱解氮 AN/(mg/kg)	有效磷 AP/(mg/kg)	速效钾 AK/(mg/kg)	阳离子交换量CEC/(cmol/kg)	土壤母质 Parent material	剖面点坐标 Profile coordinate	匹配指数 Matching index/%
剖1	淋溶土	棕壤	棕壤	长石岩类棕壤		1	0–6	暗棕色	轻壤土	团粒状	6.6	22.0	1.13					340		花岗岩	E 116°29′37.1″ N 40°51′24.2″	85
						2	6–15	棕色	砂壤土	小块状	6.5	11.0	0.59	0.91				165				
						3	15–21	黄褐色	砂壤土	块状	6.7	8.4	0.40	1.38				135				
						4	21–30	黄褐色	粗砂土													
						5	30–															
剖2	淋溶土	棕壤	棕壤	铁镁岩类棕壤		1	0–8	灰褐色	轻壤土	团粒状		62.0	2.53				3.3	250		安山岩残积物、坡积物	E 116°33′10.1″ N 40°57′14.8″	96
						2	8–21	褐色	轻壤土	团粒状												
						3	21–34	黄褐色	轻壤土	团粒状												
						4	34–42	黄褐色	轻偏中壤土	团粒状												
						5	42–															
剖3	半淋溶土	褐土	石灰性褐土			1	0–20	浅褐色	中壤土	小块状	7.5	11.2	0.64	1.09	23.6		3.6	111		洪积物、冲积物、黄土性母质	E 116°36′52.7″ N 40°43′11.6″	89
						2	20–50	浅褐色	中壤土	块状	7.8	5.7	0.30	1.18	24.8		2.8	89				
						3	50–100	黄褐色	重壤土	块状	7.8	5.6	0.33	1.13	27.8		3.0					
剖4	半淋溶土	褐土	淋溶褐土			1	0–7	灰褐色	轻壤土	粒状	6.0	38.1	1.74	1.66	16.2		3.2	291		千枚岩	E 116°35′11.1″ N 40°36′46.9″	85
						2	7–16	黄褐色	轻壤土	粒状	5.1	26.1	1.26	1.26	15.5		3.0	111				
						3	16–34	浅褐色	轻壤土	粒状	4.9	26.5	1.30	1.40	15.2		2.7	80				
						4	34–48	浅褐色	轻壤土	团粒状	4.5	23.8	0.94	1.58	16.9		2.3	68				
剖5	淋溶土	棕壤	棕壤	硅质岩类棕壤		1	0–8	浅灰棕色	轻壤土	小粒状		40.5	1.93	1.33	27.9			6		砂石岩残积物、坡积物	E 116°31′59.7″ N 40°34′57.2″	99
						2	8–39	棕色	轻壤土	块状		22.6	1.06	1.14		223	8.3	6				
						3	39–52	浅棕色	轻壤土	块状		23.8	1.17	1.08		260	8.8	6				
						4	52–															
剖6	半淋溶土	褐土	淋溶褐土			1	0–8	浅灰褐色	砂土	无明显结构	6.6	90.8	4.62	1.63	36.5		7.4	81		凝灰岩	E 116°32′19.5″ N 40°32′09.1″	75
						2	8–23	浅灰褐色	砂土	无明显结构	6.5	91.0	4.21	1.90	37.1		8.9	73				
						3	23–46	浅灰褐色	砂土	无明显结构	6.3	76.0	3.57									
剖7	半淋溶土	褐土	淋溶褐土			1	0–20	褐色	重壤土	小块状	6.4	6.0	0.41	0.46	22.2		2.4	206		花岗岩	E 116°28′25.7″ N 40°27′57.2″	85
						2	20–100	黄褐色	重壤土	棱块状	6.5	1.9	0.19	0.36	23.2							
剖8	半淋溶土	褐土	淋溶褐土			1	0–10	浅灰褐色	砂壤土	小粒状	6.6	46.9	2.35	2.35	23.5		1.5	133		花岗岩	E 116°24′19.3″ N 40°26′03.5″	87
						2	10–40	褐色	砂壤土	块状	6.6	33.7	1.95	2.39	23.7		1.5	103				
						3	40–52	暗褐色	砂壤土	无明显结构	6.5	36.5	1.99		23.1		10.7					
剖9	半淋溶土	褐土	淋溶褐土			1	0–10	褐色	轻壤土	团粒状	7.2	54.9	1.90	1.64	15.5		3.0	192	36.8	闪长岩	E 116°24′02.7″ N 40°22′18.6″	87
						2	10–23	褐色	轻壤土	小块状	6.9	44.8	1.49	1.64	13.6		3.9	192	36.6			
						3	23–42	鲜褐色	轻壤土	块状	6.6	27.9	1.24	1.72	12.2			187	37.8			
						4	42–63	浅褐色	砂壤土	无明显结构	6.4	14.5	0.32	3.23	13.3		7.9	41	22.1			
剖10	淋溶土	棕壤	棕壤	棕灰泥土	棕灰土	0	0–2													白云质石灰岩风化残积物、坡积物	E 116°32′06.1″ N 40°29′53.7″	71
						Ah	2–18	棕色	壤质黏土	团粒状	6.1	90.3	4.28	1.28	17.8		2.0					
						Bt	18–37	棕色	壤质黏土	块状	6.3	41.6	2.05	1.15	18.6		7.0					
						BC	37–58	油橙色	黏土	碎块状	6.3	22.2	1.16	1.03	20.6		5.0					
						C	58–78	油橙色	砂壤土	碎块状	6.5	5.2	0.30	0.46	5.3		12.0					

续表 Continued

剖面号 Soil profile	土纲 Soil order	土类 Soil great group	亚类 Soil subgroup	土属 Soil genus	土种 Soil species	土层码 Layer code	土层厚度 Depth/cm	颜色 Soil color	质地 Soil texture	土壤结构 Soil structure	pH	有机质 OM/(g/kg)	全氮 TN/(g/kg)	全磷 TP/(g/kg)	全钾 TK/(g/kg)	碱解氮 AN/(mg/kg)	有效磷 AP/(mg/kg)	速效钾 AK/(mg/kg)	阳离子交换量 CEC/(cmol/kg)	土壤母质 Parent material	剖面点坐标 Profile coordinate	匹配指数 Matching index/%
剖11	半淋溶土	褐土	淋溶褐土			1	0—10	暗棕色	轻壤土	屑粒、团粒状	6.7	44.4	1.94	0.76	21.4				14.4	花岗岩	E 116°38′28.1″ N 40°25′00.7″	80
						2	10—19	棕色	轻壤土	碎块状	6.8	24.4	1.27	0.62	21.3				12.1			
						3	19—36	棕色	中壤土	碎块状	6.5	7.9	0.56	0.37	19.7				11.9			
						4	36—54	黄棕色	中壤土	块状	5.5	3.5	0.34	0.27	20.3				10.2			
						5	54—82	黄棕色	中壤土	块状	5.3	2.1	0.22	0.16	21.2				10.2			
						6	82—96	黄棕色	中壤土	块状	5.3	2.1	0.18	0.16	24.1				9.4			
剖12	半淋溶土	褐土	淋溶褐土			1	0—20	浅黄褐色	中壤土	块状	6.9	9.6	0.61	1.32	23.4		13.6	78		红黄土	E 116°37′55.8″ N 40°24′33.0″	100
						2	20—100	黄棕色	重壤土	块状	7.0	3.4	0.36	1.10	25.4		14.7					
剖13	半淋溶土	褐土	淋溶褐土			1	0—10	灰褐色	轻壤土	粒状	7.7	35.7	1.85		42.1		1.2	133		硅质石灰岩类	E 116°41′08.1″ N 40°23′56.1″	72
						2	10—30	浅褐色	砂壤土	块状	7.5	22.5	1.06		43.1		1.2	85				
						3	30—70	浅褐色	砂壤土	块状	7.2	14.0	0.76		43.1		1.2	74				
剖14	半淋溶土	褐土	潮褐土			1	0—25	暗褐色	轻壤土	小块状	6.7	9.3	0.56	0.83	28.5		3.2			洪积物、冲积物	E 116°42′30.7″ N 40°23′34.4″	86
						2	25—33	褐色	轻壤土	小块状	6.1	5.9	0.42	0.94	28.0		5.8					
						3	33—54	浅褐色	轻壤土	块状	6.2	14.1	0.47	0.83	28.8		4.7					
						4	54—100	暗褐色	轻壤土	块状	7.2	8.5	0.23	1.10	29.2		2.7					
剖15	半淋溶土	褐土	褐土性			1	0—16	灰褐色	砂壤土	块状	6.8	17.9	1.01	1.79	28.0		4.5	124		洪积物、冲积物	E 116°40′54.4″ N 40°20′47.6″	92
						2	16—27	浅褐色	砂壤土	块状	7.3	14.0	0.83	1.63	28.4		2.9	69				
						3	27—34	浅褐色	砂壤土	无明显结构	6.8	8.2	0.57	1.38	27.5		5.9	100				
						4	34—100		壤质砂土	无明显结构												
剖16	半水成土	潮土	褐潮土	砂质褐潮土		1	0—19	浅褐色	砂壤土	粒状	7.3	13.7	0.34	1.17	26.2		7.1	75		冲积物	E 116°40′26.8″ N 40°18′52.6″	97
						2	19—26	浅褐色	砂壤土	小粒状	7.5	9.0	0.27	0.56	25.7		3.3					
						3	26—36	褐色	砂壤土	小块状	7.5	11.6	0.38	0.59	24.3		3.9	75				
						4	36—52	褐色	砂壤土	块状	7.4	5.1	0.28	0.12	24.8							
						5	52—100	浅褐色	壤质砂土	无明显结构	7.2	4.3	0.27		27.4							
剖17	人为土	水稻土	潜育水稻土			1	0—20	褐色	轻壤土	小块状	8.1	17.6	0.98	1.34	24.3		7.9	83		冲积物	E 116°38′44.5″ N 40°18′00.1″	93
						2	20—85	灰棕色	轻壤土	粒块状	7.8	14.4	0.81	1.34	24.2		8.9	89				
剖18	半淋溶土	褐土	褐土			1	0—23	浅褐色	中壤土	中壤土	7.2	13.8	0.79		24.2		16.7	98		洪冲积黄土	E 116°33′35.9″ N 40°17′15.7″	82
						2	23—58	黄褐色	重壤土	棱块状	7.5	7.7	0.47		25.2		8.2	80				
						3	58—100	浅黄色	重壤土	棱块状	7.5	8.9	0.55		26.6		8.1	49				
剖19	人为土	水稻土	潜育水稻土			1	0—15	灰褐色	砂粒土	片状	7.2	14.9	0.70	1.38						冲积物	E 116°36′50.7″ N 40°18′53.8″	93
						2	15—20	灰棕色	砂壤土	小块状	7.0	12.9	0.64	1.42								
						3	20—32	灰棕色	重壤土	小块状	6.8	7.4	0.38	1.12								
						4	32—53	浅棕色	轻壤土	块状	6.7	7.7	0.43	1.11								
						5	53—100	浅褐色	轻壤土	小块状	6.5	10.2		0.89								
剖20	半水成土	潮土	潮土	壤质潮土		1	0—20	暗棕色	轻壤土	小块状	8.3	19.8	1.08	1.66	27.4		7.1	75		冲积物	E 116°37′11.8″ N 40°16′18.1″	97
						2	20—40	灰棕色	中壤土	小块状	8.3	16.7	0.85	1.40	26.3		4.5	60				
						3	40—60	暗棕色	重壤土	块状	7.5	17.8	0.95	1.41	26.1		3.3	55				
						4	60—100	浅棕色	轻壤土	小块状	7.4	11.4	0.59	1.28	25.8		3.9	71				
剖21	半水成土	潮土	湿潮土			1	0—16	浅灰色	细砂土	无明显结构	7.6	4.7	0.09	1.69	28.1					冲积物	E 116°41′26.4″ N 40°15′19.6″	75
						2	16—25	灰色	细砂土	无明显结构	7.9	9.7	0.47		29.7							
						3	25—100	深灰色	细砂土	无明显结构	7.5	1.1	0.07		33.1							

平 谷 区

主要土类说明

　　褐土是平谷区主要土壤类型，占本区地域面积的90%。褐土是在暖温带亚湿润区发育形成的具有黏化与钙质淋移淀积的土壤。本区褐土主要是普通褐土，主要分布于海拔40—500m的低山丘陵及山麓阶地和冲积扇中上部，是暖温带半湿润季风气候疏林灌丛植被下的地带性土壤。热量条件较好，但较干旱，母质为各类岩石风化残积物、坡积物及洪积物、冲积物，以碳酸岩类及黄土为主。植被为半旱生灌草丛，受人为破坏较重，故较稀疏，覆盖度多为50%—60%，有不同程度的沟蚀及面蚀，土层厚度多薄于60cm，一般无枯枝落叶层及腐殖质层，局部阴坡可见。成土过程包括碳酸盐的淋溶淀积过程、黏化过程、腐殖质化及耕种熟化过程。受半湿润气候影响，土壤的有机质累积较弱。土壤碳酸钙的各种形式如 $Ca(HCO_3)_2$、$Ca(OH)_2$ 等，在剖面中可因蒸发而向表层移动，也可因降雨而向下淋溶，经常上下移动。心土的褐色黏化层的碳酸钙淋洗较强，常以假菌丝体分布于结构表面，含量较低，多为0.2%—0.8%，个别可达1%上下。至于表土及底土则情况复杂多变。山麓平原普通褐土剖面碳酸钙的分布形式多为均匀轻微型，即上下都在0.2%—0.8%，略有由上向下逐渐降低的趋势。山地的普通褐土不具备明显的枯枝落叶层和腐殖质层，土壤层次分化不明显，但能粗略看出以下3个层次：表土层颜色较浅，呈黄褐色，轻砾质壤土，根系交织的粒状结构结持较紧；心土层呈棕褐色或红褐色，轻壤土至中壤土，有微黏化，但黏化层不明显，较紧实的块状到核块结构，结构面上有不明显的假菌丝体及胶膜；多有砾石，向下质地渐砂，以砾质砂壤土为主；石灰岩类底土常有红黏质石灰岩风化物，沿裂隙可见垂直砂姜。耕层有机质为8—18g/kg。剖面构型主要为 $A-B_1-B(t)-C$。该类土壤沿山前北、东、南呈环带状分布，是重要的农业土壤。

　　潮土是平谷区第二大土壤类型，占本区地域面积的6%。本类土壤多见于近代河流冲积平原或低平阶地，潮土在本区主要分布在西部与南部洪积、冲积平原的中、下部，地面微有起伏。母质为晚更新世洪积冲积物，非碳酸盐性。地下水位浅，埋深一般为2.5—3.5m，潜水参与成土过程。土壤剖面特征是30—40cm以上有一定褐土化成土过程。呈浅棕色至灰棕色，无明显的黏化层。一般无假菌丝体，或不明显。但熟化特征明显，疏松多孔；50cm以下即有明显潮化特征，有较多的锈色斑纹及铁锰结核，土色较暗，部分为老潜育层，常呈块状、棱块状结构。由于母质含碳酸盐较少，很少有石灰反应。该类土壤质地多为轻壤土，部分砂壤土、中壤土，心土以下多偏黏，剖面构型常比褐土及潮褐土复杂。土耕层较疏松，通透较好，耕层容重多为1.40g/cm³左右，有机质含量多为9—14g/kg，全氮含量为0.6—0.9g/kg，全磷含量为1.0—2.0g/kg，通气孔隙多为11%—13%。本土类分布区目前多为本区优质大桃主产区。

　　小于本区地域面积3%的土壤类型还有棕壤、粗骨土等。

本区域中心区气候特征

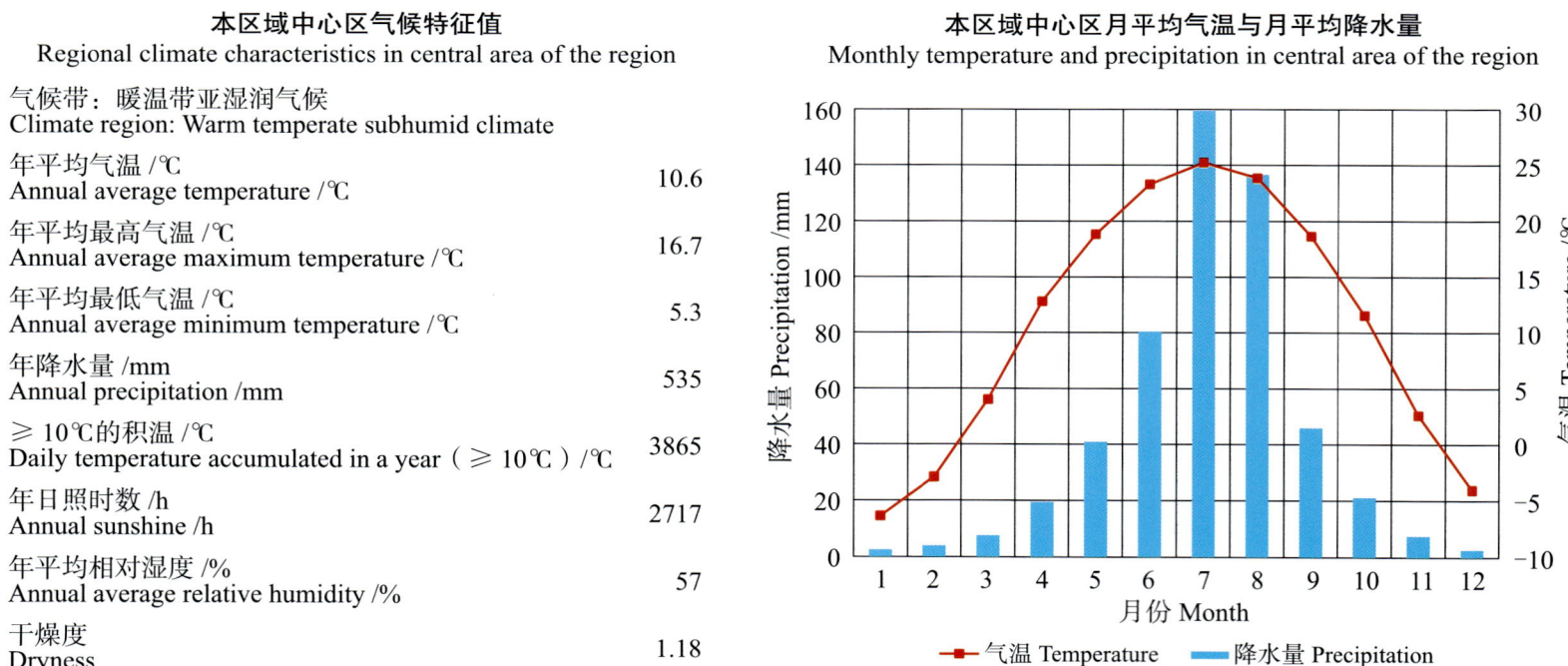

本区域中心区气候特征值
Regional climate characteristics in central area of the region

气候带：暖温带亚湿润气候 Climate region: Warm temperate subhumid climate	
年平均气温 /℃ Annual average temperature /℃	10.6
年平均最高气温 /℃ Annual average maximum temperature /℃	16.7
年平均最低气温 /℃ Annual average minimum temperature /℃	5.3
年降水量 /mm Annual precipitation /mm	535
≥10℃的积温 /℃ Daily temperature accumulated in a year (≥10℃) /℃	3865
年日照时数 /h Annual sunshine /h	2717
年平均相对湿度 /% Annual average relative humidity /%	57
干燥度 Dryness	1.18

本区域中心区月平均气温与月平均降水量
Monthly temperature and precipitation in central area of the region

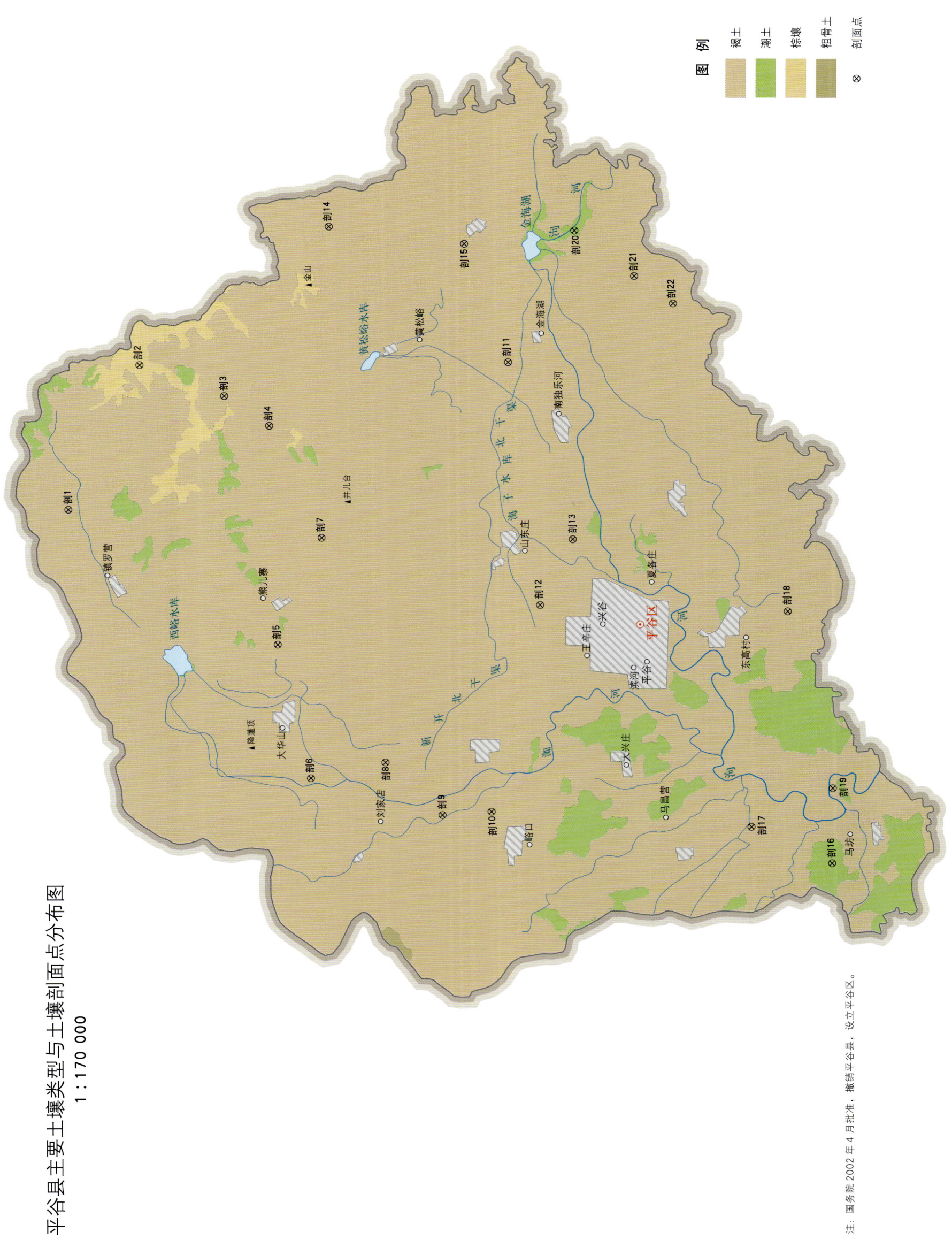

平谷区土壤剖面理化性状表

剖面号 Soil profile	土纲 Soil order	土类 Soil great group	亚类 Soil subgroup	土属 Soil genus	土种 Soil species	土层码 Layer code	土层厚度 Depth/cm	颜色 Soil color	质地 Soil texture	土壤结构 Soil structure	pH	有机质 OM/(g/kg)	全氮 TN/(g/kg)	全磷 TP/(g/kg)	全钾 TK/(g/kg)	土壤母质 Parent material	剖面点坐标 Profile coordinate	匹配指数 Matching index/%
剖1	半淋溶土	褐土	淋溶褐土	长石岩类淋溶褐土	壤质中层长石岩类淋溶褐土	1	0–17	浅棕色	轻壤土	粒状		25.0	1.49	1.22		长石岩类	E 117°10′18.1″ N 40°21′29.2″	98
						2	17–30	浅灰棕色	轻壤土	粒状		15.9	0.99	1.00				
						3	30–55	灰褐色	轻壤土	块状		13.8	0.90	0.96				
剖2	淋溶土	棕壤	棕壤	长石岩类山地棕壤	长石岩类厚层棕壤	1	0–5	黑色		无明显结构						长石岩类	E 117°14′42.3″ N 40°19′52.2″	85
						2	5–17	黑色	轻壤土	团粒状	6.6	74.3	2.98		29.4			
						3	17–33	浅棕色	中壤土	粒状	6.5	28.0	1.29		28.6			
						4	33–61	浅棕色	中壤土	块状	6.5	7.1	0.67		25.6			
						5	61–75	棕色	中壤土	碎粒状	6.4	7.0	0.64		41.8			
剖3	半淋溶土	褐土	淋溶褐土	铁镁质岩类淋溶褐土	铁镁质岩类壤质中层淋溶褐土	1	0–10	浅灰褐色	轻壤土	粒状		47.9	1.94	2.12		铁镁质岩类	E 117°13′45.3″ N 40°17′56.8″	71
						2	10–25	浅灰褐色	中壤土	粒状		24.0	1.46	1.72				
						3	25–53	褐色	中壤土	块状		17.6	1.10	1.43				
剖4	半淋溶土	褐土	淋溶褐土	硅质岩类淋溶褐土	硅质岩类壤质厚层淋溶褐土	1	0–8	灰褐色	轻壤土	块状		14.4	0.89	1.21		硅质岩类	E 117°12′51.4″ N 40°16′55.0″	97
						2	8–18	浅棕色	中壤土	块状		13.4	0.88	1.12				
						3	18–40	棕色	中壤土	块状		10.2	0.72	1.04				
						4	40–80	暗棕色	中壤土	块状		11.7	0.74	1.16				
剖5	半淋溶土	褐土	石灰性褐土	洪积石灰性褐土	洪积中壤性石灰性褐土	1	0–15	灰褐色	中壤土	块粒状	8.9	9.5	0.70	1.28		洪积物	E 117°06′10.8″ N 40°16′43.3″	91
						2	15–30	浅灰褐色	中壤土	棱块状	8.8	5.8	0.40	1.12				
						3	30–60	黄褐色	中壤土	棱块状	8.8	5.8	0.42	0.96				
						4	60–100	黄褐色	中壤土	块状	8.7	4.9	0.37	0.82				
剖6	半淋溶土	褐土	褐土	洪冲积普通褐土	壤质洪冲积普通褐土	1	0–12	黄棕褐色	轻壤土	粒状		8.5	0.68	1.43		洪积物、冲积物	E 117°02′04.9″ N 40°15′58.3″	79
						2	12–30	红褐色	中壤土	块状	7.8	6.8	0.56	1.23				
						3	30–50	暗褐色	中壤土	块状	7.9	5.5	0.49	1.18				
						4	50–100	暗褐色	重壤土	块状	8.0	3.5	0.19	1.20				
剖7	半淋溶土	褐土	淋溶褐土	页片状岩类淋溶褐土	页片状岩类壤质淋溶褐土	1	0–15	灰色	轻壤土	粒状	7.8	71.4	2.83	1.18		页片岩类	E 117°09′25.9″ N 40°15′43.6″	88
						2	15–28	灰褐色	中壤土	粒状		35.7	2.01	0.92				
剖8	半淋溶土	褐土	褐土	钙质岩类淋溶褐土	钙质岩类壤质中层普通褐土	1	0–10	浅褐色	轻壤土	粒状		37.3	2.11	1.34		钙质岩类	E 117°02′34.4″ N 40°14′16.6″	87
						2	10–20	浅褐色	轻壤土	粒状		15.4	0.86	0.81				
						3	30–40	黄棕褐色	中壤土	块状		7.5	0.44	0.49				
剖9	半淋溶土	褐土	褐土	洪冲积普通褐土	轻壤质洪积褐土	1	0–20	暗褐色	中壤土	块状		10.4	0.69	1.32		洪积物、冲积物	E 117°00′56.9″ N 40°12′58.7″	73
						2	20–40	暗褐色	中壤土	棱块状		9.3	0.62	1.24				
						3	40–72	黄棕褐色	中壤土	棱状		6.2	0.46	0.94				
						4	72–100	暗褐色	中壤土	棱状		9.0	0.58	1.26				
剖10	半淋溶土	褐土	石灰性褐土	钙质岩类山地石灰性褐土	轻壤质黄土	1	0–15	灰色	轻壤土	粒状	8.3	12.8	0.76	0.80		钙质岩类	E 117°01′03.0″ N 40°11′51.7″	71
						2	15–30	灰褐色	中壤土	粒状	8.3	10.9	0.75	0.78				
						3	30–35	灰褐色	中壤土	块状		8.9	0.64	0.80				
剖11	半淋溶土	褐土	石灰性褐土	黄土质石灰性褐土	轻壤质黄土	1	0–25	浅黄褐色	轻壤土	块状		4.5	0.32	1.61		黄土	E 117°14′46.7″ N 40°11′29.0″	80
						2	25–60	灰黄褐色	中壤土	棱状		3.1	0.29	1.49				
						3	60–100	灰黄褐色	中壤土	棱状		2.8	0.29	1.43				
剖12	半淋溶土	褐土	褐土	红土质褐土	轻壤质红土质褐土	1	0–19	黄棕褐色	中壤土	块状	8.2	10.4	0.69	1.01		红土	E 117°07′22.1″ N 40°10′45.5″	98
						2	19–47	棕色	中壤土	块状	8.3	7.1	0.51	0.90				
						3	47–78	棕色	中壤土	块状	8.4	2.7	0.28	1.07				
						4	78–100	棕色	中壤土	块状	8.3	2.6	0.31	1.09				

续表 Continued

剖面号 Soil profile	土纲 Soil order	土类 Soil great group	亚类 Soil subgroup	土属 Soil genus	土种 Soil species	土层码 Layer code	土层厚度 Depth/cm	颜色 Soil color	质地 Soil texture	土壤结构 Soil structure	pH	有机质 OM/(g/kg)	全氮 TN/(g/kg)	全磷 TP/(g/kg)	全钾 TK/(g/kg)	土壤母质 Parent material	剖面点坐标 Profile coordinate	匹配指数 Matching index/%
剖13	半淋溶土	褐土	淋溶褐土	硅质石灰岩类淋溶褐土		1	0—15	浅褐棕色	轻壤土	团块状		27.8	1.46	1.00		硅质石灰岩类	E 117°09′22.7″ N 40°10′00.8″	79
						2	40—50	黄棕色	轻壤土	团块状		17.5	1.03	0.82				
						3	80—90	灰褐色	轻壤土	团块状		20.9	1.15	0.92				
剖14	半淋溶土	褐土	褐土	洪积褐土	轻壤质洪积褐土	1	0—15	浅褐色	轻壤土	块状	7.1	19.8	1.29	1.59		洪积物	E 117°18′56.1″ N 40°15′33.4″	70
						2	15—34	浅褐色	轻壤土	块状	7.0	13.9	0.79	1.22				
						3	34—50	浅褐色	轻壤土	块状	8.0	17.3	1.05	1.44				
剖15	半淋溶土	褐土	石灰性褐土	洪冲积石灰性褐土	轻壤质砾石体洪冲积石灰性褐土	1	0—15	浅灰褐色	轻壤土	块状	8.5	14.7	0.96	1.77		洪积物、冲积物	E 117°18′24.0″ N 40°12′29.0″	71
						2	15—43	灰棕色	中壤土	块状	8.2	10.6	0.78	1.66				
						3	43—100	灰棕色	中壤土	块状		7.8	0.60	1.32				
剖16	半水成土	潮土	潮褐土	壤质洪冲积潮褐土	中壤质洪冲积褐潮土	1	0—22	灰黄色	中壤土	块状		10.4	0.74	1.95		洪积物、冲积物	E 116°59′27.1″ N 40°04′07.4″	88
						2	40—50	黄棕色	中壤土	块状		4.5	0.38	1.15				
						3	75—80	褐黄色	中壤土	块状		2.9	0.27	0.55				
剖17	半淋溶土	褐土	潮褐土	壤质洪冲积潮褐土	轻壤质洪冲积褐潮土	1	0—20	灰褐色	轻壤土	块状		12.3	0.76	1.12		洪积物、冲积物	E 117°00′33.8″ N 40°05′57.5″	81
						2	50—60	灰褐色	轻壤土	块状		9.8	0.66	1.00				
						3	85—95	灰黄色	轻壤土	块状		4.2	0.35	1.08				
剖18	半淋溶土	褐土	褐土	黄土质普通褐土	中壤质黄土质普通褐土	1	0—20	黄棕色	轻壤土	块状		7.4	0.61	1.50		黄土	E 117°07′09.7″ N 40°05′07.7″	97
						2	40—50	黄棕色	轻壤土	块状		3.2	0.37	1.10				
						3	80—90	黄棕色	轻壤土	块状		2.4	0.28	1.60				
剖19	半淋溶土	褐土	褐土性	堆垫褐土性	堆垫土体轻壤质	1	0—8	灰棕色	轻壤土	粒状		10.1	0.67	1.14		堆垫物	E 117°01′44.2″ N 40°04′06.3″	99
						2	8—23	灰棕色	轻壤土	粒状		10.8	0.71	1.12				
剖20	半水成土	潮土	褐潮土	壤质洪冲积褐潮土	鸡粪土体轻壤质洪冲积褐潮土	1	0—17	浅灰棕色	轻壤土	团块状		13.0	0.87	1.37		洪积物、冲积物	E 117°18′48.2″ N 40°09′58.4″	91
						2	28—38	灰棕色	轻壤土	片状		9.8	0.69	0.98				
						3	58—68	灰棕色	中壤土	块状		9.7	0.63	0.70				
						4	85—90	灰棕色	中壤土	块状		5.4	0.44	0.80				
剖21	半淋溶土	褐土	淋溶褐土	钙质岩类淋溶褐土		1	0—13	褐色	重壤土	碎粒状		31.2	1.17	0.78		钙质岩类	E 117°17′24.4″ N 40°08′36.9″	80
						2	13—35	棕褐色	重壤土	块状		11.2	0.81	0.48				
剖22	半淋溶土	褐土	粗骨性褐土	钙质岩类粗骨性褐土	钙质岩类粗骨性褐土	1	0—7	浅棕褐色	重壤土	粒状		31.3	1.64	1.02		钙质岩类	E 117°16′33.9″ N 40°07′44.0″	78
						2	7—20	棕褐色	重壤土	粒状		32.3	1.78	0.83				

密 云 区

主要土类说明

　　褐土是密云区主要土壤类型，占本区地域面积的87%。褐土是主要发育在洪积、冲积、残积、坡积、富含石灰性成土母质上的地带性土壤。按土壤形成条件、形成过程及属性，又可分为山地淋溶褐土、山地碳酸盐褐土、褐土、碳酸盐褐土、褐土性土、潮褐土等亚类。本区褐土形成的共同特征：剖面中碳酸盐及黏粒均有不同程度的淋溶和淀积，土壤的黏化特征明显。土壤呈中性或微碱性。由于长期耕种、熟化，剖面的形态和属性有很大的差异，又由于碳酸盐含量和养分含量的高低不同，因而在原来褐土的特点上又产生了新的特性变化。

　　棕壤是密云区第二大土壤类型，占本区地域面积的4%。棕壤是温暖、湿润气候条件下在落叶、阔叶植被的影响下发育而成的土壤，多由花岗岩及片麻岩等发育而成。在本区的分布范围较小，主要集中在西北部和东北部800m以上中、低山残积母质的山地上。本区棕壤的形成特点：剖面表层由于凋落物及半分解有机层较为发达，以暗棕灰色为主，往下逐渐过渡到心土层，以棕色、黄棕色为主。在成土过程中无强烈的物质移动和聚积，剖面层次不明显。由于黏粒淋溶聚积作用明显，土壤质地较黏重，呈棱块状结构，结构面上覆盖铁锰胶膜。由于母岩不含游离石灰，全剖面酸度较大，土体无石灰反应，pH在5.9—6.5，呈微酸性，且有愈下愈酸的趋势。表层由于凋落物及半分解有机层较为发达，以暗棕灰色为主，往下逐渐过渡到心土层，以棕色、黄棕色为主。土层较厚，中厚层的比重较大，面积为薄层的4.5倍。其枯枝落叶层及腐殖质层也较厚，有机质含量往往较高，为70—120g/kg。矿质养分中，全钾含量为23—29g/kg，而全磷含量低，为0.7—1.7g/kg。剖面构型以 $Ao-A_1-Bt-C$ 为主。

　　小于本区地域面积3%的土壤类型还有潮土、粗骨土等。

本区域中心区气候特征

本区域中心区气候特征值
Regional climate characteristics in central area of the region

气候带：暖温带亚湿润气候 Climate region: Warm temperate subhumid climate	
年平均气温 /℃ Annual average temperature /℃	9.6
年平均最高气温 /℃ Annual average maximum temperature /℃	15.9
年平均最低气温 /℃ Annual average minimum temperature /℃	4.0
年降水量 /mm Annual precipitation /mm	493
≥10℃的积温 /℃ Daily temperature accumulated in a year (≥10℃) /℃	3591
年日照时数 /h Annual sunshine /h	2812
年平均相对湿度 /% Annual average relative humidity /%	56
干燥度 Dryness	1.15

本区域中心区月平均气温与月平均降水量
Monthly temperature and precipitation in central area of the region

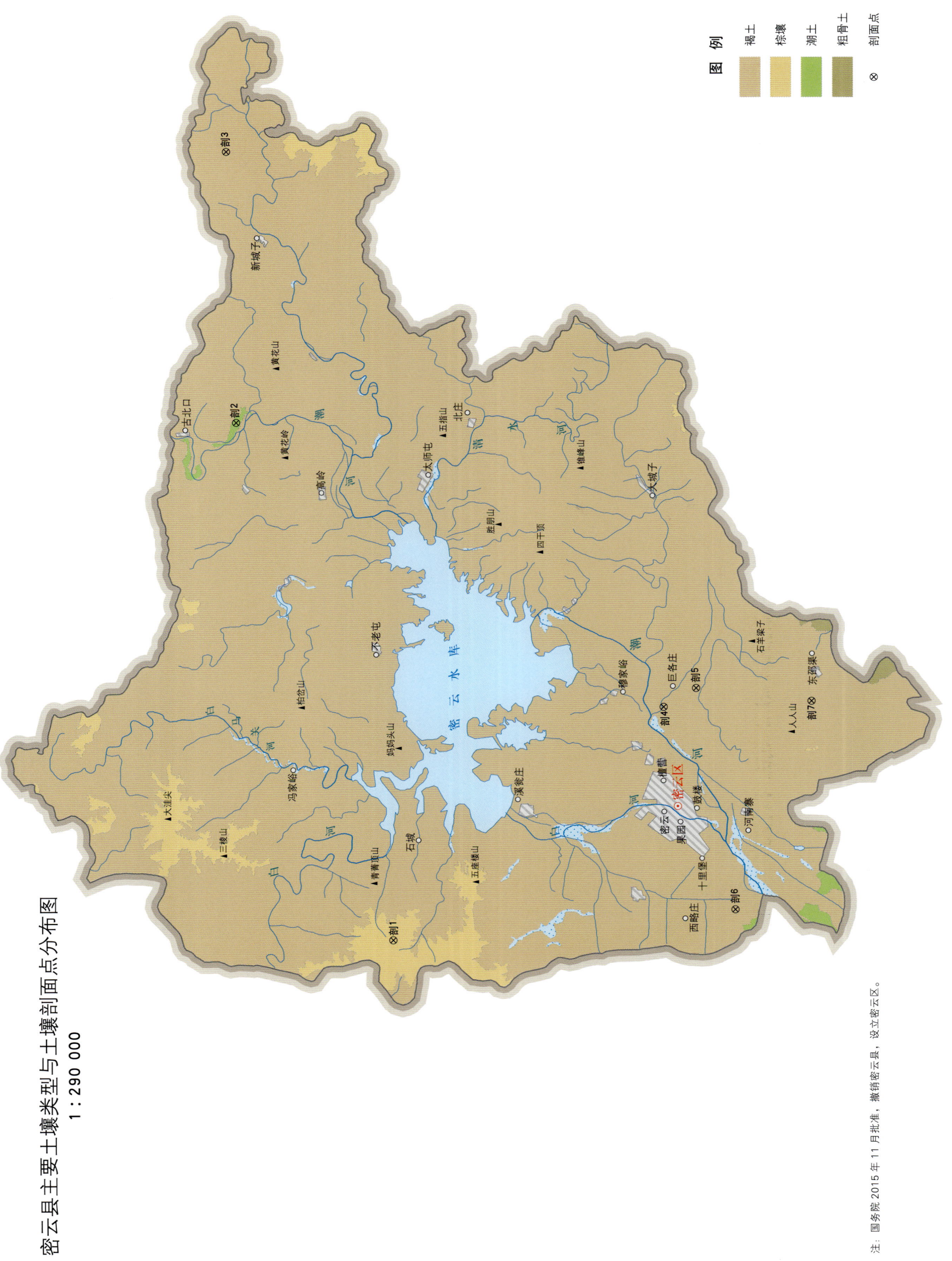

密云区土壤剖面理化性状表

剖面号 Soil profile	土纲 Soil order	土类 Soil great group	亚类 Soil subgroup	土属 Soil genus	土种 Soil species	土层码 Layer code	土层厚度 Depth/cm	pH	有机质 OM/(g/kg)	全氮 TN/(g/kg)	全磷 TP/(g/kg)	碱解氮 AN/(mg/kg)	有效磷 AP/(mg/kg)	速效钾 AK/(mg/kg)	土壤母质 Parent material	剖面点坐标 Profile coordinate	匹配指数 Matching index/%
剖1	淋溶土	棕壤	棕壤			1	0—5	6.6	115.9	5.59	1.75				残积物	E 116°43′32.5″ N 40°33′28.2″	83
						2	5—15	6.7	92.7	3.23	1.95						
						3	15—30	6.5	71.1	3.86	2.03						
剖2	半水成土	潮土	潮土	壤质潮土	壤质冲积潮土	1	0—27	8.4	14.7	0.84	3.40	68	43.0	215	冲积物	E 117°10′03.2″ N 40°39′24.5″	86
						2	27—46	8.5	13.1	0.24	5.50	63	54.3	149			
						3	46—78	8.7	4.3	0.19	2.20	17	25.2	82			
						4	78—100	8.4	7.8	0.37	3.70	30	77.5	159			
剖3	半淋溶土	褐土	石灰性褐土			1	0—20	8.1	10.1	0.18	1.08	65	4.9	131	风化坡积物、堆积物、残积物	E 117°23′55.8″ N 40°39′45.0″	92
						2	20—50		4.7	0.83	0.88						
						3	50—100		4.8	0.51	0.65						
剖4	半淋溶土	褐土	褐土性土			1	0—20	7.9	9.6	0.61	1.17	40	21.9	62		E 116°55′28.9″ N 40°23′13.0″	87
						2	20—35	8.1	7.9	0.45	1.01	22	18.7	46			
						3	35—61	8.1	4.3	0.25	0.99	19	5.5	39			
						4	61—100	7.9	1.5	0.17	0.96	41	5.5	43			
剖5	半淋溶土	褐土	褐土	红土质褐土		1	0—18	7.6	7.2	0.50	0.89	35	7.7	116	红土	E 116°56′26.0″ N 40°21′59.4″	80
						2	18—50	7.8	6.5	0.40	0.83	28	8.9	103			
						3	50—100	7.7	4.1	0.31	0.63	26	2.1	99			
剖6	半淋溶土	褐土	潮褐土			1	0—15	7.5	6.1	0.35	1.04	34	8.7	53	冲积物	E 116°45′04.7″ N 40°20′29.8″	83
						2	15—26	7.6	7.3	0.26	1.02	35	6.7	47			
						3	26—53	7.6	3.9	0.24	0.92	19	5.5	36			
						4	53—100	7.8	4.1	0.21	0.91	19	6.6	39			
剖7	半淋溶土	褐土				1	0—22	7.7	8.7	0.69	1.37	68	6.7	116		E 116°55′46.4″ N 40°17′36.9″	70
						2	22—40	7.6	6.8	0.44	1.07	43	5.5	92			
						3	40—60	7.6	3.9	0.36	1.23	28	4.4	79			
						4	60—100	7.7	2.9	0.35	1.03	29	5.6	76			

延 庆 区

主要土类说明

褐土是延庆区主要土壤类型，占本区地域面积的71%。本区褐土主要分布在暖温带的山丘地区，在垂直带谱中出现于棕壤之下。本区褐土以碳酸盐褐土为主，成土母质以硅质石灰岩、白云岩、石灰岩、黄土及黄土性洪积冲积物为主，尤以硅质石灰岩较多。土色灰暗，呈浅褐色至暗灰褐色。土层较薄，多为薄、中层及A、C层。土体中常夹有少量灰岩碎屑。表层由于生物活性强，比较疏松，团粒、团块状结构，但结构较紧。通体石灰反应强烈，愈下愈强，碳酸钙变动在5%—8%，pH为8.2—8.6。亚表土以下即有假菌丝体，沿垂直裂隙可见根管状及枝状垂直小砂姜。质地多为轻壤土至中壤土，砾石含量多，向下渐黏，直到石灰岩风化物红色黏土层。由于生物累积量较少，腐殖质的累积不强烈，没有明显的腐殖质层。有机质含量较低，黄土母质的耕地表层为6—11g/kg；石质山地荒坡为14—30g/kg；石质梯田则更少，心底土则陡降至3—4g/kg。层次发育不明显，剖面构型以Ap-Bk-Ck为主。

棕壤是延庆区第二大土壤类型，占本区地域面积的20%。本区棕壤多分布在山地垂直地带中，在褐土或淋溶褐土之上，阳坡在1000m以上，阴坡在800m以上。而在四海镇分布有些特殊，四海镇属山地，东西间有一条大沟，而向南有几条小沟，因整个地形高，受地形的影响，降水量比延庆其他地区多，所以在海拔700m处也发现有棕壤分布。该类土壤多由硅质石灰岩及白云质石灰岩等风化物发育而成，由于母质影响，土壤酸碱度有的略偏高，多呈中性反应，pH为6.7—7.2，有的表层由于风化壳含碳酸盐、重碳酸盐的影响，有微弱石灰反应，碳酸钙含量在0.5%左右。底层土壤或半风化母质层有游离碳酸盐，碳酸钙含量在4.2%左右，pH在8.3左右。在偏低海拔或水土流失处，土层也较薄。耕层有机质含量为30—60g/kg。

潮土是延庆区第三大土壤类型，占本区地域面积的5%。本区潮土分布于妫水河下游和两岸及官厅湖畔，还有分布在张山营镇及北山前大洪积扇的边缘，地势平坦，土层排列层次明显，地下水位较高，一般为2m左右，通体石灰反应较强。土壤发育层次明显，3个层段的特征是：表层耕作层，多为暗棕灰色，中壤土，20—30cm即可见锈色斑纹，往下逐渐增多；心土多有大量锈斑及铁子的黏质土层；底土为锈黄色壤土层，有砂姜分布，有时可出现蓝灰色斑纹或潜育层。耕层有机质含量为9—13g/kg。湿潮土通体碳酸钙含量较高，多为5%—8%，但鸡粪土层及黑土层往往较低，甚至无反应。全剖面呈微碱性，pH为8.0—8.5。母质多为黄土性洪积物或冲积物，部分为湖积物，剖面质地较均质，上下基本一致，夹层较少。质地以中壤土为多，土体总的特征是土色灰暗，含水量高，质地偏黏，愈下愈湿愈黏愈紧实，通透性不良。

小于本区地域面积3%的土壤类型还有水稻土、山地草甸土、粗骨土等。

本区域中心区气候特征

本区域中心区气候特征值
Regional climate characteristics in central area of the region

气候带：暖温带亚湿润气候 Climate region: Warm temperate subhumid climate	
年平均气温 /℃ Annual average temperature /℃	9.4
年平均最高气温 /℃ Annual average maximum temperature /℃	15.9
年平均最低气温 /℃ Annual average minimum temperature /℃	3.9
年降水量 /mm Annual precipitation /mm	438
≥10℃的积温 /℃ Daily temperature accumulated in a year (≥10℃) /℃	3490
年日照时数 /h Annual sunshine /h	2927
年平均相对湿度 /% Annual average relative humidity /%	54
干燥度 Dryness	1.30

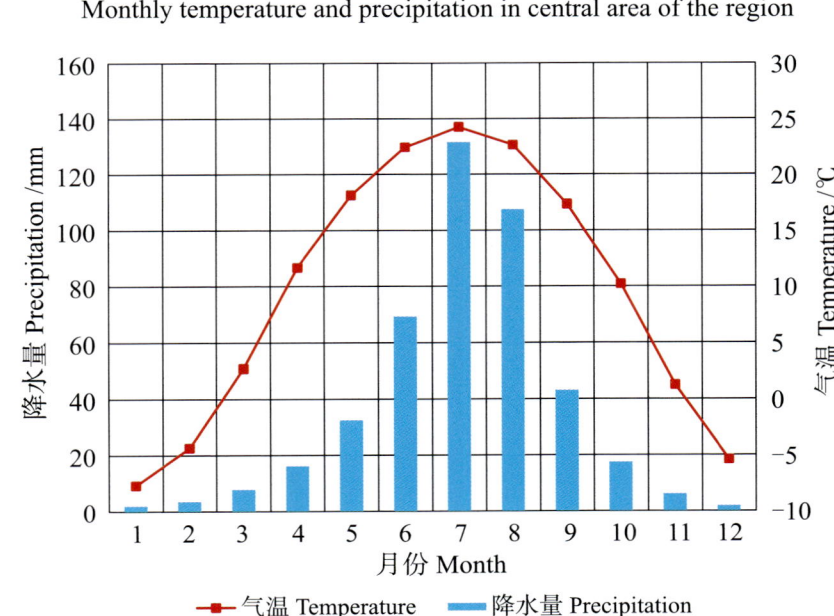

本区域中心区月平均气温与月平均降水量
Monthly temperature and precipitation in central area of the region

延庆县主要土壤类型与土壤剖面点分布图
1∶260 000

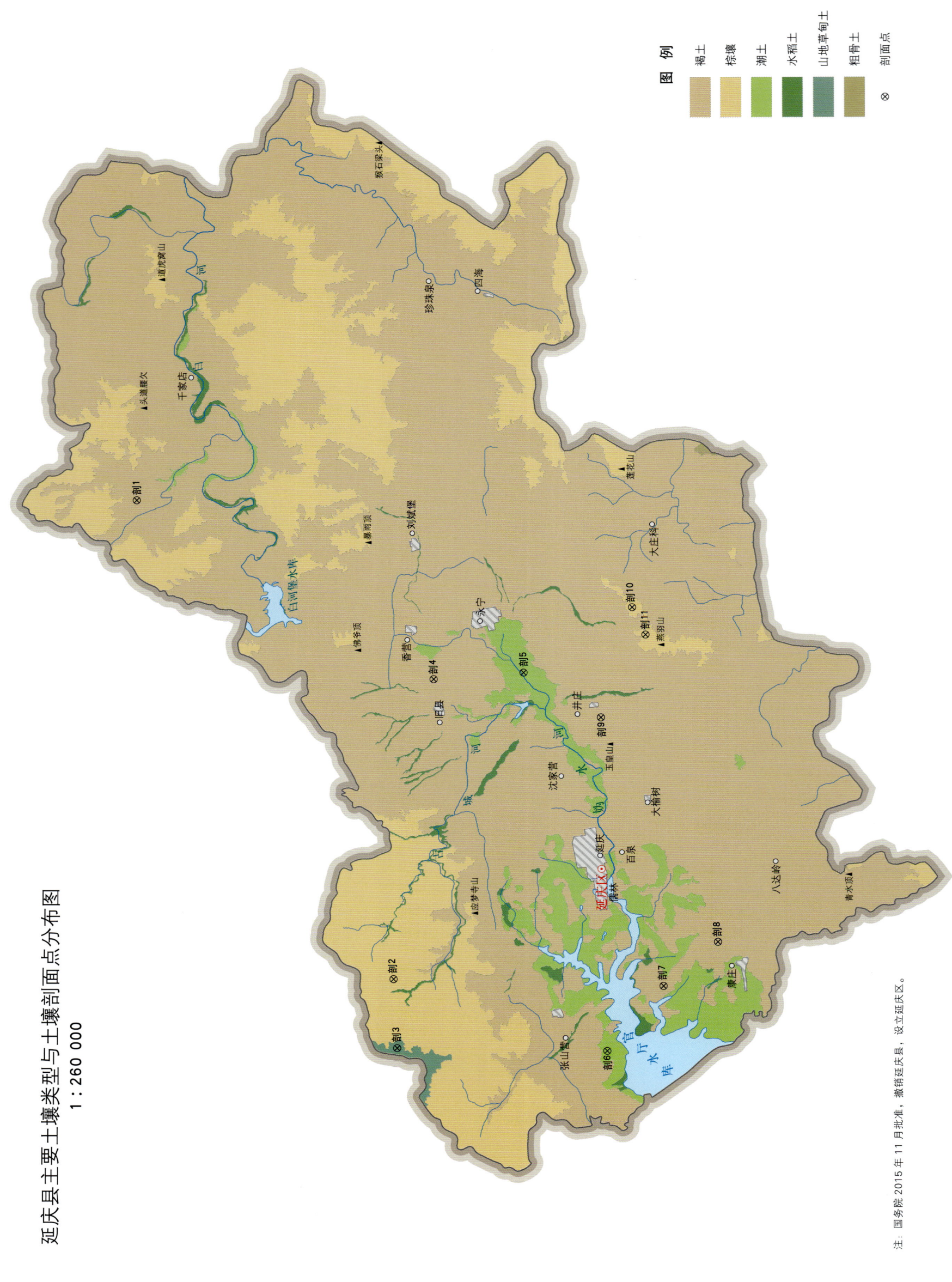

图 例
褐土
棕壤
潮土
水稻土
山地草甸土
粗骨土
⊗ 剖面点

注：国务院 2015 年 11 月批准，撤销延庆县，设立延庆区。

延庆区土壤剖面理化性状表

剖面号 Soil profile	土纲 Soil order	土类 Soil great group	亚类 Soil subgroup	土属 Soil genus	土种 Soil species	土层码 Layer code	土层厚度 Depth/cm	颜色 Soil color	质地 Soil texture	土壤结构 Soil structure	pH	有机质 OM/(g/kg)	全氮 TN/(g/kg)	全磷 TP/(g/kg)	全钾 TK/(g/kg)	有效磷 AP/(mg/kg)	速效钾 AK/(mg/kg)	阳离子交换量CEC/(cmol/kg)	土壤母质 Parent material	剖面点坐标 Profile coordinate	匹配指数 Matching index/%
剖1	半淋溶土	褐土	淋溶褐土	老褐灰泥土	灰山黄土	A	0–22	棕色	轻砾质黏壤土	小团块状	7.4	24.5	1.20	0.81	26.0	5.0	182	22.2	凝灰岩风化残积物	E 116°14′42.1″ N 40°43′30.0″	71
						AB	22–42	浊黄棕色	重砾质黏壤土	小团块状	7.4	11.0	0.56	0.56	26.7	2.0	118	22.6			
						Bt	42–65	浊黄橙色	轻砾质黏壤土	块状	7.3	9.1	0.55	0.47	23.5	1.0	80	30.8			
						C	65–85	浊黄橙色	重砾质黏壤土	碎块状	7.4	6.8	0.36	0.49	22.9	1.0	81	40.7			
剖2	淋溶土	棕壤	棕壤			1	0–10				7.0	41.3	1.89	0.50						E 115°52′42.8″ N 40°34′32.0″	86
						2	10–35				6.9	7.7	0.38	0.21							
						3	35–55				6.8	4.7	0.28	0.22							
						4	55–75				6.1	2.7	0.19	0.15							
剖3	半水成土	山地草甸土	山地草甸土	山甸麻土	海坨山甸麻土	A	0–13	黑色	壤质黏土	团粒状	6.6	111.6	4.78	0.93	17.6	7.0	326		花岗岩风化残积物、坡积物	E 115°49′33.3″ N 40°34′22.3″	76
						AC	13–27	黑色	黏质黏壤土	团粒状	6.2	99.4	4.48	0.85	17.2	2.0	234				
						C_1	27–45	灰橄榄色	黏质黏壤土	小块状	6.5	76.7	3.66	0.89	17.2	7.0	102				
						C_2	45–	暗灰黄色	壤质黏土		6.5	52.8	2.60	0.60	17.9		102				
剖4	半淋溶土	褐土	褐土			1	0–30					24.7	1.41	1.02			147			E 116°06′33.4″ N 40°33′18.0″	90
						2	30–60					16.1	0.96	0.86			98				
						3	60–110					13.6	0.76	0.50			88				
剖5	半水成土	潮土	褐潮土			1	0–40				8.7	8.9	0.56	1.34							90
						2	40–60				8.7	9.7	0.61	1.29							
						3	60–80				8.9	3.3	0.22	1.20							
						4	80–110				8.7	7.5	0.43	1.14							
						5	110–150				8.9	1.6	0.10	0.94					河流冲积物		
剖6	半水成土	潮土	潮土			1	0–30				8.8	10.9	0.61	1.35						E 116°06′54.4″ N 40°30′14.4″	94
						2	30–55				8.5	2.9	0.19	1.14							
						3	55–90				8.4	10.7	0.59	1.18							
						4	90–110				8.3	4.6	0.24	0.95							
						5	110–150				8.2	14.2	0.80	0.86					河流冲积物		
剖7	半淋溶土	褐土	褐土			1	0–30				8.8	11.5	0.79	1.42						E 115°49′34.9″ N 40°27′12.1″	71
						2	30–60				8.7	9.2	0.47	1.20							
						3	60–80				8.9	4.5	0.33	1.12							
						4	80–130				8.9	3.0	0.26	1.20							
						5	130–150				8.9	4.7	0.29	1.21							
剖8	半淋溶土	褐土	褐土性土			1	0–20				8.8	6.7	0.47	1.04						E 115°52′35.0″ N 40°25′18.8″	97
						2	20–55				8.6	3.0	0.20	0.81							
						3	55–80				8.5	6.9	0.42	1.05							
						4	80–100				8.6	2.3	0.13	0.99							
						5	100–130				8.5	2.8	0.20	0.99							
剖9	半淋溶土	褐土	石灰性褐土	火褐黄土	白黄土	A_{11}	0–21	浊黄棕色	砂质黏壤土	小块状	8.4	6.4	0.37	0.70	21.1	4.0	128	11.8	黄土	E 115°54′37.8″ N 40°23′28.7″	78
						A_{12}	21–39	浊黄棕色	砂质黏壤土	块状	8.5	2.3	0.18	0.57	20.6	3.0	136	9.3			
						Bk	39–70	浊黄棕色	砂质黏壤土	核块状	8.4	2.6	0.19	0.57	20.8	3.0	128	11.1			
						Btk	70–130	浊黄棕色	黏质壤土	核块状	8.4	4.3	0.25	0.62	19.8	2.0	142	13.0			
剖10	淋溶土	棕壤	潮棕壤			1	0–25	棕黑色	中壤土	团粒状		65.4	3.71	2.81		4.3				E 116°09′58.4″ N 40°26′33.7″	78
						2	25–45	黑色	中壤土	团粒状		70.8	4.03	2.99		5.2					
						3	45–75	黑棕色	中壤土	团粒状		66.5	3.40	3.55		6.9					

续表 Continued

剖面号 Soil profile	土纲 Soil order	土类 Soil great group	亚类 Soil subgroup	土属 Soil genus	土种 Soil species	土层码 Layer code	土层厚度 Depth/cm	颜色 Soil color	质地 Soil texture	土壤结构 Soil structure	pH	有机质 OM/(g/kg)	全氮 TN/(g/kg)	全磷 TP/(g/kg)	全钾 TK/(g/kg)	有效磷 AP/(mg/kg)	速效钾 AK/(mg/kg)	阳离子交换量CEC/(cmol/kg)	土壤母质 Parent material	剖面点坐标 Profile coordinate	匹配指数 Matching index/%
剖11	淋溶土	棕壤	生草棕壤			1	0—15	黑棕色	中壤土	团粒状		78.0	3.60	1.24		4.5				E 116°08′43.2″ N 40°26′05.4″	85
						2	15—30	棕色	中壤土	碎屑状		43.8	1.97	0.97		2.0					
						3	30—50	浅棕色	中壤土			25.6	1.33	0.87		5.8					
						4	50—70	浅棕色	中壤土	块状		20.4	1.20	0.92		3.8					

中国土壤剖面数据集·京津冀卷

第三编 | 天津市分县土壤图与土壤剖面数据

天 津 市

市 辖 区

主要土类说明

潮土是天津市主要土壤类型，占本市地域面积的 76%。潮土多见于近代河流冲积平原或低平阶地，地下水位浅，潜水参与成土过程，底土氧化还原作用交替，形成锈色斑纹和小型铁子。在长期耕作条件下，表层有机质含量为 10—15g/kg，剖面构型为 A_{11}-A_{12}-Cu 或 A_{11}-C-Cu。

小于本市地域面积 3% 的土壤类型还有沼泽土、褐土等。

本区域中心区气候特征

本区域中心区气候特征值
Regional climate characteristics in central area of the region

气候带：暖温带亚湿润气候 Climate region: Warm temperate subhumid climate	
年平均气温 /℃ Annual average temperature /℃	12.6
年平均最高气温 /℃ Annual average maximum temperature /℃	18.1
年平均最低气温 /℃ Annual average minimum temperature /℃	8.2
年降水量 /mm Annual precipitation /mm	554
≥10℃的积温 /℃ Daily temperature accumulated in a year (≥10℃) /℃	4586
年日照时数 /h Annual sunshine /h	2536
年平均相对湿度 /% Annual average relative humidity /%	62
干燥度 Dryness	1.35

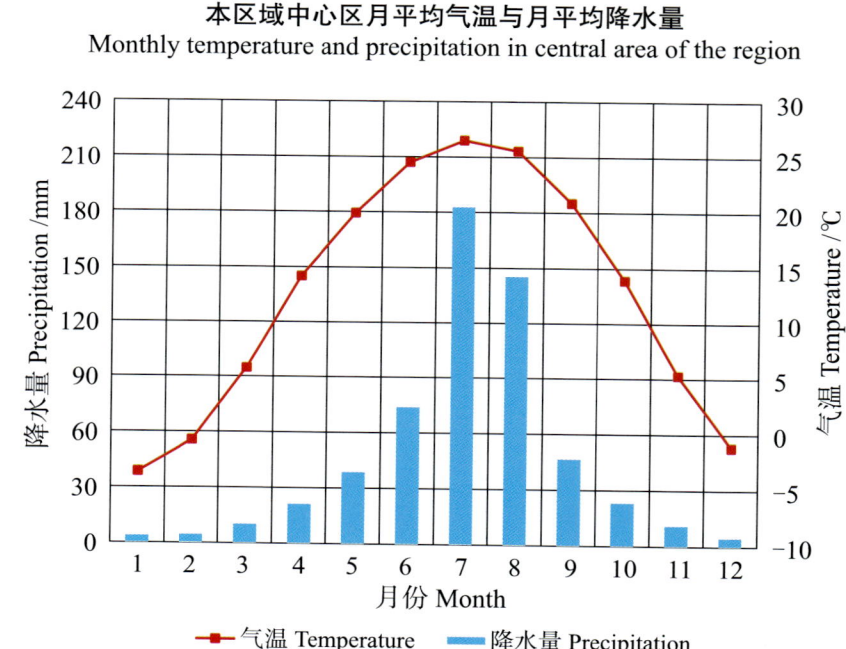

本区域中心区月平均气温与月平均降水量
Monthly temperature and precipitation in central area of the region

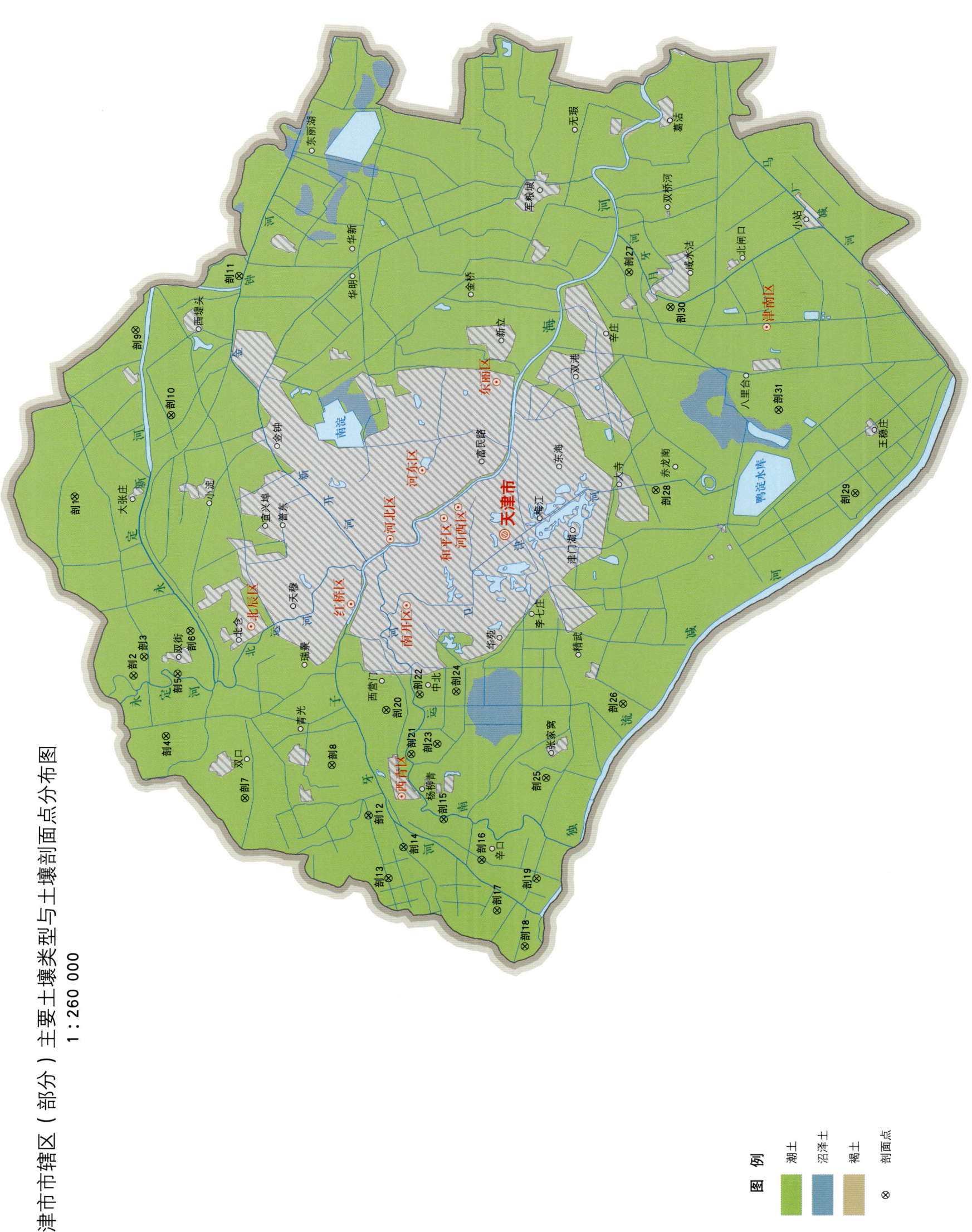

天津市市辖区(部分)主要土壤类型与土壤剖面点分布图
1:260 000

天津市土壤剖面理化性状表

剖面号 Soil profile	土纲 Soil order	土类 Soil great group	亚类 Soil subgroup	土属 Soil genus	土种 Soil species	土层码 Layer code	土层厚度 Depth/cm	颜色 Soil color	质地 Soil texture	土壤结构 Soil structure	pH	有机质 OM/(g/kg)	全氮 TN/(g/kg)	全磷 TP/(g/kg)	全钾 TK/(g/kg)	碱解氮 AN/(mg/kg)	有效磷 AP/(mg/kg)	速效钾 AK/(mg/kg)	阳离子交换量CEC/(cmol/kg)	土壤母质 Parent material	剖面点坐标 Profile coordinate	匹配指数 Matching index/%
剖1	半水成土	潮土	湿潮土	脱水湿潮土		1	0—25	暗棕色	重壤土	块状	8.1	11.7	0.79	0.10	24.9		4.6	176	17.6	河流冲积物	E 117°13′22.6″ N 39°19′19.1″	93
						2	25—50	黑棕色	重壤土	块状	8.1	7.6	0.61		25.7		4.3	195				
						3	50—85	灰棕色	重壤土	块状	8.2	4.0	0.41	0.05	23.2		9.2	236				
						4	85—130	棕灰色	黏土	块状		4.9	0.42	0.05	23.2		6.9					
剖2	半水成土	潮土	潮土	壤质潮土		1	0—20	黄棕色	轻壤土	块状		17.9	0.73	0.71	33.9		0.6				E 117°05′29.7″ N 39°17′20.4″	80
						2	20—120	棕褐色	中壤土	块状		8.7	0.44	0.61			0.1					
剖3	半水成土	潮土	潮土	壤质潮土	浅位中层夹砂轻壤质潮土	1	0—18	黄褐色	轻壤土	块状	8.3	8.2	0.50	0.70	26.1				11.3	河流冲积物	E 117°06′19.7″ N 39°16′59.3″	72
						2	18—38	黄棕色	轻壤土	块状	8.5	6.5	0.30	0.40	26.7				7.1			
						3	38—60	黄色	砂土	块状	8.3	6.1	0.30	0.60	25.5				1.7			
						4	60—100	棕色	黏土	块状	8.3	14.0	0.60	0.70	31.8				29.2			
剖4	半水成土	潮土	潮土	黏质潮土		1	0—20	红棕色	黏土	块状		25.5	1.60	0.71	24.9		6.0			河流冲积物	E 117°02′48.9″ N 39°16′15.3″	86
						2	20—35	红棕色	黏土	块状		13.2	0.98	0.44	28.2		7.5					
						3	35—55	棕色	重壤土	块状		14.1	1.07	0.72	24.9		9.8					
						4	55—85	棕褐色	黏土	块状												
剖5	半水成土	潮土	潮土	菜园潮土		1	0—28				8.4	23.4	1.19	0.62	23.6		14.0	159		河流冲积物	E 117°05′34.9″ N 39°15′52.4″	71
						2	28—59					10.4	0.81	0.59	28.2		9.8	192				
						3	59—79					4.3	0.25	0.43	31.9		18.8	163				
						4	79—					9.0	0.57	0.59	20.7		8.3	195				
剖6	半水成土	潮土	潮土	黏质潮土		1	0—25	灰棕色	重壤土	块状	8.5	16.0	0.90	0.30	19.3		1.0			河流冲积物	E 117°07′28.4″ N 39°15′26.6″	70
						2	25—100	灰棕色	中壤土	片状		4.3	0.20	0.20	18.0		0.8					
剖7	半水成土	潮土	潮土	灌淤型潮土		1	0—29	棕黄色	中壤土	团粒状		12.8	0.73	0.71	27.1		0.2		16.9	河流冲积物	E 117°00′02.9″ N 39°13′36.8″	77
						2	29—58	棕黄色	砂土	粒状		3.9	0.17									
						3	58—90	棕黄色	松砂土	粒状		7.2	0.36									
						4	90—160	棕黄色	砂土	无明显结构												
剖8	半水成土	潮土	盐化潮土	硫酸盐氯化物盐化潮土		1	0—20	黄棕色	砂土	无明显结构	8.0	4.1	0.25	0.36	22.8	86	7.0	200	15.8	河流冲积物	E 117°01′33.0″ N 39°10′42.6″	80
						2	20—75	棕黄色	黏土	无明显结构	8.1	1.2	0.13	0.38	27.0	48	1.5	159	17.8			
						3	75—100	黄褐色	砂土	无明显结构	8.0	2.8	0.18	0.38	19.9	52	0.2	271	17.8			
剖9	半水成土	潮土	湿潮土	脱水湿潮土	中度脱水重壤质潮土	1	0—25	暗棕色	重壤土	屑粒状	8.5	13.8	0.88	0.70	26.1	50	8.7	265	21.1	河流冲积物	E 117°20′42.7″ N 39°17′17.3″	95
						2	25—49	黑色	黏土	单粒状	8.5	13.8	0.80	0.36	25.1	56	6.9	202				
						3	49—68	灰棕色	黏土	块状	8.6	7.4	0.62	0.38	19.8							
						4	68—121	暗灰棕色	砂土	块状	8.4	4.4	0.40	0.70	26.1							
剖10	半水成土	潮土	湿潮土	脱水湿潮土	轻度脱水重壤质潮土	1	0—20	灰棕色	重壤土	团粒状	8.4	14.8	0.95	0.61	17.4		1.8			河流冲积物	E 117°16′58.6″ N 39°16′06.3″	88
						2	20—40	黑棕色	重壤土	块状	8.4	15.9	0.91	0.68	23.2	111	2.7					
						3	40—125	黄棕色	黏土	块状	8.4	6.7	0.51	0.57	29.9	65	3.0	271				
剖11	半水成土	潮土				1	0—30	浅黄色	松砂土	无明显结构	8.2	5.7	0.24			18	8.8	59		河流冲积物	E 117°23′05.9″ N 39°13′50.2″	82
剖12	半水成土	潮土	潮土	砂质潮土		2	30—80	黄色	松砂土	无明显结构							1.1			河流冲积物	E 116°59′17.9″ N 39°09′28.8″	96
						3	80—150	灰黄色	松砂土	无明显结构												

续表 Continued

剖面号 Soil profile	土纲 Soil order	土类 Soil great group	亚类 Soil subgroup	土属 Soil genus	土种 Soil species	土层码 Layer code	土层厚度 Depth/cm	颜色 Soil color	质地 Soil texture	土壤结构 Soil structure	pH	有机质 OM/(g/kg)	全氮 TN/(g/kg)	全磷 TP/(g/kg)	全钾 TK/(g/kg)	碱解氮 AN/(mg/kg)	有效磷 AP/(mg/kg)	速效钾 AK/(mg/kg)	阳离子交换量CEC/(cmol/kg)	土壤母质 Parent material	剖面点坐标 Profile coordinate	匹配指数 Matching index/%
剖13	半水成土	潮土	潮土	砂壤质潮土	砂壤质潮土	1	0~20	暗灰色	砂壤土	团粒状	8.5	11.6	0.61	0.68	19.9	47	4.0	148	11.3	河流冲积物	E 116°56′32.7″ N 39°08′48.2″	83
						2	20~40	暗黄色	砂壤土	屑粒状	8.2	10.2	0.47	0.62	19.9							
						3	40~107	黄色	松砂土	无明显结构	8.5	5.8	0.31	0.59	20.6							
						4	107~150	红棕色	黏土	块状	8.5	13.3	0.66	0.72	21.9							
剖14	半水成土	潮土	潮土	砂壤质潮土	砂壤质潮土	1	0~50	浅黄色	砂壤土	无明显结构	7.2	8.0	0.47	0.46	11.2	24	6.3	135	3.4	河流冲积物	E 116°57′54.4″ N 39°08′18.6″	87
						2	50~62	浅黄色	砂壤土	无明显结构	8.1	4.9	0.23	0.57	11.5	11	5.9	130	5.4			
						3	62~88	浅黄色	砂壤土	无明显结构	8.2	1.0	0.08	0.63	11.5	7	2.7	130	3.8			
						4	88~100	浅棕色	砂壤土	无明显结构	8.3	2.3	0.18	0.57	12.0	10	3.7	128	4.6			
剖15	半水成土	潮土	潮土	菜园潮土	轻壤质菜园潮土	1	0~16	灰棕色	轻壤土	团粒状	8.3	29.8	1.00	0.80	15.4				14.1	河流冲积物	E 116°59′08.4″ N 39°06′58.2″	77
						2	16~34	浅灰棕色	轻壤土	块状	8.6	18.3	0.90	2.40	16.5				14.4			
						3	34~58	棕色	轻壤土	块状	8.6	10.3	0.70	2.50	21.2				15.3			
						4	58~90	棕色	轻壤土	块状	8.5	9.4	0.70	2.60	21.9				14.8			
						5	90~122	棕色	轻壤土	块状	8.5	7.9	0.60	2.30	21.0				14.8			
剖16	半水成土	潮土	潮土	壤质潮土	轻壤质菜园潮土	1	0~23	浅灰黄色	轻壤土	碎块状	8.0	10.4	0.62	0.65	12.6	7		70	26.4	河流冲积物	E 116°57′21.5″ N 39°05′41.9″	90
						2	23~87	浅黄色	轻壤土	块状	8.1	12.1	0.73	0.64	10.9	19		66	29.8			
						3	87~100	深棕色	轻壤土	块状	8.1	8.9	0.47	0.64	10.7	34		128	35.4			
剖17	半水成土	潮土	潮土	壤质潮土	浅位厚层夹黏中壤质潮土	1	0~21	浅灰棕色	中壤土	屑粒状	8.2	16.2	1.00	0.80	17.1				26.2	河流冲积物	E 116°55′07.4″ N 39°05′10.6″	89
						2	21~47	棕色	重壤土	块状	8.1	12.5	0.80	0.70	21.0				25.4			
						3	47~61	棕色	重壤土	块状	8.1	15.4	1.00	0.70	17.6				29.8			
						4	61~102	棕色	轻壤土	块状	8.2	10.7	0.70	0.60	19.6				13.6			
						5	102~135	黄色	砂土	单粒状	8.3	4.9	0.30	0.50	19.4				6.9			
剖18	半水成土	潮土	湿潮土	湿潮土		1	0~20	黄棕色	重壤土	块状	8.6	14.1	0.60	0.80	18.0				18.5	河流冲积物	E 116°53′33.2″ N 39°04′14.6″	95
						2	20~60	灰棕色	重壤土	块状	8.7	18.0	0.80	0.70	19.1							
						3	60~150	黄棕色	重壤土	碎屑状	8.8	7.5	0.30	0.70	17.2							
剖19	半水成土	潮土	潮土	中壤质潮土	中壤质潮土	1	0~20	浅灰色	中壤土	碎屑状	8.0	12.9	0.69	1.01	13.0	44	12.7	108	12.4	河流冲积物	E 116°56′32.6″ N 39°03′51.6″	72
						2	20~87	红棕色	中壤土	小块状	8.2	11.5	0.68	0.88	14.0	28	8.7	181	20.9			
						3	87~100	黄棕色	中壤土	大块状	8.1	10.3	0.67	0.76	14.6	25	7.6	170	19.4			
剖20	半水成土	潮土	潮土	菜园潮土		1	0~20	黄棕色	轻壤土	屑状	8.7	11.2	0.50	0.60	15.9				10.0	河流冲积物	E 117°03′59.0″ N 39°08′53.9″	93
						2	20~30	灰棕色	轻壤土	屑状	8.6	8.8	0.40	0.60	16.5							
						3	30~66	棕色	中壤土	团块状	8.5	17.0	0.60	0.60	17.1							
						4	66~105	黄色	砂土	单粒状	8.4	1.9			15.9							
剖21	半水成土	潮土	潮土	菜园潮土		1	0~35	暗棕色	中壤土	粒状	8.1	35.0	1.85	1.87	14.4	104	95.0	125	31.7	河流冲积物	E 117°02′01.9″ N 39°08′03.4″	98
						2	35~100	暗棕色	中壤土	屑粒状	8.4	10.8	0.62	1.37	16.2	45	73.0	158	38.0			
剖22	半水成土	潮土	潮土	菜园潮土		1	0~32	红棕色	中壤土	屑粒状	8.1	31.1	1.64	1.20	21.2	140	34.0	209	13.8	河流冲积物	E 117°04′40.8″ N 39°07′46.7″	88
						2	32~58	暗棕色	轻壤土	屑状	8.2	9.6	0.47	0.90	21.9				14.3			
						3	58~76	暗棕色	中壤土	团块状	8.1	4.9	0.30	0.66	21.2				12.0			
						4	76~150	红棕色	中壤土	块状	8.1	5.7	0.38	0.64	22.6				16.8			
剖23	半水成土	潮土	盐化潮土			1	0~25	暗棕色	中壤土	屑粒状	8.5	25.1	0.94	0.95	18.0		20.7	258	13.4	河流冲积物	E 117°02′29.8″ N 39°07′11.3″	80
						2	25~35	暗黄色	中壤土	块状	8.5	8.1	0.27	0.65	19.0							
						3	35~60	黑色	重壤土	碎屑状	8.5	3.9	1.03	0.59	20.7							
剖24	半水成土	潮土	潮土	中壤质潮土	中壤质潮土	1	0~18	暗棕色	中壤土	团粒状	8.8	16.6	0.88	0.85	19.4		49.9	258	11.6	河流冲积物	E 117°04′48.6″ N 39°06′33.7″	75
						2	18~45	灰色	中壤土	碎屑状	8.9	13.6	0.63	0.81	20.8				19.7			
						3	45~70	浅棕色	中壤土	碎屑状	8.7	9.1	0.38	0.76	20.5			238	20.5			
						4	70~90	棕色	重壤土	碎屑状	8.8	9.3	0.47	0.73	21.0				21.8			
						5	90~150	浅黄色	轻壤土	无明显结构	8.8	5.1	0.37	0.66	18.4		7.2		9.2			

续表 Continued

剖面号 Soil profile	土纲 Soil order	土类 Soil great group	亚类 Soil subgroup	土属 Soil genus	土种 Soil species	土层码 Layer code	土层厚度 Depth/cm	颜色 Soil color	质地 Soil texture	土壤结构 Soil structure	pH	有机质 OM/(g/kg)	全氮 TN/(g/kg)	全磷 TP/(g/kg)	全钾 TK/(g/kg)	碱解氮 AN/(mg/kg)	有效磷 AP/(mg/kg)	速效钾 AK/(mg/kg)	阳离子交换量CEC/(cmol/kg)	土壤母质 Parent material	剖面点坐标 Profile coordinate	匹配指数 Matching index/%
剖25	半水成土	潮土	潮土	壤质潮土	轻壤质潮土	1	0—27	暗灰色	轻壤土	团粒状	8.4	13.2	0.85	0.66	20.6	75	6.5	150	10.0	河流冲积物	E 117°00′59.3″ N 39°03′33.2″	79
						2	27—60	暗黄色	轻壤土	片状	8.3	6.2	0.44	0.58	21.2				9.5			
						3	60—85	棕色	中壤土	块状	8.2	7.5	0.55	0.65	21.9				13.3			
						4	85—120	浅黄色	松砂土	无明显结构	8.5	3.3	0.33	0.58	19.9				6.5			
剖26	半水成土	潮土	潮土	重壤质潮土	重壤质潮土	1	0—20	浅棕色	重壤土	小块状	7.8	13.4	0.78	0.62	16.7	25	15.0	140	36.1	河流冲积物	E 117°04′17.0″ N 39°00′59.6″	87
						2	20—69	深棕色	黏土	大块状	8.0	10.2	0.68	0.61	16.9	26	9.1	138	30.8			
						3	69—100	浅棕色	黏土	大块状	8.1	9.1	0.59	0.59	16.2	34	8.0	121	35.9			
剖27	半水成土	潮土	盐化湿潮土	菜园性盐化湿潮土	菜园盐性中度盐化湿潮土	1	0—20	灰棕色	重壤土	屑粒状	8.5	32.8	1.50	1.10						河流冲积物	E 117°23′16.0″ N 39°00′49.0″	99
						2	20—45	浅红棕色		块状	8.6	15.6	0.80	0.50								
						3	45—60	灰棕色		棱块状	8.6	10.2	0.60	0.50								
剖28	半水成土	潮土	湿潮土			1	0—15	浅棕色	中壤土	碎屑状	8.0	22.1	1.29	0.73	12.8	25	39.0	160	23.2	河流冲积物	E 117°13′41.4″ N 38°59′54.7″	75
						2	15—30	浅棕色	中壤土	块状	8.0	10.1	0.75	0.65	12.8	32	15.4	91	29.6			
						3	30—60	黑色	中壤土	块状	7.9	12.9	0.84	0.55	12.8	21	6.1	100	39.7			
						4	60—100	灰黄色	中壤土	块状	8.0	5.1	0.37	0.57	13.0	18	4.7	66	22.7			
剖29	半水成土	潮土	盐化潮土			1	0—23	灰棕色	中壤土	碎屑状	8.7	6.1	0.35	0.70	18.7		6.2	235	6.8	河流冲积物	E 117°13′33.6″ N 38°53′15.4″	86
						2	23—56	黑色	重壤土	碎屑状	8.4	8.5	0.52	0.59	21.1							
						3	56—150	棕黄色	重壤土	大块状	8.6	2.1	0.18	0.65	18.7							
剖30	半水成土	潮土	盐化潮土	水稻性盐化潮土		1	0—12	黄棕色	重壤土	团粒状		17.4	0.91			70	9.2			河流冲积物	E 117°21′44.0″ N 38°59′26.1″	89
						2	12—22	灰棕色	重壤土	团块状		17.4	0.89			56	12.2					
						3	22—53	棕色	重壤土	团块状		17.2	0.90			41	9.2					
						4	53—70	红棕色	重壤土	块状		12.8	0.66			27	8.7					
						5	70—86	红棕色	重壤土	棱块状		10.1	0.52			25	10.5					
剖31	半水成土	潮土	盐化湿潮土			1	0—22	棕黑色	重壤土	屑粒状		6.1	0.30	0.52			7.2			河流冲积物	E 117°17′13.6″ N 38°55′49.3″	84
						2	22—42	暗棕色	重壤土	屑粒状		17.8	0.90	0.26			3.3					
						3	42—58	灰棕色	重壤土	棱块状		6.5	0.40	0.26			3.9					
						4	58—90	蓝灰色		块状												

武 清 区

主要土类说明

潮土是武清区主要土壤类型,占本区地域面积的93%。本区潮土均发育于河流沉积物上。河流的分布沉积规律,造成质地分布差异明显。由于河流的多次泛滥、改道,质地砂黏相间。由不同沉积物质构成的土壤剖面构型,是潮土的主要形态特征。但久经熟化的土壤,原来表土层砂黏相间的沉积层次已充分混合,变为砂黏适中、土体疏松的耕作层。有的还通过砂压黏和黏压砂,改变了原来沉积物过黏、过砂的缺点。潮土的有机质含量低,土壤颜色较浅,有机质含量在表层仅为10g/kg左右。成土母质以永定河沉积物为主的,土壤含碳酸钙较高,一般在6%—10%,石灰反应强烈;北运河处成土母质以沉积物为主的,土壤含碳酸钙较低,一般在2%—3%,石灰反应较弱。由于土壤中均含有一定量的碳酸钙,属于石灰性土壤,pH多在8.0以上。耕作层疏松多孔,耕作层下常出现犁底层。底土层中的质地变异主要受冲积物影响。在成土过程中,地下水的升降引起氧化还原的交互作用,沿土壤孔隙、裂隙部分形成大量胶膜及锈色斑纹,并在地下水交互升降处,可形成小型锥形砂姜。本区潮土在形成过程中,根据地形、水分及盐分的不同,分为普通潮土、盐化潮土和湿潮土等亚类。

沼泽土占武清区地域面积的4%。沼泽土所处地势低洼,长期地表积水,喜湿植被生长。该土壤有机质累积及还原作用强烈,具有潜育层。土体的泥炭层或腐泥层厚度小于50cm,剖面构型为泥炭状有机质层–潜育层。

本区域中心区气候特征

本区域中心区气候特征值
Regional climate characteristics in central area of the region

气候带:暖温带亚湿润气候 Climate region: Warm temperate subhumid climate	
年平均气温 /℃ Annual average temperature /℃	12.3
年平均最高气温 /℃ Annual average maximum temperature /℃	17.9
年平均最低气温 /℃ Annual average minimum temperature /℃	7.6
年降水量 /mm Annual precipitation /mm	560
≥10℃的积温 /℃ Daily temperature accumulated in a year (≥10℃) /℃	4429
年日照时数 /h Annual sunshine /h	2576
年平均相对湿度 /% Annual average relative humidity /%	61
干燥度 Dryness	1.29

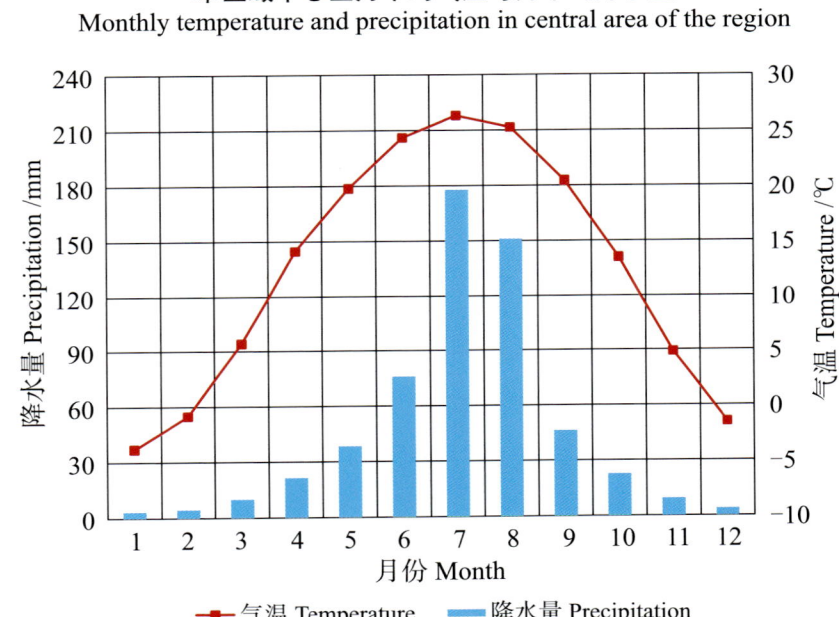

本区域中心区月平均气温与月平均降水量
Monthly temperature and precipitation in central area of the region

武清县主要土壤类型与土壤剖面点分布图
1∶210 000

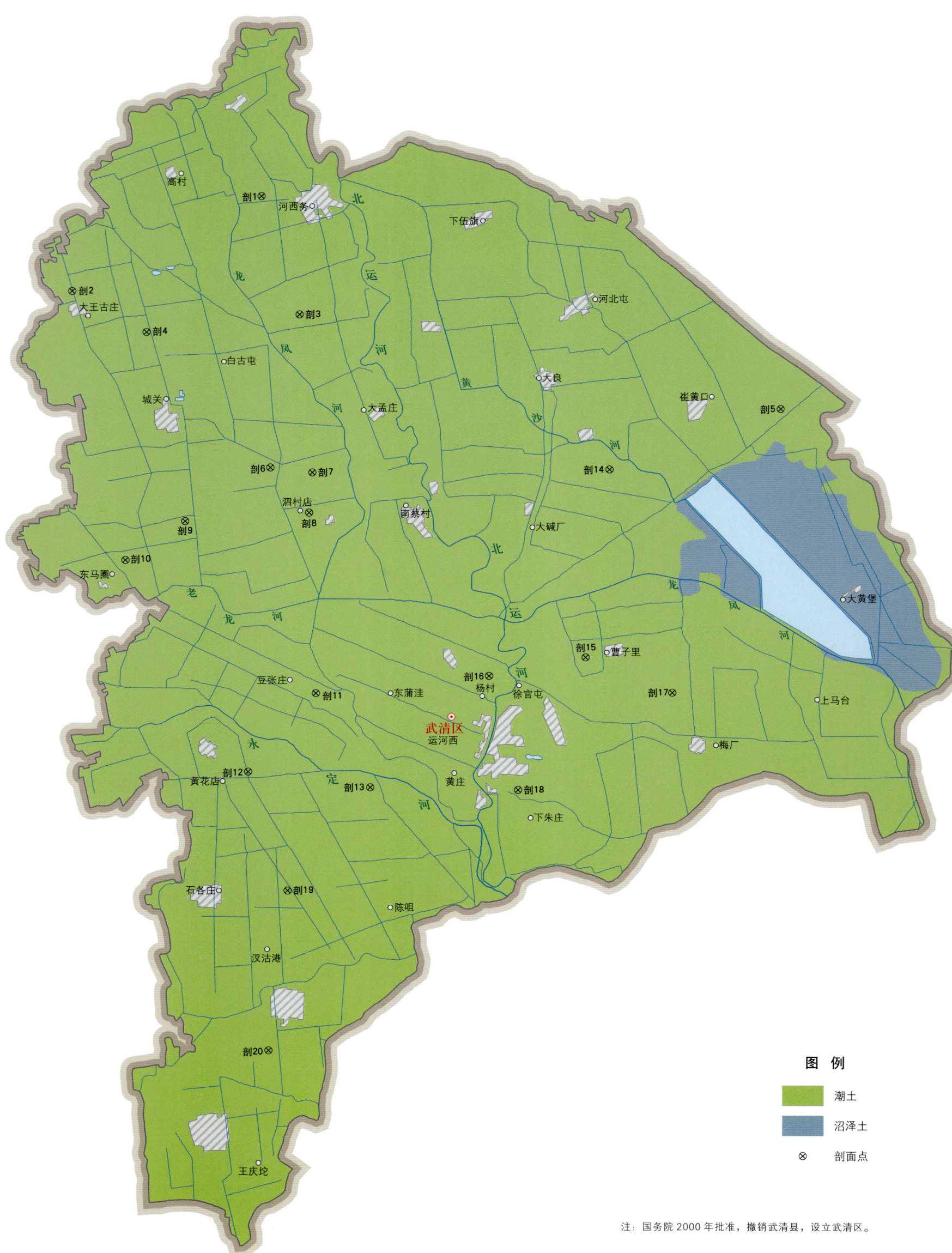

图 例
- 潮土
- 沼泽土
- ⊗ 剖面点

注：国务院 2000 年批准，撤销武清县，设立武清区。

武清区土壤剖面理化性状表

剖面号	土纲	土类	亚类	土属	土种	土层码	土层厚度/cm	颜色	质地	土壤结构	pH	有机质 OM/(g/kg)	全氮 TN/(g/kg)	全磷 TP/(g/kg)	全钾 TK/(g/kg)	碱解氮 AN/(mg/kg)	有效磷 AP/(mg/kg)	速效钾 AK/(mg/kg)	阳离子交换量 CEC/(cmol/kg)	土壤母质	剖面点坐标	匹配指数/%
剖1	半水成土	潮土	潮土	壤质潮土	轻壤质深位厚层夹重壤潮土	1	0—22		轻壤土		8.6	10.4	0.48	0.60	21.7	30	2.9	144	18.1	河流冲积物	E 116°55′32.1″ N 39°37′40.9″	96
						2	22—85		轻壤土		8.7	9.8	0.50	0.62	20.9	20	0.5	111	15.4			
						3	85—150		重壤土		8.7	10.1	0.47	0.63	22.2	29	0.8	171	23.8			
剖2	半水成土	潮土	潮土	砂质潮土		1	0—25	棕黄色	松砂土	碎块状	8.8	5.8	0.19	0.63	20.7	53	3.0	90	5.1	河流冲积物	E 116°48′46.8″ N 39°35′00.8″	89
						2	25—70	黄色	松砂土	碎块状	8.8	3.8	0.10	0.59	20.7	92	0.5	70	7.0			
						3	70—150	浅黄色	松砂土	单粒状	8.7	2.6	0.04	0.54	20.2	84	0.5	55	2.8			
剖3	半水成土	潮土	潮土	壤质潮土	中壤质潮土	1	0—25	浅灰棕色	中壤土	屑粒状	8.3	12.1	0.70	0.60	19.7				13.1	河流冲积物	E 116°56′52.6″ N 39°34′20.7″	71
						2	25—60	棕色	中壤土	块状	8.0	7.1	0.40	0.70	22.1				11.9			
						3	60—85	暗棕色	中壤土	块状	8.0	7.7	0.30	0.60	21.9				8.4			
						4	85—150	暗棕色	重壤土	块状	8.0	7.7	0.30	0.60	21.1				8.7			
剖4	半水成土	潮土	潮土	壤质潮土	重壤质浅位厚层夹砂壤潮土	1	0—20		重壤土		8.5	12.5	0.72	0.61	19.7	50	0.5	177	13.8	河流冲积物	E 116°51′25.6″ N 39°33′51.1″	97
						2	20—47		中壤土		8.7	7.9	0.24	0.50	18.5	29	0.5	117	12.3			
						3	47—150		砂壤土		8.6	2.7	0.07	0.53	17.8	23	0.5	50	3.9			
剖5	半水成土	潮土	潮土	壤质潮土		1	0—20	灰褐色	中壤土	块状	8.1	11.5	0.61	0.61	23.0		1.5	129	12.2	河流冲积物	E 117°14′00.2″ N 39°31′37.2″	79
						2	20—44	灰棕色	中壤土	棱块状	8.0	12.2	0.65	0.57	24.1		0.5	134	11.9			
						3	44—80	黄棕色	中壤土	棱块状	8.0	9.6	0.48	4.91	23.1		1.6	129	13.3			
						4	80—115	棕褐色	重壤土	块状	7.9	15.6	0.79	0.71	18.0		0.5	248	13.1			
剖6	半水成土	潮土	潮土	黏质潮土	黏质潮土	1	0—15	浅灰棕色	重壤土	块状	8.0	13.6	0.70	0.60	20.8				19.7	河流冲积物	E 116°55′50.5″ N 39°29′59.6″	76
						2	15—28	棕色	黏土	块状	8.4	11.2	0.70	0.50	20.8				20.2			
						3	28—53	暗棕色	黏土	片状	8.1	12.0	0.70	0.60	22.5				22.0			
						4	53—78	灰棕色	黏土	小棱块状	8.3	8.4	0.50	0.60	23.0				27.9			
						5	78—130	棕色	重壤土	块状	8.3	5.4	0.40	0.60	20.9				19.4			
剖7	半水成土	潮土	潮土	黏质潮土	重壤质潮土	1	0—20	灰棕色	重壤土	块状	8.2	15.4	0.90	0.70	16.7				16.6	河流冲积物	E 116°57′19.6″ N 39°29′51.3″	80
						2	20—45	棕色	重壤土	块状	8.5	12.0	0.60	0.50								
						3	45—70	暗棕色	黏土	块状	8.4	10.7	0.40	0.70								
						4	70—150	灰褐色	重壤土	块状	8.0	8.9	0.40	0.70								
剖8	半水成土	潮土	潮土	黏质潮土		1	0—28	灰棕色	重壤土	团块状	8.6	17.7	1.02	0.74	25.7	91	10.4	298	27.1	河流冲积物	E 116°57′12.6″ N 39°28′43.3″	100
						2	28—54	黄棕色	黏土	棱块状	8.2	17.0	0.98	0.70	24.9	86	9.0	274	32.9			
						3	54—150	灰棕色	黏土	块状	8.5	15.6	0.52	0.70	27.5	74	8.3	299	33.4			
剖9	半水成土	潮土	潮土	壤质潮土	轻壤质浅位中层夹重壤潮土	1	0—20		轻壤土			5.9	0.34	0.57	20.0	35	6.4	134	7.5	河流冲积物	E 116°52′48.6″ N 39°28′29.0″	95
						2	20—48		轻壤土			7.0	0.41	0.55	19.8	25	1.0	81	9.9			
						3	48—82		重壤土			13.0	0.75	0.52	22.1	25	0.5	204	22.8			
剖10	半水成土	盐化潮土	潮土	苏打氯化物盐化潮土		1	0—20	棕色	黏土	块状	8.5	14.8	0.80	0.80	20.4	41	4.1	198	16.6	河流冲积物	E 116°50′41.0″ N 39°27′22.8″	91
						2	20—47	黄棕色	中壤土	团块状	8.9	8.9	0.39	0.74	20.1	14	0.5	129	15.9			
						3	47—75	灰棕色	中壤土	块状	8.8	6.0	0.30	0.90	25.5	22	8.8	149	14.6			
剖11	半水成土	潮土	潮土	黏质潮土		1	0—20	深棕色	重壤土	块状	8.8	5.3	0.34	0.66	24.2	17	12.9	144	14.8	河流冲积物	E 116°57′27.0″ N 39°23′35.4″	74
						2	20—50	棕黄色	重壤土	棱块状	8.5	14.8	0.80	0.70	25.1							
						3	50—110	棕色	砂土	粒状	8.4	5.6	0.30	0.70	23.2							
						4	110—150	黄棕色	中壤土	棱块状												
剖12	半水成土	潮土	潮土	黏质潮土	浅位中层夹砂黏质潮土	1	0—26	棕色	黏土	棱状	8.2	13.7		0.70	25.6					河流冲积物	E 116°55′02.5″ N 39°21′22.2″	87
						2	26—70															
						3	70—100															

续表 Continued

剖面号 Soil profile	土纲 Soil order	土类 Soil great group	亚类 Soil subgroup	土属 Soil genus	土种 Soil species	土层码 Layer code	土层厚度 Depth/cm	颜色 Soil color	质地 Soil texture	土壤结构 Soil structure	pH	有机质 OM/(g/kg)	全氮 TN/(g/kg)	全磷 TP/(g/kg)	全钾 TK/(g/kg)	碱解氮 AN/(mg/kg)	有效磷 AP/(mg/kg)	速效钾 AK/(mg/kg)	阳离子交换量CEC/(cmol/kg)	土壤母质 Parent material	剖面点坐标 Profile coordinate	匹配指数 Matching index/%
剖13	半水成土	潮土	潮土	壤质潮土		1	0–20	黄棕色	轻壤土	团块状	8.0	9.0	0.35	0.54	17.1		1.8	105	8.5	河流冲积物	E 116°59′22.9″ N 39°20′55.7″	79
						2	20–50	棕黄色	轻壤土	块状	8.1	5.6	0.53	0.49	20.9		4.6	71	6.1			
						3	50–100	棕黄色	轻壤土	块状	8.0	2.7	0.09	0.48	20.7		7.6	68	6.4			
						4	100–150	棕色	中壤土	块状	8.0	14.5	0.67	0.68	21.4		10.3	190	12.9			
剖14	半水成土	潮土	潮土	壤质潮土	浅位厚层夹黏轻壤质潮土	1	0–22	棕色	轻壤土	块状	8.0	14.7	0.80	1.60	26.1				11.4	河流冲积物	E 117°07′54.1″ N 39°29′55.3″	78
						2	22–60	灰棕色	黏土	块状	7.9	17.1	0.70	1.30	25.7				21.8			
						3	60–110	棕色	中壤土	块状	8.2	8.3	0.40	1.10	27.1				11.8			
剖15	半水成土	盐化潮土	硫酸盐氯化物盐化潮土			1	0–18	浅灰棕色	轻壤土	屑粒状	7.9	9.3	0.60	0.50	19.7				11.7	河流冲积物	E 117°07′02.1″ N 39°24′35.8″	89
						2	18–36	棕色	轻壤土	块状	7.9	8.0	0.60	0.60	22.1				10.9			
						3	36–62	棕色	砂壤土	粒状	8.0	6.4	0.40	0.60	23.0				11.6			
						4	62–102	黄棕色	砂壤土	粒状	8.1	5.3	0.30	0.50	20.3				15.9			
						5	102–136	棕色	砂壤土	粒状	8.0	8.6	0.50	0.60	20.6				23.2			
剖16	半水成土	潮土	潮土	壤质潮土	轻壤质潮土	1	0–20	黄棕色	轻壤土	屑粒状	8.0	7.8	0.30	0.60	20.3				8.9	河流冲积物	E 117°03′36.0″ N 39°24′04.8″	71
						2	20–55	浅灰棕色	轻壤土	块状	8.0	5.2	0.20	0.60	20.3				7.9			
						3	55–150	棕色	轻壤土	块状	8.3	5.3	0.20	0.60	20.7				10.9			
剖17	半水成土	盐化潮土	氯化物苏打盐化潮土			1	0–20	浅灰色	轻壤土	块状										河流冲积物	E 117°10′06.9″ N 39°23′35.4″	82
						2	20–55	暗棕色	轻壤土	块状												
						3	55–90	棕棕色	砂壤土	粒状												
						4	90–120	暗棕色	中壤土	块状												
剖18	半水成土	潮土	潮土	砂质潮土		1	0–20	浅黄棕色	砂壤土	碎块状	8.1	8.1	0.45	0.59	20.7	173	3.3	75	7.1	河流冲积物	E 117°04′37.8″ N 39°20′51.2″	99
						2	20–47	黄色	砂壤土	碎块状	8.6	4.1	0.21	0.57	21.7	86	1.3	68	6.4			
						3	47–100	棕棕色	轻壤土	碎块状	9.0	6.4	0.28	0.56	20.7	129	0.5	71	13.2			
						4	100–150	棕棕色	轻壤土	块状	8.8	7.0	0.31	0.55	21.3	99	0.8	106	15.0			
剖19	半水成土	潮土	潮土	砂质潮土	砂壤质潮土	1	0–20	暗棕色	中壤土	屑粒状	8.4	6.6	0.30	0.60	21.1				8.5	河流冲积物	E 116°56′27.3″ N 39°17′57.5″	76
						2	20–35	黄棕色	砂壤土	块状	8.9	7.0	0.30	0.70	19.3				9.9			
						3	35–70	浅黄棕色	砂壤土	块状	8.9	6.1	0.10	0.50	21.2				10.3			
						4	70–85	棕色	中壤土	块状	8.8	9.9	0.30	0.60	20.5				10.1			
剖20	半水成土	潮土	潮土	壤质潮土		1	0–20	灰棕色	轻壤土	屑粒状	8.1	10.8	0.60	0.60	13.6				15.2	河流冲积物	E 116°55′47.2″ N 39°13′26.7″	76
						2	20–100	黄棕色	砂土	粒状	8.6	4.8	0.30	0.40	13.5				3.6			

宝 坻 区

主要土类说明

潮土是宝坻区主要土壤类型，占本区地域面积的96%。本区潮土是在近代河流冲积物上发育，由地下水直接参与成土过程而形成的一种半水成土。地下水埋深一般在1.5—2.5m，有夜潮现象，石灰反应强烈，呈微碱性。但由于受自然环境条件和人为生产活动的影响，本区各地土壤的理化性状在一定程度上发生了变化，使剖面形态和属性产生很大差异，盐分类型重新分配，养分含量也有增减。根据发育程度的不同及发育过程中的变化情况，本区潮土分为普通潮土、湿潮土、盐化潮土、盐化湿潮土等亚类。

本区域中心区气候特征

本区域中心区气候特征值
Regional climate characteristics in central area of the region

气候带：暖温带亚湿润气候 Climate region: Warm temperate subhumid climate	
年平均气温 /℃ Annual average temperature /℃	12.0
年平均最高气温 /℃ Annual average maximum temperature /℃	17.6
年平均最低气温 /℃ Annual average minimum temperature /℃	7.2
年降水量 /mm Annual precipitation /mm	564
≥10℃的积温 /℃ Daily temperature accumulated in a year (≥10℃) /℃	4320
年日照时数 /h Annual sunshine /h	2590
年平均相对湿度 /% Annual average relative humidity /%	61
干燥度 Dryness	1.25

本区域中心区月平均气温与月平均降水量
Monthly temperature and precipitation in central area of the region

宝坻县主要土壤类型与土壤剖面点分布图
1∶220 000

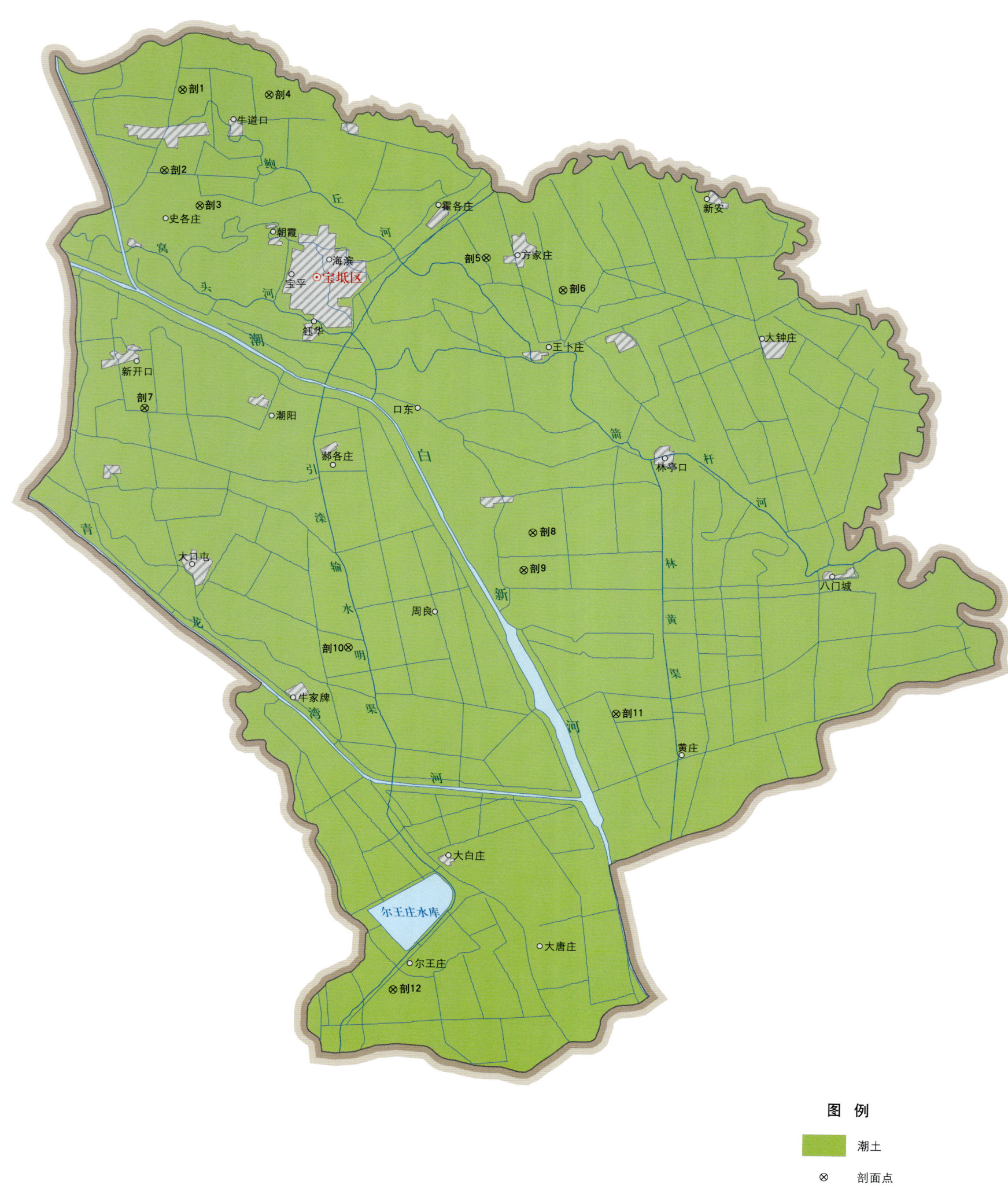

图 例

- 潮土
- ⊗ 剖面点

注：国务院 2001 年批准，撤销宝坻县，设立宝坻区。

宝坻区土壤剖面理化性状表

剖面号 Soil profile	土纲 Soil order	土类 Soil great group	亚类 Soil subgroup	土属 Soil genus	土种 Soil species	土层码 Layer code	土层厚度 Depth/cm	颜色 Soil color	质地 Soil texture	土壤结构 Soil structure	pH	有机质 OM/(g/kg)	全氮 TN/(g/kg)	全磷 TP/(g/kg)	全钾 TK/(g/kg)	碱解氮 AN/(mg/kg)	有效磷 AP/(mg/kg)	速效钾 AK/(mg/kg)	阳离子交换量 CEC/(cmol/kg)	土壤母质 Parent material	剖面点坐标 Profile coordinate	匹配指数 Matching index/%
剖1	半水成土	潮土	潮土	壤质潮土	浅位厚层夹重壤轻壤质潮土	1	0—27	灰棒色	轻壤土	屑粒状	8.4	16.0	0.80	0.60	30.7					河流冲积物	E 117°13′24.1″ N 39°48′22.8″	94
						2	27—78	暗棕色	重壤土	块状	8.6	11.3	0.50	0.50	21.9							
						3	78—118	黄色	砂土	单粒状	8.8	8.1	0.30	0.60	26.2							
剖2	半水成土	潮土	潮土	壤质潮土	轻壤质浅位中层夹砂质潮土	1	0—30	黄褐色	轻壤土	粒状	8.2	18.3	1.02	0.53	20.3	76	5.3	123	20.5	河流冲积物	E 117°12′46.6″ N 39°46′08.0″	83
						2	30—60	灰白色	松砂土	块状	8.3	10.4	0.50	0.51	20.0	46	3.2	65	15.1			
						3	60—150	黄褐色	重壤土	块状	8.3	16.5	0.88	0.71	23.1	67	14.5	159	19.0			
剖3	半水成土	潮土	潮土	壤质潮土	中壤质潮土	1	0—26	褐色	中壤土	粒状	8.1	12.7	0.75	0.62	20.3	88	2.9	100	17.9	河流冲积物	E 117°14′01.8″ N 39°45′08.9″	95
						2	26—62	黄褐色	中壤土	块状	8.2	8.1	0.20	0.62	20.0	80	3.1	65	13.3			
						3	62—140	灰褐色	中壤土	块状	8.1	5.2	0.36	0.67	20.3	63	3.7	48	17.8			
剖4	半水成土	潮土	潮土	砂质潮土		1	0—20	浅灰黄色	砂土	粒状	8.5	6.9	0.30	0.60	21.0				9.5	河流冲积物	E 117°16′27.2″ N 39°48′15.1″	88
						2	20—87	黄色	砂土	块状	8.5	7.5	0.40	0.60	21.2							
						3	87—105	灰棕色	轻壤土	块状	8.5	7.8	1.40	0.80	20.8							
剖5	半水成土	潮土	潮土	黏质潮土		1	0—18	棕色	重壤土	块状	8.0	20.4	1.20	0.60	24.8				30.2	河流冲积物	E 117°24′08.3″ N 39°43′43.0″	72
						2	18—26	灰褐色	中壤土	块状	8.0	17.3	0.90	0.60	25.9				30.0			
						3	26—50	浅灰棕色	中壤土	块状	8.0	14.0	1.00	0.50	24.1				33.3			
						4	50—120	浅灰黑色	重壤土	块状	7.8	17.2	0.70	0.70	23.5				23.1			
						5	120—	灰黄色	重壤土	块状	7.8	15.0			23.6				9.4			
剖6	半水成土	潮土	湿潮土	壤质湿潮土		1	0—30	暗黑色	中壤土	粒状	8.1	15.7	0.57	0.63	23.2	80	2.4	127	20.1	河流冲积物	E 117°26′50.6″ N 39°42′49.0″	82
						2	30—50	灰黑色	中壤土	粒状	7.9	17.4	0.75	0.48	21.4	81	3.5	83	14.5			
						3	50—105	棕色	中壤土	块状	8.1	11.6	0.79	0.59	23.4	60	3.7	100	19.3			
						4	160—165	棕灰色	轻壤土	块状	8.1	13.2	0.73	0.62	20.4	84	4.7	73	15.6			
剖7	半水成土	潮土	潮土	壤质潮土	轻壤质浅位中层夹重壤潮土	1	0—19	褐色	重壤土	片状	8.6	16.4	0.91	0.72	21.1	144	8.6	84	25.1	河流冲积物	E 117°12′07.8″ N 39°39′28.3″	94
						2	25—52	暗黑色	中壤土	粒状	8.3	13.3	0.69	0.71	19.7	88	16.0	95	27.6			
						3	52—72	褐色	松砂土	粒状	8.1	2.5	0.14	0.76	20.7	48	4.6	29	21.2			
						4	72—122	灰褐色	黏土	块状	8.6	13.4	0.66	0.55	19.6	160	7.8	123	17.3			
						5	122—155	黑色	中壤土	粒状	8.2											
剖8	半水成土	潮土	盐化潮土			1	0—27	灰棒色	中壤土	粒状	8.3									河流冲积物	E 117°25′48.8″ N 39°36′01.7″	74
剖9	半水成土	潮土	盐化潮土	硫酸盐氯化物盐化潮土		1	0—40	褐色	中壤土	粒状										河流冲积物	E 117°25′30.3″ N 39°34′58.6″	78
						2	40—140	黑褐色	中壤土	块状												
						3	140—160	黑棕色	中壤土	块状												
剖10	半水成土	潮土	湿潮土	湿潮土	黏质湿潮浅位中层夹重壤潮土	1	0—19	暗黑色	重壤土	粒状	8.3	19.8	1.30	0.70	23.1				36.9	河流冲积物	E 117°19′21.0″ N 39°32′48.1″	80
						2	19—30	浅灰棕色	重壤土	小核块状	8.1	12.0	0.80	0.50	17.8				25.5			
						3	30—47	黄棕色	中壤土	梭块状	8.1	14.2	0.60	0.60	20.3				24.9			
						4	47—90	浅蓝灰色	重壤土	块状	7.9	7.4	0.40	0.50	22.0				23.1			
						5	90—120	蓝灰色	重壤土	块状	7.9	7.0	0.40	0.60	24.6				19.9			
剖11	半水成土	潮土	湿潮土	黏质湿潮土	重壤质潮湿土	1	0—25	灰黑色	中壤土	粒状	8.5	14.9	0.87	0.58	22.7	52	2.6	189	18.0	河流冲积物	E 117°28′46.3″ N 39°30′58.2″	93
						2	25—48	黄褐色	中壤土	块状	8.7	5.5	0.33	0.57	22.2	27	2.3	187	19.7			
						3	48—105	棕灰色	轻壤土	块状	8.0	3.0	0.21	0.50	23.3	16	2.0	182	12.4			
剖12	半水成土	潮土	盐化湿潮土	硫酸盐氮化物盐化湿潮土		1	0—20	浅灰黄色	中壤土	块状										河流冲积物	E 117°21′00.5″ N 39°23′11.7″	73
						2	20—25	浅灰色	重壤土	粒状												
						4	50—120	灰黄色	砂壤土	粒状												

滨 海 新 区

主要土类说明

滨海盐土是滨海新区主要土壤类型，占本区地域面积的 49%。滨海盐土分布于沿海一带，母质为滨海沉积物，全土体含有以氯化物为主的可溶盐，呈 A-C 土体构型。滨海盐土的土壤和地下水的盐分组成与海水基本一致，氯盐占绝对优势，次为硫酸盐和重碳酸盐；盐分中以钠、钾离子为主，钙、镁次之。土壤含盐量为 20—50g/kg，地下水矿化度为 10—30g/L，土壤积盐强度随距海由近至远逐渐减弱。土壤 pH 为 7.5—8.5。

潮土是滨海新区第二大土壤类型，占本区地域面积的 36%。潮土见于近代河流冲积平原或低平阶地，地下水位浅，潜水参与成土过程。在潮土成土过程中，底土氧化还原作用交替进行，形成锈色斑纹和小型铁子。在长期耕作条件下，表层有机质含量为 10—15g/kg。由于本区地处滨海，土壤及地下水受海水浸渍影响，盐分含量较高，盐分化学类型以氯化物为主。

小于本区地域面积 3% 的土壤类型还有沼泽土等。

本区域中心区气候特征

本区域中心区气候特征值
Regional climate characteristics in central area of the region

气候带：暖温带亚湿润气候 Climate region: Warm temperate subhumid climate	
年平均气温 /℃ Annual average temperature /℃	12.2
年平均最高气温 /℃ Annual average maximum temperature /℃	17.8
年平均最低气温 /℃ Annual average minimum temperature /℃	7.5
年降水量 /mm Annual precipitation /mm	568
≥ 10℃的积温 /℃ Daily temperature accumulated in a year（≥ 10℃）/℃	4426
年日照时数 /h Annual sunshine /h	2550
年平均相对湿度 /% Annual average relative humidity /%	63
干燥度 Dryness	1.27

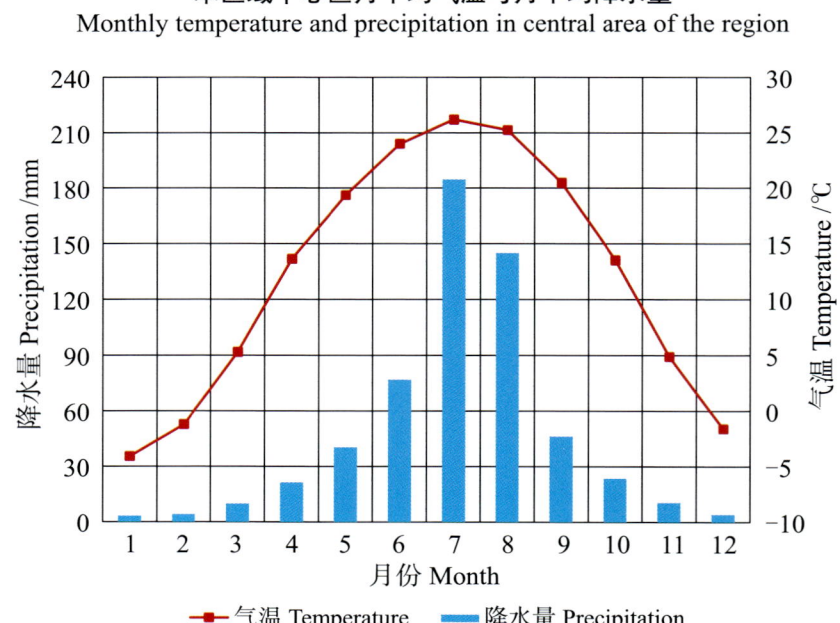

本区域中心区月平均气温与月平均降水量
Monthly temperature and precipitation in central area of the region

滨海新区主要土壤类型与土壤剖面点分布图
1:330 000

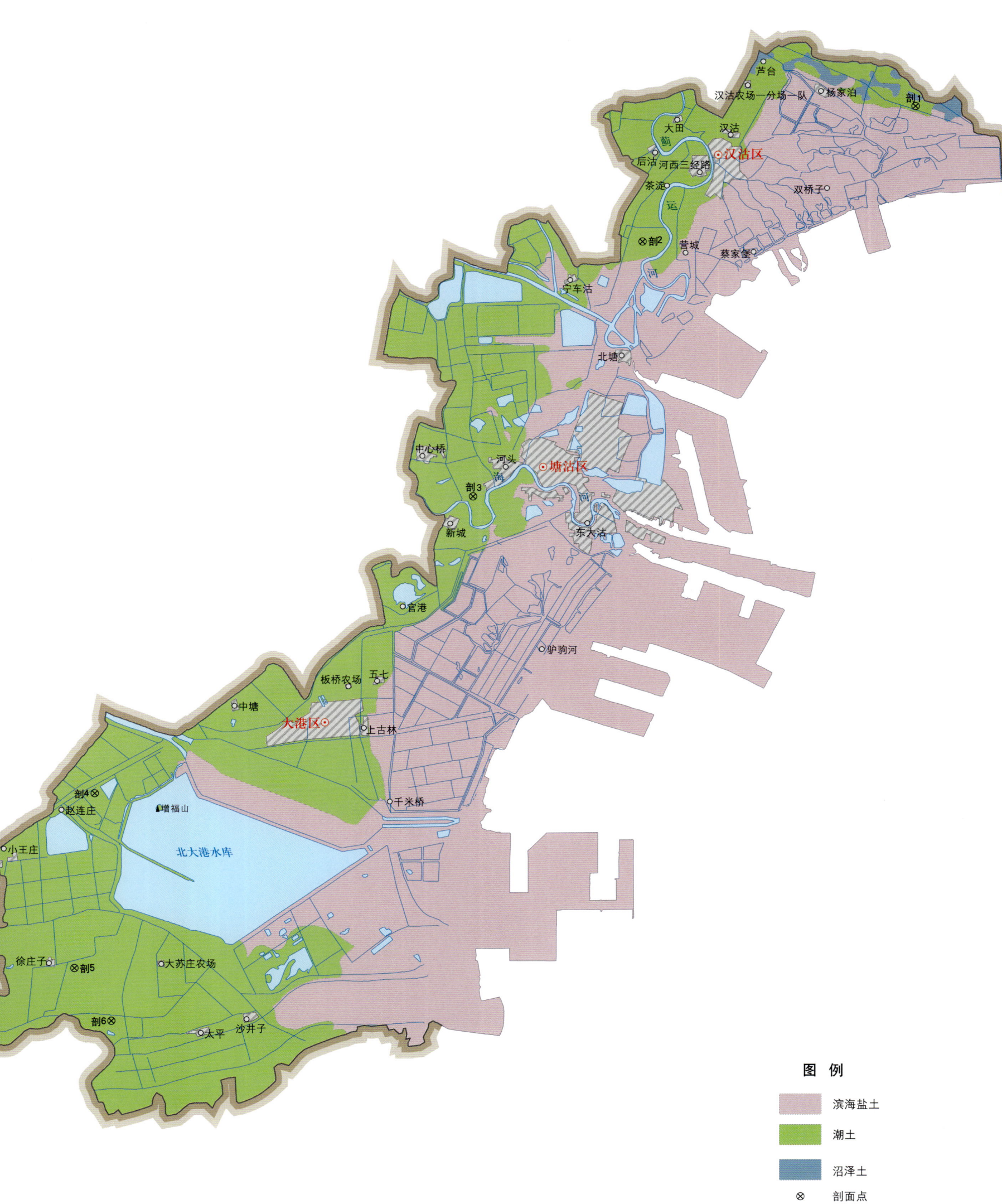

滨海新区土壤剖面理化性状表

剖面号 Soil profile	土纲 Soil order	土类 Soil great group	亚类 Soil subgroup	土属 Soil genus	土种 Soil species	土层码 Layer code	土层厚度 Depth/cm	颜色 Soil color	质地 Soil texture	土壤结构 Soil structure	pH	有机质 OM/(g/kg)	全氮 TN/(g/kg)	全磷 TP/(g/kg)	全钾 TK/(g/kg)	碱解氮 AN/(mg/kg)	有效磷 AP/(mg/kg)	速效钾 AK/(mg/kg)	阳离子交换量 CEC/(cmol/kg)	土壤母质 Parent material	剖面点坐标 Profile coordinate	匹配指数 Matching index/%
剖1	半水成土	潮土	盐化湿潮土	重碳酸盐氯化物盐化湿潮土		1	0—22	灰棕色	重壤土	块状	8.5	20.2	1.09	0.90	27.0	64			18.4	河流冲积物	E 117°58′47.9″ N 39°17′10.5″	99
						2	22—31	灰棕色	重壤土	块状	8.8	10.8	0.67	0.96	26.0	39			16.7			
						3	31—68	浅灰棕色	轻黏土	碎屑状	8.8	9.1	0.59	0.96	28.7	17			20.5			
剖2	半水成土	潮土	盐化湿潮土	硫酸盐氯化物盐化湿潮土		1	0—10	深灰棕色	重壤土	块状	8.5	17.5	0.94	0.84	24.4	43			14.4	河流冲积物	E 117°43′53.1″ N 39°11′20.6″	70
						2	10—23	棕色	重壤土	块状	8.7	22.2	0.92	0.88	25.4	53			17.5			
						3	23—45	浅棕色	轻黏土	碎屑状	8.8	12.8	0.66	0.97	27.2	25			21.3			
						4	45—70	浅灰棕色	轻黏土	碎屑状	8.8	9.1	0.50	0.77	27.9	13			21.1			
剖3	半水成土	潮土	盐化湿潮土	茉园性盐化湿潮土	黏质茉园性轻度盐化湿潮土	1	0—20	浅灰棕色	重壤土	屑粒状	8.1	17.2	1.00	0.70	20.4				20.1	河流冲积物	E 117°34′37.3″ N 39°00′16.0″	71
						2	20—50	浅红棕色		块状	8.1	9.9	0.70	0.60	20.7				19.5			
						3	50—100	浅灰棕色		屑粒状	8.2	7.9	0.50	0.60	18.1				18.6			
剖4	半水成土	潮土	盐化湿潮土	重碳酸盐氯化物盐化湿潮土		1	0—20	灰黄色	中壤土	块状	8.2	10.9	0.71	0.78	17.2	4	0.7	199	8.8	河流冲积物	E 117°14′05.0″ N 38°47′23.4″	87
						2	20—46	暗灰黄色	重壤土	块状	8.3	6.9	0.41	0.83	17.3	3	0.5	253	9.0			
						3	46—120	灰黄色	重黏土	块状	8.4	4.9	0.30	0.68	17.4	5	2.8	342	6.4			
剖5	半水成土	潮土	盐化潮土	氯化物盐化潮土	黏质氯化物轻度盐化潮土	1	0—16	灰黑色	重壤土	粒状	8.1	14.8	0.90	1.00	20.3					河流冲积物	E 117°12′58.2″ N 38°39′48.1″	74
						2	16—55	暗灰色	重壤土	粒状	8.2	13.8	0.80	1.00	21.1							
						3	55—135	暗灰色	黏土		8.3	10.9	0.60	1.40	20.3							
剖6	半水成土	潮土	盐化潮土	重碳酸盐氯化物盐化潮土		1	0—18	黄棕色	轻壤土	碎屑状	8.0	6.4	0.41	0.66	15.7	47	0.1	38	6.5	河流冲积物	E 117°14′57.4″ N 38°37′31.6″	93
						2	18—63	浅棕色	中壤土	块状	8.2	5.5	0.39	0.65	18.5	23	0.2	48	11.3			
						3	63—100	黄棕色	砂壤土	碎屑状	8.0	3.3	0.18	0.54	17.6	21	0.3	81	7.2			
						4	100—140	红棕色	重壤土	块状	8.0	6.8	0.49	0.63	19.4	39	0.3	81	11.4			

宁 河 区

主要土类说明

潮土是宁河区主要土壤类型，占本区地域面积的86%。本区潮土是一种非地带性土壤，直接发育在河流冲积母质上，在地下水直接作用下形成的半水成土，地下水埋深为1—1.5m，随干湿季节而升降，地下水沿毛管上升可达地表而使土壤发潮，故名潮土。土壤多呈灰棕色。一般通体石灰反应强烈。心土常见锈色斑纹，有的形成锥形砂姜和铁锰结核，底土有的有潜育现象。根据土壤剖面的形态、土壤的盐渍化情况，本区潮土分为潮土、盐化潮土、湿潮土及盐化湿潮土等亚类。

沼泽土是宁河区第二大土壤类型，占本区地域面积的11%。沼泽土所处地势低洼，长期地表积水，喜湿植被生长。该土壤有机质累积及还原作用强烈，具有潜育层。土体的泥炭层或腐泥层厚度小于50cm，剖面构型为泥炭状有机质层 – 潜育层。

本区域中心区气候特征

本区域中心区气候特征值
Regional climate characteristics in central area of the region

气候带：暖温带亚湿润气候 Climate region: Warm temperate subhumid climate	
年平均气温 /℃ Annual average temperature /℃	11.9
年平均最高气温 /℃ Annual average maximum temperature /℃	17.5
年平均最低气温 /℃ Annual average minimum temperature /℃	7.1
年降水量 /mm Annual precipitation /mm	570
≥10℃的积温 /℃ Daily temperature accumulated in a year（≥10℃）/℃	4287
年日照时数 /h Annual sunshine /h	2569
年平均相对湿度 /% Annual average relative humidity /%	63
干燥度 Dryness	1.23

本区域中心区月平均气温与月平均降水量
Monthly temperature and precipitation in central area of the region

宁河县主要土壤类型与土壤剖面点分布图
1∶220 000

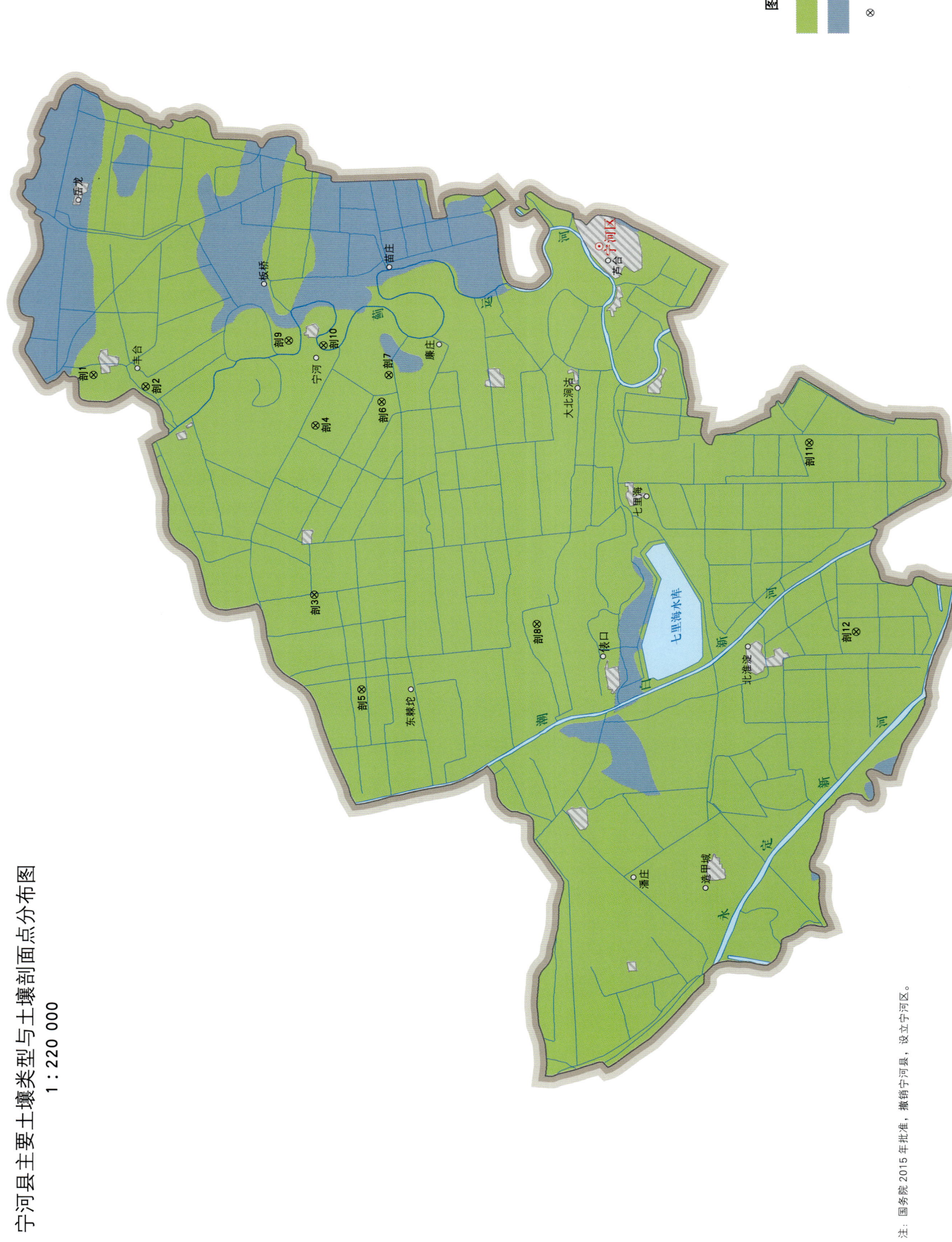

注：国务院 2015 年批准，撤销宁河县，设立宁河区。

宁河区土壤剖面理化性状表

剖面号 Soil profile	土纲 Soil order	土类 Soil great group	亚类 Soil subgroup	土属 Soil genus	土种 Soil species	土层码 Layer code	土层厚度 Depth/cm	颜色 Soil color	质地 Soil texture	土壤结构 Soil structure	pH	有机质 OM/(g/kg)	全氮 TN/(g/kg)	全磷 TP/(g/kg)	全钾 TK/(g/kg)	阳离子交换量CEC/(cmol/kg)	土壤母质 Parent material	剖面点坐标 Profile coordinate	匹配指数 Matching index/%
剖1	半水成土	潮土	潮土	冲积潮土	重壤质潮土	1	0~25	暗棕色	重壤土	碎块状	8.2	15.4	0.82	0.19	20.1		河流冲积物	E 117°44′34.2″ N 39°33′58.1″	78
						2	25~45	黑灰色	重壤土	团块状	8.2	17.4	0.62	0.24	17.3				
						3	45~70	棕灰色	中壤土	小块状	8.2	12.2	0.52	0.26	21.7				
剖2	半水成土	潮土	潮土	壤质潮土	浅位中层夹砂中壤质潮土	1	0~22	灰棕色	中壤土	屑粒状	8.2	10.4	0.50	0.20	18.3	11.7	河流冲积物	E 117°44′07.4″ N 39°32′30.8″	96
						2	22~75	暗棕色	砂土	片状	8.2	4.8	0.30	0.10	19.2				
						3	75~100	黄色	砂土	单粒状	8.1	6.1	0.30	0.20	26.5				
剖3	半水成土	潮土	盐化湿潮土	硫酸盐氯化物盐化湿潮土	黏质硫酸氯化物中度盐化湿潮土	1	0~20	棕色	重壤土	块状	8.3	9.8	0.60	0.20	13.8	23.2	河流冲积物	E 117°36′21.1″ N 39°27′51.3″	75
						2	20~48	浅黑色	重壤土	块状	8.3	8.7	0.60	0.20	20.7				
						3	48~71	灰棕色	重壤土	棱块状	8.7	5.7	0.30	0.20	14.9				
						4	71~99	黄棕色	重壤土	块状	8.6	6.0	0.30	0.30	24.6				
剖4	半水成土	潮土	盐化湿潮土	氯化物盐化湿潮土	重壤质氯化物中度盐化湿潮土	1	0~5		重壤土		7.8	13.4	0.61	0.27	21.1		河流冲积物	E 117°42′38.2″ N 39°27′47.2″	71
						2	5~10	浅灰棕色	重壤土	棱块状	8.4	14.3	0.69	0.28	21.8	21.9			
						3	10~20	暗灰棕色	重壤土	棱块状	8.3	16.6	0.80	0.28	21.8				
						4	20~44	蓝灰棕色	重壤土	棱块状	8.1	15.3	0.71	0.28	22.3				
						5	44~90		重壤土		8.1	8.6	0.38	0.34	19.7				
						6	90~122		重壤土		8.2	8.2	0.22	0.28	20.3				
剖5	半水成土	潮土	盐化湿潮土	苏打氯化物盐化湿潮土	黏质苏打氯化物中度盐化湿潮土	1	0~27	暗棕色	重壤土	屑粒状	8.4	13.0	0.80	0.30	25.1	25.8	河流冲积物	E 117°32′51.2″ N 39°26′33.0″	85
						2	27~40	灰棕色	重壤土	碎块状	8.3	11.5	0.70	0.20	24.9				
						3	40~90	黄棕色	黏土	块状	8.6	8.4	0.60	0.30	22.2				
剖6	半水成土	潮土	湿潮土	脱沼泽潮土	重壤质脱沼泽潮土	1	0~30		重壤土		8.4	17.8	0.97				河流冲积物	E 117°43′29.4″ N 39°25′56.1″	96
						2	30~50	灰黑色	重壤土	碎屑状	8.7	10.6	0.48	0.17	20.5	2.6			
						3	50~70	灰黑色	重壤土	碎粒状	8.4	9.1	0.46	0.17	24.0				
剖7	半水成土	潮土	湿潮土	湿潮土	黏质潮湿土	1	0~30		黏土		8.3	11.2	0.61	0.19	24.2	20.3	河流冲积物	E 117°44′28.2″ N 39°25′43.5″	71
						2	30~58	暗棕色	黏土	团粒状	8.4	8.7	0.38	0.40	26.1	16.3			
						3	58~120	黑灰色	中壤土	团块状	8.2	6.0	0.29	0.60	26.1	33.8			
剖8	半水成土	潮土	盐化湿潮土	氯化物苏打盐化湿潮土	壤质氯化物苏打轻度盐化湿潮土	1	0~10	灰棕色	重壤土	块状	8.3	10.6	0.80	0.50	24.7	17.5	河流冲积物	E 117°35′13.2″ N 39°21′39.1″	73
						2	10~29	灰褐色	重壤土	块状	8.3	9.7	0.70	0.70	26.0	16.2			
						3	29~68	灰褐色	重壤土	块状	8.4	8.6	0.50	0.60	25.1				
						4	68~87	棕褐色	重壤土	块状	8.4	4.7	0.30	0.30	18.3				
						5	87~109	蓝灰色	轻壤土	块状	8.5	3.8	0.30	0.16	19.2				
剖9	半水成土	潮土	潮土	冲积潮土	中壤浅位厚层夹砂壤潮土	1	0~22	暗棕色	中壤土	碎屑状	8.2	10.4	0.46	0.08	26.5	21.1	河流冲积物	E 117°45′46.1″ N 39°28′30.4″	72
						2	22~75	棕黄色	砂壤土	无明显结构	8.2	4.8	0.14	0.16	28.7				
						3	75~100	浅黄色	砂土	块状	8.1	6.1	0.28	0.26	25.8				
剖10	半水成土	潮土	湿潮土	夹腐殖质湿潮土	黏质浅位层夹腐殖质湿潮土	1	0~15	黑灰色	黏土	团块状	8.2	26.0	1.30	0.18	24.1	21.7	河流冲积物	E 117°45′35.0″ N 39°27′32.7″	76
						2	15~30	黑灰色	重壤土	团块状	8.1	15.3	0.82	0.33	22.3				
						3	30~100	灰灰色	重壤土	碎屑状	8.4	10.4	0.49	0.31	19.7				
剖11	半水成土	潮土	盐化湿潮土	重碳酸盐氯化物盐化湿潮土	重碳酸盐氯化物盐化湿潮土	1	0~5	灰棕色	重壤土	块状	8.2	14.3	0.87	0.23	24.1	17.8	河流冲积物	E 117°41′51.2″ N 39°14′00.8″	97
						2	5~10	暗灰棕色	重壤土		8.6	13.9	0.77	0.28	20.7	21.7			
						3	10~20				8.3	12.1	0.69	0.25	23.5	18.5			
						4	20~60				8.4	6.8	0.30	0.30					
						5	60~100												

续表 Continued

剖面号 Soil profile	土纲 Soil order	土类 Soil great group	亚类 Soil subgroup	土属 Soil genus	土种 Soil species	土层码 Layer code	土层厚度 Depth/cm	颜色 Soil color	质地 Soil texture	土壤结构 Soil structure	pH	有机质 OM/(g/kg)	全氮 TN/(g/kg)	全磷 TP/(g/kg)	全钾 TK/(g/kg)	阳离子交换量CEC/(cmol/kg)	土壤母质 Parent material	剖面点坐标 Profile coordinate	匹配指数 Matching index/%
剖12	半水成土	潮土	盐化湿潮土	重碳酸盐氯化物盐化脱沼泽潮土		1	0—5	浅灰色	重壤土	碎屑状	8.1	17.0	1.02	0.27	24.7		河流冲积物	E 117°34′52.2″ N 39°12′44.8″	87
						2	5—10	黑色	重壤土	块状	8.5	15.1	1.01	0.24	21.4				
						3	10—20				8.6	14.4	0.87	0.28	20.7				
						4	20—58				8.6	25.9	1.27	0.23	21.8				
						5	58—70				8.6	8.5	0.57	0.42	22.7				

静 海 区

主要土类说明

潮土是静海区主要土壤类型，占本区地域面积的93%。本区潮土均发育于河流冲积母质上，在地下水位的直接作用下形成的半水成土，地下水埋深在1—1.5m，随干湿季节而升降，地下水沿毛管上升可达地表而使土壤发潮，故名潮土。土壤颜色发暗，多呈灰棕色，石灰反应强烈，剖面中沉积层层次分明，由于干湿交替氧化还原作用频繁，心土层常有锈色斑纹，底土层有的有潜育现象。在靠近地面水源或地下水过高处往往伴有次生盐化威胁。

本区域中心区气候特征

本区域中心区气候特征值
Regional climate characteristics in central area of the region

气候带：暖温带亚湿润气候 Climate region: Warm temperate subhumid climate	
年平均气温 /℃ Annual average temperature /℃	12.8
年平均最高气温 /℃ Annual average maximum temperature /℃	18.3
年平均最低气温 /℃ Annual average minimum temperature /℃	8.3
年降水量 /mm Annual precipitation /mm	560
≥10℃的积温 /℃ Daily temperature accumulated in a year (≥10℃) /℃	4657
年日照时数 /h Annual sunshine /h	2572
年平均相对湿度 /% Annual average relative humidity /%	61
干燥度 Dryness	1.39

本区域中心区月平均气温与月平均降水量
Monthly temperature and precipitation in central area of the region

静海县主要土壤类型与土壤剖面点分布图
1∶210 000

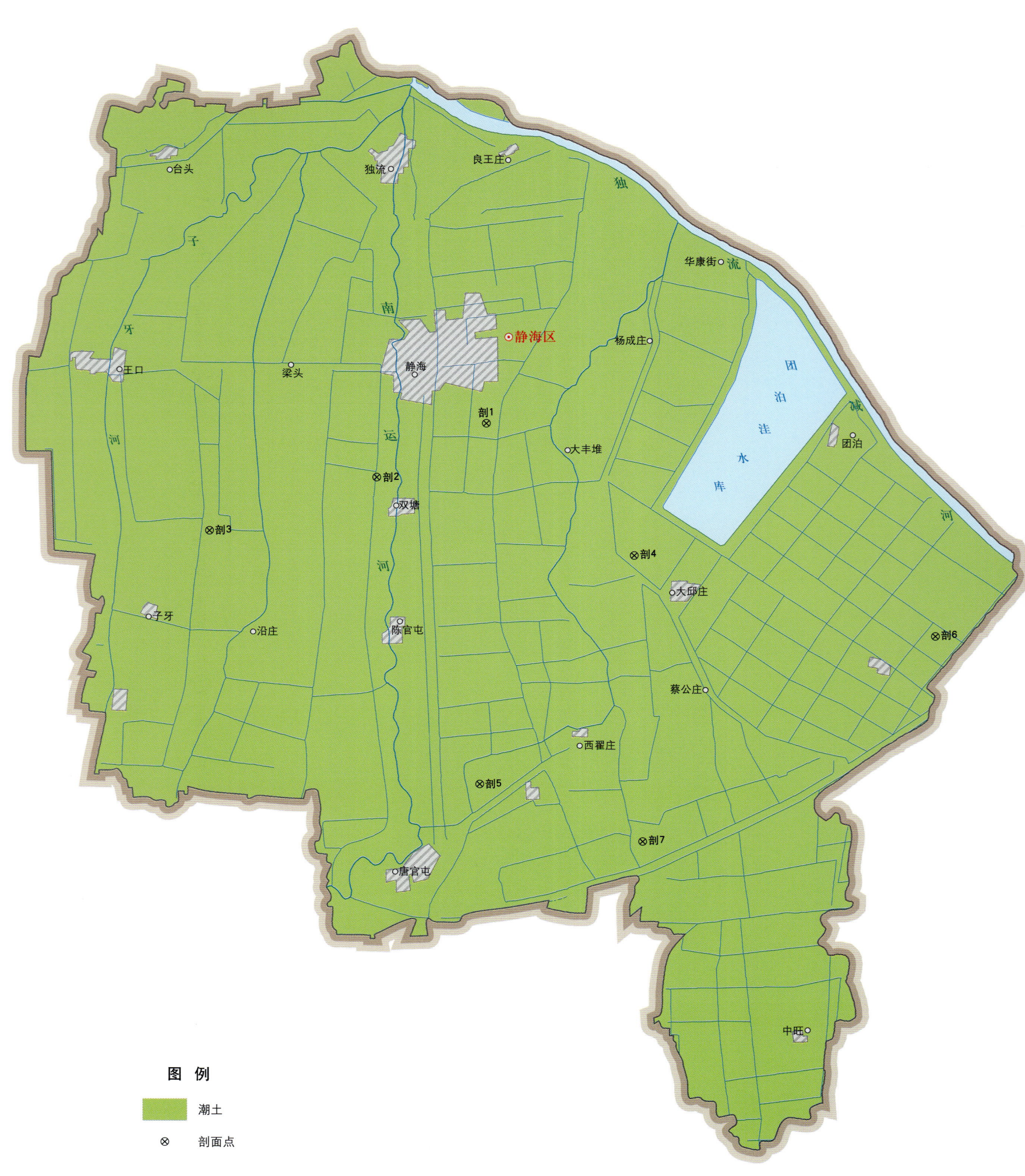

注：国务院 2015 年批准，撤销静海县，设立静海区。

静海区土壤剖面理化性状表

剖面号 Soil profile	土纲 Soil order	土类 Soil great group	亚类 Soil subgroup	土属 Soil genus	土种 Soil species	土层码 Layer code	土层厚度 Depth/cm	颜色 Soil color	质地 Soil texture	土壤结构 Soil structure	pH	有机质 OM/(g/kg)	全氮 TN/(g/kg)	全磷 TP/(g/kg)	全钾 TK/(g/kg)	碱解氮 AN/(mg/kg)	有效磷 AP/(mg/kg)	速效钾 AK/(mg/kg)	阳离子交换量CEC/(cmol/kg)	土壤母质 Parent material	剖面点坐标 Profile coordinate	匹配指数 Matching index/%
剖1	半水成土	潮土	潮土	壤质潮土		1	0—25	浅褐色	轻壤土	块状	8.5	12.3	0.51			56	2.3	89	17.2	河流冲积物	E 116°57′16.9″ N 38°54′27.8″	95
						2	25—45	红褐色	轻壤土	块状	8.6	8.6	0.36						22.1			
						3	45—70	浅灰色	中壤土	块状	8.6	13.5	0.49						27.5			
						4	70—135	棕色	重壤土	块状	8.5	9.6	0.39						31.5			
						5	135—150	黑色	重壤土	块状	8.5	19.1	0.59						32.7			
剖2	半水成土	潮土	盐化潮土	氯化物盐化潮土		1	0—20	灰褐色	砂壤土	屑状										河流冲积物	E 116°53′39.9″ N 38°53′02.7″	96
						2	20—60		砂土	单粒状												
剖3	半水成土	潮土	潮土	夹黏潮土		1	0—21	褐黄色	中壤土	团粒状	8.2	18.0	0.89			18	5.1	141	18.9	河流冲积物	E 116°48′09.3″ N 38°51′37.7″	73
						2	21—45	褐黄色	中壤土	片状	8.4	15.5	0.44						17.6			
						3	45—69	褐灰色	黏土	块状	8.1	14.6	0.69						25.1			
						4	69—94	黄灰色	中壤土	团粒状	8.1	21.5	0.54						25.6			
						5	94—150	灰棕色	黏土	块状	8.1	17.7	0.73						24.9			
剖4	半水成土	潮土	盐化潮土	硫酸盐氯化物盐化潮土	黏质氯化物中度盐化湿潮土	1	0—2				7.8									河流冲积物	E 117°02′09.5″ N 38°50′56.8″	73
						2	2—5			无明显结构	8.2											
						3	5—10			无明显结构	8.2											
						4	10—20			无明显结构	8.4											
剖5	半水成土	潮土	潮土	砂质潮土		1	0—26	浅灰色	砂土	无明显结构	8.4	5.7	0.17						5.6	河流冲积物	E 116°57′04.1″ N 38°44′53.5″	84
						2	26—60	浅灰色	砂壤土	块状	8.4	8.1	0.25						9.8			
						3	60—77	浅栗色	重壤土	无明显结构	8.4	14.6	0.63						27.9			
						4	77—113	栗色	砂土	块状	8.6	7.2	0.11						7.4			
						5	113—135	褐色	重壤土	团粒状	8.3	15.8	0.52						24.7			
						6	135—150	褐色	重壤土	块状	8.2	19.0	0.52						29.6			
剖6	半水成土	潮土	盐化湿潮土	氯化物盐化湿潮土		1	0—13	浅灰棕色	重壤土	块状	8.2	13.7	0.90	0.70	24.1				17.1	河流冲积物	E 117°12′05.2″ N 38°48′47.2″	100
						2	13—34	灰棕色	砂壤土	棱块状	8.4	11.2	0.60	0.60	26.8				29.8			
						3	34—60	黄棕色	砂壤土	块状	8.6	6.5	0.40	0.70	23.7				9.4			
						4	60—124	黄棕色	砂壤土	块状	8.7	6.5	0.40	0.60	19.5				9.0			
剖7	半水成土	潮土	潮土	夹砂潮土		1	0—30	黄褐色	轻壤土	团粒状	8.3	14.7	0.62			33	3.8	123		河流冲积物	E 117°02′25.8″ N 38°43′21.4″	83
						2	30—56	红棕色	轻壤土	团粒状	8.3	15.0	0.41									
						3	56—70	棕红色	砂壤土	片状	8.4	16.5	0.46									
						4	70—130	黄色	砂土	粒状	8.5	2.5	0.40									
						5	130—150	黄棕色	轻壤土	粒状	8.5	7.5	0.22									

蓟 州 区

主要土类说明

　　褐土是蓟州区主要土壤类型，占本区地域面积的 56%，分布在本区海拔 10—750m 的山地、丘陵、平原。通体多为褐色，发育层次明显，一般由耕作层和淀积黏化层两个基本层组成，心土质地比较黏重。由于淋溶程度不同，有的有石灰反应，有的无石灰反应。土壤多为中性或微碱性。

　　潮土是蓟州区第二大土壤类型，占本区地域面积的 38%，分布在本区海拔 10m 以下的下仓、杨津庄、下窝头、东施古、侯家营等地及上仓、尤古庄、桑梓等地的南部地区。本区潮土是发育在河流冲积物上，受地下水活动影响，经过耕地熟化而形成的非地带性土壤，由于年内降水分配不均，干湿交替，地下水深度发生季节性变化，使土壤剖面中氧化还原作用交替进行，因而影响了土壤物质的转化、溶解、移动和沉淀，并在剖面中形成锈斑、细小的铁锰结核及石灰结核。一般表土层呈浅棕色或灰棕色，疏松多孔，粒状或碎块状结构，通透性较好。心土层呈棕色或浅棕色，稍紧、层次不够明显，多呈块状结构，有根孔、锈色斑纹。底土层多是黄棕色，紧实，孔隙少，块状结构，有大量的锈色斑纹，也可见铁锰结核。

　　小于本区地域面积 3% 的土壤类型还有棕壤、水稻土等。

本区域中心区气候特征

本区域中心区气候特征值
Regional climate characteristics in central area of the region

气候带：暖温带亚湿润气候 Climate region: Warm temperate subhumid climate	
年平均气温 /℃ Annual average temperature /℃	11.0
年平均最高气温 /℃ Annual average maximum temperature /℃	16.9
年平均最低气温 /℃ Annual average minimum temperature /℃	5.7
年降水量 /mm Annual precipitation /mm	549
≥10℃的积温 /℃ Daily temperature accumulated in a year（≥10℃）/℃	3969
年日照时数 /h Annual sunshine /h	2678
年平均相对湿度 /% Annual average relative humidity /%	59
干燥度 Dryness	1.18

本区域中心区月平均气温与月平均降水量
Monthly temperature and precipitation in central area of the region

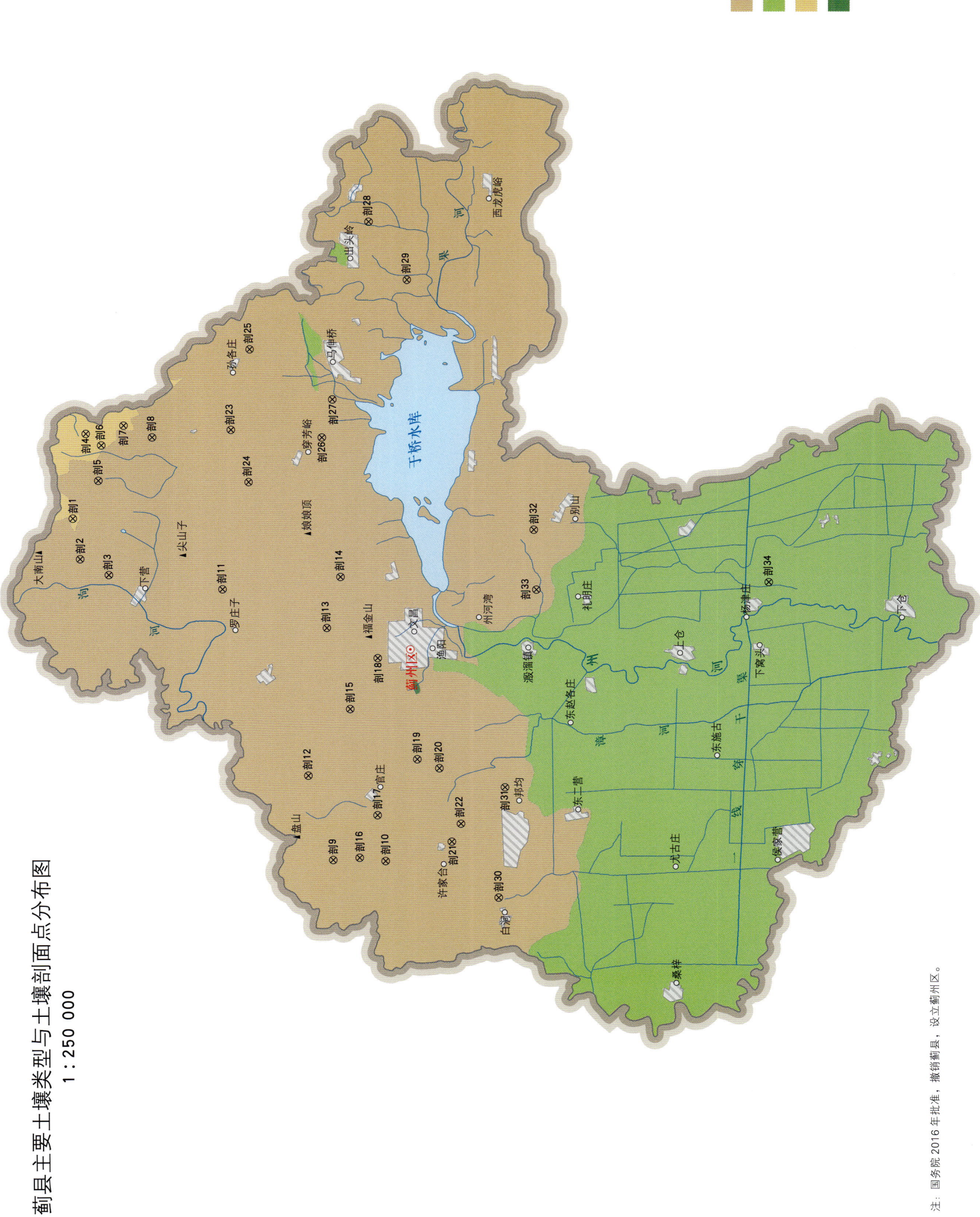

蓟州区土壤剖面理化性状表

剖面号 Soil profile	土纲 Soil order	土类 Soil great group	亚类 Soil subgroup	土属 Soil genus	土种 Soil species	土层码 Layer code	土层厚度 Depth/cm	颜色 Soil color	质地 Soil texture	土壤结构 Soil structure	pH	有机质 OM/(g/kg)	全氮 TN/(g/kg)	全磷 TP/(g/kg)	全钾 TK/(g/kg)	有效磷 AP/(mg/kg)	速效钾 AK/(mg/kg)	阳离子交换量 CEC/(cmol/kg)	土壤母质 Parent material	剖面点坐标 Profile coordinate	匹配指数 Matching index/%
剖1	淋溶土	棕壤	山地棕壤	砂页岩类山地棕壤		1	0—5	暗棕色	重壤土	团粒状	6.6	139.3	6.19	0.63	13.9	2.4	251		砂页岩类	E 117°29′20.4″ N 40°13′11.9″	77
						2	5—10	暗棕色	重壤土	团粒状	5.9	83.6	5.30	0.66	19.0						
						3	10—15	暗棕色	重壤土	团粒状	6.1	75.4	3.43	0.72	17.6						
剖2	半淋溶土	褐土	粗骨性褐土	砂岩类粗骨性褐土		1	0—15	褐色	砂壤土	块状	6.9	45.9	2.20	0.70	3.1				砂岩类	E 117°27′39.6″ N 40°12′58.7″	80
						2	15—	灰褐色	砂壤土	粒状	7.8	7.2	0.37	1.60	31.3						
剖3	半淋溶土	褐土	褐性土	洪积物褐性土		1	0—20	灰褐色	轻壤土	粒状	8.0	9.9	0.60	0.70	18.8			16.2	洪积物、冲积物	E 117°26′59.4″ N 40°12′04.8″	82
						2	20—60				7.8	7.2	0.37	0.50	17.7			18.9			
剖4	淋溶土	棕壤	山地棕壤	砂岩类山地棕壤		AoA	0—10	暗黑色	轻壤土		6.0	114.1	4.70	0.70	20.1			20.2	砂岩类	E 117°32′52.5″ N 40°12′46.7″	70
						AB	10—20	暗棕色	轻壤土		5.9	90.1	3.90	0.70	17.4			16.1			
						B	20—57	棕色	轻壤土		6.4	46.7	2.40	0.80	15.7			17.4			
						C	57—			含砾石状											
剖5	半淋溶土	褐土	淋溶褐土	砂岩类淋溶褐土		1	0—10	暗赤褐色	中壤土	团粒状	7.5	26.2	1.40	0.50	12.9			14.1	砂岩类	E 117°30′54.4″ N 40°12′23.5″	88
						2	10—30	暗赤褐色	中壤土	块状	7.3	19.4	1.00	0.40	13.9			18.1			
剖6	淋溶土	棕壤	山地棕壤	砂岩类山地棕壤	薄层砂岩山地棕壤	1	0—5	棕褐色	轻壤土	团粒状	6.4	124.1	5.10	0.73	20.1	3.1	293		砂页岩类	E 117°32′23.2″ N 40°12′17.5″	74
						2	5—10	棕褐色		团块状	6.0	100.1	4.30	0.70	17.4						
						3	10—15	棕褐色	中壤土	团粒状	5.9	9.0	0.39	0.78	15.2						
剖7	淋溶土	棕壤	山地棕壤	砂岩类山地棕壤		1	0—10	暗棕褐色	中壤土	团粒状	5.9	55.0	2.70	0.90	16.2			19.9	砂岩类	E 117°33′12.5″ N 40°11′35.7″	96
						2	10—20	鲜红棕色	中壤土	屑粒状	5.7	32.0	1.60	0.60	14.4			16.1			
剖8	半淋溶土	褐土	粗骨性褐土			1	0—15	褐色	砂壤土	块状	6.9	45.9	2.17	0.71	26.0	6.4	134		砂页岩、石灰岩类	E 117°32′42.3″ N 40°10′42.7″	92
剖9	半淋溶土	褐土	淋溶褐土	酸性岩类淋溶褐土		1	0—22	暗褐色	砂壤土	块状	7.1	28.4	1.38	0.67	17.6	0.9	51		花岗岩残积物	E 117°14′59.7″ N 40°05′08.0″	95
						2	22—37	褐色	砂壤土	块状	7.3	14.8	0.74	0.28	21.2						
						3	37—60	黄褐色	砂壤土	粒状	7.5	9.9	0.49	0.16	11.0						
剖10	半淋溶土	褐土	粗骨性褐土	酸性岩类粗骨性褐土		1	0—20	褐色	砂壤土	块状	7.1	46.3	1.85	0.61	18.7	2.2	76		花岗岩残积物	E 117°14′56.0″ N 40°03′30.4″	77
						2	20—50	黄褐色	砂壤土	粒状	7.0	14.8	0.70	0.59	19.5						
						3	50—90	黄白色	砂壤土	粒状	7.0	10.5	0.37	0.63	16.1						
剖11	半淋溶土	褐土	石灰性褐土	砂页岩石灰性褐土		1	0—45	棕褐色	重壤土	块状	7.8	14.4	0.84	0.35	11.9	1.4	206		砂页岩、石灰岩类	E 117°26′22.0″ N 40°08′33.0″	81
						2	45—85	黄棕色	重壤土	块状	8.1	8.1	0.50	0.42	12.8						
						3	85—	黄棕色	重壤土	块状	8.2	6.3	0.36	0.35	11.1						
剖12	半淋溶土	褐土	淋溶褐土	酸性岩类淋溶褐土		1	0—19	灰褐色	轻壤土	块状	7.7	36.8	1.92	0.67	21.7	5.6	107		花岗岩坡积物	E 117°18′32.4″ N 40°05′53.9″	73
						2	19—36	暗褐色	轻壤土	屑状	7.9	36.3	1.77	0.59	19.6						
剖13	半淋溶土	褐土	石灰性褐土	洪积物石灰性褐土		1	0—21	灰褐色	轻壤土	块状	8.2	18.5	0.84	0.40	13.7				洪积物、冲积物	E 117°24′42.7″ N 40°05′17.7″	72
						2	21—40	褐色	轻壤土	块状	8.2	16.9	0.87	0.20	17.6						
						3	40—55	暗褐色	轻壤土	块状	8.1	12.8	0.65	0.10	10.2						
						4	55—80	暗褐色	轻壤土	块状	7.9	7.8	0.42	0.10	8.0						
剖14	半淋溶土	褐土	淋溶褐土	石灰性岩类淋溶褐土		1	0—17	灰棕色	中壤土	屑粒状	8.0	57.7	2.90	1.00	17.4	3.4	112	29.2	石灰性岩类	E 117°26′50.8″ N 40°04′51.5″	70
						2	17—50	棕色	中壤土	屑粒状	8.2	33.7	1.60	0.50	10.4			21.5			
						3	50—														
剖15	半淋溶土	褐土	粗骨性褐土	砂页岩石灰岩类粗骨性褐土		1	0—18	暗褐色	中壤土	块状	8.2	41.6	2.19	0.70	16.8				砂页岩、石灰岩类	E 117°21′18.7″ N 40°04′34.7″	92
						2	18—32	褐色	中壤土	块状	8.0	21.5	0.99	0.05	17.1						
						3	32—60	黄褐色	中壤土	块状	8.0	9.1	0.54	0.50	12.2						

续表 Continued

剖面号 Soil profile	土纲 Soil order	土类 Soil great group	亚类 Soil subgroup	土属 Soil genus	土种 Soil species	土层码 Layer code	土层厚度 Depth/cm	颜色 Soil color	质地 Soil texture	土壤结构 Soil structure	pH	有机质 OM/(g/kg)	全氮 TN/(g/kg)	全磷 TP/(g/kg)	全钾 TK/(g/kg)	有效磷 AP/(mg/kg)	速效钾 AK/(mg/kg)	阳离子交换量CEC/(cmol/kg)	土壤母质 Parent material	剖面点坐标 Profile coordinate	匹配指数 Matching index/%
剖16	半淋溶土	褐土	淋溶褐土	酸性岩类淋溶褐土		1	0—11	浅棕色	砂砾土	单粒状	6.6	41.7	1.60	1.00	20.7			16.2	酸性岩类	E 117°15′04.9″ N 40°04′18.6″	72
						2	11—27	黄色	砂砾土		6.2	18.4	0.90	0.70	11.4			9.0			
						3	27—37	黄色	砂砾土		6.9	15.2	0.70	0.50	8.0			11.1			
						4	37—45	褐黄色	轻壤土	块状	6.5	16.5	0.80	0.70	20.2			9.8			
剖17	半淋溶土	褐土	褐土性	洪冲积褐土性土		1	0—21	灰褐色	中壤土	块状	7.3	12.3	0.57	0.57	17.8				洪积物、冲积物	E 117°16′51.7″ N 40°03′44.9″	86
						2	21—33	浅褐色	中壤土	块状	7.6	10.8	0.47	0.56	19.8		112				
						3	33—64	浅褐色	中壤土	块状	7.6	3.6	0.19	0.50	20.7						
						4	64—74	浅褐色	中壤土	块状	8.2	2.8	0.18	0.53	22.6						
						5	74—170	浅褐色	松砂土	粒状	8.3			0.52	24.1						
剖18	半淋溶土	褐土	石灰性褐土	洪冲积石灰性褐土		Ap	0—25	黄褐色	中壤土	块状	8.5	17.2	0.91	0.67	19.9	10.1	117		洪积物、冲积物	E 117°23′26.4″ N 40°03′43.1″	83
						B₁	25—44	黄棕色	轻壤土	块状	8.5	13.4	0.77	0.62	22.2						
						B₂	44—85	褐色	轻壤土	块状	8.4	24.8	1.27	0.65	23.8						
						C	85—150	灰白色	轻壤土	块状	8.4	16.7	0.98	0.59	17.5						
剖19	半淋溶土	褐土	褐土性	洪冲积褐土性土		1	0—20	浅褐色	轻壤土	块状	7.9	16.8	0.64	0.57	19.4	8.0	92		洪积物、冲积物	E 117°19′11.3″ N 40°02′29.5″	78
						2	20—53	红色	轻壤土	粒状	7.4	7.5	0.33	0.60	19.0						
						3	53—100	红褐色	松砂土	屑状	7.8	1.6	0.04	0.60	18.3						
剖20	半淋溶土	褐土	淋溶褐土	洪冲积淋溶褐土	轻壤质洪冲积潮褐土	1	0—20	褐色	轻壤土	块状	7.7	10.0	0.60	0.40	20.7				洪积物、冲积物	E 117°18′48.6″ N 40°01′48.3″	98
						2	20—30	黄色	轻壤土	屑状	7.6	9.1	0.30	0.60	16.5						
						3	30—90	黄色	轻壤土	粒状	7.7	3.8	0.30	0.60	20.7						
						4	90—150	褐色	粗砂土	粗砂粒状	8.1	2.8	0.30	0.40	19.3						
剖21	半淋溶土	褐土	潮褐土	洪冲积潮褐土		1	0—20	灰褐色	轻壤土	单粒状	8.0	9.8	0.60	0.60	19.9				洪积物、冲积物	E 117°15′44.5″ N 40°01′25.8″	88
						2	20—30	灰褐色	轻壤土	屑状	7.8	8.7	0.40	0.60	20.3						
						3	30—90	褐色	轻壤土	块状	8.0	5.6	0.40	0.60	22.2						
						4	90—110	黄色	粗砂土	无明显结构	8.4	1.3	0.10	0.40	25.6						
剖22	半淋溶土	褐土	淋溶褐土	酸性岩类淋溶褐土		1	0—20	灰褐色	中壤土	粒状	7.3	12.7	0.60	0.60	11.6			9.8	酸性岩类	E 117°16′29.5″ N 40°01′08.6″	71
						2	20—30	灰褐色	轻壤土	块状	7.3	10.9	0.40	0.40	8.3			9.1			
						3	30—78	褐色	轻壤土	块状	7.1	9.5	0.70	0.50	10.8			8.2			
						4	78—120	黄色	粗砂土	单粒状	7.1	5.2	0.30	0.40	8.3			9.1			
剖23	半淋溶土	褐土	淋溶褐土	砂页岩石灰岩类淋溶褐土		1	0—20	灰色	中壤土	块状	5.8	35.2	1.74	0.49	20.3	1.3	76		石灰岩坡残积物	E 117°33′00.3″ N 40°08′15.2″	85
						2	20—35	黄褐色	中壤土	块状	7.0	26.7	1.25	0.61	24.6						
剖24	半淋溶土	褐土	淋溶褐土	洪冲积淋溶褐土		1	0—28	暗褐色	中壤土	块状	7.9	44.8	2.70	0.63	12.4	2.0	69		石灰岩残积物	E 117°30′48.7″ N 40°07′42.3″	96
						2	28—53	暗褐色	中壤土	块状	7.6	11.5	0.60	0.27	12.2						
						3	50—100	浅褐色	轻壤土	块状	7.0	15.5	0.94	0.64	22.8						
剖25	半淋溶土	褐土	褐土性	洪冲积褐土性土		1	0—20	灰白色	中壤土	块状	8.0	10.2	0.57	0.58	22.1	2.1	76		洪积物、冲积物	E 117°36′22.5″ N 40°07′38.8″	81
						2	20—50	黄色	中壤土	块状	7.1	10.2	0.62	0.60	7.1						
						3	50—100	黄褐色	中壤土	块状	7.7	17.1	0.99	1.50	22.1			10.9			
剖26	半淋溶土	褐土	淋溶褐土	黄土质淋溶褐土		Ap	0—18	黄褐色	重壤土	块状	8.0	12.8	0.73	1.10	25.1			10.0	黄土	E 117°32′39.0″ N 40°05′24.9″	77
						B	18—65	黄褐色	重壤土	块状	8.1	9.1	0.57	0.80	33.2			9.5			
						C	65—150	褐红色	重壤土	块状	7.9	12.0	0.50	0.30	21.1			14.9			
剖27	半淋溶土	褐土	淋溶褐土	红土质淋溶褐土		1	0—25	红红色	黏土	块状	7.4	6.2	0.40	0.20	16.5			25.5	红土	E 117°34′14.7″ N 40°05′04.5″	71
						2	25—65	红色	黏土	块状	7.0	4.6	0.30	0.30	16.3			24.4			
						3	65—110											24.5			

续表 Continued

剖面号 Soil profile	土纲 Soil order	土类 Soil great group	亚类 Soil subgroup	土属 Soil genus	土种 Soil species	土层码 Layer code	土层厚度 Depth/ cm	颜色 Soil color	质地 Soil texture	土壤结构 Soil structure	pH	有机质 OM/ (g/kg)	全氮 TN/ (g/kg)	全磷 TP/ (g/kg)	全钾 TK/ (g/kg)	有效磷 AP/ (mg/kg)	速效钾 AK/ (mg/kg)	阳离子 交换量CEC/ (cmol/kg)	土壤母质 Parent material	剖面点坐标 Profile coordinate	匹配指数 Matching index/%
剖28	半淋溶土	褐土	潮褐土	洪冲积潮褐土	轻壤质洪冲积潮褐土	1	0—22	浅黄褐色	轻壤土	团块状	7.1	8.8	0.53	0.59	20.7	5.4	113		洪积物、冲积物	E 117°41′37.7″ N 40°03′54.3″	96
						2	22—44	浅褐色	轻壤土	块状	8.2	5.7	0.38	0.50	23.2						
						3	44—74	褐色	中壤土	块状	7.9	7.2	0.43	0.33	23.6						
						4	74—110	暗褐色	中壤土	块状	7.8	5.4	0.29	0.33	22.3						
						5	110—150	灰黄色	中壤土	块状	7.6	3.9	0.27	0.49	22.2						
剖29	半淋溶土	褐土	潮褐土	洪冲积潮褐土	中壤质洪冲积潮褐土	1	0—20	褐色	中壤土	团块状	8.2	10.2	0.65	0.55	21.2	5.2	128		洪积物、冲积物	E 117°39′12.1″ N 40°02′43.5″	89
						2	20—32	黄褐色	中壤土	块状	8.3	10.8	0.68	0.45	22.9						
						3	32—80	红褐色	中壤土	块状	8.2	12.5	0.62	0.56	20.5						
						4	80—150	棕褐色	重壤土	块状		1.6	0.21	0.63	21.4						
剖30	半淋溶土	褐土	石灰性褐土	洪冲积石灰性褐土		AP	0—25	黄褐色	中壤土	团块状	8.5	17.2	0.90	1.50	23.9				洪积物、冲积物	E 117°13′23.8″ N 39°59′58.8″	72
						B_1	25—45	褐色	轻壤土	块状	8.5	13.4	0.80	1.40	26.9						
						B_2	45—85				8.4	24.8	1.30	1.50	28.9						
						C	85—150				8.4	16.7	1.00	1.30	21.1						
剖31	半淋溶土	褐土	潮褐土	洪冲积潮褐土		1	0—20	褐色	中壤土	团块状									洪积物、冲积物	E 117°18′00.0″ N 39°59′45.8″	85
						2	20—26	黄褐色	中壤土	片状								17.7			
						3	26—80	红褐色	中壤土	块状								17.4			
						4	80—	棕褐色	重壤土	块状								18.6			
																		16.4			
																		16.5			
剖32	半淋溶土	褐土	淋溶褐土	黄土质褐溶褐土		1	0—17	灰褐色	中壤土	屑状	7.7	14.6	0.69	0.60	24.6				黄土	E 117°28′45.1″ N 39°58′49.2″	88
						2	17—27	灰褐色	中壤土	片状	7.8	12.8	0.61	0.60	19.0						
						3	27—45	褐色	中壤土	柱状	7.9	7.6	0.39	0.60	19.4						
						4	45—90	褐色	中壤土	柱状	7.9	6.6	0.35	0.40	20.3		247				
						5	90—160	棕褐色	中壤土	块状	7.8	3.7	0.26	0.40	21.2						
剖33	半淋溶土	褐土	潮褐土	菜园潮褐土	中壤质菜园褐土	1	0—25	黄棕色	中壤土	块状	8.1	14.5	0.81	0.72	16.6	4.6				E 117°26′15.7″ N 39°58′45.1″	82
						2	25—55	黄棕色	中壤土	块状	8.0	7.2	0.48	0.57	17.6						
						3	55—86	黄棕色	重壤土	块状	7.9	6.7	0.41	0.58	16.0						
						4	86—128	黄褐色	重壤土	块状	7.9	5.3	0.35	0.54	15.5						
						5	128—150	黄褐色	重壤土	块状	7.8	2.8	0.22	0.55	15.9						
剖34	半水成土	潮土	潮土	壤质潮土		1	0—23	浅黄褐色	轻壤土	块状	8.1	12.1	0.58	0.63	20.8	5.7	137		河流冲积物	E 117°26′30.3″ N 39°51′30.1″	85
						2	23—31	黄褐色	轻壤土	块状	8.0	9.5	0.50	0.59	18.3						
						3	31—78	暗褐色	重壤土	块状	8.1	16.3	0.62	0.67	21.6						
						4	78—88	褐色	中壤土	片状	8.2	11.3	0.70	0.65	20.1						
						5	88—98	浅黄褐色	砂壤土	棱块状	8.3	8.0	0.51	0.61	20.3						
						6	98—120	浅黄褐色	重壤土	棱块状	8.3	13.9	0.71	0.65	21.4						
						7	120—150	黄褐色	砂壤土	块状	8.3	4.2	0.22	0.56	22.2						

中国土壤剖面数据集·京津冀卷

第四编 | 河北省分县土壤图与土壤剖面数据

石家庄市

市辖区

主要土类说明

褐土是石家庄市主要土壤类型，占本市地域面积的36%。褐土是在暖温带半湿润区发育形成的具有黏化与钙质淋移淀积特征的土壤。该土壤盐基饱和，处于硅铝风化阶段，有明显的淀积黏化层，在其A–B–C剖面构型中，B层呈棕褐色。pH为7.0—7.5，盐基饱和度在80%以上；B层下部有假菌丝状钙积层。本市褐土分为石灰性褐土和潮褐土等亚类。

新积土是石家庄市第二大土壤类型，占本市地域面积的11%，主要分布在大沙河及滹沱河的河漫滩上，其中以滹沱河河漫滩分布最广。成土母质为河流沉积物。该土类为近期流水沉积而成，在汛期还可能被河水淹没。其土层深厚，质地多为砂土或砂壤土，有时为层状沉积，没有或很少有植物生长，无剖面发育特征，或仅有微弱发育特征。地下水位在2—3m，但因质地轻、降水渗漏迅速，故旱季土壤干燥。土体无结构，均呈分散的单粒状，通体有石灰反应。

水稻土是石家庄市第三大土壤类型，占本市地域面积的3%，主要分布在滹沱河河漫滩，是河流沉积物经长期耕种熟化而成的。地下水位在1m左右，年内水位变化幅度较大，由于氧化还原作用交替进行，土壤剖面发生明显差异。土色发暗，锈色斑纹、灰蓝色条纹（特别是雨季）特征明显。本市水稻土仅有一个潜育水稻土亚类。

小于本市地域面积3%的土壤类型还有潮土等。

本区域中心区气候特征

本区域中心区气候特征值
Regional climate characteristics in central area of the region

气候带：暖温带亚湿润气候 Climate region: Warm temperate subhumid climate	
年平均气温 /℃ Annual average temperature /℃	13.2
年平均最高气温 /℃ Annual average maximum temperature /℃	19.1
年平均最低气温 /℃ Annual average minimum temperature /℃	8.3
年降水量 /mm Annual precipitation /mm	515
≥10℃的积温 /℃ Daily temperature accumulated in a year（≥10℃）/℃	4739
年日照时数 /h Annual sunshine /h	2440
年平均相对湿度 /% Annual average relative humidity /%	62
干燥度 Dryness	1.53

石家庄市市辖区(部分)主要土壤类型与土壤剖面点分布图
1:180 000

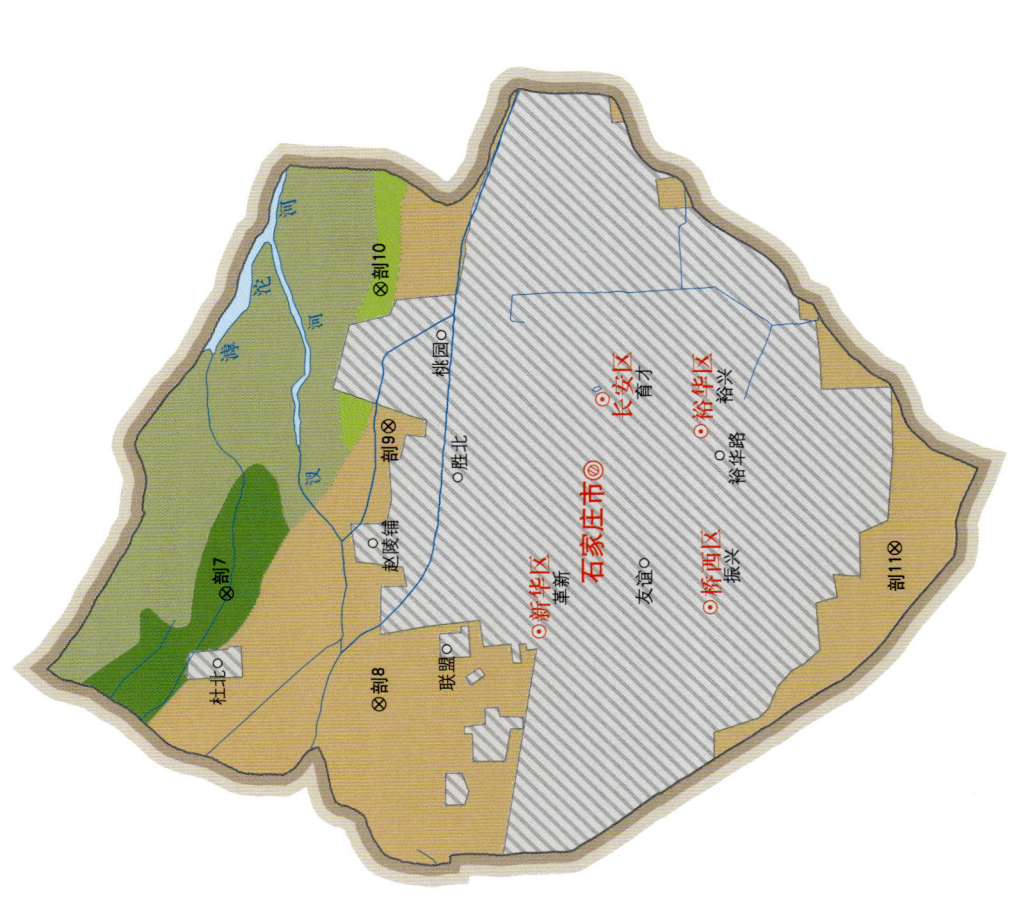

第四编 河北省分县土壤图与土壤剖面数据 | 123

石家庄市土壤剖面理化性状表

剖面号 Soil profile	土纲 Soil order	土类 Soil great group	亚类 Soil subgroup	土属 Soil genus	土种 Soil species	土层码 Layer code	土层厚度 Depth/ cm	颜色 Soil color	质地 Soil texture	土壤结构 Soil structure	pH	有机质 OM/ (g/kg)	全氮 TN/ (g/kg)	全磷 TP/ (g/kg)	土壤母质 Parent material	剖面点坐标 Profile coordinate	匹配指数 Matching index/%
剖1	半淋溶土	褐土	褐土性	粗骨性石渣土	薄层粗骨性褐土	1	0—1	暗栗色								E 113°59′47.4″ N 38°04′27.8″	89
						2	1—15	栗色									
						3	15—	灰白色									
剖2	半淋溶土	褐土	褐土性	粗骨性石渣土	厚层粗骨性褐土	1	0—17	浅თ棕色	轻壤土	屑粒状						E 114°04′37.9″ N 38°06′33.8″	85
						2	17—33	浅褐棕色	轻壤土	块状							
						3	33—100	棕色	轻壤土	团块状							
剖3	半淋溶土	褐土	石灰性褐土	次生黄土质壤质石灰性褐土	轻壤质底姜灰性褐土	1	0—20	浅褐棕色	轻壤土	屑粒状						E 114°00′48.6″ N 38°05′32.3″	100
						2	20—83	浅褐棕色	轻壤土	块状							
						3	83—128	浅褐棕色	轻壤土	块状							
						4	128—150	浅褐棕色	轻壤土	碎块状							
剖4	半淋溶土	褐土	石灰性褐土	次生黄土质壤质石灰性褐土	轻壤质底卵石石灰性褐土	1	0—17	灰棕色	轻壤土	屑粒状	7.2	16.6		1.26		E 114°05′13.9″ N 38°04′34.7″	94
						2	17—24	棕褐色	中壤土	团粒状	7.3	4.7	0.75	1.04			
						3	24—44	棕褐色	中壤土	团块状	7.2	3.5	0.34	1.15			
						4	44—150	棕褐色	中壤土	团块状	7.3	5.2	0.28	1.04			
剖5	半淋溶土	褐土	石灰性褐土	次生黄土质壤质石灰性褐土	轻壤质底姜石灰性褐土	1	0—18				7.1	26.8	0.44	2.06		E 114°01′45.4″ N 38°04′23.3″	73
						2	18—32				7.1	17.0	1.17	1.79			
						3	32—150				6.9	6.7	0.86	1.38			
													0.65				
剖6	半淋溶土	褐土	石灰性褐土	次生黄土质壤质石灰性褐土	轻壤质浅位钙石灰性褐土	1	0—17	深灰棕色	轻壤土	团块状						E 114°01′02.8″ N 38°03′00.7″	94
						2	24—86	灰棕色	轻壤土	团块状							
						3	86—	黑灰色	砂壤土								
剖7	人为土	水稻土	潴育水稻土	砂壤质潴育水稻土	砂壤质潴育水稻土	1	0—14	黑灰棕色	砂土							E 114°27′10.4″ N 38°07′46.9″	86
						2	14—100										
						3	100—										
剖8	半淋溶土	褐土	石灰性褐土	洪积质壤质石灰性褐土	底姜中壤质石灰性褐土	1	0—18	灰棕色	中壤土	屑粒状					洪积物, 冲积物	E 114°25′12.6″ N 38°05′52.9″	75
						2	18—30	浅灰棕色	中壤土	片状							
						3	30—95	棕黑色	中壤土	块状							
						4	95—150	棕黑色	重壤土	碎块状							
剖9	半淋溶土	褐土	潮褐土	洪冲积壤质潮褐土	轻壤质底砂潮褐土	1	0—24	灰棕色	轻壤土	团块状					洪积物, 冲积物	E 114°29′51.9″ N 38°05′36.5″	100
						2	24—40	浅灰棕色	轻壤土	块状							
						3	40—60	棕色	黏土	片状							
						4	60—79	棕褐色	砂土	单粒状							
						5	79—100	黄褐色	砂壤土	粒状							
						6	100—150	黄褐色	轻壤土	团块状							
剖10	半水成土	潮土	潮土	壤质潮土	底砂轻壤质潮土	1	0—44	灰棕色	轻壤土	块状						E 114°32′09.1″ N 38°05′38.1″	97
						2	44—56	浅灰棕色	轻壤土	粒状							
						3	56—73	浅灰棕色	粉砂质壤	无明显结构							
						4	73—118	浅灰棕色	细砂土	无明显结构							
						5	118—150	灰白色	中壤土	屑粒状							
剖11	半淋溶土	褐土	潮褐土	洪冲积壤质潮褐土	中壤质底姜潮褐土	1	0—16	灰棕色	中壤土	片状					洪积物, 冲积物	E 114°27′28.4″ N 37°59′10.6″	71
						2	16—24	棕色	中壤土	块状							
						3	24—50	棕褐色	重壤土	碎块状							
						4	50—85	暗棕色	中壤土	块状							
						5	85—125	棕褐色		状							
						6	125—150	黄褐色	轻壤土	粒状							

藁 城 区

主要土类说明

褐土是藁城区主要土壤类型，占本区地域面积的 75%。褐土是在暖温带半湿润区发育形成的具有黏化与钙质淋移淀积特征的土壤。成土母质为洪积物、冲积物。该土壤盐基饱和，处于硅铝风化阶段，有明显的淀积黏化层，在其 A–B–C 剖面构型中，B 层呈棕褐色。pH 为 7.0—7.5，盐基饱和度在 80% 以上；B 层下部有假菌丝状钙积层。本区褐土分为石灰性褐土、潮褐土和褐土性土等亚类。

潮土是藁城区第二大土壤类型，占本区地域面积的 21%。成土母质为洪积物、冲积物和河流冲积物。潮土分布区地下水位较浅，成土过程有潜水参与，底土氧化还原交替作用，形成锈色斑纹和小型铁子。本区潮土分为潮土和褐潮土等亚类。潮土亚类主要分布在低洼地形，通常为沙滩、河道和故道，地下水位浅，土体中有明显的锈色斑纹。褐潮土亚类主要分布在三河故道地势较高的部位，呈片状和带状分布，土体发育完全，层次分明，土色以棕褐色为主，成土过程向褐土方向发展，受地下水影响，心土层有菌丝体和锈色斑纹。

小于本区地域面积 3% 的土壤类型还有新积土等。

本区域中心区气候特征

本区域中心区气候特征值
Regional climate characteristics in central area of the region

气候带：暖温带亚湿润气候 Climate region: Warm temperate subhumid climate	
年平均气温 /℃ Annual average temperature /℃	13.5
年平均最高气温 /℃ Annual average maximum temperature /℃	19.2
年平均最低气温 /℃ Annual average minimum temperature /℃	8.7
年降水量 /mm Annual precipitation /mm	537
≥10℃的积温 /℃ Daily temperature accumulated in a year（≥10℃）/℃	4850
年日照时数 /h Annual sunshine /h	2446
年平均相对湿度 /% Annual average relative humidity /%	62
干燥度 Dryness	1.52

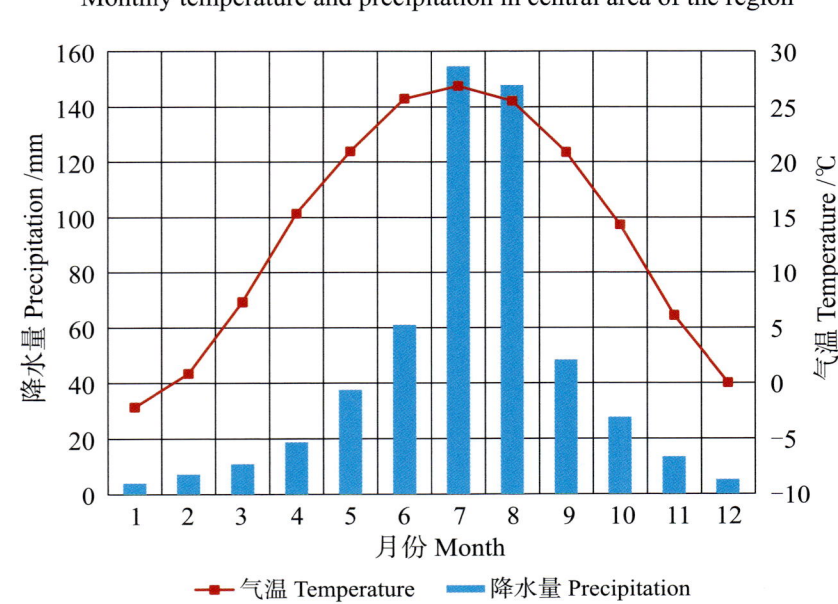

本区域中心区月平均气温与月平均降水量
Monthly temperature and precipitation in central area of the region

藁城市主要土壤类型与土壤剖面点分布图
1:170 000

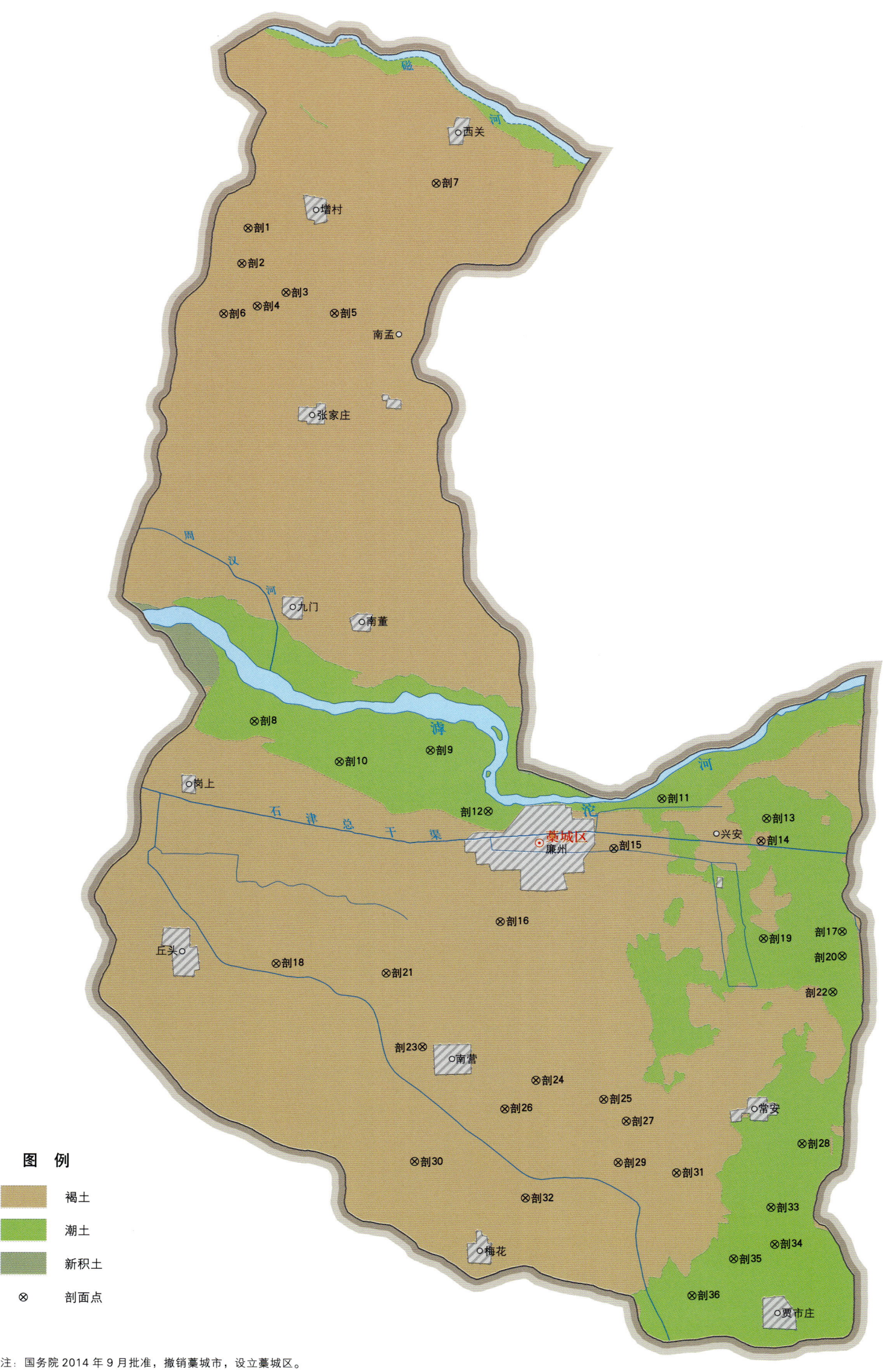

注：国务院 2014 年 9 月批准，撤销藁城市，设立藁城区。

藁城区土壤剖面理化性状表

剖面号 Soil profile	土纲 Soil order	土类 Soil great group	亚类 Soil subgroup	土属 Soil genus	土种 Soil species	土层码 Layer code	土层厚度 Depth/cm	颜色 Soil color	质地 Soil texture	土壤结构 Soil structure	pH	有机质 OM/(g/kg)	全氮 TN/(g/kg)	全磷 TP/(g/kg)	碱解氮 AN/(mg/kg)	有效磷 AP/(mg/kg)	速效钾 AK/(mg/kg)	阳离子交换量CEC/(cmol/kg)	剖面点坐标 Profile coordinate	匹配指数 Matching index/%
剖1	半淋溶土	褐土	石灰性褐土	壤质洪积石灰性褐土	深位厚层砂壤质石灰性褐土	1	0–16	灰棕色	轻壤土	屑粒状	8.3	10.1	0.69	1.45	55	5.0	45	8.3	E 114° 42′ 31.3″ N 38° 14′ 19.7″	95
						2	16–33	黄棕色	轻壤土	碎块状	8.3	5.5	0.41	1.19	38	3.0	40	7.4		
						3	33–50	褐色	中壤土	屑粒状	8.4	7.4	0.45	1.33	35	2.0	70	7.5		
						4	50–150	白色	砂土	单粒状	8.3	0.8	0.08	1.10	10	3.0	30	1.1		
剖2	半淋溶土	褐土	潮褐土	壤质洪积潮褐土	深位薄层砂壤质潮褐土	1	0–16	灰棕色	轻壤土	屑粒状	8.6	11.4	0.80	1.57	72	6.0	118	9.3	E 114° 42′ 23.0″ N 38° 13′ 35.4″	92
						2	16–60	黄棕色	砂土	屑粒状	8.4	4.5	0.36	1.34	30	3.0	125	11.3		
						3	60–80	浅棕色	砂土	单粒状	8.3	1.0	0.08	1.06	7	2.0	70	1.8		
						4	80–110	浅黄色	轻壤土	屑粒状	8.4	4.7	0.35	1.04	26	3.0	128	15.4		
						5	110–150	浅黄色	砂土	单粒状	8.2	0.7	0.15	1.00	8	1.0	45	1.6		
剖3	半淋溶土	褐土	潮褐土	壤质洪积潮褐土	浅位厚层砂壤质潮褐土	1	0–15	灰棕色	轻壤土	屑粒状	8.3	11.9	0.76	1.33	59	6.0	88	6.6	E 114° 43′ 31.5″ N 38° 13′ 00.2″	98
						2	15–32	黄棕色	砂土	屑粒状	8.9	2.9	0.23	1.54	25	微量	30	2.9		
						3	32–150	浅黄色	砂土	单粒状	8.6	0.9	0.06	1.30	11	2.0	15	1.4		
剖4	半淋溶土	褐土	潮褐土	壤质洪积潮褐土	砂壤质潮褐土	1	0–15	棕色	砂壤土	屑粒状	8.5	5.6	0.34	1.52	30	11.0	64	5.0	E 114° 42′ 48.2″ N 38° 12′ 42.5″	99
						2	15–65	浅棕色	砂壤土	屑粒状	8.5	2.4	0.13	1.30	21	2.0	58	5.3		
						3	65–150	白色	砂土	单粒状	8.5	0.4	0.03	1.18	5	微量	32	1.8		
剖5	半淋溶土	褐土	潮褐土	壤质洪积潮褐土	深位中层砂壤质潮褐土	1	0–18	灰棕色	轻壤土	屑粒状	8.5	9.5	0.62	1.51	51	5.0	137	11.8	E 114° 44′ 46.7″ N 38° 12′ 35.6″	92
						2	18–82	黄棕色	轻壤土	屑粒状	8.4	7.8	0.50	1.32	48	4.0	122	10.2		
						3	82–130	灰白色	砂土	单粒状	8.5	4.4	0.33	1.02	28	1.0	48	3.8		
						4	130–150	黄褐色	轻壤土	屑粒状	8.3	5.8	0.38	1.14	30	2.0	57	7.4		
剖6	半淋溶土	褐土	潮褐土	壤质洪积潮褐土	深位厚层砂壤质潮褐土	1	0–20	浅棕色	砂壤土	屑粒状	8.5	6.4	0.42	1.84	33	5.0	98	6.5	E 114° 41′ 57.0″ N 38° 12′ 32.1″	100
						2	20–50	暗棕色	轻壤土	碎块状	8.4	3.1	0.21	1.90	19	4.0	49	6.7		
						3	50–150	暗棕色	中壤土	块状	8.3	5.5	0.32	0.94	28	1.0	100	14.7		
剖7	半淋溶土	褐土	潮褐土	壤质洪积潮褐土	深位厚层砂壤质潮褐土	1	0–25	棕色	轻壤土	屑粒状	8.5	10.0	0.61	1.84	57	4.0	68	8.7	E 114° 47′ 18.2″ N 38° 15′ 20.7″	100
						2	25–60	黄色	砂壤土	碎块状	8.4	2.3	0.15	1.48	19	3.0	43	6.8		
						3	60–150	白色	砂土	单粒状	8.3	1.5	0.10	1.33	13	1.0	29	2.3		
剖8	半水成土	潮土	潮土	壤质冲积潮土	深位厚层砂壤质潮土	1	0–25	浅棕色	轻壤土	屑粒状	8.7	5.7	0.32	1.37	24	4.0	105	7.3	E 114° 43′ 00.2″ N 38° 04′ 05.9″	98
						2	25–120	暗棕色	砂土	单粒状	8.5	0.8	0.05	0.42	1	微量	97	3.1		
						3	120–150	暗棕色	砂壤土	屑粒状	8.3	1.2	0.08	2.14	22	1.0	82	2.3		
剖9	半水成土	潮土	潮土	壤质潮土	砂壤质潮土	1	0–20	棕色	轻壤土	屑粒状	8.4	6.7	0.39	1.73	35	16.0	83	5.4	E 114° 47′ 30.1″ N 38° 03′ 34.9″	100
						2	20–35	暗棕色	轻壤土	单粒状	8.9	1.2	0.08	2.05	14	1.0	26	3.7		
						3	35–150	暗棕色	砂土	单粒状	8.8	1.4	0.08	1.30	7	1.0	26	4.7		
剖10	半水成土	潮土	褐潮土	壤质冲积褐潮土	轻壤质褐潮土	1	0–20	暗棕色	轻壤土	碎块状	8.6	14.5	0.90	1.53	74	11.0	68	12.8	E 114° 45′ 11.3″ N 38° 03′ 18.1″	82
						2	20–35	暗棕色	轻壤土	屑粒状	8.3	11.0	0.73	1.28	67	1.0	150	15.1		
						3	35–150	浅棕色	砂壤土	屑粒状	8.4		0.15	1.16	10	1.0	60	13.5		
剖11	半水成土	潮土	褐潮土	壤质冲积褐潮土	浅位中层黏质褐潮土	1	0–19	棕色	轻壤土	屑粒状	8.4	9.1	0.53	1.31	33	4.0	5	10.5	E 114° 53′ 25.8″ N 38° 02′ 40.9″	95
						2	19–45	棕色	轻壤土	屑粒状	8.6	4.5	0.30	1.05	23	微量	90	11.1		
						3	45–68	暗棕色	重壤土	碎块状	8.7	10.2	0.63	1.16	45	微量	150	24.3		
						4	68–150	暗棕色	砂壤土	柱状	8.8	1.5	0.03	1.40	6	微量	35	4.4		
剖12	半水成土	潮土	褐潮土	壤质冲积褐潮土	浅位中层砂壤质褐潮土	1	0–25	灰棕色	轻壤土	粒状	8.5	8.0	0.52	1.51	30	2.0	60	9.2	E 114° 49′ 00.8″ N 38° 02′ 20.4″	96
						2	25–56	灰棕色	砂土	碎块状	8.3	3.3	0.23	1.20	25	1.0	62	2.5		
						3	55–150	浅棕色	砂壤土	碎块状	8.5	1.2	0.12	1.11	10	微量	25	7.0		

续表 Continued

剖面号 Soil profile	土纲 Soil order	土类 Soil great group	亚类 Soil subgroup	土属 Soil genus	土种 Soil species	土层码 Layer code	土层厚度 Depth/cm	颜色 Soil color	质地 Soil texture	土壤结构 Soil structure	pH	有机质 OM/(g/kg)	全氮 TN/(g/kg)	全磷 TP/(g/kg)	碱解氮 AN/(mg/kg)	有效磷 AP/(mg/kg)	速效钾 AK/(mg/kg)	阳离子交换量CEC/(cmol/kg)	剖面点坐标 Profile coordinate	匹配指数 Matching index/%
剖13	半水成土	潮土	褐潮土	壤质冲积褐潮土	深位厚层砂丘壤质褐潮土	1	0—20	灰棕色	轻壤土	碎块状	9.8	11.3	0.70	1.29	55	2.0	83	10.9	E 114°56′06.7″ N 38°02′19.3″	72
						2	20—38	浅棕色	轻壤土	碎块状	9.0	3.3	0.13	1.34	11	1.0	30	6.1		
						3	38—72	浅棕色	轻壤土	碎块状	8.9	1.7	0.08	1.24	7	微量	30	4.5		
						4	72—150	浅棕色	砂土	单粒状	8.8	0.6	0.04	2.12	4	微量	38	2.3		
剖14	半淋溶土	褐土	褐土性	固定风沙丘褐土性土	砂壤质褐土性土	1	0—20	棕褐色	砂壤土	屑粒状	8.7	1.6	0.09	3.02	6	2.0	45	5.7	E 114°55′58.8″ N 38°01′51.2″	71
						2	20—150	浅棕色	砂壤土	屑粒状	8.7	0.5	0.03	2.08	5	1.0	68	3.0		
剖15	半水成土	潮土	潮褐土	壤质洪积潮褐土	深位薄层黏壤质潮褐土	1	0—20	浅棕色	轻壤土	屑粒状	8.4	13.1	0.80	1.48	63	13.0	73	11.3	E 114°52′14.2″ N 38°01′37.6″	88
						2	20—80	暗棕色	中壤土	块状	8.4	6.4	0.41	1.09	21	6.0	65	13.7		
						3	80—100	浅棕色	重壤土	块状	8.4	10.8	0.76	1.09	48	4.0	150	25.2		
						4	100—150	暗棕色	轻壤土	块状	8.5	3.7	0.27	1.04	12	1.0	36	9.8		
剖16	半淋溶土	褐土	石灰性褐土	壤质洪积石灰性褐土	轻壤质石灰性褐土	1	0—24	浅棕色	轻壤土	碎块状	8.1	15.8	1.00	1.39	82	25.0	173	12.4	E 114°49′23.5″ N 38°00′03.6″	97
						2	24—78	褐色	中壤土	屑粒状	8.3	2.5	0.22	1.10	21	3.0	70	11.7		
						3	78—100	浅棕色	中壤土	块状	8.5	5.5	0.49	0.79	40	3.0	75	13.6		
						4	100—150	暗棕色	中壤土	块状	8.5	2.9	0.25	1.05	31	1.0	74	11.6		
剖17	半水成土	潮土	褐潮土	壤质洪积褐潮土	浅位中层黏中壤质褐潮土	1	0—20	棕色	中壤土	碎块状	8.5	12.2	0.79	1.35	56	21.0	157	14.2	E 114°58′06.3″ N 38°00′01.5″	90
						2	20—50	暗棕色	重壤土	块状	8.4	12.0	0.80	1.26	48	4.0	123	21.2		
						3	50—110	浅棕色	中壤土	块状	8.6	4.7	0.32	1.07	26	3.0	95	14.5		
						4	110—150	浅棕色	砂壤土	单粒状	8.3	2.0	0.20	1.12	14	1.0	54	7.0		
剖18	半淋溶土	褐土	潮褐土	壤质洪积潮褐土	深位厚层黏壤质潮褐土	1	0—20	浅棕色	轻壤土	屑粒状	8.3	12.0	0.71	1.45	62	8.0	120	11.0	E 114°43′43.0″ N 37°59′04.2″	87
						2	20—65	浅棕色	中壤土	屑粒状	8.4	6.6	0.46	1.25	50	3.0	110	12.6		
						3	65—79	浅棕色	重壤土	块状	8.5	6.3	0.44	1.00	53	2.0	106	13.6		
						4	79—150	暗棕色	重壤土	块状	8.5	9.8	0.65	1.12	68	3.0	145	20.0		
剖19	半水成土	潮土	褐潮土	壤质洪积褐潮土	浅位薄层黏轻壤质褐潮土	1	0—20	灰棕色	轻壤土	屑粒状	9.0	11.7	0.69	1.36	52	6.0	176	9.2	E 114°56′06.4″ N 37°59′49.9″	70
						2	20—38	灰棕色	重壤土	屑粒状	8.7	5.7	0.31	0.99	30	微量	53	9.1		
						3	38—58	暗棕色	重壤土	块状	8.5	10.8	0.61	1.13	49	微量	58	17.2		
						4	58—150	浅棕色	轻壤土	单粒状	8.6	3.5	0.21	1.09	18	1.0	58	7.0		
剖20	半淋溶土	褐土	褐潮土	壤质洪积褐潮土	深位厚层黏壤质褐潮土	1	0—20	棕色	轻壤土	屑粒状	8.3	8.9	0.55	1.34	50	5.0	110	8.6	E 114°58′07.3″ N 37°59′30.6″	74
						2	20—50	棕色	中壤土	屑粒状	9.0	6.2	0.40	1.10	33	3.0	85	14.6		
						3	50—60	暗棕色	重壤土	块状	8.7	13.6	0.87	1.17	58	2.0	105	24.0		
						4	60—150	浅棕色	轻壤土	屑粒状	8.4	3.6	0.18	0.95	12	1.0	55	5.7		
剖21	半水成土	潮土	石灰性褐土	壤质洪积褐潮土	浅位厚层砂姜轻壤质褐潮土	1	0—14	棕色	轻壤土	屑粒状	8.3	13.3	0.92	1.42	85	8.0	125	12.8	E 114°46′31.4″ N 37°58′55.6″	80
						2	14—32	棕色	中壤土	屑粒状	8.5	12.0	0.82	1.36	72	3.0	110	12.7		
						3	32—110	黄棕色	中壤土	碎块状	8.5	4.7	0.37	1.05	44	2.0	123	13.3		
						4	110—150	黄棕色	砂壤土	屑粒状	8.3	1.8	0.14	1.09	20	2.0	60	7.0		
剖22	半淋溶土	潮土	褐潮土	壤质洪积褐潮土	砂壤质褐潮土	1	0—70	黄棕色	砂壤土	屑粒状	8.3	2.3	0.13	1.10	16	1.0	70	4.6	E 114°57′54.4″ N 37°58′45.2″	90
						2	70—110	浅棕色	轻壤土	屑粒状	8.4	1.9	0.14	1.17	18	微量	45	5.0		
						3	110—150	黄棕色	轻壤土	屑粒状	8.3	3.5	0.28	1.09	29	1.0	55	10.2		
剖23	半淋溶土	褐土	石灰性褐土	壤质洪积石灰性褐土	深位中层砂姜轻壤质石灰性褐土	1	0—24	棕色	轻壤土	碎块状	8.8	11.7	0.70	1.29	57	6.0	123	11.1	E 114°47′30.1″ N 37°57′24.1″	79
						2	24—46	暗棕色	中壤土	块状	8.7	5.4	0.39	1.09	44	4.0	116	11.8		
						3	46—90	暗棕色	中壤土	块状	8.8	8.4	0.58	0.84	48	2.0	120	20.7		
						4	90—140	浅棕色	中壤土	块状	8.7	5.8	0.40	1.02	38	2.0	125	17.4		
						5	140—150	浅棕色	轻壤土	碎块状	8.8	2.8	0.19	0.09	19	1.0	57	11.8		

续表 Continued

剖面号 Soil profile	土纲 Soil order	土类 Soil great group	亚类 Soil subgroup	土属 Soil genus	土种 Soil species	土层码 Layer code	土层厚度 Depth/cm	颜色 Soil color	质地 Soil texture	土壤结构 Soil structure	pH	有机质 OM/(g/kg)	全氮 TN/(g/kg)	全磷 TP/(g/kg)	碱解氮 AN/(mg/kg)	有效磷 AP/(mg/kg)	速效钾 AK/(mg/kg)	阳离子交换量CEC/(cmol/kg)	剖面点坐标 Profile coordinate	匹配指数 Matching index/%
剖24	半淋溶土	褐土	潮褐土	壤质洪积潮褐土	轻壤质潮褐土	1	0–20	浅棕色	轻壤土	屑粒状	8.5	11.0	0.75	1.29	76	5.0	138	10.5	E 114°50′24.4″ N 37°56′46.0″	70
						2	20–50	浅棕色	轻壤土	屑粒状	8.5	5.2	0.42	1.11	58	3.0	113	11.6		
						3	50–150	棕色	中壤土	碎块状	8.4	5.6	0.46	1.05	62	2.0	95	12.8		
剖25	半淋溶土	褐土	潮褐土	壤质洪积潮褐土	深位厚层砂姜中壤质潮褐土	1	0–20	浅棕色	中壤土	屑粒状	8.3	12.7	0.78	1.38	68	7.0	128	11.3	E 114°52′08.8″ N 37°56′24.7″	70
						2	20–65	暗棕色	中壤土	碎块状	8.5	7.4	0.49	1.16	44	2.0	113	14.7		
						3	65–150	暗棕色	中壤土	碎块状	8.4	2.7	0.43	1.07	42	2.0	58	16.1		
剖26	半淋溶土	褐土	潮褐土	壤质洪积潮褐土	深位厚层砂姜轻壤质潮褐土	1	0–20	灰棕色	轻壤土	碎块状	8.2	10.3	0.47	1.33	72	8.0	127	12.2	E 114°49′38.2″ N 37°56′09.8″	73
						2	20–37	灰棕色	中壤土	碎块状	8.4	9.6	0.63	1.34	68	5.0	120	15.1		
						3	37–89	暗棕色	中壤土	块状	8.6	8.6	0.56	0.88	58	2.0	131	19.4		
						4	89–116	暗棕色	中壤土	块状	8.5	5.1	0.38	0.88	38	2.0	100	13.5		
						5	116–150	浅棕色	中壤土	块状	8.5	3.8	0.30	0.89	31	1.0	94	11.5		
剖27	半淋溶土	褐土	潮褐土	壤质洪积潮褐土	中壤质潮褐土	1	0–20	浅棕色	轻壤土	屑粒状	8.4	14.0	0.89	1.46	75	11.0	110	11.3	E 114°52′43.9″ N 37°55′58.7″	95
						2	20–56	浅棕色	中壤土	片状	8.4	4.6	0.24	1.07	27	2.0	90	9.6		
						3	56–92	暗棕色	中壤土	碎块状	8.3	9.3	0.60	1.18	53	3.0	135	14.5		
						4	92–120	浅棕色	中壤土	块状	8.4	4.6	0.25	0.93	29	1.0	70	9.7		
						5	120–150	红棕色	轻壤土	屑粒状	8.5	2.7	0.19	1.05	17	微量	50	7.2		
剖28	半水成土	潮土	潮土	壤质洪积潮褐土	深位厚层砂姜轻壤质潮褐土	1	0–20	浅棕色	轻壤土	屑粒状	8.4	9.5	0.61	1.72	47	7.0	85	6.1	E 114°57′13.0″ N 37°55′36.8″	98
						2	20–55	灰棕色	砂土	屑粒状	8.3	8.6	0.55	1.56	42	4.0	30	5.3		
						3	55–90	浅棕色	砂壤土	单粒状	8.4	1.4	0.09	1.62	12	微量	26	4.2		
						4	90–150	浅棕色	砂壤土	屑粒状	8.4	1.8	0.10	1.94	10	微量	29	5.1		
剖29	半淋溶土	褐土	褐土	壤质洪积潮褐土	深位中层砂姜中壤质潮褐土	1	0–20	灰棕色	中壤土	碎粒状	8.3	2.3	0.16	1.37	20	6.0	100	9.4	E 114°52′33.2″ N 37°55′08.0″	74
						2	28–63	暗棕色	中壤土	碎块状	8.4	4.7	0.40	1.06	37	3.0	120	10.1		
						3	63–107	暗棕色	中壤土	块状	8.4	3.9	0.29	1.02	31	2.0	120	9.7		
						4	107–150	浅棕色	中壤土	块状	8.3	1.8	0.20	1.07	20	1.0	95	7.7		
剖30	半淋溶土	褐土	潮褐土	壤质洪积潮褐土	深位中层砂姜中壤质潮褐土	1	0–18	灰棕色	重壤土	碎块状	8.4	12.2	0.80	1.38	59	13.0	160	9.0	E 114°47′22.9″ N 37°55′02.6″	100
						2	18–33	暗棕色	中壤土	碎块状	8.4	4.8	0.38	1.10	33	4.0	100	9.1		
						3	33–63	灰棕色	中壤土	碎块状	8.5	4.6	0.36	1.05	30	2.0	95	9.2		
						4	63–80	暗棕色	中壤土	块状	8.4	6.0	0.46	0.96	40	2.0	120	12.2		
						5	80–100	暗棕色	中壤土	块状	8.5	4.9	0.33	0.89	32	1.0	95	10.4		
						6	100–150	浅棕色	中壤土	块状	8.5	2.3	0.22	0.95	17	1.0	80	8.1		
剖31	半淋溶土	褐土	褐土	壤质洪积潮褐土	浅位中层砂姜轻壤质潮褐土	1	0–20	灰棕色	轻壤土	屑粒状	8.2	11.0	0.75	1.51	49	8.0	125	8.9	E 114°54′02.9″ N 37°54′57.2″	87
						2	20–55	灰棕色	重壤土	块状	8.6	4.4	0.16	1.12	19	3.0	85	18.3		
						3	55–85	红棕色	中壤土	块状	8.5	8.1	0.53	1.02	35	3.0	155	15.5		
						4	85–105	暗棕色	中壤土	碎块状	8.6	7.2	0.42	0.99	36	2.0	125	9.6		
						5	105–150	暗棕色	中壤土	碎块状	8.6	3.9	0.26	0.83	23	1.0	94	8.4		
剖32	半淋溶土	褐土	潮褐土	壤质洪积潮褐土	深位中层砂姜轻壤质潮褐土	1	0–22	棕色	轻壤土	屑粒状	8.7	9.6	0.61	1.52	54	7.0	125	9.4	E 114°50′13.2″ N 37°54′21.6″	75
						2	22–50	浅棕色	轻壤土	块状	8.5	1.3	0.09	1.24	11	2.0	115	4.8		
						3	50–150	灰棕色	重壤土	块状	8.5	3.2	0.25	1.37	24	1.0	110	7.0		
剖33	半水成土	潮土	褐土	壤质洪积褐潮土	深位中层黏轻壤质褐潮土	1	0–20	浅棕色	轻壤土	屑粒状	6.9	11.2	0.74	1.46	82	8.0	121	9.2	E 114°56′28.3″ N 37°54′17.6″	79
						2	20–54	浅棕色	轻壤土	块状	8.7	8.1	0.50	1.42	39	4.0	134	10.0		
						3	54–80	暗棕色	重壤土	块状	8.8	11.3	0.70	1.68	64	1.0	102	8.4		
						4	80–102	浅棕色	砂壤土	粒状	8.7	3.1	0.19	1.18	16	微量	95	5.6		
						5	102–150	白色	砂土	粒状	9.0	1.4	0.07	1.67	14	1.0	86	2.9		

续表 Continued

剖面号 Soil profile	土纲 Soil order	土类 Soil great group	亚类 Soil subgroup	土属 Soil genus	土种 Soil species	土层码 Layer code	土层厚度 Depth/cm	颜色 Soil color	质地 Soil texture	土壤结构 Soil structure	pH	有机质 OM/(g/kg)	全氮 TN/(g/kg)	全磷 TP/(g/kg)	碱解氮 AN/(mg/kg)	有效磷 AP/(mg/kg)	速效钾 AK/(mg/kg)	阳离子交换量CEC/(cmol/kg)	剖面点坐标 Profile coordinate	匹配指数 Matching index/%
剖34	半水成土	潮土	褐潮土	壤质冲积褐潮土	砂壤质褐潮土	1	0—22	浅棕色	砂壤土	单粒状	8.9	3.2	0.15	1.70	12	1.0	101	5.0	E 114°56′35.5″ N 37°53′31.9″	79
						2	22—59	浅棕色	砂壤土	单粒状	8.9	3.1	0.16	1.47	12	1.0	98	4.5		
						3	59—150	浅棕色	砂壤土	单粒状	9.4	1.6	0.14	1.74	7	微量	75	4.3		
剖35	半水成土	潮土	褐潮土	壤质洪积褐潮土	轻壤质褐潮土	1	0—20	浅棕色	轻壤土	屑粒状	8.3	9.8	0.64	1.32	49	8.0	130	10.9	E 114°55′33.5″ N 37°53′12.9″	88
						2	20—62	浅棕色	轻壤土	屑粒状	8.5	6.4	0.42	1.08	42	4.0	70	10.0		
						3	62—110	浅棕色	轻壤土	屑粒状	8.3	3.9	0.28	0.90	29	2.0	68	7.6		
						4	110—120	暗棕色	中壤土	块状	8.4	6.1	0.46	1.14	32	2.0	95	14.6		
						5	120—150	灰棕色	中壤土	屑粒状	8.3	3.4	0.22	1.01	20	1.0	83	6.9		
剖36	半水成土	潮土	褐潮土	壤质洪积褐潮土	中壤质褐潮土	1	0—20	暗棕色	中壤土	碎块状	8.3	13.5	0.84	1.63	40	12.0	123	12.5	E 114°54′31.3″ N 37°52′26.0″	92
						2	20—48	暗棕色	重壤土	块状	8.3	13.3	0.87	1.34	47	4.0	153	22.6		
						3	48—80	浅棕色	中壤土	屑粒状	8.4	6.3	0.42	1.18	31	4.0	115	15.9		
						4	80—111	浅棕色	轻壤土	屑粒状	8.2	4.6	0.31	1.07	26	3.0	95	14.5		
						5	111—150	浅棕色	砂壤土	屑粒状	8.5	1.9	0.15	1.14	13	1.0	55	7.0		

鹿 泉 区

主要土类说明

褐土是鹿泉区主要土壤类型，占本区地域面积的84%。褐土是在暖温带发育形成的具有黏化与钙质淋移淀积特征的土壤，主要分布在低山丘陵、丘陵和山前倾斜平原。该土壤盐基饱和，处于硅铝风化阶段，有明显的淀积黏化层，在其A–B–C剖面构型中，B层呈棕褐色。pH为7.0—7.5，盐基饱和度在80%以上；B层下部有假菌丝状钙积层。本区褐土分为褐土、石灰性褐土、潮褐土以及褐土性土等亚类。

粗骨土是鹿泉区第二大土壤类型，占本区地域面积的6%，多分布在坡度较大、侵蚀严重的山坡，在低山区一般多位于阳坡，在丘陵区则出现于顶部。分布区气候温暖干燥，植被稀疏，主要植物为旱生草本灌丛，如酸枣、荆条、白草和菅草等。因水土流失、表土侵蚀、岩石风化残积物裸露，土层偏薄，砾石含量一般在10%—30%。本土类成土过程经常被打断，无剖面发育特征。

小于本区地域面积3%的土壤类型还有新积土、水稻土和潮土等。

本区域中心区气候特征

本区域中心区气候特征值
Regional climate characteristics in central area of the region

气候带：暖温带亚湿润气候 Climate region: Warm temperate subhumid climate	
年平均气温 /℃ Annual average temperature /℃	13.2
年平均最高气温 /℃ Annual average maximum temperature /℃	19.1
年平均最低气温 /℃ Annual average minimum temperature /℃	8.3
年降水量 /mm Annual precipitation /mm	515
≥10℃的积温 /℃ Daily temperature accumulated in a year（≥10℃）/℃	4739
年日照时数 /h Annual sunshine /h	2440
年平均相对湿度 /% Annual average relative humidity /%	62
干燥度 Dryness	1.53

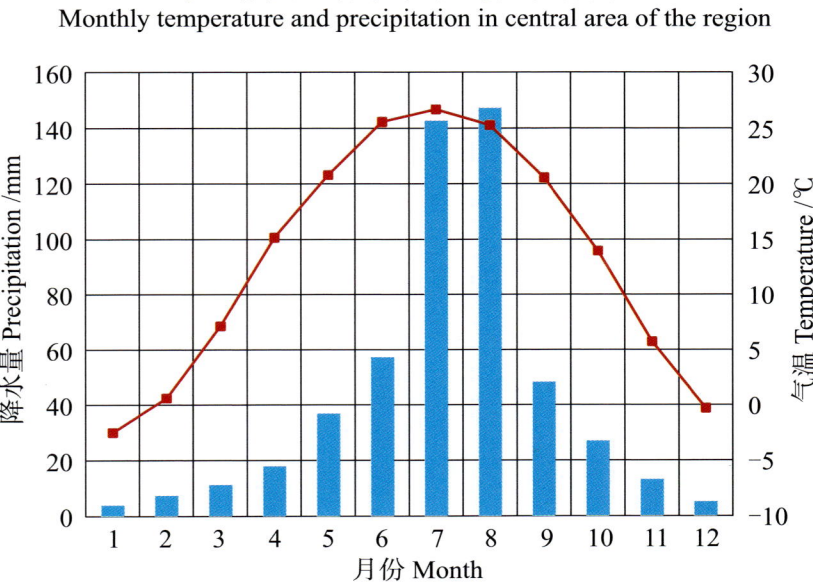

本区域中心区月平均气温与月平均降水量
Monthly temperature and precipitation in central area of the region

获鹿县主要土壤类型与土壤剖面点分布图
1∶150 000

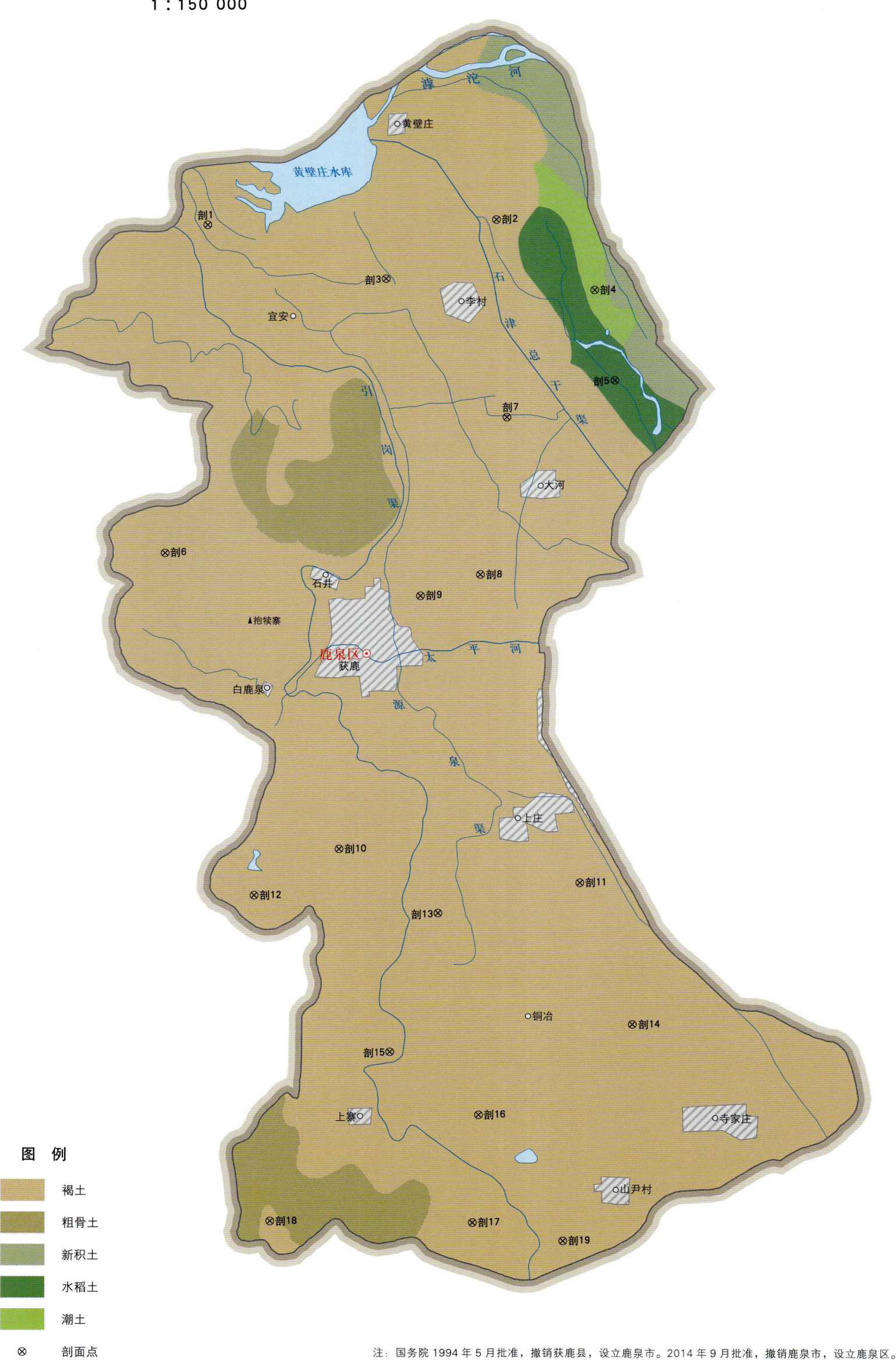

图 例
- 褐土
- 粗骨土
- 新积土
- 水稻土
- 潮土
- ⊗ 剖面点

注：国务院 1994 年 5 月批准，撤销获鹿县，设立鹿泉市。2014 年 9 月批准，撤销鹿泉市，设立鹿泉区。

鹿泉区土壤剖面理化性状表

剖面号 Soil profile	土纲 Soil order	土类 Soil great group	亚类 Soil subgroup	土属 Soil genus	土种 Soil species	土层码 Layer code	土层厚度 Depth/cm	颜色 Soil color	质地 Soil texture	土壤结构 Soil structure	pH	有机质 OM/(g/kg)	全氮 TN/(g/kg)	全磷 TP/(g/kg)	全钾 TK/(g/kg)	有效磷 AP/(mg/kg)	速效钾 AK/(mg/kg)	阳离子交换量CEC/(cmol/kg)	土壤母质 Parent material	剖面点坐标 Profile coordinate	匹配指数 Matching index/%
剖1	半淋溶土	褐土	石灰性褐土	壤质黄土质洪冲积石灰性褐土		1	0~30	浅棕色	轻壤土	碎块状	8.2	4.4	0.29	0.69				6.5		E 114°14′28.6″ N 38°12′59.8″	77
						2	30~50	浅褐色	轻壤土	粒状	8.2	1.2	0.10	0.64				5.3			
						3	50~150				8.0	0.8	0.06	0.11				6.1			
剖2	半淋溶土	潮褐土	潮褐土	壤质冲积潮褐土	深ури厚层潮壤质潮褐土	1	0~20	灰棕色	轻壤土	碎块状	8.4	13.9	0.85	1.58				12.9		E 114°21′12.6″ N 38°13′14.5″	100
						2	20~95	灰棕色	中壤土	碎块状	8.5	5.3	0.39	1.11				13.1			
						3	95~120	灰棕色	重壤土	碎块状	8.3	7.4	0.54	1.23				20.6			
						4	120~150	黑灰色	重壤土	碎块状	8.3	7.8	0.53	1.22				20.7			
剖3	半淋溶土	褐土	石灰性褐土	壤质洪冲积潮石灰性褐土	浅位厚层黏中壤质石灰性褐土	1	0~17	棕褐色	中壤土	碎块状	8.3	11.6	0.71	0.88				16.5		E 114°18′40.8″ N 38°12′04.0″	74
						2	17~68	棕褐色	重壤土	碎块状	8.2	6.0	0.50	0.61				22.2			
						3	68~150		石渣	碎块状	8.2	3.2	0.25	0.64				16.6			
剖4	半水成土	潮土	湿潮土	壤质冲积湿潮土	浅位厚层砂轻壤质湿潮土	1	0~20	灰褐色	轻壤土	碎块状	8.0	15.6	0.82	1.01				10.5		E 114°23′33.1″ N 38°11′57.4″	99
						2	20~49	浅白色	砂壤土	单粒状	8.2	1.0	0.05	0.76				3.1			
						3	49~70	暗灰色	砂壤土	单粒状	8.1	0.6	0.02	0.43				3.5			
剖5	人为土	水稻土	潜育水稻土	壤性潜育水稻土	二合烂泥田	1	0~20	浅棕色	壤土	屑粒状	7.9	11.6	0.62	0.81	14.6	8.7	142	16.3		E 114°24′04.8″ N 38°10′15.1″	85
						2	20~42	蓝灰色	砂壤土	屑片状	8.1	10.3	0.54	1.11	13.9	3.6	49	13.2			
						3	42~60	灰色	砂壤土	屑粒状	8.1	9.6	0.18	1.39	14.7	3.0	44	9.8			
						4	60~	深灰色	壤土	碎粒状	8.0	2.4	0.09	1.71	13.0	1.0	27	6.3			
剖6	半淋溶土	褐土	石灰性褐土	壤质黄土质洪冲积石灰性褐土		1	0~20	浅褐色	轻壤土	块状	8.3	11.1	0.76	1.32				13.1		E 114°13′43.3″ N 38°06′45.0″	95
						2	20~60	棕褐色	轻壤土	块状	8.4	13.5	0.92	1.10				14.4			
						3	60~														
剖7	半淋溶土	褐土	石灰性褐土	壤质洪冲积石灰性褐土	深位薄层砾轻壤质石灰性褐土	1	0~18	棕色	轻壤土	块状	7.8	14.2	1.03	1.32				19.0		E 114°21′35.2″ N 38°09′30.1″	99
						2	18~30	褐棕色	中壤土	碎块状	8.1	10.2	0.70	1.16				19.5			
						3	30~46	褐棕色	中壤土	碎块状	8.2	8.2	0.57	1.10				21.9			
						4	46~80	褐棕色	中壤土	单粒状	8.1	8.6	0.60	1.05				24.3			
						5	80~110	暗棕色	轻壤土	碎块状	8.1	6.2	0.43	0.83				21.3			
剖8	半淋溶土	潮褐土	潮褐土	耕种壤质洪冲积潮褐土	深层厚层黏轻壤质潮褐土	1	0~20	灰棕色	中壤土	碎块状	8.3	10.0	0.58	1.13				19.1		E 114°21′05.0″ N 38°06′30.6″	88
						2	20~60	棕褐色	中壤土	碎块状	8.2	11.3	0.73	1.17				21.4			
						3	60~150	棕褐色	重壤土	屑粒状	8.2	11.0	0.63	0.95				26.7			
剖9	半淋溶土	褐土	石灰性褐土	壤质洪冲积石灰性褐土		1	0~19	黄棕色	轻壤土	碎块状	8.2	15.0	0.86	2.55				15.7	第四纪红色黏土	E 114°19′41.9″ N 38°06′04.3″	86
						2	19~28	灰棕色	中壤土	碎块状	8.2	11.4	0.70	1.38				15.2			
						3	28~56	棕褐色	重壤土	碎块状	7.6	7.0	0.45	1.26				12.6			
						4	56~84	褐色	轻壤土	碎块状	8.0	6.0	0.46	0.80				15.9			
						5	84~150	黄褐色	中壤土	碎块状	8.0	6.5	0.47	1.65				19.6			
剖10	半淋溶土	褐土	褐土性	安山岩褐土性土		1	0~10	棕褐色	轻壤土		7.3	15.9	0.85	0.48				6.2	安山岩	E 114°17′59.4″ N 38°01′14.0″	98
剖11	半淋溶土	褐土	石灰性褐土			1	0~25	浅褐色	轻壤土	块状	8.2	2.4	0.16	0.43				4.8		E 114°23′37.0″ N 38°00′43.2″	75
						2	25~150	灰褐色	砂壤土	单粒状	8.2	0.2	0.01	0.06				2.1			
剖12	半淋溶土	褐土	褐土性		浅位厚层砾轻壤质石灰褐土	1	0~9	黄褐色	轻壤土	块状	7.5	23.6	1.51	0.72				8.0		E 114°16′02.6″ N 38°00′18.7″	100
						2	9~17		砾石		7.2	28.2	1.64	0.96				8.6			
剖13	半淋溶土	褐土	石灰性褐土	壤质洪冲积石灰性褐土		1	0~16	褐色	轻壤土	块状	8.1	7.4	0.48	0.63				12.0		E 114°20′20.0″ N 38°00′04.4″	76
						2	16~55	红褐色	砾石		8.1	2.2	0.14	0.31				13.7			
						3	55~113	黄褐色	砾石		8.1	1.6	0.09	0.35				18.0			
						4	113~150	黄褐色	砾石		8.1	2.7	0.16	0.39				16.4			

续表 Continued

剖面号 Soil profile	土纲 Soil order	土类 Soil great_group	亚类 Soil subgroup	土属 Soil genus	土种 Soil species	土层码 Layer code	土层厚度 Depth/cm	颜色 Soil color	质地 Soil texture	土壤结构 Soil structure	pH	有机质 OM/(g/kg)	全氮 TN/(g/kg)	全磷 TP/(g/kg)	全钾 TK/(g/kg)	有效磷 AP/(mg/kg)	速效钾 AK/(mg/kg)	阳离子交换量CEC/(cmol/kg)	土壤母质 Parent material	剖面点坐标 Profile coordinate	匹配指数 Matching index/%
剖14	半淋溶土	褐土	潮褐土	壤质冲积潮褐土	轻壤质潮褐土	1	0—35	黄白色	轻壤土	碎块状	8.3	1.8	0.14	1.25				6.8		E 114°24′56.5″ N 37°58′03.4″	73
						2	35—43	褐棕色	中壤土	片状	8.4	3.5	0.33	1.37				18.5			
						3	43—69	黄白色	砂壤土	屑粒状	8.4	2.0	0.15	1.18				9.6			
						4	69—113	褐棕色	中壤土	片状	8.5	2.4	0.19	1.25				10.8			
						5	113—140	黄白色	砂壤土	屑粒状	8.3	1.1	0.06	1.15				10.3			
						6	140—150	褐棕色	轻壤土	碎块状	8.3	2.7	0.24	1.40				12.4			
剖15	半淋溶土	褐土	褐土性土	硅质褐土性土	白石渣土	1	0—2	灰棕色	砂壤土	屑粒状	7.5	7.2	0.35	0.09	23.2	5.1	109	2.0	风积沙	E 114°19′19.2″ N 37°57′23.8″	77
						2	2—17	褐棕色	砂壤土	屑粒状	7.4	6.4	0.35	0.10	22.7	7.7	54	2.3			
						3	17—														
剖16	半淋溶土	褐土	石灰性褐土	壤质洪积石灰性褐土	浅位厚层石灰质褐土	1	0—20	浅褐色	轻壤土	碎块状	8.1	7.5	0.46	0.74				22.7		E 114°21′25.8″ N 37°56′15.6″	99
						2	20—100	褐色	砾石	碎块状	8.0	3.8	0.33	0.41				31.5			
						3	100—150	褐色	重壤土	碎块状	7.8	1.7	0.20	0.38				29.9			
剖17	半淋溶土	褐土	褐土性土	砂岩褐土性土		1	0—2	灰棕色	轻壤土	屑粒状	7.5	7.2	0.35	0.20				2.0	砂岩	E 114°21′22.0″ N 37°54′14.8″	79
						2	2—17	褐棕色	轻壤土	屑粒状	7.4	6.4	0.35	0.22				2.3			
剖18	半淋溶土	褐土	石灰性褐土	壤质冲积石灰性褐土	轻壤质石灰性褐土	1	0—15	黄棕色	轻壤土	碎块状	8.3	10.5	0.70	1.35				12.9		E 114°16′39.5″ N 37°54′09.5″	88
						2	15—40	黄棕色	轻壤土	碎块状	8.2	8.6	0.64	1.27				11.3			
						3	40—150	褐色	轻壤土	碎块状	8.2	4.5	0.40	1.14				10.7			
剖19	半淋溶土	褐土	石灰性褐土	耕种黄土质褐土性土	黄土质轻壤质石灰性褐土	1	0—15	浅黄褐色	轻壤土	碎块状	8.3	17.0	0.76	1.17				13.5		E 114°23′28.9″ N 37°53′57.0″	85
						2	15—36	浅黄褐色	轻壤土	碎块状	8.5	7.6	0.57	1.13				13.4			
						3	36—80	黄褐色	轻壤土	碎块状	8.4	3.5	0.28	1.07				12.7			
						4	80—110	黄褐色	轻壤土	碎块状	8.5	2.2	0.19	1.06				13.0			
						5	110—150	灰白色	轻壤土	碎块状	8.5	2.1	0.17	1.15				11.5			

栾 城 区

主要土类说明

褐土是栾城区主要土壤类型，占本区地域面积的 96%。褐土形成区具有干寒同季、雨热同期、干湿季节明显和四季分明的气候特征。褐土分布区地势西北部较高，海拔约为 65m，东南部较低，海拔约为 45m，总体地势自西北向东南倾斜。东部和西部较高，中间稍低，地势由东西两端向中间缓慢降低。成土母质主要是洪冲积黄土性母质，此外尚有残留的红土母质和沙河两岸的砂土母质。黄土性母质中钙和钾很丰富，具有一定的肥力水平。本区以种植小麦、玉米和棉花为主，其次是谷子、高粱和部分水稻，粮食作物多为一年两熟制。土壤不断被河流沉积物覆盖，发育成褐土，土体构造一般为上松下紧。这些沉积物一般都是被流水搬来的表土，都含有一定的有机质及养分。褐土具有黏化与钙质淋移淀积特征。该土壤盐基饱和，处于硅铝风化阶段，有明显的淀积黏化层。在其 A-B-C 剖面构型中，B 层呈棕褐色。土壤 pH 为 7.0—7.5，盐基饱和度在 80% 以上；B 层下部有假菌丝状钙积层。

本区域中心区气候特征

本区域中心区气候特征值
Regional climate characteristics in central area of the region

气候带：暖温带亚湿润气候 Climate region: Warm temperate subhumid climate	
年平均气温 /℃ Annual average temperature /℃	13.5
年平均最高气温 /℃ Annual average maximum temperature /℃	19.2
年平均最低气温 /℃ Annual average minimum temperature /℃	8.6
年降水量 /mm Annual precipitation /mm	528
≥10℃的积温 /℃ Daily temperature accumulated in a year (≥10℃) /℃	4832
年日照时数 /h Annual sunshine /h	2432
年平均相对湿度 /% Annual average relative humidity /%	62
干燥度 Dryness	1.53

本区域中心区月平均气温与月平均降水量
Monthly temperature and precipitation in central area of the region

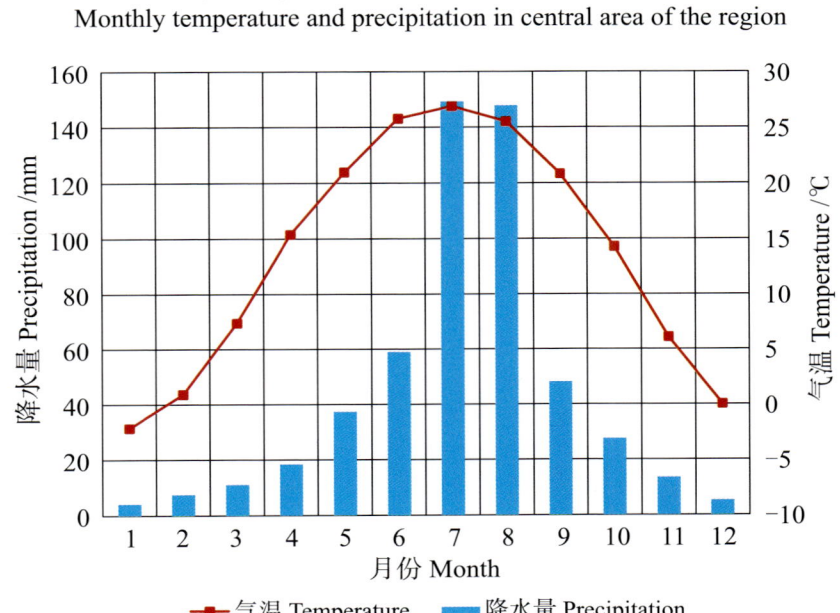

栾城县主要土壤类型与土壤剖面点分布图

1:110 000

图 例
- 褐土
- ⊗ 剖面点

注：国务院2014年9月批准，撤销栾城县，设立栾城区。

栾城区土壤剖面理化性状表

剖面号 Soil profile	土纲 Soil order	土类 Soil great group	亚类 Soil subgroup	土属 Soil genus	土种 Soil species	土层码 Layer code	土层厚度 Depth/cm	颜色 Soil color	质地 Soil texture	土壤结构 Soil structure	剖面点坐标 Profile coordinate	匹配指数 Matching index/%
剖1	半淋溶土	褐土	石灰性褐土	洪冲积壤质石灰性褐土	深位中层黏壤轻壤质石灰性褐土	1	0—20	灰棕色	轻壤土	团块状	E 114°42′52.8″ N 37°54′41.2″	86
						2	20—50	灰棕色	中壤土	团块状		
						3	50—80	灰褐色	重壤土	块状		
						4	80—100	褐色	中壤土	块状		
						5	100—	褐色	轻壤土	屑粒状		
剖2	半淋溶土	褐土	潮褐土	洪冲积壤质潮褐土	轻壤质潮褐土	1	0—20	灰色	轻壤土	团块状	E 114°37′16.7″ N 37°54′06.5″	97
						2	20—41	灰色	轻壤土	团块状		
						3	41—62	灰黄色	轻壤土	团块状		
						4	62—	灰棕色	中壤土	核状		
剖3	半淋溶土	褐土	石灰性褐土	洪冲积壤质石灰性褐土	轻壤质石灰性褐土	1	0—12	灰褐色	轻壤土	团块状	E 114°33′23.3″ N 37°51′00.8″	97
						2	12—18	灰褐色	轻壤土	团块状		
						3	18—73		轻壤土	团块状		
						4	73—79		中壤土	核状		

井 陉 县

主要土类说明

褐土是井陉县主要土壤类型，占本县地域面积的 98%，是本县分布最广的土类，上至中山部位的阳坡面，下至盆地中部的岗坡台地及高阶地均有广泛分布。受半干旱半湿润暖温性季风气候的影响，褐土分布区年降水量较少，土壤常处于半干旱状态，淋溶作用小。土壤具有黏化过程和白色假菌丝状钙积层，呈中性或微碱性。自然植被主要是旱生灌木、旱生阔叶林类和半耐旱草本植物。随海拔、基岩性质、地下水埋深的变化，褐土呈现不同的发育程度，可分为石灰性褐土、草甸褐土、褐土、淋溶褐土、褐土性土等亚类。石灰性褐土亚类是在低山丘陵地带，由灰岩风化物、黄土状母质及洪积物、冲积物发育而来的土壤，因地势较高，排水条件良好，土壤形成不受地下水影响。土体中的石灰已有轻度淋溶，假菌丝状钙积层明显，全剖面呈微碱性。草甸褐土亚类分布在低山丘陵的下部，主要分布在绵河、甘陶河和冶河两岸的高阶地上，以及变质岩区的山泉沟谷。地势低平，地下水对土体的底部有不同程度的影响，地下水周期升降活动，使底土具有氧化还原特征，可见到锈色斑纹。而上部土层的发育特点仍属轻度淋溶的褐土化过程。这表明土壤的发育处在褐土与草甸土的过渡阶段，以褐土化过程为主、草甸化过程为辅。褐土亚类分布在低山丘陵地带的上部，淋溶作用有所加强，表土的石灰被淋洗到心土层以下，形成假菌丝状钙积层，石灰反应呈现自上而下增强的趋势，表明土壤发育到典型褐土阶段。另外，由酸性岩、基性岩、砂岩以及白云岩、硅质灰岩残积物发育的土壤，如剖面无明显的钙积层和石灰反应，则也属褐土亚类。淋溶褐土亚类分布于海拔 800—1000m 的中低山区，由于淋溶作用的持续进行，土壤多为脱钙淋溶型，深度为 1.0—1.5m 土体无明显的石灰反应，草被灌丛覆盖度较高，酸枣、荆条等旱生植被稀少，表明土壤发育到褐土与棕壤的过渡阶段。褐土性土亚类分布在本县石质低山丘陵地带的页岩及部分灰岩母质上，因坡度大，降水径流对地表侵蚀严重。成土过程时常被中断，基岩裸露面积大，植被稀疏，土壤剖面无明显的发育特征，砾石含量高。这类土壤处在褐土发育的初期阶段。

小于本县地域面积 3% 的土壤类型还有潮土等。

本区域中心区气候特征

本区域中心区气候特征值
Regional climate characteristics in central area of the region

气候带：暖温带亚湿润气候 Climate region: Warm temperate subhumid climate	
年平均气温 /℃ Annual average temperature /℃	12.7
年平均最高气温 /℃ Annual average maximum temperature /℃	18.7
年平均最低气温 /℃ Annual average minimum temperature /℃	7.5
年降水量 /mm Annual precipitation /mm	499
≥10℃的积温 /℃ Daily temperature accumulated in a year (≥10℃) /℃	4554
年日照时数 /h Annual sunshine /h	2438
年平均相对湿度 /% Annual average relative humidity /%	61
干燥度 Dryness	1.51

本区域中心区月平均气温与月平均降水量
Monthly temperature and precipitation in central area of the region

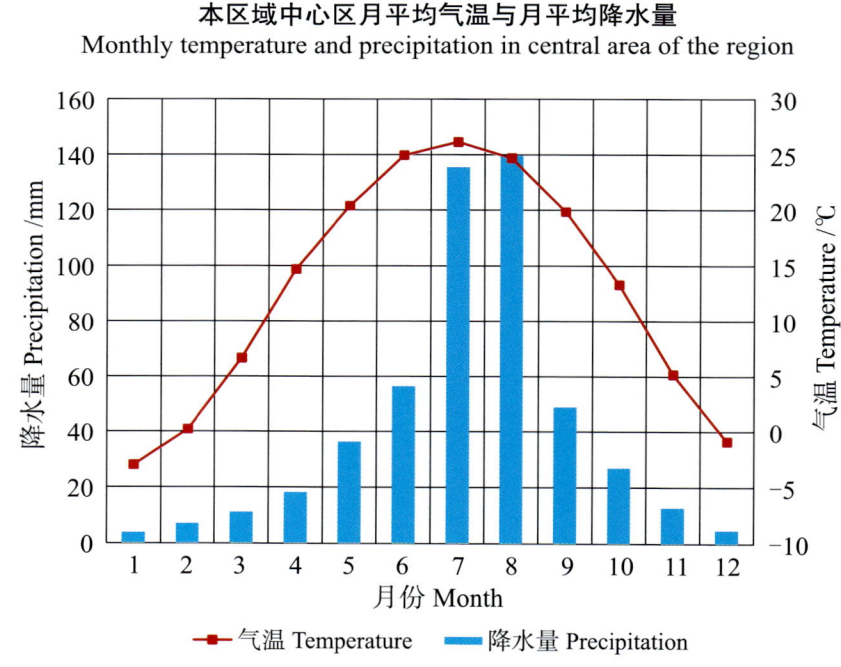

井陉县主要土壤类型与土壤剖面点分布图
1∶200 000

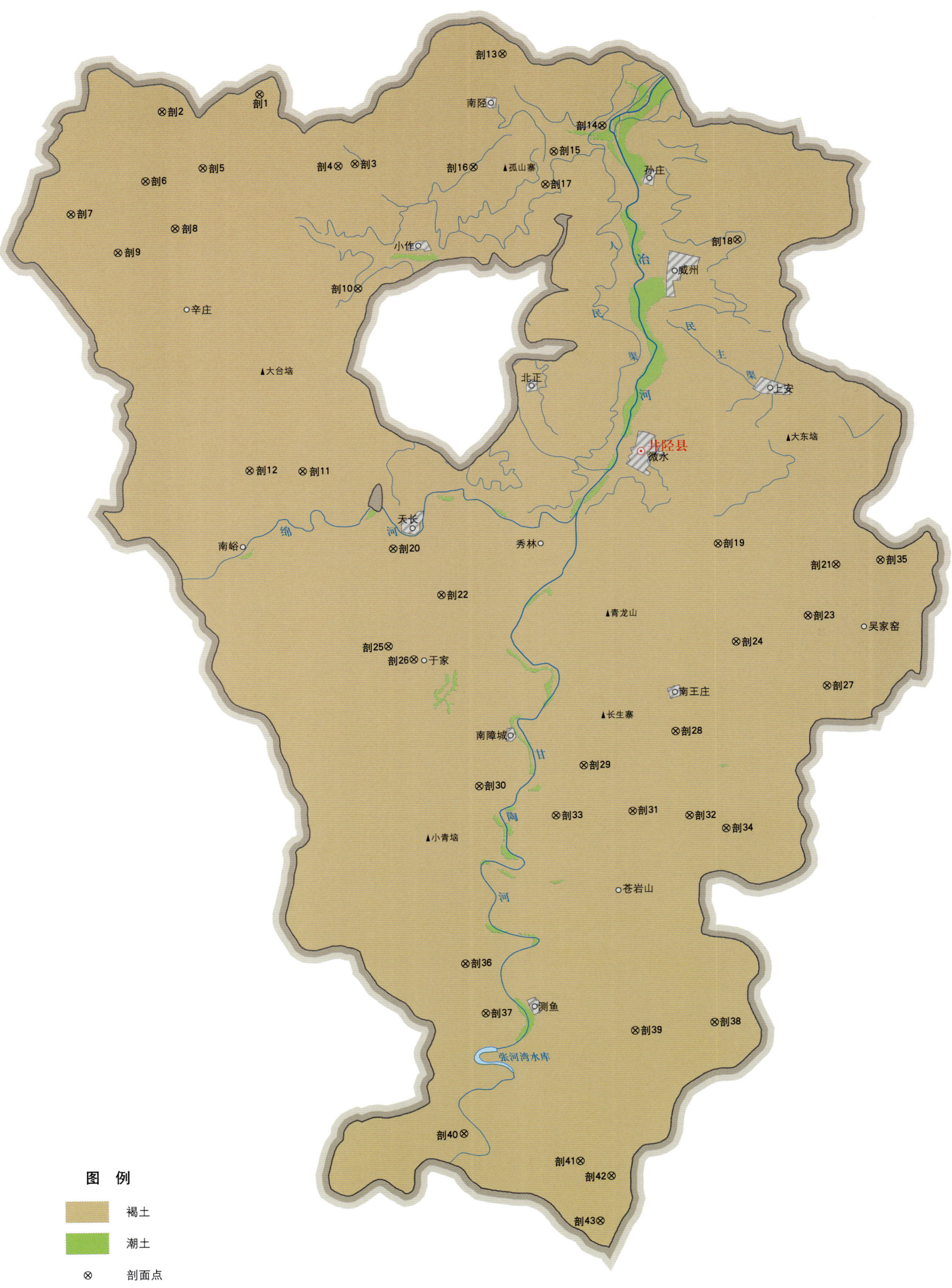

图 例
- 褐土
- 潮土
- ⊗ 剖面点

井陉县土壤剖面理化性状表

剖面号 Soil profile	土纲 Soil order	土类 Soil great group	亚类 Soil subgroup	土属 Soil genus	土种 Soil species	土层码 Layer code	土层厚度 Depth/cm	颜色 Soil color	质地 Soil texture	土壤结构 Soil structure	pH	有机质 OM/(g/kg)	全氮 TN/(g/kg)	全磷 TP/(g/kg)	阳离子交换量 CEC/(cmol/kg)	土壤母质 Parent material	剖面点坐标 Profile coordinate	匹配指数 Matching index/%
剖1	半淋溶土	褐土	褐土	页岩类褐土	页岩类中层少砾轻壤质褐土	1	0—19	棕褐色	轻壤土	屑粒状	6.8	35.4	1.89	0.55	12.3	页岩类	E 113°55′49.7″ N 38°10′56.4″	93
						2	19—31	棕褐色	轻壤土	碎块状	7.4	34.8	1.95	0.45	12.0			
						3	31—											
剖2	半淋溶土	褐土	淋溶褐土	碳酸岩类淋溶褐土	碳酸岩类中层壤质淋溶砾轻壤质褐土	1	0—3		轻壤土		7.1	57.3	2.31	0.29	18.4	碳酸岩类	E 113°52′45.3″ N 38°10′25.0″	86
						2	3—13	灰褐色	轻壤土	屑块状	6.9	53.9	2.05	0.34	25.7			
						3	13—31	褐棕色	轻壤土	碎块状	7.4	14.3	0.73	0.21	37.1			
						4	31—56	红褐色	重壤土	块状	7.5	11.8	0.62	0.34				
剖3	半淋溶土	褐土	石灰性褐土	花岗岩类石灰性褐土	花岗岩类中层砾壤质石灰性褐土	1	0—12	灰棕色	轻壤土	屑粒状	7.5	11.8	0.62	0.34	5.1	花岗岩类	E 113°58′55.2″ N 38°09′14.0″	92
						2	12—32	灰棕色	轻壤土	碎粒状	7.3	9.8	0.51	0.91	8.2			
						3	32—											
剖4	半淋溶土	褐土	褐土性	花岗岩类褐土性土	碳酸岩类中层少砾壤质褐土	1	0—12	暗棕色	轻壤土	屑粒状	7.5	11.8	0.62	0.34	5.1	花岗岩类	E 113°58′23.5″ N 38°09′10.1″	84
						2	12—32	暗棕色	轻壤土	碎粒状	7.3	9.8	0.51	0.91	8.2			
剖5	半淋溶土	褐土	淋溶褐土	碳酸岩类淋溶褐土	碳酸岩类中层少砾壤质石灰性褐土	1	0—16	棕褐色	轻壤土	碎粒状	7.2	45.0	2.49	0.37	15.4	碳酸岩类	E 113°54′06.6″ N 38°09′00.6″	71
						2	16—33	棕褐色	中壤土	屑粒状	7.5	41.6	2.36	0.32	22.2			
剖6	半淋溶土	褐土	淋溶褐土	砂岩类淋溶褐土	砂岩类中层轻壤质淋溶褐土	1	0—2		重壤土		7.0	132.0	5.39	0.56	10.0	砂岩类	E 113°52′18.1″ N 38°08′37.7″	95
						2	2—21	灰棕色	轻壤土	屑粒状	5.8	50.2	2.19	0.42	17.4			
						3	21—38	棕褐色	砂壤土	屑粒状	6.2	27.7	1.11	0.74	11.1			
						4	38—50					6.6	0.27	0.07	22.6			
剖7	半淋溶土	褐土	淋溶褐土	碳酸岩类淋溶褐土	碳酸岩类中层轻壤质淋溶石灰性褐土	1	0—6		轻壤土		7.3	157.1	6.15	0.40	35.5	碳酸岩类	E 113°49′58.7″ N 38°07′43.2″	78
						2	6—12	暗棕色	轻壤土	团粒状	7.2	52.6	2.44	0.40	24.4			
						3	12—29	棕褐色	轻壤土	碎粒状	7.2	23.7	0.98	0.15	22.6			
						4	29—45	暗棕色	中壤土	块状	7.1	15.3	0.67	0.14	19.7			
						5	45—72	棕褐色	重壤土	块状	7.3	14.6	0.69	0.19	31.4			
剖8	半淋溶土	褐土	石灰性褐土	洪冲积物类石灰性褐土	深位厚层砂砾壤质石灰性褐土	1	0—14	棕褐色	轻壤土	屑粒状	7.7	13.9	0.84	0.42	8.9	洪积物、冲积物	E 113°53′17.8″ N 38°06′26.0″	85
						2	14—20	灰棕色	砾壤土	碎粒状	7.8	5.6	0.35	0.19	11.8			
						3	20—68	灰棕色	砾壤土	块状	7.7	10.3	0.52	0.20				
						4	68—83	暗棕色	砾壤土	碎块状	7.2	2.7	0.17	0.16				
剖9	半淋溶土	褐土	褐土	碳酸岩类褐土	堆垫型砂砾中层轻壤质石灰性褐土	1	0—8	棕褐色	轻壤土	屑粒状	7.1	26.6	1.09	0.29	8.9	碳酸岩类	E 113°51′30.6″ N 38°06′46.1″	75
						2	8—29	棕褐色	轻壤土	碎粒状	7.2	20.7	0.96	0.26	14.8			
						3	29—46	灰棕色	轻壤土	碎粒状	8.1	8.7	0.53	0.26	18.9			
剖10	半淋溶土	褐土	石灰性褐土	堆垫型壤质石灰性褐土	堆垫型中层轻壤质石灰性褐土	1	0—18	褐棕色	砾壤土	碎粒状	8.4	13.1	0.75	0.53	2.6	人工堆垫物	E 113°59′08.2″ N 38°06′01.4″	71
						2	18—34	黄棕色	轻壤土	碎粒状	8.8	5.5	0.37	0.50	1.1			
剖11	半淋溶土	褐土	石灰性褐土	碳酸岩类石灰性褐土	碳酸岩类中层少砾壤质石灰性褐土	1	0—16	浅棕色	中壤土	碎块状	7.7	14.0	0.83	0.35		碳酸岩类	E 113°57′33.8″ N 38°01′17.4″	86
						2	16—31	棕褐色	中壤土	碎块状	7.8	12.2	0.80	0.35				
						3	31—66	棕褐色	中壤土	碎块状	7.8	6.8	0.58	0.32				
剖12	半淋溶土	褐土	石灰性褐土	堆垫型薄层石灰性褐土	堆垫型薄层石灰性褐土	1	0—27	黄棕色	轻壤土	屑粒状	7.9	6.0	0.39	0.38	6.8	人工堆垫物	E 113°55′53.0″ N 38°01′16.0″	79
剖13	半淋溶土	褐土	褐土性	花岗岩类褐土性土		1	0—2	暗棕色	砂壤土	碎粒状	7.4	6.6	0.41	0.23	3.6	花岗岩类	E 114°03′28.8″ N 38°12′10.1″	90
						2	2—29	灰棕色	砂壤土	碎粒状	7.0	0.9	0.07	0.27	1.9			
剖14	半淋溶土	褐土	潮褐土	洪冲积物质潮褐土	轻壤质潮褐土	1	0—19	浅棕色	轻壤土	屑粒状	8.0	12.8	0.80	0.57	17.1	洪积物、冲积物	E 114°06′42.5″ N 38°10′23.9″	91
						2	19—34	浅棕色	轻壤土	屑粒状	8.2	7.5	0.40	0.31	14.6			
						3	34—65	浅棕色	轻壤土	碎粒状	8.0	10.0	0.66	0.57	11.4			
						4	65—103	灰棕色	砂壤土	碎粒状	8.3	8.5	0.50	0.54	11.7			
						5	103—150	褐棕色	轻壤土	碎粒状	8.1	8.0	0.43	0.51	13.5			

续表 Continued

剖面号 Soil profile	土纲 Soil order	土类 Soil great group	亚类 Soil subgroup	土属 Soil genus	土种 Soil species	土层码 Layer code	土层厚度 Depth/cm	颜色 Soil color	质地 Soil texture	土壤结构 Soil structure	pH	有机质 OM/(g/kg)	全氮 TN/(g/kg)	全磷 TP/(g/kg)	阳离子交换量 CEC/(cmol/kg)	土壤母质 Parent material	剖面点坐标 Profile coordinate	匹配指数 Matching index/%
剖15	半淋溶土	潮土	潮褐土	灌淤型壤质潮褐土	灌淤型中层壤质轻褐土	1	0—20	棕褐色	轻壤土	碎粒状	7.9	8.8	0.53	0.55	14.0	人工灌淤物	E 114°05′12.1″ N 38°09′42.1″	70
						2	20—33	棕褐色	轻壤土	碎粒状	8.0	4.0	0.27	0.52	14.3			
剖16	半淋溶土	褐土	石灰性褐土	洪积型壤质石灰性褐土	轻壤质石灰性褐土	1	0—20	灰棕色	轻壤土	屑粒状	7.8	12.7	0.76	0.55	12.9	洪积物、冲积物	E 114°02′40.2″ N 38°09′14.4″	83
						2	20—37	黄棕色	轻壤土	屑粒状	7.7	5.0	0.37	0.44	10.8			
						3	37—56	黄棕色	轻壤土	碎块状	7.8	4.5	0.31	0.40	10.4			
						4	56—82	黄棕色	轻壤土	碎块状	7.8	4.0	0.30	0.32	8.5			
						5	82—150	棕褐色	轻壤土	碎块状	7.8	3.9	0.30	0.32	9.5			
剖17	半淋溶土	褐土	潮褐土	灌淤型壤质潮褐土	灌淤型薄层壤质潮褐土	1	0—17	棕褐色	轻壤土	碎粒状	8.1	9.8	0.59	0.58	11.7	人工灌淤物	E 114°04′57.7″ N 38°08′51.0″	72
						2	17—27	棕褐色	轻壤土		8.1	6.2	0.40	0.56	12.2			
剖18	半淋溶土	褐土	石灰性褐土	黄土质洪积壤质石灰性褐土	黄土洪冲积轻壤质石灰性褐土	1	0—18	灰棕色	轻壤土	屑粒状	8.1	12.5	0.74	0.50	13.2	黄土状洪积物、冲积物	E 114°11′05.6″ N 38°07′33.5″	77
						2	18—33	棕褐色	轻壤土	碎粒状	8.1	10.7	0.66	0.52	13.1			
						3	33—55	黄棕色	中壤土	碎块状	8.1	7.5	0.46	0.50	12.7			
						4	55—100	棕褐色	轻壤土	碎块状	7.9	7.2	0.43	0.51	13.6			
						5	100—150	棕褐色	轻壤土	碎块状	8.0	5.0	0.37	0.37	16.2			
剖19	半淋溶土	褐土	石灰性褐土	黄土质壤质石灰性褐土	黄土质轻壤质石灰性褐土	1	0—18	灰棕色	轻壤土	屑粒状	7.7	11.5	0.76	0.70	12.9	黄土状母质	E 114°10′44.7″ N 37°59′42.3″	84
						2	18—34	浅灰棕色	轻壤土	碎粒状	7.8	8.5	0.59	0.49	13.5			
						3	34—93	浅灰棕色	中壤土	碎块状	7.6	8.2	0.56	0.56	11.7			
						4	93—150	棕褐色	中壤土	屑粒状	7.8	6.6	0.50	0.50	12.1			
剖20	半淋溶土	褐土	潮褐土	河流冲积壤质潮褐土	轻壤质潮褐土	1	0—18	暗棕褐色	轻壤土	屑粒状	7.6	19.5	1.06	0.67	11.5	河流冲积物	E 114°00′29.5″ N 37°59′21.1″	80
						2	18—25	褐棕色	中壤土	碎粒状	7.9	13.2	0.74	0.50	10.8			
						3	25—54	褐棕色	中壤土	屑粒状	7.9	7.9	0.50	0.48	13.1			
						4	54—120	棕褐色	中壤土	碎块状	7.8	6.0	0.40	0.44	13.0			
						5	120—150	棕褐色	黏土	碎块状								
剖21	半淋溶土	褐土	褐土性土	基性岩类褐土	基性岩类中层壤质少砾壤土	1	0—7	灰棕色	轻壤土	屑粒状	7.5	11.6	0.50	0.37	10.5	基性岩类	E 114°14′29.8″ N 37°59′14.2″	100
						2	7—25	褐棕色	轻壤土	碎粒状	7.7	3.7	0.10	0.30				
剖22	半淋溶土	褐土	石灰性褐土	基性岩类壤土石灰性褐土	基性岩类中层壤质石灰性砾壤土	1	0—9	灰棕色	轻壤土	屑粒状	7.4	23.7	1.30	0.96	8.8	基性岩类	E 114°02′03.5″ N 37°58′12.0″	93
						2	9—20	浅棕色	中壤土	碎粒状	8.1	18.7	0.47	0.66	8.5			
						3	20—37	棕褐色	砾质土	碎块状	8.2	6.0	0.35	0.29	6.5			
剖23	半淋溶土	褐土	石灰性褐土	堆垫型壤质石灰性褐土	堆垫型中层壤质石灰性褐土	1	0—20	棕褐色	轻壤土	屑粒状	8.0	13.7	0.84	0.52	11.3	人工堆垫物	E 114°13′39.4″ N 37°57′54.7″	93
						2	20—43	褐棕色	中壤土	碎粒状	8.1	11.5	0.74	0.49	13.5			
						3	43—58	褐棕色	中壤土	屑粒状	8.1	7.3	0.50	0.46	9.6			
剖24	半淋溶土	褐土	褐土性土	砂岩类壤土性土	砂岩类薄层多砾轻壤质土	1	0—9	棕褐色	中壤土	屑粒状	7.7	10.8	0.69	0.52	8.3	砂岩类	E 114°11′24.4″ N 37°57′12.2″	74
						2	9—18	褐棕色	轻壤土	碎粒状	7.6	7.4	0.50	0.46	7.3			
						3	18—28	褐棕色	砂壤土	屑粒状	7.8	4.9	0.34	0.49	4.1			
剖25	半淋溶土	褐土	石灰性褐土	耕种碳酸盐岩类石灰性褐土	碳酸岩类薄层少砾轻壤质石灰性褐土	1	0—17	灰棕色	轻壤土	屑粒状	8.0	9.3	0.48	0.39		碳酸岩类	E 114°00′25.9″ N 37°56′51.0″	89
						2	17—29	褐棕色	中壤土	屑粒状	8.1	6.3	0.42	0.34				
						3	29—62	褐棕色	中壤土	屑粒状	8.1	3.7	0.29	0.39				
						4	62—124	暗棕色	中壤土	碎粒状	7.9	2.7	0.17	0.18				
剖26	半淋溶土	褐土	石灰性褐土	耕种碳酸盐岩类石灰性褐土	碳酸岩类中层石灰性砾壤质褐土	1	0—14	棕色	轻壤土	碎粒状	7.6	30.6	1.36	0.23	11.9	碳酸岩类	E 114°01′14.9″ N 37°56′31.6″	93
						2	14—29	棕色	轻壤土	屑粒状	7.7	25.4	1.18	0.33	12.8			
						3	29—43	浅棕色	轻壤土	碎块状	7.7	13.2	0.64	0.22	9.1			
剖27	半淋溶土	褐土	褐土	花岗岩类褐土	花岗岩类中层多砾轻壤质褐土	1	0—14	棕色	砂壤土	碎粒状	6.3	29.8	1.42	0.29	7.7	花岗岩类	E 114°14′18.8″ N 37°56′07.0″	97
						2	14—23	棕色	轻壤土	屑粒状	7.3	11.7	0.58	1.50	4.9			
						3	23—32	浅棕色	砂壤土	碎粒状	7.2	4.2	0.25	0.10	3.5			
						4	32—48	褐棕色	砂壤土	碎粒状		6.3	0.33	0.15	4.6			

续表 Continued

剖面号 Soil profile	土纲 Soil order	土类 Soil great group	亚类 Soil subgroup	土属 Soil genus	土种 Soil species	土层码 Layer code	土层厚度 Depth/cm	颜色 Soil color	质地 Soil texture	土壤结构 Soil structure	pH	有机质 OM/(g/kg)	全氮 TN/(g/kg)	全磷 TP/(g/kg)	阳离子交换量CEC/(cmol/kg)	土壤母质 Parent material	剖面点坐标 Profile coordinate	匹配指数 Matching index/%
剖28	半淋溶土	褐土	石灰性褐土	砂岩类石灰性褐土	砂岩类中层少砾轻壤质石灰性褐土	1	0—7	暗褐色	轻壤土	屑粒状	8.3	24.3	1.21	0.35	16.3	砂岩类	E 114°09′33.8″ N 37°54′50.8″	88
						2	7—18	棕褐色	轻壤土	屑粒状	8.4	12.9	0.42	0.24	19.3			
						3	18—21	棕褐色	轻壤土	屑粒状								
剖29	半淋溶土	褐土	石灰性褐土	砂岩类石灰性褐土	砂岩类中层多砾轻壤质石灰性褐土	1	0—9	褐棕色	轻壤土	碎粒状	7.5	23.3	1.19	0.29	22.1	砂岩类	E 114°06′42.1″ N 37°53′54.6″	93
						2	9—24	褐棕色	轻壤土	碎粒状	7.5	20.5	1.06	0.44	18.2			
						3	24—35	褐棕色	轻壤土	碎粒状	8.0	2.7	0.16	0.04				
						4	35—60	黄棕色	轻壤土	碎粒状								
剖30	半淋溶土	褐土	石灰性褐土	碳酸岩类石灰性褐土	碳酸岩类中层多砾轻壤质石灰性褐土	1	0—10	暗棕色	轻壤土	屑粒状	7.8	21.0	1.06	0.34	9.1	碳酸岩类	E 114°03′24.6″ N 37°53′18.0″	88
						2	10—24	暗棕色	轻壤土	屑粒状	7.3	17.9	0.99	0.38	11.5			
						3	24—34	褐棕色	轻壤土	屑粒状	7.8	13.5	0.79	0.31	9.1			
剖31	半淋溶土	褐土	石灰性褐土	耕种砂岩类石灰性褐土	砂岩类厚层轻壤质石灰性褐土	1	0—17	棕褐色	轻壤土	碎粒状	7.9	11.3	0.70	0.27	22.2	砂岩类	E 114°08′16.6″ N 37°52′45.2″	97
						2	17—38	棕褐色	轻壤土	碎粒状	8.0	11.0	0.67	0.26	24.5			
						3	38—76	棕褐色	轻壤土	碎粒状	8.0	8.8	0.54	0.22	21.1			
						4	76—94	棕褐色	轻壤土	碎粒状	8.0	8.7	0.57	0.34	23.7			
剖32	半淋溶土	褐土	褐土	基性岩类褐土	基性岩类中层少砾轻壤质褐土	1	0—9	灰棕色	轻壤土	屑粒状	7.4	46.0	2.08	0.64	19.2	基性岩类	E 114°10′04.4″ N 37°52′40.3″	97
						2	9—17	灰棕色	轻壤土	屑粒状	7.7	38.6	2.33	0.67	19.0			
						3	17—35	棕褐色	轻壤土	碎粒状	7.5	42.2	2.59	0.70	19.9			
剖33	半淋溶土	褐土	褐土性土	页岩类褐土性土	页岩类薄层多砾轻壤质褐土性土	1	0—4	红棕色	轻壤土	屑粒状	8.0	6.8	0.36	0.10	2.1	页岩类	E 114°05′51.7″ N 37°52′35.4″	75
						2	4—24	红棕色	轻壤土	碎粒状	8.0	6.2	0.31	0.10	2.2			
						3	24—47	红棕色	轻壤土	碎粒状								
剖34	半淋溶土	褐土	褐土性土	页岩类褐土性土	页岩类中层多砾轻壤质褐土	1	0—3	暗棕色	轻壤土	屑粒状	7.5	5.6	0.29	0.09	1.5	页岩类	E 114°11′14.8″ N 37°52′21.7″	96
						2	3—19	暗棕色	轻壤土	碎粒状	7.3	4.5	0.26	0.07	0.2			
						3	19—27	棕褐色	轻壤土	碎粒状								
剖35	半淋溶土	褐土	石灰性褐土	碳酸岩类石灰性褐土		1	0—7	灰棕色	轻壤土	碎粒状	7.8	9.7	0.54	0.25	8.5	碳酸岩类	E 114°15′53.7″ N 37°59′22.9″	77
						2	7—21	浅褐色	砾质土	碎粒状	8.0	7.2	0.50	0.36	8.5			
剖36	半淋溶土	褐土	褐土性土	页岩类褐土性土	页岩类中层多砾轻壤土	1	0—9	暗褐色	轻壤土	碎粒状	7.5	8.1	0.51	0.16	6.4	页岩类	E 114°03′07.9″ N 37°48′43.2″	95
						2	9—24	鲜褐色	砾质土	碎粒状	8.1	4.0	0.32	0.10	6.3			
						3	24—35	红棕色	砾质土	碎粒状								
剖37	半淋溶土	褐土	褐土	砂岩类褐土	砂岩类中层少砾轻壤质褐土	1	0—6	灰棕色	轻壤土	屑粒状	7.5	34.8	1.99	0.58	10.8	砂岩类	E 114°03′48.5″ N 37°47′27.7″	93
						2	6—18	灰棕色	轻壤土	碎粒状	7.3	27.7	1.58	0.55	10.6			
						3	18—30	浅棕色	砂壤土	粒状	7.3	22.5	1.29	0.53	8.9			
						4	30—110	浅棕色	砾质土	碎粒状		3.4	0.19	0.08	1.4			
剖38	半淋溶土	褐土	褐土	洪冲积褐质褐土	轻壤质褐土	1	0—21	灰褐色	中壤土	碎粒状	6.9	13.9	9.20	0.40	8.1	洪积物、冲积物	E 114°11′01.7″ N 37°47′22.2″	94
						2	21—36	褐色	中壤土	碎粒状	7.3	3.7	0.27	0.24	5.6			
						3	36—74	褐色	中壤土	碎粒状	7.6	4.0	0.27	0.33	9.6			
						4	74—115	褐色	中壤土	碎粒状	7.7	5.2	0.25	0.30	9.7			
						5	115—150	褐色	中壤土	碎粒状								
剖39	半淋溶土	褐土	褐土	黄土质褐质褐土	中壤质黄土质褐土	1	0—16	棕褐色	中壤土	碎粒状	6.7	27.4	1.21	0.48	17.7	黄土状母质	E 114°08′32.3″ N 37°47′06.7″	72
						2	16—40	棕褐色	中壤土	碎粒状	7.1	11.0	0.67	0.40	16.9			
						3	40—67	棕褐色	中壤土	屑粒状	7.5	9.6	0.60	0.40	19.2			
						4	67—83	棕褐色	中壤土	碎块状	7.6	5.6	0.47	0.62	20.5			
剖40	半淋溶土	褐土	石灰性褐土	基性岩类石灰性褐土		1	0—10	暗褐色	轻壤土	屑粒状	7.8	23.1	1.37	0.46	9.3	基性岩类	E 114°03′13.4″ N 37°44′24.0″	100
						2	10—21	褐棕色	轻壤土	碎块状	7.7	13.7	9.10	0.31	14.5			

续表 Continued

剖面号 Soil profile	土纲 Soil order	土类 Soil great group	亚类 Soil subgroup	土属 Soil genus	土种 Soil species	土层码 Layer code	土层厚度 Depth/cm	颜色 Soil color	质地 Soil texture	土壤结构 Soil structure	pH	有机质 OM/(g/kg)	全氮 TN/(g/kg)	全磷 TP/(g/kg)	阳离子交换量CEC/(cmol/kg)	土壤母质 Parent material	剖面点坐标 Profile coordinate	匹配指数 Matching index/%
剖41	半淋溶土	褐土	褐土	耕种黄土质壤质褐土	覆盖砂岩中层黄土质中壤土褐土	1	0—15	棕褐色	中壤土	屑粒状	6.7	14.7	0.96	0.30	19.0	黄土状母质	E 114°06′54.7″ N 37°43′46.2″	96
						2	15—24	棕色	中壤土	碎块状	6.9	10.7	0.66	0.31	19.4			
						3	24—33	棕色	中壤土	碎块状	6.9	8.5	0.57	0.29	18.1			
						4	33—49	棕色	中壤土	碎块状	7.1	6.2	0.45	0.26	16.0			
剖42	半淋溶土	褐土	淋溶褐土	砂岩类淋溶褐土	砂岩类中层少砾轻壤质淋溶褐土	1	0—7	暗棕色	轻壤土	团粒状	6.7	90.1	3.80	0.41	21.1	砂岩类	E 114°07′54.1″ N 37°43′24.6″	96
						2	7—19	棕色	轻壤土	屑粒状	6.1	75.1	0.76	0.21	12.1			
						3	19—28	浅棕色	轻壤土	屑粒状	6.0	18.7	0.65	0.15	8.5			
						4	28—37	黄棕色	中壤土	屑粒状	6.2	23.6	1.01	0.19	7.1			
剖43	半淋溶土	褐土	淋溶褐土	花岗岩类淋溶褐土	花岗岩类中层少砾轻壤质淋溶褐土	1	0—11	灰棕色	轻壤土	屑粒状	7.4	75.4	3.45	0.52	21.5	花岗岩类	E 114°07′35.1″ N 37°42′15.1″	100
						2	11—29	灰棕色	轻壤土	屑粒状		34.5	1.62	0.39	17.7			
						3	29—37	浅棕色	轻壤土	屑粒状	6.6	33.7	1.47	0.34	16.9			
						4	37—55	浅棕色	轻壤土	碎块状		6.1	0.30	0.12	3.8			

正 定 县

主要土类说明

　　褐土是正定县主要土壤类型，占本县地域面积的 82%，分布于山麓平原的中部或低山、丘陵处，海拔在 45m 左右，属于地带性土壤。气候特征是半干旱半湿润季风气候，夏季高温而多雨，冬季寒冷而干燥。排水条件良好，地下水位较深。其分布特点是具有垂直带谱特征，即随着海拔的增加，土壤中钙质淋溶作用加剧；随着海拔的降低，土壤中钙质淀积作用逐渐显著。山麓平原及沟谷阶地中的褐土，除具有钙质淀积作用外，由于地下水参与成土过程，土壤中铁锰氧化还原交替进行，故土壤剖面上呈现铁子或锈色斑纹。此外，阳坡上褐土的分布部位较阴坡要高。酸性硅铝质母质的褐土分布部位较钙质母质的褐土要低。低山、丘陵褐土的褐色黏化层较为明显，在土层 50—60cm 处，土壤质地为中壤土或重壤土。

　　新积土是正定县第二大土壤类型，占本县地域面积的 8%，主要分布在大沙河和滹沱河的河漫滩上，其中以滹沱河河漫滩分布最广。成土母质均为河流沉积物。该土类为近期流水携带砂石沉积而成，在汛期还可能被河水淹没，土层深厚，质地多为砂土或砂壤土，有时为层状沉积，没有或很少有植物生长，无剖面发育特征，或仅有微弱发育特征，其地下水较浅，水位为 2—3m。但因质地轻、降水渗漏迅速，故旱季土壤干燥、无结构，呈分散的单粒状，通体有石灰反应。

　　小于本县地域面积 3% 的土壤类型还有潮土、水稻土和风沙土等。

本区域中心区气候特征

本区域中心区气候特征值
Regional climate characteristics in central area of the region

气候带：暖温带亚湿润气候 Climate region: Warm temperate subhumid climate	
年平均气温 /℃ Annual average temperature /℃	13.0
年平均最高气温 /℃ Annual average maximum temperature /℃	18.9
年平均最低气温 /℃ Annual average minimum temperature /℃	8.1
年降水量 /mm Annual precipitation /mm	518
≥10℃的积温 /℃ Daily temperature accumulated in a year（≥10℃）/℃	4678
年日照时数 /h Annual sunshine /h	2475
年平均相对湿度 /% Annual average relative humidity /%	61
干燥度 Dryness	1.51

本区域中心区月平均气温与月平均降水量
Monthly temperature and precipitation in central area of the region

正定县主要土壤类型与土壤剖面点分布图
1∶150 000

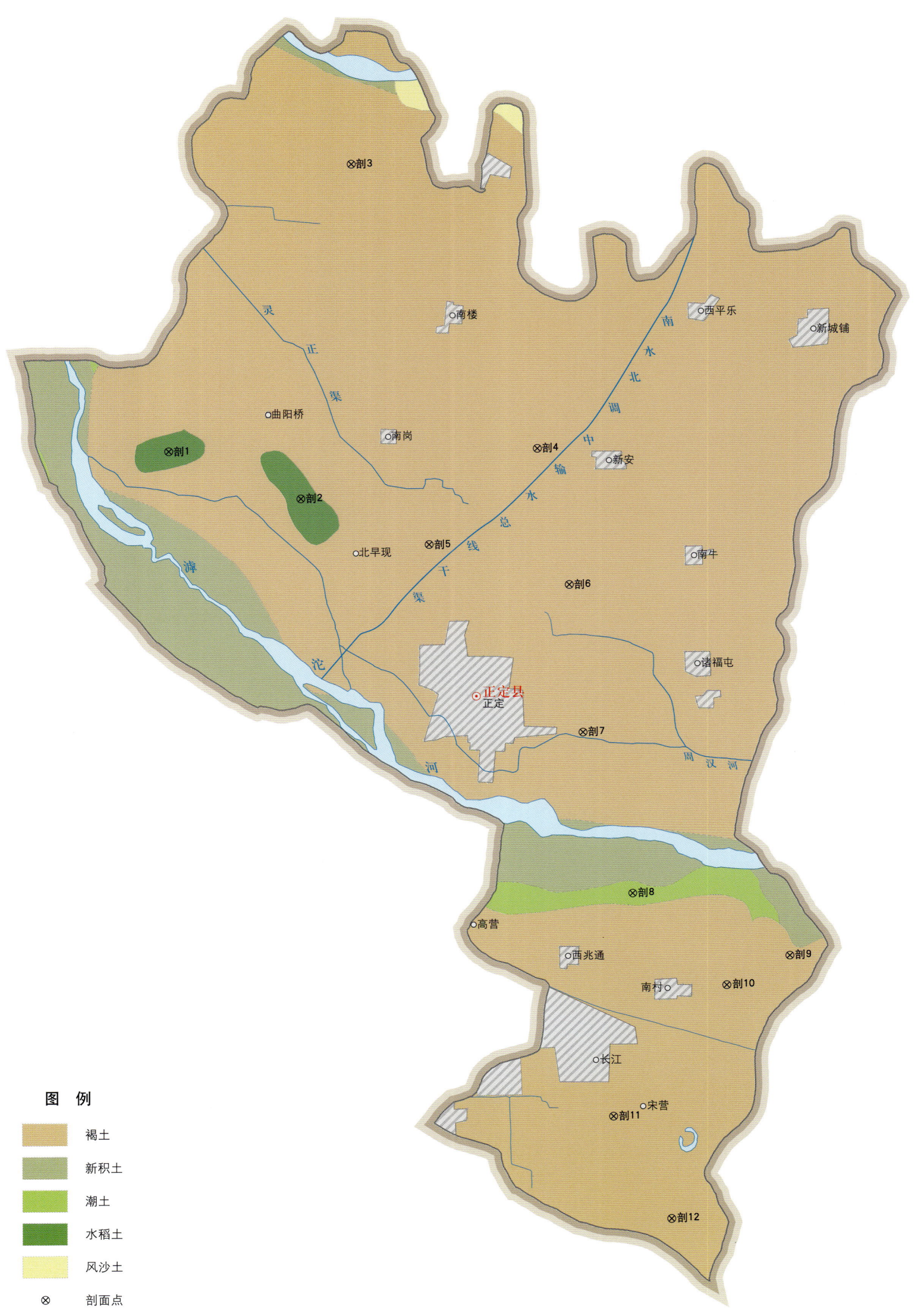

正定县土壤剖面理化性状表

剖面号 Soil profile	土纲 Soil order	土类 Soil great group	亚类 Soil subgroup	土属 Soil genus	土种 Soil species	土层码 Layer code	土层厚度 Depth/cm	质地 Soil texture	pH	有机质 OM/(g/kg)	全氮 TN/(g/kg)	全磷 TP/(g/kg)	碱解氮 AN/(mg/kg)	有效磷 AP/(mg/kg)	速效钾 AK/(mg/kg)	阳离子交换量CEC/(cmol/kg)	剖面点坐标 Profile coordinate	匹配指数 Matching index/%
剖1	人为土	水稻土	潜育水稻土	壤质潜育水稻土	中壤质潜育水稻土	1	0—17	中壤土	7.9	19.2	1.03	0.82	76	1.0	43	14.6	E 114°26′23.3″ N 38°13′29.3″	88
						2	17—78	中壤土	7.6	17.2	1.06	1.08	87	2.0	53	10.9		
						3	78—150	中壤土	8.0	9.0	0.56	0.89	54	3.0	48	8.2		
剖2	人为土	水稻土	潜育水稻土	壤质潜育水稻土	轻壤质潜育水稻土	1	0—17	轻壤土	7.9	15.4	0.93	1.15	96	2.0	35	10.8	E 114°29′26.5″ N 38°12′40.7″	74
						2	17—54	轻壤土	7.8	7.1	0.46	1.07	47	1.0	30	11.2		
						3	54—118	轻壤土	7.8	8.3	0.53	1.19	45	3.0	33	10.4		
						4	118—150	轻壤土	8.1	3.7	0.28	1.04	27	3.0	35	7.7		
剖3	半淋溶土	褐土	潮褐土	砂质潮褐土	深位厚层轻壤砂	1	0—60	砂土	7.9	3.7	0.24	1.61	18	1.0		5.8	E 114°30′22.4″ N 38°18′54.3″	92
						2	60—150	轻壤土	7.9	5.6	0.33	0.73	18	1.0		20.8		
剖4	半淋溶土	褐土	潮褐土	壤质潮褐土	浅位厚层砂质轻壤	1	0—17	轻壤土	7.8	10.1	0.62	1.57	45	9.0		9.6	E 114°34′48.7″ N 38°13′44.0″	90
						2	17—30	砂土	8.0	8.3	0.50	1.50	38	8.0		8.2		
						3	30—150	砂土	7.8	3.6	0.25	1.19	16	4.0		4.6		
剖5	半淋溶土	褐土	潮褐土	壤质潮褐土	砂壤质潮褐土	1	0—18	砂壤土	8.0	5.0	0.34	1.70	24	3.0		7.4	E 114°32′24.4″ N 38°11′53.5″	74
						2	18—43	砂壤土	8.2	5.2	0.38	1.19	25	1.0		19.6		
						3	43—78	轻壤土	8.4	4.4	0.31	1.75	24	1.0		8.4		
						4	78—150	砂土	8.5	1.0	0.04	0.78	5	1.0		2.5		
剖6	半淋溶土	褐土	石灰性褐土	壤质石灰性褐土	浅位厚层砂质轻壤	1	0—20	轻壤土	8.3	10.5	0.63	1.79	42	3.0		9.8	E 114°35′37.9″ N 38°11′13.0″	71
						2	20—44	轻壤土	8.4	4.2	0.23	1.73	16	1.0		8.2		
						3	44—150	砂土	8.6	1.0	0.04	0.83	4	1.0		2.5		
剖7	半淋溶土	褐土	潮褐土	壤质潮褐土	轻壤质潮褐土	1	0—20	轻壤土	7.9	11.6	0.75	1.54	56	19.0	175	12.1	E 114°36′02.2″ N 38°08′29.4″	89
						2	20—44	轻壤土	8.2	10.1	0.67	1.51	48	6.0	143	13.2		
						3	44—89	黏土	7.8	8.4	0.53	0.84	32	1.0	163	26.8		
						4	89—115	轻壤土	8.0	5.6	0.34	0.84	17	1.0	143	20.6		
						5	115—150	黏土	7.9	9.6	0.51	0.96	25	1.0	170	31.2		
剖8	半水成土	潮土	潮土	壤质潮土	轻壤质潮土	1	0—17	轻壤土	8.4	15.7	0.94	3.85	71	30.0		9.3	E 114°37′16.0″ N 38°05′30.8″	85
						2	17—32	轻壤土	8.5	10.3	0.70	3.78	53	30.0	193	8.6		
						3	32—55	轻壤土	8.5	9.3	0.61	3.91	46	32.0	173	8.9		
						4	55—104	轻壤土	8.2	15.3	0.74	3.39	49	28.0	163	8.3		
						5	104—150	轻壤土	8.5	19.7	1.18	3.38	89	26.0		10.1		
剖9	半淋溶土	褐土	潮褐土	壤质潮褐土	中壤质潮褐土	1	0—19	中壤土	8.0	15.0	0.98	1.61	71	3.0		14.3	E 114°40′53.0″ N 38°04′25.0″	91
						2	19—42	中壤土	8.2	12.3	0.82	1.35	56	2.0	233	14.6		
						3	42—64	中壤土	8.2	14.2	0.98	1.34	56	2.0	200	22.8		
						4	64—104	中壤土	8.3	10.2	0.71	1.33	45	2.0		14.5		
						5	104—127	中壤土	8.2	11.0	0.75	1.46	48	7.0	233	14.1		
						6	127—150	中壤土	8.2	14.2	0.79	2.48	39	18.0	273	14.7		
剖10	半淋溶土	褐土	潮褐土	壤质潮褐土	深位厚层砂质轻壤	1	0—21	轻壤土	7.8	10.0	0.70	1.53	51	6.0		11.6	E 114°39′27.7″ N 38°03′50.8″	71
						2	21—43	中壤土	8.2	5.2	0.40	1.31	26	1.0	93	9.9		
						3	43—65	砂壤土	8.2	6.1	0.31	1.64	21	2.0	55	13.5		
						4	65—150	砂土	8.4	1.2	0.05	0.63	3	1.0	83	2.7		
剖11	半淋溶土	褐土	石灰性褐土	壤质石灰性褐土	轻壤质石灰性褐	1	0—21	轻壤土	7.9	11.4	0.93	1.47	60	9.0		12.7	E 114°36′57.1″ N 38°01′22.9″	71
						2	21—77	轻壤土	8.2	4.7	0.37	0.95	23	1.0		12.6		
						3	77—126	轻壤土	7.9	6.5	0.45	0.68	25	2.0	58	18.6		
						4	126—150	轻壤土	8.0	4.5	0.32	0.89	16	微量		15.5		

续表 Continued

剖面号 Soil profile	土纲 Soil order	土类 Soil great group	亚类 Soil subgroup	土属 Soil genus	土种 Soil species	土层码 Layer code	土层厚度 Depth/cm	质地 Soil texture	pH	有机质 OM/(g/kg)	全氮 TN/(g/kg)	全磷 TP/(g/kg)	碱解氮 AN/(mg/kg)	有效磷 AP/(mg/kg)	速效钾 AK/(mg/kg)	阳离子交换量CEC/(cmol/kg)	剖面点坐标 Profile coordinate	匹配指数 Matching index/%
剖12	半淋溶土	褐土	潮褐土	壤质潮褐土	深位厚层黏轻壤质潮褐土	1	0—20	轻壤土	7.8	12.0	0.82	1.66	47	16.0		12.3	E 114°38′20.1″ N 37°59′31.8″	80
						2	20—40	轻壤土	8.2	8.3	0.58	1.54	34	6.0		12.4		
						3	40—71	中壤土	8.2	9.3	0.57	1.26	30	5.0		23.2		
						4	71—100	黏土	7.9	7.5	0.49	0.83	28	8.0		19.8		
						5	100—150	黏土	7.8	5.7	0.40	0.66	22	6.0		24.5		

行 唐 县

主要土类说明

　　褐土是行唐县主要土壤类型，占本县地域面积的89%，分布在低山、丘陵、岗坡谷地和山麓平原。地下水位较深，年降水量较少，土壤常处于半干旱半淋溶状态，土壤中常有黏粒矿物和碳酸钙下移，形成黏化层和钙积层。自然植被主要是旱生阔叶林、灌木及半旱生草本植物。在整个褐土地带，由于地形、成土母质、地下水位等成土条件的差异，褐土的发育程度也有所不同。在本县西北部，海拔500m以上的低山区，花岗片麻岩风化物发育的土壤中，石灰含量较少，加之海拔较高，淋溶作用较强，土壤中的碳酸钙多被淋失，石灰反应微弱，多形成褐土亚类。海拔500m以下的低山丘陵区，因水土流失，表层侵蚀，土层极薄，形成褐土性土。在石灰岩风化物和黄土类母质上以及在山麓基部平原上，多形成石灰性褐土亚类。山麓平原中下段地区及低山、丘陵、河谷两侧，由于地下水参与了成土过程，底土层有潜育现象，有锈色斑纹，上层土壤仍具有褐土特征，形成潮褐土或草甸褐土亚类。

　　潮土是行唐县第二大土壤类型，占本县地域面积的6%，主要分布在山麓平原中下部的低山、丘陵的河谷及河漫滩，水库坝下也有少量分布。本土类所处区域气候温暖干燥，夏、秋炎热多雨潮湿，降雨集中于6—8月；冬春干旱、雨雪稀少。其自然植被几乎都为农作物所取代。其地下水位原为3—5m，但近年来，由于工农业生产开采量增加，以及黑龙港流域排水设施的作用，地下水位下降很快，故土壤有朝着脱离地下水的影响、向地带性土壤演变的趋势。潮土的成土过程主要是地下水参与成土作用，使土壤中的铁锰处于氧化还原状态，而使剖面形成铁锰氧化还原层，具体表现为锈色斑纹。由于地下水较高，土壤表层有"夜潮"现象。潮土的剖面特征是在土表30cm以下有锈色斑纹层，土壤沉积剖面层理清晰，且质地变化较大。在地下水位较深（7—15m）的古河道及冲积滩上，有微弱的钙质淀积痕迹；在地下水埋藏较浅（1—3m）的低平地上，地表有盐结皮层；在地下水埋藏很浅（0.5—1m）的沟谷，下层还有灰蓝色的潜育层。同时潮土剖面自上而下石灰反应均强烈，碳酸钙含量较高。其养分含量因母质类型而异：山麓平原中下部，主要是滹沱河冲积扇，含有较多的黄土状母质，除钾素含量较高外，其他营养元素较缺乏，有机质含量低；低山、丘陵、河谷因承接山上带下的有机物质，故有机质含量稍高些，其他矿物养分也较高。

　　小于本县地域面积3%的土壤类型还有沼泽土、水稻土和新积土等。

本区域中心区气候特征

本区域中心区气候特征值
Regional climate characteristics in central area of the region

气候带：暖温带亚湿润气候 Climate region: Warm temperate subhumid climate	
年平均气温 /℃ Annual average temperature /℃	11.9
年平均最高气温 /℃ Annual average maximum temperature /℃	18.0
年平均最低气温 /℃ Annual average minimum temperature /℃	6.7
年降水量 /mm Annual precipitation /mm	487
≥10℃的积温 /℃ Daily temperature accumulated in a year（≥10℃）/℃	4239
年日照时数 /h Annual sunshine /h	2524
年平均相对湿度 /% Annual average relative humidity /%	59
干燥度 Dryness	1.46

本区域中心区月平均气温与月平均降水量
Monthly temperature and precipitation in central area of the region

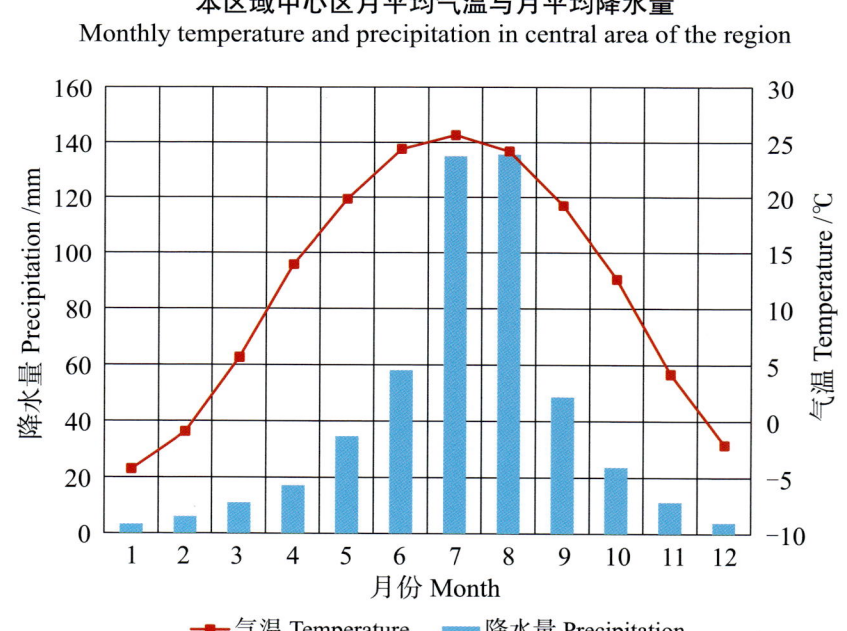

行唐县主要土壤类型与土壤剖面点分布图

1∶180 000

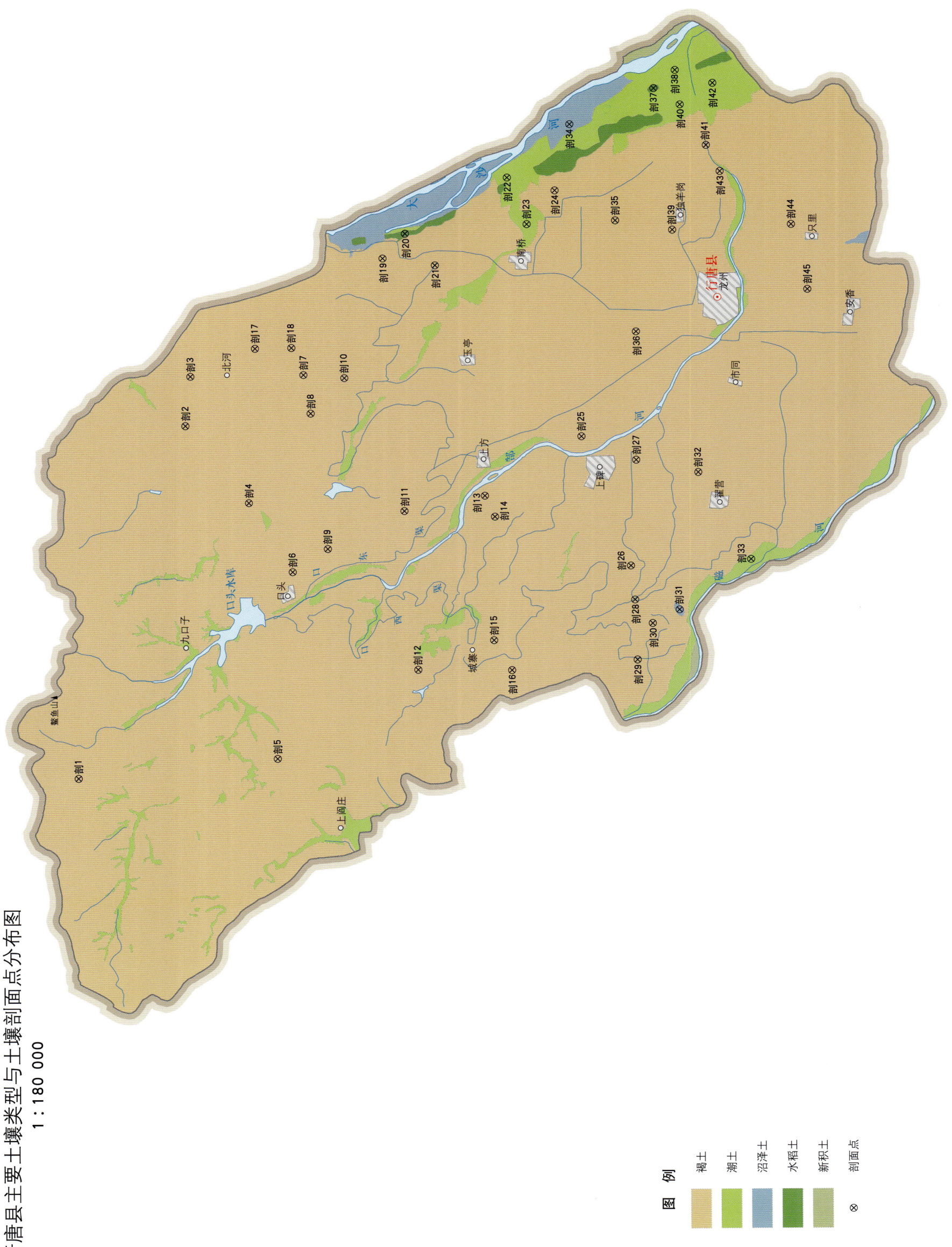

图 例

- 褐土
- 潮土
- 沼泽土
- 水稻土
- 新积土
- ⊗ 剖面点

行唐县土壤剖面理化性状表

剖面号 Soil profile	土纲 Soil order	土类 Soil great group	亚类 Soil subgroup	土属 Soil genus	土种 Soil species	土层码 Layer code	土层厚度 Depth/cm	颜色 Soil color	质地 Soil texture	土壤结构 Soil structure	pH	有机质 OM/(g/kg)	全氮 TN/(g/kg)	全磷 TP/(g/kg)	碱解氮 AN/(mg/kg)	有效磷 AP/(mg/kg)	速效钾 AK/(mg/kg)	阳离子交换量 CEC/(cmol/kg)	土壤母质 Parent material	剖面点坐标 Profile coordinate	匹配指数 Matching index/%
剖1	半淋溶土	褐土	褐土	花岗片麻岩类褐土		1	0—15	棕褐色	砂壤土	碎屑状	7.9	21.0	1.23	0.76	89	2.0	85	9.4	花岗片麻岩类	E 114°17′10.0″ N 38°41′10.8″	74
剖2	半淋溶土	褐土	石灰性褐土	石灰岩类石灰性褐土		1	0—17	棕色	轻壤土	碎屑状	7.7	25.9	1.47	0.52	103	3.0	83	16.9	石灰岩类	E 114°28′18.1″ N 38°38′51.7″	76
剖3	半淋溶土	褐土	石灰性褐土	石灰岩类石灰性褐土	石灰岩中层多砾轻壤质石灰性褐土	1	0—14	褐棕色	轻壤土	碎粒状	8.1	8.2	0.58	0.45	44	2.0	101	18.5	石灰岩类	E 114°29′50.6″ N 38°38′46.3″	98
						2	14—38	褐棕色	重壤土	屑粒状	8.1	6.9	0.50	0.26	48	2.0	114	27.0			
						3	38—57	红褐色	砾质土	粒状											
剖4	半淋溶土	褐土	褐土性土	石灰岩类褐土性土		1	0—16	棕褐色	中壤土	碎屑状	7.9	22.4	1.40	0.68	76	2.0	80	15.8	石灰岩类	E 114°25′56.6″ N 38°37′17.4″	88
剖5	半淋溶土	褐土	褐土性土	花岗片麻岩类褐土性土		1	0—11	灰褐色	砂壤土	碎屑状	7.8	14.6	0.91	0.58	67	2.0	40	4.4	花岗片麻岩类	E 114°17′57.4″ N 38°36′25.9″	73
剖6	半淋溶土	褐土	石灰性褐土	耕种壤质黄土质洪冲积石灰性褐土	轻壤质石灰性褐土	1	0—20	浅褐色	轻壤土	碎屑状	8.2	5.9	0.46	0.59	41	2.0	56	17.6		E 114°23′48.3″ N 38°36′11.7″	80
						2	20—95	浅褐色	轻壤土	碎屑状	7.9	2.6	0.23	0.61	19	7.0	59	14.5			
						3	95—100	浅褐色	中壤土	碎屑状	8.1	1.7	0.13	0.65	10	8.0	47	13.9			
						4	100—150	浅褐色	轻壤土	碎屑状	8.2	1.7	0.18	0.59	16	9.0	54	19.7			
剖7	半淋溶土	褐土	褐土性土	红土质褐土性土	薄层多砾轻壤质褐土性土	1	0—17	褐棕色	多砾质轻壤土	碎屑状	7.9	9.6	6.60	0.37	48	3.0	81	12.0	红土	E 114°29′59.4″ N 38°36′04.4″	80
						2	17—26	褐棕色		碎屑状	7.8	8.9	0.64	0.37	69	1.0	89	21.0			
剖8	半淋溶土	褐土	石灰性褐土	石灰岩类石灰性褐土		1	0—16	棕褐色	轻壤土	碎屑状	8.4	8.9	0.63	0.43	47	1.0	71	9.2	石灰岩类	E 114°28′47.3″ N 38°35′52.4″	70
						2	16—23	褐浅色	中壤土	碎屑状	8.3	6.2	0.42	0.31	32	2.0	48	9.4			
剖9	半淋溶土	褐土	石灰性褐土	石灰岩类褐土性土		1	0—15	浅褐色	轻壤土	碎屑状	7.5	31.4	2.11	0.55	54	3.0	103	16.8	石灰岩类	E 114°24′34.0″ N 38°35′22.0″	72
剖10	半淋溶土	褐土	石灰性褐土	壤质洪冲积石灰性褐土	轻壤质石灰性褐土	1	0—18	褐棕色	轻壤土	碎屑状	8.5	2.3	0.17	0.66	14	2.0	45	11.9		E 114°29′55.3″ N 38°35′05.3″	95
						2	18—70	褐棕色	轻壤土	碎屑状	8.6	1.4	0.13	0.70	12	2.0	39	11.3			
						3	70—110	褐棕色	轻壤土	碎屑状	8.4	1.3	0.13	0.76	6	4.0	44	8.8			
						4	110—150	褐棕色	中壤土	碎屑状	8.3	1.4	0.14	0.70	4	5.0	47	10.2			
剖11	半淋溶土	褐土	石灰性褐土	石灰岩类石灰性褐土		1	0—13	棕色	轻壤土	碎屑状	7.8	24.3	1.51	0.47	95	2.0	77	4.7	石灰岩类	E 114°25′49.1″ N 38°33′33.5″	98
						2	13—41	棕色	轻壤土	碎屑状	8.0	17.7	1.19	0.38	84	2.0	56	6.4			
剖12	半淋溶土	褐土	石灰性褐土	花岗片麻岩类石灰性褐土		1	0—26	浅褐色	轻壤土	碎屑状	8.4	5.5	0.45	0.32	33	2.0	52	6.2	石灰岩类	E 114°28′51.7″ N 38°33′07.4″	70
剖13	半淋溶土	褐土	潮褐土	壤质洪冲积潮褐土	砂壤质潮褐土	1	0—18	浅褐色	砂壤土	碎屑状	8.1	6.3	0.41	0.83	30	2.0	33	5.0	花岗片麻岩类	E 114°26′21.8″ N 38°31′38.6″	95
						2	18—35	浅褐色	砂壤土	碎屑状	8.1	0.5	0.04	0.30	4	2.0	20	14.8			
剖14	半淋溶土	褐土	石灰性褐土	壤质洪冲积石灰性褐土	深厚厚层黏壤质石灰性褐土	1	0—18	黄褐色	轻壤土	碎屑状	8.2	8.0	0.57	0.16	36	4.0	76	9.5	洪积物、冲积物	E 114°25′43.0″ N 38°31′23.5″	82
						2	18—35	棕褐色	中壤土	碎块状	8.2	4.9	0.37	0.40	22	2.0	57	10.5			
						3	35—54	褐色	重壤土	碎块状	8.1	3.8	0.29	0.34	19	2.0	53	6.2			
						4	54—105		中壤土	碎粒状	7.8	5.7	0.37	0.28	23	3.0	66	6.9			
						5	105—150		轻壤土	碎屑状	5.0	4.7	0.35	0.30	23	2.0	63	7.5			
剖15	半淋溶土	褐土	潮褐土	壤质洪冲积潮褐土	浅位厚层砂壤质潮褐土	1	0—19	褐棕色	砂壤土	碎屑状	7.7	9.4	0.68	0.78	48	2.0	45	10.7		E 114°21′50.5″ N 38°31′19.7″	91
						2	19—33	黄褐色	砂壤土	碎块状	7.9	6.3	0.49	0.71	33	2.0	46	8.2			
						3	33—94	褐黄	砂土	粒状	7.8	3.2	0.30	0.13	19	2.0	41	11.3			
						4	94—150	灰白色	砂土	粒状	7.9	1.5	0.07	0.21	12	2.0	25	6.8			
剖16	半淋溶土	褐土	石灰性褐土	耕种花岗片麻岩类石灰性褐土		1	0—19	褐色	轻壤土	碎屑状	8.3	8.7	0.61	0.48	42	2.0	85	14.4	花岗片麻岩类	E 114°20′55.5″ N 38°30′52.7″	73
						2	19—61	红褐色	重壤土	碎屑状	8.2	4.1	0.25	0.20	26	2.0	53	11.0			
剖17	半淋溶土	褐土	石灰性褐土	耕种黄土质石灰性褐土	轻壤质石灰性褐土	1	0—20	灰褐色	轻壤土	碎屑状	8.3	10.7	0.66	0.67	39	3.0	68	17.6		E 114°30′46.7″ N 38°37′14.7″	98
						2	20—62	黄褐色	轻壤土	碎屑状	8.2	5.4	0.34	0.64	17	6.0	64	15.0			
						3	62—150	黄褐色	轻壤土	碎屑状	8.2	4.4	0.29	0.67	13	11.0	63	16.0			

续表 Continued

剖面号 Soil profile	土纲 Soil order	土类 Soil great group	亚类 Soil subgroup	土属 Soil genus	土种 Soil species	土层码 Layer code	土层厚度 Depth/cm	颜色 Soil color	质地 Soil texture	土壤结构 Soil structure	pH	有机质 OM/(g/kg)	全氮 TN/(g/kg)	全磷 TP/(g/kg)	碱解氮 AN/(mg/kg)	有效磷 AP/(mg/kg)	速效钾 AK/(mg/kg)	阳离子交换量 CEC/(cmol/kg)	土壤母质 Parent material	剖面点坐标 Profile coordinate	匹配指数 Matching index/%
剖18	半淋溶土	褐土	石灰性褐土	耕种石灰岩类石灰性褐土	耕种石灰岩类石灰性褐土	1	0~39	棕褐色	轻壤土	碎屑状	8.1	7.8	0.58	0.49	39	3.0	89	25.8	石灰岩类	E 114°30′49.7″ N 38°36′22.7″	70
						2	39~80	棕褐色	轻壤土	碎屑状	8.1	5.4	0.32	0.33	28	2.0	60	21.4			
剖19	半淋溶土	褐土	石灰性褐土	耕种花岗片麻岩类石灰性褐土	花岗片麻岩中层少砾壤质石灰性褐土	1	0~18	棕褐色	轻壤土	屑粒状	8.3	7.7	0.52	0.67	42	3.0	86	5.4	花岗片麻岩类	E 114°33′42.8″ N 38°34′15.3″	77
						2	18~27	浅褐色	轻壤土	屑粒状	8.2	8.2	0.59	0.52	42	4.0	95	10.7			
						3	27~40	浅褐色	中壤土	屑粒状	8.2	5.7	0.38	0.21	39	2.0	61	16.2			
剖20	人为土	水稻土	潜育水稻土	壤质河流冲积潜育水稻	深位厚层砂粘壤质潜育水稻土	1	0~18	棕褐色	轻壤土	碎屑状	8.3	10.7	0.65	0.85	49	4.0	71	4.7		E 114°33′30.4″ N 38°33′43.9″	93
						2	18~30	棕褐色	轻壤土	碎屑状	8.4	7.2	0.43	0.93	32	2.0	59	8.8			
						3	30~64	浅褐色	砂壤土		8.4	3.4	0.26	0.82	19	2.0	51	5.5			
						4	64~70	灰褐色	砂土		8.3	2.2	0.11	0.70	16	2.0	35	9.2			
剖21	半淋溶土	褐土	石灰性褐土	耕种花岗片麻岩类石灰性褐土		1	0~19	浅黄色	轻壤土	屑粒状	8.0	8.1	0.60	0.34	45	2.0	69	15.6	花岗片麻岩类	E 114°33′32.4″ N 38°32′59.6″	86
						2	19~40	棕色	轻壤土	屑粒状	7.9	4.8	0.28	0.16	32	10.0	30	15.5			
剖22	半水成土	潮土	潮土	壤质潮土	轻壤质潮土	1	0~20	灰褐色	轻壤土	碎屑状	8.0	16.8	0.76	0.91	51	3.0	76	5.1		E 114°36′20.3″ N 38°31′19.9″	70
						2	20~97	黄褐色	砂壤土	屑粒状	8.2	7.8	0.59	0.81	52	2.0	56	10.0			
						3	97~105	黄褐色	轻壤土	碎粒状	8.1	6.0	0.46	0.97	32	2.0	43	17.8			
						4	105~118	黄褐色	轻壤土	碎粒状	8.1	3.2	0.26	0.59	20	2.0	59	18.8			
						5	118~130	白灰色	砂土	碎粒状	8.3	4.7	0.37	0.56	22	3.0	47	10.6			
剖23	半水成土	潮土	潮土	壤质潮土	砂壤质潮土	1	0~23	浅褐色	轻壤土	碎屑状	7.7		0.34	1.18	26	2.0	46	4.4		E 114°34′54.1″ N 38°30′49.7″	100
						2	23~62	浅褐色	砂壤土	碎粒状	7.9	1.5	0.09	1.85	4	2.0	31	14.3			
						3	62~150	灰褐色	砂土	碎粒状	7.9	0.6	0.06	0.19	4	2.0	12	6.8			
剖24	半淋溶土	褐土	褐土性土	风积沙丘褐土性土	砂质褐土性土	1	0~150	黄褐色	砂土	碎屑状	8.1	0.5	0.04	0.30	44	2.0	20	14.8	风积沙丘	E 114°35′58.2″ N 38°30′10.8″	89
剖25	半淋溶土	褐土	潮褐土	壤质洪冲积潮褐土	浅位中层中层粘壤土	1	0~20	褐色	轻壤土	碎屑状	7.8	13.2	0.82	0.61	62	8.0	94	15.8		E 114°36′18.1″ N 38°29′22.6″	78
						2	20~30	褐色	轻壤土	碎屑状	8.0	15.4	0.98	0.75	67	6.0	121	20.0			
						3	30~47	棕褐色	轻壤土	碎块状	7.7	10.7	0.72	0.53	48	6.0	80	8.8			
						4	47~77	棕褐色	重壤土	碎块状	7.8	6.2	0.42	0.44	20	2.0	119	13.2			
						5	77~107	褐色	中壤土	碎块状	7.8	5.6	0.41	0.56	22	3.0	105	20.5			
						6	107~150	黄褐色	轻壤土	碎屑状	7.6	4.0	0.28	0.60	16	2.0	80	11.8			
剖26	半淋溶土	褐土	石灰性褐土	耕种红土质石灰岩砾轻壤质褐	红土质中层石砾壤质石灰性褐土	1	0~18	浅褐色	轻壤土	碎屑状	8.0	7.1	0.48	0.42	33	2.0	88	17.6		E 114°24′17.3″ N 38°28′06.2″	88
						2	18~42	浅褐色	中壤土	碎屑状	7.9	5.0	0.38	0.40	23	1.0	72	8.1			
						3	42~66	褐色	砾质土	碎屑状	7.6	6.3	0.40	0.24	30	2.0	8	22.0			
剖27	半淋溶土	褐土	潮褐土	壤质洪冲积潮褐土	深位厚层粘壤质潮褐土	1	0~22		轻壤土	碎屑状	7.8	12.2	0.80	0.76	65	3.0	85	5.0		E 114°27′36.7″ N 38°28′03.0″	95
						2	22~42	黄褐色	轻壤土	碎屑状	7.9	5.4	0.39	0.51	28	1.0	51	6.9			
						3	42~73	浅褐色	轻壤土	碎屑状	7.9	4.3	0.31	0.51	17	1.0	45	10.3			
						4	73~94	浅褐色	中壤土	碎屑状	7.9	3.3	0.19	0.46	13	2.0	43	8.8			
						5	94~112	褐色	中壤土	碎屑状	8.0	3.4	0.23	0.37	13	2.0	43	10.6			
						6	112~150	褐色	重壤土	碎屑状	8.0	3.1	0.18	0.48	13	3.0	39	6.1			
剖28	半淋溶土	褐土	石灰性褐土	壤质页岩类石灰性褐土	页岩中层多砾轻壤质石灰性褐土	1	0~19	黑褐色	轻壤土	碎屑状	8.2	6.7	0.52	0.37	32	2.0	24	11.3	页岩类	E 114°23′13.6″ N 38°27′59.0″	94
						2	19~36	褐棕色	轻壤土	碎屑状	8.1	3.7	0.44	0.34	33	2.0	28	13.7			
						3	36~61	灰灰色	轻壤土	碎屑状	8.1	3.8	0.41	0.19	28	2.0	19	16.7			
剖29	半淋溶土	褐土	石灰性褐土	耕种花岗片麻岩类石灰性褐土	花岗片麻岩厚层少砾壤质石灰性褐土	1	0~20	褐棕色	轻壤土	屑粒状	8.2	6.2	0.41	1.10	28	1.0	41	8.1	花岗片麻岩类	E 114°21′21.2″ N 38°27′52.9″	85
						2	20~103	褐棕色	轻壤土	屑粒状	8.2	3.3	0.44	0.79	29	1.0	35	20.0			
						3	103~144	褐棕色	重壤土	屑粒状	8.2	3.3	0.23	0.70	20	2.0	35	9.4			
剖30	半淋溶土	褐土	石灰性褐土	壤质洪冲积石灰性褐土	浅位厚层石灰性褐土	1	0~21	黑棕色	轻壤土	碎屑状	8.0	9.3	0.62	0.53	44	7.0	99	14.9		E 114°22′30.4″ N 38°27′32.8″	70
						2	21~106	黑棕色	重壤土	碎屑状	7.7	6.1	0.45	0.35	36	3.0	76	11.1			
						3	106~150	褐棕色	中壤土	碎屑状	7.9	4.4	0.35	0.38	26	6.0	70	10.7			

续表 Continued

剖面号 Soil profile	土纲 Soil order	土类 Soil great group	亚类 Soil subgroup	土属 Soil genus	土种 Soil species	土层码 Layer code	土层厚度 Depth/cm	颜色 Soil color	质地 Soil texture	土壤结构 Soil structure	pH	有机质 OM/(g/kg)	全氮 TN/(g/kg)	全磷 TP/(g/kg)	碱解氮 AN/(mg/kg)	有效磷 AP/(mg/kg)	速效钾 AK/(mg/kg)	阳离子交换量CEC/(cmol/kg)	土壤母质 Parent material	剖面点坐标 Profile coordinate	匹配指数 Matching index/%
剖31	水成土	沼泽土	草甸沼泽土	冲积草甸沼泽土	深位厚层砂壤质厚层草甸沼泽土	1	0—20	灰褐色	轻壤土	碎粒状	8.1	21.1	1.13	1.35	99	1.0	51	15.6	河流冲积物	E 114°22′57.1″ N 38°26′54.9″	71
						2	20—52	浅褐色	砂壤土	碎屑状	8.1	1.6	0.11	1.82	8	2.0	26	7.5			
						3	52—100	灰白色	砂土	粒状	7.9	1.1	0.08	0.23	7	2.0	25	6.9			
剖32	半淋溶土	褐土	石灰性褐土	壤质洪冲积石灰性褐土	深位厚层砂壤质石灰性褐土	1	0—20	褐棕色	轻壤土	碎屑状	8.0	10.6	0.72	0.61	55	7.0	86	9.2		E 114°27′16.9″ N 38°26′33.4″	79
						2	20—53	褐色	砂壤土	碎屑状	8.1	6.8	0.46	0.55	35	2.0	60	8.0			
						3	53—150	灰色	砂土	碎屑状	7.9	4.0	0.42	0.27	35	3.0	45	10.5			
剖33	半水成土	潮土	潮土	砂质潮土	砂质潮土	1	0—37	灰褐色	砂壤土	碎屑状	8.1	2.6	0.28	1.06	17	1.0	23	11.3		E 114°24′35.4″ N 38°25′14.3″	82
						2	37—150	灰白色	砂土	碎屑状											
剖34	水成土	沼泽土	草甸沼泽土	冲积草甸沼泽土	砂壤质厚层草甸沼泽土	1	0—5	灰白色	砂壤土	碎屑状	8.1	5.8	0.33	0.36	25	2.0	25	6.9	河流冲积物	E 114°38′03.5″ N 38°29′52.3″	82
						2	5—27	灰白色	砂土	碎屑状	8.3	0.9	0.40	0.36	4	2.0	17	1.9			
剖35	半淋溶土	褐土	潮褐土	壤质洪冲积潮褐土	深位厚层黏砂质潮褐土	1	0—22	浅褐色	砂壤土	碎屑状	8.2	8.0	0.52	0.72	44	2.0	56	8.1		E 114°35′05.3″ N 38°28′43.0″	94
						2	22—57	浅褐色	砂壤土	碎屑状	8.3	3.0	0.22	0.49	22	2.0	35	12.0			
						3	57—79	灰白色	中壤土	碎屑状	8.3	2.5	0.11	0.12	13	1.0	28	16.4			
						4	79—150	棕褐色	重黏土	碎粒状	8.4	4.3	0.34	0.85	16	1.0	90	24.6			
剖36	半淋溶土	褐土	潮褐土	壤质洪冲积潮褐土	深位中层黏质潮褐土	1	0—20	黄褐色	轻壤土	碎屑状	8.0	8.3	0.59	0.71	90	8.0	74	8.6		E 114°31′37.6″ N 38°28′08.4″	91
						2	20—40	黄褐色	砂壤土	碎屑状	8.2	6.4	0.78	0.62	35	5.0	60	11.9			
						3	40—55	棕褐色	砂壤土	碎屑状	8.1	5.6	0.57	0.40	22	2.0	55	16.2			
						4	55—80	灰褐色	中壤土	碎块状	8.0	5.0	0.36	0.41	20	2.0	50	16.2			
						5	80—120	灰褐色	重黏土	碎块状	7.9	7.5	0.44	0.33	29	2.0	78	13.8			
						6	120—150	灰褐色	中壤土	碎屑状	8.1	2.9	0.23	0.48	10	1.0	43	16.3			
剖37	人为土	水稻土	潜育水稻土	壤质河流冲积潜育水稻土		1	0—25	黑色	轻壤土		7.9	24.8	1.31	1.10	109	12.0	115	25.0		E 114°39′15.5″ N 38°27′53.3″	77
						2	25—40	黑色	砂壤土		7.9	23.6	1.30	0.98	111	11.0	158	15.0			
剖38	半水成土	潮土	潮土	壤质潮土	砂壤质潮土	1	0—25	浅褐色	砂壤土	碎屑状	8.2	10.2	0.70	0.79	49	2.0	73	4.9		E 114°39′50.7″ N 38°27′23.3″	75
						2	25—50	灰褐色	砂壤土	碎屑状	8.0	3.3	0.29	0.66	13	2.0	58	4.4			
						3	50—100	浅褐色	砂土	粒状	8.1	2.3	0.22	0.56	14	3.0	45	6.8			
						4	100—150	灰白色	砂土	碎屑状	8.1	3.0	0.25	0.70	12	5.0	52	11.9			
剖39	半淋溶土	褐土	潮褐土	壤质洪冲积潮褐土	轻壤质厚层潮褐土	1	0—20	灰褐色	轻壤土	碎屑状	8.1	12.2	0.85	1.91	65	4.0	50	13.7		E 114°34′50.8″ N 38°27′20.5″	75
						2	20—46	褐色	砂壤土	碎屑状	8.1	6.8	0.43	1.35	30	3.0	43	18.1			
						3	46—150	灰褐色	砂土	碎屑状	8.0	8.5	0.54	0.28	38	3.0	37	8.1			
剖40	半水成土	潮土	潮土	壤质潮土	浅位厚层砂壤质潮土	1	0—18	褐色	轻壤土	碎屑状	8.2	12.5	0.81	0.84	64	3.0	73	14.4		E 114°38′46.3″ N 38°27′14.8″	77
						2	18—25	黄褐色	砂壤土	碎屑状	8.4	8.2	0.50	1.22	42	3.0	43	6.9			
						3	25—75	灰白色	砂土	粒状	8.6	1.2	0.22	0.34	6	2.0	17	18.3			
剖41	半淋溶土	褐土	潮褐土	壤质洪冲积潮褐土	深位厚层砂壤质潮褐土	1	0—23	灰褐色	轻壤土	碎屑状	8.1	16.8	1.07	1.05	77	4.0	45	10.6		E 114°37′31.1″ N 38°26′35.5″	71
						2	23—69	黄褐色	砂壤土	碎屑状	7.8	7.8	0.47	0.63	25	6.0	27	17.5			
						3	69—150	灰色	砂土	碎屑状	7.6	3.8	0.20	0.25	16	2.0	18	7.5			
剖42	半水成土	潮土	潮土	壤质潮土	砂壤质潮土	1	0—20	灰褐色	中壤土	碎屑状	8.1	9.1	0.59	1.05	42	9.0	83	6.8		E 114°39′28.4″ N 38°26′28.7″	73
						2	20—64	褐棕色	砂土	碎粒状	8.3	3.4	0.25	0.98	16	2.0	44	8.5			
						3	64—150	灰白色	砂土	碎屑状	8.2	2.1	0.19	0.77	14	2.0	46	4.4			
剖43	半淋溶土	褐土	潮褐土	壤质洪冲积潮褐土	深位中层砂壤质潮褐土	1	0—20	褐褐色	轻壤土	碎粒状	8.1	3.4	0.16	1.05	6	2.0	49	13.7		E 114°36′42.5″ N 38°26′14.6″	94
						2	20—53	灰褐色	砂土	碎屑状	8.3	3.4	0.25	0.98	16	2.0	44	4.3			
						3	53—85	灰白色	砂土	碎粒状	8.2	2.1	0.19	0.77	14	2.0	46	7.4			
						4	85—150	黄褐色	砂壤土	屑粒状	8.3	1.8	0.16	0.52	6	2.0	49	9.9			

续表 Continued

剖面号 Soil profile	土纲 Soil order	土类 Soil great group	亚类 Soil subgroup	土属 Soil genus	土种 Soil species	土层码 Layer code	土层厚度 Depth/cm	颜色 Soil color	质地 Soil texture	土壤结构 Soil structure	pH	有机质 OM/(g/kg)	全氮 TN/(g/kg)	全磷 TP/(g/kg)	碱解氮 AN/(mg/kg)	有效磷 AP/(mg/kg)	速效钾 AK/(mg/kg)	阳离子交换量CEC/(cmol/kg)	土壤母质 Parent material	剖面点坐标 Profile coordinate	匹配指数 Matching index/%
剖44	半淋溶土	褐土	潮褐土	壤质洪冲积潮褐土	深位厚层砂轻壤质潮褐土	1	0—23	浅褐色	轻壤土	碎屑状	8.1	9.5	0.65	0.73	49	2.0	47	6.9		E 114°35′06.9″ N 38°24′30.1″	73
						2	23—54	黄褐色	砂壤土	碎屑状	8.2	5.2	0.35	0.59	29	4.0	30	5.0			
						3	54—150	黄褐色	砂土	碎粒状	8.3	2.4	0.21	0.21	14	4.0	20	13.0			
剖45	半淋溶土	褐土	潮褐土	壤质洪冲积潮褐土	浅位厚层黏轻壤质潮褐土	1	0—20	浅棕色	轻壤土	碎屑状	8.2	7.7	0.47	0.59	32	5.0	91	14.9		E 114°33′05.8″ N 38°24′04.3″	79
						2	20—35	褐色	轻壤土	碎块状	8.2	4.3	0.33	0.37	20	2.0	32	4.8			
						3	35—106	棕褐色	重壤土	碎块状	8.0	5.6	0.35	0.39	23	5.0	76	16.2			
						4	106—150	黑褐色	重壤土	碎块状	7.8	7.2	0.41	0.36	32	5.0	87	11.8			

灵 寿 县

主要土类说明

褐土是灵寿县主要土壤类型，占本县地域面积的 86%，广泛分布在本县地形起伏平缓、高度不大的低山丘陵、山前平原以及河谷阶地，主要以青同镇、慈峪镇、灵寿镇、陈庄镇为最多。成土母质为花岗片麻岩、石灰岩、基性岩风化物；山麓沟谷阶地、丘陵地区成土母质为洪积物、冲积物、黄土状洪积物、冲积物、黄土状母质、冲积物等；平原地段成土母质为近代石灰性的河流洪积物、冲积物。自然植被以旱生的夏绿乔灌木为主，目前原始植被已被破坏，平原、丘陵及山间阶地已垦殖为农田。褐土的形成过程主要为黏化过程和碳酸钙的淋溶与淀积过程。褐土的成土过程的积极阶段发生于夏季高温高湿环境中，有机质矿化过程迅速，即使在植被茂密情况下，有机质的净积累也不高，含量很低。褐土的成土过程还有一个复钙过程，即在钙已淋失的土层中，由于人为等原因，重新具有石灰反应或钙积，本县部分耕种类型的褐土亚类上层属于这种情况。本县褐土主要有草甸褐土、石灰性褐土和洪冲积褐土，部分为耕种型。

棕壤是灵寿县第二大土壤类型，占本县地域面积的 6%，集中分布在本县西北部海拔 1000—2000m 的深山。棕壤区的气候条件主要为夏季多雨，秋凉冬寒，阴凉湿润，季节性冻土层明显。乔木植被以红桦、白桦、山杨、山柳等为主，植被组合可分为乔木为主、乔灌混交、草被居优以及草灌混生四种类型。棕壤形成的基本条件是高海拔、凉冷湿润。特定的成土条件，使土壤具有明显的黏化作用，生物小循环的速度和强度都比较大，物理风化作用强烈，加之变质岩系的特点，使岩石风化母质层较厚（大于 40cm），并常有裂缝发育。由于地形较高，排水良好，故淋溶作用不断进行，绝大部分钙、钠等碱金属和碱土金属元素从土中淋失，硅、铁等化合物淋移至底部；由于气候湿润，土体处于还原状态，底层出现棕色黏化层，冷凉使地表枯枝落叶残存，有机质大量积累；即使淋溶作用不断进行导致矿质营养淋失，但落叶森林植被含有的丰富盐基，最终以枯枝落叶形式归还给土壤，这种积聚过程使棕壤在其形成过程中保持了较高的自然修复能力。

潮土是灵寿县第三大土壤类型，占本县地域面积的 4%，集中分布于地下水位较高的磁河、滹沱河两大河系漫滩。成土母质为近代河流冲积物，地形平坦，土体构型层理明显。由于处在地下水较高区，且成土过程中地下水位季节性升降频繁、变幅大，土壤处于间歇性氧化还原状态，使土体中形成草甸特征的锈色斑纹。此土类在本县有湿潮土、潮土等亚类。

小于本县地域面积 3% 的土壤类型还有粗骨土、山地草甸土、新积土和沼泽土等。

本区域中心区气候特征

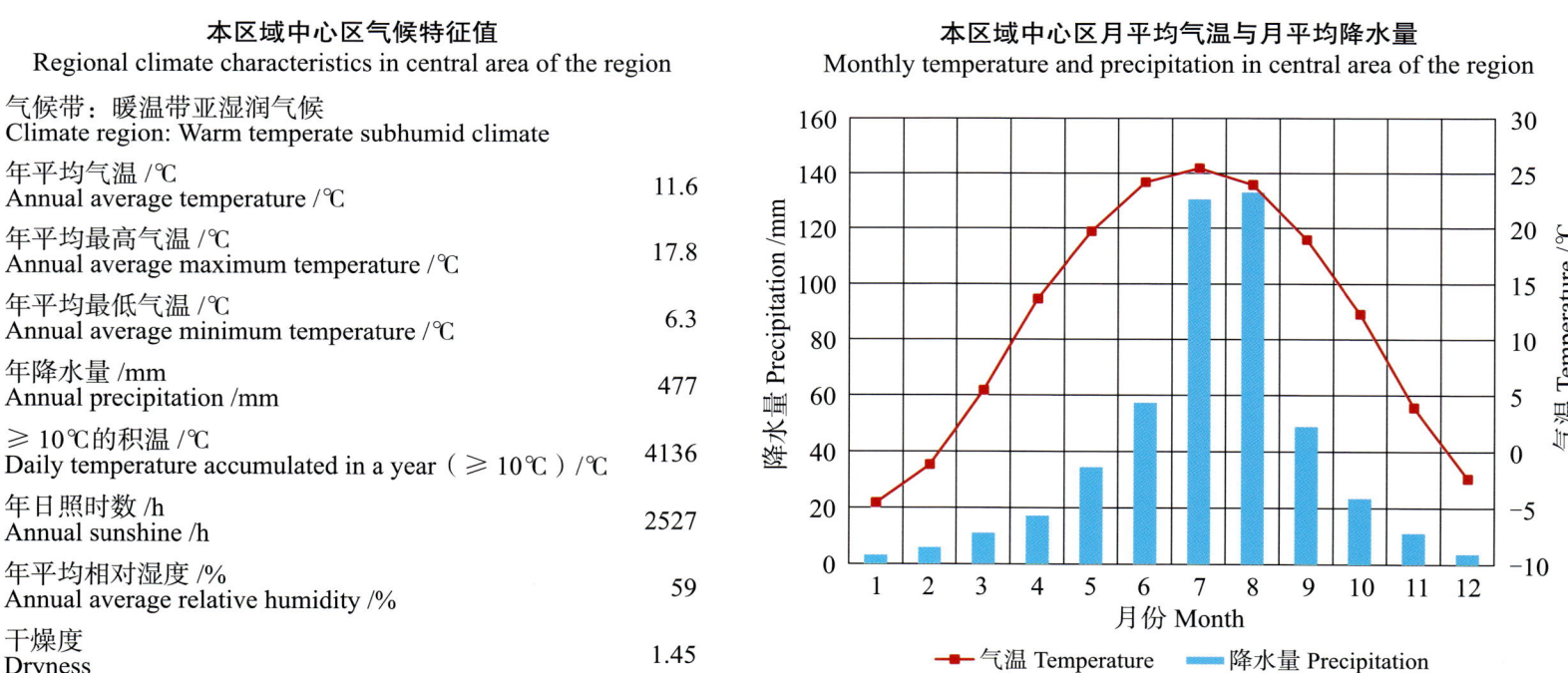

本区域中心区气候特征值
Regional climate characteristics in central area of the region

气候带：暖温带亚湿润气候 Climate region: Warm temperate subhumid climate	
年平均气温 /℃ Annual average temperature /℃	11.6
年平均最高气温 /℃ Annual average maximum temperature /℃	17.8
年平均最低气温 /℃ Annual average minimum temperature /℃	6.3
年降水量 /mm Annual precipitation /mm	477
≥10℃的积温 /℃ Daily temperature accumulated in a year (≥10℃) /℃	4136
年日照时数 /h Annual sunshine /h	2527
年平均相对湿度 /% Annual average relative humidity /%	59
干燥度 Dryness	1.45

灵寿县主要土壤类型与土壤剖面点分布图
1∶250 000

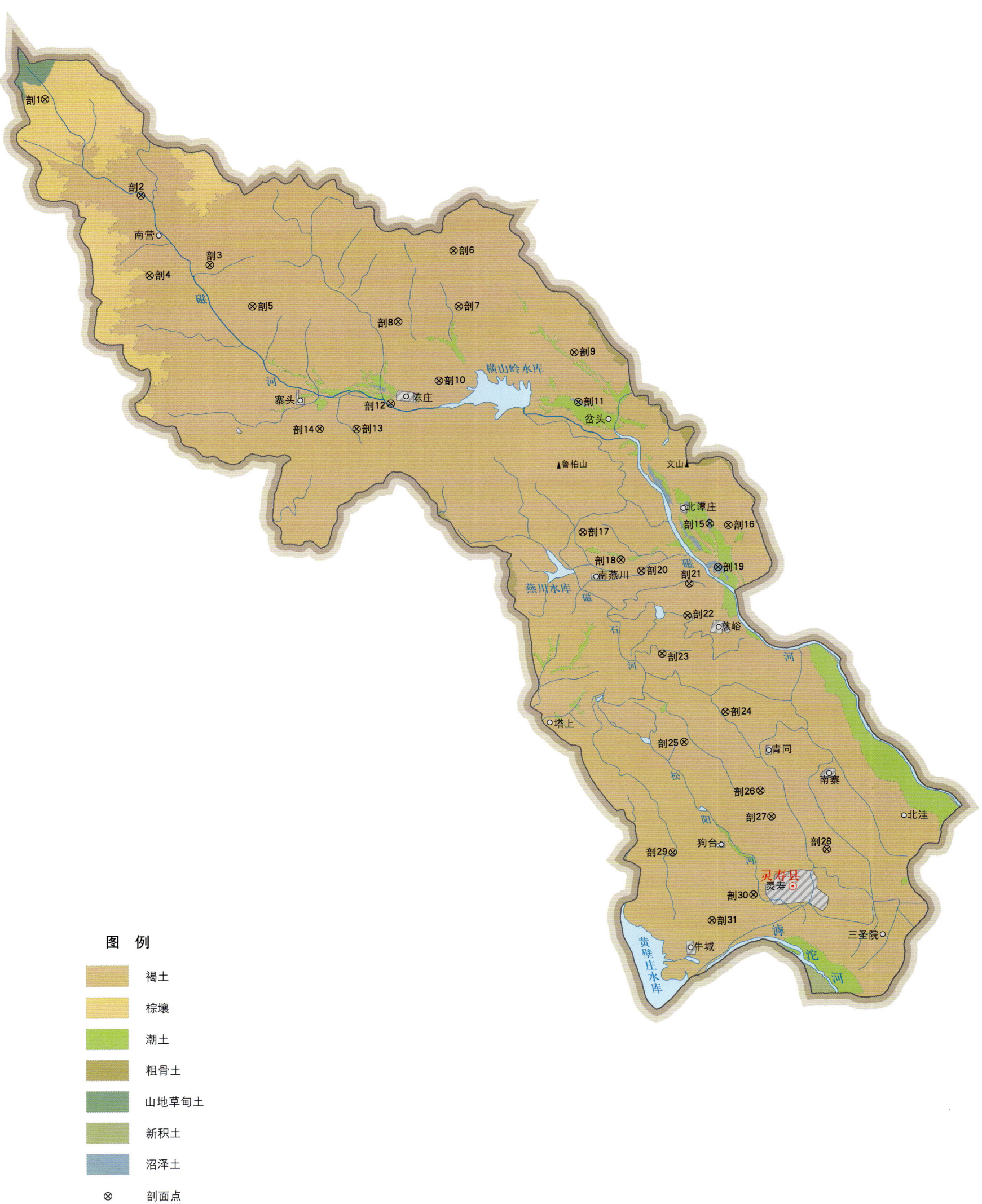

灵寿县土壤剖面理化性状表

剖面号 Soil profile	土纲 Soil order	土类 Soil great group	亚类 Soil subgroup	土属 Soil genus	土种 Soil species	土层码 Layer code	土层厚度 Depth/cm	颜色 Soil color	质地 Soil texture	土壤结构 Soil structure	pH	有机质 OM/(g/kg)	全氮 TN/(g/kg)	全磷 TP/(g/kg)	全钾 TK/(g/kg)	碱解氮 AN/(mg/kg)	有效磷 AP/(mg/kg)	速效钾 AK/(mg/kg)	阳离子交换量 CEC/(cmol/kg)	土壤母质 Parent material	剖面点坐标 Profile coordinate	匹配指数 Matching index/%
剖1	淋溶土	棕壤	棕壤	花岗片麻岩类棕壤	中层少砾轻壤质棕壤	1	0—25	棕色	轻壤土	屑粒状	6.1	18.3	5.61	1.20		408	8.0	105	26.0	花岗片麻岩类	E 113°50′55.4″ N 38°43′27.7″	93
						2	25—47	棕色	轻壤土	屑粒状	6.3	33.4	8.47	1.10		132	2.0	83	25.5			
剖2	半淋溶土	褐土	褐土	花岗片麻岩类褐土	中层多砾轻壤质褐土	1	0—17	褐色	轻壤土	屑粒状	7.8	12.9	0.73	0.80		52	2.0	47	6.0	花岗片麻岩类	E 113°54′56.5″ N 38°40′26.4″	75
						2	17—37	褐色	砂壤土	屑粒状	7.7	3.6	0.20	0.30		14	微量	22	3.4			
剖3	半淋溶土	褐土	褐土	堆性洪积冲积褐土	中黄土	1	0—20	棕色	砂质黏壤土	屑粒状	8.3	11.4	0.83	0.51	10.9		26.0	60	10.5	砂质洪积物、冲积物	E 113°57′49.7″ N 38°38′15.0″	70
						2	20—46	棕褐色	砂质黏壤土	屑粒状	8.3	13.0	0.86	0.51	17.5		18.0	62	11.1			
						3	46—100	棕褐色	砂壤土	小块状	8.3	5.6	0.43	0.45	17.7		3.0	72	9.6			
剖4	半淋溶土	褐土	淋溶褐土	花岗片麻岩类淋溶褐土		1	0—21	褐色	轻壤土	屑粒状	6.3	20.3	1.16	0.60		81	2.0	56	8.2	花岗片麻岩类	E 113°55′24.7″ N 38°37′50.9″	96
剖5	半淋溶土	褐土	淋溶褐土	花岗片麻岩类淋溶褐土	薄层多砾轻壤质褐土	1	0—17	褐色	轻壤土	屑粒状	7.9	16.8	0.87	0.80		39	2.0	54	5.3	花岗片麻岩类	E 113°59′36.5″ N 38°36′57.7″	91
剖6	半淋溶土	褐土	褐土	花岗片麻岩类淋溶褐土		1	0—12	棕褐色	轻壤土	屑粒状	6.5	29.8	1.41	0.33		119	3.0	76	9.4	花岗片麻岩类	E 114°07′39.3″ N 38°38′58.6″	84
						2	12—45	棕褐色	轻壤土	屑粒状	7.0	15.4	0.73	3.50		51	1.0	58	6.5			
剖7	半淋溶土	褐土	褐土	耕种洪积冲积壤质褐土	轻壤质褐土	1	0—20	褐色	砂壤土	屑粒状	8.5	11.4	0.83	1.00		57	26.0	60	10.5	洪积物、冲积物	E 114°07′56.0″ N 38°37′10.7″	93
						2	20—46	褐色	轻壤土	屑粒状	8.8	13.0	0.86	1.20		67	18.0	62	11.1			
						3	46—150	褐色	砂壤土	屑粒状	8.7	5.6	0.43	0.86		32	3.0	72	9.6			
剖8	半淋溶土	褐土	褐土	耕种洪积冲积壤质褐土	砂壤质褐土	1	0—25	褐色	砂土	屑粒状	7.5	14.1	0.87	1.41		66	12.0	48	8.1	洪积物、冲积物	E 114°05′30.5″ N 38°36′36.7″	75
						2	25—150	褐色	砂土	碎粒状	7.6	6.2	0.33	1.30		24	1.0	65	5.2			
剖9	半淋溶土	褐土	石灰性褐土	黄土质洪积石灰性褐土		1	0—27	灰白色	轻壤土	屑粒状	8.3	1.7	0.49	0.61		34	6.0	95	13.1	黄土状母质	E 114°12′39.6″ N 38°35′47.8″	74
						2	27—150	灰白色	砂壤土	屑粒状	7.6	2.8	0.27	0.82		27	11.0	72	13.8			
剖10	半淋溶土	褐土	潮褐土	洪积冲积壤质褐土	轻壤质褐土	1	0—25	灰白色	砂壤土	粒状	8.1	15.4	0.96	1.41		234	7.0	51	8.1	洪积物、冲积物	E 114°07′14.2″ N 38°34′43.9″	81
						2	25—97	褐色	砂壤土	粒状	8.4	6.8	0.45	0.85		32	3.0	57	8.5			
剖11	水成土	沼泽土	沼泽土	耕种河流冲积壤质沼泽土	轻壤质沼泽土	1	0—28	蓝灰色	砂壤土	块状	8.2	11.5	0.66	0.38		47	5.0	59	15.6	洪积物、冲积物	E 114°12′53.6″ N 38°34′10.2″	99
						2	28—52	蓝灰色	砂壤土	块状	8.3	13.2	0.71	0.38		69	4.0	105	16.3			
剖12	半淋溶土	褐土	石灰性褐土	洪积冲积壤质石灰性褐土	砂壤质石灰性褐土	1	0—40	浅褐色	砂壤土	粒状	8.0	4.4	0.23	0.52		16	4.0	58	5.4	洪积物、冲积物	E 114°05′19.8″ N 38°33′59.0″	100
						2	40—75	浅褐色	砂壤土	块状粒状	8.0	2.3	0.16	0.52		12	1.0	56	3.9			
						3	75—125	浅褐色	砂壤土	块状粒状	8.4	3.8	0.24	0.52		20	2.0	71	8.2			
						4	125—150	浅褐色	砂壤土	块状粒状	8.0	2.3	0.14	0.39		12	1.0	51	5.3			
剖13	半淋溶土	褐土	褐土性	耕种洪积冲积壤质褐土		1	0—20	褐色	轻壤土	屑粒状	7.3	15.2	0.97	0.77		63	3.0	61	9.6	洪积物、冲积物	E 114°03′59.9″ N 38°33′04.0″	98
						2	20—60	褐色	轻壤土	屑粒状	7.3	12.2	0.76	1.02		53	2.0	55	11.6			
剖14	半淋溶土	褐土	褐土	花岗片麻岩类褐土		1	0—28	浅褐色	砂壤土	屑粒状	7.9	4.2	0.22	0.10		20	微量	27	4.3	花岗片麻岩类	E 114°02′29.6″ N 38°33′01.9″	97
剖15	水成土	沼泽土	沼泽土	湖积沼泽土	二合泥土	1	0—28	暗棕色	砂质黏壤土	碎块状	8.2	11.5	0.66	0.17	15.3		5.0	59	11.0	砂土状洪积物、冲积物	E 114°18′20.5″ N 38°30′20.2″	87
						2	28—52	蓝灰色	砂质黏壤土	粒状	8.3	13.2	0.71	0.16	16.4		4.0	105				
剖16	半淋溶土	褐土	褐土性	耕种洪积冲积壤质褐土	深位厚砂砾壤质褐土	1	0—75	褐色		粒状	6.9	16.7	1.11	0.61		82	15.0	39		洪积物、冲积物	E 114°19′05.7″ N 38°30′18.7″	76
剖17	半淋溶土	褐土	石灰性褐土	黄土质洪冲积壤质石灰性褐土	轻壤质石灰性褐土	1	0—24	褐色	轻壤土	粒状	8.8	4.4	0.33	0.40		17	1.0	66	12.7	黄土状洪积物、冲积物	E 114°13′14.2″ N 38°29′55.8″	79
						2	24—75	褐色	轻壤土	块状	8.6	4.1	0.34	0.45		22	9.0	72	20.9			
						3	75—150	红褐色	轻壤土	块状	8.5	3.4	0.28	0.21		32	9.0	68	17.4			
剖18	半淋溶土	褐土	潮褐土	洪积壤土壤质潮褐土		1	0—18	褐色	轻壤土	粒状	8.3	7.2	0.48	0.38		41	2.0	135	27.3	洪积物、冲积物	E 114°14′48.5″ N 38°29′04.6″	81
						2	18—42	褐色	轻壤土	块状	8.3	4.7	0.35	3.80		47	2.0	110	12.0			
						3	42—76	褐色	轻壤土	块状	8.1	9.1	0.46	0.30		36	1.0	137	20.2			
剖19	水成土	沼泽土	沼泽土	河流冲积壤质沼泽土		1	0—150	蓝灰色	轻壤土	屑粒状	8.0	11.4	0.74	0.61		324	6.0	113	15.2	河流冲积物	E 114°18′43.7″ N 38°28′55.8″	71
剖20	半淋溶土	褐土	褐土性	花岗片麻岩类褐土性	轻壤质沼泽土	1	0—34	褐色	砂壤土	屑粒状	8.5	4.4	0.27	0.18		21	微量	30	2.0	花岗片麻岩类	E 114°15′38.5″ N 38°28′44.2″	71

续表 Continued

剖面号 Soil profile	土纲 Soil order	土类 Soil great group	亚类 Soil subgroup	土属 Soil genus	土种 Soil species	土层码 Layer code	土层厚度 Depth/cm	颜色 Soil color	质地 Soil texture	土壤结构 Soil structure	pH	有机质 OM/(g/kg)	全氮 TN/(g/kg)	全磷 TP/(g/kg)	全钾 TK/(g/kg)	碱解氮 AN/(mg/kg)	有效磷 AP/(mg/kg)	速效钾 AK/(mg/kg)	阳离子交换量 CEC/(cmol/kg)	土壤母质 Parent material	剖面点坐标 Profile coordinate	匹配指数 Matching index/%
剖21	半淋溶土	褐土	石灰性褐土	洪冲积壤质石灰性褐土		1	0~24	褐色	砂壤土	粒状	8.8	1.1	0.09	0.24		23	2.0	49	6.9	洪积物、冲积物	E 114°17′35.5″ N 38°28′21.4″	79
						2	24~54	浅褐色	砾石	块状												
剖22	半淋溶土	褐土	褐土性土	花岗片麻岩类褐土性土		1	0~19	褐色	轻壤土	屑粒状	8.5	11.7	1.01	0.30		99	2.0	110	10.9	花岗片麻岩类	E 114°17′33.7″ N 38°27′18.7″	82
剖23	半淋溶土	褐土	石灰性褐土	花岗片麻岩类石灰性褐土	中层多砾轻壤质石灰性褐土	1	0~13	褐色	轻壤土	屑粒状	8.6	6.9	0.43	0.24		31	1.0	100	17.2	花岗片麻岩类	E 114°16′35.2″ N 38°26′02.2″	97
						2	13~26	褐色	轻壤土	碎块状	8.8	4.9	0.33	0.40		38	2.0	78	14.5			
						3	26~42	褐色	轻壤土	碎块状	8.5	4.0	0.28	0.24		31	1.0	138	20.1			
剖24	半淋溶土	褐土	石灰性褐土	基性岩类石灰性褐土	中层多砾轻壤质石灰性褐土	1	0~15	褐色	轻壤土	粒状	8.6	9.4	0.62	0.52		35	1.0	65	9.3	基性岩类	E 114°19′12.7″ N 38°24′11.5″	84
						2	15~31	褐色	轻壤土	块状	8.4	6.5	0.52	0.65		35	1.0	51	20.0			
						3	31~55	红褐色	黏土	块状	8.5	4.8	0.42	0.10		23	1.0	56	15.6			
剖25	半淋溶土	褐土	石灰性褐土	基性岩类石灰性褐土		1	0~17	褐色	轻壤土	粒状	8.4	4.5	0.33	0.18		23	1.0	112	23.4	基性岩类	E 114°17′35.2″ N 38°23′10.3″	76
剖26	半淋溶土	褐土	潮褐土	人工堆垫潮褐土		1	0~29	褐色	轻壤土	屑粒状	8.3	6.3	4.20	0.65		36	3.0	79	8.8	人工堆垫物	E 114°20′42.4″ N 38°21′38.5″	94
						2	29~	灰白色	砂土	粒状	8.1	1.5	1.50	0.77		17	2.0	77	4.5			
剖27	半淋溶土	褐土	石灰性褐土	洪积壤质石灰性褐土	轻壤质石灰性褐土	1	0~19	褐色	轻壤土	粒状	8.4	6.6	0.47	0.38		27	1.0	81	14.0	洪积物、冲积物	E 114°21′10.5″ N 38°20′47.8″	92
						2	19~102	褐色	轻壤土	块状	8.5	4.3	0.37	0.38		33	1.0	69	11.2			
						3	102~150	暗褐色	轻壤土	块状	8.6	4.3	0.33	0.40		26	2.0	67	21.2			
剖28	半淋溶土	褐土	潮褐土	洪冲积壤质潮褐土	深位厚层黏轻壤质潮褐土	1	0~17	褐色	轻壤土	屑粒状	8.2	12.4	0.82	0.52		15	9.0	101	20.8	洪积物、冲积物	E 114°23′26.9″ N 38°19′45.9″	75
						2	17~23	褐色	轻壤土	屑粒状	8.5	9.9	0.61	0.52		39	3.0	106	25.2			
						3	23~68	褐色	轻壤土	块状	8.4	6.4	0.48	0.38		28	2.0	132	28.5			
						4	68~125	棕褐色	重壤土	块状	8.4	9.8	0.57	0.52		39	6.0	144	34.5			
						5	125~150	褐色	轻壤土	块状	8.5	7.4	0.28	0.40		33	6.0	106	27.0			
剖29	半淋溶土	褐土	石灰性褐土	洪冲积壤质石灰性褐土	浅位厚层砂砾轻壤质石灰性褐土	1	0~24	褐色	轻壤土	粒状	8.5	4.9	0.35	0.18		28	2.0	64	8.4	洪积物、冲积物	E 114°17′15.4″ N 38°19′31.8″	78
						2	24~51	红色	砾质土	块状												
						3	51~73	红褐色	砾石	块状												
剖30	半淋溶土	褐土	石灰性褐土	洪冲积壤质石灰性褐土		1	0~25	棕褐色	砂壤土	粒状	8.5	13.0	0.74	0.98		54	9.0	90	12.2	洪积物、冲积物	E 114°20′32.6″ N 38°18′13.0″	99
						2	25~69	浅褐色	砂壤土	粒状	8.4	8.6	0.48	0.86		39	3.0	69	8.6			
剖31	半淋溶土	褐土	石灰性褐土	洪冲积壤质石灰性褐土	深层厚层砂砾轻壤质石灰性褐土	1	0~16	褐色	轻壤土	粒状	8.7	9.6	0.65	0.38		45	1.0	141	14.3	洪积物、冲积物	E 114°18′54.0″ N 38°17′21.1″	84
						2	16~38	褐色	轻壤土	粒状	8.6	5.4	0.44	0.31		28	1.0	92	13.3			
						3	38~55	浅褐色	轻壤土	粒状	8.4	3.4	0.28	0.31		21	1.0	81	13.3			
						4	55~	褐色	砾石													

高 邑 县

主要土类说明

褐土是高邑县主要土壤类型，占本县地域面积的95%。成土母质一般为洪冲积母质，分布海拔为40—70m。褐土具有上松下紧的土体构造，表层碳酸盐随水下移，在心土层常形成假菌丝体，底土层中有时形成碳酸盐结核。由于土壤经常处于良好通气状态，土色以褐色、棕褐色为主。耕层结构性较差，容重约为1.42g/cm³，总孔隙度为43%—45%，土体垂直孔隙较多，土性暖，耕层松散，宜耕期长，适种作物范围较宽。褐土由于长期耕作熟化，具有中等营养水平，是本县肥力水平较高的土壤。耕层有机质含量为10—14g/kg。土体养分含量自耕层以下明显下降。

小于本县地域面积3%的土壤类型还有潮土等。

本区域中心区气候特征

本区域中心区气候特征值
Regional climate characteristics in central area of the region

气候带：暖温带亚湿润气候
Climate region: Warm temperate subhumid climate

年平均气温 /℃ Annual average temperature /℃	13.5
年平均最高气温 /℃ Annual average maximum temperature /℃	19.3
年平均最低气温 /℃ Annual average minimum temperature /℃	8.6
年降水量 /mm Annual precipitation /mm	535
≥10℃的积温 /℃ Daily temperature accumulated in a year (≥10℃) /℃	4874
年日照时数 /h Annual sunshine /h	2401
年平均相对湿度 /% Annual average relative humidity /%	62
干燥度 Dryness	1.52

高邑县主要土壤类型与土壤剖面点分布图

1∶80 000

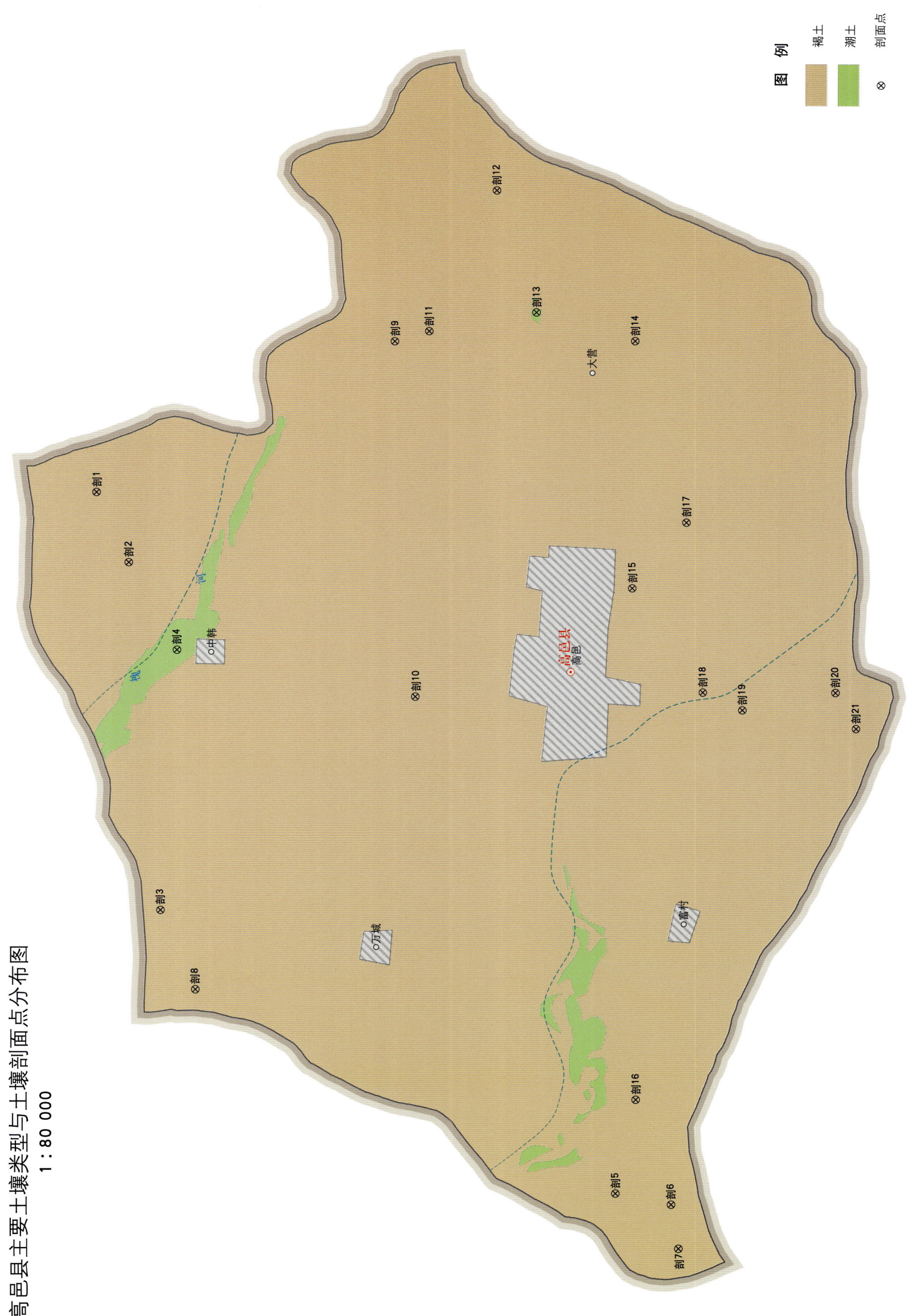

第四编　河北省分县土壤图与土壤剖面数据

高邑县土壤剖面理化性状表

剖面号 Soil profile	土纲 Soil order	土类 Soil great group	亚类 Soil subgroup	土属 Soil genus	土种 Soil species	土层码 Layer code	土层厚度 Depth/cm	颜色 Soil color	质地 Soil texture	土壤结构 Soil structure	pH	有机质 OM/(g/kg)	全氮 TN/(g/kg)	全磷 TP/(g/kg)	全钾 TK/(g/kg)	碱解氮 AN/(mg/kg)	有效磷 AP/(mg/kg)	速效钾 AK/(mg/kg)	阳离子交换量 CEC/(cmol/kg)	土壤母质 Parent material	剖面点坐标 Profile coordinate	匹配指数 Matching index/%
剖1	半淋溶土	褐土	潮褐土	壤质潮褐土	轻壤质潮褐土	1	0—20	棕褐色	轻壤土	屑状	8.2	14.2	0.72	1.56		131	12.0	111	13.8		E 114°37′43.0″ N 37°40′58.1″	73
						2	20—57	棕褐色	轻壤土	碎块状	8.4	7.8	0.45	1.18		176	4.0	63	20.0			
						3	57—91	褐棕色	轻壤土	碎块状	8.2	6.9	0.53	1.04		171	5.0	60	19.2			
						4	91—117	浅棕色	轻壤土	碎块状	8.4	5.5	0.53	1.04		94	4.0	59	15.3			
						5	117—150	棕色	轻壤土	碎块状	8.2	7.5	0.60	1.10		109	5.0	82	19.4			
剖2	半淋溶土	褐土	石灰性褐土	壤质石灰性褐土	壤质石灰性褐土	1	0—18	棕褐色	轻壤土	屑粒状	8.3	9.3	0.62	1.31		56	6.0	56	9.6		E 114°36′49.3″ N 37°40′37.6″	75
						2	18—80	浅褐色	轻壤土	碎块状	8.4	4.5	0.29	1.17		35	4.0	44	10.3			
						3	80—100	褐色	轻壤土	碎块状	8.4	3.5	0.27	1.01		41	5.0	49	8.9			
						4	100—150	棕褐色	轻壤土	碎块状	8.4	3.5	0.29	1.29		45	5.0	54	9.8			
剖3	半淋溶土	褐土	石灰性褐土	壤性洪积石灰性褐土	底石臥黄土	1	0—19	褐色	黏壤土	屑粒状	8.2	10.0	0.86	0.46	13.2		6.0	101	13.9		E 114°32′18.6″ N 37°40′12.6″	87
						2	19—50	棕褐色	黏壤土	碎块状	8.2	6.2	0.50	0.52	14.4		5.0	79	19.5			
						3	50—150	棕色	砂质黏土	块状	8.3	3.7	0.47	0.27	6.2		11.0	68	11.9			
剖4	半水成土	潮土	潮土	砂质潮土	砂质潮土	1	0—20	褐棕色	砂土	单粒状	8.5	4.2	0.38	1.20		59	4.0	39	9.5	洪积物、冲积物	E 114°35′42.0″ N 37°40′07.0″	99
						2	20—44	褐棕色	砂壤土	屑粒状	8.6	3.1	0.25	1.45		39	6.0	28	7.3			
						3	44—74	褐棕色	砂壤土	碎块状	8.7	1.8	0.16	1.73		34	5.0	20	5.1			
						4	74—98	灰棕色	砂壤土	块状	8.6	3.8	0.24	1.58		43	5.0	28	6.4			
						5	98—120	褐棕色	砂土	单粒状	8.7	2.2	0.20	1.78		38	5.0	18	2.1			
						6	120—150	棕褐色	轻壤土	碎粒状	8.6	2.2	0.39	1.90		111	4.0	23	5.8			
剖5	半淋溶土	褐土	石灰性褐土	壤质石灰性褐土	浅位厚层砾	1	0—21	暗褐色	轻壤土	屑粒状	8.4	9.9	0.68	1.06		74	5.0	71	13.5		E 114°28′48.4″ N 37°35′34.1″	89
						2	21—70	红棕色	中壤土	块状	8.2	2.9	0.29	0.34	14.9	43	4.0	130	26.4			
						3	70—150	褐棕色	轻壤土	块状	8.3	2.6	0.23	0.42		37	4.0	79	21.4			
剖6	半淋溶土	褐土	石灰性褐土	黄质洪冲积壤质石灰性褐土	轻壤质石灰性褐土	1	0—19	褐棕色	轻壤土	屑粒状	8.5	11.0	0.39	1.09		46	2.0	129	8.5		E 114°28′40.8″ N 37°35′00.2″	70
						2	19—90	褐色	轻壤土	碎块状	8.6	4.3	0.06	0.98	15.4	29	2.0	103	8.6			
						3	90—150	褐色	轻壤土	碎块状	8.6	3.7	0.44	0.83	15.2	20	2.0	115	8.6			
剖7	半淋溶土	褐土	石灰性褐土	灰质石灰性褐土	薄灰石渣黄土	1	0—16	棕色	黏壤土	粒状	8.3	24.2	2.00	0.56	13.8		5.0	86	18.3		E 114°28′07.3″ N 37°34′55.2″	93
						R	16—								14.5							
剖8	半淋溶土	褐土	褐土性土	砂质性冲积土	面砂黄土	1	0—23	褐色	砂壤土	屑粒状	8.8	9.7	0.84	0.40			10.0	64	8.2		E 114°31′18.1″ N 37°39′50.5″	91
						2	23—54	浅褐色	黏壤土	块状	8.8	5.4	1.06	0.27			5.0	49	11.1			
						3	54—106	浅褐色	砂质黏壤土	碎块状	8.7	4.6	0.74	0.28			5.0	38	10.6			
						4	106—150	浅褐色	砂质黏壤土	碎块状	8.7	3.8	0.75	0.32			5.0	38	9.1			
剖9	半淋溶土	褐土	褐土性土	砂质褐土性土	砂质褐土性土	1	0—15	灰黄色	砂土	屑粒状	8.1	2.1	0.10	1.18		29	5.0	40	3.5		E 114°39′46.4″ N 37°38′01.0″	99
						2	15—55	灰黄色	砂土	单粒状	8.1	1.3	0.10	1.14		25	5.0	30	3.7			
						3	55—150	灰黄色	砂土	单粒状	8.1	1.7	0.16	1.19		33	5.0	25	4.1			
剖10	半淋溶土	褐土	潮褐土	壤质潮褐土	深位厚层黏	1	0—18	棕褐色	轻壤土	屑粒状	8.8	10.3	0.79	0.88		116	4.0	156	13.6		E 114°35′10.3″ N 37°37′42.6″	90
						2	18—86	浅褐色	轻壤土	碎块状	8.5	4.6	0.64	1.01		73	5.0	85	15.6			
						3	86—150	黑褐色	重壤土	碎块状	8.3	3.6	0.34	1.51		195	10.0	125	13.5			
剖11	半淋溶土	褐土	潮褐土	壤质潮褐土	浅位厚层砂	1	0—27	褐棕色	轻壤土	屑粒状	8.6	8.1	0.53	1.27		74	7.0	64	9.5		E 114°39′55.1″ N 37°37′40.4″	72
						2	27—46	浅褐色	砂土	碎粒状	8.5	5.4	0.55	1.35		136	5.0	35	6.4			
						3	46—150	浅褐色	砂壤土	单粒状	8.8	2.5	0.20	1.18		64	6.0	33	3.5			
剖12	半淋溶土	褐土	潮褐土	壤质潮褐土	深位厚层中壤砂壤质潮土	1	0—20	棕褐色	砂壤土	屑粒状	8.3	5.3	0.22	1.18		41	6.0	39	3.4		E 114°41′45.6″ N 37°37′02.3″	83
						2	20—54	棕褐色	砂壤土	碎块状	8.2	3.5	0.22	0.90		30	4.0	33	5.8			
						3	54—82	浅褐色	轻壤土	碎块状	7.8	7.8	0.60	0.86		42	4.0	76	20.3			
						4	82—150	浅褐色	中壤土	碎块状	7.8	9.9	0.58	1.10		76	5.0	117	23.5			

续表 Continued

剖面号 Soil profile	土纲 Soil order	土类 Soil great group	亚类 Soil subgroup	土属 Soil genus	土种 Soil species	土层码 Layer code	土层厚度 Depth/cm	颜色 Soil color	质地 Soil texture	土壤结构 Soil structure	pH	有机质 OM/(g/kg)	全氮 TN/(g/kg)	全磷 TP/(g/kg)	全钾 TK/(g/kg)	碱解氮 AN/(mg/kg)	有效磷 AP/(mg/kg)	速效钾 AK/(mg/kg)	阳离子交换量CEC/(cmol/kg)	土壤母质 Parent material	剖面点坐标 Profile coordinate	匹配指数 Matching index/%
剖13	半水成土	潮土	潮土	壤质潮土	砂壤质潮土	1	0—20	褐棕色	轻壤土	碎块状	8.8	3.2	0.22	0.93		32	3.0	42	15.8		E 114°40′12.0″ N 37°36′36.4″	97
						2	20—60	浅棕色	轻壤土	块状	8.8	2.7	0.17	0.86		14	3.0	58	13.2			
						3	60—150	棕色	轻壤土	块状	8.8	2.5	0.09	0.94		13	3.0	79	12.7			
剖14	半淋溶土	褐土	潮褐土	壤质潮褐土	浅位中层黏轻壤质潮褐土	1	0—20	棕色	轻壤土	屑粒状	8.4	11.7	1.15	1.05		101	5.0	111	20.3		E 114°39′51.5″ N 37°35′36.2″	85
						2	20—80	褐棕色	重壤土	块状	8.2	10.5	0.99	0.83		88	4.0	83	27.1			
						3	80—150	浅棕色	轻壤土	碎块状	8.2	6.7	0.51	0.89		57	4.0	70	22.5			
剖15	半淋溶土	褐土	潮褐土	壤质潮褐土	深位厚砂轻壤质潮褐土	1	0—22	褐棕色	轻壤土	屑粒状	8.2	13.6	0.97	1.03		94	10.0	120	11.7		E 114°36′39.1″ N 37°35′33.9″	73
						2	22—48	棕褐色	轻壤土	碎块状	8.5	5.5	0.68	1.51		116	5.0	54	10.7			
						3	48—60	浅褐色	砂壤土	屑粒状	8.6	2.6	0.30	1.29		53	5.0	33	7.1			
						4	60—92	褐色	轻壤土	碎块状	8.4	3.5	0.33	1.01		67	4.0	49	11.7			
						5	92—150	浅棕子	砂壤土	碎块状	8.4	1.3	1.20	0.98		19	4.0	28	6.0			
剖16	半淋溶土	褐土	石灰性褐土	壤质石灰性褐土		1	0—20	棕褐色	中壤土	屑粒状	8.6	6.4	0.52	1.15		196	5.0	69	14.2		E 114°30′01.1″ N 37°35′23.3″	94
						2	20—60	红褐色	轻壤土	碎块状	8.4	4.7	0.70	0.54		400	4.0	86	19.3			
						3	60—150	红褐色	重壤土	碎块状	8.5	2.5	0.44	0.36		146	5.0	102	25.6			
剖17	半淋溶土	褐土	石灰性褐土	火褐泥砂土	面砂黄土	A₁₁	0—23	暗棕色	砂壤土	屑粒状	8.6	9.7	0.84	0.40	14.9		10.0	64	8.2	洪积物、冲积物	E 114°37′31.4″ N 37°35′02.4″	75
						Btk₁	23—54	棕色	黏质黏壤土	块状	8.8	5.4	0.60	0.27	15.4		5.0	49	11.1			
						Btk₂	54—106	亮棕色	砂质黏壤土	碎块状	8.7	4.6	0.14	0.28	15.2		5.0	38	10.6			
剖18	半淋溶土	褐土	潮褐土	壤质潮褐土	浅位中层黏轻壤质潮褐土	1	0—21	棕褐色	轻壤土	屑粒状	8.5	9.4	0.49	1.30		62	10.0	33	7.4		E 114°35′19.2″ N 37°34′49.7″	95
						2	21—51	浅褐色	砂土	单粒状	8.5	2.1	0.03	0.95		31	8.0	40	6.4			
						3	51—65	褐棕色	砂壤土	碎块状	8.4	2.9	0.42	1.37		32	12.0	49	9.7			
						4	65—86	褐色	轻壤土	碎块状	8.3	2.5	0.05	1.33		35	8.0	55	7.3			
						5	86—112	浅褐色	轻壤土	碎块状	8.2	2.5	0.16	1.41		38	13.0	35	10.4			
						6	112—150	褐棕色	轻壤土	单粒状	8.2	2.7	0.12	1.43		37	15.0	39	9.4			
剖19	半淋溶土	褐土	潮褐土	壤质潮褐土	砂壤质潮褐土	1	0—26	浅褐色	砂壤土	片状	8.5	3.6	0.21	1.32		27	5.0	25	7.6		E 114°35′06.1″ N 37°34′25.5″	74
						2	26—46	棕褐色	轻壤土	片状	8.4	3.1	0.23	1.13		38	5.0	28	8.1			
						3	46—72	褐色	轻壤土	碎块状	8.3	7.3	0.53	1.21		67	5.0	51	13.0			
						4	72—98	浅褐色	轻壤土	碎块状	8.6	3.6	0.27	1.11		48	4.0	33	9.5			
						5	98—150	棕褐色	砂质黏壤土	碎块状	8.6	5.3	0.42	1.18		80	4.0	54	12.3			
剖20	半淋溶土	褐土	石灰性褐土	灰质石灰性褐土	厚灰石渣黄土	1	0—19	暗褐色	黏壤土	屑粒状	8.1	12.7	0.92	0.46	13.8		5.0	118	14.8		E 114°35′21.4″ N 37°33′29.7″	85
						2	19—55	褐色	黏壤土	碎块状	8.1	8.9	0.64	0.43	14.0		4.0	80	15.7			
						3	55—72	红褐色	黏壤土	块状	8.0	5.3	0.46	0.27	12.2		3.0	100	27.5			
						R	72—															
剖21	半淋溶土	褐土	石灰性褐土	壤质石灰性褐土	中壤质石灰性褐土	1	0—7	褐色	中壤土	屑粒状	8.2	10.3	0.87	1.90		109	15.0	175	19.8		E 114°34′53.9″ N 37°33′16.8″	95
						2	7—40	褐色	中壤土	碎块状	8.3	5.3	0.58	1.06		148	4.0	64	16.2			
						3	40—68	褐色	轻壤土	碎块状	8.4	3.5	0.40	1.62		37	5.0	52	9.7			
						4	68—105	棕褐色	轻壤土	碎块状	8.6	3.1	0.34	1.60		37	5.0	38	8.5			
						5	105—150	棕褐色	轻壤土	块状	8.5	2.5	0.36	1.78		43	9.0	41	9.4			

深 泽 县

主要土类说明

潮土是深泽县主要土壤类型，占本县地域面积的59%，主要分布在山麓平原中下部（海拔25—45m）的低山、丘陵的河谷及河漫滩，水库坝下也有少量分布。本土类所处区域气候温暖干燥，夏、秋炎热多雨潮湿，降雨集中于6—8月，冬春干旱，雨雪稀少。其自然植被几乎全部为农作物所取代。潮土的成土过程主要为地下水参与的成土作用，使土壤中的铁锰处于氧化还原状态，并产生铁锰氧化还原层，主要表现为锈色斑纹。潮土的剖面特征是在土表30cm以下有锈色斑纹，土壤沉积层理清晰，且质地变化较大。在地下水位较深（7—15m）的古河道及冲积滩上，有微弱的钙淀积痕迹；在地下水位较浅（1—3m）的低平地上，地表有盐结层；在地下水位很浅（0.5—1m）的沟谷，下层还有灰蓝色的潜育层。同时，潮土剖面自上而下石灰反应强烈（除砂质、砾质外），碳酸钙含量较高。其养分含量因母质类型而异，山麓平原中下部，主要是滹沱河冲积扇，含有较多的黄土状物质，除钾素含量较高外，其他营养元素较缺乏，有机质含量低；低山、丘陵、河谷因承接山上有机物质，故有机质含量稍高些，其他矿物养分（除磷素外）也较高。

褐土是深泽县第二大土壤类型，占本县地域面积的36%。褐土是在暖温带半湿润区发育形成的具有黏化与钙质淋移淀积特征的土壤。该土壤盐基饱和，处于硅铝风化阶段，有明显的淀积黏化层，在其A-B-C剖面构型中，B层呈棕褐色。pH为7.0—7.5，盐基饱和度在80%以上；B层下部有假菌丝状钙积层。本县褐土分为褐土性土与潮褐土等亚类。

小于本县地域面积3%的土壤类型还有风沙土等。

本区域中心区气候特征

本区域中心区气候特征值
Regional climate characteristics in central area of the region

气候带：暖温带亚湿润气候 Climate region: Warm temperate subhumid climate	
年平均气温 /℃ Annual average temperature /℃	13.2
年平均最高气温 /℃ Annual average maximum temperature /℃	18.9
年平均最低气温 /℃ Annual average minimum temperature /℃	8.4
年降水量 /mm Annual precipitation /mm	545
≥10℃的积温 /℃ Daily temperature accumulated in a year（≥10℃）/℃	4761
年日照时数 /h Annual sunshine /h	2510
年平均相对湿度 /% Annual average relative humidity /%	61
干燥度 Dryness	1.48

本区域中心区月平均气温与月平均降水量
Monthly temperature and precipitation in central area of the region

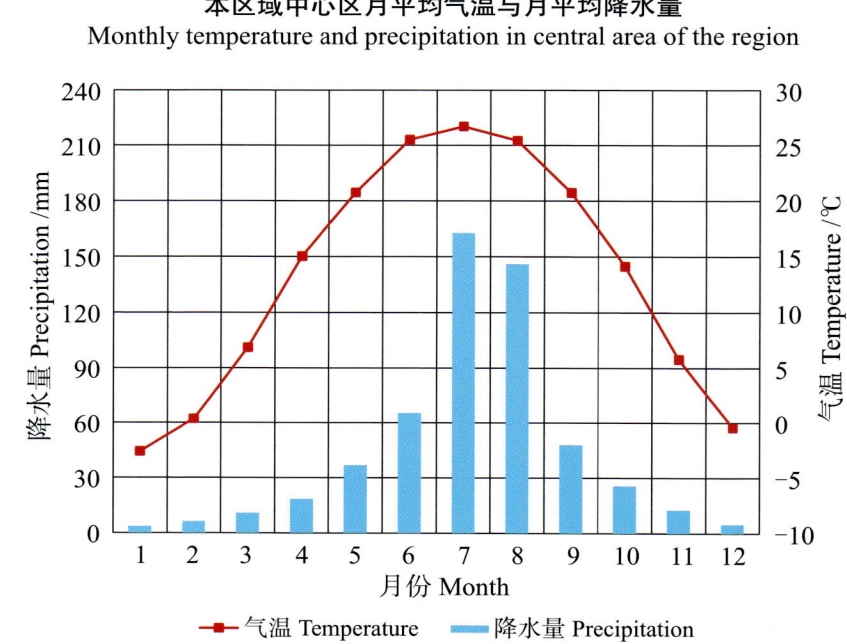

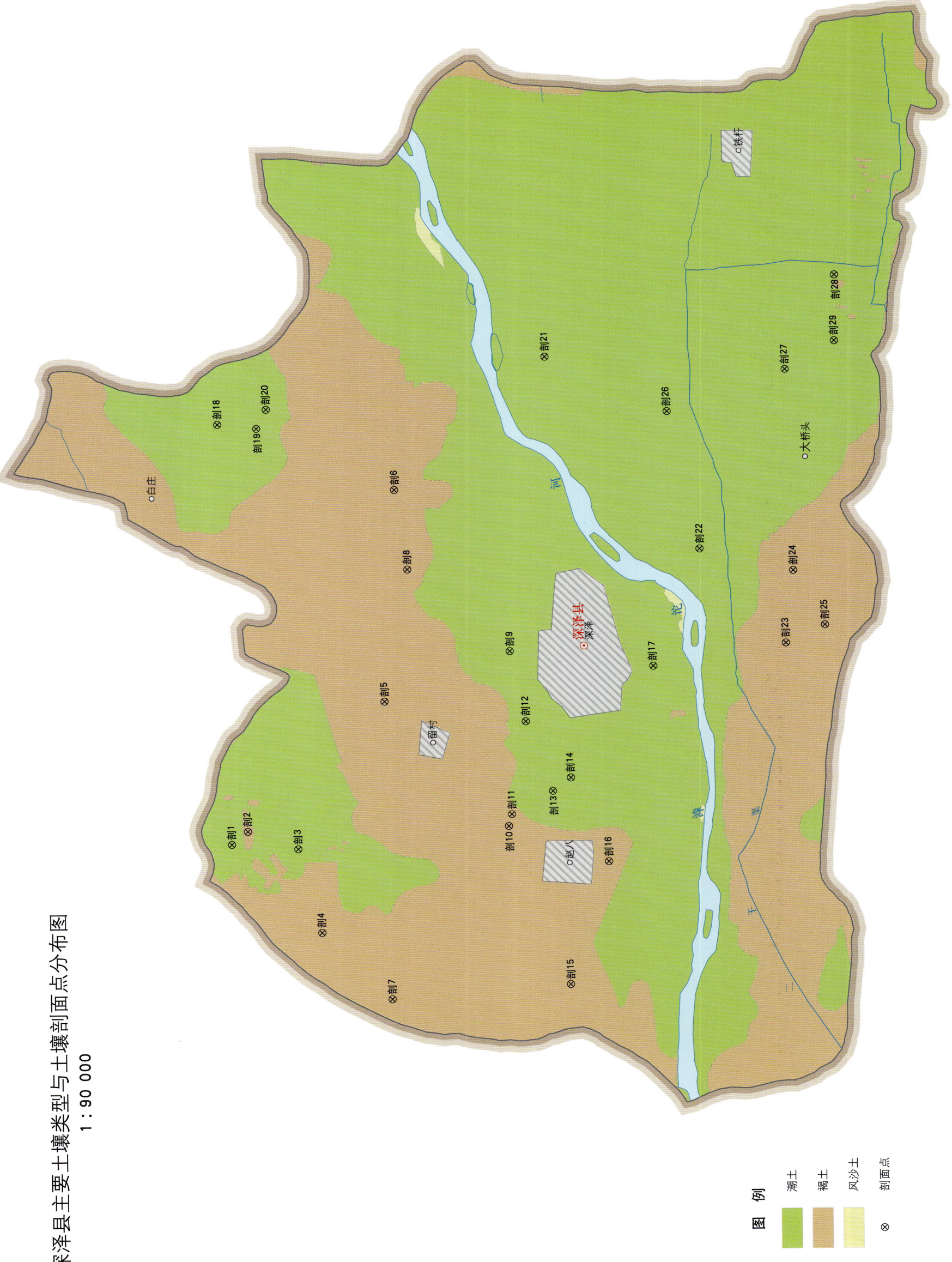

深泽县土壤剖面理化性状表

剖面号 Soil profile	土纲 Soil order	土类 Soil great group	亚类 Soil subgroup	土属 Soil genus	土种 Soil species	土层码 Layer code	土层厚度 Depth/cm	颜色 Soil color	质地 Soil texture	土壤结构 Soil structure	pH	有机质 OM/(g/kg)	全氮 TN/(g/kg)	全磷 TP/(g/kg)	碱解氮 AN/(mg/kg)	有效磷 AP/(mg/kg)	速效钾 AK/(mg/kg)	阳离子交换量CEC/(cmol/kg)	剖面点坐标 Profile coordinate	匹配指数 Matching index/%
剖1	半水成土	潮土	褐潮土	壤质褐潮土	砂壤质褐潮土	1	0–18	浅灰棕色	砂壤土	屑粒状	8.6	4.6	0.30	1.36	27	1.0	20	6.9	E 115°08′36.6″ N 38°15′02.1″	77
						2	18–44	浅灰棕色	砂壤土	屑粒状	8.6	1.5	0.13	1.27	13			5.2		
						3	44–150	浅棕色	砂土	单粒状	8.7	1.7	0.14	1.18	14			6.1		
剖2	半淋溶土	褐土	褐土性土	砂质褐土性土	砂质褐土性土	1	0–20	黄棕色	砂土	单粒状	8.7	1.6	0.23	1.97	19	2.0	80	5.4	E 115°08′48.8″ N 38°14′51.0″	84
						2	20–50	浅黄色	砂土	单粒状	8.7	1.4	0.18	2.03	20			4.5		
						3	50–100	浅黄色	砂土	单粒状	8.7	1.3	0.16	1.85	13			2.7		
						4	100–150	浅黄色	砂土	单粒状	8.7	1.6	0.17	1.50	13			4.5		
剖3	半淋溶土	褐土	褐潮土	壤质褐潮土	深位厚层砂轻壤质褐潮土	1	0–20	灰棕色	轻壤土	碎块状	8.3	10.5	0.77	1.80	62	5.0	38	17.8	E 115°08′33.0″ N 38°14′15.1″	87
						2	20–52	灰棕色	轻壤土	碎块状	8.4	7.1	0.54	1.71	46			16.0		
						3	52–150	浅灰棕色	砂土	屑粒状	8.5	2.4	0.19	1.96	14			2.1		
剖4	半淋溶土	潮土	潮褐土	壤质潮褐土	深位厚层砂轻壤质褐潮土	1	0–19	黄棕色	轻壤土	碎块状	8.2	10.0	0.71	1.81	60	4.0	70	17.5	E 115°07′15.6″ N 38°13′57.4″	93
						2	19–55	浅黄棕色	轻壤土	屑粒状	8.2	6.8	0.51	1.75	44			16.1		
						3	55–76	浅黄棕色	砂壤土	屑粒状	8.8	4.9	0.21	1.46	11			10.4		
						4	76–150	灰棕色	砂土	单粒状	8.6	2.3	0.14	1.52	8			2.2		
剖5	半水成土	褐土	潮褐土	壤质潮褐土	轻壤质褐潮土	1	0–20	灰黄色	轻壤土	屑粒状	8.1	8.0	0.50	1.22	39	2.0	30	10.3	E 115°10′50.5″ N 38°13′15.2″	84
						2	20–38	灰灰棕色	中壤土	碎块状	8.1	8.0	0.65	1.43	51			17.9		
						3	38–150	浅灰棕色	轻壤土	屑粒状	8.4	4.0	0.39	1.40	30			14.3		
剖6	半淋溶土	褐土	潮褐土	壤质潮褐土	浅位薄层砂中壤质潮褐土	1	0–20	灰黄棕色	轻壤土	碎块状									E 115°14′06.4″ N 38°13′10.6″	93
						2	20–38	暗黄棕色	重壤土	碎块状										
						3	38–50	暗棕色	中壤土	块状										
						4	50–110	暗棕色	中壤土	块状										
						5	110–150	深灰棕色	重壤土	块状										
剖7	半淋溶土	褐土	潮褐土	壤质潮褐土	浅位中层砂轻壤质潮褐土	1	0–20	浅灰棕色	砂土	屑粒状	8.3	5.9	0.43	1.79	28	2.0	80	16.4	E 115°06′16.2″ N 38°13′07.0″	96
						2	20–53	灰灰棕色	中壤土	碎块状	8.2	2.3	0.17	1.96	13			3.1		
						3	53–82	暗棕色	中壤土	块状	8.3	6.1	0.49	1.07	25			14.0		
						4	82–150	灰灰棕色	中壤土	块状	8.2	5.0	0.39	1.03	13			13.1		
剖8	半淋溶土	褐土	潮褐土	壤质潮褐土	深位薄层黏轻壤质潮褐土	1	0–20	灰黄棕色	轻壤土	碎块状	8.5	9.9	0.82	1.54	66	5.0	75	1.5	E 115°12′53.3″ N 38°13′00.3″	91
						2	20–69	灰棕色	重壤土	碎块状	8.7	9.2	0.75	1.50	47			16.3		
						3	69–88	暗棕色	中壤土	块状	8.3	10.7	0.82	1.34	62			25.2		
						4	88–150	暗棕色	中壤土	块状	8.5	3.9	0.31	1.40	32			10.0		
剖9	半水成土	潮土	褐潮土	壤质褐潮土	深位厚层黏轻壤质褐潮土	1	0–20	灰色	轻壤土	碎块状	9.2	8.1	0.54	1.29	41	3.0	40	11.4	E 115°11′38.8″ N 38°11′46.9″	88
						2	20–43	暗黄棕色	中壤土	碎块状	8.8	6.3	0.45	1.22	33			11.0		
						3	43–56	暗棕色	中壤土	块状	8.5	9.7	0.69	1.35	57			22.4		
						4	56–85	浅灰棕色	砂壤土	屑粒状	8.9	3.8	0.24	1.09	27			7.6		
						5	85–102	暗棕色	重壤土	块状	8.4	8.2	0.60	1.32	69			22.1		
						6	102–130	灰色	砂壤土	屑粒状	8.6	5.1	0.34	1.17	36			12.4		
						7	130–150	浅灰棕色	砂壤土	屑粒状	8.8	1.9	0.16	1.51	17			7.6		
剖10	半淋溶土	褐土	潮褐土	壤质潮褐土	浅位厚层黏中壤质潮褐土	1	0–16	棕色	中壤土	块状	8.0	12.4	0.85	1.15	79	5.0	124	17.9	E 115°08′56.8″ N 38°11′46.0″	84
						2	16–110	暗棕色	重壤土	块状	8.4	11.2	0.81	1.43	71			28.7		
						3	110–150	黄棕色	中壤土	屑粒状	8.1	5.1	0.43	1.04	34			13.4		

续表 Continued

剖面号 Soil profile	土纲 Soil order	土类 Soil great group	亚类 Soil subgroup	土属 Soil genus	土种 Soil species	土层码 Layer code	土层厚度 Depth/cm	颜色 Soil color	质地 Soil texture	土壤结构 Soil structure	pH	有机质 OM/(g/kg)	全氮 TN/(g/kg)	全磷 TP/(g/kg)	碱解氮 AN/(mg/kg)	有效磷 AP/(mg/kg)	速效钾 AK/(mg/kg)	阳离子交换量CEC/(cmol/kg)	剖面点坐标 Profile coordinate	匹配指数 Matching index/%
剖11	半淋溶土	褐土	潮褐土	壤质潮褐土	深位中层黏中壤质潮褐土	1	0–20	深灰棕色	中壤土	碎块状	8.4	10.3	0.76	1.45	61	4.0	120	23.5	E 115°09′07.9″ N 38°11′43.8″	84
						2	20–56	深灰棕色	中壤土	碎块状	8.8	6.1	0.43	1.21	31			14.6		
						3	56–95	暗棕色	重壤土	块状	8.5	9.6	0.68	1.20	71			30.6		
						4	95–150	灰棕色	轻壤土	碎块状	9.1	4.4	0.40	1.27	39			20.6		
剖12	半水成土	潮土	褐潮土	壤质褐潮土	深位中层黏轻壤质褐潮土	1	0–20	灰棕色	轻壤土	碎块状	8.3	13.0	0.82	1.25	62	5.0	110	13.6	E 115°10′33.9″ N 38°11′35.0″	92
						2	20–43	棕色	中壤土	块状	8.1	8.2	0.61	1.15	65			16.7		
						3	43–53	灰棕色	轻壤土	块状	8.4	6.8	0.43	1.11	34			13.5		
						4	53–93	红棕色	重壤土	块状	8.3	11.3	0.81	1.18	76			26.4		
						5	93–150	棕色	中壤土	块状	8.6	3.8	0.29	1.09	27			6.9		
剖13	半水成土	潮土	褐潮土	壤质褐潮土	浅位厚层黏轻壤质褐潮土	1	0–20	黄棕色	轻壤土	块状	8.4	13.3	0.89	1.46	74	4.0	100	18.2	E 115°09′30.2″ N 38°11′15.0″	73
						2	20–45	黄棕色	中壤土	块状	8.6	9.2	0.63	1.24	48			19.7		
						3	45–57	棕色	重壤土	块状	8.4	12.2	0.89	1.51	71			29.6		
						4	57–96	暗棕色	黏土	块状	8.5	11.8	0.83	1.35	74			25.2		
						5	96–150	黄棕色	轻壤土	碎块状	8.5	13.6	0.96	1.44	70			27.9		
剖14	半水成土	潮土	褐潮土	壤质褐潮土	浅位中层黏中壤质褐潮土	1	0–20	黄棕色	中壤土	碎块状	8.2	11.7	0.77	1.51	61	4.0	95	16.8	E 115°09′42.8″ N 38°11′02.4″	73
						2	20–35	灰棕色	中壤土	块状	8.0	9.6	0.69	1.39	53			18.8		
						3	35–90	暗棕色	重壤土	块状	7.9	11.2	0.87	1.33	73			31.6		
						4	90–150	黄棕色	黏土	片状	8.0	13.0	0.91	1.47	86			32.5		
剖15	半淋溶土	褐土	褐潮土	壤质潮褐土	砂壤质潮褐土	1	0–35	灰棕色	中壤土	屑粒状	8.7	7.9	0.60	1.29	41	3.0	65	11.7	E 115°06′31.7″ N 38°11′00.6″	82
						2	35–71	暗棕色	轻壤土	屑粒状	8.7	6.1	0.45	1.25	22			9.6		
						3	71–92	灰棕色	轻壤土	屑粒状	9.1	2.2	0.20	1.77	18			7.2		
						4	92–106	暗棕色	轻壤土	碎块状	8.9	2.0	0.21	1.71	14			8.9		
						5	106–150	黄棕色	轻壤土	碎块状	8.9	3.2	0.26	1.38	15			13.2		
剖16	半水成土	潮土	褐潮土	壤质褐潮土	中壤质褐潮土	1	0–20	暗棕色	中壤土	碎块状	8.4	12.9	0.93	1.40	69	3.0	135	14.5	E 115°08′25.0″ N 38°10′34.8″	90
						2	20–60	暗棕色	中壤土	碎块状	8.5	8.4	0.64	1.26	53			19.9		
						3	60–80	黄棕色	中壤土	块状	8.5	7.7	0.55	1.16	37			13.1		
						4	80–90	黄棕色	中壤土	屑粒状	8.6	7.0	0.30	0.95	22			6.3		
						5	90–150	灰白色	轻壤土	屑粒状	8.3	8.3	0.31	0.96	24			13.8		
剖17	半淋溶土	褐土	褐潮土	壤质褐潮土	浅位中层黏轻壤质褐潮土	1	0–20	深棕色	中壤土	碎块状	8.4	11.1	0.71		65	5.0	93	24.2	E 115°11′26.6″ N 38°10′05.1″	74
						2	20–35	暗棕色	重壤土	块状	8.6	4.1	0.28	1.30	52			21.3		
						3	35–57	暗棕色	中壤土	屑粒状	8.6	8.8	0.49	1.23	61			33.2		
						4	57–100	黄棕色	中壤土	屑粒状	8.4	2.8	0.15	1.04	29			20.3		
						5	100–140	深黄棕色	中壤土	块状	8.3	2.7	0.15	1.09	34			20.4		
						6	140–150	黄棕色	中壤土	碎块状	8.4	3.0	0.32	1.25	30			21.6		
剖18	半水成土	潮土	褐潮土	壤质褐潮土	浅位中层黏中壤质褐潮土	1	0–20	深灰棕色	轻壤土	碎块状	8.5	12.7	0.70	1.45	67	4.0	116	18.6	E 115°11′04.5″ N 38°15′16.6″	94
						2	20–45	暗棕色	中壤土	碎块状	8.6	9.1	0.55	1.35	61			14.0		
						3	45–80	深灰棕色	重壤土	块状	8.4	11.9	0.63	1.36	64			28.7		
						4	80–115	深灰棕色	中壤土	块状	8.7	4.6	0.27	1.37	34			13.3		
						5	115–150	暗棕色	轻壤土	块状	8.3	4.4	0.27	1.17	30			13.5		
剖19	半水成土	潮土	褐潮土	壤质褐潮土	浅位薄层黏中壤质褐潮土	1	0–20	黄棕色	中壤土	块状	8.6	12.2	0.84	1.45	83		113	26.1	E 115°15′01.3″ N 38°14′48.9″	73
						2	20–40	暗棕色	重壤土	块状	8.6	12.1	0.79	1.35	77			24.4		
						3	40–72	黄黄棕色	中壤土	块状	8.5	12.9	0.92	1.36	77			40.0		
						4	72–91	暗棕色	中壤土	块状	8.8	5.4	0.51	1.37	37			22.6		
						5	91–150	暗棕色	重壤土	块状	8.9	8.2	0.62	1.17	44			30.2		

续表 Continued

剖面号 Soil profile	土纲 Soil order	土类 Soil great group	亚类 Soil subgroup	土属 Soil genus	土种 Soil species	土层码 Layer code	土层厚度 Depth/cm	颜色 Soil color	质地 Soil texture	土壤结构 Soil structure	pH	有机质 OM/(g/kg)	全氮 TN/(g/kg)	全磷 TP/(g/kg)	碱解氮 AN/(mg/kg)	有效磷 AP/(mg/kg)	速效钾 AK/(mg/kg)	阳离子交换量CEC/(cmol/kg)	剖面点坐标 Profile coordinate	匹配指数 Matching index/%
剖20	半水成土	潮土	褐潮土	壤质褐潮土	中壤质褐潮土	1	0—19	黄棕色	中壤土	碎块状	8.6	6.8	0.50	1.28	47	2.0	93	18.5	E 115°15′19.1″ N 38°14′42.1″	76
						2	19—38	暗棕色	中壤土	块状	8.8	4.9	0.40	1.35	42			17.1		
						3	38—70	暗黄棕色	中壤土	块状	8.8	5.5	0.39	1.18	44			21.9		
						4	70—104	浅黄棕色	轻壤土	碎块状	8.8	4.7	0.37	1.16	27			20.5		
						5	104—150	暗棕色	中壤土	块状	8.7	0.9	0.64	1.17	46			32.5		
剖21	半水成土	潮土	褐潮土	壤质褐潮土	浅位中层砂轻壤质褐潮土	1	0—20	灰白色	轻壤土	碎块状	8.7	7.9	0.60	1.29	41	3.0	65	16.7	E 115°16′11.6″ N 38°11′25.1″	77
						2	20—44	浅白色	砂壤土	碎块状	8.6	4.1	0.27	1.25	12			15.4		
						3	44—67	灰白色	砂土	粒状	9.1	2.2	0.20	1.77	18			7.2		
						4	67—100	浅棕色	砂壤土		8.9	2.0	0.21	1.71	14			8.9		
						5	100—150	浅灰色	砂壤土		8.7	5.2	0.23	1.38	13			7.8		
剖22	半淋溶土	褐土	潮褐土	壤质潮褐土	轻壤质褐潮土	1	0—20	灰色	轻壤土	碎块状	8.2	11.4	0.77	1.29	59	5.0	130	16.9	E 115°13′16.0″ N 38°09′33.5″	99
						2	20—39	灰色	轻壤土	碎块状	8.4	7.8	0.58	1.20	46			11.7		
						3	39—81	浅黄棕色	砂质黏壤土	屑粒状	8.6	4.4	0.27	1.05	37			10.3		
						4	81—97	暗棕色	中壤土	块状	8.4	10.7	0.76	1.44	69			24.1		
						5	97—150	浅灰色	轻壤土	碎块状	8.2	5.1	0.50	1.08	40			13.1		
剖23	半淋溶土	褐土	潮褐土	壤质潮褐土	浅位中层黏轻壤质潮褐土	1	0—24	浅灰棕色	轻壤土	碎块状	8.5	12.5	0.88	1.39	62	4.0	155	18.6	E 115°11′49.6″ N 38°08′31.2″	90
						2	24—43	暗棕色	中壤土	碎块状	8.5	10.2	0.74	1.22	85			21.9		
						3	43—82	灰棕色	重壤土	块状	8.4	12.8	0.89	1.30	87			25.5		
						4	82—120	浅棕色	中壤土	碎块状	8.5	5.5	0.48	1.26	42			14.4		
						5	120—150	浅黄棕色	轻壤土	碎块状	8.7	5.1	0.28	1.07	26			6.9		
剖24	半淋溶土	褐土	潮褐土	壤质潮褐土	浅位薄层黏轻壤质潮褐土	1	0—20	暗棕色	中壤土	块状	8.2	11.7	0.73		68	6.0	127	9.8	E 115°12′56.9″ N 38°08′26.9″	76
						2	20—45	暗棕色	重壤土	块状	8.3	10.1	0.56		59			10.2		
						3	45—62	暗棕色	中壤土	碎块状	8.3	10.5	0.64	1.40	65			12.3		
						4	62—81	浅棕色	中壤土	碎块状	8.4	6.0	0.35	1.21	38			8.9		
						5	81—110	浅棕色	轻壤土	碎块状	8.3	8.5	0.54	1.14	42			9.3		
						6	110—150	黄棕色	中壤土	块状	7.9	4.8	0.33	0.79	31			10.4		
剖25	半淋溶土	褐土	潮褐土	壤质潮褐土	浅位中层黏中壤质潮褐土	1	0—18	灰棕色	中壤土	碎块状	8.4	12.1	0.70	1.41	66	5.0	128	24.1	E 115°12′06.8″ N 38°08′03.8″	80
						2	18—47	暗棕色	中壤土	碎块状	8.3	12.7	0.77	1.25	72			31.3		
						3	47—100	灰棕色	重壤土	块状	8.5	6.0	0.35	1.21	41			14.7		
						4	100—150	浅棕色	轻壤土	碎块状	8.5	4.1	0.23	1.32	39			20.6		
剖26	半水成土	潮土	褐潮土	壤质褐潮土	深位薄层黏中壤质潮褐土	1	0—18	灰棕色	轻壤土	碎块状	8.3	11.8	0.83	1.41	66	4.0	80	24.5	E 115°15′22.3″ N 38°09′58.0″	77
						2	18—54	浅灰棕色	轻壤土	碎块状	8.6	7.6	0.57	1.25	49			21.2		
						3	54—70	暗棕色	重壤土	块状	8.5	11.1	0.83	1.21	59			33.7		
						4	70—100	浅棕色	重壤土	块状	8.5	5.4	0.46	1.32	41			24.4		
						5	100—150	暗棕色	砂壤土	碎块状	8.4	3.4	3.10	1.15	26			18.7		
剖27	半水成土	潮土	褐潮土	壤质褐潮土	浅位薄层砂壤质褐潮土	1	0—18	浅灰棕色	砂壤土	碎粒状	8.6	3.4	0.27	1.30	20	1.0	23	7.6	E 115°16′02.6″ N 38°08′34.6″	71
						2	18—35	灰棕色	轻壤土	碎块状	8.5	3.3	0.23	1.23	25			9.5		
						3	35—48	褐棕色	重壤土	块状	8.4	10.3	0.77	1.23	64			26.9		
						4	48—150	浅棕色	轻壤土	屑粒状	8.5	2.7	0.18	1.20	15			6.9		
剖28	半水成土	潮土	褐潮土	壤质褐潮土	浅位厚层砂轻壤质褐潮土	1	0—20	灰棕色	轻壤土	碎块状	8.7	8.2	0.50	1.58	47	2.0	30	16.8	E 115°17′30.5″ N 38°08′00.6″	95
						2	20—48	暗棕色	轻壤土	碎块状	8.6	6.2	0.34	1.68	27			9.9		
						3	48—102	黄棕色	砂土	单粒状	8.9	4.7	0.10	1.37	2			1.2		
						4	102—105	浅灰棕色	砂土	单粒状	8.8	3.1	0.07	1.89	1			0.9		

续表 Continued

剖面号 Soil profile	土纲 Soil order	土类 Soil great group	亚类 Soil subgroup	土属 Soil genus	土种 Soil species	土层码 Layer code	土层厚度 Depth/cm	颜色 Soil color	质地 Soil texture	土壤结构 Soil structure	pH	有机质 OM/(g/kg)	全氮 TN/(g/kg)	全磷 TP/(g/kg)	碱解氮 AN/(mg/kg)	有效磷 AP/(mg/kg)	速效钾 AK/(mg/kg)	阳离子交换量 CEC/(cmol/kg)	剖面点坐标 Profile coordinate	匹配指数 Matching index/%
剖29	半水成土	潮土	褐潮土	壤质褐潮土	浅位薄层黏轻壤质褐潮土	1	0—17	浅灰色	轻壤土	屑粒状	8.4	10.5	0.66	1.32	52	2.0	70	13.1	E 115°16′29.8″ N 38°08′00.2″	81
						2	17—33	黄棕色	轻壤土	碎块状	8.5	8.2	0.59	1.09	44			12.7		
						3	33—43	暗棕色	重壤土	块状	8.2	11.2	0.80	1.17	76			26.5		
						4	43—76	黄棕色	轻壤土	块状	8.4	6.1	0.44	1.15	36			13.5		
						5	76—150	浅棕色	砂壤土	屑粒状	8.7	2.8	0.19	1.09	17			6.9		

赞 皇 县

主要土类说明

褐土是赞皇县主要土壤类型，占本县地域面积的 93%。褐土是本县中山、低山、丘陵及济槐两河冲积扇的最主要土壤类型。褐土是在暖温带亚湿润区发育形成的具有黏化与钙质淋移淀积特征的土壤。该土壤盐基饱和，处于硅铝风化阶段，有明显的淀积黏化层。在其 A-B-C 剖面构型中，B 层呈棕褐色。土壤 pH 为 7.0—7.5，盐基饱和度在 80% 以上；B 层下部有假菌丝状钙积层。本县褐土分为淋溶褐土、褐土、褐土性土、石灰性褐土、草甸褐土等亚类。淋溶褐土亚类主要分布于中山的山坡，低于山地棕壤。褐土亚类主要发育在冲洪积母质上，有褐土化发育特征，土体层次较清晰，一般有耕作层、犁底层和黏化层，上层无石灰反应，中下层石灰反应明显。褐土性土亚类主要分布在低山丘陵和河漫滩。石灰性褐土亚类分布在低山丘陵、岗坡河谷阶地及山麓平原。草甸褐土亚类分布在河川沟谷的低级阶地上，地下水位较高，约为 1.5m，上层因受淋溶影响，具有褐土特征，可见少量假菌丝体，土体下层受地下水季节性影响，在 1m 左右产生氧化还原作用，下层有草甸土特征，可见锈色斑纹与铁锰结核。

棕壤是赞皇县第二大土壤类型，占本县地域面积的 5%，分布于赞皇县桃花垴至嶂石岩一线，山脊海拔 850—1900m 的中山林线终止处。所处地方气候温凉湿润，冬季寒冷而漫长。植被为人工针叶林和次生阔叶林，如油松、栎树、桦树、椴树等，以及落叶灌木杜鹃、六道木，天然草本植物有莎草、卷柏和苔藓等。土壤水分是"上湿下润"，土壤物质呈中度淋溶态，故成土过程为有机质累积、黏化、酸化和脱钙等共同作用。棕壤土体构型特征为：地表半腐烂的枯枝落叶层厚 3—5cm，其下为有机质层，厚度为 20—25cm，土色为暗灰棕色，有机质含量为 30—60g/kg；再下为棕色黏化层，棕色的原因是上层因水分饱和，有机质嫌气分解，铁锰还原，溶于水下淋至心土层，通气状况改善后，铁锰重新氧化或水化，致使土粒被染成棕色。表层黏粒的机械下淋及心土原地风化黏粒的增加，形成了心土层"既棕又黏"的层次（其小于 0.01mm 粒径的黏粒含量较表层高 9.6%），有较明显的铁锰胶膜在结构面上呈现；脱钙酸化，棕壤呈微酸性，盐基性离子转为不饱和；最下层母质风化较弱，母质类型主要是残积物、坡积物及少量的洪积物、冲积物，土层厚度一般小于 1m，砾石含量较多。其有机质含量平均为 5.13%，全氮含量为 2.4g/kg，全磷含量为 0.3g/kg，全钾含量为 15.8g/kg，碳酸钙含量为 0.1%，阳离子交换量为 20.0cmol/kg，pH 为 6.6。本县棕壤分为棕壤和棕壤性土等亚类。

小于本县地域面积 3% 的土壤类型还有潮土等。

本区域中心区气候特征

本区域中心区气候特征值
Regional climate characteristics in central area of the region

气候带：暖温带亚湿润气候 Climate region: Warm temperate subhumid climate	
年平均气温 /℃ Annual average temperature /℃	13.4
年平均最高气温 /℃ Annual average maximum temperature /℃	19.2
年平均最低气温 /℃ Annual average minimum temperature /℃	8.5
年降水量 /mm Annual precipitation /mm	528
≥10℃的积温 /℃ Daily temperature accumulated in a year (≥10℃) /℃	4814
年日照时数 /h Annual sunshine /h	2398
年平均相对湿度 /% Annual average relative humidity /%	62
干燥度 Dryness	1.52

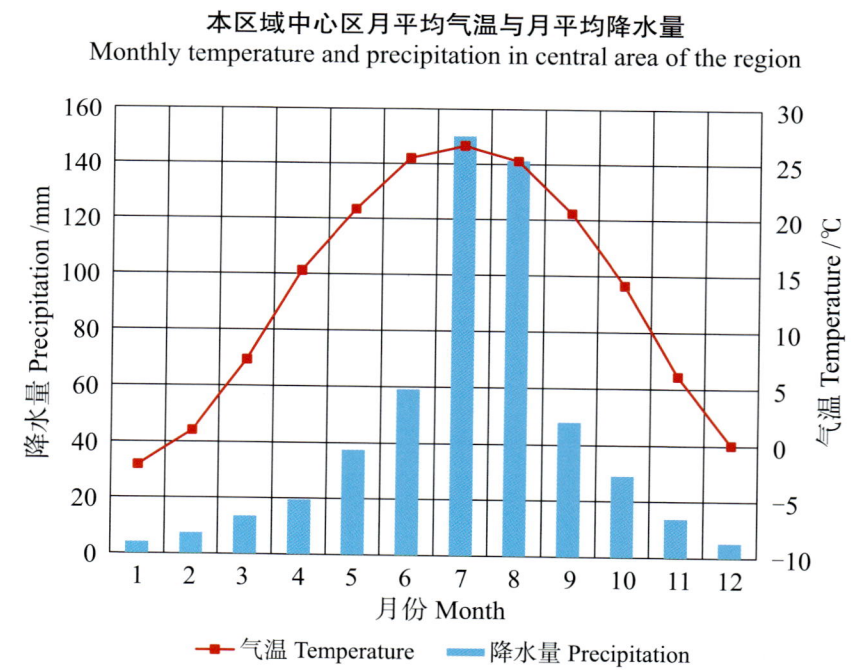

本区域中心区月平均气温与月平均降水量
Monthly temperature and precipitation in central area of the region

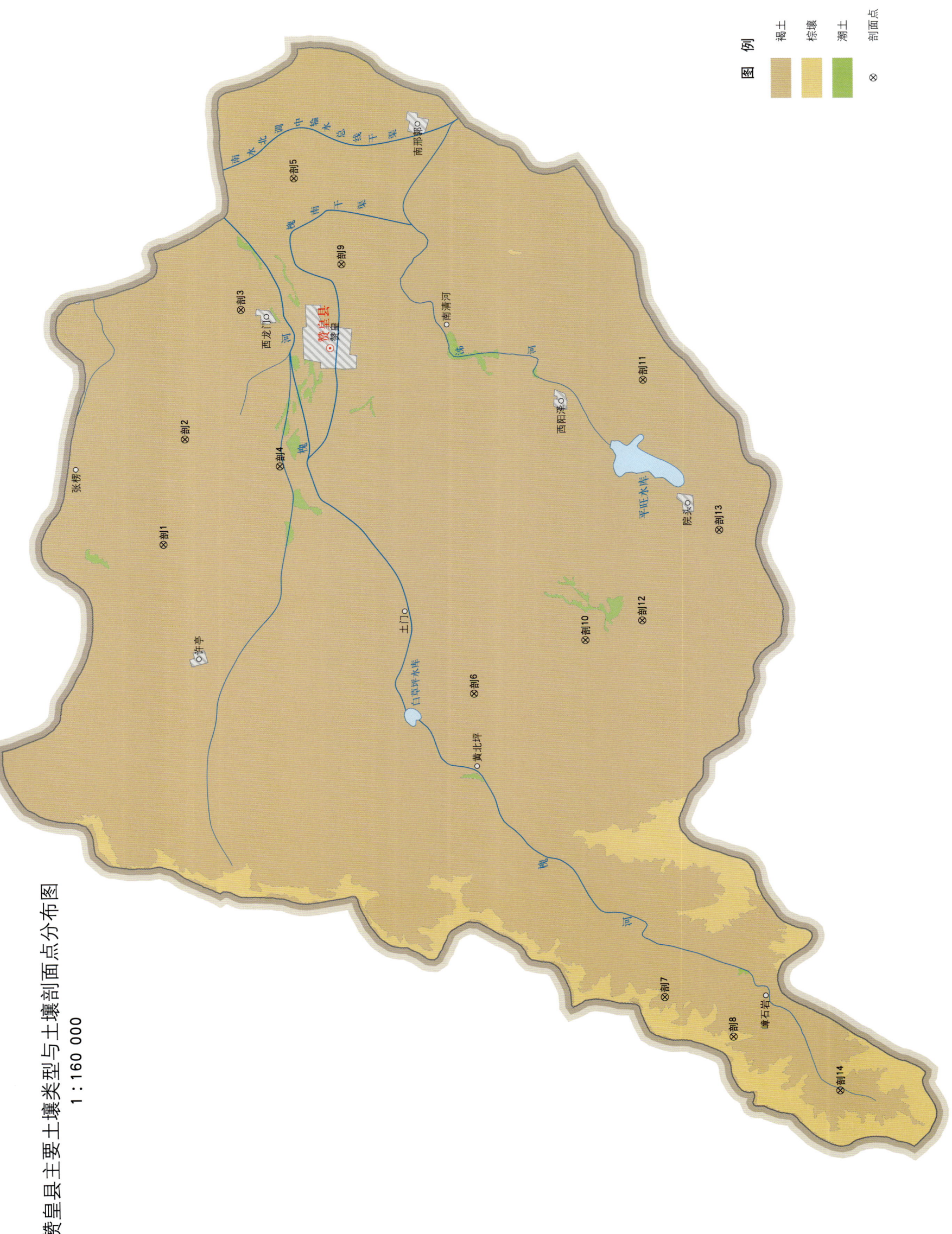

赞皇县主要土壤类型与土壤剖面点分布图
1∶160 000

第四编 河北省分县土壤图与土壤剖面数据 | 169

赞皇县土壤剖面理化性状表

剖面号 Soil prodifile	土纲 Soil order	土类 Soil great group	亚类 Soil subgroup	土属 Soil genus	土种 Soil species	土层码 Layer code	土层厚度 Depth/cm	颜色 Soil color	质地 Soil texture	土壤结构 Soil structure	pH	有机质 OM/(g/kg)	全氮 TN/(g/kg)	全磷 TP/(g/kg)	碱解氮 AN/(mg/kg)	有效磷 AP/(mg/kg)	阳离子交换量CEC/(cmol/kg)	土壤母质 Parent material	剖面点坐标 Profile coordinate	匹配指数 Matching index/%
剖1	半淋溶土	褐土	石灰性褐土	黄土质石灰性褐土	黄土质中壤质石灰性褐土	1	0—20	灰褐色	中壤土	碎屑状	8.5	4.4	0.35	1.28	33	6.0	11.0		E 114°17′23.3″ N 37°42′55.4″	96
						2	20—36	黄褐色	中壤土	碎屑状	8.6	4.4	4.20	1.23	29	3.0	11.3			
						3	36—85	黄褐色	中壤土	小块状	8.5	5.0	0.37	1.23	40	3.0	16.2			
						4	85—150	黄褐色	中壤土	小块状	8.5	4.8	1.36		26	3.0	15.3			
剖2	半淋溶土	褐土	石灰性褐土	花岗岩类石灰性褐土	中层轻壤质底花岗岩类石灰性褐土	1	0—20	黄褐色	轻壤土	屑粒状	8.3	12.5	0.75	1.00	57		15.9	花岗岩类	E 114°20′16.1″ N 37°42′31.3″	96
						2	20—34	黄褐色	轻壤土	块状	8.4	6.0	0.44	1.16	40	3.0	14.1			
						3	34—80	黄褐色	轻壤土	块状	8.4	2.5	0.20	0.33	23	3.0	19.3			
						4	80—	黄色			8.6	1.2	0.07	0.34	9		9.7			
剖3	半淋溶土	褐土	石灰性褐土	冰碛物	中层轻壤质冰碛物石灰性褐土	1	0—24	浅黄褐	轻壤土	碎块状	8.7	6.6	0.48	0.77	42	3.0	9.3		E 114°23′50.1″ N 37°41′24.3″	95
						2	24—37	褐色	中壤土	块状	8.6	4.9	0.36	0.46	32	2.0	16.9			
						3	37—60	暗褐色	中壤土	块状	8.4	4.6	0.38	0.53	32	3.0	17.3			
						4	60—70	红褐色	砾石	无明显结构	8.6	4.7	0.42	0.18	37		7.9			
剖4	半淋溶土	褐土	石灰性褐土	壤质褐土	轻壤质杂砾石灰性褐土	1	0—20	灰褐色	轻壤土	块状	8.3	8.5	0.74	1.11	54	3.0	13.7		E 114°19′35.0″ N 37°40′30.4″	91
						2	20—95	黄褐色	中壤土	块状	8.5	3.9	0.28	0.97	27	3.0				
						3	95—150	黄褐色	中壤土	块状	8.4	3.0	0.25	0.89	21	1.0				
剖5	半淋溶土	褐土	石灰性褐土	冰碛物	深位厚中层轻壤质石灰性褐土	1	0—23	灰褐色	轻壤土	屑块状	8.3	13.1	0.86	1.29	68		14.4		E 114°27′27.0″ N 37°40′21.4″	74
						2	23—63	黄褐色	中壤土	碎块状	8.5	4.9	0.38	0.90	41	1.0	12.3			
						3	63—	浅黄	砂土	粒状	8.5	1.7	0.15	0.59	12	1.0	5.8			
剖6	半淋溶土	褐土	石灰性褐土	壤质褐土	少砾轻壤质石灰性褐土	1	0—22	灰褐色	轻壤土	屑粒状	8.4	20.7	1.35	1.19	89	5.0	11.0		E 114°13′29.7″ N 37°36′18.4″	84
						2	22—38	灰褐色	中壤土	碎块状	8.5	10.6	0.82	1.10	57	2.0	10.5			
						3	38—105	黄褐色	砂壤土	块状	8.6	5.9	0.46	0.84	29	1.0	9.7			
						4	105—150	黄褐色	轻壤土	屑粒状	8.5	5.7	0.32	0.61	23		8.6			
剖7	淋溶土	棕壤	生草棕壤	石灰岩类生草棕壤	石灰岩类厚层	1	0—4	黑棕色	轻壤土	团粒状		186.0	8.85	1.81			37.7		E 114°05′20.3″ N 37°32′08.6″	96
						2	4—50	暗棕色	中壤土	团块状	8.2	26.0	3.53	1.87	129	2.0	25.5			
						3	50—80	棕色	中壤土	屑粒状	8.5		1.57	1.26	110	1.0	14.2			
						4	80—100	黄褐色	轻壤土	块状		10.5	0.66	0.69	64	微量	11.1			
剖8	淋溶土	棕壤	生草棕壤	基岩类生草棕壤		1	0—19	黑棕色	轻壤土	碎屑状	7.2	56.5	2.39	1.02		1.0	16.4	基岩类	E 114°04′18.5″ N 37°30′40.7″	85
						2	19—50	黄褐色	轻壤土	碎屑状	7.6	8.1	0.34	0.20		1.0	4.2			
剖9	半淋溶土	褐土	石灰性褐土	黄土质石灰性褐土	黄土质中壤质杂砂姜石灰性褐土	1	0—15	浅褐色	中壤土	碎屑状	8.5	8.5	0.59	0.82	32	3.0	14.2		E 114°25′07.6″ N 37°39′18.5″	79
						2	15—37	黄褐色	中壤土	碎屑状	8.5	6.5	0.48	0.77	24	3.0	14.8			
						3	37—150	黄褐色	中壤土	块状	8.6	4.6	0.35	0.89	13	3.0	14.5			
剖10	半淋溶土	褐土	石灰性褐土	壤质褐土	浅位厚轻壤质石灰性褐土	1	0—20	灰棕色	中壤土	屑块状	8.2	23.7	1.37	1.90	104	15.0	12.8		E 114°15′01.4″ N 37°33′59.2″	88
						2	20—43	浅褐色	中壤土	屑块状	8.5	7.3	0.47	1.56	36	3.0	10.3			
						3	43—	黄白色	砂土	粒状	8.5	5.6	0.36	1.03	36	3.0	4.1			
剖11	半淋溶土	褐土	褐土性	石英砂岩类褐土性	轻壤质石英砂岩类褐土	1	0—15	红棕色	砂壤土	屑粒状	8.4	4.0	2.40	0.43	30	1.0	13.9	石英砂岩类	E 114°22′09.6″ N 37°32′54.3″	74
剖12	半淋溶土	褐土	石灰性褐土	壤质褐土	轻壤质石灰性褐土	1	0—22	灰褐色	轻壤土	屑屑状	8.4	14.0	0.96	1.17	83	4.0	13.9		E 114°15′35.6″ N 37°32′48.1″	94
						2	22—95	黄褐色	中壤土	块状	8.5	6.9	0.53	1.16	52	3.0	12.3			
						3	95—150	棕色	中壤土	块状	8.6	3.9	0.32	0.96	38	3.0	9.5			
剖13	半淋溶土	褐土	褐土	壤质褐土	少砾轻壤质褐土	1	0—18	灰褐色	轻壤土	碎屑状	8.2	30.2	1.36	1.36	136	13.0	12.1		E 114°18′06.5″ N 37°31′13.4″	70
						2	18—88	棕褐色	轻壤土	小块状	8.5	15.0		1.19	67	3.0	10.7			
						3	88—150	棕褐色	轻壤土	小块状		8.0		0.72	25	3.0	8.3			

续表 Continued

剖面号 Soil profile	土纲 Soil order	土类 Soil great group	亚类 Soil subgroup	土属 Soil genus	土种 Soil species	土层码 Layer code	土层厚度 Depth/cm	颜色 Soil color	质地 Soil texture	土壤结构 Soil structure	pH	有机质 OM/(g/kg)	全氮 TN/(g/kg)	全磷 TP/(g/kg)	碱解氮 AN/(mg/kg)	有效磷 AP/(mg/kg)	阳离子交换量CEC/(cmol/kg)	土壤母质 Parent material	剖面点坐标 Profile coordinate	匹配指数 Matching index/%
剖14	半淋溶土	褐土	淋溶褐土	壤质褐土	少砾轻壤质淋溶褐土	1	0—20	棕色	轻壤土	粒状		18.1	0.96	1.10	80		9.1		E 114°02′55.0″ N 37°28′23.9″	83
						2	20—60	浅棕色	轻壤土	屑粒状		7.0	0.49	0.81	33	3.0	13.6			
						3	60—77	棕褐色	轻壤土	碎块状		3.8	0.29	0.53	19	2.0	13.1			
						4	77—150	灰褐色	轻壤土	碎块状		3.2	0.23	0.73	13		11.8			

无 极 县

主要土类说明

褐土是无极县主要土壤类型，占本县地域面积的 90%。褐土分布于山麓平原的中部，海拔约为 45m，属于地带性土壤。其气候特征是半干旱半湿润季风气候，夏季高温多雨，冬季寒冷干燥。排水条件良好，地下水位较深。随着海拔的增加，土壤中钙质淋溶作用加剧；随着海拔的降低，土壤中钙质淀积作用逐渐显著。山麓平原及沟谷阶地的褐土，除具有钙质淀积作用外，由于地下水参与成土过程，土壤中铁锰处于氧化还原交替作用过程，故土壤剖面上呈现铁子或锈色斑纹。同时，阳坡上褐土的分布部位较阴坡要高。酸性硅铝质母质褐土分布的部位较钙质母质褐土要低。低山、丘陵褐土的褐色黏化层较为明显，多在土层 50—60cm 处，土壤质地较上层要重些，为中壤土或重壤土。

新积土是无极县第二大土壤类型，占本县地域面积的 4%，分布在大沙河及滹沱河的河漫滩上，其中以滹沱河河漫滩分布最广。新积土母质均为河流冲积物。该土类为近期流水沉积而成，在汛期还可能被河水淹没，其土层深厚，质地多为砂土或砂壤土，有时为层状沉积。没有或很少有植物生长，无剖面发育特征，或仅有微弱发育特征，其地下水较浅，水位为 2—3m。但因质地轻、降水渗漏迅速，故旱季土壤干燥。土壤无结构，均呈分散的单粒状，通体有石灰反应。

小于本县地域面积 3% 的土壤类型还有风沙土、潮土等。

本区域中心区气候特征

本区域中心区气候特征值
Regional climate characteristics in central area of the region

气候带：暖温带亚湿润气候 Climate region: Warm temperate subhumid climate	
年平均气温 /℃ Annual average temperature /℃	13.1
年平均最高气温 /℃ Annual average maximum temperature /℃	18.9
年平均最低气温 /℃ Annual average minimum temperature /℃	8.2
年降水量 /mm Annual precipitation /mm	527
≥10℃的积温 /℃ Daily temperature accumulated in a year (≥10℃) /℃	4713
年日照时数 /h Annual sunshine /h	2485
年平均相对湿度 /% Annual average relative humidity /%	61
干燥度 Dryness	1.50

本区域中心区月平均气温与月平均降水量
Monthly temperature and precipitation in central area of the region

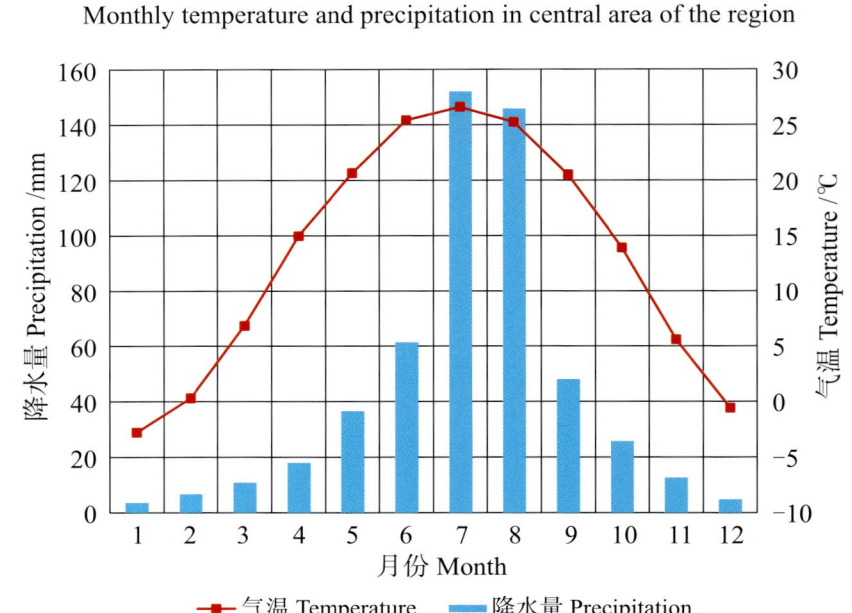

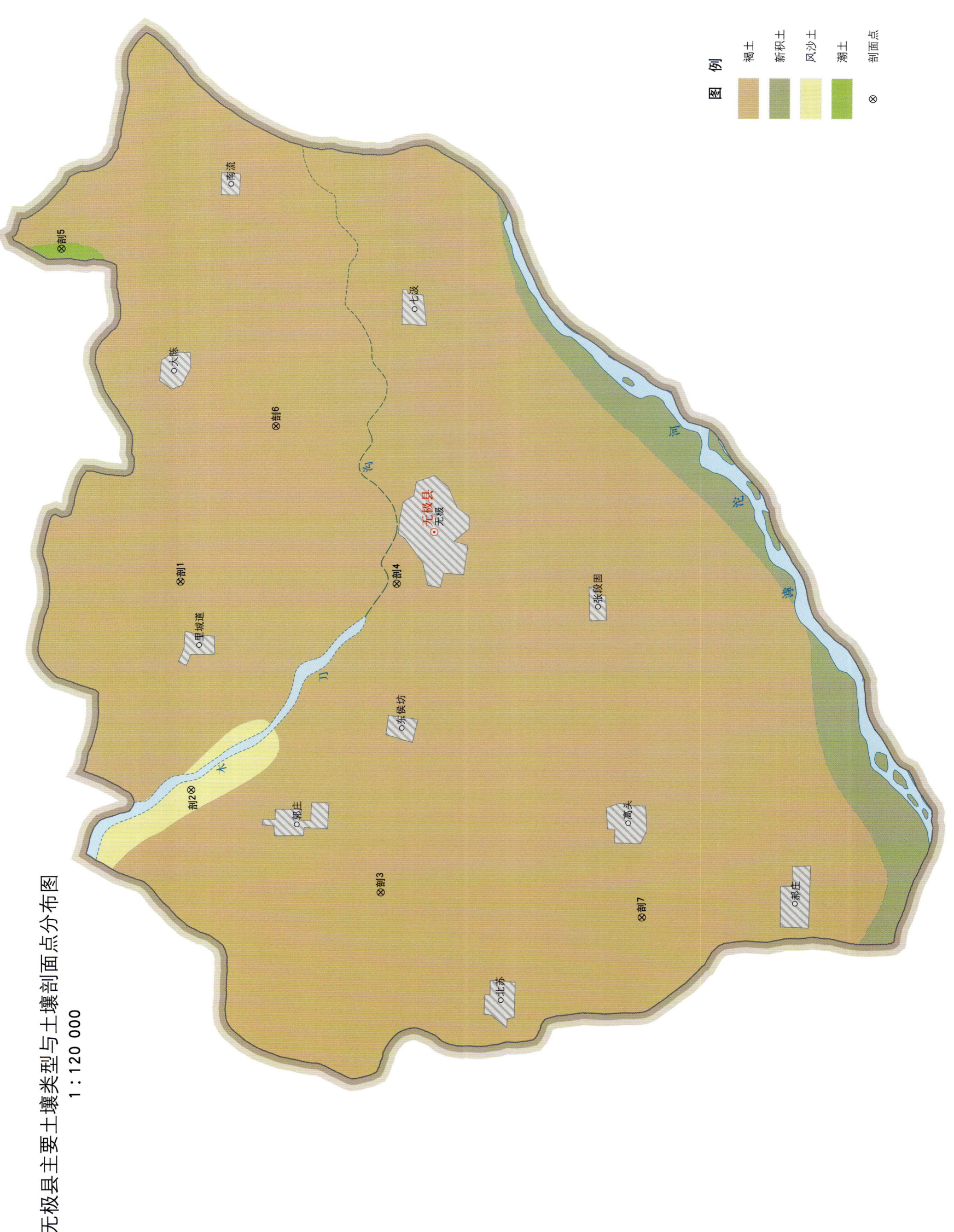

无极县土壤剖面理化性状表

剖面号 Soil profile	土纲 Soil order	土类 Soil great group	亚类 Soil subgroup	土属 Soil genus	土种 Soil species	土层码 Layer code	土层厚度 Depth/cm	颜色 Soil color	质地 Soil texture	土壤结构 Soil structure	pH	有机质 OM/(g/kg)	全氮 TN/(g/kg)	全磷 TP/(g/kg)	碱解氮 AN/(mg/kg)	有效磷 AP/(mg/kg)	速效钾 AK/(mg/kg)	阳离子交换量CEC/(cmol/kg)	剖面点坐标 Profile coordinate	匹配指数 Matching index/%
剖1	半淋溶土	褐土	潮褐土	砂质冲积潮褐土	砂质潮褐土	1	0—30	浅棕色	松砂土	单粒状	7.5	1.0	0.06	2.77	9	1.0	15	4.1	E 114°56′50.6″ N 38°14′32.6″	85
						2	30—64	浅棕色	松砂土	单粒状	7.2	2.2	0.11	2.29	9	1.0	7	4.1		
						3	64—150	浅棕色	松砂土	单粒状	6.9	0.9	0.05	3.00		1.0	7	3.5		
剖2	初育土	风沙土	风沙土	半固定风沙土	半固定风沙土	1	0—14	灰棕色	松砂土	单粒状	7.8	1.7	0.08	1.77	10	1.0	33	4.2	E 114°52′35.0″ N 38°14′17.9″	90
						2	14—41	灰棕色	松砂土	单粒状	8.1	1.4	0.07	1.48	12	1.0	28	4.9		
						3	41—67	灰棕色	松砂土	单粒状	8.0	1.3	0.10	1.67	17	1.0	25	4.8		
						4	67—121	灰棕色	松砂土	单粒状	8.0	1.7	0.12	1.45	17	1.0	20	4.9		
						5	121—150	灰棕色	松砂土	单粒状	7.8	1.7	0.07	1.29	10	1.0	23	5.0		
剖3	半淋溶土	褐土	潮褐土	壤质冲积潮褐土	浅位中层黏质潮褐土	1	0—14	棕色	轻壤土	碎块状	8.1	8.2	0.52	1.57	39	6.0	285	11.5	E 114°50′33.4″ N 38°11′17.2″	70
						2	14—31	暗棕色	重壤土	块状	8.1	6.0	0.40	1.34		12.0	356	12.4		
						3	31—60	暗棕色	中黏土	块状	8.3	8.9	0.68	1.43		12.0	548	19.5		
						4	60—95	暗棕色	轻壤土	碎块状	8.1	4.4	0.35	1.88		10.0	336	7.4		
						5	95—120	浅棕色	轻壤土	碎块状	8.4	3.8	0.22	1.57		10.0	301	6.5		
						6	120—150	棕色	轻壤土	碎块状	8.0	4.0	0.28	1.20		8.0	166	9.4		
剖4	半淋溶土	褐土	潮褐土	壤质冲积潮褐土	浅位厚层砂质潮褐土	1	0—16	灰棕色	中壤土	碎块状	7.9	17.9	0.89	1.68	59	9.0	496	11.7	E 114°56′53.9″ N 38°11′09.2″	89
						2	16—34	棕色	中壤土	碎块状	8.0	9.0	0.56	1.42		2.0	21	15.0		
						3	34—58	黄棕色	紧砂土	单粒状	7.7	2.3	0.15	1.38	26	2.0	99	7.4		
						4	58—87	灰棕色	松砂土	单粒状	8.2	1.5	0.08	1.28	18	2.0	28	3.8		
						5	87—104	灰棕色	紧砂土	单粒状	7.5	1.3	0.07	5.02	14	2.0	25	3.1		
						6	104—150	浅棕色	松砂土	单粒状	7.4	0.7	0.05	3.22	17	2.0	20	3.8		
剖5	半水成土	潮土	潮土	壤质潮土	浅位厚层砂质壤质潮土	1	0—15	浅棕色	轻壤土	屑粒状	7.6	9.4	0.62	1.21	40	微量	165	9.8	E 115°03′35.0″ N 38°16′32.3″	83
						2	15—35	浅棕色	轻壤土	碎块状	7.4	7.9	0.50	1.18	49	1.0	60	10.3		
						3	35—80	浅棕色	轻砂土	屑粒状	7.5	1.6	0.12	1.12	15	1.0	58	4.7		
						4	80—123	灰棕色	松砂土	单粒状	7.2	1.4	0.09	1.65	15	1.0	38	4.0		
						5	123—150	灰棕色	松砂土	单粒状	6.5	1.4	0.10	1.74	12	1.0	43	4.0		
剖6	半淋溶土	褐土	潮褐土	砂质冲积潮褐土	深位厚层轻壤砂质潮褐土	1	0—35	灰棕色	紧砂土	单粒状	7.3	4.5	0.33	2.12	32	2.0	55	4.6	E 115°00′03.6″ N 38°13′06.2″	82
						2	35—56	灰棕色	松砂土	单粒状	7.6	5.1	0.42	1.78		1.0	54	5.8		
						3	56—98	浅棕色	轻壤土	碎块状	7.5	8.0	0.50	1.35	73	1.0	55	17.1		
						4	98—115	浅棕色	轻壤土	碎块状	7.5	10.3	0.57	1.43		2.0	66	21.3		
						5	115—150	浅棕色	轻壤土	碎块状	7.5	7.4	0.48	1.43	63	2.0	57	16.7		
剖7	半淋溶土	褐土	石灰性褐土	壤质冲积石灰性褐土	轻壤质石灰性褐土	1	0—15	灰棕色	砂壤土	碎块状	7.5	12.7	0.84	1.44	64	18.0	204	10.0	E 114°50′09.7″ N 38°07′10.8″	82
						2	15—49	棕色	轻壤土	碎块状	7.9	7.4	0.52	1.20	48	2.0	71	9.5		
						3	49—79	棕色	轻壤土	碎块状	7.7	7.6	0.51	0.63	52	1.0	96	17.3		
						4	79—115	棕色	中壤土	碎块状	7.5	5.3	0.39	0.58	40	3.0	96	15.3		
						5	115—150	棕色	中壤土	碎块状	7.6	4.5	0.32	0.69	50	3.0	80	14.3		

平 山 县

主要土类说明

褐土是平山县主要土壤类型，占本县地域面积的 86%，广泛分布于本县海拔 800m 以下的低山、丘陵及平原地区。本区域属半干旱半湿润的暖温气候类型，干寒同季、雨热同期。褐土所处的地形部位较高，地下水位低于 5m，土壤的形成脱离了地下水的影响。成土母质类型较多，主要是各岩类残积物、坡积物、洪积物、冲积物以及黄土状母质等。有机质弱累积，强转化，多形成淡色有机质层，有机质含量为 10—20g/kg。耕种型褐土有机质含量略低，为 10—15g/kg。钙质的弱淋溶与强淀积，土壤中具有不同程度的石灰反应，碳酸钙含量为 2%—15%。因黏化作用，土壤的黏粒物质有明显的增多，淋洗下移较弱，褐色黏化层明显，但黏粒以原地增多为主，兼下移积聚。下移黏粒多分布于孔隙的弯曲处及边缘部位，土壤的结构面上较少。由于土壤内排良好，铁锰充分氧化而使土色呈鲜亮的褐色。本县褐土分为淋溶褐土、石灰性褐土、草甸褐土以及褐土性土等亚类。

棕壤是平山县第二大土壤类型，占本县地域面积的 8%，分布于本县西北部海拔 1000—1300m 的中山地区。棕壤是在温凉湿润气候和森林草灌植被下，经过淋溶形成的一类微酸性土壤。植被类型为人工针叶林、天然次生针阔叶混杂林、天然次生夏绿阔叶林以及喜湿喜酸性灌丛和草被。母质为花岗片麻岩类残积物、坡积物以及洪积物、冲积物。半腐烂分解的枯枝落叶层厚度可达 3cm，有机质层厚度为 15—20cm，土色呈暗灰棕色，向下逐渐过渡，有机质含量为 40—100g/kg，轻壤质，团粒结构，有少量砾石。棕色黏化层发育明显，B 层厚达 40—45cm，有机质含量为 10—30g/kg，轻壤质，为碎块状和屑粒状结构，在结构面上胶膜明显，多呈连续状，并具有明显的铁锰胶膜，砾石含量增多，常存在较大的石块。土壤通体 pH 为 6.0—7.0。母质风化较弱。土层厚度一般小于 1m，通体砾石含量较多，并混杂有较大的石块。

潮土是平山县第三大土壤类型，占本县地域面积的 3%，分布于本县河谷两侧的低阶地、河滩地及排水沟内。母质为洪积物、冲积物、黄土性洪积物、人工灌淤物及人工堆垫物。典型潮土的土体构型为 A–Bw–Cw 型。地下水位为 1—3m，地下水参与土壤的形成过程。主要成土作用是氧化与还原。在土壤剖面上形成锈色斑纹层、铁锰结核以及灰蓝色的还原层次。有机质累积不明显，表层含量为 5—15g/kg。通体均含碳酸钙，石灰反应强。潮土是内排不良的土壤，因受地下水的影响，土壤盐分含量较高，在旱季土表有盐霜的聚结现象。

小于本县地域面积 3% 的土壤类型还有山地草甸土、粗骨土等。

本区域中心区气候特征

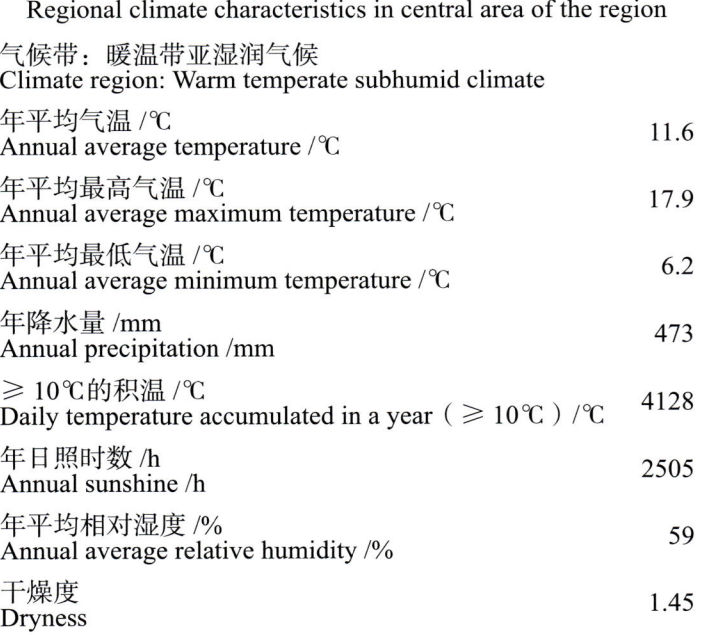

本区域中心区气候特征值
Regional climate characteristics in central area of the region

气候带：暖温带亚湿润气候 Climate region: Warm temperate subhumid climate	
年平均气温 /℃ Annual average temperature /℃	11.6
年平均最高气温 /℃ Annual average maximum temperature /℃	17.9
年平均最低气温 /℃ Annual average minimum temperature /℃	6.2
年降水量 /mm Annual precipitation /mm	473
≥10℃的积温 /℃ Daily temperature accumulated in a year (≥10℃) /℃	4128
年日照时数 /h Annual sunshine /h	2505
年平均相对湿度 /% Annual average relative humidity /%	59
干燥度 Dryness	1.45

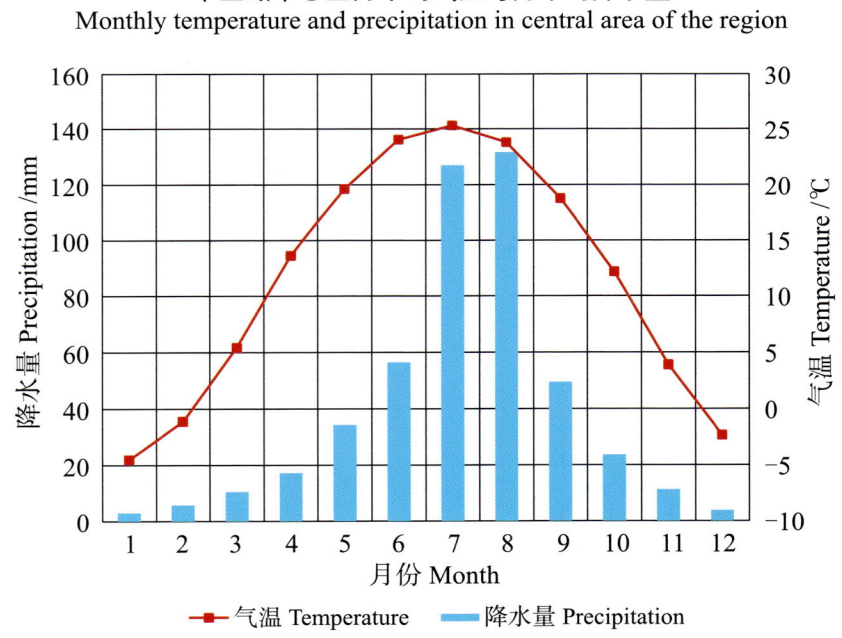

本区域中心区月平均气温与月平均降水量
Monthly temperature and precipitation in central area of the region

平山县主要土壤类型与土壤剖面点分布图
1 : 300 000

平山县土壤剖面理化性状表

剖面号 Soil profile	土纲 Soil order	土类 Soil great group	亚类 Soil subgroup	土属 Soil genus	土种 Soil species	土层码 Layer code	土层厚度 Depth/cm	颜色 Soil color	质地 Soil texture	土壤结构 Soil structure	pH	有机质 OM/(g/kg)	全氮 TN/(g/kg)	全磷 TP/(g/kg)	全钾 TK/(g/kg)	有效磷 AP/(mg/kg)	速效钾 AK/(mg/kg)	阳离子交换量 CEC/(cmol/kg)	土壤母质 Parent material	剖面点坐标 Profile coordinate	匹配指数 Matching index/%
剖1	半淋溶土	褐土	淋溶褐土	壤质淋溶褐土		1	0—20	灰棕色	砂壤土	碎屑状	6.2	16.1	0.99	0.54				8.6		E 113°37′01.5″ N 38°37′15.4″	77
						2	20—47	浅灰棕色	砂壤土	碎屑状	6.7	11.6	0.74	0.47				8.0			
						3	47—80	棕色	砂壤土	碎屑状	6.6	11.2	0.64	0.44				8.7			
剖2	淋溶土	棕壤	棕壤	壤质棕壤		1	0—20	暗棕色	轻壤土	屑粒状	7.3	35.3	1.93	0.42				11.4		E 113°46′34.7″ N 38°39′40.7″	98
						2	20—45	暗棕色	轻壤土	屑粒状	7.6	25.7	1.42	0.42				10.5			
						3	45—65	浅棕色	轻壤土	屑粒状	7.8	7.8	0.41	0.39				4.6			
剖3	半淋溶土	褐土	褐土	含砾壤质褐土	砾质砂壤褐土	4	65—150		砂砾土	单粒状											99
						1	0—20	棕褐色	砂壤土	碎屑状	7.4	3.9	0.31	0.54				11.2		E 113°46′03.8″ N 38°37′43.5″	
						2	20—70	棕褐色	砂壤土	碎屑状	7.1	3.2	0.28	0.37				10.2			
						3	70—150	褐色	砂壤土	碎屑状											
剖4	半淋溶土	褐土	淋溶褐土	花岗片麻岩类淋溶褐土	花岗片麻岩类薄层砂砾褐土性土	1	0—14	灰棕色	轻壤土	团粒状	7.0	17.6	0.91	0.28				10.4	花岗片麻岩类	E 113°48′45.7″ N 38°31′26.0″	71
						2	14—20	灰棕色	轻壤土	屑粒状	7.5	10.1	0.52	0.19				5.9			
						3	20—29	浅棕色	砂壤土	碎粒状											
剖5	半淋溶土	褐土	褐土性土	花岗片麻岩类褐土性土	花岗片麻岩类薄层砂砾褐土性土	1	0—18	棕褐色	砂壤土	屑粒状	8.5	3.8	0.31	0.16				7.0	花岗片麻岩类	E 113°58′42.7″ N 38°30′44.6″	74
						2	18—30	棕褐色	砂壤土	屑粒状	8.5	4.0	0.31	0.16				7.5			
						R	30—50														
剖6	半淋溶土	褐土	潮褐土	含砾壤质潮褐土	含砾壤轻壤质褐土	1	0—20	灰褐色	轻壤土	屑粒状	8.2	4.8	0.38	0.39				9.2	花岗片麻岩类	E 113°37′18.6″ N 38°27′00.8″	97
						2	20—50	浅棕褐色	轻壤土	屑粒状	8.1	6.7	0.55	0.47				12.9			
						3	50—90	暗棕褐色	轻壤土	碎块状	8.1	14.1	0.97	0.50				13.6			
						4	90—150	棕褐色	砂壤土	碎块状	7.9	4.1	0.20	0.25				12.7			
剖7	半淋溶土	褐土	褐土	花岗片麻岩类中层少砾褐质褐土	花岗片麻岩类中层砾质轻壤褐土	1	0—9	棕褐色	砂壤土	团粒状	7.5	28.6	1.54	0.35				9.1	花岗片麻岩类	E 113°32′44.5″ N 38°23′34.4″	79
						2	9—30	灰棕褐色	砂壤土	碎屑状	7.4	6.7	0.38	0.29				5.5			
						3	30—42	黄褐色	砂壤土	碎屑状											
剖8	半淋溶土	褐土	褐土性土	花岗片麻岩类褐土性土		1	0—7	暗棕色	轻壤土	团粒状	6.6	82.9	4.59	0.77				23.0	花岗片麻岩类	E 113°34′58.0″ N 38°22′37.9″	74
						2	7—25	暗棕色	轻壤土	屑粒状	6.6	66.4	4.04	0.91				20.5			
						3	25—38	黄褐色	砂壤土	碎屑状											
剖9	半淋溶土	褐土	褐土性土	页岩类褐土性土	页岩类薄层多砾轻壤质褐土性土	1	0—10	暗棕褐色	中壤土	碎屑状	7.4	16.7	0.98	0.23				14.5	页岩类	E 113°39′15.3″ N 38°15′32.1″	85
						2	10—20	暗棕褐色	中壤土	碎屑状	7.4	10.1	6.30	0.16				14.9			
						3	20—35	暗棕褐色	中壤土	碎屑状	7.3	14.5	0.87	0.22							
剖10	半淋溶土	褐土	石灰性褐土	碳酸岩类石灰性褐土		1	0—6	棕色	轻壤土	团粒状	8.1	13.8	0.79	0.20				14.5	石灰岩类	E 113°43′24.2″ N 38°14′07.8″	87
						2	6—28	褐黄色	中壤土	碎屑状	7.9	33.1	1.66	0.30				14.9			
剖11	半淋溶土	褐土	褐土	含砾壤质褐石灰性褐土	砾质壤石灰性褐土	1	0—17	浅棕色	中壤土	碎屑状	7.0	12.6	0.91	0.54				10.4	花岗片麻岩类	E 113°50′53.9″ N 38°15′48.9″	73
						2	17—58	棕褐色	轻壤土	碎屑状	7.7	7.5	0.66	0.47				10.8			
						3	58—110	褐棕色	轻壤土	屑粒状	7.5	6.6	0.58	0.51				12.8			
						4	110—150	褐棕色	中壤土	屑粒状	7.6	6.5	0.56	0.56				14.4			
剖12	半淋溶土	褐土	潮褐土	堆垫潮褐土	堆垫中层轻壤垫潮质褐土	1	0—20	棕褐色	轻壤土	屑粒状	7.9	10.6	0.75	0.56				11.1	壤质洪冲积物	E 113°58′57.0″ N 38°14′55.3″	94
						2	20—50	棕色	砂壤土	屑粒状	8.0	7.3	0.55	0.51				12.7			
						3	50—60	浅棕色	砂壤土	单粒状											
剖13	半淋溶土	褐土	褐土	灰质褐土	灰石杏黄土	1	0—15	暗棕色	黏壤土	团粒状	7.0	49.0	2.32	0.14	19.7	3.0	80	15.0		E 113°46′51.2″ N 38°09′41.8″	95
						2	15—45	棕棕色	黏壤土	块状	7.3	26.6	1.33	0.10	23.5	0.4	56	19.4			

续表 Continued

剖面号 Soil profile	土纲 Soil order	土类 Soil great group	亚类 Soil subgroup	土属 Soil genus	土种 Soil species	土层码 Layer code	土层厚度 Depth/cm	颜色 Soil color	质地 Soil texture	土壤结构 Soil structure	pH	有机质 OM/(g/kg)	全氮 TN/(g/kg)	全磷 TP/(g/kg)	全钾 TK/(g/kg)	有效磷 AP/(mg/kg)	速效钾 AK/(mg/kg)	阳离子交换量 CEC/(cmol/kg)	土壤母质 Parent material	剖面点坐标 Profile coordinate	匹配指数 Matching index/%
剖14	半淋溶土	褐土	潮褐土	壤质潮褐土	轻壤质潮褐土	1	0—19	暗棕色	轻壤土	屑粒状	8.3	11.7	0.77	0.78				11.4		E 114°07′54.6″ N 38°28′28.3″	78
						2	19—32	浅棕色	轻壤土	碎块状	8.3	6.7	0.52	0.60				10.9			
						3	32—55	浅褐色	轻壤土	碎块状	8.3	5.6	0.42	0.59				10.3			
						4	55—150	褐色	轻壤土	碎块状	8.3	4.5	0.41	0.56				11.4			
剖15	半淋溶土	褐土	石灰性褐土	花岗片麻岩类石灰性褐土		1	0—17	浅褐色	砂壤土	碎屑状	7.9	3.2	0.26	0.25				7.0	花岗片麻岩类	E 114°04′48.4″ N 38°21′34.6″	80
						2	17—42	棕褐色	砂壤土	碎屑状	7.9	5.5	0.41	0.36				10.3			
剖16	半淋溶土	褐土	石灰性褐土	花岗片麻岩类石灰性褐土		1	0—15	浅褐色	轻壤土	碎屑状	8.0	5.7	0.43	0.26				6.0	花岗片麻岩类	E 114°12′02.8″ N 38°20′25.8″	70
						2	15—35	棕褐色	砂壤土	碎屑状											
剖17	半淋溶土	褐土	石灰性褐土	碳酸岩类石灰性褐土		1	0—5	暗棕色	轻壤土	团粒状	8.1	33.8	1.82	0.29				11.5	石灰岩类	E 114°12′01.2″ N 38°19′41.7″	94
						2	5—14	褐棕色	轻壤土	团粒状	7.8	18.5	1.10	0.25				11.6			
						3	14—32	褐棕色	中壤土	碎屑状	7.9	15.7	1.05	0.31				11.7			
						4	32—45	灰褐色	中壤土	碎屑状	8.1	8.3	0.54	0.17				6.6			
剖18	半淋溶土	褐土	石灰性褐土	黄土质壤质石灰性褐土	黄土质轻壤质石灰性褐土	1	0—18	灰棕色	轻壤土	屑粒状	8.2	4.1	0.38	0.44				11.5		E 114°10′06.7″ N 38°13′21.1″	75
						2	18—40	浅灰棕色	轻壤土	屑粒状	8.3	7.1	0.52	0.47							
						3	40—150	浅灰棕色	轻壤土	屑粒状	8.3	2.5	0.22	0.42							

元 氏 县

主要土类说明

褐土是元氏县主要土壤类型，占本县地域面积的96%。由于本县地势较高，蒸发量大，年降水量小，且受半干旱和大风影响，故土壤淋溶作用较差，呈半淋溶状态，地下水埋深在3m以下，甚至可达12—20m。由于受本地气候、水文影响，本县褐土多形成一层碳酸钙含量明显高于上、下层的钙积层，上层土壤中的钙被淋洗下来，又以碳酸钙的形式沉淀而形成钙积层，在褐土剖面有黏粒下移现象，而形成黏化层。此类土壤的自然植被为旱生阔叶林类以及旱生灌木草本植被。土壤的母质类型和地下水位决定了褐土的发育程度，本县褐土分为淋溶褐土、褐土、褐土性土、石灰性褐土和草甸褐土等亚类。

小于本县地域面积3%的土壤类型还有潮土、粗骨土和风沙土等。

本区域中心区气候特征

本区域中心区气候特征值
Regional climate characteristics in central area of the region

气候带：暖温带亚湿润气候 Climate region: Warm temperate subhumid climate	
年平均气温 /℃ Annual average temperature /℃	13.4
年平均最高气温 /℃ Annual average maximum temperature /℃	19.2
年平均最低气温 /℃ Annual average minimum temperature /℃	8.5
年降水量 /mm Annual precipitation /mm	522
≥10℃的积温 /℃ Daily temperature accumulated in a year (≥10℃) /℃	4799
年日照时数 /h Annual sunshine /h	2416
年平均相对湿度 /% Annual average relative humidity /%	62
干燥度 Dryness	1.53

本区域中心区月平均气温与月平均降水量
Monthly temperature and precipitation in central area of the region

元氏县主要土壤类型与土壤剖面点分布图

1:140 000

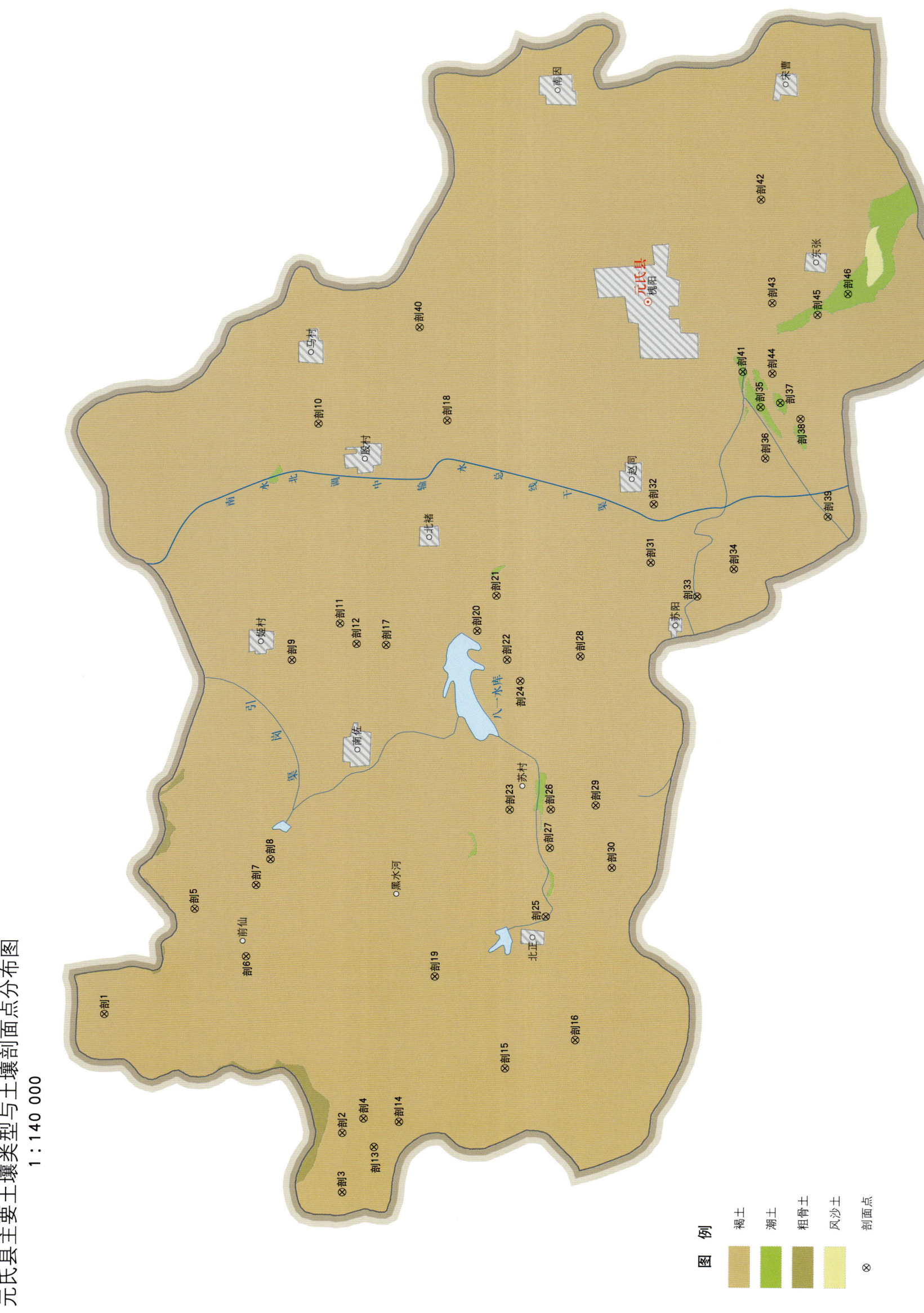

图例: 褐土 | 潮土 | 粗骨土 | 风沙土 | ⊗ 剖面点

元氏县土壤剖面理化性状表

剖面号 Soil profile	土纲 Soil order	土类 Soil great group	亚类 Soil subgroup	土属 Soil genus	土种 Soil species	土层码 Layer code	土层厚度 Depth/cm	颜色 Soil color	质地 Soil texture	土壤结构 Soil structure	pH	有机质 OM/(g/kg)	全氮 TN/(g/kg)	全磷 TP/(g/kg)	碱解氮 AN/(mg/kg)	有效磷 AP/(mg/kg)	速效钾 AK/(mg/kg)	阳离子交换量CEC/(cmol/kg)	土壤母质 Parent material	剖面点坐标 Profile coordinate	匹配指数 Matching index/%
剖1	半淋溶土	褐土	石灰性褐土	石灰岩类壤质石灰性褐土	薄层多砾中壤质石灰性褐土	1	0~12	棕色	中壤土	屑粒状	8.1	18.2	1.10	0.91	75	1.0	83	9.1	石灰岩类	E 114°14′51.6″ N 37°54′46.2″	90
剖2	半淋溶土	褐土	石灰性褐土	洪冲积砾质石灰性褐土	浅位中层砂质石灰性褐土	1	0~22	棕色	轻壤土	屑粒状	8.2	7.4	0.46	1.38	35	2.0	61	12.9		E 114°12′18.9″ N 37°50′28.0″	84
						2	12—														
剖3	半淋溶土	褐土	褐土	花岗岩类壤质褐土	中层少砾轻壤质褐土	1	0~22	黄褐色	砂土	单粒状	8.2	2.8	0.16	0.81	15	1.0	24	10.2	花岗岩类	E 114°10′58.4″ N 37°50′26.0″	73
						2	22~57	褐色	轻壤土	碎块状	8.2	6.2	0.39	1.24	33	2.0	51	10.9			
						3	57~150	棕色	轻壤土	屑粒状	7.7	9.2	0.55	0.70	47	1.0	微量	14.1			
剖4	半淋溶土	褐土	褐土	洪冲积壤质褐土	深位厚层砾质淋溶轻壤质褐土	1	0~13	褐色	轻壤土	屑粒状	8.0	6.3	0.41	0.57	39	1.0	微量	10.1		E 114°12′39.3″ N 37°50′06.0″	74
						2	13~46				8.3	16.4	1.06	1.58	78	15.0	95	8.7			
						3	46—				8.2	8.6	0.57	1.23	40	4.0	249	5.6			
							14~57				8.3	5.1	0.35	0.72	24	3.0	207	3.9			
							57~150	棕色	轻壤土	屑粒状	8.0	12.0	0.76	1.07	62	2.0	66	8.3			
剖5	半淋溶土	褐土	淋溶褐土	花岗岩类壤质淋溶褐土	薄层多砾轻壤质淋溶褐土	1	0~17	棕色	轻壤土	屑粒状	8.2	8.7	0.52	0.70	38	1.0	36	3.7		E 114°17′21.8″ N 37°53′13.9″	78
						2	17~87	暗棕色	轻壤土	屑粒状	7.5	32.6	1.80	1.46	159	2.0	221	11.5			
							0~9														
							9—														
剖6	半淋溶土	褐土	石灰性褐土	洪冲积砾质石灰性褐土	浅位厚层砾质石灰性褐土	1	0~13	浅棕色	轻壤土	屑粒状	7.7	14.0	0.94	1.48	72	115.0	5	14.4	花岗岩类	E 114°16′18.5″ N 37°52′17.4″	90
						2	13~35	棕色	砂壤土	屑粒状	7.8	8.4	0.57	1.37	34	40.0	2	10.4			
						3	35~48	棕色	轻壤土	屑粒状	7.8	12.9	0.78	1.36	49	51.0	2	13.5			
						4	48~150	褐色	砂石土	块状											
剖7	半淋溶土	褐土	石灰性褐土	洪冲积壤质石灰性褐土	深位厚层石灰性褐土	1	0~19	浅棕色	轻壤土	屑粒状	8.0	7.8	0.41	1.71	4	4.0	66	10.9		E 114°17′57.8″ N 37°52′09.1″	73
						2	19~46	灰白色	轻壤土	碎块状	8.1	4.9	0.29	1.00	21	2.0	46	12.1			
						3	46~62	棕褐色	轻壤土	碎块状	8.2	3.6	0.20	1.25	15	3.0	41	10.9			
						4	62~127	黄褐色	砾石	块状											
						5	127~150	红色	黏土	碎块状	7.9	1.3	0.14	0.98	8	1.0	60	11.4			
剖8	半淋溶土	褐土	潮褐土	人工堆垫壤质潮褐土	中位轻壤质潮褐土	1	0~24	棕色	轻壤土	屑粒状	8.0	10.3	0.67	1.31	51	3.0	62	18.8		E 114°18′34.2″ N 37°51′54.7″	76
						2	24~53	棕色	砂壤土	碎块状	7.8	6.4	0.31	1.14	36	2.0	34	9.6			
						3	53~82	浅棕色	砂壤土	单粒状	7.5	3.7	0.15	1.37	14	2.0	29	10.1			
						4	82~150	黄褐色	砂土	单粒状	7.5	1.3	0.08	1.10	19	1.0	11	3.0			
剖9	半淋溶土	褐土	石灰性褐土	黄土质洪积壤质石灰性褐土	轻壤质石灰性褐土	1	0~20	褐色	轻壤土	屑粒状	8.1	9.3	0.61	0.90	74	2.0	71	8.9		E 114°23′11.4″ N 37°51′38.9″	87
						2	20~32	灰褐色	轻壤土	碎块状	8.0	5.0	0.31	0.71	51	2.0	68	7.0			
						3	32~52	黄褐色	中壤土	碎块状	8.1	4.8	0.22	0.50	51	1.0	34	3.4			
						4	52~115	黄褐色	中壤土	碎块状	8.0	4.5	0.25	0.52	41	1.0	29	8.7			
						5	115~150	黄褐色	轻壤土	碎块状	7.9	4.8	0.25	0.57	41	1.0	29	7.9			
剖10	半淋溶土	褐土	潮褐土	洪冲积壤质潮褐土	深位中层砂质潮褐土	1	0~21	棕色	中壤土	屑粒状	8.1	10.4	0.64	0.83	47	1.0	97	19.2		E 114°28′39.1″ N 37°51′18.2″	95
						2	21~52	褐色	中壤土	屑粒状	7.9	6.3	0.39	0.34	32	1.0	81	34.8			
						3	52~59	褐黄色	砂土	单粒状											
						4	59~63	黄褐色	轻壤土	碎块状											
						5	63~80	黄褐色	砂土	单粒状											
						6	80~150	黄褐色	轻壤土	碎块状											
剖11	半淋溶土	褐土	石灰性褐土	石灰岩类壤质石灰性褐土	厚层中壤质石灰性褐土	1	0~13	棕色	中壤土	屑粒状	8.1	10.4	0.64	0.83	47	1.0	97	19.2	石灰岩类	E 114°24′04.0″ N 37°50′48.8″	81
						2	13~68	褐黄色	中壤土	屑粒状	7.9	6.3	0.39	0.34	32	1.0	81	34.8			
						3	68~86	红色	黏壤土	碎块状	7.7	4.1	0.28	0.39	16	1.0	148	37.7			
						4	86~150	红褐色	黏壤土	碎块状	8.0	1.3	0.14	0.98	8	1.0	61	19.9			

续表 Continued

剖面号 Soil profile	土纲 Soil order	土类 Soil great group	亚类 Soil subgroup	土属 Soil genus	土种 Soil species	土层码 Layer code	土层厚度 Depth/cm	颜色 Soil color	质地 Soil texture	土壤结构 Soil structure	pH	有机质 OM/(g/kg)	全氮 TN/(g/kg)	全磷 TP/(g/kg)	碱解氮 AN/(mg/kg)	有效磷 AP/(mg/kg)	速效钾 AK/(mg/kg)	阳离子交换量CEC/(cmol/kg)	土壤母质 Parent material	剖面点坐标 Profile coordinate	匹配指数 Matching index/%
剖12	半淋溶土	褐土	石灰性褐土	石灰岩类壤质石灰性褐土	中层少砾中壤质石灰性中层褐土	1	0—13	棕色	中壤土	屑状	8.3	6.1	0.45	0.89	31	2.0	44	19.5	石灰岩类	E 114°23′36.2″ N 37°50′30.5″	93
						2	13—56	灰白色	重壤土	块状	8.5	2.7	0.23	0.42	14	3.0	86	31.3			
						3	56—150														
剖13	半淋溶土	褐土	褐土	洪冲积物壤质淋溶褐土	轻壤质褐土	1	0—13	深棕色	轻壤土	屑粒状	7.9	21.3	1.42	2.14	98	51.0	267	13.3		E 114°12′01.1″ N 37°49′53.8″	73
						2	13—48	褐棕色	轻壤土	屑粒状	7.8	22.3	1.46	2.17	104	50.0	259	14.9			
						3	48—84	深褐色	轻壤土	碎褐状	8.0	16.0	1.18	2.05	87	33.0	174	14.3			
						4	84—150	浅红色	轻壤土	碎块状	8.3	12.0	0.83	2.34	69	21.0	160	15.8			
剖14	半淋溶土	褐土	淋溶褐土	砂岩类壤质淋溶褐土	薄层多砾质淋溶褐土	1	0—9	深褐色	轻壤土	屑粒状	7.8	35.5	1.65	0.72	151	1.0	102	14.6	砂岩类	E 114°12′36.4″ N 37°49′27.9″	75
剖15	半淋溶土	褐土	褐土性	花岗岩类壤质褐土性土	薄层多砾褐土性土	1	0—4				7.9	23.4	1.14	0.84	94	1.0	59	12.2	花岗岩类	E 114°13′55.0″ N 37°47′37.1″	70
						2	4—														
剖16	半淋溶土	褐土	石灰性褐土	花岗岩类壤质石灰性褐土	中层少砾中壤质石灰性褐土	1	0—10	浅棕色	轻壤土	屑粒状	8.2	4.8	0.37	0.98	26	1.0	41	17.3	花岗岩类	E 114°14′36.6″ N 37°46′23.2″	80
						2	10—36	棕色	轻壤土	屑粒状	8.1	10.2	0.67	1.11	51	3.0	41	19.6			
						3	36—														
剖17	半淋溶土	褐土	石灰性褐土	页岩类壤质石灰性褐土	中层少砾壤质石灰性褐土	1	0—11	黄褐色	轻壤土	屑粒状	8.3	7.0	0.44	0.47	3	2.0	50	11.1	页岩类	E 114°23′35.9″ N 37°49′58.8″	80
						2	11—47	红褐色	轻壤土	碎块状	8.3	5.0	0.37	0.43	22	1.0	82	25.1			
						3	47—150														
剖18	半淋溶土	褐土	潮褐土	洪积积物壤质潮褐土	深位中层黏壤质潮褐土	1	0—23	棕色	轻壤土	屑粒状	7.9	8.9	0.61	1.16	60	6.0	82	16.5		E 114°28′48.4″ N 37°49′01.2″	84
						2	23—84	褐棕色	轻壤土	块状	8.0	8.0	0.50	0.93	51	2.0	67	16.3			
						3	84—115	浅栗色	重壤土	块状	8.1	8.2	0.51	0.74	44	1.0	102	19.3			
						4	115—150	灰白色	轻壤土	块状	7.9	4.3	0.31	0.70	22	1.0	61	21.9			
剖19	半淋溶土	褐土	石灰性褐土	洪积积物壤质石灰性褐土	深层厚层黏壤质石灰性褐土	1	0—21	棕色	轻壤土	屑粒状	8.3	9.6	0.59	1.06	40	3.0	46	8.4		E 114°15′58.7″ N 37°48′55.4″	80
						2	21—41	棕褐色	轻壤土	屑粒状	8.3	1.7	0.14	1.38	8	5.0	46	7.7			
						3	41—77	褐色	砂土	单粒状	8.3	1.4	0.07	1.30	13	2.0	45	8.0			
						4	77—150	暗褐色	重壤土	块状	8.5	1.7	0.14	1.38	8	5.0	46	9.6			
剖20	半淋溶土	褐土	潮褐土	洪积积物壤质潮褐土	浅位厚层砂质壤质潮褐土	1	0—19	棕色	中壤土	屑粒状	8.0	15.0	0.87	1.46	62	15.0	168	11.5		E 114°23′58.9″ N 37°48′22.3″	74
						2	19—42	棕褐色	轻壤土	块状	8.0	4.4	0.29	1.29	17	5.0	56	21.3			
						3	42—100	浅棕色	轻壤土	块状	7.7	4.7	0.30	1.31	15	6.0	71	15.4			
						4	100—150	浅褐色	中壤土	单粒状	8.2	2.4	0.08	1.35	15	2.0	14	8.0			
剖21	半淋溶土	褐土	石灰性褐土	砂岩类壤质石灰性褐土	深层厚层砂质石灰性褐土	1	0—21	棕色	轻壤土	屑粒状	8.1	11.7	7.60	1.08	60	2.0	80	14.8	砂岩类	E 114°24′48.6″ N 37°48′02.9″	87
						2	21—63	棕褐色	轻壤土	屑粒状	8.3	7.8	0.55	1.03	36	2.0	61	16.7			
						3	63—93														
						4	93—150														
剖22	半淋溶土	褐土	石灰性褐土	黄土质壤质石灰性褐土	中层少砾轻壤质石灰性褐土	1	0—22	浅棕色	轻壤土	碎屑状	7.9	8.2	0.59	1.13	46	3.0	92	19.6		E 114°19′53.2″ N 37°47′41.6″	82
						2	22—37	棕褐色	轻壤土	碎屑状	7.9	6.2	0.48	1.10	30	2.0	66	19.2			
剖23	半淋溶土	褐土	石灰性褐土	砂岩类壤质石灰性褐土	轻壤质石灰性褐土	1	0—22	褐色	轻壤土	块状	7.8	5.0	0.43	1.10	32	2.0	61	7.0			85
						2	22—37														
						3	37—54	褐黄色	轻壤土	块状	7.6	5.1	0.47	1.09	27	2.0	56	7.0			
						4	54—150														
剖24	半淋溶土	褐土	褐土性	砂岩类壤质褐土性土	薄层多砾轻壤质褐土性土	1	0—15	棕色	轻壤土	屑粒状	8.2	20.4	1.21	0.87	81	2.0	69	10.2	砂岩类	E 114°22′51.6″ N 37°47′34.8″	81

续表 Continued

剖面号 Soil profile	土纲 Soil order	土类 Soil great group	亚类 Soil subgroup	土属 Soil genus	土种 Soil species	土层码 Layer code	土层厚度 Depth/cm	颜色 Soil color	质地 Soil texture	土壤结构 Soil structure	pH	有机质 OM/(g/kg)	全氮 TN/(g/kg)	全磷 TP/(g/kg)	碱解氮 AN/(mg/kg)	有效磷 AP/(mg/kg)	速效钾 AK/(mg/kg)	阳离子交换量CEC/(cmol/kg)	土壤母质 Parent material	剖面点坐标 Profile coordinate	匹配指数 Matching index/%
剖25	半淋溶土	褐土	石灰性褐土	洪冲积壤质石灰性褐土	深位厚层砂壤质石灰性褐土	1	0~21	棕色	轻壤土	屑粒状	8.0	17.8	1.02	1.42	84	71.0	9	15.1		E 114°17′26.2″ N 37°46′59.2″	98
						2	21~39	棕褐色	轻壤土	碎块状	8.1	3.8	0.28	1.03	20	41.0	2	14.1			
						3	39~62	褐色	轻壤土	碎块状	8.2	4.9	0.29	1.00	21	46.0	2	15.4			
						4	62~81	褐色	轻壤土	碎块状	8.3	3.6	0.21	1.23	14	41.0	3	10.9			
						5	81~150	褐色	砂土	单粒状	8.2	2.4	0.08	1.49	9	10.0	2	4.5			
剖26	半淋溶土	褐土	潮褐土	洪冲积壤质潮褐土	深位厚层砾质灰性潮褐土	1	0~18	棕色	轻壤土	屑粒状	8.1	10.4	0.66	1.74	54	3.0	45	9.1		E 114°19′55.0″ N 37°46′57.6″	80
						2	18~73	褐色	砂壤土	屑粒状	8.2	5.4	0.53	1.95	31	2.0	29	7.9			
						3	73~150	棕色	砂砾土	屑粒状	8.1	3.4	0.22	1.47	20	1.0	23	3.1			
剖27	半淋溶土	褐土	褐土性土	洪冲积壤质石灰性褐土性土	砂砾质少砾褐土性土	1	0~19	棕色	砂壤土	屑粒状	8.1	6.0	0.38	1.00	34	1.0	18	4.7		E 114°19′01.9″ N 37°46′57.4″	100
						2	19~38	棕色	砂壤土	碎块状	8.3	4.0	0.23	1.10	19	1.0	25	1.9			
						3	38~94	黄褐色	砂土	单粒状	8.5	1.5	0.09	1.00	9	1.0	15	0.5			
						4	94~150	黄褐色	砂土	单粒状	8.5	1.4	0.09	1.00	10	1.0	11	3.0			
剖28	半淋溶土	褐土	石灰性褐土	页岩类壤质石灰性褐土	薄层多砾轻壤质石灰性褐土	1	0~10	黄褐色	轻壤土	屑粒状	8.3	7.1	0.50	0.47	39	2.0	27	9.2	页岩类	E 114°23′27.6″ N 37°46′31.4″	87
						2	10~23	褐色	砾质土	屑粒状	8.3	2.7	0.19	0.32	16	1.0	76	14.3			
						3	23—														
剖29	半淋溶土	褐土	石灰性褐土	基性岩类壤质石灰性褐土	中层少砾轻壤质石灰性褐土	1	0~18	棕色	轻壤土	屑粒状	7.5	15.5	0.95	0.85	75	1.0	110	12.9	基性岩类	E 114°20′02.8″ N 37°46′09.8″	76
						2	18~50	棕色	轻壤土	屑粒状	8.3	10.3	0.67	0.80	50	1.0	50	5.4			
						3	50—		砾石												
剖30	半淋溶土	褐土	石灰性褐土	黄土质壤质石灰性褐土	花岗岩中层轻壤质石灰性褐土	1	0~18	棕色	轻壤土	屑粒	7.5	10.5	0.60	0.80	49	1.0	50	7.0		E 114°18′37.1″ N 37°45′50.4″	80
						2	18~57	棕色	轻壤土		8.2	5.3	0.35	0.73	38	1.0	45	5.6			
						3	57—														
剖31	半淋溶土	褐土	褐土性土	洪冲积砾质石灰性褐土性土	轻壤质多砾褐土性土	1	0~11	深棕色	轻壤土	屑粒状										E 114°25′40.1″ N 37°45′19.4″	79
						2	11~42	棕色	砾质土	屑粒状											
						3	42~150														
剖32	半淋溶土	褐土	褐土性土	页岩类壤质石灰性褐土性土	薄层多砾轻壤质石灰性褐土性土	1	0~18	棕色	轻壤土	屑粒状	7.7	7.9	0.53	0.65	40	2.0	49	14.5	页岩类	E 114°27′01.1″ N 37°45′18.0″	89
						2	18~50	褐色	中壤土	碎块状	7.5	2.2	0.15	0.58	21	3.0	69	14.6			
						3	50—		砾石												
剖33	半淋溶土	褐土	潮褐土	洪冲积壤质潮褐土	轻壤质潮褐土	1	0~20	深棕色	中壤土	柱状	7.5	3.1	0.06	0.22	8	1.0	49	16.2		E 114°24′55.2″ N 37°44′28.7″	83
						2	20~42	黄褐色	砂壤土	屑粒状	8.7	10.7	0.67	1.16	51	6.0	82	9.2			
						3	42~150	灰白色	砂壤土	碎块状	7.7	2.9	0.23	1.04	14	2.0	36	18.7			
剖34	半淋溶土	褐土	褐土性土	页岩类壤质石灰性褐土性土	薄层多砾轻壤质石灰性褐土性土	1	0~10	棕色	砂壤土	屑粒状	8.4	2.6	0.17	1.09	13	3.0	31	13.5	页岩类	E 114°25′34.5″ N 37°43′50.5″	95
						2	11~20	棕色	砂壤土	屑粒状	7.8	14.8	0.91	0.69	53	2.0	84	13.8			
剖35	半水成土	潮土	潮土	壤质潮土	砂壤质潮土	1	0~12	灰白色	砂土	单粒状	8.5	11.1	0.65	1.30	55	3.0	46	14.7		E 114°29′18.2″ N 37°43′27.1″	91
						2	12~93	灰白色	砂土	单粒状	8.4	2.2	0.12	1.27	11	2.0	9	4.6			
						3	93~150	灰黄色	砂土	屑粒状	8.3	5.4	0.24	1.14	23	2.0	14	5.3			
剖36	半淋溶土	褐土	潮褐土	洪冲积壤质潮褐土	砂壤质潮褐土	1	0~17	棕色	砂壤土	屑粒状	8.2	6.5	0.40	1.37	35	1.0	19	4.7		E 114°28′08.2″ N 37°43′20.5″	76
						2	17~33	浅褐色	砂壤土	单粒状	8.5	4.0	0.09	1.07	9	6.0	14	0.4			
						3	33~61	棕色	砂壤土	屑粒状	8.4	4.0	0.24	1.13	19	1.0	28	1.8			
						4	61~98	褐色	轻壤土	屑粒状	8.6	1.4	0.09	1.15	10	2.0	11	3.1			
						5	98~150	褐棕色	砂壤土	屑粒状	8.5	3.9	0.24	1.10	19	1.0	18	2.3			
剖37	半水成土	潮土	潮土	壤质潮土	深位厚层砂轻壤质潮土	1	0~12	深棕色	轻壤土	屑粒状	8.0	8.4	0.55	1.05	45	1.0	71	18.0		E 114°29′24.7″ N 37°43′06.2″	70
						2	12~54	深棕色	轻壤土	屑粒状	8.3	7.7	0.57	1.05	41	1.0	56	19.3			
						3	54~150	褐色	砂土	单粒状	8.2	6.1	0.41	0.83	35	1.0	41	7.4			

续表 Continued

剖面号 Soil profile	土纲 Soil order	土类 Soil great group	亚类 Soil subgroup	土属 Soil genus	土种 Soil species	土层码 Layer code	土层厚度 Depth/cm	颜色 Soil color	质地 Soil texture	土壤结构 Soil structure	pH	有机质 OM/(g/kg)	全氮 TN/(g/kg)	全磷 TP/(g/kg)	碱解氮 AN/(mg/kg)	有效磷 AP/(mg/kg)	速效钾 AK/(mg/kg)	阴离子交换量 CEC/(cmol/kg)	土壤母质 Parent material	剖面点坐标 Profile coordinate	匹配指数 Matching index/%
剖38	半淋溶土	褐土	石灰性褐土	洪冲积壤质石灰性褐土	浅位厚层砂轻壤质石灰性褐土	1	0—17	棕色	轻壤土	屑粒状	8.0	8.5	0.51	1.31	42	3.0	36	12.2		E 114°29′03.5″ N 37°42′44.3″	99
						2	17—26	棕褐色	砂壤土	屑粒状	7.7	6.4	0.37	1.11	36	2.0	39	18.6			
						3	26—37	黄褐色	砂土	单粒状	7.5	2.6	0.11	1.58	13	2.0	15	5.6			
						4	37—150	黄褐色	砂土	单粒状	7.5	3.3	0.16	1.39	14	3.0	19	16.7			
剖39	半淋溶土	褐土	石灰性褐土	人工堆垫壤质石灰性褐土	中层轻壤质石灰性褐土	1	0—16	棕色	轻壤土	屑粒状	8.5	16.1	1.02	1.90	74	8.0	168	9.0		E 114°26′50.6″ N 37°42′11.9″	78
						2	16—38	褐棕色	轻壤土	屑粒状	8.3	6.6	0.49	1.85	27	3.0	61	5.8			
						3	38—150	棕色	砂壤土	屑粒状	8.3	3.4	0.17	1.43	15	1.0	12	3.5			
剖40	半淋溶土	褐土	潮褐土	洪冲积壤质潮褐土	深位厚层轻壤质潮褐土	1	0—18	棕色	轻壤土	屑粒状	7.9	14.9	0.92	1.35	80	12.0	82	18.5		E 114°30′56.5″ N 37°49′33.6″	79
						2	18—28	褐色	中壤土	碎块状	8.1	8.8	0.55	0.93	51	2.0	87	16.3			
						3	28—58	深褐色	中壤土	碎块状	8.1	10.1	0.58	0.74	44	1.0	102	28.3			
						4	58—119	黑色	重壤土	碎块状	7.8	11.1	0.53	0.67	34	1.0	122	33.4			
						5	119—150	灰白色	中壤土	碎块状	7.9	4.3	0.31	0.72	22	1.0	61	21.8			
剖41	半淋溶土	潮土	潮土	壤质潮土	浅位厚层轻壤质潮土	1	0—19	棕色	轻壤土	屑粒状	7.5	2.3	0.22	1.13	10	5.0	51	18.7		E 114°30′06.5″ N 37°43′47.3″	81
						2	19—45	浅棕色	轻壤土	屑粒状	8.0	2.7	0.16	1.12	11	1.0	20	7.7			
						3	45—100		砂土	单粒状	7.8	2.3	0.05	1.33	7	2.0	14	3.9			
剖42	半淋溶土	褐土	石灰性褐土	洪冲积壤质石灰性褐土	轻壤质石灰性褐土	1	0—19	棕色	轻壤土	屑粒状	8.1	20.3	1.31	1.95	93	9.0	158	12.9		E 114°34′04.0″ N 37°43′32.9″	84
						2	19—44	棕褐色	轻壤土	碎块状	8.1	10.4	0.77	1.65	43	4.0	153	26.7			
						3	44—82	褐色	轻壤土	碎块状	8.0	8.7	0.53	1.27	46	4.0	41	13.5			
						4	82—150	褐色	轻壤土	碎块状	8.2	4.7	0.33	0.99	19	11.0	138	28.3			
剖43	半淋溶土	褐土	石灰性褐土	洪冲积壤质石灰性褐土	砂壤质石灰性褐土	1	0—14	棕色	砂壤土	屑粒状	7.9	11.7	0.68	1.30	62	3.0	46	2.6		E 114°31′42.6″ N 37°43′17.8″	89
						2	14—53	黄褐色	砂土	单粒状	7.9	4.4	0.22	1.47	20	2.0	19	4.9			
						3	53—150	棕褐色	砂土	单粒状	7.7	1.7	0.07	1.79	7	2.0	15	12.2			
剖44	半淋溶土	褐土	褐土性	洪冲积壤质潮褐土性	砂壤质褐土性土	1	0—18	黄褐色	轻壤土		8.2	5.4	0.31	0.70	31	2.0	30	8.0		E 114°30′05.0″ N 37°43′15.6″	93
						2	18—150	黄褐色	砂土	屑粒状	8.1	3.4	0.22	0.65	20	1.0	25	3.2			
剖45	半淋溶土	褐土	潮褐土	洪冲积壤质潮褐土	浅位中层黏壤质潮褐土	1	0—19	褐色	轻壤土	屑粒状	7.9	14.9	0.92	1.37	81	10.0	82	18.7		E 114°31′27.8″ N 37°42′29.2″	82
						2	19—44	褐色	轻壤土	碎块状	8.1	10.1	0.58	0.70	66	5.0	101	25.3			
						3	44—75	灰白色	重壤土	碎块状	8.1	11.0	0.65	0.93	51	2.0	123	34.0			
						4	75—150	黄褐色	中壤土	碎块状	8.0	4.3	0.70	0.72	22	1.0	61	22.8			
剖46	半水成土	潮土	潮土	壤质潮土	轻壤质潮土	1	0—23	深棕色	轻壤土	屑粒状	7.7	8.9	0.61	1.24	43	5.0	148	20.5		E 114°31′57.8″ N 37°41′57.3″	78
						2	23—57	深棕色	轻壤土	屑粒状	7.6	8.8	0.64	1.14	56	3.0	107	25.6			
						3	57—150	棕色	轻壤土	屑粒状	7.9	8.4	0.60	1.13	51	2.0	71	22.6			

赵 县

主要土类说明

褐土是赵县主要土壤类型，占本县地域面积的98%。褐土主要受半湿润半干旱的暖温带季风气候的影响，年降水量较小，土壤常处于半干旱状态，淋溶作用较差，呈半淋溶状态。在褐土剖面中，可以看到常有黏粒下移形成的不太明显的黏化层和明显的碳酸钙淀积现象。自然植被主要是旱生灌木和草本半耐旱植物等。这说明褐土持续在干旱情况下发育，而由于淋溶作用较差，褐土的发育程度主要取决于海拔和地下水变化，在海拔较高的土壤上多形成石灰性褐土亚类，分布在本县西部、西北部，主要植被有酸枣、狗尾草等；在局部海拔较低的地区，主要分布有潮褐土亚类，在土壤剖面中有假菌丝体和锈色斑纹。近年来，地下水位不断下降，使潮褐土继续向石灰性褐土方向转化。在沙河两岸，由于风的作用形成了少量的褐土性土。

小于本县地域面积3%的土壤类型还有潮土等。

本区域中心区气候特征

本区域中心区气候特征值
Regional climate characteristics in central area of the region

气候带：暖温带亚湿润气候 Climate region: Warm temperate subhumid climate	
年平均气温 /℃ Annual average temperature /℃	13.7
年平均最高气温 /℃ Annual average maximum temperature /℃	19.3
年平均最低气温 /℃ Annual average minimum temperature /℃	8.9
年降水量 /mm Annual precipitation /mm	549
≥10℃的积温 /℃ Daily temperature accumulated in a year（≥10℃）/℃	4905
年日照时数 /h Annual sunshine /h	2444
年平均相对湿度 /% Annual average relative humidity /%	62
干燥度 Dryness	1.51

本区域中心区月平均气温与月平均降水量
Monthly temperature and precipitation in central area of the region

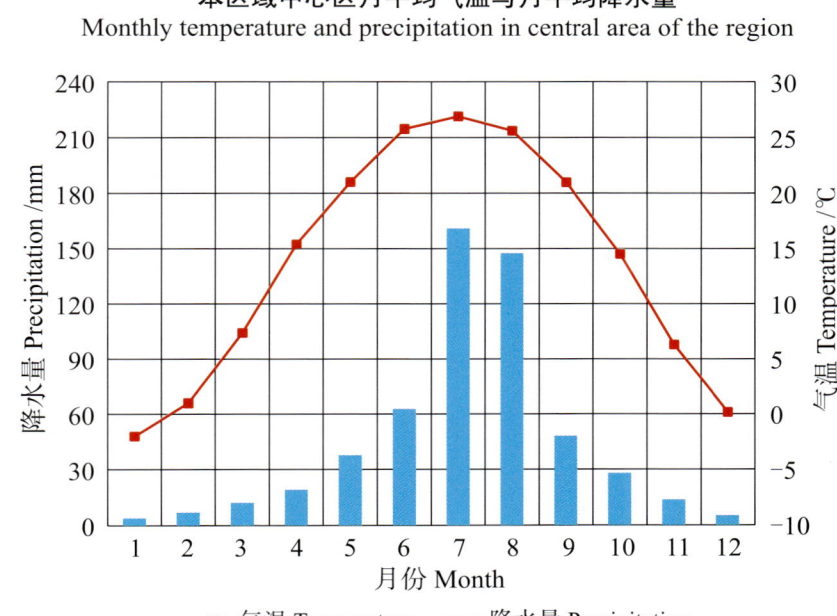

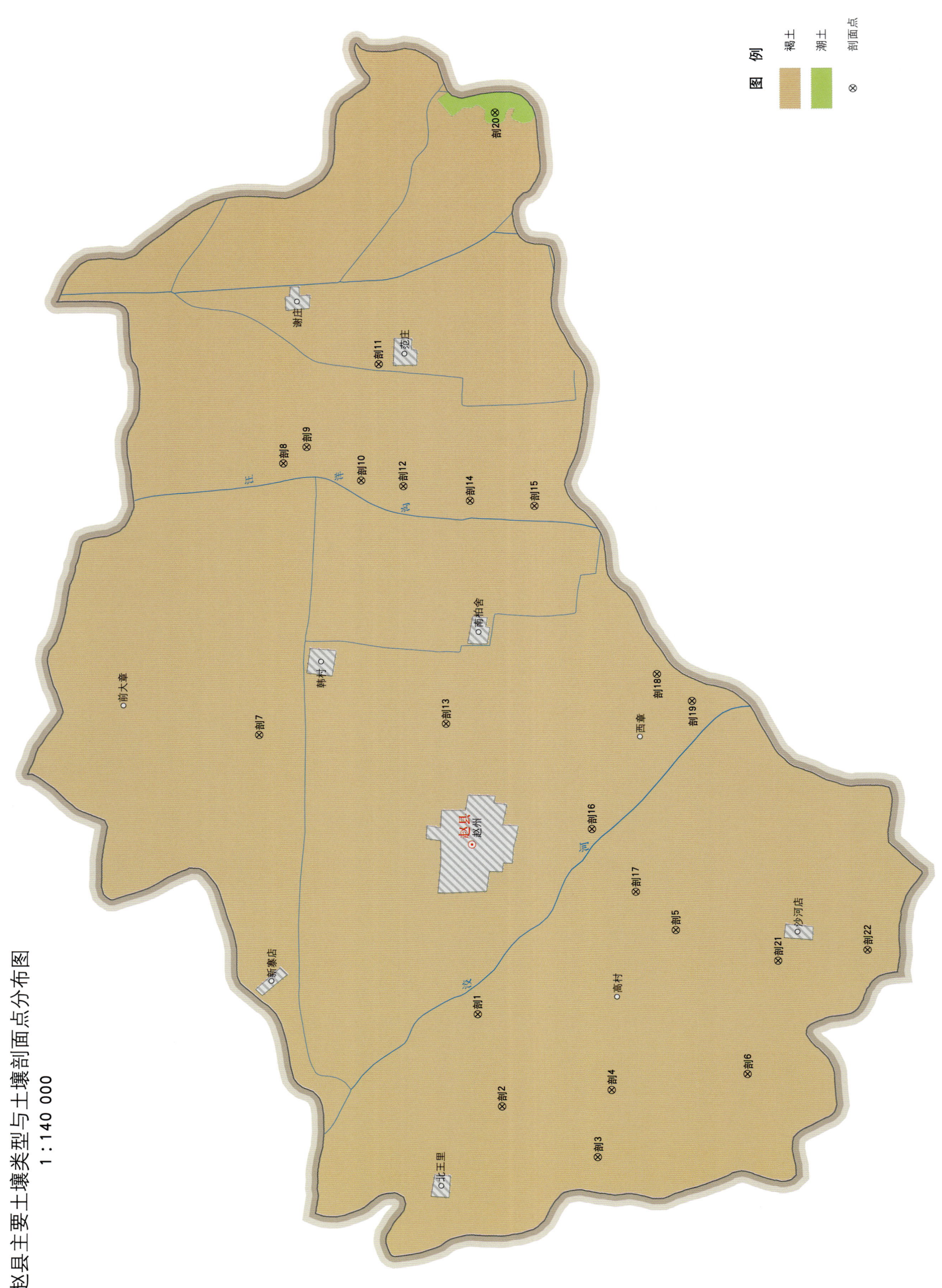

赵县主要土壤类型与土壤剖面点分布图
1∶140 000

赵县土壤剖面理化性状表

剖面号 Soil profile	土纲 Soil order	土类 Soil great group	亚类 Soil subgroup	土属 Soil genus	土种 Soil species	土层码 Layer code	土层厚度 Depth/cm	颜色 Soil color	质地 Soil texture	土壤结构 Soil structure	pH	有机质 OM/(g/kg)	全氮 TN/(g/kg)	全磷 TP/(g/kg)	碱解氮 AN/(mg/kg)	有效磷 AP/(mg/kg)	阳离子交换量 CEC/(cmol/kg)	剖面点坐标 Profile coordinate	匹配指数 Matching index/%
剖1	半淋溶土	褐土	潮褐土	壤质潮褐土	深位厚层黏轻壤质潮褐土	1	0–22	棕色	轻壤土	屑粒状	8.9	12.9	0.32	0.08	90	11.8	10.9	E 114°42′09.7″ N 37°45′02.5″	75
						2	22–66	棕色	轻壤土	屑粒状	8.4	9.5	0.44	0.84	51	1.0	20.6		
						3	66–150	褐棕色	重壤土	碎块状	8.5	7.4	0.44	0.52	34	1.4	20.5		
剖2	半淋溶土	褐土	潮褐土	壤质潮褐土	浅位厚层中壤质潮褐土	1	0–20	棕色	中壤土	碎块状	9.1	9.2	0.57	0.96	54	2.9	12.1	E 114°40′03.4″ N 37°44′33.4″	95
						2	20–44	褐棕色	中壤土	碎块状	9.3	5.8	0.40	0.10	34	0.8	15.4		
						3	44–106	灰棕色	重壤土	块状	9.3	8.4	0.48	0.64	40	0.8	25.2		
						4	106–150	暗棕色	中壤土	碎块状	9.4	5.5	0.40	0.68	36	1.0	16.8		
剖3	半淋溶土	褐土	潮褐土	壤质潮褐土	深位中层中壤质潮褐土	1	0–20	棕色	中壤土	屑粒状	8.5	14.5	0.95	0.96	103	12.7	11.8	E 114°38′56.7″ N 37°42′48.5″	88
						2	20–33	棕色	中壤土	屑粒状	8.6	6.0	0.45	0.72	51	3.7	13.8		
						3	33–70	棕色	重壤土	屑粒状	8.5	11.3	0.73	0.76	77	4.2	22.2		
						4	70–150	棕色	轻壤土	屑粒状	9.6	6.3	0.55	0.74	46	4.0	21.3		
剖4	半淋溶土	褐土	潮褐土	壤质潮褐土	深位厚层砂轻壤质潮褐土	1	0–20	棕色	轻壤土	屑粒状	8.0	9.9	0.70	3.60	52	6.7	9.0	E 114°40′30.4″ N 37°42′35.6″	89
						2	20–60	褐棕色	中壤土	屑粒状	8.4	8.8	0.58	1.16	37	2.2	8.9		
						3	60–90	褐棕色	砂壤土	屑粒状	8.5	11.6	0.73	1.12	50	1.0	11.5		
						4	90–150	灰棕色	中壤土	粒状	8.0	2.8	0.17	0.58	17	3.4	3.4		
剖5	半淋溶土	褐土	潮褐土	壤质潮褐土	浅位中层中壤质潮褐土	1	0–18	棕色	轻壤土	屑粒状	8.0	11.5	0.73	1.12	58	7.1	14.9	E 114°44′15.4″ N 37°41′30.8″	80
						2	18–32	棕色	中壤土	屑粒状	8.1	9.7	0.62	0.92	49	2.0	16.7		
						3	32–100	暗棕色	重壤土	屑粒状	8.2	9.9	0.64	0.72	43	2.0	17.6		
						4	100–150	浅棕色	中壤土	屑粒状	8.2	6.5	0.47	1.04	30	0.4	17.8		
剖6	半淋溶土	褐土	潮褐土	壤质潮褐土	深位厚层砂轻壤质潮褐土	1	0–20	棕色	轻壤土	屑粒状	8.1	8.8	0.54	1.04	42	3.1	11.3	E 114°40′57.4″ N 37°40′09.1″	100
						2	20–51	浅棕色	砂壤土	单粒状	8.1	2.8	0.15	0.84	11	1.5	4.5		
						3	51–100	棕色	轻壤土	屑粒状	8.2	2.5	0.08	0.84	10	2.0	11.3		
						4	100–150	棕色	轻壤土	屑粒状	8.3	3.5	0.22	0.68	17	1.9	11.2		
剖7	半淋溶土	褐土	潮褐土	壤质潮褐土	深位中层黏轻壤质潮褐土	1	0–19	棕色	重壤土	屑粒状	8.0	9.5	0.65	1.12	56	9.5	18.0	E 114°48′35.6″ N 37°49′06.6″	83
						2	19–63	褐棕色	中壤土	屑粒状	8.4	5.2	0.37	0.80	25	0.9	11.8		
						3	63–85	暗棕色	中壤土	屑粒状	8.4	4.2	0.32	0.80	21	0.7	13.5		
						4	85–126	浅棕色	轻壤土	屑粒状	8.5	6.7	0.40	0.72	18	0.3	20.5		
						5	126–150	浅棕色	中壤土	屑粒状	8.6	6.2	0.37	0.72	20	0.8	21.2		
剖8	半淋溶土	褐土	潮褐土	壤质潮褐土	轻壤质潮褐土	1	0–20	棕色	重壤土	屑粒状	8.3	11.4	0.83	1.00	84	11.6	11.5	E 114°54′57.3″ N 37°48′47.4″	88
						2	20–35	黑棕色	中壤土	碎块状	8.4	5.7	0.40	0.72	43	0.9	10.8		
						3	35–70	棕色	中壤土	屑粒状	8.5	5.2	0.34	0.68	35	0.7	12.8		
						4	70–100	棕色	轻壤土	屑粒状	8.6	5.2	0.46	0.76	29	0.1	14.3		
						5	100–150	浅棕色	轻壤土	屑粒状	8.4	5.8	0.32	0.72	25		11.1		
剖9	半淋溶土	褐土	潮褐土	壤质潮褐土	浅位薄层黏中壤质潮褐土	1	0–20	棕色	重壤土	屑粒状	8.5	11.6	0.64	0.96	50	6.1	17.7	E 114°55′21.0″ N 37°48′22.7″	83
						2	20–35	棕色	中壤土	屑粒状	8.3	10.9	0.63	0.92	40	6.0	6.6		
						3	35–70	棕色	轻壤土	屑粒状	8.4	4.0	0.19	0.68	18	2.0	14.2		
						4	70–100	棕色	中壤土	屑粒状	8.5	5.8	0.24	0.84	18	0.9	7.6		
						5	100–150	棕色	轻壤土	屑粒状	8.4	3.2	0.33	0.88	11	1.0	12.1		
剖10	半淋溶土	褐土	潮褐土	壤质潮褐土	中壤质潮褐土	1	0–19	棕色	重壤土	屑粒状	8.0	13.5	0.90	1.04	78	16.7	14.6	E 114°54′35.4″ N 37°47′22.9″	85
						2	19–35	褐棕色	中壤土	屑粒状	8.4	8.9	8.90	0.80	54	3.7	6.8		
						3	35–79	棕色	轻壤土	屑粒状	8.4	5.6	5.60	0.60	17	0.6	16.3		
						4	79–150	棕色	中壤土	屑粒状	8.3	6.6	6.60	0.72	41	1.9			

剖面号 Soil profile	土纲 Soil order	土类 Soil great group	亚类 Soil subgroup	土属 Soil genus	土种 Soil species	土层码 Layer code	土层厚度 Depth/cm	颜色 Soil color	质地 Soil texture	土壤结构 Soil structure	pH	有机质 OM/(g/kg)	全氮 TN/(g/kg)	全磷 TP/(g/kg)	碱解氮 AN/(mg/kg)	有效磷 AP/(mg/kg)	阳离子交换量CEC/(cmol/kg)	剖面点坐标 Profile coordinate	匹配指数 Matching index/%
剖11	半淋溶土	褐土	石灰性褐土	壤质石灰性褐土	深位厚层黏轻壤质石灰性褐土	1	0—20	灰色	砂壤土	粒状	7.9	2.9	0.13	0.84	16	3.1	3.8	E 114°57′18.7″ N 37°47′06.7″	89
						2	20—45	灰色	砂土	粒状	8.1	1.4	0.10	0.84	15	4.1	3.5		
						3	45—56	棕色	砂质黏壤土	粒状	8.2	1.5	0.09	0.84	12	3.3	3.8		
						4	56—94	灰色	砂土	粒状	8.1	1.3	0.13	0.84	12	5.8	3.4		
						5	94—150	棕色	砂壤土	粒状	8.2	1.3	0.02	0.84	5	2.9	1.9		
剖12	半淋溶土	褐土	潮褐土	壤质潮褐土	浅位中层黏中壤质潮褐土	1	0—26	棕色	中壤土	屑粒状	8.4	8.5	0.51	0.88	56	2.7	11.4	E 114°54′28.4″ N 37°46′36.8″	84
						2	26—45	棕色	中壤土	屑粒状	9.2	3.6	0.24	0.80	21	1.0	10.3		
						3	45—94	棕褐色	重壤土	屑粒状	9.6	3.6	0.25	0.68	17	2.7	16.7		
						4	94—115	暗棕色	中壤土	屑粒状	9.4	4.3	0.26	0.60	18	1.1	15.5		
						5	115—150	暗棕色	中壤土	屑粒状	9.6		0.26	0.64	27	1.5	14.3		
剖13	半淋溶土	褐土	潮褐土	壤质潮褐土	浅位薄层黏轻壤质潮褐土	1	0—20	棕色	轻壤土	屑粒状	8.0	9.8	0.75	0.88	62	1.0	10.7	E 114°48′57.2″ N 37°45′45.0″	97
						2	20—38	棕色	重壤土	屑粒状	8.2	8.4	0.50	0.84	38	0.7	12.9		
						3	38—95	棕色	中壤土	块状	8.3	8.8	0.52	0.84	32	微量	9.8		
						4	95—115	棕色	中壤土	屑粒状	8.3	7.5		0.84	21	1.0	11.5		
						5	115—150	棕色	轻壤土	屑粒状	8.3	7.6	0.33	0.72	20	0.8	11.0		
剖14	半淋溶土	褐土	潮褐土	砂质潮褐土	深位中层砂中壤质潮褐土	1	0—20	棕色	砂壤土	屑粒状	8.1	5.5	0.28	0.80	27	3.5	6.8	E 114°54′10.1″ N 37°45′24.5″	85
						2	20—70	棕色	砂壤土	屑粒状	8.2	4.2	0.22	0.88	22	4.1	5.7		
						3	70—100	棕色	中壤土	屑粒状	8.3	6.2	0.33	0.76	4	1.9	19.9		
						4	100—150	棕色	轻壤土	屑粒状	8.2	5.8	0.30	0.80	20	0.9	13.9		
剖15	半淋溶土	褐土	潮褐土	壤质潮褐土	深位薄层黏轻壤质潮褐土	1	0—20	棕色	中壤土	碎块状	8.1	11.2	0.72	1.16	49	18.6	13.0	E 114°54′04.6″ N 37°44′15.0″	70
						2	20—49	棕色	中壤土	碎块状	8.8	7.6	0.41	0.96	26	3.3	10.6		
						3	49—94	褐棕色	中壤土	碎块状	8.9	11.4	0.73	0.92	47	2.0	13.8		
						4	94—110	棕褐色	重壤土	碎块状	9.2	2.9	0.24	0.76	16	1.5	12.7		
						5	110—150	棕褐色	中壤土	屑粒状	8.4	3.7	0.19	0.68	18	1.0	8.3		
剖16	半淋溶土	褐土	潮褐土	壤质潮褐土	深位中层砂壤质潮褐土	1	0—20	棕褐色	轻壤土	屑粒状	8.1	11.7	0.70	0.84	49	1.8	11.0	E 114°46′34.3″ N 37°43′04.4″	95
						2	20—80	浅棕色	砂土	屑粒状	8.3	1.6	0.08	0.76	7	1.0	4.6		
						3	80—100	灰棕色	砂土	粒状	8.0	2.0	0.05	1.08	9	1.9	4.8		
						4	100—133	浅棕色	砂壤土	屑粒状	8.2	1.6	0.02	1.36	8	1.3	2.3		
						5	133—150	浅棕色	轻壤土	屑粒状	8.4	4.4	0.25	0.88	3	2.0	16.2		
剖17	半淋溶土	褐土	潮褐土	壤质潮褐土	深位薄层黏轻壤质潮褐土	1	0—18	浅棕色	轻壤土	屑粒状	8.4	11.5	0.72	0.88	55	4.8	11.3	E 114°54′07.9″ N 37°42′15.1″	78
						2	18—78	棕褐色	中壤土	屑粒状	8.5	6.3	0.28	0.76	15	0.6	11.1		
						3	78—95	棕褐色	重壤土	屑粒状	8.4	10.6	0.64	0.84	47	0.8	20.1		
						4	95—150	暗棕色	中壤土	屑粒状	8.4	5.0	0.40	0.76	13	4.1	6.9		
剖18	半淋溶土	褐土	潮褐土	壤质潮褐土	浅位中层砂黏轻壤质潮褐土	1	0—27	棕色	轻壤土	屑粒状	8.5	8.9	0.54	1.00	39	1.8	12.8	E 114°50′13.6″ N 37°41′58.2″	74
						2	27—51	棕色	重壤土	块状	8.9	5.8	0.42	1.00	22	2.5	12.6		
						3	51—90	棕色	中壤土	块状	8.5	3.0	0.25	0.80	12	1.2	13.5		
						4	90—120	棕色	中壤土	块状	9.5	3.3	0.29	0.80	9	2.9	16.9		
						5	120—150	棕色	轻壤土	屑粒状	9.5	4.2			15	1.8	17.6		
剖19	半淋溶土	褐土	潮褐土	壤质潮褐土	深位厚层黏中壤质潮褐土	1	0—20	棕色	中壤土	屑粒状	8.5	11.5	0.72	0.88	44	5.1	15.0	E 114°49′36.6″ N 37°41′19.7″	100
						2	20—52	暗棕色	中壤土	屑粒状	9.6	6.5	0.41	0.88	24	1.4	13.3		
						3	52—108	暗棕色	重壤土	块状	9.2	4.0	0.29	0.88	17	1.2	10.7		
						4	108—150	浅棕色	轻壤土	屑粒状	8.8	11.2		0.92	37	0.9	6.4		

续表 Continued

剖面号 Soil profile	土纲 Soil order	土类 Soil great group	亚类 Soil subgroup	土属 Soil genus	土种 Soil species	土层码 Layer code	土层厚度 Depth/cm	颜色 Soil color	质地 Soil texture	土壤结构 Soil structure	pH	有机质 OM/(g/kg)	全氮 TN/(g/kg)	全磷 TP/(g/kg)	碱解氮 AN/(mg/kg)	有效磷 AP/(mg/kg)	阳离子交换量CEC/(cmol/kg)	剖面点坐标 Profile coordinate	匹配指数 Matching index/%
剖20	半水成土	潮土	潮土	壤质潮土	轻壤质潮土	1	0—25	棕色	轻壤土	屑粒状	8.2	10.4	0.60	0.92	53	8.5	11.1	E 115°03′13.4″ N 37°45′06.0″	71
						2	25—70	棕色	轻壤土	屑粒状	8.3	6.2	0.35	0.80	20	4.0	12.0		
						3	70—90	棕色	轻壤土	屑粒状	8.3	6.0	0.33	0.76	14	1.0	9.3		
						4	90—150	棕色	中壤土	屑粒状	8.4	5.8	0.26	0.80	22	0.5	12.0		
剖21	半淋溶土	褐土	潮褐土	壤质潮褐土	浅位厚层砂轻壤质潮褐土	1	0—24	棕色	轻壤土	屑粒状	8.3	7.8	0.60	1.08	37	2.2	10.6	E 114°43′35.8″ N 37°39′39.2″	82
						2	24—94	灰棕色	砂壤土	单粒状	8.8	1.5	0.07	1.12	8	1.0	5.3		
						3	94—150	棕色	砂壤土	单粒状	8.8	1.7	0.09	0.88	5	0.9	5.5		
剖22	半淋溶土	褐土	潮褐土	砂质潮褐土	砂壤质潮褐土	1	0—20	棕色	砂壤土	屑粒状	8.2	4.3	0.33	0.84	41	1.1	7.5	E 114°43′54.4″ N 37°38′02.9″	82
						2	20—69	浅棕色	砂壤土	屑粒状	8.4	3.6	0.92	0.92	37	1.4	7.1		
						3	69—150	浅棕色	砂壤土	屑粒状	8.4	3.1	0.20	0.80	33	0.9	7.8		

晋 州 市

主要土类说明

潮土是晋州市主要土壤类型，占本市地域面积的97%。潮土成土母质为近代河流冲积物，分布在地形较低的部位，地下水位约在2m。地势平坦，土层排列层次明显，地下水位较高，地下水曾参与成土过程，故潮土属半水成土壤。受雨季和旱季的影响，地下水升降频繁，心土层干湿交替和水汽交替同时进行，铁、锰氧化还原交替，根孔和结构间隙，尤其是在胶泥缝隙间常见锈色斑纹。潮土结构面上有胶膜及少量小铁子和铁锰结核存在，通体为石灰反应。耕作层、犁底层由于受地下水和施用有机肥的影响，颜色发暗，多呈灰棕色，有机质含量一般约为10g/kg，中壤土有机质含量较高，一般约为12g/kg，砂土有机质含量不到10g/kg。土壤疏松，有团粒结构，土壤容重小。犁底层较紧实、板结，多为块、片状结构。受降水和地下水作用，土壤干湿交替进行，铁锰在水多气少的条件下被还原，在气多水少的情况下又被氧化，氧化还原交替进行，出现锈色斑纹层次，底土结构表面出现铁锰胶膜甚至有小铁子出现。由于滹沱河在晋州市境内多次改道，紧砂慢淤反复沉积，土壤层次砂黏相间，层次明显。同时由于地形和水分状况的差异，潮土土类在以潮土过程为主导的同时，又进行着褐土化为辅的过程。

小于本市地域面积3%的土壤类型还有风沙土等。

本区域中心区气候特征

本区域中心区气候特征值
Regional climate characteristics in central area of the region

气候带：暖温带亚湿润气候
Climate region: Warm temperate subhumid climate

年平均气温 /℃ Annual average temperature /℃	13.5
年平均最高气温 /℃ Annual average maximum temperature /℃	19.2
年平均最低气温 /℃ Annual average minimum temperature /℃	8.8
年降水量 /mm Annual precipitation /mm	554
≥ 10℃的积温 /℃ Daily temperature accumulated in a year（≥10℃）/℃	4877
年日照时数 /h Annual sunshine /h	2474
年平均相对湿度 /% Annual average relative humidity /%	62
干燥度 Dryness	1.49

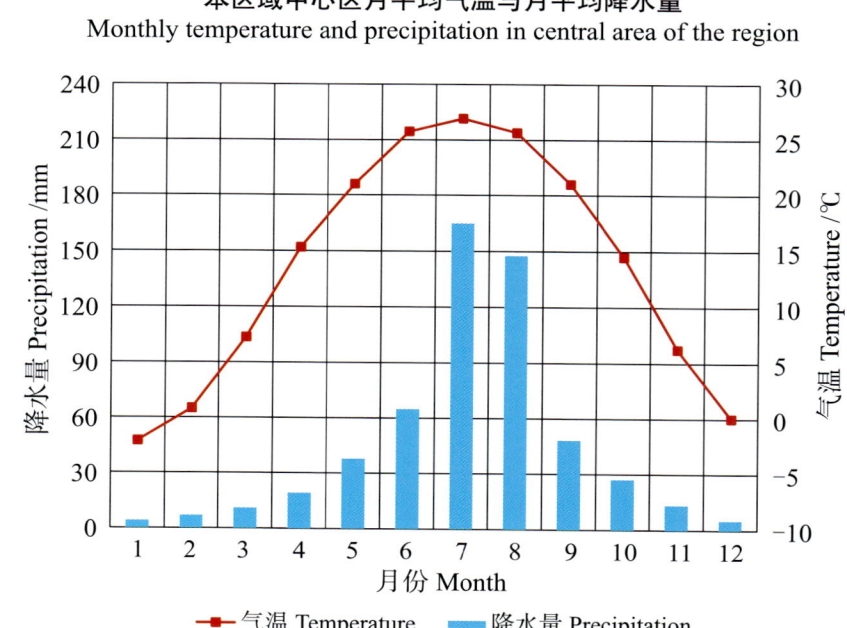

本区域中心区月平均气温与月平均降水量
Monthly temperature and precipitation in central area of the region

晋州市主要土壤类型与土壤剖面点分布图
1∶140 000

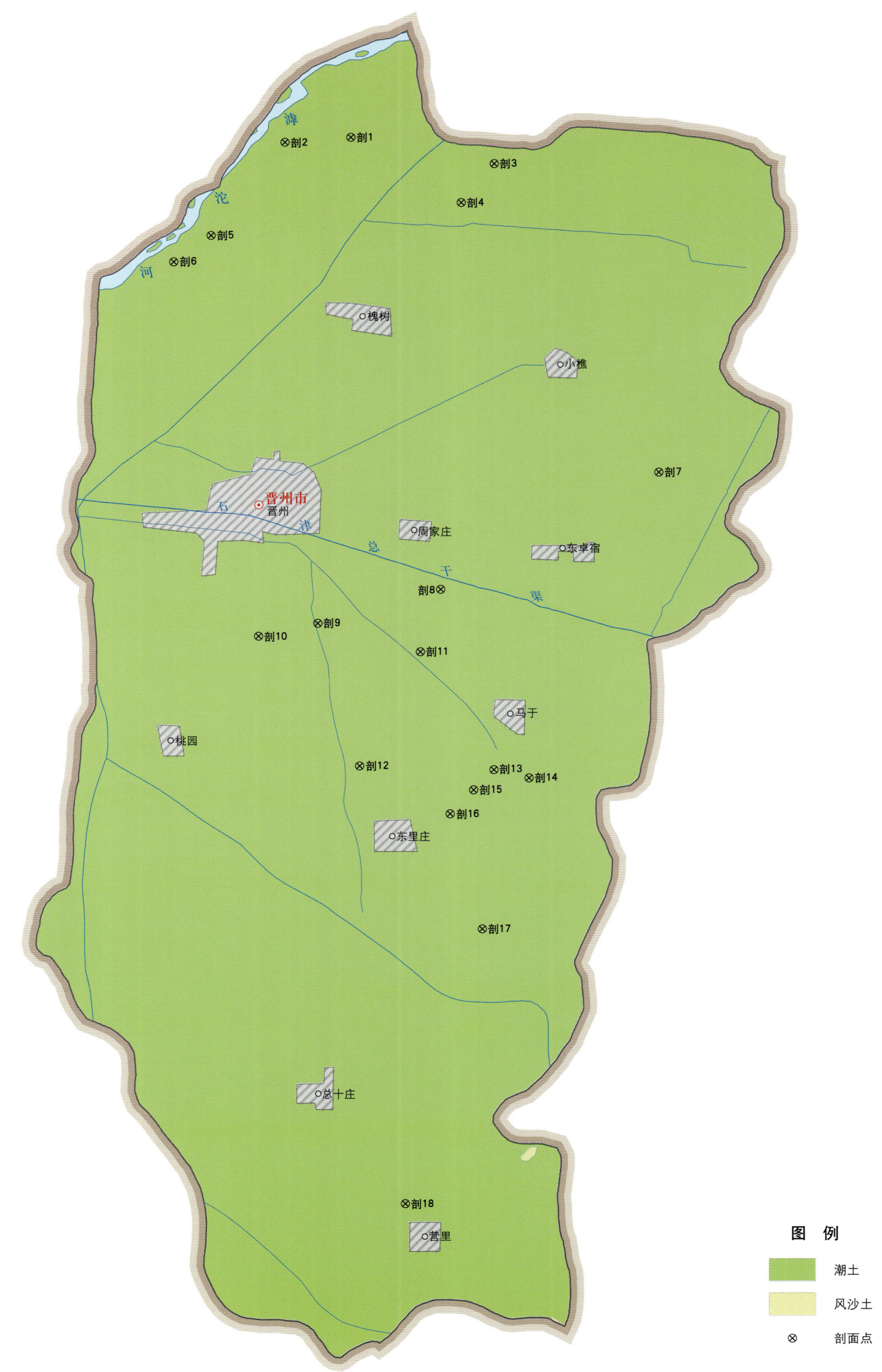

图　例
- 潮土
- 风沙土
- ⊗ 剖面点

晋州市土壤剖面理化性状表

剖面号 Soil profile	土纲 Soil order	土类 Soil great group	亚类 Soil subgroup	土属 Soil genus	土种 Soil species	土层码 Layer code	土层厚度 Depth/cm	颜色 Soil color	质地 Soil texture	土壤结构 Soil structure	pH	有机质 OM/(g/kg)	全氮 TN/(g/kg)	全磷 TP/(g/kg)	阳离子交换量CEC/(cmol/kg)	剖面点坐标 Profile coordinate	匹配指数 Matching index/%
剖1	半水成土	潮土	褐潮土	壤质褐潮土	深位中层砂中壤质褐潮土	1	0—20	棕黄色	轻壤土	碎块状	8.5	7.7	4.30	1.15	9.5	E 115°03′38.9″ N 38°07′49.1″	91
						2	20—55	黄棕色	轻壤土	碎块状	8.3	5.3	0.31	2.00	13.7		
						3	55—150	灰白色	砂土	无明显结构	8.5	1.5	0.05	1.27	4.4		
剖2	半水成土	潮土	潮土	壤质潮土	轻壤质潮土	1	0—20	浅黄色	轻壤土	碎块状	8.4	7.1	0.35	1.31	7.7	E 115°02′17.2″ N 38°07′42.2″	98
						2	20—57	黄棕色	中壤土	块状	8.4	8.1	0.46	1.17	13.3		
						3	57—77	灰黄色	轻壤土	碎块状	8.2	5.6	0.25	1.06	10.3		
						4	77—150	浅灰黄色	轻壤土	块状	8.5	5.5	0.27	1.03	9.2		
剖3	半水成土	潮土	褐潮土	壤质褐潮土	深位薄层砂中壤质褐潮土	1	0—20	黄棕色	中壤土	块状	8.5	13.6	0.77	1.32	12.4	E 115°06′37.2″ N 38°07′25.9″	98
						2	20—41	浅褐色	轻壤土	碎块状	8.5	7.5	0.40	1.16	11.7		
						3	41—82	黄棕色	轻壤土	碎块状	8.3	5.0	0.20	1.07	5.3		
						4	82—150	黄棕色	轻壤土	碎块状	8.7	2.9	0.69	1.07	5.2		
剖4	半水成土	潮土	褐潮土	壤质褐潮土	浅位厚层砂轻壤质褐潮土	1	0—24	黄棕色	轻壤土	碎块状	8.7	8.9	0.51	1.12	8.4	E 115°05′57.5″ N 38°06′45.7″	97
						2	24—54	灰白色	砂土	碎屑状	9.0	1.0	0.05	1.14	3.0		
						3	54—74	黄棕色	砂壤土	无明显结构	8.7	2.1	0.07	1.15	4.3		
						4	74—150	灰白色	砂土	无明显结构	8.8	1.8	1.30	0.77	3.5		
剖5	半水成土	潮土	潮土	砂质潮土	砂壤质潮土	1	0—23	浅黄色	砂土	粒状	8.5	3.9	0.15	1.62	5.1	E 115°00′49.0″ N 38°06′06.5″	74
						2	23—72	灰白色	砂土	粒状	8.8	1.7	0.04	2.08	2.4		
						3	72—150	黄棕色	砂土	粒状	8.4	2.7	0.09	1.03	5.3		
剖6	半水成土	潮土	潮土	壤质潮土	砂壤质潮土	1	0—15	浅棕色	砂壤土	粒状	8.4	2.6	0.10	1.45	4.7	E 115°05′03.7″ N 38°05′39.0″	90
						2	15—62	浅红色	砂壤土	粒状	8.2	1.3	0.06	1.03	4.2		
						3	62—117	浅红色	砂壤土	块状	8.7	1.7	0.09	1.43	5.2		
						4	117—124	浅红色	砂壤土	碎块状	8.1	1.4	0.11	1.30	4.2		
						5	124—150	浅红色	砂壤土	无明显结构	8.6	3.4	0.19	1.18	6.9		
剖7	半水成土	潮土	褐潮土	壤质褐潮土	深位薄层黏中壤砂壤质褐潮土	1	0—20	黄棕色	砂壤土	碎粒状	8.5	0.7	0.40	1.24	8.3	E 115°10′10.2″ N 38°02′18.2″	91
						2	20—52	红棕色	黏壤土	碎粒状	8.6	0.5	0.26	1.02	9.1		
						3	52—77	浅红棕色	壤土	块状	8.3	13.7	0.83	1.15	30.9		
						4	77—150	浅黄棕色	砂壤土	碎屑状	8.4	7.9	0.43	1.00	19.1		
剖8	半水成土	潮土	褐潮土	壤质褐潮土	浅位薄层中壤砂壤质褐潮土	1	0—20	浅黄棕色	中壤土	粒状	8.5	9.5	0.55	1.29	9.1	E 115°05′43.8″ N 38°00′15.8″	82
						2	20—34	黄棕色	轻壤土	碎块状	8.6	6.8	0.37	1.09	13.6		
						3	34—83	黄棕色	砂壤土	碎屑状	8.5	3.1	0.16	1.11	8.1		
						4	83—150	黄褐色	砂壤土	碎块状	8.4	6.0	0.32	1.08	16.0		
剖9	半水成土	潮土	褐潮土	壤质褐潮土	中壤质褐潮土	1	0—20	浅黄色	轻壤土	块状	8.5	14.0	0.83	1.16	23.6	E 115°03′12.6″ N 37°59′39.1″	72
						2	20—50	黄棕色	轻壤土	碎块状	8.5	9.1	0.49	1.10	15.6		
						3	50—150	黄棕色	轻壤土	碎块状	8.6	12.2	0.72	1.30	11.6		
剖10	半水成土	潮土	褐潮土	壤质褐潮土	深位中层黏轻壤质褐潮土	1	0—19	暗棕色	重壤土	块状						E 115°01′59.9″ N 37°59′24.7″	96
						2	19—38	黄棕色	轻壤土	碎块状							
						3	38—63	红棕色	重壤土	块状							
						4	63—88	褐棕色	重壤土	块状							
						5	88—128	黄棕色	中壤土	块状							
						6	128—150	黄棕色									

续表 Continued

剖面号 Soil profile	土纲 Soil order	土类 Soil great group	亚类 Soil subgroup	土属 Soil genus	土种 Soil species	土层码 Layer code	土层厚度 Depth/cm	颜色 Soil color	质地 Soil texture	土壤结构 Soil structure	pH	有机质 OM/(g/kg)	全氮 TN/(g/kg)	全磷 TP/(g/kg)	阳离子交换量 CEC/(cmol/kg)	剖面点坐标 Profile coordinate	匹配指数 Matching index/%
剖11	半水成土	潮土	褐潮土	壤质褐潮土	深位中层砂中壤质褐潮土	A₁₁	0—20	棕黄色	中壤土	碎屑状	8.6	13.8	0.81	1.28	13.3	E 115°05′20.4″ N 37°59′12.5″	74
						Ck₁	20—42	棕黄色	中壤土	碎屑状	8.6	11.4	0.66	1.11	20.2		
						Ck₂	42—74	浅黄色	轻壤土	碎屑状	8.6	6.2	0.31	1.07	11.5		
						Cu	74—150	浅黄色	砂壤土	碎粒状	8.7	5.2	0.18	0.91	7.4		
剖12	半水成土	潮土	褐潮土	壤质褐潮土	浅位中层黏轻壤质褐潮土	1	0—20	黄褐色	轻壤土	碎块状	8.1	14.4	0.76	1.40	11.1	E 115°04′08.8″ N 37°57′15.8″	70
						2	20—35	黄棕色	轻壤土	碎块状	8.1	6.9	0.36	1.03	13.4		
						3	35—80	褐棕色	黏土	块状	8.5	13.4	0.82		30.5		
						4	80—150	棕褐色	轻壤土	碎屑状	8.4	6.4	0.36	1.06	12.8		
剖13	半水成土	潮土	褐潮土	壤质褐潮土	浅位薄层黏砂壤质褐潮土	1	0—20	浅黄色	砂壤土	碎屑状	8.4	12.0	0.71	1.39	10.0	E 115°06′54.4″ N 37°57′14.8″	81
						2	20—40	红棕色	重壤土	块状	8.6	7.6	0.42	1.18	10.1		
						3	40—52	灰白色	砂土	无明显结构	8.4	10.7	0.62	1.05	23.9		
						4	52—150	灰白色	砂土	无明显结构	8.6	5.1	0.16	0.99	8.1		
剖14	半水成土	潮土	褐潮土	壤质褐潮土	浅位厚层黏轻壤质褐潮土	1	0—20	黄褐色	轻壤土	碎屑状	8.3	14.3	0.85	1.25	13.2	E 115°06′38.3″ N 37°57′07.2″	75
						2	20—36	黄褐色	黏土	块状	8.6	15.3	0.88	1.27	25.9		
						3	36—62	浅黄色	黏壤土	碎屑状	8.5	9.5	0.54	1.37	8.3		
						4	62—130	棕色	黏土	块状	8.4	12.3	0.73	1.21	22.4		
						5	130—150	浅黄色	轻壤土	碎屑状	8.5	7.5	0.43	1.09	15.7		
剖15	半水成土	潮土	褐潮土	壤质褐潮土	深位薄层黏轻壤质褐潮土	1	0—24	黄褐色	轻壤土	碎块状	8.3	10.8	0.54	1.26	8.3	E 115°06′30.1″ N 37°56′54.2″	86
						2	24—34	黄棕色	轻壤土	碎屑状	8.3	7.6	0.42	1.09	14.4		
						3	34—89	棕色	黏土	块状	8.4	12.4	0.70	1.18	21.7		
						4	89—150	浅黄色	轻壤土	碎屑状	8.5	5.8	0.23	0.91	8.3		
剖16	半水成土	潮土	褐潮土	壤质褐潮土	浅位中层砂中壤质褐潮土	1	0—20	棕黄色	中壤土	块状						E 115°06′01.8″ N 37°56′29.8″	98
						2	20—36	棕黄色	轻壤土	碎屑状							
						3	36—62	红棕色	黏土	块状							
						4	62—130	浅黄色	轻壤土	碎屑状							
						5	130—150	浅黄色	砂壤土	碎屑状							
剖17	半水成土	潮土	褐潮土	壤质褐潮土	浅位中层砂中壤质褐潮土	1	0—20	棕黄色	中壤土	块粒状	8.6	12.9	0.76	1.47	12.4	E 115°06′44.6″ N 37°54′33.8″	84
						2	20—51	棕黄色	轻壤土	碎屑状	8.6	7.9	0.43	1.08	12.2		
						3	51—80	褐棕色	中壤土	块状	8.6	5.4	0.28	0.98	10.3		
						4	80—116	褐棕色	砂土	块状	8.4	11.0	0.68	1.07	24.3		
						5	116—150	浅棕色	砂土	块状	8.5	4.2	0.20	0.88	8.7		
剖18	半水成土	潮土	褐潮土	壤质褐潮土	轻壤质褐潮土	1	0—20	棕黄色	轻壤土	碎屑状	8.8	15.2	0.83	1.38	12.4	E 115°05′16.4″ N 37°49′56.6″	80
						2	20—48	棕黄色	轻壤土	块状状	8.9	10.9	0.57	1.18	13.6		
						3	48—81	棕黄色	中壤土	碎屑状	8.6	9.6	0.47	1.20	12.2		
						4	81—120	浅棕色	中壤土	块状	8.4	11.2	0.51	1.05	18.2		
						5	120—150	黄棕色	轻壤土	碎屑状	8.5	7.5	0.39	1.06	13.3		

新 乐 市

主要土类说明

褐土是新乐市主要土壤类型，占本市地域面积的 70%，广泛分布于本市各地。褐土是在暖温带亚湿润区发育形成的具有黏化与钙质淋移淀积特征的土壤。该土壤盐基饱和，处于硅铝风化阶段，有明显的淀积黏化层。在其 A–B–C 剖面构型中，B 层呈棕褐色。土壤 pH 为 7.0—7.5，盐基饱和度在 80% 以上；B 层下部有假菌丝状钙积层。本市褐土分为石灰性褐土、潮褐土、褐土性土等亚类。其中潮褐土亚类面积较大，成土母质为洪积物、冲积物，心土层出现钙积现象与轻微的黏化现象。由于地下水频繁升降，氧化还原交替进行，底土层土色发暗，出现锈色斑纹、铁锰结核或砂姜，土体内碳酸钙因有不同程度的淋洗而表现不同程度的盐酸反应。

新积土是新乐市第二大土壤类型，占本市地域面积的 11%，分布在大沙河及滹沱河的河漫滩上，其中以滹沱河河漫滩分布最广。成土母质为河流冲积物。该土类为近期流水沉积而成，在汛期还可能被河水淹没，其土层深厚，质地多为砂质或砂壤质，有时为层状沉积。没有或很少有植物生长，无剖面发育特征，或仅有微弱发育特征，其地下水位较浅，为 2—3m。因质地轻、降水渗漏迅速，故旱季土壤干燥。新积土无结构，均呈分散的单粒状，通体有石灰反应。

风沙土是新乐市第三大土壤类型，占本市地域面积的 10%，分布在慈河故道两侧。成土母质为风积物，是砂质冲积物经风力搬运堆积成高低垄起伏的沙丘或砂垄。目前本市的风沙土已长有稀疏的植物，地表有不连续的薄土层覆盖，大风虽仍能吹走部分砂土，但移动已受限制。该土壤通体砂质，有石灰反应或弱石灰反应。因长有植物及风力作用，表层质地较下层稍细。地下水埋深约为 7m。有些土壤剖面有微弱的发育，即有钙淀积的痕迹和铁锰氧化还原的不清晰斑纹，但大部分土壤无发育特征，由于成土时间短，且质地粗，所以土壤的理化性状均差。

潮土占新乐市地域面积的 3%。潮土发育于近代河流两侧低洼地带的洪积物、冲积物和近代河流冲积物上。地下水参与成土过程，而地表有机质累积较少，土壤颜色一般较浅。土壤表层有机质含量约为 10g/kg，土体砂质的含量一般很低。在季风气候影响下，土壤的干湿交替明显，有机质分解充分。土壤中碳酸钙含量较高，除砂质潮土外，一般均在 1% 左右。pH 为 8.4—8.8，呈微碱性。耕层疏松多孔，耕作层下多出现犁底层，黏粒下移轻微，只出现于表层，底土层中的质地变化主要受冲积物层状影响。在成土过程中，地下水升降引起土壤中可溶物质的溶解、运动与淀积，沿土壤孔隙、裂隙部分，形成大量的胶膜及锈色斑纹，并可在地下水交互升降处形成零散小型砂姜。地下水埋深在 2m 以上，并有短期地表积水的可见潜育层，呈暗棕色或蓝灰色条纹。

本区域中心区气候特征

本区域中心区气候特征值
Regional climate characteristics in central area of the region

气候带：暖温带亚湿润气候 Climate region: Warm temperate subhumid climate	
年平均气温 /℃ Annual average temperature /℃	12.7
年平均最高气温 /℃ Annual average maximum temperature /℃	18.6
年平均最低气温 /℃ Annual average minimum temperature /℃	7.7
年降水量 /mm Annual precipitation /mm	512
≥ 10℃的积温 /℃ Daily temperature accumulated in a year（≥ 10℃）/℃	4572
年日照时数 /h Annual sunshine /h	2502
年平均相对湿度 /% Annual average relative humidity /%	60
干燥度 Dryness	1.49

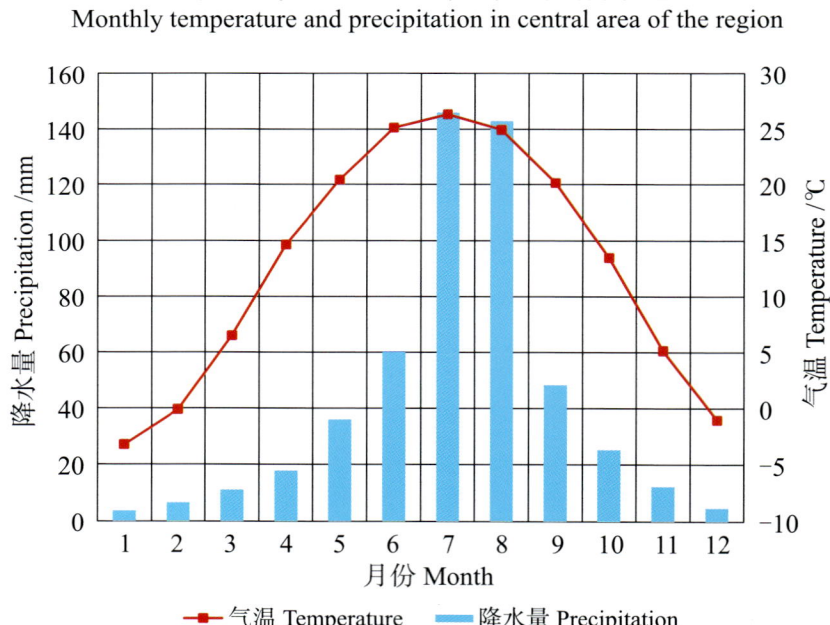

本区域中心区月平均气温与月平均降水量
Monthly temperature and precipitation in central area of the region

新乐市主要土壤类型与土壤剖面点分布图

1:130 000

图例
- 褐土
- 新积土
- 风沙土
- 潮土
- ⊗ 剖面点

新乐市土壤剖面理化性状表

剖面号 Soil profile	土纲 Soil order	土类 Soil great group	亚类 Soil subgroup	土属 Soil genus	土种 Soil species	土层码 Layer code	土层厚度 Depth/cm	颜色 Soil color	质地 Soil texture	土壤结构 Soil structure	pH	有机质 OM/(g/kg)	全氮 TN/(g/kg)	全磷 TP/(g/kg)	碱解氮 AN/(mg/kg)	有效磷 AP/(mg/kg)	速效钾 AK/(mg/kg)	阳离子交换量CEC/(cmol/kg)	剖面点坐标 Profile coordinate	匹配指数 Matching index/%
剖1	半淋溶土	褐土	潮褐土	壤质洪冲积潮褐土	深位厚层黏砂壤质潮褐土	1	0—20	棕色	砂壤土	碎粒状	8.2	4.4	0.32	0.34	33	1.1	52	7.6	E 114°39′57.0″ N 38°24′31.0″	90
						2	20—49	棕色	砂壤土	碎粒状	8.1	8.5	0.53	0.45	50	11.7	79	7.1		
						3	49—67	浅棕色	砂土	单粒状	8.0	1.2	0.09	0.59	10	1.2	29	6.0		
						4	67—136	浅棕色	重壤土	块状	8.0	4.4	0.37	0.38	36	0.7	112	26.7		
						5	136—150	棕色	轻壤土	屑粒状	7.8	2.4	0.27	0.48	27	2.5	9	18.2		
剖2	半水成土	潮土	潮土	壤质潮土	冲积轻壤质潮土	1	0—21	棕色	轻壤土	屑粒状	8.4	9.3	0.67	0.61	67	7.9	64	8.5	E 114°42′05.3″ N 38°24′23.6″	94
						2	21—35	浅棕色	轻壤土	屑粒状	8.4	6.1	0.33	4.25	41	3.4	38	8.7		
						3	35—85	浅棕色	轻壤土	屑粒状	8.3	4.0	0.32	0.28	58	2.1	42	8.4		
						4	85—150	浅棕色	轻壤土	屑粒状	8.3	2.4	0.21	0.43	41	1.9	39	8.4		
剖3	半淋溶土	褐土	潮褐土	壤质洪冲积潮褐土	砂壤质潮褐土	1	0—19	褐棕色	砂壤土	碎粒状	8.4	6.8	0.45	0.61	51	6.1	39	8.0	E 114°39′45.4″ N 38°22′11.2″	94
						2	19—73	暗棕色	轻壤土	碎粒状	8.5	3.7	0.29	0.47	34	1.7	36	6.5		
						3	73—122	暗棕色	轻壤土	碎粒状	8.4	4.7	0.32	0.50	35	1.3	32	9.8		
						4	122—150	褐棕色	砂土	碎粒状	8.5	0.4	0.04	0.37	5	0.9	9	1.4		
剖4	半淋溶土	褐土	潮褐土	壤质洪冲积潮褐土	浅位中层黏轻壤质潮褐土	1	0—19	棕色	轻壤土	屑粒状	8.2	5.0	0.35	0.62	33	3.3	42	14.1	E 114°47′00.3″ N 38°28′56.0″	78
						2	19—39	浅棕色	轻壤土	屑粒状	8.2	2.3	0.21	0.72	25	2.5	29	12.7		
						3	39—52	灰棕色	重壤土	碎粒状	8.0	5.2	0.43	0.43	49	2.1	79	29.6		
						4	52—64	灰棕色	重壤土	碎块状	8.2	4.0	0.39	0.43	48	2.8	59	17.7		
						5	64—79	棕色	轻壤土	屑粒状	8.4	3.4	0.32	0.48	36	4.7	45	13.8		
						6	79—150	棕色	轻壤土	碎粒状	8.4	1.8	0.20	0.56	27	2.4	38	8.4		
剖5	半淋溶土	褐土	潮褐土	壤质洪冲积潮褐土	轻壤质潮褐土	1	0—20	黄棕色	轻壤土	屑粒状	8.3	5.7	0.45	0.45	42	8.2	288	8.5	E 114°49′11.6″ N 38°25′24.7″	95
						2	20—53	黄棕色	轻壤土	屑粒状	8.2	4.8	0.41	0.42	40	4.8	157	6.8		
						3	53—91	棕褐色	轻壤土	碎块状	8.0	3.3	0.36	0.32	35	2.1	45	10.5		
						4	91—124	棕色	轻壤土	碎块状	7.9	2.4	0.25	0.52	26	1.2	42	12.5		
						5	124—150	暗棕色	轻壤土	碎粒状	7.8	3.5	0.30	0.52	26	1.3	56	17.5		
剖6	半淋溶土	褐土	潮褐土	壤质洪冲积潮褐土	深位厚层砂壤质潮褐土	1	0—18	浅棕色	轻壤土	屑粒状	8.3	9.2	0.58	0.56	63	1.9	70	9.8	E 114°46′08.7″ N 38°25′12.0″	100
						2	18—47	暗棕色	轻壤土	屑粒状	8.3	7.4	0.55	0.59	62	0.8	57	10.9		
						3	47—60	棕褐色	轻壤土	碎粒状	8.3	4.5	0.32	0.41	30	2.4	36	12.2		
						4	60—150	灰棕色	砂土	单粒状	8.4	0.5	0.04	9.19	5	2.7	9	1.4		
剖7	半淋溶土	褐土	潮褐土	壤质洪冲积潮褐土	浅位厚层中壤砂壤质潮褐土	1	0—18	棕色	砂壤土	碎粒状	8.1	7.5	0.44	0.38	45	2.8	39	7.4	E 114°51′20.1″ N 38°23′00.7″	83
						2	18—30	棕色	砂壤土	碎粒状	8.1	4.0	0.29	0.29	30	0.8	47	6.9		
						3	30—150	暗棕色	中壤土	块状	7.8	3.1	0.25	0.18	28	1.7	75	13.4		
剖8	半水成土	潮土	潮土	砂质潮土	砂壤质潮土	1	0—25	褐棕色	砂土	碎粒状	8.8	0.8	0.40	0.51	8	1.1	3	1.4	E 114°54′58.1″ N 38°21′41.6″	82
						2	25—55	褐棕色	砂土	单粒状	8.4	1.6	0.14	0.32	12	1.1	39	4.3		
						3	55—150	褐棕色	砂土	单粒状	8.5	0.6	0.07	0.20	6	6.6	17	1.4		
剖9	半水成土	潮土	潮土	壤质潮土	冲积砂壤质潮土	1	0—19	灰色	砂壤土	碎粒状	8.5	7.8	0.51	0.63	57	2.0	54	6.4	E 114°46′40.8″ N 38°21′33.5″	80
						2	19—46	灰色	砂壤土	碎粒状	8.5	4.2	0.30	0.65	43	0.7	34	6.1		
						3	46—73	暗灰色	轻壤土	块状	8.5	2.6	0.20	0.76	36	1.2	38	5.6		
						4	73—150	灰色	砂土	单粒状	8.7	0.7	0.07	0.64	8	0.8	22	1.1		

续表 Continued

剖面号 Soil profile	土纲 Soil order	土类 Soil great group	亚类 Soil subgroup	土属 Soil genus	土种 Soil species	土层码 Layer code	土层厚度 Depth/cm	颜色 Soil color	质地 Soil texture	土壤结构 Soil structure	pH	有机质 OM/(g/kg)	全氮 TN/(g/kg)	全磷 TP/(g/kg)	碱解氮 AN/(mg/kg)	有效磷 AP/(mg/kg)	速效钾 AK/(mg/kg)	阳离子交换量 CEC/(cmol/kg)	剖面点坐标 Profile coordinate	匹配指数 Matching index/%
剖10	半淋溶土	褐土	潮褐土	壤质洪积潮褐土	浅位中层中壤砂壤质潮褐土	1	0–19	棕色	砂壤土	碎粒状	8.2	7.3	0.46	0.44	47	1.8	60	10.9	E 114°32′48.1″ N 38°19′16.7″	92
						2	19–38	棕色	砂壤土	碎粒状	8.3	4.0	0.26	0.39	30	0.8	56	8.0		
						3	38–63	灰棕色	中壤土	块状	7.9	3.4	0.31	0.43	35	0.8	94	23.9		
						4	63–88	灰棕色	轻壤土	屑粒状	8.0	1.5	0.14	0.43	18	1.0	45	8.7		
						5	88–128	棕色	砂壤土	屑粒状	8.2	1.2	0.10	0.42	12	1.1	36	7.0		
						6	128–150	棕色	砂壤土	屑粒状	8.1	1.0	0.11	0.45	11	1.3	36	5.8		
剖11	半淋溶土	褐土	潮褐土	壤质洪积潮褐土	深位厚层中壤砂壤质潮褐土	1	0–17	灰棕色	砂壤土	碎粒状	8.3	6.8	0.40	0.27	40	1.3	67	6.4	E 114°45′06.5″ N 38°19′39.7″	92
						2	17–50	棕色	砂壤土	碎粒状	8.5	3.3	0.25	0.26	25	0.4	52	6.4		
						3	50–150	棕褐色	中壤土	屑粒状	8.3	3.2	0.26	0.45	24	1.4	53	10.0		
剖12	半淋溶土	褐土	潮褐土	壤质洪积潮褐土	浅位厚层砂轻壤质潮褐土	1	0–18	棕色	轻壤土	屑粒状	8.2	9.8	0.63	0.55	64	4.5	79	9.5	E 114°48′10.4″ N 38°19′21.7″	88
						2	18–44	浅棕色	轻壤土	屑粒状	8.2	6.4	0.49	0.44	48	1.2	45	10.4		
						3	44–150	灰棕色	砂土	单粒状	8.0	0.6	0.38	0.28	7	1.7	11	2.2		

唐 山 市

丰 南 区

主要土类说明

潮土是丰南区主要土壤类型，占本区地域面积的55%。潮土是在河流冲积物上经过耕种、熟化形成的半水成土壤，地下水直接参与成土过程。成土母质为河流冲积物。表面土壤多呈灰棕色或暗灰棕色，由于地下水比较浅，旱季雨季地下水升降频繁，引起土壤中的氧化还原过程交替进行，铁锰氧化物随水迁移和局部聚积，在土壤剖面中出现锈色斑纹、铁锰结核和潜育化特征。

滨海盐土是丰南区第二大土壤类型，占本区地域面积的19%，主要分布在黑沿子、老王庄的距海较近的渤海沿岸。土壤含盐量很高，为1.2%—2.3%，盐分组成以氯化物为主，地下水矿化度较高。成土母质为海相淤泥。土壤质地均为黏质。

砂姜黑土是丰南区第三大土壤类型，占本区地域面积的10%，主要分布在兰高庄、侉子庄西部。地形低洼，地下水位浅，过去有积水，现已有较长时间的脱水。成土母质为河湖沉积物，经脱沼与长期耕作形成，但早期沼泽草甸特征仍显残余属性。土壤质地相对黏重。本区砂姜黑土土色发黑，潜育化现象明显。底土层砂姜较多，土质黏重、板结，土壤通透性差，养分含量较高。

沼泽土占丰南区地域面积的9%。土壤水分过多，通气不良，地下水埋深为30—100cm。该土壤有机质累积及还原作用强烈，具有潜育层。土体的泥炭层或腐泥层厚度小于50cm，剖面构型为泥炭状有机质层－潜育层。沼泽土土质黏重，有机质累积多，潜育化特征明显，土壤容重为1.5g/cm^3。

褐土占丰南区地域面积的5%，主要分布在本区北部、东北部。地下水位一般为3—4m，下层土壤仍受地下水影响，有锈色斑纹、潜育现象和铁子，部分地区有砂姜，土壤以褐色为主。成土母质为洪积物、冲积物。壤土的养分含量较高，砂土、砂壤土养分含量较低。

小于本区地域面积3%的土壤类型还有水稻土等。

本区域中心区气候特征

本区域中心区气候特征值
Regional climate characteristics in central area of the region

气候带：暖温带亚湿润气候 Climate region: Warm temperate subhumid climate	
年平均气温 /℃ Annual average temperature /℃	11.2
年平均最高气温 /℃ Annual average maximum temperature /℃	16.9
年平均最低气温 /℃ Annual average minimum temperature /℃	6.2
年降水量 /mm Annual precipitation /mm	587
≥10℃的积温 /℃ Daily temperature accumulated in a year (≥10℃) /℃	4056
年日照时数 /h Annual sunshine /h	2576
年平均相对湿度 /% Annual average relative humidity /%	64
干燥度 Dryness	1.12

本区域中心区月平均气温与月平均降水量
Monthly temperature and precipitation in central area of the region

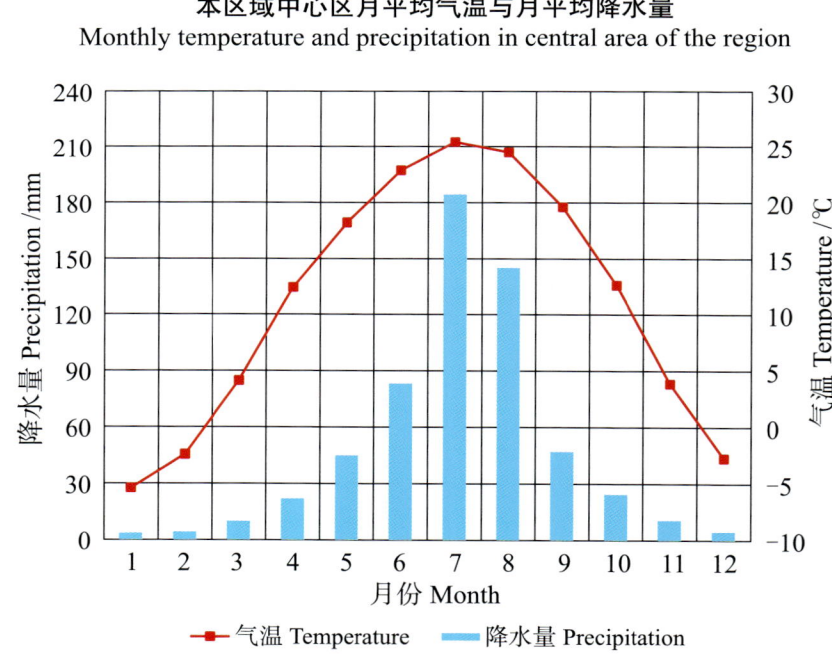

丰南县主要土壤类型与土壤剖面点分布图
1∶230 000

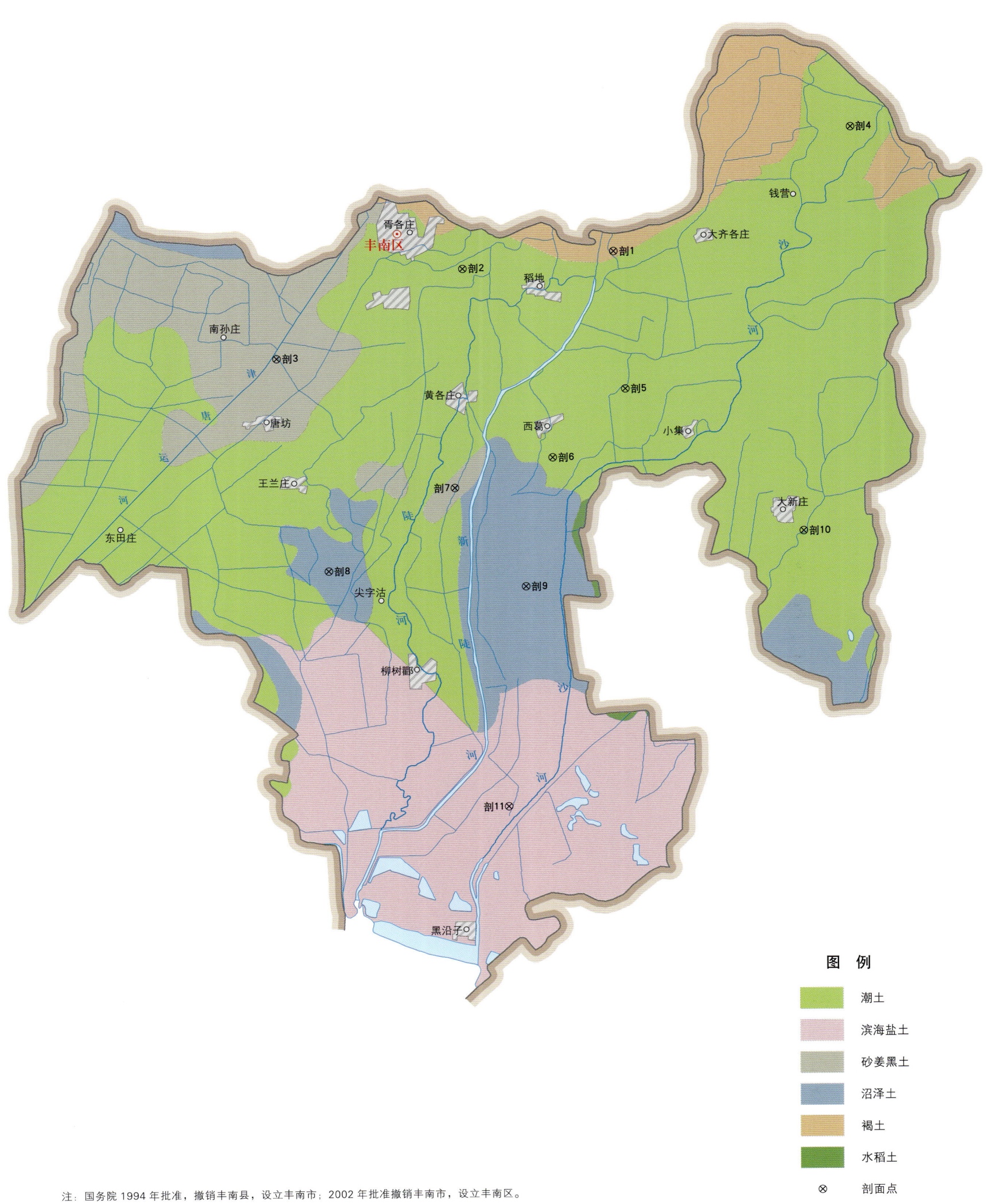

注：国务院1994年批准，撤销丰南县，设立丰南市；2002年批准撤销丰南市，设立丰南区。

图　例
- 潮土
- 滨海盐土
- 砂姜黑土
- 沼泽土
- 褐土
- 水稻土
- ⊗ 剖面点

丰南区土壤剖面理化性状表

剖面号 Soil profile	土纲 Soil order	土类 Soil great group	亚类 Soil subgroup	土属 Soil genus	土种 Soil species	土层码 Layer code	土层厚度 Depth/cm	颜色 Soil color	质地 Soil texture	土壤结构 Soil structure	pH	有机质 OM/(g/kg)	全氮 TN/(g/kg)	全磷 TP/(g/kg)	全钾 TK/(g/kg)	碱解氮 AN/(mg/kg)	有效磷 AP/(mg/kg)	速效钾 AK/(mg/kg)	阳离子交换量CEC/(cmol/kg)	土壤母质 Parent material	剖面点坐标 Profile coordinate	匹配指数 Matching index/%
剖1	半淋溶土	褐土	潮褐土	壤质冲积潮褐土	砂壤质潮褐土	1	0—24	灰褐色	砂壤土	小碎块状	6.4	5.0	0.39			24	4.0	48	5.7		E 118°13′52.4″ N 39°33′14.7″	88
						2	24—37	红褐色	砂壤土	小碎块状	7.3	1.8				10	3.5	32	8.2			
						3	37—58	浅黄褐色	轻壤土	碎块状	7.0	2.2				14	4.0	48	8.0			
						4	58—80	浅黄棕色	轻壤土	碎块状	6.9	2.2				10	5.0	40	5.1			
						5	80—120	浅黄棕色	轻壤土	碎块状	7.4	2.1				10	4.5	84	4.0			
剖2	半水成土	潮土	潮土	壤质潮土	砂壤质潮土	1	0—20	浅灰棕色	砂壤土	粒状	8.0	9.1		0.25	19.6	25	8.3	68	8.0		E 118°08′16.0″ N 39°32′47.1″	94
						2	20—40	黄棕色	砂壤土	粒状	8.2	3.4	0.26	0.16	20.1	14	4.0	40	8.3			
						3	40—90	黄白色	砂土	无明显结构	8.6	4.7		0.25	20.3	14	4.0	65	8.4			
						4	90—120	灰白棕色	轻壤土	小碎块状	8.3	3.9		0.24	19.9	13	8.0	62	9.7			
剖3	半水成土	砂姜黑土	盐化砂姜黑土	氯化物盐化砂姜黑土	轻盐点姜土	1	0—22	浅灰棕色	壤质黏土	碎块状	8.0	18.7	1.15	0.63	17.7		9.0	478	14.1	洪积物、冲积物	E 118°01′19.9″ N 39°30′12.6″	74
						2	22—50	暗黄棕色	黏土	块状	7.9	13.5	0.88	0.65	17.4		4.0	296	16.6			
						3	50—75	黄灰色	黏土	碎块状	7.8	7.6	0.57	0.57	18.5		6.0	240	16.0			
						4	75—105	黄灰色	砂土	块状	7.9	5.6	0.45	0.68	19.3		15.0	296	12.9			
剖4	半水成土	潮土	潮土	砂质潮土	砂质潮土	1	0—25	浅灰结节	砂土	无明显结构	8.3	1.7	0.06	0.07	21.5	19	3.5	36	5.7		E 118°22′43.6″ N 39°36′49.6″	85
						2	25—55	黄灰色	砂土	无明显结构	8.3	1.5		0.06	20.5	25	3.5	36	6.0			
						3	55—67	黄灰白色	砂土	无明显结构	8.1	0.2		0.04	22.5	10	3.0	20	3.6			
						4	67—110	黄黄棕色	砂土	无明显结构	8.1			0.03	20.1	5	2.0	20	4.8			
剖5	半水成土	潮土	潮土	壤质潮土	滨河细砂潮土	1	0—20	浅灰棕色	砂壤土	单粒状	8.0	9.1	0.58	0.25	16.3		9.0	68	9.1	河流洪积物、冲积物	E 118°14′13.9″ N 39°29′11.8″	71
						2	20—40	黄棕色	砂壤土	单粒状	8.2	3.4	0.26	0.16	16.8		8.0	40	8.3			
						3	40—90	灰黄色	砂壤土	单粒状	8.6	4.7	0.25	0.25	16.9		9.0	65	9.4			
						4	90—120	灰黄棕色	壤土	碎块状	8.3	3.9	0.24	0.24	16.6		10.0	62	9.7			
剖6	半水成土	潮土	潮土	壤质潮土	砂姜砂壤质潮土	1	0—17	灰黄棕色	砂壤土	小碎块状	8.5	7.2	0.31	0.26	21.2	46	11.0	84	7.4		E 118°11′30.1″ N 39°27′11.5″	82
						2	17—43	浅灰棕色	砂壤土	小碎块状	8.7	3.6		0.14	18.4	31	4.5	44	12.8			
						3	43—71	暗黄棕色	砂壤土	小碎块状	8.7	4.6		0.22	16.5	29	2.5	44	19.9			
						4	71—90	灰白棕色	砂壤土	碎块状	8.7	5.2		0.53	17.1	27	2.5	56	20.5			
						5	90—120	黄灰棕色	砂壤土	块状	8.6	3.2		0.19	20.0	31	2.0	56	19.6			
剖7	半水成土	砂姜黑土	盐化砂姜黑土	氯化物盐化砂姜黑土	中壤姜土	1	0—22	暗黄棕	壤质黏土	碎块状	8.0	21.8	1.32	0.22	12.4		5.0	324	13.3		E 118°07′52.0″ N 39°26′19.7″	70
						2	22—45	黑色	黏土	碎块状	8.1	18.7	1.13	0.31	13.4	68	4.0	240	13.1			
						3	45—70	黄黄棕色	黏土	碎块状	9.1	10.3	0.70	0.53	13.6	6	4.0	276	11.7			
						4	70—95	浅灰棕色	黏土	块状	8.2	9.9	0.65	0.06	19.2	29	6.0	372	13.9			
						5	95—120	浅灰色	黏土	块状	8.0	10.1	0.70	0.01	20.7	31	7.0	376	15.1			
剖8	水成土	沼泽土	草甸沼泽土	黏质沉积草甸沼泽土	黏质草甸沼泽土	1	0—15	暗灰黑	黏土	碎块状		21.4	1.13		19.9		12.0	464	18.3		E 118°03′09.4″ N 39°23′55.7″	94
						2	15—35	灰黑色	黏土	碎块状	8.7	20.7	0.73	0.60	21.0	68	8.0	370	17.2			
						3	35—60	暗黄棕	黏土	小碎块状	8.7	8.3		0.55	22.7	23	14.0	556	13.9			
剖9	水成土	沼泽土	沼泽土	黏质沉积沼泽土	黏质沼泽土	1	0—17	灰灰棕色	黏土	碎块状	8.7	12.7		0.60	22.8	35	22.0	698	21.7		E 118°10′26.8″ N 39°23′24.4″	86
						2	17—34	灰白棕色	黏土	碎块状	8.7	12.8		0.55	25.3	20	12.0	800	23.2			
						3	34—65	灰灰棕色	黏土	碎块状	8.0	9.1		0.51	23.4	34	11.5	736	22.8			
剖10	半水成土	潮土	潮土	壤质潮土	中壤质潮土	1	0—20	浅灰棕色	中壤土	团粒状	8.0	15.6	0.62	0.53	17.1	41	4.0	112	19.8		E 118°20′44.5″ N 39°24′55.1″	70
						2	20—35	灰灰棕色	中壤土	碎块状	8.1	9.6		0.46	15.9	29	2.5	140	21.3			
						3	35—78	黑灰棕色	黏土	碎块状	8.2	11.3		0.36	14.7		3.0	184	23.3			
						4	78—120	黄灰棕色	黏土	棱块状	8.3	5.4		0.33	16.0	14	2.5	152	20.3			

续表 Continued

剖面号 Soil profile	土纲 Soil order	土类 Soil great group	亚类 Soil subgroup	土属 Soil genus	土种 Soil species	土层码 Layer code	土层厚度 Depth/cm	颜色 Soil color	质地 Soil texture	土壤结构 Soil structure	pH	有机质 OM/(g/kg)	全氮 TN/(g/kg)	全磷 TP/(g/kg)	全钾 TK/(g/kg)	碱解氮 AN/(mg/kg)	有效磷 AP/(mg/kg)	速效钾 AK/(mg/kg)	阳离子交换量CEC/(cmol/kg)	土壤母质 Parent material	剖面点坐标 Profile coordinate	匹配指数 Matching index/%
剖11	盐碱土	滨海盐土	滨海盐土	海相淤泥滨海盐土	黏质滨海盐土	1	0—52	灰棕色	黏土	片状	7.7	7.7	0.39			14	13.5	732			E 118°09′41.3″ N 39°16′54.5″	94
						2	52—69	黄灰棕色	黏土	碎块状	8.1	5.8				5	12.5	718				
						3	69—120	浅灰棕色	黏土	碎块状	8.1	5.9				10	13.0	718				

丰 润 区

主要土类说明

褐土是丰润区主要土壤类型，占本区地域面积的 61%。褐土是在暖温带半湿润区发育形成的具有黏化与钙质淋移淀积特征的土壤。成土母质为富含石灰的残积物、坡积物和洪积物、冲积物，盐基饱和，处于硅铝风化阶段，有明显的淀积黏化层。在其 A–B–C 剖面构型中，B 层呈棕褐色，B 层下部有假菌丝状钙积层。本区褐土类可分为褐土性土、淋溶褐土和草甸褐土等亚类。褐土性土亚类分布在低山上部，具有稳定的地带性土壤发育条件和褐土的初期发育特征。淋溶褐土亚类分布在低山丘陵和山间平地。此区所处地势较高，排水良好，水质良好，pH 为 6.5—7.0，土层深厚，颜色为褐色，底层质地较重，保水保肥性能好。草甸褐土亚类主要分布于淋溶褐土以南的山前平原和冲积平原的高平地上，由于地势相对较低，受地下水的影响，底土有潜育现象，如有锈色斑纹、铁锰结核和砂姜等。

潮土是丰润区第二大土壤类型，占本区地域面积的 17%，分布在洪积扇以下与草甸褐土接壤的西南部广大冲积低平原地带。成土母质为还乡河、黑龙河、泥河和玉田县境内的蓟运河冲积物。土壤质地较细，地下水位在 1.5—4m，排水不畅，地下水直接参与成土过程，土壤地下水位的变化幅度随气候变化、干湿季节交替而异，当夏季雨季来临，降水增多，促进土壤中的一些物质的溶解、移动和积聚，特别是铁锰还原作用增强；当冬春季节时，降水少，水位下降，土壤毛管水减少，使土壤中的物质处于氧化状态，而在剖面中下部积结或孔隙壁形成锈色斑纹，有时还可见到大小不一的铁锰结核。

砂姜黑土是丰润区第三大土壤类型，占本区地域面积的 12%，主要分布于韩城镇南部和新军屯镇西南部，包括任各庄、欢喜庄、小张各庄、李钊庄、刘宗铺等乡镇村庄的低平原洼地地段。地下水埋深为 0.5—1.5m，多长喜湿作物，如芦苇、蒲草、三棱草等。其成土质地为黏质冲积物，土色发暗，质地黏重，通透性不良，耕性差，心土层以下往往出现灰蓝色的潜育层次，其上或其中有程度不同的砂姜存在。由于质地黏重，地下水位较高，土壤含水量大，有利于土壤腐殖化过程而不利矿化过程的进行，故有机质累积较多。

粗骨土占丰润区地域面积的 6%。由于受地形和植被的影响，坡度陡，自然植被稀少。土壤侵蚀强烈，发育处于幼年阶段，粗骨性强，土体中夹杂大量半风化的岩石碎块，土层薄，剖面结构简单，层次不明显，表土和心土、底土常混杂在一起。土壤养分贫乏，保水保肥及供肥性能极差。

小于本区地域面积 3% 的土壤类型还有沼泽土、石质土和风沙土等。

本区域中心区气候特征

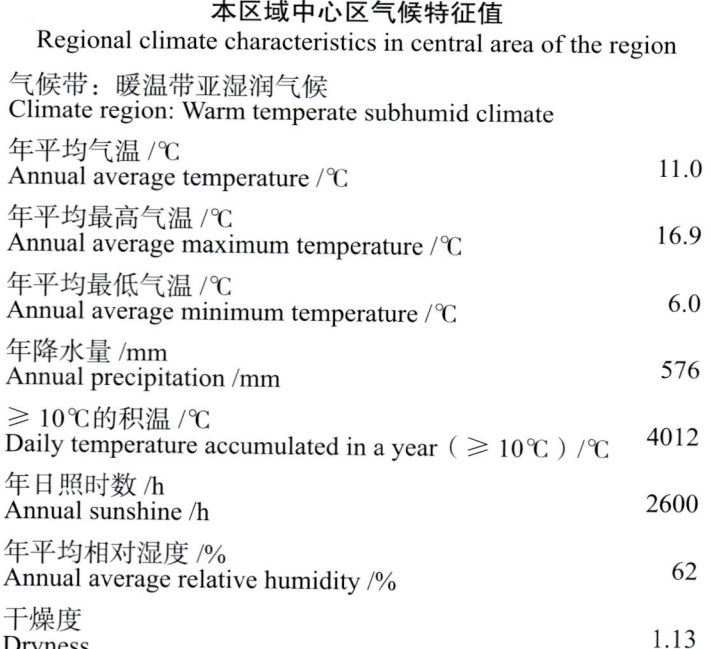

本区域中心区气候特征值
Regional climate characteristics in central area of the region

气候带：暖温带亚湿润气候 Climate region: Warm temperate subhumid climate	
年平均气温 /℃ Annual average temperature /℃	11.0
年平均最高气温 /℃ Annual average maximum temperature /℃	16.9
年平均最低气温 /℃ Annual average minimum temperature /℃	6.0
年降水量 /mm Annual precipitation /mm	576
≥10℃的积温 /℃ Daily temperature accumulated in a year（≥10℃）/℃	4012
年日照时数 /h Annual sunshine /h	2600
年平均相对湿度 /% Annual average relative humidity /%	62
干燥度 Dryness	1.13

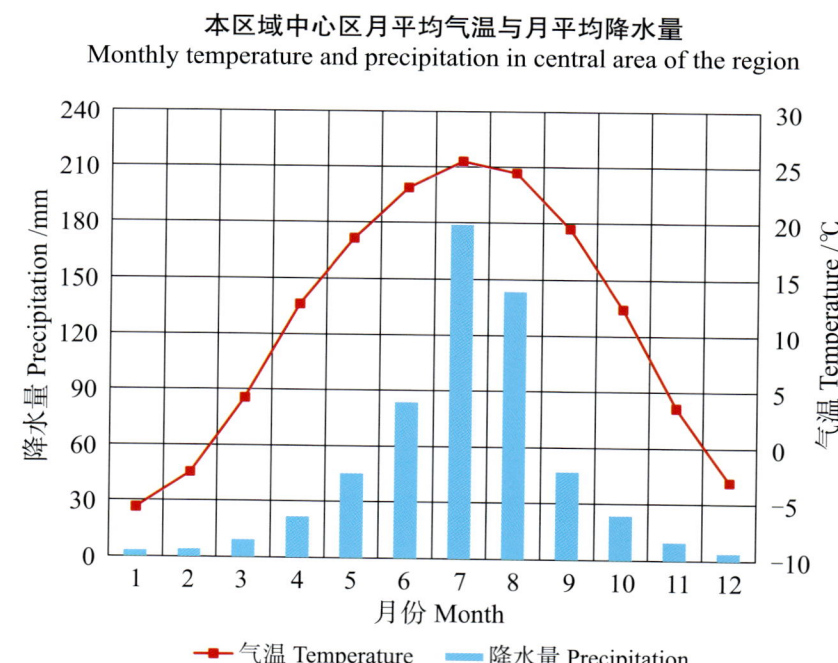

本区域中心区月平均气温与月平均降水量
Monthly temperature and precipitation in central area of the region

丰润县主要土壤类型与土壤剖面点分布图
1∶230 000

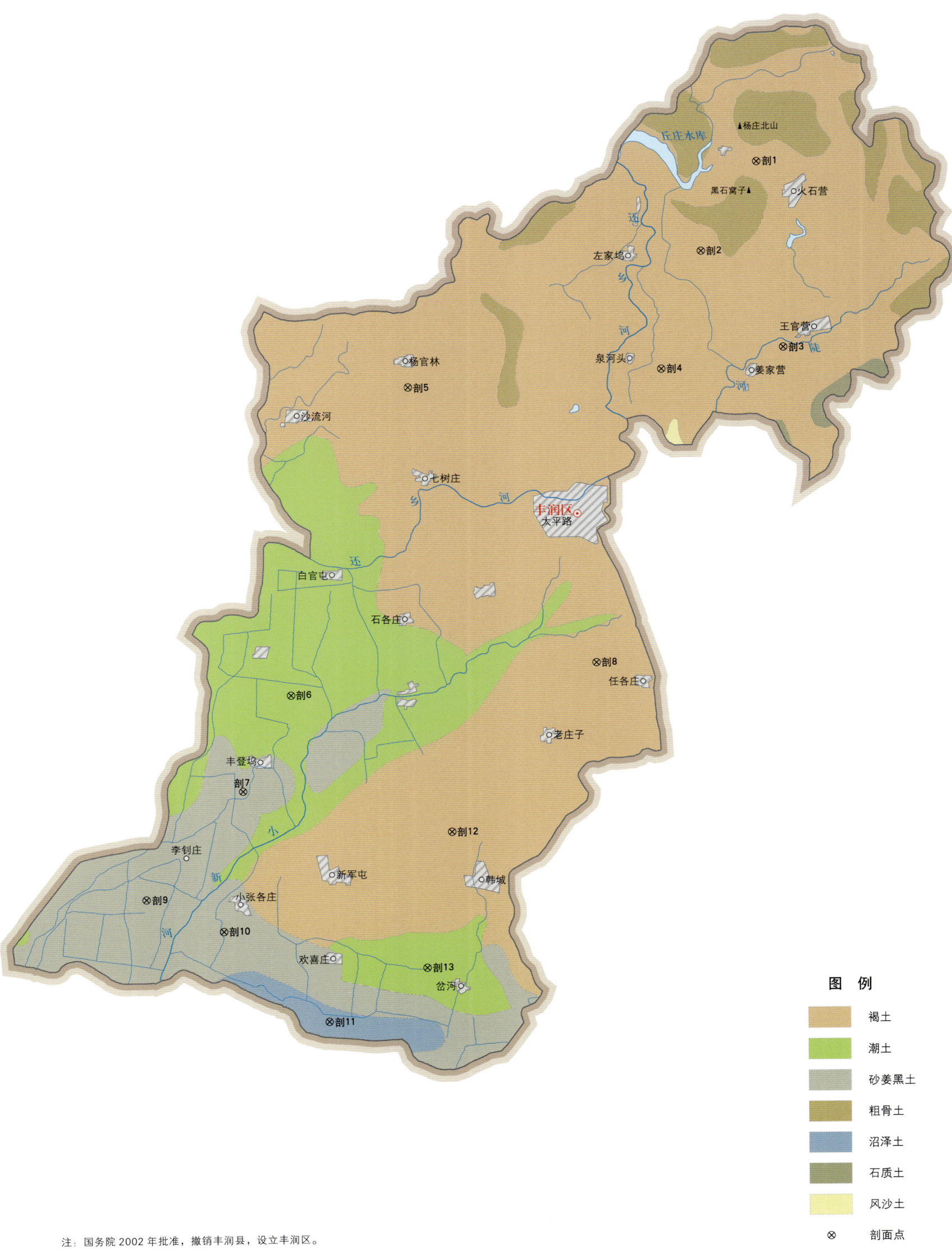

注：国务院2002年批准，撤销丰润县，设立丰润区。

丰润区土壤剖面理化性状表

剖面号 Soil profile	土纲 Soil order	土类 Soil great group	亚类 Soil subgroup	土属 Soil genus	土种 Soil species	土层码 Layer code	土层厚度 Depth/cm	颜色 Soil color	质地 Soil texture	土壤结构 Soil structure	pH	有机质 OM/(g/kg)	全氮 TN/(g/kg)	全磷 TP/(g/kg)	全钾 TK/(g/kg)	碱解氮 AN/(mg/kg)	有效磷 AP/(mg/kg)	速效钾 AK/(mg/kg)	阳离子交换量CEC/(cmol/kg)	土壤母质 Parent material	剖面点坐标 Profile coordinate	匹配指数 Matching index/%
剖1	半淋溶土	褐土	潮褐土	壤质冲积潮褐土	轻壤质潮褐土	1	0—28	灰褐色	轻壤土	碎块状	7.4	12.0	0.79	0.26	18.6	67	4.3	79	14.6		E 118°13′53.8″ N 39°59′53.1″	83
						2	28—59	深褐褐色	砂壤土	碎块状	7.5	7.6		0.16	16.0				11.6			
						3	59—89	灰黄褐色	砂壤土	碎块状	7.6	3.7		0.12	19.3				15.5			
						4	89—120	灰黄褐色	砂黄褐土	碎块状	7.4	2.0		0.11	21.1				13.2			
剖2	半淋溶土	褐土	淋溶褐土	坡积洪积淋溶褐土	少砾质中壤质淋溶褐土	1	0—23	黄褐色	中壤土	碎块状	7.9	13.2	0.62	0.28	22.3	608	7.5	112	16.9		E 118°11′43.8″ N 39°57′12.3″	74
						2	23—120	褐棕色	重壤土	块状	6.9	5.3							21.4			
剖3	半淋溶土	褐土	潮褐土	冲洪积潮褐土	中壤质潮褐土	1	0—23	灰褐色	中壤土	碎块状	7.7	6.8	0.63	0.29	22.3	53	7.4	65	16.1		E 118°14′48.0″ N 39°54′15.8″	71
						2	23—42	黄褐色	中壤土	片状	7.7	2.9		0.25	21.6				15.4			
						3	42—108	黄褐色	轻壤土	碎块状	7.8	2.3							15.8			
						4	108—120	褐色	轻壤土	粒状	7.8	3.1		0.43	21.9				11.4			
剖4	半淋溶土	褐土	淋溶褐土	冲洪积淋溶褐土	轻壤质淋溶褐土	1	0—20	灰褐色	砂壤土	碎块状	7.7	10.9	0.75	0.36	23.9	67	5.7	74	13.5		E 118°10′09.1″ N 39°53′40.2″	90
						2	20—53	黄灰褐色	轻壤土	碎块状	7.5	5.9		0.30	23.4				11.6			
						3	53—70	黄褐色	轻壤土	块状	7.5	6.9		0.36	15.0				14.0			
						4	70—97	黄褐色	中壤土	块状	7.8	13.9		0.46					15.4			
						5	97—120	浅灰黄褐色	中壤土	块状	7.8	4.3		0.42	16.3				14.9			
剖5	半淋溶土	褐土	潮褐土	冲洪积潮褐土	中壤质潮褐土	1	0—20	灰黄褐色	中壤土	碎块状	7.1	11.7	0.70	0.27	21.0	91	2.8	107	16.7		E 118°00′30.6″ N 39°53′13.6″	80
						2	20—83	黄褐色	重壤土	块状	6.9	8.7		0.26	16.3				17.1			
						3	83—120	棕色	中壤土	碎块状	7.0	10.8			13.8				19.2			
剖6	半水成土	潮土	潮土	淤积冲积潮土	砂壤质中壤质潮土	1	0—25	灰褐色	中壤土	碎块状	8.1	19.2	1.13	0.50	19.6	74	3.2	148	24.2		E 117°55′53.1″ N 39°43′58.9″	92
						2	25—30	灰黄褐色	中壤土	片状	8.1	18.8		0.51					25.7			
						3	30—50	灰黑褐色	中壤土	碎块状	8.1	19.6		0.53					33.7			
						4	50—103	灰黄褐色	中壤土	碎块状	8.2	7.4		0.52	21.3				24.5			
						5	103—120	浅灰褐色	粉砂土	碎块状	8.1	6.7		0.44					2.9			
剖7	半水成土	砂姜黑土	砂姜黑土	壤质砂姜黑土	腰姜土	A_{11}	0—16	浅灰棕色	黏壤土	碎块结构	7.8	20.7	1.34	0.53	16.6		6.0	137	25.0	河流冲积物	E 117°54′00.7″ N 39°41′06.4″	95
						A_{12}	16—20	灰棕色	黏壤土	片状	8.0	17.4	0.86	0.51	16.3		5.0	100	27.8			
						AC	20—40	浅灰黑褐色	黏壤土	块状	7.8	15.1	0.70	0.33	14.6		5.0	102	27.4			
						Ck	40—100	棕黄色	黏壤土	块状	8.0	2.7	0.13	0.20	16.0		5.0	101	14.7			
剖8	半淋溶土	褐土	潮褐土	砂质冲积潮土	砂壤质潮褐土	1	0—20	灰褐色	砂壤土	无明显结构	7.4	8.8	0.35	0.17	18.8	52	4.3	71	10.1		E 118°07′30.1″ N 39°44′50.6″	74
						2	20—25	灰褐色	砂土	片状	7.3	8.1		0.14	16.8				11.0			
						3	25—87	黄灰棕色	砂土	无明显结构	7.2	2.0		0.10	22.2				10.4			
						4	87—115	棕褐色	细砂土	无明显结构	6.5	0.7		0.08	22.5				5.6			
						5	115—120	黄褐色	砂壤土	无明显结构	6.5	1.2		0.09	24.3				12.1			
剖9	半水成土	砂姜黑土	砂姜黑土	黏质砂姜黑土	黏壤底姜土	1	0—30	浅黑褐色	黏土	碎块状	7.7	18.7	0.64	0.40	14.5		2.0	217	25.0		E 117°50′16.7″ N 39°37′52.4″	100
						2	30—65	黑褐色	黏土	块状	7.6	22.8	0.76	0.38	15.0		3.0	101	26.5			
						3	65—80	灰褐色	黏壤土	块状	7.9	10.5	0.94	0.30	17.3		2.0	100	28.0			
						4	80—120	灰棕褐色	黏壤土	碎块状	8.0	6.5	0.21	0.39	19.5		2.0	98	23.9			
剖10	半水成土	砂姜黑土	砂姜黑土	壤质砂姜黑土	紫壤底姜土	1	0—20	浅灰棕色	黏壤土	碎块状	8.2	13.5		0.42	14.0		3.0	118	25.4		E 117°53′11.9″ N 39°36′53.2″	87
						2	20—37	浅灰棕色	壤质黏土	块状	8.2	13.8		0.46	13.8		5.0	102	29.2			
						3	37—74	深灰棕色	壤质黏土	块状	8.3	17.3		0.46	15.3		5.0	101	24.3			
						4	74—112	棕色	黏壤土	碎块状	8.4	3.1		0.36	17.3		5.0	100	11.6			
						5	112—120	黄色	砂质壤土	粒状	8.5	3.6		0.33	20.8		5.0	97	3.3			

续表 Continued

剖面号 Soil profile	土纲 Soil order	土类 Soil great group	亚类 Soil subgroup	土属 Soil genus	土种 Soil species	土层码 Layer code	土层厚度 Depth/cm	颜色 Soil color	质地 Soil texture	土壤结构 Soil structure	pH	有机质 OM/(g/kg)	全氮 TN/(g/kg)	全磷 TP/(g/kg)	全钾 TK/(g/kg)	碱解氮 AN/(mg/kg)	有效磷 AP/(mg/kg)	速效钾 AK/(mg/kg)	阳离子交换量CEC/(cmol/kg)	土壤母质 Parent material	剖面点坐标 Profile coordinate	匹配指数 Matching index/%
剖11	水成土	沼泽土	沼泽土	冲积沉积沼泽土	杂砂姜黏土质沼泽土	1	0—26	暗灰色	黏土	块状	8.2	17.5	1.08	0.40	17.1	60	3.8	153	25.9		E 117°57′08.3″ N 39°34′08.8″	95
						2	26—53	灰黑色	黏土	块状	8.1	24.3		0.43	18.0				30.3			
						3	53—97	灰黄色	黏土	棱块状	8.1	11.1		0.34	20.0				28.6			
						4	97—120	灰黄色	黏土	棱块状	8.1	7.8		0.43					23.6			
剖12	半淋溶土	褐土	潮褐土	壤质冲积潮褐土	底杂砂姜中壤质潮褐土	1	0—22	灰褐色	中壤土	碎块状	7.9	13.4	0.82	0.34	14.5	70	8.0	87	16.5		E 118°01′54.8″ N 39°39′47.5″	88
						2	22—30	灰褐色	中壤土	片状	7.9	11.7		0.31	15.7				16.2			
						3	30—56	灰褐色	中壤土	碎块状	7.9	8.3		1.90	18.7				19.0			
						4	56—93	黄褐色	中壤土	碎块状	7.8	3.4		0.26					16.9			
						5	93—120	黄白色	中壤土	碎块状	8.0	1.8		0.16	17.2				26.1			
剖13	半水成土	潮土	潮土	淤积冲积潮土	中壤质潮土	1	0—24	暗灰褐色	中壤土	块状	8.5	14.2	0.82	0.36		83	2.8	105	21.5		E 118°00′53.3″ N 39°35′42.0″	71
						2	24—50	暗灰褐色	中壤土	碎块状	7.6	15.5		0.34					28.9			
						3	50—77	深灰褐色	重壤土	棱块状	7.8	12.7		0.34	11.6				30.4			
						4	77—120	灰褐色	重壤土	块状	7.8	7.7		0.32	14.6				24.6			

曹妃甸区

主要土类说明

水稻土是曹妃甸区主要土壤类型，占本区地域面积的38%，主要分布在滨海平原区、北部古潟湖沉积平原区和南部滨海三角洲平原区。地下水埋深一般为0.8—1.3m，旱季可降到1.1—1.7m。冲积平原区近年来也发展水稻。本区水稻土剖面的发育还不是很典型，一些变化较慢的过程，如黏粒淀积、钙的淋溶、铁锰的移动和积聚都进行较慢，原始土壤的剖面性状还保留着。本区水稻土可分成淹育水稻土和盐渍水稻土等亚类。

滨海盐土是曹妃甸区第二大土壤类型，占本区地域面积的29%，分布在滨海平原区，凡未开垦的荒地都属于盐土类，土体平均含盐量大于0.8%，最高达3.6%。本区滨海盐土分为滨海盐土、滨海草甸盐土、滨海沼泽草甸盐土等亚类。滨海盐土亚类分布在离海较近、地形较低的地带，呈光板状态或生长极稀疏的黄须，土体含盐量为2.55%—3.66%，地下水矿化度为98.5—108.9g/L，地下水埋深为0.8—1.7m。滨海草甸盐土亚类分布在滨海平原中的微高地带或人工围埝蓄水养草的地块，生长着以黄须、马绊草为主的盐生植物群落，土体含盐量为1.40%—1.75%，地下水矿化度为50—64g/L，地下水埋深为0.5—1.4m。滨海沼泽草甸盐土亚类分布在滨海平原中的低洼积水地或人工蓄水地块，生长着芦苇、三棱草和蒲草等湿生植物，土壤常年或季节性积水，土体含盐量为0.80%—1.37%，地下水矿化度为3—44g/L。

潮土是曹妃甸区第三大土壤类型，占本区地域面积的21%。潮土是直接发育在河流沉积物上，受地下水影响，经耕种熟化而成的旱耕土壤。成土物质颗粒的粗细不仅在平面分布上有分选差异，在同一剖面中也可能有不同的质地层次排列，有的还有不同程度的积盐现象。本区地貌可划分为冲积平原和滨海平原，母质均属河流沉积物，海拔最高只有10m左右，地下水埋深为0.8—5m。本区潮土分为潮土、褐潮土、盐化潮土、盐化湿潮土等亚类。潮土亚类分布在海拔4—6m的冲积平原和滨海平原的高地块上，地下水埋深为1.5—3m，土体无盐化现象。褐潮土亚类分布在海拔6m以上，地下水埋深在2—5m的少量沙丘上。钙质有轻度淋溶，表层无石灰反应，或心土有轻微的石灰菌丝出现，土色发鲜，是潮土与褐土的过渡类型。盐化潮土亚类分布于冲积平原中的小型洼地和滨海平原的一般地块上，海拔在3.5—4.5m，冲积平原中的封闭洼地因有临时积水现象，盐分随水汇积，并蒸发浓缩，致使土壤盐分稍高，滨海平原的地块由于地下水较浅，地下水矿化度本来较高，造成土壤盐化。盐化潮土地下水埋深一般为1—1.5m，地下水矿化度为3—15g/L，耕层含盐量为0.10%—0.23%，土体含盐量为0.11%—0.22%。盐化湿潮土亚类分布于滨海平原有盐化威胁的新改水田和新垦水田，地下水埋深为0.7—1.4m，耕层含盐量为0.11%—0.37%，土体含盐量为0.11%—1.10%。

小于本区地域面积3%的土壤类型还有沼泽土等。

本区域中心区气候特征

本区域中心区气候特征值
Regional climate characteristics in central area of the region

气候带：暖温带亚湿润气候 Climate region: Warm temperate subhumid climate	
年平均气温 /℃ Annual average temperature /℃	11.1
年平均最高气温 /℃ Annual average maximum temperature /℃	16.9
年平均最低气温 /℃ Annual average minimum temperature /℃	6.2
年降水量 /mm Annual precipitation /mm	591
≥10℃的积温 /℃ Daily temperature accumulated in a year（≥10℃）/℃	4070
年日照时数 /h Annual sunshine /h	2572
年平均相对湿度 /% Annual average relative humidity /%	66
干燥度 Dryness	1.12

本区域中心区月平均气温与月平均降水量
Monthly temperature and precipitation in central area of the region

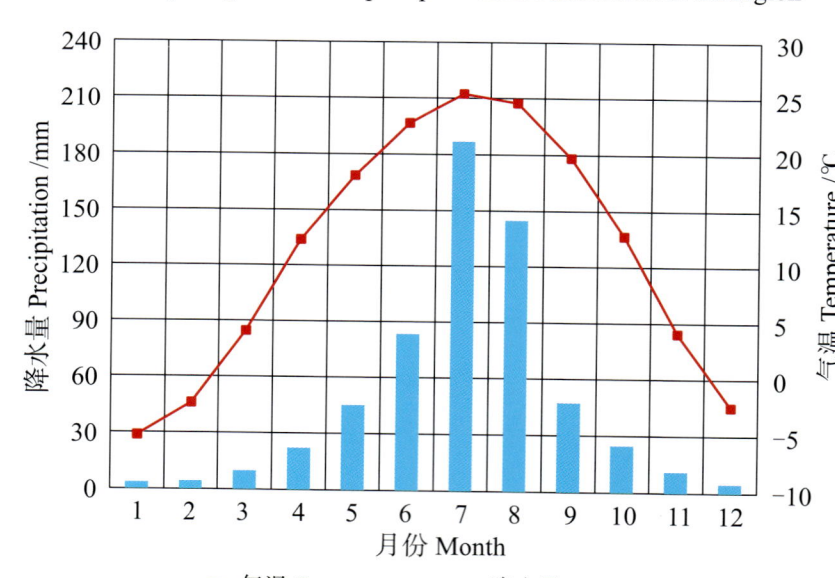

唐海县主要土壤类型与土壤剖面点分布图
1:200 000

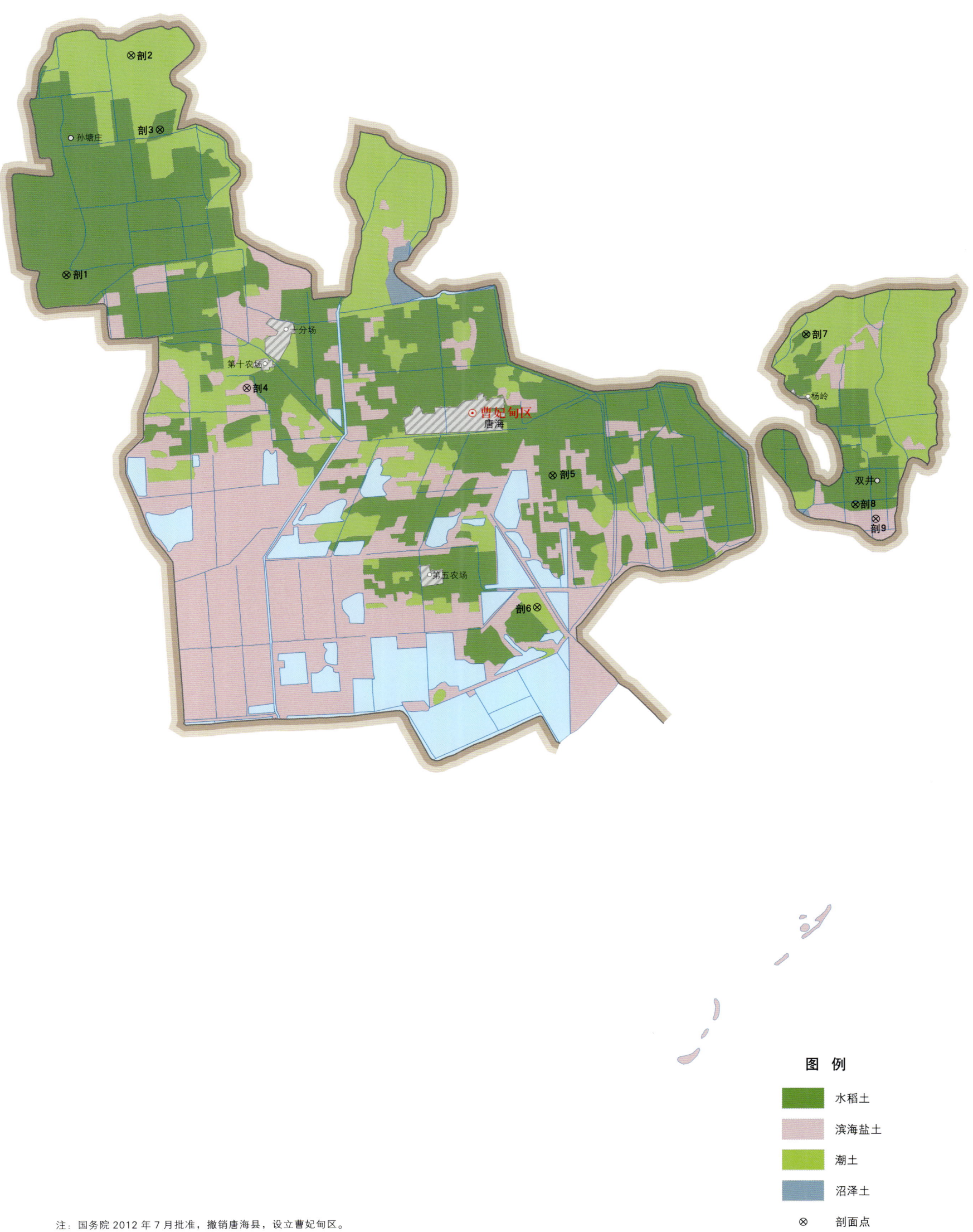

注：国务院2012年7月批准，撤销唐海县，设立曹妃甸区。

曹妃甸区土壤剖面理化性状表

剖面号 Soil profile	土纲 Soil order	土类 Soil great group	亚类 Soil subgroup	土属 Soil genus	土种 Soil species	土层码 Layer code	土层厚度 Depth/cm	颜色 Soil color	质地 Soil texture	土壤结构 Soil structure	pH	有机质 OM/(g/kg)	全氮 TN/(g/kg)	全磷 TP/(g/kg)	全钾 TK/(g/kg)	有效磷 AP/(mg/kg)	速效钾 AK/(mg/kg)	阳离子交换量CEC/(cmol/kg)	土壤母质 Parent material	剖面点坐标 Profile coordinate	匹配指数 Matching index/%
剖1	人为土	水稻土	盐渍水稻土	盐渍水稻土	黏盐渍田	1	0—20	暗灰棕色	壤质黏土	屑粒状	7.7	12.8	0.92	0.47	21.6	12.0	515	16.1	砂质风积物	E 118°13′35.4″ N 39°20′26.9″	91
						2	20—29	灰棕色	壤质黏土	块状	8.3	11.5	0.82	0.47	21.9	13.0	196	33.2			
						3	29—52	灰棕色	壤质黏土	小棱块状	8.2	5.3	0.47	0.51	22.1	18.0	247	13.2			
						4	52—90	棕色	壤质黏土	小棱块状	8.1	5.8	0.45	0.58	22.3	18.0	350	9.7			
						5	90—110	棕灰棕色	黏壤土	块状、棱块状	8.2										
剖2	半水成土	潮土	潮土	壤质潮土	深河漏砂潮土	1	0—26	浅棕色	砂壤土	屑粒状	7.4	5.6	0.29	0.24	20.4	4.0	23	10.4	河流冲积物	E 118°15′48.0″ N 39°26′12.6″	92
						2	26—40	黄棕色	砂壤土	屑粒状	7.4	1.7	0.10	0.14	21.3	3.0	65	5.7			
						3	40—70	黄棕色	砂土	单粒状	7.5	0.5	0.08	0.40	24.0	4.0	26	2.2			
						4	70—100	暗灰棕色	粉砂质黏壤土	棱粒状	7.3	8.1	0.50	0.50		20.0	86	24.8			
剖3	人为土	水稻土	淹育水稻土	壤质冲积淹育水稻土		1	0—15	灰棕色	轻壤土	无明显结构	7.5	12.0	0.70	0.30	23.9	6.5	15	11.5		E 118°16′43.7″ N 39°24′14.4″	92
						2	15—30	灰棕色	轻壤土	无明显结构	7.5	7.7	0.40	0.29	21.3	5.2	36	9.4			
						3	30—60	棕色	中壤土	碎粒状	7.5	4.8	0.35	0.26	21.0	5.3	37	7.8			
						4	60—100	棕色	中壤土	碎粒状	7.5	3.5	0.10	0.35	18.2	3.6	81	15.1			
						5	100—150	浅棕色	中壤土	碎状	7.3			0.25	19.4	2.1	65				
剖4	盐碱土	滨海盐土	滨海盐土	壤质滨海盐土	重黏质滨海盐土	1	0—7	棕色	重壤土	片状	7.5	10.7	0.57		26.6	33.0	256	10.1		E 118°19′30.4″ N 39°17′24.7″	91
						2	7—50	棕色	重壤土	块状	7.8	3.4	0.10	0.60				9.5			
						3	50—100	浅棕色	重壤土	无明显结构	7.7										
						4	100—														
剖5	人为土	水稻土	盐渍水稻土	盐潮黏田	盐渍田	Aa	0—20	灰棕色	壤质黏土	屑粒状	7.7	12.8	0.92	0.47	21.6	12.0	515	16.1	海相沉积物	E 118°29′33.6″ N 39°15′00.0″	75
						Ap	20—29	灰棕色	壤质黏土	块状	8.3	11.5	0.82	0.47	21.9	13.0	196	13.2			
						Cz_1	29—52	灰棕色	壤质黏土	块状	8.2	5.3	0.47	0.51	22.1	18.0	247	9.7			
						Cz_2	52—90	棕色	壤质黏土	块状	8.1	5.8	0.45	0.58	22.3	18.0	350				
剖6	半水成土	潮土	湿潮土	盐化湿潮土	氯化物中壤质重盐化湿潮土	1	0—23	浅灰棕色	中壤土	微块状	7.5	8.9	0.61	0.55	15.2	13.7	123	8.0		E 118°28′58.9″ N 39°11′31.4″	86
						2	23—33	灰棕色	中壤土	块状	8.1	3.4	0.24	0.53	10.4	13.4	131	8.6			
						3	33—74	灰棕色	中壤土	块状	7.9	2.6	0.18	0.18	10.6	18.7	191	8.1			
						4	74—120	灰棕色	中壤土	块状	7.7					17.1	360	8.7			
						5	120—160	灰棕色	中壤土	碎块状	7.4										
剖7	人为土	水稻土	潴育水稻土	壤性潴育水稻土	青泥田	1	0—15	灰棕色	砂质黏壤土	碎块状	7.5	12.0	0.70	0.30	10.5	7.0	25	11.5		E 118°38′00.6″ N 39°18′37.4″	97
						2	15—30	棕色	砂质黏壤土	碎粒状	7.5	7.7	0.40	0.29	14.1	6.0	56	9.4			
						3	30—60	棕色	砂质黏壤土	碎粒状	7.7	4.8	0.35	0.26	14.1	5.0	57	7.8			
						4	60—100	棕色	砂质黏壤土	碎粒状	7.7	3.5	0.10	0.35	15.8	4.0	101	15.0			
剖8	人为土	水稻土	盐渍水稻土	盐渍水稻土	漏砂盐渍田	1	0—20	灰棕色	黏壤土	碎块状	7.7	10.6	0.60	0.40	16.8	5.0	92	10.2		E 118°39′32.2″ N 39°14′06.4″	70
						2	20—50	黄棕色	砂土	单粒状	7.4	3.5	0.20	0.20	26.9	2.0	146	6.4			
						3	50—100	黄棕色	砂土	单粒状	7.3	1.7	0.09	0.13	22.7	2.0	125	5.6			
剖9	盐碱土	滨海盐土	滨海盐土	壤质滨海盐土	生草黏质滨海盐土	1	0—20	浅灰棕色	中壤土	块状	7.1	11.6	0.62	0.56	27.3	17.0	275	13.4		E 118°40′12.3″ N 39°13′43.0″	97
						2	20—70	棕色	中壤土	核状	7.0	8.5	0.30	0.56	26.4	21.0	120	9.7			
						3	70—100	浅棕色	中壤土	块状	7.0	1.9	0.13	0.58	23.4	23.0					

滦 南 县

主要土类说明

潮土是滦南县主要土壤类型，占本县地域面积的62%，多见于近代河流冲积平原或低平阶地，地下水位浅，潜水参与成土过程，底土氧化还原作用交替进行，形成锈色斑纹和小型铁子。在长期耕作条件下，表层有机质含量为10—15g/kg，剖面为 A_{11}-A_{12}-Cu 或 A_{11}-C-Cu 构型。

滨海盐土是滦南县第二大土壤类型，占本县地域面积的12%，分布于沿海一带，母质为滨海沉积物，全土体含有氯化物为主的可溶盐，呈 Az-Cz 土体构型。滨海盐土的土壤和地下水的盐分组成与海水基本一致，氯盐占绝对优势，其次为硫酸盐和重碳酸盐，盐分中以钠、钾离子为主，钙、镁次之。土壤含盐量为20—50g/kg，地下水矿化度为10—30g/L，土壤积盐强度随距海由近至远逐渐减弱。

褐土是滦南县第三大土壤类型，占本县地域面积的7%，主要分布在暖温带半湿润的山地和丘陵地区，燕山地区广有分布。其气候特点是冬干夏湿，高温与多雨季节一致。地势较低，地形平缓，地面排水较好，但内排水不佳，地下水位较高，一般为2—3m。由于褐土本身主要发育在石灰母质上，所以草甸褐土的冲积、洪积母质中亦含不等量的石灰。上层土壤一般具有有机质层和黏化层等。底土层因受地下水影响，有潜育现象，如锈色斑纹、铁锰结核及砂姜等。本县草甸褐土属于洪冲积扇的扇缘部分，与滦县、唐山市郊的草甸褐土相连，往南则与境内潮土相接，一般海拔25—30m，地势比较平缓，没有明显高低起伏之处，由于质地多属砂土或砂壤土，故有机质层不明显，有机质含量也不高。

水稻土占滦南县地域面积的4%。水稻土是在长期季节性淹灌、水下翻耕、季节性脱水、氧化还原交替影响下，原来成土母质或母土的特性发生重大改变形成的新的土壤类型。由于干湿交替，形成糊状淹育层、较坚实板结的犁底层、渗育层、潴育层与潜育层等多种发生层分异。这些不同发生层段是在人为耕作、水浆管理下形成的。

小于本县地域面积3%的土壤类型还有沼泽土等。

本区域中心区气候特征

本区域中心区气候特征值
Regional climate characteristics in central area of the region

气候带：暖温带亚湿润气候 Climate region: Warm temperate subhumid climate	
年平均气温 /℃ Annual average temperature /℃	10.9
年平均最高气温 /℃ Annual average maximum temperature /℃	16.7
年平均最低气温 /℃ Annual average minimum temperature /℃	5.9
年降水量 /mm Annual precipitation /mm	599
≥10℃的积温 /℃ Daily temperature accumulated in a year (≥10℃) /℃	3982
年日照时数 /h Annual sunshine /h	2582
年平均相对湿度 /% Annual average relative humidity /%	66
干燥度 Dryness	1.07

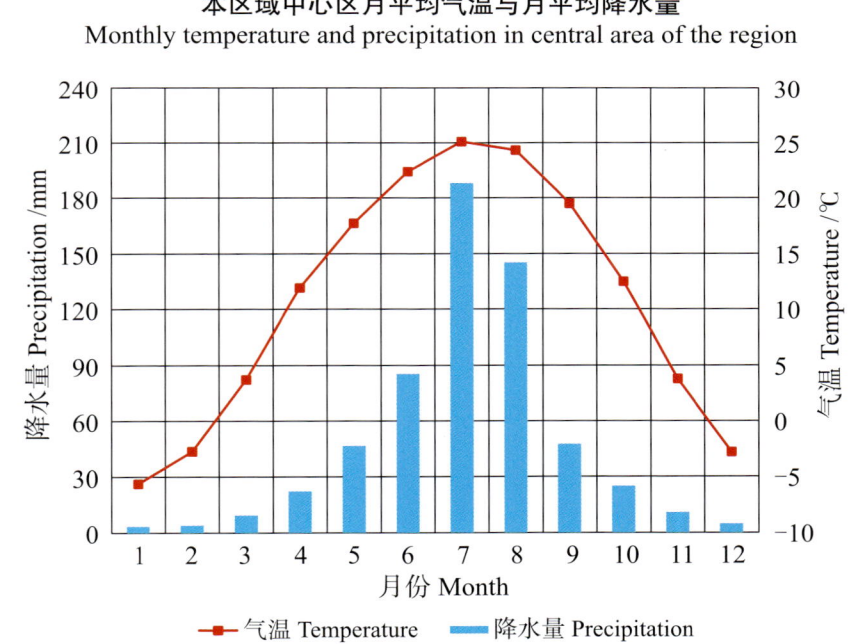

本区域中心区月平均气温与月平均降水量
Monthly temperature and precipitation in central area of the region

滦南县主要土壤类型与土壤剖面点分布图
1:280 000

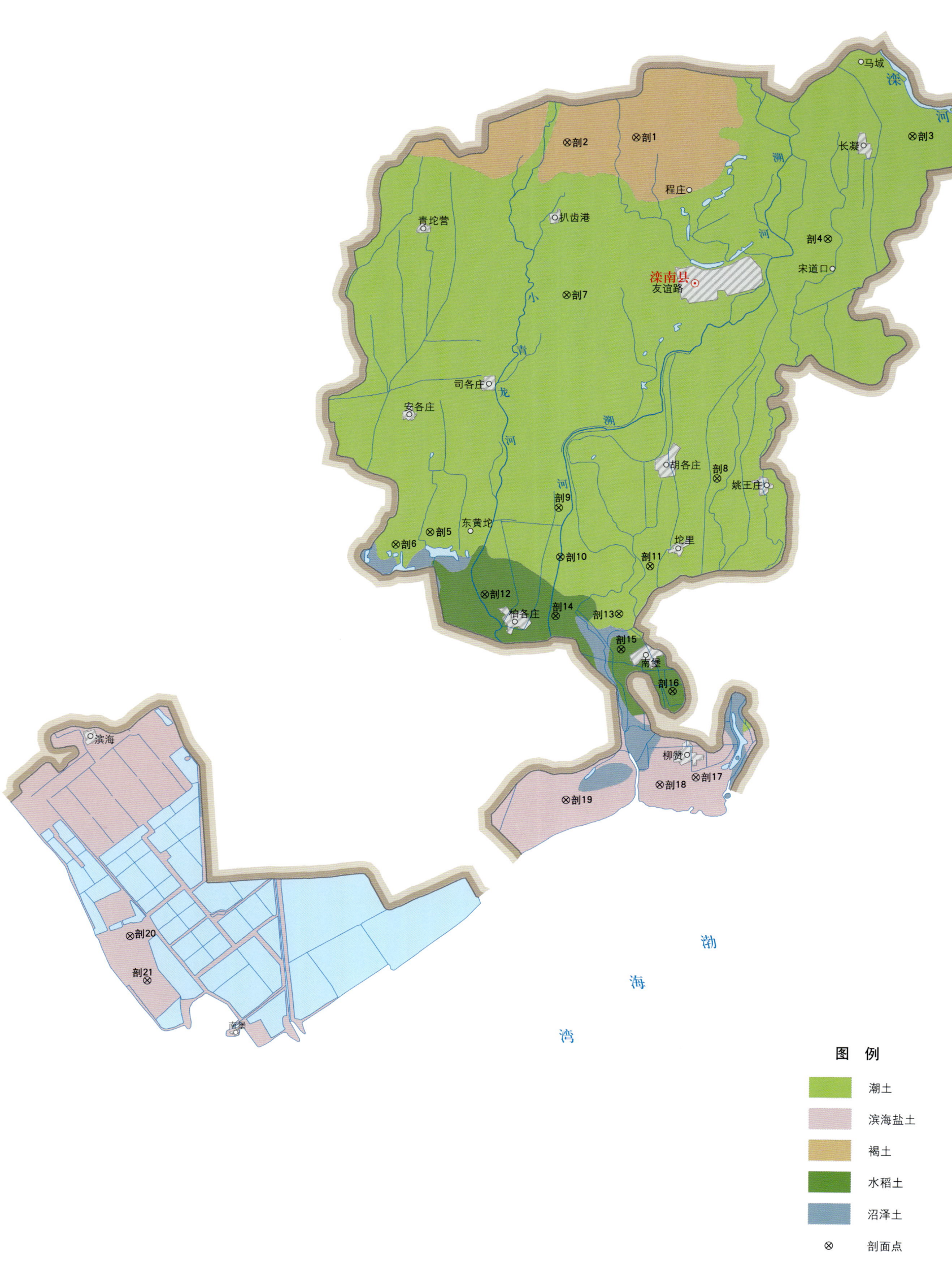

滦南县土壤剖面理化性状表

剖面号 Soil profile	土纲 Soil order	土类 Soil great group	亚类 Soil subgroup	土属 Soil genus	土种 Soil species	土层码 Layer code	土层厚度 Depth/cm	颜色 Soil color	质地 Soil texture	土壤结构 Soil structure	pH	有机质 OM/(g/kg)	全氮 TN/(g/kg)	全磷 TP/(g/kg)	全钾 TK/(g/kg)	碱解氮 AN/(mg/kg)	有效磷 AP/(mg/kg)	速效钾 AK/(mg/kg)	阳离子交换量CEC/(cmol/kg)	剖面点坐标 Profile coordinate	匹配指数 Matching index/%
剖1	半淋溶土	褐土	潮褐土	砂质洪冲积潮褐土	砂质潮褐土	1	0—25	棕色	砂土	单粒状	8.3	4.7	0.83	0.14	25.6	36	6.7	40	3.9	E 118°37′14.8″ N 39°35′35.4″	91
						2	25—55	浅褐色	砂土	单粒状	8.2	1.9	0.98	0.10	23.8	20	5.7	40	7.1		
						3	55—100	黄褐色	砂土	单粒状	8.1	1.5	0.28	0.12	21.1	18	3.2	40	6.5		
剖2	半淋溶土	褐土	潮褐土	壤质洪冲积潮褐土	砂壤质潮褐土	1	0—20	暗棕色	砂壤土	屑粒状	7.0	9.3	0.60	0.25	23.8	43	10.2	90	9.3	E 118°34′04.8″ N 39°35′26.5″	76
						2	20—60	暗棕色	砂壤土	屑粒状	7.2	5.1	0.47		22.2	29	4.4	60	5.9		
						3	60—120	棕黄色	砂壤土	屑黄状	6.9	2.5	0.29		22.5	13	4.8	70	10.4		
剖3	半水成土	潮土	潮土	砂质潮土	砂质潮土	1	0—20	暗棕黄色	砂土	单粒状	7.0	4.1	0.45	0.11	21.5	31	1.6	35	5.7	E 118°49′54.8″ N 39°35′28.2″	78
						2	20—50	暗棕黄色	砂土	单粒状	7.1	2.8	0.32	0.10	23.7	21	0.5	30	4.7		
						3	50—90	浅棕黄色	砂土	单粒状	7.1	1.9	0.29	0.09	23.1	13	0.5	37	4.7		
						4	90—120	浅棕黄色	砂壤土	屑粒状	7.1	1.9	0.29	0.08		47	0.5	35	3.3		
剖4	半水成土	潮土	潮土	壤质潮土	底黏砂壤土	1	0—20	棕色	砂壤土	屑粒状	8.3	8.6	0.62	0.44	21.5	42	1.6	80	10.4	E 118°45′57.6″ N 39°31′46.9″	78
						2	20—40	棕色	砂壤土	屑粒状	7.7	8.7	0.63	0.49	21.3	88	3.6	95	11.5		
						3	40—60	浅棕色	砂土	单粒状	8.1	4.2	0.32	0.43	13.4	19	3.3	80	12.7		
						4	60—120	棕色	重壤土	块状	7.4	11.4	0.70	0.58	14.7	57	8.7	24	25.7		
剖5	半水成土	潮土	盐化潮土	氯化物壤质冲积盐化潮土	轻壤中盐化潮土	1	0—20	暗灰棕色	轻壤土	碎块状	6.8	10.0	0.76	0.47	17.0	53	4.8	83	14.3	E 118°27′36.4″ N 39°21′19.0″	91
						2	20—80	暗黄棕色	轻壤土	碎块状	6.7	6.7	0.58	0.41	14.4	28	1.2	87	17.3		
						3	80—120	黄棕色	轻壤土	屑粒状	6.8	9.1	0.68	0.56	14.0	42	2.4	75	15.6		
剖6	半水成土	潮土	潮土	壤质潮土	底砂中壤潮土	1	0—20	暗棕色	中壤土	碎块状	7.7	9.3	0.96	0.58	15.4	78	6.9	74	14.7	E 118°26′01.5″ N 39°20′52.9″	80
						2	20—65	黄棕色	中壤土	碎块状	7.8	12.9	0.28	0.49	17.1	32	2.3	82	15.9		
						3	65—120	浅棕色	砂土	单粒状	7.8	0.9	0.56	0.37	15.5	18	2.3	32	8.0		
剖7	半水成土	潮土	潮土	壤质潮土	轻壤质潮土	1	0—30	暗棕色	轻壤土	碎块状	7.4	10.5	0.69	0.55	18.2	53	4.6	113	12.0	E 118°33′57.6″ N 39°29′53.7″	94
						2	30—80	暗棕色	轻壤土	片状	8.7	10.9	0.64	0.52	18.0	50	4.0	80	18.9		
						3	60—120	暗棕色	中壤土	碎块状	8.1	9.4	0.63	0.56	17.9	36	3.3	115	17.8		
剖8	半水成土	潮土	潮土	壤质潮土	体砂中壤潮土	1	0—25	浅棕黄色	中壤土	碎块状	6.8	17.3	1.06	0.60	15.4	150	90.2	2	18.5	E 118°40′43.8″ N 39°23′07.5″	97
						2	25—75	灰白色	砂壤土	屑粒状	6.7	3.8	0.33	0.60	17.1	43	13.1	2	5.7		
						3	75—120	灰白色	砂壤土	屑粒状	6.6	1.1	0.40	0.58	15.5	25	9.8	2	2.8		
剖9	半水成土	潮土	潮土	壤质潮土	底砂轻壤潮土	1	0—20	深棕灰色	轻壤土	碎块状	8.5	12.6	1.36	0.52	13.8	62	4.3	69	14.7	E 118°33′28.8″ N 39°22′08.4″	72
						2	20—70	深棕灰色	砂壤土	碎块状	8.5	7.3	1.63	0.48	14.6	30	1.6	45	10.9		
						3	70—120	黄棕灰色	砂土	单粒状	8.3	2.8	0.60	0.53	15.3	13	5.7	30	7.7		
剖10	半水成土	潮土	潮土	壤质潮土	砂壤质潮土	1	0—20	浅棕灰色	砂壤土	屑粒状	7.2	5.9	0.47	0.15	23.0	41	2.6	55	8.7	E 118°33′31.7″ N 39°20′21.1″	84
						2	20—75	灰棕色	砂壤土	屑粒状	7.4	4.6	0.56	0.16	23.5	25	0.7	55	9.8		
						3	75—120	灰棕色	砂壤土	屑粒状	7.1	2.6	0.39	0.13	17.1	13	4.6	55	7.1		
剖11	半水成土	潮土	盐化潮土	氯化物壤质冲积盐化潮土	底黏砂壤潮土	1	0—30	棕色	轻壤土	碎块状	8.0	11.8	0.72	0.47	17.2	64	2.8	95	15.9	E 118°37′37.9″ N 39°19′58.1″	82
						2	30—80	深棕色	中壤土	块状	8.0	4.3	0.40	0.35	14.8	42	6.2	45	9.8		
						3	80—120	浅黄棕色	砂土	单粒状	7.9	2.6	0.13	0.31	13.1	25	4.8	38	8.4		
剖12	人为土	水稻土	盐渍水稻土	氯化物壤质水稻土	底黏砂壤盐渍水稻土	1	0—20	暗棕色	砂壤土	屑粒状	6.9	13.0	0.71	0.49	17.8	58	0.5	130	16.3	E 118°30′03.3″ N 39°19′00.9″	87
						2	20—60	棕色	轻壤土	块状	6.9	12.7	0.69	0.41	16.8	50	2.4	155	10.5		
						3	60—100	棕灰色	重壤土	块状	6.9	14.4	0.69	0.47	20.7	61	5.5	210	18.9		
剖13	半水成土	潮土	盐化潮土	氯化物壤质中盐化潮土	轻壤中盐化潮土	1	0—30	暗黄棕色	轻壤土	碎块状	7.5	11.5	0.79	0.41	17.6	60	2.4	85	12.6	E 118°36′10.7″ N 39°18′15.0″	91
						2	30—80	浅棕色	轻壤土	碎块状	6.9	6.9	0.54	0.34	17.6	34	0.7	135	22.7		
						3	80—120	黄棕色	中壤土	块状	6.9	8.3	0.57	0.30	13.6	36	0.5	130	14.7		

续表 Continued

剖面号 Soil profile	土纲 Soil order	土类 Soil great group	亚类 Soil subgroup	土属 Soil genus	土种 Soil species	土层码 Layer code	土层厚度 Depth/cm	颜色 Soil color	质地 Soil texture	土壤结构 Soil structure	pH	有机质 OM/(g/kg)	全氮 TN/(g/kg)	全磷 TP/(g/kg)	全钾 TK/(g/kg)	碱解氮 AN/(mg/kg)	有效磷 AP/(mg/kg)	速效钾 AK/(mg/kg)	阳离子交换量CEC/(cmol/kg)	剖面点坐标 Profile coordinate	匹配指数 Matching index/%
剖14	人为土	水稻土	盐渍水稻土	氯化物壤质冲积盐渍水稻土	轻壤质盐渍水稻土	1	0—20	灰棕色	轻壤土	碎块状	6.6	10.6	0.63	0.37	12.6	35	1.9	122	14.6	E 118° 33′ 16.8″ N 39° 18′ 12.0″	100
						2	20—50	棕色	中壤土	碎块状	6.6	7.6	0.50	0.39	12.4	23	0.5	130	16.8		
						3	50—100	棕色	中壤土	碎块状	6.5	6.2	0.30	0.56	12.0	20	0.5	140	10.9		
						4	100—120	灰黄棕色	中壤土	碎块状	6.3	11.3	0.48	0.50	12.8	33	2.4	20	8.1		
剖15	人为土	水稻土	盐渍水稻土	氯化物壤质冲积盐渍水稻土	底砂姜轻壤质盐渍水稻土	1	0—20	灰棕色	轻壤土	碎块状	8.3	18.1	1.26	0.48	13.8	75	7.2	90	14.1	E 118° 36′ 15.3″ N 39° 16′ 56.3″	84
						2	20—50	棕色	轻壤土	碎块状	8.6	9.4	1.35	0.41	14.5	44	4.3	92	15.9		
						3	50—120	浅黄棕色	砂壤土	单粒状	8.5	6.1	1.45	0.42	16.8	87	4.8	100	16.4		
剖16	人为土	水稻土	盐渍水稻土	氯化物壤质冲积盐渍水稻土	底砂姜中壤质盐渍水稻土	1	0—20	棕灰色	中壤土	碎块状	8.7	10.2	0.71	0.53	25.6	33	6.5	120	15.2	E 118° 38′ 35.1″ N 39° 15′ 23.6″	89
						2	20—65	棕色	中壤土	碎块状	7.2	9.8	0.64	0.56	23.8	34	7.5	290	17.1		
						3	65—100	棕灰色	重壤土	碎块状	7.2	5.7	0.51	0.61	24.2	20	7.5	230	14.7		
剖17	盐碱土	滨海盐土	滨海盐土	海相淤泥滨海盐土	轻壤质滨海盐土	1	0—5	棕灰色	轻壤土	碎块状	7.1	12.7	0.49	0.55	13.6	43	22.0	900	15.3	E 118° 39′ 36.2″ N 39° 12′ 15.7″	79
						2	5—10	棕灰色	中壤土	碎块状	6.9	10.9	0.68	0.58	14.5	37	25.7	990	17.0		
						3	10—20	棕灰色	轻壤土	碎块状	7.0	10.8	0.67	0.51	13.6	41	25.7	1030	15.5		
						4	20—40	棕色	中壤土	碎块状	6.8	8.6	0.50	0.56	16.0	23	17.8	145	18.3		
剖18	盐碱土	滨海盐土	滨海盐土	海积淤泥滨海盐土	中壤质滨海盐土	1	0—5	棕色	中壤土	碎块状	6.8	11.5	0.56	0.47	13.6	37	10.8	820	15.2	E 118° 37′ 57.5″ N 39° 12′ 01.1″	73
						2	5—10	棕色	中壤土	碎块状	7.2	10.4	0.48	0.51	12.8	31	9.7	630	18.9		
						3	10—20	棕色	重壤土	碎块状	7.3	9.7	0.54	0.49	13.1	39	9.2	610	16.4		
						4	20—40	灰色	重壤土	碎块状	7.9	9.5	0.48	0.49	12.4	26	11.1	680			
						5	40—70	黑灰色	重壤土	碎块状	7.0	10.2	0.53	0.50		26	12.8	700	12.6		
剖19	盐碱土	滨海盐土	滨海盐土	海相淤泥滨海盐土	重壤质滨海盐土	1	0—5	棕灰色	重壤土	碎块状	7.3	14.8	0.80	0.66	11.8	41	18.7	1100	14.2	E 118° 33′ 39.6″ N 39° 11′ 29.4″	70
						2	5—10	棕灰色	重壤土	碎块状	7.3	12.3	0.81	0.59	12.4	32	26.3	1100			
						3	10—20	棕灰色	重壤土	碎块状	7.3	10.9	0.57	0.75	15.1	23	26.0	1000			
						4	20—60	灰棕色	重壤土	碎块状	7.5	12.4	0.62	0.74	15.0	31	20.0	940			
剖20	盐碱土	滨海盐土	滨海潮滩盐土	海积滨海潮滩盐土	黏性潮间盐土	1	0—11	灰棕色	黏壤土	片状	8.2	8.0	0.60	0.56	21.3		18.0	932	8.7	E 118° 13′ 46.9″ N 39° 06′ 37.0″	85
						2	11—30	暗灰棕色	壤性黏土	棱块状	8.2	8.2	0.38	0.58	22.6		18.0	932	13.5		
						3	30—54	暗棕灰色	黏壤土	块状	8.2	8.0	0.60	0.56	21.3		18.0	932	14.8		
剖21	盐碱土	滨海盐土	滨海潮滩盐土	海积滨海潮滩盐土	面砂潮间盐土	Az	0—6	灰棕色	砂壤土	无明显结构	8.3	2.6	0.17	0.46	23.7		7.0	380	3.2	E 118° 14′ 32.8″ N 39° 04′ 59.8″	92
						Czg_1	6—50	灰蓝色	砂壤土	无明显结构	8.2	4.4	0.22	0.48	21.9		9.0	576	8.2		
						Czg_2	50—89	浅青灰色	砂壤土	无明显结构	8.2	4.1	0.20	0.45	20.5		7.0	576	8.2		

乐 亭 县

主要土类说明

潮土是乐亭县主要土壤类型，占本县地域面积的 77%，主要分布在海拔 4m 等高线以北的大片土地上，地势平坦，土层排列明显。地下水位比较高，一般在 2—3m，参与成土过程，所以潮土是半水成土。潮土也是一种非地带性土壤，其成土母质是滦河冲积物，没有经过草甸过程，即开始人为耕作，所以其植被是人工植被。由于地下水位较浅，在雨季和植被生长旺盛季节，地下水可沿毛管上升至地表。地下水升降频繁，从而引起土体中的氧化还原过程交替进行，铁锰氧化物随之迁移和局部聚积，在土壤剖面中出现锈色斑纹和铁锰结核。底土层呈暗灰色，表现出潜育化现象。大部分地区土壤剖面通体有碳酸钙反应，但碳酸钙含量并不高，一般在 0.05%—1.59%，这是滦河冲积物的一个特点。土壤以微碱性为主，少部分土壤为中性，pH 在 7.0—8.0，由于地下水质好，矿化度低，一般在 0.5g/L 左右，属于淡水类型，所以土壤没有盐化现象。乐亭县的潮土大部分属于壤质，水、气、热比较协调，肥力较高，土层深厚，加之地势平坦，是一种比较好的农业土壤。

滨海盐土是乐亭县第二大土壤类型，占本县地域面积的 19%，分布于沿海一带，母质为滨海沉积物，全土体含有以氯化物为主的可溶盐，具 A–C 剖面构型。滨海盐土的土壤和地下水的盐分组成与海水基本一致，氯盐占绝对优势，其次为硫酸盐和重碳酸盐，盐分中以钠、钾离子为主，钙、镁次之。土壤含盐量为 20—50g/kg，地下水矿化度为 10—30g/L，土壤积盐强度随距海由近至远而逐渐减弱。土壤 pH 为 7.5—8.5。

小于本县地域面积 3% 的土壤类型还有沼泽土等。

本区域中心区气候特征

本区域中心区气候特征值
Regional climate characteristics in central area of the region

气候带：暖温带亚湿润气候 Climate region: Warm temperate subhumid climate	
年平均气温 /℃ Annual average temperature /℃	10.7
年平均最高气温 /℃ Annual average maximum temperature /℃	16.5
年平均最低气温 /℃ Annual average minimum temperature /℃	5.7
年降水量 /mm Annual precipitation /mm	604
≥10℃的积温 /℃ Daily temperature accumulated in a year（≥10℃）/℃	3941
年日照时数 /h Annual sunshine /h	2585
年平均相对湿度 /% Annual average relative humidity /%	67
干燥度 Dryness	1.05

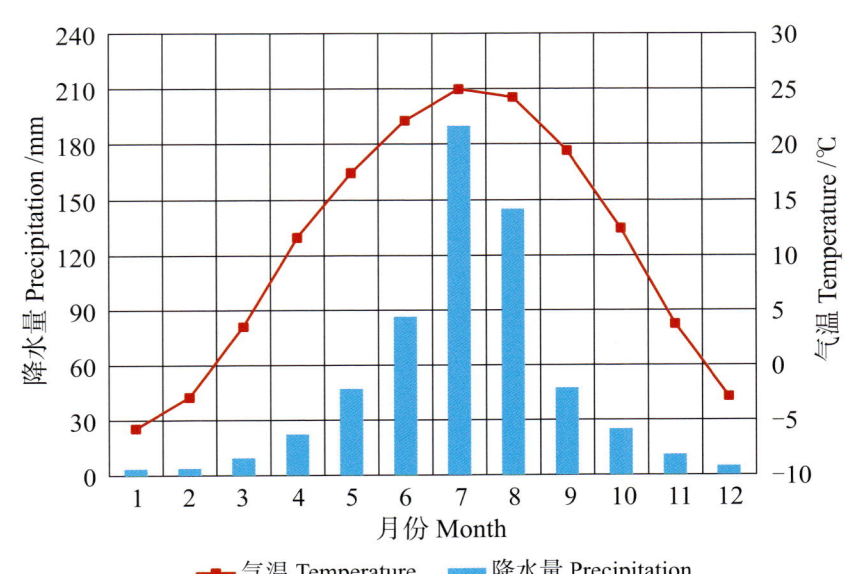

本区域中心区月平均气温与月平均降水量
Monthly temperature and precipitation in central area of the region

乐亭县主要土壤类型与土壤剖面点分布图

1 : 240 000

图例
- 潮土
- 滨海盐土
- 沼泽土
- ⊗ 剖面点

乐亭县土壤剖面理化性状表

剖面号 Soil profile	土纲 Soil order	土类 Soil great group	亚类 Soil subgroup	土属 Soil genus	土种 Soil species	土层码 Layer code	土层厚度 Depth/cm	颜色 Soil color	质地 Soil texture	土壤结构 Soil structure	pH	有机质 OM/(g/kg)	全氮 TN/(g/kg)	全磷 TP/(g/kg)	全钾 TK/(g/kg)	碱解氮 AN/(mg/kg)	有效磷 AP/(mg/kg)	速效钾 AK/(mg/kg)	阳离子交换量 CEC/(cmol/kg)	土壤母质 Parent material	剖面点坐标 Profile coordinate	匹配指数 Matching index/%
剖1	半水成土	潮土	潮土	壤质潮土	砂壤质潮土	1	0~25	棕灰色	砂壤土	碎块状	7.9	9.2	0.53	0.58	18.5	48	5.6	102	9.7		E 118°55′58.8″ N 39°31′07.7″	86
						2	25~70	棕灰色	砂壤土	碎块状	8.3	7.8	0.27	0.45	26.4	26	3.6	50	9.6			
						3	70~100	暗黄棕色	砂壤土	片状	7.8	9.8	0.41	0.51	23.3	44	5.5	79	17.4			
剖2	半水成土	潮土	潮土	壤质潮土	中壤质潮土	1	0~17	暗黄棕色	中壤土	屑状	7.8	19.4	0.96	0.71	24.5	92	9.0	194	31.8		E 118°49′55.2″ N 39°30′23.0″	75
						2	17~35	暗黄棕色	中壤土	块状	8.0	15.0	0.60	0.50	16.3	63	4.7	102	27.0			
						3	35~110	灰棕色	轻壤土	块状	7.8	10.4	0.57	0.51	22.8	55	5.6	96	24.8			
						4	110~140	暗黄棕色	重壤土	块状	7.6	13.1	0.79	0.59	24.0	76	11.0	244	29.2			
剖3	半水成土	潮土	潮土	砂质潮土	滦河粗砂潮土	1	0~23	灰棕色	砂土	单粒状	8.7	1.3		0.26	15.0		0.8	9	6.1		E 118°57′06.4″ N 39°26′44.4″	72
						2	23~58	浅灰棕色	砂壤土	单粒状	8.5	1.6	0.08	0.36	21.7		1.7	13	5.1			
						3	58~96	浅灰棕色	砂土	单粒状	8.3	2.7	0.08	0.25	21.3		1.2	21	4.2			
						4	96~130	灰白色	砂土	单粒状	8.4	1.0		0.34	22.3		1.1	12	4.2			
剖4	半水成土	潮土	潮土	壤质潮土	轻壤质潮土	1	0~22	灰白色	轻壤土	团粒状	7.9	14.4	0.65	0.68	27.8	59	16.0	152	14.0		E 118°54′12.2″ N 39°23′39.1″	71
						2	22~49	灰棕色	砂壤土	碎块状	8.1	11.2	0.48	0.46	18.0	39	3.0	85	16.6			
						3	49~150	灰棕色	砂壤土	粒状	8.0	3.9	0.06	0.34	24.0	14	6.5	39	6.7			
剖5	半水成土	潮土	潮土	壤质潮土	轻壤质漏砂潮土	1	0~25	灰棕色	轻壤土	团粒状	8.1	13.2	0.62	0.55	24.3	67	7.0	795	17.9		E 119°01′10.6″ N 39°20′33.4″	70
						2	25~110	灰棕色	砂壤土	单粒状	8.3	3.1	0.16	0.34	24.5	15	0.8	31	8.6			
						3	110~150	灰棕色	砂壤土	碎粒状	8.2	11.4	0.43	0.57	22.8	67	6.3	82	19.7			
剖6	盐碱土	滨海盐土	滨海潮滩土	海积滨海潮滩土	二合同盐	1	0~2	灰棕色	壤土	层状	8.4	5.4	0.31	0.56	26.5		11.8	2280			E 119°15′44.8″ N 39°25′53.6″	83
						2	2~20	棕灰色	黏土	碎块状	8.3	5.3	0.31	0.71	26.5		11.2	1470				
						3	20~40	暗灰棕色	黏壤土	块块状	8.3	6.6	0.35	0.73	26.7		14.9	1690				
						4	40~62	灰棕色	粉砂质黏土	棱块状	8.3	4.6	0.30	0.56	24.6		7.0	1000				
						5	62~84	浅棕黄色	粉砂质黏土	棱块状	8.3	14.0	0.73	0.74	26.0		11.0	1660				
						6	84~100	暗黄棕色	粉砂质黏土	棱块状	8.2	16.5	0.77	0.56	26.4		25.0	2440				
剖7	盐碱土	滨海盐土	滨海潮滩土	海积滨海潮滩土	粗砂潮滩土	1	0~18	灰棕色	砂土	无明显结构	8.4	2.9	0.15	0.46	23.3	7	6.9	920	3.4		E 119°17′10.3″ N 39°25′24.9″	75
						2	18~53	灰棕色	砂土	单粒状	8.4	2.1	0.14	0.44	21.2	微量	7.8	1035	4.5			
						3	53~83	灰棕色	砂土	单粒状	8.5	5.0	0.18	0.32	22.4	11	4.7	685	2.2			
剖8	半水成土	潮土	潮土	壤质潮土	中壤质漏砂潮土	1	0~18	灰棕色	中壤土	碎块状	7.8	19.7	1.05	0.40	24.0	63	8.2	162			E 118°50′18.6″ N 39°19′10.5″	88
						2	18~35	暗灰棕色	中壤土	棱块状	7.9	14.4	0.73	0.54	25.0	58	0.2	101	4.3			
						3	35~150	浅棕黄色	砂土	单粒状	7.6	1.4		0.45	25.5	38	1.3	21	4.0			
剖9	半水成土	潮土	潮土	砂质潮土	砂质潮土	1	0~25	灰棕色	砂土	单粒状	7.8	1.4					1.5	23	4.3		E 118°56′56.8″ N 39°17′09.6″	85
						2	25~50	灰白色	砂土	单粒状	7.9	0.7					2.2	22				
						3	50~150	灰棕色	砂土	单粒状	8.1	1.1					1.7	17				
剖10	半水成土	潮土	盐化潮土	氯化物质冲积盐化潮土	轻壤质轻盐化化潮土	1	0~20	暗灰棕色	中壤土	团块状	7.8	13.7	0.62			62	6.9	140			E 118°49′36.8″ N 39°14′31.2″	90
						2	20~40	灰棕色	轻壤土	碎块状	7.9	11.7	0.58				4.2	95				
						3	40~70	黄棕色	轻壤土	块状	8.1	9.7	0.44				3.2	77				
						4	70~120	暗黄棕色	中壤土	块状	7.9	13.3	0.57				7.9	143	4.3			
剖11	盐碱土	滨海盐土	滨海盐土	海积滨海盐化土	海边面砂盐土	Az	0~16	浅黄棕色	砂壤土	单粒状	8.2	3.6	0.20	0.56	22.5		9.6	1035	13.2		E 118°54′52.4″ N 39°12′54.0″	89
						Czu₁	16~41	黄棕色	砂壤土	单粒状	8.1	5.4	0.28	0.56	22.7		10.0	1315	14.2			
						Czu₂	41~58	灰棕色	砂壤土	碎块状	8.0	7.5	0.40	0.55	22.5		11.9	1614	16.3			
						4	58~73	黄棕色	砂壤土	单粒状	8.3	2.1	0.16	0.36	25.6		5.5	750	11.2			
						5	73~75				8.8	0.1	0.04	0.22	19.0		3.0	465				

续表 Continued

剖面号 Soil profile	土纲 Soil order	土类 Soil great group	亚类 Soil subgroup	土属 Soil genus	土种 Soil species	土层码 Layer code	土层厚度 Depth/cm	颜色 Soil color	质地 Soil texture	土壤结构 Soil structure	pH	有机质 OM/(g/kg)	全氮 TN/(g/kg)	全磷 TP/(g/kg)	全钾 TK/(g/kg)	碱解氮 AN/(mg/kg)	有效磷 AP/(mg/kg)	速效钾 AK/(mg/kg)	阳离子交换量CEC/(cmol/kg)	土壤母质 Parent material	剖面点坐标 Profile coordinate	匹配指数 Matching index/%
剖12	盐碱土	滨海盐土	滨海盐土	海相砂地滨海盐土	砂质滨海盐土	1	0—20	棕灰色	砂土	块状	8.3	2.7	0.12			12	7.9	333			E 118°47′41.5″ N 39°12′13.6″	97
						2	20—54	暗灰棕色	砂土	块状	8.3	1.9	0.04			20	9.3	554				
						3	54—100	暗棕灰色	砂土	块状	8.3	0.3				16	7.0	390				
剖13	盐碱土	滨海盐土	滨海盐土	海盐土	海滩面砂土	Az	0—16	亮黄棕色	砂壤土	单粒状	8.2	3.6	0.20	0.56	22.5		9.0	103	13.2	海相沉积物	E 119°04′50.7″ N 39°18′35.4″	88
						Czu₁	16—41	黄棕色	砂壤土	单粒状	8.1	5.4	0.28	0.56	22.7		10.0	132	14.2			
						Czu₂	41—58	灰棕色	砂壤土	碎块状	8.0	7.5	0.40	0.55	22.5		11.0	162	16.3			
剖14	半水成土	潮土	盐化潮土	氯化物壤质冲积盐化潮土	中壤质轻盐化潮土	1	0—25	灰棕色	中壤土	碎块状	8.2	20.6	0.88				14.4	206			E 119°00′08.9″ N 39°17′36.8″	82
						2	25—105	暗棕灰色	重壤土	块状	8.4	14.3	0.42				4.3	159				
						3	105—130	灰棕色	中壤土	块状	8.4	5.8	0.08				8.9	175				

迁 西 县

主要土类说明

褐土是迁西县主要土壤类型,占本县地域面积的89%。褐土是在暖温带半湿润区发育形成的具有黏化与钙质淋移淀积特征的土壤。该土壤盐基饱和,处于硅铝风化阶段,有明显黏淀层。在其A-B-C剖面构型中,B层呈棕褐色。土壤pH为7.0—7.5,盐基饱和度在80%以上;B层下部有假菌丝状钙积层。根据发育特征,本县褐土分为褐土性土、淋溶褐土、石灰性褐土和草甸褐土等亚类。褐土性土分布遍及全县,除去北部海拔450m以上的山上有棕壤零星分布外,其余山上非耕地土壤均为褐土性土,主要发育在片麻岩、砾岩、砂岩上。淋溶褐土分布遍及全县,大部分耕地属淋溶褐土,土层较厚,但多含砾石。石灰性褐土主要分布在黄土岭、田家峪、红石峪、才庄、长岭峰、新店、史家峪等村。该亚类发育于河流或古河道的洪积物、冲积物以及石灰岩残积物、坡积物。土壤中性偏碱。草甸褐土主要分布在河流两侧的低阶地上或山间小盆地内较低洼的部位,土层比较深厚,地下水位较高,一般埋深1—2m,心土层以下有明显的锈色斑纹或铁锰结核,有的有明显的潜育化现象,出现了灰蓝层,土壤表层呈暗褐色,肥力一般。

棕壤是迁西县第二大土壤类型,占本县地域面积的3%,主要分布在北部低山区海拔450m以上的地区,如滦阳的黄太山、黄槐峪的青山口、瓦房庄的摩天岭等地。自然植被多为栎树、白杨、伯乐树、冬青、羊胡子草等,草本植被特别繁茂。棕壤发生于湿润暖温带落叶阔叶林下,该土壤处于硅铝风化阶段,具有黏化特征,呈棕色。土体见黏粒淀积,盐基充分淋失。pH在6.5左右,有机质层厚度在15—20cm,含蓄水分较多,水土流失较轻。其母质多系花岗片麻岩及砂岩风化物,质地为轻壤质到中壤质,土层较厚,一般多在30—50cm,心土层有明显的黏化现象,养分含量较高,阴坡养分较阳坡高,物理性状较好,但因地势较高,山势较陡,土壤多含砾石。

小于本县地域面积3%的土壤类型还有石质土、粗骨土、新积土和风沙土等。

本区域中心区气候特征

本区域中心区气候特征值
Regional climate characteristics in central area of the region

气候带:暖温带亚湿润气候 Climate region: Warm temperate subhumid climate	
年平均气温 /℃ Annual average temperature /℃	10.2
年平均最高气温 /℃ Annual average maximum temperature /℃	16.4
年平均最低气温 /℃ Annual average minimum temperature /℃	4.8
年降水量 /mm Annual precipitation /mm	554
≥10℃的积温 /℃ Daily temperature accumulated in a year (≥10℃) /℃	3764
年日照时数 /h Annual sunshine /h	2655
年平均相对湿度 /% Annual average relative humidity /%	59
干燥度 Dryness	1.09

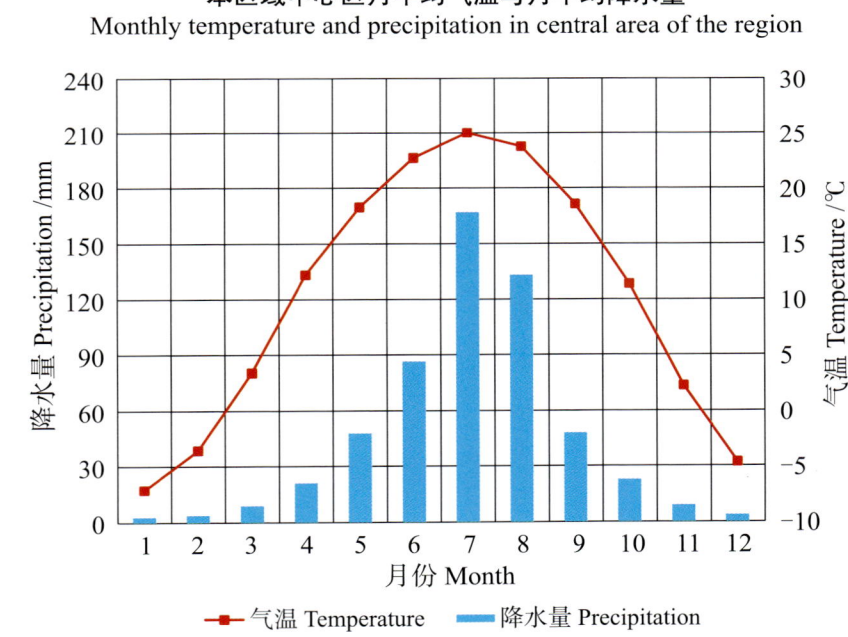

本区域中心区月平均气温与月平均降水量
Monthly temperature and precipitation in central area of the region

迁西县主要土壤类型与土壤剖面点分布图
1∶190 000

图例：褐土、棕壤、石质土、粗骨土、新积土、风沙土、剖面点

迁西县土壤剖面理化性状表

剖面号 Soil profile	土纲 Soil order	土类 Soil great group	亚类 Soil subgroup	土属 Soil genus	土种 Soil species	土层码 Layer code	土层厚度 Depth/cm	颜色 Soil color	质地 Soil texture	土壤结构 Soil structure	pH	有机质 OM/(g/kg)	全氮 TN/(g/kg)	全磷 TP/(g/kg)	全钾 TK/(g/kg)	碱解氮 AN/(mg/kg)	有效磷 AP/(mg/kg)	速效钾 AK/(mg/kg)	阳离子交换量CEC/(cmol/kg)	土壤母质 Parent material	剖面点坐标 Profile coordinate	匹配指数 Matching index/%
剖1	半淋溶土	褐土	淋溶褐土	片麻岩类风化淋溶褐土	中层多砾质砂壤质淋溶褐土	1	0—18	浅褐色	砂壤土	屑粒状		7.8	0.75	0.96	9.3	42	5.0	42	12.4	片麻岩类风化物	E 118°18′20.3″ N 40°21′21.4″	74
						2	18—35	黄褐色	砂壤土	粒状		6.6	0.28	0.57	9.3	46	5.0	32	12.1			
						3	35—60	棕褐色	砂壤土	粒状		4.8	0.29	0.67	9.2	39	5.0	21	13.0			
剖2	半淋溶土	褐土	淋溶褐土	洪冲积淋溶褐土	底砾石中壤质淋溶褐土	1	0—20	暗褐色	中壤土	碎块状		18.2	1.03	0.66	21.4	29	8.0	74	12.0	洪积物、冲积物	E 118°16′21.0″ N 40°17′44.4″	87
						2	20—50	黄褐色	中壤土	块状		15.2	0.79	0.54	19.2	81	6.0	56	12.7			
						3	50—86	棕褐色	中壤土	块状		15.1	0.83	0.50	16.8	89	5.0	63	14.8			
剖3	半淋溶土	褐土	褐土性土	片麻岩类风化褐土性土	薄层砂壤质褐土性土	1	0—15	浅褐色	砂壤土	屑粒状	6.2	17.9	0.60	0.59	12.6	10	4.0	45	18.6	片麻岩类风化物	E 118°27′34.5″ N 40°13′26.0″	89
						2	15—30	浅褐色	砂壤土	屑粒状	6.5			0.63	16.8				19.8			
剖4	半淋溶土	褐土	石灰性褐土	洪冲积石灰性褐土	砂壤质石灰性褐土	1	0—15	黄褐色	砂壤土	碎块状	7.5	15.7	0.43	0.87	29.5	56	5.0	82	22.4	洪积物、冲积物	E 118°31′59.9″ N 40°11′10.0″	86
						2	15—80	黄褐色	粉砂土	碎块状	8.1	10.9	0.23	0.35	24.0	20	4.0	32	21.5			
						3	80—120	黄褐色	粉砂土	碎块状	8.1	1.2	0.20	0.20		18	5.0	32	4.3			
剖5	半淋溶土	褐土	淋溶褐土	残坡积淋溶褐土	厚层少砾质中壤质淋溶褐土	1	0—20	褐色	中壤土	碎块状											E 118°14′24.7″ N 40°05′08.2″	76
						2	20—50	棕褐色	中壤土	块状		8.6	0.29	0.68	21.8	32	10.0	96	15.3			
						3	50—70	棕褐色	中壤土	柱状		5.9	0.37	0.51	15.9	49	9.0	74	15.9			
						4	70—120	浅褐色	中壤土	柱状		6.3	0.40	0.38	16.1	43	15.0	75	16.4			
剖6	初育土	风沙土	风沙土	风积沙风沙土	岗丘风沙土	1	0—21	黄白色	粉砂土	单粒状		2.7	0.22	0.13	15.0	14	7.0	25	3.6		E 118°17′22.2″ N 40°09′03.8″	96
						2	21—40	红白色	粉砂土	单粒状	7.0	1.7	0.09	0.13	18.5	22		28	4.6			
						3	40—120	白色	粉砂土	单粒状		0.9	0.10	0.16	19.3	11	8.0	22	5.2			
剖7	半淋溶土	褐土	褐土性土	砾岩类风化褐土性土	薄层轻壤质褐土性土	1	0—15	灰褐色	轻壤土	屑粒状	8.1	10.4	0.40	0.45	0.9	53	3.0	59	17.2	砾岩类风化物	E 118°25′10.9″ N 40°07′54.2″	87
剖8	半淋溶土	褐土	淋溶褐土	黄质质淋溶褐土	中壤质淋溶褐土	1	0—22	浅褐色	中壤土	碎块状	7.0	11.9	0.71	0.28	13.9	72	4.0	97	14.8		E 118°26′49.9″ N 40°06′02.2″	85
						2	22—36	棕褐色	中壤土	块状	6.9	8.5	0.59	0.22	14.1	52	3.0	95	16.9			
						3	36—62	浅红褐色	中壤土	块状	7.4	6.2	0.44	0.20	14.3	36	6.0	89	13.5			
						4	62—79	浅褐色	中壤土	块状	6.9	4.3	0.38	0.19	16.0	26	6.0	112	17.6			
						5	79—120	棕褐色	中壤土	块状	7.2	4.9	0.25	0.21	14.9	26	10.0	115	20.3			
剖9	半淋溶土	褐土	淋溶褐土	黏性洪积淋溶褐土	黄胶泥土	A	0—20	黄褐色	壤质黏土	块状	6.8	6.9	0.56	0.49	19.9		19.0	120	18.9		E 118°17′08.2″ N 40°05′47.8″	71
						B	20—52	黄棕色	黏土	块状	6.8	3.0	0.70	0.44	16.4		8.0	105	18.8			
						C	52—100	棕褐色	壤质黏土	核状	6.9	5.9	0.42	0.47	18.2		11.0	155	20.8			
剖10	半淋溶土	褐土	淋溶褐土	石灰岩类风化淋溶褐土	中层少砾质中壤质淋溶褐土	1	0—20	暗褐色	中壤土	块状	7.4	13.2	0.67	0.26	12.3	69	5.0	194	14.6	石灰岩类风化物	E 118°22′25.3″ N 40°03′13.4″	92
						2	20—30	黄褐色	中壤土	块状	7.6	17.3	0.94	0.29	11.9	102	4.0	124	20.9			
						3	30—40	黄褐色	中壤土	块状	7.7	14.5	0.78	0.24	16.0	72	3.0	154	21.0			
剖11	半淋溶土	褐土	褐土性土	砂岩类风化褐土性土	薄层轻壤质褐土性土	1	0—15	褐褐色	中壤土	碎粒状	6.5	51.9	2.43	0.35	18.3	223	6.0	289	11.4	砂岩类风化物	E 118°25′09.5″ N 40°00′13.3″	83
						2	15—20	棕褐色	中壤土	碎粒状	6.6	16.8	0.75	0.13	21.0	84	3.0	241	5.4			

玉 田 县

主要土类说明

潮土是玉田县主要土壤类型，占本县地域面积的 38%。潮土见于近代河流冲积平原或低平阶地，地下水位高，潜水参与成土过程。在潮土成土过程中，底土氧化还原交替作用，形成锈色斑纹和小型铁子。在长期耕作条件下，表层有机质含量为 10—15g/kg。剖面构型为 A_{11}-A_{12}-Cu 或 A_{11}-C-Cu。

砂姜黑土是玉田县第二大土壤类型，占本县地域面积的 31%，主要分布在封闭洼地，地下水埋深在 0.5—1.5m，生长喜湿植被如芦苇和三棱草等。土色发暗，质地黏重，耕性不良，通透性差，心土层以下往往出现灰蓝色的潜育层。土体中障碍层次为砂姜，由于地下水位高，土壤通透性差，有利于有机质腐殖化过程而不利于有机质矿质化过程，故该类土壤有机质含量较高。耕层有机质含量为 16.4g/kg，全氮含量为 1.03g/kg。

褐土是玉田县第三大土壤类型，占本县地域面积的 25%。本县褐土分为草甸褐土、淋溶褐土和褐土性土等亚类。草甸褐土亚类分布在淋溶褐土以南、铁路线以北地区，地势相对较低，地下水埋深在 3—4m，有黏化层，底土因受地下水影响有潜育现象，如有锈色斑纹、铁子砂姜等。由于地下水位较高，水利条件较好，褐土区为本县主要粮产区。耕层养分含量中等。淋溶褐土亚类分布在褐土性土以南，大安镇、孤树、唐自头、玉田、郭家屯、林头屯等的山麓平原中上部。淋溶褐土所处地势较高，排水良好，地下水埋深在 4m 以上，水质良好，pH 为 6.5—7.0，土层深厚，土色为褐色，底土为黏化层，保水保肥性能好。其耕层肥力较低。褐土性土亚类的成土母质为灰岩残积物、坡积物，分布于本县北部山区，海拔 100m 以上地区，如孤树、唐自头、玉田、郭家屯、林头屯等地的北部山区。pH 约为 6.5，质地为轻壤土至中壤土，因坡度大，水土严重流失，故土层薄，一般厚度为 10—30cm，砾石多，养分含量较低，物理性状不佳。

小于本县地域面积 3% 的土壤类型还有沼泽土、石质土和粗骨土等。

本区域中心区气候特征

本区域中心区气候特征值
Regional climate characteristics in central area of the region

气候带：暖温带亚湿润气候 Climate region: Warm temperate subhumid climate	
年平均气温 /℃ Annual average temperature /℃	11.5
年平均最高气温 /℃ Annual average maximum temperature /℃	17.2
年平均最低气温 /℃ Annual average minimum temperature /℃	6.5
年降水量 /mm Annual precipitation /mm	570
≥10℃的积温 /℃ Daily temperature accumulated in a year（≥10℃）/℃	4139
年日照时数 /h Annual sunshine /h	2600
年平均相对湿度 /% Annual average relative humidity /%	61
干燥度 Dryness	1.19

本区域中心区月平均气温与月平均降水量
Monthly temperature and precipitation in central area of the region

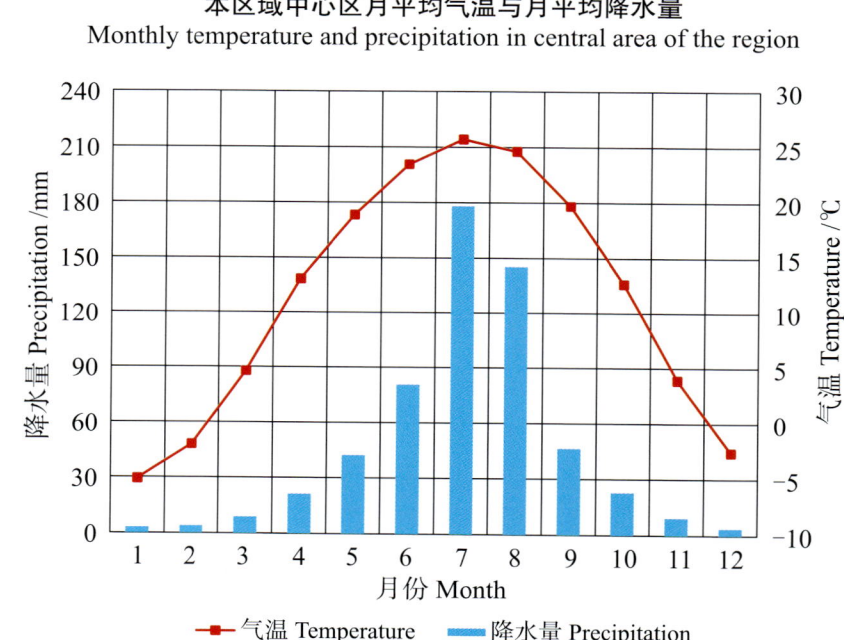

玉田县主要土壤类型与土壤剖面点分布图
1∶180 000

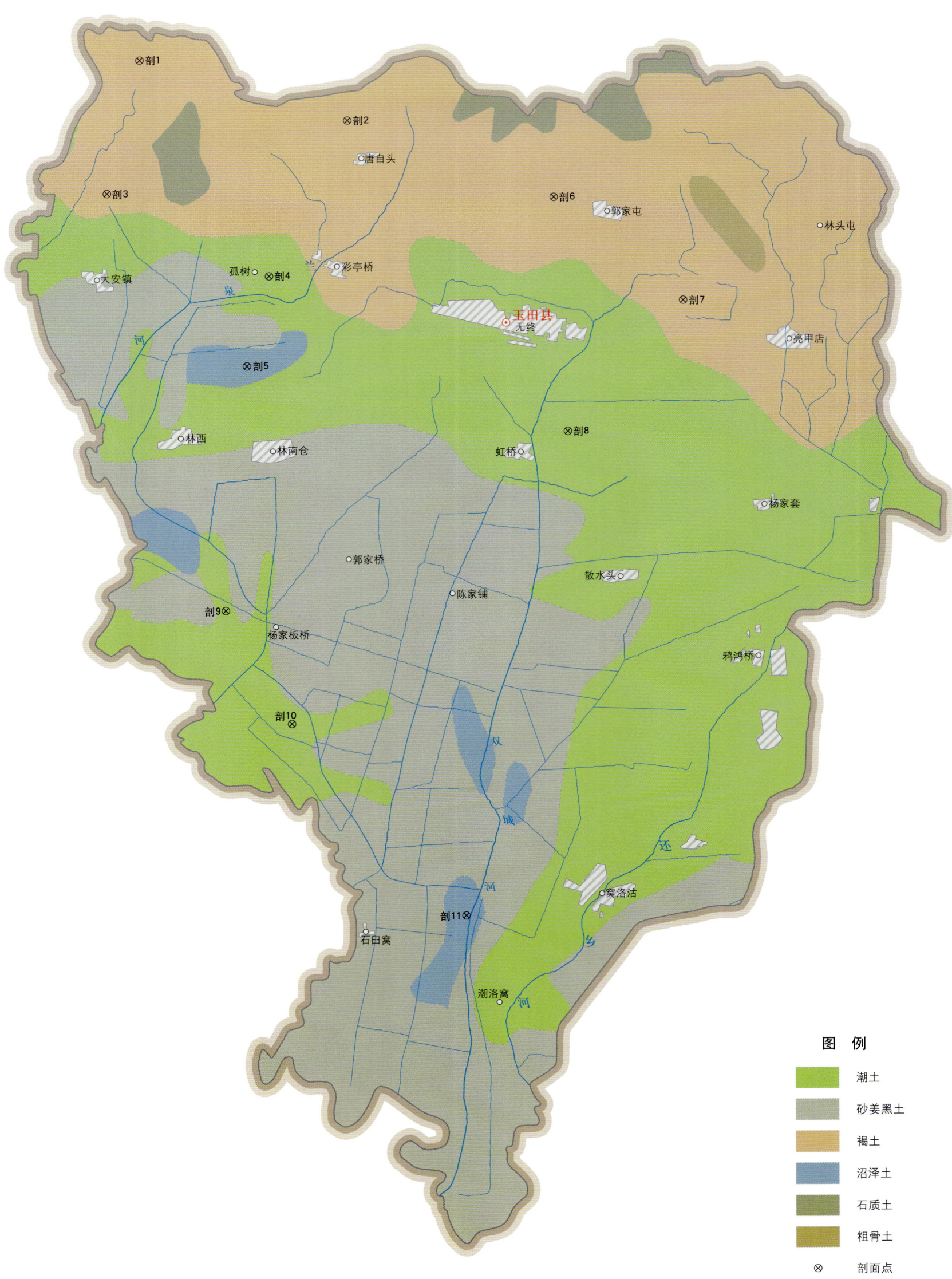

玉田县土壤剖面理化性状表

剖面号 Soil profile	土纲 Soil order	土类 Soil great group	亚类 Soil subgroup	土属 Soil genus	土种 Soil species	土层码 Layer code	土层厚度 Depth/cm	颜色 Soil color	质地 Soil texture	土壤结构 Soil structure	pH	有机质 OM/(g/kg)	全氮 TN/(g/kg)	全磷 TP/(g/kg)	全钾 TK/(g/kg)	碱解氮 AN/(mg/kg)	有效磷 AP/(mg/kg)	速效钾 AK/(mg/kg)	阳离子交换量CEC/(cmol/kg)	剖面点坐标 Profile coordinate	匹配指数 Matching index/%
剖1	半淋溶土	褐土	淋溶褐土	灰岩洪积褐土	少砾质轻壤质淋溶褐土	1	0—23	灰棕色	轻壤土	碎块状	6.8	13.0	0.93			59	3.2	81		E 117°33′24.2″ N 39°59′05.7″	91
						2	23—120	黄褐色	轻壤土	碎块状	7.0	8.1	0.60			58	1.7				
剖2	半淋溶土	褐土	褐土性土	粗骨性褐土		1	0—30	浅灰色	中壤土	小团粒状	6.5	31.9	2.13	0.50	21.8	82	1.7	83	17.9	E 117°39′28.4″ N 39°57′40.9″	94
剖3	半淋溶土	褐土	潮褐土	灰岩冲积潮褐土	轻壤质潮褐土	1	0—25	灰棕色	轻壤土	碎块状	7.0	13.8	0.84			95	2.0	60		E 117°32′26.2″ N 39°56′00.7″	91
						2	25—55	栗色	中壤土	块状	6.5	11.2	0.64			51	2.0				
						3	55—120	浅黄色	轻壤土	碎块状	7.0	4.5	0.24			16	2.0				
剖4	半水成土	潮土	潮土	壤质潮土	底砂姜轻壤质潮土	1	0—18	棕黄色	轻壤土	碎块状	6.5	11.7	0.76			49	7.0	56		E 117°37′10.1″ N 39°54′06.1″	79
						2	18—43	黄色	中壤土	块状	7.0	7.9	0.40			36	5.0				
						3	43—88	暗灰色	中壤土	碎块状	7.0	14.8	0.75			48	4.0				
						4	88—120	浅黄色	中壤土	块状	7.0	9.7	0.54			24	1.0				
剖5	水成土	沼泽土	草甸沼泽土	静水沉积草甸沼泽土	重壤质草甸沼泽土	1	0—37	灰黑色	重壤土	碎块状	6.5	35.2	2.11	0.57	16.0	102	7.5	41	26.0	E 117°36′30.6″ N 39°52′00.8″	80
						2	37—110	灰黑色	重壤土	块状	7.0	11.4	0.67	0.53	20.0				23.7		
剖6	半淋溶土	褐土	淋溶褐土	灰岩洪积褐土	少砾质中壤质淋溶褐土	1	0—27	褐棕色	中壤土	碎块状	6.8	11.8		0.38	11.8	67	3.2	69	14.3	E 117°45′30.0″ N 39°55′53.3″	100
						2	27—69	暗褐色	中壤土	块状	6.5			0.33	17.3				16.9		
						3	69—120		重壤土	块状				0.31					20.1		
剖7	半淋溶土	褐土	潮褐土	灰岩冲积潮褐土	中壤质潮褐土	1	0—19	灰棕色	中壤土	碎块状	6.5	13.9	0.79			56	5.1	47		E 117°49′15.0″ N 39°53′29.3″	87
						2	19—40	棕色	中壤土	碎块状	7.0	7.5	0.41			49	2.0				
						3	40—70	暗黄色	重壤土	块状	7.0	11.1	0.58			50	3.0				
						4	70—120	浅黄色	中壤土	块状	7.5	3.9	0.21			20	4.0				
剖8	半水成土	潮土	潮土	壤质潮土	中壤质潮土	1	0—24	浅栗色	轻壤土	碎块状	6.5	14.8	1.01	0.41	17.0	64	2.5	53	22.7	E 117°45′51.5″ N 39°50′28.3″	74
						2	24—62	灰栗色	中壤土	碎块状	7.0			0.36	21.0				24.7		
						3	62—95	暗灰色	重壤土	块状	7.0			0.37					28.0		
						4	95—130	黑色	重壤土	块状	7.0			0.40	19.3				25.7		
剖9	半水成土	潮土	潮土	壤质潮土	轻壤质潮土	1	0—20	棕黄色	中壤土	碎块状	6.5	10.5	0.68			42	2.5	61		E 117°35′50.2″ N 39°46′22.3″	78
						2	20—72	暗栗色	中壤土	块状	7.0	7.6	0.46			31	3.0				
						3	72—112	暗栗色	中壤土	状状	7.0	12.4	0.67			47	2.6				
						4	112—130	灰黄色	中壤土	块状	6.5	7.0					2.7				
剖10	半水成土	潮土	潮土	壤质潮土	底砂姜中壤质潮土	1	0—30	灰棕色	中壤土	块状	7.0	20.3	1.17			62	8.0	52		E 117°37′44.5″ N 39°43′45.6″	71
						2	30—55	暗栗色	中壤土	块状	7.0	8.8	0.48			34	2.0				
						3	55—65	暗褐色	中壤土	块状	6.5	7.2	0.38			32	3.0				
						4	65—130	灰黄色	中壤土	块状	6.5	4.1	0.26			14	4.0				
剖11	水成土	沼泽土	草甸沼泽土	静水沉积草甸沼泽土	休砂姜重壤质草甸沼泽土	1	0—20	暗栗色	重壤土	块状	7.0	28.9	1.84			101	5.7	58		E 117°42′46.1″ N 39°39′16.2″	88
						2	20—45	暗栗色	重壤土	棱块状	6.5	20.4	1.05			77	3.0				
						3	45—65	灰黄色	重壤土	棱块状	6.5	9.2	0.48			33	2.0				
						4	65—120	浅灰色	重壤土	棱块状	6.5	6.9	0.32			21	2.0				

遵 化 市

主要土类说明

褐土是遵化市主要土壤类型，占本市地域面积的93%。本市褐土处于暖温带半湿润气候区、京山线以北的褐土区，年降水量大而集中，土壤淋溶作用和黏化作用较强。由于本市处于半湿润气候区，且年降水量较全省其他城市大，淋溶作用也较其他城市强。同时，由于冬冷夏热，高温高湿，物理风化和化学风化作用强烈，矿质土粒分解，由粗变细而形成次生矿物即黏粒，在降水的淋溶下迁移到土体一定深度聚积，加之原来残积黏化产生的黏粒，使这层黏粒显著增多，从而产生黏化层。又由于褐土形成过程中基本不受地下水的影响，黏化层质地相对偏黏，铁锰充分氧化，使之染成鲜艳的棕褐色。黏化层土壤多呈棱块状或小棱块状结构，结构面上有着不甚明显的胶膜。钙积层不明显，这也与淋溶作用较强有关，除易溶性盐基离子彻底淋失外，钙也被淋洗到较深部位，一般在底土层80cm以下，以砂姜粒或"姜石猴"形式存在，1m土体以上没有砂姜成层。假菌丝体极少见。土壤呈微酸性或碱性。因钙绝大部分淋洗至深层，加上母质类型中钙质残积物、坡积物少，而酸性硅铝质残积物、坡积物为大多数，故低山丘陵区到山前洪冲积平原区的褐土，pH一般在6.5—7.5。仅在山前洪冲积平原末端的褐土，呈微碱性到碱性。

棕壤是遵化市第二大土壤类型，占本市地域面积的4%。棕壤是在凉温、暖温森林灌丛草原生物气候条件下形成的，分布在海拔300m以上的低山丘陵区，气候温湿，雨量充沛。本市棕壤主要发育在以辽东栎、油松为主的林木植被下，其下伴生有华北绣线菊、三裂绣线菊和胡枝子灌丛，黄背草、白羊草等草本植被，以及卷柏、苔藓等地生植被。成土母质以花岗片麻岩为主，小部分为石英砂岩。由于受北部低山丘陵区小气候的影响，年降水量大而集中，加之热量条件较好，物理风化、化学风化和淋溶作用强烈，母质风化产生的黏土矿物由表层下移，至心土层淋溶作用减弱而淀积，加上心土层原有的黏土矿物一起形成黏化层。表层残落物进行嫌气分解，使铁锰还原，随水淋至心土层，通气性好转，铁锰水合、氧化呈高价态，将土粒染成棕色，并使土壤结构面上覆被铁锰胶膜，形成棕色黏化层。强烈的淋溶使大部分钾、钠、钙、镁被淋洗，加上表层残落物层嫌气分解产生的有机酸，使土体中的钙被基本淋洗，盐基呈不饱和，通体石灰含量极低，土壤呈中性至微酸性。

小于本市地域面积3%的土壤类型还有潮土等。

本区域中心区气候特征

本区域中心区气候特征值
Regional climate characteristics in central area of the region

气候带：暖温带亚湿润气候 Climate region: Warm temperate subhumid climate	
年平均气温 /℃ Annual average temperature /℃	10.7
年平均最高气温 /℃ Annual average maximum temperature /℃	16.8
年平均最低气温 /℃ Annual average minimum temperature /℃	5.5
年降水量 /mm Annual precipitation /mm	562
≥10℃的积温 /℃ Daily temperature accumulated in a year (≥10℃) /℃	3898
年日照时数 /h Annual sunshine /h	2636
年平均相对湿度 /% Annual average relative humidity /%	60
干燥度 Dryness	1.13

本区域中心区月平均气温与月平均降水量
Monthly temperature and precipitation in central area of the region

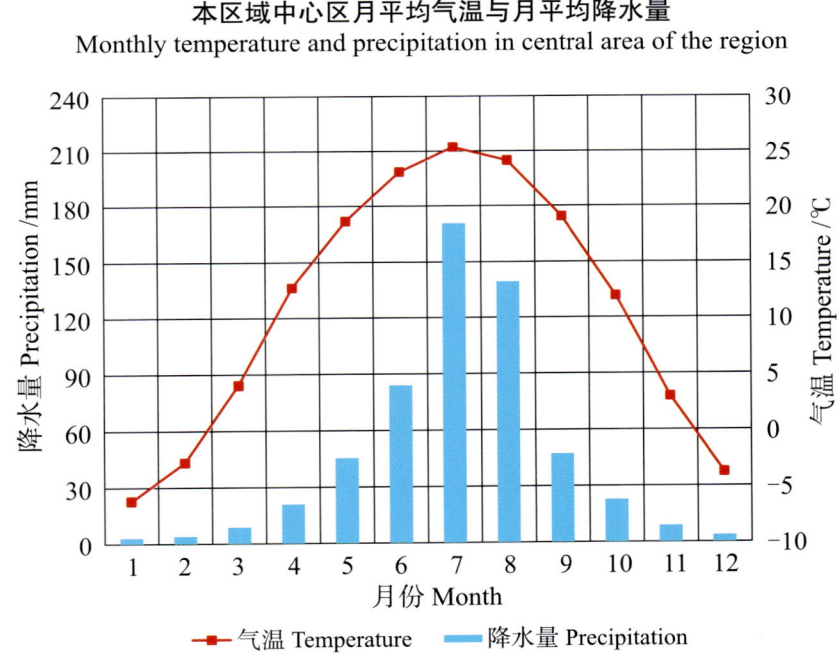

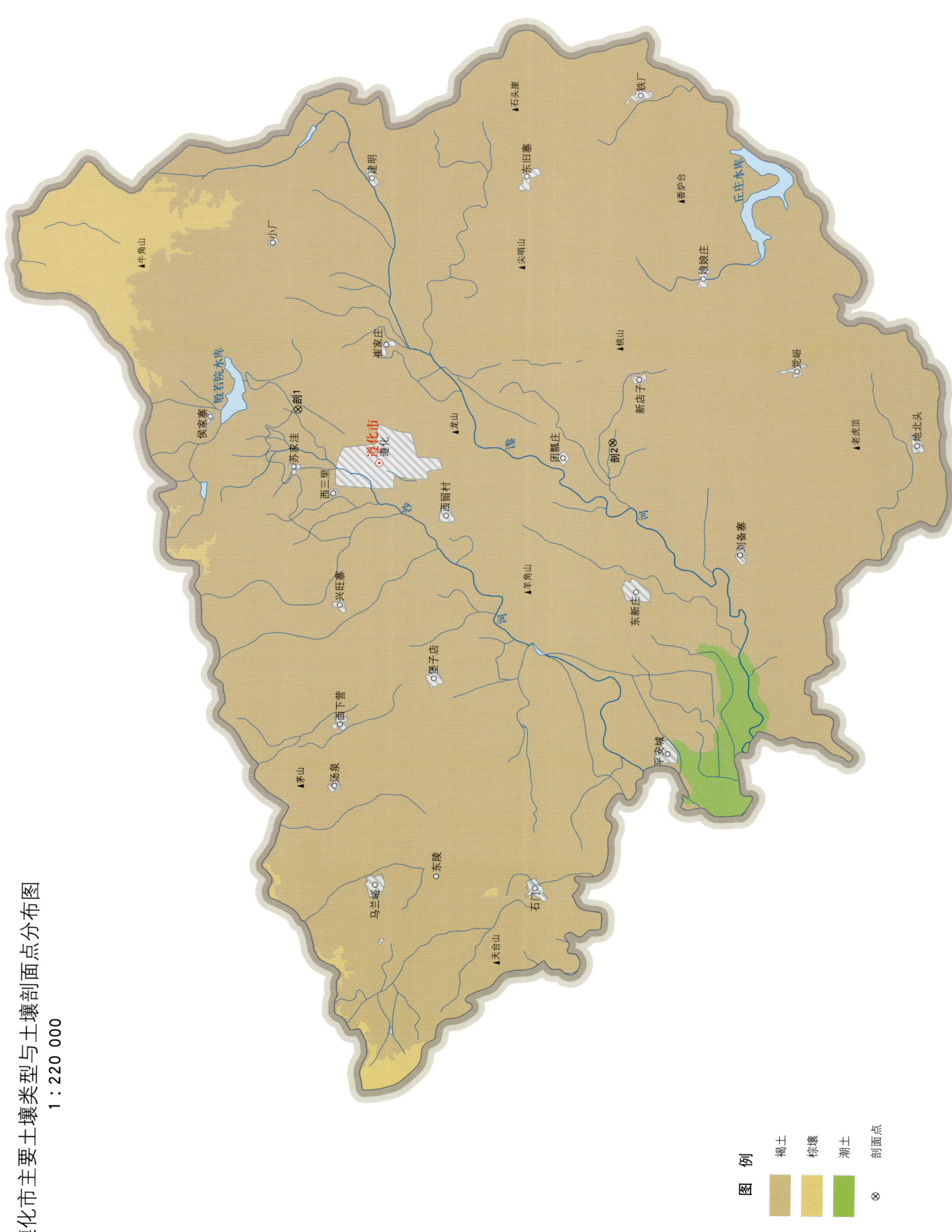

遵化市主要土壤类型与土壤剖面点分布图

1∶220 000

遵化市土壤剖面理化性状表

剖面号 Soil profile	土纲 Soil order	土类 Soil great group	亚类 Soil subgroup	土属 Soil genus	土种 Soil species	土层码 Layer code	土层厚度 Depth/cm	颜色 Soil color	质地 Soil texture	土壤结构 Soil structure	pH	有机质 OM/(g/kg)	全氮 TN/(g/kg)	全磷 TP/(g/kg)	全钾 TK/(g/kg)	有效磷 AP/(mg/kg)	速效钾 AK/(mg/kg)	阳离子交换量CEC/(cmol/kg)	剖面点坐标 Profile coordinate	匹配指数 Matching index/%
剖1	半淋溶土	褐土	淋溶褐土	砂性洪冲积淋溶褐土	底石漏砂褐土	A	0—18	灰棕色	砂壤土	屑粒状	7.0	11.4	0.51	1.05	14.8	3.0	35	10.1	E 117°59′30.8″ N 40°13′24.2″	94
						B	18—62	灰棕色	砂壤土	粒状	6.7	10.5	0.42	1.05	12.3	3.0	29	10.1		
						C	62—				7.0	3.5	0.28	1.18	6.8	1.5	104	10.5		
剖2	半淋溶土	褐土	褐土	壤质洪冲积中壤质褐土	中壤质褐土	1	0—20	暗褐色	中壤土	团块状	7.5	20.0	1.08	1.15	17.8	9.0	123	22.3	E 117°58′13.1″ N 40°04′36.5″	91
						2	20—30	浅褐色	重壤土	团块状	7.1	16.0	0.83	1.01	16.8	6.0	120	28.0		
						3	30—130	暗棕褐色	重壤土	棱块状	7.2	13.7	0.64	0.97	16.0	5.0	116	27.6		

迁 安 市

主要土类说明

褐土是迁安市主要土壤类型，占本市地域面积的 96%。褐土是在暖温带半湿润区发育形成的具有黏化与钙质淋移淀积特征的土壤。该土壤盐基饱和，处于硅铝风化阶段，有明显黏淀层。在其 A-B-C 剖面构型中，B 层呈棕褐色。土壤 pH 为 7.0—7.5，盐基饱和度在 80% 以上。B 层下部有假菌丝状钙积层。本市褐土分为褐土性土、淋溶褐土和草甸褐土等亚类。褐土性土多分布于低山丘陵残积、坡积风化物上，海拔多在 150m 以上，土壤表层有程度不同的侵蚀现象，一般在中度至强度侵蚀，并伴有中、强度沟蚀。其砾石含量一般在 30%—50%，质地在砂壤之间，河滩的褐土性土多为砂质，其表土层厚度一般均小于 30cm，其下则为母岩，主要母岩有片麻岩、石英岩、碳酸岩、安山岩和角砾岩。淋溶褐土多分布于低山的中下部和丘陵的顶部与中下部，位于褐土性土之下、洪冲积草甸褐土之上，海拔在 80—300m。草甸褐土多处于海拔 35—100m，在山谷的底部、山前的洪冲积扇之内，或河流冲积平原之上均有分布。

小于本市地域面积 3% 的土壤类型还有风沙土、石质土和新积土等。

本区域中心区气候特征

本区域中心区气候特征值
Regional climate characteristics in central area of the region

气候带：暖温带亚湿润气候 Climate region: Warm temperate subhumid climate	
年平均气温 /℃ Annual average temperature /℃	10.3
年平均最高气温 /℃ Annual average maximum temperature /℃	16.4
年平均最低气温 /℃ Annual average minimum temperature /℃	5.0
年降水量 /mm Annual precipitation /mm	567
≥ 10℃的积温 /℃ Daily temperature accumulated in a year（≥ 10℃）/℃	3808
年日照时数 /h Annual sunshine /h	2639
年平均相对湿度 /% Annual average relative humidity /%	61
干燥度 Dryness	1.09

本区域中心区月平均气温与月平均降水量
Monthly temperature and precipitation in central area of the region

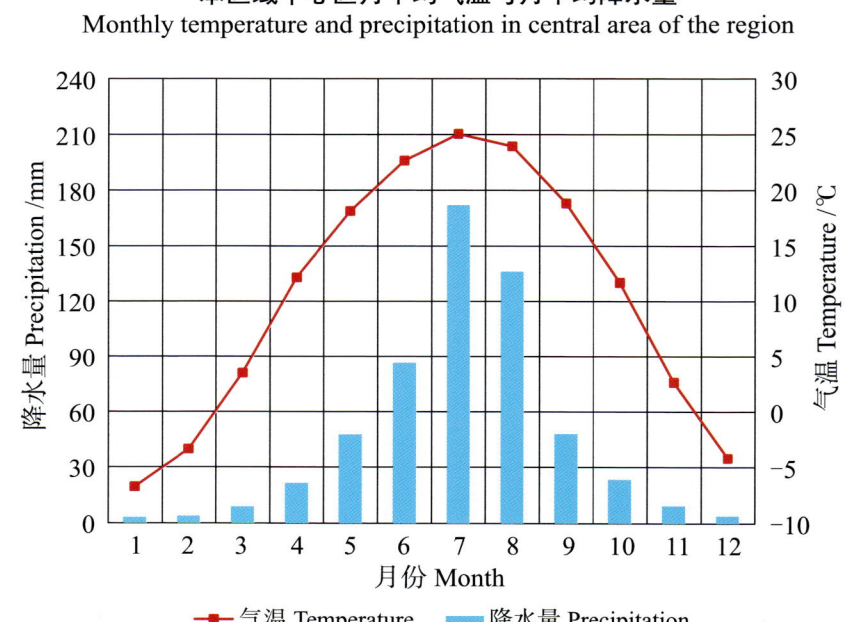

迁安县主要土壤类型与土壤剖面点分布图
1:190 000

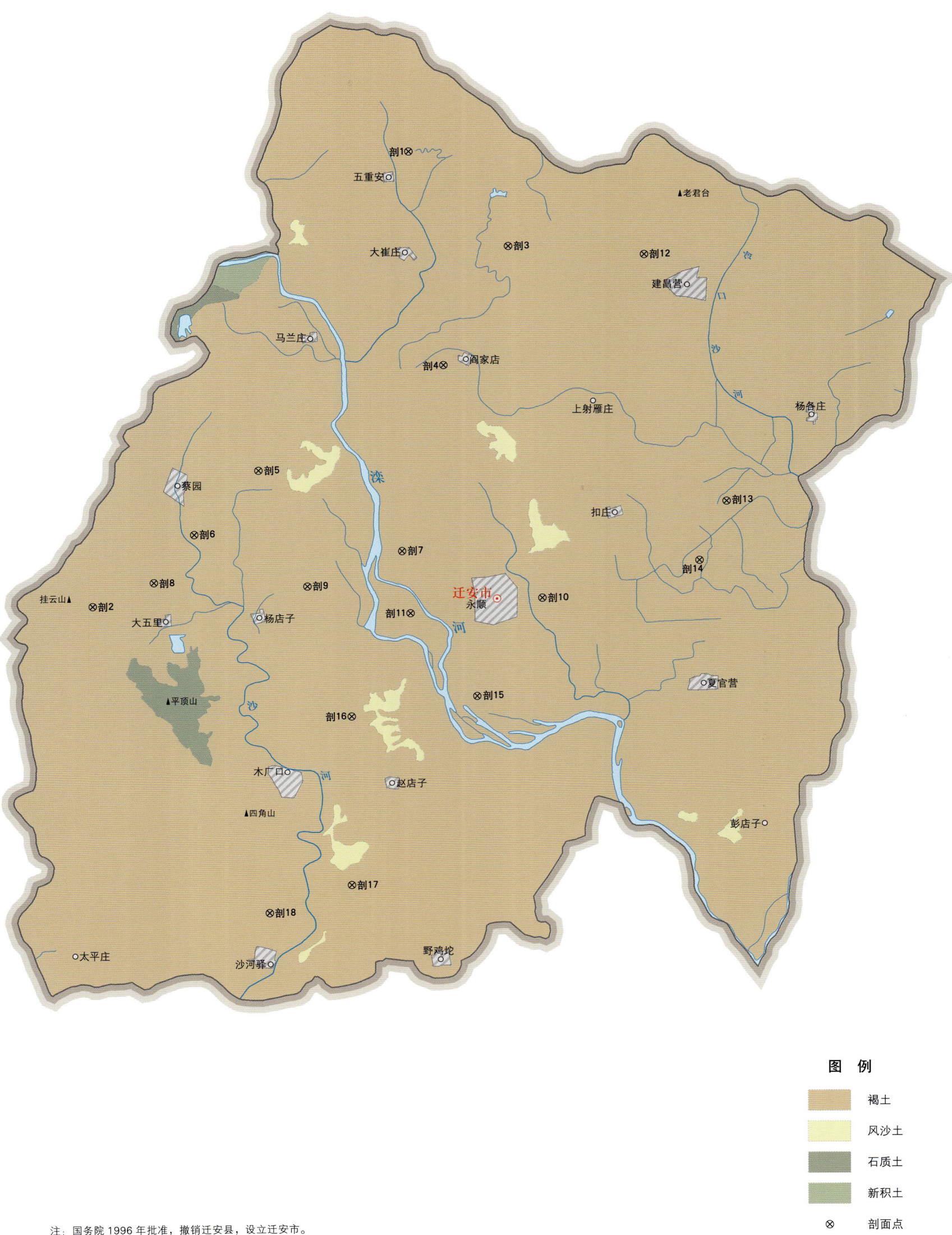

注：国务院1996年批准，撤销迁安县，设立迁安市。

图例
- 褐土
- 风沙土
- 石质土
- 新积土
- ⊗ 剖面点

迁安市土壤剖面理化性状表

剖面号 Soil profile	土纲 Soil order	土类 Soil great group	亚类 Soil subgroup	土属 Soil genus	土种 Soil species	土层码 Layer code	土层厚度 Depth/cm	颜色 Soil color	质地 Soil texture	土壤结构 Soil structure	pH	有机质 OM (g/kg)	全氮 TN (g/kg)	全磷 TP (g/kg)	全钾 TK (g/kg)	碱解氮 AN (mg/kg)	有效磷 AP (mg/kg)	速效钾 AK (mg/kg)	阳离子交换量 CEC (cmol/kg)	土壤母质 Parent material	剖面点坐标 Profile coordinate	匹配指数 Matching index/%
剖1	半淋溶土	褐土	淋溶褐土	洪积淋溶褐土	多砾质轻壤质淋溶褐土	1	0—18	浅褐色		碎块状	7.1	10.9	0.87	0.52	32.0	58	3.6	80	13.4		E 118°39′14.2″ N 40°11′57.9″	83
剖2	半淋溶土	褐土	淋溶褐土	耕种碳酸岩残坡积淋溶褐土	中层中壤质淋溶褐土	1	0—17	褐色		块状	7.8	17.5	0.83	0.33	35.8	88	7.6	132	20.9		E 118°29′00.4″ N 40°00′46.6″	90
						2	17—45	褐色	轻壤土	块状	6.5	7.0	0.48	0.24	19.3	52	2.0	116	18.0			
剖3	半淋溶土	褐土	褐土性土	片麻岩残坡积褐土性土	褐土性土	1	0—30				6.9	4.8	2.50	0.29			0.8	36	4.6		E 118°42′19.8″ N 40°09′33.8″	78
剖4	半淋溶土	褐土	潮褐土	洪积潮褐土	底砂残坡积轻壤质潮褐土	1	0—20	浅褐色	轻壤土	块状	6.7	12.9	0.69	0.71	20.9	63	10.3	54	12.0	洪积物、冲积物	E 118°40′12.7″ N 40°06′38.2″	74
						2	20—51	浅褐色	轻壤土	粒状	6.8	7.9	0.55	0.43	22.2	44	2.5	40	10.5			
						3	51—120	浅褐色	砂土	粒状	7.3	2.2	0.26	0.15	24.1	22	1.5	14	4.2			
剖5	半淋溶土	褐土	褐土性土	石英岩残坡积褐土性土	褐土性土	1	30—54		中壤土	块状	7.7	8.8	0.68	0.34	20.5	48	1.5	77	15.2		E 118°34′18.7″ N 40°04′05.0″	93
剖6	半淋溶土	褐土	淋溶褐土	洪冲积淋溶褐土	中壤质淋溶褐土	1	0—25	褐色	中壤土	块状	6.9	14.9	0.87	0.39	25.8	89	3.6	148	12.5	洪积物、冲积物	E 118°32′14.6″ N 40°02′31.2″	99
						2	25—65	褐色	中壤土	块状	7.5	10.2	0.43	0.30	26.0	51	0.8	76	19.1			
						3	65—80	浅褐色	轻壤土	块状	7.2	9.7	0.55	0.30	25.0	53	3.0	74	11.3			
						4	80—100	深褐色	重壤土	块状	7.5	12.5	0.74	0.35	25.0	50	2.5	82	18.2			
剖7	半淋溶土	褐土	潮褐土	河流冲积潮褐土	休卵石砂质潮褐土	1	0—20	灰褐色	砂土	碎块状	7.6	13.7	0.65	0.47	24.5	61	3.2	54	7.8		E 118°38′47.6″ N 40°02′01.4″	73
						2	20—35	灰褐色	卵石	单粒状	7.1	6.1	0.24	0.37	24.8	33	1.3	34	0.6			
剖8	半淋溶土	褐土	淋溶褐土	壤性洪冲积淋溶褐土	夹黏黑黄土	A	0—18	灰褐色	壤土	屑粒状	7.1	10.9	0.81	0.52	26.7		4.0	80	15.1		E 118°30′56.6″ N 40°01′20.8″	81
						B	18—50	褐色	壤土	碎块状	6.9	7.1	3.70	0.45	14.3		3.0	64	15.3			
						C	50—100	褐色	黏壤土	碎块状	7.1	4.9	0.61	0.21	9.2		3.0	46	15.0			
剖9	半淋溶土	褐土	淋溶褐土	壤性洪冲积淋溶褐土	黑黄土	A	0—20	灰褐色	粉砂质壤土	碎块状	6.5	13.2	0.73	0.16	19.0	59	1.0	58	19.7		E 118°35′46.9″ N 40°01′11.5″	78
						B	20—60	棕褐色	粉砂质壤土	块状	7.1	5.5	0.41	0.18	15.6	51	2.0	91	11.9			
						C	60—100	褐色	砂质黏壤土	块状	6.9	4.3	0.36	0.36	12.8	69	6.0	140	24.8			
剖10	半淋溶土	褐土	潮褐土	河流冲积潮褐土	轻壤质潮褐土	1	0—20	褐色	轻壤土	粒状	7.2	9.7	0.59	0.31	24.5	59	1.5	46	10.0		E 118°43′10.8″ N 40°00′47.7″	74
						2	22—52	灰褐色	砂壤土	块状	7.4	6.1	0.40	0.35	24.5	51	1.0	52	12.6			
						3	52—100	深褐色	轻壤土	粒状	7.2	6.2	0.65	0.62	23.4	69	5.0	96	21.2			
剖11	半淋溶土	褐土	潮褐土	河流冲积潮褐土	底卵石砂质潮褐土	1	0—40	浅褐色	轻壤土	粒状	5.2	14.7	0.74	0.21	21.6	64	3.2	82	23.4		E 118°39′01.4″ N 40°00′28.4″	91
						2	40—75	浅褐色	卵石		7.9	2.9	0.18			26	2.0		5.3			
剖12	半淋溶土	褐土	淋溶褐土	耕种片麻岩冲积淋溶褐土	轻壤质淋溶褐土	1	0—19	灰褐色		碎块状	7.0	9.2	0.52	0.27	21.9	47	3.6	64	11.5		E 118°46′36.8″ N 40°09′17.6″	87
						2	19—50	浅褐色		碎块状	8.4	8.8	0.56	0.50	24.0	45	1.3	47	10.0			
剖13	半淋溶土	褐土	潮褐土	洪冲积潮褐土	轻壤质潮褐土	1	0—20	褐色	轻壤土	块状	6.6	10.6	0.69	0.32	24.1	75	3.6	70	15.2		E 118°49′03.0″ N 40°03′06.5″	85
剖14	半淋溶土	褐土	潮褐土	洪冲积潮褐土	中壤质潮褐土	1	0—20	褐色	轻壤土	块状	7.0	9.2	0.40	0.54	24.0	55	3.3	50	9.8		E 118°48′09.4″ N 40°01′39.4″	70
						2	20—62	浅褐色	轻壤土	粒状	7.3	6.9	0.34	0.34	21.1	35	1.8	60	13.4			
						3	62—120	浅褐色	中壤土	块状	7.3	5.8	0.39	0.22	21.9	37	3.5	94	34.8			
剖15	半淋溶土	褐土	褐土性土	河流冲积褐土性土	褐土性土	1	54—105				8.1	2.1	0.14	0.47	18.0	21			13.6		E 118°41′03.9″ N 39°58′22.4″	74
剖16	半淋溶土	褐土	潮褐土	河流冲积潮褐土	砂壤质潮褐土	1	0—20	浅褐色	砂壤土	小碎块状	8.3	5.5	0.26	0.50	27.7	32	3.5	40	5.7		E 118°37′06.1″ N 39°57′55.5″	80
						2	20—70	浅褐色	砂壤土	小碎块状	8.3	3.7	0.36	0.48	21.4	30	2.0	24	7.2			
						3	70—120	浅褐色	砂壤土	小碎块状	8.2	4.3	0.21	0.51	23.7	19	3.5	30	7.5			
剖17	半淋溶土	褐土	潮褐土	河流冲积潮褐土	砂质潮褐土	1	0—20	灰褐色	砂土	单粒状	8.1	6.7	0.53	0.45	26.5	38	3.0	50	6.6		E 118°36′59.8″ N 39°53′42.7″	100
						2	20—75	灰褐色	砂土	单粒状	8.3	6.4	0.33	0.51	28.0	35	1.0	50	9.2			
						3	75—120	灰褐色	砂土	单粒状	8.4	2.3	0.26	0.46	23.0	25	0.8	22	4.2			

续表 Continued

剖面号 Soil profile	土纲 Soil order	土类 Soil great group	亚类 Soil subgroup	土属 Soil genus	土种 Soil species	土层码 Layer code	土层厚度 Depth/cm	颜色 Soil color	质地 Soil texture	土壤结构 Soil structure	pH	有机质 OM/(g/kg)	全氮 TN/(g/kg)	全磷 TP/(g/kg)	全钾 TK/(g/kg)	碱解氮 AN/(mg/kg)	有效磷 AP/(mg/kg)	速效钾 AK/(mg/kg)	阳离子交换量CEC/(cmol/kg)	土壤母质 Parent material	剖面点坐标 Profile coordinate	匹配指数 Matching index/%
剖18	半淋溶土	褐土	潮褐土	洪冲积潮褐土	砂壤质潮褐土	1	0—30	浅褐色	砂土	碎块状	6.7	8.5	0.47	0.27		64	1.8	48	8.3	洪积物、冲积物	E 118°34′23.5″ N 39°53′03.1″	71
						2	30—54	红褐色	砂土	碎块状	6.7	4.1	0.29	0.15		35	1.0	46	8.6			
						3	54—120	黄褐色	砂土	单粒状	7.1	1.3	0.08	0.17	23.3	23	5.2	24	5.5			

滦 州 市

主要土类说明

褐土是滦州市主要土壤类型，占本市地域面积的 86%。褐土是在暖温带半湿润区发育形成的具有黏化与钙质淋移淀积的土壤。该土壤盐基饱和，处于硅铝风化阶段，有明显黏淀层。在其 A–B–C 剖面构型中，B 层呈棕褐色。土壤 pH 为 7.0—7.5，盐基饱和度在 80% 以上；B 层下部有假菌丝状钙积层。土壤一般为微酸性至中性，有机质不易积累，含量低。

潮土是滦州市第二大土壤类型，占本市地域面积的 4%，主要分布在李兴庄的中南部，滦河自铁路桥以南河漫滩，及溯河、沙河等的低洼部位。本市潮土主要发育在滦河冲积物上，部分由滦河洪冲积平原的河流洼地发育而来。沉积物的属性深刻影响着土壤形态特征，质地分选比较明显。滦河河漫滩部位主流河道的土质为砂土，滦河沿早期泛滥决口下为卵石，上为砂土，决口主流沿线近为砂土，远为砂壤和轻壤土。因滦河多次决口改道，沉积物分布多有改变，造成局部地区的土壤砂黏相间，这是潮土的一个主要特征。滦河从上游携带花岗岩、片麻岩类风化物，但也携带黄土。随着水流分选作用，砂黏分离。因地下水位较高，且由于地表蒸发，水中的重碳酸盐随之上升，因而有石灰反应，pH 为 7.0—7.5。而砂土、砂壤土，由于淋溶下降作用大于蒸发造成的碳酸盐类的上升，且地下水上升高度低，故不显石灰反应。而含有夹层时水盐运行又会出现各种变化，造成土体不同层次的石灰反应各有不同。夹壤层碳酸盐含量较高，夹砂层则含量较低。养分元素的分布，亦随质地而变化，随黏粒含量的增加，养分含量由少到多。潮土形成的首要条件是地下水位较浅，地下水参与土壤形成过程。在心土层或底土层出现潜育化特征，如锈色斑纹、斑驳色彩，越近下层，土色越蓝，直至灰蓝色潜育层出现。根据地形部位、地下水深浅引起的剖面形态变化，本市潮土分为潮土、褐潮土和湿潮土等亚类。

粗骨土是滦州市第三大土壤类型，占本市地域面积的 3%。由于受地形和植被的影响，坡度陡，自然植被稀少。土壤侵蚀强烈，处幼年阶段，粗骨性强，土体中夹杂大量半风化的岩石碎块，土层薄，剖面结构简单，层次不明显，表土和心土、底土常混杂在一起。土壤养分贫乏，保水保肥及供肥性能极差。

小于本市地域面积 3% 的土壤类型还有石质土、水稻土和新积土等。

本区域中心区气候特征

本区域中心区气候特征值
Regional climate characteristics in central area of the region

气候带：暖温带亚湿润气候 Climate region: Warm temperate subhumid climate	
年平均气温 /℃ Annual average temperature /℃	10.6
年平均最高气温 /℃ Annual average maximum temperature /℃	16.5
年平均最低气温 /℃ Annual average minimum temperature /℃	5.5
年降水量 /mm Annual precipitation /mm	590
≥10℃的积温 /℃ Daily temperature accumulated in a year (≥10℃) /℃	3914
年日照时数 /h Annual sunshine /h	2602
年平均相对湿度 /% Annual average relative humidity /%	64
干燥度 Dryness	1.07

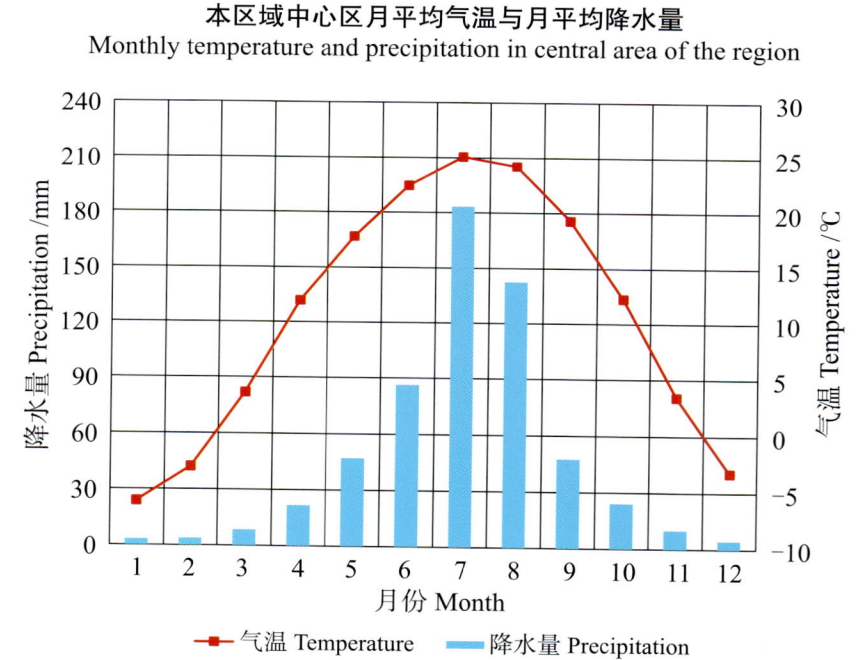

本区域中心区月平均气温与月平均降水量
Monthly temperature and precipitation in central area of the region

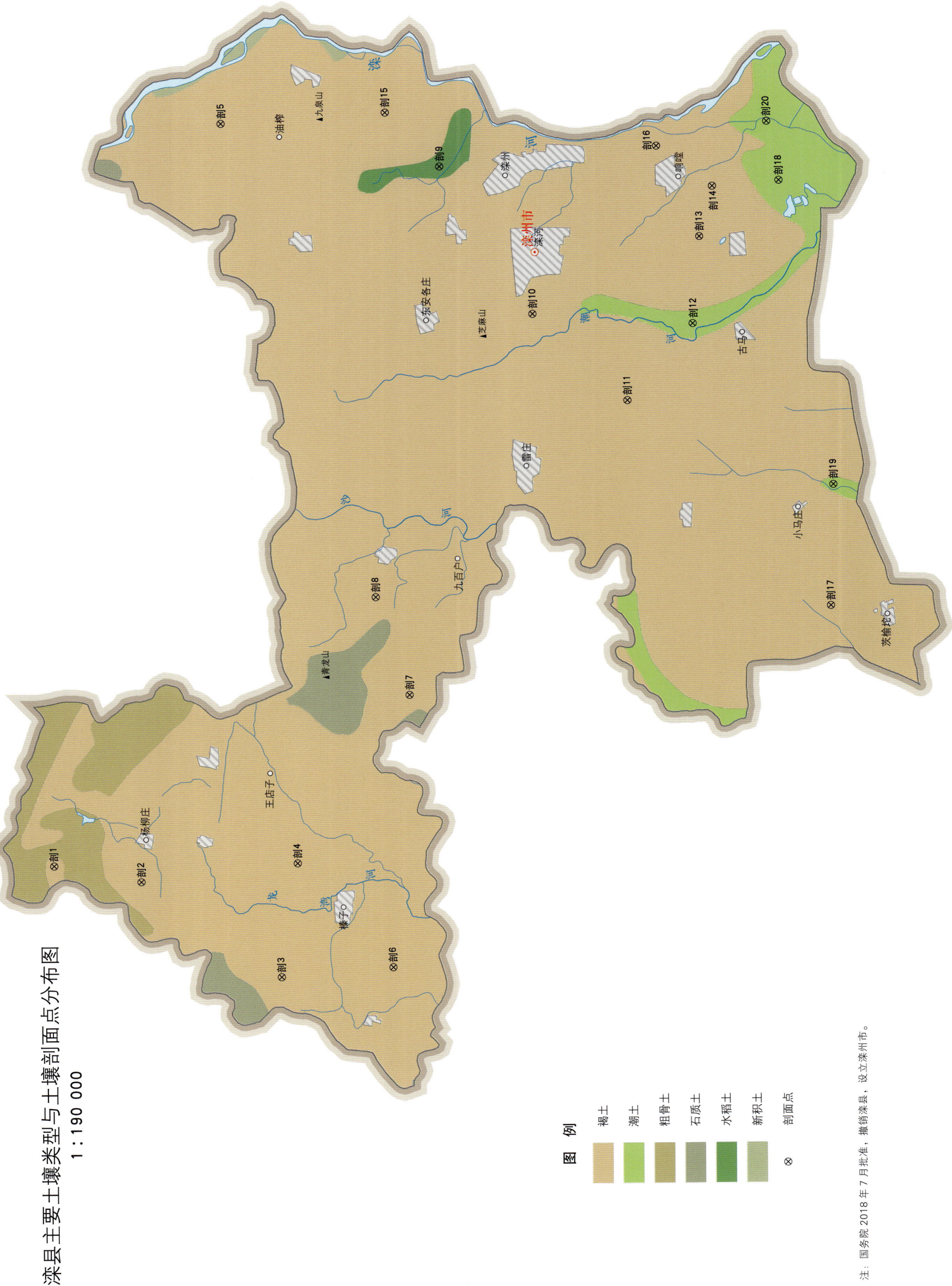

滦州市土壤剖面理化性状表

剖面号 Soil profile	土纲 Soil order	土类 Soil great group	亚类 Soil subgroup	土属 Soil genus	土种 Soil species	土层码 Layer code	土层厚度 Depth/cm	质地 Soil texture	pH	有机质 OM/(g/kg)	全氮 TN/(g/kg)	全磷 TP/(g/kg)	碱解氮 AN/(mg/kg)	有效磷 AP/(mg/kg)	速效钾 AK/(mg/kg)	阳离子交换量CEC/(cmol/kg)	土壤母质 Parent material	剖面点坐标 Profile coordinate	匹配指数 Matching index/%
剖1	半淋溶土	褐土	淋溶褐土	石灰岩类淋溶褐土	多砾厚层中壤质石灰岩类淋溶褐土	1	0—17		7.9	15.2	0.85	0.38	56	3.7	119	20.5	石灰岩类	E 118°21′40.4″ N 39°57′10.0″	99
						2	17—72		7.9	7.6	0.52	0.27	39	1.1	85	19.9			
						3	72—100		8.0	3.5	0.27	0.17	19	1.2	58	22.2			
剖2	半淋溶土	褐土	淋溶褐土	石灰岩类淋溶褐土		1	0—17		6.5	42.4	1.43	0.26	124	1.2	99	12.1	石灰岩类	E 118°21′05.3″ N 39°54′59.9″	85
						2	17—31		6.0	13.8	0.66	0.17	58	0.8	42	8.3			
剖3	半淋溶土	褐土	淋溶褐土	砂质淋溶褐土	砂质淋溶褐土	1	0—22		8.0	5.4	0.22	0.28	31	9.9	73	6.6		E 118°17′49.6″ N 39°51′32.8″	84
						2	22—60		8.0	3.5	0.14	0.25	24	2.5	37	6.0			
						3	60—120		7.8	3.0	0.11	0.30	15	2.8	33	5.4			
剖4	半淋溶土	褐土	潮褐土	壤质潮褐土	轻壤质潮褐土	1	0—20		6.6	11.3	0.65	0.31	61	0.6	70	9.3		E 118°21′36.4″ N 39°51′05.4″	79
						2	20—67		6.8	6.1	0.35	0.26	36	0.4	51				
						3	67—85		6.8	3.3	0.20	0.16	23	0.8	33	3.7			
						4	85—120		7.2	4.2	0.33	0.22	24	2.7	52	9.3			
剖5	半淋溶土	褐土	潮褐土	壤质潮褐土	中壤质潮褐土	1	0—24		7.1	13.1	0.79	0.36	54	3.1	88			E 118°46′13.4″ N 39°52′37.9″	70
						2	24—42		7.1	9.7	0.58	0.37	49	1.5	75				
						3	42—120		7.3	12.9	0.71	0.36	48	1.3	131				
剖6	半淋溶土	褐土	淋溶褐土	砂质淋溶褐土	中壤质淋溶褐土	1	0—15		6.8	13.3	0.92	0.34	89	2.4	99	17.0		E 118°18′04.3″ N 39°48′45.4″	72
						2	15—45		7.3	12.2	0.78	0.39	77	1.5	103	19.9			
						3	45—120		7.1	9.4	0.60	0.37	62	0.9	94	18.4			
剖7	半淋溶土	褐土	淋溶褐土	石灰岩类淋溶褐土	砂壤质淋溶褐土	1	0—17		5.9	12.5	0.72	0.20	62	0.8	54	8.7	石英岩类	E 118°27′08.2″ N 39°48′12.6″	88
						2	17—38		5.8	5.3	0.61	0.17	41	0.4	41	8.8			
剖8	半淋溶土	褐土	淋溶褐土	砂质淋溶褐土	砂质淋溶褐土	1	0—21		7.9	12.3	0.71	0.53	48	3.8	80	13.5		E 118°30′24.5″ N 39°49′00.5″	73
						2	21—70		7.5	5.3	0.46	0.36	31	0.4	70	12.5			
						3	70—120		7.5	4.3	0.34	0.26	29	2.7	67	13.5			
剖9	人为土	水稻土	淹育水稻土	壤质淹育水稻土	中壤质淹育水稻土	1	0—8	中壤土	7.8	18.6	1.00	0.44	76	12.8	76	13.4		E 118°44′40.1″ N 39°47′11.3″	85
						2	8—21	中壤土	7.7	14.6	0.86	0.39	70	8.6	79	14.0			
						3	21—36	中壤土	7.4	3.8	0.25	0.33	22	5.1	79	13.4			
						4	36—70	轻壤土	7.2	2.9	0.18	0.25	16	6.1	81	12.8			
剖10	半淋溶土	褐土	淋溶褐土	石灰岩类淋溶褐土	少砾厚层轻壤质石灰岩类淋溶褐土	1	0—15		6.5	12.9	0.73	0.29	66	2.2	69	1.2	石英岩类	E 118°39′42.4″ N 39°44′56.8″	70
						2	15—55		6.2	9.3	0.77	0.27	82	1.7	57	9.3			
						3	55—90		6.1	10.6	0.61	0.28	72	1.3	59	10.3			
剖11	半淋溶土	褐土	潮褐土	砂质潮褐土	底杂砂砂壤质潮褐土	1	0—24		8.0	12.8	0.75	0.33	49	2.2	42	13.3		E 118°36′46.8″ N 39°42′37.4″	82
						2	24—75	砂壤土	8.1	11.3	0.64	0.48	46	0.5	51	21.3			
						3	75—100	轻壤土	8.1	2.9	0.27	0.28	14	0.5	43	19.3			
						4	100—120	紧砂土	8.1	1.7	0.18	0.35	12	微量	63	14.1			
剖12	半水成土	潮土	潮土	砂质潮土	砂质潮土	1	0—24	紧砂土	7.4	11.0	0.70	0.56	55	5.1	70	10.8		E 118°39′17.3″ N 39°40′57.3″	87
						2	24—42		7.3	1.8	0.09	0.49	15	1.6	28	4.4			
						3	42—70		7.4	2.8	0.16	0.59	13	2.9	31	6.1			
						4	70—120		7.7	2.2	0.16	0.51	11	0.4	35	6.1			
剖13	半淋溶土	褐土	淋溶褐土	石灰岩类淋溶褐土	少砾厚层砂壤质石灰岩类淋溶褐土	1	0—20		8.0	8.1	0.41	0.24	45	3.1	69	8.4	石英岩类	E 118°42′10.6″ N 39°40′44.7″	77
						2	20—50		7.2	6.4	0.44	0.27	50	0.2	37	7.2			
						3	50—120		7.2	5.2	0.44	0.23	44	1.0	50	7.2			

续表 Continued

剖面号 Soil profile	土纲 Soil order	土类 Soil great group	亚类 Soil subgroup	土属 Soil genus	土种 Soil species	土层码 Layer code	土层厚度 Depth/cm	质地 Soil texture	pH	有机质 OM/(g/kg)	全氮 TN/(g/kg)	全磷 TP/(g/kg)	碱解氮 AN/(mg/kg)	有效磷 AP/(mg/kg)	速效钾 AK/(mg/kg)	阳离子交换量CEC/(cmol/kg)	土壤母质 Parent material	剖面点坐标 Profile coordinate	匹配指数 Matching index/%
剖14	半淋溶土	褐土	潮褐土	砂质潮褐土	砂壤厚层潮褐土	1	0—19		6.1	5.4	0.33	0.24	34	1.2	47	6.5		E 118°43′50.7″ N 39°40′24.1″	73
						2	19—53		5.8	4.2	0.19	0.24	27	1.5	34	5.0			
						3	53—84		6.4	1.2	0.08	0.14	14	1.0	16	1.5			
						4	84—120		6.4	1.0	0.04	0.13	10	0.8	17	1.8			
剖15	半淋溶土	褐土	淋溶褐土	石英岩类淋溶褐土	多砾厚层轻壤质石英岩类淋溶褐土	1	0—20		7.1	9.9	0.63	0.28	52	0.7	94	21.0	石英岩类	E 118°46′28.9″ N 39°48′31.3″	71
						2	20—62		7.0	7.1	0.60	0.30	41	0.7	78	18.2			
						3	62—100		7.1	3.9	0.30	0.23	24	0.8	17	22.8			
剖16	半淋溶土	褐土	淋溶褐土	石英岩类淋溶褐土		1	0—18		6.8	12.8	0.73	0.24	65	0.7	35	10.4	石英岩类	E 118°45′11.9″ N 39°41′46.6″	80
						2	18—70		6.9	7.6	0.42	0.12	40	0.2	24	10.1			
剖17	半淋溶土	褐土	潮褐土	砂质潮褐土		1	0—20	砂土	6.4	2.3	0.12	0.10	12	1.8	15			E 118°29′50.0″ N 39°37′39.5″	72
						2	20—85	砂土	6.3	1.6	0.08	0.08	11	1.2	10				
						3	85—120	砂土	6.5	1.0	0.07	0.10	4	1.1	7				
剖18	半水成土	潮土	潮土	壤质潮土	底砂轻壤质潮土	1	0—20		8.0	16.1	0.99	0.83	68	14.0	110	14.7		E 118°43′59.3″ N 39°38′44.3″	74
						2	20—60		8.3	10.2	0.68	0.74	47	0.8	56	16.7			
						3	60—120		8.2	4.9	0.24	0.62	21	1.3	34	11.8			
剖19	半水成土	潮土	潮土	砂质潮土	砂质潮土	1	0—22		7.5	13.2	0.70	0.33	57		50	7.8		E 118°33′51.0″ N 39°37′32.3″	73
						2	22—80		7.7	1.4	0.11	0.10	12	0.9	14	2.0			
						3	80—120		8.0	1.0	0.05	0.14	9	3.0	10	2.0			
剖20	半水成土	潮土	潮土	壤质潮土	中壤质潮土	1	0—20		7.6	13.2	0.82	0.41	60	0.8	97	17.0		E 118°45′56.8″ N 39°39′01.3″	93
						2	20—43		7.6	9.0	0.55	0.37	45	0.7	79	16.7			
						3	43—80		7.1	3.2	0.19	0.23	24	1.1	43				
						4	80—150		7.5	3.5	0.27	0.28	31	1.3	53	15.6			

秦 皇 岛 市

市 辖 区

主要土类说明

棕壤是秦皇岛市主要土壤类型，占本市地域面积的50%，分布在本市北部的低山丘陵区，地形部位较高。母质多数是酸性硅铝质残积物和坡积物，也有少数为壤质洪积物、冲积物。全剖面呈棕色，剖面中各发生层次分界不十分明显，剖面中有蚯蚓及其他小动物贯穿形成的孔穴。无石灰反应，pH在6.3—6.8。A层是腐殖质层，厚度为20—40cm，粒状，浅黑棕色，有较多的动物穴及根孔；B层是淀积层，呈棕色或灰棕色，较黏紧，含胶体和黏粒；C层是母质层。

潮土是秦皇岛市第二大土壤类型，占本市地域面积的32%，分布在本市南部的平原区，地形部位较低，一般在海拔10m以下，地下水位较高，埋深为1—3m，土壤易受地下水影响。母质为冲积物。土层排列层次明显，表层土颜色多呈灰色，心土、底土层由于地下水直接参与成土过程，出现潜育化特征。旱季、雨季造成地下水升降频繁，引起土壤中的氧化还原过程交替进行，铁锰氧化物随水迁移和局部聚积，因此剖面中出现锈色斑纹和铁锰结核。

本区域中心区气候特征

本区域中心区气候特征值
Regional climate characteristics in central area of the region

气候带：暖温带亚湿润气候 Climate region: Warm temperate subhumid climate	
年平均气温 /℃ Annual average temperature /℃	10.2
年平均最高气温 /℃ Annual average maximum temperature /℃	15.8
年平均最低气温 /℃ Annual average minimum temperature /℃	5.3
年降水量 /mm Annual precipitation /mm	590
≥10℃的积温 /℃ Daily temperature accumulated in a year（≥10℃）/℃	3736
年日照时数 /h Annual sunshine /h	2642
年平均相对湿度 /% Annual average relative humidity /%	64
干燥度 Dryness	1.02

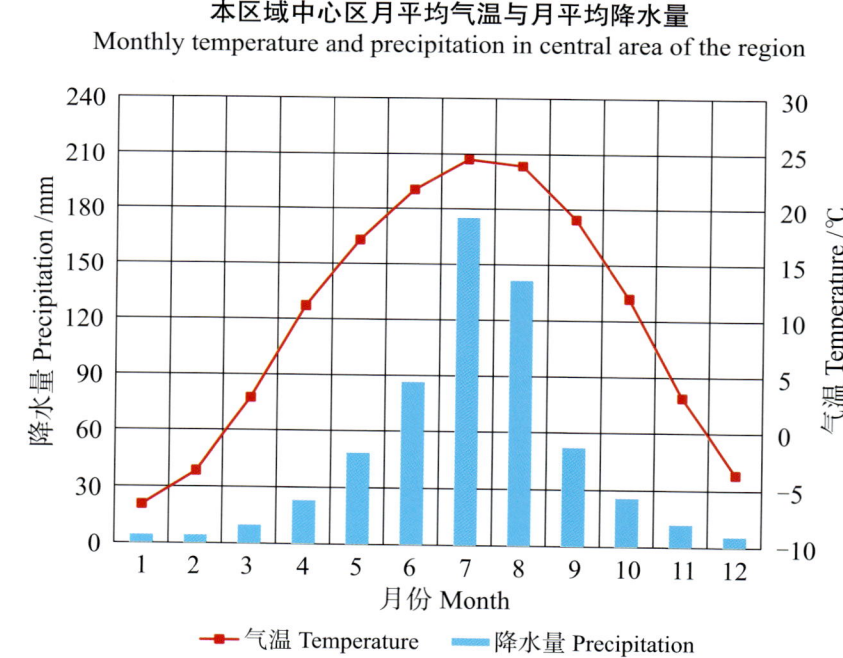

本区域中心区月平均气温与月平均降水量
Monthly temperature and precipitation in central area of the region

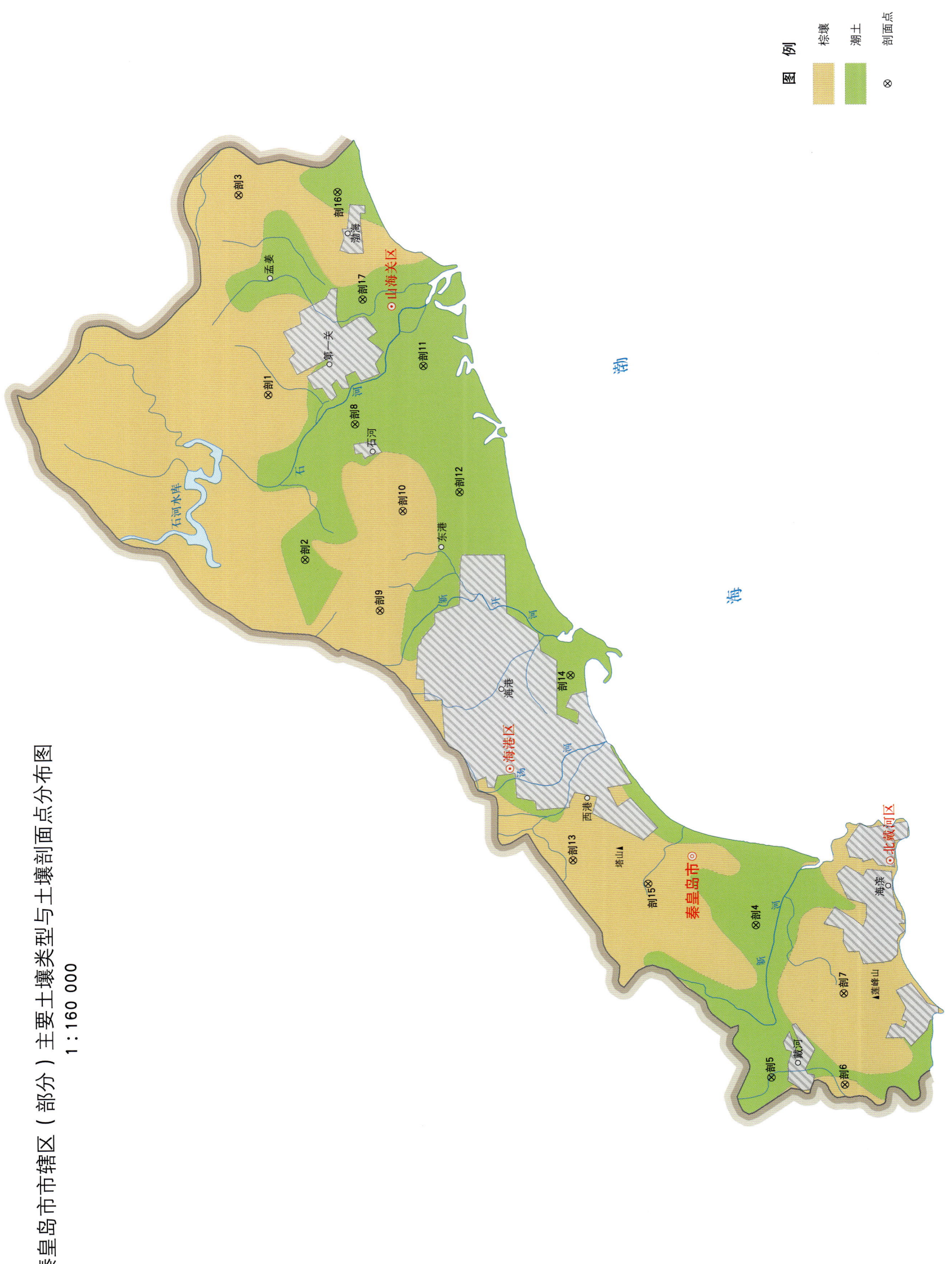

秦皇岛市市辖区（部分）主要土壤类型与土壤剖面点分布图 1∶160 000

秦皇岛市土壤剖面理化性状表

剖面号 Soil profile	土纲 Soil order	土类 Soil great group	亚类 Soil subgroup	土属 Soil genus	土种 Soil species	土层码 Layer code	土层厚度 Depth/cm	颜色 Soil color	质地 Soil texture	土壤结构 Soil structure	pH	有机质 OM/(g/kg)	全氮 TN/(g/kg)	全磷 TP/(g/kg)	全钾 TK/(g/kg)	碱解氮 AN/(mg/kg)	有效磷 AP/(mg/kg)	速效钾 AK/(mg/kg)	阳离子交换量CEC/(cmol/kg)	土壤母质 Parent material	剖面点坐标 Profile coordinate	匹配指数 Matching index/%
剖1	淋溶土	棕壤	棕壤	酸性硅铝质残坡积棕壤		1	0—18		中壤土		6.8	11.5	0.64	0.56	22.5	78	3.0	48	38.0		E 119°43′52.5″ N 40°01′15.7″	81
						2	18—32		中壤土		6.8	8.8	0.54	0.49		54	1.0	39	17.9			
						3	32—72		重壤土		6.8	4.7	0.37	0.52		41	2.0	56	16.6			
						4	72—100		重壤土		6.5	4.1	0.23	0.49		27	3.0	78	16.0			
剖2	半水成土	潮土	潮土	轻壤质潮土	轻壤质底砂潮土	1	0—20	灰棕色	轻壤土	屑粒状	7.0	8.6	0.37	0.76	25.0	39	3.0	29	34.7		E 119°39′22.1″ N 40°00′38.1″	77
						2	20—80	红棕色	轻壤土	块状	7.0	15.0	0.74	0.96		71	10.0	39	11.1			
						3	80—120	黄棕色	砂土	单粒状	6.8	3.9	0.23	0.56		21	6.0	28	7.1			
剖3	淋溶土	棕壤	棕壤	酸性硅铝质残坡积棕壤		1	0—18	黑棕色	轻壤土		6.8	5.3	0.27	0.22		25	3.0	49	7.1		E 119°49′18.8″ N 40°01′43.2″	82
						2	18—28	灰棕色	轻壤土		6.5	2.4	0.08	0.16		13	2.0	38	6.8			
						3	28—78	棕色	轻壤土		6.5	1.2	0.06	0.15		7	2.0	49	7.4			
						4	78—100		中壤土		6.8	0.8	0.06	0.17		8	2.0	33	13.4			
剖4	半水成土	潮土	潮土	轻壤质潮土	轻壤质潮土	1	0—22		轻壤土		6.5	11.3	0.65	0.71	24.0	64	10.0	40			E 119°28′59.0″ N 39°51′45.4″	80
						2	22—39		中壤土		7.0	9.3	0.68			46	8.0	25				
						3	39—70		轻壤土		6.5	7.3	0.40	0.61		43	8.0	26				
						4	70—120		中壤土		6.8	13.1	0.82	0.73		71	8.0	24				
剖5	半水成土	潮土	潮土	砂壤质潮土	砂壤质潮土	1	0—20	浅棕色	砂壤土		6.5	8.0	0.40	0.59	22.8	48	12.0	30			E 119°24′53.1″ N 39°51′33.2″	80
						2	20—40	暗棕色	轻壤土		6.8	2.4	0.16	0.30		17	6.0	54	12.3			
						3	40—80	灰棕色	轻壤土		6.5	1.4	0.03	0.24		14	5.0	52				
						4	80—100	灰白色	轻壤土		6.5	0.2	0.05	0.30		8	3.0	40				
剖6	淋溶土	棕壤	潮棕壤	洪冲积潮棕壤	黏壤质潮棕土	1	0—15	暗棕色	黏壤土	屑粒状	6.3	13.4	0.72	0.46	23.7		4.0	34	28.0	洪积物、冲积物	E 119°24′37.3″ N 39°50′03.8″	80
						2	15—29	暗棕色	黏壤土	粒状	6.8	7.7	0.46	0.46	20.2		3.0	41	16.8			
						3	29—36	暗棕色	黏壤土	块状	6.8	14.9	0.76	0.46	20.8		3.0	38	15.8			
						4	36—120	黑棕色	黏壤土	状状	6.3	7.7	0.35	0.35	20.1		5.0	43				
剖7	棕壤	棕壤	棕壤	酸性硅铝质残坡积棕壤		1	0—14		砂壤土		7.0	29.9	11.39	0.69	29.0	151	5.0	83	8.0		E 119°27′04.4″ N 39°50′01.2″	78
剖8	半水成土	潮土	潮土	砂壤质潮土	砂壤质体多卵石潮土	1	0—15		砂壤土		7.3	9.2	0.45	0.36	25.5	45	8.0	82	3.4		E 119°42′59.2″ N 39°59′31.4″	86
						2	15—29		轻壤土		6.8	18.1	0.24	0.45		27	6.0	170	6.8			
						3	29—		卵石													
剖9	淋溶土	棕壤	棕壤	酸性硅铝质残坡积棕壤		1	0—15		轻壤土		6.8	18.7	0.63	1.07	30.0	55	20.0	73	8.4		E 119°37′54.7″ N 39°59′09.2″	96
						2	15—28		轻壤土		7.8	17.5	0.72	0.95		52	5.0	38	10.0			
						3	28—70		中壤土		6.8	8.0	0.56	0.49		56	3.0	97	20.9			
						4	70—															
剖10	淋溶土	棕壤	棕壤	酸性硅铝质残坡积棕壤		1	0—30		轻壤土		7.0	1.2	0.72	0.63	25.5	75	5.0	24	11.7		E 119°40′35.8″ N 39°58′37.0″	87
						2	30—70		黏土	屑粒状	6.5	3.3	0.38	0.37		26	2.0	66	16.8			
						3	70—88		黏土		6.8	1.4	0.13	0.57		18	9.0	81	42.7			
						4	88—100		黏土		7.0	1.1	0.16	0.44		17	6.0	61	14.8			
剖11	半水成土	潮土	潮土	砂质潮土	滦河底石细砂潮土	1	0—33	暗棕色	砂壤土	屑粒状	6.3	6.8	0.31	0.62	23.7		7.0	74	6.1	河流冲积物、沉积物	E 119°44′30.8″ N 39°58′05.6″	95
						2	33—55	黑褐色	砂壤土	屑粒状	6.8	5.1	0.21	0.60	20.0		6.0	35	7.5			
						3	55—															

续表 Continued

剖面号 Soil profile	土纲 Soil order	土类 Soil great group	亚类 Soil subgroup	土属 Soil genus	土种 Soil species	土层码 Layer code	土层厚度 Depth/cm	颜色 Soil color	质地 Soil texture	土壤结构 Soil structure	pH	有机质 OM/(g/kg)	全氮 TN/(g/kg)	全磷 TP/(g/kg)	全钾 TK/(g/kg)	碱解氮 AN/(mg/kg)	有效磷 AP/(mg/kg)	速效钾 AK/(mg/kg)	阳离子交换量CEC/(cmol/kg)	土壤母质 Parent material	剖面点坐标 Profile coordinate	匹配指数 Matching index/%
剖12	半水成土	潮土	潮土	轻壤质潮土	轻壤质底黏潮土	1	0–25	暗棕色	轻壤土	粒状	6.8	9.7	0.58	0.92		56	19.0	36	9.9		E 119°41′02.9″ N 39°57′27.2″	78
						2	25–35	棕色	中壤土	片状	7.0	5.8	0.43	0.54		37	3.0	49	19.1			
						3	35–65	浅棕色	中壤土	片状	6.8	7.4	0.47	0.57		51	2.0	69	16.2			
						4	65–90	浅灰棕色	中黏土	片状	7.3	8.3	0.66	0.70		65	4.0	77	24.9			
						5	90–100	灰棕色	中黏土	片状	6.8	8.0	0.55	0.67		41	6.0	90	25.1			
						6	100–110	深灰棕色	轻黏土	片状	6.8	11.8	0.53	0.70		36	6.0	77	21.0			
						7	110–120	灰棕色	轻黏土	片状	6.8	13.2	0.65	0.62		45	6.0	62	19.7			
剖13	淋溶土	潮棕壤		洪冲积潮棕壤	聚金潮棕土	1	0–14	浅棕色	砂壤土	屑粒状	7.0	12.0	0.72	0.63	25.5		5.0	24	11.7	洪积物,冲积物	E 119°30′56.3″ N 39°55′25.0″	99
						2	14–35	棕色	砂壤土	块状	7.0	12.0	0.74	0.61	24.1		5.0	28	11.3			
						3	35–46	暗棕色	砂壤土	块状	6.5	3.3	0.38	0.37	14.8		2.0	66	16.8			
						4	46–59	暗棕色	黏壤土	块状	6.5	3.3	0.35	0.32	14.3		2.0	63	17.1			
						5	59–73	暗灰棕色	黏壤土		6.7	1.4	0.13	0.57	14.1		9.0	81	12.7			
剖14	半水成土	潮土	潮土	砂质潮土	砂质潮土	1	0–20	暗棕色	砂土		6.8	2.1	0.14	0.32	31.0	20	4.0	51	2.3		E 119°35′58.4″ N 39°55′20.0″	85
						2	20–45	黄棕色	砂土		7.0	6.5	0.37	0.45		29	6.0	49	5.3			
						3	45–120	黑色	砂土		7.3	2.1	0.05	0.43		12	5.0	25	5.7			
剖15	淋溶土	棕壤	棕壤	酸性硅铝质残坡积棕壤		1	0–24		轻壤土		6.8	11.4	0.50	0.82	26.0	71	20.0	72	10.2		E 119°30′13.3″ N 39°53′54.6″	89
						2	24–40		轻壤土		6.8	7.3	0.36	0.52		46	3.0	48	8.9			
						3	40–58		轻壤土		6.8	3.0	0.23	0.32		31	6.0	48	7.2			
						4	58–77		黏土		6.8	7.0	0.50	0.44		53	3.0	38	13.0			
						5	77–120		黏土		6.8	4.0	0.38	0.58		38	6.0	48	18.5			
剖16	半水成土	潮土	潮土	中壤质潮土	中壤质潮土	1	0–25	暗棕色	中壤土	粒状	7.0	10.7	0.63	0.84	25.0	64	3.0	51	17.7		E 119°49′18.1″ N 39°59′42.4″	77
						2	25–35	浅棕色	中壤土	片状	7.0	5.4	0.38	0.56		39	2.0	44	14.9			
						3	35–120	棕色	中壤土	片状	6.8	3.5	0.27	0.45		28	3.0	36	14.0			
剖17	半水成土	潮土	潮土	轻壤质潮土	轻壤质体砂土	1	0–19	浅棕色	轻壤土	粒状	7.3	16.2	0.63	0.70	27.0	55	12.0	84	3.5		E 119°46′22.3″ N 39°59′16.6″	95
						2	19–33	浅棕色	轻壤土	粒状	7.3	13.3	0.64	0.64		43	3.0	48	11.2			
						3	33–120	浅黄色	砂土	粒状	6.3	0.7	0.06	0.29		11	2.0	20	2.2			

抚 宁 区

主要土类说明

棕壤是抚宁区主要土壤类型，占本区地域面积的 84%。本区主要植被为湿润暖温带落叶阔叶林，但大部分已被垦殖，以旱作为主。该土壤处于硅铝风化阶段，是具有黏化特征的棕色土壤，土体见黏粒淀积，盐基充分淋失，pH 为 6.0—7.0，见少量游离铁。多有干鲜果类生长，山地多森林覆盖。

褐土是抚宁区第二大土壤类型，占本区地域面积的 7%。褐土是在暖温带半湿润区发育形成的具有黏化与钙质淋移淀积特征的土壤。该土壤盐基饱和，处于硅铝风化阶段，有明显黏淀层。在其 A-B-C 剖面构型中，B 层呈棕褐色。土壤 pH 为 7.0—7.5，盐基饱和度在 80% 以上，有时过饱和。

小于本区地域面积 3% 的土壤类型还有潮土、石质土、水稻土和风沙土等。

本区域中心区气候特征

本区域中心区气候特征值
Regional climate characteristics in central area of the region

气候带：暖温带亚湿润气候 Climate region: Warm temperate subhumid climate	
年平均气温 /℃ Annual average temperature /℃	10.2
年平均最高气温 /℃ Annual average maximum temperature /℃	16.1
年平均最低气温 /℃ Annual average minimum temperature /℃	5.1
年降水量 /mm Annual precipitation /mm	583
≥10℃的积温 /℃ Daily temperature accumulated in a year (≥10℃) /℃	3811
年日照时数 /h Annual sunshine /h	2630
年平均相对湿度 /% Annual average relative humidity /%	63
干燥度 Dryness	1.05

本区域中心区月平均气温与月平均降水量
Monthly temperature and precipitation in central area of the region

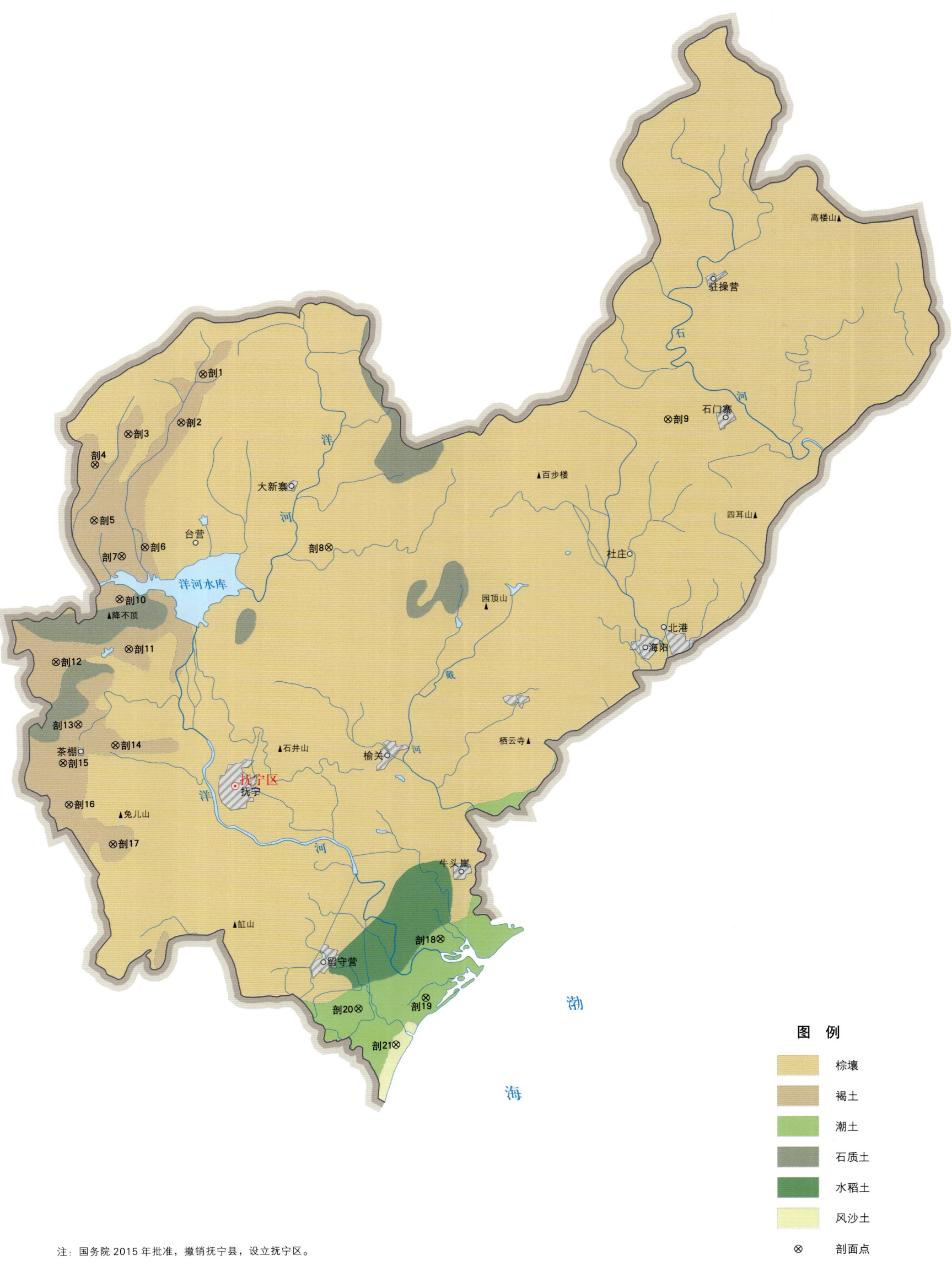

抚宁县主要土壤类型与土壤剖面点分布图 1∶260 000

抚宁区土壤剖面理化性状表

剖面号 Soil profile	土纲 Soil order	土类 Soil great group	亚类 Soil subgroup	土属 Soil genus	土种 Soil species	土层码 Layer code	土层厚度 Depth/cm	颜色 Soil color	质地 Soil texture	土壤结构 Soil structure	pH	有机质 OM/(g/kg)	全氮 TN/(g/kg)	全磷 TP/(g/kg)	全钾 TK/(g/kg)	碱解氮 AN/(mg/kg)	有效磷 AP/(mg/kg)	速效钾 AK/(mg/kg)	阳离子交换量CEC/(cmol/kg)	土壤母质 Parent material	剖面点坐标 Profile coordinate	匹配指数 Matching index/%
剖1	半淋溶土	褐土	褐土性土	砂砾岩类褐土性土	砂砾岩类褐土	1	0—4	深褐色	砂壤土	无明显结构	6.4	96.5	3.69	0.43	14.5	290	20.5	198		砂砾岩类	E 119°12′54.8″ N 40°07′33.1″	95
						2	4—30	浅褐色	中壤土	块状	6.9	9.7	0.63	0.30	11.6	46	7.1	54				
剖2	半淋溶土	褐土	潮褐土	洪积冲积质潮褐土	轻壤质底石潮褐土	1	0—20	灰褐色	轻壤土	碎块状	7.7	4.9	0.35	0.13	15.2	23	3.4	30		洪积物、冲积物	E 119°11′54.4″ N 40°05′53.5″	89
						2	20—50	深褐色	轻壤土	块状	7.6	13.1	0.64	0.31	16.3	51	3.5	41				
						3	50—85	黑褐色	轻壤土													
						4	85—100		卵石													
剖3	半淋溶土	褐土	潮褐土	洪积冲积质潮褐土	轻壤质潮褐土	1	0—20	灰褐色	轻壤土	碎屑状	7.3	7.6	0.46	0.30	14.1	36	7.2	27		洪积物、冲积物	E 119°09′34.3″ N 40°05′31.9″	80
						2	20—45	浅棕色	轻壤土	碎屑状	8.3	5.6	0.36	0.22	21.1	25	3.3	26				
						3	45—70	浅棕色	轻壤土	碎屑状	8.2	5.7	0.41	0.22	15.4	28	3.4	41				
						4	70—100	暗棕色	砂土	单粒状	7.7	8.6	0.52	0.29	20.4	42	7.3	71				
剖4	半淋溶土	褐土	褐土性土	页岩类褐土性土		1	0—12	灰棕色	砂壤土	单粒状	6.8	18.4	0.80	0.15	17.7	64	7.0	66		页岩类	E 119°08′04.5″ N 40°04′29.8″	70
剖5	半淋溶土	褐土	潮褐土	洪积冲积质潮褐土	轻壤质体卵石潮褐土	1	0—20	浅褐色	轻壤土	碎块状	6.6	12.2	0.58	0.21	17.8	56	3.1	73		洪积物、冲积物	E 119°07′59.1″ N 40°02′33.8″	89
						2	20—38	深褐色	轻壤土	碎屑状	7.0	14.1	0.63	0.31	12.4	54	2.2	60				
						3	38—80		砾石													
剖6	半淋溶土	褐土	潮褐土	洪积冲积质潮褐土	轻壤质体砂潮褐土	1	0—20	浅褐色	砂壤土	屑粒状	7.4	9.5	0.67	0.37	12.6	46	4.9	47		洪积物、冲积物	E 119°10′10.7″ N 40°01′36.0″	100
						2	20—37	暗褐色	砂土	屑粒状	7.4	5.4	0.41	0.31	12.2	32	3.1	30				
						3	37—100			无明显结构												
剖7	半淋溶土	褐土	淋溶褐土	洪积冲积淋溶褐土	少砾质轻壤质底淋溶褐土	1	0—30	棕褐色	轻壤土	块状	7.7	7.3	0.47	0.22	15.0	40	2.5	41	11.1	洪积物、冲积物	E 119°09′09.4″ N 40°01′18.5″	99
						2	30—80	灰棕色	中壤土	块状	7.2	1.8	0.17	0.19	21.6	11	3.6	45	12.2			
						3	80—120		砾石										21.4			
剖8	淋溶土	棕壤	棕壤性土	页岩类棕壤性土		1	0—5	灰棕色	轻壤土	无明显结构	6.4	12.9	0.60	0.14	11.0	44	1.3	58		页岩类	E 119°18′15.1″ N 40°01′26.4″	85
						2	5—14	灰棕色	轻壤土	无明显结构	6.4	15.6	0.70	0.23	16.7	73	1.5	77				
剖9	淋溶土	棕壤	棕壤	酸性硅铝质残积坡积棕壤	多砾质轻壤质中层棕壤	1	0—13	灰棕色	轻壤土	碎屑状	6.7	13.2	0.18	0.10	18.7	43	5.5	45		洪积物、冲积物	E 119°33′16.6″ N 40°05′35.9″	98
						2	13—20	灰棕色	砂壤土	碎屑状	5.9	3.8	0.18	0.07	11.6	22	0.9	18				
剖10	半淋溶土	褐土	潮褐土	洪积冲积质潮褐土	轻壤质潮褐土	1	0—25	灰褐色	砂壤土	碎块状	7.4	8.8	0.22	0.33	22.5	49	12.1	70		洪积物、冲积物	E 119°09′00.9″ N 39°59′50.1″	92
						2	25—40	灰白色	砂土	单粒状	7.2	3.0	0.17	0.38	23.9	22	3.3	30				
						3	40—100															
剖11	半淋溶土	褐土	淋溶褐土	粗散状淋溶褐土	厚麻渣褐土	1	0—33	灰褐色	壤土	碎块状	6.8	10.8	0.66	0.20	15.1	44	2.9	53		洪积物、冲积物	E 119°09′22.3″ N 39°58′05.9″	74
						2	33—70	黄褐色	壤土	块状	6.7	9.4	0.61	0.16	19.3	18	1.1	58				
						3	70—120	棕褐色	砂质黏壤土	块状	7.0	4.3	0.44	0.16	22.7	14	2.9	91				
						4	120—															
剖12	半淋溶土	褐土	潮褐土	洪积冲积质潮褐土	轻壤质底砂潮中层棕壤	1	0—25	暗褐色	轻壤土	碎屑状	7.1	8.3	0.63	0.24	20.2	44	4.1	49		洪积物、冲积物	E 119°06′10.2″ N 39°57′42.4″	75
						2	25—60	浅红色	砂壤土	无明显结构	7.6	2.4	0.30	0.19	14.1	18	7.5	40				
						3	60—85	浅棕色	轻壤土	无明显结构	7.5	2.2	0.27	0.25	24.8	14	14.5	55				
						4	85—100	灰褐色	砂土	无明显结构	7.4	1.6	0.16	0.36	14.3	13	2.0	39				
剖13	半淋溶土	褐土	淋溶褐土	洪积冲积淋溶褐土	少砾质轻壤质淋溶褐土	1	0—25	灰褐色	轻壤土	碎块状		17.3			20.2		5.9			洪积物、冲积物	E 119°07′04.4″ N 39°55′31.5″	71
						2	25—80	灰褐色	卵石													
剖14	半淋溶土	褐土	淋溶褐土	洪积冲积淋溶褐土	轻壤质淋溶褐土	1	0—24	浅褐色	轻壤土	屑粒状	7.5	11.3	0.57	0.26	15.5	55	9.0	84		洪积物、冲积物	E 119°08′40.8″ N 39°54′46.0″	92
						2	24—80	浅褐色	轻壤土	碎屑状	7.4	9.1	0.57	0.16	11.4	48	3.1	39				
剖15	半淋溶土	褐土	潮褐土	洪积冲积质潮褐土	轻壤质底石潮褐土	1	0—25	浅褐色	轻壤土	碎屑状	6.5	12.0	0.69	0.39	19.5	58	10.0	72		洪积物、冲积物	E 119°06′22.3″ N 39°54′11.7″	84
						2	25—54	黄褐色	砂土	单粒状	7.0	6.0	0.39	0.31	10.6	35	3.0	39				
						3	54—63	浅黄色	砂土	单粒状	7.1	4.3	0.22	0.22	9.8	15	3.0	28				
						4	63—100		砾石													

续表 Continued

剖面号 Soil profile	土纲 Soil order	土类 Soil great group	亚类 Soil subgroup	土属 Soil genus	土种 Soil species	土层码 Layer code	土层厚度 Depth/cm	颜色 Soil color	质地 Soil texture	土壤结构 Soil structure	pH	有机质 OM/(g/kg)	全氮 TN/(g/kg)	全磷 TP/(g/kg)	全钾 TK/(g/kg)	碱解氮 AN/(mg/kg)	有效磷 AP/(mg/kg)	速效钾 AK/(mg/kg)	阳离子交换量CEC/(cmol/kg)	土壤母质 Parent material	剖面点坐标 Profile coordinate	匹配指数 Matching index/%
剖16	半淋溶土	褐土	褐土性土	页岩类褐土性土		1	0—20	灰褐色	砂壤土	碎屑状	7.8	19.9	0.92	0.61	20.7	55	37.7	73		页岩类	E 119°06′35.1″ N 39°52′45.4″	99
剖17	半淋溶土	褐土	褐土性土	砂砾岩类褐土性土		1	0—16	灰褐色	砂壤土	粒状	6.2	24.4	1.22	0.45	17.5	112	4.1	71		砂砾岩类	E 119°08′28.0″ N 39°51′20.5″	76
剖18	半水成土	潮土	潮土	冲积潮壤土	轻壤质底砂潮土	1	0—28	暗褐色	轻壤土	单粒状	7.4	8.9	0.58	0.29	25.7	41	5.7	59			E 119°22′40.9″ N 39°47′44.5″	80
						2	28—55	黄褐色	砂壤土	单粒状	7.9	2.7	0.25	0.19	25.2	19	3.7	28				
						3	55—100	白褐色	砂土	单粒状	8.0	1.4	0.30	0.13	18.7	7	3.4	18				
剖19	半水成土	潮土	潮土	冲积潮砂土	砂质潮土	1	0—30	灰色	砂土	单粒状	6.2	3.8	0.13	0.13	18.7	18	4.4	24			E 119°21′58.4″ N 39°45′44.6″	92
						2	30—70	灰色	砂土	单粒状	6.9	1.4		0.10	16.5	9	2.9	14				
						3	70—100	灰色	砂土	单粒状	6.6	1.3	0.15	0.11	14.2	8	2.9	16				
剖20	半水成土	潮土	潮土	冲积潮壤土	轻壤质体砂潮土	1	0—20	暗棕色	轻壤土	单粒状	8.1	4.2	0.29	0.37	30.5	21	4.7	36			E 119°19′01.0″ N 39°45′25.5″	96
						2	20—55	黄棕色	轻壤土	单粒状	7.3	7.8	0.49	0.39	31.8	40	19.2	175				
						3	55—100	灰白色	砂土	单粒状	7.9	2.2	0.08	0.18	17.2	8	3.1	21				
剖21	初育土	风沙土	固定风沙土	固定风沙土	砂土质固定风沙土	1	0—26	灰黄色	砂土		6.0	6.7	0.32	0.21	24.0	44	6.4	40			E 119°20′36.6″ N 39°44′10.4″	76
						2	26—56	灰白色	砂土		7.2	2.0	0.15	0.15	21.6	11	2.1	18				
						3	56—100	灰白色	砂土		7.1	1.6	0.02	0.16	24.0	14	2.1	16				

青龙满族自治县

主要土类说明

褐土是青龙满族自治县主要土壤类型，占本县地域面积的76%。在垂直带谱中，出现于棕壤之下。褐土是在暖温带半湿润区发育形成的具有黏化与钙质淋移淀积特征的土壤。该土壤盐基饱和，处于硅铝风化阶段，有明显黏淀层。在其A–B–C剖面构型中，B层呈棕褐色。土壤pH为7.0—7.5，盐基饱和度在80%以上，B层下部有假菌丝状钙积层。本县褐土分为褐土性土、淋溶褐土和潮褐土等亚类。

棕壤是青龙满族自治县第二大土壤类型，占本县地域面积的21%。棕壤发生于湿润暖温带落叶阔叶林下，但大部分已被垦殖，以旱作为主。该土壤处于硅铝风化阶段，具有黏化特征，呈棕色。土体见黏粒淀积，盐基充分淋失，pH为6.0—7.0，见少量游离铁。本县棕壤分为棕壤和棕壤性土等亚类。

小于本县地域面积3%的土壤类型还有粗骨土等。

本区域中心区气候特征

本区域中心区气候特征值
Regional climate characteristics in central area of the region

气候带：暖温带亚湿润气候 Climate region: Warm temperate subhumid climate	
年平均气温 /℃ Annual average temperature /℃	10.0
年平均最高气温 /℃ Annual average maximum temperature /℃	16.1
年平均最低气温 /℃ Annual average minimum temperature /℃	4.6
年降水量 /mm Annual precipitation /mm	558
≥10℃的积温 /℃ Daily temperature accumulated in a year (≥10℃) /℃	3748
年日照时数 /h Annual sunshine /h	2659
年平均相对湿度 /% Annual average relative humidity /%	60
干燥度 Dryness	1.07

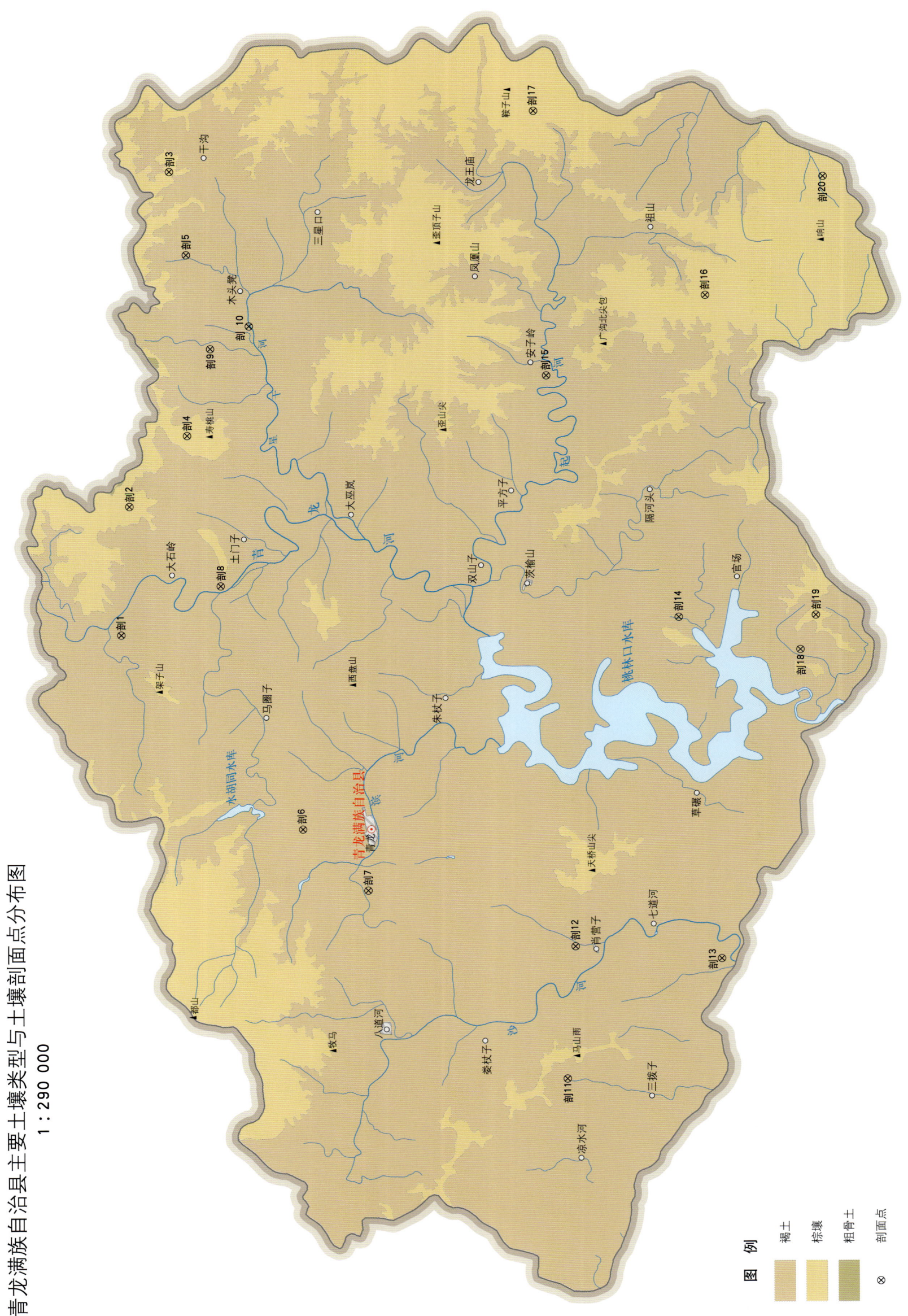

青龙满族自治县主要土壤类型与土壤剖面点分布图
1∶290 000

青龙满族自治县土壤剖面理化性状表

剖面号 Soil profile	土纲 Soil order	土类 Soil great group	亚类 Soil subgroup	土属 Soil genus	土层码 Layer code	土层厚度 Depth/cm	颜色 Soil color	质地 Soil texture	土壤结构 Soil structure	pH	有机质 OM/(g/kg)	全氮 TN/(g/kg)	全磷 TP/(g/kg)	全钾 TK/(g/kg)	阳离子交换量CEC/(cmol/kg)	土壤母质 Parent material	剖面点坐标 Profile coordinate	匹配指数 Matching index/%
剖1	半淋溶土	褐土	褐土性土	碳酸岩类褐土性土	1	0—20	黄褐色	中壤土	碎屑状	6.9	17.4	0.76	0.50	23.9	5.0	碳酸岩类	E 119°06′30.2″ N 40°33′16.6″	84
					2	20—48	黄褐色	中壤土	碎屑状	6.6	7.4	0.28	0.29	16.6	3.0			
剖2	淋溶土	棕壤	棕壤	碳酸岩类棕壤	1	0—18	暗棕色	中壤土	团粒状	7.4	116.3	5.70	2.27	21.7	14.0		E 119°12′52.7″ N 40°32′50.7″	99
					2	18—35	黄棕色	轻黏土	碎屑状	7.8	13.9	0.74	0.68	20.3	20.0			
					3	35—60	黄棕色	轻黏土	碎块状	8.0	9.2	0.55	0.68	18.1	15.0			
剖3	淋溶土	棕壤	棕壤性土	中性岩类棕壤性土	1	0—5				7.7	139.0	5.80	1.54	16.4	9.0	中性岩类	E 119°29′20.6″ N 40°31′03.8″	73
					2	5—29				6.6	57.1	2.28	1.11	17.5	7.0			
					3	29—38				6.7	14.8	0.60	0.50	10.0	3.0			
剖4	淋溶土	棕壤	棕壤性土	碳酸岩类棕壤性土	1	0—8	暗棕色	轻壤土	碎屑状	7.7	57.4	2.30	0.76	18.1	13.0	碳酸岩类	E 119°16′17.0″ N 40°30′39.6″	89
					2	8—19	浅棕色	轻壤	碎块状	7.1	24.9	1.01	0.56	15.8	22.0			
剖5	半淋溶土	褐土	淋溶褐土	中性岩类淋溶褐土	1	0—15	褐色	中壤土	碎块状	7.5	14.5	0.90	1.40	21.8	12.0	中性岩类	E 119°25′14.2″ N 40°30′31.5″	99
					2	15—24	浅褐色	中壤土	碎块状	7.5	12.6	0.80	1.01	22.7	11.0			
					3	24—37	浅褐色	中壤土	碎块状	7.7	8.8	0.65	0.92	21.2	11.0			
					4	37—100	褐色	重壤土	块状	7.7	2.4	0.22	0.33	10.5	5.0			
剖6	半淋溶土	褐土	褐土性土	酸性岩类褐土性土	1	0—18	暗褐色	砂壤	碎屑状	6.2	25.8	1.13	2.10	12.5	8.0	酸性岩类	E 118°56′42.7″ N 40°26′45.2″	72
					2	18—35	褐色	砂壤	碎块状	6.3	3.3	0.17	0.81	1.6	3.0			
剖7	半淋溶土	褐土	淋溶褐土	酸性岩类淋溶褐土	1	0—22	灰褐色	中壤土	碎屑状	6.6	6.4	0.36	2.45	24.4	6.0		E 118°53′36.3″ N 40°24′24.4″	98
					2	22—48	棕褐色	重壤土	碎块状	6.6	6.7	0.37	1.16	29.3	5.0			
					3	48—70	黄褐色	中壤土	碎块状	7.0	4.0	0.24	1.48	28.3	8.0			
					4	70—91	浅褐色	轻壤土	碎块状	6.7	2.8	0.13	1.93	30.9	14.0			
剖8	半淋溶土	褐土	潮褐土	壤质洪冲积潮褐土	1	0—23	褐色	重壤土	碎屑状	6.6	11.0	0.59	2.79	23.5	10.0		E 119°08′50.5″ N 40°29′33.6″	80
					2	23—52	暗褐色	中壤土	碎屑状	7.2	14.0	0.70	2.10	26.4	13.0			
					3	52—100	灰褐色	中壤土	碎屑状	7.1	17.2	0.58	2.28	27.4	11.0			
剖9	半淋溶土	褐土	褐土性土	中性岩类褐土性土	1	0—8	浅褐色	重壤土	碎屑状	6.9	10.3	0.59	0.43	20.4	5.0	中性岩类	E 119°20′33.4″ N 40°29′43.6″	99
					2	8—21	浅褐色	中壤土	碎块状	6.2	1.8	0.09	0.18	9.2	4.0			
					3	21—31	黄褐色	重壤土	碎块状	5.7	1.0	0.05	0.13	6.7	2.8			
剖10	半淋溶土	褐土	褐土性土	中性岩耕种褐土性土	1	0—7	黄褐色	轻壤土	碎屑状	7.8	16.8	0.71	1.73	19.4	12.0		E 119°21′38.5″ N 40°28′16.7″	98
					2	7—24	黄褐色	重壤土	碎块状	7.8	9.6	0.44	1.44	18.2	13.0			
					3	24—	灰褐色	中壤土	碎屑状	7.7	4.0	0.20	0.80	9.1	7.3			
剖11	半淋溶土	褐土	淋溶褐土	碳酸岩类淋溶褐土	1	0—13	褐色	中壤土	碎屑状	6.9	10.5	0.75	1.52	23.5	11.0	碳酸岩类	E 118°44′08.0″ N 40°17′15.3″	93
					2	13—24	灰褐色	轻壤土	碎屑状	7.6	8.1	0.54	1.56	22.1	12.0			
					3	24—50	灰褐色	轻壤土	碎块状	7.5	9.5	0.59	0.72	19.7	13.0			
					4	50—100	黄褐色	轻壤土	碎块状	7.3	10.4	0.70	1.13	23.6	17.0			
剖12	半淋溶土	褐土	潮褐土	潮褐土	1	0—20	灰褐色	砂壤土	单粒状	8.3	6.2	0.32	1.87	29.0	6.0		E 118°50′37.2″ N 40°16′50.8″	86
					2	20—82	灰褐色	砂壤土	单粒状	8.3	2.8	0.16	2.09	28.8	7.0			
					3	82—100	浅褐色	紧砂土	单粒状	8.3	1.4	0.07	1.12	30.2	3.0			
剖13	半淋溶土	褐土	淋溶褐土	复钙性淋溶褐土	1	0—15	褐色	中壤土	碎屑状								E 118°49′51.8″ N 40°11′29.4″	91
					2	15—40	褐色	中壤土	块状									
					3	40—64	褐色	中壤土	块状									
					4	64—76	褐色	中壤土	块状									
					5	76—100	灰褐色	中壤土	块状									

续表 Continued

剖面号 Soil profile	土纲 Soil order	土类 Soil great group	亚类 Soil subgroup	土属 Soil genus	土层码 Layer code	土层厚度 Depth/cm	颜色 Soil color	质地 Soil texture	土壤结构 Soil structure	pH	有机质 OM/(g/kg)	全氮 TN/(g/kg)	全磷 TP/(g/kg)	全钾 TK/(g/kg)	阳离子交换量 CEC/(cmol/kg)	土壤母质 Parent material	剖面点坐标 Profile coordinate	匹配指数 Matching index/%
剖14	半淋溶土	褐土	淋溶褐土	泥质岩类淋溶褐土	1	0—21	暗褐色	中壤土	团粒状	8.3	9.4	0.51	1.48	24.4	8.0	泥质岩类	E 119°06′46.6″ N 40°12′46.5″	82
					2	21—50	红褐色	重壤土	块状	8.1	5.4	0.40	0.60	22.1	13.0			
					3	50—100	黄褐色	重壤土	块状	8.0	3.4	0.28	0.56	22.0	11.0			
剖15	半淋溶土	褐土	褐土性土	酸性岩类耕种褐土性土	1	0—14	暗褐色	砂壤土	碎屑状	6.8	12.2	0.60	0.84	16.6	3.0	酸性岩类	E 119°18′50.8″ N 40°17′24.7″	71
					2	14—29	褐色	砂壤土	碎屑状	6.9	8.5	0.47	0.84	17.5	4.0			
					3	29—	灰白色	砾质土										
剖16	淋溶土	棕壤	棕壤性土	酸性岩类棕壤性土	1	0—17	棕色	砂壤土	碎屑状	5.9	13.8	0.52	0.53	17.9	7.0	酸性岩类	E 119°22′38.1″ N 40°11′30.2″	73
					2	17—39	黄棕色	砂壤土	碎块状	7.0	5.9	0.29	0.39	20.9	7.0			
剖17	淋溶土	棕壤	棕壤	酸性岩类耕种棕壤	1	0—21	暗棕色	中壤土	碎屑状	7.1	17.5	0.97	1.09	21.7	6.0	酸性岩类	E 119°31′55.2″ N 40°17′38.4″	75
					2	21—49	暗棕色	中壤土	碎屑状	6.9	10.0	0.59	0.55	19.4	5.0			
					3	49—100	褐棕色	重壤土	碎块状	6.9	8.1	0.47	0.49	18.6	6.0			
剖18	半淋溶土	褐土	褐土性土	泥质岩类褐土性土	1	0—13	褐色	中壤土	碎屑状	6.5	28.0	1.13	0.69	17.0	11.0		E 119°05′01.7″ N 40°08′20.4″	85
					2	13—												
剖19	淋溶土	棕壤	棕壤性土	泥质岩类棕壤性土	1	0—12	灰棕色	砂壤土，轻壤土	碎屑状	6.2	34.8	1.66	1.01	21.3	7.0	泥质岩类	E 119°06′43.1″ N 40°07′44.7″	91
					2	12—28	黄棕色	砂壤土，砾砂土	碎块状	6.4	14.1	0.80	0.66	18.6	5.0			
剖20	淋溶土	棕壤	棕壤	酸性岩类棕壤	1	0—17	黑棕色	中壤土	团粒状	6.3	587.5	13.60	1.95	7.8	25.1	酸性岩类	E 119°28′19.3″ N 40°07′04.6″	77
					2	17—46	暗棕色	中壤土	碎屑状	6.1	66.0	2.76	1.06	14.3	13.8			
					3	46—79	黄棕色	中壤土	碎块状	5.5	41.9	1.67	1.10	19.2	14.6			
					4	79—100	浅黄棕色	中壤土	碎块状	5.4	36.6	1.31	1.06	15.1	16.2			

昌 黎 县

主要土类说明

潮土是昌黎县主要土壤类型，占本县地域面积的65%。潮土见于近代河流冲积平原或低平阶地，地下水位高，潜水参与成土过程。在潮土成土过程中，底土氧化还原交替作用，形成锈色斑纹和小型铁子。在长期耕作条件下，表层有机质含量为10—15g/kg。剖面构型为 A_{11}–A_{12}–Cu 或 A_{11}–C–Cu。

褐土是昌黎县第二大土壤类型，占本县地域面积的19%。褐土是在暖温带半湿润区发育形成的具有黏化与钙质淋移淀积特征的土壤。该土壤盐基饱和，处于硅铝风化阶段，有明显黏淀层。在其 A–B–C 剖面构型中，B层呈棕褐色。土壤 pH 为 7.0—7.5，盐基饱和度在80%以上，有时过饱和。B层下部有假菌丝状钙积层。

滨海盐土是昌黎县第三大土壤类型，占本县地域面积的6%，分布于沿海一带。成土母质为滨海沉积物，全土体含有以氯化物为主的可溶盐，具 A–C 剖面构型。滨海盐土的土壤和地下水的盐分组成与海水基本一致，氯盐占绝对优势，其次为硫酸盐和重碳酸盐；盐基离子中以钠、钾离子为主，钙、镁次之。土壤含盐量为 20—50g/kg，地下水矿化度为 10—30g/L，土壤积盐强度随距离海岸线由近至远而逐渐减弱。土壤 pH 为 7.5—8.5。

棕壤占昌黎县地域面积的4%。棕壤发生于湿润暖温带落叶阔叶林下，但大部分已被垦殖，以旱作为主。该土壤处于硅铝风化阶段，具有黏化特征，呈棕色。土体见黏粒淀积，盐基充分淋失，pH 为 6.0—7.0，见少量游离铁。多有干鲜果类生长，山地多森林覆盖。

小于本县地域面积3%的土壤类型还有风沙土和石质土等。

本区域中心区气候特征

本区域中心区气候特征值
Regional climate characteristics in central area of the region

气候带：暖温带亚湿润气候 Climate region: Warm temperate subhumid climate	
年平均气温 /℃ Annual average temperature /℃	10.5
年平均最高气温 /℃ Annual average maximum temperature /℃	16.2
年平均最低气温 /℃ Annual average minimum temperature /℃	5.6
年降水量 /mm Annual precipitation /mm	602
≥10℃的积温 /℃ Daily temperature accumulated in a year (≥10℃) /℃	3862
年日照时数 /h Annual sunshine /h	2609
年平均相对湿度 /% Annual average relative humidity /%	66
干燥度 Dryness	1.03

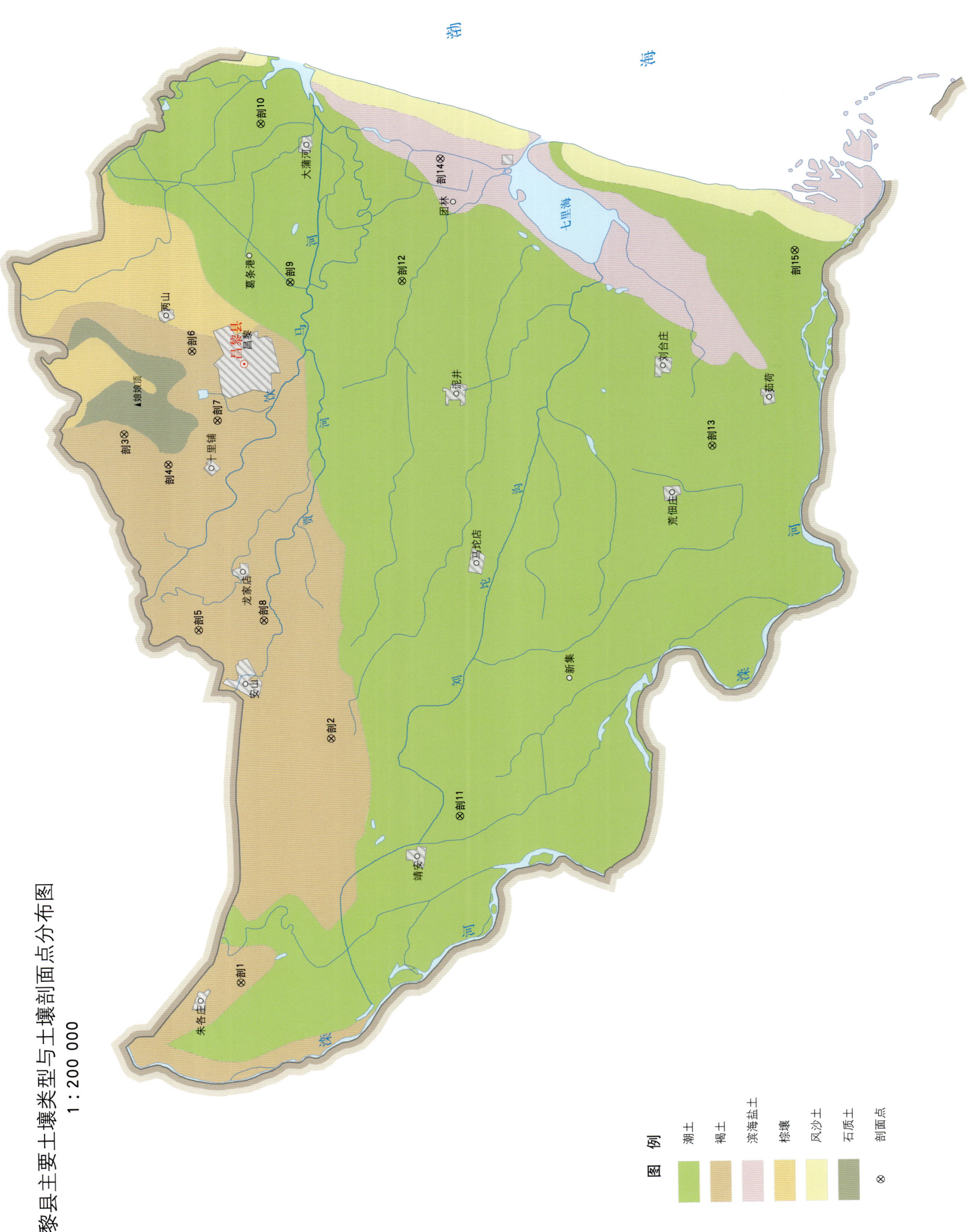

昌黎县土壤剖面理化性状表

剖面号 Soil profile	土纲 Soil order	土类 Soil great group	亚类 Soil subgroup	土属 Soil genus	土种 Soil species	土层码 Layer code	土层厚度 Depth/cm	颜色 Soil color	质地 Soil texture	土壤结构 Soil structure	pH	有机质 OM/(g/kg)	全氮 TN/(g/kg)	全磷 TP/(g/kg)	全钾 TK/(g/kg)	碱解氮 AN/(mg/kg)	有效磷 AP/(mg/kg)	速效钾 AK/(mg/kg)	阳离子交换量CEC/(cmol/kg)	土壤母质 Parent material	剖面点坐标 Profile coordinate	匹配指数 Matching index/%
剖1	半淋溶土	褐土	潮褐土	壤质洪冲积潮褐土	轻壤质潮褐土	1	0—25	暗灰棕色	轻壤土	碎块状	7.9	10.2	0.63	0.36	18.7	49	2.0	57	11.8		E 118°48′46.7″ N 39°43′06.5″	71
						2	25—60	暗棕色	中壤土	碎块状	8.0	10.3	0.63	0.40	18.4	58		65	20.2			
						3	60—120	灰黄色	轻壤土	碎块状	7.7	2.3	0.19	0.43	19.8	14		52	12.4			
剖2	半淋溶土	褐土	潮褐土	砂质洪冲积潮褐土	砂壤质潮褐土	1	0—24	灰棕色	砂壤土	碎块状	6.3	3.1	0.23	0.12	17.8	24	2.0	30	3.5		E 118°56′53.5″ N 39°40′36.8″	77
						2	24—91	灰黄棕色	砂壤土	碎块状	6.4	1.9	0.21	0.18	17.5	23	2.0	38	5.8			
						3	91—120	灰白色	砂土	单粒状	7.7	0.3	0.07	0.12	15.6	47	1.0	9	1.6			
剖3	半淋溶土	褐土	褐土性	杂岩类残积坡积褐土性土		1	0—15	灰棕色	轻壤土	碎块状	7.1	23.3	1.49	0.48	18.6	127	1.0	64	12.3	杂岩类残积物、坡积物	E 119°07′21.3″ N 39°45′36.2″	89
						C	15—															
剖4	半淋溶土	褐土	淋溶褐土	花岗岩类残积坡积淋溶褐土		1	0—26	褐色	轻壤土	碎块状	5.6	14.7	0.78	0.16	29.0	80	2.0	81	4.1	花岗岩类残积物、坡积物	E 119°06′17.1″ N 39°44′30.7″	98
						C	26—					9.7		0.40	25.1		3.0		7.0			
剖5	半淋溶土	褐土	褐土性	花岗岩类残积坡积褐土性土	砂壤质花岗岩褐土性土	1	0—27	暗褐色	砂壤土	碎块状	6.6	8.4	0.40	0.23	30.5	36	2.0	47	2.6	花岗岩类残积物、坡积物	E 119°00′41.3″ N 39°43′52.5″	81
						C	27—	红褐色		棱块状	7.4	3.0	0.21	0.10	32.7	17	1.0	30	1.4			
剖6	半淋溶土	褐土	淋溶褐土	壤质坡积淋溶褐土	多砾质轻壤质淋溶褐土	1	0—22	黄褐色	轻壤土	碎块状	6.7	8.0	0.59	0.26	23.6	54	2.0	84	10.8		E 119°10′03.7″ N 39°43′48.7″	76
						2	22—90	棕色	中壤土	碎块状	6.6	4.9	0.38	0.23	24.2	40	1.0	88	16.9			
						C	90—							0.32	24.4				11.4			
剖7	半淋溶土	褐土	淋溶褐土	花岗岩类残积坡积淋溶褐土	花岗岩多砾质砂壤质中层淋溶褐土	1	0—22	浅褐色	砂壤土	单粒状	7.6	13.0	0.74	0.38	27.2	55		77	7.2	花岗岩类残积物、坡积物	E 119°07′43.4″ N 39°43′13.8″	91
						2	22—46	浅棕色	砂壤土	单粒状	6.9	4.6	0.32	0.15	27.4	25	1.0	43	9.2			
						3	46—80	棕褐色	砂土	单粒状	7.6	1.0	0.10	0.28	35.3	47		13	3.2			
						C	80—	棕色		粒状	6.7	2.8	0.15	0.20	29.2	10		32	6.1			
剖8	半淋溶土	褐土	潮褐土	壤质洪冲积潮褐土	多砾质潮褐土	1	0—24	褐色	轻壤土	碎块状	6.9	15.0	0.96	0.62	23.5	85	19.0	97	8.9		E 119°00′56.5″ N 39°42′13.0″	73
						2	24—68	黄褐色	中壤土	棱块状	7.4	6.2	0.52	0.29	24.0	42	2.0	73	11.4			
						3	68—110	深褐色	中壤土	棱块状	6.9	9.2	0.62	0.34	22.7	68	3.0	92	15.2			
						4	110—130	灰褐色	中壤土	块状	6.9	5.3	0.43	0.33	19.0	41	4.0	75	12.6			
剖9	半水成土	潮土		滦河蒙金土		1	0—24	灰棕色	砂质黏壤土	块状	6.8	11.9	0.86	0.30	19.9		1.0	72	11.4		E 119°12′16.6″ N 39°41′16.4″	78
						2	24—79	黑棕色	砂质黏壤土	碎块状	7.2	8.0	0.41	0.46	18.1	28	3.0	115	28.0			
						3	79—120	暗棕色	砂质黏土	碎块状	6.8	20.6	0.83	0.34	19.1	6	1.0	70	21.8			
剖10	半水成土	潮土		砂质潮土	砂壤质潮土	1	0—24	灰黄色	砂壤土	碎块状	6.9	6.5	0.39	0.20	19.5	44	2.0	45	4.6		E 119°17′37.5″ N 39°41′53.1″	91
						2	24—57	浅灰黄色	砂壤土	碎块状	6.9	4.3	0.27	0.18	19.2	35	1.0	36	1.7			
						3	57—120	浅黄棕色	砂土	单粒状	7.2	1.0	0.09	0.12	16.7	14	2.0	27	4.0			
剖11	半水成土	潮土		砂质潮土		1	0—23				6.0	3.7	0.22	0.14	19.6	28	1.0	28	2.4		E 118°54′07.5″ N 39°37′25.7″	75
						2	23—55				7.0	4.5	0.27	0.16	18.7	28	1.0	28	3.7			
						3	55—110				7.5	0.8	0.08	0.09	17.3	6	1.0	17	2.4			
						4	110—120				7.2	0.5	0.02	0.14	23.1	4	1.0	22	2.7			
剖12	半水成土	潮土		砂质潮土	轻壤质潮土	1	0—23				8.0	7.3	0.49	0.27	19.9	45	2.0	63	10.4		E 119°12′11.8″ N 39°38′26.5″	79
						2	23—49				7.7	8.2	0.49	0.23	19.6	50	2.0	62	15.1			
						3	49—94				7.6	4.5	0.25	0.25	19.1	29	1.0	52	12.4			
						4	94—120				7.9	3.7	0.23	0.30	21.9	28	3.0	72	15.0			
剖13	半水成土	潮土		壤质潮土	滦河漫砂两合潮土	1	0—24	灰棕色	黏壤土	碎块状	8.3	14.0	0.87	0.53	20.7		3.0	83	16.1	河流静水沉积物	E 119°06′20.5″ N 39°30′44.6″	98
						2	24—67	暗棕色	壤土	碎块状	8.2	7.4	0.46	0.27	17.7		1.0	41	11.5			
						3	67—120	黄棕色	砂土	单粒状	8.2	0.9	0.08	0.17	19.5		1.0	20	2.0			

续表 Continued

剖面号 Soil profile	土纲 Soil order	土类 Soil great group	亚类 Soil subgroup	土属 Soil genus	土种 Soil species	土层码 Layer code	土层厚度 Depth/cm	颜色 Soil color	质地 Soil texture	土壤结构 Soil structure	pH	有机质 OM/(g/kg)	全氮 TN/(g/kg)	全磷 TP/(g/kg)	全钾 TK/(g/kg)	碱解氮 AN/(mg/kg)	有效磷 AP/(mg/kg)	速效钾 AK/(mg/kg)	阳离子交换量CEC/(cmol/kg)	土壤母质 Parent material	剖面点坐标 Profile coordinate	匹配指数 Matching index/%
剖14	盐碱土	滨海盐土	滨海盐土	海相砂地滨海盐土	砂壤质滨海盐土	1	0—20	暗黄棕色	砂壤土	碎块状	8.1	5.0	0.26	0.25	23.5	14	9.0	81	6.1		E 119°16′16.0″ N 39°37′22.4″	93
						2	20—60	浅棕黄色	砂土	单粒状	8.1	1.9	0.06	0.19	23.9	6	2.0	243	2.2			
剖15	半水成土	潮土	盐化潮土	壤质氯化物盐化潮土	轻壤质重盐化潮土	1	0—20	暗灰黄色	轻壤土	碎块状	8.0	12.8	0.75	0.37	21.2	58	8.0	86	12.9		E 119°12′48.2″ N 39°28′29.6″	83
						2	20—68	棕黄色	中壤土	块状	7.9	6.5	0.48	0.28	22.3	35	4.0	59	10.7			
						3	68—95	暗棕色	中壤土	块状	7.7	6.4	0.43	0.31	22.0		3.0	69	13.5			
						4	95—120	白色	砂壤土	单粒状	8.8	0.7	0.05	0.11	20.1	5	1.0	24	1.7			

卢 龙 县

主要土类说明

褐土是卢龙县主要土壤类型，占本县地域面积的 97%。褐土是在暖温带半湿润区发育形成的具有黏化与钙质淋移淀积特征的土壤。具 A-B-Bk-C 剖面构型。该土壤盐基饱和，处于硅铝风化阶段，有明显黏淀层和假菌丝状钙积层。B 层呈棕褐色。土壤 pH 为 7.0—7.5，盐基饱和度在 80% 以上，有时过饱和。B 层下部有假菌丝状钙积层。

小于本县地域面积 3% 的土壤类型还有棕壤和新积土等。

本区域中心区气候特征

本区域中心区气候特征值
Regional climate characteristics in central area of the region

气候带：暖温带亚湿润气候 Climate region: Warm temperate subhumid climate	
年平均气温 /℃ Annual average temperature /℃	10.2
年平均最高气温 /℃ Annual average maximum temperature /℃	16.2
年平均最低气温 /℃ Annual average minimum temperature /℃	5.0
年降水量 /mm Annual precipitation /mm	581
≥10℃ 的积温 /℃ Daily temperature accumulated in a year (≥10℃) /℃	3823
年日照时数 /h Annual sunshine /h	2628
年平均相对湿度 /% Annual average relative humidity /%	63
干燥度 Dryness	1.06

本区域中心区月平均气温与月平均降水量
Monthly temperature and precipitation in central area of the region

卢龙县主要土壤类型与土壤剖面点分布图
1∶160 000

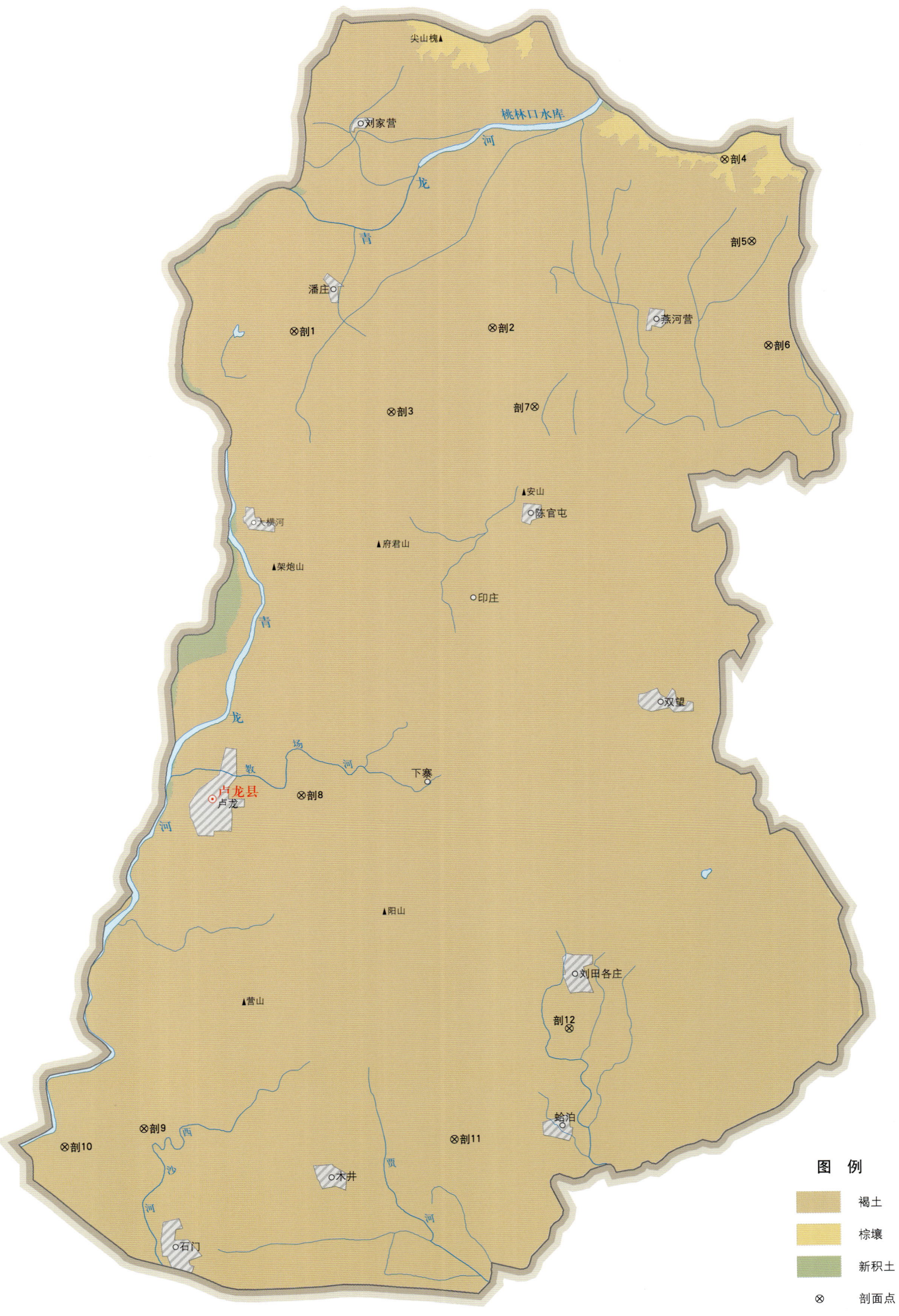

卢龙县土壤剖面理化性状表

剖面号 Soil profile	土纲 Soil order	亚类 Soil subgroup	土属 Soil genus	土种 Soil species	土层码 Layer code	土层厚度 Depth/cm	颜色 Soil color	质地 Soil texture	土壤结构 Soil structure	pH	有机质 OM/(g/kg)	全氮 TN/(g/kg)	全磷 TP/(g/kg)	全钾 TK/(g/kg)	碱解氮 AN/(mg/kg)	有效磷 AP/(mg/kg)	速效钾 AK/(mg/kg)	阳离子交换量 CEC/(cmol/kg)	土壤母质 Parent material	剖面点坐标 Profile coordinate	匹配指数 Matching index/%
剖1	半淋溶土	褐土性土	泥质岩类残积坡积淋溶褐土		1	0—16	浅棕黄色	砂壤土	碎块状	7.4	1.6	0.08	1.43	4.1	23	1.0	58	15.6	花岗岩类残积物、坡积物	E 118°54′20.9″ N 40°02′16.1″	81
					2	16—	黄棕色			7.5	2.3	0.03	0.67	21.3	4	微量	41	10.6			
剖2	半淋溶土	淋溶褐土	泥质岩类残积坡积淋溶褐土		1	0—18	浅棕褐色	砂壤土	碎块状	7.8	11.0	0.78	0.51	22.2		2.0	129	20.2	泥质岩类残积物、坡积物	E 118°59′24.1″ N 40°02′14.2″	73
					2	18—29	浅棕褐色	砂壤土	碎块状	7.8	10.3	0.69	0.49	21.6	42	1.0	94	16.3			
					3	29—				7.5	3.8	0.76	0.40		26	0.5	123	23.9			
剖3	半淋溶土	淋溶褐土	花岗岩类残积坡积淋溶褐土		1	0—14	浅棕褐色	砂壤土	碎块状	6.9	7.1	0.39	0.94	25.3	29	8.2	60	8.9	花岗岩类残积物、坡积物	E 118°56′46.3″ N 40°00′35.6″	86
					2	14—26	棕褐色	轻壤土	碎块状	6.6	6.1	0.29	0.79	24.5	25	4.1	51	9.9			
					3	26—				7.2	3.8	0.11	1.90	27.3	9	4.3	35	7.5			
剖4	淋溶土	棕壤性土	石灰岩类坡积棕壤性土	石灰岩类残积坡积棕壤性土	1	0—21	黑棕色	中壤土	粒状	7.5	22.2	8.10	0.45	23.7	115	2.5	142	24.1	石灰岩类残积物、坡积物	E 119°05′26.8″ N 40°05′30.0″	89
					2	21—43	棕色	中壤土	碎屑状	7.5	12.3	0.52	0.30	20.2	63	微量	98	22.4			
					3	43—	黄褐色		碎屑状		3.8	0.22	0.73		12	微量	10	5.5			
剖5	半淋溶土	淋溶褐土	洪冲积淋溶褐土	洪冲积卵石轻壤质淋溶褐土	1	0—16	浅棕褐色	轻壤土	碎块状	7.4	9.4	0.79	0.49	28.0	77	微量	131	13.4	洪积物、冲积物	E 119°06′04.7″ N 40°03′50.4″	94
					2	16—33	浅红褐色	中壤土	碎块状	7.2	7.6	0.66	0.34	20.2	43	微量	73	12.8			
					C	33—120	红褐色	重卵石		7.2	6.8	0.39	0.26	18.7	32	微量	79	13.4			
剖6	半淋溶土	褐土性土			1	0—13		砂壤土	碎块状	7.1	9.8	0.50	0.31	23.8	43	4.2	119	9.8	泥质岩类残积物、坡积物	E 119°06′25.6″ N 40°01′43.7″	89
					2	13—34			片状	6.8	7.4	0.57	0.30	21.1	40	1.0	83	15.5			
剖7	半淋溶土	淋溶褐土	泥质岩类残积坡积淋溶褐土		1	0—17	浅棕褐色	轻壤土	碎块状	7.4	10.3	0.75	0.74	28.3	47	1.0	51	18.7	泥质岩类残积物、坡积物	E 119°05′25.3″ N 40°00′37.1″	99
					2	17—32	浅棕褐色	砂壤土	碎屑状	7.1	8.7	0.66	0.71	26.3	46	2.1	107	19.3			
					3	32—56	棕褐色	轻壤土	碎块状	7.1	7.8	0.55	0.41	31.0	46	0.8	93	21.6			
					4	56—	棕褐色	中壤土	碎块状	7.2	5.5	0.56	0.27	26.5	22	微量	148	27.4			
剖8	半淋溶土	潮褐土	洪冲积潮褐土	洪冲积体砂轻壤质潮褐土	1	0—21	浅棕褐色	砂壤土	碎块状	6.9	10.0	0.44	0.26	24.4	37	微量	37	15.3	洪积物、冲积物	E 118°54′12.1″ N 39°52′55.0″	77
					2	21—36	浅棕褐色	轻壤土	块状	7.4	4.8	0.22	0.29	25.5	17	2.7	22	18.1			
					3	36—70	浅棕褐色	中壤土	块状	7.1	3.9	0.67	0.23	28.7	15	微量		20.1			
					4	70—120	棕褐色	砂壤土	块状	7.2	2.3	0.07	0.22	29.5	7	5.4		17.2			
剖9	半淋溶土	淋溶褐土	洪冲积轻壤质淋溶褐土		1	0—25	浅棕褐色	轻壤土	碎块状	6.9	9.8	0.50	0.60	24.0	69	2.7	61	9.1	洪积物、冲积物	E 118°49′57.0″ N 39°46′18.5″	86
					2	25—60	浅棕褐色	中壤土	状	8.1	5.2	0.32	0.31	21.9	26	微量	60	14.4			
					3	60—120	浅棕褐色	重壤土	块状	7.7	8.2	0.49			48	5.4	103	16.6			
剖10	半淋溶土	淋溶褐土	石灰岩类残积坡积淋溶褐土		1	0—18	浅棕褐色	轻壤土	碎块状	8.1	16.9	0.84	0.53	20.5	67	微量	90	7.0	石灰岩类残积物、坡积物	E 118°47′55.3″ N 39°45′59.5″	73
					2	18—31	红褐色	中壤土	碎块状	8.1	10.3	0.40	0.25	15.5	34	微量	43	11.6			
					3	31—	红褐色	重壤土	块状												
剖11	半淋溶土	淋溶褐土	花岗岩类残积坡积淋溶褐土		1	0—25	浅褐色	中壤土	碎块状	7.3	11.0	0.49	0.48	24.8	58	1.0	85	12.6	花岗岩类残积物、坡积物	E 118°57′49.0″ N 39°45′54.3″	98
					2	25—65	浅褐色	中壤土	碎块状	7.5	6.8	0.42		25.5	43	微量	103	17.0			
					3	65—100	浅棕褐色	重壤土	块状	7.5	4.1	0.24		28.7	24	2.6	106	15.8			
					4	100—	浅褐色	中壤土			4.0	0.20		29.5	23	2.6	125	19.3			
剖12	半淋溶土	潮褐土	洪冲积潮褐土	洪冲积底黏轻壤质潮褐土	1	0—19	浅棕褐色	轻壤土	碎块状	7.4	13.3	0.62	0.55	22.4	58	5.0	61	16.1	洪积物、冲积物	E 119°00′49.7″ N 39°48′03.2″	76
					2	19—65	浅棕褐色	中壤土	碎块状	7.6	6.5	0.36	0.33	23.3	35	微量	48	15.0			
					3	65—120	暗褐色	中壤土	块状	7.5	4.3	0.21	0.42	4.2	19	0.7	44	14.1			

邯 郸 市

市 辖 区

主要土类说明

褐土是邯郸市主要土壤类型，占本市地域面积的82%。褐土是暖温带半淋溶条件下经地带性成土过程形成的土壤。植被多为旱生阔叶林及灌木草本，有楸树、柿、核桃、油松、侧柏、洋槐、山皂荚、胡枝子、酸枣、荆条、营草、白草等。由于所处地势较高，排水良好，成土过程不受地下水的影响，雨季有自上而下弱度的水分淋溶，表土黏粒随水下移，心土有黏化现象，黏化层为褐土土类的诊断土层，表层碳酸钙随水下移，在心土层常形成假菌丝体，底土中有时形成碳酸钙结核。土壤常处于良好通气状态，土色以褐色、棕褐色为主，土壤呈中性至微碱性。

石质土是邯郸市第二大土壤类型，占本市地域面积的5%，分布在西部太行山山地的中山阳坡、低山、丘陵地。成土母质为石灰岩残积物、坡积物，生长植被稀疏，有白草、荆条、酸枣等。由于气候干旱，土层薄，草灌植被一般生长矮小。石质土的特征是土层薄，富含砾石，厚度小于10cm，在薄层A层下为基岩层，剖面中风化微弱，不显物质的淋溶与积累，处于土壤的初期发育阶段。

小于本市地域面积3%的土壤类型还有粗骨土、潮土、水稻土和风沙土等。

本区域中心区气候特征

本区域中心区气候特征值
Regional climate characteristics in central area of the region

气候带：暖温带亚湿润气候 Climate region: Warm temperate subhumid climate	
年平均气温 /℃ Annual average temperature /℃	13.8
年平均最高气温 /℃ Annual average maximum temperature /℃	19.5
年平均最低气温 /℃ Annual average minimum temperature /℃	8.9
年降水量 /mm Annual precipitation /mm	548
≥10℃的积温 /℃ Daily temperature accumulated in a year (≥10℃) /℃	5016
年日照时数 /h Annual sunshine /h	2293
年平均相对湿度 /% Annual average relative humidity /%	64
干燥度 Dryness	1.50

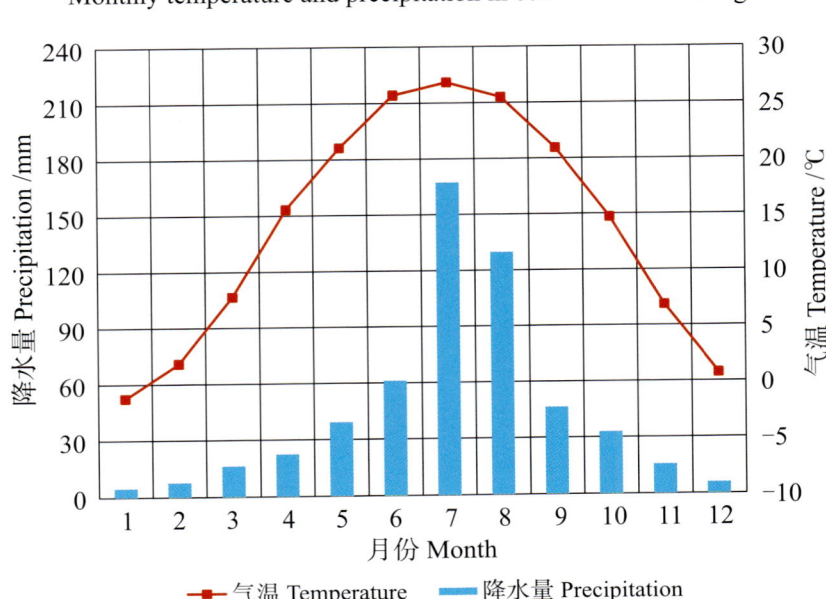

本区域中心区月平均气温与月平均降水量
Monthly temperature and precipitation in central area of the region

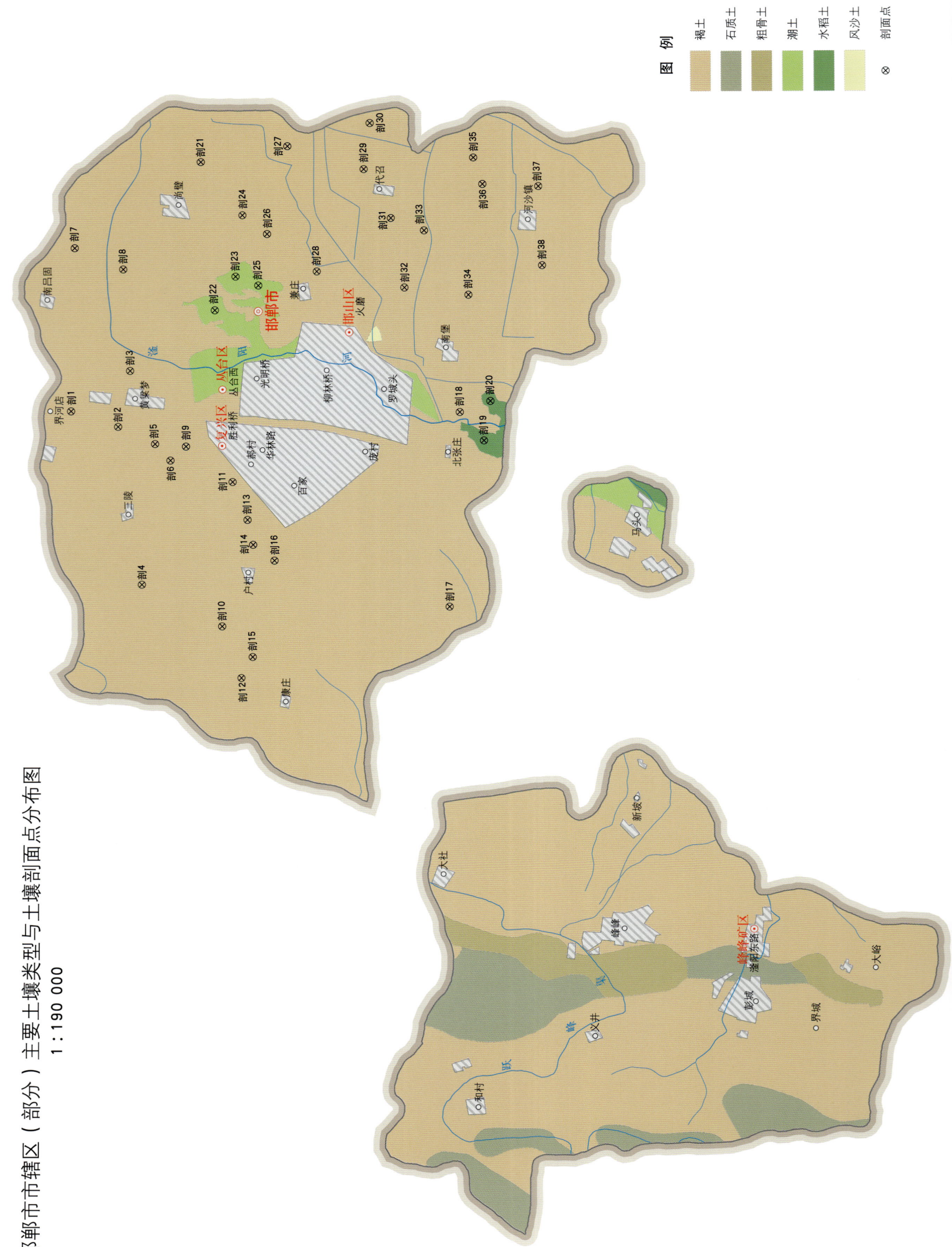

邯郸市土壤剖面理化性状表

剖面号 Soil profile	土纲 Soil order	土类 Soil great group	亚类 Soil subgroup	土属 Soil genus	土种 Soil species	土层码 Layer code	土层厚度 Depth/cm	颜色 Soil color	质地 Soil texture	土壤结构 Soil structure	pH	有机质 OM/(g/kg)	全氮 TN/(g/kg)	全磷 TP/(g/kg)	全钾 TK/(g/kg)	碱解氮 AN/(mg/kg)	有效磷 AP/(mg/kg)	速效钾 AK/(mg/kg)	阳离子交换量CEC/(cmol/kg)	土壤母质 Parent material	剖面点坐标 Profile coordinate	匹配指数 Matching index/%
剖1	半淋溶土	褐土	石灰性褐土	壤质黄土质壤质石灰性褐土	砂壤质石灰性褐土	1	0~20	灰棕色	砂壤土	粒状	8.7	10.7	0.75	0.71	33.0	38	4.1	102	7.3		E 114°28′28.2″ N 36°42′35.6″	89
						2	20~40	浅灰棕色	砂壤土	粒状	8.5	3.5	0.34	0.32	53.5	33	11.4	45	10.8			
						3	40~90	灰棕色	砂土	粒状	8.3	1.3	0.28	0.47	33.5	25	2.7	55	11.8			
						4	90~110	红棕色	轻壤土	块状	9.8	2.0	0.21	0.03	34.0	28	3.2	57	11.2			
						5	110~150	灰棕色	砂壤土	粒状												
剖2	半淋溶土	褐土	石灰性褐土	次生黄土质壤质石灰性褐土	轻壤质中层石灰性褐土	1	0~20	棕褐色	轻壤土	粒状	8.3	10.2	0.59	0.48		24	10.1	155	17.9		E 114°28′00.5″ N 36°41′24.7″	81
						2	20~37	棕褐色	轻壤土	粒状	8.2	4.8	0.40	0.32		9	1.9	108	25.9			
剖3	半淋溶土	褐土	潮褐土	壤质潮褐土	重壤质潮褐土	1	0~20	黄褐棕色	重壤土	粒状	7.8	13.6	0.82	0.53		41	1.6	290	32.7		E 114°29′48.5″ N 36°41′08.9″	82
						2	20~28	黄褐棕色	重壤土	块状	7.5	9.2	0.47	0.48		18	微量	228	14.6			
						3	28~150	棕色	重壤土	块状												
剖4	半淋溶土	褐土	石灰性褐土	次生黄土质壤质石灰性褐土	轻壤质体黏石灰性褐土	1	0~16	黄褐棕色	轻壤土	粒状	8.4	8.0	0.43	0.35	30.0	45	3.6	138	19.9		E 114°23′00.5″ N 36°40′42.8″	99
						2	16~24	黄褐棕色	轻壤土	块状	8.3	9.4	0.29	0.30	30.1	31	1.6	99	21.1			
						3	24~110	黄褐棕色	重壤土	块状	8.2	9.2	0.46	0.42	28.0	41	1.6	88	17.4			
						4	110~150	棕褐色	中壤土	块状												
剖5	半淋溶土	褐土	石灰性褐土	次生黄土质壤质石灰性褐土	轻壤质底砾石灰性褐土	1	0~20	黄褐棕色	轻壤土	粒状	8.4	10.1	0.54	0.54	34.5	44	2.7	128	15.3		E 114°27′29.2″ N 36°40′28.9″	89
						2	20~29	棕褐色	轻壤土	片状	8.3	9.6	0.57	0.33	30.1	47	1.6	134	20.7			
						3	29~90	黑褐色	重壤土	块状	8.2	8.9	0.47	0.38	28.0	39	3.3	125	25.2			
剖6	半淋溶土	褐土	石灰性褐土	次生黄土质壤质石灰性褐土	轻壤质砾底石灰性褐土	1	0~18	棕褐色	轻壤土	粒状											E 114°26′58.2″ N 36°40′05.0″	85
						2	18~28	棕褐色	轻壤土	块状												
						3	28~65	褐棕色	砂壤土	粒状												
						4	65~95	黄褐棕色	轻壤土	块状												
						5	95~150	褐棕色	轻壤土	块状	8.0	13.2	0.81	0.59	34.5	62	10.3	155	12.6			
剖7	半淋溶土	褐土	潮褐土	壤质潮褐土	轻壤质黏潮褐土	1	0~20	灰棕色	中壤土	团状	8.6	8.1	0.66	0.58	34.5	53	9.6	88	16.3		E 114°33′39.7″ N 36°42′36.2″	88
						2	20~29	灰棕色	重壤土	片状	8.0	8.6	0.56	0.41	34.9	53	3.6	90	19.6			
						3	29~61	棕褐色	中壤土	块状	8.3	8.9	0.67	0.54	34.7	49	3.3	143	26.6			
						4	61~86	棕褐色	重壤土	块状	8.3	12.6	0.80	0.59		45	1.3	224	28.8			
						5	86~150	棕色	中壤土	粒状												
剖8	半淋溶土	褐土	潮褐土	黏质潮褐土	中壤质潮褐土	1	0~20	棕色	重壤土	块状	7.8	8.1	0.61	0.51		19	0.1	203	31.3		E 114°33′01.2″ N 36°41′22.8″	78
						2	20~28	棕色	重壤土	粒状	7.7	8.5	0.62	0.46		19	0.4	200	16.4			
						3	28~85	棕色	重壤土	块状	7.6											
						4	85~150	棕色	重壤土	块状												
剖9	半淋溶土	褐土	石灰性褐土	壤质黄土质壤质石灰性褐土	中壤质石灰性褐土	1	0~20	黄褐棕色	中壤土	小块状	7.9	2.6	0.23	0.41	36.3	8	0.8	33	10.7		E 114°27′25.9″ N 36°39′42.5″	91
						2	20~27	黄褐棕色	中壤土	块状	7.9	2.9	0.18	0.32	30.5	11	1.5	90	16.1			
						3	27~150	灰褐色	轻壤土	块状												
剖10	半淋溶土	褐土	褐土性	花岗片麻岩类多砾质褐土		1	0~15	灰褐色	砂壤土	屑粒状	8.3	4.8	0.41	0.40	35.5	19	1.9	48	10.1	花岗片麻岩类	E 114°21′44.8″ N 36°38′41.6″	86
						2	20~28	灰褐色	中壤土	屑粒状												
剖11	半淋溶土	褐土	石灰性褐土	次生黄土质壤质石灰性褐土	中壤质石灰性褐土	1	0~20	灰褐棕色	中壤土	片状											E 114°26′20.1″ N 36°38′31.8″	83
						2	20~28	灰褐棕色	重壤土	块状												
						3	28~150	浅灰棕色														

续表 Continued

剖面号 Soil profile	土纲 Soil order	土类 Soil great group	亚类 Soil subgroup	土属 Soil genus	土种 Soil species	土层码 Layer code	土层厚度 Depth/cm	颜色 color	质地 Soil texture	土壤结构 Soil structure	pH	有机质 OM/(g/kg)	全氮 TN/(g/kg)	全磷 TP/(g/kg)	全钾 TK/(g/kg)	碱解氮 AN/(mg/kg)	有效磷 AP/(mg/kg)	速效钾 AK/(mg/kg)	阳离子交换量CEC/(cmol/kg)	土壤母质 Parent material	剖面点坐标 Profile coordinate	匹配指数 Matching index/%
剖12	半淋溶土	褐土	石灰性褐土	红黄土质砾石石灰性褐土	红黄土质中壤土质石灰性褐土	1	0—16	浅棕色	中壤土	粒状	8.5	15.4	1.05	0.94	27.2	68	6.1	235	10.7		E 114°20′06.7″ N 36°38′10.0″	77
						2	16—22	灰黄色	中壤土	片状	8.8	12.8	0.77	0.20	30.0	61	1.7	148	12.2			
						3	22—43	灰黄色	中壤土	块状	8.6	8.3	0.43	0.77	29.9	41	0.3	110	12.8			
						4	43—150	褐黄色	中壤土	块状	8.4	8.4	0.49	0.73	22.5	37	1.2	115	17.5			
剖13	半淋溶土	褐土	石灰性褐土	次生黄土质石灰性褐土	中壤质中层石灰性褐土	1	0—17	褐棕色	中壤土	粒状	8.3	8.0	0.51	0.40	30.0	37	2.4	113	18.9		E 114°25′09.0″ N 36°38′07.7″	85
						2	17—23	褐棕色	中壤土	块状	8.3	10.0	0.60	0.52	29.7	35	4.1	143	18.1			
						3	23—35	褐棕色	中壤土	块状	8.3	3.2	0.16	0.39	20.7	4	0.4	100	22.8			
						4	35—63	暗棕色	重壤土	块状	8.2	9.0	0.47	0.41	26.5	23	1.1	125	22.3			
剖14	半淋溶土	褐土	石灰性褐土	壤质黄土质石灰性褐土	轻壤质石灰性砂石灰性褐土	1	0—21	褐棕色	轻壤土	屑状	7.5	22.1	1.27	0.82	31.3	109	11.1	93	16.3		E 114°24′21.8″ N 36°37′58.2″	83
						2	21—27	灰棕色	轻壤土	片状	7.6	10.0	0.57	0.67	30.3	26	5.6	55	13.9			
						3	27—75	棕褐色	轻壤土	块状	8.5	2.2	0.22	0.35	25.0	63	5.2	34	8.8			
						4	75—150	灰棕色	砂土	粒状												
剖15	半淋溶土	褐土	褐土性土	耕种砂页岩中砾质褐土性土		1	0—15	灰棕色	轻壤土	屑粒状	9.0	7.8	0.53	0.59	30.5	28	9.4	158	12.8		E 114°20′47.8″ N 36°37′54.1″	72
剖16	半淋溶土	褐土	褐土性土	砂页岩多砾质褐土性土		1	0—15	棕褐色	轻壤土	屑粒状	8.3	4.8	0.41	0.40	35.5	19	1.0	48	10.1		E 114°23′52.8″ N 36°37′25.7″	100
剖17	半淋溶土	褐土	石灰性褐土	次生黄土质石灰性褐土	轻壤质石灰性底黏石灰性褐土	1	0—22	灰褐色	中壤土	屑粒状	8.4	10.5	0.60	0.45	27.1	49	7.0	108	16.5		E 114°22′33.7″ N 36°33′02.5″	97
						2	22—70	黄褐色	中壤土	小块状	8.4	6.7	0.44	0.29	25.3	45	7.6	105	25.9			
						3	70—120	浅褐色	重壤土	块状	8.3	4.5	0.32	0.34	28.0	22	43.1	77	18.3			
						4	120—150	黄白色	重壤土	粒状	8.3	2.1	0.21	0.10	16.1	18	29.0	58	22.6			
剖18	半淋溶土	褐土	潮褐土	黏质潮褐土	中壤质体砂潮褐土	1	0—19	灰褐色	中壤土	屑粒状	8.3	12.1	0.66	0.55	34.0	46	11.0	170	10.9		E 114°28′44.7″ N 36°32′55.0″	79
						2	19—36	灰褐色	中壤土	块状	8.3	11.4	0.70	0.57	31.2	49	2.6	128	12.4			
						3	36—110	黄褐色	砂壤土	粒状	8.2	4.9	0.41	0.45	30.0	45	0.9	55	12.4			
						4	110—130	褐色	重壤土	块状	8.3	8.9	0.51	0.37	31.1	33	1.5	129	17.5			
						5	130—150	棕褐色	重壤土	块状	8.5	6.8	0.56	0.55	31.9	34	2.2	155	20.5			
剖19	人为土	水稻土	潜育水稻土	黏质潜育水稻土	重壤质重度水稻土	1	0—20	灰褐色	重壤土	块状	8.2	24.2	1.73	0.65		127	9.3	284	23.9		E 114°27′51.1″ N 36°32′17.5″	78
						2	20—30	黄褐色	重壤土	块状	8.4	12.3	0.99	0.56		64	2.9	250	25.7			
						3	30—80	黄褐色	重壤土	层状	8.5	9.0	0.87	0.64		139	0.9	185	18.0			
						4	80—112	黄褐色	重壤土	粒状	8.5	6.9	0.73	10.62		82	2.7	178	6.1			
						5	112—150	黑褐色	重壤土	粒状	8.5	11.0	0.68	10.94		36	3.9	183	14.5			
剖20	人为土	水稻土	潜育水稻土	黏质潮育水稻土	中壤质体砂水稻土	1	0—17	灰褐色	中壤土	小块状	7.8	17.5	1.01	0.59	33.8	79	19.0	180	23.7		E 114°29′06.8″ N 36°32′09.4″	95
						2	17—25	褐棕色	重壤土	片状	7.5	8.4	0.56	0.48	35.0	44	6.0	168	29.1			
						3	25—110	棕色	重壤土	块状	8.0	5.5	0.36	0.44	34.5	30	13.0	118	20.3			
						4	110—150	棕褐色	重壤土	粒状	8.5	9.3	0.52	0.49	32.3	57	48.0	110	7.0			
剖21	半淋溶土	褐土	潮褐土	壤质潮褐土	砂壤质潮褐土	1	0—19	黄黄色	砂壤土	层状	8.5	4.5	0.16	0.62	32.0	22	8.6	63	6.7		E 114°36′29.9″ N 36°39′30.6″	70
						2	19—29	黄黄色	砂壤土	粒状	8.5	3.5	0.11	0.46	32.5	15	1.8	40	6.9			
						3	29—86	红棕色	砂壤土	粒状	8.3	2.8	0.09	0.48	32.4	12	0.6	40	8.0			
						4	86—150	棕色	砂壤土	粒状	8.6	7.0	0.68	0.68	32.5	25	1.5	120	7.4			
剖22	半淋溶土	潮土	盐化潮土	硫酸盐氯化物盐化潮土	轻壤质重度硫酸盐氯化物盐化潮土	1	0—5	棕褐色	砂壤土	屑粒状	8.5	5.6	0.35	0.35	32.5	24	3.3	125	7.4		E 114°31′47.6″ N 36°39′04.6″	84
						2	5—10	灰棕色	砂壤土	粒状	8.5	5.6	0.37	0.37	33.5	30	13.0	118	7.5			
						3	10—20	棕色	砂壤土	粒状	8.5	5.4	0.31	0.24	33.0	31	3.5	110	11.3			
						4	20—40	红棕色	砂壤土	粒状	8.6	5.2	0.24	0.24	33.0	25	3.4	84	11.3			
						5	40—95	棕色	轻壤土	屑粒状	6.3	19.1	1.18	0.77	32.6	77	23.5	141	16.9			
剖23	半水成土	潮土	盐化潮土	硫酸盐氯化物盐化潮土		2	26—40	黄褐色	轻壤土	块状	8.2	6.8	0.56	0.51	32.5	35	2.3	90	15.5		E 114°32′52.1″ N 36°38′34.8″	78

续表 Continued

剖面号 Soil profile	土纲 Soil order	土类 Soil great group	亚类 Soil subgroup	土属 Soil genus	土种 Soil species	土层码 Layer code	土层厚度 Depth/cm	颜色 Soil color	质地 Soil texture	土壤结构 Soil structure	pH	有机质 OM/(g/kg)	全氮 TN/(g/kg)	全磷 TP/(g/kg)	全钾 TK/(g/kg)	碱解氮 AN/(mg/kg)	有效磷 AP/(mg/kg)	速效钾 AK/(mg/kg)	阳离子交换量CEC/(cmol/kg)	土壤母质 Parent material	剖面点坐标 Profile coordinate	匹配指数 Matching index/%
剖24	半淋溶土	褐土	褐土性土	砂质褐土性土	砂质褐土性土	1	0–19	灰棕色	砂土	粒状	8.3	7.5	0.18	0.46		53	2.2	88	6.8		E 114°34′49.7″ N 36°38′26.5″	74
						2	19–125	褐黄色	砂土	粒状	8.6	3.0	0.07	0.38		26	0.8	49	4.5			
						3	125–150	黄褐色	砂壤土	粒状	8.5	3.3	0.14	0.45		22	0.9	43	8.4			
剖25	半水成土	潮土	盐化潮土	硫酸盐氯化物盐化潮土	轻壤质中度硫酸盐氯化物盐化潮土	1	0–5	棕褐色	轻壤土	屑粒状	7.5	13.7	0.87	0.87	52.5	57	9.9	305	10.9		E 114°32′36.2″ N 36°38′00.4″	99
						2	5–10	棕褐色	轻壤土	屑粒状	7.7	14.2	0.93	0.93	32.9	70	11.9	305	11.3			
						3	10–20	褐棕色	中壤土	块状	8.3	8.7	0.63	0.63	32.6	48	2.5	163	11.7			
						4	20–93	褐棕色	中壤土	块状	8.2	14.3	0.38	0.38	33.5	36	1.4	108	12.4			
剖26	半淋溶土	褐土	褐土性土	砂质褐土性土	砂质底黏褐土性土	1	0–19	浅灰棕色	砂土	粒状	8.4	5.3	0.27	0.49	50.8	18	11.1	53	7.6		E 114°34′14.5″ N 36°37′49.1″	89
						2	19–80	灰棕色	砂土	粒状	8.8	4.1	0.25	0.49	32.8	17	1.7	50	7.4			
						3	80–150	褐棕色	中壤土	块状	8.2	4.5	0.34	0.53	34.8	17	4.1	53	14.9			
剖27	半淋溶土	褐土	褐土性土	砂质褐土性土	砂质褐土性土	1	0–19	黄棕色	砂土	粒状	8.7	3.3	0.29	0.39	32.5	21	2.2	60	8.7		E 114°37′04.1″ N 36°37′22.1″	77
						2	19–45	黄棕色	砂土	粒状	8.3	4.5	0.32	0.35	32.8	17	5.1	75	14.2			
						3	45–82	红棕色	重壤土	层状	8.3	6.2	0.62	0.18	33.0	20	0.8	148	2.7			
						4	82–150	浅棕色	砂土	粒状	8.5	1.6	0.17	0.21	18.5	11	7.1	33	6.1			
剖28	半淋溶土	褐土	潮褐土	壤质潮褐土	砂壤质腰黏潮褐土	1	0–18	浅棕褐色	砂壤土	屑粒状	7.9	6.6	0.41	0.40	32.0	42	6.1	50	8.3		E 114°33′05.8″ N 36°36′33.5″	82
						2	18–25	浅棕褐色	砂壤土	片状	8.3	4.8	0.31	0.56	34.0	29	3.9	40	11.4			
						3	25–40	褐棕色	轻壤土	块状	8.5	5.8	0.39	0.54	36.0	34	6.5	80	18.9			
						4	40–60	红棕色	中壤土	块状	7.9	2.6	0.24	0.46	24.3	26	2.5	40	10.1			
						5	60–90	棕褐色	砂壤土	粒状												
剖29	半淋溶土	褐土	潮褐土	壤质潮褐土	轻壤质腰黏潮褐土	1	0–18	浅褐棕色	轻壤土	屑粒状	7.9	14.8	0.77	0.67		70	25.3	184	6.6		E 114°36′23.0″ N 36°35′27.2″	80
						2	18–26	褐棕色	砂壤土	粒状	8.0	9.8	0.50	0.54		55	4.8	205	6.2			
						3	26–45	褐棕色	中壤土	单粒状	8.0	6.7	0.44	0.59		33	2.0	133	5.9			
						4	45–87	红棕色	重壤土	块状	7.9	6.5	0.32	0.51	35.0	33	3.4	139	13.5			
						5	87–111	褐棕色	轻壤土	屑粒状	7.9	3.5	0.13	0.50	34.0	18	3.8	68	17.1			
						6	111–134	红棕色	重壤土	块状	8.2	2.2	0.42	0.50	34.5	27	3.4	138	8.9			
						7	134–150	浅棕色	轻壤土	屑粒状	8.1	3.8	0.45	0.45	36.0	19	2.5	56	3.8			
剖30	半淋溶土	褐土	潮褐土	壤质潮褐土	轻壤质体砂潮褐土	1	0–19	灰棕色	轻壤土	粒状	8.5	9.1	0.81	0.61	35.0	72	3.2	158	12.2		E 114°37′51.6″ N 36°35′19.9″	77
						2	19–27	褐棕色	中壤土	片状	8.7	3.5	0.84	0.55	34.0	34	3.6	60	18.3			
						3	27–45	棕黄色	砂壤土	粒状	8.6	0.7	0.24	0.65	34.5	29	1.1	48	12.4			
						4	45–150	棕灰色	重壤土	粒状	8.7	10.3	0.78	0.58	36.0	36	6.6	180	23.7			
剖31	半淋溶土	褐土	潮褐土	壤质潮褐土	重壤质体砂潮褐土	1	0–15	灰棕色	重壤土	屑粒状	8.6	8.3	0.59	0.53	35.0	30	2.7	190	29.1		E 114°34′50.5″ N 36°34′44.8″	94
						2	15–23	暗棕色	重壤土	片状	8.3	2.5	0.19	0.41	33.0	28	5.1	40	9.4			
						3	23–42	红棕色	砂壤土	粉粒状	8.3	1.8	0.41	0.48	34.0	20	4.6	36	9.4			
						4	42–70	黄棕色	砂壤土	粉粒状	8.2	2.6	0.37	0.57	39.3	28	9.3	70	7.4			
						5	70–130	暗棕色	轻壤土	单粒状	8.6	10.3	0.68	0.61	36.0	45	4.4	130	13.5			
						6	130–150	灰黄色	轻壤土	粒状												
剖32	半淋溶土	褐土	潮褐土	壤质潮褐土	轻壤质体黏潮褐土	1	0–17	灰棕色	轻壤土	粒状	8.4	5.7	0.47	0.48	37.0	23	1.9	90	21.5		E 114°32′38.4″ N 36°34′22.1″	82
						2	17–24	灰黄色	轻壤土	块状	8.6	5.0	0.43	0.47	37.0	26	14.9	115	26.7			
						3	24–95	浅棕色	重壤土	块状												
						4	95–121	浅棕色	重壤土	粒状												
						5	121–150	灰棕色	砂壤土	粒状	9.0	1.7	0.06	0.54	33.6	11	3.5	30	8.1			

续表 Continued

剖面号 Soil profile	土纲 Soil order	土类 Soil great group	亚类 Soil subgroup	土属 Soil genus	土种 Soil species	土层码 Layer code	土层厚度 Depth/cm	颜色 Soil color	质地 Soil texture	土壤结构 Soil structure	pH	有机质 OM/(g/kg)	全氮 TN/(g/kg)	全磷 TP/(g/kg)	全钾 TK/(g/kg)	碱解氮 AN/(mg/kg)	有效磷 AP/(mg/kg)	速效钾 AK/(mg/kg)	阳离子交换量 CEC/(cmol/kg)	土壤母质 Parent material	剖面点坐标 Profile coordinate	匹配指数 Matching index/%
剖33	半淋溶土	褐土	潮褐土	壤质潮褐土	重壤质底砂潮褐土	1	0—18	红棕色	重壤土	块状	9.0	13.2	1.12	0.60	35.1	118	1.8	229	15.1		E 114°34′28.2″ N 36°33′54.8″	98
						2	18—23	红棕色	重壤土	块状	8.7	9.8	0.73	0.55	36.0	64	0.2	186	15.7			
						3	23—65	红棕色	砂壤土	粒状	8.7	7.7	0.67	0.54	34.9	79	0.6	168	19.4			
						4	65—90	灰棕色	重壤土	块状	9.0	2.0	0.20	0.44	32.4	43	微量	23	4.9			
						5	90—110	红棕色	砂壤土	粒状	8.6	5.8	0.53	0.16	35.5	64	4.5	165	17.9			
						6	110—150	灰褐棕色	砂壤土	粒状	8.8	1.8		0.53	30.0	17	2.3	30	5.5			
剖34	半淋溶土	褐土	潮褐土	壤质潮褐土	砂壤质底黏潮褐土	1	0—20	棕褐色	砂壤土	块状	7.7	9.2	0.49	0.43	34.5	31	10.6	138	13.3		E 114°32′27.6″ N 36°32′46.3″	81
						2	20—70	棕褐色	砂壤土	块状	7.8	2.4		0.60	17.0		5.9	163	9.6			
						3	70—100	棕红色	中壤土	块状	8.1	4.1	0.17	0.44	33.5	8	2.4	35	16.7			
						4	100—150	棕褐色	重壤土	块状												
剖35	半淋溶土	褐土	潮褐土	壤质潮褐土	砂质潮褐土	1	0—23	棕灰色	砂土	粒状	7.8	8.5	0.46	0.55	22.5	32	9.4	124	7.1		E 114°36′49.7″ N 36°32′43.8″	76
						2	23—50	棕灰黄色	砂土	粒状	8.2	2.9	0.12	0.38		8	0.6	45	6.3			
						3	50—150	棕灰黄色	砂土	粒状					19.9							
剖36	半淋溶土	褐土	潮褐土	壤质潮褐土	轻壤质底砂潮褐土	1	0—19	棕褐色	轻壤土	屑粒状	8.5	12.4	0.87	0.49	33.7	78	7.9	123	11.1		E 114°35′59.2″ N 36°32′29.2″	98
						2	19—28	棕褐色	轻壤土	片状	8.5	9.3	0.67	0.38	34.1	70	1.6	128	11.0			
						3	28—56	褐棕色	轻壤土	块状	8.8	6.7	0.43	0.51	34.0	46	1.1	133	16.2			
						4	56—125	棕褐色	砂土	单粒状	8.4	4.5		0.54	32.9	16	0.7	28	6.1			
						5	125—140	灰棕色	中壤土	层粒状	8.7	2.0	0.40	0.51	36.2	41	3.0	135	18.3			
						6	140—150	棕褐色	砂土	单粒状	8.2	5.5	0.37	0.50	32.4	42	3.0	50	6.3			
剖37	半淋溶土	褐土	潮褐土	黏质潮褐土	中壤质砂潮褐土	1	0—20	黄褐色	中壤土	小块状	8.3	10.1	0.69	0.56	35.4	58	3.1	153	9.5		E 114°35′57.5″ N 36°31′05.9″	80
						2	20—90	棕褐色	重壤土	块状	8.4	8.2	0.64	0.48	33.0	38	0.8	193	24.2			
						3	90—135	棕褐色	重壤土	块状	8.1	1.9	0.52	0.53	39.3	34	8.4	193	22.9			
						4	135—150	褐黄色	砂壤土	粒状	8.8	7.3		0.45	31.4	6	1.2	30	7.3			
剖38	半淋溶土	褐土	石灰性褐土	壤质黄土质石灰性褐土	轻壤质石灰性褐土	1	0—19	浅黄色	轻壤土	屑粒状	7.9	11.0	0.55	0.35	31.5	30	3.6	115	16.1		E 114°33′26.6″ N 36°30′57.4″	71
						2	19—24	棕褐色	轻壤土	片状	7.5	9.2	0.47	0.35	28.5	29	4.0	103	16.9			
						3	24—150	棕黄色	轻壤土	块状												

肥 乡 区

主要土类说明

褐土是肥乡区主要土壤类型，占本区地域面积的60%。褐土是暖温带半淋溶条件下经地带性成土过程形成的土壤。植被多为旱生阔叶林及灌木草本，有楸树、柿、核桃、油松、侧柏、洋槐、山皂荚、胡枝子、酸枣、荆条、营草、白草等。由于所处地势较高，排水良好，成土过程不受地下水的影响，雨季有自上而下弱度的水分淋溶，表土黏粒随水下移，心土有黏化现象，黏化层为褐土土类的诊断土层，表层碳酸钙随水下移，常在心土层形成假菌丝体，底土中有时形成碳酸钙结核。土壤经常处于良好通气状态，土色以褐色、棕褐色为主，土壤呈中性至微碱性。

潮土是肥乡区第二大土壤类型，占本区地域面积的38%。潮土是一种半水成的非地带性土壤，主要分布在河谷滩地和冲积平原。潮土发育在近代河流冲积物上，土层深厚，冲积物的沉积层次明显，其成土过程与地下水位紧密相关，地下水水位一般在1—3m。由于地下水参与成土过程，土壤中的铁、锰处于氧化还原状态，在剖面中形成氧化还原层，特征为锈色斑纹。同时，由于地下水位较高，土壤表层出现白天干燥、夜间返潮的现象，在这样干湿交替的条件下，形成潮土。其剖面特征一般是：表层为腐殖质层，呈灰棕色，有机质含量在10—20g/kg；耕作层和犁底层厚度在20—30cm，氧化还原层具有一定的锈色斑纹，通体有石灰反应。在古河道形成的缓岗中上部，地下水埋藏较深，土壤脱离地下水影响的时间较长，土壤中有碳酸钙的淀积，出现假菌丝体，其锈色斑纹仍残存。在向洼地中心过渡的缓斜平地下部，地下水埋藏较浅，而且多见中厚层夹黏层，有滞水现象，水质较差，土壤出现不同程度的积盐。在洼地中心，地下水位很浅，在1—1.5m，土壤除有锈色斑纹外，下层还产生灰蓝色的潜育层。

本区域中心区气候特征

本区域中心区气候特征值
Regional climate characteristics in central area of the region

气候带：暖温带亚湿润气候 Climate region: Warm temperate subhumid climate	
年平均气温 /℃ Annual average temperature /℃	14.0
年平均最高气温 /℃ Annual average maximum temperature /℃	19.5
年平均最低气温 /℃ Annual average minimum temperature /℃	9.2
年降水量 /mm Annual precipitation /mm	561
≥10℃的积温 /℃ Daily temperature accumulated in a year (≥10℃) /℃	5063
年日照时数 /h Annual sunshine /h	2337
年平均相对湿度 /% Annual average relative humidity /%	63
干燥度 Dryness	1.49

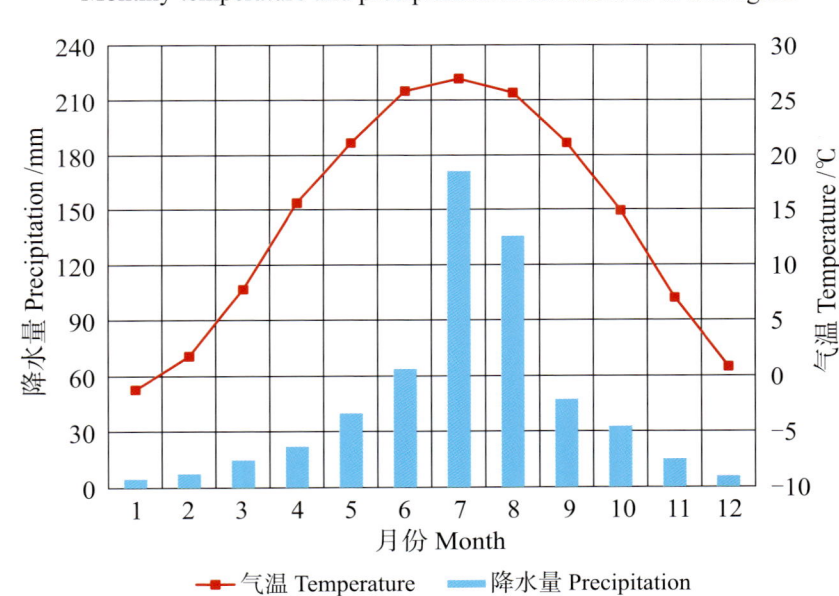

本区域中心区月平均气温与月平均降水量
Monthly temperature and precipitation in central area of the region

肥乡县主要土壤类型与土壤剖面点分布图

1:130 000

图 例

褐土
潮土
⊗ 剖面点

注：国务院2016年9月批准，撤销肥乡县，设立肥乡区。

肥乡区土壤剖面理化性状表

剖面号 Soil profile	土纲 Soil order	土类 Soil great group	亚类 Soil subgroup	土属 Soil genus	土种 Soil species	土层码 Layer code	土层厚度 Depth/cm	颜色 Soil color	质地 Soil texture	土壤结构 Soil structure	pH	有机质 OM/(g/kg)	全氮 TN/(g/kg)	全磷 TP/(g/kg)	全钾 TK/(g/kg)	碱解氮 AN/(mg/kg)	有效磷 AP/(mg/kg)	速效钾 AK/(mg/kg)	阳离子交换量CEC/(cmol/kg)	剖面点坐标 Profile coordinate	匹配指数 Matching index/%
剖1	半淋溶土	褐土	潮褐土	壤质潮褐土	轻壤质潮褐土	1	0–20				8.1	7.7	0.62	0.60		29	12.8	173	12.5	E 114°42′38.2″ N 36°34′36.8″	88
						2	20–93				8.5	3.5	0.39	0.46		22	1.5	95	14.6		
						3	93–120				8.5	1.5	0.19	0.44		4	3.7	54	18.5		
						4	120–150				8.4	2.0	0.25	0.50		5	5.4	64	9.7		
剖2	半淋溶土	褐土	潮褐土	黏质潮褐土	黏质底砂潮褐土	1	0–23		重壤土		8.0	10.1	0.77	0.55		41	3.4	318	23.0	E 114°41′58.9″ N 36°34′18.1″	77
						2	23–60		黏土		8.1	8.1	0.75	0.64		30	2.6	345	36.9		
						3	60–130		中壤土		8.1	4.2	0.41	0.48		10	3.5	124	17.0		
						4	135–150		砂壤土		8.2	2.7	0.29	0.47		8	5.0	74	11.3		
剖3	半淋溶土	褐土	潮褐土	黏质潮褐土	黏质潮褐土	1	100–135		中壤土		8.2	5.2	0.43	0.46		19	6.6	168	21.9	E 114°38′29.9″ N 36°34′06.1″	85
						2	20–50	灰棕色	重壤土	屑粒状	8.4	13.2	0.88	0.64	28.3	51	1.9	343	21.2		
						3	50–80	深棕色	重壤土	碎块状	8.4	8.7	0.73	0.58	29.4	34	1.1	241	27.1		
						4	80–100	灰褐色	砂壤土	屑粒状	8.2	7.3	0.63	0.48	30.0	29	1.9	330	31.4		
						5	100–150	灰褐色	砂壤土	屑粒状	8.3	7.5	0.60	0.48	28.8	26	1.5	210	25.9		
剖4	半淋溶土	褐土	潮褐土	黏质潮褐土	黏质底砂潮褐土	1	0–20		中壤土		8.3	3.0	0.25	0.51	24.5	11	1.6	76	12.1	E 114°38′42.4″ N 36°33′42.8″	86
						2	20–90	灰棕色	重壤土	小块状	8.1	10.7	0.90	0.48		131	5.7	220	14.4		
						3	90–108	褐棕色	重壤土	块状	8.1	6.9	0.76	0.52		141	3.1	141	17.6		
						4	108–150	灰褐色	中壤土	小块状	8.2	4.9	0.57	0.49		128	1.6	92	17.0		
剖5	半淋溶土	褐土	潮褐土	壤质潮褐土	轻壤夹黏潮褐土	1	0–15	浅灰棕色	砂土	粒状	8.3	1.5	0.29	0.56		80	1.0	38	7.8	E 114°44′36.2″ N 36°32′07.1″	98
						2	15–50	浅灰棕色	黏土	块状	8.1	3.7	0.57	0.53		120	1.9	111	14.1		
						3	50–70	浅灰棕色	砂壤土	小块状	8.2	2.6	0.36	0.57		78	2.7	65	9.2		
剖6	半淋溶土	褐土	褐土性土	砂质褐土性土	砂质褐土性土	1	0–15		砂土	单粒状										E 114°41′44.2″ N 36°31′44.4″	83
						2	15–90		砂壤土	单粒状											
						3	90–150		砂土	无明显结构											
剖7	半淋溶土	褐土	潮褐土	壤质潮褐土	中壤质底砂潮褐土	1	0–15		中壤土	块状										E 114°39′07.9″ N 36°30′57.2″	78
						2	15–50	暗棕色	重壤土	屑状											
						3	50–70	暗棕色	轻壤土	屑粒状											
						4	70–150	灰棕色	砂土	单粒状											
剖8	半水成土	潮土	潮土	壤质潮土	轻壤质体砂潮土	1	0–22	浅灰棕色	轻壤土	屑粒状	7.5	8.9	0.60	0.55		39	3.8	145	11.3	E 114°48′13.3″ N 36°39′08.4″	72
						2	22–150	暗棕色	轻壤土	屑粒状	7.8	8.3	0.61	0.55		48	2.0	139	12.5		
剖9	半水成土	潮土	盐化潮土	硫酸盐氯化物盐化潮土	重盐化潮土	1	0–5	暗棕色	轻壤土	屑粒状	7.9	7.3	0.52	0.58		76	5.0	140	12.2	E 114°55′10.2″ N 36°37′30.0″	80
						2	5–10	暗棕色	轻壤土	屑粒状	8.1	4.2	0.42	0.49		29	4.7	85	14.0		
						3	10–20	灰棕色	轻壤土	屑粒状											
						4	20–65	灰灰色	砂壤土	单粒状	8.2	2.4	0.28	0.47		19	2.4	50	9.5		
						5	65–120	浅灰色	砂土	单粒状	8.2	1.8	0.26	0.43		18	3.4	56	9.5		
						6	120–150														

续表 Continued

剖面号 Soil profile	土纲 Soil order	土类 Soil great group	亚类 Soil subgroup	土属 Soil genus	土种 Soil species	土层码 Layer code	土层厚度 Depth/cm	颜色 Soil color	质地 Soil texture	土壤结构 Soil structure	pH	有机质 OM/(g/kg)	全氮 TN/(g/kg)	全磷 TP/(g/kg)	全钾 TK/(g/kg)	碱解氮 AN/(mg/kg)	有效磷 AP/(mg/kg)	速效钾 AK/(mg/kg)	阳离子交换量CEC/(cmol/kg)	剖面点坐标 Profile coordinate	匹配指数 Matching index/%
剖10	半淋溶土	褐土	潮褐土	壤质潮褐土	砂壤质夹黏潮褐土	1	0~17	浅灰棕色	砂壤土	单粒状										E 114°52′35.8″ N 36°37′08.7″	100
						2	17~46	浅黄棕色	轻壤土	单粒状											
						3	46~62	浅黄棕色	黏土	片状											
						4	62~100	灰白色	砂壤土	单粒状											
						5	100~150	浅灰棕色	砂土	粒状											
剖11	半水成土	潮土	潮土	壤质潮土	轻壤质体黏潮土	1	0~20	浅灰棕色	轻壤土	屑粒状										E 114°57′18.0″ N 36°37′37.8″	81
						2	20~47	灰灰棕色	砂壤土	屑粒状											
						3	47~107	深棕色	黏土	块状											
						4	107~118	浅棕色	轻壤土	碎屑状											
						5	118~150	深棕色	重壤土	块状											
剖12	半水成土	潮土	盐化潮土	氯化物硫酸盐化潮土	轻壤化轻壤质盐化潮土	1	0~5	浅灰棕色	轻壤土	屑粒状	8.2	8.1	0.59	0.55	24.4	27	7.3	190	11.3	E 114°58′23.8″ N 36°36′30.1″	92
						2	5~10	灰灰棕色	轻壤土	屑粒状	7.8	7.8	0.64	0.58	24.5	24	7.2	195	10.8		
						3	10~20	深棕色	轻壤土	屑粒状	8.1	8.5	0.62	0.60	27.0	28	8.2	191	11.2		
						4	20~50	浅黄棕色	轻壤土	屑粒状	8.2	6.8	0.53	0.52	27.0	2	3.5	148	10.1		
						5	50~130	浅黄棕色	砂土	粒状	8.2	1.7	0.65	0.40	26.5	3	1.9	52	7.5		
						6	130~150	灰白色	砂土	单粒状	8.4	1.2	0.22	0.40	25.0	21	3.3	49	6.5		
剖13	半水成土	潮土	潮土	壤质潮土	轻壤质潮土	1	0~25				8.0	6.4	0.55	0.55	24.9	32	1.8	150	13.2	E 114°47′37.5″ N 36°36′28.4″	88
						2	25~102				8.1	2.4	0.26	0.49	24.2	12	1.3	61	10.0		
						3	102~128				8.0	4.6	0.42	0.46	26.5	13	3.1	126	18.1		
						4	128~150				8.2	2.3	0.25	0.47	28.3	12	4.6	61	9.7		
剖14	半淋溶土	褐土	潮褐土	壤质潮褐土	轻壤质底砂潮土	1	0~20	灰色	轻壤土	屑粒状										E 114°46′19.8″ N 36°36′27.8″	79
						2	20~40	棕灰色	轻壤土	块状											
						3	40~78	灰色	轻壤土	单粒状											
						4	78~150	浅灰色	砂土	单粒状											
剖15	半水成土	潮土	潮土	壤质潮土	中壤质体砂潮土	1	0~20	浅灰棕色	中壤土	小岩块状	8.4	9.2	0.72	0.59		69	2.0	210	16.1	E 114°45′06.3″ N 36°36′21.7″	78
						2	20~47	灰灰棕色	重壤土	无明显结构	8.4	7.2	0.64	0.53		59	1.5	206	22.1		
						3	47~97	浅黄棕色	砂土	块状	8.5	1.6	0.22	0.56		20	1.0	711	8.1		
						4	97~150	灰灰棕色	黏土		8.3	6.9	0.61	0.46		49	3.6	249	26.9		
剖16	半水成土	潮土	盐化潮土	硫酸盐氯化物盐化潮土	中盐化轻壤质盐化潮土	1	0~5				7.8	6.9	0.51	0.56		30	6.1	162	11.3	E 114°52′44.4″ N 36°36′06.7″	90
						2	5~10				7.9	6.9	0.59	0.52		23	5.9	163	10.9		
						3	10~24				7.8	6.4	0.53	0.54		20	4.1	140	10.7		
						4	24~63				7.8	5.6	0.53	0.52		18	2.7	120	14.8		
						5	63~95				8.0	2.0	0.29	0.45		13	2.3	56	9.6		
						6	95~109				8.1	2.2	0.21	0.41		3	2.9	48	9.0		
						7	109~150				7.9	2.7	0.34	0.47		8	5.9	73	12.0		
剖17	半水成土	潮土	潮土	黏质潮土	黏质底壤潮土	1	0~25	灰棕色	重壤土	屑粒状										E 114°56′31.9″ N 36°35′36.2″	80
						2	25~65	深棕色	重壤土	碎块状											
						3	65~150	浅棕色	轻壤土	屑粒状											
剖18	半水成土	潮土	潮土	壤质潮土	砂壤质体黏潮土	1	0~20	浅灰棕色	砂壤土	碎块状	8.2	4.3	0.37	0.40	24.8	31	1.8	87	9.1	E 114°57′15.1″ N 36°35′36.2″	84
						2	20~25	灰灰棕色	砂壤土	粒状	8.2	4.3	0.37	0.40	24.8	31	1.8	87	9.1		
						3	25~49	灰灰棕色	重壤土	核状	8.4	5.3	0.44	0.43	21.1	22	2.1	110	9.6		
						4	49~98	深棕色	重壤土	粒状	8.1	7.8	0.72	0.44	30.0	29	1.5	231	23.3		
						5	98~150	浅灰棕色	轻壤土	屑粒状	8.1	7.9	0.49	0.40	25.0	15	1.4	84	13.7		

续表 Continued

剖面号 Soil profile	土纲 Soil order	土类 Soil great group	亚类 Soil subgroup	土属 Soil genus	土种 Soil species	土层码 Layer code	土层厚度 Depth/cm	颜色 Soil color	质地 Soil texture	土壤结构 Soil structure	pH	有机质 OM/(g/kg)	全氮 TN/(g/kg)	全磷 TP/(g/kg)	全钾 TK/(g/kg)	碱解氮 AN/(mg/kg)	有效磷 AP/(mg/kg)	速效钾 AK/(mg/kg)	阳离子交换量CEC/(cmol/kg)	剖面点坐标 Profile coordinate	匹配指数 Matching index/%
剖19	半水成土	潮土	盐化潮土	氯化物硫酸盐盐化潮土	重盐化轻壤潮土	1	0–18	浅灰棕色	轻壤土	屑粒状										E 114° 54′ 23.4″ N 36° 35′ 32.3″	86
						2	18–23	浅灰棕色	轻壤土	屑粒状											
						3	23–96	浅灰棕色	中壤土	碎岩状											
						4	96–150	浅灰棕色	轻壤土	屑粒状											
剖20	半水成土	潮土	潮土	黏质潮土	黏质底盐化质潮土	1	0–25		重壤土		8.1	11.0	0.88	0.49		44	3.0	250	20.3	E 114° 59′ 48.2″ N 36° 35′ 30.5″	97
						2	25–71		重壤土		8.0	8.4	0.74	0.36		32	1.8	220	29.5		
						3	71–150		轻壤土		7.9	5.3	0.51	0.44		18	1.5	95	13.7		
剖21	半淋溶土	褐土	潮褐土	砂质潮褐土	砂质潮褐土	1	0–20				8.3	5.4	0.32	0.42	29.0	14	1.9	96	8.5	E 114° 49′ 33.2″ N 36° 35′ 16.4″	98
						2	20–39		重壤土		8.6	2.2	0.24	0.69	24.3	6	2.3	74	9.6		
						3	39–70		轻壤土		8.9	0.8	0.10	0.37	26.3		3.9	67	5.3		
						4	70–150				8.5	1.1	0.30	0.53	23.1	2	25.5	51	7.3		
剖22	半水成土	潮土	潮土	壤质潮土	中壤化潮土	1	0–20	灰棕色	中壤土	屑粒状										E 114° 48′ 00.2″ N 36° 35′ 06.1″	72
						2	20–105	灰棕色	中壤土	屑粒状											
						3	105–150	黄棕色	砂壤土	单粒状											
剖23	半水成土	潮土	盐化潮土	氯化物硫酸盐盐化潮土	中盐化轻壤质盐化潮土	1	0–5		轻壤土		7.9	7.5	0.59			30	3.0	167	11.1	E 114° 52′ 54.1″ N 36° 34′ 55.9″	78
						2	5–10		轻壤土		7.9	7.8	0.60	0.57		30	2.2	168	10.3		
						3	10–20		黏土		7.9	6.5	0.56	0.58		27	1.8	144	11.2		
						4	20–109		中壤土		8.2	2.2	0.27	0.52		6	0.7	60	8.4		
						5	109–150		中壤土		8.6	0.9	0.14	0.51			1.8	43	5.1		
剖24	半水成土	潮土	潮土	壤质潮土	轻壤质底盐潮土	1	0–20	浅灰棕色	轻壤土	屑粒状										E 114° 57′ 18.7″ N 36° 34′ 53.8″	77
						2	20–75	浅灰棕色	轻壤土	核状											
						3	75–150	暗棕色	黏土	片状											
剖25	半水成土	潮土	盐化潮土	氯化物硫酸盐盐化潮土	轻壤化中壤质盐化潮土	1	0–18	灰棕色	中壤土	屑粒状										E 114° 56′ 07.1″ N 36° 34′ 16.0″	80
						2	18–25	暗棕色	中壤土	片状											
						3	25–70	浅棕色	砂壤土	碎岩状											
						4	70–90	灰白色	砂壤土	单粒状											
						5	90–150	褐棕色	黏土	片状											
剖26	半水成土	潮土	盐化潮土	硫酸盐氯化物盐化潮土	中盐化壤质盐化潮土	1	0–24	浅棕色	轻壤土	屑粒状										E 114° 54′ 19.4″ N 36° 33′ 38.9″	92
						2	24–63	灰棕色	中壤土	碎屑状											
						3	63–95	浅灰棕色	砂壤土	小块状											
						4	95–109	灰棕色	砂土	无明显结构											
						5	109–150	黄棕色	轻壤土	无明显结构											
剖27	半淋溶土	褐土	潮褐土	壤质潮褐土	轻壤化体砂潮褐土	1	0–35	棕色	砂土	块状										E 114° 51′ 43.0″ N 36° 33′ 38.6″	84
						2	35–46	灰棕色	轻壤土	碎屑状											
						3	46–97	暗棕色	轻壤土	屑粒状											
						4	97–105	浅灰棕色	砂土	块状											
剖28	半水成土	潮土	潮土	壤质潮土	轻壤质壤黏潮土	1	0–20	浅灰棕色	轻壤土	块状										E 114° 59′ 57.1″ N 36° 33′ 37.4″	80
						2	20–37	深灰棕色	重壤土	碎屑状											
						3	37–80	深棕色	重壤土	屑粒状											
						4	80–102	棕色	中壤土	块状											
						5	102–125	深棕色	重壤土	块状											
						6	125–150	浅灰棕色	轻壤土	碎粒状											

续表 Continued

剖面号 Soil profile	土纲 Soil order	土类 Soil great group	亚类 Soil subgroup	土属 Soil genus	土种 Soil species	土层码 Layer code	土层厚度 Depth/cm	颜色 Soil color	质地 Soil texture	土壤结构 Soil structure	pH	有机质 OM/(g/kg)	全氮 TN/(g/kg)	全磷 TP/(g/kg)	全钾 TK/(g/kg)	碱解氮 AN/(mg/kg)	有效磷 AP/(mg/kg)	速效钾 AK/(mg/kg)	阳离子交换量CEC/(cmol/kg)	剖面点坐标 Profile coordinate	匹配指数 Matching index/%
剖29	半水成土	潮土	潮土	壤质潮土	中壤质腰砂潮土	1	0—19	灰棕色	中壤土	碎岩块状										E 114°58′19.2″ N 36°33′26.0″	70
						2	19—39	暗灰棕色	重壤土	块状											
						3	39—66	浅灰棕色	砂壤土	单粒状											
						4	66—96	深灰棕色	黏壤土	岩粒状											
						5	96—119	浅灰棕色	轻壤土	肩屑状											
						6	119—150	浅灰棕色	轻壤土	碎屑状											
剖30	半淋溶土	褐土	潮褐土	壤质潮褐土	中壤质腰砂潮褐土	1	0—20	灰棕色	中壤土	碎块状	8.1	10.4	0.64	0.62		43	2.5		16.3	E 114°51′22.7″ N 36°33′00.4″	80
						2	20—39	褐棕色	重壤土	块状	8.1	6.8	0.93	0.55		26	14.5		19.6		
						3	39—77	浅灰色	砂壤土	粒状	8.2	1.9	0.26	0.57		6	0.9		9.2		
						4	77—91	灰棕色	轻壤土	屑粒状	8.3	3.1	0.39	0.50		9	1.5		13.1		
						5	91—107	灰棕色	砂壤土	屑粒状	8.5	1.7	0.22	0.61		4	1.5		8.2		
						6	107—150	灰棕色	砂壤土	碎屑状	8.2	2.4	0.43	0.53		7	2.1		14.3		
剖31	半淋溶土	褐土	潮褐土	黏质潮褐土	黏质潮褐土	1	0—20	深灰棕色	重壤土	屑粒状										E 114°52′19.8″ N 36°32′54.6″	71
						2	20—80	深灰棕色	重壤土	碎岩块状											
						3	80—130	深灰棕色	重壤土	碎岩块状											
						4	130—150	浅灰棕色	中壤土	屑粒状											
剖32	半淋溶土	褐土	潮褐土	黏质潮褐土	黏质潮褐土	1	0—20	灰棕色	重壤土	块状	8.2	11.1	0.70	0.54		62	1.3	245	19.8	E 114°56′04.6″ N 36°32′43.8″	98
						2	20—70	深灰棕色	轻壤土	碎屑状	8.1	6.5	0.73	0.51		44	3.5	233	22.2		
						3	70—120	灰棕色	砂壤土		8.3	2.5	0.26	0.48		17	1.5	61	9.5		
						4	120—150	灰棕色	中壤土	屑粒状	8.3	4.9	0.48	0.55		22	2.7	141	20.4		
剖33	半水成土	潮土	潮土	轻壤质夹黏潮土	轻壤质夹黏潮土	1	0—25				8.1	8.4	0.60	0.56		38	5.4	196	12.1	E 114°55′03.2″ N 36°32′41.1″	81
						2	25—43				8.3	6.1	0.58	0.52		28	1.3	197	21.2		
						3	43—62				8.2	7.7	0.71	0.46		30	1.8	309	3.1		
						4	62—150				8.3	1.8	0.23	0.52		12	15.5	66	7.3		
剖34	半淋溶土	褐土	潮褐土	砂质潮褐土	砂壤质潮褐土	1	0—20	浅灰棕色	砂壤土	肩粒状	8.2	9.3	0.71	0.73	24.5	35	5.7	166	12.5	E 114°50′44.2″ N 36°32′38.3″	88
						2	20—70	灰棕色	轻壤土	碎屑状	8.2	5.8	0.52	0.49	24.5	42	1.3	112	14.2		
						3	70—150	灰棕色	砂土	单粒状	8.2	2.5	0.28	0.52	23.8	30	0.8	66	9.2		
剖35	半淋溶土	褐土	潮褐土	砂质潮褐底黏土	砂壤质底黏潮褐土	1	0—20	暗灰棕色	中壤土	屑肩状										E 114°48′09.6″ N 36°32′11.4″	100
						2	20—53	灰棕色	砂壤土	碎屑状											
						3	53—92	灰棕色	重壤土	碎粒状											
						4	92—150	灰棕色	中壤土	单粒状											
剖36	半淋溶土	褐土	潮褐土	砂壤质潮褐底黏土	砂壤质底黏潮褐土	1	0—18	浅灰棕色	砂壤土	粒状										E 114°46′54.5″ N 36°31′29.3″	79
						2	18—24	浅灰棕色	砂壤土	粒状											
						3	24—52	棕色	重壤土	粒岩状											
						4	52—98	暗棕色	中壤土	肩岩状											
						5	98—150	暗棕色	中壤土	粒岩状											
剖37	半淋溶土	褐土	潮褐土	壤质潮褐土	中壤质潮褐土	1	0—35	暗棕色	重壤土	粒岩状		9.0	0.64	0.60		62	2.7		11.6	E 114°49′43.7″ N 36°31′03.0″	98
						2	35—53	浅灰棕色	中壤土	肩屑状		5.8	0.57	0.50		44	1.5		13.5		
						3	53—100	暗棕色	中壤土	屑粒状		5.7	0.53	0.42		59	1.4		17.9		
						4	100—150	暗棕色	重壤土	粒岩状											
剖38	半淋溶土	褐土	潮褐土	壤质潮褐土	轻壤质腰黏潮褐土	1	0—25	浅灰棕色	中壤土	肩粒状										E 114°55′16.3″ N 36°31′01.2″	79
						2	25—49	暗灰棕色	中壤土	屑粒状						27	1.6		12.3		
						3	49—75	深灰棕色	重壤土	块状		4.5	0.35	0.45							
						4	75—115	浅灰棕色	屑壤土	屑粒状		5.2	0.49	0.45		47	3.0		13.1		
						5	115—150	暗棕色	中壤土	块状											

续表 Continued

剖面号 Soil profile	土纲 Soil order	土类 Soil great group	亚类 Soil subgroup	土属 Soil genus	土种 Soil species	土层码 Layer code	土层厚度 Depth/cm	颜色 Soil color	质地 Soil texture	土壤结构 Soil structure	pH	有机质 OM/(g/kg)	全氮 TN/(g/kg)	全磷 TP/(g/kg)	全钾 TK/(g/kg)	碱解氮 AN/(mg/kg)	有效磷 AP/(mg/kg)	速效钾 AK/(mg/kg)	阳离子交换量CEC/(cmol/kg)	剖面点坐标 Profile coordinate	匹配指数 Matching index/%
剖39	半淋溶土	褐土	潮褐土	壤质潮褐土	轻壤质腰砂潮褐土	1	0–25	浅灰色	轻壤土	小粒状										E 114°56′44.0″ N 36°30′58.3″	71
						2	25–45	棕灰色	轻壤土	小粒状											
						3	45–75	浅灰色	砂土	单粒状											
						4	75–100	浅灰色	轻壤土	小粒状											
						5	100–150	浅灰色	砂土	单粒状											
剖40	半淋溶土	褐土	潮褐土	砂质潮褐土	砂壤质潮褐土	1	0–20	浅棕色	砂壤土	碎屑状										E 114°53′29.3″ N 36°30′27.6″	74
						2	20–53	浅棕色	轻壤土	屑粒状											
						3	53–150	浅灰色	砂土	碎屑状											
剖41	半淋溶土	褐土	潮褐土	壤质潮褐土	轻壤质底黏潮褐土	1	0–20	浅灰棕色	轻壤土	屑粒状										E 114°51′39.7″ N 36°29′57.2″	99
						2	20–57	浅灰棕色	轻壤土	屑粒状											
						3	57–90	浅灰棕色	轻壤土	屑粒状											
						4	90–150	棕色	重壤土	块状											

永 年 区

主要土类说明

褐土是永年区主要土壤类型，占本区地域面积的54%。褐土是暖温带半淋溶条件下经地带性成土过程形成的土壤。植被多为旱生阔叶林及灌木草本，有楸树、柿、核桃、油松、侧柏、洋槐、山皂荚、胡枝子、酸枣、荆条、菅草、白草等。由于所处地势较高，排水良好，成土过程不受地下水的影响，雨季有自上而下弱度的水分淋溶，表土黏粒随水下移，心土有黏化现象，黏化层为褐土土类的诊断土层，表层碳酸钙随水下移，在心土层常形成假菌丝体，底土中有时形成碳酸钙结核。土壤经常处于良好通气状态，土色以褐色、棕褐色为主，土壤呈中性至微碱性。

潮土是永年区第二大土壤类型，占本区地域面积的35%。潮土是一种半水成的非地带性土壤，主要分布在河谷滩地和冲积平原。潮土发育在近代河流冲积物上，土层深厚，冲积物的沉积层次明显，其成土过程与地下水位紧密相关，地下水水位一般在1—3m。由于地下水参与成土过程，土壤中的铁、锰处于氧化还原状态，在剖面中形成氧化还原层，特征为锈色斑纹。同时，由于地下水位较高，土壤表层出现白天干燥、夜间返潮的现象，在这样干湿交替的条件下，形成潮土。表层为腐殖质层，呈灰棕色，有机质含量在10—20g/kg；耕作层和犁底层厚度在20—30cm，氧化还原层具有一定的锈色斑纹，通体有石灰反应。在古河道形成的缓岗中上部，地下水埋藏较深，土壤脱离地下水影响的时间较长，土壤中有碳酸钙的淀积，出现假菌丝体，其锈色斑纹仍残存。在向洼地中心过渡的缓斜平地下部，地下水埋藏较浅，而且多见中厚层夹黏层，有滞水现象，水质较差，土壤出现不同程度的积盐。在洼地中心，地下水水位很浅，在1.0—1.5m，土壤除有锈色斑纹外，下层还产生灰蓝色的潜育层。

风沙土是永年区第三大土壤类型，占本区地域面积的5%，分布在漳河、洺河、黄河故道及与邢台交界的沙河故道。在半干旱气候条件下，蒸发量明显超过降水量。在风的吹蚀下，沙粒在地表流动形成风沙土，风沙土的母质是风积物。风是动力，沙源是基础，风沙物质的来源是河流沉积物。沙质河流沉积物由于风的吹动和障碍物的影响形成大小不同的沙丘，最高的沙丘可高出地面5m，随着植物的着生与繁殖，水热状况发生变化，逐渐形成风沙土。由于成土年龄过短，风沙土的剖面发育微弱或没有发育。

小于本区地域面积3%的土壤类型还有新积土、粗骨土和沼泽土等。

本区域中心区气候特征

本区域中心区气候特征值
Regional climate characteristics in central area of the region

气候带：暖温带亚湿润气候 Climate region: Warm temperate subhumid climate	
年平均气温 /℃ Annual average temperature /℃	13.8
年平均最高气温 /℃ Annual average maximum temperature /℃	19.4
年平均最低气温 /℃ Annual average minimum temperature /℃	9.0
年降水量 /mm Annual precipitation /mm	555
≥10℃的积温 /℃ Daily temperature accumulated in a year (≥10℃) /℃	4999
年日照时数 /h Annual sunshine /h	2343
年平均相对湿度 /% Annual average relative humidity /%	63
干燥度 Dryness	1.50

本区域中心区月平均气温与月平均降水量
Monthly temperature and precipitation in central area of the region

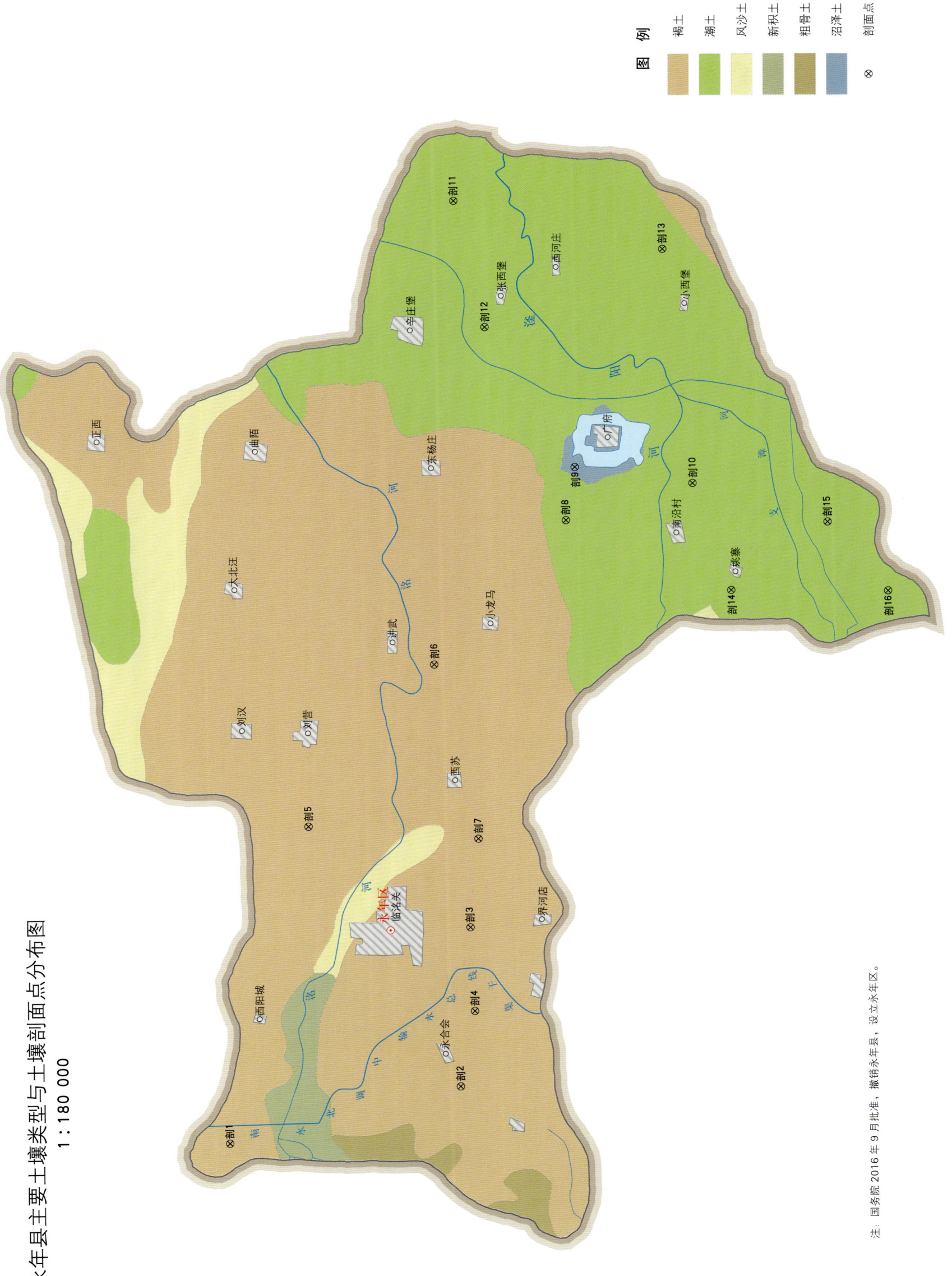

永年区土壤剖面理化性状表

剖面号 Soil profile	土纲 Soil order	土类 Soil great group	亚类 Soil subgroup	土属 Soil genus	土种 Soil species	土层码 Layer code	土层厚度 Depth/cm	颜色 Soil color	质地 Soil texture	土壤结构 Soil structure	pH	有机质 OM/(g/kg)	全氮 TN/(g/kg)	全磷 TP/(g/kg)	全钾 TK/(g/kg)	碱解氮 AN/(mg/kg)	有效磷 AP/(mg/kg)	速效钾 AK/(mg/kg)	阳离子交换量CEC/(cmol/kg)	土壤母质 Parent material	剖面点坐标 Profile coordinate	匹配指数 Matching index/%
剖1	半淋溶土	褐土	石灰性褐土	立黄土	杂姜立黄土	1	0—18	浅棕色	壤土	粒状	8.2	4.5	0.36	0.50	14.4	29	6.0	80	13.0		E 114°22′32.7″ N 36°50′23.4″	87
						2	18—41	棕色	中壤土	块状	8.2	4.6	0.46	0.52		29	4.0		13.8			
						3	41—70	棕色	中壤土	块状	8.2	6.7	0.53	0.47		26	4.0		13.9			
						4	70—100	黄棕色	中壤土	棱块状	8.1	4.7	0.35	0.47		31	5.0		12.6			
						5	100—150	黄棕色	中壤土	团状	8.2	3.9	0.30	0.45		25	6.0		13.6			
剖2	半淋溶土	褐土	石灰性褐土	红黄土质石灰褐土		1	0—17	棕黄色	中壤土	块状	7.9	10.2	0.88	0.48	18.4	27	4.0	183	17.5		E 114°24′19.4″ N 36°45′07.2″	72
						2	17—38	浅棕黄色	黏土	棱块状	7.8	7.1	0.58	0.45		30	4.0	133	16.3			
						3	38—63	棕黄色	黏土	棱块状	7.9	4.2	0.29	0.32		20	4.0	93	17.4			
						4	63—100	橙红色	黏土	棱块状	7.8	1.0	0.25	0.24		14	2.0	107	22.6			
剖3	半淋溶土	褐土	石灰性褐土	壤质褐土	轻壤质褐土	1	0—25	浅灰棕色	轻壤土	粒状	7.9	11.4	0.74	0.88	18.4	49	4.0	103	11.6		E 114°28′56.6″ N 36°44′57.8″	85
						2	25—50	浅灰棕色	轻壤土	粒状	8.0	6.9	0.45	0.66		32	4.0		10.9			
						3	50—94	浅灰棕色	轻壤土	粒状	8.1	9.0	0.52	0.70		42	5.0		13.3			
						4	94—110	浅灰棕色	轻壤土	粒状	8.3	6.4	0.40	0.53		29			13.3			
剖4	半淋溶土	褐土	褐土性土	薄砂石碴土		1	0—6	浅灰棕色	砂壤土	团粒状	8.0	28.8	1.58	0.89	11.4	135	0.5	136	17.5		E 114°26′31.6″ N 36°44′49.6″	77
						2	6—27	灰棕色	轻壤土	小团粒状	8.0	23.7	1.38	0.96	10.3	104	3.0	83	21.4			
						3	0—22	灰棕色	轻壤土	粒状	8.1	11.9	0.42	0.73	26.4	36	8.0	220	13.5			
剖5	半淋溶土	褐土	石灰性褐土	壤质褐土	轻壤质底黏褐土	2	22—51	褐色	轻壤土	片状	8.2	5.0	0.55	0.52	8.7	22	2.0	117	15.1		E 114°31′50.5″ N 36°48′44.0″	73
						3	51—77	浅灰棕色	轻壤土	块状	8.4	3.7	0.37	0.48		22		112	12.7			
						4	77—150	暗褐色	轻壤土	棱块状	8.3	4.1	0.40	0.70	17.6	22		170	16.6			
剖6	半淋溶土	褐土	褐土性土	砂性洪冲积褐土性土	粗砂性褐土	1	0—20	棕色	砂土	单粒状	8.4	4.0	0.31	0.32	11.4	38	2.0	70	5.2		E 114°36′40.0″ N 36°45′55.4″	94
						2	20—70	黄灰棕色	砂土	单粒状	8.4	3.1	0.23	0.27	10.3		1.0	50	3.1			
						3	70—150	灰棕色	砂土	单粒状	8.5	0.7	0.07	0.13	8.7		1.0	31	1.2			
剖7	半淋溶土	褐土	石灰性褐土	壤质褐土	砂壤质褐土	1	0—16	灰棕色	砂壤土	无明显结构	8.2	9.3	0.44	0.69	17.6	38	6.0	143	8.1		E 114°31′34.3″ N 36°44′49.6″	83
						2	16—24	灰棕色	壤土	小块状	8.1	8.6	0.42	0.62		34	4.0	80	8.3			
						3	24—44	浅灰棕色	砂壤土	无明显结构	8.3	5.2	0.27	0.64		36		67	8.5			
						4	44—66	灰棕色	砂壤土	小块状	8.2	3.5	0.26	0.64		29	2.0	63	9.5			
						5	66—120	粉砂质壤土		棱块状	7.9	4.1		0.66		31		77	10.6			
剖8	半水成土	潮土	潮土	湖积冲积潮土	黏沼泥土	1	0—20	棕色	轻壤土	屑粒状	8.0	7.6	0.61	0.70	15.2	52	2.0	157	10.5		E 114°40′58.1″ N 36°42′58.0″	72
						2	20—60	红棕色	黏土	屑粒状	8.1	4.0	0.43	0.56		29	4.0	80	12.6			
						3	60—85	红棕色	黏土	片状	8.1	6.8	0.55	0.48		19	4.0	150	21.7			
						4	85—110	红棕色	中壤土	无明显结构	8.1	3.9	0.44	0.51		17	1.0	100	17.3			
						5	110—150	红棕色	黏土	块状	8.1	7.6	0.87	0.50		22	1.0	150	22.3			
剖9	水成土	沼泽土	沼泽土			1	0—20	暗棕色	粉砂质黏土	碎块状	7.9	24.2	1.51	0.62	22.0	40	33.0	170	18.5	冲积物	E 114°42′31.5″ N 36°42′47.2″	97
						2	20—50	暗灰棕色	粉砂质黏壤土	小碎块状	7.8	28.6	1.58	0.59	23.1	41	28.0	154	19.8			
						3	50—100	青灰色	粉砂质黏壤土	碎块状	7.8	23.6	0.43	0.47	22.4	28	9.0	96	20.5			
剖10	半水成土	潮土	潮土	壤质潮土	轻壤质底砂潮土	1	0—30	黄棕色	轻壤土	粒状	8.3	4.3	0.45	0.29	17.6	40	6.0	117	15.3		E 114°42′07.2″ N 36°40′04.4″	92
						2	30—65	暗棕色	中壤土	块状	8.2	7.1	0.69	0.28		41	7.0	157	25.0			
						3	65—85	浅棕色	砂壤土	小粒状	8.5	2.8	0.31	0.28		28	4.0	63	10.3			
						4	85—120	浅黄棕色	砂土	细粒状	8.9	1.2	0.25	0.27		17	6.0	33	6.5			
						5	120—150	黄棕色	砂土	粒状	8.9	1.0	0.19	0.28		18	6.0	43	7.0			

续表 Continued

剖面号 Soil profile	土纲 Soil order	土类 Soil great group	亚类 Soil subgroup	土属 Soil genus	土种 Soil species	土层码 Layer code	土层厚度 Depth/cm	颜色 Soil color	质地 Soil texture	土壤结构 Soil structure	pH	有机质 OM/(g/kg)	全氮 TN/(g/kg)	全磷 TP/(g/kg)	全钾 TK/(g/kg)	碱解氮 AN/(mg/kg)	有效磷 AP/(mg/kg)	速效钾 AK/(mg/kg)	阳离子交换量CEC/(cmol/kg)	土壤母质 Parent material	剖面点坐标 Profile coordinate	匹配指数 Matching index/%
剖11	半水成土	潮土	潮土	壤质潮土	砂壤质腰黏潮土	1	0—14	浅灰棕色	砂土	粒状	8.2	7.7	0.63	0.79	16.8	51	3.0	120	13.2		E 114°50′17.2″ N 36°45′42.1″	87
						2	14—23	浅灰棕色	砂壤土	粒状	8.1	9.5	0.79	0.79		57	6.0	147	13.9			
						3	23—50	棕色	黏壤土	小粒状	8.3	4.0	0.34	0.47		24	4.0	117	11.5			
						4	50—100	暗棕色	黏土	块状	8.1	9.1	0.86	0.50		27	6.0	150	27.3			
剖12	半水成土	潮土	潮土	壤质潮土	轻壤质腰黏潮土	1	0—25	灰棕色	轻壤土	粒状	8.1	9.6	0.80	0.35	16.8	64	6.0	143	13.8		E 114°46′36.3″ N 36°44′55.5″	75
						2	25—80	棕黄色	砂壤土	粉粒状	8.2	5.0	0.57	0.30		54	4.0	113	16.8			
						3	80—110	黄棕色	砂壤土	粉粒状	8.5	4.0	0.45	0.35		49	2.0	83	11.8			
						4	110—130	黄棕色	砂壤土	粉粒状	8.7	2.7	0.32	0.29		32	2.0	60	10.1			
						5	130—150	棕色	重壤土	块状	8.5	7.2	0.52	0.27		54	3.0	133	19.1			
剖13	半水成土	潮土	潮土	壤质潮土	轻壤质腰黏潮土	1	0—20	灰棕色	轻壤土	团粒状	8.2	11.3	0.62	0.61	16.8	25	5.0	93	12.4		E 114°48′58.7″ N 36°40′53.0″	81
						2	20—24	棕色	轻壤土	片状	8.1	8.1	0.53	0.54		32	5.0	83	13.4			
						3	24—70	浅灰棕色	重壤土	块状	8.1	7.2	0.48	0.52		3	3.0	67	16.2			
						4	70—128	浅灰棕色	砂壤土	块状	8.2	8.0	0.94	0.52		33	4.0	113	19.6			
						5	128—140	黄棕色	轻壤土	粒状	8.2	3.9	0.34	0.44		16	4.0	40	9.0			
剖14	半水成土	潮土	潮土	砂质潮土	砂质潮土	1	0—20	灰棕色	砂土	无明显结构	8.3	7.1	0.38	0.24	13.6	33	1.0	97	7.9		E 114°39′00.8″ N 36°39′08.2″	94
						2	20—65	浅棕色	砂土	无明显结构	8.4	1.0	0.28	0.21		25	4.0	40	6.0			
						3	65—150	黄棕色	砂土	无明显结构	8.4	1.0	0.23	0.24		22	2.0	43	8.1			
剖15	半水成土	潮土	潮土	黏质潮土	黏质潮土	1	0—25	棕色	重壤土	小粒状	8.1	9.1	0.78	0.30	19.2	41	6.0	233	22.1		E 114°41′03.5″ N 36°36′57.2″	83
						2	25—60	棕色	重壤土	碎块状	8.2	7.2	0.61	0.24		12	6.0	180	26.9			
						3	60—100	红棕色	黏土	块状	8.2	9.0	0.60	0.24		22	7.0	287	36.6			
						4	100—150	红棕色	黏土	小粒状	8.2	5.9	0.58	0.55		20	8.0	193	28.9			
剖16	半水成土	潮土	潮土	壤质潮土	砂壤质潮土	1	0—20	灰棕色	砂壤土	小粒状	7.9	5.6	0.54	0.55	15.2	58	6.0	137	9.6		E 114°39′04.5″ N 36°35′31.9″	95
						2	20—50	浅灰棕色	砂壤土	粒状	8.3	3.4	0.34	0.54		69	2.0	50	10.0			
						3	50—104	暗棕色	砂壤土	块状	8.4	2.6	0.55	0.57		39	4.0	57	12.4			
						4	104—118	暗棕色	轻壤土	块状	8.3	2.4	0.49	0.52		26	2.0	57	12.6			
						5	118—150	浅灰棕色	砂壤土	小块状	8.3	2.1	0.29	0.48		24	4.0	50	11.5			

临 漳 县

主要土类说明

潮土是临漳县主要土壤类型，占本县地域面积的57%。潮土是一种半水成的非地带性土壤，主要分布在河谷滩地和冲积平原。潮土发育在近代河流冲积物上，土层深厚，冲积物的沉积层次明显，其成土过程与地下水位紧密相关，地下水水位一般在1—3m。由于地下水参与成土过程，土壤中的铁、锰处于氧化还原状态，在剖面中形成氧化还原层，特征为锈色斑纹。同时，由于地下水位较高，土壤表层出现白天干燥、夜间返潮的现象，在这样干湿交替的条件下，形成潮土。其剖面特征一般是表层为腐殖质层，呈灰棕色，有机质含量在10—20g/kg。耕作层和犁底层厚度在20—30cm，氧化还原层具有一定的锈色斑纹，通体有石灰反应。在古河道形成的缓岗中上部，地下水埋藏较深，土壤脱离地下水影响的时间较长，土壤中有碳酸钙的淀积，出现假菌丝体，其锈色斑纹仍残存。在向洼地中心过渡的缓斜平地下部，地下水埋藏较浅，而且多见中厚层夹黏层，有滞水现象，水质较差，土壤出现不同程度的积盐。在洼地中心，地下水位很浅，在1.0—1.5m，土壤除有锈色斑纹外，下层还产生灰蓝色的潜育层。

褐土是临漳县第二大土壤类型，占本县地域面积的35%。褐土是暖温带半淋溶条件下经地带性成土过程形成的土壤。植被多为旱生阔叶林及灌木草本，有楸树、柿、核桃、油松、侧柏、洋槐、山皂荚、胡枝子、酸枣、荆条、菅草、白草等。由于所处地势较高，排水良好，成土过程不受地下水的影响，雨季有自上而下弱度的水分淋溶，表土黏粒随水下移，心土有黏化现象，黏化层为褐土土类的诊断土层，表层碳酸钙随水下移，常在心土层形成假菌丝体，底土中有时形成碳酸钙结核。土壤经常处于良好通气状态，土色以褐色、棕褐色为主，土壤呈中性至微碱性。

风沙土是临漳县第三大土壤类型，占本县地域面积的6%，分布在漳河、洺河、黄河故道及与邢台交界的沙河故道。在半干旱气候条件下，蒸发量明显超过降水量。在风的吹蚀下，沙粒在地表流动形成风沙土，风沙土的母质是风积物。风是动力，沙源是基础，风沙物质的来源是河流沉积物。河流沉积物由于风的吹动和障碍物的影响，形成大小不同的沙丘，最高的沙丘高出地面5m左右，随着植物的着生与繁殖，水热状况发生变化，逐渐形成风沙土。由于成土年龄过短，风沙土的剖面发育微弱或没有发育。

小于本县地域面积3%的土壤类型还有沼泽土等。

本区域中心区气候特征

本区域中心区气候特征值
Regional climate characteristics in central area of the region

气候带：暖温带亚湿润气候 Climate region: Warm temperate subhumid climate	
年平均气温 /℃ Annual average temperature /℃	14.0
年平均最高气温 /℃ Annual average maximum temperature /℃	19.6
年平均最低气温 /℃ Annual average minimum temperature /℃	9.2
年降水量 /mm Annual precipitation /mm	560
≥10℃的积温 /℃ Daily temperature accumulated in a year (≥10℃) /℃	5121
年日照时数 /h Annual sunshine /h	2269
年平均相对湿度 /% Annual average relative humidity /%	65
干燥度 Dryness	1.49

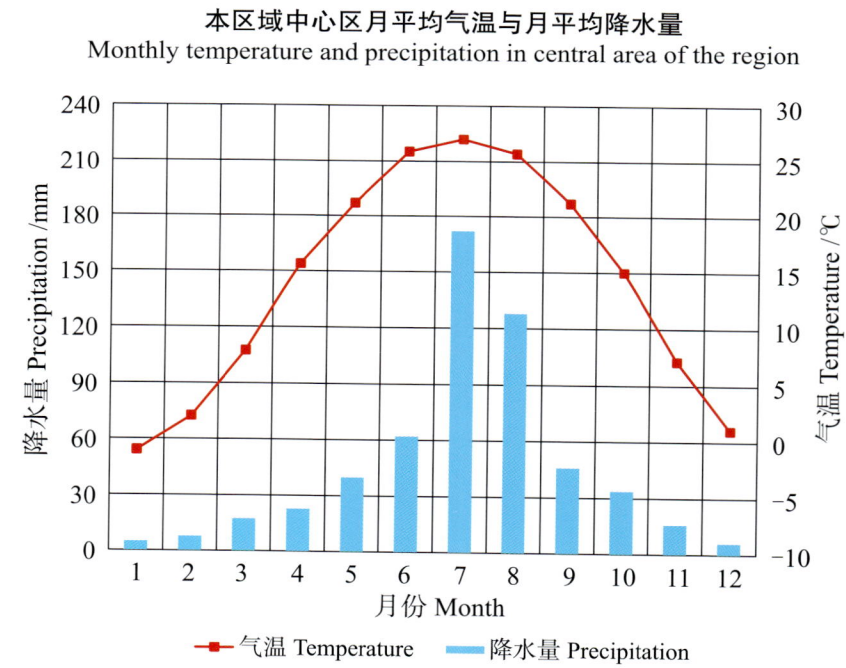

本区域中心区月平均气温与月平均降水量
Monthly temperature and precipitation in central area of the region

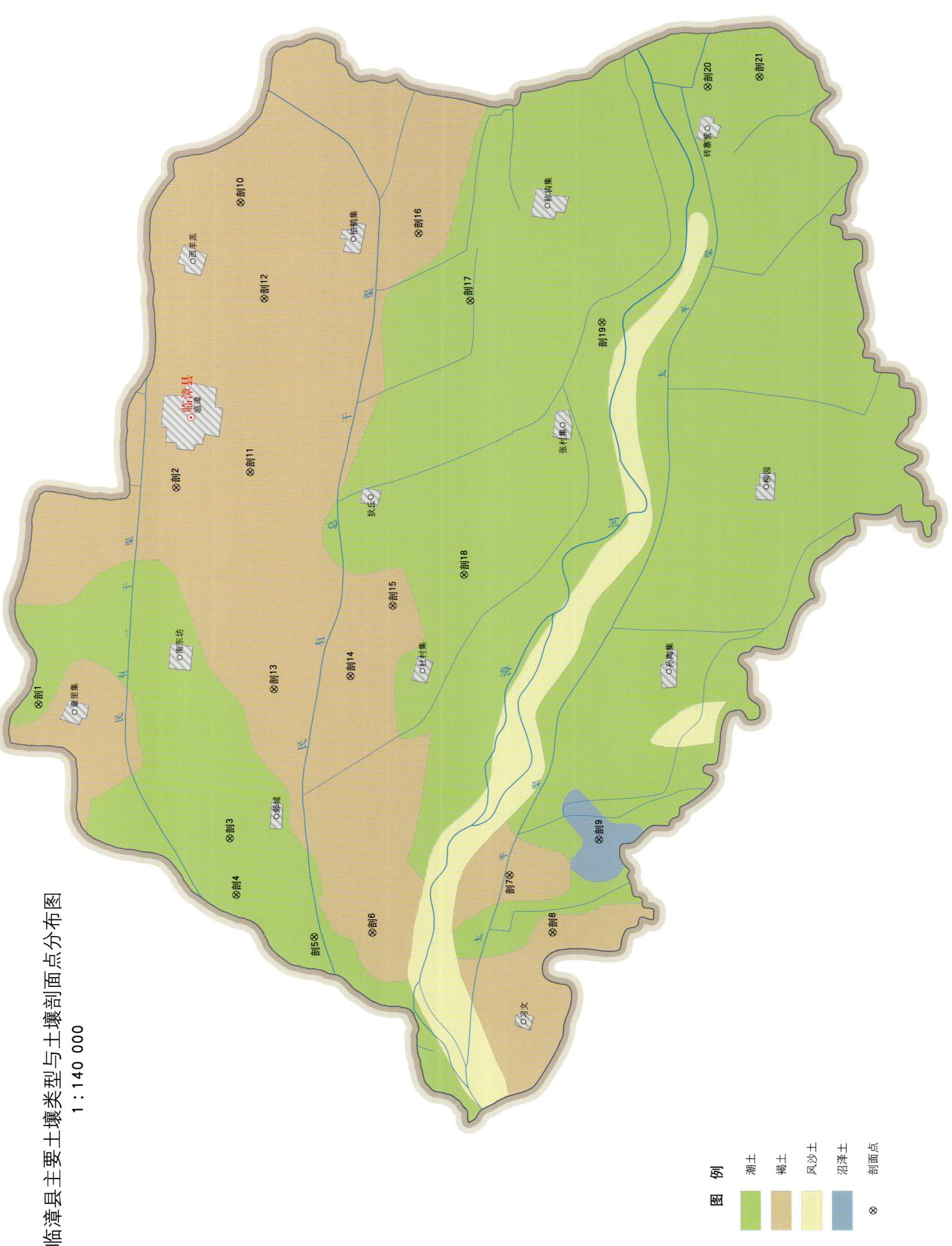

临漳县土壤剖面理化性状表

剖面号 Soil profile	土纲 Soil order	土类 Soil great group	亚类 Soil subgroup	土属 Soil genus	土种 Soil species	土层码 Layer code	土层厚度 Depth/cm	颜色 Soil color	质地 Soil texture	土壤结构 Soil structure	pH	有机质 OM/(g/kg)	全氮 TN/(g/kg)	全磷 TP/(g/kg)	全钾 TK/(g/kg)	碱解氮 AN/(mg/kg)	有效磷 AP/(mg/kg)	速效钾 AK/(mg/kg)	阳离子交换量CEC/(cmol/kg)	土壤母质 Parent material	剖面点坐标 Profile coordinate	匹配指数 Matching index/%
剖1	半水成土	潮土	碱化潮土	苏打碱化潮土	重苏打潮化土	1	0—25	灰棕色	壤土	屑粒状	10.0	7.6	0.35	0.67	11.9		12.6	100	7.8	河流冲积物	E 114° 29′ 40.8″ N 36° 23′ 19.4″	87
						2	25—58	浅棕色	砂壤土	屑粒状	10.2	2.7	0.22	0.53	11.9		4.1	52	7.3			
						3	58—100	暗灰棕色	黏壤土	块状	9.8	4.5	0.24	0.50	11.8		4.8	98	12.7			
剖2	半淋溶土	褐土	潮褐土	壤质潮褐土	中壤质潮褐土	1	0—20	灰棕色	中壤土	块状	7.5	8.9	0.65	1.22	26.8	47	2.0	139	12.6		E 114° 34′ 52.2″ N 36° 20′ 53.5″	100
						2	20—27	灰棕色	中壤土	片状	7.5	8.9	0.65	1.23	26.8	47	2.0	139	12.6			
						3	27—100	深灰棕色	中壤土	块状	7.5	5.7	0.45	1.00	39.6	23	1.0	111	18.0			
						4	100—150	灰棕色	轻壤土	碎块状	7.5	4.0	0.37	1.00	25.8	24	1.5	86	13.4			
剖3	半水成土	潮土		壤质潮褐土	轻壤质体黏潮土	1	0—18	灰棕色	轻壤土	碎块状		2.8	0.74	1.45	28.4	45	12.5	125	14.3		E 114° 26′ 38.0″ N 36° 19′ 42.2″	97
						2	18—50	浅灰棕色	轻壤土	碎块状		9.9	0.69	1.22	28.4	43	3.5	103	13.1			
						3	50—90	青灰棕色	重壤土	块状		6.7	0.49	0.98	35.8	28	1.5	160	25.7			
						4	90—150	浅棕色	轻壤土	碎粒状		4.9	0.33	1.05	32.8	1	2.0	78	14.8			
剖4	半水成土	潮土		壤质潮褐土	轻壤质夹砂潮土	1	0—20	浅黄棕色	中壤土	碎块状	7.5	8.0	0.48	1.23	26.2	26	3.0	143	8.9		E 114° 25′ 18.3″ N 36° 19′ 33.3″	77
						2	20—40	浅黄棕色	砂土	碎块状	7.5	5.5	0.37	1.19	26.0	20	1.0	61	9.7			
						3	40—55	黄棕色	轻壤土	单粒状	7.5	1.1	0.21	1.10	25.6	5	2.5	36	1.0			
						4	55—65	灰棕色	轻壤土	碎块状	7.5	4.4	0.23	0.10	26.8	12	4.0	45	12.4			
						5	65—130	浅灰棕色	轻壤土	块状	7.5	5.8	0.38	1.20	27.0	27	4.5	108	14.7			
						6	130—150	灰棕色	中壤土	碎块状	7.5	5.8	0.43	1.37	25.6	20	2.5	213	12.4			
剖5	半水成土	潮土	潮土	壤质潮土	壤质质砂潮土	1	0—28	灰棕色	轻壤土	碎块状	8.5	11.0	0.78	1.15		45	2.5		15.3		E 114° 24′ 21.8″ N 36° 18′ 05.3″	97
						2	28—70	浅灰棕色	轻壤土	碎块状	7.5	5.7	0.47	1.15		21	2.5		15.3			
						3	70—100	浅灰棕色	砂壤土	屑粒状	8.5	4.2	0.25			8	2.0		9.6			
						4	100—150	黄棕色	砂土	单粒状	9.0	0.6	0.09			1	2.5		6.6			
剖6	半淋溶土	褐土	潮褐土	壤质潮褐土	砂壤质体黏潮褐土	1	0—20		轻壤土	小块状	7.0	6.6	0.46	1.15	26.3	32	3.0	92	11.3		E 114° 24′ 30.0″ N 36° 17′ 00.9″	79
						2	20—35		轻壤土	片状	7.5	5.0	0.37	1.15	26.3	24	1.0	87	11.3			
						3	35—150		砂土	屑粒状	7.6	6.9	0.57	0.91	33.0	31	7.0	268	28.1			
剖7	半淋溶土	褐土	潮褐土	壤质潮褐土	轻壤质体砂潮褐土	1	0—27	浅棕色	轻壤土	小块状	7.5	7.5	0.51		32.6		1.5	156	11.0		E 114° 25′ 56.3″ N 36° 15′ 30.1″	70
						2	27—69	灰灰棕色	砂土	屑粒状	7.0	1.3	0.22			6	1.5	39	8.3			
						3	69—150	黄棕色	砂壤土	屑粒状	6.5	5.2	0.47			20	1.5	177	24.3			
剖8	半淋溶土	褐土	潮褐土	壤质潮褐土	轻壤质腰砂潮褐土	1	0—19	暗棕色	轻壤土	片状	7.5	9.0	0.56	1.01	33.0	49	3.0	140	13.0		E 114° 24′ 36.8″ N 36° 13′ 40.4″	79
						2	19—21	棕色	轻壤土	块状	8.0	1.3	0.10	1.14	32.1	13	1.5	34	7.6			
						3	21—40	黄棕色	砂土	小块状	8.0	3.8	0.36	1.08	32.6	24	1.5	60	17.3			
						4	40—58	黄棕色	砂壤土	屑粒状	8.0	1.7	0.14	1.10	29.8	15	2.0	91	11.4			
剖9	水成土	沼泽土	草甸沼泽土	壤质草甸沼泽土	轻壤质草甸沼泽土	1	0—20	棕褐色	轻壤土	块状	7.5	14.3	0.93	1.45	26.8	63	5.5	130	11.1		E 114° 26′ 49.6″ N 36° 12′ 51.8″	74
						2	20—50	棕色	轻壤土	块状	7.5	28.6	1.59	1.14	27.2	113	4.5	139	14.4			
						3	50—150	灰蓝色	中壤土	块状	7.5	3.6	0.23	1.00	27.6	16	2.5	38	12.6			
剖10	半淋溶土	褐土	潮褐土	壤质潮褐土	轻壤质体黏潮褐土	1	0—20	浅灰棕色	轻壤土	块状	7.0	7.8	0.59	1.13	29.3	17	2.0	173	15.5		E 114° 41′ 36.8″ N 36° 19′ 51.0″	93
						2	20—26	灰棕色	轻壤土	片状	7.0	7.8	0.59	1.13	29.3	17	2.0	173	15.5			
						3	26—40	棕褐色	重壤土	大块状	7.0	0.7	0.51	0.98	31.5	25	1.5	163	22.5			
						4	40—100	灰棕色				0.5	0.39	1.08	30.0	22	2.0	149	21.6			
						5	100—150	浅灰棕色	轻壤土	碎块状	7.0	0.2	0.20	1.06	28.0	8	1.5	77	13.4			

续表 Continued

剖面号 Soil profile	土纲 Soil order	土类 Soil great group	亚类 Soil subgroup	土属 Soil genus	土种 Soil species	土层码 Layer code	土层厚度 Depth/cm	颜色 Soil color	质地 Soil texture	土壤结构 Soil structure	pH	有机质 OM/(g/kg)	全氮 TN/(g/kg)	全磷 TP/(g/kg)	全钾 TK/(g/kg)	碱解氮 AN/(mg/kg)	有效磷 AP/(mg/kg)	速效钾 AK/(mg/kg)	阳离子交换量CEC/(cmol/kg)	土壤母质 Parent material	剖面点坐标 Profile coordinate	匹配指数 Matching index/%
剖11	半淋溶土	褐土	潮褐土	壤质潮褐土	砂壤质潮褐土	1	0—19	浅灰棕色	砂壤土	屑粒状											E 114°35′16.9″ N 36°19′31.7″	92
						2	19—25	浅灰棕色	砂壤土	碎块状												
						3	25—70	浅灰棕色	砂壤土	屑粒状												
						4	70—92	灰棕色	轻壤土	碎粒状												
						5	92—150	浅灰棕色	砂壤土	屑粒状												
剖12	半淋溶土	褐土	潮褐土	壤质潮褐土	轻壤质体黏潮褐土	1	0—20	浅灰棕色	轻壤土	碎块状	7.4	8.4	0.54	1.20	24.4	36	3.0	113	13.1		E 114°39′22.1″ N 36°19′21.6″	85
						2	20—25	浅灰棕色	轻壤土	碎块状	7.4	8.4	0.54	1.20	24.4	36	3.0	113	13.1			
						3	25—80	浅灰棕色	重壤土	片状	7.4	6.2	0.46	1.17	31.8	16	2.5	106	11.9			
						4	80—130	浅灰棕色	轻壤土	块状	7.3	6.1	0.57	1.05	26.4	9	2.0	153	25.0			
						5	130—150	浅灰棕色	砂壤土	碎块状	7.4	2.6	0.26	1.12	32.0	17	3.0	95	9.0			
剖13	半淋溶土	褐土	潮褐土	壤质潮褐土	轻壤质潮褐土	1	0—20	灰棕色	轻壤土	屑粒状	7.5	10.9	0.61	1.32	31.8	42	2.0	131	14.0		E 114°30′11.2″ N 36°18′58.0″	100
						2	20—25	棕色	轻壤土	块状	7.5	10.9	0.61	1.32	31.8	42	2.0	131	14.0			
						3	25—70	棕褐色	中壤土	块状	7.0	7.2	0.58	1.05	33.0	37	2.0	163	19.2			
						4	70—150	黄棕色	轻壤土	碎块状	7.0	3.7	0.46	1.00	30.0	22	2.5	86	14.6			
剖14	半淋溶土	褐土	潮褐土	砂质潮褐土	砂质潮褐土	1	0—20					3.4	0.31	1.40	24.3	6	3.0	118	6.3			E 114°30′32.8″ N 36°17′33.5″	90
						2	20—150					1.0	0.14	1.22	25.6	5	2.5	26	6.3			
剖15	半淋溶土	褐土	潮褐土	壤质潮褐土	轻壤质底砂潮褐土	1	0—20	暗灰棕色	轻壤土	小块状	7.3	7.5	0.60	1.11	33.0	36	2.5	116	11.7		E 114°32′13.5″ N 36°16′48.4″	92
						2	20—25	暗灰棕色	轻壤土	碎块状	7.3	7.5	0.60	1.11	33.0	36	2.5	116	11.7			
						3	25—65	棕褐色	中壤土	小块状	7.3	4.8	0.44	1.03	36.4	16	1.0	110	16.5			
						4	65—110	黄棕色	砂土	单粒状	7.1	4.8	0.20	1.09	30.0	9	1.0	38	10.2			
						5	110—150	浅灰棕色	轻壤土	小块状	7.3	4.6	0.42	1.15	25.8	17	3.0	109	18.9			
剖16	半淋溶土	褐土	潮褐土	壤质潮褐土	中壤质底砂潮褐土	1	0—19	暗灰棕色	中壤土	小块状	7.2	10.2	0.63			51	4.5	114	16.5		E 114°41′00.5″ N 36°16′32.1″	77
						2	19—25	暗灰棕色	重壤土	片状	7.2	10.2	0.63			51	4.5	114	16.5			
						3	25—55	棕褐色	中壤土	块状	7.0	3.2	0.27	1.05	26.0	15	2.0	78	11.3			
						4	55—150	黄棕色	砂壤土	单粒状	7.0	0.4	0.07	0.87	25.6	1	3.0	30	5.1			
剖17	半成土	潮土	潮土	黏质潮土		1	0—20	棕色	重壤土	大块状	7.5	12.2	0.91	1.34	30.4	51	5.5	300	17.9		E 114°39′27.4″ N 36°15′32.4″	89
						2	20—100	重壤土	重壤土	小块状	7.0	8.8	0.68	1.12	27.0	41	3.0	211	21.6			
						3	100—150	重壤土	中壤土	块状	7.0	3.7	0.33	1.05	37.8	19	1.5	104	16.7			
剖18	半成土	潮土	潮土	壤质潮土		1	0—18	暗灰棕色	轻壤土	屑粒状											E 114°32′59.6″ N 36°15′30.2″	95
						2	18—34	暗灰棕色	中壤土	团块状												
						3	34—90	灰棕色	细砂土	碎块状												
						4	90—150	灰棕色	细砂土	单粒状												
剖19	半成土	潮土	潮土	砂质潮土	轻壤质底砂潮土	1	0—23	浅灰棕色	粗砂土	单粒状											E 114°39′01.2″ N 36°13′05.2″	76
						2	23—30	浅灰棕色	细砂土	单粒状												
						3	30—100	浅灰棕色	细砂土	单粒状												
						4	100—150	浅灰棕色	细砂土	单粒状												
剖20	半成土	潮土	潮土	壤质潮土	轻壤质底砂潮土	1	0—17	灰棕色	轻壤土	碎块状	7.5	14.2	0.89	1.29	26.8	61	4.5	109	10.7		E 114°44′38.3″ N 36°11′15.4″	94
						2	17—63	灰棕色	中壤土	小块状	7.5	7.2	0.54	0.98	35.0	43	2.0	180	22.8			
						3	63—108	灰棕色	重壤土	块状	7.5	5.5	0.38	1.70	28.0	20	2.0	66	17.6			
						4	108—150	浅灰棕色	轻壤土	碎块状	7.5	2.6	0.29	1.09	34.2	32	3.0	123	8.6			
剖21	半成土	潮土	潮土	砂质潮土	砂质底潮土	1	0—70	浅灰棕色	砂土	屑粒状	8.0	2.3	0.18	1.19	26.5	14	3.5	59	6.5		E 114°44′54.4″ N 36°10′18.1″	96
						2	70—150	浅灰棕色	轻壤土	碎块状	7.5	5.1	0.28	1.12	26.3	17	2.5	40	12.0			

成 安 县

主要土类说明

褐土是成安县主要土壤类型，占本县地域面积的 91%。褐土是暖温带半湿润区发育形成的具有黏化与钙质淋移淀积特征的土壤。植被多为旱生阔叶林及灌木草本，有楸树、柿、核桃、油松、侧柏、洋槐、山皂荚、胡枝子、酸枣、荆条、菅草、白草等。由于所处地势较高，排水良好，成土过程不受地下水的影响，雨季有自上而下程度不剧烈的水分淋溶，表土黏粒随水下移，心土有黏化现象，黏化层为褐土土类的诊断土层，表层碳酸钙随水下移，常在心土层形成假菌丝体，底土中有时形成碳酸钙结核。土壤经常处于良好通气状态，土色以褐色、棕褐色为主，土壤呈中性至微碱性。

潮土是成安县第二大土壤类型，占本县地域面积的 8%。潮土是一种半水成的非地带性土壤，主要分布在河谷滩地和冲积平原。潮土发育在近代河流冲积物上，土层深厚，冲积物的沉积层次明显，其成土过程与地下水位紧密相关，地下水水位一般在 1—3m。由于地下水参与成土过程，土壤中的铁、锰处于氧化还原状态，在剖面中形成氧化还原层，特征为锈色斑纹。同时，由于地下水位较高，土壤表层出现白天干燥、夜间返潮的现象，在这样干湿交替的条件下，形成潮土。表层为腐殖质层，呈灰棕色，有机质含量在 10—20g/kg；耕作层和犁底层厚度在 20—30cm，氧化还原层具有一定的锈色斑纹，通体有石灰反应。在古河道形成的缓岗中上部，地下水埋藏较深，土壤脱离地下水影响的时间较长，土壤中有碳酸钙的淀积，出现假菌丝体，其锈色斑纹仍残存。在向洼地中心过渡的缓斜平地下部，地下水埋藏较浅，而且多见中厚层夹黏层，有滞水现象，水质较差，土壤出现不同程度的积盐。在洼地中心，地下水位浅，在 1—1.5m，土壤除有锈色斑纹外，下层还产生灰蓝色的潜育层。

本区域中心区气候特征

本区域中心区气候特征值
Regional climate characteristics in central area of the region

气候带：暖温带亚湿润气候 Climate region: Warm temperate subhumid climate	
年平均气温 /℃ Annual average temperature /℃	14.0
年平均最高气温 /℃ Annual average maximum temperature /℃	19.6
年平均最低气温 /℃ Annual average minimum temperature /℃	9.2
年降水量 /mm Annual precipitation /mm	558
≥10℃的积温 /℃ Daily temperature accumulated in a year（≥10℃）/℃	5087
年日照时数 /h Annual sunshine /h	2285
年平均相对湿度 /% Annual average relative humidity /%	64
干燥度 Dryness	1.49

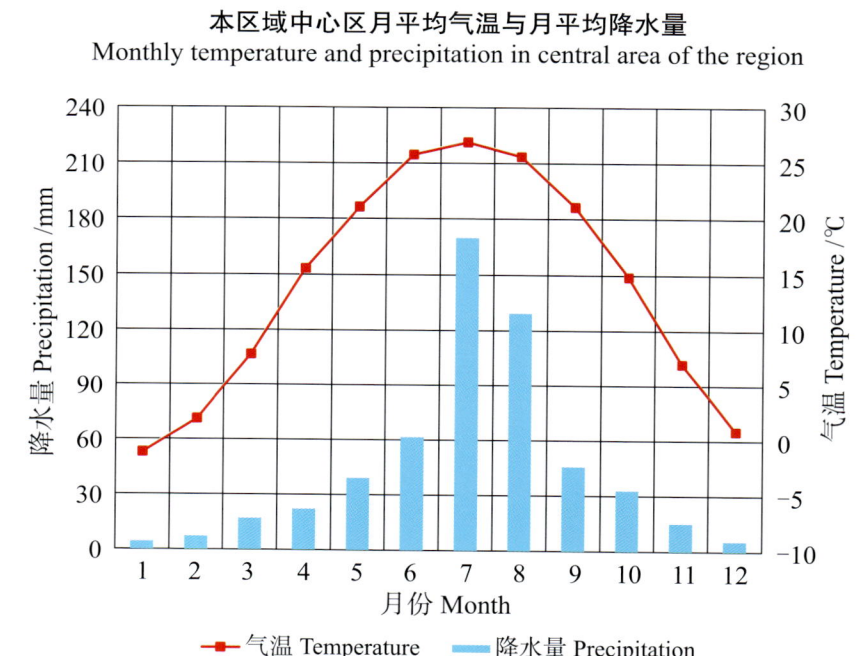

本区域中心区月平均气温与月平均降水量
Monthly temperature and precipitation in central area of the region

成安县主要土壤类型与土壤剖面点分布图

1:120 000

图 例

- 褐土
- 潮土
- ⊗ 剖面点

第四编 河北省分县土壤图与土壤剖面数据 | 275

成安县土壤剖面理化性状表

剖面号 Soil profile	土纲 Soil order	土类 Soil great group	亚类 Soil subgroup	土属 Soil genus	土种 Soil species	土层码 Layer code	土层厚度 Depth/cm	颜色 Soil color	质地 Soil texture	土壤结构 Soil structure	有机质 OM/(g/kg)	全氮 TN/(g/kg)	全磷 TP/(g/kg)	全钾 TK/(g/kg)	碱解氮 AN/(mg/kg)	有效磷 AP/(mg/kg)	速效钾 AK/(mg/kg)	阳离子交换量CEC/(cmol/kg)	剖面点坐标 Profile coordinate	匹配指数 Matching index/%
剖1	半淋溶土	褐土	潮褐土	砂质潮褐土	砂质底壤潮褐土	1	0—20	浅褐棕色	砂土	单粒状	7.3	0.38	1.39	25.1	34	2.6	125	8.3	E 114°29′43.2″ N 36°25′00.6″	71
						2	20—60	浅灰棕色	砂壤土	粒状	2.2	0.17	1.22	25.3	14	1.8	82	9.8		
						3	60—150	浅灰棕色	轻壤土	屑粒状	3.5	0.23	1.33	25.3	22	1.8	79	12.0		
剖2	半淋溶土	褐土	潮褐土	砂质潮褐土		1	0—20				3.3	0.27	1.11	25.8	21	3.3	64	3.9	E 114°30′40.3″ N 36°27′28.4″	70
						2	20—150				2.3	0.21	0.99	26.0	13	1.5	38	6.8		
剖3	半淋溶土	褐土	潮褐土	壤质潮褐土	中壤质潮褐土	1	0—20	灰棕色	中壤土	碎块状	10.8	0.41	1.67	32.8	59	4.2	153	28.8	E 114°34′39.0″ N 36°26′13.9″	83
						2	20—62	浅灰棕色	中壤土	碎块状	3.8	0.17	1.36	31.0	34	1.4	83	18.6		
						3	62—150	浅黄棕色	轻壤土	屑粒状	1.6		1.21	30.5	14	1.4	17	11.4		
剖4	半淋溶土	褐土	潮褐土	黏质潮褐土	重壤质潮褐土	1	0—25	灰棕色	重壤土	片状									E 114°31′55.2″ N 36°25′57.0″	88
						2	25—90	浅褐棕色	重壤土	碎块状										
						3	90—150	浅灰棕色	轻壤土	屑粒状	11.6	0.41	1.22	26.0	51	1.3	160	12.6		
剖5	半水成土	潮土	潮土	壤质潮土		1	0—20	浅灰棕色	重壤土	块状	7.9	0.60	1.09	27.0	40	0.9	149	18.9	E 114°30′41.1″ N 36°25′49.8″	89
						2	20—50	浅黄棕色	重壤土	屑粒状	3.2	0.18	1.18	27.5	19	1.6	94	8.6		
						3	50—150	浅黄棕色	砂壤土	屑粒状	6.6	0.52	1.53	25.1	34	9.3	139	9.0		
剖6	半淋溶土	褐土	潮褐土	壤质潮褐土	砂壤质体壤潮褐土	1	0—28	浅灰棕色	中壤土	碎块状	6.0	0.46	1.31	27.5	34	2.4	106	19.2	E 114°39′36.0″ N 36°25′11.6″	84
						2	28—75	浅灰棕色	砂壤土	粒状	3.4	0.26	1.25	26.0	12	4.9	350	8.4		
						3	75—87	浅黄棕色	砂土	单粒状	1.9		1.61	26.0	7	5.6	149	5.6		
						4	87—150	灰棕色	中壤土	碎块状	12.2	0.77	1.46	30.5	51	3.8	151	14.7		
剖7	半淋溶土	褐土	潮褐土	中壤质夹砂潮褐土		1	0—20	暗棕色	重壤土	棱块状	12.4	0.46	1.48	31.3	52	2.8	163	15.8	E 114°33′49.0″ N 36°25′11.3″	96
						2	20—40	浅褐棕色	壤土	块状	3.5	0.15	1.27	29.5	29	2.9	51	11.9		
						3	40—60	褐棕色	重壤土	块状	5.4	0.43	1.10	33.0	29	3.6	99	21.5		
						4	60—80	浅灰棕色	砂壤土	屑粒状	2.8	0.14	1.39	25.0	15	3.3	56	14.3		
						5	80—150	浅灰棕色	中壤土	粒状	9.4	0.76	1.57	28.8	70	3.0	148	13.8		
剖8	半淋溶土	褐土	潮褐土	壤质潮褐土	中壤质底砂潮褐土	1	0—34	浅灰棕色	中壤土	碎块状	2.4	0.13	1.31	28.0	27	14.5	68	12.6	E 114°34′57.1″ N 36°24′58.6″	78
						2	34—61	浅灰棕色	中壤土	屑粒状	4.9	0.33	1.21	31.3	59	1.4	139	22.2		
						3	61—67	浅灰棕色	砂壤土	块状	3.0	0.25	1.34	27.5	39	1.2	54	8.4		
						4	67—86	浅灰棕色	重壤土	屑粒状	0.6		1.35	26.0	21	1.9	38	7.5		
						5	86—150		中壤土	粒状										
剖9	半水成土	潮土	潮土	壤质潮土	中壤质潮土	1	0—20	浅灰棕色	中壤土	碎块状									E 114°31′15.2″ N 36°24′35.6″	70
						2	20—90	浅灰棕色	轻壤土	屑粒状										
						3	90—150	浅灰棕色	轻壤土	碎块状	9.4	0.61	1.57	27.8	59	5.6	182	11.4		
剖10	半淋溶土	褐土	潮褐土	壤质潮褐土	轻壤质潮褐土	1	0—23	褐棕色	轻壤土	粒状	0.7	0.10	1.37	19.5	7	2.4	79	6.8	E 114°41′07.1″ N 36°22′50.2″	99
						2	23—50	浅灰棕色	轻壤土	屑粒状	3.8	0.43	1.23	27.5	32	1.6	57	14.0		
						3	50—82	浅灰棕色	砂壤土	粒状	2.9	0.12	1.12	23.8	28	1.9	41	10.4		
						4	82—114	浅灰棕色	中壤土	屑粒状	3.5	0.22	1.11	27.5	41	2.4	46	12.0		
						5	114—150	浅灰棕色	轻壤土	碎块状	8.5	0.45	1.43	24.3	53	2.9	144	15.6		
剖11	半淋溶土	褐土	潮褐土	壤质潮褐土	轻壤质体砂潮褐土	1	0—26	浅灰棕色	砂壤土	粒状	0.6		1.55	28.3	1	3.0	29	6.6	E 114°37′49.0″ N 36°22′42.7″	97
						2	26—150	浅灰棕色	中壤土	块状	8.1	0.45	1.43	27.0	41	2.1	116	15.6		
剖12	半淋溶土	褐土	潮褐土	壤质潮褐土	中壤质体砂潮褐土	1	0—20	暗灰棕色	轻壤土	块状	7.7	0.37	1.47	26.5	21	3.0	114	15.6	E 114°37′04.8″ N 36°22′27.8″	95
						2	20—28	浅灰棕色	砂土	粒状	2.1	0.38	1.23	25.0	22	1.8	38	9.5		
						3	28—150													

续表 Continued

剖面号 Soil profile	土纲 Soil order	土类 Soil great group	亚类 Soil subgroup	土属 Soil genus	土种 Soil species	土层码 Layer code	土层厚度 Depth/cm	颜色 Soil color	质地 Soil texture	土壤结构 Soil structure	有机质 OM/(g/kg)	全氮 TN/(g/kg)	全磷 TP/(g/kg)	全钾 TK/(g/kg)	碱解氮 AN/(mg/kg)	有效磷 AP/(mg/kg)	速效钾 AK/(mg/kg)	阳离子交换量CEC/(cmol/kg)	剖面点坐标 Profile coordinate	匹配指数 Matching index/%
剖13	半淋溶土	褐土	潮褐土	黏质潮褐土	重壤质底砂潮褐土	1	0—20	深褐棕色	重壤土	块状									E 114°45′34.2″ N 36°27′07.2″	89
						2	20—70	浅褐棕色	重壤土	块状	9.1	0.64	1.50	30.0	51	4.3	166	10.8		
						3	70—100	浅黄棕色	砂壤土	粒状	0.5	0.01	1.23	29.5	8	1.9	32	7.2		
						4	100—150	浅灰棕色	砂土	屑粒状										
剖14	半淋溶土	褐土	潮褐土	壤质潮褐土	轻壤质底黏潮褐土	1	0—30	浅褐棕色	轻壤土	碎块状	7.3	0.69	1.06	35.0	45	2.7	211	28.8	E 114°50′43.2″ N 36°26′14.6″	72
						2	30—50	浅灰棕色	砂壤土	粒状										
						3	50—80	褐棕色	重壤土	块状	4.9	0.56	1.11	31.5	18	2.6	95	18.0		
						4	80—110	浅黄棕色	中壤土	碎块状	1.4	0.09	1.19	27.3	7	1.9	35	8.6		
						5	110—150	浅黄棕色	轻壤土	屑粒状										
剖15	半水成土	潮土	潮土	壤质潮土	砂壤质潮土	1	0—20	浅灰棕色	砂壤土	粒状									E 114°50′25.4″ N 36°25′36.1″	89
						2	20—142	浅灰棕色	砂壤土	粒状										
						3	142—150	黄灰棕色	砂土	单粒状										
剖16	半水成土	潮土	潮土	壤质潮土	中壤质底砂潮土	1	0—55	浅褐棕色	中壤土	碎块状	10.7	0.65	1.18	30.0	74	3.0	229	25.8	E 114°51′56.7″ N 36°24′47.0″	71
						2	55—88	灰棕色	轻壤土	屑粒状	3.2	0.21	1.05	26.0	34	1.6	55	13.2		
						3	88—135	浅灰棕色	砂壤土	粒状	3.1	0.16	1.07	23.8	35	2.3	45	9.0		
						4	135—150	暗黄棕色	重壤土	块状	8.1	0.51	0.98	30.8	55	1.2	171	26.4		
剖17	半水成土	潮土	潮土	壤质潮土	轻壤质潮土	1	0—20	浅褐棕色	轻壤土	屑粒状	12.3	0.78	1.55	27.5	66	2.8	150	13.2	E 114°48′38.4″ N 36°24′16.0″	86
						2	20—50	浅褐棕色	重壤土	碎块状	6.4	0.42	1.43	26.5	48	2.6	93	12.3		
						3	50—70	灰棕色	中壤土	粒状	5.1	0.50	1.18	28.0	46	1.9	113	21.0		
						4	70—150	浅灰棕色	砂壤土	块状	1.8		1.39	25.5	46	1.5	69	9.6		
剖18	半水成土	潮土	潮土	壤质潮土	轻壤质底砂潮土	1	0—21	浅褐棕色	轻壤土	屑粒状	5.3	0.38	1.15	26.3	43	1.4	66	13.2	E 114°49′31.4″ N 36°24′05.4″	76
						2	21—68	浅灰棕色	轻壤土	屑粒状	5.2	0.42	1.14	26.3	45	1.7	71	13.2		
						3	68—120	浅灰棕色	砂壤土	单粒状	1.3	0.05	0.99	25.3	19	2.7	33	7.7		
						4	120—150	灰棕色	中壤土	碎块状	6.9	0.35	1.11	30.3	56	6.7	136	23.4		
剖19	半淋溶土	褐土	潮褐土	黏质潮褐土	重壤质夹壤潮褐土	1	0—32	浅褐棕色	重壤土	屑粒状	11.2	0.78	1.51	30.5	81	7.8	190	18.6	E 114°47′28.0″ N 36°23′20.0″	87
						2	32—42	浅褐棕色	轻壤土	块状	2.8	0.35	1.15	29.0	37	1.9	73	15.0		
						3	42—70	浅褐棕色	重壤土	块状	6.0	0.50	1.19	31.0	56	1.4	126	23.4		
						4	70—88	浅褐棕色	重壤土	块状	2.7	0.22	1.21	28.0	30	1.6	53	13.2		
						5	88—150	浅褐棕色	重壤土	块状	7.4	0.39	1.36	33.5	6	2.5	204	27.2		
剖20	半淋溶土	褐土	潮褐土	黏质潮褐土	重壤质底砂潮褐土	1	0—20	褐棕色	重壤土	碎块状									E 114°47′21.8″ N 36°22′47.6″	89
						2	20—55	褐棕色	中壤土	块状	4.9	0.30	1.24	24.5	20	2.1	76	9.8		
						3	55—95	褐棕色	轻壤土	碎块状	8.0	0.43	1.10	31.5	27	0.9	115	22.8		
						4	95—150	灰棕色	轻壤土	屑粒状	5.5	0.21	1.10	29.8	22	1.4	87	16.2		
剖21	半淋溶土	褐土	潮褐土	壤质潮褐土	砂壤质底壤潮褐土	1	0—48	浅灰棕色	中壤土	块状	14.3	0.89	1.51	27.3	58	3.2	272	21.2	E 114°46′44.0″ N 36°20′37.7″	95
						2	48—70	灰灰棕色	轻壤土	碎块状										
						3	70—90	灰灰棕色	轻壤土	屑粒状										
						4	90—150	浅灰棕色	轻壤土	屑粒状										

大 名 县

主要土类说明

潮土是大名县主要土壤类型，占本县地域面积的90%。潮土是一种半水成的非地带性土壤，主要分布在河谷滩地和冲积平原。潮土发育在近代河流冲积物上，土层深厚，冲积物的沉积层次明显，其成土过程与地下水位紧密相关，地下水位一般为1—3m。由于地下水参与成土过程，土壤中的铁、锰处于氧化还原状态，在剖面中形成氧化还原层，特征为锈色斑纹。同时，由于地下水位较高，土壤表层出现白天干燥、夜间返潮的现象，在这样干湿交替的条件下，形成潮土。表层为腐殖质层，呈灰棕色，有机质含量在10—20g/kg；耕作层和犁底层厚度在20—30cm，氧化还原层具有一定的锈色斑纹，通体有石灰反应。在古河道形成的缓岗中上部，地下水埋藏较深，土壤脱离地下水影响的时间较长，土壤中有碳酸钙的淀积，出现假菌丝体，其锈色斑纹仍残存。在向洼地中心过渡的缓斜平地下部，地下水埋藏较浅，而且多见中厚层夹黏层，有滞水现象，水质较差，土壤出现不同程度的积盐。在洼地中心，地下水位浅，在1.0—1.5m，土壤除有锈色斑纹外，下层还产生灰蓝色的潜育层。

褐土是大名县第二大土壤类型，占本县地域面积的9%。褐土是暖温带半湿润区发育形成的具有黏化与钙质淋溶淀积特征的土壤。植被多为旱生阔叶林及灌木草本，有楸树、柿、核桃、油松、侧柏、洋槐、山皂荚、胡枝子、酸枣、荆条、营草、白草等。由于所处地势较高，排水良好，成土过程不受地下水的影响，雨季有自上而下程度不剧烈的水分淋溶，表土黏粒随水下移，心土有黏化现象，黏化层为褐土土类的诊断土层，表层碳酸钙随水下移，常在心土层形成假菌丝体，底土中有时形成碳酸钙结核。土壤常处于良好通气状态，土色以褐色、棕褐色为主，土壤呈中性至微碱性。

小于本县地域面积3%的土壤类型还有风沙土等。

本区域中心区气候特征

本区域中心区气候特征值
Regional climate characteristics in central area of the region

气候带：暖温带亚湿润气候 Climate region: Warm temperate subhumid climate	
年平均气温 /℃ Annual average temperature /℃	14.1
年平均最高气温 /℃ Annual average maximum temperature /℃	19.6
年平均最低气温 /℃ Annual average minimum temperature /℃	9.4
年降水量 /mm Annual precipitation /mm	582
≥10℃的积温 /℃ Daily temperature accumulated in a year (≥10℃) /℃	5184
年日照时数 /h Annual sunshine /h	2347
年平均相对湿度 /% Annual average relative humidity /%	65
干燥度 Dryness	1.44

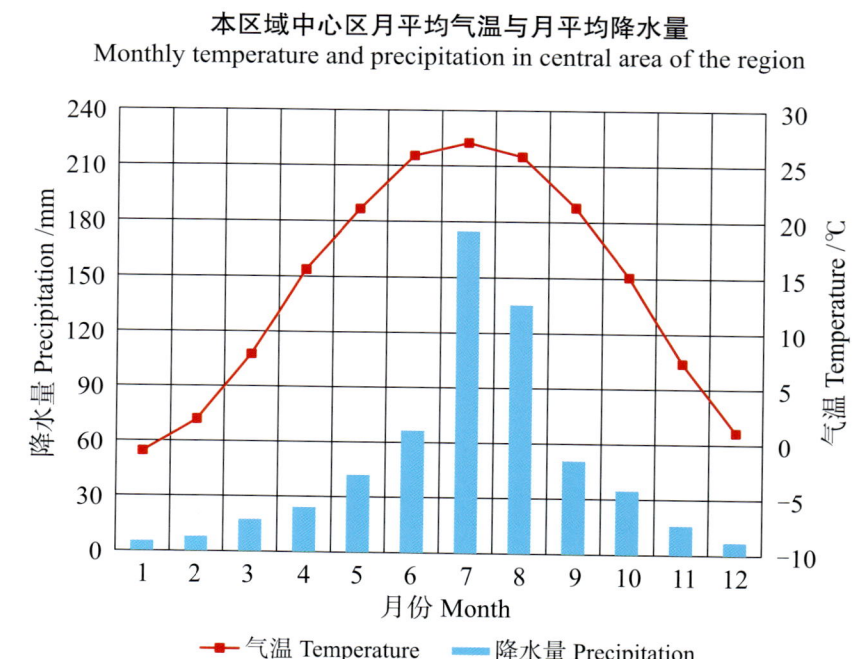

本区域中心区月平均气温与月平均降水量
Monthly temperature and precipitation in central area of the region

大名县主要土壤类型与土壤剖面点分布图
1∶200 000

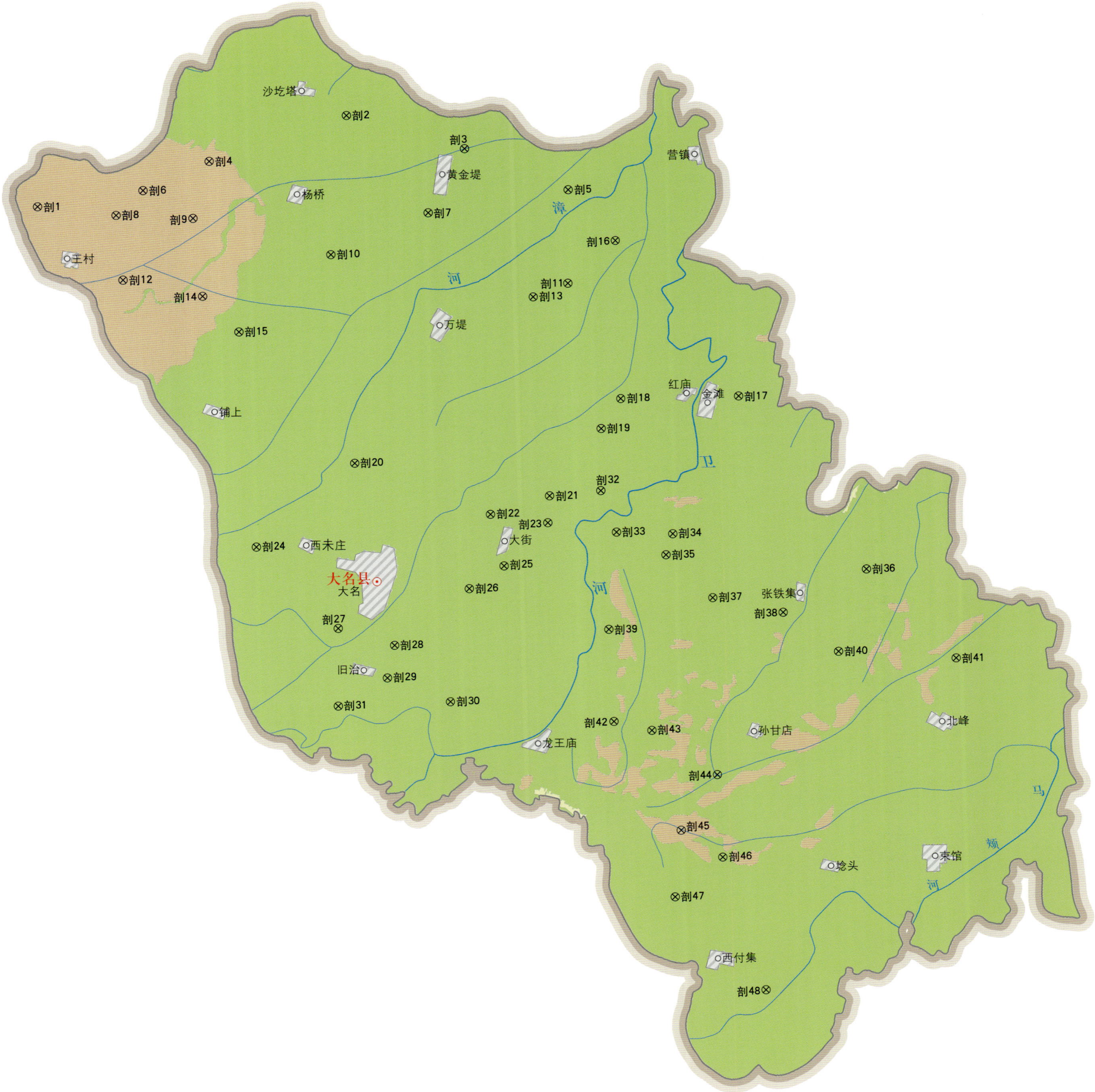

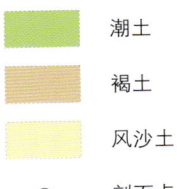

图 例

- 潮土
- 褐土
- 风沙土
- ⊗ 剖面点

大名县土壤剖面理化性状表

剖面号 Soil profile	土纲 Soil order	土类 Soil great group	亚类 Soil subgroup	土属 Soil genus	土种 Soil species	土层码 Layer code	土层厚度 Depth/cm	颜色 Soil color	质地 Soil texture	土壤结构 Soil structure	pH	有机质 OM/(g/kg)	全氮 TN/(g/kg)	全磷 TP/(g/kg)	碱解氮 AN/(mg/kg)	有效磷 AP/(mg/kg)	速效钾 AK/(mg/kg)	阳离子交换量 CEC/(cmol/kg)	剖面点坐标 Profile coordinate	匹配指数 Matching index/%
剖1	半淋溶土	褐土	潮褐土	壤质潮褐土	中壤质底砂褐土	1	0—23	浅灰棕色	中壤土	块状	8.4	10.1	0.84	0.59	41	5.0	141	16.5	E 114°58′59.5″ N 36°25′34.6″	92
						2	23—42	浅灰棕色	中壤土	块状	8.5	8.5	0.82	0.57	39	2.0	127	18.3		
						3	42—56	灰棕色	重壤土	碎块状	8.5	9.0	0.82	0.61	42	2.0	150	19.2		
						4	56—150	黄棕色	砂壤土	粒状	8.5	3.5	0.31	0.57	13	2.0	53	9.1		
剖2	半水成土	潮土	褐潮土	壤质潮褐土	轻壤质底潮黏褐潮土	1	0—18	浅灰棕色	轻壤土	屑粒状	8.9	10.3	0.88	0.48	60	13.0	153	13.2	E 115°07′43.0″ N 36°27′47.9″	77
						2	18—35	灰灰棕色	轻壤土	屑粒状	8.9	6.9	0.80	0.66	45	2.0	90	12.8		
						3	35—80	灰灰棕色	中壤土	碎块状	8.5	5.7	0.77	0.65	37	2.0	91	16.2		
						4	80—150	棕色	重壤土	块状	8.4	7.4	0.80	0.51	39	2.0	118	24.5		
剖3	半水成土	潮土	盐化潮土	氯化物硫酸盐化潮土	轻盐化轻壤质氯化物硫酸盐盐化潮土	1	0—5	灰棕色	轻壤土	碎屑状	8.0	7.8	0.87	0.58	29	4.0	89	7.4	E 115°11′04.9″ N 36°27′02.3″	85
						2	5—10	灰棕色	轻壤土	碎屑状	8.4	7.9	0.73	0.61	31	17.0	123	7.8		
						3	10—20	灰棕色	轻壤土	碎屑状	8.5	5.4	0.51	0.57	19	2.0	82	8.0		
						4	20—95	灰棕色	轻壤土	碎屑状	8.5	4.3	0.54	0.49	16	2.0	63	9.4		
						5	95—150	浅灰棕色	轻壤土	碎屑状	8.3	4.3	5.20	0.52	14	2.0	53	10.0		
剖4	半淋溶土	褐土	潮褐土	壤质潮褐土	轻壤质体潮黏褐土	1	0—20	灰棕色	轻壤土	团粒状		5.1	0.22	0.50	21	1.0	61	13.7	E 115°03′50.4″ N 36°26′41.3″	91
						2	20—50	暗灰棕色	轻壤土	屑粒状	8.4	8.2	0.39	0.52	33	2.0	148	13.2		
						3	50—150	灰棕色	中壤土	块状	8.4	7.0	0.38	0.46	29	1.0	148	27.7		
剖5	半水成土	潮土	潮土	黏质潮土	重壤质体潮黏土	1	0—20	浅灰棕色	重壤土	屑粒状	8.4	9.3	0.77	0.61	37	13.0	163	13.4	E 115°14′02.0″ N 36°26′05.6″	72
						2	20—45	黄灰棕色	轻壤土	屑粒状	8.4	5.8	0.52	0.49	24	2.0	79	17.0		
						3	45—115	红棕色	重壤土	红粒状	8.1	6.8	0.60	0.43	26	3.0	123	27.0		
						4	115—150	褐棕色	中壤土	块状	8.3	6.1	0.60	0.55	25	9.0	140	23.0		
剖6	半水成土	潮土	潮土	壤质潮土	重壤质潮黏土	1	0—20	灰棕色	重壤土	碎块状		11.2	0.66	0.61	49	3.0	213	16.2	E 115°01′58.1″ N 36°25′59.2″	89
						2	20—68	暗灰棕色	重壤土	块状	8.3	6.3	0.39	0.46	26	1.0	14	23.0		
						3	68—150	灰棕色	中壤土	块状	8.4	3.9	0.35	0.57	15	2.0	66	10.6		
剖7	半淋溶土	褐土	潮褐土	壤质潮褐土	中壤质底潮褐土	1	0—20	黄棕色	中壤土	团粒状	8.3	9.4	0.79	0.65	38	5.0	143	14.6	E 115°10′04.2″ N 36°25′31.0″	79
						2	20—54	黄棕色	重壤土	碎屑状	8.4	6.9	0.69	0.57	28	2.0	103	15.6		
						3	54—113	暗灰棕色	重壤土	屑粒状	8.3	7.5	0.65	0.57	20	2.0	110	20.7		
						4	113—150	黄棕色	中壤土	碎块状	8.4	5.9	0.57	0.52	19	2.0	93	15.1		
剖8	半淋溶土	褐土	潮褐土	壤质潮褐土	轻壤质底黏褐土	1	0—20	灰灰棕色	中壤土	团粒状	8.5	8.7	0.72	0.55	43	4.0	133	15.0	E 115°03′24.0″ N 36°25′23.5″	75
						2	20—65	灰棕色	轻壤土	屑粒状	8.4	6.5	0.76	0.47	24	1.0	82	18.9		
						3	65—120	棕色	重壤土	碎块状	8.5	3.8	0.36	0.48	16	2.0	54	14.9		
						4	120—150	黄棕色	中壤土	粒状	8.6	3.0	0.29	0.43	12	1.0	50	12.1		
剖9	半淋溶土	褐土	潮褐土	壤质潮褐土	轻壤质底黏褐土	1	0—20	浅黄棕色	砂壤土	团粒状		8.6	0.41	0.56	37	2.0	108	13.9	E 115°03′24.0″ N 36°25′20.4″	89
						2	20—85	黄棕色	轻壤土	屑粒状	8.4	7.0	0.33	0.48	34	1.0	87	14.6		
						3	85—150	暗灰棕色	重壤土	团粒状	8.3	7.5	0.41	0.43	35	2.0	148	26.8		
剖10	半水成土	潮土	潮土	壤质潮土	轻壤质底潮土	1	0—20	黄棕色	轻壤土	团粒状	8.5	8.6	0.69	0.51	40	3.0	129	13.8	E 115°07′19.4″ N 36°24′30.9″	70
						2	20—35	灰棕色	轻壤土	屑粒状	8.6	6.9	0.58	0.45	34	2.0	84	16.1		
						3	35—56	黄棕色	重壤土	单粒状	8.4	3.9	0.35	0.42	22	2.0	60	13.2		
						4	56—150	暗棕色	重壤土	碎块状	8.2	7.2	0.66	0.40	37	1.0	169	30.9		
剖11	半水成土	潮土	潮土	壤质潮土	重壤质腰潮土	1	0—20	灰棕色	砂壤土	碎块状	8.6	15.1	1.26	0.58	73	5.0	265	25.5	E 115°14′03.4″ N 36°23′53.8″	95
						2	20—37	浅黄棕色	中壤土	粒状	8.4	5.4	0.49	0.48	19	2.0	43	11.8		
						3	37—88	暗棕色	重壤土	屑块状		7.7	0.77	0.51	28	5.0	145	24.6		
						4	88—150	浅黄棕色	中壤土	块状	8.6	4.5	0.50	0.53	19	2.0	86	13.9		

续表 Continued

剖面号 Soil profile	土纲 Soil order	土类 Soil great group	亚类 Soil subgroup	土属 Soil genus	土种 Soil species	土层码 Layer code	土层厚度 Depth/cm	颜色 Soil color	质地 Soil texture	土壤结构 Soil structure	pH	有机质 OM/(g/kg)	全氮 TN/(g/kg)	全磷 TP/(g/kg)	碱解氮 AN/(mg/kg)	有效磷 AP/(mg/kg)	速效钾 AK/(mg/kg)	阳离子交换量CEC/(cmol/kg)	剖面点坐标 Profile coordinate	匹配指数 Matching index/%
剖12	半淋溶土	褐土	潮褐土	壤质潮褐土	轻壤质潮褐土	1	0—20	浅灰棕色	轻壤土	团粒状		8.3	0.41	0.56	40	2.0	95	12.7	E 115°01′26.3″ N 36°23′52.5″	73
						2	20—32	浅灰棕色	轻壤土	屑状		8.2	0.36	0.57	39	8.0	95	12.5		
						3	32—133	黄棕色	轻壤土	粒状		4.7	0.17	0.45	23	2.0	51	12.8		
						4	133—150	黄棕色	重壤土	屑粒状		5.6	0.25	0.47	23	2.0	108	22.1		
剖13	半水成土	潮土	潮土	壤质潮土	中壤质潮砂潮土	1	0—21	灰棕色	中壤土	团粒状	8.5	12.5	1.10	0.54	48	4.0	174	19.2	E 115°13′04.8″ N 36°23′33.7″	84
						2	21—50	浅灰棕色	砂壤土	单粒状	8.6	4.5	0.40	0.46	12	6.0	49	11.8		
						3	50—82	暗灰棕色	重壤土	块状	8.5	6.6	0.45	0.48	22	2.0	100	20.7		
						4	82—105	灰灰棕色	中壤土	块状	8.5	4.7	0.43	0.50	19	2.0	71	16.0		
						5	105—150	浅棕色	砂壤土	粒状	8.5	4.1		0.46	10	4.0	92	17.1		
剖14	半淋溶土	褐土	潮褐土	砂壤质潮褐土	砂壤质潮褐土	1	0—20	灰棕色	轻壤土	屑粒状		11.5	0.52	0.65	43	13.0	213	9.6	E 115°03′42.0″ N 36°23′30.9″	88
						2	20—45	灰棕色	砂壤土	屑粒状		5.3	0.23	0.56	27	1.0	70	10.0		
						3	45—150	灰棕色	砂壤土	粒状		3.6	0.11	0.45	14	1.0	42	12.4		
剖15	半水成土	潮土	潮土	壤质潮土	中壤质体砂潮土	1	0—20	灰棕色	中壤土	碎块状		10.0	0.49	0.53	49	2.0	145	16.8	E 115°04′44.4″ N 36°22′41.5″	77
						2	20—32	灰棕色	中壤土	碎块状		6.6	0.34	0.52	41	1.0	104	15.3		
						3	32—92	黄棕色	砂壤土	屑粒状		2.9	0.07	0.44	14	2.0	30	9.0		
						4	92—104	灰棕色	重壤土	块状		7.1	0.30	0.43	30	2.0	139	12.8		
						5	104—150	黄棕色	砂壤土	屑粒状		3.1	0.30	0.45	14	1.0	30	9.3		
剖16	半水成土	潮土	潮土	壤质潮土	重壤质黏潮土	1	0—15	灰灰棕色	重壤土	屑状	8.4	9.3	0.80	0.54	74	2.0	178	22.6	E 115°15′23.2″ N 36°24′54.0″	87
						2	15—54	灰灰棕色	重壤土	块状	8.4	8.8	0.80	0.48	58	3.0	154	23.8		
						3	54—110	灰灰棕色	重壤土	碎块状	8.4	6.6	0.65	0.45	48	2.0	127	25.0		
						4	110—150	黄灰棕色	重壤土	碎块状	8.6	5.8	0.46	0.48	41	3.0	73	18.3		
剖17	半水成土	潮土	潮土	壤质潮土	砂壤质黏潮土	1	0—18	黄棕色	砂壤土	团粒状	8.3	8.8	0.88	0.59	46	17.0	185	9.6	E 115°18′55.1″ N 36°21′15.8″	95
						2	18—35	浅灰棕色	轻壤土	屑粒状	8.3	6.8	0.64	0.49	42	2.0	101	9.5		
						3	35—55	浅灰棕色	重壤土	碎块状	8.5	6.3	0.75	0.54	31	1.0	103	19.3		
						4	55—115	灰灰棕色	轻壤土	屑粒状	8.5	4.7	0.59	0.53	26	2.0	70	15.6		
						5	115—150	浅灰棕色	砂壤土	碎块状	8.8	4.2	0.59		36	1.0	53	9.5		
剖18	半水成土	潮土	潮土	壤质潮土	轻壤质腰黏潮土	1	0—20	灰黄棕色	轻壤土	团粒状	8.8	7.5	0.62	0.48	26	3.0	87	14.1	E 115°15′34.9″ N 36°21′11.2″	85
						2	20—30	浅灰棕色	轻壤土	屑粒状	8.2	4.5	0.39	0.45	10	2.0	48	12.4		
						3	30—57	棕色	重壤土	块状	8.1	7.5	0.66	0.46	25	3.0	107	21.8		
						4	57—90	浅灰棕色	砂土	碎粒状	8.3	4.9	0.44	0.34	13	1.0	60	13.9		
						5	90—150	浅灰棕色	砂壤土	屑粒状	8.8	4.2	0.32	0.36	50	4.0	50	10.9		
剖19	半水成土	潮土	潮土	砂壤质潮土	砂壤质腰黏潮土	1	0—20	浅灰棕色	砂壤土	屑粒状	8.2	6.4	0.65	0.65	27	12.0	86	8.6	E 115°15′01.8″ N 36°20′28.7″	96
						2	20—40	红棕色	轻壤土	屑粒状	8.3	4.6	0.60	0.46	25	4.0	71	8.6		
						3	40—75	浅灰棕色	重壤土	块状	8.3	7.1	0.95	0.45	21	11.0	178	21.5		
						4	75—115	浅灰棕色	中壤土	屑状	8.5	6.1	0.62	0.50	13	3.0	160	17.9		
						5	115—150	浅灰棕色	砂壤土	碎块状	8.3	3.1	0.48	0.59	50	7.0	132	10.3		
剖20	半水成土	潮土	潮土	壤质潮土	轻壤质腰砂潮土	1	0—23	浅灰棕色	轻壤土	屑状	8.7	10.7	0.91	0.44	40	5.0	155	16.5	E 115°08′03.5″ N 36°19′37.2″	99
						2	23—37		轻壤土	碎屑状	8.8	8.8	0.70	0.49	33	3.0	120	25.7		
						3	37—60	浅黄棕色	砂土	粒状	8.5	4.6	0.62	0.49	17	12.0	56	14.7		
						4	60—97	浅黄棕色	砂壤土	粒状	8.5	6.3	0.61	0.50	20	12.0	137	24.8		
						5	97—150	暗灰棕色	重壤土	块状	8.5	8.0	0.73	0.50	28	8.0	143	24.5		

续表 Continued

剖面号 Soil profile	土纲 Soil order	土类 Soil great group	亚类 Soil subgroup	土属 Soil genus	土种 Soil species	土层码 Layer code	土层厚度 Depth/cm	颜色 Soil color	质地 Soil texture	土壤结构 Soil structure	pH	有机质 OM/(g/kg)	全氮 TN/(g/kg)	全磷 TP/(g/kg)	碱解氮 AN/(mg/kg)	有效磷 AP/(mg/kg)	速效钾 AK/(mg/kg)	阳离子交换量CEC/(cmol/kg)	剖面点坐标 Profile coordinate	匹配指数 Matching index/%
剖21	半水成土	潮土	盐化潮土	硫酸盐氯化物盐化潮土	中盐化轻壤质硫酸盐氯化盐化潮土	1	0–5	浅灰棕色	中壤土	屑粒状	8.5	9.1	0.82	0.60	38	7.0	150	15.0	E 115°13′35.0″ N 36°18′52.9″	93
						2	5–10	浅灰棕色	中壤土	屑粒状	8.7	8.7	0.85	0.64	38	6.0	115	15.3		
						3	10–20	浅灰棕色	中壤土	屑粒状	8.7	7.6	0.67	0.56	10	2.0	97	16.1		
						4	20–32	灰棕色	中壤土	碎屑状	8.7	6.2	0.61	0.54	25	1.0	78	16.8		
						5	32–70	浅黄棕色	轻壤土	碎屑状	8.6	5.2	0.50	0.53	21	5.0	65	14.2		
						6	70–100	浅黄棕色	砂壤土	粒状	8.8	2.3	0.26	0.50	11	2.0	38	10.5		
剖22	半水成土	潮土	潮土	壤质潮土	重壤质体壤潮土	1	0–22	浅灰棕色	重壤土	粒状	8.4	14.6	1.10	0.62	65	9.0	267	22.4	E 115°11′55.3″ N 36°18′26.3″	99
						2	22–70	灰棕色	轻壤土	碎屑状	8.3	6.3	0.60	0.64	28	4.0	122	15.1		
						3	70–110	灰棕色	轻壤土	屑屑状	8.6	5.4	0.53	0.52	26	3.0	90	18.3		
						4	110–150	黄棕色	轻壤土	屑粒状	8.3	5.5	0.49	0.63	23	1.0	118	16.1		
剖23	半水成土	潮土	盐化潮土	硫酸盐氯化物盐化潮土	轻壤质轻度硫酸盐氯化盐化潮土	1	0–5	黄棕色	轻壤土	粒状	8.7	7.3	0.65	0.57	4	4.0		12.3	E 115°13′32.5″ N 36°18′14.8″	92
						2	5–10	黄棕色	轻壤土	屑粒状	8.8	7.2	0.58	0.61	4	3.0		12.2		
						3	10–20	黄棕色	轻壤土	屑屑状	9.0	5.4	0.44	0.57	3	3.0		12.6		
						4	20–31	黄棕色	轻壤土	屑屑状	9.0	5.8	0.41	0.57	3	3.0		12.5		
						5	31–62	黄棕色	砂壤土	粒状	9.1	2.9	0.34	0.52	2	3.0		9.7		
						6	62–150	黄棕色	砂壤土	粒状	9.2	2.6	0.28	0.44	1	4.0		9.1		
剖24	半水成土	潮土	潮土	壤质潮土	轻壤质底砂潮土	1	0–5	黄棕色	壤土	屑粒状	8.8	8.1	0.63	0.55	34	2.0	103	12.2	E 115°05′17.9″ N 36°17′38.0″	94
						2	25–61	灰白色	壤土	屑粒状	8.9	3.1	0.38	0.48	16	1.0	47	13.3		
						3	61–88	灰白色	砂土	粒状	8.8	2.7	0.35	0.48	11	2.0	33	9.7		
						4	88–150	棕色	重壤土	屑状	8.8	2.1	0.21	0.47	72	2.0	33	8.6		
剖25	半水成土	潮土	盐化潮土	硫酸盐氯化物盐化潮土	中壤质中度硫酸盐氯化盐化潮土	1	0–20	灰棕色	中壤土	碎块状	9.0	10.3	0.82	0.88	4	3.0		10.6	E 115°12′19.1″ N 36°17′13.7″	77
						2	20–41	黄棕色	中壤土	碎块状	9.0	6.1	0.43	0.66	4	3.0		11.2		
						3	41–92	黄棕色	中壤土	块状	9.1	6.2	0.45	0.52	3	2.0		12.9		
						4	92–150	浅黄棕色	砂壤土	粒状	9.0	5.9	0.40		1	4.0		8.9		
剖26	半水成土	潮土	潮土	壤质潮土	重壤质底砂潮土	1	0–5	灰棕色	中壤土	碎块状	8.2	11.5	0.95	0.50	47	6.0	233	13.7	E 115°11′20.4″ N 36°16′41.5″	75
						2	5–10	灰棕色	中壤土	碎块状	8.3	11.3	0.91	0.50	41	5.0	243	13.1		
						3	10–20	灰棕色	中壤土	屑粒状	8.1	11.3	0.87	0.51	40	5.0	199	13.6		
						4	20–65	黄棕色	中壤土	碎块状	8.3	7.1	0.64	0.44	26	2.0	114	15.1		
						5	65–104	黄棕色	轻壤土	块状	8.1	5.3	0.60	0.43	17	2.0	77	14.2		
						6	104–150	黄棕色	砂壤土	粒状	8.4	2.9	0.38	0.48	14	2.0	43	12.0		
剖27	半水成土	潮土	潮土	壤质潮土	重壤质底砂潮土	1	0–20	暗灰棕色	重壤土	碎块状	8.6	14.6	1.24	0.71	66	38.0	270	17.1	E 115°07′38.3″ N 36°15′44.3″	83
						2	20–50	灰棕色	轻壤土	块状	8.7	7.4	0.67	0.79	30	3.0	110	18.9		
						3	50–82	灰棕色	轻壤土	屑粒状	8.5	6.4	0.60	0.53	25	2.0	120	21.8		
						4	82–150	黄棕色	砂壤土	块状	8.5	4.7	0.61	0.46	17	3.0	60	14.5		
剖28	半水成土	潮土	潮土	壤质潮土	中盐化中壤质硫酸盐氯化盐化潮土	1	0–17	浅黄棕色	中壤土	碎块状	8.4	10.1	0.84	0.59	41	5.0	141	16.5	E 115°09′14.4″ N 36°15′20.9″	88
						2	17–57	黄黄棕色	砂壤土	块状	8.5	8.5	0.82	0.57	39	2.0	127	18.3		
						3	57–103	黄黄棕色	砂壤土	粒状	8.5	3.5	0.31	0.57	13	2.0	53	10.6		
						4	103–150	黄黄棕色	砂壤土	粒状	8.6	3.1	0.37	0.61	12	3.0	47	9.1		
剖29	半水成土	潮土	盐化潮土	氯化物硫酸盐化潮土	重盐化轻壤质氯化物硫酸盐化潮土	1	0–5	暗黄棕色	轻壤土	屑粒状	8.5	7.5	0.64	0.61	35	4.0	133	13.0	E 115°09′02.5″ N 36°14′34.4″	91
						2	5–10	暗黄棕色	轻壤土	屑粒状	8.7	7.6	0.62	0.58	31	3.0	109	13.3		
						3	10–20	暗黄棕色	轻壤土	屑粒状	8.6	7.3	0.60	0.60	31	1.0	107	13.5		
						4	20–33	浅黄棕色	轻壤土	屑粒状	8.8	5.1	0.46	0.59	24	3.0	85	12.1		
						5	33–120	浅黄棕色	砂壤土	屑粒状	8.7	2.2	0.34	0.54	10	2.0	36	7.5		
						6	120–150	浅黄棕色	砂壤土	屑粒状	8.7	2.2	0.33	0.54	8	2.0	32	7.5		

续表 Continued

剖面号 Soil profile	土纲 Soil order	土类 Soil great group	亚类 Soil subgroup	土属 Soil genus	土种 Soil species	土层码 Layer code	土层厚度 Depth/cm	颜色 Soil color	质地 Soil texture	土壤结构 Soil structure	pH	有机质 OM/(g/kg)	全氮 TN/(g/kg)	全磷 TP/(g/kg)	碱解氮 AN/(mg/kg)	有效磷 AP/(mg/kg)	速效钾 AK/(mg/kg)	阳离子交换量CEC/(cmol/kg)	剖面点坐标 Profile coordinate	匹配指数 Matching index/%
剖30	半水成土	潮土	潮土	壤质潮土	轻盐化潮土	1	0—25	浅灰棕色	轻壤土	团粒状	8.6	8.7	0.79	0.60	38	4.0	110	13.8	E 115° 10′ 49.8″ N 36° 14′ 01.3″	87
						2	25—60	浅红棕色	轻壤土	碎屑状	8.7	7.4	0.68	0.58	27	4.0	90	13.6		
						3	60—120	浅黄棕色	中壤土	碎块状	8.5	6.5	0.73	0.49	21	1.0	94	18.2		
						4	120—150		砂红壤土	粒状	8.7	3.4	0.43	0.42	17	2.0	47	11.9		
剖31	半水成土	潮土	盐化潮土	氯化物硫酸盐化潮土	轻盐化中壤质氯化物硫酸盐化潮土	1	0—18	浅棕色	中壤土	屑块状	8.8	8.1	0.66	0.61	4	3.0		13.7	E 115° 07′ 39.4″ N 36° 13′ 54.1″	80
						2	18—54	浅棕色	中壤土	屑块状	8.9	8.1	0.62	0.61	4	3.0		13.4		
						3	54—96	灰棕色	重壤土	块状	9.2	6.2	0.58	0.59	2	4.0		15.6		
						4	96—150	浅黄棕色	砂壤土	屑粒状	9.3	3.4	0.35	0.64	2	3.0		9.7		
剖32	半水成土	潮土	潮土	砂质潮土	砂壤体壤质潮土	1	0—20	灰白色	砂土	无明显结构	8.2	1.9	0.22	0.54	8	2.0	42	5.8	E 115° 15′ 02.2″ N 36° 19′ 00.8″	90
						2	20—42	灰棕色	轻壤土	屑粒状	8.3	3.8	0.41	0.38	17	1.0	83	11.6		
						3	42—75	灰棕色	中壤土	碎屑状	8.7	4.1	0.44	0.36	13	1.0	70	14.3		
						4	75—100	灰棕色	中壤土	粒状	8.9	2.7	0.31	0.33	11	2.0	43	11.2		
						5	100—150	浅黄棕色	砂土	单粒状	9.0	1.5	0.23	0.34	6	2.0	30	8.7		
剖33	半水成土	潮土	褐潮土	壤质褐潮土	砂壤质底壤褐潮土	1	0—21	黄棕色	砂壤土	屑粒状		5.2	0.17	0.54	30	1.0	51	6.6	E 115° 15′ 29.2″ N 36° 18′ 02.2″	76
						2	21—65	黄棕色	砂壤土	屑粒状		2.9	0.05	0.52	15	2.0	35	5.9		
						3	65—100	棕色	中壤土	块状		3.9	0.10	0.52	14	2.0	50	12.1		
						4	100—150	灰棕色	砂土	无明显结构		1.8		0.49	8	2.0	36	5.0		
剖34	半水成土	潮土	潮土	砂质潮土	砂壤质腰壤潮土	1	0—21	灰棕色	中壤土	屑粒状	8.6	3.7	0.47	0.55	19	1.0	47	8.9	E 115° 17′ 04.9″ N 36° 18′ 00.4″	98
						2	21—38	灰棕色	中壤土	碎块状	8.4	7.2	0.64	0.62	37	8.0	97	8.6		
						3	38—65	棕色	中壤土	碎块状	8.4	6.9	0.78	0.62	33	8.0	144	22.4		
						4	65—150	灰棕色	砂壤土	粒状	8.2	2.5	0.53	0.54	15	1.0	33	8.6		
剖35	半水成土	潮土	潮土	砂质潮土	砂壤体壤质潮土	1	0—18	灰棕色	中壤土	屑粒状	8.5	7.2	0.70	0.56	36	2.0	90	9.6	E 115° 16′ 53.8″ N 36° 17′ 30.8″	90
						2	18—38	灰棕色	中壤土	碎屑状	8.5	5.0	0.55	0.54	21	2.0	70	12.9		
						3	38—110	棕色	中壤土	碎块状	8.3	7.6	0.81	0.56	28	1.0	130	23.3		
						4	110—150	暗棕色	重壤土	块状	8.5	4.4	0.66	0.54	16	1.0	69	13.5		
剖36	半水成土	潮土	潮土	砂质潮土	砂质潮土	1	0—20	黄棕色	砂土	无明显结构	8.7	3.4	0.36	0.45	13	2.0	27	7.5	E 115° 22′ 34.3″ N 36° 17′ 11.8″	98
						2	20—50	浅灰棕色	砂土	无明显结构	8.6	3.1	0.29	0.52	11	1.0	40	7.8		
						3	50—71	灰棕色	砂壤土	无明显结构	8.5	3.6	0.49	0.43	14	1.0	49	9.0		
						4	71—90	灰棕色	砂壤土	屑粒状	8.5	3.2	0.42	0.44	12	2.0	50	11.3		
						5	90—150	灰棕色	砂壤土	单粒状	8.4	2.0	0.28	0.45	11	1.0	34	9.9		
剖37	半水成土	潮土	盐化潮土	壤质潮土	轻盐化砂壤质氯化物硫酸盐化潮土	1	0—17	浅黄棕色	轻壤土	屑粒状	9.2	5.8	0.34	0.52	3	3.0		7.7	E 115° 18′ 13.7″ N 36° 16′ 30.7″	85
						2	17—95	浅黄棕色	砂壤土	屑粒状	9.9	3.9	0.49	0.44	2	4.0		11.6		
						3	95—110	灰黄色	砂壤土	碎块状	9.3	4.5	0.51	0.59	3	8.0		16.0		
						4	110—125	暗棕色	重壤土	块状	9.1	5.9	0.56	0.44		2.0		22.4		
						5	125—150	暗灰棕色	重壤土	无明显结构	9.0	6.4	0.60	0.42	3	3.0		27.7		
剖38	半水成土	潮土	潮土	砂质潮土	砂质底黏潮土	1	0—20	灰白色	砂土	屑粒状	8.7	4.8	0.68	0.50	23	2.0	53	7.1	E 115° 20′ 13.2″ N 36° 16′ 10.2″	91
						2	20—80	灰黄色	砂土	屑粒状	8.5	1.7	0.40	0.55	8	4.0	25	5.0		
						3	80—120	暗黄棕色	重壤土	碎块状	8.4	7.1	0.87	0.51	30	7.0	140	23.6		
剖39	半水成土	潮土	褐潮土	壤质褐潮土	砂壤质底黏褐土	1	0—19	灰棕色	砂壤土	屑粒状	8.5	8.4	0.60	0.68	30	4.0	110	9.6	E 115° 15′ 17.9″ N 36° 15′ 45.2″	72
						2	19—51	黄棕色	砂壤土	屑粒状	8.6	5.7	0.53	0.63	16	2.0	53	11.9		
						3	51—93	浅棕色	砂壤土	粒状	8.2	6.8	0.46	0.73	16	5.0	129	17.0		
						4	93—150	棕色	重壤土	块状	8.4	5.3	0.56	0.59	19	4.0	86	10.5		

续表 Continued

剖面号 Soil profile	土纲 Soil order	土类 Soil great group	亚类 Soil subgroup	土属 Soil genus	土种 Soil species	土层码 Layer code	土层厚度 Depth/cm	颜色 Soil color	质地 Soil texture	土壤结构 Soil structure	pH	有机质 OM/(g/kg)	全氮 TN/(g/kg)	全磷 TP/(g/kg)	碱解氮 AN/(mg/kg)	有效磷 AP/(mg/kg)	速效钾 AK/(mg/kg)	阳离子交换量CEC/(cmol/kg)	剖面点坐标 Profile coordinate	匹配指数 Matching index/%
剖面40	半水成土	潮土	潮土	壤质潮土	砂壤质底潮潮土	1	0~19	浅灰棕色	砂壤土	屑粒状	8.5	7.7	0.82	0.62	35	2.0	86	8.6	E 115° 21′ 48.2″ N 36° 15′ 15.1″	71
						2	19~55	暗黄棕色	砂壤土	碎屑状	8.7	3.4	0.59	5.80	13	1.0	35	7.8		
						3	55~121	暗黄棕色	砂壤土	粒状	8.6	2.9	0.54	0.53	10	1.0	41	7.2		
						4	121~150	浅灰棕色	砂壤土	粒状	8.6	2.9	0.51	0.51	10	1.0	36	9.1		
剖面41	半水成土	潮土	潮土	壤质潮土	砂壤质底黏潮土	1	0~22	浅灰棕色	砂壤土	屑粒状	8.3	6.6	0.80	0.48	34	10.0	86	8.0	E 115° 25′ 07.6″ N 36° 15′ 06.2″	74
						2	22~68	暗棕色	砂壤土	屑粒状	8.8	5.5	0.69	0.50	30	1.0	63	7.4		
						3	68~93	黄棕色	砂壤土	屑粒状	8.5	3.9	0.45	0.50	21	1.0	67	14.2		
						4	93~150	暗棕色	重壤土	块状	8.6	7.0	0.82	0.47	29	2.0	158	23.0		
剖面42	半水成土	潮土	潮土	砂质潮土	砂质黏腰潮土	1	0~24	浅灰棕色	砂土	无明显结构	—	8.7	0.35	0.46	41	2.0	91	9.1	E 115° 15′ 27.4″ N 36° 13′ 34.3″	100
						2	24~37	浅灰棕色	砂土	无明显结构	8.7	6.7	0.25	0.46	37	1.0	65	9.7		
						3	37~50	棕色	重壤土	块状	8.3	6.3	0.27	0.49	29	1.0	81	16.8		
						4	50~95	棕色	中壤土	碎屑状	8.3	4.7	0.16	0.54	23	1.0	48	13.6		
						5	95~150	浅棕色	砂壤土	粒状	8.9	2.3		0.58	10	1.0	34	4.1		
剖面43	半水成土	潮土	潮土	砂质潮土	砂质底潮潮土	1	0~21	浅灰棕色	砂土	粒状	8.6	4.0	0.76	0.44	31	7.0	63	7.7	E 115° 16′ 32.0″ N 36° 13′ 21.9″	89
						2	21~48	黄色	砂土	粒状	8.7	1.7	0.49	0.44	11	1.0	27	5.6		
						3	48~82	浅灰棕色	砂壤土	粒状	8.3	1.4	0.29	0.46	11	1.0	28	6.0		
						4	82~150	红棕色	轻壤土	碎屑状	8.3	6.5	0.78	0.56	23	11.0	148	21.4		
剖面44	半水成土	潮土	潮土	壤质潮土	砂壤质底潮潮土	1	0~22	浅黄棕色	砂壤土	屑粒状	8.9	4.4	0.66	0.54	24	1.0	50	9.1	E 115° 18′ 23.8″ N 36° 12′ 19.4″	79
						2	22~53	浅棕色	砂壤土	屑粒状	8.5	6.4	0.76	0.59	38	7.0	87	8.1		
						3	53~90	浅棕色	砂壤土	粒状	8.2	2.7	0.38	0.57	16	1.0	33	9.2		
						4	90~150	暗棕色	中壤土	块状	8.4	7.3	0.80	0.61	32	12.0	157	24.5		
剖面45	半淋溶土	褐土	褐土性	砂质褐土性土	砂质褐土性土	1	0~20	灰白色	砂土	无明显结构		2.4		0.37	17	1.0	50	4.0	E 115° 17′ 22.9″ N 36° 11′ 00.4″	87
						2	20~150	灰白色	砂土	无明显结构	8.3	2.3	0.20	0.35	16	1.0	33	4.4		
剖面46	半水成土	潮土	潮土	壤质潮土	砂壤质体黏潮土	1	0~20	浅黄棕色	砂壤土	屑粒状	8.1	5.6	0.48	0.49	29	4.0	60	12.4	E 115° 18′ 34.0″ N 36° 10′ 22.7″	77
						2	20~60	暗黄棕色	重壤土	碎屑状	8.0	14.4	1.11	0.57	67	4.0	140	22.4		
						3	60~95	暗棕色	重壤土	碎屑状	8.2	10.0	0.85	0.52	47	8.0	163	29.4		
						4	95~150	红黄棕色	重壤土	块状	8.2	9.0	0.85	0.45	48	5.0	172	31.5		
剖面47	半水成土	褐土	褐潮土	壤质褐潮土	砂壤质褐潮土	1	0~23	浅棕色	轻壤土	屑粒状	8.2	6.9	0.55	0.65	49	6.0	85	7.1	E 115° 17′ 13.7″ N 36° 09′ 25.6″	72
						2	23~105	暗黄棕色	轻壤土	屑粒状	8.3	3.8	0.47	0.48	44	2.0	49	8.6		
						3	105~150	暗棕色	重壤土	层状	8.4	6.4	0.59	0.47	37	1.0	114	18.4		
剖面48	半水成土	潮土	盐化潮土	氯化物硫酸盐化潮土	中盐化轻壤质氯化物硫酸盐盐化潮土	1	0~5	浅黄棕色	轻壤土	屑粒状	8.1	7.1	0.54	0.55	28	3.0	102	14.2	E 115° 19′ 48.3″ N 36° 07′ 14.3″	89
						2	5~10	浅黄棕色	轻壤土	粒状	8.4	7.4	0.59	0.57	34	3.0	102	14.4		
						3	10~20	浅黄棕色	砂壤土	粒状	8.3	7.3	0.59	0.53	32	3.0	97	14.4		
						4	20~50	浅黄棕色	砂壤土	粒状	8.3	3.8	0.38	0.49	21	1.0	52	13.5		
						5	50~74	暗黄棕色	重壤土	块状	8.1	7.1	0.64	0.48	36	3.0	135	27.6		
						6	74~125	黄黄棕色	轻壤土	碎块状	8.2	4.6	0.50	0.55	30	3.0	82	14.2		
						7	125~150	黄棕色	砂壤土	粒状	8.2	4.0	0.39	0.52	17	3.0	61	13.6		

涉 县

主要土类说明

褐土是涉县主要土壤类型，占本县地域面积的98%。褐土是暖温带半湿润区发育形成的具有黏化与钙质淋移淀积特征的土壤。植被多为旱生阔叶林及灌木草本，有楸树、柿、核桃、油松、侧柏、洋槐、山皂荚、胡枝子、酸枣、荆条、菅草、白草等。由于所处地势较高，排水良好，成土过程不受地下水的影响，雨季有自上而下弱度的水分淋溶，表土黏粒随水下移，心土有黏化现象，黏化层为褐土土类的诊断土层，表层碳酸钙随水下移，常在心土层形成假菌丝体，底土中有时形成碳酸钙结核。土壤经常处于良好通气状态，土色以褐色、棕褐色为主，土壤呈中性至微碱性。

小于本县地域面积3%的土壤类型还有潮土、水稻土、石质土、粗骨土和新积土等。

本区域中心区气候特征

本区域中心区气候特征值
Regional climate characteristics in central area of the region

气候带：暖温带亚湿润气候 Climate region: Warm temperate subhumid climate	
年平均气温 /℃ Annual average temperature /℃	13.2
年平均最高气温 /℃ Annual average maximum temperature /℃	19.1
年平均最低气温 /℃ Annual average minimum temperature /℃	8.0
年降水量 /mm Annual precipitation /mm	524
≥10℃的积温 /℃ Daily temperature accumulated in a year (≥10℃) /℃	4802
年日照时数 /h Annual sunshine /h	2294
年平均相对湿度 /% Annual average relative humidity /%	63
干燥度 Dryness	1.51

本区域中心区月平均气温与月平均降水量
Monthly temperature and precipitation in central area of the region

涉县主要土壤类型与土壤剖面点分布图
1:210 000

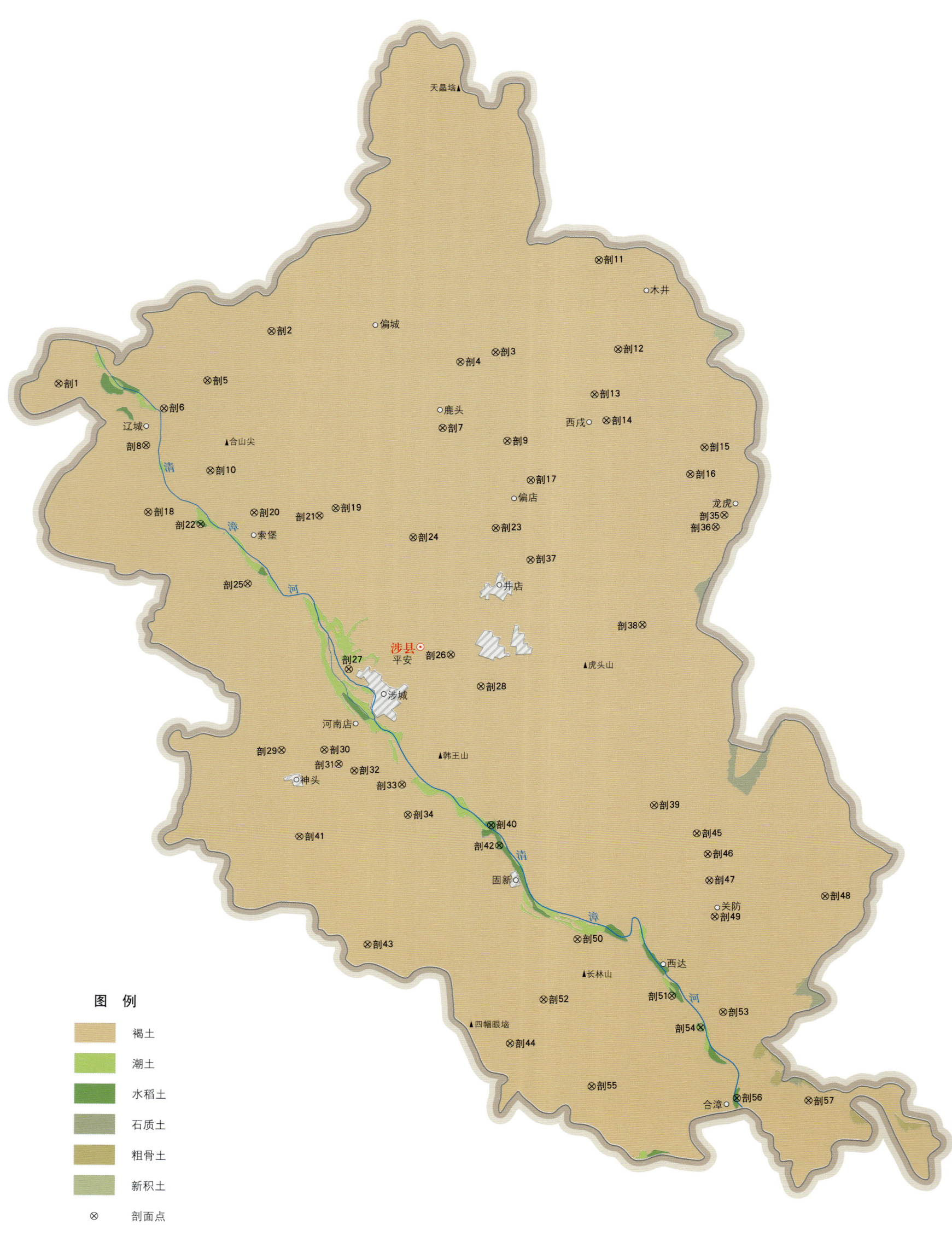

涉县土壤剖面理化性状表

剖面号 Soil profile	土纲 Soil order	土类 Soil great group	亚类 Soil subgroup	土属 Soil genus	土种 Soil species	土层码 Layer code	土层厚度 Depth/cm	颜色 Soil color	质地 Soil texture	土壤结构 Soil structure	pH	有机质 OM/(g/kg)	全氮 TN/(g/kg)	全磷 TP/(g/kg)	全钾 TK/(g/kg)	碱解氮 AN/(mg/kg)	有效磷 AP/(mg/kg)	速效钾 AK/(mg/kg)	阳离子交换量 CEC/(cmol/kg)	土壤母质 Parent material	剖面点坐标 Profile coordinate	匹配指数 Matching index/%
剖1	半淋溶土	褐土	石灰性褐土	砂岩类坡积石灰性褐土	砾质红坡土	1	0—19	红褐色	轻壤土	屑粒状	8.0	21.0	1.27	0.73	28.6	104	32.7	283	18.1	砂岩类坡积物	E 113°28′46.6″ N 36°43′14.2″	91
剖2	半淋溶土	褐土	石灰性褐土	红黄土质石灰性褐土	底黏红黄土	1	0—17	灰褐色	轻壤土	屑粒状	8.1	16.9	1.10	0.67	28.7	98	4.7	184	13.9		E 113°36′26.6″ N 36°44′38.0″	76
						2	17—62	灰褐色	中壤土	碎块状	8.1	8.7	0.69	0.48	29.7	52	2.1	141	20.3			
						3	62—125	红褐色	重壤土	块状	8.2	4.6	0.54	0.61	30.6	47	2.2	150	20.7			
						4	125—150	红褐色	重壤土	块状	8.2	3.2	0.45	0.66	30.4	35	9.1	129	17.0			
剖3	半淋溶土	褐土	石灰性褐土	闪长岩类坡积石灰性褐土	砂砾底黏砂坡土	1	0—16	红褐色	砂壤土	屑粒状	8.2	10.1	0.71	0.95	30.4	44	4.3	155	20.7	闪长岩类坡积物	E 113°44′25.8″ N 36°43′49.5″	74
						2	16—66	灰褐色	中壤土	屑粒状	8.3	6.6	0.52	0.87	27.0	67	0.2	111	18.2			
						3	66—96	红褐色	重壤土	碎块状	8.2	4.5	0.46	0.60	30.1	49	3.4	96	19.9			
						4	96—150	红褐色	重壤土	块状	8.2	3.2	0.39	0.66	31.7	38	12.8	78	19.6			
剖4	半淋溶土	褐土	淋溶褐土	闪长岩类淋溶褐土	薄层麻石渣土	1	0—15	深灰色	砾质土	单粒状	7.5	44.5	2.24	0.44	20.0	210	3.8		15.8	闪长岩类	E 113°43′09.3″ N 36°43′34.1″	74
剖5	半淋溶土	褐土	褐土性土	页岩类褐土性土	薄层紫石渣土	1	0—19	紫色	砾质土	屑粒状		15.3	1.03	0.62	46.9	95	3.0	224	12.0	页岩类	E 113°34′05.9″ N 36°43′13.0″	91
剖6	半淋溶土	褐土	石灰性褐土	砂岩类坡积石灰性褐土	中层砾质红坡土	1	0—16	棕褐色	轻壤土	屑粒状	8.3	18.9	1.04	0.35	35.9	78	3.7	153	20.3	砂岩类坡积物	E 113°32′31.2″ N 36°42′24.8″	90
						2	16—54	紫褐色	中壤土	碎块状	8.0	3.8	0.43	0.57	44.0	43	2.8	134	18.2			
						3	54—74	紫褐色	中壤土	块状	8.1	3.9	0.50	0.51	45.1	37	2.7	163	17.6			
剖7	半淋溶土	褐土	石灰性褐土	红黄土质石灰性褐土	厚层砾质砂坡土	1	0—15	红褐色	轻壤土	屑粒状	8.3	9.6	0.70	0.51	28.6	58	3.6	168	19.9	闪长岩类坡积物	E 113°42′27.4″ N 36°41′38.0″	94
						2	15—52	红褐色	中壤土	块状	8.3	4.9	0.54	0.33	27.7	42	0.2	104	21.0			
						3	52—81	红褐色	重壤土	碎块状	8.3	3.1	0.33	0.31	27.0	22	3.8	92	20.6			
剖8	半淋溶土	褐土	石灰性褐土	洪冲积石灰性褐土	黏质灰结土	1	0—15	暗褐色	中壤土	碎块状	8.3	23.1	1.51	0.50	27.5	84	7.3	193	15.9		E 113°31′50.7″ N 36°41′20.8″	74
						2	20—43	暗褐色	中壤土	块状	8.4	16.0	1.19	0.53	28.6	103	1.4	134	17.7			
						3	43—108	暗褐色	中壤土	块状	8.5	7.3	0.67	0.64	25.9	42	0.9	128	15.8			
						4	108—150	黑褐色	重壤土	块状	8.3	7.8	0.65	0.43	26.6	43	2.0	103	19.6			
剖9	半淋溶土	褐土	褐土性土	闪长岩类褐土性土	薄层麻石渣土	1	0—7	深灰色	砾质土	单粒状	8.0	18.7	1.18	1.31	20.2	118	2.2	181	20.9	闪长岩类	E 113°44′45.2″ N 36°41′12.1″	100
剖10	半淋溶土	褐土	石灰性褐土	红黄土质石灰性褐土	黏质红黄土	1	0—20	红黄色	中壤土	碎块状	8.3	11.7	0.91	0.52	28.4	71	15.2	104	19.5		E 113°34′07.2″ N 36°40′33.3″	72
						2	20—70	灰褐色	中壤土	块状	8.3	7.7	0.70	0.39	28.8	59	1.8	104	21.8			
						3	70—150	灰褐色	重壤土	块状	8.1	2.6	0.38	0.23	30.7	27	0.6	205	23.8			
剖11	半淋溶土	褐土	石灰性褐土	碳酸岩类坡积石灰性褐土	砾质底黏灰坡土	1	0—16	暗褐色	轻壤土	屑粒状	8.2	34.4	2.24	0.70	26.8	104	14.1	155	19.5	碳酸岩类坡积物	E 113°48′13.0″ N 36°46′27.8″	70
						2	16—50	暗褐色	中壤土	块状	8.2	29.7	2.07	0.60	25.9	122	2.4	143	21.3			
						3	50—73	暗褐色	重壤土	块状	8.2	26.1	1.83	0.63	27.2	132	2.4	135	21.2			
						4	73—150	红棕色	重壤土	块状	8.4	16.0	1.23	0.45	30.5	74	2.0	212	27.9			
剖12	半淋溶土	褐土	石灰性褐土	红土石灰性褐土	砂姜红土	1	0—18	红褐色	中壤土	块状	8.3	9.0	0.80	0.41	29.3	66	4.5	221	22.0		E 113°48′48.2″ N 36°43′49.1″	79
						2	18—40	红褐色	重壤土	块状	8.1	5.9	0.53	0.34	29.5	45	2.1	181	20.1			
						3	40—150	紫红色	重壤土	块状	8.2	2.5	0.43	0.33	28.8	29	14.8	238	29.9			
剖13	半淋溶土	褐土	石灰性褐土	闪长岩类坡积石灰性褐土	砾质砂坡土	1	0—18	灰褐色	轻壤土	屑粒状	8.2	15.9	1.09	0.80	18.7	117	3.9	156	24.5	闪长岩类坡积物	E 113°47′54.9″ N 36°42′29.8″	73
						2	18—78	灰褐色	轻壤土	碎块状	8.5	10.6	0.98	0.83	18.2	81	0.3	97	24.7			
						3	78—126	红褐色	中壤土	碎块状	8.3	8.4	0.61	0.50	28.4	49	1.2	93	21.0			
						4	126—150	黑褐色	轻壤土	碎块状	8.3	19.8	1.03	0.81	23.1	81		91	24.7			

续表 Continued

剖面号 Soil profile	土纲 Soil order	土类 Soil great group	亚类 Soil subgroup	土属 Soil genus	土种 Soil species	土层码 Layer code	土层厚度 Depth/cm	颜色 Soil color	质地 Soil texture	土壤结构 Soil structure	pH	有机质 OM/(g/kg)	全氮 TN/(g/kg)	全磷 TP/(g/kg)	全钾 TK/(g/kg)	碱解氮 AN/(mg/kg)	有效磷 AP/(mg/kg)	速效钾 AK/(mg/kg)	阳离子交换量CEC/(cmol/kg)	土壤母质 Parent material	剖面点坐标 Profile coordinate	匹配指数 Matching index/%
剖14	半淋溶土	褐土	石灰性褐土	红黄土质石灰性褐土	砂姜底黏红黄土	1	0~16	灰褐色	轻壤土	屑粒状	8.1	16.2	0.99	0.47	27.2	77	3.8	136	16.3		E 113° 48′ 18.7″ N 36° 41′ 43.5″	80
						2	16~49	灰褐色	轻壤土	屑粒状	8.1	7.0	0.63	0.39	25.7	53	0.8	112	16.6			
						3	49~73	红黄色	中壤土	碎块状	8.0	4.9	0.51	0.30	26.0	37	2.7	103	16.6			
						4	73~150	紫红色	重壤土	块状	8.2	3.2	0.46	0.19	28.2	58	5.0	100	35.9			
剖15	半淋溶土	褐土	石灰性褐土	红黄土质石灰性褐土	砂姜体黏红黄土	1	0~19	红黄色	轻壤土	屑块状	8.3	18.0	1.01	0.40	26.5	74	9.6	163	18.7		E 113° 51′ 47.2″ N 36° 40′ 51.2″	80
						2	19~38	红黄色	中壤土	碎块状	8.5	14.6	0.85	0.39	27.4	55	3.0	141	19.4			
						3	38~68	暗红色	重壤土	块状	8.1	5.0	0.56	0.20	28.9	46	1.0	115	27.7			
						4	68~150	红色	重壤土	块状	8.2	2.2	0.39	0.32	28.8	31	1.3	182	25.0			
剖16	半淋溶土	褐土	石灰性褐土	红黄土质石灰性褐土	砂姜黏体红黄土	1	0~18	灰褐色	中壤土	碎块状	8.1	14.1	1.03	0.76	28.5	83	8.8	205	17.4		E 113° 51′ 15.1″ N 36° 40′ 04.4″	83
						2	18~45	灰褐色	中壤土	块状	8.4	11.1	0.81		28.5	64	2.0	138	17.9			
						3	45~150	灰褐色	中壤土	块状	8.5	6.9	0.51	0.58	26.5	40	2.5	137	17.8			
剖17	半淋溶土	褐土	石灰性褐土	红黄土质石灰性褐土	红黄土	1	0~19	红黄色	轻壤土	屑粒状	8.3	13.4	0.91	0.71	27.2	71	15.9	154	15.1		E 113° 45′ 33.0″ N 36° 40′ 01.5″	82
						2	19~58	红黄色	轻壤土	碎块状	8.3	8.4	0.76	0.64	27.4	63	1.4	102	13.6			
						3	58~150	红黄色	中壤土	碎块状	8.4	5.7	0.59	0.02	27.1	56	2.5	116	13.8			
剖18	半淋溶土	褐土	石灰性褐土	砂姜类石灰性褐土	薄层砂姜石渣土	1	0~13	灰褐色	砾质土	屑粒状		40.1	2.42		26.6	179	3.8	179	13.9	砂岩类	E 113° 31′ 51.8″ N 36° 39′ 22.3″	85
剖19	半淋溶土	褐土	石灰性褐土	页岩类坡积石灰性褐土	黏质砾质紫坡土	1	0~19	紫褐色	中壤土	碎块状	8.2	18.7	1.30	0.62	35.9	72	4.6	188	13.6	页岩类坡积物	E 113° 38′ 33.7″ N 36° 39′ 21.2″	80
						2	19~35	紫褐色	中壤土	碎块状	8.3	13.3	0.94	0.58	35.9	52	1.9	179	14.2			
						3	35~97	紫褐色	中壤土	碎块状	8.2	13.5	0.98	0.48	36.1	60	2.0	178	17.9			
						4	97~150	紫褐色	中壤土	碎块状	8.3	14.9	1.03	0.54	35.5	70	1.3	180	18.7			
剖20	半淋溶土	褐土	石灰性褐土	洪冲积石灰性褐土	灰结土	1	0~30	暗褐色	轻壤土	屑粒状	8.2	13.0	0.99		26.9	93	2.3	112	14.4		E 113° 35′ 38.8″ N 36° 39′ 16.9″	92
						2	30~120	暗褐色	中壤土	块状	8.3	4.6	0.57	0.57	25.9		2.2	92	15.9			
						3	120~150	暗褐色	中壤土	块状	8.0	4.8	0.51	0.45	25.4	34	2.4	89	15.9			
剖21	半淋溶土	褐土	石灰性褐土	红黄土质石灰性褐土	中层红黄土	1	0~14	红黄色	轻壤土	碎块状	8.2	13.6	0.91	0.69	28.1	49	3.3	183	14.8		E 113° 37′ 58.1″ N 36° 39′ 08.6″	77
						2	14~30	红黄色	轻壤土	碎块状	8.4	9.3	7.70	0.68	29.0	61	0.5	133	15.0			
						3	30~70	棕红色	中壤土	碎块状	8.1	7.0	0.59	0.36	29.1	39	2.1	111	19.3			
剖22	人为土	水稻土	淹育水稻土	人工灌淤水稻土	中层黏性水稻土	1	0~20	红褐色	中壤土	屑粒状	8.3	8.7	0.70	0.53	33.9	54	10.2	183	20.4		E 113° 33′ 43.3″ N 36° 38′ 58.5″	97
						2	20~44	灰褐色	中壤土	屑粒状	8.3	7.9	0.58	0.49	20.1	51	5.2	129	15.9			
						3	44~65	红黄色	中壤土	块状	8.2	7.0	0.67	0.56	37.0	52	11.5	106	26.8			
剖23	半淋溶土	褐土	石灰性褐土	砂姜土质石灰性褐土	砂姜白绵土	1	0~14	暗褐色	轻壤土	屑粒状	8.3	6.2	0.49	0.53	23.4	51	4.1	166	9.9		E 113° 44′ 15.4″ N 36° 38′ 38.4″	97
						2	14~54	暗褐色	重壤土	碎块状	8.4	4.8	0.42	0.54	27.0	38	1.2	98	10.1			
						3	54~150	黄白色	重壤土	碎块状	8.4	3.5	0.35	0.54	22.9	26	1.5	72	10.2			
剖24	半淋溶土	褐土	石灰性褐土	碳酸岩类坡积石灰性褐土	灰坡土	1	0~19	黄白色	轻壤土	屑粒状	8.6	15.0	0.94	0.57	27.3	93	7.6	182	14.0	碳酸岩类坡积物	E 113° 41′ 18.2″ N 36° 38′ 25.7″	86
						2	19~70	棕褐色	轻壤土	碎块状	8.4	9.3	0.73	0.55	27.4	62	2.0	152	13.8			
						3	70~150	棕褐色	轻壤土	碎块状	8.2	7.9	0.67	0.47	28.4	72	2.3	127	17.0			
剖25	半淋溶土	褐土	石灰性褐土	洪冲积石灰性褐土	体黏结土	1	0~20	暗褐色	轻壤土	屑粒状	8.4	16.3	1.20	0.68	28.3	109	6.4	257	16.3		E 113° 35′ 20.8″ N 36° 37′ 10.6″	81
						2	20~50	暗褐色	重壤土	碎块状	8.3	8.7	0.77	0.64	27.8	66	1.2	168	18.8			
						3	50~80	红褐色	重壤土	碎块状	8.4	7.3	0.64	0.50	26.6	61	1.0	181	18.6			
						4	80~124	暗褐色	重壤土	碎块状	8.4	5.7	0.55	0.41	26.0	41	2.8	119	17.6			
						5	124~150	暗褐色	轻壤土	屑粒状	8.3	7.2	0.58	0.48	27.8	49	2.5	65	17.1			
剖26	半淋溶土	褐土	石灰性褐土	马兰黄土质石灰性褐土	白蒿土	1	0~17	黄白色	轻壤土	碎块状	8.3	11.3	0.84	0.75	25.3	75	7.3	122	12.2		E 113° 42′ 31.7″ N 36° 34′ 55.2″	90
						2	17~33	黄白色	轻壤土	碎块状	8.4	9.8	0.71	0.68	26.3	57	1.6	104	12.3			
						3	33~65	黄白色	轻壤土	碎块状	8.2	6.1	0.56	0.59	27.1	49	1.2	85	13.9			
						4	65~150	黄白色	轻壤土	碎块状	8.2	3.4	0.39	0.52	26.6	35	1.1	75	13.0			

续表 Continued

剖面号 Soil profile	土纲 Soil order	土类 Soil great group	亚类 Soil subgroup	土属 Soil genus	土种 Soil species	土层码 Layer code	土层厚度 Depth/cm	颜色 Soil color	质地 Soil texture	土壤结构 Soil structure	pH	有机质 OM/(g/kg)	全氮 TN/(g/kg)	全磷 TP/(g/kg)	全钾 TK/(g/kg)	碱解氮 AN/(mg/kg)	有效磷 AP/(mg/kg)	速效钾 AK/(mg/kg)	阳离子交换量CEC/(cmol/kg)	土壤母质 Parent material	剖面点坐标 Profile coordinate	匹配指数 Matching index/%
剖27	半淋溶土	褐土	潮褐土	洪冲积潮褐土	体黏腥结土	1	0—17	暗褐色	轻壤土	屑粒状	8.1	14.5	1.04	0.65	28.1	94	4.2	151	12.5	洪积物、冲积物	E 113°38′52.5″ N 36°34′34.3″	91
						2	17—36	暗褐色	中壤土	碎块状	8.1	11.5	0.91	0.62	30.2	76	2.2	121	13.4			
						3	36—66	红褐色	重壤土	块状	8.2	8.5	0.75	0.57	28.2	58	1.2	148	14.0			
						4	66—110	红褐色	重壤土	块状	8.3	6.7	0.57	0.57	28.0	49	1.2	122	15.1			
						5	110—150	红褐色	重壤土	块状	8.3	7.5	0.10	0.60	32.1	46	0.9	152	15.7			
剖28	半淋溶土	褐土	石灰性褐土	碳酸岩类坡积石灰性褐土	砾质体黏坡土	1	0—16	棕褐色	轻壤土	屑粒状	8.4	24.1	1.59	0.58	33.7	118	5.7	233	22.0	碳酸岩类坡积物	E 113°43′33.6″ N 36°33′58.0″	71
						2	16—85	棕褐色	重壤土	块状	8.2	16.7	1.25	0.55	35.5	62	0.9	196	23.5			
						3	85—150	棕褐色	重壤土	块状	8.3	7.3	0.70	0.57	27.9	66	0.9	117	19.4			
剖29	半淋溶土	褐土	石灰性褐土	碳酸岩类坡积石灰性褐土	体黏褐坡土	1	0—18	暗褐色	轻壤土	屑粒状	8.3	19.7	0.59	0.51	27.2	95	4.7	139	18.2	碳酸岩类坡积物	E 113°36′24.5″ N 36°32′13.2″	98
						2	18—68	暗褐色	重壤土	块状	8.3	6.3	0.59	0.58	30.1	46	7.4	130	21.0			
						3	68—150	暗褐色	重壤土	块状	8.3	9.0	0.67	0.58	29.8	47	16.2	104	19.9			
剖30	半淋溶土	褐土	潮褐土	洪冲积潮褐土	底砂黑结土	1	0—17	暗褐色	轻壤土	屑粒状	8.3	10.8	0.72	0.68	23.9	69	15.8	178	10.6	洪积物、冲积物	E 113°37′55.6″ N 36°32′12.1″	96
						2	17—80	暗褐色	砂壤土	碎块状	8.1	9.4	0.66	0.59	23.4	53	14.9	102	11.1			
						3	80—150	暗褐色	中壤土	单粒状	8.5	0.9	0.18	0.39	20.7	27	2.4	64	6.4			
剖31	半淋溶土	褐土	石灰性褐土	红土石灰性褐土	红土	1	0—19	红褐色	中壤土	屑粒状	8.2	9.0	0.76	0.34	23.8	67	1.5	209	25.4		E 113°38′25.8″ N 36°31′46.2″	83
						2	19—51	红褐色	重壤土	块状	8.3	8.7	0.70	0.45	26.0	64	1.0	208	23.1			
						3	51—79	红褐色	重壤土	块状	8.3	5.9	0.59	0.32	24.8	50	0.5	156	24.2			
						4	79—150	红色	重壤土	块状	8.3	2.7	0.41	0.18	26.7	37	1.0	141	27.0			
剖32	半淋溶土	褐土	褐土性	红黄土质石灰性褐土	厚质砂姜红黄土	1	0—14	红黄色	轻壤土	屑粒状	8.4	10.8	0.77	0.48	26.0	62	4.4	168	17.6	砂岩类	E 113°38′58.6″ N 36°31′33.6″	86
						2	14—26	红黄色	中壤土	块状	8.5	9.7	0.77	0.68	28.8	61	2.9	142	17.9			
						3	26—85	红黄色	中壤土	块状	8.2	4.0	0.49	0.40	28.0	44	1.2	91	21.0			
剖33	半淋溶土	褐土	石灰性褐土	红黄土质石灰性褐土	体黏红黄土	1	0—20	灰黄色	中壤土	屑粒状	8.3	14.0	0.85	0.67	30.3	78	6.3	163	14.0		E 113°37′39.8″ N 36°31′06.6″	90
						2	20—45	暗黄色	中壤土	碎块状	8.2	9.9	0.70	0.59	31.0	63	2.6	131	13.8			
						3	45—150	暗黄色	中壤土	块状	8.2	5.5	0.50	0.27	32.0	66	5.5	157	20.7			
剖34	半淋溶土	褐土	石灰性褐土	人工堆垫石灰性褐土	中层砂石渣土	1	0—15	紫褐色	砾质土	屑粒状	8.3	25.1	1.43	0.30	44.4	115	2.4	222	24.4		E 113°38′50.9″ N 36°30′12.6″	99
						2	15—76	紫红色	砾质土	屑粒状	7.9	9.6	0.58	0.33	35.9	56	2.5	259	42.6			
剖35	半淋溶土	褐土	石灰性褐土	砂岩类质石灰性褐土	砾质红黄土	1	0—12	红黄色	轻壤土	屑粒状	8.3	15.3	1.09	0.66	29.2	68	8.0	167	15.5		E 113°52′25.7″ N 36°38′50.9″	95
						2	12—63	红黄色	中壤土	屑粒状	8.4	5.2	6.10	0.41	28.5	54	1.0	134	15.8			
						3	63—150	红黄色	中壤土	屑粒状	8.3	2.9	3.80	0.57	32.7	28	0.9	103	17.8			
剖36	半淋溶土	褐土	石灰性褐土	红黄土质石灰性褐土	砾质红黄土	1	0—15	红黄色	轻壤土	屑粒状	8.4	8.2	6.03	0.71	29.4	45	25.7	204	12.3		E 113°52′06.2″ N 36°38′30.0″	70
						2	15—54	红黄色	中壤土	屑粒状	8.4	4.1	0.40	0.72	26.5	34	17.5	158	11.2			
						3	45—150	暗红色	中壤土	屑粒状	8.2	11.2	0.86	0.96	27.7	73	10.8	159	15.6			
剖37	半淋溶土	褐土	石灰性褐土	红黄土质石灰性褐土	砂姜红黄土	1	0—15	红黄色	轻壤土	屑粒状	8.5	6.1	0.55	0.52	26.1	42	1.1	154	14.1		E 113°45′27.7″ N 36°37′40.4″	92
						2	18—56	红黄色	中壤土	屑粒状	8.1	5.4	0.52	0.44	26.2	63	2.0	116	16.6			
剖38	半淋溶土	褐土	褐土性	碳酸岩类坡积石灰性褐土	中层砾质红黄土	1	0—14	褐棕色	轻壤土	屑粒状	8.2	20.6	1.58	0.51	27.1	117	4.1	218	19.1	碳酸岩类坡积物	E 113°49′23.5″ N 36°35′39.8″	87
						2	14—70	红棕色	中壤土	碎块状	8.5	13.5	1.08	0.47	28.5	74	0.8	141	20.3			
剖39	半淋溶土	褐土	石灰性褐土	页岩类坡积石灰性褐土	砾质紫坡土	1	0—18	紫灰色	轻壤土	屑粒状	8.2	20.2	1.42	0.53	26.1	110	11.1	257	17.4	页岩类坡积物	E 113°49′37.9″ N 36°30′19.1″	73
						2	18—40	紫灰色	中壤土	碎块状	8.2	17.2	1.29	0.51	39.1	107	8.1	245	17.0			
						3	56—150	紫灰色	中壤土	碎块状	8.3	11.1	0.85	0.47	37.9	66	4.0	180	16.9			
剖40	人为土	水稻土	淹育水稻	人工灌淤水稻土	砂性水稻土	1	0—12	深灰色	砂壤土	屑粒状	8.2	24.1	0.47	0.34	20.4	49	12.4	111	6.1		E 113°43′48.4″ N 36°29′50.6″	74
						2	12—101	深灰色	轻壤土	碎块状	8.3	68.9	1.06	0.61	23.1	64	26.2	89	12.5			

续表 Continued

剖面号 Soil profile	土纲 Soil order	土类 Soil great group	亚类 Soil subgroup	土属 Soil genus	土种 Soil species	土层码 Layer code	土层厚度 Depth/cm	颜色 Soil color	质地 Soil texture	土壤结构 Soil structure	pH	有机质 OM/(g/kg)	全氮 TN/(g/kg)	全磷 TP/(g/kg)	全钾 TK/(g/kg)	碱解氮 AN/(mg/kg)	有效磷 AP/(mg/kg)	速效钾 AK/(mg/kg)	阳离子交换量CEC/(cmol/kg)	土壤母质 Parent material	剖面点坐标 Profile coordinate	匹配指数 Matching index/%
剖41	半淋溶土	褐土	石灰性褐土	碳酸岩类坡积石灰性褐土	黏质灰砂坡土	1	0—18	棕褐色	中壤土	碎粒状	8.2	20.4	1.05	0.42	28.2	89	5.2	150	19.8	碳酸岩类坡积物	E 113°36′57.6″ N 36°29′37.7″	92
						2	18—55	暗褐色	重壤土	块状	8.3	16.4	1.13	0.39	28.4	70	0.9	136	20.0			
						3	55—150	棕褐色	中壤土	块状	8.4	7.8	0.67	0.34	28.7	46	2.0	148	20.7			
剖42	人为土	水稻土	淹育水稻土	人工灌淤水稻土	薄层水稻土	1	0—20	灰褐色	轻壤土	屑粒状	8.3	8.8	0.77	0.53	30.7	55	3.0	256	13.0		E 113°44′04.6″ N 36°29′12.8″	72
剖43	半淋溶土	褐土	淋溶褐土	碳酸岩类淋溶褐土	中层灰石土	1	0—24	黑褐色	多砾质土	屑粒状	8.1	59.5	3.61	0.49	25.5	234	4.5	124	27.2	碳酸岩类坡积物	E 113°39′17.6″ N 36°26′22.9″	83
						2	24—42	黑褐色	多砾质土	块状	8.1	67.8	4.14	0.51	25.8	261	5.0	104	28.0			
剖44	半淋溶土	褐土	石灰性褐土	砾质洪积石灰性褐土	中层洪积沟土	1	0—20	暗褐色	轻壤土	屑粒状	8.5	14.2	0.86	0.04	24.5	72	6.4	167	11.2		E 113°44′17.2″ N 36°23′21.6″	72
						2	20—50	棕褐色	轻壤土	块状	8.5	10.0	0.96	0.02	24.5	65	3.6	126	11.1			
剖45	半淋溶土	褐土	石灰性褐土	页岩类坡积石灰性褐土	中层砾质紫坡土	1	0—12	紫褐色	轻壤土	屑粒状	8.2	16.0	1.09	0.53	31.6	95	5.4	193	11.3	页岩类坡积物	E 113°51′07.2″ N 36°29′27.6″	95
						2	12—62	紫褐色	中壤土	碎粒状	8.3	7.8	0.68	0.48	37.1	55	1.5	184	15.1			
剖46	半淋溶土	褐土	石灰性褐土	碳酸岩类坡积石灰性褐土	黏性灰坡土	1	0—20	棕红色	中壤土	碎粒状	8.1	10.3	0.83	0.35	28.1	68	2.8	208	25.1	碳酸岩类坡积物	E 113°51′29.5″ N 36°28′48.7″	70
						2	20—45	红褐色	重壤土	块状	8.2	11.0	0.88	0.36	28.7	75	1.7	183	25.8			
						3	45—110	棕红色	重壤土	块状	8.2	7.4	0.22	0.35	28.7	58	1.1	144	24.4			
						4	110—150	红褐色	中壤土	块状	8.1	7.0	0.65	0.33	28.7	59	1.7	135	24.7			
剖47	半淋溶土	褐土	石灰性褐土	人工堆垫石灰性褐土	薄层砾质堆垫土	1	0—28	红褐色	轻壤土	屑粒状	8.2	18.2	1.25	0.51	25.7	93	8.5	180	17.3		E 113°51′31.7″ N 36°28′01.9″	90
剖48	半淋溶土	褐土	褐土性土	碳酸岩类坡积石灰性褐土	中层灰石渣土	1	0—16	棕褐色	砾质土	屑粒状	8.4	10.6	0.79	0.31	16.2	64	2.6	107	14.5	碳酸岩类坡积物	E 113°55′37.8″ N 36°27′29.5″	93
						2	16—56	棕褐色	砾质土	块状	8.2	11.2	0.82	0.32	16.9	67	1.2	103	15.1			
剖49	半淋溶土	褐土	石灰性褐土	闪长岩类坡积石灰性褐土	中层砾砂坡土	1	0—18	棕褐色	中壤土	碎粒状	8.2	23.5	1.58	0.57	28.9	125	13.4	204	19.8	闪长岩类坡积物	E 113°51′41.0″ N 36°26′57.8″	93
						2	18—62	棕褐色	重壤土	块状	8.4	17.0	1.29	0.51	31.8	94	1.3	180	20.9			
剖50	半淋溶土	褐土	石灰性褐土	碳酸岩类坡积石灰性褐土	砾质灰坡土	1	0—21	棕褐色	轻壤土	屑粒状	7.8	14.5	0.97	0.65	27.4	78	5.1	244	15.5	碳酸岩类坡积物	E 113°46′46.6″ N 36°26′23.8″	86
						2	21—59	棕褐色	中壤土	碎粒状	8.4	10.2	0.75	0.64	26.7	46	1.8	229	15.7			
						3	59—150	棕褐色	中壤土	碎粒状	8.3	7.7	0.28	0.55	26.7	42	1.3	186	16.7			
剖51	半淋溶土	褐土	石灰性褐土	红黄土质石灰性褐土	中层黏砾红黄土	1	0—18	红黄色	重壤土	块状	8.2	16.6	1.18	0.51	30.7	96	5.9	217	19.1		E 113°50′05.3″ N 36°24′39.6″	88
						2	18—50	红黄色	重壤土	块状	8.2	13.0	1.02	0.61	29.6	60	1.3	154	17.6			
						3	50—75	红褐色	中壤土	块状	8.1	7.4	0.62	0.47	28.2	43	1.5	103	16.2			
剖52	半淋溶土	褐土	淋溶褐土	碳酸岩类坡积淋溶褐土	薄层砾质坡垫土	1	0—13	黑褐色	多砾质土	团粒状	8.0	81.8	5.07	0.81	23.2	34	13.3	189	30.4	碳酸岩类坡积物	E 113°45′31.0″ N 36°24′38.2″	75
剖53	半淋溶土	褐土	石灰性褐土	闪长岩类坡积石灰性褐土	砂土砾质灰坡土	1	0—20	深褐色	砂土	单粒状	7.9	8.4	0.57	1.54	21.2	64	5.6	71	15.0	碳酸岩类	E 113°51′54.0″ N 36°24′09.0″	99
						2	20—114	深褐色	砂土	单粒状	8.1	6.2	0.27	1.58	21.0	55	0.8	54	13.4			
						3	114—150	深褐色	砂土	单粒状	7.8	2.5	0.26	1.58	19.9	36	0.1	51	11.9			
剖54	人为土	水稻土	淹育水稻土	人工灌淤水稻土	黏质底砂水稻土	1	0—19	黑褐色	中壤土	碎粒状	8.1	18.2	1.21	0.50	32.5	95	14.2	156	22.8		E 113°51′04.7″ N 36°23′42.7″	89
						2	19—57	灰褐色	中壤土	碎粒状	8.1	10.8	0.71	0.46	27.7	53	5.9	90	15.0			
						3	57—115	灰褐色	砂土	单粒状	8.5	1.5	0.21	0.32	21.7	21	3.3	38	5.5			
剖55	半淋溶土	褐土	石灰性褐土	人工堆垫石灰性褐土	中层堆垫土	1	0—22	暗褐色	轻壤土	屑粒状	8.4	9.2	6.98	0.63	24.4	48	7.6	128	14.8		E 113°47′09.4″ N 36°22′03.1″	84
						2	22—38	棕褐色	轻壤土	屑粒状	8.3	6.4	5.22	0.51	23.6	42	3.6	102	13.4			
剖56	人为土	水稻土	淹育水稻土	人工灌淤水稻土	黏性水稻土	1	0—18	暗褐色	重壤土	碎粒状	8.2	26.2	1.13	0.58	24.3	82	14.2	170	22.1		E 113°52′18.8″ N 36°21′36.7″	97
						2	18—36	暗褐色	重壤土	块状	8.3	23.3	1.06	0.61	26.1	71	13.7	136	25.5			
						3	36—76	暗褐色	重壤土	块状	8.3	22.4	0.93	0.60	26.5	51	11.3	112	21.7			
						4	76—150	红褐色	重壤土	块状	8.2	9.7	0.73	0.55	26.9	40	10.6	138	19.2			
剖57	半淋溶土	褐土	褐土性土	碳酸岩类褐土性土	薄层灰石渣土	1	0—16	暗褐色	砾质土	屑粒状		44.9	2.26	0.65	23.6	212	5.9	156	24.7		E 113°54′51.5″ N 36°21′29.5″	72

磁 县

主要土类说明

褐土是磁县主要土壤类型，占本县地域面积的80%。褐土是暖温带半湿润区发育形成的具有黏化与钙质淋移淀积特征的土壤。植被多为旱生阔叶林及灌木草本，有楸树、柿、核桃、油松、侧柏、洋槐、山皂荚、胡枝子、酸枣、荆条、菅草、白草等。由于所处地势较高，排水良好，成土过程不受地下水的影响，雨季有自上而下程度不剧烈的水分淋溶，表土黏粒随水下移，心土有黏化现象，黏化层为褐土土类的诊断土层，表层碳酸钙随水下移，常在心土层形成假菌丝体，底土中有时形成碳酸钙结核。土壤经常处于良好通气状态，土色以褐色、棕褐色为主，土壤呈中性至微碱性。

潮土是磁县第二大土壤类型，占本县地域面积的13%。潮土是一种半水成的非地带性土壤，主要分布在河谷滩地和冲积平原。潮土发育在近代河流冲积物上，土层深厚，冲积物的沉积层次明显，其成土过程与地下水位紧密相关，地下水位一般在1—3m。由于地下水参与成土过程，土壤中的铁、锰处于氧化还原状态，在剖面中形成氧化还原层，特征为锈色斑纹。同时，由于地下水位较高，土壤表层出现白天干燥、夜间返潮的现象，在这样干湿交替的条件下，形成潮土。表层为腐殖质层，呈灰棕色，有机质含量在10—20g/kg；耕作层和犁底层厚度在20—30cm；氧化还原层具有一定的锈色斑纹；通体有石灰反应。在古河道形成的缓岗中上部，地下水埋藏较深，土壤脱离地下水影响的时间较长，土壤中有碳酸钙的淀积，出现假菌丝体，其锈色斑纹仍残存。在向洼地中心过渡的缓斜平地下部，地下水埋藏较浅，而且多见中厚层夹黏层，有滞水现象，水质较差，土壤出现不同程度的积盐。在洼地中心，地下水位浅，在1.0—1.5m，土壤除有锈色斑纹外，下层还产生灰蓝色的潜育层。

小于本县地域面积3%的土壤类型还有水稻土、石质土和沼泽土等。

本区域中心区气候特征

本区域中心区气候特征值
Regional climate characteristics in central area of the region

气候带：暖温带亚湿润气候 Climate region: Warm temperate subhumid climate	
年平均气温 /℃ Annual average temperature /℃	13.9
年平均最高气温 /℃ Annual average maximum temperature /℃	19.6
年平均最低气温 /℃ Annual average minimum temperature /℃	9.0
年降水量 /mm Annual precipitation /mm	551
≥10℃的积温 /℃ Daily temperature accumulated in a year (≥10℃) /℃	5053
年日照时数 /h Annual sunshine /h	2272
年平均相对湿度 /% Annual average relative humidity /%	64
干燥度 Dryness	1.50

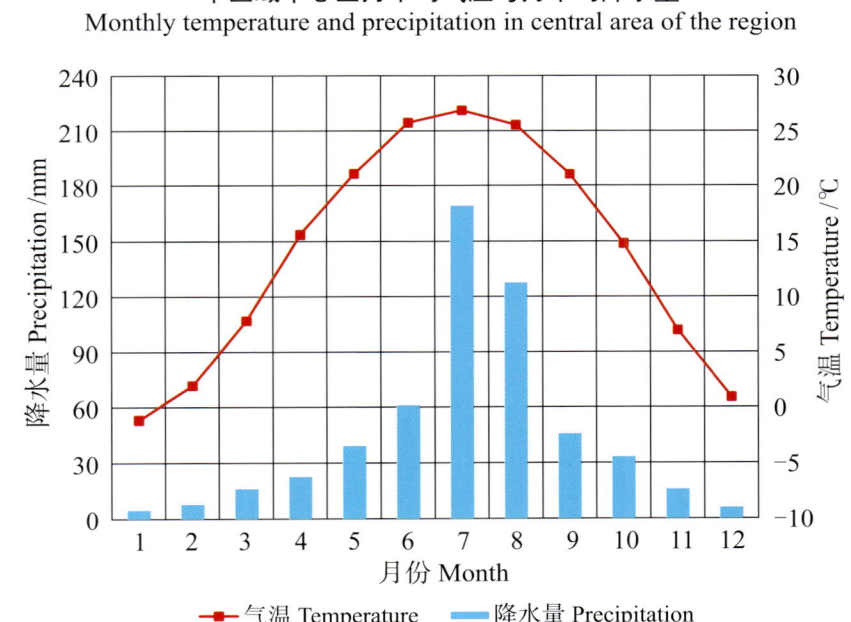

本区域中心区月平均气温与月平均降水量
Monthly temperature and precipitation in central area of the region

磁县主要土壤类型与土壤剖面点分布图
1∶190 000

图 例
- 褐土
- 潮土
- 水稻土
- 石质土
- 沼泽土
- ⊗ 剖面点

磁县土壤剖面理化性状表

剖面号 Soil profile	土纲 Soil order	土类 Soil great group	亚类 Soil subgroup	土属 Soil genus	土种 Soil species	土层码 Layer code	土层厚度 Depth/cm	颜色 Soil color	质地 Soil texture	土壤结构 Soil structure	pH	有机质 OM/(g/kg)	全氮 TN/(g/kg)	全磷 TP/(g/kg)	碱解氮 AN/(mg/kg)	有效磷 AP/(mg/kg)	速效钾 AK/(mg/kg)	阳离子交换量CEC/(cmol/kg)	剖面点坐标 Profile coordinate	匹配指数 Matching index/%
剖1	半淋溶土	褐土	褐土性土	石灰岩褐土性土		1	0—10			团粒状	8.1	38.0	2.26	2.13	150	1.4	84	20.5	E 113° 58′ 09.1″ N 36° 23′ 14.3″	81
剖2	半淋溶土	褐土	褐土性土	页岩褐土性土		1	0—10				8.0	11.0	0.59	1.44	45	3.6	99	8.6	E 113° 56′ 01.0″ N 36° 23′ 13.8″	85
剖3	半淋溶土	褐土	石灰性褐土	壤质石灰性褐土	埋藏型中壤质底姜石灰性褐土	1	0—20	灰褐色	中壤土		7.7	15.1	0.75	1.83	58	1.3	41	17.0	E 114° 17′ 10.6″ N 36° 34′ 06.6″	70
						2	20—31	黄褐色	中壤土		7.8	12.2	0.67	1.77	66	0.6	29	16.9		
						3	31—54	暗褐色	中壤土		8.0	10.0	0.54	1.63	36	1.3	29	18.5		
						4	54—68	暗褐色	中壤土		7.9	11.8	0.74	1.50	51	1.0	37	27.7		
						5	68—150	白夹褐色	姜石土		7.9	6.7	0.47	1.33	33	1.2	21	18.6		
剖4	半淋溶土	褐土	褐土性土	耕种页岩褐土性土		1	0—15				7.7	8.4	0.56	1.74		1.7	184	14.8	E 114° 18′ 01.3″ N 36° 34′ 02.3″	73
剖5	半淋溶土	褐土	褐土性土	耕种页岩褐土性土		1	0—17				7.7	9.3	0.39	2.15	29	2.0	72	10.7	E 114° 17′ 26.9″ N 36° 33′ 36.4″	95
						2	17—48				8.1	4.9	0.27	1.88	23	1.9	44	1.0		
剖6	半淋溶土	褐土	石灰性褐土	壤质石灰性褐土	轻壤质体黏石灰性褐土	1	0—15		轻壤土		8.3	13.6	0.64	1.88	52	1.4	117	16.0	E 114° 17′ 04.9″ N 36° 32′ 43.1″	70
						2	15—30	黄褐色	中壤土		8.4	8.5	0.48	0.97	40	0.7	91	20.3		
						3	30—64	暗褐色	重壤土		8.3	7.7	0.46	0.93	38	0.7	103	19.8		
						4	64—150	灰褐色	重壤土		8.4	7.5	0.43	1.02	34	1.0	138	23.4		
剖7	半淋溶土	褐土	石灰性褐土	壤质石灰性褐土	轻壤质底姜石灰性褐土	1	0—19		轻壤土		7.9	12.9	0.71	2.03	56	4.6	114	17.3	E 114° 25′ 24.0″ N 36° 32′ 07.6″	83
						2	19—44		中壤土		7.9	9.0	0.52	2.05	44	0.9	81	16.9		
						3	44—150				7.9	6.0	0.37	1.35	30	0.8	67	7.7		
剖8	半淋溶土	褐土	石灰性褐土	壤质石灰性褐土	埋藏型轻壤质底姜石灰性褐土	1	0—19	黄褐色	轻壤土		8.0	11.4	0.63	2.06	46	1.6	111	14.9	E 114° 24′ 56.5″ N 36° 31′ 25.3″	83
						2	19—70	暗褐色	中壤土		8.0	11.0	0.65	1.22	52	0.4	100	26.7		
						3	70—150	灰褐色	姜石土		8.0	6.3	0.37	1.36	34	1.5	67	18.3		
剖9	半水成土	潮土	盐化潮土	硫酸盐氯化物盐化潮土	中壤质轻度盐化潮土	1	0—12	浅黄褐色	中壤土	碎块状	8.1	10.1	0.52	2.19	36	1.5	119	16.4	E 114° 27′ 56.6″ N 36° 31′ 16.8″	92
						2	12—22	黄棕色	重壤土	片状	8.3	7.1	0.34	2.04	24	0.8	78	13.5		
						3	22—50	黄棕色	中壤土		8.3	3.7	0.19	1.66	16	0.9	59	14.3		
						4	50—100	白灰褐色	中壤土		8.5	5.0	0.25	1.89	21	0.9	65	14.5		
剖10	半淋溶土	褐土	石灰性褐土	壤质石灰性褐土	中壤质底姜石灰性褐土	1	0—20	黄褐色	重壤土	片状	8.5	13.2	0.61	1.96	43	2.7	116	17.0	E 114° 20′ 11.8″ N 36° 31′ 06.6″	80
						2	20—67	棕褐色	重壤土	块状	8.7	7.5	0.38	1.26	25	0.9	78	21.0		
						3	67—150	白灰褐色	重壤土		8.7	7.1	0.36	1.42	32	0.9	104	20.7		
剖11	半淋溶土	褐土	石灰性褐土	壤质石灰性褐土	轻壤型轻壤土	1	0—19	黄褐色	轻壤土		8.0	11.8	0.63	1.98	28	1.9	39	15.8	E 114° 22′ 58.1″ N 36° 31′ 05.5″	87
						2	19—30	棕褐色	轻壤土		7.9	7.6	0.52	1.43	27	1.0	30	20.7		
						3	30—54	灰褐色	中壤土		7.8	2.8	0.45	1.59	21	1.3	26	17.9		
						4	54—150	灰褐色	中壤土		8.0	2.9	0.22	1.29	12	1.3	10	14.9		
剖12	半淋溶土	褐土	石灰性褐土	壤质石灰性褐土	埋藏型轻壤质体姜石灰性褐土	1	0—20	浅黄褐色	轻壤土	碎块状	7.9	14.8	0.73	2.32	61	2.7	118	16.5	E 114° 24′ 06.1″ N 36° 30′ 45.7″	90
						2	20—41	黄褐色	中壤土	片状	7.9	8.5	0.46	2.04	40	1.0	70	16.7		
						3	41—68	灰褐色	中壤土		8.4	9.1	0.56	1.46	46	0.9	66	21.4		
						4	68—150	灰褐色	姜石土		8.4	5.4	0.39	0.93	38	0.5	63	25.8		
剖13	人为土	水稻土	淹育水稻土	壤质淹育水稻土	中壤质淹育水稻土	1	0—18	灰色	中壤土		8.4	37.7	2.14	3.40	166	36.2	123	18.6	E 114° 27′ 32.8″ N 36° 30′ 16.2″	77
						2	18—26	灰色	中壤土	片状	8.5	17.2	1.01	2.47	78	1.5	129	15.5		
						3	26—40	棕灰色	中壤土	核状	8.5	13.5	0.81	2.38	69	1.6	129	14.9		
						4	40—64	浅灰褐色	中壤土	块状	8.5	7.8	0.52	2.28	41	1.1	99	14.1		
						5	64—135	灰灰棕色	轻壤土	块状	8.5	3.5	0.23	2.17	22	2.0	37	8.7		

续表 Continued

剖面号 Soil profile	土纲 Soil order	土类 Soil great group	亚类 Soil subgroup	土属 Soil genus	土种 Soil species	土层码 Layer code	土层厚度 Depth/cm	颜色 Soil color	质地 Soil texture	土壤结构 Soil structure	pH	有机质 OM/(g/kg)	全氮 TN/(g/kg)	全磷 TP/(g/kg)	碱解氮 AN/(mg/kg)	有效磷 AP/(mg/kg)	速效钾 AK/(mg/kg)	阳离子交换量CEC/(cmol/kg)	剖面点坐标 Profile coordinate	匹配指数 Matching index/%
剖14	半淋溶土	褐土	褐土性土	少砾质褐土性土	轻壤质浅位红煤土薄层褐土性土	1	0—17				8.1	9.2	0.61	1.78		1.5	31	19.2	E 114°21′08.3″ N 36°30′14.4″	77
						2	17—38				8.0	3.9	0.30	1.36		1.1	38	22.6		
						3	38—56				8.1	3.2	0.28	1.50		1.1	19	25.9		
						4	56—110				7.9	3.4	0.35	1.01		1.4	52	42.1		
						5	110—150				8.0	2.3	0.23	0.71		2.1	14	14.9		
剖15	半淋溶土	褐土	褐土性土	少砾质褐土性土		1	0—10				8.1	3.6	0.46	1.32		1.3	96	25.8	E 114°19′54.1″ N 36°30′06.8″	78
						2	10—				7.8	6.6	0.32	1.67		1.4	111	32.8		
剖16	半淋溶土	潮土	盐化潮土	硫酸盐氯化物盐化潮土	砂壤质轻度盐化潮土	1	0—5	灰黄棕色	砂壤土	屑粒状	8.2	10.0	0.56	2.30	35	1.5	90	9.6	E 114°30′11.5″ N 36°30′13.7″	72
						2	5—10	暗棕色	砂壤土	片状	8.0	10.4	0.52	2.23	35	1.4	79	9.4		
						3	10—20	浅黄棕色	砂壤土	碎块状	8.0	9.2	0.48	2.28	32	1.2	71	9.2		
						4	20—85	黄棕色	轻壤土	块状	8.1	2.2	0.15	2.18	13	0.9	25	8.0		
						5	85—116	黄棕色	砂土	单粒状	8.3	3.1	0.32	2.10	17	1.0	46	4.2		
						6	116—150				8.5	0.9	0.09	1.75	11	1.3	15	12.5		
剖17	半淋溶土	褐土	褐土性土	耕种砂质褐土性土		1	0—18				8.0	9.5	0.49	1.56		1.7	10	13.1	E 114°05′05.6″ N 36°25′39.4″	81
						2	18—47				8.0	5.3	0.31	1.66		1.3	15	14.1		
剖18	半淋溶土	褐土	褐土性土	耕种石灰岩褐土性土		1	0—12			屑粒状	8.2	20.8	1.22	2.70	102	5.0	135	20.1	E 114°02′18.1″ N 36°24′29.8″	86
剖19	水成土	沼泽土	草甸沼泽土	黏质草甸沼泽土	黏质草甸沼泽土	1	0—26	浅灰棕色	重壤土	碎块状	8.4	27.6	1.35	2.77	94	2.1	154	19.6	E 114°29′06.7″ N 36°29′58.6″	85
						2	26—60	灰棕色	中壤土	核状	8.4	9.2	0.51	2.06	35	1.0	106	23.7		
						3	60—103	灰蓝色	中壤土	块状	8.6	10.0	0.46	2.22	38	1.9	74	24.3		
剖20	半淋溶土	褐土	石灰性褐土	壤质石灰性褐土	中壤质中层石灰性褐土	1	0—16	黄褐色	重壤土		8.2	9.7	0.60	1.65	37	1.2	105	18.2	E 114°22′04.4″ N 36°29′28.0″	83
						2	16—62	暗黄褐色	重壤土		8.2	7.5	0.50	1.38	33	2.3	67	23.1		
剖21	半淋溶土	褐土	石灰性褐土	壤质石灰性褐土	埋藏型轻壤质石灰性褐土	1	0—20	黄褐色	轻壤土		7.7	14.8	0.79	2.31	52	2.0	103	15.1	E 114°20′32.3″ N 36°29′13.2″	96
						2	20—50	黄褐色	中壤土		7.6	9.8	0.55	1.43	28	0.7	72	17.0		
						3	50—90	暗黄褐色	重壤土		7.7	5.4	0.43	1.72	26	1.1	89	18.3		
						4	90—150		重壤土		7.6	7.1	0.41	1.49	31	2.5	131	22.9		
剖22	水稻土	潮土	淹育水稻土	壤质淹育水稻土	轻壤质淹育水稻土	1	0—17	暗黄棕色	轻壤土	碎块状	8.3	24.6	1.34	2.83	23	6.1	192	16.0	E 114°27′44.6″ N 36°27′56.9″	81
						2	17—35	灰黄棕色	轻壤土	核状	7.9	19.6	0.98	2.81	60	6.0	147	17.3		
						3	35—55	浅黄棕色	砂壤土	碎块状	8.3	12.8	0.73	2.95	46	1.7	146	19.0		
						4	55—150	浅灰棕色	轻壤土	块状	8.6	5.5	0.44	2.50	25	1.6	112	16.2		
剖23	半淋溶土	褐土	褐土性土	少砾质褐土性土		1	0—10		轻壤土	屑粒状	8.3	11.5	0.56	1.83	43	1.4	77	16.4	E 114°21′58.0″ N 36°27′11.2″	88
剖24	半淋溶土	潮土	潮土	壤质潮土	轻壤质潮土	1	0—19	黄棕色	轻壤土	片状	8.4	12.4	0.73	2.70	51	1.9	169	10.0	E 114°29′17.9″ N 36°27′09.4″	74
						2	19—36	黄棕色	轻壤土	块状	8.3	8.9	0.55	2.66	50	1.3	118	10.0		
						3	36—82	浅黄棕色	砂壤土	碎块状	8.5	6.8	0.73	2.66	45	1.3	108	11.8		
						4	82—150	浅黄棕色	壤土	块状	8.5	3.5	0.25	2.66	25	1.3	40	9.5		
剖25	人为土	水稻土	淹育水稻土	黏质淹育水稻土	重壤质淹育水稻土	1	0—10	灰色	重壤土	块状	8.0	23.3	1.05	2.85	74	2.5	183	20.3	E 114°25′36.5″ N 36°26′60.0″	99
						2	10—16	黄灰棕色	重壤土	棱块状	8.2	19.2	0.91	2.76	64	2.5	156	20.7		
						3	16—53	灰灰棕色	重壤土	棱块状	8.4	10.3	0.58	2.30	47	1.5	120	22.0		
						4	53—65	灰灰棕色	重壤土	块状	8.6	9.9	0.50	2.26	44	2.2	132	24.1		
剖26	半淋溶土	褐土	褐土性土	砂岩褐土性土		1	0—10		轻壤土	屑粒状	8.3	22.6	0.94	2.22	76	5.1	107	22.2	E 114°17′36.1″ N 36°26′49.3″	99
剖27	半水成土	潮土	潮土	壤质潮土	轻壤质底砂潮土	1	0—19	浅灰棕色	轻壤土	块状	8.7	11.2	0.72	2.30	39	1.3	41	14.5	E 114°24′36.0″ N 36°25′43.0″	98
						2	19—41	灰灰棕色	块状	块状	8.6	7.8	0.57	2.17	23	1.1	36	14.2		
						3	41—68	黄灰棕色	轻壤土	块状	8.7	4.9	0.36	1.99	18	0.8	14	11.8		
						4	68—150	红灰棕色	砂壤土	单粒状	8.7	1.1	0.18	1.98	9	1.4	35	6.6		

续表 Continued

剖面号 Soil profile	土纲 Soil order	土类 Soil great group	亚类 Soil subgroup	土属 Soil genus	土种 Soil species	土层码 Layer code	土层厚度 Depth/cm	颜色 Soil color	质地 Soil texture	土壤结构 Soil structure	pH	有机质 OM/(g/kg)	全氮 TN/(g/kg)	全磷 TP/(g/kg)	碱解氮 AN/(mg/kg)	有效磷 AP/(mg/kg)	速效钾 AK/(mg/kg)	阳离子交换量CEC/(cmol/kg)	剖面点坐标 Profile coordinate	匹配指数 Matching index/%
剖28	半水成土	潮土	盐化潮土	硫酸盐氯化物盐化潮土	轻壤质轻度盐化潮土	1	0—5	黄棕色	轻壤土	屑粒状	8.3	10.2	0.57	2.70	34	1.5	128	9.7	E 114°27′22.5″ N 36°25′15.4″	84
						2	5—10	黄棕色	轻壤土	屑粒状	8.5	10.0	0.60	2.79	36	1.6	134	9.6		
						3	10—20	黄棕色	砂壤土	屑粒状	8.6	8.7	0.47	2.60	35	1.5	97	9.2		
						4	20—83	浅黄棕色	轻壤土	块状	8.4	4.0	0.36	2.15	27	1.0	62	14.5		
						5	83—116	浅黄棕色	轻壤土	块状	8.4	4.8	0.39	2.02	30	1.0	82	12.7		
						6	116—150	黄棕色	砂土	单粒状	8.4	3.3	0.23	1.80	18	1.5	36	10.0		
剖29	半淋溶土	褐土	褐土性	耕种页岩褐土性土		1	0—20				8.1	6.4	0.48	1.86	46	2.2	59	10.2	E 114°19′31.4″ N 36°25′14.2″	98
剖30	半水成土	潮土	潮土	壤质潮土	中壤质潮土	1	0—15	灰黄棕色	中壤土	碎块状	8.2	15.7	0.93	2.15	58	4.2	117	19.7	E 114°24′47.0″ N 36°24′12.8″	89
						2	15—32	灰黄棕色	中壤土	块状	8.2	12.1	0.80	2.06	43	2.8	104	20.1		
						3	32—75	灰黄棕色	中壤土	棱块状	8.2	13.5	0.83	2.09	52	1.8	107	20.1		
						4	75—150	灰黄棕色	中壤土	棱块状	8.2	11.3	0.79	2.10	45	2.3	91	18.6		
剖31	半水成土	潮土	潮土	砂质潮土	砂壤质潮土	1	0—22	灰黄棕色	砂壤土	屑粒状	8.4	8.4	0.44	2.32	38	1.8	82	7.6	E 114°26′54.6″ N 36°23′44.9″	79
						2	22—45	灰黄棕色	砂壤土	碎块状	8.4	8.2	0.32	2.30	28	1.2	74	7.6		
						3	45—65	灰黄棕色	轻壤土	碎块状	8.2	4.9	0.40	2.12	33	6.4	129	12.1		
						4	65—86	灰棕色	砂壤土	碎块状	8.2	3.0	0.12	2.09	15	0.3	76	7.2		
						5	86—107	灰棕色	砂壤土	碎块状	8.4	2.8	0.15	2.06	14	0.5	82	7.5		
						6	107—150	黄棕色	砂壤土	单粒状	8.0	1.0	0.08	2.49	8	1.3	37	4.9		
剖32	半淋溶土	褐土	褐土性	耕种砂质褐土性土		1	0—17				7.9	2.3	0.04	1.90	26	1.4	40	4.2	E 114°26′42.0″ N 36°23′04.9″	71
						2	17—47				7.0	3.5	0.10	1.69	31	1.4	40	5.0		
						3	47—150				8.0	2.2	0.20	1.34	21	1.2	35	5.4		
剖33	半淋溶土	褐土	潮褐土	壤质潮褐土	砂壤质潮褐土	1	0—20	黄褐色	砂壤土	屑粒状	8.8	7.5		2.49	33	1.7	75	10.3	E 114°27′47.7″ N 36°22′57.1″	94
						2	20—61	黄褐色	轻壤土	块状	8.6	5.0	0.38	2.34	32	0.8	66	13.2		
						3	61—109	黄褐色	轻壤土	碎块状	8.5	4.4	0.29	2.15	22	0.7	44	17.9		
						4	109—150	黄褐色	轻壤土	碎块状	8.4	2.7	0.19	2.25	14	0.9	35	17.8		
剖34	半淋溶土	褐土	潮褐土	壤质潮褐土底砂潮褐土	砂壤质底砂潮褐土	1	0—13	浅灰褐色	轻壤土	碎块状	8.1	18.3	0.72	2.73	55	2.0	133	12.4	E 114°25′37.2″ N 36°22′04.4″	71
						2	13—20	浅灰褐色	轻壤土	碎块状	8.1	17.8	0.75	2.76	54	1.7	12	12.4		
						3	20—60	灰黄棕色	轻壤土	碎块状	8.2	9.0	0.40	2.12	35	1.7	61	10.7		
						4	60—150	灰黄棕色	轻壤土	单粒状	8.2	4.5	0.26	1.56	31	2.7	51	7.8		
剖35	半淋溶土	褐土	潮褐土	壤质潮褐土	轻壤质潮褐土	1	0—19	灰棕色	轻壤土	团粒状	8.4	30.7	1.24	4.30	82	29.7	172	16.8	E 114°24′44.8″ N 36°21′23.9″	98
						2	19—34	黄褐色	轻壤土	块状	8.1	7.4	1.05	2.31	75	6.3	105	13.5		
						3	34—79	黄褐色	轻壤土	块状	8.2	7.1	0.63	2.54	34	6.1	146	13.9		
						4	79—98	黄褐色	轻壤土	块状	8.1	7.4	0.38	2.76	30	6.0	87	13.8		
						5	98—150	黄褐色	轻壤土	块状	8.2	7.1	0.39	3.03	30	7.5	86	14.1		
剖36	半淋溶土	褐土	石灰性褐土	壤质石灰性褐土	轻壤质潮褐土	1	0—18		轻壤土	屑粒状	8.0	12.8	0.53	2.23	42	2.4	108	13.5	E 114°18′52.7″ N 36°21′17.2″	78
						2	18—56	浅灰褐色	中壤土	片状	8.0	8.3	0.43	2.23	35	2.4	102	14.1		
						3	56—80	暗灰褐色	中壤土	块状	8.2	4.8	0.36	2.51	24	5.1	87	12.7		
						4	80—150	黄灰褐色	轻壤土	碎块状	8.2	3.5	0.43	2.44	28	5.6	77	12.8		
剖37	半淋溶土	褐土	潮褐土	壤质潮褐土	中壤质潮褐土	1	0—19	黄褐色	中壤土	屑粒状	8.4	21.9	1.13	2.65	88	13.0	100	19.2	E 114°22′51.6″ N 36°20′20.8″	93
						2	19—32	黄褐色	中壤土	片状	8.2	16.0	0.81	2.57	61	0.9	75	18.1		
						3	32—53	暗灰褐色	轻壤土	块状	8.3	7.9	0.56	2.58	36	1.2	53	16.3		
						4	53—77	黄灰褐色	轻壤土	碎块状	8.3	7.1	0.35	2.01	24	0.8	42	13.9		
						5	77—150	黄褐色	轻壤土	块状	8.4	3.9	0.42	2.11	32	0.9	68	16.5		

续表 Continued

剖面号 Soil profile	土纲 Soil order	土类 Soil great group	亚类 Soil subgroup	土属 Soil genus	土种 Soil species	土层码 Layer code	土层厚度 Depth/cm	颜色 Soil color	质地 Soil texture	土壤结构 Soil structure	pH	有机质 OM/(g/kg)	全氮 TN/(g/kg)	全磷 TP/(g/kg)	碱解氮 AN/(mg/kg)	有效磷 AP/(mg/kg)	速效钾 AK/(mg/kg)	阳离子交换量CEC/(cmol/kg)	剖面点坐标 Profile coordinate	匹配指数 Matching index/%
剖38	半淋溶土	褐土	褐土性	砂质褐土性土	砂质褐土性土	1	0—16				7.6	2.0	0.03	1.84	17	1.5	43	3.3	E 114°30′21.4″ N 36°29′27.8″	85
						2	16—80				7.8	1.3	0.03	1.96	16	1.2	38	3.8		
						3	80—150				8.0	0.8		1.58	17	1.4	42	3.6		
剖39	半淋溶土	褐土	石灰性褐土	壤质石灰性褐土	轻壤质杂斑石灰性褐土	1	0—21		轻壤土		8.1	17.7	0.89	2.21	66	1.3	140	15.5	E 114°09′44.6″ N 36°19′48.5″	97
						2	21—103		轻壤土		7.8	5.6	0.33	1.80	34	1.5	65	15.7		
						3	103—150		中壤土		8.0	4.5	0.32	1.65	39	1.8	85	20.5		
剖40	半淋溶土	褐土	石灰性褐土	壤质石灰性褐土	中壤质石灰性褐土	1	0—20	黄褐色	中壤土		8.2	16.6	0.92	2.06	74	3.2	134	18.7	E 114°11′33.0″ N 36°19′40.8″	89
						2	20—32	黄褐色	中壤土		8.2	15.0	0.85	1.95	65	1.2	109	19.2		
						3	32—58	黄褐色	中壤土		8.3	6.3	0.80	1.20	35	0.8	81	20.9		
						4	58—106	浅灰褐色	中壤土		8.2	8.1	0.60	1.20	44	0.9	110	24.4		
						5	106—150	灰黄褐色	重壤土		7.7	7.3	0.53	1.33	43	1.6	98	24.5		
剖41	半淋溶土	褐土	石灰性褐土	壤质石灰性褐土	中壤质杂斑石灰性褐土	1	0—20	灰褐色	中壤土		8.2	16.6	0.88	2.48	64	2.6	210	17.2	E 114°04′43.7″ N 36°19′17.0″	96
						2	20—95	灰褐色	中壤土		8.3	12.1	0.65	2.47	44	3.3	106	17.0		
						3	95—150	黄褐色	中壤土		8.3	7.9	0.41	2.11	28	1.8	92	17.6		
剖42	半淋溶土	褐土	褐土性	砾质褐土性土	多砾质薄层轻壤质褐土性土	1	0—16			屑粒状	8.1	22.1	1.44	2.05	122	2.7	122	18.2	E 114°05′45.2″ N 36°17′51.8″	87
剖43	半淋溶土	褐土	石灰性褐土	黄土质壤质石灰性褐土	轻壤质石灰性褐土	1	0—17	浅黄褐色	轻壤土	屑粒状	8.0	22.1	1.12	2.84	81	5.1	99	9.0	E 114°13′53.9″ N 36°16′10.9″	73
						2	17—29	灰黄褐色	轻壤土	片状	8.0	16.3	0.80	2.41	60	7.5	190	13.6		
						3	29—42	黄褐色	中壤土	块状	8.1	7.9	0.44	1.58	29	1.3	92	14.9		
						4	42—80	浅黄褐色	中壤土	块状	8.0	5.4	0.39	1.39	31	1.5	67	17.9		
						5	80—150	棕黄褐色	中壤土	碎块状	8.1	3.8	0.32	1.45	26	1.6	68	15.9		
剖44	半淋溶土	褐土	石灰性褐土	黄土质壤质石灰性褐土	中壤质石灰性褐土	1	0—19	暗黄褐色	中壤土	块状	8.6	27.2	1.37	3.17	95	2.9	238	16.7	E 114°21′17.1″ N 36°18′56.7″	78
						2	19—50	浅棕褐色	中壤土	块状	8.5	18.4	0.90	2.94	70	1.7	101	18.2		
						3	50—92	浅黄褐色	中壤土	块状	8.4	12.2	0.58	2.39	40	4.2	83	29.9		
						4	92—150	黄褐色	中壤土	块状	8.5	8.8	0.64	2.32	46	1.9	107	19.8		
剖45	半淋溶土	褐土	石灰性褐土	黄土质壤质石灰性褐土	轻壤质底黏土	1	0—21		轻壤土	碎块状	8.2	5.1	0.94	2.80	54	2.9	153	13.1	E 114°22′40.4″ N 36°18′30.2″	95
						2	21—32	浅黄褐色	轻壤土	片状	8.3	7.9	0.53	2.69	26	1.2	77	12.1		
						3	32—51	黄褐色	中壤土	块状	8.0	7.0	0.45	2.52	23	1.1	77	13.1		
						4	51—70	棕褐色	中壤土	块状	8.4	7.6	0.50	2.44	24	0.9	82	16.6		
						5	70—150	棕褐色	重壤土	块状	8.2	9.3	0.71	2.35	31	0.9	134	22.5		
剖46	半淋溶土	褐土	石灰性褐土	壤质石灰性褐土	轻壤质底黏土	1	0—20		轻壤土		8.6	18.6	0.87	2.11	61	1.8	68	17.7	E 114°21′45.0″ N 36°18′22.0″	97
						2	20—38		轻壤土		8.5	8.0	0.52	1.30	34	0.7	67	17.6		
						3	38—70		中壤土		8.3	6.5	0.14	1.05	32	0.5	82	18.4		
						4	70—150		重壤土		8.2	5.5	0.41	0.90	30	0.7	83	19.1		
剖47	半淋溶土	褐土	石灰性褐土	壤质石灰性褐土	轻壤质中层石灰性褐土	1	0—21	黄褐色	轻壤土		7.6	35.3	1.59	2.48		9.4	181	15.5	E 114°19′20.3″ N 36°18′06.1″	85
						2	21—34	棕黄褐色	中壤土		7.9	23.3	0.90	2.87	21	2.3	57	15.2		
						3	34—35	浅黄褐色	重壤土		7.8	11.7	0.78	2.22	23	2.4	83	19.6		
						4	35—													
剖48	半水成土	潮土	盐化潮土	硫酸盐氯化物盐化潮土	轻壤质中度盐化潮土	1	0—5	浅灰棕色	轻壤土	屑粒状	8.2	7.8	0.34	2.56	21	2.2	108	7.6	E 114°22′48.0″ N 36°17′41.6″	76
						2	5—10	浅灰棕色	轻壤土	屑粒状	8.4	7.6	0.14	2.56	23	2.3	111	8.2		
						3	10—20	浅黄棕色	轻壤土	屑粒状	8.4	7.5	0.35	2.59	22	2.4	108	8.8		
						4	20—35	浅黄棕色	砂壤土	碎块状	8.4	6.0	0.36	2.65	23	1.4	83	8.8		
						5	35—135	黄棕色	中壤土	碎块状	8.4	3.5	0.11	2.19	16	1.0	31	7.6		
						6	135—150	黄棕色	中壤土	块状	8.2	8.1	0.55	2.71	62	3.3	176	24.5		

续表 Continued

剖面号 Soil profile	土纲 Soil order	土类 Soil great group	亚类 Soil subgroup	土属 Soil genus	土种 Soil species	土层码 Layer code	土层厚度 Depth/cm	颜色 Soil color	质地 Soil texture	土壤结构 Soil structure	pH	有机质 OM/(g/kg)	全氮 TN/(g/kg)	全磷 TP/(g/kg)	碱解氮 AN/(mg/kg)	有效磷 AP/(mg/kg)	速效钾 AK/(mg/kg)	阳离子交换量CEC/(cmol/kg)	剖面点坐标 Profile coordinate	匹配指数 Matching index/%
剖49	半水成土	潮土	潮土	壤质潮土	轻壤质体砂潮土	1	0—21	灰黄棕色	轻壤土	碎屑状	8.4	9.1	0.50	2.28	43	1.5	104	15.6	E 114°22′22.2″ N 36°17′00.8″	89
						2	21—33	黄棕色	轻壤土	片状	8.2	2.4	0.06	2.32	15	0.7	24	7.6		
						3	33—150	灰白棕色	砂土	单粒状	8.4	2.6		1.28	10	2.0	20	4.9		
剖50	半水成土	潮土	潮土	壤质潮土	中壤质底砂潮土	1	0—17	灰棕色	轻壤土	碎屑状	8.1	5.0	0.89	2.80	56	1.5	197	17.0	E 114°21′17.2″ N 36°16′20.5″	90
						2	17—50	暗灰棕色	中壤土	碎块状	8.2	8.5	0.43	2.58	31	1.1	95	12.9		
						3	50—150	浅灰棕色	砂壤土	单粒状	7.5	1.5	0.04	2.37	12	1.5	20	5.7		
剖51	半淋溶土	褐土	石灰性褐土	黄土质壤质石灰性褐土	轻壤质体砂石灰性褐土	1	0—11	灰褐色	轻壤土	屑粒状	8.1	13.7	0.73	2.07		3.3	123	11.8	E 114°19′31.0″ N 36°16′00.3″	72
						2	11—40	灰褐色	轻壤土	碎块状	8.2	11.6	0.62	2.02		1.6	77	11.6		
						3	40—150	黄棕色	砂土	单粒状	7.7	1.9	0.17	1.26		1.2	30	8.4		
剖52	半水成土	潮土	潮土	砂质潮土	砂质潮土	1	0—35	褐棕色	砂土	单粒状	8.2	1.3	1.06	2.21	30	1.0	23	6.2	E 114°17′11.2″ N 36°15′15.8″	75
						2	35—90	褐棕色	砂土	单粒状	8.1	1.7	0.04	1.66	14	0.9	15	5.6		
						3	90—150	褐棕色	砂土	单粒状	8.3	0.6	0.04	0.89	14	1.1	10	3.5		

邱　县

主要土类说明

潮土是邱县主要土壤类型，占本县地域面积的90%。潮土是一种半水成的非地带性土壤，主要分布在河谷滩地和冲积平原。潮土发育在近代河流冲积物上，土层深厚，冲积物的沉积层次明显，其成土过程与地下水位紧密相关，地下水位一般为1—3m。由于地下水参与成土过程，土壤中的铁、锰处于氧化还原状态，在剖面中形成氧化还原层，特征为锈色斑纹。同时，由于地下水位较高，土壤表层出现白天干燥、夜间返潮的现象，在这样干湿交替的条件下，形成潮土。表层为腐殖质层，呈灰棕色，有机质含量在10—20g/kg。耕作层和犁底层厚度在20—30cm，氧化还原层具有一定的锈色斑纹，通体有石灰反应。在古河道形成的缓岗中上部，地下水埋藏较深，土壤脱离地下水影响的时间较长，土壤中有碳酸钙的淀积，出现假菌丝体，其锈色斑纹仍残存。在向洼地中心过渡的缓斜平地下部，地下水埋藏较浅，而且多见中厚层夹黏层，有滞水现象，水质较差，土壤出现不同程度的积盐。在洼地中心，地下水位浅，在1.0—1.5m，土壤除有锈色斑纹外，下层还产生灰蓝色的潜育层。

褐土是邱县第二大土壤类型，占本县地域面积的7%。褐土是暖温带半淋溶条件下经地带性成土过程形成的土壤。植被多为旱生阔叶林及灌木草本，有楸树、柿、核桃、油松、侧柏、洋槐、山皂荚、胡枝子、酸枣、荆条、菅草、白草等。由于所处地势较高，排水良好，成土过程不受地下水的影响，雨季有自上而下程度不剧烈的水分淋溶，表土黏粒随水下移，心土有黏化现象，黏化层为褐土土类的诊断土层，表层碳酸钙随水下移，常在心土层形成假菌丝体，底土中有时形成碳酸钙结核。土壤经常处于良好通气状态，土色以褐色、棕褐色为主，土壤呈中性至微碱性。

小于本县地域面积3%的土壤类型还有草甸盐土和风沙土等。

本区域中心区气候特征

本区域中心区气候特征值
Regional climate characteristics in central area of the region

气候带：暖温带亚湿润气候 Climate region: Warm temperate subhumid climate	
年平均气温 /℃ Annual average temperature /℃	14.1
年平均最高气温 /℃ Annual average maximum temperature /℃	19.5
年平均最低气温 /℃ Annual average minimum temperature /℃	9.4
年降水量 /mm Annual precipitation /mm	583
≥10℃的积温 /℃ Daily temperature accumulated in a year (≥10℃) /℃	5093
年日照时数 /h Annual sunshine /h	2387
年平均相对湿度 /% Annual average relative humidity /%	63
干燥度 Dryness	1.46

本区域中心区月平均气温与月平均降水量
Monthly temperature and precipitation in central area of the region

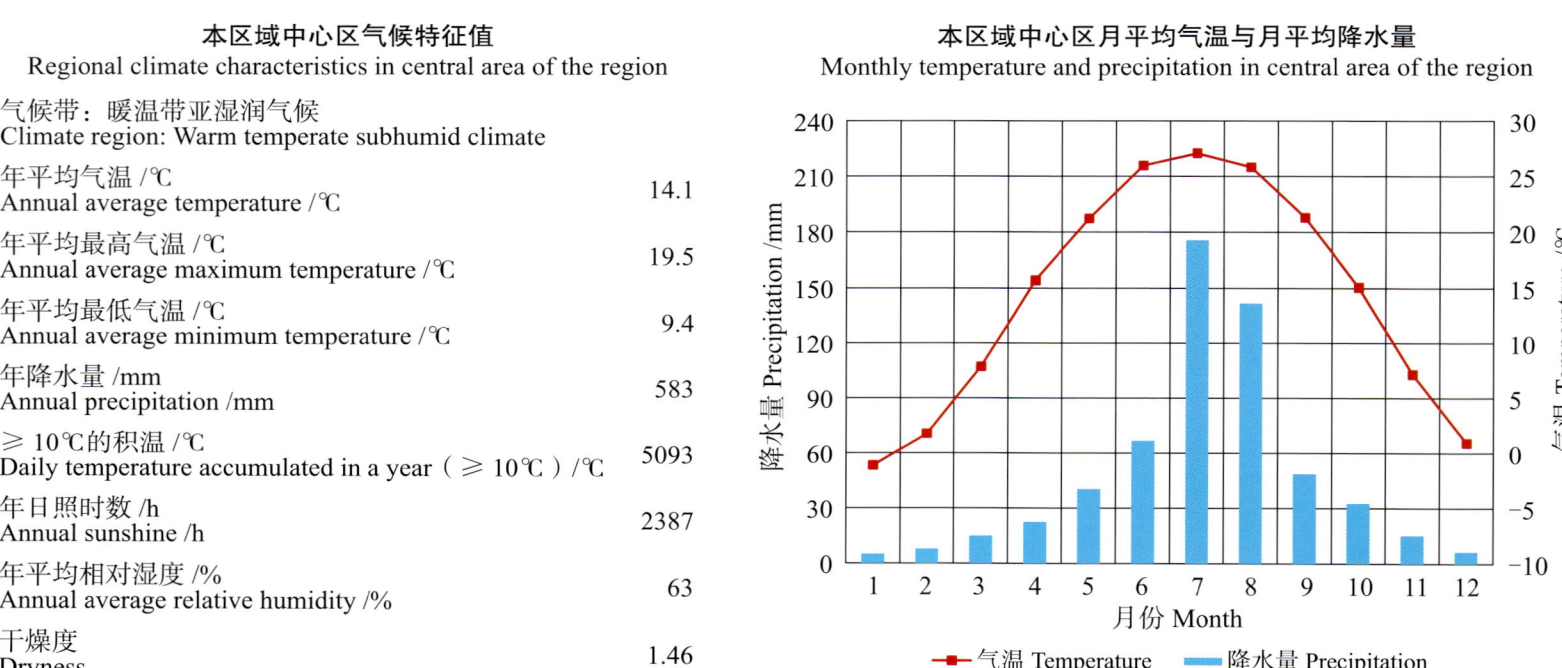

邱县主要土壤类型与土壤剖面点分布图

1:120 000

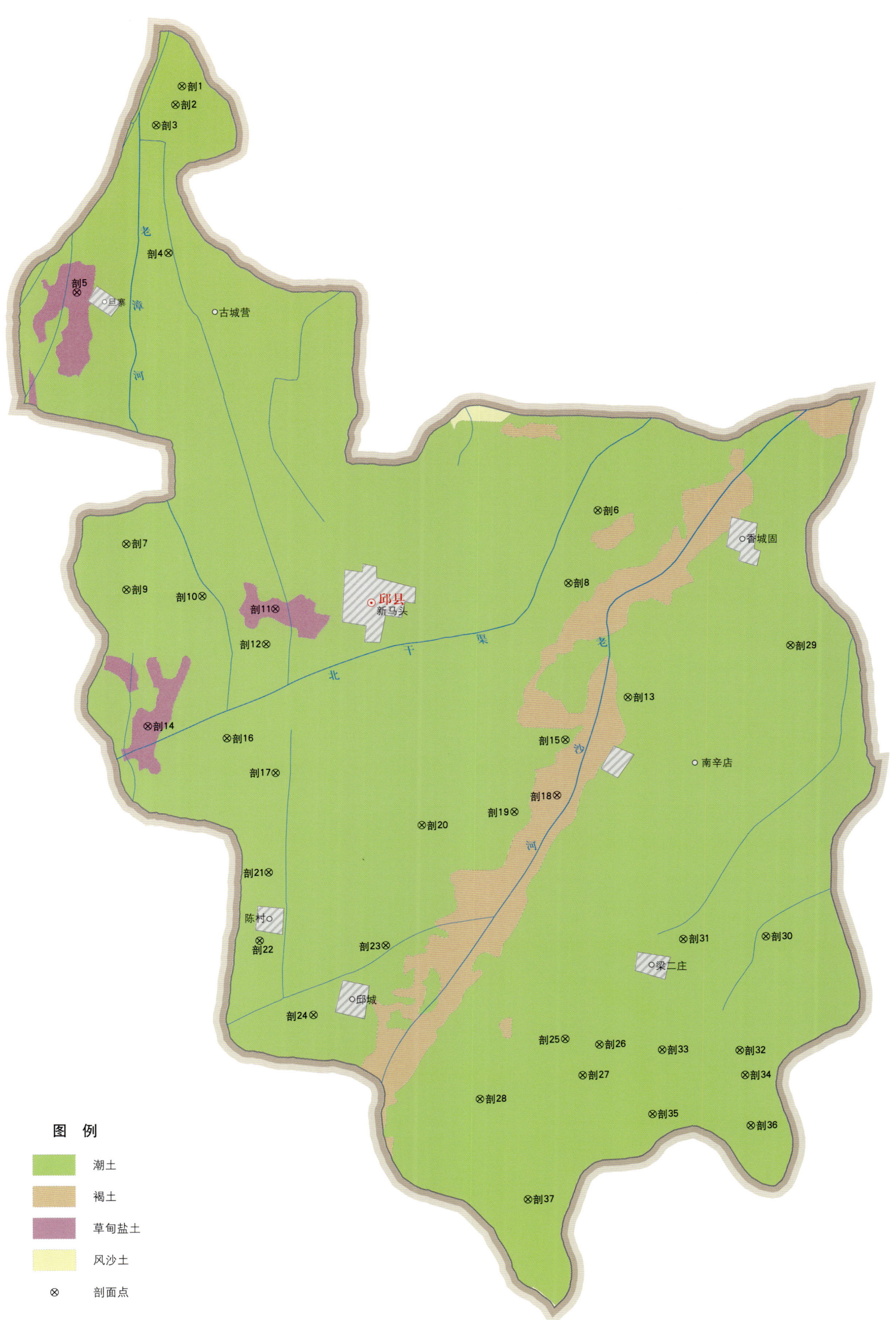

邱县土壤剖面理化性状表

剖面号 Soil profile	土纲 Soil order	土类 Soil great group	亚类 Soil subgroup	土属 Soil genus	土种 Soil species	土层码 Layer code	土层厚度 Depth/cm	颜色 Soil color	质地 Soil texture	土壤结构 Soil structure	pH	有机质 OM/(g/kg)	全氮 TN/(g/kg)	全磷 TP/(g/kg)	碱解氮 AN/(mg/kg)	有效磷 AP/(mg/kg)	速效钾 AK/(mg/kg)	阳离子交换量 CEC/(cmol/kg)	剖面点坐标 Profile coordinate	匹配指数 Matching index/%
剖1	半水成土	潮土	潮土	壤质潮土	中壤质底砂潮土	1	0—17	灰棕色	中壤土	屑粒状	8.3	9.1	0.75	1.23	36	2.0	206	18.8	E 115°06′01.4″ N 36°57′06.6″	78
						2	17—80	褐棕色	重壤土	小块状	8.2	7.9	0.77	0.96	39	1.0	171	27.9		
						3	80—100	暗灰棕色	中壤土	屑粒状	8.4	5.6	0.56	1.12	30	1.0	66	18.5		
						4	100—150	浅黄棕色	砂壤土	单粒状	8.5	2.6	0.24	1.13	13	1.0	38	8.3		
剖2	半水成土	潮土	盐化潮土	壤质硫酸盐氯化物盐化潮土	轻盐化中壤质底砂硫酸盐氯化物盐化潮土	1	0—20	灰棕色	中壤土	块状									E 115°05′54.6″ N 36°56′49.2″	80
						2	20—87	红棕色	重壤土	大块状										
						3	87—140	黄灰棕色	砂壤土	单粒状										
						4	140—150	灰棕色	重壤土	大块状										
剖3	半水成土	潮土	潮土	黏质潮土	黏质底砂潮土	2	0—15	浅灰棕色	重壤土	屑粒状	8.4	7.6	0.67	1.19	47	1.0	165	17.1	E 115°05′33.5″ N 36°56′30.0″	81
						2	15—20	暗棕色	重壤土	小块状	8.4	6.4	0.63	1.09	33	1.0	143	21.1		
						3	20—100	灰棕色	中壤土	屑粒状	8.3	5.9	0.54	1.18	23	1.0	78	16.7		
						3	100—150	浅黄棕色	砂壤土	单粒状	8.5	2.8	0.29	1.11	14	3.0	40	10.6		
剖4	半水成土	潮土	潮土	黏质潮土	黏质底壤潮土	1	0—18	浅棕色	重壤土	屑粒状	8.4	9.7	0.77	1.13	44	1.0	203	22.3	E 115°05′50.6″ N 36°54′31.3″	94
						2	18—38	红棕色	重壤土	小块状	8.3	9.6	0.77	1.20	39	2.0	225	34.1		
						3	38—80	暗灰棕色	重壤土	小块状	8.1	6.6	0.51	1.35	23	2.0	115	17.7		
						4	80—110	灰棕色	轻壤土	屑粒状	8.5	2.7	0.29	2.38	15	1.0	47	10.8		
						5	110—150	浅黄棕色	轻壤土	单粒状	8.5	2.9	0.30	1.40	19	2.0	56	11.9		
剖5	盐碱土	草甸盐土	草甸盐土	壤质氯化物硫酸盐草甸盐土	轻壤质底黏硫酸盐氯化物盐化草甸盐土	1	0—5	浅灰棕色	轻壤土	屑粒状	8.3	7.1	0.56	1.36	26	4.0	181	13.1	E 115°04′08.4″ N 36°53′52.8″	84
						2	5—10	浅灰棕色	轻壤土	屑粒状	8.2	7.3	0.51	1.34	31	3.0	165	13.2		
						3	10—20	浅灰棕色	轻壤土	屑粒状	8.1	6.1	0.48	1.27	26	2.0	158	10.1		
						4	20—90	浅黄棕色	轻壤土	单粒状	8.3	4.0	0.33	1.11	18	1.0	65	10.0		
						5	90—125	红棕色	重壤土	大块状	8.3	8.3	0.64	1.11	31	5.0	167	2.8		
						6	125—150	灰棕色	砂壤土	屑粒状	8.2	5.3	0.45	1.29	26	4.0	115	17.8		
剖6	半水成土	潮土	褐潮土	壤质褐潮土	砂壤质褐潮土	1	0—20	浅棕色	中壤土	单粒状	8.3	6.1	0.59	1.29	32	6.0	117	9.0	E 115°14′00.4″ N 36°50′39.9″	71
						2	20—51	灰棕色	重壤土	小块状	8.5	4.5	0.54	1.55	22	2.0	88	11.7		
						3	51—63	褐棕色	轻壤土	块状										
						4	63—100	浅黄棕色	砂壤土	块状	8.3	2.3	0.35	1.11	12	1.0	65	6.6		
						5	100—125	浅褐棕色	轻壤土	屑粒状	8.5	3.6	0.42	1.55	28	2.0	91	10.2		
						6	125—150	灰棕色	重壤土	块状	8.3	3.0	0.70	1.18	17	2.0	117	8.9		
剖7	半水成土	潮土	盐化潮土	壤质硫酸盐氯化物盐化潮土	重盐化轻壤质底黏硫酸盐氯化物盐化潮土	1	0—20	灰棕色	中壤土	屑粒状									E 115°05′10.4″ N 36°50′00.3″	77
						2	20—50	灰棕色	重壤土	小块状										
						3	50—77	褐棕色	轻壤土	块状										
						4	77—127	浅黄棕色	重壤土	块状										
剖8	半水成土	潮土	褐潮土	壤质褐潮土	砂壤质腰壤褐潮土	1	0—25	浅灰棕色	砂壤土	屑粒状									E 115°13′28.6″ N 36°49′31.8″	94
						2	25—30	灰棕色	轻壤土	屑粒状										
						3	30—55	褐棕色	中壤土	屑粒状										
						4	55—150	浅棕色	砂壤土	单粒状										

续表 Continued

剖面号 Soil profile	土纲 Soil order	土类 Soil great group	亚类 Soil subgroup	土属 Soil genus	土种 Soil species	土层码 Layer code	土层厚度 Depth/cm	颜色 Soil color	质地 Soil texture	土壤结构 Soil structure	pH	有机质 OM/(g/kg)	全氮 TN/(g/kg)	全磷 TP/(g/kg)	碱解氮 AN/(mg/kg)	有效磷 AP/(mg/kg)	速效钾 AK/(mg/kg)	阳离子交换量CEC/(cmol/kg)	剖面点坐标 Profile coordinate	匹配指数 Matching index/%
剖9	半水成土	潮土	盐化潮土	壤质硫酸盐氯化物盐化潮土	重盐化轻壤质硫酸盐氯化物盐化潮土	1	0–5				8.2	8.0	0.68	1.28	40	3.0	157	12.8	E 115° 05′ 11.8″ N 36° 49′ 18.1″	95
						2	5–10				8.2	8.0	0.64	1.25	37	3.0	154	13.2		
						3	10–20				8.1	7.2	0.55	1.24	34	3.0	125	14.1		
						4	20–45				8.2	5.3	0.56	1.22	30	4.0	80	27.0		
						5	45–105				8.0	2.9	0.35	1.05	13	1.0	47	10.4		
						6	105–150				8.2	8.3	0.70	0.83	32	2.0	158	26.1		
剖10	半水成土	潮土	潮土	黏质潮土	黏质潮土	1	0–15	暗灰棕色	重壤土	碎块状	8.4	10.9	0.87	1.29	55	2.0	203	19.1	E 115° 06′ 37.1″ N 36° 49′ 13.4″	99
						2	15–30	浅灰棕色	重壤土	大块状	8.5	10.2	0.83	1.30	50	1.0	157	20.0		
						3	30–120	红棕色	重壤土	块状	8.4	9.4	0.81	1.01	71	1.0	174	28.3		
						4	120–150	灰棕色	轻壤土	屑粒状	8.3	0.5	0.50	1.25	30	1.0	78	14.4		
剖11	盐碱土	草甸盐土	草甸盐土	草甸盐土	中壤质硫酸盐氯化物草甸盐土	1	0–5	浅灰棕色	中壤土	碎屑状	8.9	7.6	0.35	1.29	42	2.0	144	7.8	E 115° 07′ 59.5″ N 36° 49′ 03.0″	100
						2	5–10	浅灰棕色	中壤土	碎屑状	8.2	7.1	0.50	1.22	30	5.0	203	11.0		
						3	10–20	浅灰棕色	中壤土	碎屑状	8.3	5.8	0.45	1.24	21	3.0	107	12.1		
						4	20–80	浅黄棕色	轻壤土	单粒状	8.3	3.0	0.70	1.17	12	2.0	54	7.6		
						5	80–105	褐棕色	重壤土	大块状	8.0	8.4	0.10	1.10	39	5.0	166	23.5		
						6	105–150	灰棕色	轻壤土	单粒状	8.2	2.5	0.33	1.19	15	2.0	49	7.6		
剖12	半水成土	潮土	盐化潮土	壤质硫酸盐氯化物盐化潮土	轻盐化中壤质硫酸盐氯化物盐化潮土	1	0–5	浅灰棕色	中壤土	碎屑状	8.1	6.0	0.59	1.23	38	4.0	162	14.1	E 115° 07′ 49.8″ N 36° 48′ 29.9″	76
						2	5–10	浅灰棕色	中壤土	碎屑状	8.0	7.7	0.57	1.39	45	3.0	149	14.8		
						3	10–20	褐棕色	重壤土	碎屑状	8.0	7.5	0.59	1.27	43	3.0	149	11.9		
						4	20–73	褐棕色	中壤土	碎屑状	8.0	7.1	0.62	1.05	48	2.0	144	17.8		
						5	73–90	暗灰棕色	轻壤土	碎屑状	8.0	4.1	0.47	1.18	32	4.0	105	16.7		
						6	90–117	灰棕色	轻壤土	碎屑状	8.0	3.3	0.37	1.14	21	1.0	56	10.5		
						7	117–150	浅灰棕色	中壤土	碎屑状	8.0	4.4	0.30	1.16	33	3.0	75	14.9		
剖13	半水成土	潮土	褐潮土	砂壤质黏褐潮土	砂壤质黏褐潮土	1	0–15	浅灰棕色	中壤土	屑粒状	8.2	6.5	0.58	1.23	33	5.0	105	11.8	E 115° 14′ 38.0″ N 36° 47′ 46.3″	98
						2	15–30	褐棕色	砂壤土	屑粒状	8.3	4.9	0.53	1.34	26	1.0	80	11.9		
						3	30–80	浅灰棕色	砂壤土	小块状	8.4	7.0	0.63	1.13	26	1.0	105	22.3		
						4	80–150	浅灰棕色	砂壤土	单粒状	8.7	2.4	0.28	1.18	9	1.0	33	7.0		
剖14	盐碱土	草甸盐土	草甸盐土	草甸盐土	轻盐化物草甸盐土	1	0–5	浅灰棕色	轻壤土	屑粒状	8.1	7.8	0.35	1.30	27	4.0	172	5.1	E 115° 05′ 38.8″ N 36° 47′ 11.2″	75
						2	5–10	浅灰棕色	中壤土	屑粒状	7.8	9.6	0.54	1.05	22	5.0	167	7.6		
						3	10–20	褐棕色	中壤土	屑粒状	7.8	6.3	0.49	1.27	40	1.0	130	10.2		
						4	20–60	红棕色	重壤土	屑粒状	7.9	7.0	0.53	1.29	32	2.0	11	10.3		
						5	60–88	浅灰棕色	重壤土	小块状	7.8	4.2	0.40	1.05	27	1.0	72	17.8		
						6	88–95	褐棕色	重壤土	块状	7.8	7.4	0.63	0.98	29	2.0	134	13.4		
						7	95–131	浅灰棕色	重壤土	屑粒状	7.8	4.7	0.44	1.20	21	2.0		16.5		
						8	131–140	浅灰棕色	轻壤土	块状	7.8	5.3	0.46	1.40	28	2.0	93	13.1		
						9	140–150		砂壤土	屑粒状	7.8	5.3	0.46	1.40	28	2.0	93	13.1		
剖15	半水成土	潮土	褐潮土	壤质褐潮土	砂壤质夹黏褐潮土	1	0–18	灰棕色	砂壤土	屑粒状									E 115° 13′ 28.4″ N 36° 47′ 05.6″	79
						2	18–45	褐棕色	重壤土	小块状	8.6	9.6	0.78	1.08	50	2.0	237	21.2		
						3	45–64	浅灰棕色	砂壤土	单粒状	8.2	8.6	0.77	1.11	38	1.0	191	27.6		
						4	64–150	浅灰棕色	重壤土	小块状	8.2	0.1	0.83	1.17	40	1.0	115	26.9		
剖16	半水成土	潮土	潮土	壤质潮土	中壤质潮土	1	0–20	褐棕色	中壤土	屑粒状									E 115° 07′ 08.0″ N 36° 47′ 01.3″	85
						2	20–46	褐棕色	重壤土	小块状	8.1	8.7	0.76	1.10	45	1.0	196	26.4		
						3	46–75	暗棕色	重壤土	小块状										
						4	75–150	褐棕色	重壤土	核状										

续表 Continued

剖面号 Soil profile	土纲 Soil order	土类 Soil great group	亚类 Soil subgroup	土属 Soil genus	土种 Soil species	土层码 Layer code	土层厚度 Depth/ cm	颜色 Soil color	质地 Soil texture	土壤结构 Soil structure	pH	有机质 OM/ (g/kg)	全氮 TN/ (g/kg)	全磷 TP/ (g/kg)	碱解氮 AN/ (mg/kg)	有效磷 AP/ (mg/kg)	速效钾 AK/ (mg/kg)	阳离子 交换量CEC/ (cmol/kg)	剖面点坐标 Profile coordinate	匹配指数 Matching index/%
剖17	半水成土	潮土	盐化潮土	壤质硫酸盐氯化物盐化潮土	中盐化轻壤质底黏硫酸盐氯化物盐化潮土	1	0–5	浅灰棕色	轻壤土	屑粒状	8.3	6.1	0.52	1.40	25	4.0	180	13.0	E 115°08′03.5″ N 36°46′29.8″	83
						2	5–10	浅灰棕色	轻壤土	屑粒状	8.2	6.3	0.51	1.32	29	3.0	165	13.2		
						3	10–20	浅灰棕色	轻壤土	屑粒状	8.1	5.2	0.48	1.34	26	2.0	152	10.1		
						4	20–60	浅灰棕色	轻壤土	屑粒状	8.3	4.0	0.33	1.27	18	1.0	65	9.9		
						5	60–90	暗灰棕色	重壤土	小块状	8.3	7.1	0.59	1.11	31	1.0	147	27.8		
						6	90–150	蓝灰色	轻壤土	单粒状	8.2	5.3	0.41	1.11	26	2.0	115	17.8		
剖18	半淋溶土	褐土	褐土性	砂质褐土性土	固定砂丘褐土性土	1	0–20	浅灰棕色	砂土	单粒状	8.8	4.1	0.38	1.70	28	3.0	121	7.8	E 115°13′20.3″ N 36°46′13.8″	79
						2	20–50	浅灰棕色	砂土	单粒状	8.7	4.0	0.40	1.60	22	3.0	115	7.7		
						3	50–150	浅灰棕色	砂土	单粒状	8.5	2.3	0.33	1.40	12	1.0	58	8.6		
剖19	半水成土	潮土	褐土	壤质褐潮土	砂壤质底壤褐潮土	1	0–20	浅灰棕色	砂壤土	单粒状	8.4	5.7	0.67	1.07	48	6.0	117	9.5	E 115°12′32.7″ N 36°45′57.9″	100
						2	20–52	灰棕色	轻壤土	屑粒状	8.5	3.5	0.43	1.18	24	3.0	79	9.6		
						3	52–105	褐棕色	重壤土	块状	8.2	6.9	0.69	1.29	31	1.0	125	20.5		
						4	105–120	褐棕色	重壤土	块状	8.6	7.2	0.65	1.10	28	1.0	125	24.8		
						5	120–150	浅黄棕色	砂壤土	单粒状	8.7	3.4	0.39	1.27	17	2.0	53	12.7		
剖20	半水成土	潮土	潮土	壤质潮土	轻壤质腰黏潮土	1	0–20	浅灰棕色	轻壤土	屑粒状									E 115°10′48.8″ N 36°45′44.0″	90
						2	20–25	灰棕色	轻壤土	屑粒状										
						3	25–45	褐棕色	重壤土	块状										
						4	45–95	褐棕色	重壤土	小块状										
						5	95–150	浅灰棕色	砂壤土	单粒状										
剖21	半水成土	潮土	盐化潮土	壤质氯化物硫酸盐盐化潮土	轻盐化砂壤质氯化物硫酸盐盐化潮土	1	0–5	浅灰棕色	轻壤土	屑粒状	8.3	6.2	0.54	1.30	30	6.0	95	9.9	E 115°07′57.7″ N 36°44′57.1″	94
						2	5–10	浅灰棕色	轻壤土	屑粒状	8.5	6.2	0.52	1.25	31	6.0	93	10.2		
						3	10–20	褐灰棕色	砂壤土	碎块状	8.5	5.9	0.51	1.26	31	4.0	79	11.1		
						4	20–32	褐灰棕色	砂壤土	碎块状	8.4	3.3	0.39	1.27	21	4.0	47	13.0		
						5	32–130	浅灰棕色	砂壤土	碎块状	8.3	6.0	0.76	1.14	23	2.0	80	8.9		
						6	130–150	浅灰棕色	砂壤土	碎块状	8.9	1.7	0.22	1.07	12		41	7.8		
剖22	半水成土	潮土	盐化潮土	壤质硫酸盐氯化物盐化潮土	轻盐化轻壤质腰黏硫酸盐氯化物盐化潮土	1	0–18	浅灰棕色	砂壤土	单粒状	8.1	8.6	0.64	1.14	33	8.0	87	10.2	E 115°07′48.9″ N 36°43′53.0″	73
						2	18–73	灰棕色	轻壤土	屑粒状	8.2	5.3	0.51	1.10	19	2.0	67	11.2		
						3	73–150	褐棕色	重壤土	大块状	8.0	7.5	0.68	1.20	26	1.0	117	22.0		
剖23	半水成土	潮土	褐潮土	砂壤质底壤褐潮土	砂壤质底壤褐潮土	1	0–23	浅灰棕色	砂壤土	单粒状	8.0	3.0	0.33	1.14	6	1.0	35	8.6	E 115°10′10.9″ N 36°43′50.5″	98
						2	23–50	红棕色	中壤土	大块状	8.4	5.3	0.53	1.13	35	16.0	123	2.1		
						3	50–103	黄灰棕色	砂土	单粒状	8.5	3.6	0.42	1.11	20	1.0	86	6.0		
						4	103–150	灰灰棕色	轻壤土	屑粒状	8.3	6.0	0.64	1.13	30	1.0	136	22.0		
剖24	半水成土	潮土	褐潮土	壤质褐潮土	轻壤质底壤褐潮土	1	0–15	灰灰棕色	轻壤土	屑粒状	8.5	6.4	0.42	1.15	22	1.0	72	7.6	E 115°08′51.0″ N 36°42′45.2″	99
						2	15–70	棕色	中壤土	块状	8.3	2.3	0.34	1.24	15	1.0	47	5.7		
						3	70–87	灰棕色	轻壤土	大块状	8.5	5.0	0.54	1.34	18	10.0	91	7.6		
						4	87–140	浅灰棕色	砂壤土	屑粒状	8.4	2.0	0.27	1.16	12	1.0	37	5.2		
						5	140–150	灰棕色	轻壤土	单粒状	8.6	1.3	0.21	1.23	9	1.0	52	16.0		
剖25	半水成土	潮土	潮土	壤质潮土	砂壤质潮土	1	0–22	棕色	轻壤土	单粒状	8.6	3.4	0.36	1.31	15	4.0	222	9.9	E 115°13′34.4″ N 36°42′27.0″	84
						2	22–50	浅灰棕色	砂壤土	单粒状										
						3	50–100													
						4	100–150													

续表 Continued

剖面号 Soil profile	土纲 Soil order	土类 Soil great group	亚类 Soil subgroup	土属 Soil genus	土种 Soil species	土层码 Layer code	土层厚度 Depth/cm	颜色 Soil color	质地 Soil texture	土壤结构 Soil structure	pH	有机质 OM/(g/kg)	全氮 TN/(g/kg)	全磷 TP/(g/kg)	碱解氮 AN/(mg/kg)	有效磷 AP/(mg/kg)	速效钾 AK/(mg/kg)	阳离子交换量CEC/(cmol/kg)	剖面点坐标 Profile coordinate	匹配指数 Matching index/%
剖26	半水成土	潮土	盐化潮土	壤质硫酸盐氯化物盐化潮土	轻盐化砂壤质腰黏硫酸化物盐化潮土	1	0~17	灰棕色	砂壤土	屑粒状	8.3	6.2	0.60	1.19	36	2.0	65	12.0	E 115°14′12.8″ N 36°42′22.3″	86
						2	17~40	灰棕色	轻壤土	屑粒状	8.3	5.0	0.55	1.17	23	1.0	60	12.5		
						3	40~60	褐棕色	重壤土	块状	8.2	5.9	0.65	1.13	25	2.0	86	22.5		
						4	60~150	浅黄棕色	砂壤土	屑粒状	8.5	2.0	0.30	1.05	7	1.0	35	8.3		
剖27	半水成土	潮土	盐化潮土	壤质硫酸盐氯化物盐化潮土	轻盐化砂壤质硫酸盐氯化物盐化潮土	1	0~5	浅灰棕色	砂壤土	屑粒状	8.1	7.3	0.74	1.28	36	7.0	128	9.6	E 115°13′54.5″ N 36°41′53.9″	87
						2	5~10	浅灰棕色	砂壤土	屑粒状	8.3	6.6	0.66	1.31	42	6.0	120	10.3		
						3	10~20	浅灰棕色	砂壤土	屑粒状	8.4	6.6	0.67	1.27	56	2.0	113	10.8		
						4	20~25	浅灰棕色	砂壤土	屑粒状	8.3	5.4	0.66	1.25	47	3.0	84	10.3		
						5	25~150	灰棕色	砂壤土	单粒状	8.4	2.5	0.43	1.03	39	0.3	4	7.1		
剖28	半水成土	潮土	盐化潮土	壤质氯化物硫酸盐盐化潮土	轻盐化轻壤质氯化物硫酸盐盐化潮土	1	0~5				8.3	7.1	0.55	1.13	33	3.0	181	12.5	E 115°11′59.7″ N 36°41′30.7″	93
						2	5~10				8.4	6.6	0.51	1.13	32	2.0	129	11.4		
						3	10~20				8.5	6.4	0.53	1.16	30	2.0	125	12.2		
						4	20~60				8.6	6.6	0.56	1.34	40	1.0	105	11.8		
						5	60~150				8.3	3.5	0.35	1.23	20	1.0	57	10.1		
剖29	半水成土	潮土	潮土	壤质潮土	轻壤质底黏潮土	1	0~19	灰棕色	轻壤土	屑粒状	8.5	5.3	0.48	1.23	27	5.0	72	9.0	E 115°17′39.8″ N 36°48′37.5″	99
						2	19~55	灰棕色	轻壤土	屑粒状	8.5	4.5	0.43	1.15	21	1.0	67	9.6		
						3	55~83	褐棕色	重壤土	大块状	8.5	5.4	0.50	1.16	18	1.0	111	20.4		
						4	83~108	褐棕色	轻壤土	屑粒状	8.4	4.4	0.41	1.15	14	1.0	93	15.5		
						5	108~150	浅灰棕色	砂壤土	单粒状	8.7	3.1	0.27	1.05	14	1.0	54	9.9		
剖30	半水成土	潮土	潮土	砂壤质潮土	砂壤质腰黏潮土	1	0~20	灰棕色	轻壤土	屑粒状	8.2	6.0	0.51	0.14	29	6.0	120	11.3	E 115°17′18.1″ N 36°44′04.5″	88
						2	20~75	褐棕色	重壤土	单粒状	8.3	7.2	0.70	0.96	32	4.0	171	35.0		
						3	75~99	褐棕色	重壤土	块状	8.8	1.8	0.24	0.13	7	2.0	31	8.3		
						4	99~150	浅灰棕色	砂壤土	单粒状	8.4	1.8	0.26	1.20	8	4.0	40	7.0		
剖31	半水成土	潮土	盐化潮土	壤质硫酸盐氯化物盐化潮土	轻盐化砂壤质硫酸盐氯化物盐化潮土	1	0~5	灰棕色	轻壤土	屑粒状	8.3	7.1	0.55	1.34	33	3.0	181	12.5	E 115°17′45.3″ N 36°44′00.8″	82
						2	5~10	灰棕色	轻壤土	屑粒状	8.4	6.6	0.51	1.13	32	2.0	129	11.4		
						3	10~20	浅灰棕色	轻壤土	屑粒状	8.5	6.6	0.53	1.15	30	2.0	125	12.2		
						4	20~30	浅灰棕色	轻壤土	屑粒状	8.6	6.6	0.56	1.34	40	1.0	105	11.8		
						5	30~105	浅灰棕色	砂壤土	单粒状	8.5	6.0	0.47	1.13	20	1.0	89	10.1		
						6	105~120	褐棕色	重壤土	块状	8.2	5.8	0.41	1.10	20	1.0	87	9.7		
						7	120~150	浅灰棕色	轻壤土	屑粒状	8.5	2.5	0.32	1.11	17	1.0	87	8.9		
剖32	半水成土	潮土	潮土	壤质潮土	砂壤质底黏腰黏潮土	1	0~18	灰棕色	轻壤土	屑粒状	8.5	2.7	0.41	1.13	20	2.0	44	10.8	E 115°16′50.5″ N 36°42′18.7″	88
						2	18~45	红灰棕色	重壤土	单粒状	8.5	3.6	0.44	1.15	22	1.0	65	12.7		
						3	45~65	褐棕色	重壤土	大块状	8.5	5.7	0.59	1.14	28	3.0	56	18.2		
						4	65~105	浅灰棕色	重壤土	单粒状	8.5	7.2	0.58	1.14	37	9.0	57	7.6		
						5	105~150	褐棕色	砂壤土	大块状	8.4	4.1	0.45	1.21	22	3.0	143	9.2		
剖33	半水成土	潮土	盐化潮土	壤质硫酸盐氯化物盐化潮土	轻盐化砂壤质底黏腰黏硫酸化物盐化潮土	1	0~5	浅黄棕色	砂壤土	屑粒状	8.6	4.7	0.45	1.26	21	5.0	84	9.1	E 115°15′23.4″ N 36°42′18.4″	77
						2	5~10	浅灰棕色	砂壤土	屑粒状	8.6	3.3	0.33	1.28	16	1.0	51	8.6		
						3	10~20	浅灰棕色	砂壤土	屑粒状	9.2	2.2	0.30	1.30	9	1.0	35	8.6		
						4	20~65	褐棕色	重壤土	碎块状	8.8	7.3	0.67	1.28	22	6.0	159	25.8		
						5	65~130	黄棕色	砂壤土	单粒状	8.7	2.7	0.42	1.26	12	2.0	49	10.8		
						6	130~150													

续表 Continued

剖面号 Soil profile	土纲 Soil order	土类 Soil great group	亚类 Soil subgroup	土属 Soil genus	土种 Soil species	土层码 Layer code	土层厚度 Depth/cm	颜色 Soil color	质地 Soil texture	土壤结构 Soil structure	pH	有机质 OM/(g/kg)	全氮 TN/(g/kg)	全磷 TP/(g/kg)	碱解氮 AN/(mg/kg)	有效磷 AP/(mg/kg)	速效钾 AK/(mg/kg)	阳离子交换量CEC/(cmol/kg)	剖面点坐标 Profile coordinate	匹配指数 Matching index/%
剖34	半水成土	潮土	潮土	壤质潮土	轻壤质体黏潮土	1	0—18	灰棕色	轻壤土	屑粒状									E 115°16′57.1″ N 36°41′56.3″	93
						2	18—32	灰棕色	轻壤土	屑粒状										
						3	32—82	褐棕色	重壤土	块状										
						4	82—150	浅灰棕色	轻壤土	屑粒状										
剖35	半水成土	潮土	盐化潮土	壤质氯化物硫酸盐盐化潮土	轻盐化轻壤质夹黏氯化物硫酸盐盐化潮土	1	0—5	浅灰棕色	轻壤土	屑粒状	8.1	8.9	0.70	1.46	39	18.0	135	11.1	E 115°15′13.8″ N 36°41′18.9″	84
						2	5—10	浅灰棕色	轻壤土	屑粒状	8.4	8.6	0.75	1.42	37	14.0	100	10.8		
						3	10—20	灰棕色	轻壤土	屑粒状	8.2	8.5	0.62	1.45	37	19.0	100	12.1		
						4	20—40	暗棕棕色	重壤土	碎块状	8.3	5.2	0.49	1.18	28	3.0	63	11.4		
						5	40—55	灰棕色	轻壤土	屑粒状	8.1	5.8	0.56	1.11	28	1.0	86	16.6		
						6	55—150	黄棕色	砂壤土	单粒状	8.3	1.4	0.21	1.03	8	1.0	42	4.7		
剖36	半水成土	潮土	潮土	壤质潮土	轻壤质潮土	1	0—17	浅灰棕色	轻壤土	屑粒状	8.4	7.3	0.61	1.33	38	4.0	88	11.0	E 115°17′04.6″ N 36°41′09.6″	82
						2	17—103	浅灰棕色	轻壤土	屑粒状	8.4	4.6	0.42	1.20	20	2.0	69	12.4		
						3	103—150	浅黄棕色	砂壤土	单粒状	8.4	2.7	0.29	1.02	10	1.0	47	9.9		
剖37	半水成土	潮土	褐潮土	壤质褐潮土	轻壤质褐潮土	1	0—18	浅灰棕色	轻壤土	屑粒状	8.9	5.7	0.53	1.25	27	3.0	69	11.7	E 115°12′55.6″ N 36°39′58.2″	71
						2	18—32	浅灰棕色	轻壤土	屑粒状	8.9	3.5	0.41	1.17	14	1.0	52	15.0		
						3	32—46	浅灰棕色	轻壤土	碎块状	8.9	3.5	0.41	1.17	14	1.0	52	15.0		
						4	46—58	浅灰棕色	轻壤土	屑粒状	8.9	3.5	0.41	1.17	14	1.0	52	15.0		
						5	58—150	浅灰棕色	砂壤土	单粒状	9.0	2.0	0.29	1.27	11	1.0	27	8.3		

鸡 泽 县

主要土类说明

潮土是鸡泽县主要土壤类型，占本县地域面积的91%。潮土是一种半水成的非地带性土壤，主要分布在河谷滩地和冲积平原。潮土发育在近代河流冲积物上，土层深厚，冲积物的沉积层次明显，其成土过程与地下水位紧密相关，地下水位一般在1—3m。由于地下水参与成土过程，土壤中的铁、锰处于氧化还原状态，在剖面中形成氧化还原层，特征为锈色斑纹。同时由于地下水位较高，土壤表层出现白天干燥、夜间返潮的现象，在这样干湿交替的条件下，形成潮土。表层为腐殖质层，呈灰棕色，有机质含量在10—20g/kg；耕作层和犁底层厚度在20—30cm；氧化还原层具有一定的锈色斑纹；通体有石灰反应。在古河道形成的缓岗中上部，地下水埋藏较深，土壤脱离地下水影响的时间较长，土壤中有碳酸钙的淀积，出现假菌丝体，其锈色斑纹仍残存。在向洼地中心过渡的缓斜平地下部，地下水埋藏较浅，而且多见中厚层夹黏层，有滞水现象，水质较差，土壤出现不同程度的积盐。在洼地中心，地下水位浅，在1—1.5m，土壤除有锈色斑纹外，下层还产生灰蓝色的潜育层。

褐土是鸡泽县第二大土壤类型，占本县地域面积的4%。褐土是暖温带半淋溶条件下经地带性成土过程形成的土壤。植被多为旱生阔叶林及灌木草本，有楸树、柿、核桃、油松、侧柏、洋槐、山皂荚、胡枝子、酸枣、荆条、菅草、白草等。由于所处地势较高，排水良好，成土过程不受地下水的影响，雨季有自上而下程度不剧烈的水分淋溶，表土黏粒随水下移，心土有黏化现象，黏化层为褐土土类的诊断土层，表层碳酸钙随水下移，常在心土层形成假菌丝体，底土中有时形成碳酸钙结核。土壤经常处于良好通气状态，土色以褐色、棕褐色为主，土壤呈中性至微碱性。

草甸盐土是鸡泽县第三大土壤类型，占本县地域面积的3%，分布在扇形平原下部和扇缘，地面和地下径流滞缓或汇集的地区，地势低平，多呈零星分布。本土类是在半干旱气候条件下形成的，由地下水中的可溶性盐分在蒸发作用下于地表积累，使土壤盐渍化，形成盐土。本县的草甸盐土，成土母质为河流冲积物，土层深厚。由于季节性气候的影响，夏季降水较多而集中，盐分的淋溶作用较强，土壤产生季节性脱盐，春、秋、冬季降水较少，特别是春季干旱多风，蒸发量大，地表盐分积累较多，出现0.5—2.0cm厚的盐结皮。表层厚度为0—20cm，所含的盐分主要为氯化物和硫酸盐，全盐含量大于1%，作物不能生长，只能生长盐生植被，如盐蓬、碱蓬。草甸盐土与盐化潮土呈复区分布。

本区域中心区气候特征

本区域中心区气候特征值
Regional climate characteristics in central area of the region

气候带：暖温带亚湿润气候 Climate region: Warm temperate subhumid climate	
年平均气温 /℃ Annual average temperature /℃	13.9
年平均最高气温 /℃ Annual average maximum temperature /℃	19.4
年平均最低气温 /℃ Annual average minimum temperature /℃	9.1
年降水量 /mm Annual precipitation /mm	562
≥10℃的积温 /℃ Daily temperature accumulated in a year (≥10℃) /℃	5013
年日照时数 /h Annual sunshine /h	2371
年平均相对湿度 /% Annual average relative humidity /%	63
干燥度 Dryness	1.49

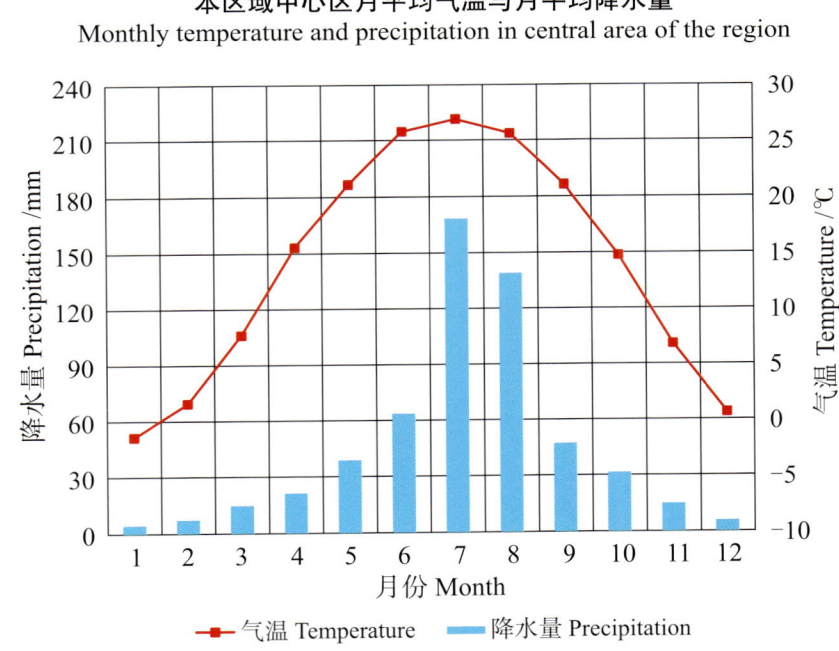

本区域中心区月平均气温与月平均降水量
Monthly temperature and precipitation in central area of the region

鸡泽县主要土壤类型与土壤剖面点分布图
1 : 100 000

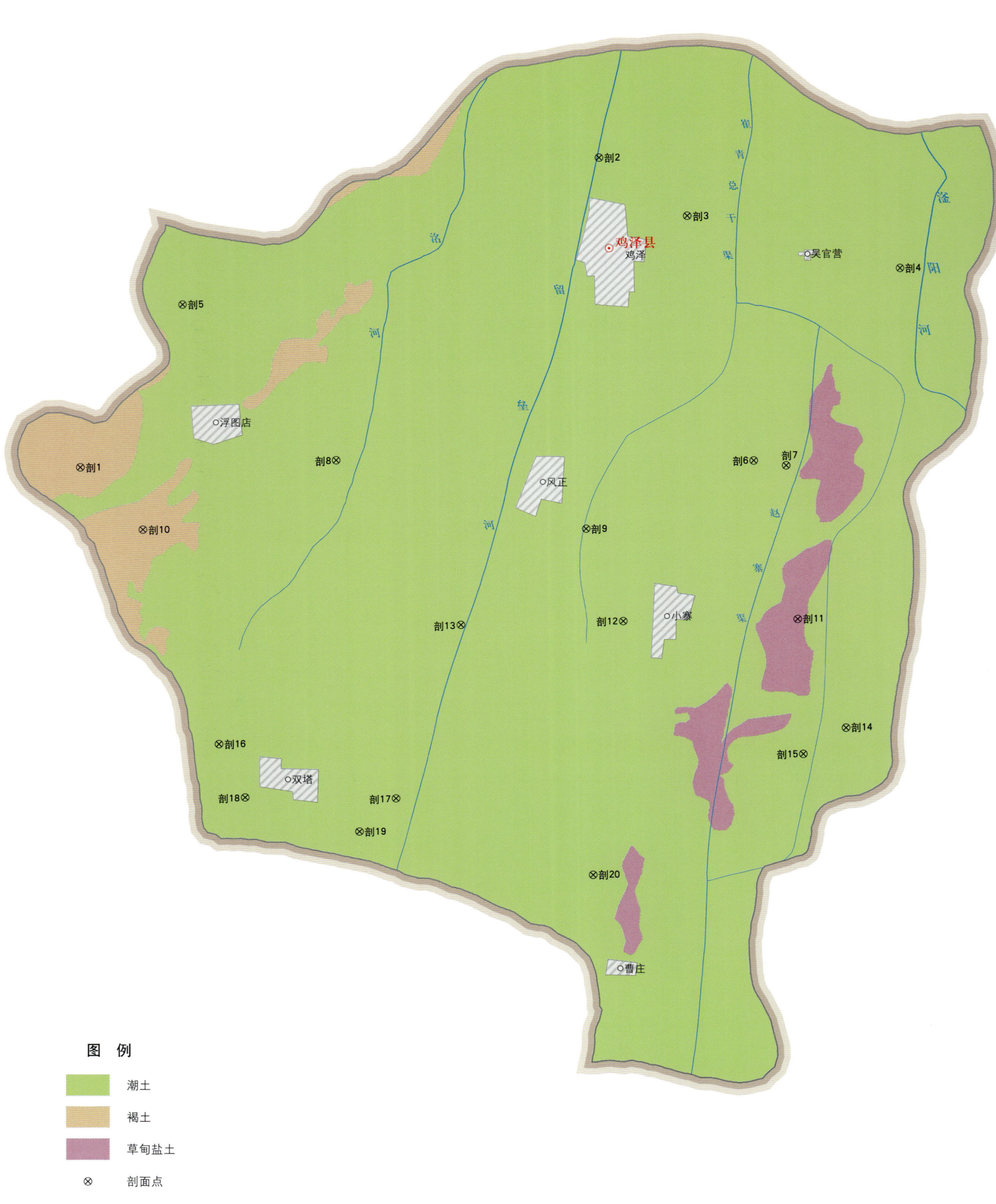

鸡泽县土壤剖面理化性状表

剖面号 Soil profile	土纲 Soil order	土类 Soil great group	亚类 Soil subgroup	土属 Soil genus	土种 Soil species	土层码 Layer code	土层厚度 Depth/cm	颜色 Soil color	质地 Soil texture	土壤结构 Soil structure	pH	有机质 OM/(g/kg)	全氮 TN/(g/kg)	全磷 TP/(g/kg)	碱解氮 AN/(mg/kg)	有效磷 AP/(mg/kg)	速效钾 AK/(mg/kg)	阳离子交换量CEC/(cmol/kg)	剖面点坐标 Profile coordinate	匹配指数 Matching index/%
剖1	半淋溶土	褐土	石灰性褐土	壤质石灰性褐土	轻壤质石灰性褐土	1	0~20	浅棕色	轻壤土	屑粒状	8.5	6.7	0.46	1.54	42	2.0	165	11.0	E 114°44′02.0″ N 36°52′27.5″	97
						2	20~35	棕色	轻壤土	小块状	8.5	5.3	0.45	1.45	32	1.0	125	15.8		
						3	35~70	棕褐色	中壤土	碎块状	8.3	6.6	0.45	1.17	31	1.0	115	20.3		
						4	70~150	棕色	轻壤土	小粒状	8.4	3.4	0.24	0.81	28	1.0	50	11.3		
剖2	半水成土	潮土	潮土	壤质潮土	轻壤质潮土	1	0~20	浅棕色	轻壤土	小块状	8.1	9.3	0.64	1.50	31	4.0	250	11.3	E 114°51′57.5″ N 36°56′32.7″	84
						2	20~55	浅棕色	轻壤土	小块状	8.3	5.6	0.43	1.31	30	1.0	145	10.7		
						3	55~75	红棕色	中壤土	块状	8.3	6.7	0.53	1.10	21	1.0	140	22.8		
						4	75~91	浅棕色	砂壤土	屑粒状	8.3	4.2	0.40	1.02	16	1.0	100	18.4		
						5	91~150	灰棕色	砂土	粒状	8.3	4.1	0.14	1.10	9	1.0	65	9.4		
剖3	半水成土	潮土	潮土	壤质潮土	中壤质潮土	1	0~20	浅棕色	中壤土	小块状	8.2	6.9	0.47	1.47	30	2.0	200	23.1	E 114°53′20.8″ N 36°55′49.4″	93
						2	20~60	浅棕色	轻壤土	小块状	8.2	5.9	0.40	1.18	20	2.0	148	23.8		
						3	60~110	灰棕色	砂壤土	小块状	8.4	2.9	0.21	1.16	9	2.0	80	14.3		
						4	110~150	浅棕色	砂壤土	屑粒状	8.6	7.1	0.48	0.98	16	2.0	168	28.6		
剖4	半水成土	潮土	潮土	壤质潮土	轻壤质底黏潮土	1	0~20	暗棕色	重壤土	屑粒状	9.1	6.6	0.47	1.22	20	4.0	158	13.5	E 114°56′39.4″ N 36°55′12.8″	78
						2	20~65	红棕色	重壤土	块状	8.4	4.9	0.36	1.07	24	2.0	133	11.8		
						3	65~110	浅棕色	砂壤土	块状	9.0	6.9	0.50	1.04	26	3.0	203	23.0		
						4	110~150	灰棕色	砂壤土	粒状	9.1	3.9	0.25	0.97	19	3.0	105	10.2		
剖5	半水成土	潮土	潮土	壤质潮土	砂壤质底黏潮土	1	0~20	浅棕色	砂壤土	屑粒状	8.2	8.4	0.57	1.37	24	2.0	223	12.0	E 114°45′33.5″ N 36°54′34.2″	74
						2	20~35	浅棕色	砂壤土	屑粒状	8.4	6.8	0.45	1.34	23	2.0	138	13.1		
						3	35~89	红棕色	轻壤土	小块状	8.1	5.6	0.42	1.12	19	3.0	125	18.1		
						4	89~125	浅棕色	重壤土	块状	8.2	9.0	0.60	1.04	29	3.0	250	29.9		
						5	125~150	浅棕色	砂壤土	粒状		2.8	0.22	1.03	12	2.0	90	6.0		
剖6	半水成土	潮土	盐化潮土	壤质硫酸盐氯化物盐化潮土	轻盐化轻壤质底黏硫酸盐氯化物盐化潮土	1	0~5	浅棕色	轻壤土	屑粒状	7.5	6.9	0.45	1.08	22	5.0	168	13.6	E 114°54′27.4″ N 36°52′43.0″	87
						2	5~10	浅棕色	轻壤土	屑粒状	7.9	6.9	0.52	1.13	32	4.0	158	12.5		
						3	10~20	浅灰棕色	砂壤土	屑粒状	7.7	5.4	0.42	1.09	25	4.0	143	14.9		
						4	20~60	浅灰棕色	砂壤土	粒状	7.9	2.8	0.26	1.06	74	3.0	78	13.7		
						5	60~74	浅棕色	砂壤土	块状	7.6	4.2	0.37	1.06	17	3.0	118	20.3		
						6	74~110	深红棕色	重壤土	块状	7.8	6.1	0.55	1.11	36	6.0	208	29.9		
						7	110~124	浅棕色	轻壤土	碎块状	7.9	5.9	0.38	1.06	26	4.0	135	19.9		
						8	124~150	灰棕色	砂壤土	粒状	8.0	3.4	0.28	1.07	16	2.0	105	15.4		
剖7	半水成土	潮土	盐化潮土	壤质硫酸盐氯化物盐化潮土	轻盐化砂壤质硫酸盐氯化物盐化潮土	1	0~5	浅棕色	砂壤土	屑粒状	8.0	8.9	0.59	1.54	25	7.0	400	14.0	E 114°54′57.6″ N 36°52′39.7″	88
						2	5~10	浅棕色	砂壤土	屑粒状	8.3	6.0	0.51	1.42	22	5.0	398	14.0		
						3	10~20	浅棕色	砂壤土	屑粒状	8.1	4.6	0.53	1.27	21	4.0	390	18.4		
						4	20~55	浅棕色	砂土	粒状	8.4	4.6	0.36	0.11	23	4.0	355	13.2		
						5	55~90	浅棕色	砂土	粒状	8.3	2.1	0.20	0.96	32	1.0	110	6.2		
						6	90~110	浅棕色	砂土	粒状	8.2	4.0	0.37	0.87	12	3.0	160	13.9		
						7	110~150	浅棕色	砂土	粒状	8.0	1.1	0.20	0.96	9	2.0	90	7.1		
剖8	半水成土	潮土	潮土	壤质潮土	中壤体砂潮土	1	0~20	红棕色	中壤土	块状	8.6	8.1	0.56	1.17	29	2.0	258	15.1	E 114°47′59.3″ N 36°52′36.8″	88
						2	20~40	红棕色	重壤土	块状	7.3	6.6	0.51	1.06	22	2.0	200	11.9		
						3	40~150	灰棕色	砂壤土	粒状	7.7	2.8	0.24	1.04	10	2.0	90	8.8		

续表 Continued

剖面号 Soil profile	土纲 Soil order	土类 Soil great group	亚类 Soil subgroup	土属 Soil genus	土种 Soil species	土层码 Layer code	土层厚度 Depth/cm	颜色 Soil color	质地 Soil texture	土壤结构 Soil structure	pH	有机质 OM/(g/kg)	全氮 TN/(g/kg)	全磷 TP/(g/kg)	碱解氮 AN/(mg/kg)	有效磷 AP/(mg/kg)	速效钾 AK/(mg/kg)	阳离子交换量CEC/(cmol/kg)	剖面点坐标 Profile coordinate	匹配指数 Matching index/%
剖9	半水成土	潮土	褐潮土	壤质褐潮土	轻壤质体黏褐潮土	1	0~20	浅棕色	轻壤土	碎块状	8.0	9.4	0.64	1.49	36	3.0	228	22.8	E 114°51′52.9″ N 36°51′48.2″	78
						2	20~27	浅棕色	轻壤土	碎块状	8.0	6.8	0.47	1.14	32	2.0	145	24.4		
						3	27~80	深红棕色	重壤土	块状	8.2	9.8	0.69	1.13	26	1.0	163	28.5		
						4	80~92	浅棕色	砂壤土	粒状	8.0	4.9	0.39	1.09	31	1.0	105	19.4		
						5	92~110	红棕色	中壤土	小块粒状	8.3	7.3	0.55	1.09	31	1.0	165	14.5		
						6	110~141	浅棕色	砂壤土	屑粒状	8.2	3.8	0.28	1.10	16	1.0	83	21.0		
						7	141~150	浅棕色	砂土	屑粒状	8.1	2.7	0.25	1.30	15	1.0	75	15.7		
剖10	半淋溶土	褐土	褐土性土	砂质褐土性土	砂质褐潮土性土	1	0~20	灰棕色	砂壤土	粒状									E 114°45′01.4″ N 36°51′40.8″	96
						2	20~87	浅灰棕色	砂壤土	块状	8.0	6.1	0.52	1.22	37	4.0	155	14.4		
						3	87~100	浅灰棕色	轻壤土	碎块状	8.1	7.1	0.49	1.17	49	10.0	108	15.4		
						4	100~150	灰棕色	轻壤土	块状	7.9	6.0	0.48	1.20	55	3.0	150	12.8		
剖11	盐碱土	草甸盐土	内陆盐土	壤质硫酸盐氯化物内陆盐土	砂壤质内陆盐土	1	0~5	灰棕色	砂壤土	粒状	8.1	6.0	0.47	1.07	38	2.0	140	17.7	E 114°55′11.3″ N 36°50′42.0″	72
						2	5~10	浅棕色	砂土	粒状	8.3	1.0	0.21	1.06	12	2.0	80	9.3		
						3	10~20	浅棕色	中壤土	粒状	8.4	5.9	0.44	1.29	32	1.0	100	11.0		
						4	20~80	红棕色	轻壤土	碎块状	8.4	5.3	0.45	1.07	28	1.0	97	17.0		
						5	80~150	浅棕色	轻壤土	小块状	8.4	6.8	0.45	1.07	26	2.0	125	23.8		
剖12	半水成土	潮土	褐潮土	壤质褐潮土	砂壤质褐潮土	1	0~20	浅棕色	砂壤土	粒状	8.4	4.8	0.37	1.01	23	2.0	100	16.6	E 114°52′29.2″ N 36°50′37.7″	86
						2	20~35	深红棕色	重壤土	块状	8.5	11.2	0.71	1.38	45	6.0	300	19.3		
						3	35~100	深红棕色	中壤土	块状	8.5	8.1	0.65	1.14	60	2.0	222	18.1		
						4	100~150	红棕色	轻壤土	小块状	8.5	6.6	0.45	1.14	36	1.0	151	27.3		
剖13	半水成土	潮土	潮土	黏质潮土	黏质潮土	1	0~20	浅灰棕色	轻壤土	块状	8.6	4.5	0.37	1.10	26	1.0	122	15.4	E 114°49′58.8″ N 36°50′32.3″	74
						2	20~63	红棕色	砂壤土	块状	8.6	6.7	0.47	1.02	30	2.0	147	22.9		
						3	63~100	浅灰棕色	重壤土	小块状	8.5	4.3	0.31	1.21	14	4.0	170	8.1		
						4	100~130	红棕色	中壤土	小块状	8.2	9.4	0.65	1.09	29	6.0	210	6.7		
						5	130~150	浅棕色	重壤土	块状	8.3	7.0	0.54	1.33	20	3.0	185	15.5		
剖14	半水成土	潮土	盐化潮土	壤质硫酸盐氯化物盐化潮土	轻盐化轻壤质硫酸盐氯化盐化土	1	0~20	浅棕色	轻壤土	粒状	8.5	6.4	0.50	1.27	14	3.0	160	15.7	E 114°55′58.5″ N 36°49′19.8″	85
						2	20~50	暗棕色	中壤土	碎块状	8.1	7.9	0.58	1.51	23	5.0	218	15.8		
						3	50~110	浅棕色	轻壤土	碎块状	8.0	6.8	0.53	1.35	28	3.0	183	15.7		
						4	110~150	浅棕色	轻壤土	碎块状	8.0	6.6	0.50	1.33	35	3.0	175	18.6		
剖15	半水成土	潮土	盐化潮土	壤质硫酸盐氯化物盐化潮土	重盐化轻壤质硫酸盐氯化盐化土	1	0~5	浅棕色	轻壤土	碎块状	8.2	5.7	0.47	1.37	24	5.0	175	17.3	E 114°55′19.2″ N 36°48′59.0″	88
						2	5~10	深红棕色	砂壤土	屑粒状	7.9	3.4	0.27	1.12	18	3.0	80	15.5		
						3	10~20	浅棕色	轻壤土	碎块状	8.3	4.7	0.38	1.19	31	1.0	120	16.4		
						4	20~58	深红棕色	轻壤土	碎块状	8.0	2.8	0.25	1.12	26	2.0	80	14.0		
						5	58~150	浅棕色	重壤土	块状	7.9	5.2	0.39	1.09	34	5.0	190	16.4		
剖16	半水成土	潮土	潮土	壤质潮土	轻壤体黏潮土	1	0~20	浅棕色	轻壤土	块状	8.5	9.4	0.70	1.29	42	5.0	167	19.7	E 114°46′16.8″ N 36°48′57.2″	100
						2	20~52	浅红棕色	轻壤土	碎块状	8.4	4.1	0.28	1.21	18	1.0	50	13.8		
						3	52~150	黄棕色	砂壤土	碎块状	8.7	2.9	0.22	1.16	14	2.0	44	11.7		
剖17	半水成土	潮土	潮土	壤质潮土	中壤底砂潮土	1	0~20	浅黄棕色	砂壤土	块状	8.4	2.7	0.21	1.16	9	1.0	39	11.6	E 114°49′02.3″ N 36°48′18.4″	75
						2	20~70	红棕色	中壤土	块状	8.6	10.2	0.69	0.63	61	1.0	222	27.4		
						3	70~120	红棕色	重壤土	块状	8.5	7.3	0.50	1.16	35	1.0	131	20.7		
						4	120~150	黄棕色	轻壤土	碎块状	8.8	3.9	0.25	1.03	22	2.0	61	15.1		
剖18	半水成土	潮土	褐潮土	壤质褐潮土	中壤质褐潮土	2	20~92												E 114°46′42.2″ N 36°48′16.6″	72
						3	92~150													

续表 Continued

剖面号 Soil profile	土纲 Soil order	土类 Soil great group	亚类 Soil subgroup	土属 Soil genus	土种 Soil species	土层码 Layer code	土层厚度 Depth/ cm	颜色 Soil color	质地 Soil texture	土壤结构 Soil structure	pH	有机质 OM/ (g/kg)	全氮 TN/ (g/kg)	全磷 TP/ (g/kg)	碱解氮 AN/ (mg/kg)	有效磷 AP/ (mg/kg)	速效钾 AK/ (mg/kg)	阳离子 交换量CEC/ (cmol/kg)	剖面点坐标 Profile coordinate	匹配指数 Matching index/%
剖19	半水成土	潮土	潮土	黏质潮土	黏质底砂潮土	1	0—20	深红棕色	重壤土	块状	8.2	9.5	0.69	1.21	29	3.0	375	19.6	E 114°48′29.3″ N 36°47′51.7″	91
						2	20—50	深红棕色	重壤土	块状	8.3	7.1	0.60	1.03	23	2.0	298	25.6		
						3	50—150	浅棕色	砂壤土	粒状	8.4	4.0	0.31	1.09	10	2.0	85	12.2		
剖20	半水成土	潮土	潮土	壤质潮土	砂壤质潮土	1	0—20	浅棕色	砂壤土	粒状	9.1	4.3	0.42	1.15	15	3.0	103	11.4	E 114°52′06.9″ N 36°47′22.1″	73
						2	20—90	浅棕色	砂壤土	屑粒状	9.3	4.2	0.30	1.11	12	3.0	139	8.7		
						3	90—128	浅棕色	砂土	粒状	9.5	2.1	0.17	0.97	9	3.0	80	13.4		
						4	128—138	浅棕色	砂壤土	粒状	9.3	4.1	0.27	1.06	6	3.0	85	9.5		
						5	138—150	浅棕色	砂土	粒状	7.9	2.6	0.19	1.04	5	2.0	75	14.2		

广 平 县

主要土类说明

潮土是广平县主要土壤类型，占本县地域面积的53%。潮土是一种半水成的非地带性土壤，主要分布在河谷滩地和冲积平原。潮土发育在近代河流冲积物上，土层深厚，冲积物的沉积层次明显，其成土过程与地下水位紧密相关，地下水位一般为1—3m。由于地下水参与成土过程，土壤中的铁、锰处于氧化还原状态，在剖面中形成氧化还原层，特征为锈色斑纹。同时由于地下水位较高，土壤表层出现白天干燥、夜间返潮的现象，在这样干湿交替的条件下，形成潮土。表层为腐殖质层，呈灰棕色，有机质含量在10—20g/kg；耕作层和犁底层厚度在20—30cm；氧化还原层具有一定的锈色斑纹，通体有石灰反应。在古河道形成的缓岗中上部，地下水埋藏较深，土壤脱离地下水影响的时间较长，土壤中有碳酸钙的淀积，出现假菌丝体，其锈色斑纹仍残存。在向洼地中心过渡的缓斜平地下部，地下水埋藏较浅，而且多见中厚层夹黏层，有滞水现象，水质较差，土壤出现不同程度的积盐。在洼地中心，地下水位浅，在1.0—1.5m，土壤除有锈色斑纹外，下层还产生灰蓝色的潜育层。

褐土是广平县第二大土壤类型，占本县地域面积的46%。褐土是暖温带半淋溶条件下经地带性成土过程形成的土壤。植被多为旱生阔叶林及灌木草本，有楸树、柿、核桃、油松、侧柏、洋槐、山皂荚、胡枝子、酸枣、荆条、营草、白草等。由于所处地势较高，排水良好，成土过程不受地下水的影响，雨季有自上而下程度不剧烈的水分淋溶，表土黏粒随水下移，心土有黏化现象，黏化层为褐土土类的诊断土层，表层碳酸钙随水下移，常在心土层形成假菌丝体，底土中有时形成碳酸钙结核。土壤经常处于良好通气状态，土色以褐色、棕褐色为主，土壤呈中性至微碱性。

本区域中心区气候特征

本区域中心区气候特征值
Regional climate characteristics in central area of the region

气候带：暖温带亚湿润气候 Climate region: Warm temperate subhumid climate	
年平均气温 /℃ Annual average temperature /℃	14.0
年平均最高气温 /℃ Annual average maximum temperature /℃	19.5
年平均最低气温 /℃ Annual average minimum temperature /℃	9.3
年降水量 /mm Annual precipitation /mm	575
≥10℃的积温 /℃ Daily temperature accumulated in a year (≥10℃) /℃	5115
年日照时数 /h Annual sunshine /h	2379
年平均相对湿度 /% Annual average relative humidity /%	63
干燥度 Dryness	1.46

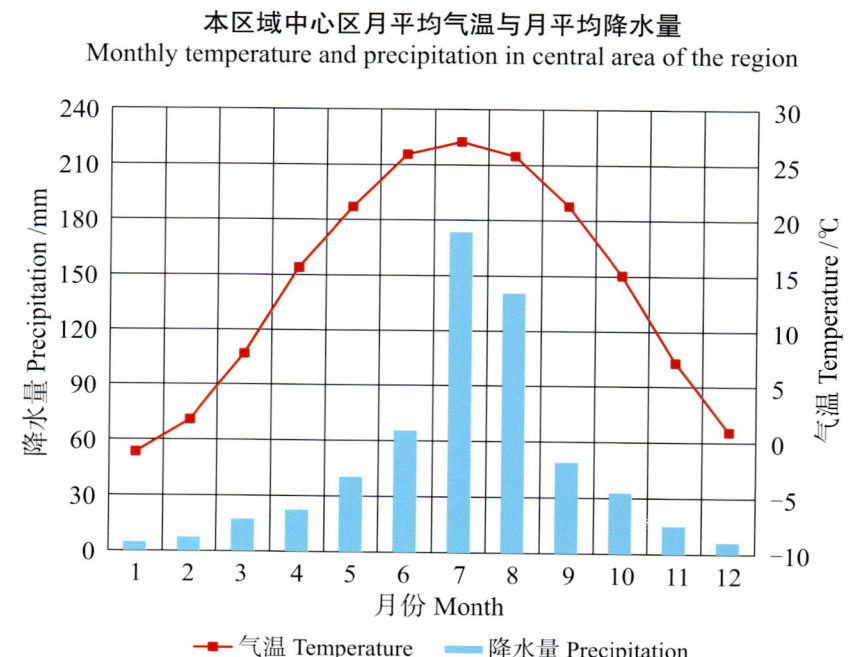

本区域中心区月平均气温与月平均降水量
Monthly temperature and precipitation in central area of the region

广平县主要土壤类型与土壤剖面点分布图
1∶120 000

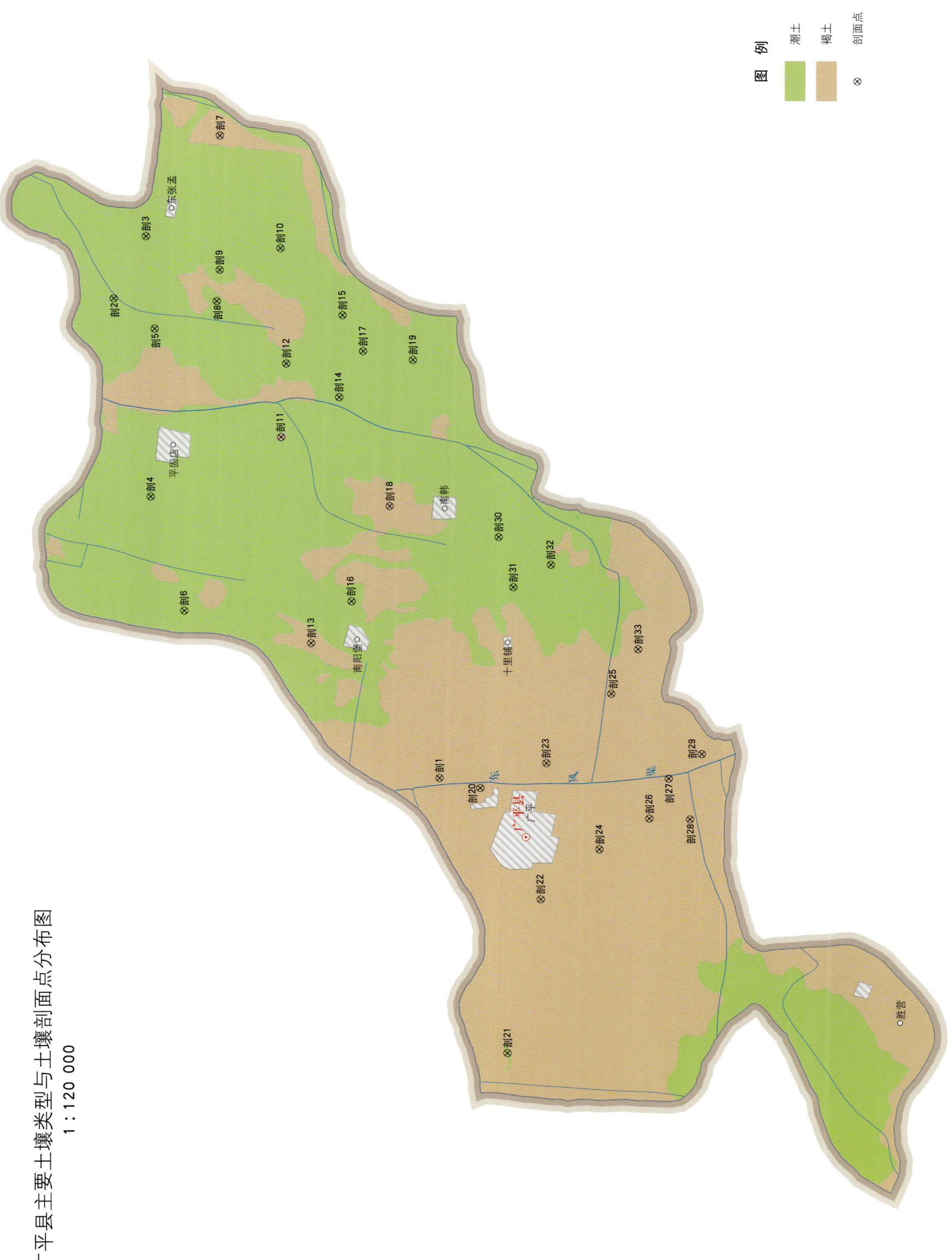

广平县土壤剖面理化性状表

剖面号 Soil profile	土纲 Soil order	土类 Soil great group	亚类 Soil subgroup	土属 Soil genus	土种 Soil species	土层码 Layer code	土层厚度 Depth/cm	颜色 Soil color	质地 Soil texture	土壤结构 Soil structure	pH	有机质 OM/(g/kg)	全氮 TN/(g/kg)	全磷 TP/(g/kg)	碱解氮 AN/(mg/kg)	有效磷 AP/(mg/kg)	速效钾 AK/(mg/kg)	阳离子交换量CEC/(cmol/kg)	剖面点坐标 Profile coordinate	匹配指数 Matching index/%
剖1	半淋溶土	褐土	潮褐土	壤质潮褐土	轻壤质腰黏潮褐土	1	0—20	褐棕色	轻壤土	屑粒状	8.3	8.2	0.66	1.40	33	1.1	106	11.7	E 114°57′30.2″ N 36°30′14.8″	92
						2	20—35	褐棕色	轻壤土	屑粒状	8.3	8.2	0.66	1.40	33	1.1	106	11.7		
						3	35—57	浅红棕色	重壤土	碎块状	8.4	5.7	0.57	1.10	35	1.1	121	23.3		
						4	57—76	浅黄棕色	轻壤土	屑粒状	8.5	2.0	0.21	1.18	23	1.0	40	10.8		
						5	76—123	浅黄棕色	砂壤土	粒状	8.7			1.06		1.1				
						6	123—150	暗红棕色	重壤土	块状	8.9	2.4	0.19	1.21	12	1.3	42	10.2		
剖2	半水成土	潮土	潮土	壤质潮土	重壤质体黏潮土	1	0—18	浅红棕色	重壤土	屑状	8.7	9.9	0.77	1.37	39	6.5	184	18.8	E 115°06′53.8″ N 36°35′28.4″	73
						2	18—45	浅红棕色	黏土	块状	8.5	7.6	0.68	1.09	42	1.0	143	25.9		
						3	45—95	黄棕色	轻壤土	屑状	8.3	5.3	0.46	1.28	26	0.7	92	13.3		
						4	95—150	灰棕色	轻壤土	屑状	8.4	2.7	0.27	1.12	12	1.0	47	9.7		
剖3	半水成土	潮土	潮土	壤质潮土	轻壤质潮土	1	0—20	浅黄棕色	轻壤土	屑状	8.5	7.5	0.57	1.43	37	1.8	134	12.1	E 115°08′08.9″ N 36°34′59.5″	80
						2	20—40	浅黄棕色	轻壤土	屑状	8.6	4.9	0.43	1.22	21	1.0	94	17.1		
						3	40—80	浅红棕色	中壤土	屑状	8.7	5.8	0.40	1.25	26	0.7	93	12.7		
						4	80—150	浅黄棕色	砂壤土	粒状	8.5	2.1	0.20	1.03	12	1.1	42	10.3		
剖4	半水成土	潮土	潮土	壤质潮土	重壤质底壤潮土	1	0—18	棕褐色	重壤土	碎块状	8.4	11.9	0.86	1.32	40	4.3	258	18.4	E 115°02′58.9″ N 36°34′50.2″	96
						2	18—45	浅红棕色	重壤土	块状	8.5	8.4	0.69	1.18	15	1.5	218	23.7		
						3	45—78	浅红棕色	中壤土	屑状	8.6	4.9	0.42	1.22	49	0.6	106	15.4		
						4	78—150	黄棕色	轻壤土	屑状	8.5	4.2	0.32	1.28	35	0.6	65	11.5		
剖5	半水成土	潮土	潮土	壤质潮土	重壤质体黏潮土	1	0—20	浅红棕色	重壤土	碎块状		9.9	0.75	1.54		1.6	176	16.4	E 115°06′18.5″ N 36°34′49.6″	71
						2	20—66	红棕色	重壤土	块状	8.0	7.2	0.59	1.22	37	1.2	143	18.5		
						3	66—117	红棕色	重壤土	块状	8.7	5.1	0.45	1.28	16	0.9	95	17.0		
						4	117—150	浅黄棕色	砂壤土	屑粒状	8.7	5.8	0.46	1.38	42	0.9	124	14.9		
剖6	半水成土	褐土	褐土性土	砂质褐土性土	砂质褐土性土	1	0—18	褐棕色	轻壤土	屑粒状	8.4	8.2	0.54	1.14	39	2.6	180	12.7	E 115°06′43.9″ N 36°34′16.3″	89
						2	18—22	褐棕色	轻壤土	屑粒状	8.4	6.2	0.54	1.14	40	2.0	163	26.3		
						3	22—40	浅红棕色	轻壤土	块状	8.4	6.2	0.54	0.93	33	2.0	163	26.3		
						4	40—83	浅红棕色	重壤土	屑状	8.5	7.7	0.69	1.18	33	1.5	240	32.5		
						5	83—150	浅红棕色	重壤土	屑状	8.7	6.1	0.49	1.03	57	0.8	112	13.6		
剖7	半淋溶土	潮土	盐化潮土	壤质硫酸盐氯化物盐化潮土	轻壤质硫酸盐氯化物盐化潮土	1	0—20	暗灰棕色	砂土	单粒状	8.9	3.5	0.25	0.97	19	1.1	52	7.3	E 115°00′10.2″ N 36°33′52.6″	92
						2	20—85	暗灰棕色	砂土	单粒状	8.6	1.4	0.12	1.03	16	0.8	38	4.8		
						3	85—150	浅黄棕色	砂土	单粒状	8.2	1.6	0.60	1.35	9	1.0	31	4.9		
剖8	半水成土	潮土	潮土	壤质潮土	轻壤质底黏潮土	1	0—5	浅黄棕色	轻壤土	屑状	8.9	8.7	0.60	1.37	48	1.8	125	11.6	E 115°06′52.9″ N 36°33′52.2″	80
						2	5—10	浅黄棕色	轻壤土	屑状	8.6	7.1	0.50	1.31	35	0.9	105	11.1		
						3	10—20	浅红棕色	重壤土	屑状	8.4	6.3	0.43	1.19	28	0.7	125	11.2		
						4	20—105	浅红棕色	砂壤土	屑状	8.2	5.3	0.43	1.19	22	0.7	83	13.9		
						5	105—150	灰黄棕色	砂壤土	粒状	8.4	2.7	0.21		14	0.7	44	10.4		
剖9	半水成土	潮土	盐化潮土	壤质硫酸盐氯化物盐化潮土	轻壤质底黏硫酸盐氯化物盐化潮土	1	0—20	灰灰色	轻壤土	屑状									E 115°07′30.4″ N 36°33′50.0″	84
						2	20—80	浅灰棕色	砂壤土	粒状										
						3	80—125	红灰色	重壤土	核状										
						4	125—150	浅灰棕色	轻壤土	粒状										
剖10	半水成土	潮土	褐潮土	壤质潮土	轻壤质褐潮土	1	0—20	灰棕色	轻壤土	屑状									E 115°07′57.7″ N 36°32′53.5″	92
						2	20—45	灰黄棕色	轻壤土	屑状										
						3	45—75	灰黄棕色	轻壤土	屑粒状										
						4	75—150	浅黄棕色	砂壤土	粒状										

续表 Continued

剖面号 Soil profile	土纲 Soil order	土类 Soil great group	亚类 Soil subgroup	土属 Soil genus	土种 Soil species	土层码 Layer code	土层厚度 Depth/cm	颜色 Soil color	质地 Soil texture	土壤结构 Soil structure	pH	有机质 OM/(g/kg)	全氮 TN/(g/kg)	全磷 TP/(g/kg)	碱解氮 AN/(mg/kg)	有效磷 AP/(mg/kg)	速效钾 AK/(mg/kg)	阳离子交换量CEC/(cmol/kg)	剖面点坐标 Profile coordinate	匹配指数 Matching index/%
剖11	半淋溶土	褐土	潮褐土	壤质潮褐土	轻壤质腰砂潮褐土	1	0–20	褐棕色	轻壤土	屑粒状									E 115° 04′ 13.1″ N 36° 32′ 49.2″	73
						2	20–26	褐棕色	轻壤土	屑粒状										
						3	26–48	浅黄棕色	砂壤土	屑粒状										
						4	48–70	浅黄棕色	砂土	粒状										
						5	70–78	红棕色	黏土	块状										
						6	78–150	浅红棕色	中壤土	碎屑状										
剖12	半水成土	潮土	潮土	壤质潮土	中壤质体砂潮土	1	0–18	褐棕色	中壤土	屑状	8.9	9.0	0.73	1.25	37	1.6	152	15.7	E 115° 05′ 40.1″ N 36° 32′ 45.9″	70
						2	18–44	浅红棕色	重壤土	块状	8.7	7.3	0.67	1.09	28	1.1	149	25.7		
						3	44–150	灰棕色	砂壤土	粒状	9.3	2.5	0.28	1.20	14	0.5	34	8.8		
剖13	半淋溶土	褐土	潮褐土	壤质潮褐土	砂壤质潮褐土	1	0–20	浅黄棕色	砂壤土	粒状、屑粒状	8.6	6.3	0.50	1.34	12	2.4	74	12.8	E 115° 00′ 08.3″ N 36° 32′ 17.2″	95
						2	20–45	浅黄棕色	砂壤土	粒状	9.8	2.1	0.22	1.19	19	1.3	42	11.1		
						3	45–90	灰黄棕色	砂壤土	粒状	9.0	2.4	0.27	1.21	32	2.9	61	14.2		
						4	90–150	灰棕色	砂土	单粒状	8.6	0.8	0.14		24	1.9	89	7.6		
剖14	半水成土	潮土	潮土	壤质潮土	中壤质底砂潮土	1	0–19	褐棕色	中壤土	碎屑状	9.0	8.7	0.71	1.19	13	1.2	238	24.8	E 115° 05′ 01.7″ N 36° 31′ 55.6″	94
						2	19–25	浅红棕色	重壤土	屑屑状	8.6	8.4	0.68	1.06	30	0.9	248	32.7		
						3	25–37	红棕色	黏土	块状	8.6	8.4	0.68	1.06	30	0.9	248	32.7		
						4	37–50	褐棕色	中壤土	屑屑状	8.8	8.6	0.74	1.15		0.7	243	28.9		
						5	50–150	浅黄棕色	砂壤土	屑屑状	8.7	4.5	0.34	1.33	53	1.4	92	11.4		
剖15	半水成土	潮土	潮土	壤质潮土	砂壤质潮土	1	0–20	浅灰棕色	砂壤土	粒状	8.5	6.9	0.42	1.23	32	2.7	95	11.3	E 115° 06′ 38.9″ N 36° 31′ 54.1″	99
						2	20–85	浅灰棕色	砂壤土	粒状	8.5	3.0	0.22	1.27	12	0.5	42	11.8		
						3	85–150	浅黄棕色	砂土	单粒状	8.3	1.4	0.11	1.16	18	1.5	36	9.2		
剖16	半水成土	潮土	潮土	壤质潮土	重壤质底砂潮土	1	0–18	褐棕色	重壤土	碎屑状	9.0	9.6	0.77	1.44	37	1.2	223	23.1	E 115° 05′ 58.7″ N 36° 31′ 40.1″	85
						2	18–22	红棕色	黏土	块状	8.7	6.9	0.55	1.18	63	1.1	208	24.8		
						3	22–65	浅灰棕色	砂土	屑粒状	8.7	6.9	0.55	1.18	63	1.1	208	24.8		
						4	65–95	黄棕色	砂壤土	屑粒状	8.6	2.3	0.30	1.27	61	1.3	91	12.1		
						5	95–150	浅灰棕色	轻壤土	粒状	8.5	4.0	0.37	1.30	49	1.6	133	19.0		
剖17	半水成土	潮土	潮土	壤质潮土	轻壤质夹黏潮土	1	0–18	褐棕色	轻壤土	屑状									E 115° 05′ 56.8″ N 36° 31′ 34.3″	91
						2	18–37	红棕色	重壤土	块状								15.0		
						3	37–53	浅灰棕色	砂壤土	屑粒状	8.7	7.4	0.59	1.19	37	1.8	112	12.4		
						4	53–150	褐棕色	轻壤土	屑粒状	8.7	2.8	0.28	1.07	14	0.8	58	12.4		
剖18	半淋溶土	褐土	潮褐土	壤质潮褐土	轻壤质底砂潮褐土	1	0–16	褐棕色	轻壤土	屑粒状	8.7	2.8	0.28	1.07	14	0.8	58	8.5	E 115° 02′ 53.0″ N 36° 31′ 06.3″	97
						2	16–20	浅黄棕色	砂土	粒粒状	8.5	1.3	0.23	1.09	12	1.5	38	12.3		
						3	20–66	黄棕色	砂土	屑状	8.4	7.7	0.56	1.65	16	3.4	139	13.5		
						4	66–150	褐棕色	轻壤土	屑状	8.3	6.5	0.49	1.61	28	1.1	108	13.5		
剖19	半水成土	潮土	潮土	壤质潮土	轻壤质腰黏潮土	1	0–20	褐棕色	轻壤土	屑状	8.3	6.5	0.49	1.61	28	1.1	108	13.5	E 115° 05′ 47.4″ N 36° 30′ 47.5″	74
						2	20–24	浅黄棕色	轻壤土	屑状	8.5	7.3	0.22	1.65	39	1.0	48	10.6		
						3	24–43	红棕色	重壤土	块状	8.6	2.1	0.17	1.55	22	0.7	42	8.4		
						4	43–65	灰棕色	砂壤土	屑状										
						5	65–105	暗红棕色	中壤土	屑状	9.0	6.4	0.57	1.12	44	0.9	169	22.0		
						6	105–150													

续表 Continued

剖面号 Soil profile	土纲 Soil order	土类 Soil great group	亚类 Soil subgroup	土属 Soil genus	土种 Soil species	土层码 Layer code	土层厚度 Depth/cm	颜色 Soil color	质地 Soil texture	土壤结构 Soil structure	pH	有机质 OM/(g/kg)	全氮 TN/(g/kg)	全磷 TP/(g/kg)	碱解氮 AN/(mg/kg)	有效磷 AP/(mg/kg)	速效钾 AK/(mg/kg)	阳离子交换量CEC/(cmol/kg)	剖面点坐标 Profile coordinate	匹配指数 Matching index/%
剖20	半淋溶土	褐土	潮褐土	壤质潮褐土	轻壤质底黏潮褐土	1	0—21	灰棕色	轻壤土	屑状	8.2	11.3	0.79	1.36	34	29.5	173	12.8	E 114°57′19.1″ N 36°29′36.2″	86
						2	21—24	灰棕色	轻壤土	屑状	8.4	8.1	0.53	1.22	37	2.6	95	16.2		
						3	24—40	灰棕色	轻壤土	屑状	8.4	8.1	0.39	1.22	37	2.6	95	16.0		
						4	40—80	浅灰棕色	轻壤土	屑状	8.2	4.9	0.55	1.08	26	1.2	66	16.0		
						5	80—115	红棕色	重壤土	核状	8.3	6.8	0.31	1.08	35	3.1	184	29.4		
						6	115—150	灰棕色	砂壤土	屑粒状	8.8	3.4	0.47	14.10	19	3.0	70	17.6		
剖21	半水成土	潮土	褐潮土	砂壤质褐潮土		1	0—18	浅黄棕色	砂壤土	屑粒状	8.8	5.8	0.37	6.20	35	0.1	74	10.4	E 114°52′05.1″ N 36°29′06.1″	79
						2	18—34	浅黄棕色	轻壤土	屑粒状	8.7	4.4	0.33	5.30	20	0.1	62	10.9		
						3	34—55	浅黄棕色	砂壤土	屑粒状	8.8	3.9	0.24	5.30	21	0.1	64	15.4		
						4	55—150	浅黄棕色	砂壤土	屑粒状	9.0	2.7	0.48	1.04	14	0.1	66	10.8		
剖22	半淋溶土	褐土	潮褐土	壤质潮褐土	中壤质潮褐土	1	0—16	褐棕色	中壤土	碎屑状	8.5	7.0	0.48	1.04	26	1.6	170	20.3	E 114°55′07.7″ N 36°28′37.6″	73
						2	16—20	浅红棕色	中壤土	屑粒状	8.5	7.0	0.48	1.04	26	1.6	170	20.3		
						3	20—29	浅红棕色	中壤土	屑粒状	8.5	7.0	0.44	1.11	26	1.6	170	20.3		
						4	29—75	红棕色	黏土	屑状	8.4	5.9	0.61	1.15	30	5.8	176	29.2		
						5	75—150	红棕色	黏土	块状	8.3	7.2	0.77	1.41	19	10.6	263	33.1		
剖23	半淋溶土	褐土	潮褐土	壤质潮褐土	轻壤质体黏潮褐土	1	0—20	褐棕色	轻壤土	屑粒状	8.4	9.9	0.60	1.39	36	1.3	143	13.4	E 114°57′50.4″ N 36°28′35.0″	100
						2	20—36	褐棕色	中壤土	屑粒状	8.7	8.3	0.71	1.03	26	1.1	263	13.7		
						3	36—95	红棕色	黏土	块状	8.5	6.8	0.25	1.14	19	1.4	38	31.8		
						4	95—150	浅黄棕色	砂壤土	粒状	8.6	1.9	0.70	1.31	22	3.4	121	9.0		
剖24	半淋溶土	褐土	潮褐土	壤质潮褐土	轻壤质潮褐土	1	0—17	浅灰棕色	轻壤土	屑粒状	8.7	10.4	0.54	1.15	33	1.4	89	13.6	E 114°56′08.5″ N 36°27′43.9″	70
						2	17—20	浅灰棕色	轻壤土	屑粒状	8.4	7.4	0.26	1.11	33	1.7	72	12.7		
						3	20—70	浅灰棕色	中壤土	屑粒状	8.7	2.9	0.55	1.08	40	7.9	200	14.7		
						4	70—115	浅红棕色	重壤土	核状	8.4	6.8	0.93	1.26	51	4.7	236	29.9		
						5	115—150	红棕色	重壤土	块状	8.6	11.2	0.49	1.01	35	1.3	171	23.5		
剖25	半淋溶土	褐土	潮褐土	黏质潮褐土	重壤质底黏潮褐土	1	0—20	浅红棕色	重壤土	屑状	8.7	7.0	0.49	1.01	35	1.3	171	26.9	E 114°59′14.9″ N 36°27′35.8″	94
						2	20—25	褐棕色	中壤土	屑状	8.7	7.0	0.49	1.01	35	1.3	171	26.9		
						3	25—95	褐棕色	中壤土	屑状	8.7	3.0	0.31	0.31	16	0.9	239	14.4		
						4	95—150	浅黄棕色	轻壤土	屑状	8.3	10.5	0.81	1.20	49	1.7	148	19.3		
剖26	半淋溶土	褐土	潮褐土	壤质潮褐土	中壤质砂潮褐土	A₁₁	0—19	褐棕色	中壤土	屑状	8.4	8.3	0.68	0.98	35	1.5	181	28.3	E 114°56′46.0″ N 36°26′57.8″	93
						Bk	19—54	浅红棕色	重壤土	屑状	8.5	2.7	0.25	1.01	30	0.6	50	10.6		
						Cu	54—150	灰棕色	重壤土	碎块状	8.7	11.7	0.95	1.31	49	1.1	236	20.9		
剖27	半淋溶土	褐土	潮褐土	黏质潮褐土	重壤质潮褐土	1	0—18	浅红棕色	重壤土	碎块状	8.7	8.5	0.70	1.06	35	1.3	171	30.6	E 114°57′34.6″ N 36°26′40.6″	83
						2	18—23	褐棕色	黏土	块状	8.6	8.5	0.70	1.06	35	1.3	171	30.6		
						3	23—70	黄棕色	重壤土	块状	8.6	0.7	0.70	0.31	32	4.6	239	33.6		
						4	70—150	红棕色	重壤土	碎块状	8.9	9.3	0.82	1.39	15	1.2	223	19.0		
剖28	半淋溶土	褐土	潮褐土	黏质潮褐土	重壤质体砂潮褐土	1	0—20	红棕色	重壤土	碎块状	8.4	7.0	0.57	1.27	9	1.2	143	18.4	E 114°56′46.0″ N 36°26′19.7″	95
						2	20—25	红棕色	砂壤土	屑粒状	8.5	4.0	0.23	1.21	26	0.5	50	11.1		
						3	25—75	红棕色	黏土	屑粒状	8.5	7.1	0.67	1.17	12	2.4	213	29.2		
						4	75—100	暗红棕色	重壤土	块状	9.0	7.8	0.61	1.17	35	2.7	238	31.1		
						5	100—150	暗红棕色	重壤土	块状										

续表 Continued

剖面号 Soil profile	土纲 Soil order	土类 Soil great group	亚类 Soil subgroup	土属 Soil genus	土种 Soil species	土层码 Layer code	土层厚度 Depth/cm	颜色 Soil color	质地 Soil texture	土壤结构 Soil structure	pH	有机质 OM/(g/kg)	全氮 TN/(g/kg)	全磷 TP/(g/kg)	碱解氮 AN/(mg/kg)	有效磷 AP/(mg/kg)	速效钾 AK/(mg/kg)	阳离子交换量 CEC/(cmol/kg)	剖面点坐标 Profile coordinate	匹配指数 Matching index/%
剖29	半淋溶土	褐土	潮褐土	黏质潮褐土	重壤质底砂潮褐土	1	0—20	浅红棕色	重壤土	屑状	9.1	11.9	0.83	1.42	29	1.6	238	22.5	E 114°58′04.8″ N 36°26′10.0″	90
						2	20—24	浅红棕色	重壤土	块状	8.8	9.3	0.71	1.27	21	1.2	200	26.5		
						3	24—50	浅红棕色	重壤土	块状	8.8	9.3	0.71	1.27	21	1.2	200	26.5		
						4	50—120	浅黄棕色	砂壤土	屑粒状	8.6	2.8	0.31	1.23	48	0.9	54	12.1		
						5	120—150	红棕色	黏土	块状	8.4	7.6	0.59	1.15	68	0.9	154	24.3		
剖30	半水成土	潮土	潮土	壤质潮土	轻壤质底黏潮土	1	0—20	浅黄棕色	轻壤土	屑状	8.4	7.6	0.61	1.39	19	4.1	133	12.5	E 115°02′19.0″ N 36°29′24.0″	92
						2	20—60	浅黄棕色	轻壤土	屑状	8.3	2.7	0.26	1.09	28	0.3	59	10.4		
						3	60—91	浅黄棕色	轻壤土	屑状	8.4	2.2	0.20	1.15	13	1.2	46	10.7		
						4	91—150	红棕色	黏土	块状	8.3	5.1	0.53	1.00	28	1.2	170	26.1		
剖31	半水成土	潮土	潮土	壤质潮土	中壤质潮土	1	0—20	褐棕色	中壤土	碎屑状	9.0	10.9	0.69	1.47	28	4.1	233	19.2	E 115°01′19.3″ N 36°29′09.4″	80
						2	20—75	浅红棕色	重壤土	块状	8.7	8.7	0.73	1.22	43	1.7	240	31.3		
						3	75—150	黄棕色	轻壤土	屑粒状	8.7	4.0	0.30	1.33	42	1.6	58	9.8		
剖32	半水成土	潮土	潮土	壤质潮土	重壤质体砂潮土	1	0—15	浅红棕色	重壤土	碎块状									E 115°01′46.9″ N 36°28′34.5″	87
						2	15—23	浅红棕色	重壤土	碎块状										
						3	23—42	浅黄棕色	重壤土	块状										
						4	42—150	浅黄棕色	砂壤土	屑粒状										
剖33	半淋溶土	褐土	潮褐土	黏质潮褐土	重壤质体砂潮褐土	1	0—20	褐棕色	重壤土	屑状									E 115°00′08.6″ N 36°27′11.5″	70
						2	20—40	浅红棕色	轻壤土	屑状										
						3	40—59	灰棕色	砂壤土	粒状										
						4	59—102	浅灰棕色	重壤土	块状										
						5	102—135	红棕色	重壤土	块状										
						6	135—150	红棕色	黏土	块状										

馆 陶 县

主要土类说明

潮土是馆陶县主要土壤类型，占本县地域面积的 98%。潮土主要位于冲积平原，所处地带地形平坦开阔，由南向北微度倾斜。成土母质以黄河、漳河、卫河沉积物为主，母质富含石灰。土壤地下水埋藏深度多在 7m 左右，地下水活动直接参与成土过程。土壤地下水变化幅度随气候与干湿季节的变化而异。地下水升降频繁，加剧了土壤中干湿交替作用，使土壤中氧化还原过程交替发生，从而促进了土壤中物质的溶解、移动和聚积。特别是铁，湿时还原为低价，变为易溶态，移动性强，干时氧化形成不溶态，积聚显著，在剖面中，沿结构面或孔隙壁普遍形成锈色斑纹。

小于本县地域面积 3% 的土壤类型还有风沙土等。

本区域中心区气候特征

本区域中心区气候特征值
Regional climate characteristics in central area of the region

气候带：暖温带亚湿润气候 Climate region: Warm temperate subhumid climate	
年平均气温 /℃ Annual average temperature /℃	14.1
年平均最高气温 /℃ Annual average maximum temperature /℃	19.5
年平均最低气温 /℃ Annual average minimum temperature /℃	9.4
年降水量 /mm Annual precipitation /mm	583
≥10℃的积温 /℃ Daily temperature accumulated in a year (≥10℃) /℃	5134
年日照时数 /h Annual sunshine /h	2399
年平均相对湿度 /% Annual average relative humidity /%	63
干燥度 Dryness	1.44

馆陶县主要土壤类型与土壤剖面点分布图
1 : 150 000

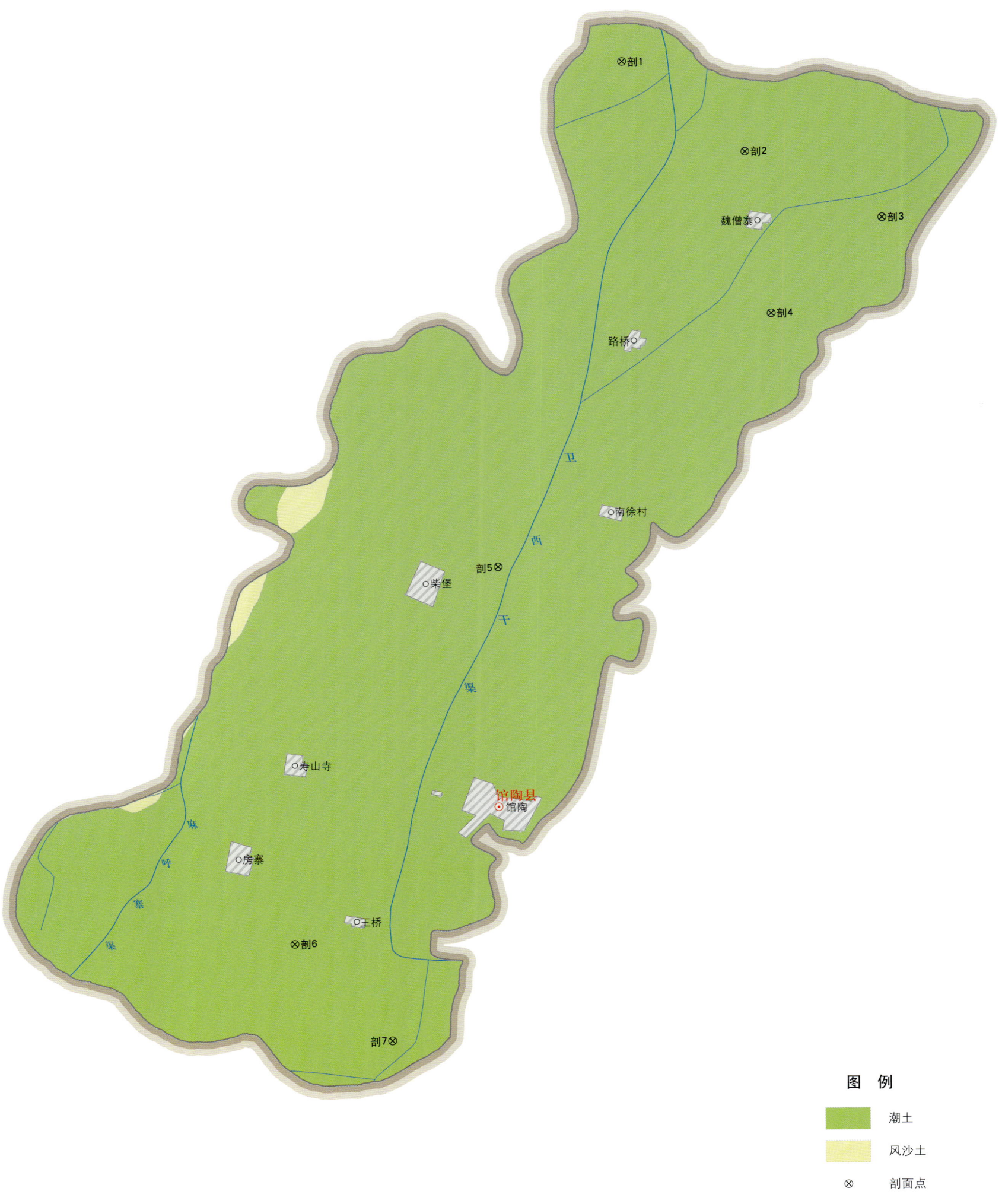

馆陶县土壤剖面理化性状表

剖面号 Soil profile	土纲 Soil order	土类 Soil great group	亚类 Soil subgroup	土属 Soil genus	土种 Soil species	土层码 Layer code	土层厚度 Depth/cm	颜色 Soil color	质地 Soil texture	土壤结构 Soil structure	pH	有机质 OM/(g/kg)	全氮 TN/(g/kg)	全磷 TP/(g/kg)	全钾 TK/(g/kg)	碱解氮 AN/(mg/kg)	有效磷 AP/(mg/kg)	速效钾 AK/(mg/kg)	阴离子交换量CEC/(cmol/kg)	剖面点坐标 Profile coordinate	匹配指数 Matching index/%
剖1	半水成土	潮土	潮土	壤质潮土	轻壤质底砂质潮土	1	0—20	浅黄棕色	轻壤土	屑粒状	8.3	6.8	0.43	1.20	14.5	40	1.4	150	10.1	E 115°20′00.3″ N 36°46′06.1″	85
						2	20—51	浅黄棕色	轻壤土	屑粒状	8.6	4.3	0.33	1.29	13.7	17	0.8	58	10.8		
						3	51—85	黄棕色	砂土	单粒状	8.7	3.4	0.28	1.06	14.6	18	1.4	58	12.8		
						4	85—150	红棕色	重壤土	碎块状	8.3	6.8	0.43	1.11	16.6	28	3.0	196	26.7		
剖2	半水成土	潮土	潮土	壤质潮土	轻壤质砂质潮土	1	0—16	浅红棕色	中壤土	碎块状	8.5	8.7	0.67		16.7	39	1.6	166	16.2	E 115°22′48.0″ N 36°44′28.0″	71
						2	16—32	浅红棕色	中壤土	碎块状	8.5	8.0	0.61	1.22	16.9	33	1.3	151	17.2		
						3	32—84	红棕色	重壤土	块状	8.4	7.6	0.47	1.08	16.5	28	1.0	166	24.6		
						4	84—115	黄棕色	砂壤土	单粒状	8.4	3.1	0.30	1.10	13.6	51	1.3	66	11.9		
						5	115—150	红棕色	重壤土	块状	8.3	8.1	0.63	1.00	16.7	30	0.9	203	29.4		
剖3	半水成土	潮土	潮土	砂质潮土	砂质潮土	1	0—18	浅黄棕色	砂土	单粒状	8.9	4.0	0.27	1.12		22	1.4	66	8.9	E 115°25′53.7″ N 36°43′16.2″	80
						2	18—120	浅红棕色	砂壤土	单粒状	8.5	3.3	0.27	1.11		18	1.4	54	12.3		
						3	120—150	浅黄棕色	中壤土	屑粒状	8.6	4.1	0.36	1.05		21	1.4	88	15.8		
剖4	半水成土	潮土	潮土	壤质潮土	轻壤质底中壤潮土	1	0—20	浅黄棕色	轻壤土	屑粒状	8.6	8.4	0.60	1.46	14.0	43	2.9	108	10.8	E 115°23′26.3″ N 36°41′26.9″	90
						2	20—40	黄棕色	轻壤土	屑粒状	8.5	4.7	0.30	1.46	14.1	26	1.4	80	9.3		
						3	40—55	浅红棕色	中壤土	碎块状	8.7	5.4	0.49	1.39	14.9	32	0.8	87	9.1		
						4	55—82	红棕色	中壤土	碎块状	8.5	6.5	0.52	1.35	14.5	35	1.1	104	15.9		
						5	82—150	黄棕色	砂壤土	单粒状	8.4	1.8	0.10	1.24	12.5	13	0.7	40	4.9		
剖5	半水成土	潮土	潮土	壤质潮土	轻壤质潮土	1	0—20	浅黄棕色	轻壤土	屑粒状	8.4	7.4	0.50	1.46		35	4.7	121	8.4	E 115°17′22.9″ N 36°36′39.6″	94
						2	20—38	浅黄棕色	轻壤土	屑粒状	8.6	5.2	0.47	1.37		24	2.6	106	8.5		
						3	38—79	浅黄棕色	轻壤土	碎块状	9.0	5.0	0.43	1.26		21	1.4	98	9.8		
						4	79—116	浅黄棕色	中壤土	碎块状	8.5	2.7	0.20	1.21		16	1.3	57	7.1		
						5	116—150	黄棕色	砂土	单粒状	8.4	2.0	0.24	1.65		14	1.2	50	6.9		
剖6	半水成土	潮土	潮土	壤质潮土	轻壤质底黏质潮土	1	0—19	浅黄棕色	轻壤土	屑粒状	8.4	8.0	0.30	1.38	14.6	35	4.2	143	12.6	E 115°12′55.4″ N 36°29′36.0″	83
						2	19—63	浅黄棕色	砂壤土	屑粒状	8.5	3.6	0.30	1.09		17	1.3	55	13.5		
						3	63—93	浅红棕色	重壤土	碎块状	8.4	6.5	0.52	1.15		34	1.6	168	23.7		
						4	93—150	黄棕色	砂壤土	单粒状	8.3	3.9	0.40	1.38		23	1.0	85	10.7		
剖7	半水成土	潮土	潮土	黏质潮土	黏质潮土	1	0—17	浅红棕色	重壤土	屑粒状	8.3	8.2	0.66	1.15	14.6	35	1.5	157	20.7	E 115°15′08.1″ N 36°27′50.1″	93
						2	17—108	浅红棕色	重壤土	块状	8.3	7.5	0.61	1.20	14.4	32	1.3	157	25.8		
						3	108—150	灰黄棕色	轻壤土	屑粒状	8.4	3.8	0.29	1.23	15.6	19	1.2	62	11.7		

魏 县

主要土类说明

潮土是魏县主要土壤类型，占本县地域面积的76%。潮土是一种半水成的非地带性土壤，主要分布在河谷滩地和冲积平原。潮土发育在近代河流冲积物上，土层深厚，冲积物的沉积层次明显，其成土过程与地下水位紧密相关，地下水位一般为1—3m。由于地下水参与成土过程，土壤中的铁、锰处于氧化还原状态，在剖面中形成氧化还原层，特征为锈色斑纹。同时由于地下水位较高，土壤表层出现白天干燥、夜间返潮的现象，在这样干湿交替的条件下，形成潮土。表层为腐殖质层，呈灰棕色，有机质含量在10—20g/kg；耕作层和犁底层厚度在20—30cm；氧化还原层具有一定的锈色斑纹，通体有石灰反应。在古河道形成的缓岗中上部，地下水埋藏较深，土壤脱离地下水影响的时间较长，土壤中有碳酸钙的淀积，出现假菌丝体，其锈色斑纹仍残存。在向洼地中心过渡的缓斜平地下部，地下水埋藏较浅，而且多见中厚层夹黏层，有滞水现象，水质较差，土壤出现不同程度的积盐。在洼地中心，地下水位浅，在1—1.5m，土壤除有锈色斑纹外，下层还产生灰蓝色的潜育层。

褐土是魏县第二大土壤类型，占本县地域面积的22%。褐土是暖温带半湿润区发育形成的具有黏化与钙质淋溶特征的土壤。植被多为旱生阔叶林及灌木草本，有楸树、柿、核桃、油松、侧柏、洋槐、山皂荚、胡枝子、酸枣、荆条、菅草、白草等。由于所处地势较高，排水良好，成土过程不受地下水的影响，雨季有自上而下程度不剧烈的水分淋溶，表土黏粒随水下移，心土有黏化现象，黏化层为褐土土类的诊断土层，表层碳酸钙随水下移，常在心土层形成假菌丝体，底土中有时形成碳酸钙结核。土壤经常处于良好通气状态，土色以褐色、棕褐色为主，土壤呈中性至微碱性。

本区域中心区气候特征

本区域中心区气候特征值
Regional climate characteristics in central area of the region

气候带：暖温带亚湿润气候 Climate region: Warm temperate subhumid climate	
年平均气温 /℃ Annual average temperature /℃	14.1
年平均最高气温 /℃ Annual average maximum temperature /℃	19.6
年平均最低气温 /℃ Annual average minimum temperature /℃	9.3
年降水量 /mm Annual precipitation /mm	575
≥10℃的积温 /℃ Daily temperature accumulated in a year（≥10℃）/℃	5159
年日照时数 /h Annual sunshine /h	2321
年平均相对湿度 /% Annual average relative humidity /%	65
干燥度 Dryness	1.46

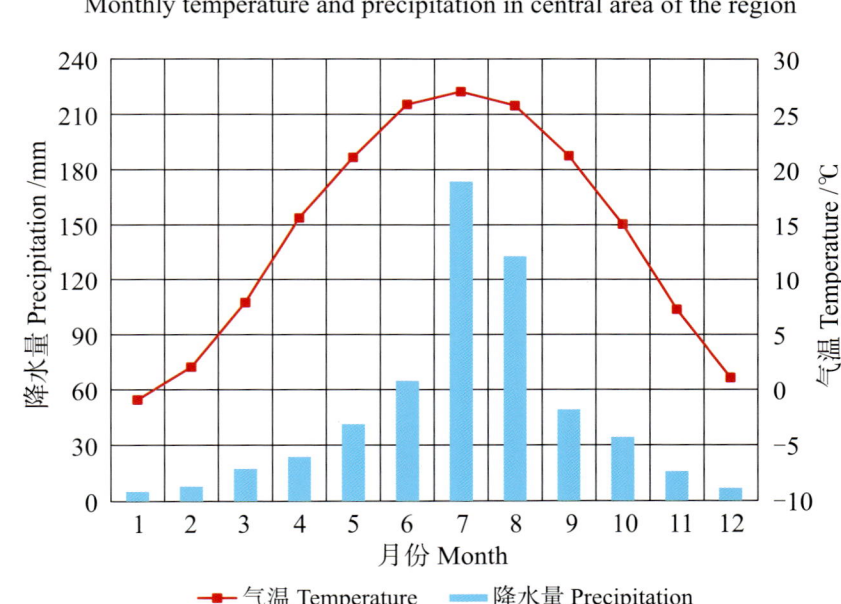

本区域中心区月平均气温与月平均降水量
Monthly temperature and precipitation in central area of the region

魏县主要土壤类型与土壤剖面点分布图
1∶160 000

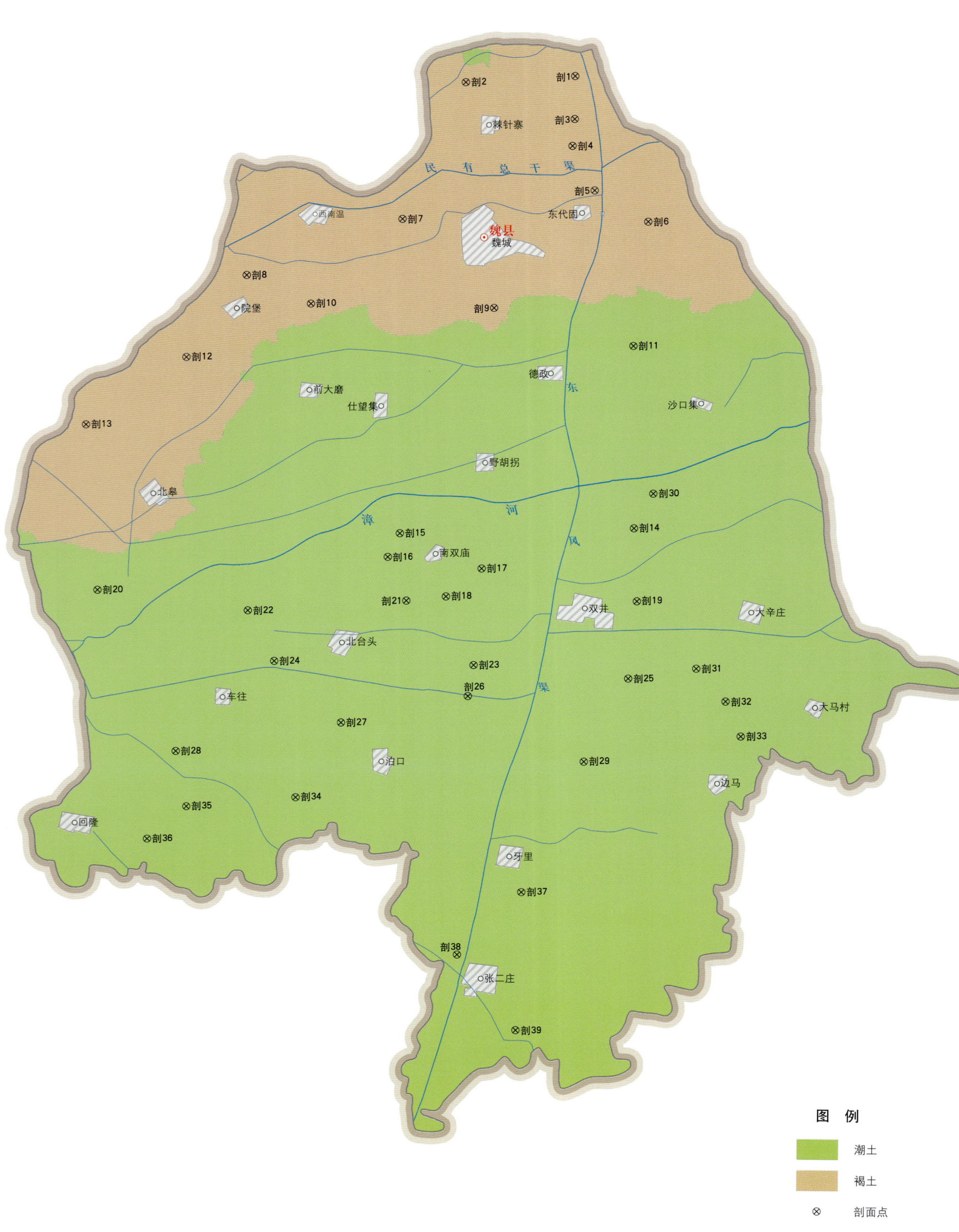

图 例
- 潮土
- 褐土
- ⊗ 剖面点

魏县土壤剖面理化性状表

剖面号 Soil profile	土纲 Soil order	土类 Soil great group	亚类 Soil subgroup	土属 Soil genus	土种 Soil species	土层码 Layer code	土层厚度 Depth/cm	颜色 Soil color	质地 Soil texture	土壤结构 Soil structure	pH	有机质 OM/(g/kg)	全氮 TN/(g/kg)	全磷 TP/(g/kg)	全钾 TK/(g/kg)	碱解氮 AN/(mg/kg)	有效磷 AP/(mg/kg)	速效钾 AK/(mg/kg)	阳离子交换量CEC/(cmol/kg)	剖面点坐标 Profile coordinate	匹配指数 Matching index/%
剖1	半淋溶土	褐土	潮褐土	黏质潮褐土	重壤质潮褐土	1	0—20	灰棕色	重壤土	碎块状										E 114°57′59.0″ N 36°25′08.4″	78
						2	20—60	棕色	重壤土	块状											
						3	60—120	暗棕色	重壤土	碎块状											
						4	120—150	暗棕色	重壤土	碎块状											
剖2	半淋溶土	褐土	潮褐土	黏质潮褐土	重壤质潮底砂土	1	0—20	暗棕色	重壤土	块状										E 114°55′10.9″ N 36°24′57.6″	84
						2	20—74	灰黄棕色	砂壤土	块状											
						3	74—120	灰黄棕色	重壤土	块状											
						4	120—150	暗红棕色	重壤土	小块状											
剖3	半淋溶土	褐土	潮褐土	壤质潮褐土	轻壤质夹黏潮褐土	1	0—19	浅棕色	轻壤土	碎屑状	9.0	6.6	0.39	1.11	20.0	60	3.4	100	14.3	E 114°57′59.8″ N 36°24′13.3″	84
						2	19—35	浅黄棕色	轻壤土	碎屑状	8.5	5.8	0.31	1.13	19.0	67	2.1	83	14.1		
						3	35—46	浅红棕色	重壤土	碎块状	7.5	7.6	0.36	0.93	20.0	79	3.4	143	19.9		
						4	46—70	浅黄棕色	砂壤土	碎屑状	9.0	2.6	0.22	1.07	19.0	33	2.6	43	11.3		
						5	70—120	浅黄棕色	轻壤土	碎屑状	8.5	2.6	0.32	0.99	18.5	47	2.7	55	13.7		
						6	120—150	暗棕色	重壤土	块状	7.5	5.5	0.22	1.05	21.5	71	4.6	144	22.7		
剖4	半淋溶土	褐土	潮褐土	壤质潮褐土	中壤质潮底砂土	1	0—19	灰棕色	中壤土	碎屑状	7.5	9.0	0.85	1.30	24.0	77	3.8	105	13.6	E 114°57′57.6″ N 36°23′38.8″	87
						2	19—43	灰棕色	中壤土	碎屑状	7.5	5.2	0.34	1.23	22.0	61	1.6	88	15.2		
						3	43—60	浅红棕色	砂壤土	碎屑状	7.5	3.6	0.25	1.27	20.5	56	4.8	63	10.4		
						4	60—103	灰黄棕色	砂壤土	碎屑状	7.5	1.8	0.33	1.07	20.0	45	1.4	40	9.4		
						5	103—150	灰黄色	砂土	单粒状	7.5	0.6	0.19	1.42	19.3	42	1.8	30	6.7		
剖5	半淋溶土	褐土	潮褐土	壤质潮褐土	砂壤质潮褐土	1	0—24	浅棕色	砂壤土	碎屑状	8.0	9.2	7.85	1.75	20.0	113	5.1	140	13.3	E 114°58′33.2″ N 36°22′42.2″	97
						2	24—74	暗棕色	砂壤土	碎屑状	8.0	9.2	7.85	1.75	20.0	113	5.1	140	13.5		
						3	28—74	暗棕色	重壤土	块状	7.5	5.8	0.77	1.01	20.0	120	0.8	111	19.5		
						4	74—104	灰黄棕色	轻壤土	碎屑状	7.5	3.1	0.54	0.99	18.5	144	1.1	55	14.4		
						5	104—150	灰黄色	砂壤土	碎屑状	9.0	1.2	0.24	1.09	18.0	20	1.3	35	7.5		
剖6	半淋溶土	褐土	潮褐土	壤质潮褐土	中壤质潮褐土	1	0—20	灰黄棕色	中壤土	碎屑状	8.5	8.4	0.59	1.22	50.0	96	5.9	191	13.8	E 114°59′56.8″ N 36°22′03.7″	85
						2	20—94	暗黄棕色	重壤土	碎屑状	9.0	2.6	0.46	1.11	18.5	65	1.4	63	11.1		
						3	94—130	灰棕色	中壤土	块状	7.5	4.7	0.57	1.17	20.0	91	3.8	135	11.4		
						4	130—150	灰黄色	砂壤土	碎屑状	9.0	2.4	0.36	1.25	20.0	68	4.2	65	11.4		
剖7	半淋溶土	褐土	潮褐土	砂质潮褐土	砂质潮褐土	1	0—19	黄褐色	砂壤土	碎屑状	7.5	6.3	0.59	1.38	20.5	71	4.2	128	11.3	E 114°53′39.1″ N 36°22′00.1″	75
						2	19—56	灰黄棕色	砂土	块状	8.0	4.5	0.50	1.22	20.5	58	1.4	80	14.0		
						3	56—150	暗黄棕色	砂土	粒状		2.3	0.35	1.11	20.0	56	1.3	45	12.8		
剖8	半淋溶土	褐土	潮褐土	壤质潮褐土	砂壤质潮褐土	1	0—20	灰黄色	砂土	粒状	8.5	1.4	0.18	1.05	20.0	39	1.8	43	9.0	E 114°49′42.0″ N 36°20′43.8″	88
						2	20—103	灰黄色	砂土	粒状	8.5	2.5	0.27	0.97	19.0	42	1.6	53	9.3		
						3	103—150	黄色	砂土	粒状	8.5	0.8	0.11	1.08	18.5	32	1.3	43	6.9		
剖9	半淋溶土	褐土	潮褐土	壤质潮褐土	轻壤质潮黏土	1	0—20	灰黄棕色	中壤土	碎屑状	8.5	9.9	1.20	1.37	21.5	84	5.0	180	13.6	E 114°56′03.5″ N 36°20′09.6″	90
						2	20—33	暗黄棕色	重壤土	碎屑状	8.0	8.0	0.97	1.30	21.5	78	2.5	163	16.4		
						3	33—62	灰黄棕色	重壤土	块状	7.5	5.8	0.72	1.10	22.0	57	1.6	120	20.3		
						4	62—140	暗红棕色	重壤土	碎屑状	8.0	2.7	0.42	1.04	20.0	53	1.6	58	20.3		
						5	140—150	暗红棕色	黏土	块状	8.0	2.7	0.42	1.04	20.5	53	1.6	58	20.3		
剖10	半淋溶土	褐土	潮褐土	壤质潮褐土	轻壤质潮褐土	1	0—20	灰棕色	轻壤土	碎屑状	7.5	9.2	0.71	1.36	20.5	77	2.1	118	12.2	E 114°51′21.8″ N 36°20′09.4″	70
						2	20—50	浅灰棕色	轻壤土	碎屑状	7.5	4.7	0.55	0.80	19.5	55	2.5	75	20.3		
						3	50—94	浅灰棕色	砂壤土	碎屑状	7.5	2.3	0.32	1.01	19.0	50	2.2	48	11.6		
						4	94—150	黄棕色	轻壤土	碎屑状	7.0	2.8	0.27	1.01	19.0	59	2.5	58	12.7		

续表 Continued

剖面号 Soil profile	土纲 Soil order	土类 Soil great group	亚类 Soil subgroup	土属 Soil genus	土种 Soil species	土层码 Layer code	土层厚度/cm Depth/cm	颜色 Soil color	质地 Soil texture	土壤结构 Soil structure	pH	有机质 OM/(g/kg)	全氮 TN/(g/kg)	全磷 TP/(g/kg)	全钾 TK/(g/kg)	碱解氮 AN/(mg/kg)	有效磷 AP/(mg/kg)	速效钾 AK/(mg/kg)	阳离子交换量CEC/(cmol/kg)	剖面点坐标 Profile coordinate	匹配指数 Matching index/%
剖11	半水成土	潮土	潮土	黏质潮土	黏质潮土	1	0~20	灰棕色	重壤土	碎块状	7.5	10.3	0.83	1.35	23.0	114	9.6	200	23.4	E 114°59′38.8″ N 36°19′25.0″	100
						2	20~50	红棕色	重壤土	块状	7.0	14.7	1.15	1.54	23.5	128	15.0	400	21.5		
						3	50~150	暗红棕色	重壤土	块状	8.0	11.4	1.26	1.31	25.1	163	7.9	275	28.4		
剖12	半淋溶土	褐土	潮褐土	壤质潮褐土	轻壤质底黏潮褐土	1	0~31	浅灰棕色	轻壤土	屑状	8.5	7.6	0.64	1.28	20.0	85	3.3	93	12.0	E 114°48′13.3″ N 36°18′56.8″	81
						2	31~65	浅灰棕色	砂壤土	屑块状	8.0	1.8	0.32	1.05	12.0	55	2.4	36	8.1		
						3	65~100	灰棕色	重壤土	碎块状	8.0	5.5	0.51	0.90	20.1	96	2.7	121	22.2		
						4	100~113	浅灰棕色	轻壤土	碎屑状	8.5	3.1	0.33	0.94	18.5	50	3.3	73	13.1		
						5	113~136	暗灰棕色	重壤土	碎屑状	8.5	4.4	0.54	1.26	20.1	83	5.3	113	20.7		
剖13	半淋溶土	褐土	潮褐土	壤质潮褐土	轻壤质底砂潮褐土	1	0~27	浅灰棕色	轻壤土	碎屑状	8.0	7.0	0.58	1.29	20.0	78	4.0	85	10.8	E 114°45′41.8″ N 36°17′27.2″	77
						2	27~55	浅灰棕色	轻壤土	屑状	8.0	3.3	0.40	0.87	19.0	82	2.4	40	10.8		
						3	55~72	灰棕色	轻壤土	碎屑状	8.0	3.3	0.40	0.87	19.0	82	2.4	40	10.8		
						4	72~150	灰黄色	砂土	单粒状	8.5	0.8	0.15	1.09	20.0	34	2.0	24	7.5		
剖14	半水成土	潮土	潮土	壤质潮土	轻壤质体黏潮土	1	0~20		轻壤土	屑状										E 114°59′47.0″ N 36°15′32.0″	99
						2	20~39		重壤土	屑状											
						3	39~150		重壤土	块状											
剖15	半水成土	潮土	潮土	砂质潮土	砂壤质腰黏潮土	1	0~25	灰黄棕色	砂壤土	碎屑状	8.0	4.4	0.38	1.10	21.0	75	2.0	93	9.7	E 114°53′48.1″ N 36°15′18.4″	84
						2	25~65	灰棕色	重壤土	块状	7.5	5.5	0.61	1.21	23.0	51	1.7	106	19.3		
						3	65~94	灰棕色	砂壤土	粒状	7.5	3.2	0.33	1.17	21.0	20	1.8	45	9.8		
						4	94~105	灰黄棕色	砂土	散粒状	8.5	0.4	0.14	0.90	17.0	85	1.6	25	4.0		
剖16	半水成土	潮土	潮土	砂质潮土	砂质底黏潮土	1	0~42	浅灰棕色	砂土	单粒状	8.5	3.7	0.40	1.18	21.0	97	2.6	54	6.7	E 114°53′30.8″ N 36°14′47.8″	81
						2	42~58	浅灰棕色	轻壤土	碎屑状	8.5	2.6	0.52	1.20	24.0	134	7.0	39	8.1		
						3	58~150	暗棕色	重壤土	块状	7.0	8.8	0.97	1.26	26.0	219	2.9	190	24.3		
剖17	半水成土	潮土	潮土	壤质潮土	轻壤质腰黏潮土	1	0~25	浅灰棕色	轻壤土	屑状	8.5	12.5	0.93	1.65	21.0	92	44.0	121	12.8	E 114°55′55.2″ N 36°14′35.9″	98
						2	25~60	暗灰棕色	重壤土	块状	7.0	10.7	0.94	1.19	24.0	86	2.3	185	27.3		
						3	60~105	灰棕色	中壤土	块状	7.5	10.7	0.79	1.44	22.0	42	3.7	108	17.5		
						4	105~150	灰黄棕色	砂壤土	碎屑状	8.0	3.8	0.36	1.22	21.0	73	2.8	56	12.4		
剖18	半水成土	潮土	潮土	壤质潮土	中壤质夹砂潮土	1	0~20			碎粒状		8.6	0.78	1.35	22.0	70	2.4	156	6.0		E 114°55′01.9″ N 36°13′58.8″	95
						2	20~31				7.2	8.6	0.75	1.33	24.0	94	3.0	123	6.2		
						3	31~48					1.6	0.30	1.47	21.0	34	2.2	39	4.7		
						4	48~132					5.6	0.64	1.39	25.0	66	4.2	145	4.6		
						5	132~150					3.7	0.71	1.17	25.0	95	1.8	147	6.0		
剖19	半水成土	潮土	盐化潮土	硫酸盐氯化物盐化潮土	中壤质底砂重盐化潮土	1	0~5	灰棕色	中壤土	碎屑状	7.5	8.3	0.79	1.22	21.5	82	7.4	170	5.7	E 114°53′54.6″ N 36°13′58.8″	99
						2	5~10	灰棕色	中壤土	碎屑状	7.5	8.3	0.79	1.22	21.5	82	7.4	170	5.7		
						3	10~18	灰棕色	中壤土	碎屑状	7.5	8.3	0.79	1.22	21.5	82	7.4	170	5.7		
						4	18~30	灰棕色	中壤土	屑块状	8.0	6.7	0.72	1.19	22.5	174	5.1	144	5.5		
						5	30~60	浅灰棕色	轻壤土	屑块状	8.0	3.9	0.77	1.14	20.5	70	3.4	71	4.5		
						6	60~88	黄灰棕色	砂壤土	屑粒状	9.0	1.5	0.34	1.19	19.0	58	1.8	28	4.6		
						7	88~106	暗黄棕色	中壤土	屑块状	9.0	5.4	0.65	1.00	21.0	90	2.8	69	5.5		
						8	106~150	灰棕色	砂壤土	碎屑状	7.5	1.3	0.22	1.13	18.5	71	2.9	25	5.3		
剖20	半水成土	潮土	潮土	壤质潮土	砂壤质腰壤潮土	1	0~19	黄棕色	中壤土	碎屑状	8.0	3.2	0.37	1.14	19.0	59	2.7	40	3.0	E 114°46′06.6″ N 36°13′55.6″	100
						2	19~39	灰棕色	中壤土	屑块状	8.0	10.1	0.68	1.19	18.0	112	4.6	78	12.0		
						3	39~104	浅灰棕色	砂壤土	屑粒状	8.0	0.7	0.06	1.12	16.0	55	2.7	28	7.8		
						4	104~114	灰棕色	砂土	单粒状	8.0	1.2	0.21	1.44	18.5	59	2.6	23	7.2		
						5	114~150	灰棕色	轻壤土	碎块状	7.5	7.1	0.63	1.07	19.5	108	4.7	81	16.3		

续表 Continued

剖面号 Soil profile	土纲 Soil order	土类 Soil great group	亚类 Soil subgroup	土属 Soil genus	土种 Soil species	土层码 Layer code	土层厚度 Depth/cm	颜色 Soil color	质地 Soil texture	土壤结构 Soil structure	pH	有机质 OM/(g/kg)	全氮 TN/(g/kg)	全磷 TP/(g/kg)	全钾 TK/(g/kg)	碱解氮 AN/(mg/kg)	有效磷 AP/(mg/kg)	速效钾 AK/(mg/kg)	阳离子交换量CEC/(cmol/kg)	剖面点坐标 Profile coordinate	匹配指数 Matching index/%
剖21	半水成土	潮土	潮土	壤质潮土	轻壤质底黏潮土	1	0–19	浅灰棕色	轻壤土	屑粒状	7.5	8.5	0.55	1.88	22.5	63	2.8	103	6.1	E 114°54′01.1″ N 36°13′52.3″	73
						2	19–51	灰棕色	轻壤土	屑粒状	7.5	7.0	0.46	1.06	22.0	58	2.4	53	14.7		
						3	51–150	暗棕色	重壤土	块状	8.5	7.6	0.50	1.30	25.0	76	3.4	163	25.0		
剖22	半水成土	潮土	潮土	壤质潮土	砂壤质底黏潮土	1	0–20	浅灰棕色	砂壤土	屑粒状	8.5	3.5	0.36	1.64	20.0	45	4.2	63	8.0	E 114°49′58.4″ N 36°13′34.7″	95
						2	20–51	暗棕色	砂壤土	屑粒状	8.0	2.1	0.13	1.41	19.0	34	2.1	50	6.6		
						3	51–150	暗棕色	重壤土	块状	7.5	8.0	0.52	1.12	25.0	86	3.0	160	24.3		
剖23	半水成土	潮土	盐化潮土	氯化物硫酸盐盐化潮土	中壤质夹砂轻盐化潮土	1	0–5	灰棕色	中壤土	碎屑状		8.0	0.62	1.15	26.4	56	2.6	105	12.9	E 114°55′46.9″ N 36°12′31.7″	73
						2	5–10	灰棕色	中壤土	碎屑状		8.0	0.62	1.15	26.4	56	2.6	105	12.9		
						3	10–20	灰棕色	中壤土	碎屑状		8.0	0.62	1.15	26.4	56	2.6	105	12.9		
						4	20–34	灰黄色	轻壤土	屑状		5.6	0.70	1.14	12.2	69	1.2	88	15.3		
						5	34–53	灰棕色	砂土	单粒状		1.3	0.23	1.27	13.0	18	1.3	25	7.0		
						6	53–67	灰棕色	中壤土	碎块状		3.2	0.36	1.16	16.5	31	1.7	75	13.5		
						7	67–138	灰棕色	轻壤土	碎块状		3.5	0.49	1.16	21.1	28	2.1	68	12.0		
						8	138–150	灰棕色	轻壤土	碎块状		3.5	0.49	1.16	21.1	28	2.1	68	12.0		
剖24	半水成土	潮土	潮土	壤质潮土	中壤质底砂潮土	1	0–20	浅灰棕色	中壤土	碎块状	7.5	11.3	0.99	1.27	20.0	101	4.7	143	19.0	E 114°50′41.6″ N 36°12′30.2″	80
						2	20–53	灰棕色	重壤土	块状	7.0	7.6	0.75	1.10	23.0	92	3.3	120	21.4		
						3	53–150	灰黄色	砂土	单粒状	8.0	1.0	0.07	0.94	20.0	25	3.8	31	4.5		
剖25	半水成土	潮土	潮土	壤质潮土	轻壤质夹黏潮土	1	0–24	浅灰棕色	轻壤土	屑状	7.5	8.2	0.73	1.28	21.0	83	8.8	110	13.8	E 114°59′44.5″ N 36°12′19.4″	94
						2	24–41	灰棕色	轻壤土	屑状	8.0	4.5	0.72	1.00	19.5	58	2.1	130	10.7		
						3	41–60	灰棕色	重壤土	块状	8.0	8.5	0.88	1.05	22.0	85	4.1	155	22.7		
						4	60–102	灰棕色	中壤土	单粒状	7.0	8.4	0.78	1.05	12.5	44	3.5	144	14.3		
						5	102–150	灰棕色	中壤土	碎块状	7.5	4.3	0.70	1.06	19.5	85	2.6	93	20.7		
剖26	半水成土	潮土	潮土	壤质潮土	轻壤质轻盐化潮土	1	0–5	灰棕色	轻壤土	碎屑状	8.0	7.5	0.49	1.34	22.5	66	3.6	127	13.4	E 114°55′39.4″ N 36°11′51.7″	95
						2	5–10	灰棕色	轻壤土	碎屑状	8.0	7.5	0.49	1.34	22.5	66	3.6	127	13.4		
						3	10–20	灰棕色	轻壤土	碎屑状	8.0	7.5	0.49	1.34	22.5	66	3.6	127	13.4		
						4	20–100	灰棕色	砂壤土	碎块状	8.0	3.2	0.21	1.14	21.0	45	2.7	60	10.6		
						5	100–150	灰黄棕色	轻壤土	碎块状	7.5	1.9	0.34	1.09	20.0	33	1.8	48	9.5		
剖27	半水成土	潮土	潮土	壤质潮土	轻壤质底砂潮土	1	0–26	浅灰棕色	轻壤土	屑状	7.5	15.3	1.07	1.59	24.0	111	12.9		16.4	E 114°52′26.8″ N 36°11′13.9″	93
						2	26–50	灰棕色	砂土	单粒状	8.0	3.3	0.36	1.09	23.0	54	2.6	44	9.2		
						3	50–97	灰棕色	砂土	单粒状	8.0	1.0	0.16	1.26	20.0	25	3.6	38	7.2		
						4	97–150	灰棕色	重壤土	块状	7.0	6.5	0.72	1.16	25.0	75	2.7	150	24.2		
剖28	半水成土	潮土	潮土	黏质潮土	黏质底砂潮土	1	0–20	灰黄棕色	重壤土	屑粒状	8.0	12.1	0.76	1.34	26.4	104	5.0	188	21.7	E 114°48′14.4″ N 36°10′31.8″	73
						2	20–53	灰黄棕色	重壤土	屑粒状	7.5	8.2	0.35	1.12	26.4	87	1.8	146	24.4		
						3	53–65	灰灰棕色	中壤土	碎屑状	7.5	5.8	0.44	1.24	21.0	54	2.5	79	14.4		
						4	65–150	灰灰棕色	轻壤土	碎块状	8.0	0.6	0.22	1.39	25.0	26	2.6	34	6.9		
剖29	半水成土	潮土	潮土	壤质潮土	砂质潮潮土	1	0–18	浅灰棕色	砂土	单粒状	8.5	2.0	0.22	1.24	20.5	35	2.7	45	11.4	E 114°58′40.4″ N 36°10′31.8″	86
						2	18–63	浅灰棕色	砂土	单粒状	8.0	0.3	0.12	1.09	23.0	27	1.2	28	3.9		
剖30	半水成土	潮土	潮土	砂质潮土	砂质潮潮土	1	0–5	灰黄棕色	砂土	碎块状	8.0	9.2	0.66	1.35	22.0	70	10.3	106	10.9	E 115°00′15.5″ N 36°16′16.7″	100
						2	5–10	灰棕色	中壤土	碎块状	8.0	9.2	0.66	1.35	22.0	70	10.3	106	10.9		
						3	10–20	灰棕色	中壤土	碎块状	8.0	9.2	0.66	1.35	22.0	70	10.3	106	10.9		
剖31	半水成土	潮土	盐化潮土	硫酸盐氯化物盐化潮土	中壤质中盐化潮土	4	20–35	暗灰棕色	中壤土	碎块状	7.0	6.5	0.42	1.08	23.0	76	2.9	115	19.1	E 115°01′28.7″ N 36°12′34.3″	82
						5	35–130	暗灰棕色	轻壤土	块状	8.0	2.4	0.15	1.25	21.5	44	2.8	53	9.4		
						6	130–150	暗棕色	重壤土	块状	7.5	5.9	0.70	1.07	25.1	81	6.3	158	25.9		

续表 Continued

剖面号 Soil profile	土纲 Soil order	土类 Soil great group	亚类 Soil subgroup	土属 Soil genus	土种 Soil species	土层码 Layer code	土层厚度 Depth/cm	颜色 Soil color	质地 Soil texture	土壤结构 Soil structure	pH	有机质 OM/(g/kg)	全氮 TN/(g/kg)	全磷 TP/(g/kg)	全钾 TK/(g/kg)	碱解氮 AN/(mg/kg)	有效磷 AP/(mg/kg)	速效钾 AK/(mg/kg)	阳离子交换量CEC/(cmol/kg)	剖面点坐标 Profile coordinate	匹配指数 Matching index/%
剖32	半水成土	潮土	潮土	黏质潮土	黏质底壤潮土	1	0—19	灰棕色	重壤土	碎块状	7.5	10.4	1.07	1.38	20.0	102	13.9	204	18.6	E 115°02′15.3″ N 36°11′52.9″	98
						2	19—52	灰棕色	重壤土	块状	7.5	9.7	1.03	1.45	21.5	112	14.5	188	20.1		
						3	52—104	浅灰棕色	轻壤土	屑块状	8.0	5.7	0.77	1.45	18.5	60	4.2	85	10.7		
						4	104—150	灰黄棕色	中壤土	碎块状	7.0	6.8	0.75	1.32	21.0	94	7.0	163	18.0		
剖33	半水成土	潮土	潮土	壤质潮土	中壤质潮土	1	0—26	灰黄棕色	中壤土	碎块状	8.5	9.5	0.73	1.22	20.0	97	19.5	134	12.9	E 115°02′40.0″ N 36°11′09.3″	75
						2	26—64	灰棕色	中壤土	块状	8.5	4.2	0.48	1.19	20.5	73	2.6	71	11.7		
						3	64—122	红棕色	重壤土	块状	7.5	5.8	0.39	0.94	22.0	110	2.6	123	20.1		
						4	122—150	灰黄棕色	轻壤土	碎块状	8.0	3.8	0.43	0.87	19.0	76	2.9	60	10.8		
剖34	半水成土	潮土	潮土	壤质潮土	轻壤质潮土	1	0—24	浅灰棕色	轻壤土	屑状										E 114°51′20.5″ N 36°09′36.8″	90
						2	24—50	浅灰棕色	轻壤土	碎粒状											
						3	50—150	浅灰棕色	砂壤土	屑粒状											
剖35	半水成土	潮土	潮土	壤质潮土	轻壤质砂体潮土	1	0—20	灰黄棕色	轻壤土	屑状	7.5	6.9	0.54	1.27	20.0	61	2.5	91	10.3	E 114°48′33.5″ N 36°09′21.2″	80
						2	20—37	灰黄棕色	轻壤土	碎块状	7.5	4.2	0.45	1.31	20.0	54	2.5	66	10.6		
						3	37—107	灰黄色	砂土	单粒状	8.0	0.4	0.14	1.18	21.0	23	1.6	39	6.0		
						4	107—150	浅灰棕色	砂壤土	屑粒状	8.0	0.9	0.15	1.41	20.0	52	1.1	33	5.9		
剖36	半水成土	潮土	潮土	壤质潮土	轻壤质腰砂潮土	1	0—20	浅灰棕色	轻壤土	屑块状	8.0	8.8	0.65	1.27	22.0	74	2.9	78	11.9	E 114°47′34.8″ N 36°08′37.7″	92
						2	20—45	浅黄棕色	轻壤土	屑粒状	8.0	5.3	0.44	1.22	21.0	58	1.7	53	10.8		
						3	45—72	灰黄色	砂土	单粒状	8.5	0.7	0.13	1.21	21.0	26	2.2	24	6.4		
						4	72—150	暗棕色	重壤土	块状	7.0	9.7	0.71	1.33	23.0	88	8.9	185	26.8		
剖37	半水成土	潮土	潮土	壤质潮土	中壤质腰砂潮土	1	0—20	灰棕色	中壤土	碎屑状	7.5	9.5	0.49	1.05	21.5	77	2.4	103	14.2	E 114°57′10.4″ N 36°07′41.9″	77
						2	20—33	灰棕色	中壤土	碎块状	7.5	8.3	0.18	1.00	20.5	109	1.7	85	14.2		
						3	33—55	暗棕色	砂土	单粒状	8.0	1.3	0.66	0.96	22.5	35	3.9	75	14.0		
						4	55—75	暗棕色	重壤土	块状	7.5	6.0	0.37	1.18	20.0	85	2.8	115	19.3		
						5	75—120	浅灰棕色	轻壤土	碎块状	7.0	2.9	0.44	1.08	24.0	41	3.7	45	15.9		
						6	120—150	暗棕色	重壤土	块状	7.5	5.8	1.03	1.44	19.5	73	7.2	113	21.8		
剖38	半水成土	潮土	潮土	黏质潮土	黏质底砂潮土	1	0—20	红棕色	重壤土	块状	7.5	12.6	0.72	1.15	23.0	125	1.8	188	22.3	E 114°55′35.0″ N 36°06′19.8″	80
						2	20—47	红棕色	重壤土	块状	7.5	7.6	0.30	1.19	23.0	109	2.4	116	18.9		
						3	47—78	灰黄棕色	砂壤土	屑粒状	8.5	1.9	0.44	1.05	25.0	57	14.8	38	8.4		
						4	78—150	灰黄棕色	轻壤土	屑粒状	8.0	4.4	0.81	1.37	22.0	110	2.7	83	13.3		
剖39	半水成土	潮土	潮土	黏质潮土	黏质体砂潮土	1	0—20	灰棕色	重壤土	块状	8.5	10.1	0.81	1.21	22.0	87	1.8	173	21.5	E 114°57′07.9″ N 36°04′46.2″	93
						2	20—34	灰棕色	重壤土	屑粒状	7.5	8.8	0.21	1.16	23.0	89	2.7	158	22.0		
						3	34—107	灰棕色	砂壤土	屑粒状	8.5	1.4	0.56	1.10	22.0	37	1.8	50	8.1		
						4	107—150	暗棕色	重壤土	块状	8.5	5.3			24.0	92	5.3	110	16.0		

曲 周 县

主要土类说明

潮土是曲周县主要土壤类型，占本县地域面积的93%。潮土是一种半水成的非地带性土壤，主要分布在河谷滩地和冲积平原。潮土发育在近代河流冲积物上，土层深厚，冲积物的沉积层次明显，其成土过程与地下水紧密相关，地下水位一般为1—3m。由于地下水参与成土过程，土壤中的铁、锰处于氧化还原状态，在剖面中形成氧化还原层，特征为锈色斑纹。同时，由于地下水位较高，土壤表层出现白天干燥、夜间返潮的现象，在这样干湿交替的条件下，形成潮土。其剖面特征一般是：表层为腐殖质层，呈灰棕色，有机质含量在10—20g/kg；耕作层和犁底层厚度在20—30cm；氧化还原层具有一定的锈色斑纹，通体有石灰反应。在古河道形成的缓岗中上部，地下水埋藏较深，土壤脱离地下水位影响的时间较长，土壤中有碳酸钙的淀积，出现假菌丝体，其锈色斑纹仍残存。在向洼地中心过渡的缓斜平地下部，地下水埋藏较浅，而且多见中厚层夹黏层，有滞水现象，水质较差，土壤出现不同程度的积盐。在洼地中心，地下水位浅，在1.0—1.5m，土壤除有锈色斑纹外，下层还产生灰蓝色的潜育层。

草甸盐土是曲周县第二大土壤类型，占本县地域面积的4%。草甸盐土分布在扇形平原下部和扇缘，地面和地下径流滞缓或汇集的地区，地势低平，多呈零星分布。本土类是在半干旱气候条件下形成的，地下水中的可溶性盐分在蒸发作用下于地表积累，使土壤盐渍化，形成盐土。本县的草甸盐土，成土母质为河流冲积物，土层深厚。由于季节性气候的影响，夏季降水较多而集中，盐分的淋溶作用较强，土壤产生季节性脱盐，春、秋、冬季降水较少，特别是春季干旱多风，蒸发量大，地表盐分积累较多，出现0.5—2cm厚的盐结皮。表层0—20cm土层所含的盐分主要为氯化物和硫酸盐，全盐含量大于1%，作物不能生长，只能生长盐生植被，如盐蓬、碱蓬。草甸盐土与盐化潮土呈复区分布。

小于本县地域面积3%的土壤类型还有褐土和风沙土等。

本区域中心区气候特征

本区域中心区气候特征值
Regional climate characteristics in central area of the region

气候带：暖温带亚湿润气候 Climate region: Warm temperate subhumid climate	
年平均气温 /℃ Annual average temperature /℃	14.1
年平均最高气温 /℃ Annual average maximum temperature /℃	19.5
年平均最低气温 /℃ Annual average minimum temperature /℃	9.4
年降水量 /mm Annual precipitation /mm	583
≥10℃的积温 /℃ Daily temperature accumulated in a year (≥10℃) /℃	5093
年日照时数 /h Annual sunshine /h	2387
年平均相对湿度 /% Annual average relative humidity /%	63
干燥度 Dryness	1.46

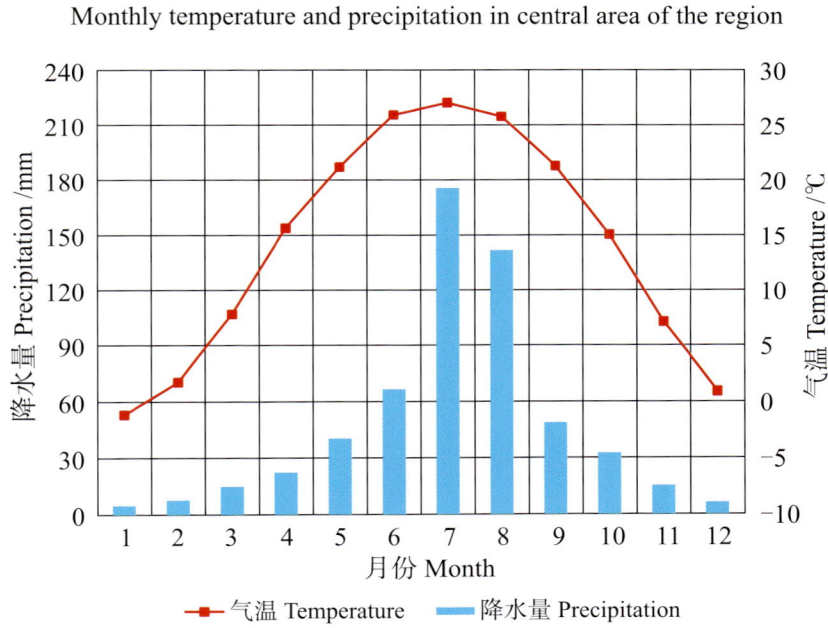

本区域中心区月平均气温与月平均降水量
Monthly temperature and precipitation in central area of the region

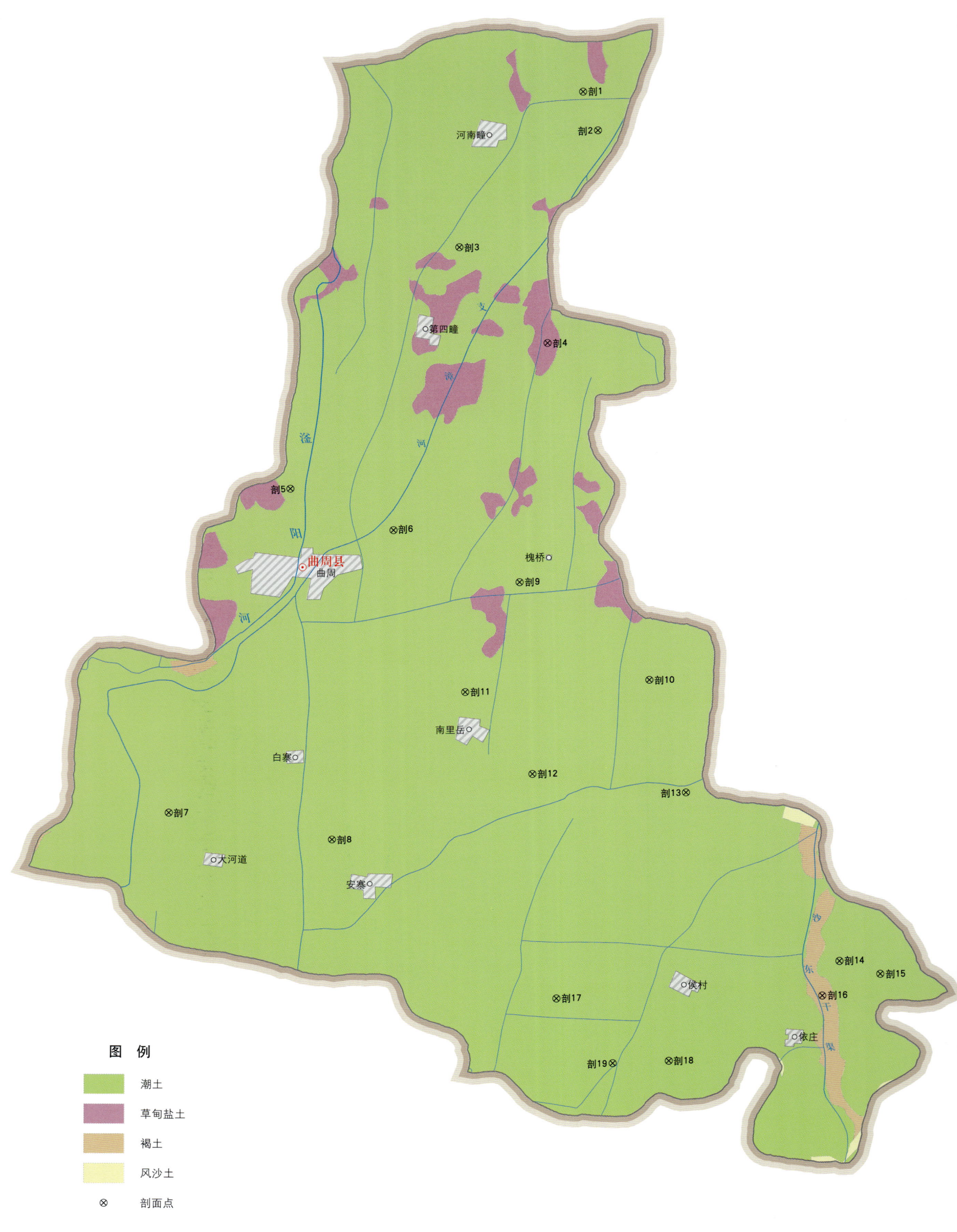

曲周县土壤剖面理化性状表

剖面号 Soil profile	土纲 Soil order	土类 Soil great group	亚类 Soil subgroup	土属 Soil genus	土种 Soil species	土层码 Layer code	土层厚度 Depth/cm	颜色 Soil color	质地 Soil texture	土壤结构 Soil structure	有机质 OM/(g/kg)	全氮 TN/(g/kg)	全磷 TP/(g/kg)	阳离子交换量CEC/(cmol/kg)	剖面点坐标 Profile coordinate	匹配指数 Matching index/%
剖1	半水成土	潮土	盐化潮土	硫酸盐氯化物盐化潮土	重盐化中壤质硫酸盐氯化物盐化潮土	1	0—20	浅棕色	中壤土	块状	8.8	0.49	0.37	16.7	E 115°03′53.2″ N 36°56′38.9″	81
						2	20—43	浅棕色	重壤土	块状	5.2	0.35	0.17	13.2		
						3	43—150	浅灰棕色	砂壤土	屑粒状	2.5	0.18	0.31	7.2		
剖2	半水成土	潮土	潮土	壤质潮土	中壤质底砂化潮土	1	0—20	浅棕色	中壤土	屑粒状	5.7	0.35	1.21	6.6	E 115°04′16.5″ N 36°55′51.9″	78
						2	20—32	浅棕色	中壤土	屑粒状	5.3	0.31	1.18	6.2		
						3	32—75	浅棕色	中壤土	屑粒状	5.3	0.31	1.18	6.2		
						4	75—150	灰棕色	砂土	单粒状	2.9	0.12	1.29	5.8		
剖3	半水成土	潮土	盐化潮土	硫酸盐氯化物盐化潮土	中盐化轻壤质氯化物硫酸盐化潮土	1	0—20	灰棕色	轻壤土	屑粒状	7.6	0.48	1.13	2.6	E 115°00′52.7″ N 36°53′24.1″	92
						2	20—80	棕色	轻壤土	屑粒状	3.8	0.16	1.04	6.1		
						3	80—95	褐棕色	黏土	块状	6.0	0.47	0.91	13.6		
						4	95—150	灰棕色	轻壤土	屑粒状	5.1	0.28	1.20	7.7		
剖4	盐碱土	草甸盐土	内陆盐土	壤质硫酸盐氯化物内陆盐土		1	0—20	浅棕褐色	轻壤土	粒状	5.2	0.27	1.20	2.3	E 115°03′07.4″ N 36°51′28.4″	96
						2	20—150	浅棕褐色	轻壤土	粒状	2.9	0.20	1.22			
剖5	半水成土	潮土	盐化潮土	氯化物硫酸盐化潮土	中盐化轻壤质氯化物硫酸盐化潮土	1	0—20	浅棕褐色	轻壤土	粒状	5.0	0.27	1.08	10.5	E 114°56′48.3″ N 36°48′21.8″	94
						2	20—40	浅棕褐色	砂壤土	粒状	3.1	0.18	0.88			
						3	40—51	红棕色	黏土	粒状	2.3	0.20	0.98			
						4	51—150	灰棕色	重壤土	碎块状	5.8	0.47	1.03	24.4		
剖6	半水成土	潮土	潮土	黏质潮土	黏质潮土	1	0—20	灰褐色	重壤土	碎块状	10.7	0.72	1.15	24.4	E 114°59′23.6″ N 36°47′33.4″	85
						2	20—90	灰褐色	黏土	碎块状	8.5	0.53	1.02	26.5		
						3	90—150	棕褐色	轻壤土	屑粒状	6.1	0.39	0.80	28.7		
剖7	半水成土	潮土	褐潮土	壤质褐潮土	轻壤质褐潮土	1	0—20	浅棕色	中壤土	屑粒状	7.1	0.48	1.33	10.1	E 114°53′58.6″ N 36°41′38.4″	99
						2	20—60	暗棕色	砂壤土	单粒状	4.6	0.31	1.28	8.3		
						3	60—95	暗棕色	中壤土	小块状	2.0	0.17	1.01	6.6		
						4	95—115	红棕色	中壤土	单粒状	4.5	0.08	1.01	8.9		
						5	115—150	黄棕色	中壤土	屑粒状	3.2	0.09	0.96	5.3		
剖8	半水成土	潮土	褐潮土	壤质褐潮土		1	0—20	暗棕色	中壤土	碎块状	12.6	0.77	1.06	15.6	E 114°58′03.0″ N 36°41′09.2″	86
						2	20—40	浅棕色	砂壤土	块状	7.6	0.45	1.09	14.3		
						3	40—65	黄棕色	重壤土	块状	3.4	0.08	0.72	5.8		
						4	65—130	褐棕色	重壤土	屑粒状	5.9	0.35	1.10	18.0		
						5	130—150	黄棕色	轻壤土	屑粒状	4.0	0.25	1.10	11.4		
剖9	半水成土	潮土	盐化潮土	硫酸盐氯化物盐化潮土	轻壤质轻度硫酸盐氯化物盐化潮土	1	0—20	浅棕色	中壤土	屑粒状	6.2	0.45	1.15	5.3	E 115°02′33.8″ N 36°46′32.6″	75
						2	20—45	浅棕色	中壤土	屑粒状	4.0	0.27	1.13	19.5		
						3	45—80	棕色	中壤土	块状	2.5	0.21	1.03	20.2		
						4	80—90	褐棕色	黏土	小块状	2.7	0.54	0.83	21.2		
						5	90—135	浅棕色	砂壤土	单粒状	1.2	0.19	1.09	6.0		
						6	135—150	浅棕色	重壤土	块状	1.6	0.42	1.32	11.2		
剖10	半水成土	潮土	盐化潮土	硫酸盐氯化物盐化潮土	中壤质砂底轻度硫酸盐氯化物盐化潮土	1	0—20	暗灰棕色	中壤土	块状	8.4	0.38	1.35	22.0	E 115°05′51.0″ N 36°44′35.2″	80
						2	20—60	暗灰棕色	轻壤土	块状	4.9	0.27	1.28	17.0		
						3	60—140	黄棕色	砂壤土	单粒状	2.4	0.11	0.98	14.5		
						4	140—150	褐棕色	黏土	块状	5.5	0.31	0.25	15.5		

续表 Continued

剖面号 Soil profile	土纲 Soil order	土类 Soil great group	亚类 Soil subgroup	土属 Soil genus	土种 Soil species	土层码 Layer code	土层厚度 Depth/cm	颜色 Soil color	质地 Soil texture	土壤结构 Soil structure	有机质 OM/(g/kg)	全氮 TN/(g/kg)	全磷 TP/(g/kg)	阳离子交换量CEC/(cmol/kg)	剖面点坐标 Profile coordinate	匹配指数 Matching index/%
剖11	半水成土	潮土	盐化潮土	硫酸盐氯化物盐化潮土	轻壤质底黏轻度硫酸盐氯化物盐化潮土	1	0~20		轻壤土	屑粒状	5.6	0.27	1.25	13.8	E 115° 01′ 16.3″ N 36° 44′ 15.2″	95
						2	20~40		中壤土	屑粒状	5.6	0.42	1.18	21.2		
						3	40~70		轻壤土	屑粒状	4.6	0.32	1.07	20.2		
						4	70~80		黏土	块状	5.2	0.43	1.06	19.8		
						5	80~130		轻壤土	屑粒状	3.1	0.15	1.28	15.8		
剖12	半水成土	潮土	潮土	壤质潮土	轻壤质底黏化潮土	1	0~15	浅灰棕色	轻壤土	屑粒状	7.4	0.36	0.48	13.8	E 115° 02′ 59.5″ N 36° 42′ 35.9″	91
						2	15~33	浅灰棕色	中壤土	粒状	3.9	0.27	1.08	15.2		
						3	33~62	黄棕色	砂壤土	粒状	2.7	0.16	1.60	13.2		
						4	62~84	褐棕色	黏土	块状	6.5	0.32	0.69	10.7		
						5	84~107	褐棕色	重壤土	块状	7.7	0.36	0.96	19.7		
						6	107~150	褐棕色	中壤土	屑粒状	6.4	0.35	1.08	24.5		
剖13	半水成土	潮土	潮土	壤质潮土	中壤质潮土	1	0~20	浅棕色	重壤土	屑粒状	9.9	0.54	1.41	21.2	E 115° 06′ 49.3″ N 36° 42′ 17.3″	70
						2	20~50	棕色	重壤土	屑粒状	7.7	0.46	1.41			
						3	50~135	浅棕灰色	轻壤土	屑粒状	4.3	0.20	1.31	10.7		
						4	135~150	灰棕色	砂壤土	单粒状	2.1	0.10	1.30			
剖14	半水成土	潮土	潮土	壤质潮土	轻壤质潮土	1	0~20	浅棕褐色	轻壤土	团粒状	10.3	0.58	1.26	19.5	E 115° 10′ 44.3″ N 36° 38′ 53.0″	97
						2	20~40	灰棕色	砂壤土	屑粒状	3.8	0.27	1.09			
						3	40~150	黄棕色	砂壤土	单粒状	1.6	0.18	1.22	10.4		
剖15	半水成土	潮土	褐潮土	壤质褐潮土	砂壤质褐潮土	1	0~20	浅棕色	轻壤土	粒状	5.7	0.29	1.07		E 115° 11′ 45.9″ N 36° 38′ 38.7″	87
						2	20~60	棕色	轻壤土	块状	4.0	0.16	1.19	13.0		
						3	60~110	棕色	轻壤土	粒状	4.3	0.17	1.11			
						4	110~150	黄棕色	砂壤土	粒状	2.7	0.09	1.07			
剖16	半淋溶土	褐土	褐土性土	砂质褐土性土		1	0~30	红棕色	砂土	单粒状	5.4	0.19	1.05	13.9	E 115° 10′ 20.3″ N 36° 38′ 10.7″	82
						2	30~150	浅棕色	砂土	单粒状	3.7	0.08	1.00	5.0		
剖17	半水成土	潮土	潮土	黏质体黏化潮土	重壤土	1	0~20	浅棕色	重壤土	核状	9.1	0.75	1.19	10.5	E 115° 03′ 43.6″ N 36° 37′ 59.2″	73
						2	20~45	灰棕色	重壤土	核状	6.2	0.46	1.04	17.8		
						3	45~75	黄棕色	轻壤土	屑粒状	4.2	0.33	1.16	6.9		
						4	75~150	浅棕色	砂壤土	屑粒状	2.5	0.06	1.22			
剖18	半水成土	潮土	潮土	黏质砂潮土	黏质底砂潮土	1	0~18	浅棕色	重壤土	碎块状	9.2	0.71	1.21	28.9	E 115° 06′ 33.7″ N 36° 36′ 46.7″	91
						2	18~35	褐棕色	黏土	块状	8.0	0.69	0.95			
						3	35~75	褐棕色	砂土	大块状	6.7	0.43	1.05			
						4	75~150	浅棕色	砂壤土	单粒状	2.0	3.50	1.09	17.5		
剖19	半水成土	潮土	盐化潮土	硫酸盐氯化物盐化潮土	中壤质轻度硫酸盐氯化物盐化潮土	1	0~20	棕色	中壤土	片状	9.9	0.58	1.19		E 115° 05′ 10.0″ N 36° 36′ 42.1″	99
						2	20~35	暗棕色	黏土	屑粒状	8.4	0.45	1.28			
						3	35~50	浅棕色	轻壤土	屑粒状	6.4	0.32	1.35	15.8		
						4	50~70	浅棕色	重壤土	块状	5.6	0.31	1.28			
						5	70~115	灰棕色	轻壤土	屑粒状	4.3	0.34	1.25	15.5		
						6	115~150	浅灰棕色	轻壤土	屑粒状	4.1	0.19	1.07	10.0		

武 安 市

主要土类说明

褐土是武安市主要土壤类型，占本市地域面积的98%。褐土是半湿润半干旱地区的地带性土壤，其主要气候特点为：春干旱，多低温，夏炎热，多干热风，雨热同期，土壤不受地下水影响。褐土的主要成土作用和特点是：有机质处于弱积累、强转化状态，含量一般为10—15g/kg；钙质的淋溶淀积形成假菌丝和砂姜层；土壤的黏粒下移积聚形成黏化层。本市褐土分为褐土、淋溶褐土、褐土性土、石灰性褐土和草甸褐土等亚类。褐土亚类是不受地下水影响的地带性土壤，母质为黄土，淋溶强度较淋溶褐土弱，较石灰性褐土强，碳酸钙含量一般为1%—2%。淋溶褐土分布在本市西北部的山地，在垂直带谱上位于棕壤以下、褐土以上，海拔在1200—1400m。土壤母质是砂岩的残积物、坡积物，少部分为页岩的残积物、坡积物，植被为棕壤和褐土的指示植物相间混生，主要有白草、荆条、橡树、椴树、漆树等，剖面构型为A-B-C型，无明显的石灰反应，石灰含量在1%—2%，甚至更低。pH为6.5—7.0，砾石含量不多。褐土性土在全市绝大部分地区都有分布，成土时间短，成土过程又不断中断，土层浅薄，砾石多，质地粗，侵蚀重，发育层次不明显。石灰性褐土成土母质有坡积物、黄土、洪积物等，一般土层深厚，深度从1m可至数十米。土体剖面构型为Ap-P-Bca-Cca型，通体强石灰反应，石灰含量为3%—15%，pH为7.0—8.0，耕层厚度一般为18—20cm，疏松多孔，结构较好，犁底层明显，土色为鲜褐色，有假菌丝或砂姜淀积。草甸褐土母质为河床洪积物、冲积物，由于土体长期受淹水的影响，还原层较明显，土体内不同部位出现砂层、砾石层，剖面构型为A-Bw-Cw，pH为7.0—8.0。

小于本市地域面积3%的土壤类型还有棕壤和石质土等。

本区域中心区气候特征

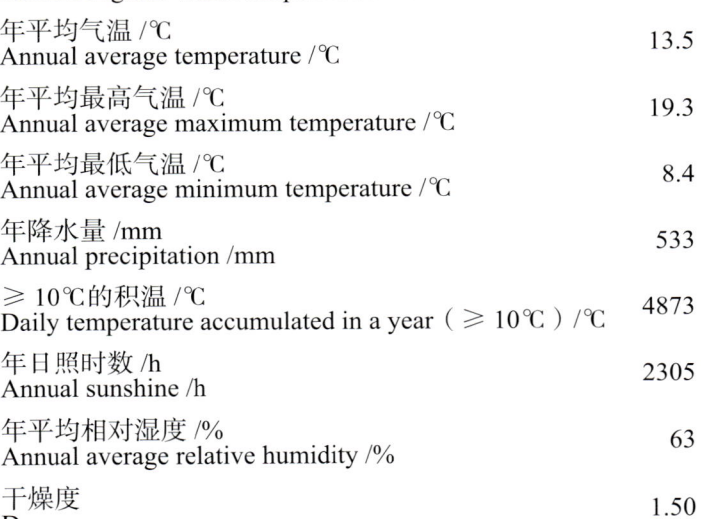

本区域中心区气候特征值
Regional climate characteristics in central area of the region

气候带：暖温带亚湿润气候 Climate region: Warm temperate subhumid climate	
年平均气温 /℃ Annual average temperature /℃	13.5
年平均最高气温 /℃ Annual average maximum temperature /℃	19.3
年平均最低气温 /℃ Annual average minimum temperature /℃	8.4
年降水量 /mm Annual precipitation /mm	533
≥10℃的积温 /℃ Daily temperature accumulated in a year (≥10℃) /℃	4873
年日照时数 /h Annual sunshine /h	2305
年平均相对湿度 /% Annual average relative humidity /%	63
干燥度 Dryness	1.50

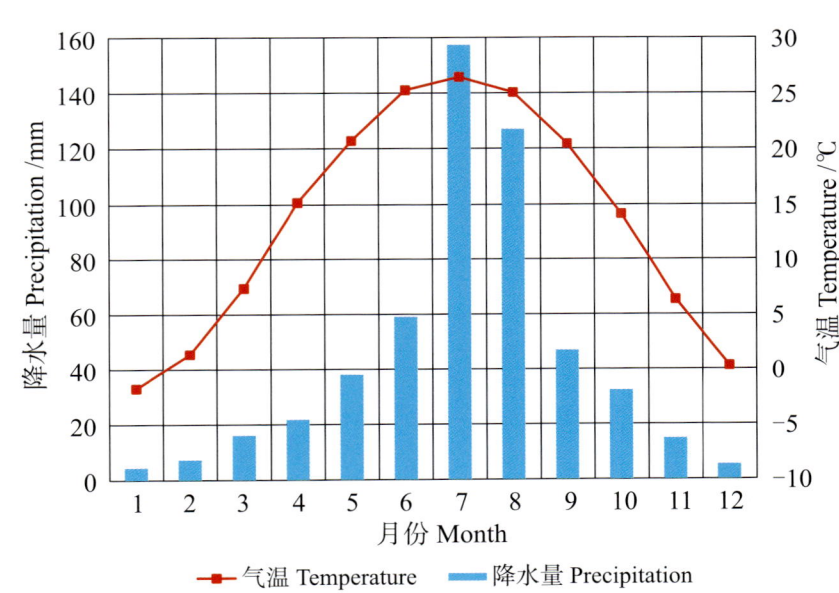

本区域中心区月平均气温与月平均降水量
Monthly temperature and precipitation in central area of the region

武安市主要土壤类型与土壤剖面点分布图
1∶250 000

武安市土壤剖面理化性状表

剖面号	土纲	土类	亚类	土属	土种	土层码	土层厚度/cm	颜色	质地	土壤结构	pH	有机质(g/kg)	全氮TN(g/kg)	全磷TP(g/kg)	全钾TK(g/kg)	碱解氮AN(mg/kg)	有效磷AP(mg/kg)	速效钾AK(mg/kg)	阳离子交换量CEC(cmol/kg)	土壤母质	剖面点坐标	匹配指数/%
剖1	半淋溶土	褐土	褐土	壤质黄土	轻壤质中层黄土质褐土	1	0—20	灰褐色	轻壤土	碎块状	8.0	13.6	0.91	0.83		103	21.8		21.8		E 113°55′18.5″ N 36°58′16.7″	76
						2	20—60	灰黄褐色	轻壤土	碎块状	8.0	3.7	0.58			28						
						3	60—150	灰黄褐色	砾石	碎块状												
剖2	半淋溶土	褐土	褐土性土	耕作砂砾质洪积褐土性土	砂壤质中层褐土性土	1	0—20	暗褐色	砂壤土	屑粒状	6.4	14.0	0.90	1.08	32.0	111	20.0	80	8.5		E 113°52′04.7″ N 36°58′05.7″	89
						2	20—50	暗褐色	砾质土	屑粒状	6.4	11.9	0.88	0.83		95	10.0	85	5.7			
						3	50—		砾石													
剖3	半淋溶土	褐土	褐土性土			1	0—20	红棕色	砂质土	屑粒状	6.8	12.4				105	9.3		18.3		E 113°55′12.4″ N 36°57′38.2″	96
						2	20—150		砾石													
剖4	半淋溶土	褐土	褐土性土	耕作黄土		1	0—30	灰褐色	砂壤土	屑粒状	8.0	6.9	0.65		33.5	52	18.0	116	6.7		E 113°56′24.9″ N 36°57′25.2″	89
剖5	半淋溶土	褐土	褐土性土	耕作黄土		1	0—20	暗褐色	砂壤土	屑粒状	8.0	16.6	1.41	1.17		130	33.2		3.8		E 113°53′07.7″ N 36°57′03.3″	98
						2	20—45	暗褐色	砂壤土	屑粒状	8.0	9.6	1.01	1.07		92	14.0		3.5			
剖6	半淋溶土	褐土	褐土	壤质黄土	中壤质中层黄土	1	0—18	灰黄褐色	中壤土	块状	7.2	15.4	1.18	0.67	27.8	48	14.0	149	13.5		E 113°53′23.6″ N 36°56′16.8″	91
						2	18—48	红棕色	重壤土	棱柱状	7.2	11.6	0.93	0.56		78	5.0	125	13.5			
						3	48—120	红棕色	砂质土	棱柱状	7.6	8.1	0.75	0.51		69	3.0	118	14.8			
剖7	半淋溶土	褐土	褐土性土	坡积褐土性土	中砾中层褐土性土	1	0—28	灰黄褐色	砂土	屑粒状	7.5	8.7	0.57	0.66	24.5	29	37.0	203	13.6		E 113°48′20.4″ N 36°56′11.0″	78
						2	28—62	灰黄褐色	砂质土	屑粒状	7.5	21.0	1.07	2.40		62	2.0	111	12.7			
剖8	半淋溶土	褐土	褐土性土	坡积残坡积褐土性土	中砾厚层褐土性土	1	0—18	暗褐色	砂土	粒状	7.0	13.7	0.82	2.29	35.3	89	40.0	54	4.1		E 113°49′49.8″ N 36°54′37.1″	100
						2	18—35	暗褐色	砂土	粒状	7.0	7.1	0.47	2.01		41	14.0	53	3.5			
						3	35—150	暗褐色	砂土	粒状	7.0	9.1	0.43	2.23		46	17.0		4.9			
剖9	半淋溶土	褐土	褐土性土	坡积石灰岩褐土性土	少砾轻壤质中层褐土性土	1	0—15	暗褐色	轻壤土	块状	8.0	9.2	0.78	0.73	29.5	49	4.0	164	14.1		E 113°51′55.1″ N 36°53′01.6″	95
						2	15—48	暗褐色	轻壤土	块状	7.5	16.8	1.06	0.80		86	11.0	196	13.9			
						3	48—78	暗褐色	轻壤土	块状	7.5	16.1	1.03	0.77		85	8.0	171	12.1			
剖10	半淋溶土	褐土	褐土性土	砂岩残积褐土性土	砂岩薄层褐土性土	1	0—8	暗褐色	轻壤土	团粒状	7.0	44.4	2.79	0.83		478	9.0	146	11.0		E 113°54′54.4″ N 36°52′53.4″	85
						2	8—16	灰黄褐色	轻壤土	团粒状	7.0	34.3	0.73	1.83		47	1.0	131	21.0			
剖11	半淋溶土	褐土	褐土性土	古洪积褐土性土	轻壤质中层褐土性土	1	0—17	红棕褐色	重壤土	屑粒状	8.0	12.1	0.40	0.63		29	1.0	168	20.5		E 113°51′12.7″ N 36°52′06.7″	73
						2	17—49	红棕色	砂壤土	块状	7.0	6.4	0.29	1.10		24	2.0					
						3	49—150	红棕褐色	砂壤土	单粒状	7.0	5.1						113	7.3			
剖12	半淋溶土	褐土	石灰性褐土	石灰岩坡积褐土	石灰岩中层褐土	1	0—20	暗褐色	砂壤土	砂粒状	8.0	13.3	0.85	1.02	28.3	59	4.0	115	7.4		E 113°58′01.2″ N 36°51′03.6″	91
						2	20—45	暗褐色	砂壤土	粒状	8.0	10.5	0.76	1.62		54	5.0					
剖13	半淋溶土	褐土	褐土性土	坡积褐土性土	石灰岩残坡积褐土性土	1	0—15	暗褐色	砂壤土	粒状	8.0	6.9	0.59	0.51	30.0	30	2.0	76	12.3		E 113°53′40.6″ N 36°49′41.9″	82
						2	15—35	暗褐色	砂壤土	粒状	8.0	7.7	0.59	0.45		32	8.0		12.2			
剖14	半淋溶土	褐土	褐土性土		中砾薄层褐土性土	1	0—20	暗褐色	砾质土	碎块状	7.2	16.4				139					E 113°51′44.0″ N 36°49′26.1″	84
						2	20—															
剖15	半淋溶土	褐土	褐土性土		少砾薄层褐土性土	1	0—20	暗褐色	砾质土	块状	7.6	16.8	1.22	1.66	28.5	102	14.0	94	8.2		E 113°59′35.2″ N 36°49′25.7″	99
剖16	半淋溶土	褐土	石灰性褐土	耕作黄土		1	0—19	红棕色	轻壤土	块状	8.0	10.8	0.84	0.73	29.8	49	13.0	145	11.5		E 113°50′52.8″ N 36°49′13.0″	76
						2	19—71	红棕褐色	轻壤土	块状	8.0	10.5	0.89	0.67		55	8.0	125	12.4			
剖17	半淋溶土	褐土	石灰性褐土	砂壤质洪冲积石灰性褐土	河地轻壤质石灰性褐土	1	0—20	灰褐色	轻壤土	团粒状	8.0	7.4	1.10			90	24.0	78	9.9		E 113°59′26.4″ N 36°48′40.6″	70
						2	20—35	暗褐色	轻壤土	团粒状	8.0	17.8	0.86			76	17.0	70	9.4			
						3	35—75	灰黄褐色	轻壤土	块状	8.0	12.1	0.69			63	15.0	68	9.9			
						4	75—105	灰黄褐色	中壤土	块状	8.0	5.0	0.53			37	23.4	114	10.1			
						5	105—110	暗褐色	中壤土	棱柱状	8.0	6.5	5.57			41	7.0	116	11.5			
						6	110—135	暗褐色	中壤土	棱柱状	8.0	5.4	0.56			42	8.0	119	11.1			
						7	135—150	灰白色	中壤土	棱柱状	8.0	5.3	0.41			37	7.0	88	11.1			

续表 Continued

剖面号 Soil profile	土纲 Soil order	土类 Soil great group	亚类 Soil subgroup	土属 Soil genus	土种 Soil species	土层码 Layer code	土层厚度 Depth/cm	颜色 Soil color	质地 Soil texture	土壤结构 Soil structure	pH	有机质 OM/(g/kg)	全氮 TN/(g/kg)	全磷 TP/(g/kg)	全钾 TK/(g/kg)	碱解氮 AN/(mg/kg)	有效磷 AP/(mg/kg)	速效钾 AK/(mg/kg)	阳离子交换量CEC/(cmol/kg)	土壤母质 Parent material	剖面点坐标 Profile coordinate	匹配指数 Matching index/%
剖18	半淋溶土	褐土	褐土性	耕作黄土	黄土轻壤质	1	0~22	灰褐色	轻壤土	块状	6.4	16.4	1.19	1.71	36.0	105	37.0	90	6.4		E 113°51′26.3″ N 36°47′57.5″	80
剖19	半淋溶土	褐土	石灰性褐土	黄土质石灰性褐土	黄土轻壤质砂姜石灰性褐土	1	0~20	灰白色	轻壤土	碎块状	8.0	3.2	0.44		22.8	26	5.0	93	9.8	黄土	E 113°55′14.1″ N 36°46′36.1″	86
						2	20~75	灰黄色	中壤土	块状	7.5	6.7	0.63			38	7.0	83	10.1			
						3	75~150	灰黄褐色	中壤土	块状	8.0	0.3	0.37			15	4.0	80	9.6			
剖20	半淋溶土	褐土	石灰性褐土	黄土质石灰性褐土	黄土轻壤质表砂姜石灰性褐土	1	0~28	灰黄色	轻壤土	块状	8.0	2.2	1.02	3.77		52	14.6			黄土	E 113°58′43.0″ N 36°43′23.2″	92
						2	28~43	黄褐色	中壤土	块状	7.5	4.1	0.94	0.90		51	14.9					
						3	43~100	灰黄色	中壤土	块状	7.5	9.6	0.63	0.82		32	22.4					
						4	100~150	灰褐色	重壤土	柱状	8.0	11.4	0.50	0.80		21	28.3					
剖21	半淋溶土	褐土	石灰性褐土	次生黄土质石灰性褐土	黄土轻壤	1	0~21	黄褐色	轻壤土	块状	7.5	15.3	0.99	1.03		74	17.0	109	11.6		E 113°56′31.6″ N 36°41′47.8″	85
						2	21~75	灰黄色	中壤土	碎块状	8.0	4.5	0.47	0.80		27	5.0	104	12.1			
						3	75~150	灰黄色	轻壤土	块状	8.0	4.5	0.49	0.65		27	10.0	111	10.9			
剖22	半淋溶土	褐土	石灰性褐土	坡积黄土质石灰性褐土	少砾轻壤质厚层石灰性褐土	1	0~21	灰褐色	轻壤土	屑粒状	7.5	19.3	1.26	1.00	28.8	79	11.0	193	11.4	黄土	E 113°55′43.8″ N 36°36′10.2″	80
						2	21~43	暗褐色	轻壤土	块状	7.5	10.2	0.82	0.88		41	4.0	133	11.1			
						3	43~150	暗褐色	轻壤土	屑粒状	7.5	9.3	0.65	0.78		35	1.0		12.5			
剖23	半淋溶土	褐土	褐土性	坡积黄土性褐土	多砾中层褐土性土	1	0~27	灰褐色	砾质土	屑粒状	7.5	26.3	1.49	1.02	28.3	58	16.0	178	18.5		E 113°57′29.0″ N 36°36′57.0″	86
						2	27~58	红褐色	砾质土	屑粒状	7.5	25.7	1.25	1.02		91	10.0	168	19.5			
						3	58~110															
剖24	半淋溶土	褐土	潮土	洪积潮土	河地砂质底砾潮褐土	1	0~80	灰褐色	砂壤土	屑粒状	7.5	2.7	0.38	1.52	24.0	27	6.0	84	9.2	洪积物、冲积物	E 114°18′43.6″ N 36°50′20.4″	97
						2	80~150	灰黄色	砾石		8.0	1.5		1.25				76	8.3			
剖25	半淋溶土	褐土	褐土性	古洪积褐土性土	轻壤质薄层褐土性土	1	0~17	暗褐色	轻壤土	屑粒状	7.0	17.5	0.93	0.50		87	3.0				E 114°09′15.8″ N 36°47′19.7″	89
剖26	半淋溶土	褐土	石灰性褐土	砂壤质洪积石灰性褐土	河地轻壤质中层褐土	1	0~21	暗褐色	轻壤土	块状	8.0	17.5	0.50	0.73		34	17.8	154	15.4		E 114°07′57.2″ N 36°46′35.6″	78
						2	21~79	灰褐色	轻壤土	块状	7.5	9.9	5.47			40		133	14.8			
						3	79—		砾石													
剖27	半淋溶土	褐土	石灰性褐土	黄土质石灰性褐土	黄土轻壤质砂姜石灰性褐土	1	0~23	灰褐色	中壤土	棱柱状	8.0	8.5	0.60	2.05	26.5	46	10.0	120	9.2	黄土	E 114°05′34.4″ N 36°46′30.3″	96
						2	23~60	红黄褐色	中壤土	棱柱状	8.0	1.6	0.39	1.95		23	4.0	85	11.6			
						3	60~150	灰黄褐色	中壤土	棱柱状	8.0	1.4	0.27			20	4.0	89	11.1			
剖28	半淋溶土	褐土	石灰性褐土	黄土质石灰性褐土	河地轻壤质中层褐土	1	0~20	灰褐色	中壤土	棱柱状	7.5	0.7	0.72	2.11		49	13.0	154	8.4	黄土	E 114°09′06.1″ N 36°45′07.6″	77
						2	20~28	红褐色	中壤土	棱柱状	7.0	9.1	0.72	2.13		43	6.0	133	11.9			
						3	28~65	灰黄褐色	中壤土	棱柱状	7.5	3.0	0.56	0.79		29	4.0	149	18.5			
						4	65~150	红棕色	重壤土	棱柱状	8.0	3.5	0.35	1.06		22	8.0	145	18.9			
剖29	半淋溶土	褐土	石灰性褐土	砂壤质洪积石灰性褐土	河地砂质石灰性褐土	1	0~15	灰褐色	砂壤土	块状	8.0	11.1	0.55	0.93	28.0	76	13.0	160	7.9		E 114°11′15.4″ N 36°43′36.8″	77
						2	15~40	灰褐色	砂壤土	块状	8.0	6.2	0.41	0.98		47	7.0	98	6.9			
						3	40~120	红棕色	砂土	单粒状	7.5	3.1	0.37	0.91		31	22.2	55	3.9			
						4	120~150		砾石													
剖30	半淋溶土	褐土	石灰性褐土	黄土质石灰性褐土	黄土轻壤质底砂黄褐土	1	0~20	灰褐色	轻壤土	块状	8.0	12.1	0.71	0.84	23.8	62	8.0	126	11.1	黄土	E 114°01′00.1″ N 36°42′57.2″	78
						2	20~38	灰黄褐色	轻壤土	块状	8.0	6.4	0.54	0.82		38	4.0	105	11.1			
						3	38~53	灰黄褐色	轻壤土	块状	8.0	1.4	0.29	0.70		16	1.0	94	12.4			
						4	53~63	灰黄褐色	轻壤土	块状	8.0	1.6	0.30	0.68		17	3.0	95	12.0			
						5	63~150	灰白色	轻壤土	块状	8.0	1.1	0.22	0.78		14	12.0	94	12.1			
剖31	半淋溶土	褐土	石灰性褐土	次生黄土质石灰性褐土	黄土中层褐土	1	0~20	灰黄褐色	轻壤土	块状	8.0	9.6	0.65	0.71	22.8	48	3.0	108	10.2	黄土	E 114°09′01.8″ N 36°41′55.0″	85
						2	20~40	灰褐色	轻壤土	块状	8.0	7.6	0.80	0.44			7.0	121	11.8			
						3	40—															
剖32	半淋溶土	褐土	石灰性褐土	黄土质石灰性褐土		1	0~17	灰褐色	轻壤土	块状	8.0	8.6	0.66	0.69	22.3	56	17.0	148	13.7	黄土	E 114°08′12.5″ N 36°40′31.8″	74
						2	17~150	浅白色	重壤土	块状	8.0	2.5	3.19	1.17		27	5.0	111	16.8			

续表 Continued

剖面号 Soil profile	土纲 Soil order	土类 Soil great group	亚类 Soil subgroup	土属 Soil genus	土种 Soil species	土层码 Layer code	土层厚度 Depth/cm	颜色 Soil color	质地 Soil texture	土壤结构 Soil structure	pH	有机质 OM/(g/kg)	全氮 TN/(g/kg)	全磷 TP/(g/kg)	全钾 TK/(g/kg)	碱解氮 AN/(mg/kg)	有效磷 AP/(mg/kg)	速效钾 AK/(mg/kg)	阳离子交换量CEC/(cmol/kg)	土壤母质 Parent material	剖面点坐标 Profile coordinate	匹配指数 Matching index/%
剖33	半淋溶土	褐土	石灰性褐土	黄土质石灰性褐土	黄土轻壤质表砾石灰性褐土	1	0~20	灰黄色	轻壤土	块状	8.0	10.2	0.83	0.88		52				黄土	E 114°16′37.5″ N 36°49′57.8″	90
						2	20~30	灰黄色	轻壤土	块状	8.0			0.84		26						
						3	30~70	红褐色	重壤土	棱柱状	7.5			0.61		20						
						4	70~150	红褐色	重壤土	棱柱状	7.5			0.56								
剖34	半淋溶土	褐土	石灰性褐土	黄土质石灰性褐土	黄土轻壤质休煤矸石灰性褐土	1	0~15	浅黄色	轻壤土	块状	8.0	34.6	1.19	0.80		53	21.0			黄土	E 114°17′24.4″ N 36°46′59.5″	96
						2	15~70	灰黑色	中壤土	块状	8.0	36.4	1.10	0.75		30	6.0		21.8			
						3	70~150	黄褐色	轻壤土	块状	8.0	24.1	1.04	0.60		43	6.0					
剖35	半淋溶土	褐土	石灰性褐土	砂壤质洪冲积石灰性褐土	河地轻壤质底砾石灰性褐土	1	0~20	灰褐色	轻壤土	块状	8.0	18.8	1.09			84			15.0		E 114°17′35.9″ N 36°46′15.2″	76
						2	20~32	灰黄褐色	中壤土	块状	8.0	7.5	0.47			41			14.0			
						3	32~63	红褐色	中壤土	块状	8.0	9.4	0.59			50			15.0			
						4	63~78	灰褐色	砂砾土	单粒状		5.4	0.47			33			15.0			
						5	78~130	灰褐色	砂壤土	屑粒状	8.0	5.3	0.46			36			16.4			
						6	130~150		砾石	砾石状		10.8	0.81			61			15.7			
剖36	半淋溶土	褐土	石灰性褐土	砂壤质洪冲积石灰性褐土	河地轻壤质底砂石灰性褐土	1	0~21	灰褐色	轻壤土	块状	8.0	7.8	0.58	0.98		58			11.7		E 114°21′26.6″ N 36°46′10.6″	88
						2	21~53	灰黄色	中壤土	块状	8.0								10.4			
						3	53~68	灰黄色	砂土	单粒状	7.5								7.9			
						4	68~150	灰褐色	轻壤土	块状	8.0	9.4	0.71	2.64	27.3	51	10.0	250	9.1			
剖37	半淋溶土	褐土	潮褐土	洪冲积潮褐土	河地轻壤质腰砂潮褐土	1	0~20	灰黄褐色	砂壤土	屑粒状	7.5	4.3	0.35	2.54		37	5.0	95	7.0	洪积物、冲积物	E 114°19′57.4″ N 36°45′26.3″	74
						2	20~60	灰黄褐色	轻壤土	块状	8.0	4.8	0.28	0.85		27	12.0	68	18.0			
						3	60~100	红黄色	砂土	单粒状	7.5	3.3	0.28	0.85		32	7.0	93	18.7			
						4	100~140	暗黄色	砂壤土	屑粒状	7.0	7.1	0.53	0.91			21.0		8.4			
						5	140~150		重壤土	块状	8.0	21.7	0.49	2.15	26.3	46	9.0	98	11.5			
剖38	半淋溶土	褐土	石灰性褐土	黄土质石灰性褐土	黄土轻壤质底砂石灰性褐土	1	0~23	灰黄褐色	轻壤土	屑粒状	8.0	6.7	0.37	1.40		26	3.0	85	8.7	黄土	E 114°16′52.7″ N 36°45′51.2″	71
						2	23~47	灰黄褐色	重壤土	碎块状	8.0	7.0	0.48	1.37		27	6.0	114	8.7			
						3	47~95	红褐色	重壤土	块状	8.0	2.2	0.47	1.18		20	4.0	108	11.8			
						4	95~150	黄棕色	砂壤土	碎块状	8.0	1.8	0.88	1.07					10.6			
剖39	半淋溶土	褐土	褐土性	砂壤质洪积石灰褐土性	黄砂土	1	0~16	灰黄褐色	砂土	块状	8.0	12.3		0.97		67	10.5		10.5		E 114°20′26.9″ N 36°44′51.2″	72
						2	16~27	灰黄褐色	砂土	单粒状	8.0	6.9	0.49	0.80		43	14.9	88	9.7			
						3	27~60		砂砾土	单粒状		1.4		0.76		24	15.9	70	9.9			
剖40	半淋溶土	褐土	褐土性	次生黄土质褐土性	黄土质砂底砂黏石灰褐土性	1	0~22	灰黄褐色	砂壤土	块状	8.0	7.4					14.9		12.1		E 114°17′38.4″ N 36°42′15.6″	89
						2	22~75	红黄色	砂土	单粒状	8.0	2.1		0.55	28.5	29	15.3		4.0			
						3	75~150	黄色	砂土	单粒状		0.6	0.31	1.49		17			7.1			
剖41	半淋溶土	褐土	石灰性褐土	黄土质石灰性褐土	黄土质薄层砂石灰土性	1	0~20	灰黄褐色	中壤土	块状	8.0	10.5	0.46	0.80	23.5	40	17.8		10.5		E 114°18′37.4″ N 36°40′57.4″	99
						2	20~45	暗紫色	中壤土	屑粒状	8.0	16.0	0.87	0.95		76	11.0	136	7.1	黄土		
剖42	半淋溶土	褐土	石灰性褐土	黄土质石灰性褐土	黄土中壤质石灰性褐土	1	0~20	灰黄色	中壤土	块状	8.0	9.0	0.49	0.82	24.0	46	5.0	103	10.4		E 114°09′46.8″ N 36°37′40.4″	84
						2	20~45	灰黄褐色	中壤土	块状	8.0	8.7	0.56	0.74		45	6.0	123	12.3			
						3	45~150	红褐色	重壤土	块状	8.0			0.85		70	24.0		11.2			
剖44	半淋溶土	褐土	石灰性褐土	黄土质石灰性褐土	黄土中壤质休黏石灰性褐土	1	0~24	暗褐色	中壤土	块状	8.0	15.4	0.92	0.63		45	17.1		12.5	黄土	E 114°14′35.2″ N 36°37′39.7″	77
						2	24~50	红棕色	中壤土	块状	8.0	10.8	0.70	0.37		36	14.3		13.1			
						3	50~83	红棕色	重壤土	棱柱状	8.0	7.9	0.65	0.36		48	19.7		14.6			
						4	83~150	暗褐色	重壤土	棱柱状	8.0	6.2	0.69									

续表 Continued

剖面号 Soil profile	土纲 Soil order	土类 Soil great group	亚类 Soil subgroup	土属 Soil genus	土种 Soil species	土层码 Layer code	土层厚度 Depth/cm	颜色 Soil color	质地 Soil texture	土壤结构 Soil structure	pH	有机质 OM/(g/kg)	全氮 TN/(g/kg)	全磷 TP/(g/kg)	全钾 TK/(g/kg)	碱解氮 AN/(mg/kg)	有效磷 AP/(mg/kg)	速效钾 AK/(mg/kg)	阳离子交换量 CEC/(cmol/kg)	土壤母质 Parent material	剖面点坐标 Profile coordinate	匹配指数 Matching index/%
剖45	半淋溶土	褐土	褐土性土	耕种煤矸石渣土	煤矸石渣土	1	0—20	灰黑色	轻壤土	块状	8.0	55.0	1.65	0.89	22.0	84	24.4	198	20.6		E 114°13′50.2″ N 36°37′38.3″	80
						2	20—50	浅黑色	轻壤土	块状	8.0	65.1	1.60	0.89		40	7.0	101	20.5			
						3	50—110	黑色	石渣土	无明显结构	8.0	207.4	2.20	0.57		38	6.0	58	27.2			
						4	110—150	灰黄褐色	中壤土	块状	8.0	10.8	0.54	0.53		25	6.0	143	21.7			
剖46	半淋溶土	褐土	石灰性褐土	黄土质石灰性褐土	黄土轻壤质体黔石灰性褐土	1	0—21	灰褐色	轻壤土	屑粒状	8.0	13.2	0.93	1.71	24.5	91	9.0	170	10.1	黄土	E 114°05′46.7″ N 36°37′18.5″	91
						2	21—40	灰褐色	轻壤土	屑粒状	8.0	9.1	0.61	1.64		33	3.0	110	10.6			
						3	40—150	红褐色	重壤土	碎块状	7.5	5.3	0.54	0.91		22	2.0	143	14.4			
剖47	半淋溶土	褐土	石灰性褐土	次生黄土质石灰岩褐土	黄土质轻壤质底际石灰性褐土	1	0—20	灰黄褐色	轻壤土	块状	7.0	15.1	0.83			51	43.5		17.4		E 114°11′24.7″ N 36°36′22.7″	77
						2	20—34	灰黄褐色	中壤土	块状	7.0	5.1	0.59	1.01		68	15.5	28	18.4			
						3	34—50	灰褐色	中壤土	块状	7.0	1.6	0.58	0.83		28	16.8	58	19.7			
						4	50—70	红褐色	重壤土	棱柱状	6.5			0.70		32						
						5	70—124		砾石	砾石												
						6	124—150	灰白褐色	轻壤土	块状	7.0	0.2	0.53	0.56		12	23.7		15.7			
剖48	半淋溶土	褐土	石灰性褐土	次生黄土质石灰岩褐土	黄土质砂质腰砾石灰性褐土	1	0—18	灰褐色	轻壤土	单粒状	8.0	9.3	0.72	0.86		42	22.0		17.2		E 114°09′33.5″ N 36°35′43.8″	79
						2	18—52	暗褐色	砂壤土	块状	8.0	9.7	0.56	0.81		38	18.0		16.1			
						3	52—95	灰黄褐色	重壤土	块状	8.0	6.9	0.72	0.78		30	20.0		15.2			
						4	95—135		砾石	砾石												
						5	135—150	暗黄褐色	轻壤土	块状	8.0	6.8	0.84	0.84		42	9.0		8.4			
剖49	半淋溶土	褐土	石灰性褐土	次生黄土质石灰岩褐土	黄土质轻壤质体石灰性褐土	1	0—18	灰褐色	轻壤土	块状	8.0	17.1	0.52	1.06	23.3	44	9.0	138	9.8		E 114°05′27.3″ N 36°35′34.2″	98
						2	18—38	灰褐色	轻壤土	块状	8.0	14.8	0.38	2.56		55	5.0	113	10.8			
						3	38—98	灰黄褐色	轻壤土	块状	8.0	10.8	0.04	1.98		17	3.0	85	7.6			
						4	98—150	灰黄褐色	轻壤土	块状	8.0	0.9		1.76		13	5.0					
剖50	半淋溶土	褐土	石灰性褐土	次生黄土质石灰岩褐土	黄土质轻壤质体石灰性褐土	1	0—20	灰黄褐色	轻壤土	块状	7.0	15.7	0.85	0.83		55	5.5				E 114°08′16.4″ N 36°34′23.5″	96
						2	20—53		中壤土	块状	7.0	3.6		0.75		37	17.4					
						3	53—		砾石							47						
剖51	半淋溶土	褐土	褐土性土	花岗岩残坡积褐土性土	花岗岩中层褐土性土	1	0—20	灰褐色	砂壤土	屑粒状	8.0	16.3	0.80	2.58	22.0	46	6.0	100	10.2		E 114°11′30.1″ N 36°33′32.8″	73
						2	20—60	灰黄褐色	砂壤土	屑粒状	8.0	9.4	0.54	2.45		30	2.0	68	10.4			
剖52	半淋溶土	褐土	褐土性土	坡积褐土性土	多砾薄层褐土性土	1	0—15	灰黄褐色	砾质土	单粒状	7.5	14.4				86					E 114°01′58.6″ N 36°32′09.8″	96
						2	15—29	灰白色	砾质土	单粒状	8.0					77						
剖53	半淋溶土	褐土	石灰性褐土	黄土质石灰性褐土	黄土中层质中层石灰性褐土	1	0—20	红棕色	中壤土	块状	8.0	14.0	0.84			47	2.0		17.4	黄土	E 114°16′40.8″ N 36°38′40.6″	73
						2	20—40	红褐色	中壤土	块状	8.0	9.6	1.11	0.66		62	4.5					
						3	40—		黏土													

邢 台 市

市 辖 区

主要土类说明

褐土是邢台市主要土壤类型，占本市地域面积的 81%。该土类分布区地势较高，排水良好，地下水位较低，埋深 8—30m。土体中的心土或底土有不同程度的钙积和黏化现象，表现为含量不等的白色假菌丝体和胶膜。土壤呈微碱性，pH 为 7.5—8.5，具有不同程度的石灰反应。

棕壤是邢台市第二大土壤类型，占本市地域面积的 10%，主要分布于与山西接壤的千米以上的中高山地。主要植被为湿润暖温带落叶阔叶林，但大部分已经被垦殖，以旱作为主，处于硅铝风化阶段，是具有黏化特征的棕色土壤，土层厚度为 30—80cm，表面有枯枝落叶和腐殖质层，心土层有黏化现象。由于淋溶作用强，pH 一般为 5.0—6.5，而且有越往下越酸的趋势。

潮土是邢台市第三大土壤类型，占本市地域面积的 6%。地形部位属交接洼地，在冲积扇的下缘。成土母质为冲积物，肥力较高。地下水位浅，潜水参与成土过程，底土氧化还原交替进行，形成锈色斑纹和小型铁子。由于长期耕作，表层有机质含量为 10—15g/kg。具 A11-A12-Cu 或 A11-C-Cu 剖面构型。

小于本市地域面积 3% 的土壤类型还有新积土、沼泽土、水稻土。

本区域中心区气候特征

本区域中心区气候特征值
Regional climate characteristics in central area of the region

气候带：暖温带亚湿润气候 Climate region: Warm temperate subhumid climate	
年平均气温 /℃ Annual average temperature /℃	13.2
年平均最高气温 /℃ Annual average maximum temperature /℃	19.1
年平均最低气温 /℃ Annual average minimum temperature /℃	8.1
年降水量 /mm Annual precipitation /mm	524
≥10℃的积温 /℃ Daily temperature accumulated in a year (≥10℃) /℃	4802
年日照时数 /h Annual sunshine /h	2362
年平均相对湿度 /% Annual average relative humidity /%	62
干燥度 Dryness	1.51

本区域中心区月平均气温与月平均降水量
Monthly temperature and precipitation in central area of the region

邢台市市辖区主要土壤类型与土壤剖面点分布图
1∶260 000

图例

- 褐土
- 棕壤
- 潮土
- 新积土
- 沼泽土
- 水稻土
- ⊗ 剖面点

邢台市土壤剖面理化性状表

剖面号 Soil profile	土纲 Soil order	土类 Soil great group	亚类 Soil subgroup	土属 Soil genus	土种 Soil species	土层码 Layer code	土层厚度 Depth/cm	质地 Soil texture	pH	有机质 OM/(g/kg)	全氮 TN/(g/kg)	全磷 TP/(g/kg)	碱解氮 AN/(mg/kg)	有效磷 AP/(mg/kg)	速效钾 AK/(mg/kg)	阳离子交换量CEC/(cmol/kg)	土壤母质 Parent material	剖面点坐标 Profile coordinate	匹配指数 Matching index/%
剖1	淋溶土	棕壤	粗骨性棕壤	花岗片麻岩粗骨性棕壤	花岗片麻岩粗骨性棕壤	1	0–8	多砾质壤土		25.0	1.20	0.50	100	微量	35	10.0	残积物、坡积物	E 113°59′07.6″ N 37°20′52.6″	79
剖2	淋溶土	棕壤	粗骨性棕壤	碳酸岩粗骨性棕壤	碳酸岩粗骨性棕壤	2	8–16	多砾质壤土		15.0	0.80	0.30	61	微量	21	7.1	残积物、坡积物	E 113°54′47.9″ N 37°18′59.8″	99
剖3	半淋溶土	褐土	褐土	花岗片麻岩褐土	花岗岩多砾砂壤中层褐土	1	0–5	多砾质轻壤土		71.0	1.95	0.70	277	8.3	91	24.6	残积物、坡积物	E 113°58′30.7″ N 37°13′36.1″	99
						2	5–21	多砾质砂壤土	8.0	62.0	1.22	0.70	177	4.5	47	25.8			
						1	0–20	多砾质砂壤土	8.3	10.9	0.20	1.06	42	11.0	16	18.0			
						2	20–30	多砾质砂壤土	7.9	7.0	0.14	0.78	33	微量	16	21.6			
						3	30–45			4.5	0.10	0.62	26	微量	12	23.5			
剖4	半淋溶土	褐土	褐土	壤质褐土	砂壤质褐土	1	0–20	砂壤土	7.9	20.9	0.22	1.38	84	30.5	62	16.8	洪积物、冲积物	E 113°59′19.5″ N 37°13′11.5″	86
						2	20–40	砂壤土	8.1	11.9	0.24	1.10	48	2.5	24	15.0			
						3	40–80	砂壤土	5.7	8.0	0.19	1.16	37	1.5	15	15.6			
剖5	淋溶土	棕壤	粗骨性棕壤	石英砂岩粗骨性棕壤	石英砂岩粗骨性棕壤	1	0–16	多砾质壤土	7.0	16.5	0.80	0.20	75	11.0	34	5.3	残积物、坡积物	E 113°51′28.1″ N 37°12′08.0″	88
						2	16–33	多砾质壤土	6.5	10.9	0.50	0.19	52	微量	12	4.1			
剖6	淋溶土	棕壤	淋溶棕壤	花岗片麻岩淋溶褐土	花岗岩少砾轻壤中层淋溶褐土	1	0–10	轻壤土	6.0	23.6	14.80	0.38	190	微量	18	15.3	残积物、坡积物	E 113°53′32.4″ N 37°10′09.4″	92
						2	10–30	轻壤土	6.1	22.0	0.80	0.35	290	微量	26	16.5			
剖7	淋溶土	棕壤	棕壤	石英砂岩棕壤	石英岩类轻壤中层棕壤	1	0–15	轻壤土	6.0	87.0	4.40	0.80	253	5.0	16	50.0	残积物、坡积物	E 113°51′22.3″ N 37°10′04.8″	91
						2	15–28	轻壤土	6.3	26.0	0.90	0.40	62	微量	12	11.0			
						3	28–58	少砾质壤土	7.2	10.0	0.50	0.70	35	微量	9	11.0			
						4	58–		7.5	24.0	0.90	0.20	68	微量	12	9.0			
剖8	半淋溶土	褐土	褐土性	基性岩褐土性土	基性岩少砾薄层褐土性土	1	0–7	砂土	6.6	11.0	0.61	0.38	62	1.1	11	7.2	残积物、坡积物	E 113°56′16.1″ N 37°08′37.0″	97
剖9	淋溶土	棕壤	棕壤	碳酸岩褐棕壤	碳酸岩轻壤中层棕壤	1	0–10	轻壤土	6.9	122.0	1.20	0.60	309	22.0	104	33.0	残积物、坡积物	E 113°56′21.8″ N 37°07′32.9″	83
						2	10–25	砂壤土	7.1	71.0	2.70	0.50	204	10.0	75	26.4			
						3	25–30	多砾质壤土	7.1	71.0	1.40	0.50	194	6.6	50	33.6			
						4	30–		6.7										
剖10	半淋溶土	褐土	褐土性	花岗片麻岩褐土性土		1	0–18	多砾质壤土	7.4	16.0	0.80	0.53	86	微量	11	7.8	残积物、坡积物	E 113°58′24.0″ N 37°04′58.0″	91
剖11	半淋溶土	褐土	淋溶褐土	石英砂岩少砾轻壤	石英砂岩少砾轻壤中层淋溶褐土	1	0–20	轻壤土	6.9	12.2	0.80	0.20	68	微量	34	21.8	残积物、坡积物	E 113°49′32.7″ N 37°03′49.8″	89
						2	20–35	多砾质中壤土	7.1	2.7	0.30	0.11	29	微量	16	21.2			
						3	35–50	多砾质黏土	7.1	5.4	0.32	1.10	28	微量	16	37.0			
剖12	棕壤	棕壤	棕壤	花岗片麻岩轻壤	花岗片麻岩轻壤中层棕壤	1	0–2	多砾质砂壤土	6.7	150.0	6.00	0.80	433	4.1	182	29.0	残积物、坡积物	E 114°11′41.4″ N 37°17′40.4″	89
						2	2–9	轻壤土	7.0	50.0	5.80	0.80	476	44.0	113	23.0			
						3	9–40	轻壤土	7.0	60.0	3.40	0.70	288	2.8	62	20.0			
						4	40–52	多砾质壤土	6.8	50.0	2.70	0.80	240	1.5	88	13.0			
						5	52–												
剖13	半淋溶土	褐土	淋溶褐土	壤质淋溶褐土	轻壤质中层淋溶褐土	1	0–13	轻壤土	7.5	8.5	0.46	0.39	76	2.0	26	13.2	残积物、坡积物	E 114°03′41.4″ N 37°17′08.5″	72
						2	13–32	轻壤土	7.7	8.2	0.49	0.38	90	微量	12	12.6			
						3	32–47	砂壤土	6.5	7.0	0.52	0.24	52	微量	12	7.2			
剖14	半淋溶土	褐土	褐土性	石英砂岩褐土性土	石英砂岩砂质薄层淋溶褐土性土	1	0–9	多砾质砂壤土	8.3	19.0	1.10	0.38	100	微量	4	14.1	残积物、坡积物	E 114°17′20.4″ N 37°13′51.6″	100
剖15	半淋溶土	褐土	石灰性褐土	砂质体石灰性褐土	砂质体黏土石灰性褐土	1	0–20	砂壤土	8.3	2.7	0.16	1.14	17	1.5	5	15.3	洪积物、冲积物	E 114°19′45.8″ N 37°12′30.2″	88
						2	20–50	重壤土	7.9	2.9	0.34	0.20	17	微量	9	28.8			
						3	50–110	黏壤土	7.9	3.1	0.29	0.24	27	微量	9	27.6			
						4	110–150	黏壤土	8.0	3.1	0.18	0.28	18	微量	16	28.8			

续表 Continued

剖面号 Soil profile	土纲 Soil order	土类 Soil great group	亚类 Soil subgroup	土属 Soil genus	土种 Soil species	土层码 Layer code	土层厚度 Depth/cm	质地 Soil texture	pH	有机质 OM/(g/kg)	全氮 TN/(g/kg)	全磷 TP/(g/kg)	碱解氮 AN/(mg/kg)	有效磷 AP/(mg/kg)	速效钾 AK/(mg/kg)	阳离子交换量CEC/(cmol/kg)	土壤母质 Parent material	剖面点坐标 Profile coordinate	匹配指数 Matching index/%
剖16	半淋溶土	褐土	石灰性褐土	中壤质杂砂红石灰性褐土	中壤质杂砂红石灰性褐土	1	0—16	中壤土	8.2	10.3	0.40	0.50	59	3.5	12	25.9	红黄土	E 114°17′42.0″ N 37°10′33.8″	72
						2	16—30	中壤土	8.2	8.5	0.60	0.50	43	微量	12	22.8			
						3	30—80	重壤土	8.0	4.1	0.50	0.30	28	微量	14	34.8			
						4	80—120	重壤土	8.0	4.3	0.20	0.30	32	微量	12	37.0			
剖17	半淋溶土	褐土	潮褐土	人工拦淤潮褐土	人工拦淤砂壤中层潮褐土	1	0—20	砂壤土	8.1	12.1	0.60	0.70	45	6.6	25	39.4	人工拦淤物	E 114°03′01.1″ N 37°07′08.0″	95
						2	20—40	轻壤土	8.3	7.5	0.50	0.60	29	3.5	15	24.1			
						3	40—80	砂壤土	8.5	4.9	0.40	1.20	23	微量	10	10.0			
剖18	半淋溶土	褐土	褐土	壤质红黄褐土	中壤质红黄褐土	1	0—11	中壤土	7.8	14.9	1.00	0.43	69	2.5	32	28.2	红黄土	E 114°08′18.3″ N 37°02′05.8″	84
						2	11—28	轻壤土	8.0	7.6	0.58	0.28	44	微量	18	30.6			
						3	28—75	轻壤土	7.8	4.0	0.36	0.20	29	微量	24	38.4			
						4	75—130	轻壤土	7.8	3.9		0.20	31	微量	28	41.7			
剖19	半淋溶土	褐土	褐土性	人工堆垫潮褐土	人工堆垫薄层砂壤质潮褐土	1	0—15	砂壤土	8.1	8.3	0.50	1.40	18	微量	12	15.6	人工堆垫物	E 114°21′33.9″ N 37°08′53.6″	77
						2	15—24	砂壤土	8.4	9.0	0.40	1.10	43	微量	7	17.4			
						3	24—	砂壤土	8.0	2.1	0.20	1.20	49	微量	9	5.4			
剖20	半淋溶土	褐土	褐土性	页岩褐土性土	页岩褐土性土	1	0—10	多砾质砂壤土	7.9	9.0	0.45	0.25	52	微量	22	9.6	残积物、坡积物	E 114°17′45.4″ N 37°07′49.7″	79
						2	10—30	多砾质砂壤土	8.1	6.0	0.32	0.26	43	微量	8	11.2			
剖21	半淋溶土	褐土	石灰性褐土	壤质冲积石灰性褐土	轻壤质底黏石灰性褐土	1	0—22	轻壤土									洪积物、冲积物	E 114°27′47.8″ N 37°07′19.5″	88
						2	22—58	中壤土											
						3	58—156	重壤土											
剖22	半淋溶土	褐土	褐土	壤质褐土	多砾轻壤质体卵褐土	1	0—20	多砾质轻壤土	7.7	11.9	0.67	0.52	5	2.8	12	22.3	洪积物、冲积物	E 114°22′19.0″ N 37°07′03.7″	71
						2	20—50	砂质黏土	7.7	7.1	0.43	0.26	28	微量	58	30.0			
						3	50—100	砂质黏土	6.7	7.1	0.41	0.32	50	微量	20	26.5			
						4	100—150	砂质黏土	8.8	5.0	0.25	0.58	45	微量	16	28.8			
剖23	半淋溶土	褐土	石灰性褐土	壤质冲积底砂石灰性褐土	轻壤质底砂石灰性褐土	1	0—18	轻壤土	7.9	17.8	1.15	0.28	114	9.0	155	13.6	洪积物、冲积物	E 114°25′56.9″ N 37°05′52.0″	72
						2	18—52	中壤土	7.9	7.5	0.70	0.22	80	2.0	111	13.4			
						3	52—78	砂土	7.9	5.7	0.55	0.16	67	4.0	72	10.3			
						4	78—135	砂土	8.1	2.8	0.38	0.14	51	4.0	46	5.1			
剖24	半淋溶土	褐土	褐土	壤质冲积石灰性褐土	轻壤质石灰性褐土	1	0—30	轻壤土	8.2	8.4	0.10	0.46	64	3.5	166	11.8	洪积物、冲积物	E 114°17′38.8″ N 37°04′44.4″	78
						2	30—80	中壤土	8.2	4.8	0.05	0.50	37	2.5	7	14.1			
						3	80—120	中壤土	8.1	3.5	0.32	0.54	43	5.0	24	13.5			
剖25	半淋溶土	褐土	石灰性褐土	砂质褐土性土	耕种砂质褐土性土	1	0—28	轻壤土	8.6	2.0		0.76	27	2.5	12	4.7	洪积物、冲积物	E 114°27′00.7″ N 37°00′26.3″	94
						2	28—74	轻壤土	8.5	3.0	1.50	0.92	20	微量	9	1.2			
						3	74—125	砂土	8.5	2.0	0.62	0.98	20	微量	7	7.1			
剖26	半淋溶土	褐土	褐土性	砂质褐土	砂质褐土	1	0—15	砂土	8.1	17.0	0.18	0.10	74	2.4	12	24.1	冲积物	E 114°33′21.6″ N 37°07′40.1″	93
						2	15—70	砂土	8.2	11.0	0.96	0.60	61	1.5	15	17.0			
						3	70—150	轻壤土	8.3	6.0	0.80	0.70	26	微量	5	15.2			
剖27	半水成土	潮土	潮土	壤质潮土	轻壤质潮土	1	0—20	轻壤土	8.1	6.0	0.43	0.76	29	微量	10	17.0	冲积物	E 114°35′49.2″ N 37°06′34.9″	100
						2	20—50	轻壤土	8.6	6.3	0.42	0.64	39	微量	7	6.5			
						3	50—100	紧砂土	8.5	3.3	0.49	0.64	28	微量	7	17.0			
剖28	半水成土	潮土	褐潮土	砂质褐潮土	砂质褐潮土	2	25—100	紧砂土	8.5	2.9	0.29	0.58	27	微量	7	8.8	冲积物	E 114°33′21.2″ N 37°05′48.1″	86
						3	100—130	砂壤土	8.5	2.9	0.35	0.58	27	微量	7	8.8			
						4	130—150	轻壤土	8.3	4.8	0.63	0.54	37	微量	19	8.8			

续表 Continued

剖面号 Soil profile	土纲 Soil order	土类 Soil great group	亚类 Soil subgroup	土属 Soil genus	土种 Soil species	土层码 Layer code	土层厚度 Depth/cm	质地 Soil texture	pH	有机质 OM/(g/kg)	全氮 TN/(g/kg)	全磷 TP/(g/kg)	碱解氮 AN/(mg/kg)	有效磷 AP/(mg/kg)	速效钾 AK/(mg/kg)	阳离子交换量CEC/(cmol/kg)	土壤母质 Parent material	剖面点坐标 Profile coordinate	匹配指数 Matching index/%
剖29	半水成土	潮土	潮土	壤质洪积潮土	轻壤质潮土	1	0–25	轻壤土	7.9	13.1	0.91	0.24	117	3.0	131	11.2		E 114°32′12.5″ N 37°04′07.0″	87
						2	25–55	中壤土	7.9	5.4	0.54	0.18	79	1.0	96	12.6			
						3	55–126	中壤土	7.9	5.3	0.57	0.14	83	1.0	107	16.3			
剖30	半水成土	潮土	褐潮土	壤质冲积潮土	轻壤质褐潮土	1	0–17	轻壤土	8.2	11.4	0.31	0.56	50	微量	20	18.2	冲积物	E 114°34′19.9″ N 37°02′58.9″	90
						2	17–27	轻壤土	8.2	8.6	0.45	0.60	50	微量	12	18.8			
						3	27–58	轻壤土	8.3	5.9	0.45	0.56	49	微量	11	21.8			
						4	58–105	中壤土	8.4	5.8	0.27	0.46	29	微量	7	24.1			
						5	105–150	中壤土	8.4	8.0	0.37	0.52	41	微量	12	25.9			
剖31	半淋溶土	褐土	潮褐土	壤质冲积潮褐土	轻壤质褐土	1	0–18	轻壤土										E 114°31′10.4″ N 37°02′23.4″	95
						2	18–39	中壤土											
						3	39–67	中壤土											
						4	67–135	中壤土											
剖32	水成土	沼泽土	沼泽土	砂质沼泽土	砂质沼泽土	1	0–20	砂壤土	8.3	2.8	0.34	0.46	15	1.1	5	4.8	沉积物	E 114°34′40.8″ N 37°02′08.9″	87
						2	20–44	砂壤土	8.3	2.8	0.34	0.74	17	2.5	5	9.6			
						3	44–80	砂壤土	8.4	3.2	0.90	0.54	20	2.8	5	9.6			
						4	80–120	砂壤土	8.2	11.8	0.93	0.58	36	4.5	7	13.8			
剖33	人为土	水稻土	潜育水稻土	壤质潜育水稻土	轻壤质潜育水稻土	1	0–20	轻壤土	7.7	19.1	1.15	0.76	82	2.5	18	20.6	沉积物	E 114°33′16.9″ N 37°01′22.1″	78
						2	20–25	轻壤土	7.8	16.9	1.23	0.78	73	1.5	18	13.5			
						3	25–45	轻壤土	7.8	13.4	0.98	0.78	62	2.5	32	21.2			
						4	45–70	中壤土	8.0	7.8	0.71	0.96	151	1.5	21	18.2			
						5	70–100	中壤土	8.0	5.8	0.62	0.70	51	2.5	24	13.5			
剖34	水成土	沼泽土	沼泽土	壤质沼泽土	轻壤质沼泽土	1	0–20	轻壤土	8.2	31.2	1.96	0.58	109	2.8	32	17.0	漫流沉积物	E 114°31′19.9″ N 37°00′26.3″	81
						2	20–50	轻壤土	8.1	28.3	1.77	0.70	110	2.8	10	20.0			
						3	50–75	中壤土	8.1	16.3	0.69	0.72	54	2.5	7	18.2			
						4	75–150	中壤土	8.1	14.7	0.73	0.72	43	2.5	7	12.0			
剖35	半淋溶土	褐土	褐土	碳酸岩褐土	碳酸岩少砾轻壤中层褐土	1	0–10	轻壤土	8.0	17.2	1.00	0.56	82	1.1	12	19.4	残积物、坡积物	E 114°18′53.1″ N 36°59′31.0″	89
						2	10–30	轻壤土	8.0	14.0	1.03	0.42	60	微量	12	25.3			
						3	30–50	轻壤土	7.9	16.3	0.18	0.44	103	1.1	16	33.6			
剖36	半淋溶土	褐土	潮褐土	人工堆垫潮褐土	人工堆垫中层砂壤质潮褐土	1	0–17	砂壤土	7.5	19.8	1.10	0.70	58	5.2	50	9.4	人工堆垫物	E 114°16′18.1″ N 36°59′02.4″	89
						2	17–30	砂壤土	7.0	10.8	0.70	0.50	31	2.0	12	5.9			

任 泽 区

主要土类说明

潮土是任泽区主要土壤类型，占本区地域面积的75%。潮土是在地下水的直接作用下，在河流冲积物和湖相静水沉积物上发育成的土壤，分布在交界洼地和河流冲积平原，海拔为27—35m，地下水埋藏深度为1.6—5m，地下水直接参与成土过程，土壤颜色多为暗灰棕色和棕色，心土层和底土层中浸水和透气过程交替进行，有锈纹出现，底土层以下土体冲积层次明显，可称之为卧土，明显的层次性和锈色斑纹是潮土的两个诊断特征。地形和水分状况的差异，使在潮土区内进行潮土化过程的同时进行着褐土化、脱盐化和脱沼泽化等辅助过程，该土类有潮土和褐潮土两个亚类。潮土亚类的成土条件、成土过程及土壤属性具备潮土类的典型特征；褐潮土亚类分布于潮土区内的河流故道缓岗地带上，地形部位较四周明显高出，排水较好，土色为棕褐色，地下水较深，基本上不作用于土体，成土过程向褐土化方向发展。褐潮土土色比原来的潮土鲜褐，黏粒有轻微下移现象，心土层中出现假菌丝体。

褐土是任泽区第二大土壤类型，占本区地域面积的23%。该土类只包括一个亚类，即潮褐土亚类。它是在弱淋溶条件下经地带性成土过程的土类。分布地形部位为山麓平原冲积扇的末端，海拔为35—57m，地下水埋深为4—12m，成土过程中上层脱离地下水作用，雨季由于淋溶作用，表层黏粒随水下移，心土层有黏化现象，表层钙质盐随水下移，在心土层形成假菌丝体，底土层中有时形成碳酸盐结核、砂姜和锈色斑纹，这是该亚类的最主要的诊断土层和特征。土壤经常处于通气状态，土色以棕褐色为主，由于淋溶强度较弱，不足以引起盐基不饱和，土壤呈微碱性，pH 为 7.5—8.5。该亚类母质为洪积物、冲积物，是潮土向褐土发展的一个过渡类型，发育层次不太明显，通体石灰反应较强。

本区域中心区气候特征

本区域中心区气候特征值
Regional climate characteristics in central area of the region

气候带：暖温带亚湿润气候 Climate region: Warm temperate subhumid climate	
年平均气温 /℃ Annual average temperature /℃	13.8
年平均最高气温 /℃ Annual average maximum temperature /℃	19.4
年平均最低气温 /℃ Annual average minimum temperature /℃	9.0
年降水量 /mm Annual precipitation /mm	557
≥10℃的积温 /℃ Daily temperature accumulated in a year（≥10℃）/℃	4993
年日照时数 /h Annual sunshine /h	2400
年平均相对湿度 /% Annual average relative humidity /%	62
干燥度 Dryness	1.50

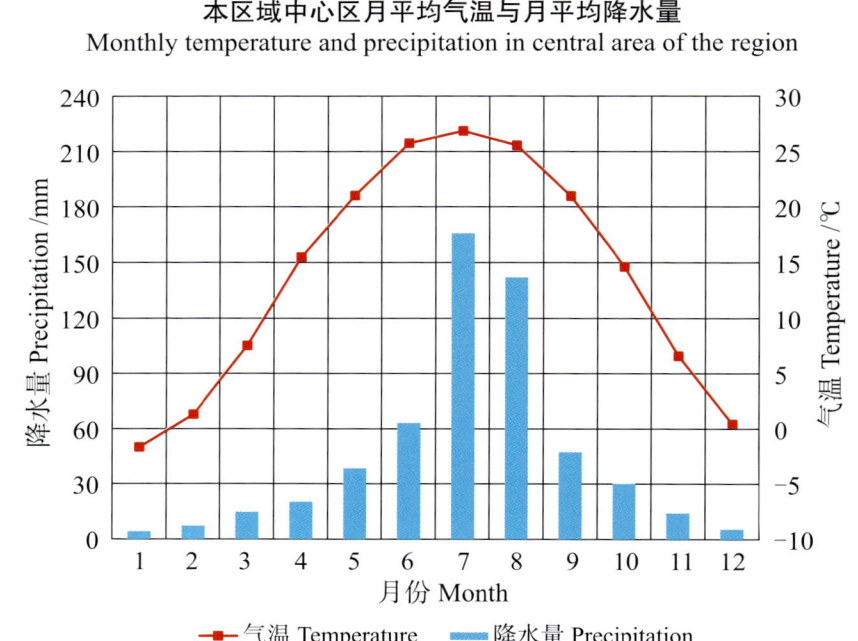

本区域中心区月平均气温与月平均降水量
Monthly temperature and precipitation in central area of the region

任县主要土壤类型与土壤剖面点分布图
1∶110 000

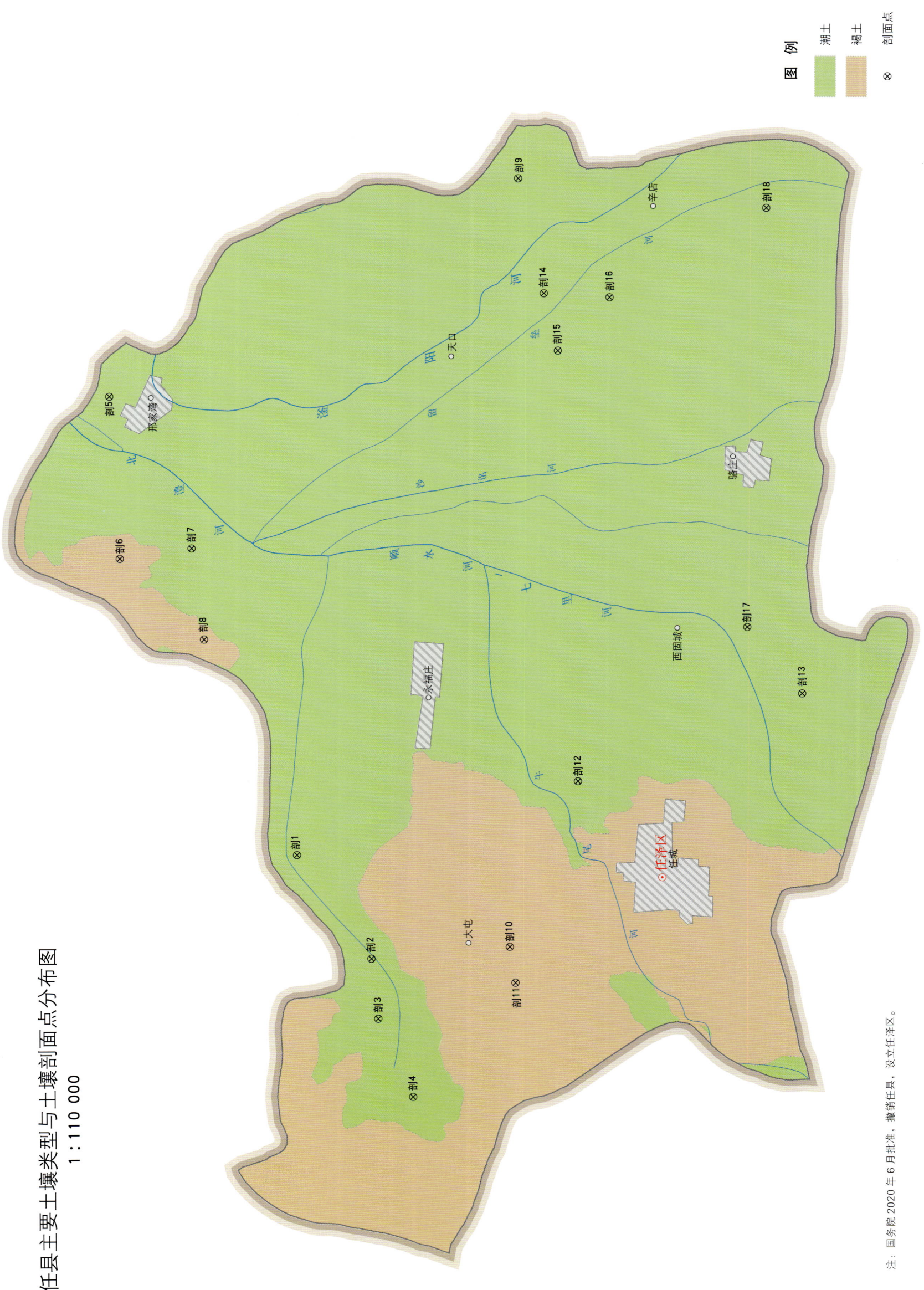

注：国务院2020年6月批准，撤销任县，设立任泽区。

任泽区土壤剖面理化性状表

剖面号 Soil profile	土纲 Soil order	土类 Soil great group	亚类 Soil subgroup	土属 Soil genus	土种 Soil species	土层码 Layer code	土层厚度 Depth/cm	颜色 Soil color	质地 Soil texture	土壤结构 Soil structure	pH	有机质 OM/(g/kg)	全氮 TN/(g/kg)	全磷 TP/(g/kg)	碱解氮 AN/(mg/kg)	有效磷 AP/(mg/kg)	速效钾 AK/(mg/kg)	阳离子交换量 CEC/(cmol/kg)	剖面点坐标 Profile coordinate	匹配指数 Matching index/%
剖1	半水成土	潮土	潮土	脱盐化潮土	轻壤质腰黏脱盐化潮土	1	0–12	灰棕色	轻壤土	屑粒状	8.2	8.5	0.62	0.55	51	1.7	130	11.2	E 114°41′07.0″ N 37°12′59.6″	86
						2	12–32	灰棕色	轻壤土	碎块状	8.7	4.7	0.32	0.53	30	1.0	57	27.7		
						3	32–53	红棕色	黏土	块状	8.5	8.5	0.66	0.45	63	1.7	230	9.4		
						4	53–100	红棕色	重壤土	块状	8.5	8.1	0.66	0.47	53	1.5	193	28.9		
剖2	半水成土	潮土	潮土	脱盐化潮土	轻壤质体黏脱盐化潮土	1	0–17	浅黄棕色	轻壤土	屑粒状	8.5	12.0	0.87	0.62	60	7.0	220	15.4	E 114°39′14.8″ N 37°11′54.2″	74
						2	17–40	红棕色	中壤土	碎块状	8.6	9.9	0.72	0.57	57	1.6	197	14.6		
						3	40–80	红棕色	重壤土	块状	8.4	4.0	0.68	0.44	47	1.0	187	27.0		
						4	80–110	棕色	中壤土	块状	8.5	4.9	0.44	0.49	37	1.8	90	13.1		
剖3	半水成土	潮土	潮土	脱盐化潮土	轻壤质底黏脱盐化潮土	1	0–13	灰棕色	轻壤土	屑粒状	8.6	11.2	0.77	0.59	60	1.7	133	11.5	E 114°38′10.3″ N 37°11′47.4″	84
						2	13–29	暗灰棕色	轻壤土	片状	8.8	9.7	0.67	0.57	50	0.9	107	12.7		
						3	29–54	浅黄棕色	中壤土	碎块状	9.0	3.4	0.29	0.50	26	0.7	50	8.0		
						4	54–70	棕色	黏土	块状	8.5	7.2	0.58	0.47	86	1.6	160	23.7		
						5	70–125	浅红棕色	中壤土	块状	8.4	6.9	0.56	0.46	40	2.8	153	21.3		
剖4	半水成土	潮土	潮土	脱盐化潮土	轻壤质夹黏脱盐化潮土	1	0–27	浅红棕色	轻壤土	屑粒状	8.7	8.7	0.65	0.53	57	0.6	130	14.0	E 114°36′46.3″ N 37°11′16.2″	91
						2	27–37	红棕色	中壤土	块状	8.7	7.7	0.67	0.41	47	0.6	190	26.6		
						3	37–94	浅黄棕色	中壤土	碎块状	8.1	6.7	0.52	0.49	42	2.0	113	17.8		
						4	94–120	棕色	中壤土	块状	8.9	5.7	0.42	0.47	35	0.9	110	13.9		
剖5	半水成土	潮土	壤质潮土	轻壤质砂底砂壤土	1	0–14	灰棕色	轻壤土	屑粒状	8.7	5.5	0.77	0.58	57	1.6	137	11.4	E 114°49′24.6″ N 37°15′48.5″	84
						2	14–35	灰棕色	砂土	碎块状	8.4	6.7	0.57	0.55	5	1.0	73	5.5		
						3	35–51	灰白棕色	砂土	单粒状	8.3	1.5	0.20	0.51	14	8.0	37	6.1		
						4	51–84	棕色	轻壤土	碎块状	8.4	2.6	0.33	0.42	19	1.2	50	6.9		
						5	84–110	白棕色	砂土	单粒状	8.2	1.5	0.27	0.49	27	2.0	50	3.4		
剖6	半淋溶土	褐土	潮褐土	壤质潮褐土	轻壤质潮褐土	1	0–22	浅灰棕色	轻壤土	屑粒状	8.8	12.3	0.78	0.70	63	0.6	14	13.3	E 114°46′27.7″ N 37°15′36.3″	72
						2	22–45	棕褐色	中壤土	碎块状	8.5	8.5	0.65	0.57	49	0.6	130	18.5		
						3	45–130	浅棕色	轻壤土	碎块状	8.6	7.5	0.50	0.56	46	0.8	130	15.0		
剖7	半水成土	潮土	壤质潮土	砂壤质黏底潮土	1	0–30	灰棕色	轻壤土	屑粒状	8.5	10.5	0.20	0.55	61	1.9	143	11.8	E 114°46′40.9″ N 37°14′35.5″	80
						2	30–52	浅黄棕色	轻壤土	块状	8.6	5.9	0.46	0.49	34	8.0	77	11.4		
						3	52–70	深棕色	黏土	核状	8.6	9.3	0.74	0.45	59	0.9	170	27.7		
						4	70–100	红棕色	黏土	碎块状	8.5	9.0	0.65	0.43	47	1.1	197	12.1		
						5	100–130	灰棕色	中壤土	碎块状	8.1	7.6	0.50	0.49	45	1.4	110	18.1		
剖8	半淋溶土	褐土	潮褐土	壤质潮褐土	中壤质潮褐土	1	0–22	棕褐色	中壤土	屑粒状	8.4	11.4	0.81	0.57	73	2.5	233	12.0	E 114°46′01.5″ N 37°14′23.2″	98
						2	22–53	棕褐色	中壤土	碎块状	8.5	5.7	0.55	0.50	46	1.4	123	12.6		
						3	53–104	浅棕褐色	轻壤土	碎块状	8.3	4.3	0.46	0.41	33	1.0	73	10.8		
						4	104–125	棕褐色	中壤土	块状	8.4	6.7	0.59	0.44	53	0.7	130	19.1		
剖9	半水成土	潮土	潮土	壤质潮土	中壤质潮砂潮	1	0–20	灰棕褐色	中壤土	团粒状	8.4	15.5	1.27	0.68	212	7.0	217	18.8	E 114°53′33.0″ N 37°10′04.2″	79
						2	20–68	暗灰棕色	中壤土	块状	8.2	11.9	0.99	0.50	102	1.3	187	26.0		
						3	68–92	灰白色	砂土	单粒状	8.1	2.3	0.33	0.49	14	3.2	40	5.3		
						4	92–110	浅棕褐色	中壤土	块状	8.6	5.5	0.48	0.49	49	4.6	110	26.7		
剖10	半淋溶土	褐土	潮褐土	壤质潮褐土	砂壤质潮褐土	1	0–20	灰棕色	砂壤土	碎块状	8.4	5.5	0.41	0.56	32	0.4	77	7.8	E 114°39′30.6″ N 37°09′56.5″	94
						2	20–103	浅棕色	砂壤土	碎块状	8.5	3.1	0.31	0.47	22	1.1	47	7.7		
						3	103–120	浅棕色	轻壤土	碎块状	8.6	4.4	0.36	0.63	23	0.5	53	4.7		

续表 Continued

剖面号 Soil profile	土纲 Soil order	土类 Soil great group	亚类 Soil subgroup	土属 Soil genus	土种 Soil species	土层码 Layer code	土层厚度 Depth/cm	颜色 Soil color	质地 Soil texture	土壤结构 Soil structure	pH	有机质 OM/(g/kg)	全氮 TN/(g/kg)	全磷 TP/(g/kg)	碱解氮 AN/(mg/kg)	有效磷 AP/(mg/kg)	速效钾 AK/(mg/kg)	阳离子交换量CEC/(cmol/kg)	剖面点坐标 Profile coordinate	匹配指数 Matching index/%
剖11	半淋溶土	褐土	潮褐土	壤质潮褐土	轻壤质砂底砂褐土	1	0–18	浅褐色	轻壤土	屑粒状	8.6	6.9	0.58	0.63	39	1.1	87	7.8	E 114°38′52.1″ N 37°09′51.1″	94
						2	18–73	浅褐色	砂壤土	碎块状	8.5	2.5	0.25	0.38	17	0.5	43	6.7		
						3	73–97	浅褐色	砂土	单粒状	8.8	1.3	0.12	0.62	14	0.6	27	3.7		
						4	97–135	浅褐色	砂壤土	碎块状	8.6	2.0	0.19	0.65	14	0.5	51	6.1		
剖12	半水成土	潮土	潮土	壤质潮土	砂壤质夹黏潮土	1	0–30	灰棕色	轻壤土	屑粒状	8.7	11.7	0.78	0.57	62	2.3	153	15.3	E 114°42′34.9″ N 37°09′01.4″	74
						2	30–45		重壤土	块状	8.4	9.2	0.72	0.41	58	0.6	157	28.6		
						3	45–120		轻壤土	碎块状	8.9	6.2	0.49	0.47	37	0.6	93	16.2		
剖13	半水成土	潮土	潮土	壤质潮土	砂壤质潮土	1	0–20	浅灰棕色	砂壤土	碎块状	8.2	7.4	0.51	0.47	32	1.2	86	9.6	E 114°44′15.4″ N 37°05′52.1″	75
						2	20–47	浅灰棕色	砂壤土	粒状	8.3	4.6	0.35	0.39	24	1.0	84	9.4		
						3	47–130	浅灰棕色	轻壤土	粒状	8.1	4.6	0.31	0.33	21	0.9	54	11.8		
剖14	半水成土	潮土	潮土	壤质潮土	轻壤质底砂潮土	1	0–28	灰棕色	轻壤土	屑粒状	8.6	9.1	0.63	0.66	53	1.0	117	1.9	E 114°51′27.7″ N 37°09′40.0″	77
						2	28–51	灰棕色	轻壤土	碎块状	8.9	2.8	0.24	0.48	21	0.9	37	6.1		
						3	51–73	灰白色	砂土	单粒状	8.4	1.9	0.18	0.57	15	0.5	27	1.3		
						4	73–120	浅棕色	轻壤土	屑粒状	8.6	3.0	0.24	0.38	18	1.6	53	9.1		
剖15	半水成土	潮土	潮土	壤质潮土	轻壤质潮土	1	0–20	浅灰棕色	轻壤土	屑粒状	9.1	7.2	0.52	0.61	43	4.0	110	11.9	E 114°50′25.8″ N 37°09′27.0″	86
						2	20–35	暗灰棕色	轻壤土	碎块状	9.2	6.5	0.49	0.52	40	1.4	123	12.0		
						3	35–80	棕色	轻壤土	碎块状	8.5	8.6	0.52	0.35	52	0.8	153	19.7		
						4	80–103	浅棕色	轻壤土	碎块状	8.5	6.1	0.43	0.37	38	0.6	127	15.1		
						5	103–123	浅棕色	轻壤土	碎块状	8.4	5.1	0.39	0.34	37	0.6	87	13.2		
剖16	半水成土	潮土	潮土	壤质潮土	中壤质潮土	1	0–20	灰棕色	中壤土	屑粒状	8.6	17.0	1.21	0.66	92	4.7	250	24.3	E 114°51′24.7″ N 37°08′43.9″	82
						2	20–55	浅棕色	中壤土	碎块状	8.6	9.6	0.77	0.57	65	1.2	183	23.6		
						3	55–103	浅棕色	中壤土	碎块状	8.6	12.7	0.92	0.61	76	1.6	67	24.9		
						4	103–125	棕色	中壤土	碎块状	8.8	8.5	0.62	0.55	53	0.8	137	13.6		
剖17	半水成土	潮土	潮土	脱盐化潮土	中壤质脱盐化潮土	1	0–28	浅棕色	中壤土	屑粒状	8.5	10.6	0.76	0.58	63	2.1	183	15.1	E 114°45′27.4″ N 37°06′40.3″	74
						2	28–53	灰棕色	重壤土	碎块状	8.5	6.0	0.47	0.48	40	1.6	163	15.7		
						3	53–105	红棕色	轻壤土	碎块状	8.7	4.8	0.36	0.48	39	2.1	83	12.8		
						4	105–120	灰棕色	轻壤土	小块状	8.6	9.1	0.77	0.47	74	1.5	180	0.8		
剖18	半水成土	潮土	潮土	脱盐化潮土	轻壤质脱盐化潮土	1	0–17	灰棕色	轻壤土	屑粒状	8.5	10.2	0.70	0.60	48	5.5	143	9.6	E 114°53′06.1″ N 37°06′32.1″	94
						2	17–30	浅棕色	轻壤土	碎块状	9.4	7.0	0.45	0.52	30	2.0	77	13.2		
						3	30–60	浅棕色	中壤土	粒状	8.9	3.3	0.29	0.50	25	0.8	50	8.9		
						4	60–100	棕色	中壤土	块状	8.8	6.2	0.53	0.45	37	1.1	120	19.7		
						5	100–130	浅棕色	轻壤土	碎块状	9.0	3.5	0.27	5.00	23	1.1	57	10.8		

南 和 区

主要土类说明

潮土是南和区主要土壤类型，占本区地域面积的97%。潮土是在暖温带半干旱半湿润季风气候条件下，在冲积母质上，经过开垦耕种形成的一种农业土壤，地下水参与成土过程，生长有草甸植被。植被包括马唐、白茅、狗尾草、苦苣菜和旋覆花等草甸草本植被。由于近代河流的频繁沉积与人为耕种的影响，有机质含量少，土色较浅。潮土土类因其在成土过程中的不同发育阶段，产生附加的次要成土过程，又可分为潮土、褐潮土和湿潮土等亚类。

小于本区地域面积3%的土壤类型还有水稻土、风沙土和褐土等。

本区域中心区气候特征

本区域中心区气候特征值
Regional climate characteristics in central area of the region

气候带：暖温带亚湿润气候 Climate region: Warm temperate subhumid climate	
年平均气温 /℃ Annual average temperature /℃	13.7
年平均最高气温 /℃ Annual average maximum temperature /℃	19.4
年平均最低气温 /℃ Annual average minimum temperature /℃	8.9
年降水量 /mm Annual precipitation /mm	551
≥10℃的积温 /℃ Daily temperature accumulated in a year (≥10℃) /℃	4976
年日照时数 /h Annual sunshine /h	2376
年平均相对湿度 /% Annual average relative humidity /%	63
干燥度 Dryness	1.50

本区域中心区月平均气温与月平均降水量
Monthly temperature and precipitation in central area of the region

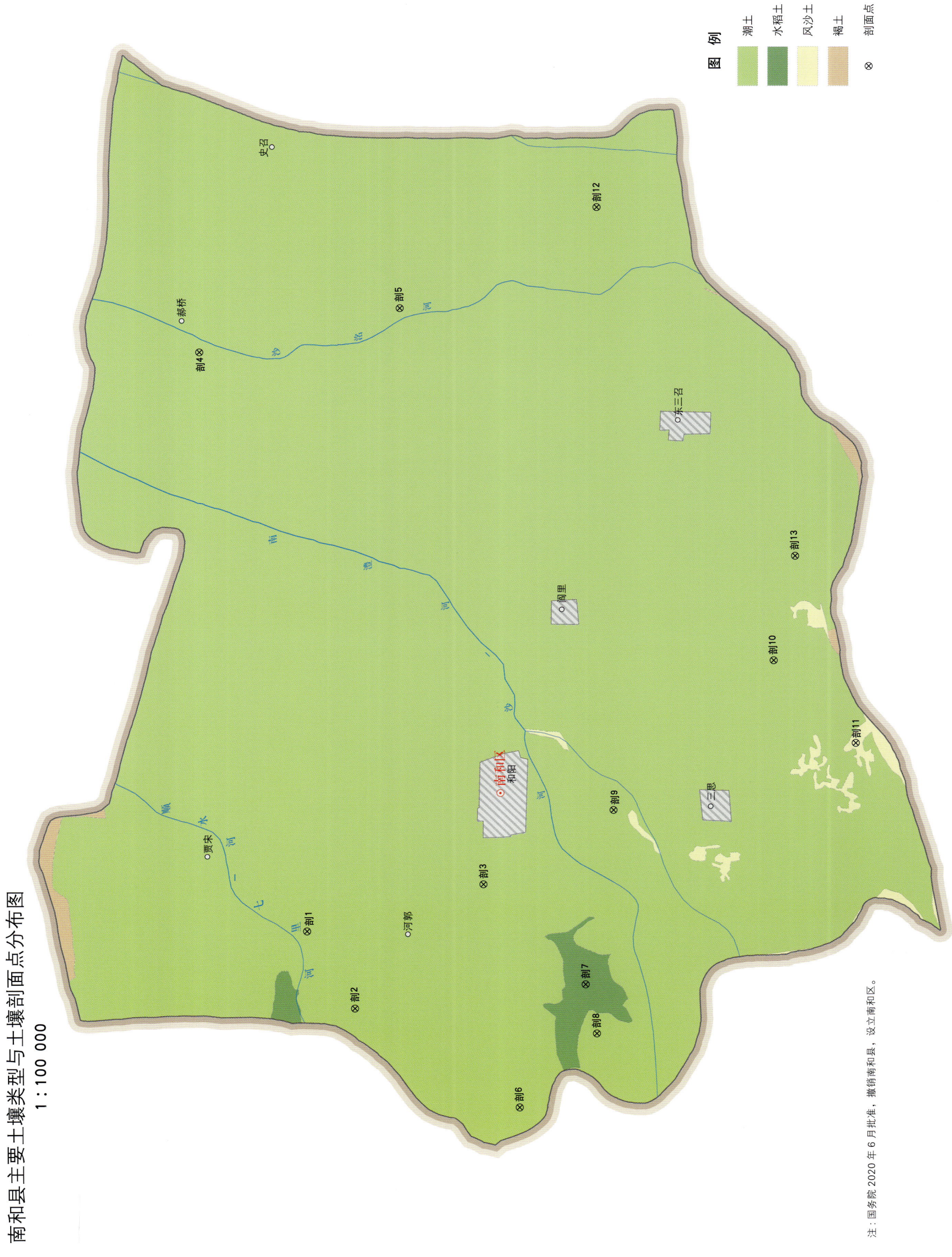

南和区土壤剖面理化性状表

剖面号 Soil profile	土纲 Soil order	土类 Soil great group	亚类 Soil subgroup	土属 Soil genus	土种 Soil species	土层码 Layer code	土层厚度 Depth/cm	颜色 Soil color	质地 Soil texture	pH	有机质 OM/(g/kg)	全氮 TN/(g/kg)	全磷 TP/(g/kg)	碱解氮 AN/(mg/kg)	有效磷 AP/(mg/kg)	速效钾 AK/(mg/kg)	阳离子交换量CEC/(cmol/kg)	剖面点坐标 Profile coordinate	匹配指数 Matching index/%
剖1	半水成土	潮土	潮土	壤质潮土	砂壤质底黏潮土	1	0—25	浅灰棕色	砂壤土	8.8	6.0		1.28	51	0.8	38	8.0	E 114°38′48.2″ N 37°02′38.4″	88
						2	25—42	灰灰棕色	轻壤土	8.9	3.0		1.17	58	微量	54	12.0		
						3	42—66	灰白色	砂土	9.1	1.0		1.20	19	微量	23	3.0		
						4	66—130	灰灰棕色	中壤土	8.4	12.0		1.30	86	2.6	55	21.0		
剖2	半水成土	潮土	湿潮土	壤质湿潮土	轻壤质湿潮土	1	0—20	浅灰棕色	轻壤土	8.7	8.1		0.90	72		13	14.0	E 114°37′30.9″ N 37°01′58.7″	71
						2	20—39	浅灰棕色	轻壤土	8.5	6.8		0.72	45		67	13.0		
						3	39—80	暗灰棕色	中壤土	8.6	6.1		0.68	33		89	22.0		
						4	80—125	暗灰棕色	中壤土	8.6	4.1		1.53	36		83	15.0		
剖3	半水成土	潮土	潮土	壤质潮土	轻壤质潮土	1	0—25		轻壤土	8.5	12.0	0.86	2.25	83	18.6	313	12.0	E 114°39′39.8″ N 37°00′17.8″	78
						2	25—48		中壤土	8.3	9.0	0.73	1.90	67	8.5	253	16.0		
						3	48—90		中壤土	8.4	6.0	0.62	1.22	61	0.9	150	17.0		
						4	90—		砂壤土	8.4	3.0	0.34	0.93	29	0.5	65	10.0		
剖4	半水成土	潮土	潮土	壤质潮土	中壤质潮土	1	0—23	灰棕色	中壤土	8.4	8.0	0.73	1.09	76	2.6	158	17.0	E 114°48′42.5″ N 37°04′15.0″	72
						2	23—48	暗灰棕色	重壤土	8.3	8.0	0.75	0.95	66	0.7	108	22.0		
						3	48—68	暗灰棕色	轻壤土	8.4	5.0	0.45	0.76	63	0.9	88	17.0		
						4	68—130	暗灰棕色	中壤土	8.4	5.0	0.50	0.98	55	0.8	123	17.0		
						5	130—145		中壤土	8.6	6.0	0.51	1.16	54	2.9	140	20.0		
剖5	半水成土	潮土	潮土	壤质潮土	轻壤质黏潮土	1	0—19		轻壤土	8.1	15.0	1.09	1.96	75	5.8	268	12.0	E 114°49′32.2″ N 37°01′35.0″	72
						2	19—58		轻壤土	8.2	10.0	0.73	1.91	54	2.9	183	11.0		
						3	58—121		重壤土	8.2	8.0	0.58	1.01	44	0.8	183	23.0		
						4	121—139		中壤土	8.3	5.0	0.50	1.00	70	2.6	137	18.0		
剖6	半水成土	潮土	潮土	壤质潮土		1	0—30		砂壤土	8.4	6.0	0.45	1.30	33	1.8	78	11.0	E 114°37′59.8″ N 36°58′54.1″	99
						2	30—46	轻壤土		8.4	6.0	0.51	1.36	30	1.5	98	18.0		
						3	46—94		轻壤土	8.4	4.0	0.46	1.30	52	0.5	113	18.0		
						4	94—135		砂壤土	8.4	2.0	0.25	1.47	18	微量	48	9.0		
剖7	人为土	水稻土	淹育水稻土	壤质淹育水稻土	轻壤质淹育水稻土	1	0—20	灰棕色	轻壤土	8.1	12.7		1.10	85	15.8	117	14.0	E 114°35′53.0″ N 36°59′45.0″	99
						2	20—45	浅灰棕色	轻壤土	8.4	8.3		1.12	75	微量	125	17.0		
						3	45—80	浅灰棕色	轻壤土	8.3	7.7		1.12	58	微量	114	18.0		
						4	80—	浅灰棕色	轻壤土	8.5	7.4		1.12	53	微量	125	18.0		
剖8	半水成土	潮土	潮土	壤质潮土	轻壤质底砂潮土	1	0—20	浅灰棕色	轻壤土	8.3	11.0	0.84	1.32	60	4.4	110	13.0	E 114°37′10.0″ N 36°58′44.4″	76
						2	20—57	浅灰棕色	砂壤土	8.4	4.0	0.37	1.21	29	微量	93	9.0		
						3	57—116	浅红棕色	砂壤土	8.6	1.0	0.18	1.37	12	微量	75	6.0		
						4	116—140	灰棕色	砂壤土	8.4	4.0	0.32	1.21	28	微量	80	13.0		
剖9	半水成土	潮土	潮土	砂质潮土	砂质潮土	1	0—20		砂壤土	8.4	5.3	0.41	1.26	38	1.9	56	8.0	E 114°40′59.5″ N 36°58′34.8″	83
						2	20—61		砂土	8.5	8.0	0.54	1.23	42	0.7	37	13.0		
						3	61—100		砂土	8.5	3.6	0.32	1.43	20	1.2	54	9.0		
						4	100—135		砂土	8.5	1.5	0.18	1.44	11	0.9	35	7.0		
剖10	半水成土	潮土	褐潮土	砂质褐潮土	砂质褐潮土	1	0—32		砂土	8.6	3.0	0.24	0.99	74	2.1	60	4.0	E 114°43′36.8″ N 36°56′29.0″	86
						2	32—95		砂土	8.3	2.0	0.21	0.84	28	微量	33	4.0		
						3	95—138		砂土	8.6	2.0	0.16	0.97	27	微量	26	4.0		
剖11	初育土	风沙土	流动风沙土	沙滩风沙土	沙滩流动风沙土	1	0—31	灰白色	砂土	8.9	1.2	0.14	1.52	12	微量	33	2.5	E 114°42′13.8″ N 36°55′21.6″	73
						2	31—64	灰白色	砂土	9.1	0.8	0.82	2.46	6	微量	20	0.2		
						3	64—130	灰白色	砂土	9.0	1.0	0.94	1.70	1	微量	20	0.9		

续表 Continued

剖面号 Soil profile	土纲 Soil order	土类 Soil great group	亚类 Soil subgroup	土属 Soil genus	土种 Soil species	土层码 Layer code	土层厚度 Depth/cm	颜色 Soil color	质地 Soil texture	pH	有机质 OM/(g/kg)	全氮 TN/(g/kg)	全磷 TP/(g/kg)	碱解氮 AN/(mg/kg)	有效磷 AP/(mg/kg)	速效钾 AK/(mg/kg)	阳离子交换量 CEC/(cmol/kg)	剖面点坐标 Profile coordinate	匹配指数 Matching index/%
剖12	半水成土	潮土	褐潮土	壤质褐潮土	轻壤质褐潮土	1	0—21		轻壤土	8.5	11.0	0.79	1.68	74	1.8	121	11.0	E 114°51′20.2″ N 36°58′59.2″	82
						2	21—82		轻壤土	8.6	5.0	0.35	1.10	56	微量	75	12.0		
						3	82—101		砂壤土	8.8	2.0	0.28	0.93	35	微量	55	11.0		
						4	101—138		中壤土	8.7	5.0	0.41	0.96	34	微量	105	22.0		
剖13	半水成土	潮土	褐潮土	壤质褐潮土	砂壤质褐潮土	1	0—20	浅红棕色	砂壤土	8.4	2.6	0.42	0.97	33	微量	98	6.0	E 114°45′25.5″ N 36°56′13.7″	94
						2	20—55	浅红棕色	砂壤土	8.2	3.1	0.30	0.72	28	微量	100	8.0		
						3	55—94	红棕色	砂壤土	8.3	2.6	0.54	0.70	19	0.6	83	6.0		
						4	94—163	浅灰棕色	砂壤土	8.4	2.5	0.24	1.09	20	2.1	68	9.0		

临 城 县

主要土类说明

褐土是临城县主要土壤类型，占本县地域面积的91%。褐土是在暖温带半干旱半湿润的气候特点影响下形成的地带性土类。本县低山丘陵和东部平原绝大部分土壤为褐土土类。根据土壤的成土过程和剖面形态，本县褐土分为淋溶褐土、褐土、石灰性褐土、潮褐土、草甸褐土和褐土性土等亚类。

棕壤是临城县第二大土壤类型，占本县地域面积的4%，主要分布于海拔1000m以上的中山，是在冷凉湿润的气候条件下形成的一种淋溶性土壤。全剖面无石灰反应，pH自表层向下递减，一般变化范围为5.5—6.5。本县棕壤分为棕壤和生草棕壤等亚类。

潮土是临城县第三大土壤类型，占本县地域面积的4%。潮土见于近代河流冲积平原或低平阶地，地下水位浅，潜水参与成土过程。在潮土成土过程中，底土氧化还原作用交替，形成锈色斑纹和小型铁子。在长期耕作条件下，表层有机质含量为10—15g/kg。

本区域中心区气候特征

本区域中心区气候特征值
Regional climate characteristics in central area of the region

气候带：暖温带亚湿润气候 Climate region: Warm temperate subhumid climate	
年平均气温 /℃ Annual average temperature /℃	13.2
年平均最高气温 /℃ Annual average maximum temperature /℃	19.2
年平均最低气温 /℃ Annual average minimum temperature /℃	8.3
年降水量 /mm Annual precipitation /mm	528
≥10℃的积温 /℃ Daily temperature accumulated in a year (≥10℃) /℃	4830
年日照时数 /h Annual sunshine /h	2391
年平均相对湿度 /% Annual average relative humidity /%	62
干燥度 Dryness	1.52

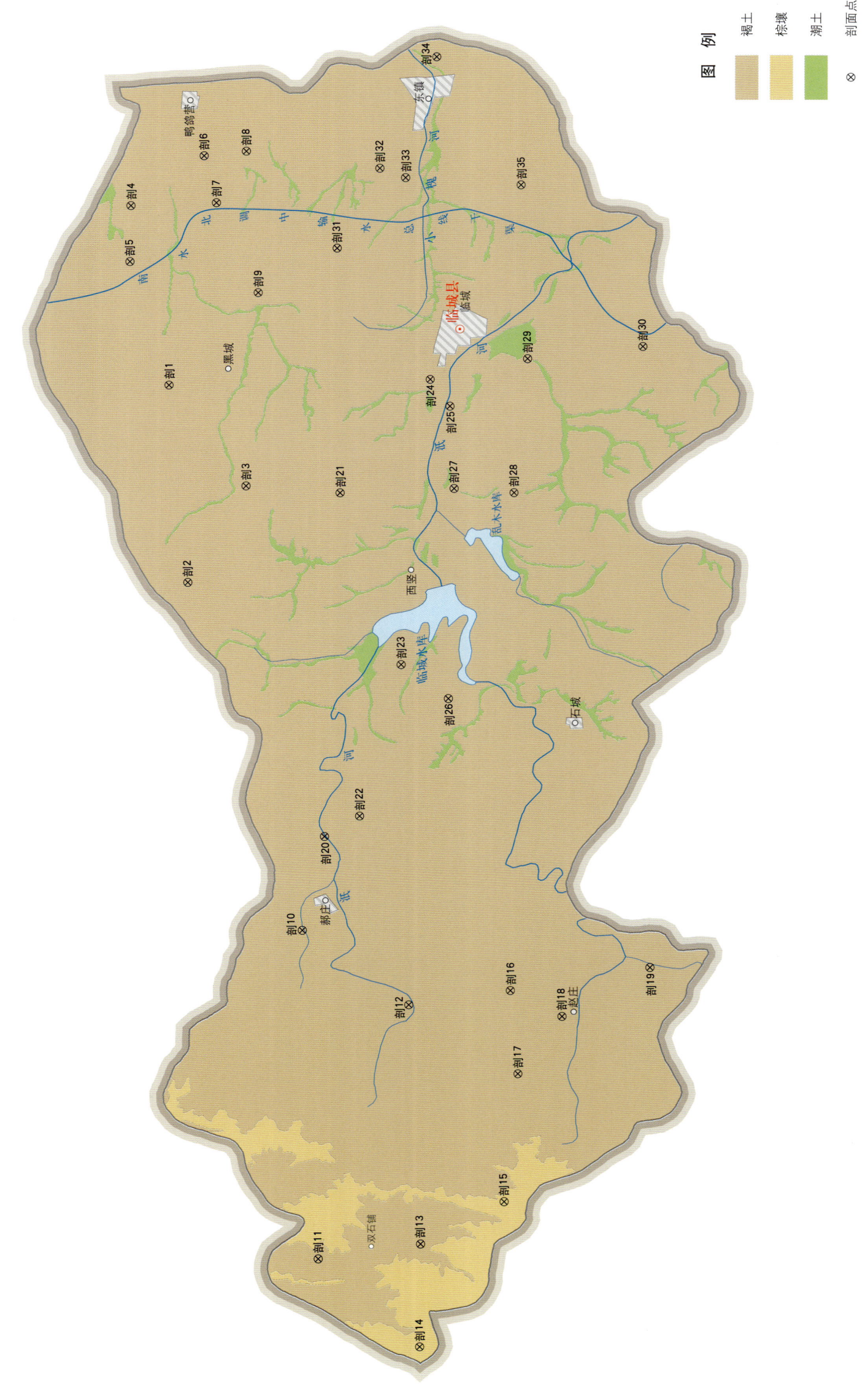

临城县土壤剖面理化性状表

剖面号 Soil profile	土纲 Soil order	亚类 Soil subgroup	土属 Soil genus	土种 Soil species	土层码 Layer code	土层厚度 Depth/cm	颜色 Soil color	质地 Soil texture	土壤结构 Soil structure	pH	有机质 OM/(g/kg)	全氮 TN/(g/kg)	全磷 TP/(g/kg)	碱解氮 AN/(mg/kg)	阳离子交换量 CEC/(cmol/kg)	土壤母质 Parent material	剖面点坐标 Profile coordinate	匹配指数 Matching index/%
剖1	半淋溶土	褐土性土	砂页岩残坡积褐土性土	多砾砂壤质薄层褐土性土	1	0—20	红棕色	砂壤土	小块状	7.0	4.8	0.24	0.98	20			E 114°28′20.1″ N 37°32′11.5″	89
					2	20—												
剖2	半淋溶土	褐土性土	砂岩残坡积褐土性土	多砾砂壤质薄层褐土性土	1	0—15	浅褐色	砂壤土	屑粒状	7.0	13.1	0.67	0.65	50			E 114°23′19.0″ N 37°31′42.6″	75
					2	15—				7.0								
剖3	半淋溶土	石灰性褐土	黄土质坡积石灰性褐土	中壤质石灰性褐土	1	0—20	浅灰棕色	中壤土	屑粒状	7.5	10.8	0.18	1.04	58	18.4		E 114°25′49.1″ N 37°30′36.7″	89
					2	20—30	浅灰棕色	中壤土	小块状	7.5	8.2	0.53	0.96	46	14.4			
					3	30—100	浅灰棕色	轻壤土	小块状	7.5	4.5	0.29	0.91	26	22.4			
剖4	半淋溶土	潮褐土	洪冲积物潮褐土	中壤质潮褐土	1	0—20	浅灰棕色	中壤土	块状	7.5	15.9	0.84	0.99	64		洪积物、冲积物	E 114°32′53.6″ N 37°33′02.7″	78
					2	20—54	浅灰棕色	中壤土	块状	7.5	6.2	0.40	0.68	33				
					3	54—100	浅灰棕色	轻壤土	屑粒状	7.0	4.8	0.31	0.62	28				
剖5	半淋溶土	石灰性褐土	洪冲积砾壤质石灰性褐土	中壤质石灰性褐土	1	0—20	浅灰棕色	中壤土	屑粒状	7.5	10.8	0.81	1.94	58		洪积物、冲积物	E 114°31′28.5″ N 37°33′02.1″	98
					2	20—30	浅灰棕色	中壤土	小块状	7.5	8.2	0.53	0.86	46				
					3	30—100	浅灰棕色	中壤土	小块状	7.5	4.5	0.29	0.91	26				
剖6	半淋溶土	石灰性褐土	洪冲积砾壤质石灰性褐土	轻壤质石灰性褐土	1	0—20	浅黄棕色	中壤土	小块状	7.5	12.2	0.74	1.04	52			E 114°34′12.8″ N 37°31′37.2″	76
					2	20—100	浅灰棕色	中壤土	块状	7.5	7.2	0.45	1.68	32				
剖7	半淋溶土	石灰性褐土	黄土质壤质石灰性褐土	少砾壤体质砂质石灰性褐土	1	0—17	浅灰棕色	中壤土	屑粒状	7.5	9.8	0.56	0.65	40	20.1		E 114°33′01.4″ N 37°31′21.0″	91
					2	17—50	浅黄棕色	中壤土	小块状	7.5	3.4	0.22	0.34	20	25.9			
					3	50—												
剖8	半淋溶土	石灰性褐土	洪积坡积砾壤质石灰性褐土	少砾轻壤质石灰性褐土	1	0—20	浅灰棕色	轻壤土	屑粒状	7.5	12.0	0.61	0.83	40		洪积物、冲积物	E 114°34′21.4″ N 37°30′47.2″	71
					2	20—50	浅灰棕色	砂壤土	屑粒状	7.0	4.5	0.32	0.66	26				
					3	50—100	浅灰棕色	砂土	单粒状	7.0	2.5	0.28	0.33	17				
剖9	半淋溶土	石灰性褐土	砂岩残坡积砾石石灰性褐土	少砾轻壤质中层石灰性褐土	1	0—19	浅灰棕色	轻壤土	屑粒状	7.0	9.6	0.44	0.78	26			E 114°30′45.7″ N 37°30′28.4″	71
					2	19—52	黄棕色	轻壤土	屑粒状	6.5	3.1	0.16	1.20	21				
					3	52—												
剖10	半淋溶土	褐土	黄土质褐土	少砾轻壤质中层褐土	1	0—20	浅灰棕色	轻壤土	块状	7.0	14.4	0.72	1.62	54			E 114°14′28.2″ N 37°29′15.5″	86
					2	20—100	浅灰棕色	轻壤土	屑粒状	7.0	9.6	0.48	1.77	34				
剖11	半淋溶土	淋溶褐土	砂页岩残积淋溶褐土	少砾轻壤质中层淋溶褐土	1	0—25	浅灰棕色	轻壤土	屑粒状	6.5	13.6	0.68	0.57		8.6		E 114°06′09.0″ N 37°28′46.6″	97
					2	25—55	浅灰棕色	轻壤土	单粒状	6.5	24.6	1.27	1.14		9.8			
					3	55—100		砂土	单粒状	7.0					9.3			
剖12	半淋溶土	淋溶褐土	人工堆垫质褐土	少砾砂壤质中层石灰性褐土	1	0—25	浅灰棕色	砂壤土	屑粒状	7.0	13.0	0.69	1.20	34			E 114°12′38.2″ N 37°27′06.6″	94
					2	25—50	浅灰棕色	砂壤土	单粒状	7.0	7.7	0.18	0.56	14				
					3	50—100	浅灰棕色	砂壤土	单粒状	7.5	4.3	0.23	0.62	10				
剖13	半淋溶土	淋溶褐土	人工堆垫淋溶褐土	少砾轻壤质中层淋溶褐土	1	0—12	暗灰棕色	砂壤土	屑粒状	7.0	10.0	0.52	0.61				E 114°06′34.9″ N 37°25′45.2″	71
					2	12—40	暗红棕色	砂壤土	屑粒状	6.5	9.5	0.41	0.72					
					3	40—		砂土	屑粒状	5.0		0.32	0.75					
剖14	淋溶土	棕壤	砂页岩残积坡棕壤		1	0—8.5	黑棕色	轻壤土	团粒状	7.0	91.9	1.84	1.45	49			E 114°03′58.6″ N 37°26′43.4″	78
					2	8.5—25	灰棕色	轻壤土	屑粒状	5.0	25.2	1.02	0.45	217				
					3	25—63	黄棕色	轻壤土	屑粒状	4.0		1.43	1.00	281				
剖15	淋溶土	棕壤	花岗片麻岩残坡积棕壤	少砾轻壤质中层棕壤	1	0—	暗棕色	砂壤土	屑粒状		104.4	1.91	0.45	32			E 114°07′42.1″ N 37°25′07.3″	71
					2		灰棕色	轻壤土	屑粒状	5.0	59.5	1.43	0.43					
					3	63—67	黄棕色	轻壤土	屑粒状	4.0	18.5	0.43	0.19					
					4	67—	黄棕色	砂壤土	屑粒状		13.0	0.41						
					5													

续表 Continued

剖面号 Soil profile	土纲 Soil order	土类 Soil great group	亚类 Soil subgroup	土属 Soil genus	土种 Soil species	土层码 Layer code	土层厚度 Depth/cm	颜色 Soil color	质地 Soil texture	土壤结构 Soil structure	pH	有机质 OM/(g/kg)	全氮 TN/(g/kg)	全磷 TP/(g/kg)	碱解氮 AN/(mg/kg)	阳离子交换量CEC/(cmol/kg)	土壤母质 Parent material	剖面点坐标 Profile coordinate	匹配指数 Matching index/%
剖16	半淋溶土	褐土	褐土性	花片岩坡积残积褐土性土	多砾砂壤质薄层褐土性土	1	0—17	浅灰棕色	砂壤土	单粒状	6.5	13.2	10.65	0.37	35			E 114°13′04.0″ N 37°25′06.3″	80
						2	17—34				7.0								
剖17	半淋溶土	褐土	褐土	黄土质褐土	少砾轻壤质中层褐土	1	0—20	浅灰棕色	轻壤土	屑粒状	7.0	13.2	0.82	1.03	73	10.9		E 114°10′57.0″ N 37°24′54.7″	96
						2	20—60	浅灰棕色	轻壤土	屑粒状	7.0	3.3	0.29	0.50	28	10.4			
						3	60—												
剖18	半淋溶土	褐土	褐土	花岗片麻岩类残坡积褐土	少砾砂壤质中层褐土	1	0—21	浅灰棕色	砂壤土	屑粒状	7.0	8.2	0.41	0.72				E 114°12′25.9″ N 37°24′04.0″	94
						2	21—70	浅灰棕色	砂土	单粒状	7.0	3.6	0.18	0.58					
剖19	半淋溶土	褐土	潮褐土	人工堆垫壤质潮褐土	少砾砂壤质潮褐土	1	0—20	浅灰棕色	砂壤土	屑粒状	6.5	12.8	0.64	0.88	82			E 114°13′44.0″ N 37°22′21.0″	75
						2	20—100	浅灰棕色	砂壤土	屑粒状	7.0	3.1	0.17	0.55	25				
剖20	半淋溶土	褐土	石灰性褐土	黄土质壤质石灰性褐土	少砾轻壤质中层石灰性褐土	1	0—16	浅灰棕色	轻壤土	屑粒状	7.5	7.0	0.44	0.64	35			E 114°16′54.1″ N 37°28′52.3″	86
						2	16—50	浅灰棕色	轻壤土	块状	7.5	4.4	0.32	0.48	20				
						3	50—100	黄棕色	轻壤土	块状	7.5	3.7	0.17	0.54	16				
剖21	半淋溶土	褐土	褐土性	灰岩残坡积褐土性	少砾轻壤质薄层褐土性土	1	0—10	浅灰棕色	轻壤土	粒状	7.5	17.1	6.70	0.65	50			E 114°25′42.2″ N 37°28′44.8″	98
						2	10—23				7.5								
剖22	半淋溶土	褐土	石灰性褐土	黄土质壤质石灰性褐土	少砾砂壤质中层石灰性褐土	1	0—18	浅灰棕色	轻壤土	屑粒状	7.0	8.5	0.46	0.13	31			E 114°17′27.1″ N 37°28′10.9″	84
						2	18—60	浅灰棕色	轻壤土	屑粒状	7.0	7.7	0.18	1.19	18				
						3	60—												
剖23	半淋溶土	褐土	褐土	花片岩类残积褐土性土	多砾砂壤质中层褐土性土	1	0—20	浅灰棕色	砂壤土	屑粒状		10.3	0.65	0.77	43			E 114°21′20.5″ N 37°27′26.6″	71
						2	20—55	浅灰棕色	砂壤土	单粒状		3.5	0.24	0.63	22				
						3	55—					1.5	0.17	0.39	12				
剖24	半淋溶土	褐土	潮褐土	人工堆垫壤质潮褐土	少砾轻壤质潮褐土	1	0—18	浅灰棕色	轻壤土	屑粒状	7.5	8.8	0.53	0.85	35	15.5		E 114°28′39.1″ N 37°27′01.2″	95
						2	18—40	浅灰棕色	砂壤土	屑粒状	7.0	4.0	0.20	8.70	16	17.3			
						3	40—100	浅灰棕色	砂壤土	屑粒状	7.0	3.8	0.21	0.69	12	13.4			
剖25	半淋溶土	褐土	潮褐土	洪冲积砂壤质潮褐土	砂壤质潮褐土	1	0—100	浅灰棕色	砂土	粒状	7.0	2.9	0.48	1.30	15			E 114°27′58.7″ N 37°26′36.6″	96
剖26	半淋溶土	褐土	石灰性褐土	花岗片麻岩残坡积石灰性褐土	少砾砂壤质石灰性褐土	1	0—20	浅红棕色	砂壤土	单粒状	7.0	9.6	0.50	0.62	43	13.2	洪积物、冲积物	E 114°20′30.4″ N 37°26′29.1″	95
						2	20—45	浅红棕色	砂壤土	屑粒状	7.5	4.7	0.35	0.77	32	19.5			
						3	45—100	浅红棕色	砂壤土	屑粒状	7.5	3.6	0.26	0.76	29	20.7			
剖27	半淋溶土	褐土	潮褐土	人工堆垫壤质潮褐土	少砾砂壤质中层潮褐土	1	0—19	浅灰棕色	轻壤土	屑粒状	7.5	16.2	0.99	1.20	81			E 114°25′53.4″ N 37°26′29.0″	87
						2	19—30	浅灰棕色	轻壤土	屑粒状	7.0	7.1	0.46	0.47	37				
						3	30—70	浅灰棕色	轻壤土	屑粒状	7.0	4.6	0.39	0.41	21				
剖28	半淋溶土	褐土	潮褐土	人工堆垫壤质潮褐土	少砾砂壤质中层潮褐土	1	0—19	浅灰棕色	轻壤土	单粒状	7.5	9.8	0.49	1.39	39			E 114°25′49.4″ N 37°25′17.8″	81
						2	19—55	浅灰棕色	轻壤土	单粒状	7.0	4.3	0.21	0.63	16				
						3	55—												
剖29	半淋溶土	褐土	潮褐土	洪冲积壤质潮褐土	砂壤质潮褐土	1	0—30	浅灰棕色	砂土	屑粒状	7.0	4.8	0.22	0.96	24		洪积物、冲积物	E 114°29′14.6″ N 37°25′05.9″	94
						2	30—100	浅灰棕色	砂壤土	屑粒状	7.5	0.2	0.01	0.94	9				
剖30	半淋溶土	褐土	石灰性褐土	黄土质壤质石灰性褐土	轻壤质砂姜石灰性褐土	1	0—25	浅棕色	轻壤土	屑粒状	7.5	11.4	0.56	0.85	52			E 114°29′37.7″ N 37°22′49.4″	91
						2	25—60	浅棕色	轻壤土	小块状	7.5	13.5	0.18	0.65	26				
						3	60—100	浅棕色	轻壤土	小块状	7.0	9.0	0.70	0.34	23				
剖31	半淋溶土	褐土	石灰性褐土	黄土质壤体砾石石灰性褐土	轻壤体砾石石灰性褐土	1	0—15	浅灰棕色	轻壤土	屑粒状	7.0	8.4	0.59	0.73	35			E 114°31′57.0″ N 37°28′56.3″	85
						2	15—31	浅灰棕色	轻壤土	小块状	7.0	6.0	0.38	0.60	26				
						3	31—												
剖32	半淋溶土	褐土	褐土	砂页岩残坡积褐土	多砾轻壤质褐土	1	0—20	浅灰棕色	轻壤土	屑粒状	7.0	20.9	1.04	0.58	92			E 114°34′00.4″ N 37°28′08.0″	99
						2	20—80	浅灰棕色	轻壤土	屑粒状	7.0	12.9	0.39	0.53	28				

续表 Continued

剖面号 Soil profile	土纲 Soil order	土类 Soil great group	亚类 Soil subgroup	土属 Soil genus	土种 Soil species	土层码 Layer code	土层厚度 Depth/cm	颜色 Soil color	质地 Soil texture	土壤结构 Soil structure	pH	有机质 OM/(g/kg)	全氮 TN/(g/kg)	全磷 TP/(g/kg)	碱解氮 AN/(mg/kg)	阳离子交换量CEC/(cmol/kg)	土壤母质 Parent material	剖面点坐标 Profile coordinate	匹配指数 Matching index/%
剖33	半淋溶土	褐土	石灰性褐土	黄土质壤质石灰性褐土	轻壤质石灰性褐土	1	0—20	浅灰棕色	轻壤土	屑粒状	7.0	11.9	0.66	0.25	52			E 114°33′47.2″ N 37°27′37.1″	92
						2	20—42	浅黄棕色	轻壤土	屑粒状	7.0	5.0	0.38	1.30	31				
						3	42—56	灰黄棕色	中壤土	小块状	7.0	5.6	0.39	1.20	28				
						4	56—100	浅红棕色	中壤土	小块状	7.0	7.4	0.47	0.74	24				
剖34	半淋溶土	褐土	潮褐土	洪积物壤质潮褐土	轻壤质潮褐土	1	0—20	浅灰棕色	轻壤土	屑粒状	7.0	19.6	0.97	1.87	68		洪积物、冲积物	E 114°36′54.0″ N 37°27′04.0″	72
						2	20—70	灰棕色	轻壤土	屑粒状	7.0	16.5	0.92	1.54	71				
						3	70—100	灰棕色	轻壤土	屑粒状	7.0	14.8	0.75	1.36	54				
剖35	半淋溶土	褐土	褐土性土	洪冲积砾质褐土性土	砾质褐土性土	1	0—17	浅灰棕色			7.0	11.5	0.46	0.76	15		洪积物、冲积物	E 114°33′40.8″ N 37°25′19.3″	93
						2	17—			小块状									

内 丘 县

主要土类说明

褐土是内丘县主要土壤类型，占本县地域面积的89%。褐土是在半干旱温暖气候和弱度淋溶条件下形成的地带性土壤，分布地形部位主要为低山丘陵岗坡及山麓平原，海拔在45—1000m，气候特点是冬寒夏热，雨热同期，雨季有不同程度的淋溶作用，除淋溶褐土外均有不同程度的石灰反应，特别是石灰性褐土，在心土、底土层形成明显的假菌丝体，甚至砂姜。褐土经常处于良好的通气状态，土色以褐色、棕褐色为主，土壤为中性至微碱性，本县褐土分布区中，耕地占较大比重。本县褐土分为潮褐土、淋溶褐土、褐土性土、褐土、石灰性褐土和草甸褐土等亚类。

棕壤是内丘县第二大土壤类型，占本县地域面积的9%。棕壤是本县西部山区的主要土壤类型，垂直分布在海拔1000m以上，植被类型为森林草灌植被，气候条件为半湿润凉湿气候，土壤经长时间中度淋溶，盐基淋溶作用十分活跃，石灰已经淋失，盐基不饱和，呈微酸性，pH为6.0—6.5，上层土色为棕色，下层为浅棕褐色，表层有半腐残落物和腐殖质层，有机质含量平均为78.6g/kg（全部为荒山）。剖面特征：表面有枯枝落叶和腐殖质层，心土层有棕黏土化现象，淋溶作用强，无石灰反应。本县棕壤分为棕壤、生草棕壤和棕壤性土等亚类。

小于本县地域面积3%的土壤类型还有潮土等。

本区域中心区气候特征

本区域中心区气候特征值
Regional climate characteristics in central area of the region

气候带：暖温带亚湿润气候 Climate region: Warm temperate subhumid climate	
年平均气温 /℃ Annual average temperature /℃	13.4
年平均最高气温 /℃ Annual average maximum temperature /℃	19.2
年平均最低气温 /℃ Annual average minimum temperature /℃	8.4
年降水量 /mm Annual precipitation /mm	530
≥10℃的积温 /℃ Daily temperature accumulated in a year（≥10℃）/℃	4849
年日照时数 /h Annual sunshine /h	2378
年平均相对湿度 /% Annual average relative humidity /%	62
干燥度 Dryness	1.51

本区域中心区月平均气温与月平均降水量
Monthly temperature and precipitation in central area of the region

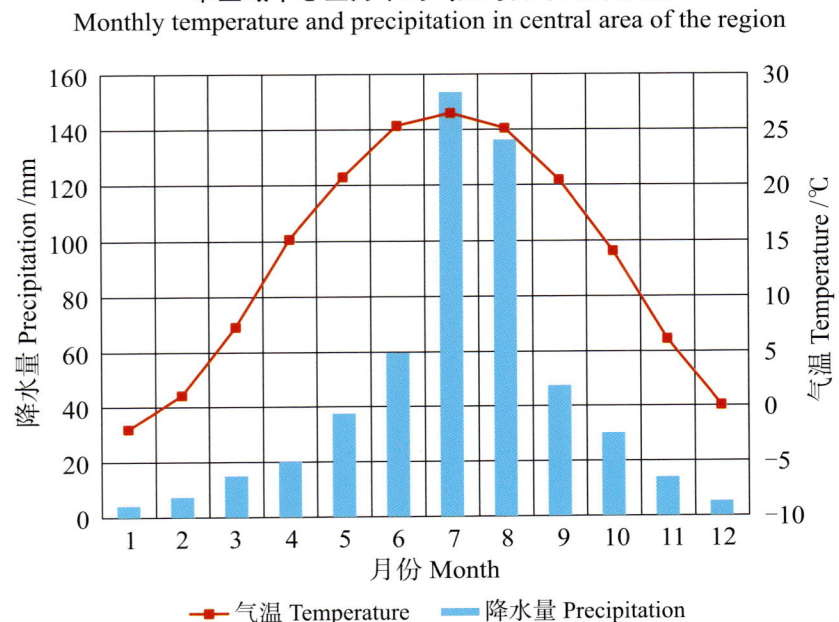

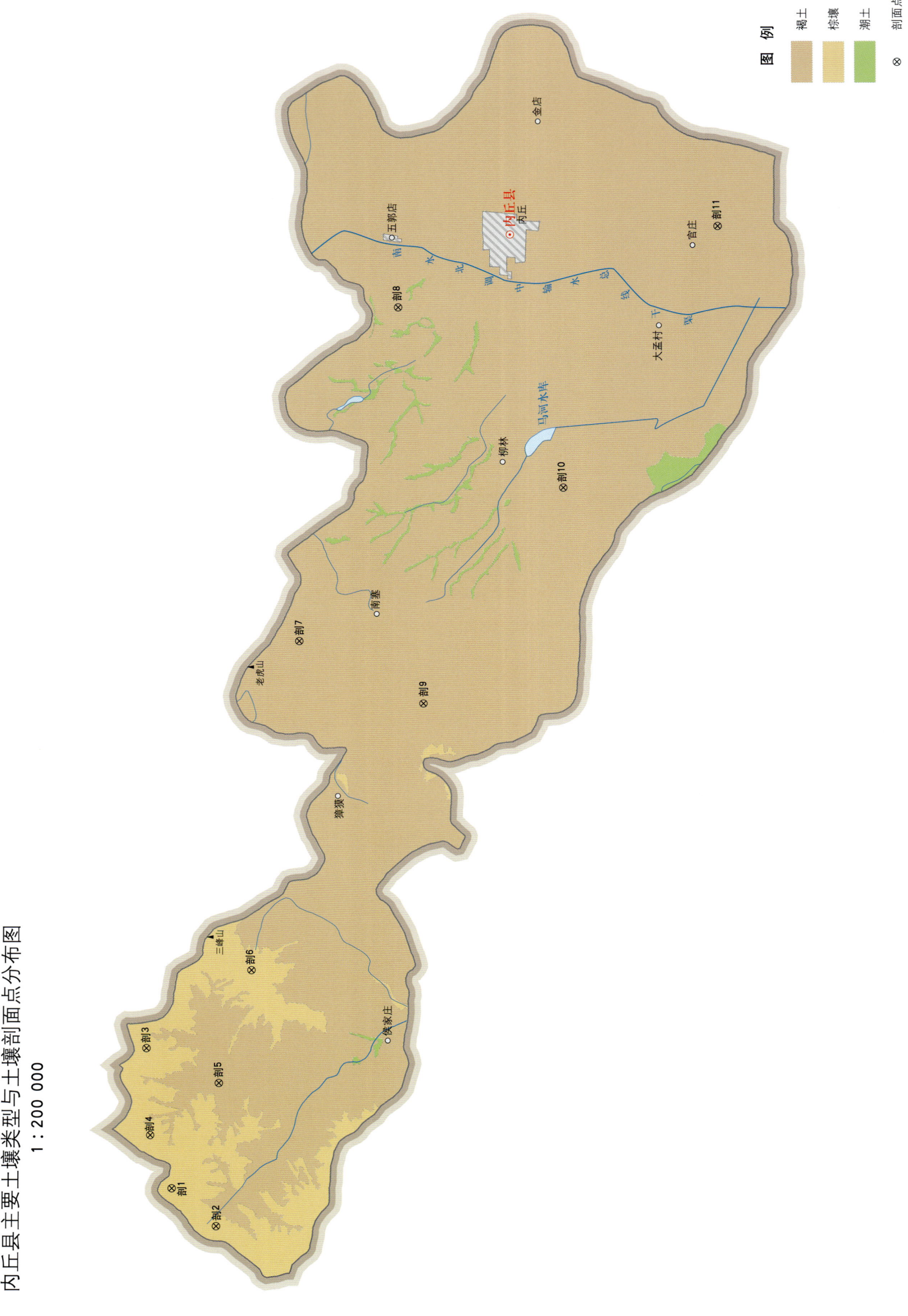

内丘县主要土壤类型与土壤剖面点分布图
1:200 000

内丘县土壤剖面理化性状表

剖面号 Soil profile	土纲 Soil order	土类 Soil great group	亚类 Soil subgroup	土属 Soil genus	土种 Soil species	土层码 Layer code	土层厚度 Depth/cm	颜色 Soil color	质地 Soil texture	土壤结构 Soil structure	pH	有机质 OM/(g/kg)	全氮 TN/(g/kg)	全磷 TP/(g/kg)	全钾 TK/(g/kg)	碱解氮 AN/(mg/kg)	有效磷 AP/(mg/kg)	速效钾 AK/(mg/kg)	阳离子交换量 CEC/(cmol/kg)	土壤母质 Parent material	剖面点坐标 Profile coordinate	匹配指数 Matching index/%
剖1	淋溶土	棕壤	棕壤	泥质棕壤	酸片石土	1	0—14	红棕色	砂壤土	屑粒状	6.5	68.8	1.84	1.64	35.4		6.8	243	16.7	石英砂岩、	E 113° 59' 35.5" N 37° 25' 16.4"	84
						2	14—36	暗红棕色	砂壤土	块状	6.0	33.9	1.07	0.98	24.2		2.0	130	7.2	石英岩残积物、坡积物		
						R	36—															
剖2	淋溶土	棕壤	棕壤性土	砂页岩类棕壤性土		1	0—15				6.0	31.8	0.88	0.89		193	1.9	173	10.0	砂页岩类	E 113° 58' 24.4" N 37° 24' 06.7"	91
剖3	淋溶土	棕壤	棕壤	花岗片麻岩类淋溶棕壤	花岗岩少砾轻壤质中层棕壤	1	0—10				6.6	125.9	3.08	1.41		510	16.6	287	16.8	花岗片麻岩类	E 114° 04' 07.9" N 37° 26' 02.9"	78
						2	10—32				5.8	68.9	1.75	1.30		276	4.7	143	17.8			
						3	32—50				6.5	32.0	0.84	0.85		177	0.4	153	0.1			
剖4	淋溶土	棕壤	棕壤	砂页岩类棕壤		1	0—14				6.3	68.8	1.84	1.64		39	6.8	130	16.7	砂页岩类	E 114° 01' 18.2" N 37° 25' 52.2"	88
						2	14—36				6.0	33.9	1.01	0.98		198	2.0	243	7.2			
剖5	淋溶土	淋溶褐土	花岗片麻岩类褐土		1	0—17				6.8	29.5	0.80	0.64		76	5.2	167	8.8	花岗片麻岩类	E 114° 03' 04.8" N 37° 24' 10.3"	89
						2	17—46				6.3	11.0	0.59	0.34		89	0.1	107	4.2			
剖6	淋溶土	棕壤	棕壤性土	花岗片麻岩类棕壤性土		1	0—9				6.1	40.7	1.05	1.04		182	8.0	167	14.5	花岗片麻岩类	E 114° 06' 47.3" N 37° 23' 26.3"	80
						2	9—25				6.0	27.2	1.37	1.03		163	4.5	103	10.0			
剖7	半淋溶土	褐土	潮褐土	黄土质潮褐土	黄土质轻壤质潮褐土	1	0—20				7.3	21.1	0.79	1.66		121	17.7	247	16.2		E 114° 17' 41.4" N 37° 22' 30.2"	99
						2	20—110				7.2	9.4	0.73	1.35		77	5.3	102	16.3			
剖8	半淋溶土	褐土	石灰性褐土	黄土质石灰性褐土	黄土质轻壤质杂砂姜石灰性褐土	1	0—19				7.1	7.2	0.60	1.45		47	1.9	70	12.3		E 114° 28' 42.2" N 37° 20' 13.9"	72
						2	19—68				8.2	3.6	0.34	1.11		29	0.4	57	13.2			
						3	68—105				7.9	4.8	0.50	0.83		41	1.0	80	10.6			
剖9	半淋溶土	褐土	褐土性土	花岗片麻岩类褐土性土		1	0—6				7.0	21.4	1.41	2.09		176	1.7	87	11.2	花岗片麻岩类	E 114° 15' 45.0" N 37° 19' 17.6"	75
剖10	半淋溶土	褐土	石灰性褐土	黄土质石灰性褐土	黄土质轻壤质石灰性褐土	1	0—18				8.0	8.3	0.44	8.10		54	1.6	120	11.6		E 114° 22' 56.7" N 37° 15' 53.9"	81
						2	18—52				7.1	5.7	0.45	6.50		48	1.1	70	18.2			
						3	52—107				7.1	5.6	0.52	6.80		42	0.7	67	16.0			
剖11	半淋溶土	褐土	潮褐土	洪冲积物潮褐土	轻壤质潮褐土	1	0—17				8.0	8.3	0.58	1.38		57	4.5	160	11.8	洪积物、冲积物	E 114° 31' 37.9" N 37° 12' 09.4"	86
						2	17—80				8.1	4.7	0.40	1.14		40	0.4	127	18.1			
						3	80—150				8.1	1.7	0.26	1.02		30	5.5	100	19.9			

柏 乡 县

主要土类说明

褐土是柏乡县主要土壤类型，占本县地域面积的 97%，主要分布在暖温带半干旱气候条件下的山麓平原地区，所处地势较高，排水良好，地下水埋藏较深。表层呈灰棕色或灰褐色。有呈鲜褐色的黏化层，有钙积层和假菌丝体。土壤呈中性至微碱性。本县褐土分为石灰性褐土、潮褐土及褐土性土等亚类。石灰性褐土分布于山麓平原及河流故道，发育于黄土母质上，全剖面有石灰反应，pH 为 7.5—8.0。潮褐土位于山麓平原的末端，地势较低，地下水埋深为 2—3m，上层土壤具有有机质层、黏化层等特征，底土层因受地下水影响，有潜育现象，具锈色斑纹、铁子及砂姜等。褐土性土分布在褐土区的某些固定性沙丘，无褐土的剖面特征，是褐土发育的初期阶段。

小于本县地域面积 3% 的土壤类型还有潮土和砂姜黑土等。

本区域中心区气候特征

本区域中心区气候特征值
Regional climate characteristics in central area of the region

气候带：暖温带亚湿润气候 Climate region: Warm temperate subhumid climate	
年平均气温 /℃ Annual average temperature /℃	13.5
年平均最高气温 /℃ Annual average maximum temperature /℃	19.3
年平均最低气温 /℃ Annual average minimum temperature /℃	8.6
年降水量 /mm Annual precipitation /mm	535
≥10℃的积温 /℃ Daily temperature accumulated in a year (≥10℃) /℃	4874
年日照时数 /h Annual sunshine /h	2401
年平均相对湿度 /% Annual average relative humidity /%	62
干燥度 Dryness	1.52

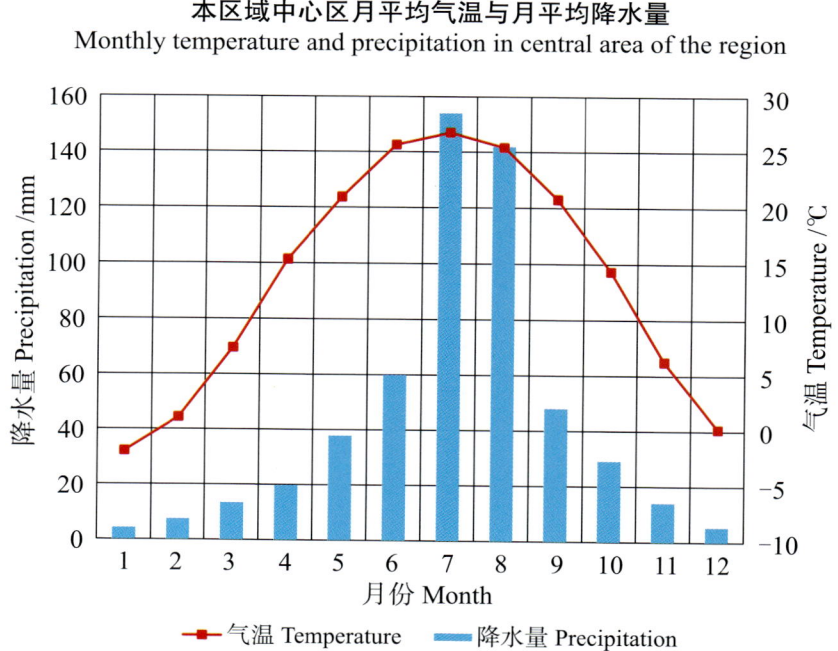

本区域中心区月平均气温与月平均降水量
Monthly temperature and precipitation in central area of the region

柏乡县主要土壤类型与土壤剖面点分布图
1∶80 000

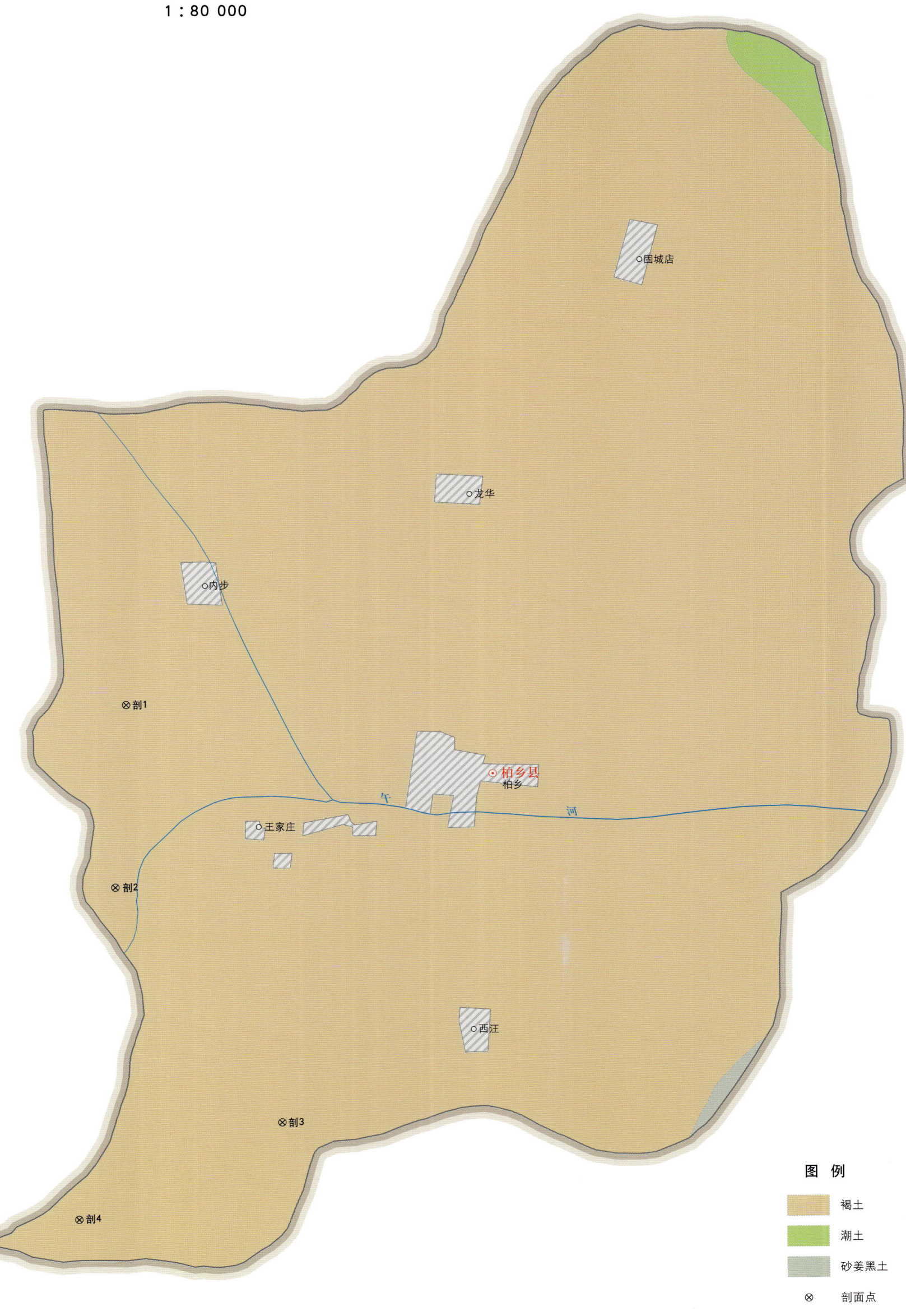

柏乡县土壤剖面理化性状表

剖面号 Soil profile	土纲 Soil order	土类 Soil great group	亚类 Soil subgroup	土属 Soil genus	土种 Soil species	土层码 Layer code	土层厚度 Depth/cm	颜色 Soil color	质地 Soil texture	土壤结构 Soil structure	pH	有机质 OM/(g/kg)	全氮 TN/(g/kg)	全磷 TP/(g/kg)	碱解氮 AN/(mg/kg)	有效磷 AP/(mg/kg)	速效钾 AK/(mg/kg)	阳离子交换量 CEC/(cmol/kg)	剖面点坐标 Profile coordinate	匹配指数 Matching index/%
剖1	半淋溶土	褐土	石灰性褐土	壤质石灰性褐土	轻壤质体砂石灰性褐土	1	0—25	灰棕色	轻壤土	块状	7.0	3.1					100		E 114°37′03.2″ N 37°30′15.5″	87
						2	25—58	黄褐色	砂粒土	单粒状	7.0	0.3					50			
						3	58—67	浅黄褐色	轻壤土	团粒状	7.2	2.7					40			
						4	67—80	白褐色	砂土	单粒状	7.3	2.0					30			
						5	80—120	黄棕色	砂土	单粒状	7.3	1.5					20			
剖2	半淋溶土	褐土	石灰性褐土	壤质石灰性褐土	砂壤质底腰石灰性褐土	1	0—20	黄褐色	砂壤土	碎块状	7.4	10.5	0.33	1.05	30		100		E 114°36′57.9″ N 37°28′20.3″	70
						2	20—25	黄褐色	轻壤土	片状	7.3	9.8	0.18	1.51	21		25			
						3	25—50	黄褐色	轻壤土	块状	7.3	7.8		1.15	7		110			
						4	50—120	黄褐色	中壤土	块状	7.3	8.5	0.20	0.97			105			
剖3	半淋溶土	褐土	石灰性褐土	壤质石灰性褐土	砂壤质石灰性褐土	1	0—21	黄褐色	砂壤土	碎块状	7.6	6.0		1.21	14	10.0	50	19.1	E 114°39′09.7″ N 37°25′55.2″	80
						2	21—25	黄褐色	轻壤土	片状	7.6	5.2		1.09		7.5	60	18.5		
						3	25—66	黄褐色	轻壤土	碎块状	7.4	2.4		1.29		7.0	50	18.0		
						4	66—120	黄褐色	砂土	块状	7.5	4.8		0.97		7.0	70			
剖4	半淋溶土	褐土	石灰性褐土	壤质石灰性褐土	轻壤质砂底石灰性褐土	1	0—18	灰棕色	轻壤土	单粒状	7.1	2.5		1.06	17	7.1	80	5.1	E 114°36′35.0″ N 37°24′52.1″	99
						2	18—30	黄棕色	轻壤土	碎块状	7.2	5.3		1.26	14	10.2	60	5.1		
						3	30—45	黄棕色	砂壤土	单粒状	7.2	5.1		1.31		9.1	50	3.1		
						4	45—120	红褐色	砂土	单粒状	7.3	1.8		1.23	21	10.0	2	3.4		

隆 尧 县

主要土类说明

潮土是隆尧县主要土壤类型，占本县地域面积的53%，主要分布在本县东部的冲积平原上，所处地势平坦，成土母质为冲积物，地下水位较高，埋深在2m左右。自然植被类型有车前子、芦苇、田旋花等。土层排列层次明显，通体石灰反应较强，地下水直接参与成土过程，土体中水分运动方向以向上为主，但由于地下水的季节性变化，土壤中氧化还原作用显著，锈色斑纹明显，并且有铁锰结核。根据土体构型以及含盐量多少，本县潮土分为潮土和盐化潮土等亚类。

褐土是隆尧县第二大土壤类型，占本县地域面积的41%，是本县丘陵岗坡和山麓平原的主要土壤。褐土是在暖温带半湿润区发育形成的具有黏化与钙质淋移淀积特征的土壤。该土壤盐基饱和，处于硅铝风化阶段，有明显的淀积黏化层，在其A–B–C剖面构型中，B层呈棕褐色，pH为7.0—7.5，盐基饱和度在80%以上，B层下部有假菌丝状钙积层。本县褐土分为褐土性土、褐土、石灰性褐土和潮褐土等亚类。

小于本县地域面积3%的土壤类型还有风沙土、草甸盐土等。

本区域中心区气候特征

本区域中心区气候特征值
Regional climate characteristics in central area of the region

气候带：暖温带亚湿润气候 Climate region: Warm temperate subhumid climate	
年平均气温 /℃ Annual average temperature /℃	13.8
年平均最高气温 /℃ Annual average maximum temperature /℃	19.4
年平均最低气温 /℃ Annual average minimum temperature /℃	9.0
年降水量 /mm Annual precipitation /mm	556
≥10℃的积温 /℃ Daily temperature accumulated in a year (≥10℃) /℃	4972
年日照时数 /h Annual sunshine /h	2406
年平均相对湿度 /% Annual average relative humidity /%	62
干燥度 Dryness	1.50

本区域中心区月平均气温与月平均降水量
Monthly temperature and precipitation in central area of the region

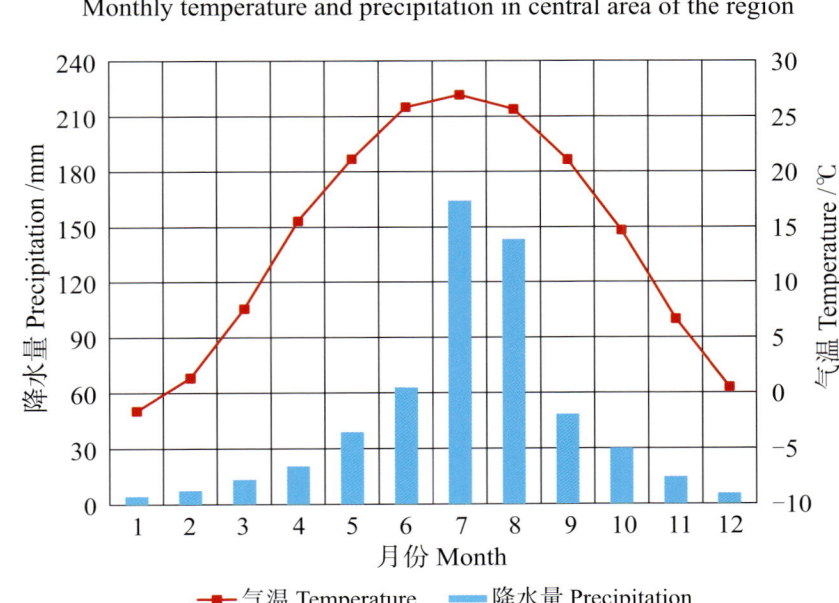

隆尧县主要土壤类型与土壤剖面点分布图

1∶170 000

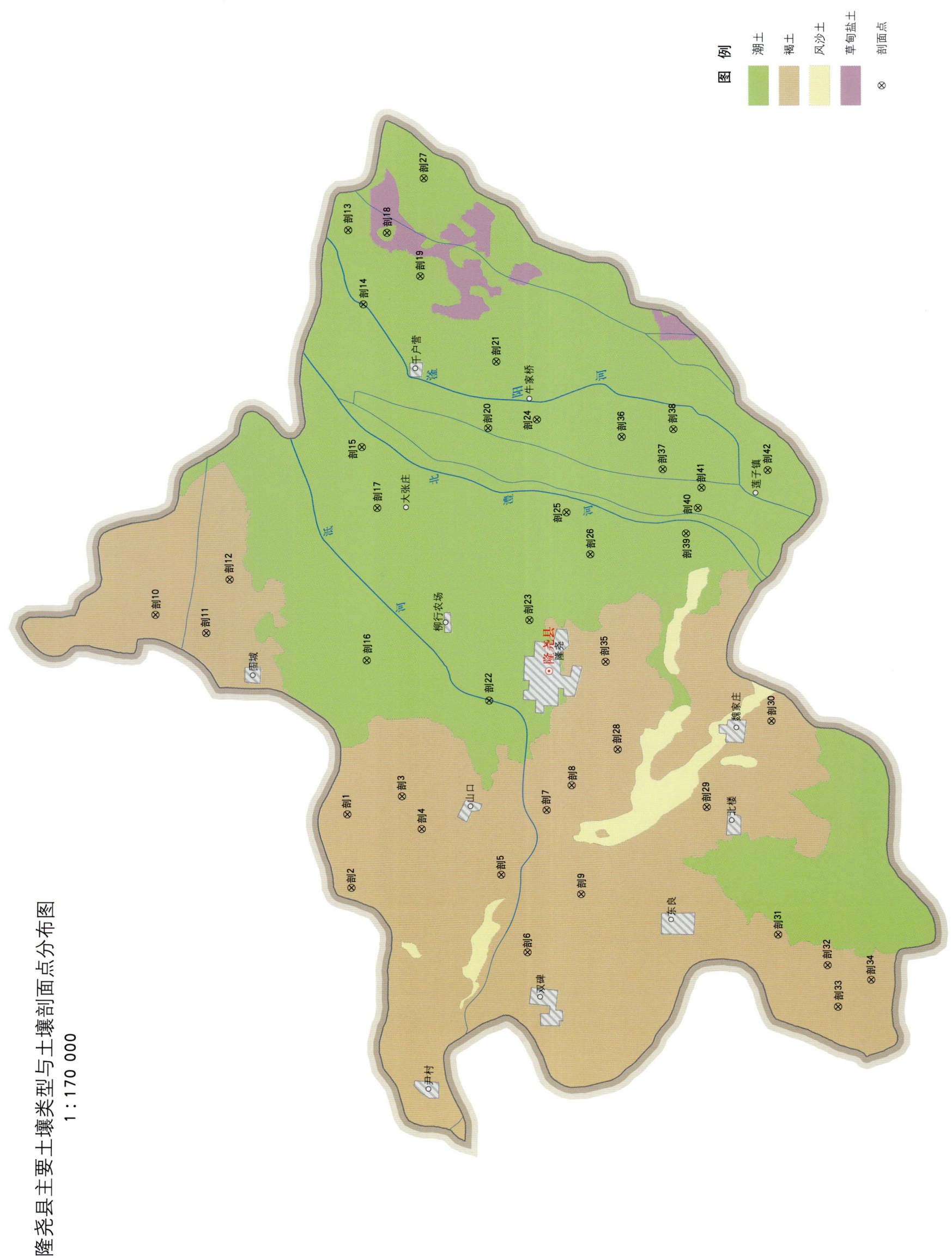

隆尧县土壤剖面理化性状表

剖面号 Soil profile	土纲 Soil order	土类 Soil great group	亚类 Soil subgroup	土属 Soil genus	土种 Soil species	土层码 Layer code	土层厚度 Depth/cm	颜色 Soil color	质地 Soil texture	土壤结构 Soil structure	pH	有机质 OM/(g/kg)	全氮 TN/(g/kg)	全磷 TP/(g/kg)	全钾 TK/(g/kg)	碱解氮 AN/(mg/kg)	有效磷 AP/(mg/kg)	速效钾 AK/(mg/kg)	阳离子交换量CEC/(cmol/kg)	土壤母质 Parent material	剖面点坐标 Profile coordinate	匹配指数 Matching index/%
剖1	半淋溶土	褐土	褐土	壤质褐土	砂壤质褐土	1	0—20	灰褐色	砂壤土	碎块状	7.0	9.0				49					E 114°41′56.3″ N 37°25′28.5″	99
						2	20—70	褐色	砂壤土	碎块状	7.5	0.4				22						
						3	70—120	棕色	砂壤土	屑粒状	7.5	1.9				15						
剖2	半淋溶土	褐土	褐土	壤质褐土	砂壤质体黏褐土	1	0—18	灰褐色	砂壤土	屑粒状	7.5	0.7				38	31.0	11			E 114°39′49.2″ N 37°25′20.1″	85
						2	18—30	灰褐色	砂壤土	碎块状	7.3	5.2				24	0.8	2				
						3	30—120	暗褐色	中壤土	碎块状	8.0	6.0				29	2.3	5				
剖3	半淋溶土	褐土	石灰性褐土	壤质石灰性褐土	轻壤体黏石灰性褐土	1	0—20	灰褐色	轻壤土	碎块状	7.5	11.8	0.54			43	9.7	12			E 114°42′29.5″ N 37°24′16.2″	75
						2	20—33	灰褐色	中壤土	碎块状	7.0	7.3	0.54			24	0.2	3				
						3	33—120	灰褐色	重壤土	柱状	7.0	8.8	0.58			23	微量	2				
剖4	半淋溶土	褐土	石灰性褐土	壤质石灰性褐土	轻壤质黏底石灰性褐土	1	0—20	黑褐色	重壤土	碎块状	7.0	10.9	0.74			50	5.6	58			E 114°41′34.4″ N 37°23′48.5″	88
						2	20—50	灰褐色	中壤土	碎块状	7.5											
						3	50—120	暗灰褐色	黏土	碎块状	7.0											
剖5	半淋溶土	褐土	石灰性褐土	壤质石灰性褐土	砂壤质体石灰性褐土	1	0—20	灰褐色	砂壤土	屑粒状	7.0	8.1	0.42			41					E 114°40′18.7″ N 37°22′00.2″	97
						2	20—40	灰褐色	砂壤土	碎块状	7.5	4.5	0.26			33						
						3	40—100	暗灰褐色	中壤土	屑粒状	7.5	5.5	0.32			31						
剖6	半淋溶土	褐土	潮褐土	壤质潮褐土	砂壤质底黏潮褐土	1	0—20	暗灰褐色	砂壤土	屑粒状	7.5	1.0	0.64			48					E 114°38′05.2″ N 37°21′22.2″	98
						2	20—76	灰褐色	轻壤土	屑粒状	7.5	4.4	0.25			39						
						3	76—120		中壤土	屑粒状	7.5	5.3	0.30			31						
剖7	半淋溶土	褐土	石灰性褐土	壤质石灰性褐土	砂壤质潮褐土	1	0—38	灰棕色	砂壤土	碎块状	7.0	3.3	0.61			42	4.3	68			E 114°42′12.6″ N 37°21′02.2″	81
						2	38—45	黄棕色	砂壤土	屑粒状	7.0											
						3	45—120	浅灰棕色	砂土	单粒状	7.0											
剖8	半淋溶土	褐土	潮褐土	砂质潮褐土	砂壤质潮褐土	1	0—10	白色	砂壤土	单粒状	8.0										E 114°42′56.2″ N 37°20′29.4″	93
						2	10—40	棕色	砂土	碎块状	7.5											
						3	40—75	红棕色	中壤土	单粒状	7.0											
						4	75—100	红棕色	石砾	单粒状	7.0											
剖9	半淋溶土	褐土	褐土性	壤质石灰性褐土	石灰岩类多砾石砂薄层褐土性	1	0—20	灰白色	轻壤土	碎块状	7.0	10.4	0.60			55					E 114°39′48.8″ N 37°20′12.5″	92
						2	20—70	黄棕色	中壤土	屑粒状	7.5	6.3	0.36			24						
						3	70—120	灰褐色	重壤土	碎块状	7.0	4.0	0.46			37						
剖10	半淋溶土	褐土	潮褐土	壤质潮褐土	轻壤质潮褐土	1	0—20	灰棕色	轻壤土	屑粒状	7.0	5.7	3.80			24					E 114°47′33.2″ N 37°29′52.9″	72
						2	20—80	浅灰色	轻壤土	碎块状	7.0	3.9	0.23			15						
剖11	半淋溶土	褐土	潮褐土	壤质潮褐土	轻壤质潮褐土	1	0—20	灰褐色	轻壤土	碎块状	7.0	2.8	0.16			13					E 114°47′04.2″ N 37°28′44.0″	71
						2	80—120	灰褐色	中壤土	碎块状		11.8	0.69									
剖12	半淋溶土	褐土	潮褐土	壤质潮褐土	中壤质潮褐土	1	0—20	暗棕色	黏土	核状	7.0	9.6	0.56			51	5.2	5			E 114°48′36.9″ N 37°28′15.1″	89
						2	60—120	浅灰棕色	轻壤土	碎块状	7.0	10.3	0.70			34	2.8	3				
剖13	半水成土	潮土	潮土	壤质潮土	中壤质砂潮土	1	0—20	暗灰棕色	中壤土	块状	7.0	11.4	0.67			23					E 114°58′45.5″ N 37°25′47.6″	93
						2	20—35	浅黄棕色	中壤土	碎粒状	7.0	7.4	0.50			11	0.9	1				
						3	35—77		砂土	单粒状	7.0	2.2	0.27									
						4	77—120	红棕色	黏土	块状	7.0	7.1	0.51				6.4	4				

续表 Continued

剖面号 Soil profile	土纲 Soil order	亚类 Soil subgroup	土属 Soil genus	土种 Soil species	土层码 Layer code	土层厚度 Depth/cm	颜色 Soil color	质地 Soil texture	土壤结构 Soil structure	pH	有机质 OM/(g/kg)	全氮 TN/(g/kg)	全磷 TP/(g/kg)	全钾 TK/(g/kg)	碱解氮 AN/(mg/kg)	有效磷 AP/(mg/kg)	速效钾 AK/(mg/kg)	阳离子交换量 CEC/(cmol/kg)	土壤母质 Parent material	剖面点坐标 Profile coordinate	匹配指数 Matching index/%
剖14	半水成土	潮土	壤质潮土	轻壤质底黏潮土	1	0—20	灰棕色	轻壤土	屑粒状	7.5	8.3	0.48			36					E 114°56′37.5″ N 37°25′25.1″	89
					2	20—73	灰棕色	轻壤土	碎块状	7.5	5.8	0.34			29						
					3	73—100	深灰棕色	重壤土	核状	7.5	5.7	0.33			26						
					4	100—120	灰白色	重壤土	块状	7.5	9.7	0.27			23						
剖15	半水成土	潮土	壤质潮土	中壤质底砂潮土	1	0—20	棕灰色	中壤土	块状	7.5	14.6	0.87			53	3.0	55			E 114°52′31.9″ N 37°25′22.5″	92
					2	20—40	暗棕色	黏土	核状	7.8	10.9	0.76			39	9.4	35				
					3	40—80	红棕色	黏土	核状	7.8	0.1	0.47			28	1.5	20				
					4	80—120	黄棕色	砂土	单粒状	7.5	4.1	0.24			14	2.6	5				
剖16	半水成土	潮土	壤质潮土	轻壤质体黏潮土	1	0—28	浅灰棕色	轻壤土	碎块状	7.6	29.3	0.64				4.9	86			E 114°46′23.9″ N 37°25′08.4″	99
					2	28—98	灰棕色	黏土	碎块状	7.6											
					3	98—100	深灰棕色	黏土	柱状	7.6											
剖17	半水成土	潮土	壤质潮土	中壤质体砂潮土	1	0—20	灰棕色	中壤土	碎块状	7.5	7.1	0.51			32					E 114°50′46.7″ N 37°24′59.8″	77
					2	20—30	灰棕色	中壤土	块状	7.6	7.9	0.51			33						
					3	30—120	黄棕色	砂土	块状	7.7	7.7	0.44			7						
剖18	半水成土	潮土	壤质中盐化潮土	中壤质中盐化体砂潮土	1	0—20	灰棕色	中壤土	碎块状	8.5	4.1	0.14			18					E 114°58′42.2″ N 37°24′55.8″	88
					2	20—150	黄棕色	砂土	单粒状	8.0	2.1	0.12			8						
剖19	半水成土	潮土	黏质潮土	黏质底砂潮土	1	0—20	灰棕色	重壤土	块状	8.0	10.8	0.63			49					E 114°57′28.1″ N 37°24′09.7″	97
					2	20—75	黄棕色	重壤土	块状	8.0	8.1	0.47			48						
					3	75—120	灰棕色	砂土	单粒状	8.0	4.1	0.27			48						
剖20	半水成土	盐化潮土	壤质轻盐化潮土	中壤质轻盐化底砂潮土	1	0—20	浅棕色	中壤土	碎块状	7.0	9.0	0.52			34					E 114°53′09.2″ N 37°22′34.0″	79
					2	20—90	灰棕色	黏土	碎块状	8.5	0.3	0.43			17						
					3	90—150	灰棕色	黏土	块状	7.5	5.5	0.32			20						
剖21	半水成土	潮土	黏质潮土	黏质潮土	1	0—20	棕色	黏土	块状	7.5	10.3	0.66			50	3.1	37			E 114°55′04.1″ N 37°22′25.3″	94
					2	20—70	黑棕色	黏土	块状	7.5											
					3	70—120	黄棕色	黏土	碎块状	7.5											
剖22	半水成土	潮土	壤质潮土	砂壤质潮土	1	0—18	灰棕色	砂壤土	屑粒状	7.0	4.3	0.24			25					E 114°45′19.4″ N 37°22′23.2″	92
					2	18—53	浅灰棕色	砂壤土	屑粒状	7.0	4.1	0.13			14						
					3	53—100	黄棕色	砂土	屑粒状	7.0	2.3	0.08			8						
剖23	半水成土	潮土	潮泥炭土	隆尧聚金土	A₁₁	0—24	暗棕色	黏壤土	碎块状	7.5	6.7	0.64	1.13	17.5		2.0	50	10.1	洪积物、冲积物	E 114°47′40.0″ N 37°21′32.3″	75
					A₁₂	24—51	浊黄色	黏壤土	碎块状	7.4	5.3	0.43	0.93	21.5		1.0	46	10.6			
					Cu₁	51—120	浊黄色	砂土	块状	7.6	3.4	0.37	0.93	21.7		2.0	48	10.3			
					Cu₂					7.5	9.0	0.75	1.25	23.8		2.0	104	21.4			
剖24	半水成土	盐化潮土	壤质轻盐化潮土	轻壤质轻盐化潮土	1	0—20	棕色	中壤土	碎块状	7.5	7.1	0.41			26	3.7				E 114°53′25.8″ N 37°21′29.2″	83
					2	20—45	暗棕色	轻壤土	碎块状	7.4	6.6	0.38			22						
					3	45—65	灰棕色	轻壤土	屑块状	7.5	0.7	0.04			9						
					4	65—150	棕色	砂土	屑粒状	7.5	25.9	0.34			20						
剖25	半水成土	潮土	黏质潮土	黏质夹砂潮土	1	0—20	棕色	黏土	块状	7.0	11.7				60	6.7				E 114°55′46.7″ N 37°20′46.3″	93
					2	20—70	浅灰棕色	黏土	单粒状	7.3					56						
剖26	半水成土	潮土	壤质潮土	轻壤质轻盐潮土	1	0—20	浅灰棕色	轻壤土	碎块状	7.6	9.0	0.52			25	1.3	22			E 114°49′35.0″ N 37°20′12.8″	96
					2	20—57	黄棕色	砂壤土	碎块状	7.6	3.4	0.19			11						
					3	57—120	棕色	砂土	单粒状	7.0	1.2	0.07			31		44				
剖27	半水成土	盐化潮土	壤质轻盐化潮土	中壤质底砂潮土	1	0—29	灰棕色	中壤土	碎块状	7.6	7.7	0.51			30	2.1	15			E 115°00′17.6″ N 37°24′07.9″	73
					2	20—50	暗棕色	重壤土	核状	8.2	8.8	0.54			25	1.1	5				
					3	50—75	浅棕色	中壤土	块状	8.2	6.7	0.49			12	0.7					
					4	75—150	浅黄色	砂土	单粒状	8.2	3.6	0.30									

续表 Continued

剖面号 Soil profile	土纲 Soil order	土类 Soil great group	亚类 Soil subgroup	土属 Soil genus	土种 Soil species	土层码 Layer code	土层厚度 Depth/cm	颜色 Soil color	质地 Soil texture	土壤结构 Soil structure	pH	有机质 OM/(g/kg)	全氮 TN/(g/kg)	全磷 TP/(g/kg)	全钾 TK/(g/kg)	碱解氮 AN/(mg/kg)	有效磷 AP/(mg/kg)	速效钾 AK/(mg/kg)	阳离子交换量 CEC/(cmol/kg)	土壤母质 Parent material	剖面点坐标 Profile coordinate	匹配指数 Matching index/%
剖28	半淋溶土	褐土	石灰性褐土	壤质石灰性褐土	壤壤体石灰性褐土	1	0—17	灰棕色	轻壤土	碎块状	7.5	9.7	0.51			47	7.0				E 114°44′00.2″ N 37°19′29.3″	92
						2	17—40	黄棕色	轻壤土	碎块状	7.5											
						3	40—120	浅棕色	砂土	单粒状	7.5											
剖29	半淋溶土	褐土	石灰性褐土	壤质石灰性褐土	砂壤质石灰性褐土	1	0—20	暗棕色	砂壤土	碎块状	7.5	9.3	0.38			45	2.0	44			E 114°42′24.8″ N 37°17′28.0″	88
						2	20—120	浅棕色	砂壤土	单粒状	7.5	3.8	0.19			19	0.2	14				
剖30	半淋溶土	褐土	潮褐土	壤质潮褐土	砂壤质潮褐土	1	0—20	灰棕色	砂壤土	碎块状	7.5	9.6	0.56			54					E 114°44′56.4″ N 37°16′04.8″	88
						2	20—120	棕色	轻壤土	碎块状	8.0	4.8	0.28			32						
剖31	半淋溶土	褐土	潮褐土	壤质潮褐土	轻壤质潮褐土	1	0—20	灰棕色	轻壤土	屑粒状	8.0	0.7	0.40			29					E 114°38′47.9″ N 37°15′47.4″	96
						2	20—100	黄棕色	轻壤土	屑粒状	8.0	6.2	0.36			24						
						3	100—120	黄棕色	砂土	单粒状	7.5	0.9	0.05			8						
剖32	半淋溶土	褐土	石灰性褐土	壤质石灰性褐土	轻壤质石灰性褐土	1	0—20	褐色	轻壤土	柱状	7.0	10.1	0.58			67	4.1				E 114°37′57.7″ N 37°14′39.8″	70
						2	20—40	褐色	轻壤土	柱状	7.0	5.1	0.30			33						
						3	40—120	褐色	中壤土	块状	7.0	5.6	0.32			31						
剖33	半淋溶土	褐土	石灰性褐土	壤质石灰性褐土	砂壤质底黏石灰性褐土	1	0—32	灰褐色	砂壤土	单粒状	7.0										E 114°36′46.8″ N 37°14′24.0″	81
						2	32—52	灰褐色	轻壤土	团粒状	7.0											
						3	52—100	浅褐色	黏土	块状	7.8	5.2										
剖34	半淋溶土	褐土	石灰性褐土	壤质石灰性褐土	中壤质石灰性褐土	1	0—20	灰褐色	中壤土	屑粒状	7.5	11.1	0.79			45	3.9	41			E 114°37′34.3″ N 37°13′40.8″	92
						2	20—68	暗灰褐色	中壤土	碎块状	7.5	6.5	0.41			32	1.7	37				
						3	68—120	灰棕色	重壤土	碎块状	7.5	7.0	0.32			25	0.7	24				
剖35	半淋溶土	褐土	潮褐土	壤质潮褐土	轻壤质底黏潮褐土	1	0—20	灰棕色	轻壤土	碎块状	7.5	11.7	0.51			34	1.8	13			E 114°46′31.4″ N 37°19′48.7″	91
						2	20—53	棕色	重壤土	核状	8.0	5.6	0.31			30	0.9	微量				
						3	53—120	红棕色	砂土	单粒状	8.0	5.9	0.33			20	0.9	5				
剖36	半水成土	潮土	潮土	壤质潮土	中壤质潮土	1	0—20	棕色	中壤土	屑粒状	7.5	5.1	0.19			14	1.7	4			E 114°52′59.5″ N 37°19′35.0″	82
						2	20—43	黄棕色	砂土	单粒状	7.0	5.9	0.52			62	3.0		19.2			
						3	43—49	红棕色	重壤土	碎块状	7.6	4.5	0.49			57			21.0			
						4	49—100	灰棕色	砂土	单粒状	7.4	2.0	0.21			56			16.8			
剖37	半水成土	潮土	盐化潮土	壤质轻盐化潮土	倒浆金土	1	0—20	暗灰棕色	砂质黏壤土	碎块状	7.6	14.6	0.81	0.56	29.9		3.0	55			E 114°52′05.2″ N 37°18′38.9″	94
						2	20—40	灰棕色	砂质黏壤土	块状	7.4	10.9	0.76	0.59	26.3		9.0	55	10.3			
					A_{11}	18—38	灰棕色	砂壤土	碎粒状	7.7	9.1	0.47	0.38	27.1	39	2.0	20				
					A_{12}	38—65	灰棕色	砂土	单粒状	7.7	4.1	0.24	0.38	25.1	31	3.0	5				
剖38	半水成土	潮土	盐化潮土	壤质轻盐化潮土	轻壤质夹砂潮土	C_1	65—90	黄棕色	砂土	屑粒状	7.5	8.3	0.88							河流冲积物	E 114°53′14.6″ N 37°18′25.9″	71
					C_2	80—150	红棕色	砂土	单粒状	7.8	6.3	20.35									
						5	90—150	灰棕色	中壤土	单粒状	7.0	2.4	0.14			14						
剖39	半水成土	潮土	潮土	壤质潮土	轻壤质体夹砂潮土	1	0—20	黄棕色	砂土	单粒状	7.8	8.0	0.30			44					E 114°50′15.0″ N 37°18′05.4″	72
						2	17—31	灰棕色	中壤土	屑粒状	8.0	6.4	0.37			18	2.2					
						3	31—67	暗灰棕色	重壤土	核状	7.8	8.5	0.49			36						
						4	67—100	浅灰棕色	砂壤土	单粒状	7.8	5.3	0.31			38						
						5	100—120	浅黄棕色	砂土	单粒状	7.5	0.8	0.40			27						
剖40	半水成土	潮土			轻壤质潮土	1	0—17	暗黄棕色	轻壤土	屑粒状	7.5	8.4	0.97			35					E 114°50′59.5″ N 37°17′50.5″	73
						2	20—50	黄棕色	砂土	单粒状	7.5	2.9				16						
剖41	半水成土	潮土	盐化潮土	壤质轻盐化潮土	轻壤质轻盐化体夹砂潮土	3	50—95	棕色	砂土	单粒状	8.0		0.78								E 114°51′34.9″ N 37°17′46.3″	86
						4	95—150	棕色	中壤土	块状	8.5	4.7				21						

续表 Continued

剖面号 Soil profile	土纲 Soil order	土类 Soil great group	亚类 Soil subgroup	土属 Soil genus	土种 Soil species	土层码 Layer code	土层厚度 Depth/cm	颜色 Soil color	质地 Soil texture	土壤结构 Soil structure	pH	有机质 OM/(g/kg)	全氮 TN/(g/kg)	全磷 TP/(g/kg)	全钾 TK/(g/kg)	碱解氮 AN/(mg/kg)	有效磷 AP/(mg/kg)	速效钾 AK/(mg/kg)	阳离子交换量 CEC/(cmol/kg)	土壤母质 Parent material	剖面点坐标 Profile coordinate	匹配指数 Matching index/%
剖42	半水成土	潮土	潮土	壤质潮土	中壤质潮土	1	0—20	棕色	中壤土	碎块状	7.5	8.7	0.56								E 114°52′07.7″ N 37°16′18.5″	72
						2	20—40	深棕色	黏土	碎块状	7.5	7.8	0.45			38						
						3	40—94	蓝灰棕色	黏土	块状	7.5	12.6	0.61			30						
						4	94—100	灰白色	黏土	块状	7.5	3.9	0.22			18						

宁 晋 县

主要土类说明

潮土是宁晋县主要土壤类型，占本县地域面积的99%。潮土主要发育在河流冲积物上，由于平原地形平缓，径流不畅，地下水埋藏深度较浅，受毛管作用，土壤昼干夜潮。本县在季风气候影响下，雨热并行，干湿交替明显，地下水升降变幅较大，土壤中铁、锰元素氧化还原交替发生，留下明显的锈色斑纹。本县潮土因为母质的原因，碳酸钙含量甚高，一般为8%—13%，为强石灰反应，pH在8.0左右，呈弱碱性。耕作层疏松多孔，总孔隙度在50%左右。耕层以下，一般有耕作压迫造成的坚实犁底层，但只在表层或亚表层有此现象。心土、底土层质地和结构变异，主要受冲积物层状影响。土壤的黏粒含量与阳离子交换量呈正相关。黏土的阳离子交换量在20cmol/kg以上，轻壤土为10—20cmol/kg，砂土一般小于10cmol/kg。一般情况是表层土壤阳离子交换量较高，底土较低。这类土壤因云母含量相对较高，钾的风化系数也高，所以供钾潜力较大。但是有机质分解充分，故土壤中氮素缺乏，磷素极贫瘠。有机质含量约为10g/kg，全氮含量约为0.5g/kg，碳氮比约为11。本县潮土分为潮土、褐潮土、湿潮土、盐化潮土等亚类。

本区域中心区气候特征

本区域中心区气候特征值
Regional climate characteristics in central area of the region

气候带：暖温带亚湿润气候 Climate region: Warm temperate subhumid climate	
年平均气温 /℃ Annual average temperature /℃	13.7
年平均最高气温 /℃ Annual average maximum temperature /℃	19.3
年平均最低气温 /℃ Annual average minimum temperature /℃	9.0
年降水量 /mm Annual precipitation /mm	560
≥10℃的积温 /℃ Daily temperature accumulated in a year（≥10℃）/℃	4954
年日照时数 /h Annual sunshine /h	2445
年平均相对湿度 /% Annual average relative humidity /%	62
干燥度 Dryness	1.49

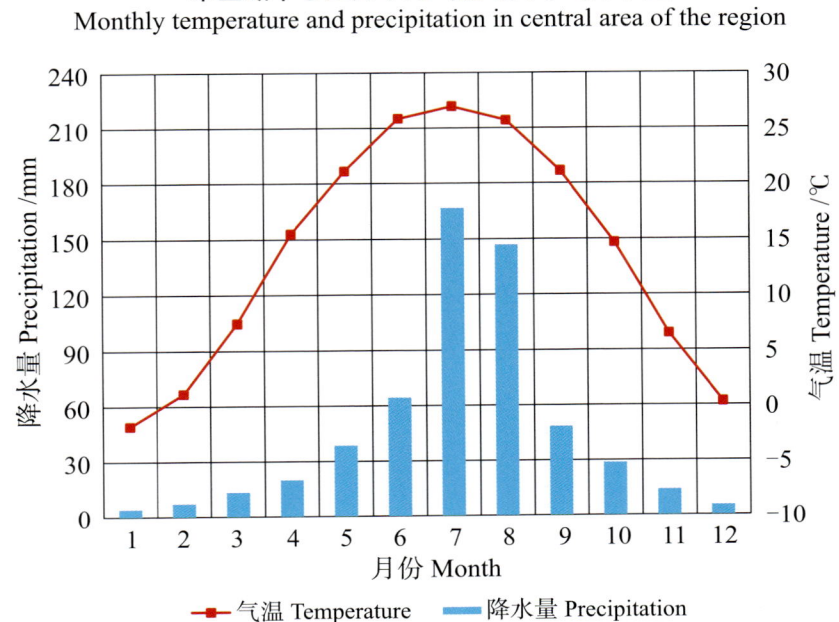

本区域中心区月平均气温与月平均降水量
Monthly temperature and precipitation in central area of the region

宁晋县主要土壤类型与土壤剖面点分布图
1:200 000

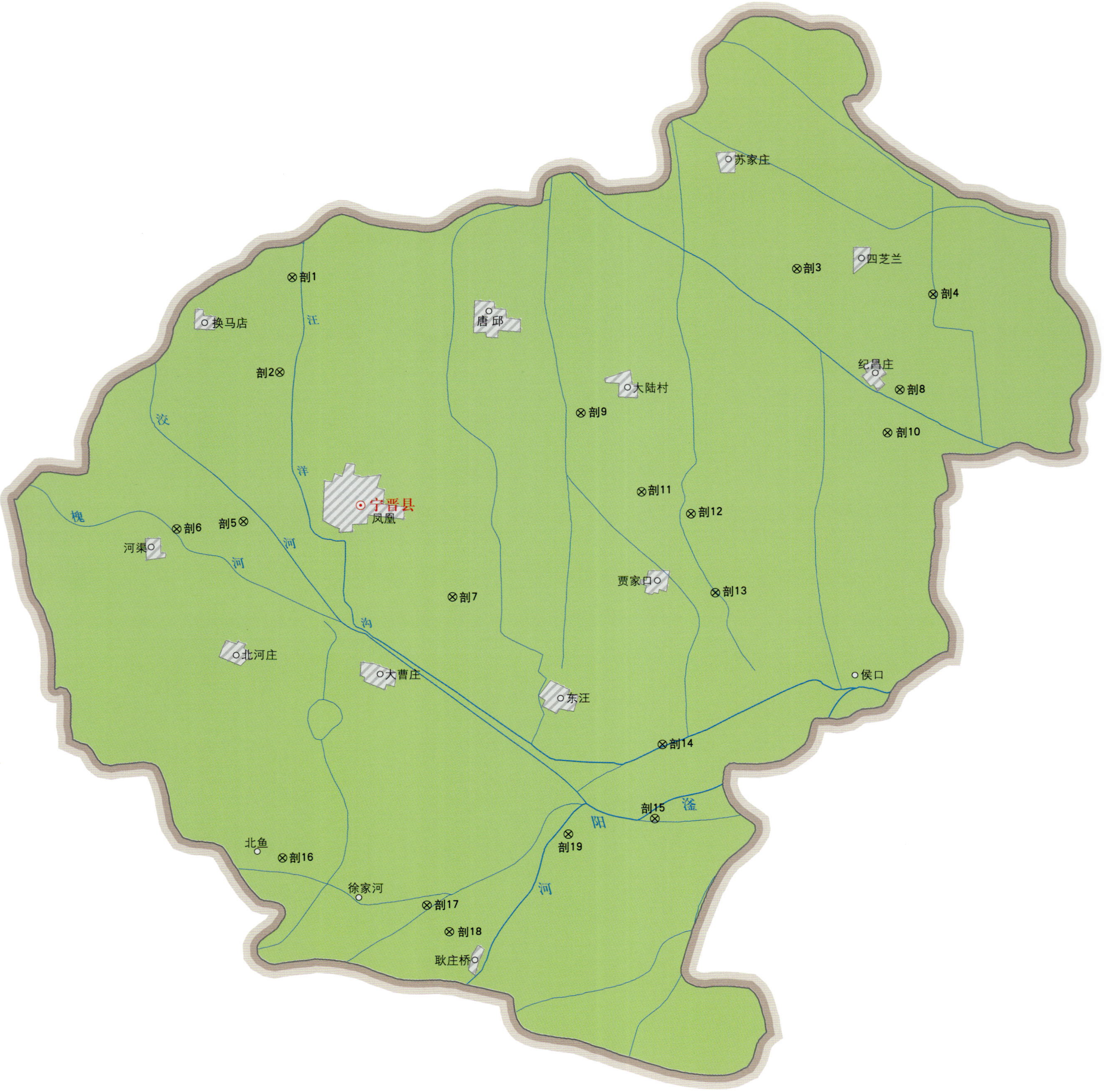

图 例

潮土

⊗ 剖面点

宁晋县土壤剖面理化性状表

剖面号 Soil profile	土纲 Soil order	土类 Soil great group	亚类 Soil subgroup	土属 Soil genus	土种 Soil species	土层码 Layer code	土层厚度 Depth/cm	颜色 Soil color	质地 Soil texture	土壤结构 Soil structure	pH	有机质 OM/(g/kg)	全氮 TN/(g/kg)	全磷 TP/(g/kg)	碱解氮 AN/(mg/kg)	有效磷 AP/(mg/kg)	速效钾 AK/(mg/kg)	阳离子交换量CEC/(cmol/kg)	剖面点坐标 Profile coordinate	匹配指数 Matching index/%
剖1	半水成土	潮土	褐潮土	壤质冲积褐潮土	中壤质褐潮土	1	0—21	灰褐色	轻壤土	团粒状	7.8	9.0	0.64	0.56	51	4.3	73	13.1	E 114° 53′ 16.1″ N 37° 42′ 16.2″	71
						2	21—71	黄褐色	轻壤土	团粒状	9.0	7.1	0.50	0.57	33	1.8	53	12.9		
						3	71—150	灰白色	中壤土	团粒状	7.7	2.9	0.22	0.60	12	2.8	45	8.3		
剖2	半水成土	潮土	褐潮土	壤质冲积褐潮土	中壤质砂体砂褐潮土	1	0—27	褐黄色	中壤土	块状	7.5	13.2	0.86	0.68	60	3.4	53	17.3	E 114° 52′ 58.8″ N 37° 40′ 07.0″	87
						2	27—43	褐黄色	轻壤土	团粒状	7.8	8.8	0.56	0.54	41	0.8	53	19.3		
						3	43—150	灰白色	砂壤土	粒状	7.9	3.9	0.19	0.49	16	0.9	28	6.5		
剖3	半水成土	潮土	潮土	壤质潮土	轻壤质黏底潮土	1	0—26	黄棕色	轻壤土	团粒状	8.2	7.5	0.51	0.52	34	2.8	86	10.9	E 115° 07′ 15.2″ N 37° 42′ 40.3″	77
						2	26—86	浅棕色	轻壤土	团粒状	8.2	7.5	0.44	0.52	31	1.8	78	16.0		
						3	86—150	红褐色	黏土	块状	8.2	0.7	0.71	0.57	52	3.9	131	23.2		
剖4	半水成土	潮土	盐化潮土	壤质冲积硫酸盐氯化物盐化潮土	轻壤质氯化物硫酸盐轻度盐化潮土	1	0—21	浅灰棕色	轻壤土	屑粒状		8.8	0.52	0.44	36	3.8	125	12.6	E 115° 11′ 02.8″ N 37° 42′ 09.0″	76
						2	21—48	灰棕色	轻壤土	屑粒状		8.8	0.52	0.53	34	1.5	98	21.2		
						3	48—150	红棕色	重壤土	块状		10.4	0.71	0.57	42	1.6	118	22.6		
剖5	半水成土	潮土	褐潮土	壤质冲积褐潮土	轻壤质褐潮土	1	0—17	浅黄色	轻壤土	团粒状		4.3	0.30	0.48	31	1.9	28	10.0	E 114° 52′ 03.7″ N 37° 36′ 42.8″	86
						2	17—150	浅黄色	砂壤土	团粒状	8.0	8.8	0.61	0.54	51	6.4	102	11.4		
剖6	半水成土	潮土	褐潮土	砂质冲积褐潮土	砂壤质褐潮土	1	0—27	灰白色	砂壤土	单粒状	8.0	3.7	0.21	0.52	18	0.8	40	6.4	E 114° 50′ 13.0″ N 37° 36′ 30.7″	76
						2	27—150	浅白色	砂土	单粒状	8.0	3.7	0.21	0.52	18	0.8	40	6.4		
剖7	半水成土	潮土	潮土	壤质冲积褐潮土	轻壤质夹黏褐潮土	1	0—20	灰棕色	轻壤土	团粒状	8.1	7.6	0.50	0.54	39	1.8	53	11.1	E 114° 57′ 53.6″ N 37° 35′ 06.0″	72
						2	20—38	红棕色	黏土	片状	7.9	12.5	0.83	0.54	59	1.8	61	23.1		
						3	38—86	浅棕色	砂壤土	散粒状	8.2	2.2	0.13	0.47	11	1.8	20	5.3		
						4	86—130	灰棕色	轻壤土	碎屑状	8.3	6.8	0.39	0.56	25	2.1	53	17.5		
剖8	半水成土	潮土	潮土	壤质潮土	轻壤质腰黏潮土	1	0—34	灰棕色	轻壤土	粒状	7.8	13.6	0.81	0.54	62	1.8	176	12.5	E 115° 10′ 09.9″ N 37° 39′ 58.9″	100
						2	34—62	棕色	黏土	块状	7.8	11.9	0.77	4.98	51		135	13.6		
						3	62—150	浅棕色	砂壤土	粒状	7.7	3.9	0.19	0.51	13		36	6.0		
剖9	半水成土	潮土	潮土	壤质氯化物冲积盐化潮土	轻壤质氯化物轻度盐化潮土	1	0—22	浅棕色	轻壤土	团粒状	8.4	10.8	0.69	0.57	40	2.2	98	14.2	E 115° 01′ 20.7″ N 37° 39′ 19.3″	72
						2	22—62	浅棕色	中壤土	碎块状	8.2	11.6	0.74	0.56	52	1.6	86	20.9		
						3	62—89	浅黄色	砂壤土	粒状	8.2	5.4	0.33	0.54	24	1.4	61	12.4		
						4	89—150	浅黄色	单壤土	单粒状	8.5	5.0	0.21	0.48	14	1.2	36	6.8		
剖10	半水成土	潮土	盐化潮土	壤质氯化物冲积盐化潮土	砂壤质氯化物轻度盐化潮土	1	0—20	浅黄色	砂壤土	粒状	8.0	7.8	0.20	0.46	20	0.8	49	6.6	E 115° 09′ 50.8″ N 37° 38′ 59.6″	97
						2	20—41	浅黄色	砂壤土	粒状	7.9	3.1	0.16	0.51	18	0.7	32	6.3		
						3	41—48	棕色	黏土	块状	7.8	15.8	0.94	0.60	67	1.2	114	2.3		
						4	48—150	浅黄色	砂壤土	粒状	8.1	4.7	0.26	0.50	16	1.8	53	8.5		
剖11	半水成土	盐化潮土		壤质氯化物盐化潮土	轻壤质盐化潮土	1	0—21	浅棕色	中壤土	粒状	8.5	5.5	0.35	0.56	21	2.9	78	8.6	E 115° 03′ 04.3″ N 37° 37′ 33.2″	72
						2	21—58	浅黄色	砂壤土	粒状	8.2	3.8	0.21	0.55	48	1.6	78	12.8		
						3	58—150	浅黄色	砂壤土	粒状	8.4	5.9	0.17	0.48	12	2.7	53	7.3		
剖12	半水成土	潮土	潮土	砂质潮土	砂壤质盐化潮土	1	0—20	浅黄色	砂壤土	粒状	7.9	5.9	0.38	0.51	28	1.4	69	10.6	E 115° 04′ 26.8″ N 37° 37′ 05.2″	87
						2	20—50	浅黄色	黏土	块状	8.0	12.2	0.83	0.50	51	1.0	49	10.1		
						3	50—110	浅黄色	黏土	块状	8.0	5.5	0.33	0.58	18	2.4	143	23.5		
						4	110—150	浅棕色	轻壤土	粒状	8.1	4.6	0.27	0.49	18	2.7	45	7.8		
剖13	半水成土	盐化潮土		壤质氯化物硫酸盐冲积盐化潮土	轻壤质盐轻度盐化潮土	1	0—20	黄棕色	轻壤土	团粒状	7.1	7.4	0.54	0.69	52	1.1	98	11.4	E 115° 05′ 10.0″ N 37° 35′ 18.6″	86
						2	20—70	浅棕色	轻壤土	团粒状	8.1	6.7	0.50	0.59	39	1.8	86	15.9		
						3	70—114	浅黄色	砂壤土	单粒状	8.0	2.7	0.18	0.60	15	0.8	40	6.8		
						4	114—150	浅黄色	轻壤土	团粒状	8.2	3.0	0.20	0.69	16	1.2	45	8.7		

续表 Continued

剖面号 Soil profile	土纲 Soil order	土类 Soil great group	亚类 Soil subgroup	土属 Soil genus	土种 Soil species	土层码 Layer code	土层厚度 Depth/cm	颜色 Soil color	质地 Soil texture	土壤结构 Soil structure	pH	有机质 OM/(g/kg)	全氮 TN/(g/kg)	全磷 TP/(g/kg)	碱解氮 AN/(mg/kg)	有效磷 AP/(mg/kg)	速效钾 AK/(mg/kg)	阳离子交换量 CEC/(cmol/kg)	剖面点坐标 Profile coordinate	匹配指数 Matching index/%
剖14	半水成土	潮土	潮土	壤质潮土	中壤质夹黏潮土	1	0–21	浅棕色	中壤土	团粒状	8.2	14.5	0.97	0.76	79	4.9	125	21.2	E 115°03′47.5″ N 37°31′50.5″	86
						2	21–113	浅棕色	中壤土	块状	8.1	14.1	0.94	0.69	69	7.5	98	26.1		
						3	113–150	浅棕色	中壤土	团粒状	8.3	7.0	0.54	0.56	39	2.5	81	23.6		
剖15	半水成土	潮土	潮土	壤质潮土	轻壤质夹黏潮土	1	0–14	浅灰色	轻壤土	屑粒状	8.1	10.3	0.67	0.56	55	3.5	98	12.7	E 115°03′37.8″ N 37°30′09.7″	95
						2	14–31	暗灰色	轻壤土	屑粒状	7.8	7.8	0.53	0.50	39	1.8	98	11.4		
						3	31–50	棕褐色	重壤土	块状	7.8	11.8	0.86	0.59	63	2.9	180	22.8		
						4	50–150	浅灰黄色	砂壤土	粒状	8.5	3.9	0.34	0.51	18	1.2	49	7.7		
剖16	半水成土	潮土	湿潮土	壤质冲积湿潮土	中壤质浅位湿潮土	1	0–18	棕褐色	中壤土	团粒状	7.8	13.6	1.10	0.67	89	3.0	127	21.1	E 114°53′21.8″ N 37°29′05.6″	80
						2	18–42	棕色	黏土	块状	7.8	11.3	0.87	0.62	71	0.8	98	22.5		
						3	42–65	灰褐色	黏土	块状	7.8	8.6	0.67	0.55	46	0.8	86	21.6		
						4	65–150	黄褐色	轻壤土	块状	7.9	6.6	0.47	0.47	45	0.8	78	21.8		
剖17	半水成土	潮土	湿潮土	壤质冲积湿潮土	轻壤质腰黏浅位湿潮土	1	0–19	黄褐色	轻壤土	团粒状	8.1	10.5	0.79	0.60	55	2.6	168	16.3	E 114°57′23.0″ N 37°28′05.5″	85
						2	19–43	红棕色	黏土	块状	8.1	8.3	0.63	0.44	45	1.0	151	29.4		
						3	43–70	灰棕色	轻壤土	团粒状	7.7	6.8	0.47	0.56	32	1.0	73	15.2		
						4	70–104	黄棕色	砂壤土	团粒状	7.9	3.2	0.24	0.57	11	1.2	53	7.7		
						5	104–150	红棕色	中壤土	棱状	7.8	5.4	0.41	0.56	21	1.7	94	16.4		
剖18	半水成土	潮土	湿潮土	壤质冲积湿潮土	轻壤质体黏潮土	1	0–18	黄棕色	轻壤土	团粒状	8.2	8.7	0.66	0.59	52	1.4	131	16.9	E 114°58′01.2″ N 37°27′29.5″	90
						2	18–76	红棕色	黏土	块状	8.1	7.2	0.63	0.46	51	2.4	151	30.6		
						3	76–98	灰棕色	轻壤土	团粒状	8.3	5.1	0.35	0.56	22	1.1	86	12.6		
						4	98–123	黄棕色	砂土	单粒状	8.4	3.6	0.27	0.58	21	1.2	36	8.1		
						5	123–150	红棕色	黏土	块状	8.2	10.2	0.73	0.60	44	6.8	139	20.1		
剖19	半水成土	潮土	潮土	壤质潮土	轻壤质体黏潮土	1	0–19	浅棕色	轻壤土	粒状	8.2	4.4	0.24	0.54	16	3.5	86	10.0	E 115°01′14.9″ N 37°29′46.7″	75
						2	19–41	浅棕色	轻壤土	粒状	8.2	4.2	0.24	0.55	34	3.3	86	12.5		
						3	41–100	棕色	黏土	块状	8.1	7.7	0.53	0.53	40	2.6	94	19.9		
						4	100–150	棕色	砂壤土	粒状	8.3	3.3	0.19	0.42	14	1.8	45	8.9		

巨 鹿 县

主要土类说明

潮土是巨鹿县主要土壤类型，占本县地域面积的92%。潮土是在地下水直接作用下，在河流冲积物上形成的半水成土壤。分布地形为冲积平原，海拔为25—31m。地下水埋深为2—3m，土壤颜色发暗，多呈灰棕色。由于干湿交替，心土、底土氧化还原过程交替进行，使土层出现锈色斑纹，土体冲积层次明显。由于地形、水分状况的差异，本县潮土在以潮土成土过程为主导的同时，还分别进行着褐土化过程和盐化过程，可分为褐潮土、潮土和盐化潮土等亚类。褐潮土分布在本县平原中较高的缓岗和准缓岗部位，其地下水位一般埋深3—5m或更低，排水条件较好，土色为棕褐色，地下水难以参与全部土体的成土过程，成土过程向着褐土过程发展，土色比潮土发鲜发褐，并伴有黏粒下移现象，心土层多出现假菌丝体。潮土亚类性状分布等特征均同潮土土类。盐化潮土一般分布于潮土区的地下水位稍浅处，一般在埋深1.5—2.5m的二坡地带，其含盐的地下水，沿土壤毛细管上升到地表，水分蒸发，土壤含盐量间于0.1%—1.0%。

风沙土是巨鹿县第二大土壤类型，占本县地域面积的5%，主要分布在古河道一带，植物生长很少。该土有随风移动的特点，一般为沙丘或沙垄起伏的沙地，其成土年龄尚短，剖面发育还不健全，土质疏松。

小于本县地域面积3%的土壤类型还有草甸盐土等。

本区域中心区气候特征

本区域中心区气候特征值
Regional climate characteristics in central area of the region

气候带：暖温带亚湿润气候 Climate region: Warm temperate subhumid climate	
年平均气温 /℃ Annual average temperature /℃	13.9
年平均最高气温 /℃ Annual average maximum temperature /℃	19.4
年平均最低气温 /℃ Annual average minimum temperature /℃	9.1
年降水量 /mm Annual precipitation /mm	566
≥10℃的积温 /℃ Daily temperature accumulated in a year（≥10℃）/℃	5023
年日照时数 /h Annual sunshine /h	2413
年平均相对湿度 /% Annual average relative humidity /%	62
干燥度 Dryness	1.49

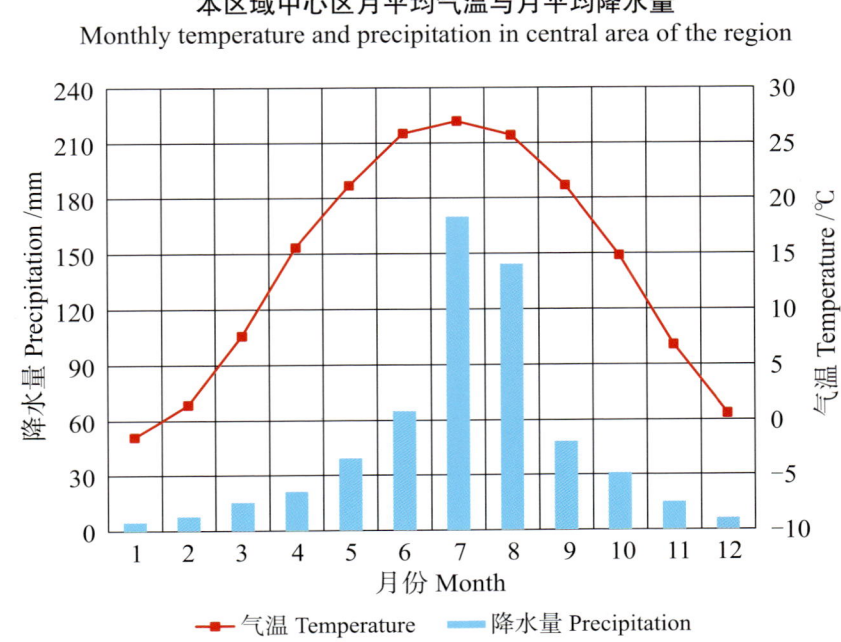

本区域中心区月平均气温与月平均降水量
Monthly temperature and precipitation in central area of the region

巨鹿县主要土壤类型与土壤剖面点分布图
1:150 000

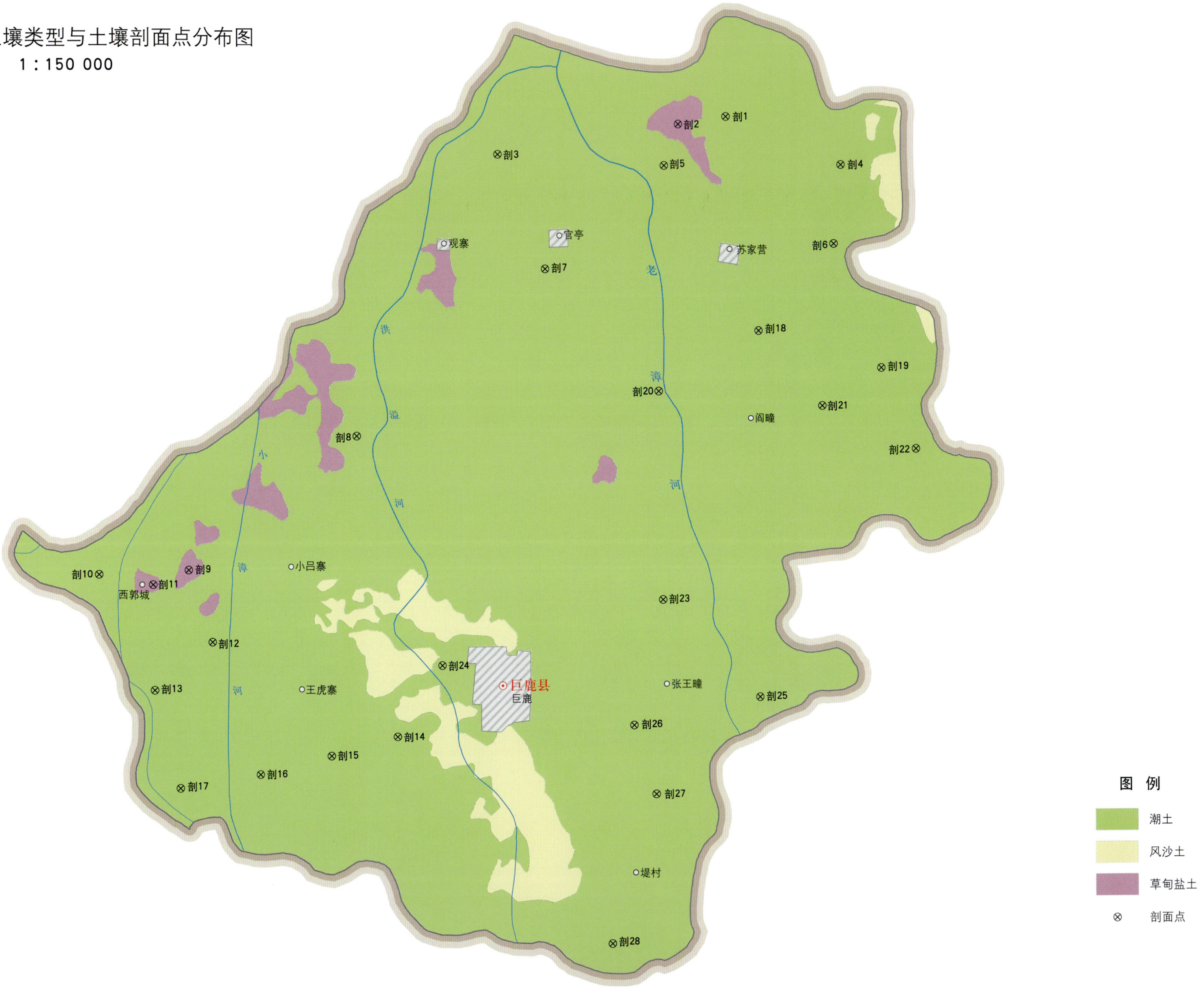

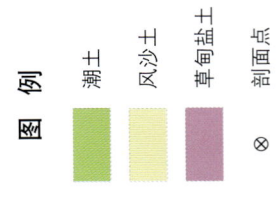

巨鹿县土壤剖面理化性状表

剖面号 Soil profile	土纲 Soil order	土类 Soil great group	亚类 Soil subgroup	土属 Soil genus	土种 Soil species	土层码 Layer code	土层厚度 Depth/cm	质地 Soil texture	pH	有机质 OM/(g/kg)	全氮 TN/(g/kg)	全磷 TP/(g/kg)	碱解氮 AN/(mg/kg)	有效磷 AP/(mg/kg)	速效钾 AK/(mg/kg)	阳离子交换量 CEC/(cmol/kg)	剖面点坐标 Profile coordinate	匹配指数 Matching index/%
剖1	半水成土	潮土	盐化潮土	壤质氯化物硫酸盐盐化潮土	轻壤质氯化物硫酸盐轻盐化底黏潮土	1	0—5	轻壤土	8.1	10.1	0.70	1.70	36	2.3	161	11.4	E 115°07′01.9″ N 37°23′32.6″	95
						2	5—10	轻壤土	8.1	9.2	0.75	1.64	38	1.2	158	10.5		
						3	10—20	轻壤土	7.9	10.2	0.73	1.65	46	0.7	169	12.6		
						4	20—28	轻壤土	8.4	6.5	0.49	1.58	33	1.0	122	9.9		
						5	28—54	轻壤土	8.2	6.6	0.54	1.60	37	0.8	137	11.1		
						6	54—130	重壤土	8.2	10.4	0.80	1.53	47	0.4	175	19.0		
剖2	盐碱土	草甸盐土	内陆盐土	硫酸盐氯化物盐土	轻壤质硫酸盐氯化物盐土	1	0—5	轻壤土	7.7	9.3	0.66	1.14	44	2.6	173	2.4	E 115°05′53.4″ N 37°23′23.2″	80
						2	5—10	轻壤土	7.8	9.1	0.63	1.57	37	2.5	168	9.6		
						3	10—20	轻壤土	7.9	9.5	0.60	1.40	40	2.5	184	10.2		
						4	20—83	黏土	8.1	8.3	0.63	1.31	36	2.8	137	14.5		
						5	83—130	砂壤土		3.2	0.27	1.48	14	2.0	66	6.4		
剖3	半水成土	潮土	盐化潮土	氯化物硫酸盐盐化潮土	中壤质氯化物硫酸盐轻盐化底砂潮土	1	0—5	中壤土	8.0	11.6	0.80	1.47	47	7.9	247	15.3	E 115°01′34.7″ N 37°22′45.8″	93
						2	5—10	中壤土	8.3	10.9	0.77	1.44	38	6.4	217	16.3		
						3	10—20	中壤土	8.2	10.9	0.75	1.44	41	1.1	207	16.7		
						4	20—59	黏壤土	8.2	9.5	0.23	1.32	44	0.7	179	22.8		
						5	59—130	砂壤土	8.1	2.4	0.47	1.41	10	0.7	51	5.8		
剖4	半水成土	潮土	潮土	壤质潮土	砂壤质潮土	1	0—22	砂壤土	8.5	7.1	0.52	1.48	37	2.0	155	7.3	E 115°09′48.2″ N 37°22′41.5″	82
						2	22—32	轻壤土	8.5	6.9	0.50	1.59	37	0.7	113	7.2		
						3	32—65	轻壤土	8.4	3.5	0.27		17		59	7.1		
						4	65—120	轻壤土	8.4	5.5	0.45	1.52	27	0.8	71	8.8		
剖5	半水成土	潮土	盐化潮土	氯化物硫酸盐盐化潮土	轻壤质氯化物硫酸盐轻盐化底黏潮土	1	0—5	轻壤土	8.1	7.6	0.55	2.39	31	6.4	385	7.4	E 115°05′33.9″ N 37°22′37.1″	84
						2	5—10	轻壤土	8.1	7.7	0.57	2.39	39	0.5	43	18.2		
						3	10—20	轻壤土	7.8	6.9	0.48	2.70	29	0.6	44	9.8		
						4	20—76	轻壤土	8.2	4.1	0.31	1.47	18	0.4	102	8.1		
						5	76—130	黏土	8.3	8.2	0.60	1.47	38	4.8	28	20.4		
剖6	半水成土	潮土	褐潮土	壤质褐潮土	砂壤质腰黏褐潮土	1	0—21	砂壤土	8.7	8.7	0.52	1.57	35	4.7	128	8.5	E 115°09′40.1″ N 37°21′13.3″	92
						2	21—40	轻壤土	8.5	7.2	0.49	1.34	32	1.3	135	8.5		
						3	40—63	重壤土	8.5	5.4	0.44	1.30	31	1.4	103	12.3		
						4	63—82	轻壤土	8.3	4.7	0.34	1.29	22	1.2	66	8.1		
						5	82—130	砂壤土	8.4	2.8	0.19	1.22	9	1.2	55	5.9		
剖7	半水成土	潮土	褐潮土	壤质褐潮土	轻壤质体黏褐潮土	1	0—20	轻壤土	8.3	12.4	0.80	1.62	51	4.7	267	11.9	E 115°02′46.1″ N 37°20′39.2″	92
						2	20—34	中壤土	8.3	9.5	0.71	1.50	50	2.3	158	13.7		
						3	34—130	黏土	8.3	8.9	0.66	1.33	31	2.6	161	19.3		
剖8	半水成土	潮土	盐化潮土	壤质氯化物硫酸盐盐化潮土	轻壤质氯化物硫酸盐轻盐化潮土	1	0—5	轻壤土	8.1	8.1	0.52	1.54	34	0.8	131	8.8	E 114°58′19.6″ N 37°17′28.7″	94
						2	5—10	轻壤土	7.9	8.2	0.56	1.61	35	2.8	135	9.0		
						3	10—20	轻壤土	7.9	7.7	0.55	1.64	37	0.5	140	8.3		
						4	20—33	轻壤土	8.0	6.2	0.48	1.57	34	3.1	176	5.9		
						5	33—130	砂壤土	8.0	5.3	0.49	1.49	25	3.3		9.9		

续表 Continued

剖面号 Soil profile	土纲 Soil order	土类 Soil great group	亚类 Soil subgroup	土属 Soil genus	土种 Soil species	土层码 Layer code	土层厚度 Depth/cm	质地 Soil texture	pH	有机质 OM/(g/kg)	全氮 TN/(g/kg)	全磷 TP/(g/kg)	碱解氮 AN/(mg/kg)	有效磷 AP/(mg/kg)	速效钾 AK/(mg/kg)	阳离子交换量CEC/(cmol/kg)	剖面点坐标 Profile coordinate	匹配指数 Matching index/%
剖9	盐碱土	草甸盐土	内陆盐土	氯化物硫酸盐土	轻壤质硫酸盐氯化物腰黏盐土	1	0~5	轻壤土	8.7	8.6	0.56	1.58	32	2.8	250	4.9	E 114°54′20.9″ N 37°14′55.7″	85
						2	5~10	轻壤土	8.5	7.8	0.52	1.55	30	5.2	201	9.6		
						3	10~20	轻壤土	8.5	7.4	0.57	1.52	27	5.1	228	9.6		
						4	20~49	砂壤土	8.4	4.2	0.27	1.37	23	1.7	65	8.0		
						5	49~90	黏壤土	8.4	8.1	0.64	1.35	53	2.9	172	17.9		
						6	90~130	砂壤土	8.5	4.1	0.37	1.29	25	2.8	75	9.2		
剖10	半水成土	潮土	潮土	黏质潮土	黏质潮土	1	0~20	重壤土	9.0	8.0	0.75	1.49	51	0.8	161	17.9	E 114°52′14.0″ N 37°14′48.7″	91
						2	20~31	重壤土	8.4	8.6	0.78	1.11	69	0.4	209	23.1		
						3	31~80	黏土	8.3	9.0	0.81	1.18	59	0.2	203	23.7		
						4	80~130	中壤土	8.3	9.3	0.43	1.24	31	0.1	220	23.4		
剖11	盐碱土	草甸盐土	内陆盐土	氯化物硫酸盐土	轻壤质氯化物硫酸盐土	1	0~5	轻壤土	8.6	10.2	0.62	1.48	33	4.5	169	7.2	E 114°53′30.4″ N 37°14′38.2″	85
						2	5~10	轻壤土	8.6	7.7	0.51	1.45	31	2.8	148	7.0		
						3	10~20	轻壤土	8.5	6.4	0.47	4.30	23	2.8	133	6.2		
						4	20~75	砂壤土	8.8	3.5	0.24	1.36	9	1.8	59	4.6		
						5	75~130	砂壤土	8.8	3.5	0.25	1.40	6	6.7	64	7.8		
剖12	半水成土	潮土	盐化潮土	壤质氯化物硫酸盐盐化潮土	轻壤质氯化物硫酸盐中盐化潮土	1	0~5	轻壤土	8.1	12.3	0.91	1.85	51	1.4	490	8.6	E 114°54′57.7″ N 37°13′35.6″	75
						2	5~10	轻壤土	8.2	12.0	0.83	1.84	58	4.9	221	8.5		
						3	10~20	轻壤土	8.2	9.6	0.73	1.78	62	4.6	123	8.2		
						4	20~76	轻壤土	8.0	4.6	3.89	1.59	18	1.0	274	7.4		
						5	76~100	轻壤土	7.9	3.2	0.26	1.49	12	3.6	398	5.6		
						6	100~130	中壤土	8.1	2.3	0.26	1.39	10	1.4	330	5.1		
剖13	半水成土	潮土	盐化潮土	氯化物氯化物硫酸盐盐化潮土	中壤质氯化物硫酸盐轻盐化潮土	1	0~5	中壤土	8.0	8.8	0.70	1.35	40	2.3	147	14.4	E 114°54′36.4″ N 37°12′40.5″	98
						2	5~10	中壤土	8.2	9.4	0.69	1.37	43	0.9	160	14.4		
						3	10~20	中壤土	8.1	8.8	0.68	1.37	38	0.7	149	14.4		
						4	20~32	重壤土	8.3	6.1	0.68	1.43	30	0.9	104	13.8		
						5	32~80	黏土	8.4	7.9	0.67	1.17	40	0.2	238	27.0		
						6	80~108	重壤土	8.2	6.8	0.58	1.46	33	1.0	138	14.7		
						7	108~130	黏土	8.3	8.2	0.69	1.23	42	0.7	193	25.2		
剖14	半水成土	潮土	盐化潮土	砂壤质氯化物硫酸盐中盐化潮土	砂壤质氯化物硫酸盐中盐化潮土	1	0~5	砂壤土	7.9	4.5	0.35	1.26	16	2.1	82	6.8	E 114°59′26.5″ N 37°11′54.6″	73
						2	5~10	砂壤土	7.9	4.7	0.35	1.25	19	2.4	86	7.3		
						3	10~20	砂壤土	7.9	5.0	0.34	1.23	20	2.3	97	7.7		
						4	20~69	砂壤土	8.4	7.0	0.55	1.33	29	0.2	138	4.8		
						5	69~130	重壤土	8.5	2.6	0.22	1.26	14	微量	64	14.8		
剖15	半水成土	潮土	潮土	壤质潮土	轻壤质腰黏潮土	1	0~20	轻壤土	8.5	6.7	0.49	1.40	37	0.9	111	9.5	E 114°57′52.6″ N 37°11′31.6″	87
						2	20~34	中壤土	8.4	6.2	0.44	1.36	36	微量	128	12.4		
						3	34~73	黏土	8.3	8.4	0.64	1.28	40	微量	150	20.6		
						4	73~115	砂壤土	8.8	3.6	0.35	1.22	16	0.8	55	7.8		
剖16	半水成土	潮土	潮土	壤质潮土	中壤质潮土	1	0~19	中壤土	8.3	11.2	0.79	1.70	47	1.6	210	12.9	E 114°56′11.1″ N 37°11′09.1″	90
						2	19~30	重壤土	8.5	7.3	0.57	1.46	38	微量	129	22.9		
						3	30~48	重壤土	8.4	8.8	0.71	1.39	43	0.3	15	16.2		
						4	48~130	黏土	8.4	9.6	0.81	1.16	39	1.5	218	33.6		

续表 Continued

剖面号 Soil profile	土纲 Soil order	土类 Soil great group	亚类 Soil subgroup	土属 Soil genus	土种 Soil species	土层码 Layer code	土层厚度 Depth/cm	质地 Soil texture	pH	有机质 OM/(g/kg)	全氮 TN/(g/kg)	全磷 TP/(g/kg)	碱解氮 AN/(mg/kg)	有效磷 AP/(mg/kg)	速效钾 AK/(mg/kg)	阳离子交换量CEC/(cmol/kg)	剖面点坐标 Profile coordinate	匹配指数 Matching index/%
剖17	半水成土	潮土	盐化潮土	氯化物硫酸盐盐化潮土	中壤质氯化物硫酸盐重盐化潮土	1	0–5	中壤土	8.1	9.1	0.55	1.40	34	5.7	187	2.0	E 114°54′16.2″ N 37°10′52.0″	70
						2	5–10	中壤土	8.2	9.5	0.63	1.32	33	2.9	201	19.6		
						3	10–20	中壤土	8.1	9.1	0.54	1.37	34	3.9	205	16.3		
						4	20–68	中壤土	8.5	7.6	0.52	1.57	35	1.4	183	9.4		
						5	68–79	轻壤土	8.6	3.7	0.29	1.07	17	1.8	77	8.5		
						6	79–130	黏土	8.4	8.0	6.58	1.28	35	8.2	181	22.1		
剖18	半水成土	潮土	潮土	壤质潮土	轻壤质潮土	1	0–21	轻壤土	8.3	3.2	0.22	1.22	13	微量	51	6.0	E 115°07′54.3″ N 37°19′35.0″	86
						2	21–31	轻壤土	8.1	5.1	0.42	1.43	21	1.1	80	9.8		
						3	31–60	中壤土	8.1	7.1	0.51	1.48	23	0.5	107	8.4		
						4	60–130	砂壤土	8.1	8.1	0.55	1.52	38	1.9	197	7.7		
剖19	半水成土	潮土	盐化潮土	壤质氯化物硫酸盐盐化潮土	砂壤质氯化物硫酸盐轻盐化潮土	1	0–22	砂壤土	8.4	7.7	0.51	1.41	46	3.5	101	8.9	E 115°10′50.9″ N 37°18′56.2″	88
						2	22–31	砂壤土	8.6	6.8	0.43	1.40	33	2.7	65	7.5		
						3	31–82	轻壤土	8.5	3.4	0.27	1.33	13	1.6	54	6.6		
						4	82–110	砂壤土	8.6	2.6	0.21	1.23	11	0.6	40	10.0		
剖20	半水成土	潮土	盐化潮土	壤质氯化物硫酸盐盐化潮土	轻壤质氯化物硫酸盐轻盐化腰黏潮土	1	0–5	轻壤土	8.1	8.2	0.62	1.57	34	3.8	171	10.2	E 115°05′31.9″ N 37°18′25.6″	96
						2	5–10	轻壤土	8.1	8.1	0.61	1.53	32	0.3	15	10.7		
						3	10–20	轻壤土	8.1	7.7	0.59	1.59	33	1.7	148	14.6		
						4	20–38	重壤土	8.4	7.3	0.57	1.49	21	0.7	127	12.8		
						5	38–47	重壤土	8.3	8.4	0.53	1.47	20	0.7	145	10.3		
						6	47–130	轻壤土	8.1	5.7	0.43	1.67	21	0.7	79	7.1		
剖21	半水成土	潮土	褐潮土	壤质褐潮土	砂壤质褐潮土	1	0–22	砂壤土	8.2	7.5	0.52	1.44	41	0.7	77	6.6	E 115°09′27.6″ N 37°18′12.7″	95
						2	22–125	砂壤土	8.3	3.6	0.29	1.29	14	1.0	54	7.6		
剖22	半水成土	潮土	褐潮土	壤质褐潮土	砂黏质底黏褐潮土	1	0–18	砂壤土	8.4	5.6	0.41	1.29	22	1.3		10.2	E 115°11′42.4″ N 37°17′26.5″	79
						2	18–34	轻壤土	8.4	8.6	0.59	1.43	33	1.1	102	12.3		
						3	34–60	中壤土	8.1	6.4	0.49	1.46	26	0.6	100	22.4		
						4	60–130	黏壤土	8.5	9.2	0.49	1.26	44	0.9	217	13.3		
剖23	半水成土	潮土	褐潮土	壤质褐潮土	中壤质褐潮土	1	0–33	中壤土	8.8	10.8	0.23	1.52	46	0.4	169	28.1	E 115°05′43.1″ N 37°14′33.4″	93
						2	33–63	重壤土	8.9	9.6	0.75	1.29	44	0.2	175	30.2		
						3	63–87	黏土	8.9	8.5	0.74	1.09	32	0.3	131	14.6		
						4	87–120	轻壤土	8.7	6.3	0.66	1.35	27	1.0	100	7.6		
剖24	半水成土	潮土	潮土	壤质潮土	砂壤质腰黏潮土	1	0–20	砂壤土	8.6	7.4	0.49	1.28	42	1.5	79	9.2	E 115°00′28.8″ N 37°13′14.9″	75
						2	20–28	砂壤土	8.6	5.9	0.92	1.26	36	1.2	81	16.4		
						3	28–70	重壤土	8.4	7.6	0.58	1.34	50	1.1	40	11.8		
						4	70–100	砂壤土	8.4	5.1	0.41	1.28	15	1.4	93	8.6		
剖25	半水成土	潮土	褐潮土	壤质褐潮土	轻壤质底黏褐潮土	1	0–23	中壤土	8.4	8.9	0.61	1.62	34	0.5	192	10.5	E 115°08′04.9″ N 37°12′46.8″	72
						2	23–51	砂壤土	8.5	5.1	0.41	1.49	22	0.6	106	24.2		
						3	51–66	重壤土	8.5	9.9	0.78	1.44	37	微量	187	120.3		
						4	66–95	黏土	8.4	9.4	0.74	1.35	37	0.2	184	17.9		
						5	95–130	轻壤土	8.4	7.5	0.55	1.47	33	0.4	121	8.5		
剖26	半水成土	潮土	褐潮土	壤质褐潮土	轻壤质褐潮土	1	0–17	轻壤土	8.3	8.2	0.56	1.52	33	2.3	185	8.5	E 115°05′04.9″ N 37°12′13.0″	100
						2	17–30	轻壤土	8.4	5.4	0.41	1.48	16	0.8		7.6		
						3	30–62	中壤土	8.2	3.3	0.26	1.30	5	0.8	51	8.1		
						4	62–130	砂壤土	8.4	4.6	0.38	1.52	17	0.5	86			

续表 Continued

剖面号 Soil profile	土纲 Soil order	土类 Soil great group	亚类 Soil subgroup	土属 Soil genus	土种 Soil species	土层码 Layer code	土层厚度 Depth/cm	质地 Soil texture	pH	有机质 OM/(g/kg)	全氮 TN/(g/kg)	全磷 TP/(g/kg)	碱解氮 AN/(mg/kg)	有效磷 AP/(mg/kg)	速效钾 AK/(mg/kg)	阳离子交换量CEC/(cmol/kg)	剖面点坐标 Profile coordinate	匹配指数 Matching index/%
剖27	半水成土	潮土	褐潮土	壤质褐潮土	轻壤质腰黏褐潮土	1	0—19	轻壤土	8.4	7.6	0.55	1.42	59	1.8	127	7.5	E 115°05′38.4″ N 37°10′56.6″	92
						2	19—27	轻壤土	8.5	6.3	4.76	1.45	44	1.0	96	9.2		
						3	27—39	中壤土	8.4	5.8	0.47	1.31	42	0.8	95	12.3		
						4	39—62	黏土	8.4	7.1	0.58	1.15	53	0.4	112	16.8		
						5	62—130	砂壤土	8.4	2.1	0.36	1.03	28	2.1	69	7.9		
剖28	半水成土	潮土	褐潮土	壤质褐潮土	砂壤质黏体黏褐潮土	1	0—17	砂壤土	8.3	6.6	0.47	1.46	27	7.9	127	8.4	E 115°04′39.4″ N 37°08′08.9″	94
						2	17—32	轻壤土	8.3	5.6	0.40	1.41	24	0.7	72	11.4		
						3	32—62	重壤土	8.4	5.8	0.45	1.43	33	0.7	87	8.5		
						4	62—130	黏壤土	8.4	11.8	0.70	1.34	51	0.6	169	18.5		

新 河 县

主要土类说明

潮土是新河县主要土壤类型,占本县地域面积的98%。潮土是在地下水的直接作用下,在河流冲积物、沉积物上耕作熟化的土壤,土体内沉积层次明显,有锈色斑纹。本县潮土分为褐潮土、潮土和盐化潮土等亚类。褐潮土分布于冲积平原中地形部位较高的缓岗地带,地下水位低,上层土壤脱离地下水作用;潮土分布于冲积平原地下水质较好的地带,剖面层次明显,地下水位较高,通体石灰反应强烈,根孔有锈色斑纹;盐化潮土分布于冲积平原洼地周围、河流两侧、二坡地中下部;地下水位浅,一般埋深为1.5—2.5m;地下水矿化度较高,一般高于2g/L,潮土地表积盐,当地群众称之为盐碱地。

本区域中心区气候特征

本区域中心区气候特征值
Regional climate characteristics in central area of the region

气候带:暖温带亚湿润气候 Climate region: Warm temperate subhumid climate	
年平均气温 /℃ Annual average temperature /℃	13.8
年平均最高气温 /℃ Annual average maximum temperature /℃	19.3
年平均最低气温 /℃ Annual average minimum temperature /℃	9.1
年降水量 /mm Annual precipitation /mm	568
≥10℃的积温 /℃ Daily temperature accumulated in a year (≥10℃) /℃	4969
年日照时数 /h Annual sunshine /h	2460
年平均相对湿度 /% Annual average relative humidity /%	62
干燥度 Dryness	1.48

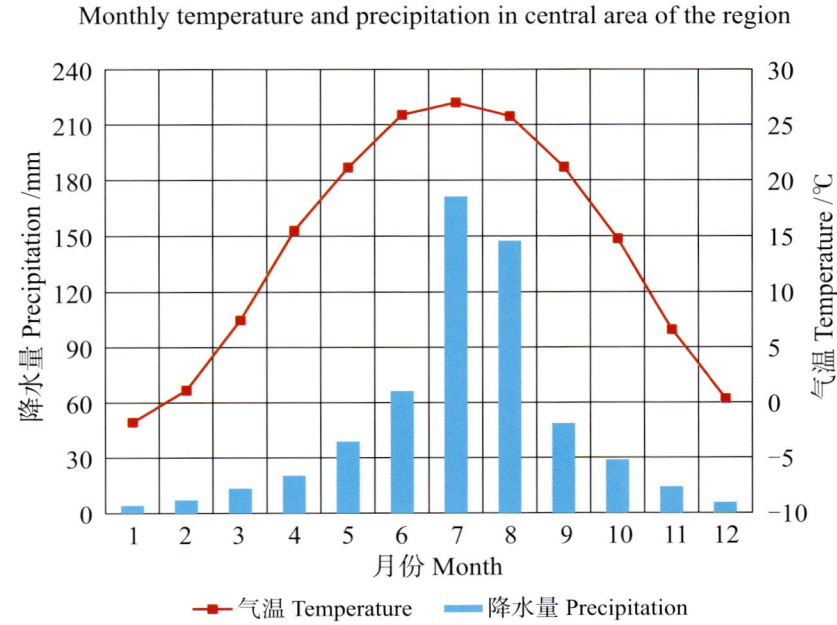

本区域中心区月平均气温与月平均降水量
Monthly temperature and precipitation in central area of the region

新河县主要土壤类型与土壤剖面点分布图
1∶110 000

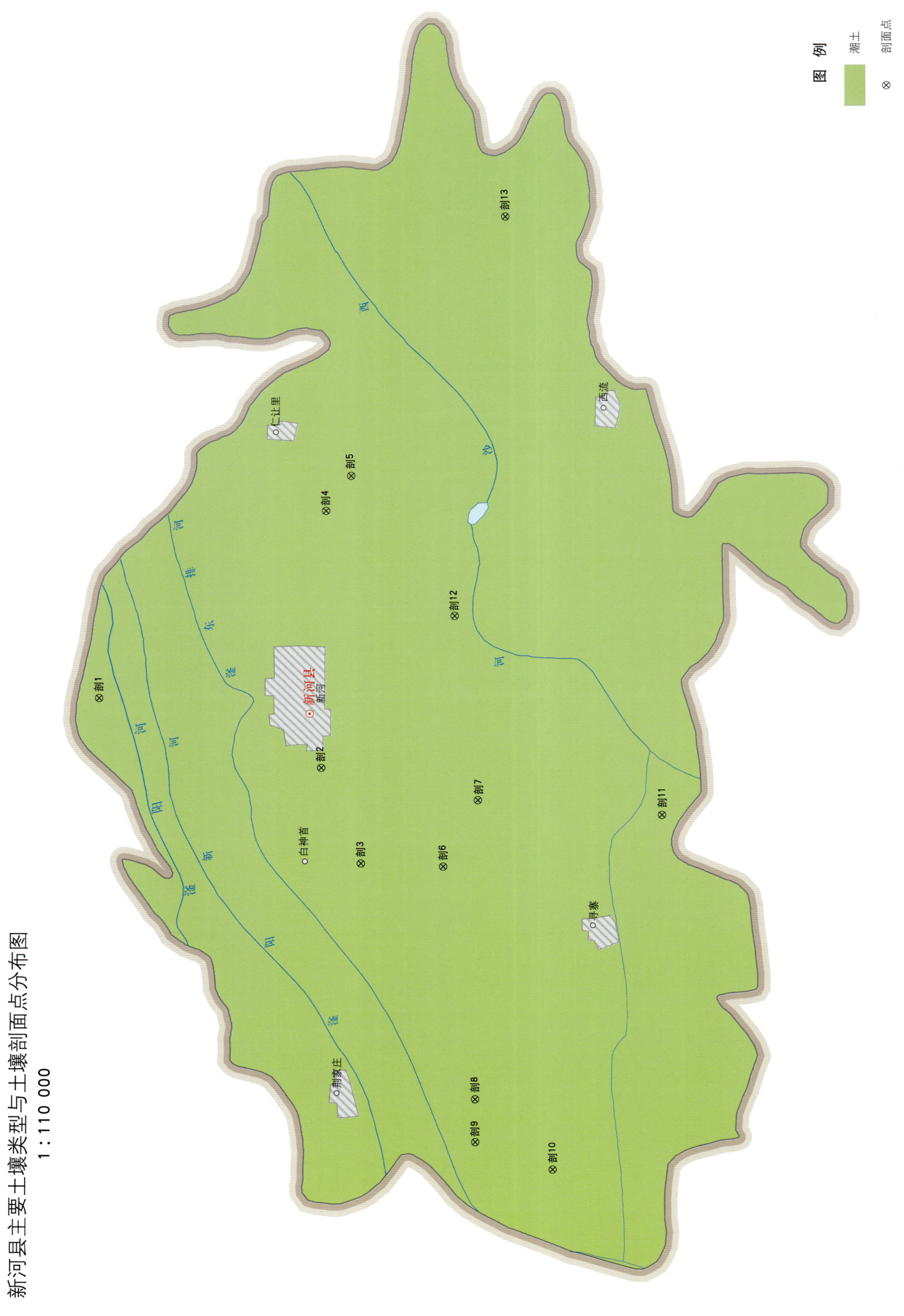

新河县土壤剖面理化性状表

剖面号 Soil profile	土纲 Soil order	土类 Soil great group	亚类 Soil subgroup	土属 Soil genus	土种 Soil species	土层码 Layer code	土层厚度 Depth/cm	颜色 Soil color	质地 Soil texture	土壤结构 Soil structure	pH	有机质 OM/(g/kg)	全氮 TN/(g/kg)	全磷 TP/(g/kg)	碱解氮 AN/(mg/kg)	有效磷 AP/(mg/kg)	速效钾 AK/(mg/kg)	阴离子交换量CEC/(cmol/kg)	剖面点坐标 Profile coordinate	匹配指数 Matching index/%
剖1	半水成土	潮土	潮土	壤质潮土	轻壤质体黏潮土	1	0—26	灰棕色	轻壤土	屑粒状	8.1	13.5	0.83	0.60	49	10.2	140	25.9	E 115° 14′ 32.8″ N 37° 34′ 26.8″	86
						2	26—62	红棕色	黏土	块状	8.4	14.0	0.91	0.55	51	4.5	157	6.3		
						3	62—80	浅灰棕色	砂壤土	屑粒状	8.6	2.7	0.20	0.51	15	2.5	60	22.9		
						4	80—133	红棕色	黏土	块状	8.4	12.1	0.81	0.66	47	8.7	203	28.2		
						5	133—150	浅灰棕色	砂壤土	屑粒状	8.6	3.5	0.26	0.52	16	3.8	87	5.5		
剖2	半水成土	潮土	褐潮土	壤质褐潮土	砂壤质褐潮土	A	0—20	浅灰棕色	砂壤土	屑粒状	8.2	3.2	0.24	0.46	17	1.4	70	9.5	E 115° 13′ 21.3″ N 37° 31′ 19.1″	88
						C_1	20—56	浅灰棕色	砂壤土	屑粒状	8.0	2.7	0.20	0.42	16	1.3	49	6.6		
						C_2	56—150	浅灰棕色	砂壤土	屑粒状	8.0	3.0	0.32	0.49	15	1.4	43	10.4		
剖3	半水成土	潮土	潮土	壤质潮土	轻壤质底黏潮土	1	0—20	灰棕色	轻壤土	屑粒状	8.0	10.1	0.72	0.69	47	10.6	200	9.7	E 115° 11′ 38.4″ N 37° 30′ 44.3″	73
						2	20—74	红棕色	黏土	块状	8.2	5.5	0.43	0.60	25	0.5	60	8.8		
						3	74—113	灰棕色	砂壤土	屑粒状	8.1	8.0	0.63	0.55	18	0.8	153	21.4		
						4	113—150	浅灰棕色	砂壤土	屑粒状	8.2	4.1	0.32	0.56	22	1.1	57	9.4		
剖4	半水成土	潮土	盐化潮土	壤质硫酸盐盐化潮土	砂壤质底黏轻度硫酸盐盐化潮土	1	0—20	灰棕色	砂壤土	屑粒状	8.4	3.9	0.29	0.57	12	1.1	47	5.4	E 115° 17′ 60.0″ N 37° 31′ 19.6″	80
						2	20—87	红棕色	黏土	块状	8.4	1.6	0.21		30	2.2	40	21.9		
						3	87—127	浅灰棕色	砂壤土	屑粒状	8.4	6.9	0.21	0.61	14	7.3	157	5.3		
						4	127—150	浅灰棕色	砂壤土	屑粒状	8.6	1.9	0.20	0.58	28	1.1	43	10.0		
剖5	半水成土	潮土	潮土	壤质潮土	砂壤质潮土	1	0—20	灰棕色	轻壤土	屑粒状	8.4	4.9	0.34	0.58	28	4.5	87	8.2	E 115° 18′ 38.5″ N 37° 30′ 59.0″	90
						2	20—62	浅灰棕色	砂壤土	屑粒状	8.4	4.6	0.34	0.55	29	1.4	70	7.0		
						3	62—150	浅灰棕色	砂壤土	屑粒状	8.5	4.8	0.34	0.56	19	1.6	73	8.8		
剖6	半水成土	潮土	潮土	壤质潮土	壤质腰黏潮土	1	0—20	灰棕色	轻壤土	屑粒状	7.9	10.8	0.70	0.72	42	15.2	160	10.9	E 115° 11′ 36.8″ N 37° 29′ 35.1″	79
						2	20—31	灰棕色	重壤土	碎块状	8.0	8.9	0.52	0.63	31	4.3	103	11.8		
						3	31—76	红棕色	黏土	碎块状	8.4	8.8	0.64	0.55	33	2.9	163	25.4		
						4	76—150	灰棕色	轻壤土	碎块状	8.1	3.1	0.27	0.63	19	2.7	67	8.8		
剖7	半水成土	潮土	盐化潮土	壤质硫酸盐氯化物盐化潮土	轻壤质体黏中度硫酸盐盐化潮土	1	0—20	灰棕色	轻壤土	屑粒状	8.2	7.5	0.51	0.62	33	2.0	120	13.2	E 115° 12′ 49.3″ N 37° 29′ 07.1″	94
						2	20—46	浅灰棕色	黏土	块状	8.1	7.7	0.51	0.62	30	3.2	103	25.3		
						3	46—98	红棕色	砂壤土	屑粒状	8.0	7.7	0.59	0.59	28	1.9	173	11.9		
						4	98—150	灰棕色	轻壤土	屑粒状	8.2	4.3	0.32	0.54	17	3.2	67	10.4		
剖8	半水成土	潮土	盐化潮土	壤质硫酸盐氯化物盐化潮土	轻壤质底砂氯化物硫酸盐潮土	1	0—20	浅灰棕色	轻壤土	屑粒状	8.0	8.1	0.55	0.66	33	4.0	150	10.0	E 115° 07′ 25.3″ N 37° 29′ 03.8″	95
						2	20—62	灰棕色	中壤土	块状	8.2	6.0	0.41	0.66	28	1.6	100	11.0		
						3	62—100	红棕色	黏土	块状	8.1	8.2	0.63	0.55	31	2.7	193	20.7		
						4	100—150	浅灰棕色	砂壤土	屑粒状	8.2	6.2	0.61	0.69	28	3.8	133	16.9		
剖9	半水成土	潮土	盐化潮土	壤质硫酸盐氯化物盐化潮土	轻壤质重度硫酸盐氯化物潮土	1	0—20	灰棕色	轻壤土	屑粒状	8.1	8.3	0.49	0.66	23	3.9	150	7.9	E 115° 06′ 39.6″ N 37° 29′ 02.8″	82
						2	20—80	浅灰棕色	轻壤土	屑粒状	8.1	5.7	0.45	0.59	25	0.9	100	10.4		
						3	80—150	红棕色	黏土	屑粒状	8.3	1.7	0.31	0.54	13	2.2	63	7.7		
剖10	半水成土	潮土	盐化潮土	壤质氯化物硫酸盐盐化潮土	轻壤质氯化物硫酸盐轻度潮土	1	0—20	灰棕色	轻壤土	屑粒状	8.1	7.7	0.54	0.70	37	2.7	147	12.8	E 115° 06′ 11.9″ N 37° 27′ 57.2″	80
						2	20—50	浅灰棕色	轻壤土	屑粒状	8.0	4.2	0.42	0.61	27	2.0	123	12.3		
						3	50—70	红棕色	中壤土	碎块状	8.1	8.9	0.73	0.51	33	1.7	187	21.5		
						4	70—98	灰棕色	轻壤土	屑粒状	8.1	5.8	0.41	0.54	17	1.9	107	14.4		
						5	98—150	红棕色	重壤土	块状	8.1	7.5	0.56	0.55	34	1.7	150	17.9		
剖11	半水成土	潮土	盐化潮土	壤质氯化物硫酸盐盐化潮土	砂壤质氯化物中度盐化潮土	1	0—20	灰棕色	砂壤土	屑粒状	8.1	1.3	0.15	0.49	10	3.2	47	5.2	E 115° 12′ 37.3″ N 37° 26′ 32.4″	83
						2	20—90	灰棕色	砂壤土	块状	8.4	0.7	0.16	0.56	7	1.7	40	11.3		
						3	90—110	红棕色	黏土	块状	8.1	6.9	0.45	0.57	21	5.6	80	14.2		
						4	110—150	浅灰棕色	砂壤土	屑粒状	8.1	4.4	0.37	0.58	14	3.2	77	8.9		

续表 Continued

剖面号 Soil profile	土纲 Soil order	土类 Soil great group	亚类 Soil subgroup	土属 Soil genus	土种 Soil species	土层码 Layer code	土层厚度 Depth/cm	颜色 Soil color	质地 Soil texture	土壤结构 Soil structure	pH	有机质 OM/(g/kg)	全氮 TN/(g/kg)	全磷 TP/(g/kg)	碱解氮 AN/(mg/kg)	有效磷 AP/(mg/kg)	速效钾 AK/(mg/kg)	阳离子交换量CEC/(cmol/kg)	剖面点坐标 Profile coordinate	匹配指数 Matching index/%
剖12	半水成土	潮土	盐化潮土	壤质氯化物硫酸盐盐化潮土	轻壤质氯化物硫酸盐中度盐化潮土	1	0—20	浅灰棕色	轻壤土	屑粒状	8.2	5.3	0.40	0.60	18	11.7	80	6.8	E 115°16′08.8″ N 37°29′30.1″	88
						2	20—38	浅灰棕色	轻壤土	屑粒状	8.5	3.2	0.31	0.56	15	4.4	47	7.2		
						3	38—150	浅灰棕色	砂壤土	屑粒状	9.0	0.8	0.17	0.56	10	8.3	40	5.9		
剖13	半水成土	潮土	潮土	壤质潮土	轻壤质潮土	1	0—20	浅灰棕色	轻壤土	屑粒状	8.5	11.2	0.59	0.64	45	4.0	143	11.6	E 115°23′21.8″ N 37°28′53.8″	76
						2	20—57	浅灰棕色	轻壤土	屑粒状	8.2	8.7	0.53	0.66	35	2.5	123	10.4		
						3	57—150	浅灰棕色	轻壤土	屑粒状	8.5	4.4	0.34	0.58	19	1.5	60	7.9		

广 宗 县

主要土类说明

潮土是广宗县主要土壤类型，占本县地域面积的99%。剖面构型为Ap-P-Bw-Cw。土壤基本特征：耕层较疏松，熟化程度高，颜色为灰棕色或浅棕色，耕层有机质含量为15—16g/kg；有明显的犁底层，紧实板结，通透性差；心土以下冲积层次明显，多数土体中有锈色斑纹，砂土、砂壤土多，中壤土、黏土少。本县潮土根据其发育程度和演变情况分为褐潮土、潮土、盐化潮土等亚类。褐潮土处于缓岗（自然堤、古河堤）和准缓岗等部位较高的地方，地下水位较深，排水条件好，淋溶作用较强，其基本特征：有钙质淀积现象，有黏化迹象，钙积层和黏化层多在心土层，在20—50cm或更深的部位有白色假菌丝体，黏化层颜色较鲜艳。潮土亚类所处地形部位较低，地下水位较高，水质较好，无褐化或盐化迹象。盐化潮土土壤含盐量较高，作物常有缺苗现象，多分布在洼地及河渠两侧洼坡处。

小于本县地域面积3%的土壤类型还有草甸盐土等。

本区域中心区气候特征

本区域中心区气候特征值
Regional climate characteristics in central area of the region

气候带：暖温带亚湿润气候 Climate region: Warm temperate subhumid climate	
年平均气温 /℃ Annual average temperature /℃	13.9
年平均最高气温 /℃ Annual average maximum temperature /℃	19.4
年平均最低气温 /℃ Annual average minimum temperature /℃	9.2
年降水量 /mm Annual precipitation /mm	569
≥10℃的积温 /℃ Daily temperature accumulated in a year (≥10℃) /℃	5037
年日照时数 /h Annual sunshine /h	2399
年平均相对湿度 /% Annual average relative humidity /%	62
干燥度 Dryness	1.48

本区域中心区月平均气温与月平均降水量
Monthly temperature and precipitation in central area of the region

广宗县主要土壤类型与土壤剖面点分布图
1:170 000

广宗县土壤剖面理化性状表

剖面号 Soil profile	土纲 Soil order	土类 Soil great group	亚类 Soil subgroup	土属 Soil genus	土种 Soil species	土层码 Layer code	土层厚度 Depth/cm	颜色 Soil color	质地 Soil texture	土壤结构 Soil structure	pH	有机质 OM/(g/kg)	全氮 TN/(g/kg)	全磷 TP/(g/kg)	全钾 TK/(g/kg)	碱解氮 AN/(mg/kg)	有效磷 AP/(mg/kg)	速效钾 AK/(mg/kg)	阳离子交换量CEC/(cmol/kg)	土壤母质 Parent material	剖面点坐标 Profile coordinate	匹配指数 Matching index/%
剖1	半水成土	潮土	褐潮土	壤质冲积褐潮土	轻壤质腰黏褐潮土	1	0—16	浅灰棕色	轻壤土	碎块状	8.6	7.3	0.59	0.62		45	2.2	110	9.6		E 115°14′55.3″ N 37°15′09.4″	75
						2	16—29	浅灰棕色	轻壤土	碎块状	8.7	6.2	0.49	0.61		35	1.6	82	11.0			
						3	29—47	灰棕色	轻壤土	块状	8.7	3.7	0.30	0.55		14	1.6	40	9.8			
						4	47—84	灰棕色	黏土	棱状	8.6	3.7	0.28	0.63		17	1.4	90	16.1			
						5	84—110	灰棕色	砂土	块状	8.5	7.0	0.58	0.59		40	1.3	32	8.6			
剖2	半水成土	潮土	褐潮土	壤质冲积褐潮土	砂壤质体黏褐潮土	1	0—21	浅灰棕色	轻壤土	块状	8.4	1.6	0.47	0.54		34	5.0	66	7.8		E 115°14′22.6″ N 37°14′46.7″	93
						2	21—32	灰棕色	轻壤土	块状	8.6	4.6	0.37	0.52		27	0.5	40	9.0			
						3	32—43	灰棕色	中壤土	块状	8.5	4.4	0.40	0.52		19	1.2	40	10.5			
						4	43—104	灰棕色	黏土	块状	8.5	6.6	0.53	0.52		28	1.2	90	18.6			
剖3	半水成土	潮土	褐潮土	壤质冲积褐潮土	轻壤质底黏褐潮土	1	0—20	灰棕色	轻壤土	碎块状	8.7	9.5	0.65	0.68		43	4.3	150	10.4		E 115°12′26.6″ N 37°13′38.3″	96
						2	20—27	灰棕色	轻壤土	块状	8.8	9.7	0.69	0.68		45	3.9	110	11.3			
						3	27—85	灰棕色	中壤土	块状	8.6	5.9	0.46	0.61		25	2.4	100	11.0			
						4	85—117	棕色	黏土	棱柱状	8.2	8.5	0.65	0.54		34	1.8	100	20.1			
剖4	半水成土	潮土	褐潮土	壤质冲积褐潮土	轻壤质体黏褐潮土	1	0—16	浅灰棕色	轻壤土	碎块状	8.6	8.9	0.67	0.62		39	2.3	116	13.5		E 115°10′53.4″ N 37°13′22.3″	91
						2	16—24	灰棕色	轻壤土	块状	8.7	5.9	0.64	0.61		25	1.4	90	13.2			
						3	24—29	灰棕色	中壤土	块状	8.6	7.0	0.54	0.61		34	1.6	106	17.9			
						4	29—47	灰棕色	重壤土	棱状	8.4	7.4	0.59	0.55		32	1.2	126	19.1			
						5	47—96	红棕色	黏土	棱柱状	8.2	8.3	0.68	0.41		33	1.2	156	30.8			
剖5	半水成土	盐化潮土		壤质硫酸盐氯化物盐化潮土		1	0—5	浅灰棕色	轻壤土	碎块状	8.2	6.5	0.50	0.63		29	6.0	143	10.2		E 115°09′51.5″ N 37°11′52.7″	95
						2	5—10	浅灰棕色	轻壤土	碎块状	8.0	6.1	0.56	0.63		29	5.5	143	8.9			
						3	10—20	浅灰棕色	轻壤土	块状	8.3	5.5	0.40	0.63		27	3.1	98	10.2			
						4	20—37	灰棕色	重壤土	棱状	8.4	5.9	0.44	0.60		31	1.3	78	12.8			
						5	37—84	灰棕色	重壤土	块状	8.3	9.5	0.71	0.57		42	1.2	102	21.5			
						6	84—102	浅灰棕色	砂壤土	碎块状	8.3	4.0	0.28	0.57		17	1.0	49	9.5			
剖6	半水成土	潮土	褐潮土	壤质冲积褐潮土	砂壤质褐潮土	1	0—19	浅灰棕色	砂壤土	碎块状	8.5	5.8	0.43	0.54		31	1.8	76	7.4		E 115°15′48.6″ N 37°13′46.1″	71
						2	19—49	浅灰棕色	轻壤土	碎块状	8.3	7.1	0.52	0.56		35	4.8	126	7.5			
						3	49—62	灰棕色	中壤土	块状	8.3	3.8	0.32	0.54		13	1.2	40	13.1			
						4	62—93	灰棕色	黏土	棱状	8.3	7.4	0.60	0.53		25	1.0	106	23.9			
						5	93—105	浅灰棕色	砂壤土	碎块状	8.5	2.4	0.20	0.58		9	0.6	40	8.6			
剖7	半水成土	潮土	褐潮土	壤质冲积褐潮土	轻壤质褐潮土	1	0—19	浅灰棕色	轻壤土	块状	8.1	6.2	0.47	0.53		30	1.4	82	10.4		E 115°15′40.3″ N 37°12′59.1″	76
						2	19—30	灰棕色	轻壤土	块状	8.2	6.6	0.49	0.57		35	4.4	90	8.4			
						3	30—64	棕色	黏土	棱状	8.2	7.7	0.67	0.53		35	0.5	110	21.5			
						4	64—98	浅灰棕色	砂壤土	散块状	8.4	2.2	0.21	0.52		9	0.8	32	6.0			
剖8	半水成土	潮土	褐潮土	壤质冲积褐潮土	轻壤质褐潮土	1	0—19	灰棕色	轻壤土	碎块状	8.5	5.2	0.38	0.53		24	1.8	90	7.8		E 115°11′21.1″ N 37°05′59.6″	96
						2	19—26	灰棕色	轻壤土	片状	8.5	3.9	0.31	0.54		19	1.3	46	8.6			
						3	26—96	灰棕色	轻壤土	块状	8.6	3.5	0.28	0.56		12	1.1	32	8.6			
剖9	半水成土	潮土	褐潮土	砂质冲积褐潮土	砂质褐潮土	1	0—21	浅灰棕色	砂土	散块状	8.4	2.5	0.16	0.45		16	1.4	40	4.8		E 115°10′00.6″ N 37°03′17.4″	83
						2	21—38	浅灰棕色	砂土	散碎状	8.5	2.0	0.11	0.56		11	1.1	38	5.0			
						3	38—101	浅灰棕色	砂土	散碎状	8.5	1.9	0.10	0.78		7	0.5	40	4.4			
剖10	半水成土	潮土	褐潮土	壤质冲积褐潮土	砂壤质褐潮土	1	0—19	浅灰棕色	砂壤土	碎块状	8.3	4.6	0.34	0.52		26	1.9	74	7.1		E 115°11′17.5″ N 37°01′50.9″	91
						2	19—38	浅灰棕色	砂壤土	碎块状	8.6	3.2	0.23	0.43		16	0.7	60	7.5			
						3	38—103	浅灰棕色	砂土	碎块状	8.7	1.2	0.07	0.38		7	0.5	32	4.5			

续表 Continued

剖面号 Soil profile	土纲 Soil order	土类 Soil great group	亚类 Soil subgroup	土属 Soil genus	土种 Soil species	土层码 Layer code	土层厚度 Depth/cm	颜色 Soil color	质地 Soil texture	土壤结构 Soil structure	pH	有机质 OM/(g/kg)	全氮 TN/(g/kg)	全磷 TP/(g/kg)	全钾 TK/(g/kg)	碱解氮 AN/(mg/kg)	有效磷 AP/(mg/kg)	速效钾 AK/(mg/kg)	阳离子交换量 CEC/(cmol/kg)	土壤母质 Parent material	剖面点坐标 Profile coordinate	匹配指数 Matching index/%
剖面11	半水成土	潮土	潮土	壤质冲积潮土	壤质潮土	1	0—16	浅灰棕色	轻壤土	碎块状	8.5	5.2	0.38	0.53		24	1.8	90	7.8		E 115°08′20.6″ N 37°00′11.0″	87
						2	16—24	暗灰棕色	轻壤土	碎块状	8.5	3.9	0.31	0.54		19	1.3	76	8.6			
						3	24—97	浅灰棕色	轻壤土	碎块状	8.6	3.5	0.28	0.56		12	1.1	56	8.6			
剖面12	半水成土	潮土	褐土	砂质褐潮土	面砂褐潮土	1	0—25	浅棕色	砂壤土	屑粒状	8.1	4.6	0.47	1.02	21.6		0.6	15	6.4	河流冲积物	E 115°16′26.0″ N 37°07′13.6″	96
						2	25—35	浅灰棕色	砂壤土	屑粒状	8.2	3.7	0.50	0.99	21.0		1.0	65	10.5			
						3	35—100	浅灰棕色	砂壤土	屑粒状	8.2	4.7	0.41	0.72	19.2		0.4	45	11.3			
剖面13	半水成土	潮土	盐化潮土	壤质脱盐化潮土	轻壤质脱盐化潮土	1	0—18	浅灰棕色	轻壤土	碎块状	8.6	8.3	0.58	0.66		38	3.2	110	11.3		E 115°10′30.0″ N 36°58′18.5″	92
						2	18—24	浅灰棕色	轻壤土	碎块状	8.6	5.7	0.45	0.64		29	1.8	9	8.7			
						3	24—48	浅灰棕色	轻壤土	碎块状	8.6	5.4	0.46	0.66		27	1.4	9	9.2			
						4	48—100	浅灰棕色	砂壤土	碎块状	8.6	3.2	0.22	0.54		10	0.9	9	8.4			
剖面14	半水成土	潮土	盐化潮土	壤质硫酸盐氯化物盐化潮土	轻壤质硫酸盐氯化物盐化潮土	1	0—5	浅灰棕色	轻壤土	碎块状	8.2	4.8	0.33	0.52		14	2.6		8.1		E 115°09′08.1″ N 36°57′54.2″	73
						2	5—10	浅灰棕色	轻壤土	块状	8.3	4.3	0.33	0.52		16	2.3	78	8.7			
						3	10—20	浅灰棕色	轻壤土	块状	8.2	4.8	0.38	0.53		14	2.0	78	9.7			
						4	20—101	浅灰棕色	轻壤土	碎块状	8.4	4.5	0.40	0.54		12	0.3		11.1			
剖面15	盐碱土	草甸盐土	草甸盐土	壤质硫酸盐氯化物盐土	轻壤质硫酸盐氯化物盐土	1	0—5	浅灰棕色	轻壤土	碎块状	7.3	5.9	0.35	0.55		19	2.7		7.5		E 115°07′21.4″ N 36°57′49.3″	82
						2	5—10	浅灰棕色	轻壤土	块状	7.7	4.9	0.33	0.55		15	2.8	78	7.5			
						3	10—20	浅灰棕色	轻壤土	块状	8.1	4.2	0.32	0.56		15	3.3	69	7.5			
						4	20—66	浅灰棕色	轻壤土	块状	8.0	3.9	0.27	0.55		412	1.7	49	7.1			
						5	66—88	棕色	黏土	棱柱状	7.8	4.4	0.29	0.56		10	2.0	53	9.2			
						6	88—100	灰棕色	中壤土	块状	7.8	1.7	0.37	0.52		13	1.5	61	15.3			
剖面16	半水成土	潮土	褐土	壤质冲积褐潮土	中壤质褐潮土	1	0—19	暗棕色	中壤土	散碎状	8.4	9.1	0.73	0.55		46	4.6	166	14.6		E 115°07′16.9″ N 36°56′55.7″	74
						2	19—28	棕色	中壤土	块状	8.3	7.1	0.57	0.47		34	100.0	100	20.6			
						3	28—57	灰棕色	中壤土	块状	8.6	8.5	7.00	0.58		43	3.2	140	14.1			
						4	57—98	浅灰棕色	轻壤土	散碎状	8.3	5.1	0.44	0.54		20	1.6	56	13.8			
剖面17	半水成土	潮土	盐化潮土	壤质氯化物硫酸盐盐化潮土	轻壤质氯化物硫酸盐中盐化潮土	1	0—5	浅灰棕色	轻壤土	碎块状	7.7	6.2	0.43	0.57		19	1.8	102	9.8		E 115°11′26.9″ N 36°54′22.3″	77
						2	5—10	浅灰棕色	轻壤土	碎块状	8.0	5.0	0.42	0.58		21	3.0	98	8.6			
						3	10—20	浅灰棕色	轻壤土	碎块状	8.1	5.5	0.45	0.57		25	2.3	110	10.7			
						4	20—31	浅灰棕色	轻壤土	碎块状	8.1	5.2	0.41	0.63		22	1.1	98	9.9			
						5	31—70	浅灰棕色	轻壤土	碎块状	7.8	5.5	0.42	0.67		20	2.8	47	11.6			
						6	70—100	浅灰棕色	轻壤土	碎块状	8.1	6.0	0.48	0.68		26	3.2	189	12.3			
剖面18	半水成土	潮土	盐化潮土	壤质氯化物硫酸盐盐化潮土	砂壤质氯化物硫酸盐轻盐化潮土	1	0—5	浅灰棕色	砂壤土	碎块状	8.4	5.1	0.32	0.50		20	3.4	98	6.9		E 115°12′00.5″ N 36°53′35.8″	99
						2	5—10	浅灰棕色	砂壤土	碎块状	8.6	5.4	0.35	0.51		27	3.6	85	7.8			
						3	10—20	浅灰棕色	砂壤土	碎块状	8.5	2.6	0.25	0.47		18	4.3	49	7.1			
						4	20—27	暗灰棕色	砂壤土	碎块状	8.7	3.9	0.30	0.47		21	1.9	53	7.7			
						5	27—110	暗灰棕色	砂壤土	碎块状	8.4	1.4	0.09	0.43		3	1.1	37	5.4			

平 乡 县

主要土类说明

潮土是平乡县主要土壤类型，占本县地域面积的98%。本县潮土是在地下水直接作用下，在河流冲积物上形成的半水成土壤。全县绝大部分地区均有分布。本县的地貌分为三个类型：洪冲积扇、冲积平原和交界洼地。分布海拔为29.8—34.5m，地下水埋深3—5m，地下水直接参与成土过程。土壤颜色较暗，多呈灰棕色及红棕色，石灰反应强烈，心土、底土有锈色斑纹，土体层次明显。在西部洼地，底土发黑发蓝，因为土壤中的铁由氧化铁还原为氧化亚铁，潜育化特征明显。本县潮土分为褐潮土、潮土、盐化潮土等亚类。褐潮土分布于本县北部地下水位较深的缓岗、准缓岗地带。地下水埋深在3—7m，内外排水较好，地下水不能直接影响表层土壤。成土过程向褐土化方向发展。色泽较潮土发鲜发褐，伴有黏粒下移现象，有时出现假菌丝体。潮土亚类成土条件、过程及性状均同于潮土土类，只是地下水可影响地表土壤。盐化潮土分布于冲积平原洼地周围、河流两侧，地下水位较浅，且水质矿化度大的地带。

小于本县地域面积3%的土壤类型还有草甸盐土等。

本区域中心区气候特征

本区域中心区气候特征值
Regional climate characteristics in central area of the region

气候带：暖温带亚湿润气候 Climate region: Warm temperate subhumid climate	
年平均气温 /℃ Annual average temperature /℃	13.8
年平均最高气温 /℃ Annual average maximum temperature /℃	19.4
年平均最低气温 /℃ Annual average minimum temperature /℃	9.0
年降水量 /mm Annual precipitation /mm	560
≥10℃的积温 /℃ Daily temperature accumulated in a year (≥10℃) /℃	5015
年日照时数 /h Annual sunshine /h	2386
年平均相对湿度 /% Annual average relative humidity /%	63
干燥度 Dryness	1.50

本区域中心区月平均气温与月平均降水量
Monthly temperature and precipitation in central area of the region

平乡县主要土壤类型与土壤剖面点分布图
1:100 000

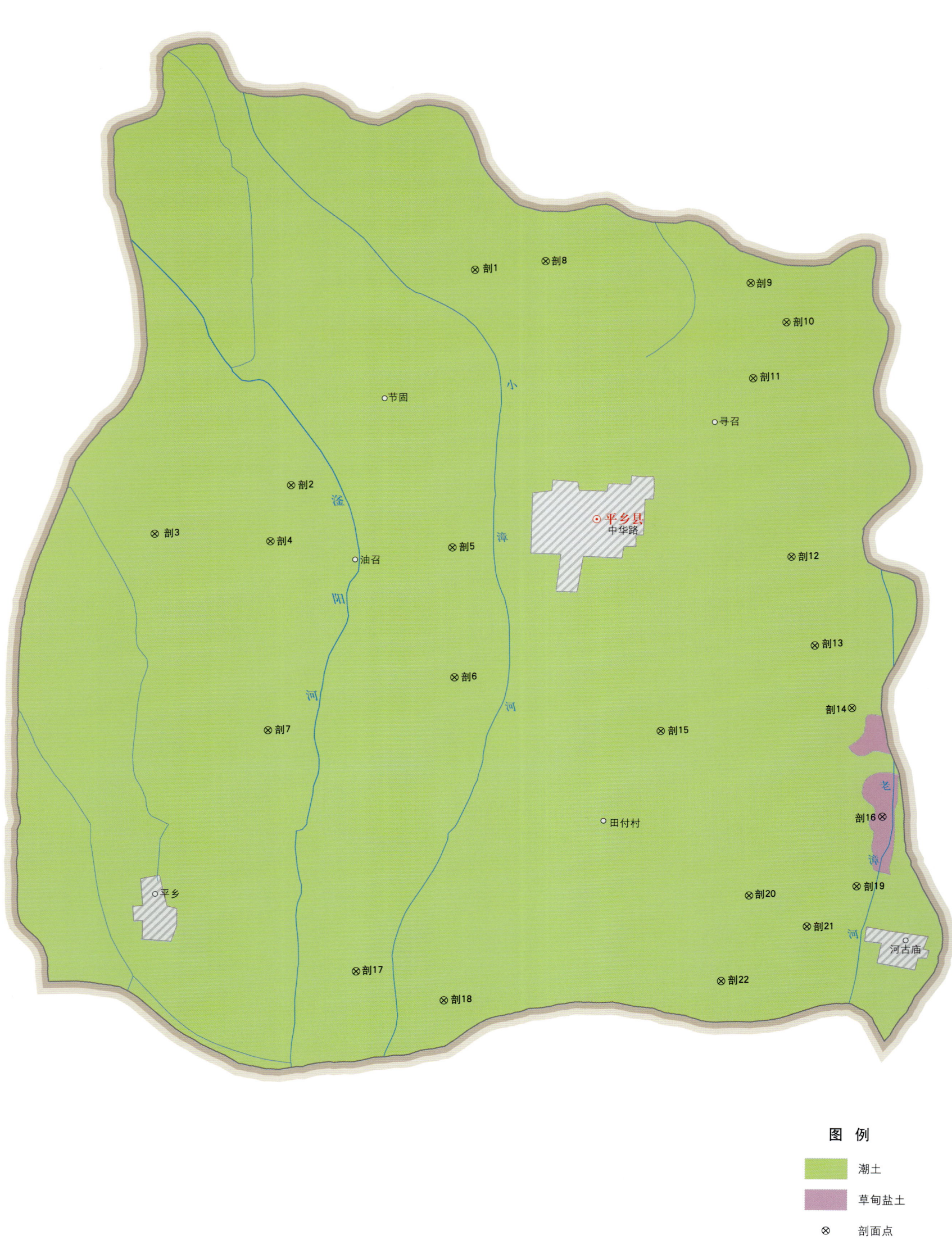

平乡县土壤剖面理化性状表

剖面号 Soil profile	土纲 Soil order	土类 Soil great group	亚类 Soil subgroup	土属 Soil genus	土种 Soil species	土层码 Layer code	土层厚度 Depth/cm	质地 Soil texture	pH	有机质 OM/(g/kg)	全氮 TN/(g/kg)	全磷 TP/(g/kg)	碱解氮 AN/(mg/kg)	有效磷 AP/(mg/kg)	速效钾 AK/(mg/kg)	阳离子交换量CEC/(cmol/kg)	剖面点坐标 Profile coordinate	匹配指数 Matching index/%
剖1	半水成土	潮土	盐化潮土	轻壤质盐化潮土	轻壤质氯化物硫酸盐中盐化潮土	1	0-5	轻壤土	7.5	5.8	0.43	0.53	20	3.6	90	9.3	E 114°59′33.0″ N 37°07′27.5″	90
						2	5-10	轻壤土	7.5	3.0	0.30	0.50	12	3.4	53	8.4		
						3	10-20	轻壤土	7.5	2.7	0.24	0.48	9	3.2	50	8.0		
						4	20-40	中壤土	7.3	6.3	0.48	0.58	26	2.9	127	14.0		
						5	40-120	轻壤土	7.6	1.4	0.13	0.46	5	1.6	37	7.3		
剖2	半水成土	潮土	潮土	壤质潮土	轻壤质底黏潮土	1	0-20	轻壤土	7.9	19.2	1.25	1.64	72	3.3	460	14.7	E 114°56′42.4″ N 37°04′35.4″	75
						2	20-72	中壤土	8.2	10.1	0.85	0.66	44	6.2	240	25.8		
						3	72-99	重壤土	8.1	10.1	0.74	1.27	39	5.3	327	17.9		
						4	99-130	黏土	8.1	8.6	0.69	0.56	28	4.2	190	25.6		
剖3	半水成土	潮土	潮土	黏质潮土	黏质底黏潮土	1	0-22	重壤土	8.2	8.8	0.77	0.58	49	3.7	253	25.5	E 114°54′33.5″ N 37°03′54.7″	84
						2	22-54	重壤土	8.1	8.3	0.71	0.52	37	1.6	227	32.8		
						3	54-95	中壤土	8.2	7.0	0.58	0.50	32	2.1	140	26.1		
						4	95-120	轻壤土	8.9	3.1	0.28	0.55	13	2.2	120	12.9		
剖4	半水成土	潮土	潮土	壤质潮土	轻壤质体黏潮土	1	0-20	轻壤土	8.3	9.4	0.78	0.67	47	4.8	177	10.4	E 114°56′24.0″ N 37°03′50.8″	91
						2	20-28	中壤土	8.5	7.2	0.64	0.62	40	4.7	143	18.7		
						3	28-81	重壤土	8.3	7.4	0.65	0.54	33	1.8	170	25.7		
						4	81-120	中壤土	8.4	6.7	0.60	0.56	28	1.4	120	19.3		
剖5	半水成土	潮土	潮土	壤质脱盐化潮土	轻壤质体黏潮土	1	0-29	轻壤土	8.4		0.60	0.51	42	2.2		9.8	E 114°59′17.5″ N 37°03′49.0″	99
						2	29-53	轻壤土	7.7	11.9	0.46	0.55	38	2.0		17.2		
						3	53-88	轻壤土	7.8		0.85	0.52	19	1.5		25.7		
						4	88-100	黏土	7.9		0.50	0.61	15	2.0		13.8		
剖6	半水成土	潮土	潮土	壤质脱盐化潮土	中壤质脱盐化潮土	1	0-20	中壤土	8.2	9.6	0.90	0.64	59	4.8	240	19.5	E 114°59′22.4″ N 37°02′06.9″	77
						2	20-63	重壤土	8.4	9.6	0.72	0.60	35	5.4	197	22.3		
						3	63-96	重壤土	8.5	3.1	0.25	0.51	14	1.7	120	10.6		
						4	96-110	重壤土	7.2	8.5	0.69	0.54	31	2.0	200	29.3		
剖7	半水成土	潮土	潮土	壤质脱盐化潮土	轻壤质潮土	1	0-27	轻壤土	8.9	7.6	0.59	0.68	40	6.3	70	3.9	E 114°56′26.1″ N 37°01′22.1″	72
						2	27-34	轻壤土	7.9	5.5	0.45	0.61	27	1.3	130	14.9		
						3	34-100	中壤土	8.0	5.0	0.47	0.62	23	微量	100	20.1		
						4	100-120	黏土	8.3	7.1	0.67	0.52	32	2.1	207	31.2		
剖8	半水成土	潮土	盐化潮土	轻壤质盐化潮土	轻壤质氯化物硫酸盐轻盐化黏潮土	1	0-5	轻壤土	7.8	7.5	0.61	0.79	31	4.3	147	11.2	E 115°00′40.0″ N 37°07′35.4″	83
						2	5-10	轻壤土	7.8	7.0	0.63	0.87	36	3.0	157	10.9		
						3	10-20	轻壤土	8.0	6.6	0.52	0.77	33	4.8	107	104.0		
						4	20-45	黏壤土	7.7	7.6	0.61	0.91	39	2.0	129	14.8		
						5	45-80	轻壤土	7.8	8.7	0.65	1.18	41	3.5	183	17.1		
						6	80-120	中壤土	7.9	4.5	0.33	0.89	12	1.1	123	8.8		
剖9	半水成土	潮土	褐潮土	轻壤质褐潮土	轻壤质腰黏褐潮土	1	0-21	轻壤土	7.3	7.7	0.60	0.67	42	4.1	147	12.3	E 115°03′56.1″ N 37°07′21.3″	82
						2	21-30	轻壤土	7.6	6.4	0.56	0.62	34	1.1	130	17.6		
						3	30-60	黏壤土	7.4	9.8	0.79	0.53	36	2.4	207	30.5		
						4	60-120	轻壤土	7.4	3.8	0.30	0.64	19	1.3	53	9.2		
剖10	半水成土	潮土	褐潮土	轻壤质褐潮土	轻壤质体黏褐潮土	1	0-27	轻壤土	8.3	8.6	0.63	0.79	40	1.9	197	11.2	E 115°04′31.1″ N 37°06′51.1″	87
						2	27-120	黏土	8.3	10.4	0.86	0.56	32	1.2	203	31.4		

续表 Continued

剖面号 Soil profile	土纲 Soil order	土类 Soil great group	亚类 Soil subgroup	土属 Soil genus	土种 Soil species	土层码 Layer code	土层厚度 Depth/cm	质地 Soil texture	pH	有机质 OM/(g/kg)	全氮 TN/(g/kg)	全磷 TP/(g/kg)	碱解氮 AN/(mg/kg)	有效磷 AP/(mg/kg)	速效钾 AK/(mg/kg)	阳离子交换量CEC/(cmol/kg)	剖面点坐标 Profile coordinate	匹配指数 Matching index/%
剖11	半水成土	潮土	褐潮土	轻壤质褐潮土	轻壤质底黏褐潮土	1	0–20	轻壤土	7.3	7.9	0.63	0.72	37	4.3	160	12.1	E 115° 04′ 00.5″ N 37° 06′ 06.5″	100
						2	20–47	轻壤土	7.3	5.2	0.48	0.72	30	1.6	120	13.7		
						3	47–58	中壤土	7.5	4.9	0.43	0.62	25	1.8	165	16.6		
						4	58–120	黏土	8.1	9.3	0.80	0.60	42	1.6	270	31.3		
剖12	半水成土	潮土	褐潮土	轻壤质褐潮土	轻壤质褐潮土	1	0–24	轻壤土	8.2	6.5	0.56	0.69	36	3.3	133	10.5	E 115° 04′ 40.9″ N 37° 03′ 47.1″	96
						2	24–55	轻壤土	8.4	4.6	0.45	0.62	38	2.3	100	13.8		
						3	55–110	中壤土	8.3	3.1	0.24	0.53	13	1.6	63	9.0		
剖13	半水成土	潮土	潮土	壤质潮土	轻壤质腰黏褐潮土	1	0–19	轻壤土	8.1	6.1	0.75	0.68	44	12.0	187	15.2	E 115° 05′ 05.1″ N 37° 02′ 37.8″	83
						2	19–29	中壤土	8.1	6.1	0.59	0.64	35	8.2	147	15.8		
						3	29–65	重壤土	8.1	7.0	0.56	0.62	30	3.0	157	20.0		
						4	65–94	轻壤土	8.1	5.1	0.41	0.62	20	0.9	97	14.2		
						5	94–120	黏土	7.8	6.8	0.64	0.59	28	2.6	187	21.4		
剖14	半水成土	潮土	盐化潮土	壤质脱盐化潮土	轻壤质硫酸盐氯化物中盐化潮土	1	0–5	轻壤土	7.8	6.3	0.49	0.73	34	10.0	157	9.6	E 115° 05′ 41.7″ N 37° 01′ 49.7″	70
						2	5–10	轻壤土	7.7	5.9	0.41	0.73	22	2.0	73	10.1		
						3	10–20	轻壤土	7.7	6.8	0.46	0.74	26	2.8	87	9.8		
						4	20–53	中壤土	7.7	6.4	0.44	0.74	24	0.9	53	10.2		
						5	53–125	轻壤土	7.7	7.9	0.20	0.67	11	0.7	98	5.6		
剖15	半水成土	潮土	潮土	壤质潮土	轻壤质底黏脱盐化潮土	1	0–39	轻壤土	8.0	8.1	0.65	0.67	43	6.8		14.3	E 115° 02′ 40.1″ N 37° 01′ 28.3″	89
						2	39–53	中壤土	8.2	7.3	0.60	0.66	36	1.4		15.0		
						3	53–88	重壤土	8.1	9.2	0.73	0.52	32	0.7		29.3		
						4	88–100	轻壤土	7.9	7.4	0.63	0.64	40	1.4	147	13.2		
剖16	盐碱土	草甸盐土	内陆盐土	硫氯盐土	轻壤质盐土	1	0–5	轻壤土	8.0	8.7	0.48	0.69	30	1.9	160	10.9	E 115° 06′ 13.3″ N 37° 00′ 24.5″	96
						2	5–10	轻壤土	7.3	9.9	0.56	0.71	40	4.1	63	10.0		
						3	10–20	轻壤土	7.8	6.9	0.44	0.68	21	3.0	120	10.7		
						4	20–46	轻壤土	7.9	5.7	0.40	0.63	21	2.0	77	11.0		
						5	46–100	砂壤土	7.7	4.9	0.34	0.60	15	3.6		9.7		
剖17	半水成土	潮土	潮土	壤质潮土	中壤质底黏潮土	1	0–23	中壤土	7.8	12.0	1.00	0.95	53	12.5	267	18.3	E 114° 57′ 55.8″ N 36° 58′ 13.1″	75
						2	23–36	中壤土	8.0	6.8	0.61	0.59	30	6.6	133	16.7		
						3	36–71	轻壤土	8.1	2.7	0.24	0.53	12	4.7	57	10.3		
						4	71–97	黏土	8.0	6.7	0.56	0.50	23	4.7	17	25.7		
						5	97–130	中壤土	8.1	6.8	0.56	0.64	23	3.1	187	13.2		
剖18	半水成土	潮土	盐化潮土	轻壤质潮土	轻壤质氯化物硫酸盐重盐化潮土	1	0–5	轻壤土	8.3	4.7	0.37	0.61	14	4.1	97	9.3	E 114° 59′ 20.0″ N 36° 57′ 52.2″	72
						2	5–10	轻壤土	8.3	5.4	0.39	0.61	19	4.5	93	9.6		
						3	10–25	轻壤土	8.3	5.4	0.41	0.62	17	3.8	117	9.8		
						4	25–41	轻壤土	8.4	5.0	0.38	0.55	16	1.5	107	15.0		
						5	41–80	中壤土	8.6	3.3	0.27	0.52	10	1.0	67	12.0		
						6	80–120	轻壤土	8.5	1.3	0.14	0.63	6	1.3	30	5.1		
剖19	半水成土	潮土	盐化潮土	轻壤质盐化潮土	轻壤质氯化物硫酸盐轻盐化潮土	1	0–5	轻壤土	7.8	4.7	0.41	0.52	22	8.4	97	12.8	E 115° 05′ 50.0″ N 36° 59′ 29.2″	96
						2	5–10	轻壤土	7.8	4.4	0.39	0.49	21	9.7	83	11.5		
						3	10–27	轻壤土	8.0	3.7	0.30	0.48	15	6.7	57	10.6		
						4	27–110	中壤土	7.9	8.4	0.67	0.59	26	3.2	207	28.0		
						5	110–130	轻壤土	7.4	4.4	0.37	0.55	19	1.8	73	11.1		

续表 Continued

剖面号 Soil profile	土纲 Soil order	土类 Soil great group	亚类 Soil subgroup	土属 Soil genus	土种 Soil species	土层码 Layer code	土层厚度 Depth/cm	质地 Soil texture	pH	有机质 OM/(g/kg)	全氮 TN/(g/kg)	全磷 TP/(g/kg)	碱解氮 AN/(mg/kg)	有效磷 AP/(mg/kg)	速效钾 AK/(mg/kg)	阳离子交换量CEC/(cmol/kg)	剖面点坐标 Profile coordinate	匹配指数 Matching index/%
剖20	半水成土	潮土	盐化潮土	轻壤质盐化潮土	轻壤质氯化物硫酸盐轻盐底化黏潮土	1	0—5	轻壤土	7.7		0.69	0.80	44	4.8	201	12.0	E 115°04′08.0″ N 36°59′20.0″	79
						2	5—10	轻壤土	7.7	9.5	0.70	0.82	43	14.1	217	11.9		
						3	10—20	轻壤土	8.1	9.1	0.65	0.84	43	9.1	197	11.9		
						4	20—51	中壤土	8.1	6.4	0.49	0.66	31	6.5	103	16.1		
						5	51—66	轻壤土	8.0	8.5	0.70	0.59	35	3.7	163	21.7		
						6	66—84	中壤土	8.1	6.4	0.47	0.66	27	3.6		16.2		
						7	84—120	黏壤土	8.1	8.2	0.63	0.63	32	2.3		24.5		
剖21	半水成土	潮土	潮土	壤质脱盐化潮土	轻壤质腰黏脱盐化潮土	1	0—28	轻壤土	8.2	9.1	0.63	0.74	5	1.2	2	9.8	E 115°05′03.9″ N 36°58′56.8″	78
						2	28—55	中壤土	8.0	7.3	0.59	0.64	21	0.8	1	15.6		
						3	55—93	重壤土	7.8	9.2	0.69	0.59	26	1.5	1	19.6		
						4	93—120	轻壤土	7.7	7.1	0.39	0.54	25	0.5	1	15.0		
剖22	半水成土	潮土	潮土	壤质脱盐化潮土	轻壤质体黏脱盐化潮土	1	0—24	轻壤土	8.2	10.1	0.79	0.66	33	1.8		15.0	E 115°03′43.6″ N 36°58′12.2″	93
						2	24—39	重壤土	8.0	9.3	0.90	0.58	29	0.8		23.9		
						3	39—106	黏土	7.8	9.5	0.63	0.47	26	2.2		28.2		

威 县

主要土类说明

潮土是威县主要土壤类型，占本县地域面积的 97%。本土类多见于近代河流冲积平原或低平阶地，地下水位浅，潜水参与成土过程，底土氧化还原作用交替进行，形成锈色斑纹和小型铁子。因长期耕作，潮土表层有机质含量为 10—15g/kg。剖面构型为 A_{11}-A_{12}-Cu 或 A_{11}-C-Cu。

小于本县地域面积 3% 的土壤类型还有风沙土等。

本区域中心区气候特征

本区域中心区气候特征值
Regional climate characteristics in central area of the region

气候带：暖温带亚湿润气候 Climate region: Warm temperate subhumid climate	
年平均气温 /℃ Annual average temperature /℃	14.0
年平均最高气温 /℃ Annual average maximum temperature /℃	19.5
年平均最低气温 /℃ Annual average minimum temperature /℃	9.4
年降水量 /mm Annual precipitation /mm	587
≥10℃的积温 /℃ Daily temperature accumulated in a year (≥10℃) /℃	5085
年日照时数 /h Annual sunshine /h	2430
年平均相对湿度 /% Annual average relative humidity /%	62
干燥度 Dryness	1.45

本区域中心区月平均气温与月平均降水量
Monthly temperature and precipitation in central area of the region

威县主要土壤类型与土壤剖面点分布图
1∶160 000

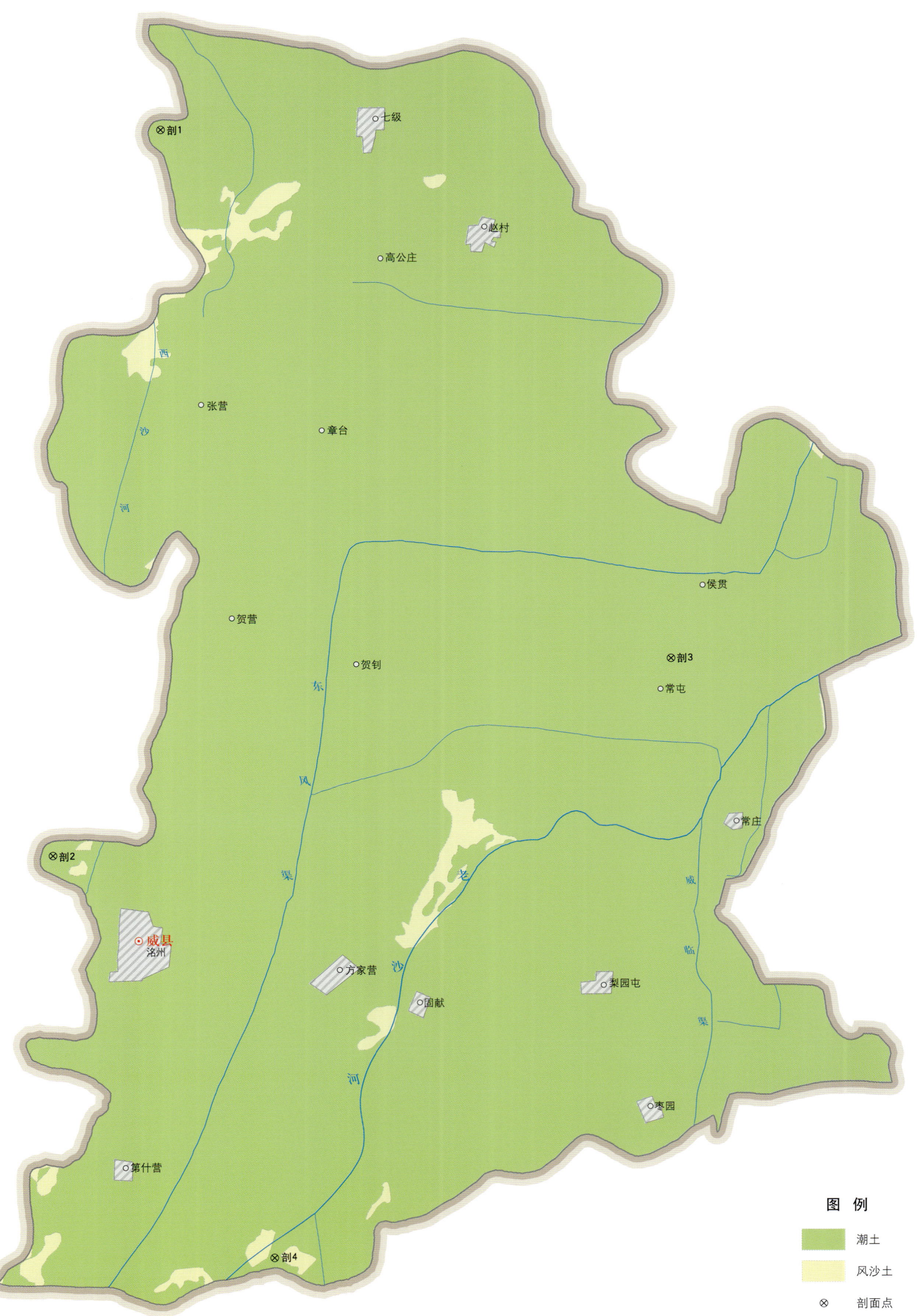

图 例
- 潮土
- 风沙土
- ⊗ 剖面点

威县土壤剖面理化性状表

剖面号 Soil profile	土纲 Soil order	土类 Soil great group	亚类 Soil subgroup	土属 Soil genus	土种 Soil species	土层码 Layer code	土层厚度 Depth/cm	颜色 Soil color	质地 Soil texture	土壤结构 Soil structure	pH	有机质 OM/(g/kg)	全氮 TN/(g/kg)	全磷 TP/(g/kg)	全钾 TK/(g/kg)	有效磷 AP/(mg/kg)	速效钾 AK/(mg/kg)	阳离子交换量 CEC/(cmol/kg)	土壤母质 Parent material	剖面点坐标 Profile coordinate	匹配指数 Matching index/%
剖1	半水成土	潮土	褐潮土	轻壤质褐潮土		1	0–23	灰棕色	轻壤土	碎块状	8.3	7.3	0.50	1.29	29.0	3.0	130	7.4		E 115°15′46.1″ N 37°15′44.1″	75
						2	23–38	暗棕色	轻壤土	块状	8.2	6.2	0.29	1.70	27.4	2.0	120	10.7			
						3	38–74	暗棕色	黏土	棱状	8.1	7.9	0.57	1.30	28.6	3.0	148	13.8			
						4	74–100	暗棕色	中壤土	棱状	8.3	4.0	0.28	1.22	20.0	2.0	89	7.3			
剖2	半水成土	潮土	褐潮土	砂质褐潮土		1	0–16	灰棕色	砂壤土	屑粒状	7.8	2.9	0.25	0.90	28.9	1.0	288			E 115°13′26.8″ N 37°00′51.5″	73
						2	16–32	灰棕色	砂壤土	屑粒状	7.8	3.7	0.20	0.90	24.3	1.0	172				
						3	32–100	灰棕色	砂壤土	屑粒状	7.8	3.1	0.29	1.01	25.0	1.0	7				
剖3	半水成土	潮土	潮土	冲积轻壤质潮土		1	0–20	浅灰棕色	砂壤土	屑粒状	8.0	5.3	0.36	0.10	27.0	2.0	78	7.0		E 115°28′41.9″ N 37°05′06.7″	78
						2	20–37	黄棕色	砂壤土	块状	8.0	4.0	0.30	0.99	30.1	1.0	63	7.7			
						3	37–53	黄棕色	黏土	块状	7.9	7.6	0.56	1.03	22.0	2.0	123	20.1			
						4	53–100	黄棕色	砂壤土	块状	8.0	3.1	0.26	1.18	20.3	1.0	60	8.5			
剖4	半水成土	潮土	褐潮土	砂质褐潮土	蒙金细砂褐潮土	1	0–16	浅棕色	砂壤土	屑粒状	8.1	7.3	0.69	1.21	24.1	2.0	129	7.0	河流冲积物	E 115°19′06.0″ N 36°52′45.1″	70
						2	16–28	灰棕色	砂壤土	屑粒状	8.1	5.5	0.39	1.14	23.8	2.0	86	9.4			
						3	28–65	灰棕色	砂壤土	屑粒状	8.0	5.8	0.38	1.15	21.0	2.0	88	10.1			
						4	65–100	灰棕色	壤质黏土	块状	8.0	6.8	0.49	1.06	21.1	2.0	120	16.5			

清 河 县

主要土类说明

潮土是清河县主要土壤类型，占本县地域面积的93%。本土类多见于近代河流冲积平原或低平阶地，地下水位浅，潜水参与成土过程，底土氧化还原作用交替进行，形成锈色斑纹和小型铁子。因长期耕作，潮土表层有机质含量为10—15g/kg。剖面构型为 A_{11}-A_{12}-Cu 或 A_{11}-C-Cu。由于地形地貌、地下水等多方面的影响而表现出不同的发育阶段，本县潮土分为盐化潮土、褐潮土和潮土等亚类。在潮土成土过程中，褐潮土是在部分缓岗地带，由于地下水位下降出现黏化钙质淀积层次，而向褐土过渡的土壤。盐化潮土是在小二坡地带，由于地下水位上升，水质恶化，出现积盐现象，向盐土方向发展的潮土。没特殊变异的土壤定为潮土亚类。

风沙土是清河县第二大土壤类型，占本县地域面积的4%。在清凉江南岸分布有成片沙地或沙丘，属风沙土类。本土类是风沙移动堆积形成的多种形态的风沙沉积物，由于成土时间短暂，无剖面发育，属C型、（A）-C型或A-C型土，反映了风沙流动堆积与固定的不同阶段。本县风沙土只有一个风沙土亚类。

本区域中心区气候特征

本区域中心区气候特征值
Regional climate characteristics in central area of the region

气候带：暖温带亚湿润气候 Climate region: Warm temperate subhumid climate	
年平均气温 /℃ Annual average temperature /℃	14.1
年平均最高气温 /℃ Annual average maximum temperature /℃	19.5
年平均最低气温 /℃ Annual average minimum temperature /℃	9.5
年降水量 /mm Annual precipitation /mm	596
≥10℃的积温 /℃ Daily temperature accumulated in a year (≥10℃) /℃	5076
年日照时数 /h Annual sunshine /h	2452
年平均相对湿度 /% Annual average relative humidity /%	62
干燥度 Dryness	1.44

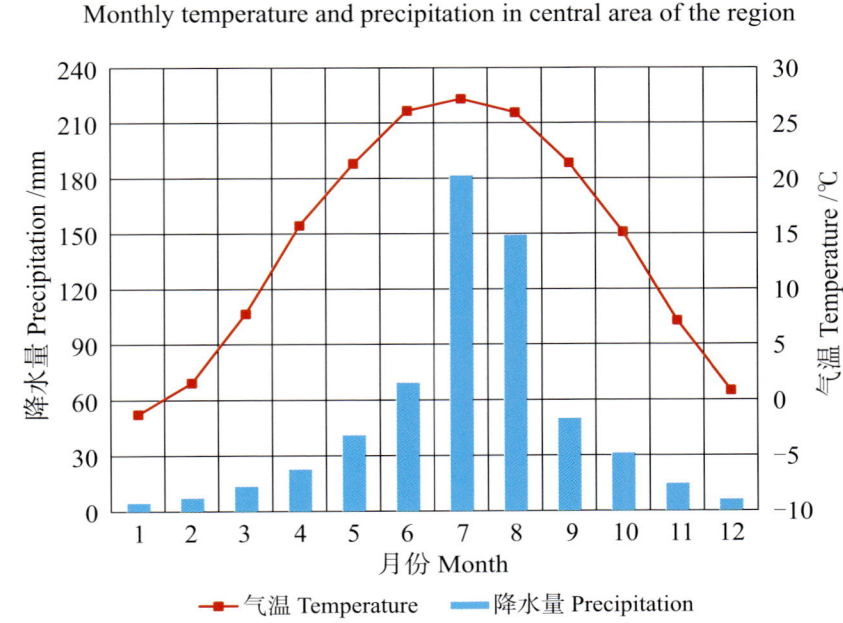

本区域中心区月平均气温与月平均降水量
Monthly temperature and precipitation in central area of the region

清河县主要土壤类型与土壤剖面点分布图
1∶130 000

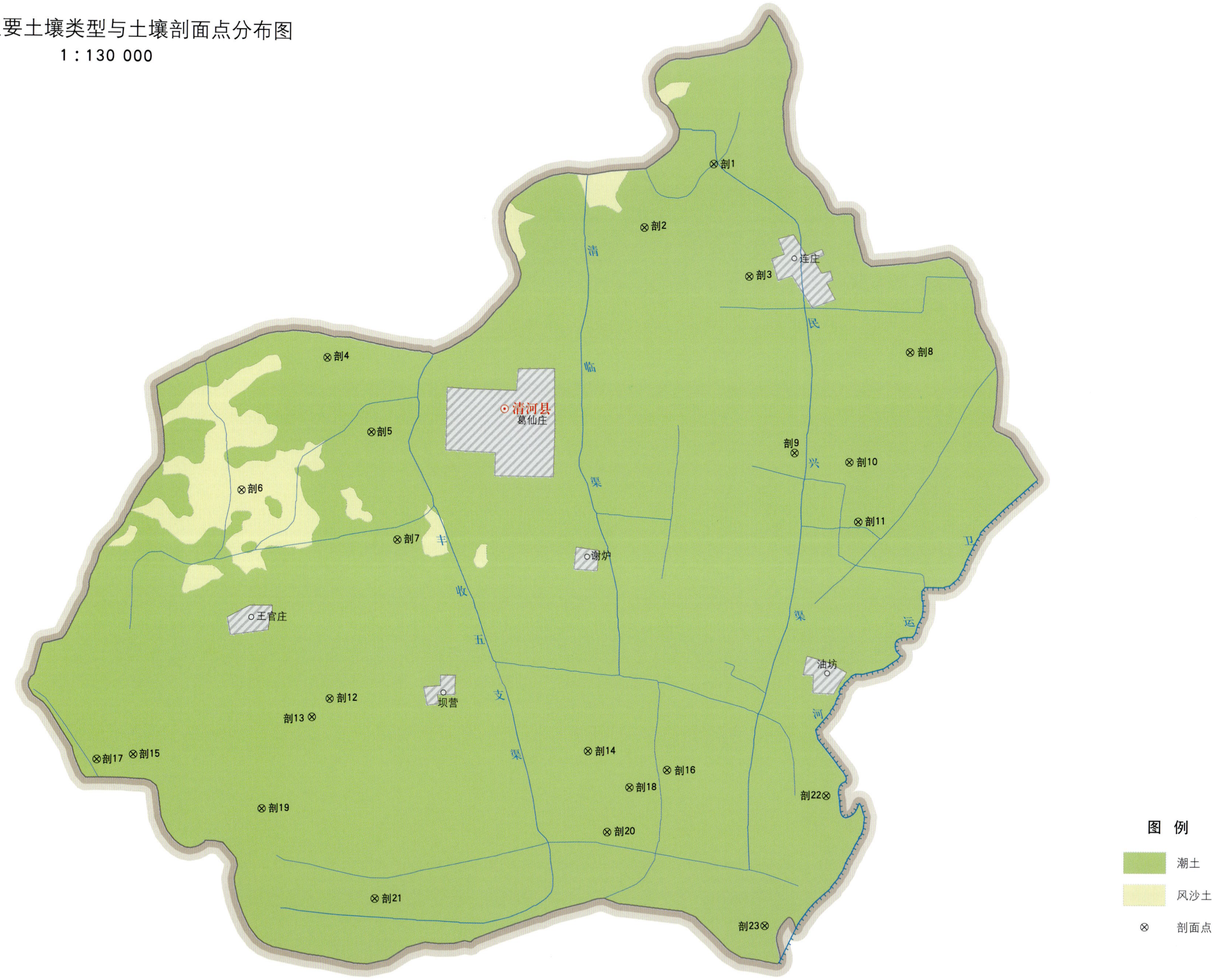

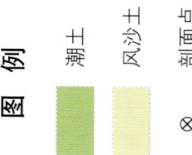

清河县土壤剖面理化性状表

剖面号 Soil profile	土纲 Soil order	土类 Soil great group	亚类 Soil subgroup	土属 Soil genus	土种 Soil species	土层码 Layer code	土层厚度 Depth/cm	颜色 Soil color	质地 Soil texture	土壤结构 Soil structure	pH	有机质 OM/(g/kg)	全氮 TN/(g/kg)	碱解氮 AN/(mg/kg)	有效磷 AP/(mg/kg)	速效钾 AK/(mg/kg)	剖面点坐标 Profile coordinate	匹配指数 Matching index/%
剖1	半水成土	潮土	褐潮土	砂壤质褐潮土	砂壤质褐潮土	1	0—25	浅棕色	砂壤土	块状	8.0						E 115°43′53.4″ N 37°08′38.0″	77
						2	25—65	浅棕色	轻壤土	块状	8.0							
						3	65—120	红棕色	中壤土	块状	9.0							
						4	120—150	黄棕色	砂壤土	块状	7.5							
剖2	半水成土	潮土	褐潮土	砂壤质褐潮土	砂壤质浅位薄层夹黏褐潮土	1	0—20	灰棕色	砂壤土	屑粒状	8.0						E 115°42′28.8″ N 37°07′34.7″	71
						2	20—80	红棕色	黏土	块状	8.0							
						3	80—150	黄棕色	砂土	块状	8.5							
剖3	半水成土	潮土	潮土	轻壤质潮土	轻壤质中位厚层夹黏潮土	1	0—20		轻壤土		8.0	4.7	0.55	66	7.2	50	E 115°44′41.0″ N 37°06′49.2″	82
						2	20—25		轻壤土		8.0	4.5	0.38	64	6.4	41		
						3	25—48		轻壤土		8.0	4.9	0.44	53	6.0	35		
						4	48—81		中壤土		9.0	7.7	0.64	80		37		
						5	81—106		砂壤土		8.5	3.5	0.38					
剖4	半水成土	潮土	盐化潮土	砂壤质盐化潮土	砂壤质轻盐化潮土	1	0—20	灰棕色	轻壤土	屑粒状	8.0						E 115°35′55.3″ N 37°05′20.1″	79
						2	20—60	暗棕色	轻壤土	片状	8.0							
						3	60—130	暗棕色	中壤土	块状	8.0							
剖5	半水成土	潮土	盐化潮土	砂壤质盐化潮土	砂壤质重盐化潮土	1	0—50	暗棕色	砂壤土	片状	9.0						E 115°36′52.9″ N 37°04′08.8″	87
						2	50—113	暗灰色	砂壤土	粒状	8.5							
						3	113—130	暗灰色	砂壤土	粒状	9.0							
						4	130—150	暗灰色	砂土	粒状	8.5							
剖6	初育土	风沙土	风沙土	风沙土	风沙土	1	0—20	浅棕色		粒状	7.5	3.1	0.15		10.4	48	E 115°34′10.8″ N 37°03′09.1″	99
						2	20—	浅棕色		块状	7.5	3.1	0.16		5.6	44		
剖7	半水成土	潮土	潮土	砂质潮土	砂质潮土	1	0—17		砂壤土	块状		3.9	0.41	24	6.4	46	E 115°37′28.6″ N 37°02′24.7″	79
						2	17—57		砂壤土	块状		5.4	0.41	14		35		
						3	57—90		砂壤土	粒状		2.0	0.36		8.0	30		
剖8	半水成土	潮土	潮土	中壤质潮土	中壤质深位厚层夹黏潮土	1	0—20	浅灰棕色	中壤土	块状	8.0						E 115°48′04.0″ N 37°05′38.8″	95
						2	20—25	浅灰棕色	轻壤土	块状	7.5							
						3	25—56	浅灰棕色	轻壤土	块状	7.5							
						4	56—80	浅灰棕色	轻壤土	块状	7.5							
						5	80—94	棕色	胶泥土	粒状	8.0							
						6	94—141	浅棕色	轻壤土	块状	7.5							
						7	141—150	灰棕色	黏土	粒状	7.5							
剖9	半水成土	潮土	潮土	轻壤质潮土	轻壤质浅位厚层夹黏潮土	1	0—25	浅灰棕色	黏土	块状	8.0						E 115°45′42.5″ N 37°03′58.3″	73
						2	25—90	黄棕色	砂土	块状	7.0							
						3	90—150	灰棕色	中壤土	粒状	8.0							
剖10	半水成土	潮土	潮土	中壤质潮土	中壤质浅位厚层夹黏潮土	1	0—37	暗棕色	中壤土	屑粒状	7.5						E 115°46′51.2″ N 37°03′50.4″	77
						2	37—54	棕色	胶泥土	块状								
						3	54—88	黄棕色	轻壤土	块状								
						4	88—128	黄棕色	轻壤土	粒状								
						5	128—150	浅灰棕色	中壤土	碎块状	7.5							
剖11	半水成土	潮土	潮土	中壤质潮土	中壤质潮土	1	0—22	浅灰棕色	轻壤土	碎块状							E 115°47′03.7″ N 37°02′52.6″	90
						2	22—47	暗棕色	中壤土	块状								
						3	47—77											
						4	77—150	黄棕色	砂土	块状								

续表 Continued

剖面号 Soil profile	土纲 Soil order	土类 Soil great group	亚类 Soil subgroup	土属 Soil genus	土种 Soil species	土层码 Layer code	土层厚度 Depth/cm	颜色 Soil color	质地 Soil texture	土壤结构 Soil structure	pH	有机质 OM/(g/kg)	全氮 TN/(g/kg)	碱解氮 AN/(mg/kg)	有效磷 AP/(mg/kg)	速效钾 AK/(mg/kg)	剖面点坐标 Profile coordinate	匹配指数 Matching index/%
剖12	半水成土	潮土	盐化潮土	砂壤质盐化潮土	砂壤质中盐化潮土	1	0—20	灰棕色	轻壤土	块状							E 115°36′08.6″ N 36°59′48.1″	78
						2	20—120	灰棕色	轻壤土	块状								
						3	120—150	黄棕色	砂壤土	块状								
剖13	半水成土	潮土	盐化潮土	砂壤质盐化潮土	砂壤质浅位薄层夹黏轻盐化潮土	1	0—20		砂壤土			3.7	0.38	29	20.0	35	E 115°35′46.3″ N 36°59′29.8″	78
						2	20—25		砂壤土			3.2	0.43	24	10.8	49		
						3	25—38		黏壤土			5.8	0.31	41	10.8	35		
						4	38—78		砂壤土			3.6	0.40	33	7.3	32		
						5	78—126		砂壤土			1.8	0.24	17		32		
剖14	半水成土	潮土	盐化潮土	轻壤质盐化潮土	轻壤质轻盐化潮土	1	0—30	暗棕色	轻壤土	碎块状	8.5						E 115°41′32.6″ N 36°59′03.1″	74
						2	30—64	灰棕色	砂壤土	碎块状	8.7							
						3	64—75	浅棕色	砂壤土	粒状	8.0							
						4	75—124	灰棕色	砂壤土	块状	8.5							
						5	124—150	浅棕色	砂土	粒状	8.5							
剖15	半水成土	潮土	盐化潮土	轻壤质盐化潮土	轻壤质深位中层夹黏轻盐化潮土	1	0—20		壤土	粒状	8.0	4.6	0.44	47	11.6	54	E 115°32′05.2″ N 36°58′48.6″	85
						2	20—25		壤土	粒状	8.0	4.6	0.41	30	10.8	46		
						3	25—45		黏壤土	块状	8.0	5.0	0.82	33	4.4	53		
						4	45—76		砂壤土	核块状	8.0	4.8	0.38	28	4.8	38		
						5	76—120		黏土	块状	8.0	7.9	0.65	37	5.8	63		
剖16	半水成土	潮土	盐化潮土	中壤质盐化潮土	中壤质浅位黏轻盐化潮土	1	0—20		胶泥土	块状	8.5	8.3	0.57	36		10	E 115°43′11.7″ N 36°58′46.6″	75
						2	20—48		砂土	碎块状	8.0	4.8	0.44	22	6.0	42		
						3	48—82		中壤土			7.1	0.41	18		33		
剖17	半水成土	潮土	褐土化	中壤质褐潮土	中壤质褐潮土	1	0—20	棕色	中壤土	粒状	8.0	0.5	0.66	44	24.0	8	E 115°31′20.1″ N 36°58′42.8″	91
						2	20—30	棕色	中壤土	块状	8.0	6.9	0.61	47	6.2	15		
						3	30—50	浅灰棕色	中壤土	块状	8.0	4.6	0.47	34		101		
						4	50—90	灰棕色	黏土	核块状	8.0		0.48	44				
						5	90—150	浅灰棕色	胶泥土	块状	8.5							
剖18	半水成土	潮土	盐化潮土	轻壤质盐化潮土	轻壤质重盐化潮土	1	0—96	黄棕色	砂土	碎块状	8.0						E 115°42′25.6″ N 36°58′28.9″	75
						2	96—150	浅灰棕色	中壤土	块状	8.5	7.7	0.19	26	1.8	38		
剖19	半水成土	潮土	盐化潮土	轻壤质盐化潮土	轻壤质盐化潮土	1	0—25	灰棕色	轻壤土	块状	8.5	7.4	0.55	44	16.8	54	E 115°34′46.4″ N 36°57′59.3″	86
						2	25—33	灰棕色	中壤土	块状	8.0	3.8	0.28	29	3.6	46		
						3	33—100	黄棕色	重壤土	块状	7.8							
剖20	半水成土	潮土	盐化潮土	轻壤质盐化潮土	轻壤质中盐化潮土	1	0—17	浅灰棕色	黏壤土	块状	8.0						E 115°41′59.2″ N 36°57′44.7″	74
						2	17—23	灰棕色	中壤土	块状	8.5							
						3	23—37	灰棕色	重壤土	块状	8.5							
						4	37—70	浅灰棕色	黏壤土	块状	8.0							
						5	70—93	浅灰棕色	砂壤土	块状	7.5							
						6	93—104	浅灰棕色	轻壤土	块状	7.5							
						7	104—150											

续表 Continued

剖面号 Soil profile	土纲 Soil order	土类 Soil great group	亚类 Soil subgroup	土属 Soil genus	土种 Soil species	土层码 Layer code	土层厚度 Depth/cm	颜色 Soil color	质地 Soil texture	土壤结构 Soil structure	pH	有机质 OM/(g/kg)	全氮 TN/(g/kg)	碱解氮 AN/(mg/kg)	有效磷 AP/(mg/kg)	速效钾 AK/(mg/kg)	剖面点坐标 Profile coordinate	匹配指数 Matching index/%
剖21	半水成土	潮土	潮土	中壤质潮土	中壤质中位薄层夹黏潮土	1	0–16	浅灰棕色	中壤土	块状	7.5						E 115°37′11.4″ N 36°56′34.4″	75
						2	16–23	浅灰棕色	中壤土	块状	8.0							
						3	23–45	浅灰棕色	轻壤土	块状	7.5							
						4	45–50	灰灰棕色	中壤土	块状								
						5	50–96	浅灰棕色	中壤土	块状	8.0							
						6	96–119	棕色	胶泥土	块状	7.5							
						7	119–150	深灰棕色	中壤土	块状								
剖22	半水成土	潮土	潮土	砂壤质潮土	砂壤质浅位厚层夹砂潮土	1	0–20		砂壤土			5.4	0.39	31	9.6	35	E 115°46′49.6″ N 36°58′19.1″	94
						2	20–150		砂土			2.1	0.10	26	9.6	48		
剖23	半水成土	潮土	潮土	砂壤质潮土	砂壤质浅位薄层夹黏潮土	1	0–20		砂壤土			6.0	0.32	48	3.6	38	E 115°45′27.2″ N 36°56′10.4″	80
						2	20–45		黏壤土			5.5	0.41	49	4.0	27		
						3	45–55		砂壤土			2.5	0.14	10	2.8	47		
						4	55–85		砂壤土			3.7	0.19	21	4.4			
						5	85–150		砂土			1.4	0.02	8	1.7			

临 西 县

主要土类说明

潮土是临西县主要土壤类型，占本县地域面积的 99%。潮土是在半干旱气候条件下，在黄河冲积物母质上，由于地下水的直接参与，以及多年耕种影响下形成的土壤类型。该土具有以下特点：耕作层疏松，通透性良好，氧化条件好，熟化程度高，颜色为浅黄棕色至灰棕色。有机质含量为 3—8g/kg。多有明显的犁底层，紧实板结，通透性差。心土以下，冲积层次明显，多数有锈色斑纹，轻壤土居多，黏土其次，砂土最少。由于地形和水分状况的差异，本县潮土在以潮土成土过程为主的同时，还进行着褐化、盐化为辅的过程，分为潮土、褐潮土、盐化潮土等亚类。潮土亚类成土条件及性状具备潮土类所描述的典型特征。褐潮土亚类分布于冲积平原较高部位，地下水埋深约为 5m，内外排水较好，淋溶淀积作用较强，地下水基本上不能作用于土体，成土过程向褐土方向发展。褐潮土的基本特点是：有钙质淀积现象，有黏质黏化迹象，多处于心土层（20—50cm）或更深；呈棕褐色，比原来的潮土颜色发鲜发褐。盐化潮土分布于潮土中地下水位较浅，旱季埋深只有 1.5—2.5m 的地带，含盐的地下水沿土壤毛管上升到地面，盐分积累于表土。一般耕层含盐量为 0.08%—1.40%，作物遭盐害而缺苗。

本区域中心区气候特征

本区域中心区气候特征值
Regional climate characteristics in central area of the region

气候带：暖温带亚湿润气候 Climate region: Warm temperate subhumid climate	
年平均气温 /℃ Annual average temperature /℃	14.1
年平均最高气温 /℃ Annual average maximum temperature /℃	19.5
年平均最低气温 /℃ Annual average minimum temperature /℃	9.5
年降水量 /mm Annual precipitation /mm	599
≥10℃的积温 /℃ Daily temperature accumulated in a year（≥10℃）/℃	5123
年日照时数 /h Annual sunshine /h	2438
年平均相对湿度 /% Annual average relative humidity /%	62
干燥度 Dryness	1.43

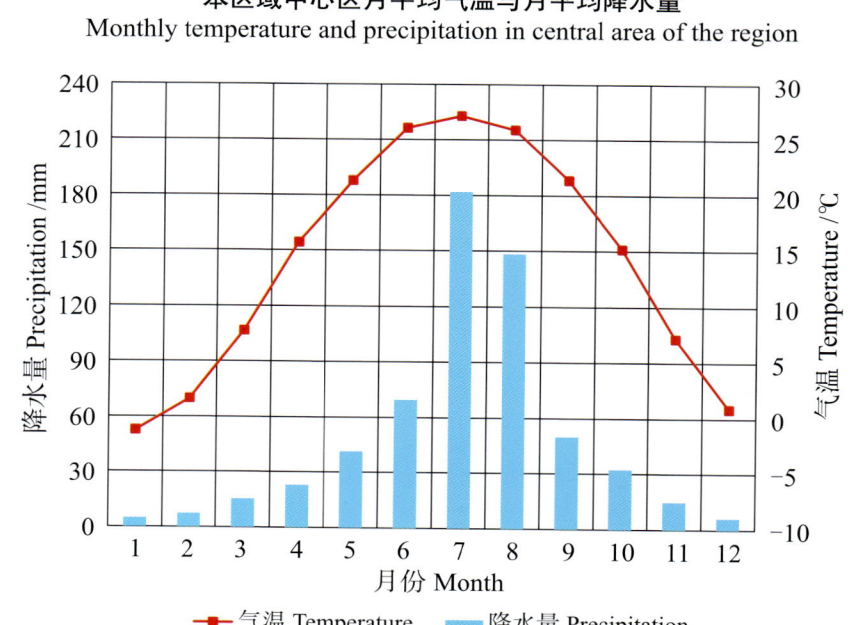

本区域中心区月平均气温与月平均降水量
Monthly temperature and precipitation in central area of the region

临西县主要土壤类型与土壤剖面点分布图

1:140 000

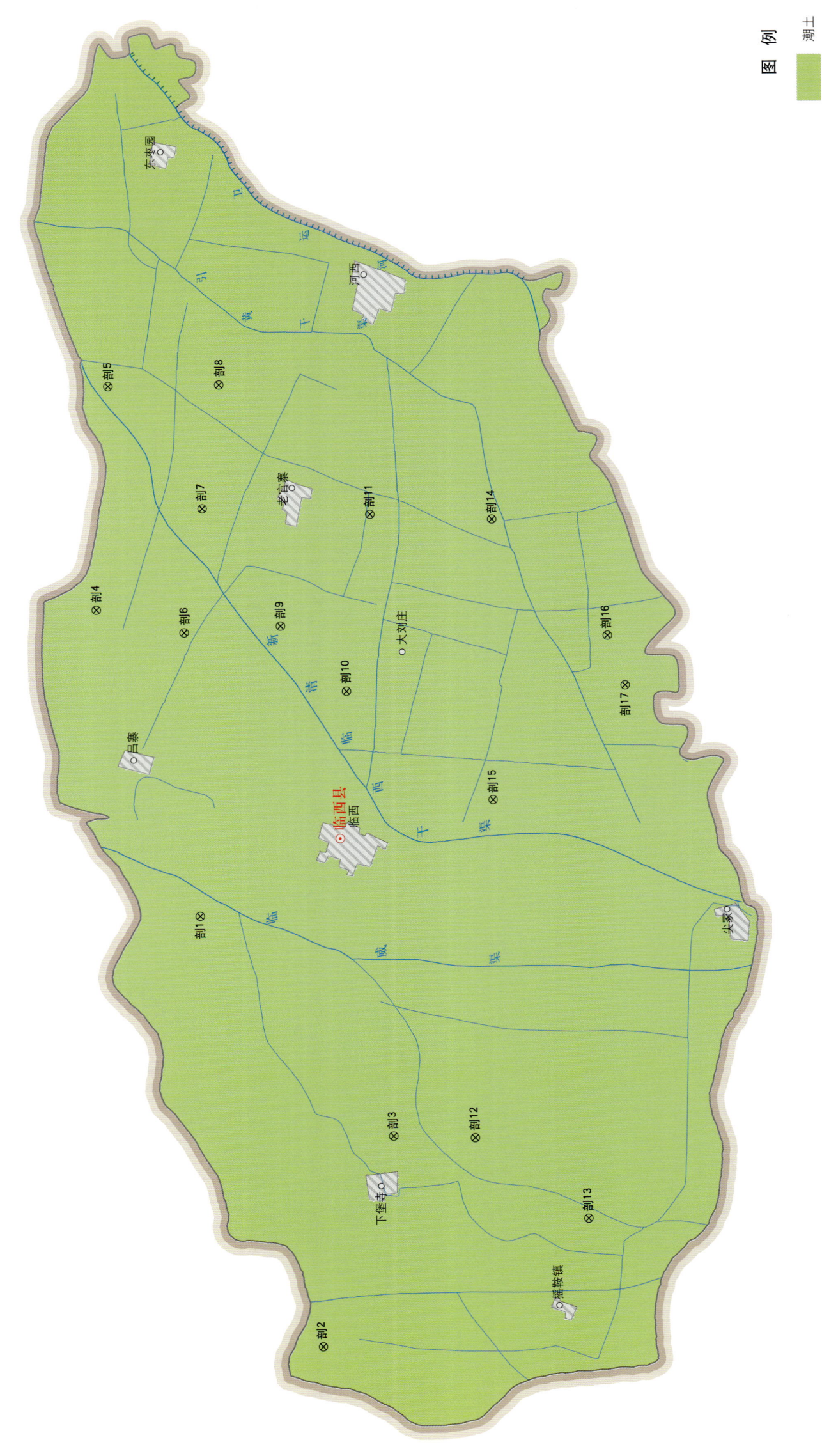

临西县土壤剖面理化性状表

剖面号 Soil profile	土纲 Soil order	土类 Soil great group	亚类 Soil subgroup	土属 Soil genus	土种 Soil species	土层码 Layer code	土层厚度 Depth/cm	颜色 Soil color	质地 Soil texture	土壤结构 Soil structure	pH	有机质 OM/(g/kg)	全氮 TN/(g/kg)	全磷 TP/(g/kg)	碱解氮 AN/(mg/kg)	有效磷 AP/(mg/kg)	速效钾 AK/(mg/kg)	阳离子交换量 CEC/(cmol/kg)	剖面点坐标 Profile coordinate	匹配指数 Matching index/%
剖1	半水成土	潮土	褐潮土	壤质冲积褐潮土	轻壤质腰黏褐潮土	1	0–19	浅黄色	轻壤土	屑粒状	7.6	5.8	0.66	0.72	37	1.0	143	10.9	E 115°28′03.0″ N 36°53′58.6″	78
						2	19–41	黄褐色	轻壤土	屑粒状	8.3	6.8	0.50	0.74	50	微量	118	15.4		
						3	41–44	灰白色	中壤土	粉状	7.4	9.1	0.68	0.65	69	微量	182	23.9		
						4	44–74	棕色	黏土	块状	7.5	5.0	0.44	0.65	72	微量	75	9.9		
						5	74–100	黄褐色	轻壤土	屑粒状	7.5		0.58	0.65	86	微量	150	23.2		
剖2	半水成土	潮土	褐潮土	壤质冲积褐潮土	砂壤质腰黏褐潮土	1	0–20	浅黄色	砂壤土	粒状	8.5	4.5	0.17	0.72	27	微量	105	9.7	E 115°19′27.7″ N 36°52′00.1″	100
						2	20–50	黄褐色	砂壤土	颗粒状	8.4	2.8	0.21	0.70	19	0.5	58	8.2		
						3	50–80	浅黄色	砂壤土	颗粒状	8.9	2.2	0.20	0.76	27	2.2	46	8.9		
						4	80–100	黄色	砂壤土	颗粒状	8.5	4.0	0.26	0.73	21	2.2	68	13.6		
剖3	半水成土	潮土	褐潮土	壤质冲积褐潮土	轻壤质腰黏褐潮土	1	0–19	浅黄色	轻壤土	团粒状	8.3	7.0	0.51	0.84	59	1.5	215	10.3	E 115°23′39.8″ N 36°50′55.3″	80
						2	19–77	黄褐色	轻壤土	团粒状	8.4	4.9	0.38	0.85	42	微量	101	10.9		
						3	77–100	浅黄色	轻壤土	团粒状	7.5	4.4	0.36	0.85	57	11.5	98	10.9		
剖4	半水成土	潮土	潮土	壤质潮土	轻壤质腰黏潮土	1	0–24	浅灰色	轻壤土	团粒状	8.2	8.0	0.52	0.77	50	微量	161	5.7	E 115°34′10.9″ N 36°55′38.9″	83
						2	24–33	棕色	中壤土	块状	7.6	5.8	0.41	0.65	39	微量	115	10.9		
						3	33–60	红棕色	黏土	块状	8.0	5.1	0.40	0.63	36	微量	103	10.6		
						4	60–75	浅黄色	黏土	粒状	8.1	5.8	0.45	0.60	32	微量	100	14.8		
						5	75–83	棕色	轻壤土	块状	7.9	6.9	0.19	0.59	42	微量	155	10.3		
						6	83–100	黄褐色	砂壤土	粒状	8.9	5.2	0.40	0.74	36	微量	121	10.0		
剖5	半水成土	潮土	潮土	壤质潮土	轻壤质失盐潮土	1	0–19	浅灰色	轻壤土	团粒状	8.3	7.4	0.53	0.72	51	5.5	147	7.9	E 115°38′39.8″ N 36°55′29.6″	87
						2	19–32	浅黄色	中壤土	块状	8.1	5.1	0.39	0.68	37	1.0	103	6.9		
						3	32–45	棕色	黏土	块状	8.8	2.0	0.16	0.83	18	12.0	135	2.4		
						4	45–76	黄褐色	黏土	粒状	8.8		0.19			2.0	148	6.0		
						5	76–95	浅黄色	砂壤土	粒状	8.4	1.6	0.19	0.69	57	微量	65	0.9		
剖6	半水成土	潮土	盐化潮土	壤质硫酸盐氯化物盐化潮土	轻壤质硫酸盐氯化物盐化潮土	1	0–5	浅黄色	轻壤土	屑粒状	7.5	5.9	0.35	0.73	28	0.2	70	8.9	E 115°33′44.3″ N 36°54′15.8″	91
						2	5–10	浅黄色	轻壤土	屑粒状	7.7	5.7	0.35	0.71	28	0.2	65	9.2		
						3	10–20	黄褐色	轻壤土	屑粒状	7.8	5.4	0.31	0.68	32	0.5	66	8.9		
						4	20–68	浅黄色	轻壤土	屑粒状	7.8	4.9	0.36	0.73	28	微量	71	11.3		
						5	68–110	黄褐色	轻壤土	屑粒状	7.9	4.3	0.30	0.64	22	微量	72	14.3		
						6	110–130	灰棕色	轻壤土	块状	7.6	6.1	0.41	0.64	29	微量	141	23.5		
						7	130–150	黄色	轻壤土	粒状	6.7	2.5	0.14	0.70	20	微量	44	10.4		
剖7	半水成土	潮土	潮土	壤质潮土	轻壤质体黏潮土	1	0–19	浅黄色	轻壤土	团粒状	8.0	6.7	0.55	0.76	40	3.0	260	11.9	E 115°36′13.1″ N 36°54′00.1″	97
						2	19–32	浅黄色	轻壤土	团粒状	7.5	6.7	0.48	0.69	37	微量	165	12.2		
						3	32–41	棕色	黏土	片状	8.4	8.4	0.56	0.60	31	微量	172	22.0		
						4	41–100	红棕色	黏土	块状	7.6	8.9	0.64	0.55	42	微量	165	26.8		
剖8	半水成土	潮土	潮土	壤质潮土	中壤质潮土	1	0–19	灰棕色	中壤土	块状	8.4	7.8	0.50	0.77	27	微量	147	16.6	E 115°38′42.6″ N 36°53′45.3″	89
						2	19–38	灰棕色	中壤土	团粒状	8.6	6.3	0.45	0.72	26	微量	115	19.9		
						3	38–52	浅黄色	轻壤土	团粒状	8.5	5.0	0.37	0.76	27	微量	112	163.0		
						4	52–100	红棕色	黏土	块状	7.8	8.4	0.60	0.62	26	1.0	182	31.0		

续表 Continued

剖面号 Soil profile	土纲 Soil order	土类 Soil great group	亚类 Soil subgroup	土属 Soil genus	土种 Soil species	土层码 Layer code	土层厚度 Depth/cm	颜色 Soil color	质地 Soil texture	土壤结构 Soil structure	pH	有机质 OM/(g/kg)	全氮 TN/(g/kg)	全磷 TP/(g/kg)	碱解氮 AN/(mg/kg)	有效磷 AP/(mg/kg)	速效钾 AK/(mg/kg)	阳离子交换量CEC/(cmol/kg)	剖面点坐标 Profile coordinate	匹配指数 Matching index/%
剖9	半水成土	潮土	盐化潮土	壤质硫酸盐氯化物盐化潮土	轻壤质底黏硫酸盐氯化物盐化潮土	1	0~5	浅黄色	轻壤土	屑粒状	7.0		0.30	0.71	18	微量	76	8.6	E 115°33′53.3″ N 36°52′45.5″	78
						2	5~10	浅黄色	轻壤土	屑粒状	7.3	4.7	0.28	0.75	20	微量	65	9.2		
						3	10~20	灰黄色	轻壤土	屑粒状	7.1	4.8	0.28	0.79	18	微量	69	8.3		
						4	20~54	灰黄色	轻壤土	屑粒状	7.3	5.1	0.32	0.71	19	微量	67	11.6		
						5	54~89	红棕色	黏土	块状	7.6	3.8	0.45	0.63	8	微量	125	20.5		
						6	89~150	黄色	轻壤土	粒状	7.4	2.8	0.16	0.61	11	微量	35	6.8		
剖10	半水成土	潮土	盐化潮土	壤质硫酸盐氯化物盐化潮土	轻壤质硫酸盐氯化物中盐化潮土	1	0~5	浅黄色	轻壤土	屑粒状	7.8	4.7	0.30	0.23	32	1.0	75	7.7	E 115°32′35.2″ N 36°51′42.8″	99
						2	5~10	浅黄色	轻壤土	屑粒状	7.8	4.9	0.32	0.73	31	1.0	69	9.2		
						3	10~20	浅灰色	轻壤土	屑粒状	7.9	4.3	0.27	0.75	22	0.5	62	8.6		
						4	20~57	浅褐色	轻壤土	屑粒状	7.9	2.2	0.16	0.62	11	微量	32	7.2		
						5	57~120	黄褐色	轻壤土	粒状	7.8	2.1	0.15	0.71	14	微量	29	8.0		
						6	120~160	红褐色	黏土	块状	7.8		0.62	0.62	18	0.5	210	8.0		
剖11	半水成土	潮土	潮土	壤质潮土	轻壤质底黏潮土	1	0~23	浅灰色	轻壤土	团粒状	7.9	7.4	0.48	0.23	38	3.5	134	5.4	E 115°36′07.9″ N 36°51′22.3″	88
						2	23~43	灰黄色	轻壤土	团粒状	8.0	4.6	0.35	0.64	32	1.0	91	5.7		
						3	43~55	灰棕色	中壤土	块状	8.2	8.5	0.59	0.62	50	1.0	145	22.0		
						4	55~100	灰棕色	黏土	块状	7.9	7.9	0.59	0.54	50	1.0	140	16.6		
剖12	半水成土	潮土	潮土	壤质冲积褐潮土	中壤质底壤潮土	1	0~20	浅灰色	中壤土	块状	8.3	9.8	0.60	0.72	44	3.0	22	15.8	E 115°23′38.4″ N 36°49′38.6″	93
						2	20~31	灰棕色	中壤土	块状	8.1	5.5	0.38	0.65	40	1.5	10	16.3		
						3	31~75	棕色	黏土	块状	8.0	6.5	0.44	0.79	39	1.5	14	21.1		
						4	75~110	浅褐色	砂壤土	粒状	8.3	1.2	0.10	0.81	34	1.0	4	6.0		
剖13	半水成土	潮土	褐潮土	壤质硫酸盐氯化物盐化潮土	轻壤质底褐潮土	1	0~18	黄褐色	轻壤土	屑粒状	7.7	2.3	0.40	8.20	60	微量	185	9.7	E 115°22′02.7″ N 36°47′51.4″	81
						2	18~36	浅黄色	轻壤土	屑粒状	8.2	6.6	0.43	0.79	57	微量	126	10.9		
						3	36~52	浅黄色	轻壤土	屑粒状	8.1	6.3	0.45	0.73	70	微量	112	14.5		
						4	52~83	黄褐色	黏土	块状	8.4	11.0	0.80	0.65	119	微量	178	23.5		
						5	83~100	褐色	砂壤土	粒状	7.5	4.0	0.30	0.66	36	2.2	86	11.6		
剖14	半水成土	潮土	盐化潮土	壤质硫酸盐氯化物盐化潮土	轻壤质硫酸盐氯化物轻盐化潮土	1	0~5	浅灰色	轻壤土	屑粒状	7.5	5.3	0.36	0.72	28	1.0	120	7.4	E 115°23′03.2″ N 36°49′27.8″	71
						2	5~10	浅灰色	轻壤土	屑粒状	7.3	5.9	0.35	0.75	26	微量	112	7.4		
						3	10~20	棕黄色	轻壤土	屑粒状	7.3	5.0	0.37	0.73	30	微量	99	8.0		
						4	20~71	黄色	轻壤土	粒状	7.6	4.9	0.36	0.76	29	微量	75	11.0		
						5	71~133	黄褐色	轻壤土	块状	7.5	4.6	0.32	0.61	28	1.5	71	12.2		
						6	133~150	红褐色	黏土	块状	7.9	8.3	0.26	0.75	36	微量	155	25.3		
剖15	半水成土	潮土	潮土	壤质潮土	轻壤质潮土	1	0~21	黄棕色	轻壤土	团粒状	8.2	7.3	0.44	0.75	43	11.0	132	3.0	E 115°30′25.9″ N 36°49′24.4″	81
						2	21~49	浅灰色	轻壤土	颗粒状	8.1	4.8	0.34	0.70	29	微量	80	6.9		
						3	49~100	浅黄色	轻壤土	颗粒状	8.2	4.0	0.29	0.66	25	1.0	68	4.2		
剖16	半水成土	潮土	潮土	砂质潮土	砂质潮土	1	0~20	棕色	砂土	粒状	8.3	2.9	0.17	0.74	22	微量	45	8.5	E 115°33′45.0″ N 36°47′38.0″	70
						2	20~71	浅灰色	砂土	粒状		2.5	0.12	0.59	22	1.5	41	7.7		
						3	71~100	灰白色	砂土	粒状	8.1	2.8	0.18	0.64	28	1.0	52	11.5		
剖17	半水成土	潮土	潮土	壤质潮土	砂壤质潮土	1	0~18	浅黄灰色	砂壤土	粒状	8.1	5.8	0.46	0.65	35	1.0	91	3.6	E 115°32′45.2″ N 36°47′21.1″	77
						2	18~36	浅灰色	砂壤土	粒状	8.1	5.6	0.46	0.60	36	微量	100	4.2		
						3	36~78	灰棕色	轻壤土	粒状	8.1	4.6	0.40	0.70	35	微量	101	8.5		
						4	78~100	棕红色	重壤土	块状	8.1	4.6	0.15	0.60	32	微量	66	5.6		

南 宫 市

主要土类说明

潮土是南宫市主要土壤类型，占本市地域面积的97%。潮土是在地下水直接作用下，在河流沉积物上形成的半水成土壤，分布地形为冲积平原，海拔约为30m，地下水埋深为3—5m。地下水直接参与成土过程，土壤颜色发暗，多呈灰棕色。潮土所处地区地势平坦，土层排列层次明显，通体石灰反应较强，心土层毛管作用强烈，较湿润，沿根孔常见锈色斑纹，底土层紧实，结构面上有胶膜、小型铁子及铁锰结核，底土层呈暗灰色，表现出潜育化特征。本市潮土分为褐潮土、潮土、盐化潮土等亚类。褐潮土分布于地势较高的部位，地下水位深，埋深为5—10m，内外排水较好，地下水不能作用于全部土体，成土过程向褐土方向发展。该亚类土色比原来的潮土发鲜发褐，有黏粒下移现象，有时在心土层中出现假菌丝体。潮土亚类的成土条件、过程及性状具备潮土土类所描述的典型特征，为潮土土类中的代表性亚类。盐化潮土亚类分布于冲积平原洼地周边、河流两侧、二坡地中下部，地下水埋深为2.0—2.5m，地下水矿化度较大，一般在2g/L以上，地表积盐，有不同盐渍程度的盐斑出现，当地群众称之为盐碱地或云彩碱。

小于本市地域面积3%的土壤类型还有风沙土和草甸盐土等。

本区域中心区气候特征

本区域中心区气候特征值
Regional climate characteristics in central area of the region

气候带：暖温带亚湿润气候 Climate region: Warm temperate subhumid climate	
年平均气温 /℃ Annual average temperature /℃	13.9
年平均最高气温 /℃ Annual average maximum temperature /℃	19.4
年平均最低气温 /℃ Annual average minimum temperature /℃	9.3
年降水量 /mm Annual precipitation /mm	583
≥10℃的积温 /℃ Daily temperature accumulated in a year (≥10℃) /℃	5034
年日照时数 /h Annual sunshine /h	2448
年平均相对湿度 /% Annual average relative humidity /%	62
干燥度 Dryness	1.46

本区域中心区月平均气温与月平均降水量
Monthly temperature and precipitation in central area of the region

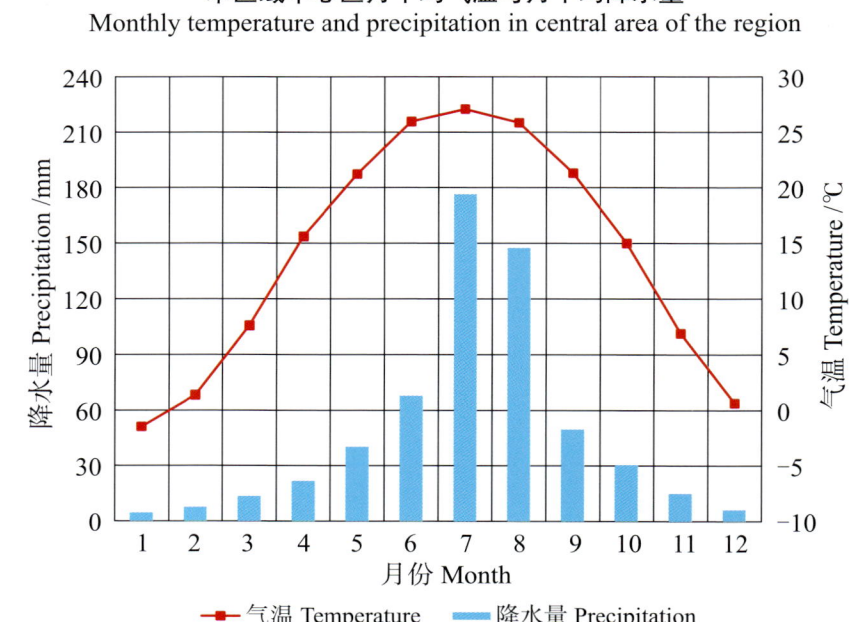

南宫市主要土壤类型与土壤剖面点分布图

1:180 000

图例：潮土、风沙土、草甸盐土、剖面点

南宫市土壤剖面理化性状表

剖面号 Soil profile	土纲 Soil order	土类 Soil great group	亚类 Soil subgroup	土属 Soil genus	土种 Soil species	土层码 Layer code	土层厚度 Depth/cm	颜色 Soil color	质地 Soil texture	土壤结构 Soil structure	有机质 OM/(g/kg)	全氮 TN/(g/kg)	全磷 TP/(g/kg)	速效钾 AK/(mg/kg)	剖面点坐标 Profile coordinate	匹配指数 Matching index/%
剖1	半水成土	潮土	潮土	砂壤质潮土	砂壤质蒙金潮土	1	0~23	浅棕色	砂壤土	屑粒状	4.8	0.29	0.51		E 115°10′19.6″ N 37°24′29.5″	98
						2	23~47	棕色	黏土	块状	6.5	0.36	0.54			
						3	47~80	灰棕色	轻黏土	碎块状	3.8	0.40	0.62			
						4	80~100	灰白色	砂土	单粒状	2.0	0.12	0.56			
剖2	半水成土	潮土	褐潮土	砂壤质褐潮土	砂壤质体黏褐潮土	1	0~20	浅棕色	砂壤土	屑粒状	6.3	0.31	0.52		E 115°10′18.4″ N 37°20′56.0″	83
						2	20~33	浅棕色	砂壤土	屑粒状	5.4	0.25	0.49			
						3	33~100	棕色	黏土	块状	11.3	0.49	0.51			
剖3	半水成土	潮土	潮土	砂壤质潮土	砂壤质夹黏潮土	1	0~20	浅棕色	砂壤土	碎粒状	4.0	0.21	0.56		E 115°12′35.1″ N 37°20′05.4″	70
						2	20~35	灰棕色	中壤土	碎粒状	5.9	0.62	0.54			
						3	35~55	棕色	黏土	块状	6.6	0.47	0.60			
						4	55~100	浅棕色	砂壤土	碎粒状	2.2	0.11	0.55			
剖4	半水成土	潮土	潮土	轻壤质潮土	轻壤质漏砂潮土	1	0~20	黄棕色	轻壤土	团粒状	7.0	0.53	6.25		E 115°19′41.8″ N 37°25′33.1″	72
						2	20~48	浅棕色	砂壤土	屑粒状	4.1	0.15	0.60			
						3	48~100	灰白色	砂土	单粒状	2.1	0.06	0.57			
剖5	半水成土	潮土	盐化潮土	轻壤质盐化潮土	轻壤质中盐化潮土	1	0~20	浅棕色	轻壤土	碎块状	8.5	0.50	0.67		E 115°22′17.0″ N 37°24′37.4″	70
						2	20~77	浅黄色	中壤土	屑粒状	6.9	0.50	0.58			
						3	77~130	浅黄色	砂壤土	屑粒状	1.8		0.59			
剖6	半水成土	潮土	潮土	轻壤质潮土	轻壤质夹黏潮土	1	0~20	浅棕色	轻壤土	碎块状	5.5	0.39	0.53		E 115°15′31.2″ N 37°23′38.8″	74
						2	20~48	浅棕色	砂壤土	粒状	3.8	0.27	0.51			
						3	48~73	棕色	黏土	块状	4.5	0.33	0.53			
						4	73~100	灰白色	砂土	单粒状	2.0	0.17	0.59			
剖7	半水成土	潮土	潮土	轻壤质潮土	轻壤质重盐化潮土	1	0~20	浅棕色	轻壤土	颗粒状	7.9	0.54	0.67		E 115°17′55.7″ N 37°22′48.4″	81
						2	20~30	浅棕色	砂壤土	颗粒状	6.7	0.35	0.61			
						3	30~48	灰棕色	黏土	块状	8.4	0.36	0.57			
						4	48~120	灰棕色	砂土	粒状	2.3	0.05	0.56			
剖8	半水成土	潮土	褐潮土	砂壤质褐潮土	砂壤质蒙金褐潮土	1	0~20	浅棕色	轻壤土	团块状	3.8	0.35	0.57		E 115°16′46.9″ N 37°22′41.5″	80
						2	20~60	浅棕色	砂壤土	团粒状	5.0	0.20	0.58			
						3	60~110	浅黄色	黏土	屑粒状	2.0	0.09	0.59			
剖9	半水成土	潮土	褐潮土	砂壤质褐潮土	砂壤质蒙金褐潮土	1	0~25	棕色	轻壤土	团粒状	7.4	0.44	0.72		E 115°29′54.4″ N 37°20′59.4″	74
						2	25~50	黄棕色	黏土	屑粒状	6.3	0.54	0.62			
						3	50~100	浅棕色	砂壤土	颗粒状	2.4		0.54			
剖10	半水成土	潮土	潮土	砂质潮土	砂质潮土	1	0~20	浅棕色	砂壤土	颗粒状	6.2	0.39	0.52	71	E 115°12′57.2″ N 37°19′38.6″	92
						2	20~48	棕色	黏土	块状	3.7	0.32	0.59	41		
						3	48~87	棕色	砂壤土	块状	3.5	0.49	0.50	123		
						4	87~130	灰白色	砂土	单粒状	1.4	0.21	0.61	23		
剖11	半水成土	潮土	潮土	轻壤质潮土	砂质潮土	1	0~120	灰白色	砂土	单粒状	2.6	0.21	0.43	123	E 115°15′59.4″ N 37°19′16.0″	83
剖12	半水成土	潮土	潮土	轻壤质潮土	轻壤质潮土	1	0~16	浅棕色	轻壤土	碎块状	0.4	0.65	6.51		E 115°26′23.1″ N 37°18′02.2″	70
						2	16~104	棕色	黏土	块状	0.3	0.56	2.45			
						3	104~130	暗棕色	轻壤土	块状	0.4	0.56	4.81			
剖13	半水成土	潮土	盐化潮土	轻壤质盐化潮土	轻壤质轻盐化潮土	1	0~22	浅棕色	轻壤土	碎块状	8.6	0.45	0.51		E 115°19′17.1″ N 37°17′48.2″	93
						2	22~58	浅棕色	轻壤土	块状	4.5	0.33	0.60			
						3	58~101	暗棕色	中壤土	块状	3.8	0.33	0.54			

续表 Continued

剖面号 Soil profile	土纲 Soil order	土类 Soil great group	亚类 Soil subgroup	土属 Soil genus	土种 Soil species	土层码 Layer code	土层厚度 Depth/cm	颜色 Soil color	质地 Soil texture	土壤结构 Soil structure	有机质 OM/(g/kg)	全氮 TN/(g/kg)	全磷 TP/(g/kg)	速效钾 AK/(mg/kg)	剖面点坐标 Profile coordinate	匹配指数 Matching index/%
剖14	半水成土	潮土	褐潮土	砂壤质褐潮土	砂壤质底黏褐潮土	1	0—20	浅棕色	砂壤土	屑粒状	6.5	0.40	0.40		E 115° 29′ 17.0″ N 37° 14′ 50.3″	83
						2	20—60	浅棕色	轻壤土	碎块状	4.4	0.26	0.26			
						3	60—100	棕色	黏土	块状	9.8	0.61	0.61			
剖15	半水成土	潮土	潮土	轻壤质褐潮土	轻壤质底砂潮土	1	0—22	浅棕色	轻壤土	碎块状	5.3	0.25	0.60		E 115° 29′ 44.8″ N 37° 10′ 37.7″	99
						2	22—56	浅棕色	轻壤土	碎块状	4.4	0.13	0.59			
						3	56—100	浅黄色	砂土	单粒状	2.8	0.24	0.47			
剖16	半水成土	潮土	褐潮土	轻壤质褐潮土	轻壤质底砂褐潮土	1	0—20	浅棕色	轻壤土	碎块状	4.0	0.33	0.62		E 115° 29′ 53.0″ N 37° 10′ 03.1″	82
						2	20—70	浅棕色	轻壤土	碎块状	4.0	0.30	0.58			
						3	70—130	灰白色	砂土	单粒状	2.9	0.10	0.55			
剖17	半水成土	潮土	褐潮土	中壤质褐潮土	中壤质褐潮土	1	0—20	灰棕色	中壤土	碎块状	7.1	0.43	0.70	113	E 115° 37′ 30.4″ N 37° 16′ 10.4″	81
						2	20—48	灰棕色	中壤土	碎块状	5.5	0.27	0.73	98		
						3	48—120	棕色	黏土	块状	10.0	0.55	0.52	188		
剖18	半水成土	潮土	褐潮土	轻壤质褐潮土	轻壤质褐潮土	1	0—23	浅棕色	轻壤土	碎块状	6.7	0.42	0.62		E 115° 38′ 00.2″ N 37° 15′ 03.5″	89
						2	23—100	浅棕色	轻壤土	碎块状	5.7	0.38	0.61			
剖19	半水成土	潮土	褐潮土	轻壤质褐潮土	轻壤质底黏褐潮土	1	0—25	浅棕色	轻壤土	屑粒状	8.1	0.47	0.72		E 115° 30′ 15.8″ N 37° 13′ 11.5″	96
						2	25—90	浅棕色	轻壤土	碎粒状	5.4	0.27	0.68			
						3	90—145	棕色	黏土	屑粒状	6.0	0.39	0.52			
剖20	半水成土	潮土	潮土	砂壤质褐潮土	砂壤质褐潮土	1	0—20	浅灰色	砂壤土	碎粒状	3.8	0.25	0.53		E 115° 39′ 57.3″ N 37° 11′ 41.1″	81
						2	20—120	浅棕色	砂壤土	碎块状	1.6	0.11	0.56			
剖21	半水成土	潮土	潮土	轻壤质褐潮土	轻壤质底砂潮土	1	0—23	浅棕色	轻壤土	碎块状	7.1	0.40	0.64	106	E 115° 43′ 45.4″ N 37° 11′ 29.8″	73
						2	23—67	浅棕色	轻壤土	碎块状	5.3	0.36	0.53	78		
						3	67—100	棕色	黏土	块状	9.8	0.55	0.66	148		
剖22	半水成土	潮土	潮土	砂壤质褐潮土	砂壤质褐潮土	1	0—22	浅棕色	砂壤土	屑粒状	0.4	0.54	7.80		E 115° 34′ 10.9″ N 37° 09′ 24.8″	98
						2	22—74	灰白色	黏土	单粒状	0.3	0.58	3.19			
						3	74—96	棕色	黏土	块状	0.5	0.57	4.98			
						4	96—110	浅棕色	砂壤土	碎块状	0.3	0.58	3.40			
剖23	半水成土	潮土	褐潮土	砂壤质褐潮土	砂壤质小聚金褐潮土	1	0—23	浅棕色	砂壤土	屑粒状	5.9	0.32	0.57		E 115° 38′ 28.3″ N 37° 08′ 59.3″	95
						2	23—50	灰棕色	中壤土	团块状	5.4	0.53	0.56			
						3	50—100	浅棕色	砂壤土	屑粒状	2.9	0.18	0.51			
剖24	半水成土	潮土	潮土	砂壤质潮土	砂壤质小聚金潮土	1	0—23	浅棕色	砂壤土	屑粒状	7.3	0.43	0.67		E 115° 37′ 42.2″ N 37° 06′ 56.9″	72
						2	23—32	浅棕色	轻壤土	碎块状	7.0	0.41	0.67			
						3	32—54	灰棕色	中壤土	块状	5.9	0.40	0.61			
						4	54—100	浅灰棕色	砂壤土	屑粒状	1.4	0.26	0.58			

沙 河 市

主要土类说明

褐土是沙河市主要土壤类型，占本市地域面积的 89%。褐土是在暖温带半干旱半湿润的气候条件下形成的地带性土壤。本市从海拔 900m 往下到海拔 60m 地带，全是褐土区。根据土壤的成土过程、成土母质和剖面特征，本市褐土分为粗骨性褐土、淋溶褐土、褐土、石灰性褐土、草甸褐土等亚类。粗骨性褐土亚类是发育不完全的土壤，主要分布在海拔 900m 以下岩石裸露的低山、残丘上。由于坡度大，植被差，遭受强度侵蚀，水土流失严重，成土过程中断，形成了土层薄、无剖面特征、无石灰反应的剖面性状。在平原褐土区的河流两岸，尚未固定的沙丘，无石灰反应、也无明显剖面特征的也属于粗骨性褐土。淋溶褐土亚类分布在海拔 700—900m 的山地上，垂直位置在棕壤之下，土层较厚，一般为 30—60cm，多农用，淋溶作用较强，盐基不饱和，碳酸钙含量只有 0.1%—0.2%，pH 为 6.0—7.5，呈微酸到中性，养分含量较高。褐土分布在淋溶褐土以下，有轻度淋溶。石灰性褐土亚类主要分布在丘陵和平原的海拔 70m 以上部位，地下水埋藏深，降水量小，蒸发量大，干旱严重，土体中积累较大量的碳酸钙，通体石灰反应强烈，并有明显的钙积层和黏化层，土体颜色鲜艳，有砂姜和假菌丝体，养分含量低。草甸褐土亚类主要分布在山区河谷的阶地和平原上，石灰性褐土与潮土过渡的低平地带。

潮土是沙河市第二大土壤类型，占本市地域面积的 4%。潮土所处地势低平，地下水季节性参与成土过程，是在冲积母质上发育起来的土壤。在潮土成土过程中，底土发生氧化还原交替作用，形成锈色斑纹和小型铁子。在长期耕作条件下，表层有机质含量为 10—15g/kg。本市潮土分为潮土和褐潮土等亚类。

小于本市地域面积 3% 的土壤类型还有风沙土和棕壤等。

本区域中心区气候特征

本区域中心区气候特征值
Regional climate characteristics in central area of the region

气候带：暖温带亚湿润气候 Climate region: Warm temperate subhumid climate	
年平均气温 /℃ Annual average temperature /℃	13.5
年平均最高气温 /℃ Annual average maximum temperature /℃	19.3
年平均最低气温 /℃ Annual average minimum temperature /℃	8.5
年降水量 /mm Annual precipitation /mm	536
≥10℃的积温 /℃ Daily temperature accumulated in a year（≥10℃）/℃	4894
年日照时数 /h Annual sunshine /h	2347
年平均相对湿度 /% Annual average relative humidity /%	63
干燥度 Dryness	1.51

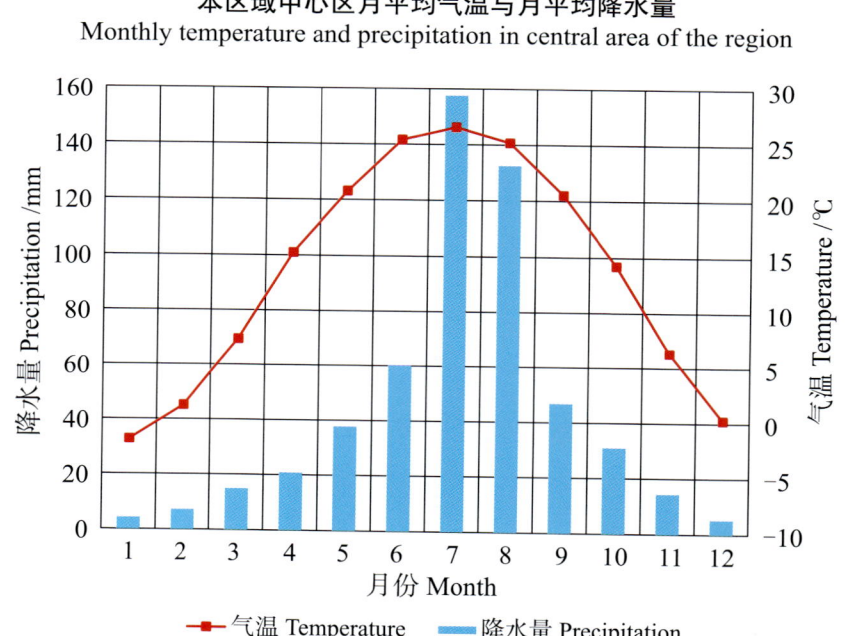

本区域中心区月平均气温与月平均降水量
Monthly temperature and precipitation in central area of the region

沙河市主要土壤类型与土壤剖面点分布图

1:240 000

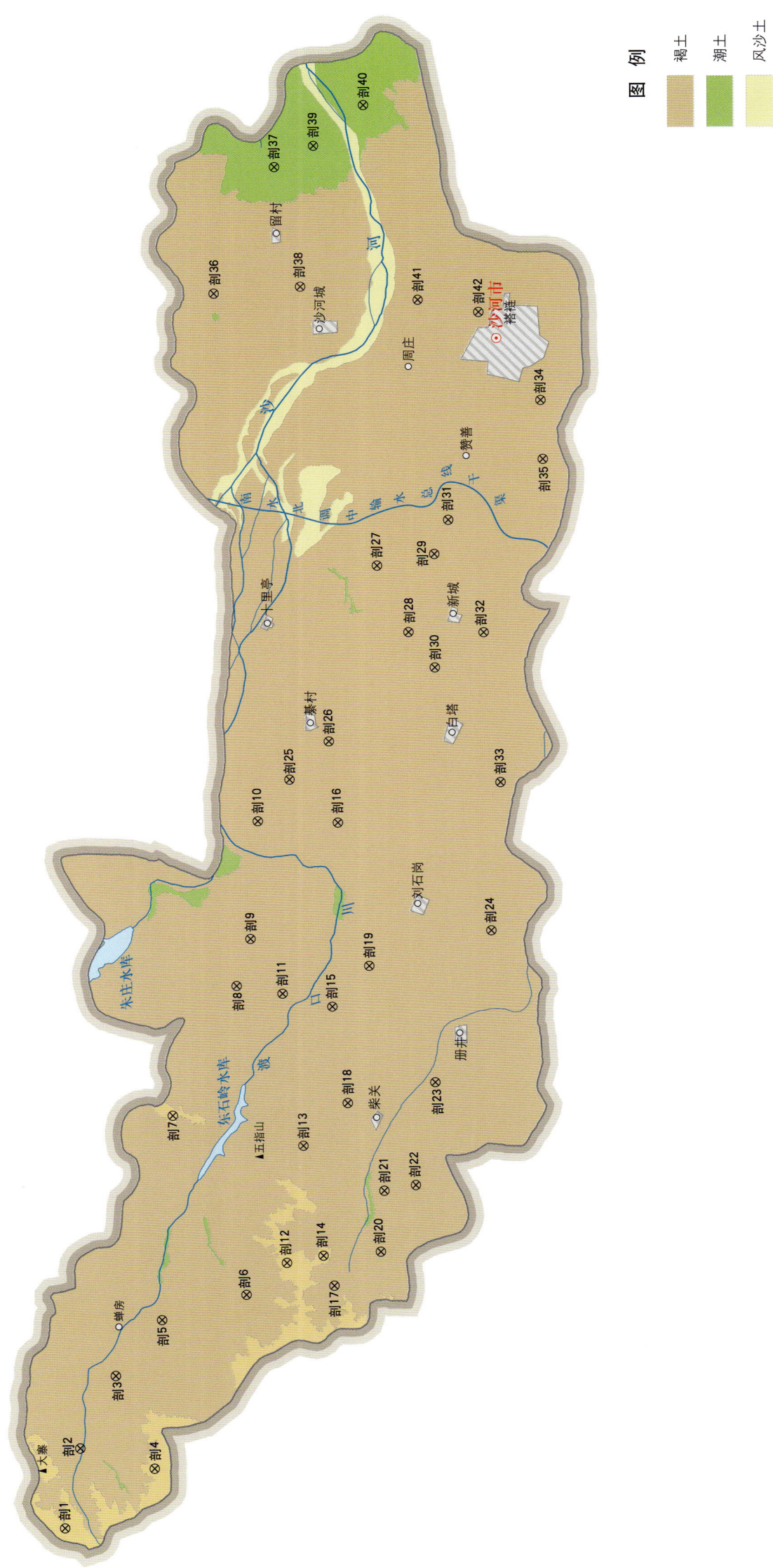

沙河市土壤剖面理化性状表

剖面号 Soil profile	土纲 Soil order	土类 Soil great group	亚类 Soil subgroup	土属 Soil genus	土种 Soil species	土层码 Layer code	土层厚度 Depth/cm	颜色 Soil color	质地 Soil texture	土壤结构 Soil structure	pH	有机质 OM/(g/kg)	全氮 TN/(g/kg)	全磷 TP/(g/kg)	碱解氮 AN/(mg/kg)	有效磷 AP/(mg/kg)	速效钾 AK/(mg/kg)	阳离子交换量 CEC/(cmol/kg)	土壤母质 Parent material	剖面点坐标 Profile coordinate	匹配指数 Matching index/%
剖1	淋溶土	棕壤	粗骨性棕壤	花岗片麻岩残坡积粗骨性棕壤	花岗片麻岩少砾砂壤质薄层粗骨性棕壤	1	0–4	暗棕色	砂壤土	碎屑状	6.0	16.3	0.85	0.93	70	8.0	140			E 113°52′33.0″ N 37°01′56.6″	84
						2	4–15	灰棕色	砂壤土	碎屑状	6.0	15.7	0.88	0.83	70	8.0	135				
						3	15—														
剖2	半淋溶土	褐土	褐土	洪冲积物壤质褐土	轻壤质褐土	1	0–20	灰棕色	轻壤土		6.5	16.5	0.80						洪积物、冲积物	E 113°55′01.9″ N 37°01′36.8″	100
						2	20–29	黄棕色	轻壤土		7.9	6.8	0.33								
						3	29–60	黄棕色	轻壤土		7.9	4.9	0.28								
						4	60–110	黄棕色	砂壤土		8.0	9.9	0.50								
剖3	半淋溶土	褐土	褐土	洪冲积物质褐土	少砾砂壤质褐土	1	0–15	灰棕色	砂壤土		6.0								洪积物、冲积物	E 113°57′17.2″ N 37°00′47.5″	71
						2	15–20	灰棕色	砂壤土		6.8	7.3	0.36								
						3	20–60	灰棕色	砂壤土		7.6										
						4	60–110	灰棕色	砂壤土		7.8										
剖4	淋溶土	棕壤	棕壤	花岗片麻岩残坡积棕壤	花岗片麻岩多砾砂壤薄层棕壤	1	0–5	暗棕色	砂壤土	碎屑状	5.3	39.0	2.12	1.12	192	6.0	165			E 113°54′27.3″ N 36°59′47.2″	75
						2	5–15	灰棕色	砂壤土	碎屑状	5.7	35.4	1.91	1.16	166	17.0	210				
						3	15—														
剖5	半淋溶土	褐土	褐土性土	洪积物壤质褐土性土	砂壤质中层褐土	1	0–12	灰棕色	砂壤土	碎屑状	6.5	14.6	0.80							E 113°59′02.8″ N 36°59′41.3″	75
						2	12—														
剖6	半淋溶土	褐土	褐土	洪冲积物壤质褐土	砂壤质中层褐土	1	0–18	灰棕色	砂壤土	碎屑状	6.0	11.5	0.57						洪积物、冲积物	E 113°59′53.9″ N 36°57′38.2″	76
						2	18–23	灰棕色	砂壤土	碎屑状	6.0	10.5	0.53								
						3	23–45	灰棕色	砂壤土	碎屑状	6.0										
剖7	淋溶土	棕壤	棕壤	石英砂岩残坡积棕壤	石英砂岩多砾砂壤薄层棕壤	1	0–4	暗棕色	砂壤土	碎屑状	5.1	55.3	3.00	1.11	287	7.0	110			E 114°05′25.0″ N 36°59′32.4″	75
						2	4–15	灰棕色	砂壤土	碎屑状	5.1	103.2	5.42	1.29	414	17.0	335				
						3	15—														
剖8	半淋溶土	褐土	石灰性褐土	页岩坡积石灰性褐土	页岩轻壤质中层石灰性褐土	1	0–20	黄棕色	轻壤土	碎屑状	8.0	8.1	0.53	0.87	70	6.0	162			E 114°09′33.4″ N 36°58′02.8″	82
						2	20–65	暗棕色	轻壤土	块状	8.0	2.1	0.15	0.82	80	3.0	145				
剖9	半淋溶土	褐土	石灰性褐土	碳酸岩坡积石灰性褐土	碳酸岩轻壤质厚层石灰性褐土	1	0–16	深棕色	轻壤土	块状	8.0	14.0	0.81				150			E 114°11′02.8″ N 36°57′44.3″	72
						2	16–20	褐棕色	中壤土	块状	8.0	8.9	0.52				105				
						3	20–85										105				
剖10	半淋溶土	褐土	石灰性褐土	页岩残坡积石灰性褐土		1	0–20	灰棕色	砂壤土	碎屑状	7.5	10.1	0.58	1.55		7.0				E 114°14′43.4″ N 36°57′37.4″	76
						2	20–70	灰棕色	砂壤土	块状	7.5	9.0	0.51	1.64		5.0					
剖11	半淋溶土	褐土	褐土性土	碳酸岩类坡积褐土性土		1	0–15	灰棕色	轻壤土	块状	8.0	27.2	1.44							E 114°09′20.5″ N 36°56′55.3″	91
						2	15—														
剖12	淋溶土	棕壤	粗骨性棕壤	石英砂岩残坡积粗骨性棕壤	黄土质少砾中壤质中层淋溶褐土	1	0–4	暗棕色	轻壤土	碎屑状	6.5	20.0	0.91	0.80	70	8.0				E 114°00′54.8″ N 36°56′39.9″	87
						2	4–16	暗黄棕色	轻壤土	块状	6.0	18.7	0.90	0.82	80	6.0					
剖13	半淋溶土	褐土	淋溶褐土	黄土质壤质淋溶褐土	黄土质中层壤质褐土	1	0–18	浅灰棕色	中壤土	块状	6.0	14.3	0.71	0.71	82	8.0	105	23.2		E 114°04′34.0″ N 36°56′19.7″	89
						2	17–21	浅灰棕色	中壤土	块状	6.0	7.7	0.40	0.71	42	8.0	105	23.8			
						3	21–54	浅灰棕色	中壤土	块状	6.0	7.7	0.40	0.71	42	8.0		23.8			
						4	54—														
剖14	淋溶土	棕壤			黄土质中壤质厚层棕壤	1	0–18	棕色	中壤土	碎屑状	6.5	17.0	0.90	0.81	95	10.0	143			E 114°01′09.5″ N 36°55′46.2″	95
						2	18–23	深棕色	重壤土	块状	6.5	6.0	0.32	0.72	32	2.0	103				
						3	23–98	浅棕色	中壤土	块状	6.5	6.0	0.32	0.72	32	2.0	103				
剖15	半淋溶土	褐土	褐土	黄土质壤质褐土	黄土质中壤质褐土	1	0–18	灰棕色	中壤土	块状	7.5	15.4	8.40	0.68	79	10.0	190			E 114°08′57.5″ N 36°55′41.5″	76
						2	18–60	红棕色	重壤土	块状	7.5	2.6	0.13	0.43	19	3.0	130				
						3	60–150	红棕色	重壤土	块状	7.5	3.0	0.16	0.44	19	6.0	143				

续表 Continued

剖面号 Soil profile	土纲 Soil order	土类 Soil great group	亚类 Soil subgroup	土属 Soil genus	土种 Soil species	土层码 Layer code	土层厚度 Depth/cm	颜色 Soil color	质地 Soil texture	土壤结构 Soil structure	pH	有机质 OM/(g/kg)	全氮 TN/(g/kg)	全磷 TP/(g/kg)	碱解氮 AN/(mg/kg)	有效磷 AP/(mg/kg)	速效钾 AK/(mg/kg)	阳离子交换量CEC/(cmol/kg)	土壤母质 Parent material	剖面点坐标 Profile coordinate	匹配指数 Matching index/%
剖16	半淋溶土	褐土	石灰性褐土	黄土质壤质石灰性褐土	黄土质轻壤质薄砂姜石灰性褐土	1	0—20	棕色	轻壤土	碎块状	7.9	9.0	0.49	0.52	41	8.0	140			E 114°14′44.2″ N 36°55′39.7″	77
						2	20—25	浅棕色	中壤土	碎块状	8.0	7.5	0.40	0.58	34	4.0	95				
						3	25—60	浅棕色	中壤土	块状	7.7	7.5	0.40	0.58	34	4.0	95				
						4	60—100	浅灰棕色	中壤土	块状	8.0	3.3	0.19	0.25	29	2.0	98				
剖17	半淋溶土	褐土	淋溶褐土	石英砂岩残坡积淋溶褐土	石英砂岩多砾轻壤质中层淋溶褐土	1	0—8	浅灰棕色	轻壤土	碎块状	6.5	17.0	0.91	0.84	73	5.0	98	13.3		E 114°00′13.9″ N 36°55′29.5″	77
						2	8—12	浅灰棕色	轻壤土	碎块状	7.5	17.0	0.91	0.84	73	5.0	98	13.3			
						3	12—31	浅灰棕色	轻壤土	碎块状	7.5	17.5	1.09	0.78	84	3.0	65	14.3			
						4	31—														
剖18	半淋溶土	褐土	褐土	黄土质壤质褐土	黄土质少砾轻壤质中层褐土	1	0—15	棕色	轻壤土	碎块状	8.0	19.0		0.71		7.0				E 114°05′55.7″ N 36°55′15.6″	76
						2	15—19	浅灰棕色	中壤土	块状	8.1			0.73		3.0					
						3	19—55	浅灰棕色	中壤土	块状	8.2			0.68		3.0					
剖19	半淋溶土	褐土性土	洪积壤质褐土性土	裸卵石壤质薄层褐土性土	1	0—4	棕色	轻壤土	碎块状	7.0	19.0	0.97								E 114°10′16.7″ N 36°54′49.1″	77
						2	4—														
剖20	半淋溶土	褐土	褐土性土	石英砂岩残坡积褐土性土	1	0—19	深灰色	轻壤土	碎块状	8.0	38.5	1.92								E 114°01′19.6″ N 36°54′22.3″	85
						2	19—														
剖21	半淋溶土	褐土	石灰性褐土	页岩残坡积石灰性褐土	页岩多砾轻壤质厚层石灰性褐土	1	0—18	浅灰棕色	轻壤土	碎块状	7.5	14.8	0.84							E 114°03′13.7″ N 36°54′19.4″	77
						2	18—40	褐灰棕色	轻壤土	块状	7.5	8.0	0.44	0.73							
						3	40—60	褐灰棕色	中壤土	块状	8.0	5.8	0.30	0.68							
剖22	半淋溶土	褐土	石灰性褐土	碳酸岩残坡积石灰性褐土	碳酸岩少砾轻壤质中层石灰性褐土	1	0—17	浅红棕色	轻壤土	块状	7.5	8.1	0.45							E 114°03′25.2″ N 36°53′33.2″	90
						2	17—22	浅灰棕色	轻壤土	块状	7.5	6.3	0.32								
						3	22—35	灰棕色	轻壤土	屑粒状	8.0	12.1	0.33	0.99	50	6.5	55				
剖23	半淋溶土	潮褐土	人工堆垫中层砂壤质潮褐土	1	0—18	暗棕色	砂壤土	屑粒状	8.0	18.1	0.37	1.00	76	6.0	60				E 114°06′38.2″ N 36°53′07.8″	85
						2	18—24	暗棕色	砂壤土	屑粒状	8.0	18.1	0.37	1.00	76	6.0	60				
						3	24—35	暗棕色	砂壤土	碎粒状	8.1	16.4	0.90	0.70	82	6.0	175				
剖24	半淋溶土	褐土	石灰性褐土	黄土质壤质石灰性褐土	黄土质轻壤质中层石灰性褐土	1	0—22	黄灰棕色	轻壤土	碎块状	8.0	10.6	0.59	0.71	81	3.0	135			E 114°11′28.5″ N 36°51′51.1″	87
						2	22—38	黄灰棕色	中壤土	块状											
						3	38—														
剖25	半淋溶土	褐土	褐土性土	页岩残坡积褐土性土	1	0—20	灰棕色	轻壤土	碎块状	7.5	5.7	0.27	0.50		3.0					E 114°16′03.0″ N 36°56′52.4″	78
						2	20—45	灰棕色	中壤土	块状	7.5	12.5	0.72	0.96		5.0					
剖26	半淋溶土	褐土	石灰性褐土	碳酸岩残坡积石灰性褐土	1	0—18	黄棕色	轻壤土	碎块状	8.0	14.5	0.89							E 114°17′16.8″ N 36°55′55.9″	75
剖27	半淋溶土	褐土	石灰性褐土	洪积壤质石灰性褐土	轻壤质中层石灰性褐土	1	0—23	黄棕色	轻壤土	屑粒状	8.1	12.8	0.61	1.10	34	15.0	110			E 114°22′49.1″ N 36°54′51.1″	85
						2	23—45	黄棕色	轻壤土	碎粒状	7.5	7.2	0.39	1.02	25	5.0	65				
剖28	半淋溶土	褐土	石灰性褐土	洪积壤质石灰性褐土	多砾轻壤质薄层石灰性褐土	1	0—25	红棕色	轻壤土	屑粒状	8.0	8.2	0.45	0.85	27	5.0	80	8.3		E 114°20′46.3″ N 36°54′02.9″	97
						2	25—														
剖29	半淋溶土	褐土	石灰性褐土	碳酸岩残坡积石灰性褐土	碳酸岩轻壤质中层石灰性褐土	1	0—16	黄棕色	轻壤土	碎块状	8.0	14.1	0.75							E 114°23′13.2″ N 36°53′27.2″	81
						2	16—22	黄棕色	轻壤土	碎块状	8.0	8.7	0.44								
						3	22—50	黄棕色	轻壤土	块状	7.0	30.5	1.67								
剖30	半淋溶土	褐土	褐土性土	1	0—10	暗棕色	轻壤土	块状											E 114°19′40.4″ N 36°53′22.8″	96
						2	10—														
剖31	半淋溶土	褐土	石灰性褐土	洪积壤质石灰性褐土	轻壤质薄层石灰性褐土	1	0—18	黄棕色	轻壤土	碎块状	6.5	8.9	0.53							E 114°24′16.9″ N 36°53′08.2″	99
						2	18—														

续表 Continued

剖面号 Soil profile	土纲 Soil order	土类 Soil great group	亚类 Soil subgroup	土属 Soil genus	土种 Soil species	土层码 Layer code	土层厚度 Depth/cm	颜色 Soil color	质地 Soil texture	土壤结构 Soil structure	pH	有机质 OM/(g/kg)	全氮 TN/(g/kg)	全磷 TP/(g/kg)	碱解氮 AN/(mg/kg)	有效磷 AP/(mg/kg)	速效钾 AK/(mg/kg)	阳离子交换量CEC/(cmol/kg)	土壤母质 Parent material	剖面点坐标 Profile coordinate	匹配指数 Matching index/%
剖32	半淋溶土	褐土	石灰性褐土	黄土质壤质石灰性褐土	黄土质坡积轻壤质石灰性褐土	1	0—20	灰棕色	轻壤土	碎块状	7.8	8.9	0.48			6.0				E 114°20′48.8″ N 36°52′12.7″	84
						2	20—35	灰红棕色	轻壤土	块状	7.9	5.5	0.27								
						3	35—70	浅红棕色	中壤土	块状	8.0	4.6	0.25			2.0					
						4	70—140	浅红棕色	中壤土	块状	8.0					3.0					
剖33	半淋溶土	褐土	石灰性褐土	页岩残坡积石灰性褐土		1	0—20	灰褐色	多砾质轻壤土	碎块状	6.5	10.5	0.56	1.04		7.0				E 114°16′07.0″ N 36°51′42.8″	76
						2	20—40	灰褐色	轻壤土	碎块状	7.0	16.4	0.87	1.07		3.0					
剖34	半淋溶土	褐土	石灰性褐土	洪冲积质壤质石灰性褐土	中壤质石灰性褐土	1	0—15	浅灰褐色	中壤土	块状	8.0	15.1	0.82	1.15	80	11.0	158		洪积物、冲积物	E 114°28′06.2″ N 36°50′56.4″	84
						2	15—20	灰褐色	中壤土	块状	8.0	15.1	0.82	1.15	80	11.0	158				
						3	20—74	棕褐色	中壤土	块状	7.9	7.4	0.40	0.78	41	3.0	110				
						4	74—120	浅棕褐色	中壤土	块状	8.0	6.2	0.35	0.70	38	4.0	110				
剖35	半淋溶土	褐土	石灰性褐土	洪冲积质黏质石灰性褐土	轻壤质底黏石灰性褐土	1	0—17	灰褐色	轻壤土	碎块状	7.7	9.1	0.45	1.55	56	14.0	118	34.3	洪积物、冲积物	E 114°26′15.1″ N 36°50′51.3″	87
						2	17—22	灰褐色	中壤土	块状	7.7	9.1	0.45	1.55	56	14.0	118	34.3			
						3	22—74	浅棕褐色	中壤土	片状	7.5	5.2	0.28	0.63	36	4.0	90	35.8			
						4	74—140	深棕褐色	重壤土	片状	7.8	7.2	0.40	0.56	41	3.0	130	41.3			
剖36	半淋溶土	褐土	潮褐土	洪冲积质潮褐土	轻壤质潮褐土	1	0—14	浅灰色	轻壤土	碎块状	7.9	11.2	0.67	1.12	56	16.0	160		洪积物、冲积物	E 114°31′13.4″ N 36°58′59.9″	86
						2	14—19	浅灰色	中壤土	块状	7.7	9.0	0.47	1.02	48	5.0	130				
						3	19—40	浅灰色	中壤土	块状	7.9	9.0	0.47	1.02	48	5.0	130				
						4	40—140	褐色	中壤土	块状	8.0	8.2	0.46	0.83	31	3.0	110				
剖37	半水成土	潮土	潮土	壤质潮土	轻壤质潮土	1	0—17	浅灰褐色	中壤土	块状	8.0	8.2	0.46	0.83	31	3.0	110			E 114°35′12.5″ N 36°57′35.3″	93
						2	27—90	浅灰褐色	中壤土	碎块状	8.0	10.3	0.53	1.06	65	30.0	115				
						3	25—68	浅灰色	轻壤土	块状	8.1	7.4	0.40	0.74	48	4.0	75	10.5			
						4	90—150	浅灰色	轻壤土	块状	8.2	7.4	0.40	0.74	48	4.0	75	10.5			
剖38	半淋溶土	褐土	石灰性褐土	洪冲积砂质石灰性褐土	砂壤质石灰性褐土	1	0—20	浅灰褐色	砂壤土	块状	8.1	8.4	0.44	0.83	55	8.0	80		洪积物、冲积物	E 114°31′29.6″ N 36°56′53.2″	88
						2	20—25	浅灰褐色	砂壤土	块状	7.7	9.7	0.47	1.10	47	8.0	100	10.5			
						3	25—68	棕褐色	砂壤土	单粒状	7.8	5.1	0.26	0.69	22	9.0	40	9.7			
						4	68—130	浅棕褐色	砂壤土	单粒状	7.7	0.6	0.04	0.82	3	5.0	15	1.6			
剖39	半水成土	潮土	潮土	冲积砂质潮土	砂质潮土	1	0—20	浅灰褐色	砂壤土	屑粒状	8.2	9.7	0.47	1.10	47	8.0	100			E 114°35′54.2″ N 36°56′38.8″	88
						2	20—50	浅灰色	砂壤土	屑粒状	8.3	7.4	0.40	0.74	48	8.0	100				
						3	50—100	浅灰棕色	砂壤土	屑粒状	8.3	8.4	0.44	0.83	55	8.0	80				
						4	100—150	黄灰棕色	砂壤土	单粒状	8.4										
剖40	半水成土	潮土	潮土	冲积砂质潮土	砂砾潮土	1	0—25	灰白色	砂土	单粒状	8.2	2.6	0.14	1.03	23	6.0	23	1.7		E 114°37′13.1″ N 36°55′26.8″	75
						2	25—70	灰白色	砂土	单粒状	8.1	0.7	0.04	1.22	19	3.0	15	1.0			
						3	70—140	灰白色	砂土	单粒状	8.4	0.9	0.04	1.03	14	2.0	27	1.8			
剖41	半淋溶土	褐土	褐土性土	冲积砂砾质褐土性土	砂质褐土性土	1	0—52	灰白色	砂土	粒状	6.0	2.0	0.10	1.39	9	2.0	20	2.4		E 114°31′09.9″ N 36°54′00.2″	74
						2	52—112	黄灰棕色	砂壤土	粒状	8.0	5.4	0.27	0.99	36	2.0	53	10.8			
剖42	半淋溶土	褐土	石灰性褐土	洪冲积壤质石灰性褐土	轻壤质底砂石灰性褐土	1	0—20	浅灰棕色	轻壤土	碎块状	8.0	7.2	0.41	1.00	43	5.0	105		洪积物、冲积物	E 114°30′49.6″ N 36°52′30.5″	76
						2	20—26	灰棕色	轻壤土	块状	8.0	5.3	0.29	0.64	37	3.0	60				
						3	26—67	棕色	轻壤土	块状	8.0	5.3	0.29	0.64	37	3.0	60				
						4	67—130	浅棕褐色	砂土	单粒状	6.5	3.1	0.17	0.51		3.0	50				

保 定 市

市 辖 区

主要土类说明

褐土是保定市主要土壤类型，占本市地域面积的40%。褐土是在半干旱、半湿润、半淋溶条件下，经地带性成土过程形成的土类，在垂直带谱中出现于棕壤之下，主要分布在太行山海拔1000m以下的低山丘陵及山麓平原地带。褐土所处地势较高，排水良好。成土母质多属各种含碳酸盐物质，一般均有不同程度的石灰反应，盐基饱和。褐土绝大部分为耕种土壤，耕作层有机质含量约为10g/kg，呈灰棕色，有屑粒结构、疏松多孔，犁底层厚约10cm，为片状结构，比较紧实。有褐色黏化层。铁锰充分氧化，土粒覆铁膜，以棕褐色为主。土壤呈核状、块状结构，沿结构面有不明显的胶膜。具钙积层。母质多为含碳酸盐物质，在半淋溶条件下，土体钙质淋溶淀积，具有石灰反应，以假菌丝体、斑点或砂姜形成钙质淀积。土壤呈中性至微碱性，pH为7.0—8.0。

潮土是保定市第二大土壤类型，占本市地域面积的8%，主要分布在冲积平原地区。潮土是直接发育在河流沉积物上，经耕种熟化形成的半水成土壤。母质为近代河流冲积物。地下水埋深为2—3m，地下水直接参与成土过程。雨季时，地面水分增加，大部分渗入地下，因而抬高地下水埋深，但雨季过后，地下水又逐渐降低。冬季降雪稀少，春季气温增高而蒸发加快，所以到翌年雨季来临之前，地下水位降至最低。由于地下水升降频繁，氧化还原作用交替进行，土壤中物质的溶解、移动和淀积，在土体中形成锈色斑纹、铁子、铁锰结核及砂姜等。潮土一般直接发育在河流沉积物上，多属河流冲积母质，剖面质地变化比较复杂，通体砂壤或砂黏相间。潮土的土层排列层次明显，通体石灰反应比较强，表土呈灰棕色，心土层常见锈色斑纹，底土层有小型铁子及铁锰结核，呈暗灰色，表现出潜育化特征。

本区域中心区气候特征

本区域中心区气候特征值
Regional climate characteristics in central area of the region

气候带：暖温带亚湿润气候 Climate region: Warm temperate subhumid climate	
年平均气温 /℃ Annual average temperature /℃	12.2
年平均最高气温 /℃ Annual average maximum temperature /℃	18.1
年平均最低气温 /℃ Annual average minimum temperature /℃	7.2
年降水量 /mm Annual precipitation /mm	513
≥10℃的积温 /℃ Daily temperature accumulated in a year (≥10℃) /℃	4421
年日照时数 /h Annual sunshine /h	2615
年平均相对湿度 /% Annual average relative humidity /%	58
干燥度 Dryness	1.45

本区域中心区月平均气温与月平均降水量
Monthly temperature and precipitation in central area of the region

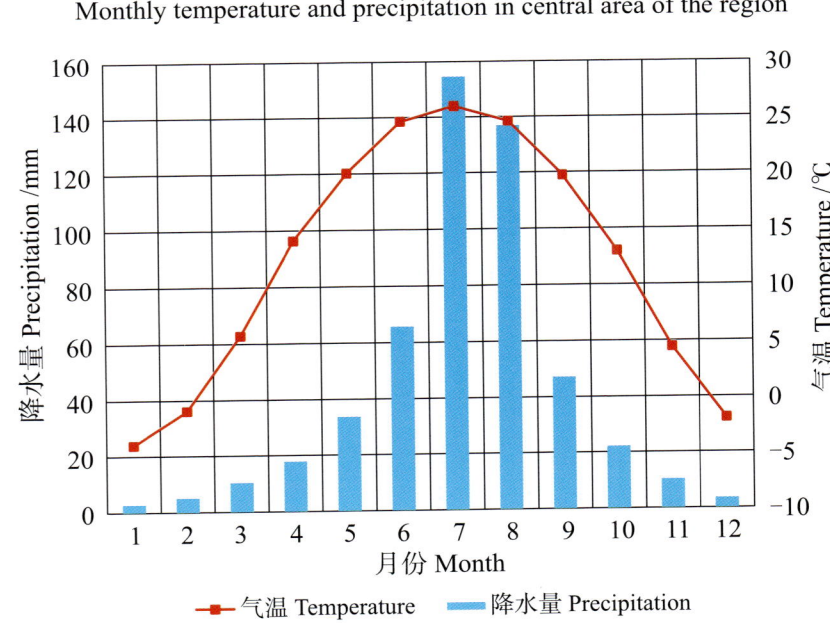

保定市市辖区（部分）主要土壤类型与土壤剖面点分布图

1∶80 000

图　例

褐土　　潮土　　⊗ 剖面点

保定市土壤剖面理化性状表

剖面号 Soil profile	土纲 Soil order	土类 Soil great group	亚类 Soil subgroup	土属 Soil genus	土种 Soil species	土层码 Layer code	土层厚度 Depth/cm	颜色 Soil color	质地 Soil texture	土壤结构 Soil structure	pH	有机质 OM/(g/kg)	全氮 TN/(g/kg)	全磷 TP/(g/kg)	全钾 TK/(g/kg)	有效磷 AP/(mg/kg)	速效钾 AK/(mg/kg)	阳离子交换量 CEC/(cmol/kg)	土壤母质 Parent material	剖面点坐标 Profile coordinate	匹配指数 Matching index/%
剖1	半水成土	潮土	潮土	轻壤质脱沼泽潮土		1	0—24	暗棕色	砂壤土	屑粒状	8.0	11.3	0.81	0.54	15.4	5.0	101	11.9	洪积物、冲积物	E 115°22′33.2″ N 38°55′48.0″	98
						2	24—53	浅灰棕色	中壤土	碎块状	8.1	10.1	0.64	0.54	15.8	5.0	106	19.1			
						3	53—95	黑灰色	重壤土	块状	8.0	10.4	0.59	0.34	15.7	3.0	117	28.6			
						4	95—150	黄棕色	中壤土	碎块状	8.0	2.6	0.17	0.35	16.2	3.0	85	15.1			
剖2	半淋溶土	褐土	潮褐土	壤质洪积冲积潮褐土	砂姜潮黄土	1	0—22	暗褐色	黏壤土	屑粒状	8.1	18.2	1.08	0.79	19.2	7.5	187	14.9	砂岩、石英岩类残积物、坡积物	E 115°28′34.8″ N 38°49′51.2″	87
						2	22—38	暗褐色	黏壤土	屑粒状	8.1	14.9	0.91	0.76	19.4	5.9	162	14.9			
						3	38—62	灰褐色	黏壤土	屑粒状	8.5	3.9	0.29	0.43	19.0		88	12.5			
						4	62—90	浅褐色	黏壤土	屑粒状	8.4	3.1	0.28	0.43	18.6		73	10.6			
						5	90—140	浅灰褐色	黏壤土	屑粒状	8.3	2.7	0.17	0.43	18.8		76	11.4			

满 城 区

主要土类说明

褐土是满城区主要土壤类型，占本区地域面积的93%，分布于本区各地。成土母质主要是第四纪洪积物、冲积物，太行山麓的黄土物质经洪水搬运堆积形成次生黄土母质和洪冲积母质。另外，山地岩石经过风化作用形成的土壤未经搬动，残留在山地表面，成为残坡积母质。褐土是在暖温带半湿润区发育形成的，具有黏化与钙质淋移淀积特征的土壤。该土壤盐基饱和，处于硅铝风化阶段，有明显的淀积黏化层。在其A-B-C剖面构型中，B层呈棕褐色，pH为7.0—7.5，盐基饱和度在80%以上，B层下部有假菌丝状钙积层。本区褐土分为淋溶褐土、褐土性土、潮褐土和石灰性褐土等亚类。

潮土是满城区第二大土壤类型，占本区地域面积的4%。潮土常见于近代河流冲积平原或低平阶地，成土母质为河流冲积物和洪积物、冲积物。地下水位浅，潜水参与成土过程。在潮土成土过程中，底土氧化还原作用交替进行，形成锈色斑纹和小型铁子。在长期耕作条件下，表层有机质含量为10—15g/kg。本区潮土只有潮土一个亚类。

小于本区地域面积3%的土壤类型还有粗骨土等。

本区域中心区气候特征

本区域中心区气候特征值
Regional climate characteristics in central area of the region

气候带：暖温带亚湿润气候 Climate region: Warm temperate subhumid climate	
年平均气温 /℃ Annual average temperature /℃	12.2
年平均最高气温 /℃ Annual average maximum temperature /℃	18.1
年平均最低气温 /℃ Annual average minimum temperature /℃	7.2
年降水量 /mm Annual precipitation /mm	513
≥10℃的积温 /℃ Daily temperature accumulated in a year (≥10℃) /℃	4421
年日照时数 /h Annual sunshine /h	2615
年平均相对湿度 /% Annual average relative humidity /%	58
干燥度 Dryness	1.45

满城县主要土壤类型与土壤剖面点分布图

1∶120 000

图 例
- 褐土
- 潮土
- 粗骨土
- ⊗ 剖面点

注：国务院2015年4月批准，撤销满城县，设立满城区。

第四编　河北省分县土壤图与土壤剖面数据

满城区土壤剖面理化性状表

剖面号 Soil profile	土纲 Soil order	土类 Soil great group	亚类 Soil subgroup	土属 Soil genus	土种 Soil species	土层码 Layer code	土层厚度 Depth/cm	颜色 Soil color	质地 Soil texture	土壤结构 Soil structure	pH	有机质 OM/(g/kg)	全氮 TN/(g/kg)	全磷 TP/(g/kg)	碱解氮 AN/(mg/kg)	有效磷 AP/(mg/kg)	速效钾 AK/(mg/kg)	阳离子交换量CEC/(cmol/kg)	土壤母质 Parent material	剖面点坐标 Profile coordinate	匹配指数 Matching index/%
剖1	半淋溶土	褐土	石灰性褐土	人工堆垫褐积石灰性褐土	人工堆垫壤质多砾石厚层碳酸岩	1	0—23	浅黄褐色	轻壤土	碎屑状	8.1	9.1	0.72	0.99	65	1.3	103	13.4		E 115°00′09.6″ N 39°01′59.0″	99
						2	23—40	浅黄褐色	中壤土	块状	8.7	7.4	0.52	0.96	70	1.9	68	9.4			
						3	40—80	暗棕色	中壤土	块状	8.4	6.5	0.47	0.96	58	7.3	72	7.2			
						4	80—150	红棕色	中壤土	块状	8.3	7.6	0.39	0.85	54	1.4	76	8.4			
剖2	半淋溶土	褐土	褐土性土	碳酸岩类残坡积褐土性土		1	0—18	棕红色			7.9	17.2	1.07	0.79	95	2.0	106	20.6		E 115°09′46.2″ N 39°01′52.4″	71
						2	18—36	红棕色			8.5	2.0	0.14	0.11	37	2.0	100	9.6			
剖3	半淋溶土	褐土	石灰性褐土	黄土质石灰性褐土	轻壤质黄土质石灰性褐土	1	0—25					9.3	0.66	0.80	68	1.5	90	9.7	黄土	E 115°18′15.8″ N 39°04′59.9″	82
						2	25—50					8.3	0.64	0.85	66	2.8	76	16.8			
						3	50—80					6.5	0.43	0.79	43	13.5	80	25.6			
						4	80—150					10.2	0.73	0.62	70	1.8	68	6.5			
剖4	半淋溶土	潮土	潮土	砂壤质潮土	砂壤质冲积潮土	1	0—28	浅灰色	砂壤土	粒状	8.6	4.0	0.27	1.49	25	1.9	42	9.5		E 115°19′05.5″ N 39°00′46.8″	96
						2	28—52	灰褐色	砂壤土	块状	8.4	1.6	0.76	1.79	12	2.0	44	11.3			
						3	52—97	灰褐色	砂壤土	块状	8.2	3.3	0.25	1.64	28	0.7	35	12.0			
						4	97—112	灰褐色	轻壤土	块状	8.0	19.9	1.11	1.37	13	2.0	68	12.5			
						5	112—150		砂壤土	块状	8.3	1.1	0.04	1.03	16	1.6	12	6.2			
剖5	半淋溶土	褐土	褐土性土	碳酸岩类残坡积褐土性土		1	0—15	棕褐色	轻壤土	屑粒状	7.7	31.3	1.74	0.95	182	2.0	136	16.3		E 115°13′30.4″ N 38°59′27.9″	78
						2	15—20	棕褐色	轻壤土	屑粒状	7.7	25.2	1.47	0.72	161	2.0	96	14.7			
剖6	半淋溶土	褐土	石灰性褐土	人工堆垫褐积石灰性褐土	人工堆垫壤质少砾石厚层碳酸岩	1	0—19		轻壤土	屑粒状	8.0	11.4	0.73	1.22	67	4.0	184	23.2		E 115°15′41.3″ N 38°58′39.7″	92
						2	19—40		轻壤土	团粒状	8.2	8.5	0.59	1.08	54	1.0	128	19.6			
						3	40—78		轻壤土	屑粒状	8.1	8.8	0.58	1.13	48	1.0	103	21.3			
						4	78—150		轻壤土	屑粒状	8.2	9.3	0.61	0.91	37	1.5	96	20.6			
剖7	半淋溶土	褐土	潮褐土	脱沼泽壤质潮褐土	脱沼泽壤质潮褐土	1	0—23		轻壤土	屑粒状	7.8	12.1	0.73	1.18	51	5.6	98	16.9		E 115°24′28.2″ N 38°56′17.7″	93
						2	23—58		重壤土	小块状	8.0	8.8	0.60	1.05	46	0.2	64	21.5			
						3	58—100		重壤土	核状	7.9	7.4	0.43	1.16	43	0.5	116	17.7			
						4	100—150		中壤土	块状	8.2	3.2	0.29	1.09	25	0.3	98	24.1			
剖8	半淋溶土	褐土	潮褐土	脱沼泽壤体潮褐土	脱沼泽壤体黏底潮褐土	1	0—25	黄褐色	轻壤土	屑粒状	8.0	11.7	6.52	1.40	74	7.0	108	19.8		E 115°25′18.1″ N 38°55′52.0″	98
						2	25—70	棕褐色	轻壤土	块状	8.3	10.4	0.66	1.25	93	2.0	88	20.3			
						3	70—130	暗棕色	轻壤土	块状	8.1	8.8	0.48	0.59	67	1.0	120	21.0			
						4	130—150	浅灰褐色	轻壤土	块状	8.4	8.1	0.50	0.82	66	1.0	66	18.8			
剖9	半水成土	潮土	潮土	轻壤质潮土	轻壤质洪冲积潮土	1	0—26	浅灰褐色	轻壤土	小块状	8.1	25.2	1.42	1.42	12	4.0	92	19.7	洪积物、冲积物	E 115°29′06.7″ N 38°54′55.8″	91
						2	26—51	浅灰褐色	轻壤土	小块状	8.3	4.8	0.24	1.34	55	2.0	28	9.8			
						3	51—150	暗灰褐色	中壤土	核状	8.1	0.7	0.03	1.75	7	0.5	6	9.4			
剖10	半水成土	潮土	潮土	脱沼泽体黏脱土	轻壤质体黏脱沼泽潮土	1	0—20	浅灰褐色	轻壤土	小块状	8.3	16.1	0.82	0.15	73	6.0	64	16.3		E 115°22′47.8″ N 38°53′44.3″	82
						2	20—48	暗灰褐色	重壤土	块状	8.3	12.8	0.69	1.31	50	0.2	48	10.8			
						3	48—75	浅灰褐色	重壤土	块状	8.2	16.6	0.84	1.33	13	0.7	46	11.8			
						4	75—150	浅灰褐色	轻壤土	块状	8.2	8.4	0.99	0.98	8	0.3	48	13.1			
剖11	半水成土	潮土	潮土	脱沼泽壤底黏潮土	轻壤质脱沼泽潮土	1	0—23	浅灰黑色	轻壤土	小块状	8.1	13.9	0.82	1.41	12	1.0	60	12.3		E 115°22′20.3″ N 38°53′02.0″	83
						2	23—56	灰黑色	重壤土	块状	8.3	13.6	0.83	1.26	4	1.0	30	26.5			
						3	56—93	浅灰色	轻壤土	粒状	8.1	17.1	0.99	1.30	22	1.0	32	20.2			
						4	93—150		中壤土	块状	8.1	5.7	0.30	0.93	62	1.0	30	17.2			

续表 Continued

剖面号 Soil profile	土纲 Soil order	土类 Soil great group	亚类 Soil subgroup	土属 Soil genus	土种 Soil species	土层码 Layer code	土层厚度 Depth/cm	颜色 Soil color	质地 Soil texture	土壤结构 Soil structure	pH	有机质 OM/(g/kg)	全氮 TN/(g/kg)	全磷 TP/(g/kg)	碱解氮 AN/(mg/kg)	有效磷 AP/(mg/kg)	速效钾 AK/(mg/kg)	阳离子交换量 CEC/(cmol/kg)	土壤母质 Parent material	剖面点坐标 Profile coordinate	匹配指数 Matching index/%
剖12	半水成土	潮土	潮土	脱沼泽壤质潮土	轻壤质腰黏脱沼泽潮土	1	0—24	浅灰褐色	轻壤土	屑粒状	8.1	18.7	0.95	1.61	86	16.0	54	9.6		E 115°21′28.4″ N 38°53′00.7″	82
						2	24—39	浅灰褐色	轻壤土	片状	8.0	15.6	0.84	1.11	69	1.0	48	16.9			
						3	39—75	暗灰色	重壤土	块状	8.0	20.8	1.06	1.07	69	1.0	52	10.5			
						4	75—109	浅灰褐色	中壤土	块状	8.1	5.2	0.30	0.91	47	1.0	56	11.3			
						5	109—150	浅灰褐色	中壤土	块状	8.1	3.0	0.22	1.19	32	1.0	50	6.9			
剖13	半淋溶土	潮褐土	脱沼泽壤质潮褐土	轻壤质底黏脱沼泽潮褐土		1	0—21	黄褐色	轻壤土	屑粒状	8.2	11.6		1.16		1.1	206			E 115°20′19.9″ N 38°52′31.2″	75
						2	21—63	棕褐色	轻壤土	块状	8.1	7.5		1.18		1.0	88				
						3	63—105	暗褐色	重壤土	块状	8.0	11.1		1.05		0.6	168				
						4	105—150	浅褐色	重壤土	块状	8.1	6.6		0.91		0.7	88				
剖14	半淋溶土	褐土	潮褐土	壤质洪冲积褐土	轻壤体姜潮褐土	1	0—30	灰棕色	轻壤土	屑粒状	8.0	10.2	0.60	1.22	53	1.0	96	20.8		E 115°21′37.4″ N 38°52′00.1″	90
						2	30—70	褐棕色	轻壤土	小块状	8.1	5.7	0.46	1.31	42	1.2	80	19.6			
						3	70—110	暗褐色	中壤土	核状	8.1	6.1	4.44	1.32	59	2.7	64	19.2			
						4	110—180	灰白色	中壤土	核状	8.0	2.8	0.22	0.95	2	1.0	52	22.7			
剖15	半淋溶土	褐土	石灰性褐土	壤质洪冲积石灰性褐土	轻壤质石灰性褐土	1	0—20	黄褐色	轻壤土	屑粒状	8.1	8.9	0.66	1.19	65	2.3	106	15.2		E 115°16′37.7″ N 38°51′15.2″	70
						2	20—53	黄褐色	轻壤土	块状	8.2	6.9	0.53	1.10	64	1.3	93	25.6			
						3	53—90	棕褐色	轻壤土	块状	8.1	5.3	0.44	0.95	41	1.0	82	16.4			
						4	90—150	黄褐色	轻壤土	块状	8.0	5.1	0.46	0.82	35	1.6	76	10.5			
剖16	半淋溶土	褐土	潮褐土	砂壤质洪冲积褐土	砂壤质洪冲积潮褐土	1	0—25	黄褐色	砂壤土	粒状	8.7	6.1	0.42	1.26	21	3.0	108	11.9		E 115°30′18.9″ N 38°55′54.4″	84
						2	25—90	黄褐色	砂壤土	粒状	8.6	4.5	0.30	1.43	25	3.0	68	9.9			
						3	90—115	棕褐色	砂壤土	粒状	8.5	2.4	0.11	1.20	17	3.0	80	14.1			
						4	115—150	黄褐色	砂壤土	粒状	8.7	1.1	0.07	1.56	44	2.0	104	9.7			
剖17	半淋溶土	褐土	潮褐土	脱沼泽质底姜脱沼泽潮褐土	轻壤质腰黏底姜脱沼泽潮褐土	1	0—24	灰棕色	轻壤土	屑粒状	8.5	5.3	0.55	1.06	56	0.8	100	10.8		E 115°20′37.6″ N 38°49′46.4″	74
						2	24—46	褐棕色	轻壤土	小块状	8.2	12.1	0.73	1.05	54	1.9	90	15.6			
						3	46—75	暗褐色	重壤土	核状	8.3	4.8	0.32	1.03	26	1.2	144	10.8			
						4	75—160	灰白色	轻壤土	块状	8.1	2.8	0.24	0.96	19	1.5	84	16.6			
剖18	半淋溶土	褐土	潮褐土	壤质洪冲积潮褐土	轻壤质潮褐土	1	0—20	灰棕色	轻壤土	屑粒状	8.0	8.5	0.59	1.15	49	4.0	104	8.1		E 115°16′12.0″ N 38°47′11.8″	98
						2	20—30	灰棕色	轻壤土	屑粒状	8.1	6.5	0.37	1.05	46	0.7	102	12.8			
						3	30—85	棕褐色	轻壤土	屑粒状	8.0	6.5	0.47	0.65	41	0.5	59	13.6			
						4	85—150	棕褐色	轻壤土	屑粒状	7.8	6.1	0.39	0.58	38	0.3	71	11.6			

清 苑 区

主要土类说明

潮土是清苑区主要土壤类型，占本区地域面积的58%。潮土是直接发育在河流沉积物上，经耕种熟化形成的半水成土壤，主要分布在冲积平原地区。成土母质为近代河流冲积物，所处地带地势平坦，地下水埋深为2—3m，地下水直接参与成土过程。潮土形成过程主要为如下所述：地形平坦，排水欠通畅，地下水位较高，地下水可借毛管作用上升到地表，地下水参与成土过程。雨季时，地面水分增加，大部分渗入地下，因而抬高地下水埋深，但雨季过后，地下水又逐渐降低。冬季降雪稀少，春季气温增高而蒸发加快，所以在翌年雨季来临之前，地下水位降至最低。地下水位埋深的年变幅在1—3m。由于地下水升降频繁，氧化还原作用交替进行，土壤中物质的溶解、移动和淀积，在土体中形成锈色斑纹、铁子、铁锰结核及砂姜等。潮土一般直接发育在河流沉积物上，多属河流冲积母质，剖面质地变化比较复杂，或通体砂壤或砂黏相间，有"一步三换土"之说，主要是受河流冲击的影响。潮土的土层排列层次明显，通体石灰反应比较强，表土呈灰棕色，心土层常见锈色斑纹，底土层有小型铁子及铁锰结核，底土层呈暗灰色，表现出潜育化特征。

褐土是清苑区第二大土壤类型，占本区地域面积的39%，分布在半干旱、半湿润、半淋溶条件下，是通过地带性成土过程形成的土类，在垂直带谱中出现于棕壤之下，主要分布在太行山海拔1000m以下的低山丘陵及山麓平原地带。植被多为旱生阔叶林、灌木及草本植物，酸枣、荆条为褐土的重要指示植被，另外还有铁杆蒿、委陵菜、草木樨等。褐土所处地势较高，排水良好，地下水埋深在4—6m或更低，成土母质多属各种含碳酸盐物质，一般均有不同程度的石灰反应，盐基饱和。通常具有以下主要特征：褐土绝大部分为耕种土壤，耕作层有机质含量约为10g/kg，呈灰棕色，有屑粒结构、疏松多孔，犁底层厚约10cm，为片状结构，比较紧实。有褐色黏化层，气候雨热同季，促进风化和黏粒的形成，上层黏粒轻度下移，剖面中有黏化层，内外排水良好。铁锰充分氧化，土粒覆铁膜，颜色鲜艳，以棕褐色为主。为核状、块状结构，沿结构面有不明显的胶膜。具钙积层，成土母质多为含碳酸盐物质，在半淋溶条件下，土体钙质淋溶淀积，具有强弱不同的石灰反应，以假菌丝体、斑点或砂姜形成钙质淀积。土壤呈中性至微碱性，pH为7.0—8.0。

小于本区地域面积3%的土壤类型还有沼泽土等。

本区域中心区气候特征

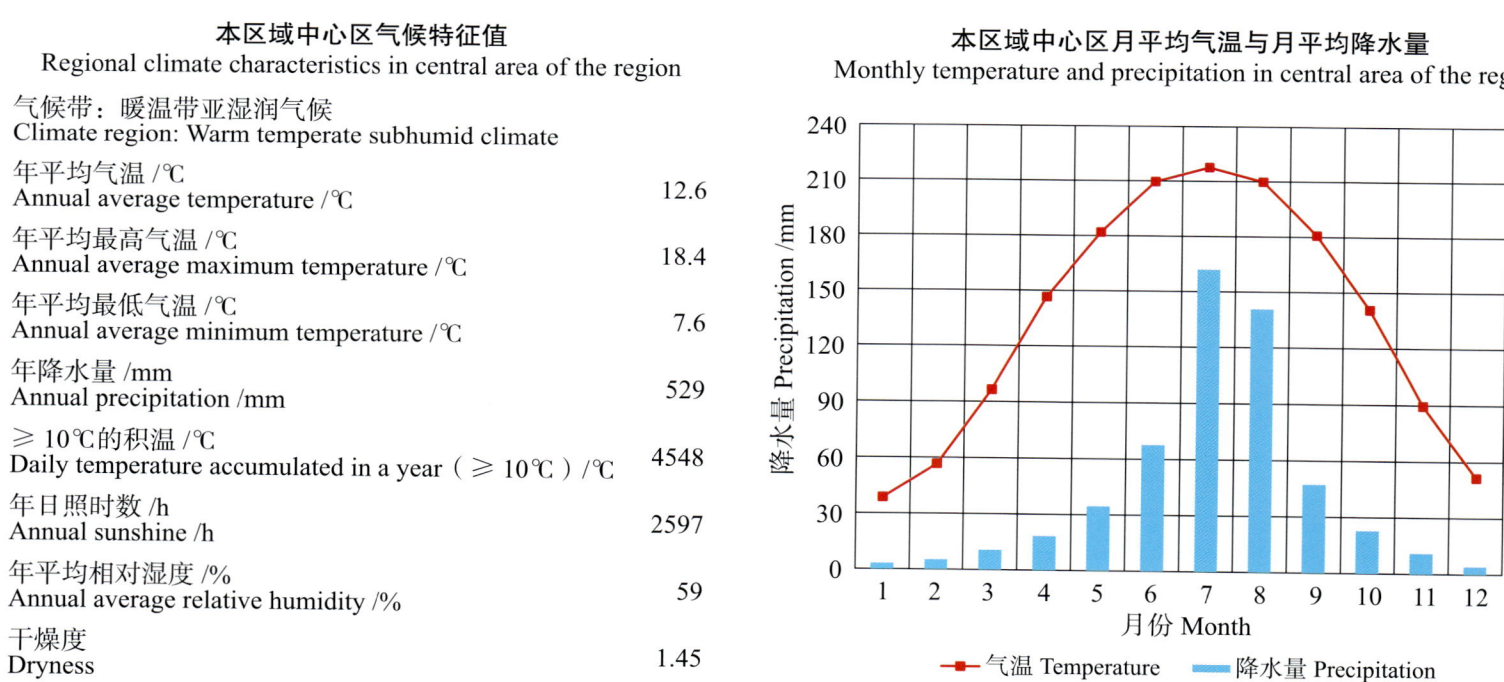

本区域中心区气候特征值 Regional climate characteristics in central area of the region	
气候带：暖温带亚湿润气候 Climate region: Warm temperate subhumid climate	
年平均气温 /℃ Annual average temperature /℃	12.6
年平均最高气温 /℃ Annual average maximum temperature /℃	18.4
年平均最低气温 /℃ Annual average minimum temperature /℃	7.6
年降水量 /mm Annual precipitation /mm	529
≥10℃的积温 /℃ Daily temperature accumulated in a year（≥10℃）/℃	4548
年日照时数 /h Annual sunshine /h	2597
年平均相对湿度 /% Annual average relative humidity /%	59
干燥度 Dryness	1.45

本区域中心区月平均气温与月平均降水量
Monthly temperature and precipitation in central area of the region

清苑县主要土壤类型与土壤剖面点分布图
1∶190 000

图例：潮土　褐土　沼泽土　⊗ 剖面点

注：国务院2015年8月批准，撤销清苑县，设立清苑区。

清苑区土壤剖面理化性状表

剖面号 Soil profile	土纲 Soil order	土类 Soil great group	亚类 Soil subgroup	土属 Soil genus	土种 Soil species	土层码 Layer code	土层厚度 Depth/cm	颜色 Soil color	质地 Soil texture	土壤结构 Soil structure	pH	有机质 OM/(g/kg)	全氮 TN/(g/kg)	全磷 TP/(g/kg)	速效钾 AK/(mg/kg)	阳离子交换量CEC/(cmol/kg)	剖面点坐标 Profile coordinate	匹配指数 Matching index/%
剖1	半水成土	潮土	潮土	轻壤质潮土	轻壤质黏潮土	1	0~18	浅灰棕色	轻壤土	屑粒状	8.3	8.8	0.64	0.44	119	17.7	E 115°40′01.8″ N 38°51′50.0″	93
						2	18~26	浅灰褐色	轻壤土	片状	8.4	6.1	0.40	0.52	82	13.8		
						3	26~50	灰褐色	中壤土	碎块状	8.3	9.5	0.60	0.52	125	15.8		
						4	50~89	棕褐色	重壤土	碎块状	8.4	6.4	0.63	0.45	90	20.8		
						5	89~130	灰褐色	重壤土	碎块状	8.4	6.3	0.46	0.19	61	22.2		
						6	130~150	灰棕色	中壤土	屑粒状	8.3	4.5	0.24	0.25	98	19.7		
剖2	半淋溶土	褐土	潮褐土	轻壤质脱沼泽潮褐土	中壤质潮褐土	1	0~20	灰棕色	轻壤土	屑粒状	8.3	10.1	0.60	0.57	124	10.3	E 115°25′48.1″ N 38°45′34.7″	96
						2	20~41	灰棕色	中壤土	碎块状	8.4	8.2	0.47	0.44	83	11.1		
						3	41~69	浅灰褐色	中壤土	碎块状	8.1	5.7	0.39	0.24	82	17.0		
						4	69~119	灰褐色	轻壤土	碎粒状	8.2	3.1	0.25	0.42	59	12.6		
						5	119~150	浅灰棕色	轻壤土	屑粒状	8.2	2.3	0.19	0.37	57	12.4		
剖3	半水成土	潮土	潮土	壤质潮土	重壤质潮土	1	0~18	灰棕色	重壤土	碎块状	8.4	16.2	1.03	0.61	136	20.6	E 115°36′19.0″ N 38°44′45.6″	84
						2	18~29	灰棕色	重壤土	片状	8.0	15.4	0.90	0.60	142	21.9		
						3	29~110	褐灰褐色	重壤土	碎块状	8.2	8.3	0.64	0.45	115	21.6		
						4	110~135	浅灰褐色	重壤土	碎粒状	8.1	4.1	0.27	0.55	82	14.0		
剖4	半水成土	潮土	潮土	轻壤质潮土	砂壤质底黏潮土	1	0~22	灰棕色	轻壤土	屑粒状	8.3	7.7	0.56	0.51	83	14.6	E 115°33′06.1″ N 38°43′47.3″	71
						2	22~35	灰棕色	轻壤土	屑粒状	8.3	7.3	0.52	0.39	78	10.6		
						3	35~45	暗灰棕色	砂壤土	单粒状	8.3	4.3	0.30	0.38	56	12.8		
						4	45~57	灰棕色	轻壤土	碎块状	8.3	6.6	0.49	0.40	77	11.3		
						5	57~80	棕灰色	轻壤土	片状	8.7	4.8	0.30	0.49	48	16.6		
						6	80~95	浅黄棕色	中壤土	碎块状	8.7	8.4	0.54	0.42	93	5.9		
						7	95~130	浅灰棕色	砂壤土	单粒状	8.9	1.3	0.13	0.30	32	7.7		
剖5	半水成土	潮土	潮土	砂壤质潮土	砂壤质底黏潮土	1	0~20	灰棕色	砂壤土	屑粒状	8.4	5.4	0.30	0.51	58	7.7	E 115°25′50.5″ N 38°38′18.2″	97
						2	20~31	浅灰棕色	砂壤土	屑粒状	8.3	4.2	0.25	0.43	44	3.6		
						3	31~55	棕灰色	砂壤土	屑粒状	8.6	1.2	0.13	0.58	32	8.3		
						4	55~89	浅灰褐色	中壤土	碎粒状	8.6	7.8	0.32	0.42	44	18.5		
						5	89~150	灰褐色	重壤土	块状	8.3	13.0	0.81	0.63	145	8.4		
剖6	半水成土	潮土	潮土	砂壤质潮土	砂壤质底黏潮土	1	0~19	灰棕色	中壤土	屑粒状	8.4	7.4	0.47	0.46	76	5.2	E 115°19′07.7″ N 38°36′42.1″	100
						2	19~50	棕灰色	砂壤土	块状	8.3	1.8	0.12	0.45	25	15.9		
						3	50~86	浅灰棕色	中壤土	块状	8.7	7.7	0.49	0.47	73	15.4		
						4	86~106	灰棕色	中壤土	块状	8.5	7.2	0.53	0.34	97	6.1		
						5	106~150	浅棕色	砂土	单粒状	8.9	1.7	0.11	0.38	35	11.9		
剖7	半水成土	潮土	潮土	轻壤质潮土	中壤质潮土	1	0~17	灰棕色	中壤土	块状	8.0	10.1	0.69	0.60	113	13.1	E 115°28′24.3″ N 38°35′47.9″	74
						2	17~28	灰棕色	中壤土	块状	8.2	9.0	0.63	0.56	89	15.1		
						3	28~69	棕色	中壤土	块状	8.8	6.4	0.43	0.49	91	11.7		
						4	69~114	灰棕色	中壤土	碎块状	8.5	4.5	0.35	0.33	56	7.1		
						5	114~150	浅棕色	轻壤土	碎块状	8.6	1.9	0.18	0.43	38			
剖8	半淋溶土	褐土	潮褐土	轻壤质脱沼泽潮褐土	中壤质姜潮褐土	1	0~19	灰棕色	中壤土	屑粒状	8.6	9.5	0.90	0.46	83		E 115°19′08.8″ N 38°34′00.5″	76
						2	19~40	灰棕色	轻壤土	碎块状	8.4	8.1	0.81	0.43	57			
						3	40~78	暗灰棕色	中壤土	碎块状	8.4	6.3	0.76	0.20	66			
						4	78~99	灰棕色	中壤土	碎块状	8.5	3.0	0.54	0.39	52			
						5	99~150	浅灰棕色	砂壤土	屑粒状	8.5	2.6	0.44	0.39	39			

续表 Continued

剖面号 Soil profile	土纲 Soil order	土类 Soil great group	亚类 Soil subgroup	土属 Soil genus	土种 Soil species	土层码 Layer code	土层厚度 Depth/cm	颜色 Soil color	质地 Soil texture	土壤结构 Soil structure	pH	有机质 OM/(g/kg)	全氮 TN/(g/kg)	全磷 TP/(g/kg)	速效钾 AK/(mg/kg)	阳离子交换量 CEC/(cmol/kg)	剖面点坐标 Profile coordinate	匹配指数 Matching index/%
剖9	半水成土	潮土	潮土	轻壤质脱沼泽潮土	中壤质脱沼泽潮土	1	0—20	灰棕色	中壤土	屑粒状	8.2	9.1	0.57	0.60	83	12.3	E 115°35′57.5″ N 38°39′21.0″	84
						2	20—30	灰棕色	中壤土	片状	8.3	7.2	0.53	0.57	81	13.2		
						3	30—41	灰棕色	中壤土	屑粒状	8.4	6.2	0.43	0.53	83	11.7		
						4	41—59	棕褐色	中壤土	碎块状	8.4	8.0	0.60	0.46	125	20.1		
						5	59—115		重壤土	碎块状	8.2	7.1	0.48	0.28	123	22.5		
						6	115—140		轻壤土	碎块状	8.2	6.4	0.43	0.49	91	15.7		
剖10	半水成土	潮土	潮土	砂壤质潮土	砂壤质潮土	1	0—22	灰棕色	砂壤土	屑粒状	8.2	4.6	0.31	0.48	53		E 115°32′45.6″ N 38°39′11.9″	74
						2	22—33	灰棕色	砂壤土	单粒状	8.2	5.7	0.36	0.48	55			
						3	33—60	浅灰棕色	砂壤土	单粒状	8.3	4.6	0.31	0.32	45			
						4	60—75	灰棕色	砂壤土	单粒状	8.2	6.3	0.42	0.46	68			
						5	75—107	浅黄棕色	砂壤土	单粒状	8.3	2.3	0.16	0.48	43			
						6	107—120	灰棕色	轻壤土	片状	8.4	9.0	0.50	0.49	88			

徐 水 区

主要土类说明

褐土是徐水区主要土壤类型，占本区地域面积的68%。褐土是地带性土壤，发育在冲积扇的北部，主要在半干旱、半湿润条件下形成。该土壤质地大部分为轻壤土，土层深厚（除山区的褐土性土），颜色鲜艳，质地较厚，通气性强，土壤中有白色的假菌丝体，石灰反应强烈，土壤呈中偏碱性。

潮土是徐水区第二大土壤类型，占本区地域面积的18%，主要分布于崔庄镇、大因镇、东史端镇等地。潮土直接发育在河流沉积物上，土层排列层次明显，地下水位较高，一般约为2m，通体石灰反应较强，表土呈灰棕色，心土层毛管作用强烈，较湿润，常见锈色斑纹，底土层颜色灰暗，有铁子、铁锰结核存在，土壤呈中偏碱性。

粗骨土是徐水区第三大土壤类型，占本区地域面积的8%。粗骨土主要分布在山区的山坡地上，具多砾粗骨薄层，一般土层厚度为15cm，砾石占10%—30%。土层侵蚀严重，在薄层A层下，为不同厚度的风化岩层，均为松散的碎屑层。

砂姜黑土占徐水区地域面积的4%，主要分布于大因镇、东史端镇、崔庄镇。该土表土质地为轻壤土，易耕易作，适于多种作物种植，心土层中有质地较重的脱沼泽层，此层具有保水、保肥的能力，底土层中有砂姜存在，不利于植物根系生长。

小于本区地域面积3%的土壤类型还有沼泽土等。

本区域中心区气候特征

本区域中心区气候特征值
Regional climate characteristics in central area of the region

气候带：暖温带亚湿润气候 Climate region: Warm temperate subhumid climate	
年平均气温 /℃ Annual average temperature /℃	12.2
年平均最高气温 /℃ Annual average maximum temperature /℃	18.0
年平均最低气温 /℃ Annual average minimum temperature /℃	7.3
年降水量 /mm Annual precipitation /mm	522
≥10℃的积温 /℃ Daily temperature accumulated in a year (≥10℃) /℃	4430
年日照时数 /h Annual sunshine /h	2648
年平均相对湿度 /% Annual average relative humidity /%	58
干燥度 Dryness	1.44

本区域中心区月平均气温与月平均降水量
Monthly temperature and precipitation in central area of the region

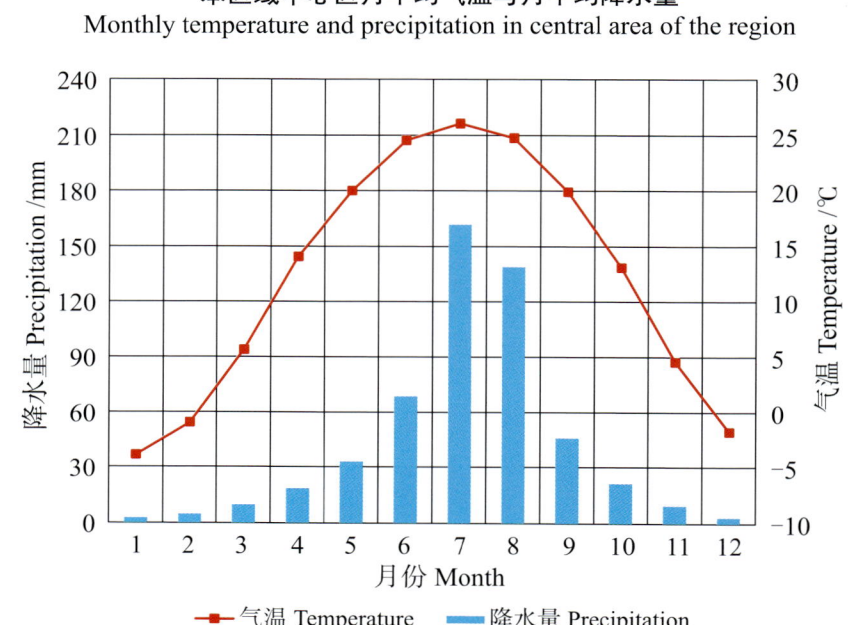

徐水县主要土壤类型与土壤剖面点分布图

1∶150 000

图例

颜色	类型
	褐土
	潮土
	粗骨土
	砂姜黑土
	沼泽土
⊗	剖面点

注：国务院 2015 年 4 月批准，撤销徐水县，设立徐水区。

第四编　河北省分县土壤图与土壤剖面数据 | 421

徐水区土壤剖面理化性状表

剖面号 Soil profile	土纲 Soil order	土类 Soil great group	亚类 Soil subgroup	土属 Soil genus	土种 Soil species	土层码 Layer code	土层厚度 Depth/cm	颜色 Soil color	质地 Soil texture	土壤结构 Soil structure	pH	有机质 OM/(g/kg)	全氮 TN/(g/kg)	碱解氮 AN/(mg/kg)	有效磷 AP/(mg/kg)	速效钾 AK/(mg/kg)	土壤母质 Parent material	剖面点坐标 Profile coordinate	匹配指数 Matching index/%
剖1	半淋溶土	褐土	石灰性褐土	马兰黄土质石灰性褐土	轻壤质马兰黄土石灰性褐土	1	0—23	浅褐色	轻壤土	屑粒状	8.0	7.4	0.54	34	7.4	71		E 115°24′52.2″ N 39°05′12.7″	94
						2	23—60	浅褐色	轻壤土	屑粒状	8.2	4.8	0.38	6	7.5	56			
						3	60—115	浅棕色	轻壤土	屑粒状	8.2	5.8	0.51	25	6.0	70			
剖2	半水成土	潮土	潮土	壤质脱沼泽化潮土	轻壤质底黏脱沼泽化潮土	1	0—20	浅棕色	轻壤土	屑粒状	8.6	7.4	0.54	43	1.8	60		E 115°44′14.1″ N 39°02′20.8″	83
						2	20—43	浅棕色	轻壤土	屑粒状	8.3	5.7	0.45	47	4.5	60			
						3	43—64	棕色	中壤土	小块状	8.5	7.7	0.57	47	6.0	64			
						4	64—112	黑棕色	重壤土	小块状	8.5	12.8	0.77	63	5.0	92			
						5	112—140	灰棕色	重壤土	小块状	8.4	5.6	0.49	39	3.4	68			
剖3	半淋溶土	褐土	潮褐土	洪冲积潮褐土	轻壤质潮褐土	1	0—17	浅棕色	轻壤土	屑粒状	8.2	8.8	0.62	60	7.1	64	洪积物、冲积物	E 115°32′55.0″ N 39°01′03.0″	98
						2	17—38	棕色	轻壤土	屑粒状	8.5	7.3	0.54	50	4.4	58			
						3	38—48	棕色	轻壤土	碎屑状	8.5	5.4	0.42	36	1.8	54			
						4	48—76	棕色	中壤土	小块状	8.3	5.7	0.40	40	4.5	69			
						5	76—135	深棕色	中壤土	小块状	8.4	3.3	0.74	28	4.2	40			
剖4	半水成土	潮土	潮土	壤质潮土	轻壤质潮土	1	0—18	浅棕色	轻壤土	屑粒状	8.2	5.9	0.40	28	2.5	54		E 115°40′59.8″ N 38°57′51.8″	79
						2	18—90	浅棕色	轻壤土	屑粒状	8.3	8.3	0.48	33	3.0	56			
						3	90—105	浅棕色	砂壤土	碎屑状	8.3	8.3	0.47	32	1.7	84			
						4	105—140	浅棕色	中壤土	小块状	8.4	4.3	0.31	19	2.2	72			
剖5	半水成土	潮土	潮土	壤质脱盐化潮土	轻壤质脱盐化潮土	1	0—23	浅棕色	轻壤土	屑粒状	8.5	5.3	0.39	16	3.4	44		E 115°42′48.8″ N 38°55′20.7″	100
						2	23—41	棕色	轻壤土	屑粒状	8.5	6.1	0.39	23	3.3	48			
						3	41—110	暗棕色	轻壤土	屑粒状	8.7	2.7	0.16	9	3.2	56			
剖6	半淋溶土	褐土	潮褐土	洪冲积潮褐土	轻壤质底黏潮褐土	1	0—23	棕褐色	轻壤土	屑粒状	8.4	10.3	0.74	56	8.0	60	洪积物、冲积物	E 115°43′05.9″ N 38°53′55.7″	91
						2	23—35	棕褐色	轻壤土	屑粒状	8.6	6.4	0.46	26	5.8	60			
						3	35—54	棕褐色	中壤土	小块状	8.7	7.8	0.52	28	5.6	64			
						4	54—125	浅灰色	重壤土	大块状	8.6	7.5	0.50	27	7.1	92			

涞水县

主要土类说明

褐土是涞水县主要土壤类型，占本县地域面积的86%。褐土是发育在暖温带半干旱、半湿润地的山区、丘陵、山麓、平原及洪积扇上的一种地带性土壤，在垂直带谱上位于棕壤之下。本县所处地形部位较高，海拔均在37.5m以上，加上地势倾斜度较大，土壤内外排水良好。成土母质多为黄土、洪积物、冲积物以及各类岩石残积物、坡积物。因所处地区干湿季节分明，雨季有弱度淋溶过程，物理黏粒由表层移到下层，因此褐土具有黏化过程。因成土母质多富含石灰物质，钙源丰富，因而钙积累明显，土壤多呈中性至偏碱性。因褐土所处地形部位较高，地下水较深，土壤内外排水良好，比较干燥，有机质分解快，积累少，所以土壤颜色一般为鲜艳褐色。褐土的形成常伴随着洪积过程，表土被冲走以后又被覆盖上一层洪积物，所以山麓平原、山区谷地的褐土常见有叠加剖面层次。腐殖质层（耕作褐土为耕作层）为棕色或褐色，具屑粒状结构，疏松多孔，腐殖质含量较高。褐色黏化层质地较黏，颜色鲜艳，呈褐色。钙积层呈浅褐色，有白色假菌丝体或砂姜等。土壤呈中性或微碱性。

棕壤是涞水县第二大土壤类型，占本县地域面积的9%，集中分布在暖温带半干旱、半湿润地区，海拔800m以上的山地土壤，在褐土或淋溶褐土之上均有分布。植被为乔木、灌木和草被，乔木类型主要有栎树、云杉、桦树、椴树、油松、六道木、山杨等，草被主要有莎草、卷柏、苔藓等。棕壤主要有以下特征：表层有枯枝落叶层，厚为1—3cm，其下为厚度不一的棕灰色腐殖质层，潮湿而有弹性，具屑粒状结构，有机质含量为20—110g/kg，以灰棕色层逐渐向下过渡。棕壤具棕色黏化层，上层腐殖质层水分饱和，有机质嫌气分解，促使土壤铁锰还原，随水下淋至心土层，通气状况转好，铁锰重新氧化，把土粒染成棕色。表层下移的黏粒，加上心土原地黏化，形成既棕又黏的特定层次。脱钙酸化，水分淋溶及林被残落物嫌气分解产生有机酸，促使土体钙质淋脱，盐基转为不饱和，通体无石灰反应，土壤pH约为6.5。母岩层一般厚为30—40cm，土层达到1m的很少，在40cm以下即出现半风化母岩。

潮土是涞水县第三大土壤类型，占本县地域面积的4%，一般分布在河流两岸及冲积扇中下部，地下水埋深小于3m，地下水直接参与成土过程。耕作层、犁底层受地下水影响，颜色发暗，多呈灰棕色。有机质含量在10g/kg左右。黏质稍高，砂质低。雨季、旱季地下水位升降频繁，心土、底土水渍与通气过程交错进行，干湿交替，铁锰氧化还原交替进行，使土壤中物质溶解、移动和淀积，在土壤剖面中形成锈色斑纹，底土结构面常见铁子、铁锰结核、石灰结核等。土体冲积层明显。剖面质地较复杂，通体砂壤土或砂黏相间。轻壤质的沉积物透水性较强，水分沿毛管上升性能也较好，氧化还原较频繁，潮土化过程比较明显。

小于本县地域面积3%的土壤类型还有粗骨土和沼泽土等。

本区域中心区气候特征

本区域中心区气候特征值
Regional climate characteristics in central area of the region

气候带：暖温带亚湿润气候 Climate region: Warm temperate subhumid climate	
年平均气温 /℃ Annual average temperature /℃	11.4
年平均最高气温 /℃ Annual average maximum temperature /℃	17.5
年平均最低气温 /℃ Annual average minimum temperature /℃	6.1
年降水量 /mm Annual precipitation /mm	473
≥10℃的积温 /℃ Daily temperature accumulated in a year（≥10℃）/℃	4079
年日照时数 /h Annual sunshine /h	2743
年平均相对湿度 /% Annual average relative humidity /%	55
干燥度 Dryness	1.46

本区域中心区月平均气温与月平均降水量
Monthly temperature and precipitation in central area of the region

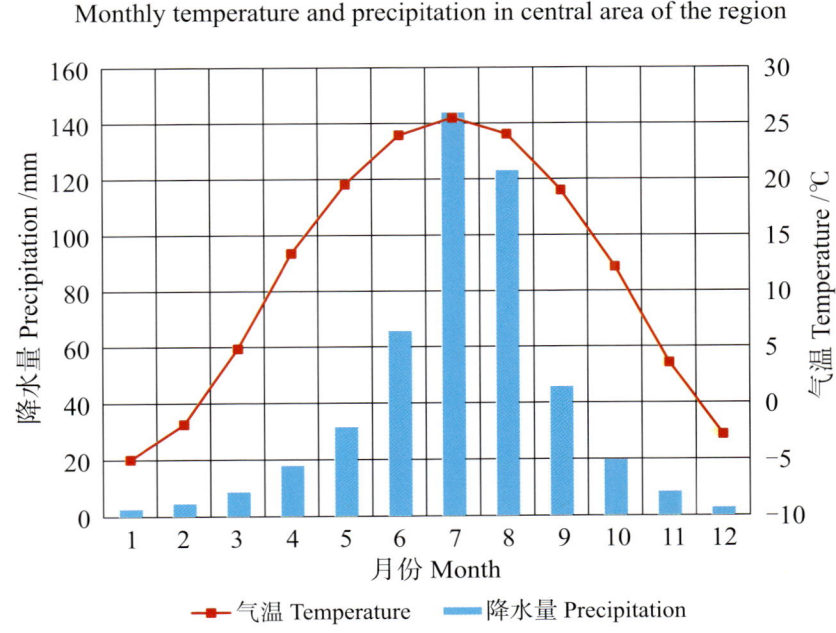

涞水县主要土壤类型与土壤剖面点分布图
1:310 000

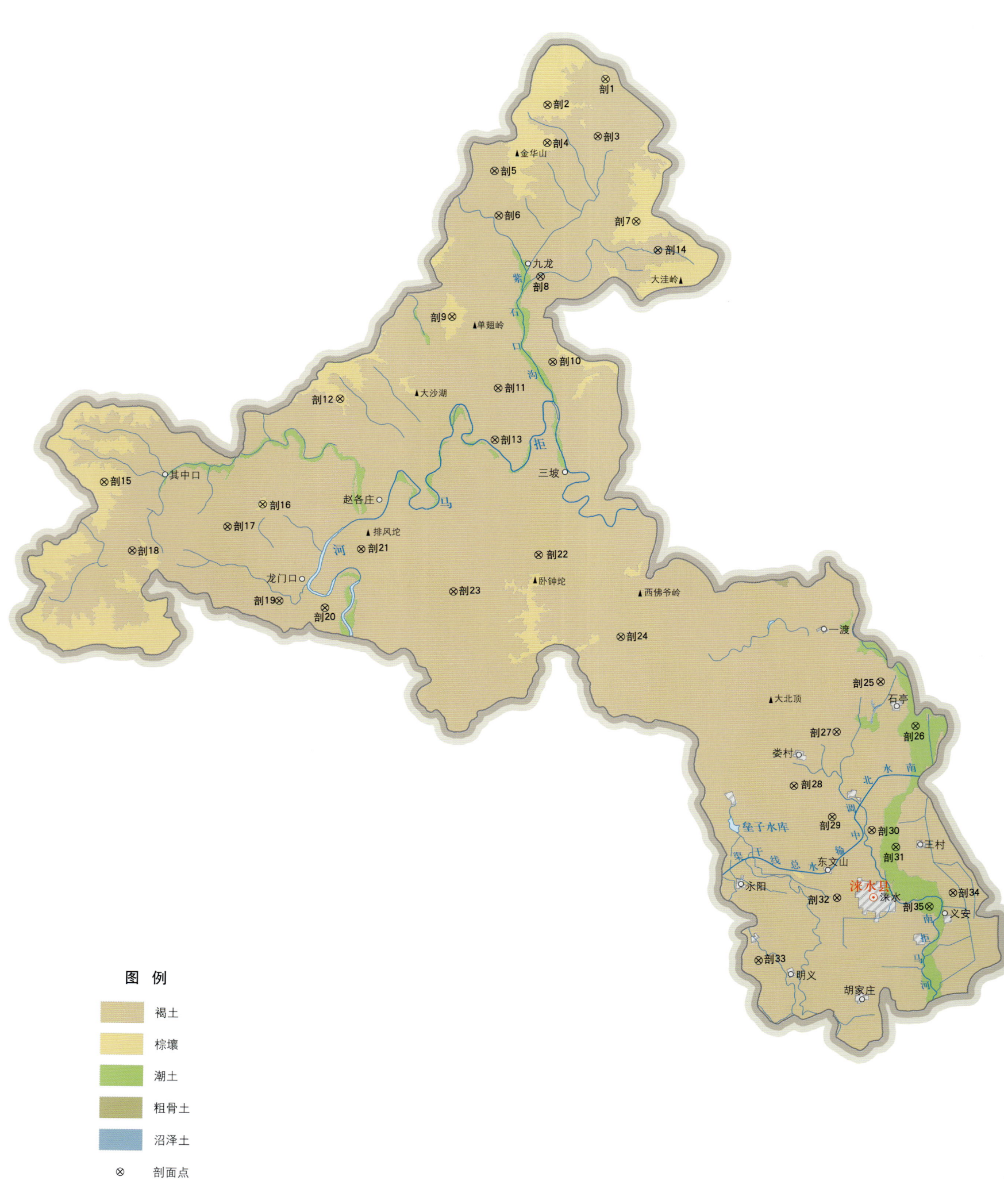

涞水县土壤剖面理化性状表

剖面号 Soil profile	土纲 Soil order	土类 Soil great group	亚类 Soil subgroup	土属 Soil genus	土种 Soil species	土层码 Layer code	土层厚度 Depth/cm	颜色 Soil color	质地 Soil texture	土壤结构 Soil structure	pH	有机质 OM/(g/kg)	全氮 TN/(g/kg)	全磷 TP/(g/kg)	速效钾 AK/(mg/kg)	阳离子交换量CEC/(cmol/kg)	土壤母质 Parent material	剖面点坐标 Profile coordinate	匹配指数 Matching index/%
剖1	淋溶土	棕壤	棕壤	基性岩类棕壤	薄层少砾石棕壤土	1 2	0–14 14–	灰棕色	轻壤土	屑粒状 块状							基性岩类	E 115°27′54.7″ N 39°55′43.3″	73
剖2	淋溶土	棕壤	棕壤	碳酸岩类棕壤	薄层少砾石棕褐土	1 2 3	0–10 10–21 21–	灰棕色 棕褐色	轻壤土 轻壤土	屑粒状 屑粒状 块状							碳酸岩类	E 115°25′02.6″ N 39°54′38.6″	85
剖3	半淋溶土	褐土	淋溶褐土	花岗岩类淋溶褐土	薄层多砾石淋溶褐土	1 2 3	0–7 7–16 16–	棕色 浅棕色	轻壤土 轻壤土	屑粒状 屑粒状 块状	6.8	26.9	1.38	1.19			花岗岩类	E 115°27′35.5″ N 39°53′26.6″	78
剖4	淋溶土	棕壤	棕壤	花岗岩类棕壤	薄层少砾石棕壤土	1 2 R	0–13 13–27 27–	暗棕色 棕色	轻壤土 轻壤土	屑粒状 屑粒状	6.2 6.3	76.5 26.5	3.84 1.14	1.28 0.54	265 124		花岗岩类	E 115°25′04.8″ N 39°53′08.5″	78
剖5	半淋溶土	褐土	淋溶褐土	花岗岩类淋溶褐土	薄层多砾石淋溶褐土	1 2 3	0–8 8–19 19–	灰棕色 浅棕色	轻壤土 砂壤土	屑粒状 屑粒状 块状	6.5 6.8	60.2 37.2	3.24 2.25	1.25 1.00	500 264		花岗岩类	E 115°22′28.6″ N 39°51′58.3″	86
剖6	半淋溶土	褐土	褐土性	花岗岩类褐土性土	薄层少砾石褐土性土	1 2 3	0–16 16–24 24–	灰棕色 浅棕色	轻壤土 轻壤土	屑粒状 屑粒状 块状	7.5 7.5	48.5 24.4	2.48 1.09	1.40 1.23	260 158		花岗岩类	E 115°22′44.4″ N 39°50′12.3″	70
剖7	半淋溶土	褐土	棕壤	花岗岩类棕壤	薄层少砾石棕壤土	1 2 3	0–9 9–28 28–	黑棕色 灰棕色	轻壤土 轻壤土	屑粒状 屑粒状 块状							花岗岩类	E 115°29′37.2″ N 39°50′06.2″	88
剖8	淋溶土	褐土	石灰性褐土	砂壤质洪冲积石灰性褐土	中层少砾质石灰性褐土	1 2	0–18 18–32	浅棕色 棕褐色	砂壤土 砂壤土	屑粒状 屑粒状								E 115°24′54.7″ N 39°47′50.6″	87
剖9	淋溶土	褐土	褐土性	碳酸岩类褐土性土	薄层少砾石褐土性土	1 2	0–16 16–	暗棕色	轻壤土	屑粒状 块状							碳酸岩类	E 115°20′33.7″ N 39°16′09.8″	82
剖10	半淋溶土	褐土	淋溶褐土	页岩类淋溶褐土	薄层多砾石淋溶褐土	1 2	0–12 12–	棕色	轻壤土	屑粒状 块状							页岩类	E 115°25′38.3″ N 39°44′28.0″	97
剖11	半淋溶土	褐土	褐土性	页岩类褐土性土	薄层多砾石褐土性土	1 2	0–15 15–	灰棕色	轻壤土	屑粒状 块状	7.9	41.2	2.26	1.02	128		页岩类	E 115°22′57.0″ N 39°43′22.8″	71
剖12	淋溶土	褐土	褐土性	碳酸岩类褐土性土	薄层多砾石褐土性土	1 2 3	0–9 9–20 20–	暗棕色 暗棕色	轻壤土 轻壤土	屑粒状 屑粒状 块状							花岗岩类	E 115°15′05.0″ N 39°42′47.2″	79
剖13	半淋溶土	褐土	褐土性	碳酸岩类褐土性土	薄层多砾石褐土性土	1 2	0–16 16–	灰棕色	轻壤土	屑粒状 块状	7.8	47.7	2.39	0.93	229		碳酸岩类	E 115°22′51.6″ N 39°41′19.0″	92
剖14	淋溶土	褐土	淋溶褐土	基性岩类淋溶褐土	薄层多砾石淋溶褐土	1 2	0–14 14–	浅棕色 棕色	轻壤土 轻壤土	屑粒状 屑粒状	6.5	56.5	2.90	1.33	142		基性岩类	E 115°30′44.3″ N 39°48′59.4″	81
剖15	淋溶土	棕壤	棕壤	碳酸岩类棕壤	中层少砾石棕壤土	1 2	0–12 12–24 24–35	浅棕色 棕色	轻壤土 轻壤土	屑粒状 屑粒状							碳酸岩类	E 115°03′27.3″ N 39°39′13.5″	70
剖16	淋溶土	棕壤	棕壤性	花岗岩类棕壤性土	中层少砾石棕壤性土	1 2 3	0–7 7–20 20–35	黑棕色 黑棕色	轻壤土 轻壤土	屑粒状 屑粒状							花岗岩类	E 115°11′23.3″ N 39°38′31.6″	74

续表 Continued

剖面号 Soil profile	土纲 Soil order	土类 Soil great group	亚类 Soil subgroup	土属 Soil genus	土种 Soil species	土层码 Layer code	土层厚度 Depth/cm	颜色 Soil color	质地 Soil texture	土壤结构 Soil structure	pH	有机质 OM/(g/kg)	全氮 TN/(g/kg)	全磷 TP/(g/kg)	速效钾 AK/(mg/kg)	阳离子交换量CEC/(cmol/kg)	土壤母质 Parent material	剖面点坐标 Profile coordinate	匹配指数 Matching index/%
剖17	半淋溶土	褐土	淋溶褐土	花岗岩类淋溶褐土	中层多砾淋溶褐土	1	0–26	灰棕色	砂壤土	屑粒状	6.6	31.3	1.66	1.50	75		花岗岩类	E 115°09′40.5″ N 39°37′36.2″	72
						2	26–39	黄棕色	砂土	粒状	6.8	16.1	0.88	1.98	53				
						3	39–												
剖18	半淋溶土	褐土	淋溶褐土	碳酸岩类淋溶褐土	薄层多砾石淋溶褐土	1	0–11	灰棕色	轻壤土	屑粒状	6.8	71.3	3.83	1.28	206		碳酸岩类	E 115°04′57.6″ N 39°36′32.8″	85
						2	11–19	棕色	轻壤土	块状	7.0	38.0	2.13	0.90	132				
						3	19–												
剖19	半淋溶土	褐土	褐土性土	花岗岩类褐土性土	中层多砾石褐土性	1	0–22	灰色	砂壤土	屑粒状	7.3	30.8	1.61	1.00	97		花岗岩类	E 115°12′21.8″ N 39°34′42.7″	100
						2	22–36	灰白色	砂土	屑粒状	7.9	11.0	0.48	0.90	29				
						3	36–												
剖20	半淋溶土	褐土	褐土性土	碳酸岩类褐土性土	中层多砾石褐土性	1	0–18	暗棕色	轻壤土	屑粒状	7.5	43.3	2.53	2.61	115		碳酸岩类	E 115°14′38.5″ N 39°34′29.0″	96
						2	18–32	红褐色	轻壤土	屑粒状	7.6	36.3	2.16	2.48	60				
						3	32–												
剖21	半淋溶土	褐土	褐土性土	碳酸岩类褐土性土	薄层少砾石褐土性	1	0–11	灰棕色	轻壤土	屑粒状	7.8	51.9	2.83	1.12	184		碳酸岩类	E 115°16′21.7″ N 39°36′52.2″	73
						2	11–21	棕褐色	轻壤土	屑粒状	7.7	10.1	0.53	0.37	130				
						3	21–												
剖22	半淋溶土	褐土	褐土	基性岩类褐土	中层少砾石淋溶褐土	1	0–20	黑棕色	轻壤土	屑粒状							基性岩类	E 115°25′12.4″ N 39°36′49.3″	74
						2	20–36	褐棕色	轻壤土	屑粒状									
						3	36–												
剖23	半淋溶土	褐土	淋溶褐土	碳酸岩类淋溶褐土	薄层少砾石淋溶褐土	1	0–10	灰棕色	轻壤土	屑粒状	6.8	65.7	3.43	1.03	212		碳酸岩类	E 115°21′01.1″ N 39°35′16.4″	71
						2	10–25	浅棕色	轻壤土	屑粒状	7.4	9.5	0.44	0.69	57				
						3	25–												
剖24	半淋溶土	褐土	淋溶褐土	碳酸岩类淋溶褐土	中层少砾石淋溶褐土	1	0–21	棕色	轻壤土	屑粒状	6.8	38.4	1.58	0.57	96		碳酸岩类	E 115°29′24.4″ N 39°33′39.0″	87
						2	21–56	黄棕色	轻壤土	屑粒状	7.2	23.1	0.92	0.48	76				
						3	56–												
剖25	半淋溶土	褐土	褐土	壤质洪冲积褐土	通体轻壤质褐土	1	0–20	棕褐色	轻壤土	屑粒状								E 115°42′23.4″ N 39°32′07.4″	73
						2	20–50	棕褐色	轻壤土	屑粒状									
						3	50–120	暗棕色	轻壤土	屑粒状									
剖26	半水成土	潮土	潮土	壤质潮土	通体轻壤质潮土	1	0–22	灰棕色	轻壤土	屑粒状	8.0	14.5	0.77	1.58	106	9.6		E 115°44′13.9″ N 39°30′56.2″	89
						2	22–60	灰棕色	轻壤土	屑粒状	8.2	13.3	0.77	1.42	87	13.7			
						3	60–115	浅棕色	轻壤土	屑粒状	8.1	10.6	0.63	1.39	121	16.1			
剖27	半淋溶土	褐土	褐土	碳酸岩类褐土	通体轻壤质褐土	1	0–18	浅棕色	轻壤土	屑粒状							碳酸岩类	E 115°40′16.3″ N 39°30′06.1″	99
						2	18–44	棕色	轻壤土	屑粒状									
						3	44–74	暗棕色	轻壤土	屑粒状									
						4	74–												
剖28	半淋溶土	褐土	褐土性土	马兰黄土褐土	中层轻壤质褐土	1	0–17	浅棕色	轻壤土	屑粒状	8.3	9.7	0.42	1.10	75			E 115°38′13.2″ N 39°27′56.5″	75
						2	17–50	棕色	砂壤土	屑粒状	8.1	4.1	0.29	0.78	40				
						3	50–110	棕色	砂壤土	屑粒状	8.4	3.1	0.05	0.67	32				
剖29	半淋溶土	褐土	褐土性土	页岩类褐土性土	薄层砂砾石褐土性	1	0–12	灰棕色	轻壤土	块状							页岩类	E 115°40′09.5″ N 39°26′44.2″	97
						2	12–27	暗棕色	轻壤土	屑粒状									
						3	27–												
剖30	半淋溶土	褐土	潮褐土	砂壤质洪冲积潮褐土	通体砂砾质潮褐土	1	0–24	浅棕色	砂砾土	屑粒状								E 115°42′08.8″ N 39°26′14.0″	88
						2	24–77	棕色	砂砾土	屑粒状									
						3	77–113	棕色	砂砾土	屑粒状									

续表 Continued

剖面号 Soil profile	土纲 Soil order	土类 Soil great group	亚类 Soil subgroup	土属 Soil genus	土种 Soil species	土层码 Layer code	土层厚度 Depth/cm	颜色 Soil color	质地 Soil texture	土壤结构 Soil structure	pH	有机质 OM/(g/kg)	全氮 TN/(g/kg)	全磷 TP/(g/kg)	速效钾 AK/(mg/kg)	阳离子交换量 CEC/(cmol/kg)	土壤母质 Parent material	剖面点坐标 Profile coordinate	匹配指数 Matching index/%
剖31	半水成土	潮土	潮土	砂壤质潮土	通体砂壤质潮土	1	0—33	灰棕色	砂壤土	屑粒状								E 115°43′21.2″ N 39°25′35.2″	89
						2	33—45	灰白色	砂壤土	屑粒状									
						3	45—75	灰色	砂壤土	屑粒状									
						4	75—86	暗棕色	砂壤土	屑粒状									
						5	86—125	灰白色	砂土	单粒状									
剖32	半淋溶土	褐土	石灰性褐土	马兰黄土质石灰性褐土	通体轻壤质石灰性褐土	1	0—20	浅棕色	轻壤土	屑粒状	8.1	7.9	0.41	1.38	68	11.6		E 115°40′30.7″ N 39°23′30.1″	82
						2	20—55	浅棕色	轻壤土	屑粒状	8.4	5.0	0.22	1.09	36	10.1			
						3	55—114	棕褐色	轻壤土	屑粒状	8.1	5.2	0.24	0.54	62	12.3			
剖33	半淋溶土	褐土	潮褐土	塿质洪冲积潮褐土	通体轻壤质潮褐土	1	0—20	灰棕色	轻壤土	屑粒状	7.5	11.0	0.64	1.01	72	12.6		E 115°36′42.5″ N 39°20′56.6″	70
						2	20—63	灰棕色	轻壤土	屑粒状	7.6	4.4	0.27	0.88	52	13.7			
						3	63—115	黑褐色	轻壤土	屑粒状	7.9	5.4	0.79	0.79	104	25.0			
剖34	半淋溶土	褐土	石灰性褐土	塿质洪冲积石灰性褐土	轻壤质石灰性褐土	1	0—20	浅棕色	轻壤土	屑粒状	7.8	11.1	0.70	1.02	120	11.6		E 115°46′15.5″ N 39°23′48.8″	91
						2	20—53	棕色	轻壤土	屑粒状	7.7	7.0	0.29	0.77	64	11.2			
						3	53—120	暗棕色	轻壤土	屑粒状	7.9	7.7	0.25	0.76	72	13.0			
剖35	半水成土	潮土	潮土	砂质潮土	通体砂质潮土	1	0—18	灰棕色	砂土	单粒状								E 115°45′06.5″ N 39°23′15.0″	84
						2	18—44	灰棕色	砂土	单粒状									
						3	44—64	深棕色	砂壤土	屑粒状									
						4	64—97	浅棕色	砂壤土	屑粒状									
						5	97—135	灰白色	砂土	单粒状									

阜 平 县

主要土类说明

褐土是阜平县主要土壤类型，占本县地域面积的 84%，广泛分布在中山、低山、丘陵、河谷两岸地势较高的高岗地上。褐土是在暖温带半湿润区发育形成的，具有黏化与钙质淋移淀积特征的土壤。该土壤盐基饱和，处于硅铝风化阶段，有明显的淀积黏化层。在其 A–B–C 剖面构型中，B 层呈棕褐色，pH 为 7.0—7.5，盐基饱和度在 80% 以上，B 层下部有假菌丝状钙积层。

棕壤是阜平县第二大土壤类型，占本县地域面积的 14%，分布在本县西部、北部、东北部中山区。棕壤集中分布在褐土或淋溶褐土之上。植被为乔木、灌木和草被，乔木类型主要有栎树、云杉、桦树、椴树、油松、六道木、山杨等，草被主要有莎草、卷柏及苔藓等。棕壤主要有以下特征：表层有枯枝落叶层，厚 1—3cm，其下为厚度不一的棕灰色腐殖质层，潮湿而有弹性，具屑粒状结构，有机质含量为 20—110g/kg，以灰棕色层逐渐向下过渡。具棕色黏化层，上层腐殖质层水分饱和，有机质嫌气分解，促使土壤铁锰还原，随水下淋，至心土层，通气状况转好，铁锰重新氧化，把土粒染成棕色。表层下移的黏粒，加上心土原地黏化，形成"既棕又黏"的特定层次。脱钙酸化，水分淋溶及林被残落物嫌气分解产生有机酸，促使土体钙质淋脱，盐基转为不饱和，通体无石灰反应，土壤 pH 约为 6.5。棕壤土层一般厚 30—40cm，土层达到 1m 的很少，在 30—40cm 以下即出现半风化母岩。

小于本县地域面积 3% 的土壤类型还有潮土和山地草甸土等。

本区域中心区气候特征

本区域中心区气候特征值
Regional climate characteristics in central area of the region

气候带：中温带亚干旱气候 Climate region: Mid temperate subarid climate	
年平均气温 /℃ Annual average temperature /℃	10.7
年平均最高气温 /℃ Annual average maximum temperature /℃	17.1
年平均最低气温 /℃ Annual average minimum temperature /℃	5.1
年降水量 /mm Annual precipitation /mm	455
≥10℃的积温 /℃ Daily temperature accumulated in a year (≥10℃) /℃	3857
年日照时数 /h Annual sunshine /h	2592
年平均相对湿度 /% Annual average relative humidity /%	56
干燥度 Dryness	1.41

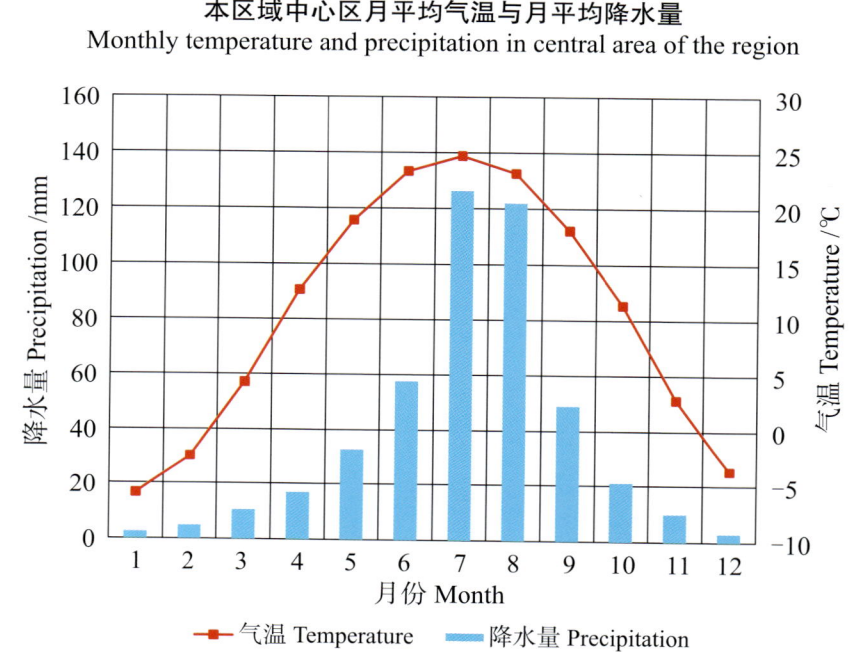

本区域中心区月平均气温与月平均降水量
Monthly temperature and precipitation in central area of the region

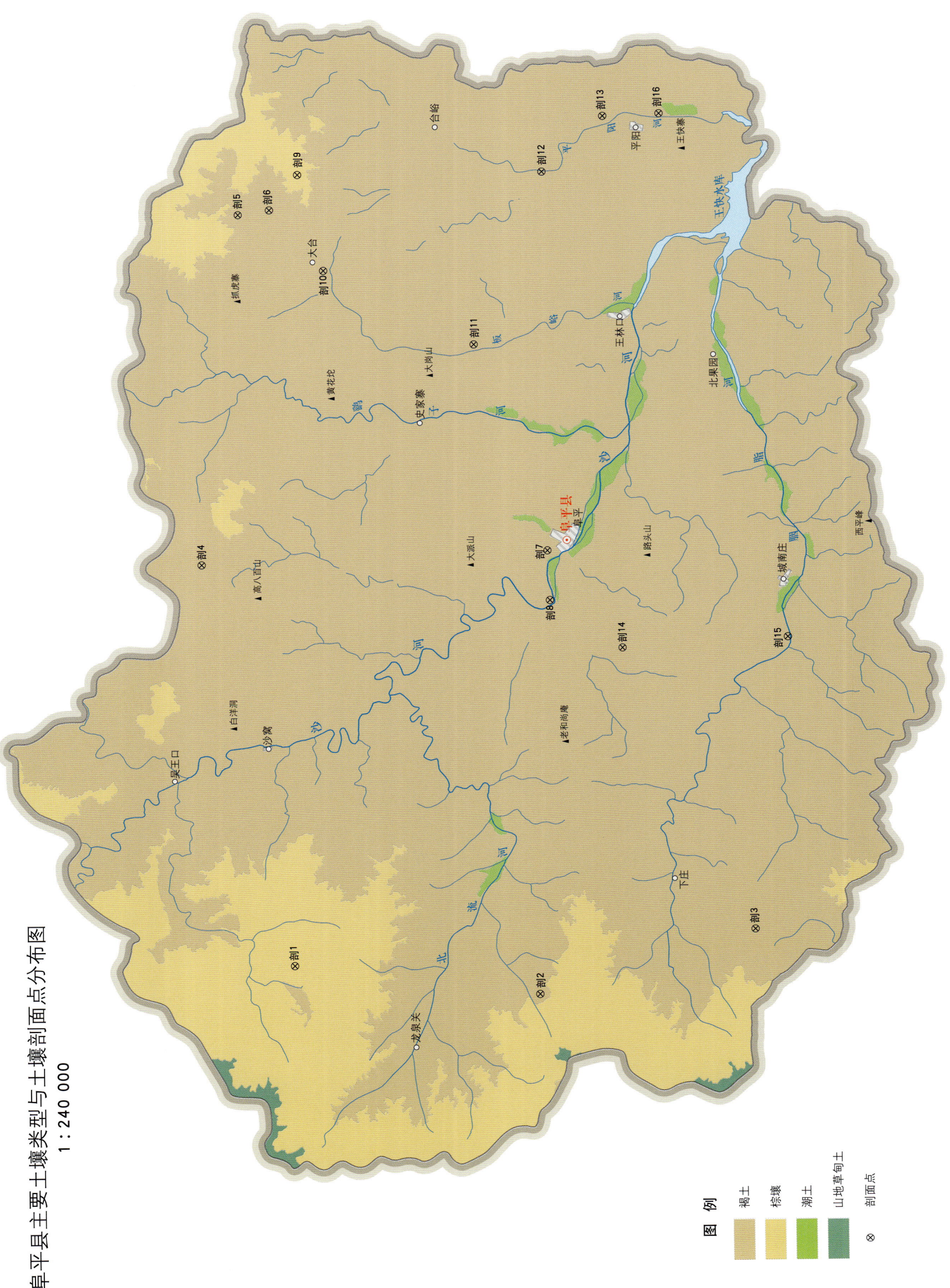

阜平县主要土壤类型与土壤剖面点分布图
1:240 000

阜平县土壤剖面理化性状表

剖面号 Soil profile	土纲 Soil order	土类 Soil great group	亚类 Soil subgroup	土属 Soil genus	土种 Soil species	土层码 Layer code	土层厚度 Depth/cm	颜色 Soil color	质地 Soil texture	土壤结构 Soil structure	pH	有机质 OM/(g/kg)	全氮 TN/(g/kg)	全磷 TP/(g/kg)	碱解氮 AN/(mg/kg)	有效磷 AP/(mg/kg)	速效钾 AK/(mg/kg)	阳离子交换量 CEC/(cmol/kg)	土壤母质 Parent material	剖面点坐标 Profile coordinate	匹配指数 Matching index/%
剖1	淋溶土	棕壤	棕壤	花岗岩类残积坡积棕壤	花岗岩薄层有机质中层少砾质棕壤	1	0—6	暗棕色	轻壤土	片状	7.1	252.6	10.63	2.19	612	26.1	292		花岗岩类残积物、坡积物	E 113°53′44.9″ N 38°58′53.4″	98
						2	6—25	暗棕色	轻壤土	屑粒状	5.6	84.6	4.03	1.83	370	4.0	120				
						3	25—45	浅棕色	轻壤土	屑粒状	5.7	74.5	3.71	1.76	325	4.2	108				
						4	45—														
剖2	半淋溶土	褐土	淋溶褐土	花岗岩类残积坡积淋溶褐土	花岗岩中层少砾质淋溶褐土	1	0—12	暗棕色	轻壤土		7.2	33.1	1.64	0.83	148	0.7	96		花岗岩类残积物、坡积物	E 113°52′52.0″ N 38°51′18.0″	96
						2	12—26	棕褐色	轻壤土		7.6	17.9	0.88	0.49	171	微量	46				
						3	26—42	浅棕色	轻壤土		7.7	11.1	0.58	0.30	72	微量	34				
						4	42—														
剖3	半淋溶土	褐土	褐土性土	花岗岩残积坡积褐土性土	花岗岩薄层少砾质褐土性土	1	0—10	暗褐色	砂壤土	单粒状	7.5	21.9	1.51	5.20	98	0.9	36		花岗岩类残积物、坡积物	E 113°55′43.7″ N 38°44′42.7″	91
						2	10—21	褐色	砂壤土	单粒状	7.2	26.9	4.22	2.26	62	微量	36				
						3	21—	浅褐色	砂壤土												
剖4	半淋溶土	褐土	淋溶褐土	花岗岩类残积坡积淋溶褐土	花岗岩薄层多砾质淋溶褐土	1	0—15	浅褐色	砂壤土	小粒状	7.6	33.0	1.88	2.04	162	0.7	56		花岗岩类残积物、坡积物	E 114°09′58.4″ N 39°02′06.2″	90
						2	15—29	棕褐色	砂壤土	单粒状	7.5	29.9	2.78	2.56	213	2.3	72				
						3	29—														
剖5	半淋溶土	褐土	褐土性土	基性岩残积坡积褐土性土	基性岩薄层少砾质褐土性土	1	0—11	暗褐色	轻壤土	屑粒状	7.2	45.6	2.49	1.28	207	4.0	72		基性岩类	E 114°24′15.8″ N 39°01′16.3″	96
						2	11—25	黄褐色	轻壤土	屑粒状	7.2	28.2	1.48	0.90	138	1.7	44				
剖6	半淋溶土	褐土	褐土性土	石灰岩残积坡积褐土性土	石灰岩薄层多砾质褐土性土	1	0—10	褐色	砂壤土	小粒状	7.9	25.0	1.87	1.50	119	1.3	60			E 114°24′29.2″ N 39°00′18.7″	82
						2	10—19	棕褐色	砂壤土	单粒状	7.9	25.1	1.80	1.03	118	1.4	56				
						3	19—														
剖7	半淋溶土	褐土	石灰性褐土	马兰黄土质石灰性褐土	马兰黄土质碳酸盐褐土	1	0—20	暗褐色	轻壤土	屑粒状	7.5	11.6	0.87	1.35	68	1.6	100			E 114°10′55.6″ N 38°51′26.6″	99
						2	20—40	浅褐色	轻壤土	屑粒状	7.8	6.9	0.51	1.10	44	0.3	70	13.5			
						3	40—80	褐色	轻壤土	屑粒状	8.1	3.1	0.27	0.64	36	0.2	78	14.0			
						4	80—130	红褐色	轻壤土	屑粒状	7.8	2.0	0.21	1.12	21	6.1	76	13.4			
剖8	半淋溶土	褐土	褐土	壤质洪冲积石灰性褐土	壤质洪冲积石灰性褐土	1	0—20	棕褐色	轻壤土	屑粒状	8.2	13.2	0.93	2.21	78	2.4	86	14.3		E 114°08′55.5″ N 38°51′19.4″	93
						2	20—39	暗褐色	轻壤土	屑粒状	8.1	10.5	0.76	2.78	63	0.3	69	6.9			
						3	39—91	暗褐色	轻壤土	屑粒状	8.0	2.9	0.59	2.80	49	2.5	54				
						4	91—120	棕褐色	中壤土	块状	7.9	8.8	0.58	2.58	42	微量	68				
						5	120—150	灰白色	轻壤土	单粒状	8.1	8.8	0.61	2.94	53	0.6	36				
剖9	淋溶土	棕壤	棕壤性	石灰岩残积坡积棕壤性土	石灰岩薄层少砾质棕壤性土	1	0—18	暗褐色	轻壤土	屑粒状	7.1	54.5	2.58	0.97	243	1.8	74			E 114°25′57.4″ N 38°59′28.3″	83
						2	18—29	棕褐色	轻壤土	屑粒状	7.2	19.2	0.98	0.65	112	0.4	68				
						3	29—														
剖10	半淋溶土	褐土	褐土	砂壤洪冲积褐土	砂壤洪冲积轻褐土	1	0—20	暗褐色	砂壤土	小粒状	7.1	11.4	0.82	2.13	36	5.9	92			E 114°22′04.1″ N 38°58′35.4″	80
						2	20—58	暗褐色	砂壤土	小粒状	7.1	11.7	0.42	1.86	25	1.2	42				
						3	58—103	浅棕色	砂壤土	小粒状	7.6	7.4	0.27	1.64	55	0.6	42				
						4	103—150	棕褐色	砂壤土	屑粒状	7.2	6.3	0.22	1.14	47	1.1	50				
剖11	半淋溶土	褐土	石灰性褐土	人工堆垫石灰性褐土	人工堆垫砂体砂性石灰性褐土	1	0—20	棕褐色	轻壤土	屑粒状	7.8	8.7	0.58	3.45	59	9.5	32	10.5		E 114°19′13.4″ N 38°53′53.2″	80
						2	20—40	褐色	轻壤土	单粒状	7.7	10.6	0.73	2.95	39	1.3	60	10.1			
						3	40—110	灰白色	砂土												
剖12	半淋溶土	褐土	潮褐土	堆垫砂质潮褐土	人工堆垫砂质潮褐土	1	0—23	暗褐色	砂壤土	小粒状	8.0	8.6	0.61	5.07	63	2.9	32	8.1		E 114°26′20.0″ N 38°51′56.2″	87
						2	23—90	灰白色	砂土	单粒状	8.0	4.5	0.28	0.43	31	微量	18	3.8			

续表 Continued

剖面号 Soil profile	土纲 Soil order	土类 Soil great group	亚类 Soil subgroup	土属 Soil genus	土种 Soil species	土层码 Layer code	土层厚度 Depth/cm	颜色 Soil color	质地 Soil texture	土壤结构 Soil structure	pH	有机质 OM/(g/kg)	全氮 TN/(g/kg)	全磷 TP/(g/kg)	碱解氮 AN/(mg/kg)	有效磷 AP/(mg/kg)	速效钾 AK/(mg/kg)	阳离子交换量 CEC/(cmol/kg)	土壤母质 Parent material	剖面点坐标 Profile coordinate	匹配指数 Matching index/%
剖13	半淋溶土	褐土	潮褐土	壤质洪冲积潮褐土	洪冲积轻壤质潮褐土	1	0—20	暗褐色	轻壤土	屑粒状	8.0	11.5	1.03	1.89	65	4.2	70	14.2		E 114°28′38.3″ N 38°50′06.0″	72
						2	20—60	浅褐色	轻壤土	屑粒状	7.8	5.4	0.39	2.09	38	1.4	48	12.1			
						3	60—100	灰褐色	中壤土	块状	7.7	5.6	0.39	1.48	45	0.9	12	13.9			
						4	100—150	灰白色	砂土	单粒状	7.7	3.7	0.25	1.30	28	0.8	44	1.4			
剖14	半淋溶土	褐土	褐土性土	花岗岩褐土性土	花岗岩薄层多砾质褐土性土	1	0—10	黄褐色	砂壤土	单粒状	7.0	19.7	1.16	2.66	93	1.0	70			E 114°07′04.4″ N 38°49′03.0″	73
						2	10—15	浅棕色		单粒状	7.5	14.5	0.77	2.77	90	0.1	44				
						3	15—														
剖15	半淋溶土	褐土	潮褐土	砂壤质洪冲积潮褐土	砂壤质洪冲积潮褐土	1	0—20	浅褐色	砂壤土	屑粒状	8.0	11.4	0.82	0.82	89	1.9	55	7.1		E 114°07′41.2″ N 38°43′57.0″	85
						2	20—50	棕褐色	砂壤土	屑粒状	7.8	7.1	0.53	0.53	47	0.3	50	7.4			
						3	50—105	灰褐色	砂壤土	屑粒状	7.7	6.7	0.46	0.46	38	0.9	56	6.8			
剖16	半淋溶土	褐土	潮褐土	堆垫壤质潮褐土	人工堆垫轻壤质浅位砾石潮褐土	1	0—20	暗褐色	轻壤土	屑粒状	7.9	9.4	0.67	2.75	45	3.9	76	19.5		E 114°28′47.6″ N 38°48′22.0″	90
						2	20—42	褐色	轻壤土	屑粒状	8.0	4.8	0.34	0.34	33	2.8	56	12.1			
						3	42—		砾石												

定 兴 县

主要土类说明

褐土是定兴县主要土壤类型，占本县地域面积的63%。褐土是地带性土壤，发育于冲积扇的中上部，分布于京广线两侧。成土母质为黄土洪积物、冲积物。地下水矿化度低，水质属钙质重碳酸盐水和钙镁质重碳酸盐水。本县褐土分为潮褐土、褐土和石灰性褐土等。其中褐土亚类中所含的可溶性盐分甚低，石灰性褐土亚类的可溶性盐分较低，潮褐土亚类的可溶性盐分稍高。土壤剖面中具有一定的淋溶作用，但由于气候条件的限制，蒸发大于降水，土壤的淋溶作用不强，心土层的黏化现象不太明显，质地一般为中壤土。土壤孔壁及结构面上，覆盖有黏质胶膜土壤结构，呈棱状、棱柱状或团块状结构。土壤属中性至微碱性。由于季节性的弱度淋溶，土壤中易溶性盐类已从剖面的中上部或全剖面中淋失，而硅、铁、铝等基本没有移动。雨季时，土壤表层钙以重碳酸钙形态向下淋洗，在土壤剖面的中下部淀积。石灰性褐土的钙积层为假菌丝状，潮褐土的钙积层则根据淋溶程度的强弱和地形的变化有差异，呈假菌丝状或结核状，或两者兼有。成土母质主要为第四纪洪积物、冲积物，多属黄土性母质，颗粒较细而均匀，褐土质地较为均一，多属轻壤土。

潮土是定兴县第二大土壤类型，占本县地域面积的34%。潮土主要发育于近代河流冲积物上，分布在河流两岸及冲积扇中下部。冲积扇下部逐渐向近代河流冲积平原过渡，地形低平，排水欠通畅，地下水位较高，一般埋深2—4m，地下水可借毛管作用上升到地表，地下水参与成土过程，此为潮土成土过程的特殊作用。雨季时，地面水分增加，大部分渗入地下，因而抬高地下水埋深；但雨季过后，地下水又逐渐降低。冬季降雪稀少，春季气温增高，蒸发加强，所以到翌年雨季来临之前，地下水降至最低。由于地下水升降频繁，氧化还原作用交替进行，使土壤中物质发生溶解、移动和淀积，进而在土壤剖面中形成锈色斑纹、铁子、铁锰结核和石灰结核等。由于有机质分解大于积累，土壤中有机质的积累不多，但因为长期的生物活动，土壤产生的粒状或碎块状结构，植物根系穿插所形成的细孔和虫孔、虫粪等都是生物活动的明显特征；在化学性质方面，也可以看出生物活动在潮土形成过程中的作用，土壤中有机质含量比褐土高，说明潮土有轻微的有机质积累现象，表明潮土中的生物作用可增进土壤肥力。潮土多属河流冲积母质，剖面质地较复杂，砂壤相间或砂黏相间。通过野外调查证明，在一般河流冲积物覆盖较厚的情况下，潮土具有较完整的发生剖面。从砂、壤、黏的不同质地对土壤水分运行来看，以轻壤质沉积物的透水性较强，水分沿毛管上升性能也较好，因此，氧化还原也较频繁，潮土化过程比较明显。但需注意的是，沉积物的性质只能影响成土过程的速度，而不能改变土壤发育的方向。

本区域中心区气候特征

本区域中心区气候特征值
Regional climate characteristics in central area of the region

气候带：暖温带亚湿润气候 Climate region: Warm temperate subhumid climate	
年平均气温 /℃ Annual average temperature /℃	12.1
年平均最高气温 /℃ Annual average maximum temperature /℃	17.9
年平均最低气温 /℃ Annual average minimum temperature /℃	7.1
年降水量 /mm Annual precipitation /mm	516
≥10℃的积温 /℃ Daily temperature accumulated in a year (≥10℃) /℃	4369
年日照时数 /h Annual sunshine /h	2669
年平均相对湿度 /% Annual average relative humidity /%	57
干燥度 Dryness	1.44

本区域中心区月平均气温与月平均降水量
Monthly temperature and precipitation in central area of the region

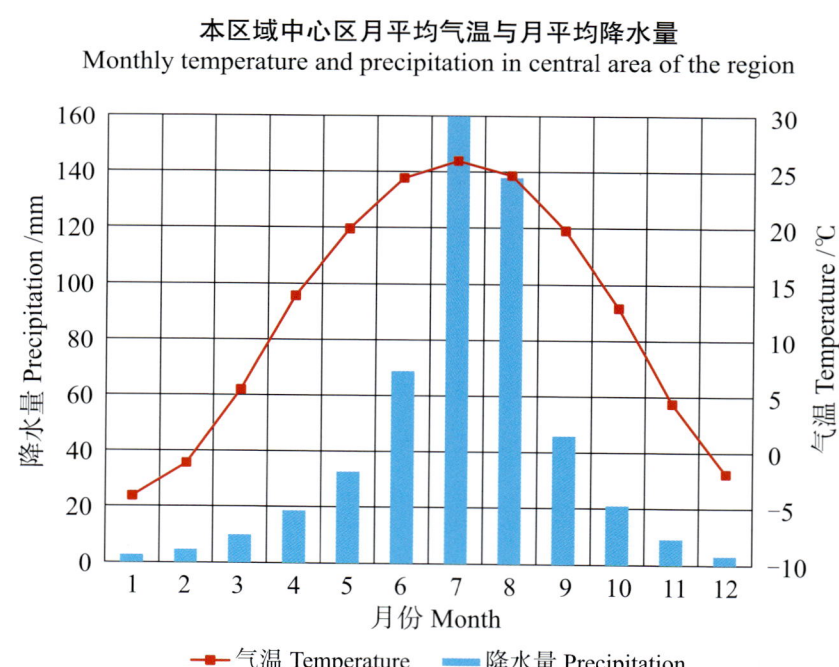

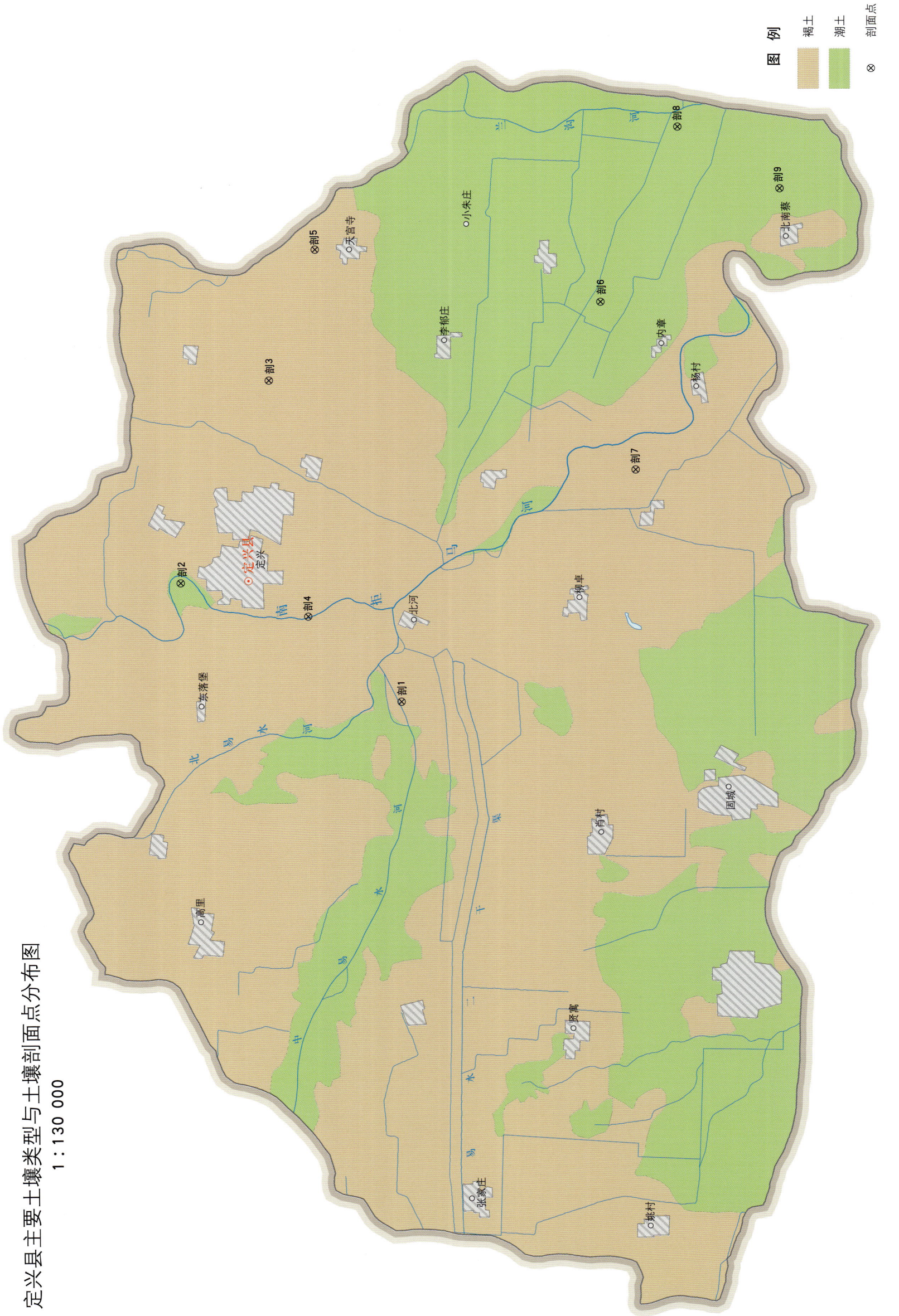

定兴县土壤剖面理化性状表

剖面号 Soil profile	土纲 Soil order	土类 Soil great group	亚类 Soil subgroup	土属 Soil genus	土种 Soil species	土层码 Layer code	土层厚度 Depth/cm	颜色 Soil color	质地 Soil texture	土壤结构 Soil structure	pH	有机质 OM/(g/kg)	全氮 TN/(g/kg)	全磷 TP/(g/kg)	阳离子交换量CEC/(cmol/kg)	剖面点坐标 Profile coordinate	匹配指数 Matching index/%
剖1	半淋溶土	褐土	潮褐土	砂质潮褐土	砂质潮褐土	1	0—30	浅灰色	砂土	单粒状	7.0	6.7	0.39	0.77	9.4	E 115°43′43.0″ N 39°13′35.0″	94
						2	30—60	灰白色	砂土	单粒状	6.5	1.4	0.09	0.65	6.9		
						3	60—150	灰白色	砂土	单粒状	6.5	1.0	0.03	0.77	3.1		
剖2	半水成土	潮土	潮土	砂质潮土	砂质潮土	1	0—22	棕色	砂土	单粒状	8.5	3.6	0.14	0.44	6.3	E 115°46′17.2″ N 39°17′17.4″	98
						2	22—48	黄棕色	砂土	单粒状	8.5	0.4		0.25	6.3		
						3	48—100	棕色	砂壤土	屑粒状	8.4	3.8	0.23	0.57	10.0		
						4	100—150	黄棕色	砂土	单粒状	8.4	1.3		0.56	8.9		
剖3	半淋溶土	褐土	潮褐土	壤质脱沼泽潮褐土	轻壤质脱沼泽潮褐土	1	0—22	灰褐色	轻壤土	屑粒状	8.4	8.4		0.53		E 115°50′46.3″ N 39°15′51.1″	98
						2	22—80	暗褐色	中壤土	碎块状	8.3	9.3		0.36			
						3	80—100	褐色	中壤土	屑粒状	8.3	4.1		0.42			
						4	100—130	浅灰褐色	中壤土	碎块状	8.4	3.2		0.46			
						5	130—150	浅灰褐色	轻壤土	屑粒状		2.3		0.46			
剖4	半淋溶土	褐土	石灰性褐土	次生黄土质壤质石灰性褐土	轻壤质石灰性褐土	1	0—23	棕色	轻壤土	屑粒状	8.3	5.5	0.36	0.54	8.8	E 115°45′34.6″ N 39°15′09.4″	87
						2	23—73	浅灰棕色	轻壤土	碎块状	8.3	4.2	0.25	0.43	8.8		
						3	73—130	褐色	轻壤土	棱块状	8.3	3.9	0.27	0.30	5.0		
						4	130—150	灰褐色	轻壤土	屑粒状	8.4	2.8	0.19	0.27	15.6		
剖5	半淋溶土	褐土	潮褐土	壤质脱沼泽潮褐土	轻壤质底砂姜脱沼泽潮褐土	1	0—23	灰灰棕色	轻壤土	碎粒状	8.0	8.4				E 115°53′40.6″ N 39°15′06.5″	76
						2	23—38	暗棕色	中壤土	块状	8.0	3.8					
						3	38—77	棕色	中壤土	屑粒状	8.0	6.5					
						4	77—150	棕色	中壤土	屑粒状		2.9					
剖6	半水成土	潮土	盐化潮土	壤质硫酸盐盐化潮土	轻壤质轻度盐化潮土	1	0—30	棕色	轻壤土	屑粒状		9.5	0.63	0.63		E 115°52′34.7″ N 39°10′20.3″	74
						2	30—80	浅棕色	中壤土	碎粒状	8.1	5.0	0.27	0.58			
						3	80—150	棕色	砂壤土	碎粒状	8.1	2.8	0.13	0.53			
剖7	半淋溶土	褐土	潮褐土	壤质潮褐土	壤质潮褐土	1	0—25	灰褐色	轻壤土	屑粒状	8.0	9.8	0.57			E 115°48′52.9″ N 39°09′43.2″	93
						2	25—68	浅灰色	轻壤土	碎粒状	8.4	4.5	0.32	0.72	9.4		
						3	68—110	棕色	中壤土	块状	8.4	4.5	0.33				
剖8	半水成土	潮土	盐化潮土	黏质硫酸盐盐化潮土	重壤质壤体复度盐化潮土	1	0—20		重壤土	块状	8.4	18.2	1.08		28.8	E 115°56′27.2″ N 39°09′05.0″	78
						2	20—45		重壤土	块状	8.3	14.9	0.89	0.63	28.1		
						3	45—150	棕色	轻壤土	碎粒状	7.5	4.9	0.31	0.54			
剖9	半水成土	潮土	潮土	壤质潮土	轻壤质潮土	1	0—25	浅棕色	轻壤土	屑粒状	7.0	8.1				E 115°55′06.6″ N 39°07′22.1″	73
						2	25—60	暗棕色	轻壤土	屑粒状	7.0	5.0					
						3	60—150		轻壤土	屑粒状		3.2					

唐 县

主要土类说明

褐土是唐县主要土壤类型，占本县地域面积的57%，广泛分布在本县的低山、丘陵和山麓平原一带，主要发育在黄土、洪冲积物、河流冲积物、人工堆垫物以及各类岩石残坡积母质上。褐土是在暖温带半湿润区发育形成的具有黏化与钙质淋移淀积特征的土壤。该土壤盐基饱和，处于硅铝风化阶段，有明显的淀积黏化层。在其A-B-C剖面构型中，B层呈棕褐色。土壤pH为7.0—7.5，盐基饱和度在80%以上，B层下部有假菌丝状钙积层。本县褐土分为淋溶褐土、石灰性褐土、草甸褐土、褐土性土、潮褐土等亚类。

粗骨土是唐县第二大土壤类型，占本县地域面积的31%。粗骨土主要分布在山区的坡地上，多砾粗骨薄层，一般土层厚度在15cm，砾石占10%—30%。土层侵蚀严重，在薄层A层下，为不同厚度的风化岩层，均为松散的碎屑层。

潮土是唐县第三大土壤类型，占本县地域面积的3%。潮土是直接发育在河流沉积物上，经耕种熟化形成的半水成土壤。潮土自然植被较少，有杨、柳、榆、槐、椿和画眉草、车前子、稗草等。所处区域地形平坦，排水欠通畅，地下水位较高，地下水可借毛管作用上升到地表，地下水参与成土过程。剖面质地变化比较复杂，通体砂壤或砂黏相间，有"一步三换土"之说，主要是受河流冲积的影响。潮土的土层排列层次明显，通体石灰反应较强，表土呈灰棕色，心土层常见锈色斑纹，底土层有小型铁子及铁锰结核，呈暗灰色，表现出潜育化特征。

小于本县地域面积3%的土壤类型还有水稻土、棕壤、石质土和新积土等。

本区域中心区气候特征

本区域中心区气候特征值
Regional climate characteristics in central area of the region

气候带：暖温带亚湿润气候 Climate region: Warm temperate subhumid climate	
年平均气温 /℃ Annual average temperature /℃	11.7
年平均最高气温 /℃ Annual average maximum temperature /℃	17.7
年平均最低气温 /℃ Annual average minimum temperature /℃	6.5
年降水量 /mm Annual precipitation /mm	495
≥10℃的积温 /℃ Daily temperature accumulated in a year (≥10℃) /℃	4265
年日照时数 /h Annual sunshine /h	2609
年平均相对湿度 /% Annual average relative humidity /%	58
干燥度 Dryness	1.44

本区域中心区月平均气温与月平均降水量
Monthly temperature and precipitation in central area of the region

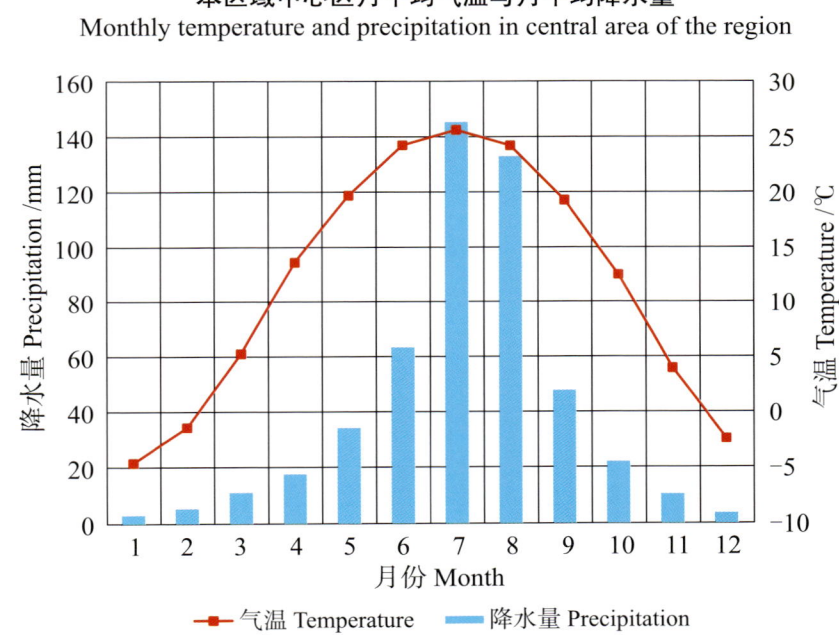

唐县主要土壤类型与土壤剖面点分布图
1∶230 000

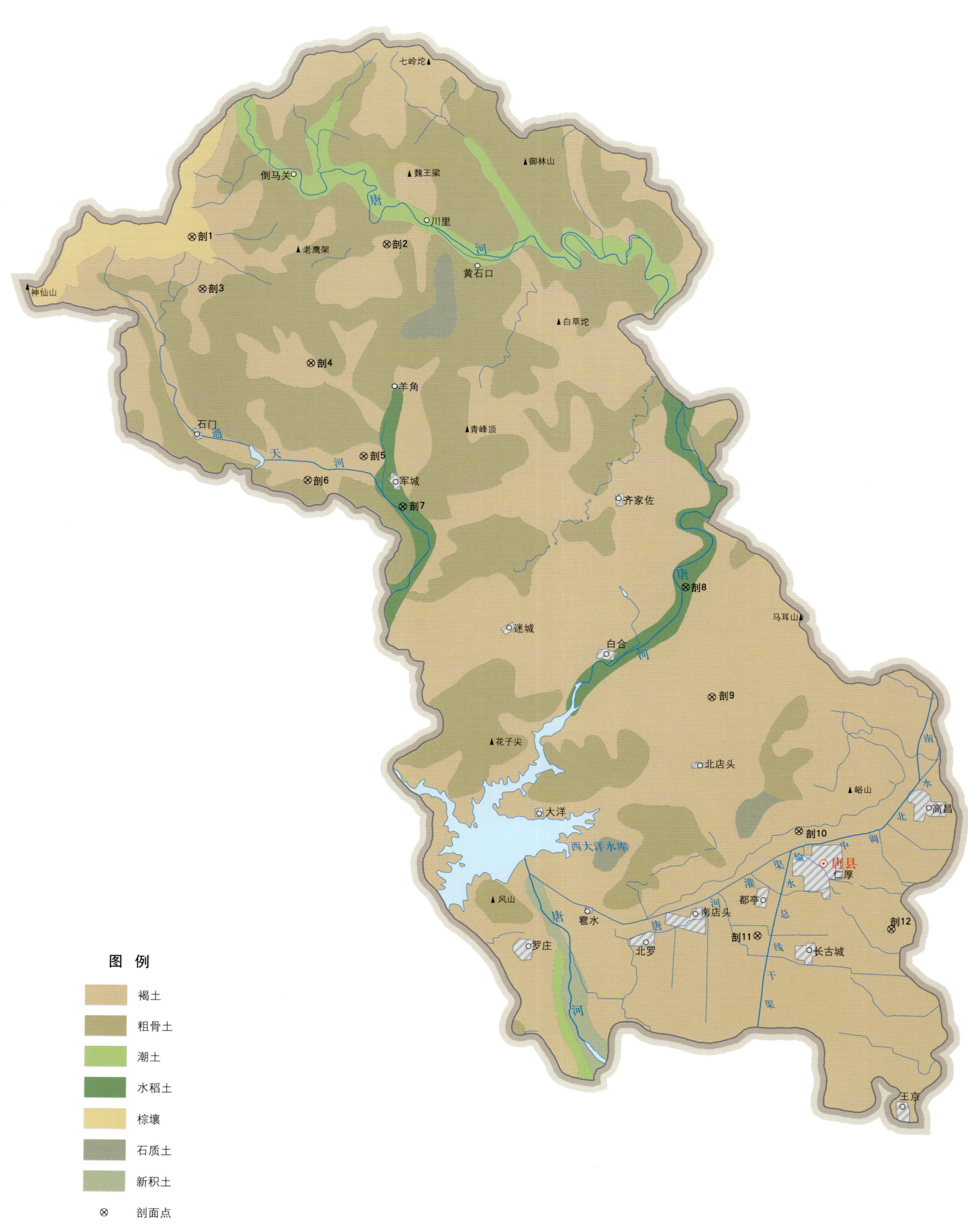

唐县土壤剖面理化性状表

剖面号 Soil profile	土纲 Soil order	土类 Soil great group	亚类 Soil subgroup	土属 Soil genus	土种 Soil species	土层码 Layer code	土层厚度 Depth/cm	颜色 Soil color	质地 Soil texture	土壤结构 Soil structure	pH	有机质 OM/(g/kg)	全氮 TN/(g/kg)	全磷 TP/(g/kg)	全钾 TK/(g/kg)	碱解氮 AN/(mg/kg)	有效磷 AP/(mg/kg)	速效钾 AK/(mg/kg)	阳离子交换量 CEC/(cmol/kg)	土壤母质 Parent material	剖面点坐标 Profile coordinate	匹配指数 Matching index/%
剖1	淋溶土	棕壤	棕壤	暗灾状棕壤	黑油土	1	0—13	暗棕褐色	砂壤土	碎屑状	6.2	118.0	3.29	1.23	18.6		28.0	343	12.3	页岩残积物、坡积物	E 114°33′56.8″ N 39°03′21.5″	74
						2	13—35	黄棕色	砂壤土	碎屑状	6.3	72.8	3.29	0.31	17.4		15.0	123	12.3			
						3	35—87	黄棕色	砂壤土	块状	6.3	35.9	3.00	0.70	16.3		10.0	209	10.4			
剖2	半淋溶土	褐土	石灰性褐土	轻壤质洪冲积石灰性褐土	轻壤质体砂石灰性褐土	1	0—29	棕色	轻壤土	屑状	8.0	9.2	0.73			59	13.0	131	8.2		E 114°41′17.5″ N 39°03′18.7″	82
						2	29—70	浅棕色	轻壤土	屑状	7.8	3.7				28	10.0	66	4.2			
						3	70—96	黄棕色	砾质土	粒状	7.6	2.1	0.21			27	13.0	26	3.3			
						4	96—150	黄棕色	砂土	粒状	7.6	2.1				25	14.0	25	9.2			
剖3	半淋溶土	褐土	淋溶褐土	片麻岩类淋溶褐土	薄层少砾石淋溶褐土	1	0—15	浅棕色	少砾质土	屑状	6.5	30.5	1.90				8.0	29		片麻岩类	E 114°34′24.1″ N 39°01′48.1″	99
						2	15—20	黄棕色	多砾质土	单粒状	6.8	11.0	0.62				8.0	15				
						3	20—	黄棕色		块状	7.0											
剖4	半淋溶土	褐土	石灰性褐土	轻壤质洪冲积石灰性褐土	轻壤质底砂石灰性褐土	1	0—18	棕色	轻壤土	屑粒状	8.1	7.6	0.54	0.96		45	4.0	186	10.1		E 114°38′34.4″ N 38°59′39.1″	96
						2	18—28	浅棕色	轻壤土	屑粒状	7.9	6.4		1.25		36	5.0	101	10.2			
						3	28—57	黄棕色	轻壤土	粒状	8.0	3.4		1.27		24	4.0	65	2.3			
						4	57—150	灰白色	砂土	粒状	7.9	3.9	0.29			22	5.0	36	0.7			
剖5	半淋溶土	褐土	石灰性褐土	轻壤质洪冲积石灰性褐土	中层多砾底浅位砾石灰性褐土	1	0—20	棕色	轻壤土	屑状	7.8	15.5	0.87	1.16		85	12.0	100	16.2		E 114°40′40.6″ N 38°56′52.3″	96
						2	20—45	浅棕色	砾质土	屑状	8.0	12.4		1.24		66	8.0	74	14.7			
						3	45—150	黄棕色	砾质土	粒状	8.2	5.9		1.24		43	9.0	29	7.1			
剖6	半淋溶土	褐土	石灰性褐土	轻壤质洪冲积石灰性褐土	中层轻壤质黏石灰性褐土	1	0—20	黄棕色	轻壤土	屑粒状	7.7	11.0	0.74			67	7.0	122	13.7		E 114°38′35.9″ N 38°56′06.4″	73
						2	20—32	暗棕色	轻壤土	屑粒状	7.8	6.7	0.54			44	5.0	132	14.8			
						3	32—93	棕色	中壤土	小粒状	7.7	6.6	0.52			39	5.0	140	16.4			
						4	93—150	棕色	重壤土	块状	7.6	7.1	0.54	1.05		39	6.0	168	25.0			
剖7	人为土	水稻土	淹育水稻土	壤质人工灌淤淹育水稻土	通体轻壤质人工灌育水稻土	1	0—20	浅棕色	轻壤土	屑状	7.7	15.1	0.96			74	9.0	156	15.2		E 114°42′12.3″ N 38°55′24.0″	82
						2	20—60	暗棕色	中壤土	屑粒状	7.9	14.2				60	8.0	204	24.1			
						3	60—150	暗棕色	中壤土	块状	8.0	14.2						159				
剖8	人为土	水稻土	潜育水稻土	轻壤质洪冲积潜育水稻土	通体轻壤质石灰性水稻土	1	0—18	灰蓝色	砂壤土	屑状	7.7	7.5				42	13.0	83	9.2		E 114°52′56.6″ N 38°53′12.5″	87
						2	18—45	灰蓝色	砂壤土	屑粒状	7.7	4.3	0.36			27	5.0	71	6.6			
						3	45—75	灰蓝色	砂壤土	粒状	7.9	5.5	0.38			39	11.0	90	10.2			
						4	75—150	灰棕色	中壤土	屑粒状	8.5	4.9						98	15.2			
剖9	半淋溶土	褐土	石灰性褐土	石灰岩类残坡积石灰性褐土	中层多砾石石灰岩类残坡积石灰性褐土	1	0—15	浅棕色	多砾质土	小块状	7.4	28.4	0.67	1.19		138	7.0	125	17.1	石灰岩类	E 114°54′03.2″ N 38°49′54.5″	100
						2	15—35	暗棕色	多砾质土	小块状	7.4	14.5	0.75	1.12		85	6.0	89	22.6			
						R	35—	浅棕色		块状												
剖10	半淋溶土	褐土	石灰性褐土	黄土质洪冲积石灰性褐土	通体轻壤质石灰性褐土	1	0—20	浅棕色	轻壤土	屑粒状	7.5	9.2	0.68			49	5.0	122	6.6	黄土	E 114°57′28.8″ N 38°45′56.2″	96
						2	20—50	棕褐色	砂壤土	屑粒状	8.0	7.9	0.45			37	4.0	111	7.3			
						3	50—130	棕色	中壤土	屑状	7.5	5.5		1.14		26	5.0	98	15.2			
						4	130—150	褐色	中壤土	屑粒状	8.5	4.9		1.00			4.0	98	15.2			
剖11	半淋溶土	褐土	褐土性	壤性洪冲积石灰岩类残积石灰性褐土	漏砂卧黄土	1	0—28	棕褐色	砂质黏壤土	屑粒状	7.9	10.1	0.67	0.54	19.7		19.0	108	11.1	洪积物、冲积物	E 114°56′03.1″ N 38°42′43.1″	79
						2	28—80	褐色	砂质黏壤土	屑粒状	7.9	10.4	0.75	0.58	19.5		4.0	89	6.8			
						3	80—150	灰白色	砂土	粒状	8.1	2.0	0.08	0.15	18.0		4.0	20	3.8			
剖12	半淋溶土	褐土	潮褐土	轻壤质洪冲积潮褐土	通体轻壤质潮褐土	1	0—20	棕色	轻壤土	屑状	7.6	11.2	0.79			65	16.0	117	13.4		E 115°01′04.3″ N 38°43′02.2″	76
						2	20—30	棕色	轻壤土	屑状	7.7	8.1	0.63			51	6.0	99	13.9			
						3	30—100	浅棕色	轻壤土	屑状	7.2	3.0	0.30			21	5.0	91	15.7			
						4	100—118	棕色	中壤土	屑状	7.5	3.7	0.36			27	5.0	126	10.6			
						5	118—150	浅棕色	砂壤土	粒状	7.7	1.9	0.16			13	6.0	66	2.9			

高 阳 县

主要土类说明

潮土是高阳县主要土壤类型，占本县地域面积的98%。其主要特点是地下水直接参与成土过程，生长草甸植被，但表层积累有机质不多，土色较浅。这种土壤一般土质疏松，地下水位高，毛管作用强，白天受日晒变干后，晚上通过毛管作用，水汽上升到地表遇低温凝固，发生夜潮现象，故称潮土。其成土母质为近代河流沉积物，层次深厚而多变，质地以轻壤土为主，水平排列层次明显，通体石灰反应强，呈微碱性。耕层（表土层）厚度多为20cm，呈浅棕色或灰棕色，有机质含量低，约为9g/kg，具屑粒结构，疏松多孔。心土层厚度为20—100cm，毛管作用强，较湿润，沿根孔常见锈色斑纹，结构面上有胶膜。底土有小型铁子、铁锰结核，呈灰蓝色，出现潜育化特征。

本区域中心区气候特征

本区域中心区气候特征值
Regional climate characteristics in central area of the region

气候带：暖温带亚湿润气候 Climate region: Warm temperate subhumid climate	
年平均气温 /℃ Annual average temperature /℃	12.8
年平均最高气温 /℃ Annual average maximum temperature /℃	18.5
年平均最低气温 /℃ Annual average minimum temperature /℃	8.0
年降水量 /mm Annual precipitation /mm	548
≥10℃的积温 /℃ Daily temperature accumulated in a year (≥10℃) /℃	4629
年日照时数 /h Annual sunshine /h	2602
年平均相对湿度 /% Annual average relative humidity /%	59
干燥度 Dryness	1.44

高阳县主要土壤类型与土壤剖面点分布图

1:130 000

图 例

潮土
剖面点 ⊗

第四编 河北省分县土壤图与土壤剖面数据

高阳县土壤剖面理化性状表

剖面号 Soil profile	土纲 Soil order	土类 Soil great group	亚类 Soil subgroup	土属 Soil genus	土种 Soil species	土层码 Layer code	土层厚度 Depth/cm	颜色 Soil color	质地 Soil texture	土壤结构 Soil structure	pH	有机质 OM/(g/kg)	全氮 TN/(g/kg)	全磷 TP/(g/kg)	碱解氮 AN/(mg/kg)	有效磷 AP/(mg/kg)	速效钾 AK/(mg/kg)	阳离子交换量 CEC/(cmol/kg)	剖面点坐标 Profile coordinate	匹配指数 Matching index/%
剖1	半水成土	潮土	潮土	壤质潮土	轻壤质底黏潮土	1	0—20	棕色	轻壤土	屑粒状	8.4	10.4	0.78	1.48	63	5.0	180	14.0	E 115°44′24.4″ N 38°44′08.9″	76
						2	20—40	棕色	轻壤土	屑粒状	8.3	7.7	0.61	1.18	52	0.6	128	15.0		
						3	40—64	浅灰棕色	中壤土	屑粒状	8.2	8.7	0.66	1.08	50	4.6	148	20.5		
						4	64—120	浅红棕色	重壤土	小块状	8.0	11.0	0.84	0.95	54	微量	172	23.1		
						5	120—150	浅棕色	砂壤土	无明显结构	8.5	1.6	0.18	0.74	28	1.0	36	5.9		
剖2	半水成土	潮土	潮土	壤质潮土	轻壤质体黏潮土	1	0—28	棕色	轻壤土			13.2	0.94		90	微量			E 115°43′03.0″ N 38°41′56.0″	93
						2	28—95	红棕色	重壤土	小块状		14.4	1.03		82	微量		18.7		
						3	95—120	浅灰棕色	重壤土	块状		11.6	0.83		61	0.6				
						4	120—150	浅棕色	砂壤土	单粒状		9.1	0.67		30	2.0				
剖3	半水成土	潮土	潮土	脱沼泽潮土	脱沼泽潮土	1	0—24	棕色	中壤土	屑粒状	8.2	8.9	0.66	1.15	64	微量	128	18.7	E 115°48′40.1″ N 38°45′17.4″	91
						2	24—56	灰棕色	重壤土	块状	8.5	10.3	0.81	0.94	67	微量	184	31.5		
						3	56—91	暗棕色	重壤土	块状	8.3	8.3	0.69	0.84	55	微量	116	25.6		
剖4	半水成土	潮土	潮土	砂壤质潮土	砂壤质底黏潮土	1	0—20	浅棕色	砂壤土	小粒状	8.2	7.0	0.51	1.14	46	0.4	100	100.0	E 115°45′22.3″ N 38°44′26.9″	94
						2	20—56	浅棕色	重壤土	片状	8.2	15.5	1.04	1.36	55	1.2	116	24.4		
						3	56—150	浅棕色	砂壤土	小粒状	8.5	2.7	0.22	0.96	29	1.8	56	8.2		
剖5	半水成土	潮土	潮土	砂壤质潮土	砂壤质腰壤潮土	1	0—29	棕色	砂壤土	粒状		8.1	0.58		30	1.0			E 115°53′19.0″ N 38°44′23.6″	98
						2	29—55	暗棕色	重壤土	片状		14.4	1.03		69	1.5				
						3	55—138	浅灰棕色	砂壤土	无明显结构		3.2	0.23		18	0.3				
						4	138—150	浅棕色	砂壤土	粒状		5.4	0.38		17	1.5				
剖6	半水成土	潮土	潮土	壤质潮土	中壤质底砂潮土	1	0—30	棕色	中壤土	屑块状	8.3	12.5	0.94	0.97	48	24.0	192	17.5	E 115°51′34.6″ N 38°43′45.5″	97
						2	30—48	暗棕色	中壤土	屑粒状	8.4	9.3	0.73	1.25	63		136	20.0		
						3	48—67	浅棕色	中壤土	屑粒状	8.6	6.3	0.51	1.15	40		108	14.8		
						4	67—150	灰棕色	砂壤土	屑粒状	8.5	2.0	0.15	0.62	28		44	12.6		
剖7	半水成土	潮土	潮土	砂壤质潮土	砂壤质体壤潮土	1	0—22	浅棕色	砂壤土	粒状	8.5	5.4	0.38	1.21	38	3.0	124	18.4	E 115°52′59.5″ N 38°43′34.7″	82
						2	22—58	棕色	中壤土	片状	8.1	13.4	0.96	1.22	102	2.0	128	21.9		
						3	58—150	灰棕色	重壤土	块状	8.2	18.1	1.29	1.50	108	6.0				
剖8	半水成土	潮土	潮土	壤质潮土	轻壤质腰砂潮土	1	0—20	棕色	轻壤土	屑粒状	8.2	9.6	0.67	1.21	41	3.4	124	18.4	E 115°53′59.3″ N 38°43′20.3″	76
						2	19—25	棕色	轻壤土	屑粒状	8.1	10.5	0.79	1.22	50	2.2	128	21.9		
						3	25—50	浅棕色	砂土	无明显结构	8.4	1.5	0.16	1.50	26	1.0	44	7.3		
						4	50—63	浅棕色	轻壤土	屑粒状	8.2	9.0	0.67	1.24	44	1.4	96	16.7		
						5	63—126	棕色	砂壤土	粒状	8.1	7.2	0.51	1.17	26	2.0	84	14.3		
						6	126—150	灰棕色	轻壤土	小块状	8.5	7.7	0.50	1.52	24	1.0		15.8		
剖9	半水成土	潮土	盐化潮土	壤质硫酸盐化潮土	壤质硫酸盐化中度盐化潮土	1	0—20	棕色	中壤土	屑粒状	8.5	7.6	0.52	1.31	45	1.0	140	13.2	E 115°49′05.2″ N 38°43′07.3″	92
						2	20—47	棕色	中壤土	屑粒状	8.5	6.9	0.44	1.12	32	微量	90	15.6		
						3	47—90	浅棕色	砂壤土	粒状	8.5	4.9	0.28	0.85	24	微量	64	11.9		
						4	90—105	棕色	重壤土	块状	8.3	6.7	0.77	1.43	56	4.0	164	23.0		
剖10	半水成土	潮土	盐化潮土	壤质硫酸盐化潮土	壤质硫酸盐化轻度盐化潮土	1	0—23	棕色	轻壤土	屑粒状	8.7	4.8	0.47	1.19	30	4.0	128	14.4	E 115°45′17.3″ N 38°42′42.5″	91
						2	23—54	棕色	中壤土	片状	8.9	4.3	0.34	1.12	23	3.0	96	11.8		
						3	54—90	浅棕色	砂壤土	粒状	8.4	2.3	0.19	0.67	22	微量	36	10.8		
						4	90—140	灰棕色	重壤土	大块状	8.6	12.7	0.90	1.14	62	1.0	180	29.6		
						5	140—150	红棕色	重壤土	大块状		10.5	7.85	1.24	58	7.2	184	32.5		

续表 Continued

剖面号 Soil profile	土纲 Soil order	土类 Soil great group	亚类 Soil subgroup	土属 Soil genus	土种 Soil species	土层码 Layer code	土层厚度 Depth/cm	颜色 Soil color	质地 Soil texture	土壤结构 Soil structure	pH	有机质 OM/(g/kg)	全氮 TN/(g/kg)	全磷 TP/(g/kg)	碱解氮 AN/(mg/kg)	有效磷 AP/(mg/kg)	速效钾 AK/(mg/kg)	阳离子交换量CEC/(cmol/kg)	剖面点坐标 Profile coordinate	匹配指数 Matching index/%
剖11	半水成土	潮土	潮土	壤质潮土	中壤质腰砂潮土	1	0—23	灰棕色	中壤土	屑粒状	8.2	8.9	0.95	1.28	58	1.0	180	18.2	E 115°50′46.7″ N 38°41′32.6″	78
						2	23—97	灰棕色	中壤土	屑粒状	8.2	9.5	0.79	0.81	38	微量	136	22.7		
						3	97—140	浅棕色	砂壤土	粒状	8.5	1.7	0.24	0.89	22	0.4	40	16.9		
剖12	半水成土	潮土	潮土	壤质潮土	中壤质底砂潮土	1	0—26	棕色	中壤土	屑粒状									E 115°51′31.6″ N 38°40′31.1″	93
						2	26—67	浅棕色	砂壤土	小粒状										
						3	67—95	棕色	中壤土	小块状										
						4	95—140	灰棕色	重壤土	块状										
剖13	半水成土	潮土	潮土	壤质潮土	轻壤质底砂潮土	1	0—20	棕色	轻壤土	屑粒状	8.1	10.5	0.72		68	1.6	120	15.4	E 115°46′30.4″ N 38°40′17.4″	90
						2	20—55	棕色	中壤土	屑粒状	8.6	7.2	0.58		49	5.8	80	16.4		
						3	55—110	浅棕色	砂土	无明显结构	8.9	1.3	1.55		11	微量	32	7.0		
						4	110—150	灰棕色	中壤土	小块状	8.3	9.5	0.64		41	0.4	144	25.8		
剖14	半水成土	潮土	盐化潮土	壤质氯化物硫酸盐盐化潮土	壤质氯化物硫酸盐中度盐化潮土	1	0—20	棕色	轻壤土	屑粒状		11.7	0.83		46	2.5			E 115°57′16.7″ N 38°39′57.3″	71
						2	20—40	棕色	中壤土	屑粒状		9.0	0.64		24	1.5				
						3	40—90	暗棕色	中壤土	小块状		7.1	0.51		15	4.7				
						4	90—150	浅棕色	砂土	无明显结构					8	3.0				
剖15	半水成土	潮土	潮土	砂壤质潮土	砂壤质底壤潮土	1	0—25	棕色	砂壤土	小粒状		7.4	0.53		43	1.0			E 115°49′07.0″ N 38°38′55.0″	94
						2	25—52	浅棕色	轻壤土	屑粒状		11.3	0.81		44	1.0				
						3	52—62	棕色	砂土	无明显结构		4.1	0.29		12	3.0				
						4	62—150	棕色	中壤土	块状		12.3	0.88		69	3.7				
剖16	半水成土	潮土	盐化潮土	壤质硫酸盐氯化物盐化潮土	壤质硫酸盐氯化物轻度盐化潮土	1	0—20	棕色	轻壤土	屑粒状	8.3	5.5	0.45	1.02	35	微量	100	9.0	E 115°56′04.3″ N 38°34′19.5″	81
						2	20—75	棕色	轻壤土	屑粒状	8.5	4.8	0.41	1.02	28	微量	100	12.3		
						3	75—112	浅棕色	轻壤土	屑粒状	8.6	2.4	0.19	6.75	12	微量	44	9.4		
						4	112—150	灰棕色	重壤土	块状	8.4	3.9	0.31	0.95	15	微量	80	12.8		
剖17	半水成土	潮土	盐化潮土	壤质氯化物硫酸盐盐化潮土	壤质氯化物硫酸盐轻度盐化潮土	1	0—18	棕色	轻壤土	屑粒状		11.4	0.80		27	3.7			E 115°51′13.0″ N 38°34′15.6″	73
						2	18—52	灰棕色	轻壤土	小片状		6.9	0.49		31	2.0				
						3	52—89	浅棕色	砂壤土	小粒状		3.1	0.22		8	8.7				
						4	89—150	棕色	轻壤土	屑粒状		6.9	0.49		21					

容 城 县

主要土类说明

潮土是容城县主要土壤类型，占本县地域面积的71%。潮土是直接发育在河流沉积物上，经耕种熟化形成的半水成土壤，主要分布在京广线以东的冲积平原地区。成土母质为近代河流冲积物，所处区域地势平坦，地下水埋深为2—3m，地下水直接参与成土过程。潮土形成过程为：所处地形平坦，排水欠通畅，地下水位较高，地下水可借毛管作用上升到地表，地下水参与成土过程。雨季时，地面水分增加，大部分渗入地下，因而抬高地下水埋深，但雨季过后，地下水又逐渐降低。冬季降雪稀少，春季气温增高而蒸发加快，所以到翌年雨季来临之前，地下水位降至最低。由于地下水升降频繁，氧化还原作用交替进行，使土壤中物质发生溶解、移动和淀积，在土体中形成锈色斑纹、铁子、铁锰结核及砂姜等。潮土一般直接发育在河流沉积物上，多属河流冲积母质，剖面质地变化比较复杂，通体砂壤或砂黏相间，有"一步三换土"之说，主要受河流冲积的影响。潮土的土层排列层次明显，通体石灰反应较强，表土呈灰棕色，心土层常见锈色斑纹，底土层有小铁子及铁锰结核，呈暗灰色，表现出潜育化特征。

褐土是容城县第二大土壤类型，占本县地域面积的24%。褐土是在半干旱、半湿润、半淋溶条件下，发生地带性成土过程形成的土类，在垂直带谱中位于棕壤之下，主要分布在太行山海拔1000m以下的低山丘陵及山麓平原地带。植被多为旱生阔叶林、灌木及草本植物，酸枣、荆条为褐土的重要指示植被，另外还有铁杆蒿、委陵菜、草木樨等。褐土所处地势较高，排水良好，地下水埋深为4—6m甚至更低，成土母质多属各种含碳酸盐物质，一般均有不同程度的石灰反应，盐基饱和。褐土通常具有以下主要特征：褐土绝大部分为耕种土壤，耕作层有机质含量约为10g/kg，呈灰棕色，具屑粒结构，疏松多孔，犁底层厚约10cm，呈片状结构，比较紧实。有褐色黏化层。气候雨热同季，促进风化和黏粒的形成，上层黏粒轻度下移，剖面中有黏化层，内外排水良好。铁锰充分氧化，土粒覆铁膜，颜色鲜艳，以棕褐色为主，呈核状、块状结构，沿结构面有不明显的胶膜。具钙积层。成土母质多为含碳酸盐物质，在半淋溶条件下，土体钙质淋溶淀积，具有轻重不同的石灰反应，以假菌丝体、斑点或砂姜形成钙质淀积。土壤呈中性至微碱性，pH为7.0—8.0。

本区域中心区气候特征

本区域中心区气候特征值
Regional climate characteristics in central area of the region

气候带：暖温带亚湿润气候 Climate region: Warm temperate subhumid climate	
年平均气温 /℃ Annual average temperature /℃	12.4
年平均最高气温 /℃ Annual average maximum temperature /℃	18.1
年平均最低气温 /℃ Annual average minimum temperature /℃	7.5
年降水量 /mm Annual precipitation /mm	533
≥10℃的积温 /℃ Daily temperature accumulated in a year（≥10℃）/℃	4488
年日照时数 /h Annual sunshine /h	2638
年平均相对湿度 /% Annual average relative humidity /%	58
干燥度 Dryness	1.43

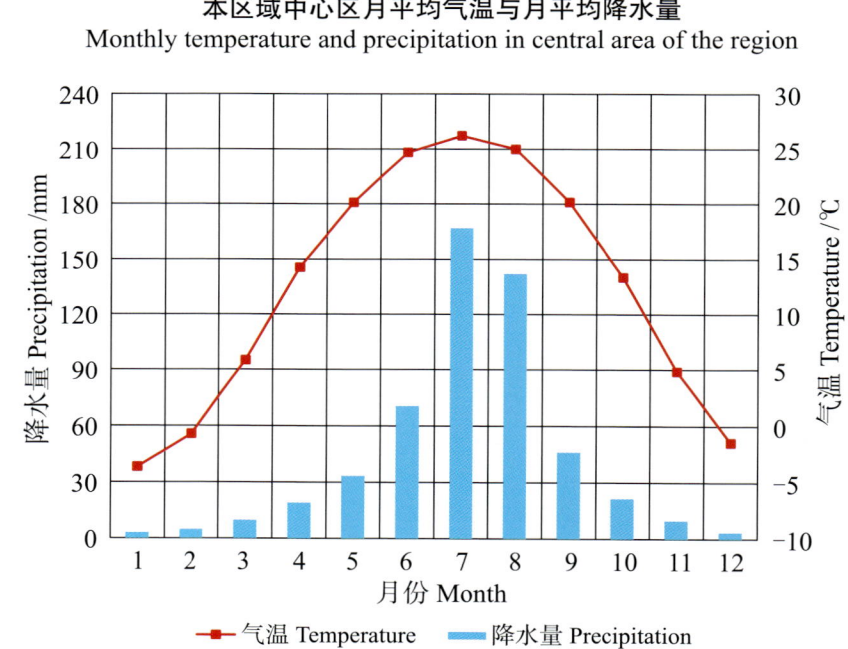

本区域中心区月平均气温与月平均降水量
Monthly temperature and precipitation in central area of the region

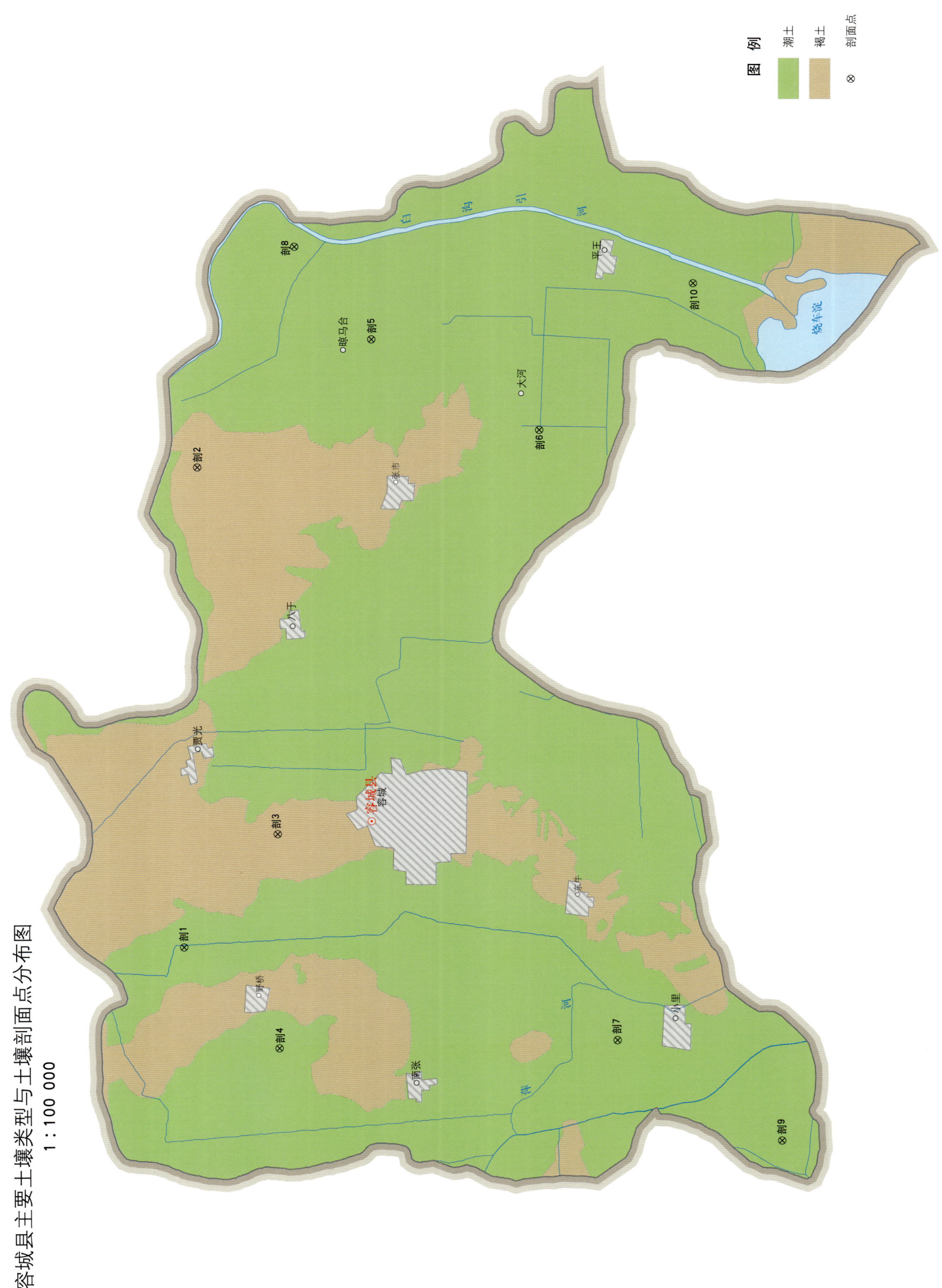

容城县土壤剖面理化性状表

剖面号 Soil profile	土纲 Soil order	土类 Soil great group	亚类 Soil subgroup	土属 Soil genus	土种 Soil species	土层码 Layer code	土层厚度 Depth/cm	颜色 Soil color	质地 Soil texture	土壤结构 Soil structure	有机质 OM/(g/kg)	全氮 TN/(g/kg)	全磷 TP/(g/kg)	剖面点坐标 Profile coordinate	匹配指数 Matching index/%
剖1	半水成土	潮土	潮土	壤质脱沼泽化潮褐土	轻壤质底黏脱沼泽化潮土	1	0–20	灰棕色	轻壤土	屑粒状	8.1	0.61	0.67	E 115°49′22.4″ N 39°06′11.5″	73
						2	20–29	灰棕色	轻壤土	片状	7.1	0.61	0.71		
						3	29–50	灰棕色	轻壤土	碎块状	6.5	0.47	0.66		
						4	50–110	灰黑色	重壤土	屑粒状	3.5	0.30	0.51		
						5	110–140	浅灰棕色	轻壤土	片状	4.2	0.32	0.49		
剖2	半淋溶土	褐土	潮褐土	壤质洪冲积潮褐土	中壤质潮褐土	1	0–20	浅灰棕色	中壤土	碎粒状	19.9	1.26		E 115°57′32.0″ N 39°06′05.4″	83
						2	20–24	棕色	中壤土	片状					
						3	24–70	灰棕色	中壤土	碎粒状					
						4	70–78	浅灰色	中壤土	碎片状					
						5	78–95	黄棕色	中壤土	碎片状					
						6	95–106	棕色	轻壤土	小粒状					
						7	106–122	灰棕色	轻壤土	碎粒状					
						8	122–150	浅灰棕色	中壤土	碎粒状					
剖3	半淋溶土	褐土	潮褐土	壤质洪冲积潮褐土	轻壤质潮褐土	1	0–20	棕色	轻壤土	团粒状	8.8	0.62	0.49	E 115°51′19.1″ N 39°05′00.2″	84
						2	20–26	浅褐色	中壤土	小粒状	5.1	0.51	0.63		
						3	26–50	褐色	中壤土	块状	7.0	0.59	0.31		
						4	50–100	棕色	中壤土	块状	3.4	0.38	0.50		
						5	100–150	灰棕色	轻壤土	屑粒状	8.2	0.72	0.78		
剖4	半水成土	潮土	潮土	壤质脱沼泽化潮土	轻壤质体黏脱沼泽化潮土	1	0–20	深灰棕色	轻壤土	片状	7.3	0.61	0.65	E 115°47′42.0″ N 39°04′57.4″	88
						2	20–36	灰黑色	重壤土	核状	13.1	0.86	0.55		
						3	36–85	灰色	重壤土	核状	6.9	0.65	0.52		
						4	85–110	灰棕色	中壤土	碎块状	4.4	0.41	0.51		
						5	110–130	浅灰棕色	轻壤土	屑粒状	5.5	0.44	0.65		
剖5	半水成土	潮土	潮土	砂壤质潮土	轻壤质潮土	1	0–18	浅灰棕色	轻壤土	片状	3.8	0.40	0.70	E 115°59′44.6″ N 39°03′52.3″	84
						2	18–23	棕色	轻壤土	碎片状	4.7	0.40	0.67		
						3	23–41	暗棕色	轻壤土	碎片状	6.0	0.42	0.66		
						4	41–63	浅褐棕色	轻壤土	碎片状	4.1	0.34	0.64		
						5	63–92	黄褐棕色	砂壤土	单粒状	3.1	0.28	0.61		
						6	92–136	褐棕色	中壤土	碎粒状	3.9	0.38	0.62		
						7	136–150	褐色	砂壤土	单粒状	1.3	0.20	0.62		
剖6	半水成土	潮土	潮土	砂壤质潮土	砂壤质潮土	1	0–20	白色	砂壤土	单粒状	2.9	0.16	0.55	E 115°58′13.8″ N 39°01′41.9″	95
						2	20–110	黄棕色	重壤土	块状	6.1	0.41	0.72		
						3	110–128	棕色	砂壤土	单粒状	4.5	0.37	0.62		
						4	128–150	浅灰棕色	中壤土	小粒状	9.6	0.83	0.92		
剖7	半水成土	潮土	潮土	壤质潮土	轻壤质潮土	1	0–18	棕色	轻壤土	片状	8.1	0.77	0.87	E 115°47′52.9″ N 39°00′36.6″	82
						2	18–22	棕褐色	轻壤土	碎粒状	6.0	0.68	0.82		
						3	22–40	褐色	中壤土	碎块状	8.7	0.65	0.37		
						4	40–150	灰棕色	轻壤土	片状	12.5	0.87	0.81		
剖8	半水成土	潮土	潮土	壤质潮土	轻壤质腰黏潮土	1	0–21	浅灰棕色	重壤土	片状	23.8	0.98	0.91	E 116°01′17.8″ N 39°04′52.5″	94
						2	21–58	棕灰色	中壤土	碎块状	12.7	1.20	0.86		
						3	58–87	灰棕色	轻壤土	碎粒状	7.3	0.68	0.70		
						4	87–150								

续表 Continued

剖面号 Soil profile	土纲 Soil order	土类 Soil great group	亚类 Soil subgroup	土属 Soil genus	土种 Soil species	土层码 Layer code	土层厚度 Depth/cm	颜色 Soil color	质地 Soil texture	土壤结构 Soil structure	有机质 OM/(g/kg)	全氮 TN/(g/kg)	全磷 TP/(g/kg)	剖面点坐标 Profile coordinate	匹配指数 Matching index/%
剖9	半水成土	潮土	盐化湿潮土	壤质硫酸盐盐化湿潮土	中壤质轻度盐化湿潮土	1	0—18	棕色	中壤土	屑粒状	6.3	0.61	0.69	E 115° 46′ 12.4″ N 38° 58′ 28.9″	90
						2	18—33	棕色	中壤土	片状	9.7	0.78	0.62		
						3	33—60	灰黑色	重壤土	碎粒状	14.4	0.97	0.62		
						4	60—100	灰蓝色	重壤土	屑粒状	8.5	0.50	0.66		
						5	100—150	灰白色	轻壤土	片状	3.0	0.65	0.70		
剖10	半水成土	潮土	盐化潮土	壤质硫酸盐盐化潮土	轻壤质底黏轻度盐化潮土	1	0—20	灰棕色	轻壤土	屑粒状	9.4	0.65	0.80	E 116° 00′ 45.0″ N 38° 59′ 44.5″	70
						2	20—30	暗棕色	轻壤土	片状	7.2	0.58	0.80		
						3	30—50	棕色	轻壤土	块状	3.2	0.46	0.73		
						4	50—125	灰黑色	重壤土	棱块状	5.7	0.48	0.52		
						5	125—150	深灰色	重壤土	块状					

涞 源 县

主要土类说明

褐土是涞源县主要土壤类型，占本县地域面积的 72%。褐土是在半干旱、半湿润、半淋溶条件下，发生地带性成土过程形成的土类，在垂直带谱中位于棕壤之下，主要分布在太行山海拔 1000m 以下的低山丘陵及山麓平原地带。植被多为旱生阔叶林、灌木及草本植物，酸枣、荆条为褐土的重要指示植被，另外还有铁杆蒿、委陵菜、草木樨等。褐土所处地势较高，排水良好，地下水埋深为 4—6m 甚至更低，成土母质多属各种含碳酸盐物质，一般均有不同程度的石灰反应，盐基饱和。褐土通常具有以下主要特征：绝大部分为耕种土壤，耕作层有机质含量约为 10g/kg，呈灰棕色，具屑粒结构，疏松多孔，犁底层厚约 10cm，片状结构，比较紧实。有褐色黏化层，气候雨热同季，促进风化和黏粒的形成，上层黏粒轻度下移，剖面中有黏化层，内外排水良好。铁锰充分氧化，土粒覆铁膜，颜色鲜艳，以棕褐色为主，为核状、块状结构，沿结构面有不明显的胶膜。具钙积层。成土母质多为含碳酸盐物质，在半淋溶条件下，土体钙质淋溶淀积，具有轻重不同的石灰反应，以假菌丝体、斑点或砂姜形成钙质淀积。土壤呈中性至微碱性，pH 为 7.0—8.0。

棕壤是涞源县第二大土壤类型，占本县地域面积的 26%，集中分布在海拔 800m 以上的山地，在褐土或淋溶褐土之上均有分布。植被为乔木、灌木和草被，乔木类型主要有栎树、云杉、桦树、椴树、油松、六道木、山杨等，草被主要有莎草、卷柏及苔藓等。棕壤主要有以下特征：表层有厚 1—3cm 的枯枝落叶层，其下为厚度不一的棕灰色腐殖质层，潮湿而有弹性，为屑粒状结构，有机质含量为 20—110g/kg，以灰棕色层逐渐向下过渡。具棕色黏化层，上层腐殖质层水分饱和，有机质嫌气分解，促使土壤铁锰还原，随水下淋，至心土层，通气状况转好，铁锰重新氧化，把土粒染成棕色。表层下移的黏粒，加上心土原地黏化，形成"既棕又黏"的特定层次。脱钙酸化，水分淋溶及林被残落物嫌气分解产生有机酸，促使土体钙质淋脱，盐基转为不饱和，通体无石灰反应，土壤 pH 约为 6.5。棕壤土层一般厚 30—40cm，达到 1m 的很少，在 30cm 以下即出现半风化母岩。

小于本县地域面积 3% 的土壤类型还有潮土和山地草甸土等。

本区域中心区气候特征

本区域中心区气候特征值
Regional climate characteristics in central area of the region

气候带：中温带亚干旱气候 Climate region: Mid temperate subarid climate	
年平均气温 /℃ Annual average temperature /℃	10.6
年平均最高气温 /℃ Annual average maximum temperature /℃	16.9
年平均最低气温 /℃ Annual average minimum temperature /℃	5.1
年降水量 /mm Annual precipitation /mm	449
≥10℃的积温 /℃ Daily temperature accumulated in a year (≥10℃) /℃	3783
年日照时数 /h Annual sunshine /h	2671
年平均相对湿度 /% Annual average relative humidity /%	55
干燥度 Dryness	1.41

本区域中心区月平均气温与月平均降水量
Monthly temperature and precipitation in central area of the region

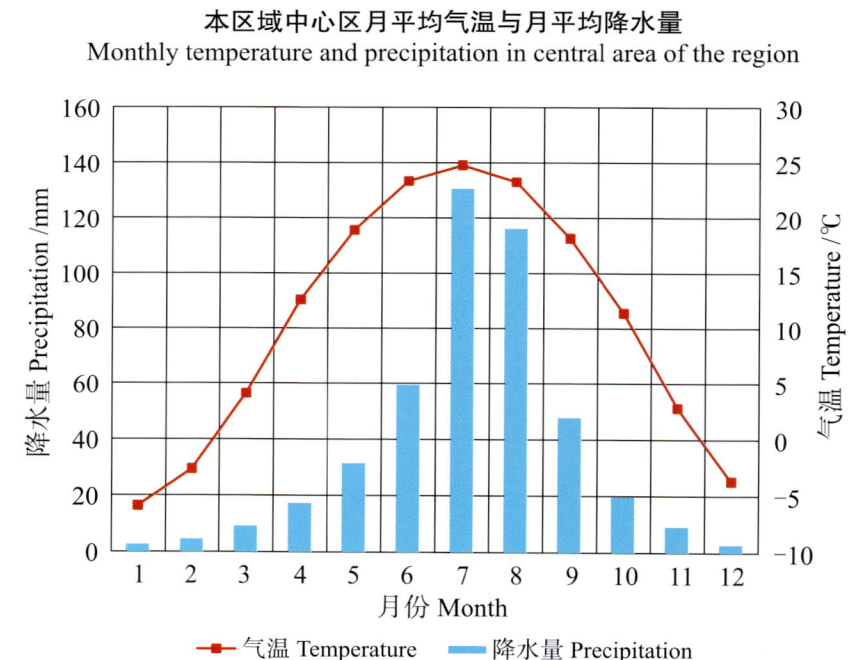

涞源县主要土壤类型与土壤剖面点分布图
1∶290 000

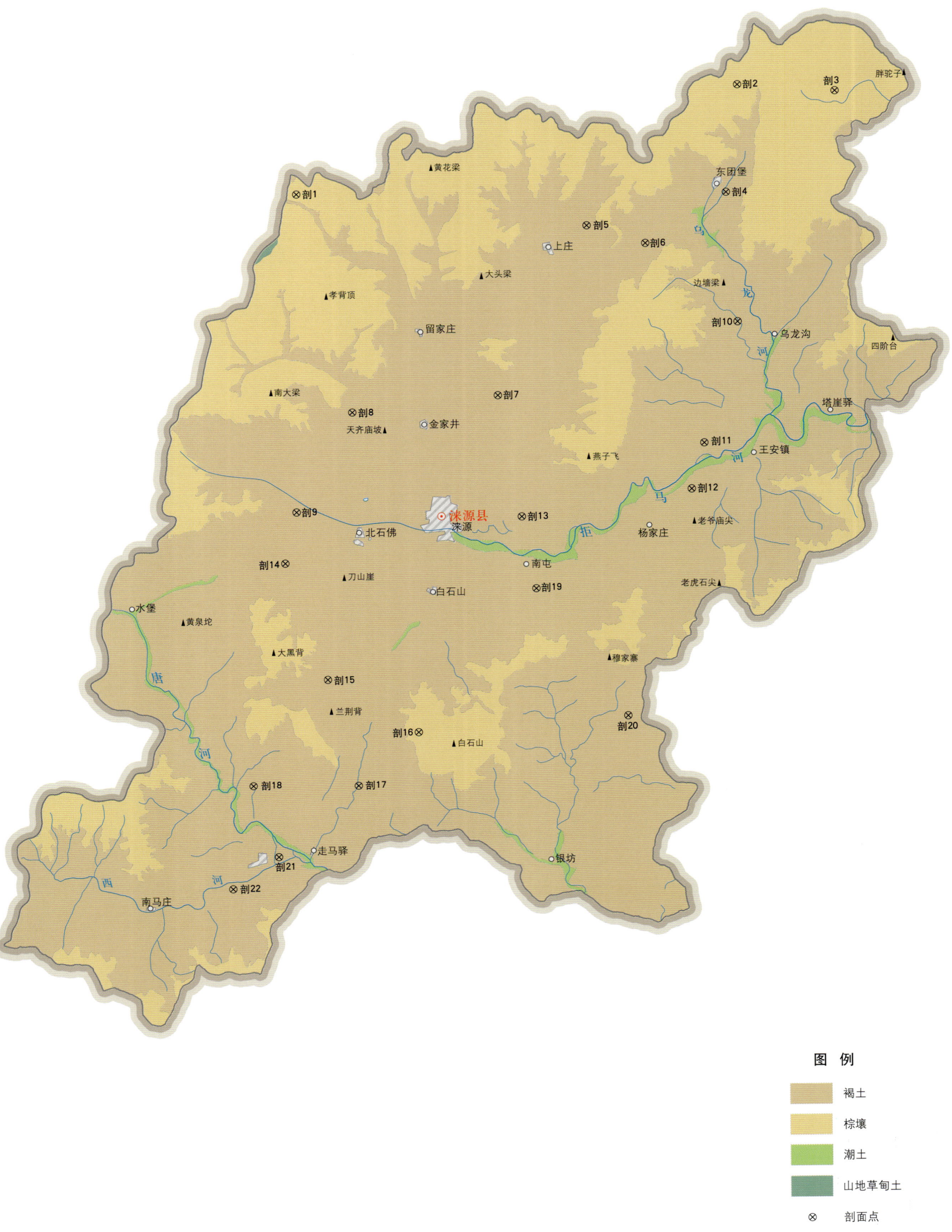

涞源县土壤剖面理化性状表

剖面号 Soil profile	土纲 Soil order	土类 Soil great group	亚类 Soil subgroup	土属 Soil genus	土种 Soil species	土层码 Layer code	土层厚度 Depth/cm	颜色 Soil color	质地 Soil texture	土壤结构 Soil structure	pH	有机质 OM/(g/kg)	全氮 TN/(g/kg)	全磷 TP/(g/kg)	全钾 TK/(g/kg)	碱解氮 AN/(mg/kg)	有效磷 AP/(mg/kg)	速效钾 AK/(mg/kg)	阳离子交换量CEC/(cmol/kg)	土壤母质 Parent material	剖面点坐标 Profile coordinate	匹配指数 Matching index/%
剖1	淋溶土	棕壤	棕壤	灰质岩类残积坡积棕壤	酸灰渣土	1	0~20	暗棕色	砂壤土	屑粒状	6.5	94.3	4.09	0.51	19.8		5.0	339	26.3	红黄土	E 114°33′25.0″ N 39°33′50.1″	79
						2	20~50	黄棕色	砂壤土	屑粒状	6.5	45.4	2.35	0.41	17.6		4.0	99	20.7			
						3	50~80	黑棕色	砂壤土	屑粒状	6.5	73.5	3.28	0.60	18.7		3.0	81	34.3			
剖2	淋溶土	棕壤	棕壤	基性岩类残积坡积棕壤	薄层有机质中层棕壤土	1	0~5	黑色	轻壤土	团粒状		73.1	2.84	0.46		6			27.8	基性岩类残积物、坡积物	E 114°54′56.9″ N 39°38′08.2″	75
						2	5~20	黑棕色	轻壤土	团块状		46.8	2.25	0.33		7			21.1			
						3	20~40	黑棕色	轻壤土	团块状		39.6	1.90	0.29		7			18.2			
						4	40~53	黄棕色	轻壤土	碎块状		20.3	1.01	0.12		7			16.4			
剖3	淋溶土	棕壤	棕壤	碳酸岩类残积坡积棕壤	薄层有机质中层棕壤土	1	0~3	灰黑色		屑粒状		200.0	8.70	0.86					36.5	碳酸岩类残积物、坡积物	E 114°59′38.9″ N 39°37′58.7″	77
						2	3~50	暗棕色	轻壤土	碎块状		103.8	5.00	0.75		7			30.1			
						3	50~70	黄褐色	轻壤土	碎块状		91.2	4.50	0.72		7			30.5			
剖4	半淋溶土	褐土	石灰性褐土	壤质人工堆垫石灰性褐土	厚层壤质碳酸岩褐土	1	0~20	暗棕色	轻壤土	碎屑状		11.4	1.00	4.60		8			14.1		E 114°54′30.9″ N 39°33′59.3″	82
						2	20~28	黄棕色	轻壤土	碎块状		12.5	0.97	0.44		8			15.1			
						3	28~100	黄棕色	轻壤土	碎块状		8.1	0.59	0.41		8			8.1			
剖5	半淋溶土	褐土	淋溶褐土	碳酸岩类残积坡积淋溶褐土	中层壤质淋溶褐土	1	0~20	暗棕色	轻壤土	屑状		51.8	2.64	0.54		7			19.2	碳酸岩类残积物、坡积物	E 114°47′51.0″ N 39°32′36.2″	91
						2	20~78	黄棕色	轻壤土	屑状		44.0	2.27	0.54		7			21.3			
剖6	半淋溶土	褐土	淋溶褐土	基性盐岩类残积坡积淋溶褐土	薄层少砾质淋溶褐土	1	0~11	黄棕色	砂壤土	碎屑状		41.1	2.10	0.52		8			14.9	基性岩类残积物、坡积物	E 114°50′41.3″ N 39°31′58.4″	77
						2	11~21	黄棕色	砂壤土	碎块状		28.3	1.50	0.46		8			17.7			
						3	21~30	浅黄色	砂土	单粒状		7.5	0.54	0.26		9			12.8			
剖7	半淋溶土	褐土	褐土性褐土	碳酸岩类残积坡积褐土性土	薄层少砾质褐土性土	1	0~21	灰棕色	轻壤土	碎块状		20.6	1.02	0.46		7			13.5	碳酸岩类残积物、坡积物	E 114°43′45.1″ N 39°26′02.5″	86
剖8	半淋溶土	褐土	石灰性褐土	花岗岩类残积坡积石灰性褐土	中层少砾质碳酸岩褐土	1	0~20	浅黄色	轻壤土	碎屑状		20.3	1.15	0.42		8			13.9	碳酸岩类残积物、坡积物	E 114°36′46.8″ N 39°25′15.6″	92
						2	20~33	浅黄棕色	轻壤土	块状		25.6	1.37	0.47		8			17.9			
剖9	半淋溶土	褐土	石灰性褐土	黄土质石灰性褐土	通体壤质石灰褐土	1	0~20	黄棕色	轻壤土	碎屑状		11.7	0.77	0.56		8			7.9	黄土	E 114°34′12.7″ N 39°21′24.6″	71
						2	20~25	黄棕色	轻壤土	块状		8.1	0.48	0.57		8			10.3			
						3	25~100	黄棕色	砂土	单粒状		8.3	0.56	0.50		8			11.0			
剖10	半淋溶土	褐土	淋溶褐土	花岗岩类残积坡积淋溶褐土	中层少砾质淋溶褐土	1	0~10	浅黄色	轻壤土	屑粒状		40.0	2.20	5.40		8			10.4	花岗岩类残积物、坡积物	E 114°55′11.6″ N 39°29′02.8″	95
						2	10~35	黄棕色	轻壤土	碎屑状		39.0	2.00	0.53		7			12.5			
剖11	半淋溶土	褐土	淋溶褐土	花岗岩类残积坡积淋溶褐土	中层多砾质淋溶褐土	1	0~18	黄棕色	轻壤土	屑粒状		19.2	1.10	0.77		8			9.7	花岗岩类残积物、坡积物	E 114°53′42.2″ N 39°24′21.5″	90
						2	18~42	黄棕色	砂土	单粒状		7.1	0.40	1.18		8			8.7			
剖12	半淋溶土	褐土	淋溶褐土	基性岩类残积坡积淋溶褐土	中层多砾质淋溶褐土	1	0~21	暗棕色	轻壤土	屑粒状		43.5	2.50	0.54		8			18.4	基性岩类残积物、坡积物	E 114°53′08.5″ N 39°22′35.4″	87
						2	21~34	黄棕色	轻壤土	屑粒状		21.8	1.10	0.47		7			17.6			
						3	34~51	黄棕色	轻壤土	碎块状		7.6	0.40	0.21		8			12.8			
剖13	半淋溶土	褐土	石灰性褐土	壤质洪冲积石灰性褐土	中层壤质碳酸岩褐土	1	0~21	浅黄色	轻壤土	碎屑状		9.8	0.55	0.50		8			9.6		E 114°45′00.6″ N 39°21′25.1″	78
						2	21~31	黄棕色	轻壤土	碎块状		9.5	0.55	0.44		8			11.2			
						3	31~78	黄棕色	轻壤土	碎块状		7.1	0.44	0.38		8			8.7			
剖14	半淋溶土	褐土	石灰性褐土	轻侵蚀黄土质石灰性褐土	壤质石灰褐土	1	0~21	黄棕色	轻壤土	碎块状		10.4	0.54	0.54		8			12.6		E 114°33′43.4″ N 39°19′26.7″	82
						2	21~45	黄棕色	轻壤土	碎块状		7.2	0.35	0.53		8			14.5			
						3	45~100	黄棕色	轻壤土	碎块状		7.2	0.26	0.45		8			11.6			
剖15	半淋溶土	褐土	淋溶褐土	碳酸岩类残积坡积淋溶褐土	壤质少砾质淋溶褐土	1	0~19	暗棕色	轻壤土	屑粒状		42.3	2.60	0.68		7			19.8	碳酸岩类残积物、坡积物	E 114°35′53.2″ N 39°15′00.4″	74
						2	19~31	暗棕色	轻壤土	屑粒状		46.7	2.70	0.75		7			21.8			

续表 Continued

剖面号 Soil profile	土纲 Soil order	土类 Soil great group	亚类 Soil subgroup	土属 Soil genus	土种 Soil species	土层码 Layer code	土层厚度/cm Depth/cm	颜色 Soil color	质地 Soil texture	土壤结构 Soil structure	pH	有机质 OM/(g/kg)	全氮 TN/(g/kg)	全磷 TP/(g/kg)	全钾 TK/(g/kg)	碱解氮 AN/(mg/kg)	有效磷 AP/(mg/kg)	速效钾 AK/(mg/kg)	阳离子交换量CEC/(cmol/kg)	土壤母质 Parent material	剖面点坐标 Profile coordinate	匹配指数/% Matching index/%
剖16	淋溶土	棕壤	棕壤	花岗岩类残积坡积棕壤	薄层有机质中层棕壤土	1	0—4	黑色	砂壤土	屑粒状		93.2	3.95	0.71		7			26.7	花岗岩类残积物、坡积物	E 114°40′16.9″ N 39°13′04.7″	99
						2	4—25	黑棕色	砂壤土	屑粒状		83.0	3.42	0.73		7			26.1			
						3	25—50	黑棕色														
剖17	半淋溶土	褐土	石灰性褐土	砂壤质洪冲积石灰性褐土	中层砂壤质碳酸岩褐土	1	0—20	暗棕色	砂壤土	屑粒状		9.5	0.53	0.64		9			7.1		E 114°37′27.1″ N 39°10′59.2″	71
						2	20—50	暗棕色	砂土	屑粒状		11.7	0.75	0.62		8			10.1			
剖18	半淋溶土	褐土	褐土性土	花岗岩类残积坡积褐土性土	薄层多砾褐土性土	1	0—25	棕色	砂土	屑粒状		14.4	0.61	0.90		8			11.5	花岗岩类残积物、坡积物	E 114°32′25.4″ N 39°10′54.1″	94
剖19	半淋溶土	褐土	石灰性褐土	花岗岩类残积褐土	壤质少砾碳酸岩褐土	1	0—20	浅黄色	轻壤土	碎屑状		14.0	1.03	0.59		9			11.2	花岗岩类残积物、坡积物	E 114°45′46.6″ N 39°18′40.5″	92
						2	20—54	浅黄棕色	轻壤土	块状		8.0	0.59	0.55		9			8.7			
剖20	半淋溶土	褐土	淋溶褐土	基性岩类淋溶积淋溶褐土	中层壤质淋溶褐土	1	0—20	暗棕色	轻壤土	屑粒状		32.6	1.76	0.36		7			13.7	基性岩类残积物、坡积物	E 114°50′17.3″ N 39°13′50.9″	77
						2	20—36	黄棕色	轻壤土	碎屑状		47.1	2.20	0.38		7			15.4			
剖21	半淋溶土	褐土	潮褐土	壤质洪冲积潮褐土	厚层壤质潮褐土	1	0—20	黄棕色	轻壤土	碎屑状		11.0	0.62	0.64		8			8.3		E 114°33′42.5″ N 39°08′10.7″	94
						2	20—60	黄棕色	轻壤土	碎块状		7.8	3.90	2.51		8			10.6			
						3	60—95	棕色	砂壤土	碎块状		10.9	0.67	0.38		8			14.8			
剖22	半淋溶土	褐土	潮褐土	砂壤质洪冲积潮褐土	中层砂壤质潮褐土	1	0—20	深棕色	砂壤土	碎块状		9.1	1.28	0.75		9			7.0		E 114°31′32.7″ N 39°06′54.5″	98
						2	20—50	棕色	轻壤土	碎块状		17.7	1.13	0.72		8			10.1			
						3	50—75	红棕色	轻壤土	碎块状		10.9	0.76	0.61		8			12.0			

望 都 县

主要土类说明

褐土是望都县主要土壤类型,占本县地域面积的 63%。褐土是在暖温带半湿润区发育形成的,具有黏化与钙质淋移淀积特征的土壤。褐土所处地带海拔较高,土层深厚,在本县分布范围较广。该土壤盐基饱和,处于硅铝风化阶段,有明显的淀积黏化层。在其 A–B–C 剖面构型中,B 层呈棕褐色。土壤 pH 为 7.0—7.5,盐基饱和度在 80% 以上。B 层下部有假菌丝状钙积层。由于淋溶程度的差异和地下水的影响,本县褐土分为石灰性褐土和潮褐土等亚类。

潮土是望都县第二大土壤类型,占本县地域面积的 34%,主要分布在本县许庄村、葛家村和张庄村东南以及唐河以北的地带。本县潮土系古运河、唐河洪冲积物及河流淤积物在多次洪冲积覆盖及人为耕种发育形成的。此土类冲积层次明显,颜色较暗,绝大部分剖面有脱沼泽过程。由于此土类成土区域地形起伏较大,故土壤类型较为复杂。本县潮土分为潮土、褐潮土和盐化潮土等亚类。

本区域中心区气候特征

本区域中心区气候特征值
Regional climate characteristics in central area of the region

气候带:暖温带亚湿润气候 Climate region: Warm temperate subhumid climate	
年平均气温 /℃ Annual average temperature /℃	12.3
年平均最高气温 /℃ Annual average maximum temperature /℃	18.2
年平均最低气温 /℃ Annual average minimum temperature /℃	7.2
年降水量 /mm Annual precipitation /mm	509
≥10℃的积温 /℃ Daily temperature accumulated in a year (≥10℃) /℃	4422
年日照时数 /h Annual sunshine /h	2590
年平均相对湿度 /% Annual average relative humidity /%	58
干燥度 Dryness	1.45

本区域中心区月平均气温与月平均降水量
Monthly temperature and precipitation in central area of the region

望都县主要土壤类型与土壤剖面点分布图
1:120 000

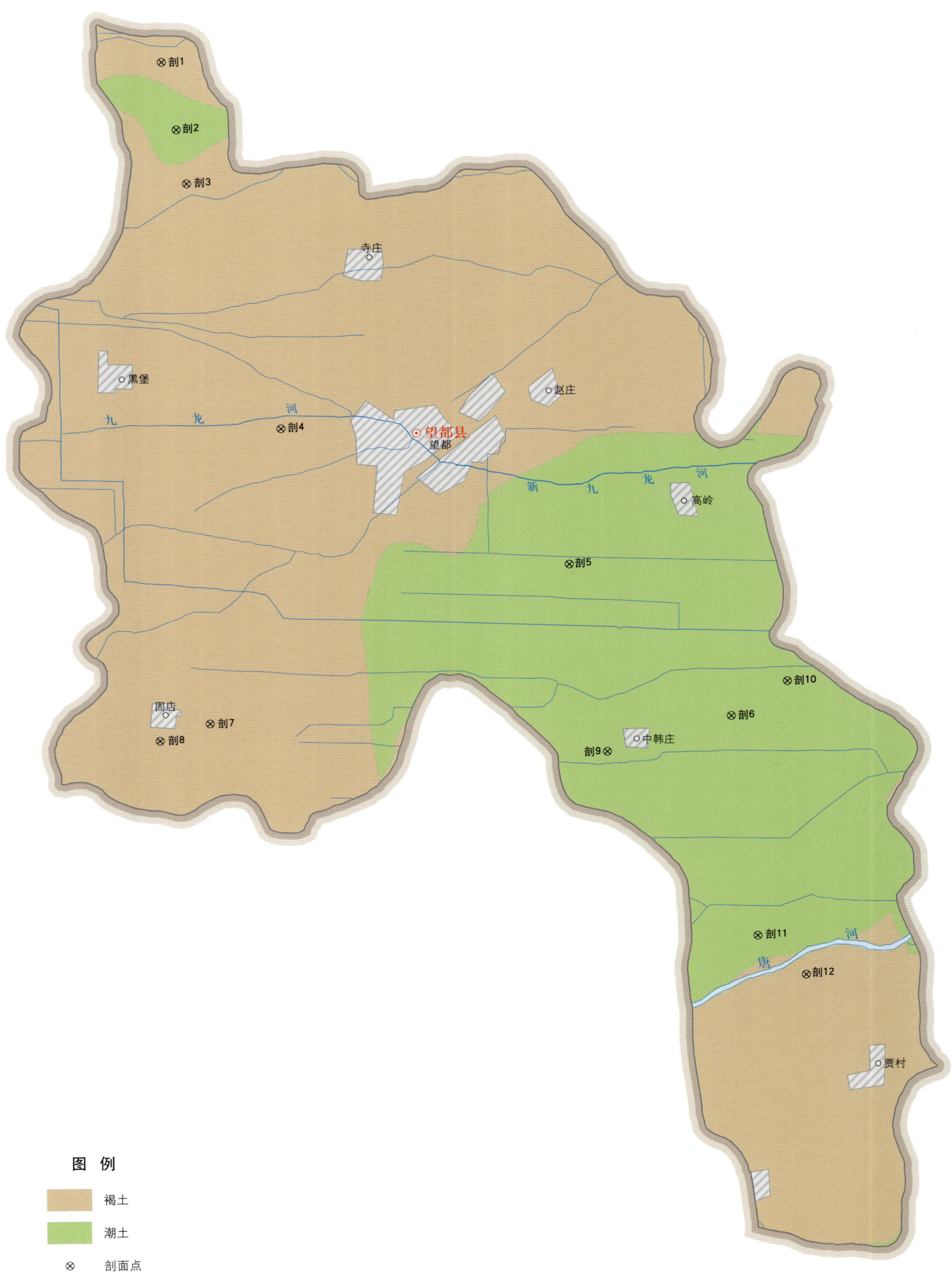

望都县土壤剖面理化性状表

剖面号 Soil profile	土纲 Soil order	土类 Soil great group	亚类 Soil subgroup	土属 Soil genus	土种 Soil species	土层码 Layer code	土层厚度 Depth/cm	颜色 Soil color	质地 Soil texture	土壤结构 Soil structure	pH	有机质 OM/(g/kg)	全氮 TN/(g/kg)	全磷 TP/(g/kg)	全钾 TK/(g/kg)	碱解氮 AN/(mg/kg)	有效磷 AP/(mg/kg)	速效钾 AK/(mg/kg)	阳离子交换量CEC/(cmol/kg)	土壤母质 Parent material	剖面点坐标 Profile coordinate	匹配指数 Matching index/%
剖1	半淋溶土	褐土	石灰性褐土	壤质石灰性褐土	轻壤质石灰性褐土	1	0–18	棕色	轻壤土	屑粒状	8.2	8.3	0.59	0.46		42		70	11.5		E 115°03′54.0″ N 38°47′57.5″	88
						2	18–41	棕色	轻壤土	屑粒状	8.0	5.9	0.44	0.52		25		64	12.4			
						3	41–117	黄棕色	轻壤土	屑粒状	8.2	4.9	0.81	0.34		28		60	11.0			
						4	117–150	浅棕色	轻壤土	屑粒状	7.9	8.5	0.35	0.34		26		68	18.4			
剖2	半水成土	潮土	盐化潮土	壤质硫酸盐氯化物盐化潮土	中壤质底砂姜轻度盐化潮土	1	0–30	棕色	轻壤土	屑粒状	8.3	8.6	0.59			48	19.4	80	12.0		E 115°04′11.9″ N 38°46′58.0″	77
						2	30–52	暗棕色	中壤土	屑粒状	8.2	7.5	0.52			33	8.1	96	14.8			
						3	52–71	黄棕色	轻壤土	屑粒状	8.0	4.5	0.34			19		70	11.6			
						4	71–98	黄棕色	重壤土	屑粒状	8.2	4.0	0.31			14	5.1	132	15.4			
						5	98–150	黄棕色	轻壤土	屑粒状	8.5	2.4	0.16			16	9.7	68	7.8			
剖3	半淋溶土	褐土	石灰性褐土	脱沼泽石灰性褐土	轻壤质脱沼泽石灰性褐土	1	0–19	棕色	轻壤土	屑粒状	8.3	10.1	0.65	0.60		49		94	10.4		E 115°04′24.2″ N 38°46′10.5″	73
						2	19–41	棕色	轻壤土	屑粒状	8.5	6.0	0.40	0.61		17		72	10.1			
						3	41–69	棕色	中壤土	屑粒状	8.3	5.6	0.41	0.58		22		74	12.6			
						4	69–118	暗棕色	轻壤土	碎块状	8.4	7.7	0.52	0.49		27		108	8.7			
						5	118–150	灰棕色	轻壤土	屑粒状	8.4	4.3	0.35			13		80	12.9			
剖4	半淋溶土	褐土	潮褐土	壤质潮褐土	轻壤质底姜潮褐土	1	0–20	棕色	轻壤土	屑粒状	8.1	10.5	0.69	0.12		43			12.9		E 115°06′12.5″ N 38°42′34.9″	88
						2	20–37	棕色	轻壤土	屑粒状	7.8	7.3	0.48	0.62		34			12.9			
						3	37–63	棕色	轻壤土	屑粒状	8.4	6.5	0.45	0.67		36			8.7			
						4	63–132	浅黄棕色	中壤土	屑粒状	8.3	2.9	0.18	0.91		16			18.3			
						5	132–150	灰黄棕色	重壤土	块状	8.1	3.8	0.27	0.78		17			11.8			
剖5	半水成土	潮土	潮土	壤质脱沼泽潮土	轻壤质底姜脱沼泽潮土	1	0–28	棕色	轻壤土	屑粒状	8.4	7.4	0.47			34	6.7	88	11.0		E 115°11′31.9″ N 38°40′38.3″	90
						2	28–57	暗棕色	中壤土	碎块状	8.2	7.7	0.53			36	7.4	76	27.5			
						3	57–105	灰棕色	轻壤土	屑粒状	8.2	4.0	0.25			22	7.5	72	22.6			
						4	105–158	黄棕色	重壤土	块状	8.1	3.5	0.21			13	12.5	52	19.8			
剖6	半水成土	潮土	潮土	壤质脱沼泽潮土	轻壤质脱沼泽潮土	1	0–34	棕色	轻壤土	屑粒状	8.2	8.1	0.51			24	10.9	88	11.0		E 115°14′32.3″ N 38°38′25.8″	81
						2	34–46	暗棕色	中壤土	屑粒状	8.2	7.6	0.50			41	9.9	76	10.0			
						3	46–79	浅灰棕色	轻壤土	屑粒状	8.3	5.7	0.37			28	19.9	72	11.3			
						4	79–100	浅灰棕色	轻壤土	屑粒状	8.4	3.1	8.29			25	6.3	52	7.9			
						5	100–150	浅灰棕色	轻壤土	屑粒状	8.4	2.3	0.15			19	7.7	41	6.7			
剖7	半淋溶土	褐土	潮褐土	轻壤质脱沼泽潮褐土	通体轻壤质脱沼泽潮褐土	1	0–30	灰棕色	中壤土	碎块状	8.3	10.3									E 115°04′59.7″ N 38°38′12.7″	100
						2	30–55	暗棕色	中壤土	碎块状	8.3	6.7	0.54			41	8.0	60	12.7			
						3	55–70	暗棕色	中壤土	碎块状	8.2	7.1	0.51			18	7.4	68	12.6			
						4	70–101	灰棕色	轻壤土	屑粒状	8.3	4.4	0.35			27	11.0	42	6.7			
						5	101–150	黄棕色	重壤土	块状	8.3	3.5										
剖8	半淋溶土	褐土	潮褐土	壤质潮褐土	通体轻壤质潮褐土	1	0–30	棕色	轻壤土	屑粒状	8.2	9.5	0.60	0.45		45		102	12.7		E 115°04′05.2″ N 38°37′56.6″	97
						2	30–64	棕色	中壤土	屑粒状	8.2	8.3	0.52	0.41		31		82	12.6			
						3	64–82	深棕色	轻壤土	屑粒状	6.1	6.1	0.39	0.35		39		68	11.8			
						4	82–105	深棕色	轻壤土	屑粒状	8.1	6.6	0.47	8.47		29		74	15.1			
						5	105–150	深灰棕色	中壤土	碎块状	8.2	6.5	0.41	0.24		29		88				
剖9	半水成土	潮土	潮土	壤质脱沼泽潮土	中壤质底姜脱沼泽潮土	1	0–35	灰棕色	中壤土	碎块状	8.3	8.9	0.54			41	8.0	60	9.4		E 115°12′16.7″ N 38°37′52.5″	81
						2	35–54	暗棕色	中壤土	屑粒状	8.2	9.0	0.51			18	7.4	68	12.2			
						3	54–82	灰棕色	轻壤土	屑粒状	8.3	5.4	0.35			27	11.0	42	6.7			
						4	82–95	灰棕色	轻壤土	屑粒状	8.2	5.0	0.30			23	8.2	64	8.7			
						5	95–150	浅灰棕色	轻壤土	屑粒状	8.1	3.7	0.24			22	9.6	58	10.3			

续表 Continued

剖面号 Soil profile	土纲 Soil order	土类 Soil great group	亚类 Soil subgroup	土属 Soil genus	土种 Soil species	土层码 Layer code	土层厚度 Depth/cm	颜色 Soil color	质地 Soil texture	土壤结构 Soil structure	pH	有机质 OM/(g/kg)	全氮 TN/(g/kg)	全磷 TP/(g/kg)	全钾 TK/(g/kg)	碱解氮 AN/(mg/kg)	有效磷 AP/(mg/kg)	速效钾 AK/(mg/kg)	阳离子交换量CEC/(cmol/kg)	土壤母质 Parent material	剖面点坐标 Profile coordinate	匹配指数 Matching index/%
剖10	半水成土	潮土	褐潮土	壤质脱沼泽褐潮土	轻壤质底姜脱沼泽褐潮土	1	0—23	棕色	轻壤土	屑粒状	8.2	6.6	0.50			36	6.9	84	42.3		E 115°15′33.3″ N 38°38′57.3″	84
						2	23—47	棕色	轻壤土	屑粒状	8.2	9.5	0.64			48	9.3	92	11.0			
						3	47—79	暗棕色	中壤土	碎块状	8.2	8.6	0.59			46	11.0	108	22.9			
						4	79—93	灰棕色	中壤土	碎块状	8.3	7.2	0.49			41	14.7	60	17.3			
						5	93—150	浅棕色	中壤土	碎块状	8.2	3.3	0.25			9	10.4	48	7.4			
剖11	半水成土	潮土	潮土	砂壤质潮土	砂壤质潮土	1	0—24	灰棕色	砂壤土	屑粒状	8.1	9.3	0.58			41	17.9	66	12.1		E 115°15′04.5″ N 38°35′10.0″	92
						2	24—63	浅黄色	砂壤土	屑粒状	8.0	5.6	8.37			35	3.7	60	10.7			
						3	63—82	灰棕色	轻壤土	屑粒状	8.3	7.8	0.49			27	7.2	68	14.1			
						4	82—117	浅棕色	砂壤土	屑粒状		4.3	9.26			31	8.5	42	6.3			
						5	117—150	黄棕色	砂土	单粒状	9.7	4.1	0.26			26	5.6	47	9.1			
剖12	半淋溶土	褐土	潮褐土	潮褐泥砂土	潮黄土	A₁₁	0—30	棕色	砂质黏壤土	屑粒状	8.2	9.5	0.60	0.45	19.5		10.0	102	12.7	洪冲积物	E 115°15′58.1″ N 38°34′35.6″	95
						B	30—64	棕色	砂质黏壤土	碎块状	8.2	8.4	0.52	0.41	18.5		10.0	82	12.6			
						Bk₁	64—82	棕色	砂质黏壤土	碎块状	8.1	6.1	0.39	0.35	18.0		10.0	68	11.8			
						Bk₂	82—105	暗棕色	砂质黏壤土	碎块状	8.1	6.6	0.47	0.47	19.9		10.0	74	15.1			
						Cu	105—150	暗棕色	壤质黏土	块状	8.2	6.5	0.41	0.24	18.7		15.0	83	15.1			

安 新 县

主要土类说明

潮土是安新县主要土壤类型，占本县地域面积的 64%。潮土是直接发育在河流沉积物上，经耕种熟化形成的半水成土壤，主要分布在冲积平原地区。成土母质为近代河流冲积物，地势平坦，地下水埋深为 2—3m，地下水直接参与成土过程。潮土上自然植被较少，有杨、柳、榆、槐、椿和画眉草、车前子、稗草等。潮土形成过程主要为：所处地区地形平坦，排水欠通畅，地下水位较高，地下水可借毛管作用上升到地表，地下水参与成土过程。由于地下水升降频繁，氧化还原作用交替进行，使土壤中物质发生溶解、移动和淀积，在土体中形成锈色斑纹、铁子、铁锰结核及砂姜等。潮土一般直接发育在河流沉积物上，多属河流冲积母质，剖面质地变化比较复杂，或通体砂壤或砂黏相间，有"一步三换土"之说，主要受河流冲击的影响。潮土的土层排列层次明显，通体石灰反应比较强，表土呈灰棕色，心土层常见锈色斑纹，底土层有小型铁子、铁锰结核，呈暗灰色，表现出潜育化特征。

沼泽土是安新县第二大土壤类型，占本县地域面积的 17%。沼泽土所处地势低洼，无排水出路，每年有 1—6 个月的季节性地面积水时间，地下水位上升，在旱季临近地表，埋深 0.5—1m。沼泽土土质黏重，水分过多，通气不良，有机质积累多，潜育化作用强烈。剖面特征为：表层为有机物丰富的腐泥层；腐泥层以下为灰蓝色的潜育层，生长喜湿植物，如芦苇、蒲草和三棱草等。沼泽土的形成过程，包括土壤表层有机质的泥炭化或腐殖质化和土壤下层的潜育化两个基本过程。泥炭层：在潮湿积水条件下，沼泽植被生长繁茂，可积累大量的有机质，同时在土壤过湿或积水条件下，土壤微生物的活动受到抑制，有机质不能充分分解，而以粗有机质和半腐解有机质形式积累于地表，形成泥炭层。沼泽植物一代代的死亡过程，即泥炭层的积累过程。潜育层：由于还原作用，氧化铁变为氧化亚铁，但由于水分状况不同，氧化亚铁的动态也有差异。由于地下水位升降与干湿交替，氧化亚铁可随毛管上升，并氧化成氧化铁，以斑点状、细条状或大块状形式存在，这一层次称"氧化还原层"。在长期积水或经常过度湿润的条件下，土壤溶液中的亚铁离子往往与土壤液体中的二氧化硅和氧化铝发生反应，形成含氧化亚铁和次生铁铝硅酸盐，呈浅绿色或浅青色，致使土壤的矿物质部分变成灰白色或蓝灰色，这一层称为"潜育层"。

小于本县地域面积 3% 的土壤类型还有褐土和砂姜黑土等。

本区域中心区气候特征

本区域中心区气候特征值
Regional climate characteristics in central area of the region

气候带：暖温带亚湿润气候 Climate region: Warm temperate subhumid climate	
年平均气温 /℃ Annual average temperature /℃	12.5
年平均最高气温 /℃ Annual average maximum temperature /℃	18.2
年平均最低气温 /℃ Annual average minimum temperature /℃	7.7
年降水量 /mm Annual precipitation /mm	537
≥10℃的积温 /℃ Daily temperature accumulated in a year (≥10℃) /℃	4524
年日照时数 /h Annual sunshine /h	2624
年平均相对湿度 /% Annual average relative humidity /%	59
干燥度 Dryness	1.42

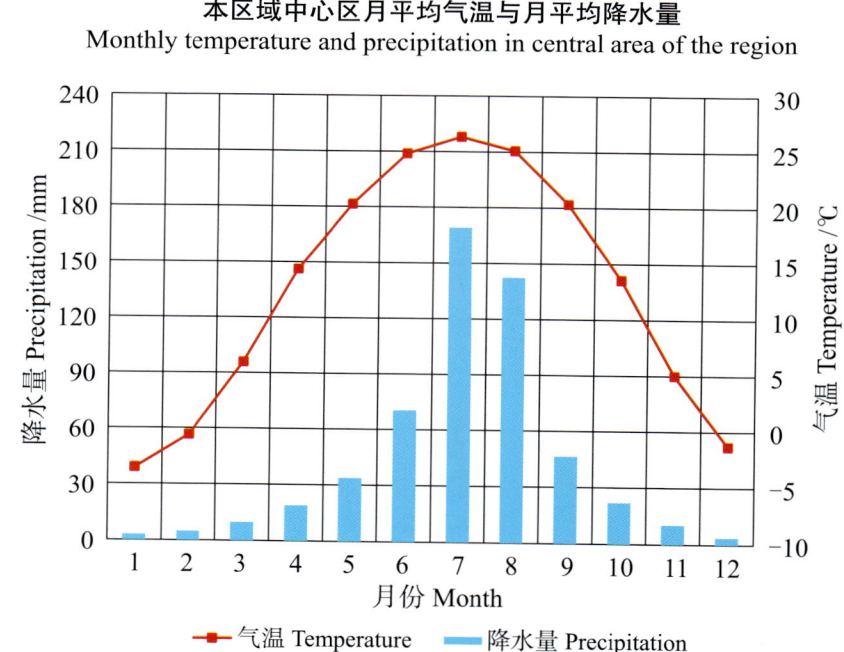

本区域中心区月平均气温与月平均降水量
Monthly temperature and precipitation in central area of the region

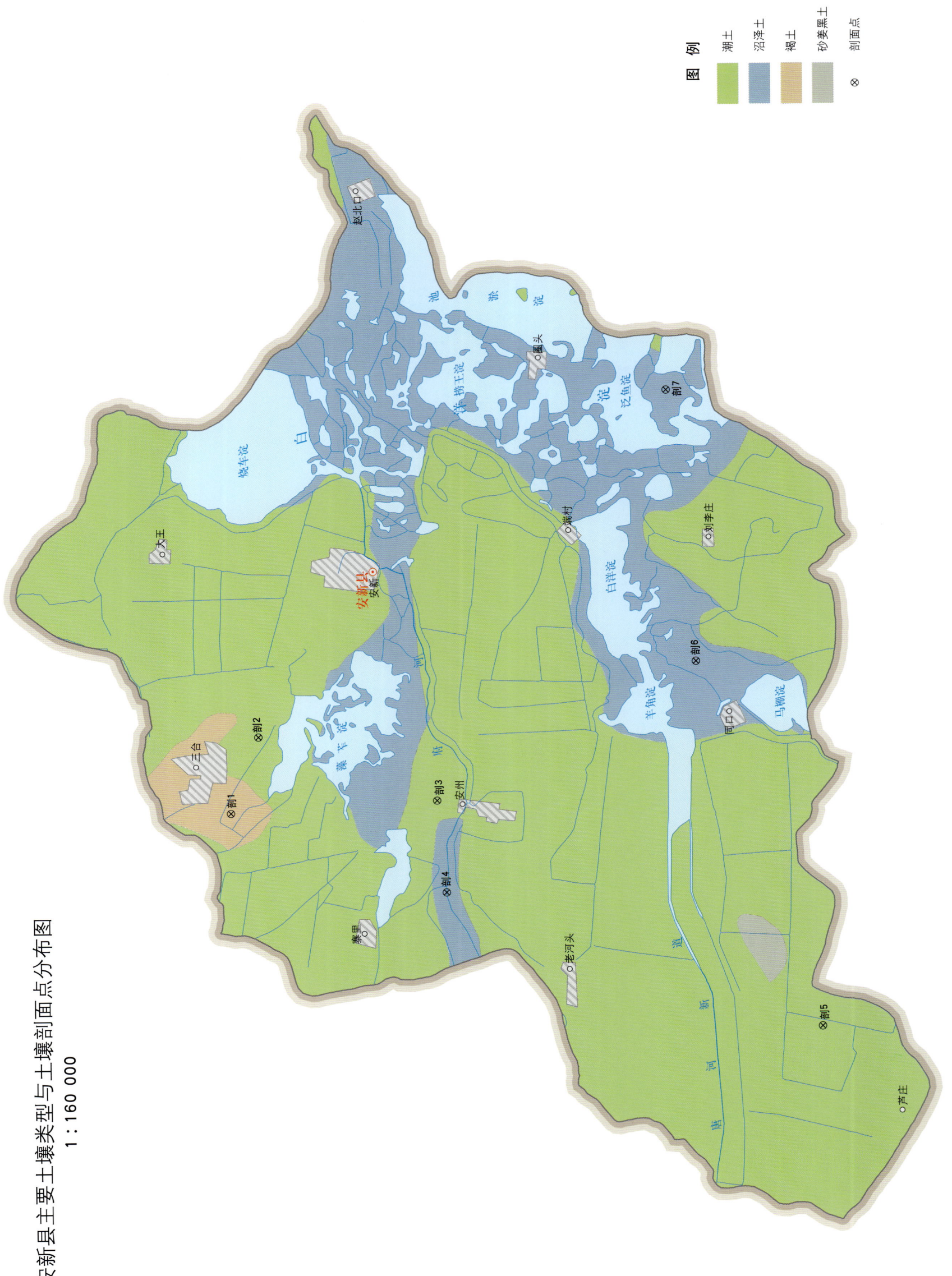

安新县土壤剖面理化性状表

剖面号 Soil profile	土纲 Soil order	土类 Soil great group	亚类 Soil subgroup	土属 Soil genus	土种 Soil species	土层码 Layer code	土层厚度 Depth/cm	颜色 Soil color	质地 Soil texture	土壤结构 Soil structure	pH	有机质 OM/(g/kg)	全氮 TN/(g/kg)	全磷 TP/(g/kg)	全钾 TK/(g/kg)	碱解氮 AN/(mg/kg)	有效磷 AP/(mg/kg)	速效钾 AK/(mg/kg)	阳离子交换量CEC/(cmol/kg)	土壤母质 Parent material	剖面点坐标 Profile coordinate	匹配指数 Matching index/%
剖1	半淋溶土	褐土	潮褐土	壤质洪冲积潮褐土	轻壤质潮褐土	1	0—25	浅灰棕色	轻壤土	碎屑状	8.6	5.4	0.38	0.96		10	0.7	52	11.5		E 115°48′57.2″ N 38°57′52.0″	88
						2	25—68	浅灰棕色	轻壤土	碎屑状	8.5	4.1	0.31	1.19		7	0.8	44	11.3			
						3	68—98	灰棕色	中壤土	碎块状	8.5	3.6	0.26	0.88		4	0.9	36	10.8			
						4	98—150	黄棕色	轻壤土	碎块状	8.4	6.2	0.35	0.56		9	0.8	68	18.2			
剖2	半水成土	潮土	潮土	壤质潮土	中壤质潮土	1	0—15	浅灰棕色	中壤土	碎块状	8.5	17.7	1.15	1.75		52	18.0	258	23.9		E 115°51′01.5″ N 38°57′18.8″	85
						2	15—120	灰棕色	中壤土	碎块状	8.6	15.2	0.97	1.60		41	11.0	174	27.0			
剖3	半水成土	潮土	湿潮土	黏质冲积湿潮土	黏质湿潮土	1	0—20	灰棕色	重壤土	碎块状	8.3	33.4	2.13	1.11		126	7.0	218	31.2		E 115°49′19.9″ N 38°53′39.5″	98
						2	20—30	灰棕色	重壤土	碎块状	8.0	27.8	1.84	1.18		103	5.0	158	29.9			
						3	30—48	黄棕色	重壤土	碎块状	8.0	16.7	1.19	1.02		62	4.0	152	28.9			
						4	48—78	浅灰棕色	重壤土	碎块状	8.0	19.6	1.21	1.66		71	7.0	128	28.5			
						5	78—100	暗棕色	重壤土	碎块状	8.1	12.3	0.66	0.54		23	0.2	128	34.9			
剖4	水成土	沼泽土	草甸沼泽土			1	0—20	棕色	重壤土	碎块状	8.3	20.6	1.26	1.10		82	13.0	190	18.6		E 115°46′51.6″ N 38°53′27.2″	93
						2	20—115	灰棕色	重壤土	核状	8.3	14.8	0.94	1.40		39	14.0	192	25.3			
剖5	半水成土	潮土	潮土	壤质潮土	中壤质底砂潮土	1	0—25	浅灰棕色	中壤土	碎屑状	8.5	18.5	1.28	1.90		71	11.0	512	19.0		E 115°43′18.8″ N 38°45′46.1″	78
						2	25—82	暗黄棕色	中壤土	碎块状	8.7	7.9	0.56	1.30		22	0.7	104	15.1			
						3	82—130	黄棕色	砂土	单粒状	8.7	3.8	0.30	0.99	22.1	4	4.0	44	7.7			
剖6	水成土	沼泽土	草甸沼泽土	湖积草甸沼泽土	黏黑草泥土	1	0—25	暗棕色	壤质黏土	粒状	7.8	26.7	1.82	0.72	23.1		12.0	166	25.9	砂壤质冲积物	E 115°53′07.2″ N 38°48′23.4″	96
						2	25—54	灰棕色	壤质黏土	粒状	7.7	14.0	1.04	0.55			6.0	113	26.3			
						3	54—110	灰棕色	壤质黏土	粒状	7.8	11.5	0.85	0.51	22.4		3.0	110	23.7			
剖7	水成土	沼泽土	沼泽土	湖相沉积黏质沼泽土	湖相沉积黏质沼泽土	1	0—28	暗棕色	重壤土	碎块状	8.1	24.3	1.67	1.73		114	15.0	212	26.3		E 116°00′23.9″ N 38°49′01.6″	88
						2	28—49	暗灰棕色	重壤土	核状	8.2	16.9	1.13	1.51		67	6.0	164	30.4			
						3	49—74	灰棕色	重壤土	核状	8.2	11.6	0.78	1.31		37	6.0	143	28.4			

易 县

主要土类说明

褐土是易县主要土壤类型，占本县地域面积的 68%。褐土是在半干旱、半湿润、半淋溶条件下，发生地带性成土过程形成的土类，在垂直带谱中位于棕壤之下，主要分布在太行山海拔 1000m 以下的低山丘陵及山麓平原地带。褐土所处地势较高，排水良好，地下水埋深为 4—6m 甚至更低，成土母质多属各种含碳酸盐物质，一般均有不同程度的石灰反应，盐基饱和。褐土绝大部分为耕种土壤，耕作层有机质含量约为 10g/kg，呈灰棕色，具屑粒结构，疏松多孔，犁底层厚约 10cm，片状结构，比较紧实。有褐色黏化层。雨热同季，促进风化和黏粒的形成，上层黏粒轻度下移，剖面中有黏化层，内外排水良好。铁锰充分氧化，土粒覆铁膜，颜色鲜艳，以棕褐色为主，为核状、块状结构，沿结构面有不明显的胶膜。具钙积层。褐土母质多为含碳酸盐物质，在半淋溶条件下，土体钙质淋溶淀积，具有强弱不同的石灰反应，以假菌丝体、斑点或砂姜形成钙质淀积。土壤呈中性至微碱性，pH 为 7.0—8.0。

粗骨土是易县第二大土壤类型，占本县地域面积的 15%，主要分布在山区的山坡地上，多砾粗骨薄层，一般土层厚度在 15cm，砾石占 10%—30%。土层侵蚀严重，在薄层 A 层下，为不同厚度的风化岩层，均为松散的碎屑层。

棕壤是易县第三大土壤类型，占本县地域面积的 6%，集中分布在暖温带半干旱、半湿润地区海拔 800m 以上的山地。植被为乔木、灌木和草被，乔木类型主要有栎树、云杉、桦树、椴树、油松、六道木、山杨等；草被主要有莎草、卷柏及苔藓等。棕壤表层有厚 1—3cm 的枯枝落叶层，其下为厚度不一的棕灰色腐殖质层，潮湿而有弹性，呈屑粒状结构，有机质含量为 20—110g/kg，以灰棕色层逐渐向下过渡；具棕色黏化层；土壤脱钙酸化，盐基转为不饱和，通体无石灰反应，土壤 pH 约为 6.5。棕壤土层一般厚 30—40cm，达到 1m 的很少，在 30—40cm 以下即出现半风化母岩。

石质土占易县地域面积的 6%，主要分布在低山丘陵的山坡地，土层极薄，一般厚 6—15cm，砾石含量大于 30%，植被很稀疏，水土流失严重。

潮土占易县地域面积的 4%，主要分布在冲积平原地区。潮土是直接发育在河流沉积物上，经耕种熟化形成的半水成土壤。母质为近代河流冲积物，地势平坦，地下水埋深为 2—3m，直接参与成土过程。地下水位较高，且升降频繁，氧化还原作用交替进行，使土壤中物质发生溶解、移动和淀积，在土体中形成锈色斑纹、铁子、铁锰结核及砂姜等。潮土的土层排列层次明显，通体石灰反应比较强，表土呈灰棕色，心土层常见锈色斑纹，底土层有小型铁子及铁锰结核，呈暗灰色，表现出潜育化特征。

小于本县地域面积 3% 的土壤类型还有水稻土等。

本区域中心区气候特征

本区域中心区气候特征值
Regional climate characteristics in central area of the region

气候带：暖温带亚湿润气候 Climate region: Warm temperate subhumid climate	
年平均气温 /℃ Annual average temperature /℃	11.8
年平均最高气温 /℃ Annual average maximum temperature /℃	17.8
年平均最低气温 /℃ Annual average minimum temperature /℃	6.6
年降水量 /mm Annual precipitation /mm	489
≥10℃的积温 /℃ Daily temperature accumulated in a year (≥10℃) /℃	4212
年日照时数 /h Annual sunshine /h	2653
年平均相对湿度 /% Annual average relative humidity /%	56
干燥度 Dryness	1.46

本区域中心区月平均气温与月平均降水量
Monthly temperature and precipitation in central area of the region

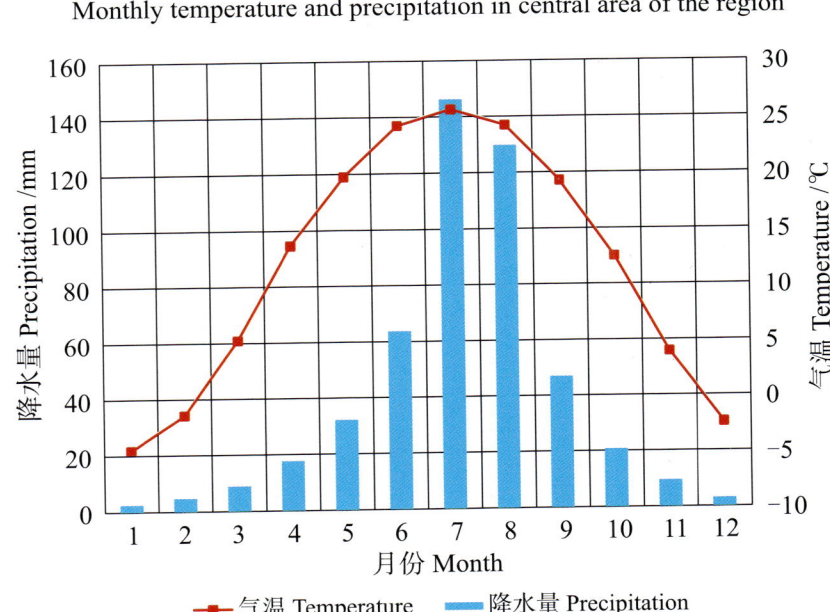

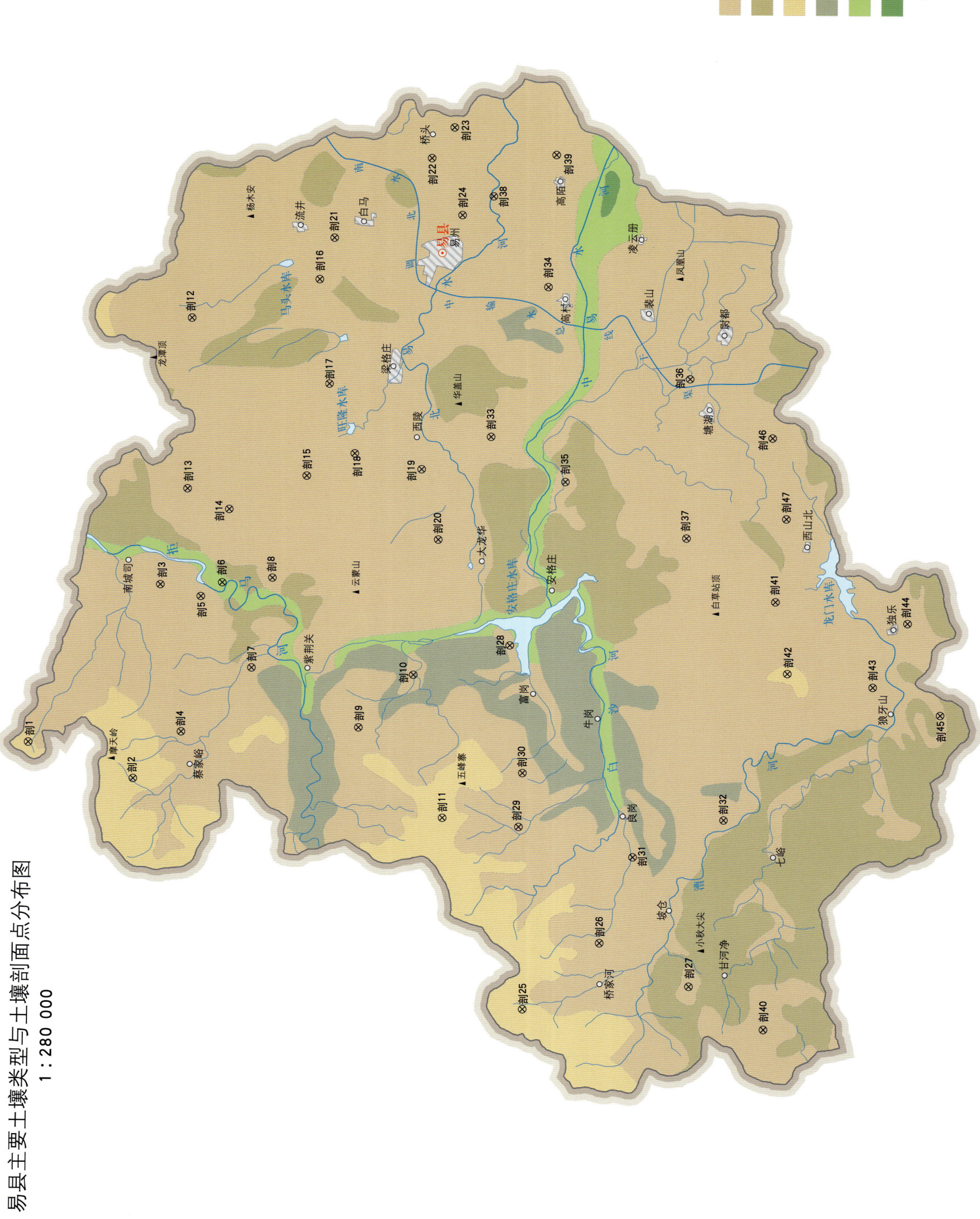

易县主要土壤类型与土壤剖面点分布图
1∶280 000

易县土壤剖面理化性状表

剖面号 Soil profile	土纲 Soil order	土类 Soil great group	亚类 Soil subgroup	土属 Soil genus	土种 Soil species	土层码 Layer code	土层厚度 Depth/cm	颜色 Soil color	质地 Soil texture	土壤结构 Soil structure	pH	有机质 OM/(g/kg)	全氮 TN/(g/kg)	全磷 TP/(g/kg)	全钾 TK/(g/kg)	有效磷 AP/(mg/kg)	速效钾 AK/(mg/kg)	阳离子交换量 CEC/(cmol/kg)	土壤母质 Parent material	剖面点坐标 Profile coordinate	匹配指数 Matching index/%
剖1	淋溶土	棕壤	棕壤	花岗岩类残积坡积棕壤	花岗岩类厚层有机质中层棕壤	1	0–5	灰棕色	轻壤土	屑粒状		265.0	11.02	1.03					花岗岩类残积物、坡积物	E 115°06′16.6″ N 39°35′11.0″	83
						2	5–21	灰棕色	轻壤土	屑粒状		123.3	5.70	0.81							
						3	21–60	灰棕色	轻壤土	屑粒状		68.9		0.41							
剖2	淋溶土	棕壤	棕壤	花岗岩类残积坡积棕壤		1	0–20	灰棕色	砂壤土	屑粒状		34.8	1.26					花岗岩类残积物、坡积物	E 115°04′44.4″ N 39°31′29.3″	94
						2	20–150	灰棕色	砂壤土	屑粒状		24.3	1.29	0.90							
剖3	半淋溶土	褐土	褐土性土	石灰岩类残积坡积褐土性土		1	0–15	褐色	石渣土	块状	8.0	20.7	1.21	0.33					石灰岩类残积物、坡积物	E 115°13′48.3″ N 39°30′44.8″	78
						2	15–50	红褐色	石渣土	块状	7.9	12.1	0.15	0.20							
剖4	半淋溶土	褐土	淋溶褐土	花岗岩类淋溶褐土		1	0–21	棕色	石渣土	单粒状	7.5	20.3	1.33	1.55					花岗岩类	E 115°06′58.0″ N 39°29′51.7″	73
剖5	半淋溶土	褐土	褐土	黄土质褐土	轻壤质褐土	1	0–20	褐色	轻壤土	屑粒状	8.2	8.0	0.49	0.33				10.6	黄土	E 115°13′18.5″ N 39°29′19.0″	98
						2	20–40	褐色	轻壤土	屑粒状	8.0	5.1	0.25	0.28				11.6			
						3	40–70	褐色	中壤土	碎块状	7.8	6.3	0.48	0.26				17.6			
						4	70–120	褐色	中壤土	中状	7.6	6.1	0.40	0.24				15.2			
剖6	半水成土	潮土	潮土	壤质洪冲积潮土	壤质厚层少砾薄潮土	1	0–23	棕色	轻壤土	屑粒状	8.0	14.4	0.85	0.51						E 115°13′58.8″ N 39°28′35.4″	80
						2	23–69	棕色	轻壤土	屑粒状	8.3	8.7	0.55	0.60							
						3	69–140	灰棕色	中壤土	块状	8.2	9.0	0.41	0.56							
剖7	半淋溶土	褐土	石灰性褐土	壤质洪积石灰性褐土	壤质厚层少砾石灰性褐土	1	0–20	灰棕色	中壤土	屑粒状	8.1	4.8	1.13	0.69				9.3		E 115°10′02.1″ N 39°27′28.1″	77
						2	20–62	灰棕色	中壤土	屑粒状	8.0	11.4	0.83	0.36				7.9			
						3	62–150	灰棕色	中壤土	屑粒状	8.1	7.6		0.73				8.4			
剖8	半淋溶土	褐土	褐土	黄土质褐土	中壤质褐土	1	0–18	灰褐色	中壤土	中状	7.8	15.2	1.01	0.36					黄土	E 115°14′15.7″ N 39°26′49.9″	88
						2	18–55	褐色	轻壤土	屑粒状	7.8	8.9	0.58	0.33							
						3	55–90	褐色	轻壤土	屑粒状	7.8	13.8	0.81	0.28							
剖9	半淋溶土	褐土	淋溶褐土	花岗岩类淋溶褐土	花岗岩多层石渣褐土	1	0–20	棕色	轻壤土	屑粒状	7.6	19.9	1.18	0.74					花岗岩类	E 115°07′24.2″ N 39°23′40.5″	96
						2	20–60	浅褐色	石渣土	屑粒状	7.5	11.5	0.70	0.52							
						3	60–130	浅褐色	石渣土	单粒状	7.6	5.4	0.38	0.24							
剖10	半淋溶土	褐土	淋溶褐土	壤质残积褐土	轻壤质褐土	1	0–22	浅褐色	轻壤土	屑粒状		8.4	0.60	0.51						E 115°09′55.4″ N 39°21′48.6″	79
						2	22–70	浅褐色	轻壤土	屑粒状		4.8	0.41	0.40							
						3	70–150	浅棕色	轻壤土	碎块状		5.3	0.45	0.25							
剖11	淋溶土	棕壤	棕壤	花岗岩类残积坡积棕壤		1	0–20	灰棕色	砂壤土	屑粒状		27.8	1.40	1.30				12.0	花岗岩类残积物、坡积物	E 115°03′19.4″ N 39°20′38.4″	79
剖12	半淋溶土	褐土	褐土性土	石灰岩类残积坡积褐土性土	轻壤质厚层深石砾褐土	1	0–20	褐色	中壤土	屑粒状	7.8	7.4	0.62	0.53					石灰岩类残积物、坡积物	E 115°26′14.0″ N 39°29′54.2″	78
剖13	半淋溶土	褐土	淋溶褐土	黄土质淋溶褐土	轻壤质褐土	1	0–20	褐色	中壤土	屑粒状	7.8	10.1	0.64	0.58				16.1	黄土	E 115°18′17.3″ N 39°29′53.4″	81
						2	20–150	褐色	轻壤土	块状	7.6	2.1	0.14	0.57				12.7			
剖14	半淋溶土	褐土	褐土	黄土质褐土	轻壤质深位石砾褐土	1	0–21	褐色	轻壤土	屑粒状	7.6	11.0	0.76	0.44					黄土	E 115°17′22.6″ N 39°28′25.3″	74
						2	21–44	褐色	轻壤土	屑粒状	7.7	10.2	0.78	0.37							
						3	44–67	褐色	石渣土	屑粒状	7.8	7.8	0.36	0.42							
剖15	半淋溶土	褐土	褐土性土	花岗岩类残积坡积褐土性土	轻壤质体黏褐土	1	0–13	褐色	轻壤土	单粒状	7.9	11.2	0.83	0.50				17.2	花岗岩类残积物、坡积物	E 115°19′01.2″ N 39°25′44.8″	78
剖16	半淋溶土	褐土	淋溶褐土	黄土质褐土		1	0–23	褐色	轻壤土	屑粒状	7.6	10.7	0.78	0.51				18.2	黄土	E 115°28′10.2″ N 39°25′28.9″	82
						2	23–28	褐色	轻壤土	屑粒状	7.7	8.8	0.64	0.46				25.2			
						3	80–150	褐色	中壤土		7.7	6.7	0.57	0.19							

续表 Continued

剖面号 Soil profile	土纲 Soil order	土类 Soil great group	亚类 Soil subgroup	土属 Soil genus	土种 Soil species	土层码 Layer code	土层厚度 Depth/cm	颜色 Soil color	质地 Soil texture	土壤结构 Soil structure	pH	有机质 OM/(g/kg)	全氮 TN/(g/kg)	全磷 TP/(g/kg)	全钾 TK/(g/kg)	有效磷 AP/(mg/kg)	速效钾 AK/(mg/kg)	阴离子交换量 CEC/(cmol/kg)	土壤母质 Parent material	剖面点坐标 Profile coordinate	匹配指数 Matching index/%
剖17	半淋溶土	褐土	石灰性褐土	壤质洪积石灰性褐土	轻壤质底砂石灰性褐土	1	0—16	暗褐色	轻壤土	屑粒状	7.9	12.7	0.74	0.85				12.2		E 115° 23′ 19.8″ N 39° 25′ 02.5″	78
						2	16—50	褐色	轻壤土	屑粒状	7.9	11.1	0.58	0.98				11.7			
						3	50—90	浅褐色	轻壤土	屑粒状	7.8	4.4	0.35	0.51				10.6			
						4	90—120		砂土	单粒状											
剖18	半淋溶土	褐土	淋溶褐土	花岗岩类淋溶褐土		1	0—20	棕色	轻壤土	屑粒状	7.6	17.5	1.22	0.81				9.4	花岗岩类	E 115° 20′ 06.8″ N 39° 24′ 05.2″	86
						2	20—150	棕色			8.2	15.4	0.94	0.64				13.2			
剖19	半淋溶土	褐土	褐土	黄土质褐土		1	0—18	褐色			7.7	10.2	0.73	0.64				14.8	黄土	E 115° 19′ 27.1″ N 39° 21′ 44.3″	82
						2	18—50	褐色			7.8	5.8	0.43	0.42				15.6			
						3	50—92	褐色			8.0	4.5	0.30	0.34				17.5			
						4	92—118	褐色			8.2	4.0	0.21	0.34				22.3			
剖20	半淋溶土	褐土	褐土性土	花岗岩类残积坡积褐土性土		1	0—20	棕色	石渣土	屑粒状	7.8	12.4	0.87	1.15				8.6	花岗岩类残积物、坡积物	E 115° 16′ 14.2″ N 39° 21′ 05.0″	84
剖21	半淋溶土	褐土	石灰性褐土	壤质洪积石灰性褐土	轻壤质石灰性褐土	1	0—20	灰褐色	轻壤土	屑粒状	7.8	10.1	0.64	0.73						E 115° 30′ 05.9″ N 39° 24′ 59.6″	72
						2	20—70	褐色	砂壤土	屑粒状	7.9	5.3	0.42	0.78							
						3	70—100	浅褐色	中壤土	屑粒状	8.0	3.3	0.22	1.22							
						4	100—	褐色		碎块状	9.0	8.1	0.52	0.68							
剖22	半淋溶土	褐土	石灰性褐土	黄土质石灰性褐土	砂壤质厚层少砾石灰性褐土	1	0—20	棕色	轻壤土	屑粒状	7.8	16.3	1.22	0.92				12.3	黄土	E 115° 33′ 53.3″ N 39° 21′ 39.6″	100
						2	20—85	褐色	轻壤土	屑粒状	8.0	7.7	0.59	0.82							
						3	85—150	褐色	轻壤土	屑粒状	7.9	5.0	0.38	0.58							
剖23	半淋溶土	褐土	潮褐土	壤质洪冲积潮褐土	轻壤质厚层潮褐土	1	0—20	暗褐色	轻壤土	屑粒状	7.9	8.8	0.62	0.77						E 115° 35′ 20.4″ N 39° 20′ 53.7″	80
						2	20—60	暗褐色	轻壤土	屑粒状	8.0	7.3	0.68	0.65							
						3	60—	暗褐色	中壤土	屑粒状	8.0	4.0	0.27	0.62							
剖24	半淋溶土	褐土	褐土	砂积洪积石灰性褐土	轻壤质底砂潮褐土	1	0—20	棕褐色	轻壤土	屑粒状	7.6	78.7	1.17	0.87						E 115° 31′ 16.9″ N 39° 20′ 33.0″	91
						2	20—53	棕褐色	轻壤土	屑粒状	7.8	7.7	0.55	0.78							
						3	53—97	棕褐色	轻壤土	屑粒状	7.9	5.6	0.42	0.64							
						4	97—150	褐色	中壤土	块状	8.0	4.2	0.38	0.51							
剖25	淋溶土	棕壤	棕壤性土	花岗岩类残积坡积棕壤性土		1	0—30	褐色	砂壤土	屑粒状		15.6	0.57	0.34					花岗岩类残积物、坡积物	E 114° 54′ 35.7″ N 39° 17′ 36.4″	72
剖26	半淋溶土	褐土	淋溶褐土	花岗岩类淋溶褐土		1	0—43	褐色			8.3	21.5		0.86					花岗岩类	E 114° 57′ 43.2″ N 39° 15′ 00.0″	70
剖27	半淋溶土	褐土	淋溶褐土	花岗岩类淋溶褐土		1	0—20	棕色	轻壤土	屑粒状	7.6	20.4	1.35	1.51					花岗岩类	E 114° 55′ 52.7″ N 39° 11′ 49.9″	96
						2	20—				7.6	12.4	0.89	1.64							
剖28	半淋溶土	褐土	潮褐土	壤质洪和积潮褐土	轻壤质底砂潮褐土	1	0—20	褐色	轻壤土	屑粒状	8.3	10.0	0.60	0.42						E 115° 11′ 25.1″ N 39° 18′ 28.4″	78
						2	20—40	褐色	轻壤土	屑粒状	8.1	5.4	0.46	0.39							
						3	40—70	浅褐色	砂土	单粒状	7.9	4.8	0.49	0.42							
						4	70—	浅褐色	砂土	单粒状	7.9	6.1	0.43	0.40							
剖29	半淋溶土	褐土	褐土	壤质洪积褐土	壤质厚层少砾淋溶褐土	1	0—21	棕色	中壤土	块状	8.3	1.7	0.09	0.97						E 115° 03′ 00.7″ N 39° 17′ 57.9″	72
剖30	半淋溶土	褐土	淋溶褐土	石灰岩类残积坡积淋溶褐土		1	0—20	灰棕色	轻壤土	屑粒状	8.0	9.1	0.80	0.14					石灰岩类残积物、坡积物	E 115° 05′ 31.9″ N 39° 17′ 53.9″	78
剖31	半淋溶土	褐土	淋溶褐土	壤质洪冲积淋溶褐土	轻壤质底深位砾淋溶褐土	1	0—20	褐色	轻壤土	屑粒状	7.9	19.9	1.13	0.62						E 115° 01′ 45.8″ N 39° 13′ 57.0″	86
						2	20—50		轻壤土	屑粒状	7.9	9.1	0.56	0.34							
						3	50—150		砂土	屑粒状	7.7	7.5	0.49	0.39							
剖32	半淋溶土	褐土	石灰性褐土	壤质洪积石灰性褐土	轻壤质底砂砾石灰性褐土	1	0—15	浅褐色	轻壤土	屑粒状	7.8	7.8	0.43	0.54						E 115° 03′ 36.7″ N 39° 10′ 48.8″	82
						2	15—25	暗褐色	砂壤土	屑粒状	8.0	9.4	0.61	1.11							
						3	25—				7.5	32.3	1.78	0.97							

续表 Continued

剖面号 Soil profile	土纲 Soil order	土类 Soil great group	亚类 Soil subgroup	土属 Soil genus	土种 Soil species	土层码 Layer code	土层厚度 Depth/cm	颜色 Soil color	质地 Soil texture	土壤结构 Soil structure	pH	有机质 OM/(g/kg)	全氮 TN/(g/kg)	全磷 TP/(g/kg)	全钾 TK/(g/kg)	有效磷 AP/(mg/kg)	速效钾 AK/(mg/kg)	阳离子交换量CEC/(cmol/kg)	土壤母质 Parent material	剖面点坐标 Profile coordinate	匹配指数 Matching index/%
剖33	半淋溶土	褐土	石灰性褐土	黄土质石灰性褐土	轻壤质石灰性褐土	1	0—20	棕色	轻壤土	屑粒状	8.0	8.9	0.63	0.56					黄土	E 115°21′03.0″ N 39°19′20.6″	92
						2	20—42		轻壤土	屑粒状	8.0	4.5	0.53	0.61							
						3	42—80		轻壤土	屑粒状	8.4	5.6	0.43	0.32							
剖34	半淋溶土	褐土	褐土	黄土质褐土	轻壤质厚层褐土	4	80—		轻壤土	屑粒状	8.2	5.3	0.47	0.27					黄土	E 115°28′03.5″ N 39°17′29.6″	70
剖35	半淋溶土	褐土	石灰性褐土	石灰岩类残积石灰性褐土		1	0—10	棕色	轻壤土	屑粒状	7.0	11.8	0.62	0.16				7.2		E 115°19′02.3″ N 39°16′42.6″	71
						1	0—17	褐色	轻壤土	屑粒状	7.8	11.0	0.71	0.70							
						2	17—180	褐色	中壤土	块状	7.8	7.7	0.64	0.48							
剖36	半淋溶土	褐土	褐土	褐黄土	立黄土	A_{11}	0—20	亮棕色	砂质黏壤土	屑粒状	8.2	8.0	0.49	0.33	19.8	4.0	116	10.6	黄土状母质	E 115°23′56.9″ N 39°12′27.0″	87
						AB	20—48	棕色	砂质黏壤土	块状	8.0	5.1	0.25	0.28	19.5	3.0	109	11.6			
						Bk	48—100	棕色	黏壤土	块状	7.7	6.2	0.39	0.25	20.3	3.0	110	16.2			
剖37	半淋溶土	褐土	褐土性	石灰岩类残积褐土性土		1	0—19					1.0	0.27	0.30					石灰岩类残积物、坡积物	E 115°16′35.8″ N 39°12′25.6″	98
						2	19—65					30.4	1.84	0.39							
剖38	半淋溶土	褐土	潮褐土	砂质洪冲积潮褐土	砂质厚层少砾潮褐土	1	0—20	棕色	轻壤土	屑粒状	8.0	17.4	0.86	1.21				9.5		E 115°32′11.4″ N 39°19′28.6″	91
						2	20—43	棕色	轻壤土	屑粒状	8.1	7.1	0.75	0.91				6.7			
						3	43—79	棕色	中壤土	屑粒状	8.1	7.5	0.39	0.85				7.0			
						4	79—100	浅棕色	砂壤土	单粒状	7.9	14.6	0.40	1.24				9.4			
剖39	半淋溶土	褐土	石灰性褐土	黄土质石灰性褐土		1	0—15		轻壤土	屑粒状	7.8	11.9	0.72	0.61					黄土	E 115°34′09.5″ N 39°17′19.0″	96
						2	15—30		轻壤土	屑粒状	7.9	9.4	0.83	0.48							
剖40	半淋溶土	褐土	淋溶褐土	石灰岩类残积坡积褐土		1	0—23	灰棕色	轻壤土	屑粒状	7.7	41.9		0.51					石灰岩类残积物、坡积物	E 114°54′02.5″ N 39°09′10.1″	74
剖41	半淋溶土	褐土	石灰性褐土	壤质洪积石灰性褐土		1	0—38	褐色	轻壤土	屑粒状	7.8	7.9		0.64				15.0		E 115°13′46.2″ N 39°09′14.8″	74
						2	38—100		砂壤土	单粒状	8.1	1.4	0.04	2.13				1.0			
剖42	淋溶土	棕壤	棕壤性	花岗岩类残积坡积棕壤性土		1	0—20	浅棕色	砂壤土	屑粒状		42.4	2.28	0.54					花岗岩类残积物、坡积物	E 115°10′28.2″ N 39°08′45.6″	98
剖43	半淋溶土	褐土	石灰性褐土	黄土质石灰性褐土	中壤质厚层石灰性褐土	1	0—20		轻壤土	屑粒状	7.6	14.2	0.96	0.50					黄土	E 115°09′57.2″ N 39°05′45.6″	95
						2	20—45		轻壤土	屑粒状	7.7	10.7	0.71	0.47							
						3	45—87		轻壤土	屑粒状	7.5	6.6	0.62	0.28							
						4	87—155		轻壤土	屑粒状	7.7	6.0	0.33	0.26							
剖44	半淋溶土	褐土	石灰性褐土	黄土质石灰性褐土	轻壤质体黏石灰性褐土	1	0—20	褐色	重壤土	块状	8.0	7.3	0.56	0.49					黄土	E 115°12′56.9″ N 39°04′36.5″	81
						2	20—90	褐色	轻壤土	块状	7.9	4.4	0.37	0.27							
剖45	半淋溶土	褐土	石灰性褐土	石灰岩类残积石灰性褐土		1	0—17	深褐色	中壤土	块状	7.8	13.0	0.87	0.53					石灰岩类残积物、坡积物	E 115°08′44.9″ N 39°03′22.7″	83
						2	17—43	褐色	中壤土	屑粒状	7.8	12.8	0.90	0.41							
剖46	半淋溶土	褐土	石灰性褐土	石灰岩类残积石灰性褐土		1	0—20	棕色	轻壤土	屑粒状	7.7	8.7	0.57	0.58					石灰岩类	E 115°21′18.4″ N 39°09′30.6″	96
						2	20—110	棕色	轻壤土	屑粒状	7.6	7.0	0.55	0.52							
剖47	半淋溶土	褐土	石灰性褐土	黄土质石灰性褐土	中壤质石灰性褐土	1	0—20	褐棕色	中壤土	屑粒状	8.0	9.0	0.62	0.27				27.9	黄土	E 115°17′36.2″ N 39°08′57.1″	70
						2	20—40	褐色	中壤土	屑粒状	8.0	2.6	0.23	0.23				29.0			
						3	40—90	褐色	中壤土	块状	7.9	1.8	0.20	0.27				27.4			

曲 阳 县

主要土类说明

褐土是曲阳县主要土壤类型，占本县地域面积的45%。褐土广泛分布在本县低山、丘陵和山前平原一带，发育在黄土、洪积物、冲积物、人工堆垫物以及石灰岩、花岗岩残积物、坡积物上。本县褐土分为褐土、潮褐土、褐土性土、石灰性褐土等亚类。

粗骨土是曲阳县第二大土壤类型，占本县地域面积的23%。粗骨土主要分布在山区的坡地上，多砾粗骨薄层，一般土层厚度为15cm，砾石占10%—30%。土层侵蚀严重，在薄层A层下，为不同厚度的风化岩层，均为松散的碎屑层。

石质土是曲阳县第三大土壤类型，占本县地域面积的14%，主要分布在低山丘陵的坡地，土层极薄，一般厚6—15cm，砾石含量大于30%，植被很稀疏，水土流失严重。

潮土占曲阳县地域面积的8%。本县潮土为非地带性土壤，发育在洪积物、冲积物、河流冲积物及人工堆垫母质上，集中分布在赵城东村以东经七里庄村、大西旺村至大盖都村、田家庄村，辛庄村以东、高门屯村以南至管头庄村一带，河洼村至西河流村一带，以及支曹村等地。分布地势较低洼，地下水位为1—4m。土壤潮湿，底土、心土层潜育化明显，出现锈色斑纹、铁锰结核、铁子等。本县潮土分为潮土和盐化潮土等亚类。

新积土占曲阳县地域面积的4%，主要分布在本县沿河流两侧的河漫滩，地势比较起伏，成土母质为新近的河流沉积物，很少有植物生长，仅有稀疏的草被生长。在雨季河水暴涨时，新积土常常被水淹没。剖面中没有发生层次，通体多为砂土，土层深厚，土层底部常夹杂一些大小不等的卵石，pH为8.5。

小于本县地域面积3%的土壤类型还有风沙土和水稻土等。

本区域中心区气候特征

本区域中心区气候特征值
Regional climate characteristics in central area of the region

气候带：暖温带亚湿润气候 Climate region: Warm temperate subhumid climate	
年平均气温 /℃ Annual average temperature /℃	11.8
年平均最高气温 /℃ Annual average maximum temperature /℃	17.8
年平均最低气温 /℃ Annual average minimum temperature /℃	6.6
年降水量 /mm Annual precipitation /mm	492
≥10℃的积温 /℃ Daily temperature accumulated in a year（≥10℃）/℃	4184
年日照时数 /h Annual sunshine /h	2580
年平均相对湿度 /% Annual average relative humidity /%	58
干燥度 Dryness	1.44

本区域中心区月平均气温与月平均降水量
Monthly temperature and precipitation in central area of the region

曲阳县主要土壤类型与土壤剖面点分布图
1∶190 000

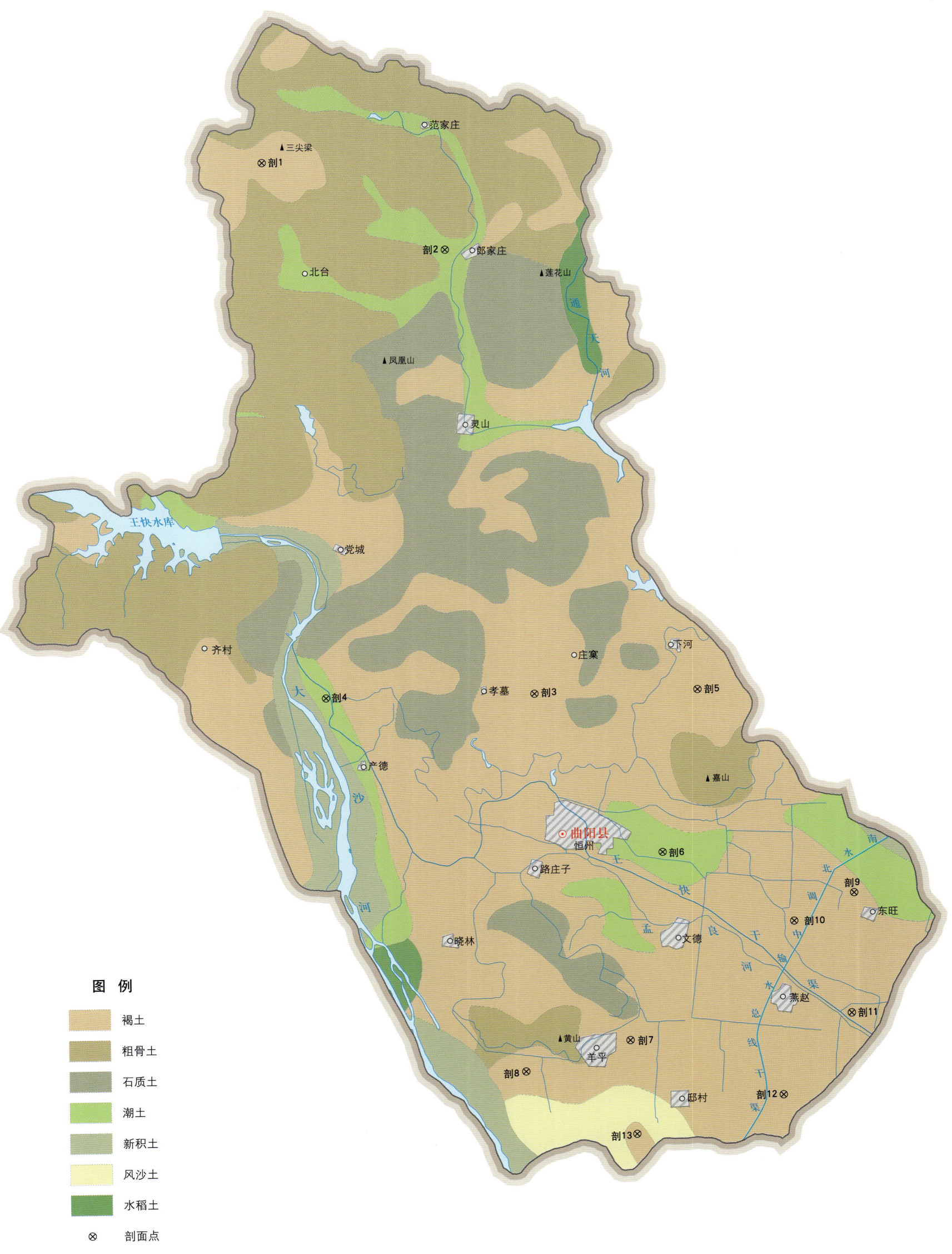

曲阳县土壤剖面理化性状表

剖面号 Soil profile	土纲 Soil order	土类 Soil great group	亚类 Soil subgroup	土属 Soil genus	土种 Soil species	土层码 Layer code	土层厚度 Depth/cm	颜色 Soil color	质地 Soil texture	土壤结构 Soil structure	pH	有机质 OM/(g/kg)	全氮 TN/(g/kg)	碱解氮 AN/(mg/kg)	有效磷 AP/(mg/kg)	速效钾 AK/(mg/kg)	阳离子交换量 CEC/(cmol/kg)	土壤母质 Parent material	剖面点坐标 Profile coordinate	匹配指数 Matching index/%
剖1	半淋溶土	褐土	褐土性	花岗岩类褐土	薄层砾石褐土性	1	0—18	灰棕色	砾质土	屑粒状	8.5	10.0	0.67		1.0	32	18.0	花岗岩类	E 114°31′37.9″ N 38°53′53.9″	94
剖2	半水成土	潮土	潮土	砂质潮土	砂质潮土	1	0—120	灰褐色	砂土	单粒状	8.9	1.3	0.80		0.3	72	4.6		E 114°37′24.9″ N 38°51′48.3″	95
剖3	半淋溶土	褐土	石灰性褐土	黄土质石灰性褐土	轻壤质石灰性褐土	1	0—18	灰褐色	轻壤土	屑粒状		9.7	0.65		3.0	97	12.7	黄土	E 114°40′28.2″ N 38°40′40.8″	86
						2	18—31	浅褐色	轻壤土	片状		7.7	0.53		2.0	66	20.1			
						3	31—150	浅褐色	轻壤土	碎块状		5.3	0.38		1.0	75	21.1			
剖4	半水成土	潮土	潮土	砂质洪冲积潮土	砂壤质潮土	1	0—27	浅褐色	砂壤土	屑粒状	8.6	6.4	0.40		9.0	59	12.7		E 114°33′58.7″ N 38°40′28.6″	82
						2	27—56	褐色	砂壤土	屑粒状	8.7	5.9	0.35		2.0	53	7.0			
						3	56—85	褐色	砂壤土	块状	8.9	3.2	0.21		2.0	52	8.3			
						4	85—150	褐色	砂壤土	状状	8.7	3.7	0.25			64	4.7			
剖5	半水成土	潮土	潮褐土	壤质洪冲积潮褐土	轻壤质底黏潮褐土	1	0—30	褐色	轻壤土	屑粒状	8.7	9.8	0.57	38	2.0	72	10.1		E 114°45′33.0″ N 38°40′51.5″	89
						2	30—96	褐色	砂壤土	碎块状	8.9	5.8	0.40	37	2.0	64	9.5			
						3	96—130	红棕色	重壤土	状状	8.7	3.2	0.29	17	2.0	122	31.5			
剖6	半水成土	潮土	潮土	壤质洪冲积潮土	轻壤质潮土	1	0—26	灰褐色	轻壤土	屑粒状	8.7	8.7	0.65		2.0	83	15.7		E 114°44′33.0″ N 38°36′43.9″	80
						2	26—37	灰褐色	中壤土	片状	8.7	6.7	0.42		1.0	72	12.4			
						3	37—74	浅褐色	中壤土	片状	8.7	5.1	0.44		2.0	83	14.1			
						4	74—140	褐色	轻壤土	块状	8.7	4.7	0.35		1.0	77	15.8			
剖7	半淋溶土	褐土	石灰性褐土	壤质洪冲积石灰性褐土	轻壤质潮褐土	1	0—20	褐色	轻壤土	屑粒状	8.9	5.4	0.41	28	1.0	64	6.7		E 114°43′38.3″ N 38°32′00.2″	95
						2	20—75	褐色	轻壤土	片状	8.9	2.7	0.18	8	2.0	42	5.1			
						3	75—130	褐色	中壤土	碎粒状	8.9	3.8	0.33	18	2.0	51	16.9			
剖8	半淋溶土	褐土	褐土性	壤质洪冲积褐土性	轻壤质褐土	1	0—20	褐色	轻壤土	屑粒状	8.8	9.7	0.68	47	3.0	106	11.7		E 114°40′24.6″ N 38°31′11.6″	83
						2	20—40	褐色	中壤土	片状	8.7	7.4	0.55	37	2.0	103	15.7			
						3	40—100	褐色	轻壤土	块状	8.8	5.2	0.43	27	2.0	88	14.3			
						4	100—150	浅褐色	轻壤土	屑粒状	8.8	3.4	0.26	16	0.4	64	11.9			
剖9	半水成土	潮土	潮褐土	砂质洪冲积潮褐土	轻壤质潮褐土	1	0—22	浅褐色	砾质轻壤	屑粒状	8.6	8.7	0.60		6.0	108	12.9		E 114°50′31.9″ N 38°35′46.0″	86
						2	22—40	浅褐色			8.5	4.7	0.38		1.0	57	14.5			
						3	40—75	浅褐色	砂壤土	屑粒状	8.5	5.4	0.40		0.3	56	18.1			
						4	75—105	浅褐色			8.7	5.6	0.51		3.0	76	22.6			
剖10	半淋溶土	褐土	石灰性褐土	砂质洪冲积石灰性褐土	砂壤质石灰性褐土	1	0—20	浅褐色	砂壤土	屑粒状	8.4	7.4	0.53		3.0	90	4.8		E 114°48′41.0″ N 38°35′01.3″	91
						2	20—30	浅褐色	砂壤土	屑粒状	8.2	2.5	0.23		0.5	76	6.3			
						3	30—150	浅褐色	砂壤土		8.2	2.3	0.10		1.0	59	8.0			
剖11	半淋溶土	褐土	褐土性	壤质洪冲积褐土性	中层多砾石灰性褐土	1	0—20	灰棕色	砂壤土	屑粒状	8.6	10.1	0.67	33	2.0	103	12.8		E 114°50′30.5″ N 38°32′45.0″	86
						2	20—60	褐色	砂壤土	屑粒状	8.6	6.0	0.46		6.0	68	8.0			
剖12	半淋溶土	褐土	石灰性褐土	砂质洪冲积石灰性褐土	砂壤质石灰性褐土	1	0—17	灰棕色	砂壤土	屑粒状	8.9	7.6	0.53	24	8.0	120	9.6		E 114°48′25.7″ N 38°30′42.2″	100
						2	17—24	褐色	砂壤土	屑粒状	8.7	6.2	0.45	19	2.0	72	8.4			
						3	24—70	浅褐色	砂壤土	屑粒状	9.0	2.9	0.27	19	2.0	65	15.5			
						4	70—150	浅褐色	砂壤土	屑粒状	8.3	3.0	0.29		0.1	74	16.3			
剖13	半淋溶土	褐土	潮褐土	砂质洪冲积潮褐土	砂壤质潮褐土	1	0—22	浅褐色	砂壤土	屑粒状	8.6	6.6	0.41	27	5.0	64	9.9		E 114°43′53.4″ N 38°29′39.9″	79
						2	22—36	浅褐色	砂壤土	屑粒状	8.7	4.4	0.25	24	3.0	38	7.0			
						3	36—56	浅褐色	轻壤土	碎块状	8.7	5.7	0.35	33	2.0	58	10.7			
						4	56—110	浅褐色	轻壤土	碎块状	8.7	3.7	0.23	27	6.0	52	10.1			

蠡 县

主要土类说明

潮土是蠡县主要土壤类型，占本县地域面积的92%。潮土是直接发育在河流沉积物上，经耕种熟化形成的半水成土壤，主要分布在冲积平原地区。成土母质为近代河流冲积物。地势平坦，地下水埋深为2—3m，地下水直接参与成土过程。潮土上自然植被较少，有杨、柳、榆、槐、椿和画眉草、车前子、稗草等。潮土形成过程主要有：所处地区地形平坦，排水欠通畅，地下水位较高，地下水可借毛管作用上升到地表，地下水参与成土过程。雨季时，地面水分增加，大部分渗入地下，因而抬高地下水埋深，但雨季过后，地下水又逐渐降低。冬季降雪稀少，春季气温增高而蒸发加快，所以到翌年雨季来临之前，地下水位降至最低。由于地下水升降频繁，氧化还原作用交替进行，使土壤中物质发生溶解、移动和淀积，在土体中形成锈色斑纹、铁子、铁锰结核及砂姜等。潮土一般直接发育在河流沉积物上，多属河流冲积母质，剖面质地变化比较复杂，或通体砂壤，或砂黏相间，有"一步三换土"之说，主要受河流冲积的影响。潮土的土层排列层次明显，通体石灰反应比较强，表土呈灰棕色，心土层常见锈色斑纹，底土层有小型铁子及铁锰结核，呈暗灰色，表现出潜育化特征。

褐土是蠡县第二大土壤类型，占本县地域面积的3%。褐土是在半干旱、半湿润、半淋溶条件下形成的具有黏化与钙质淋移淀积特征的土壤，在垂直带谱中位于棕壤之下，主要分布在太行山海拔1000m以下的低山丘陵及山麓平原地带。植被多为旱生阔叶林、灌木及草本植物，酸枣、荆条为褐土的重要指示植被，另外还有铁杆蒿、委陵菜、草木樨等。褐土所处地势较高，排水良好，地下水埋深为4—6m，甚至更低，成土母质多属各种含碳酸盐物质，一般均有不同程度的石灰反应，盐基饱和。褐土通常具有以下主要特征：①褐土绝大部分为耕种土壤，耕作层有机质含量约为10g/kg，呈灰棕色，具屑粒结构，疏松多孔，犁底层厚约10cm，片状结构，比较紧实。②有褐色黏化层。气候雨热同季，促进风化和黏粒的形成，上层黏粒轻度下移，剖面中有黏化层，内外排水良好。铁锰充分氧化，土粒覆铁膜，颜色鲜艳，以棕褐色为主。为核状、块状结构，沿结构面有不明显的胶膜。③具钙积层。成土母质多为含碳酸盐物质，在半淋溶条件下，土体钙质淋溶淀积，具有强弱不同的石灰反应，以假菌丝体、斑点或砂姜形成钙质淀积。土壤呈中性至微碱性，pH为7.0—8.0。

小于本县地域面积3%的土壤类型还有风沙土等。

本区域中心区气候特征

本区域中心区气候特征值
Regional climate characteristics in central area of the region

气候带：暖温带亚湿润气候 Climate region: Warm temperate subhumid climate	
年平均气温 /℃ Annual average temperature /℃	12.9
年平均最高气温 /℃ Annual average maximum temperature /℃	18.6
年平均最低气温 /℃ Annual average minimum temperature /℃	8.0
年降水量 /mm Annual precipitation /mm	544
≥10℃的积温 /℃ Daily temperature accumulated in a year (≥10℃) /℃	4653
年日照时数 /h Annual sunshine /h	2585
年平均相对湿度 /% Annual average relative humidity /%	59
干燥度 Dryness	1.45

本区域中心区月平均气温与月平均降水量
Monthly temperature and precipitation in central area of the region

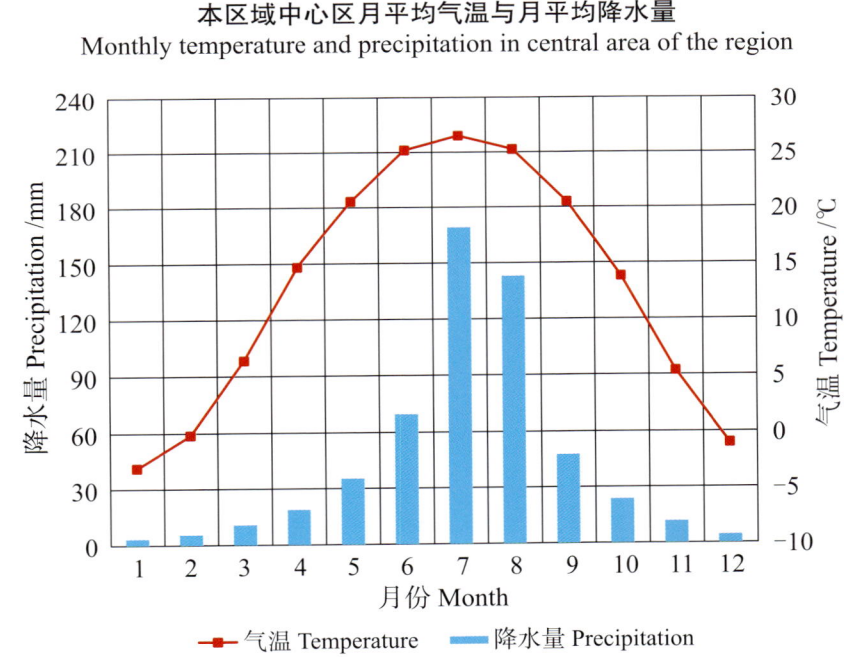

蠡县主要土壤类型与土壤剖面点分布图
1∶150 000

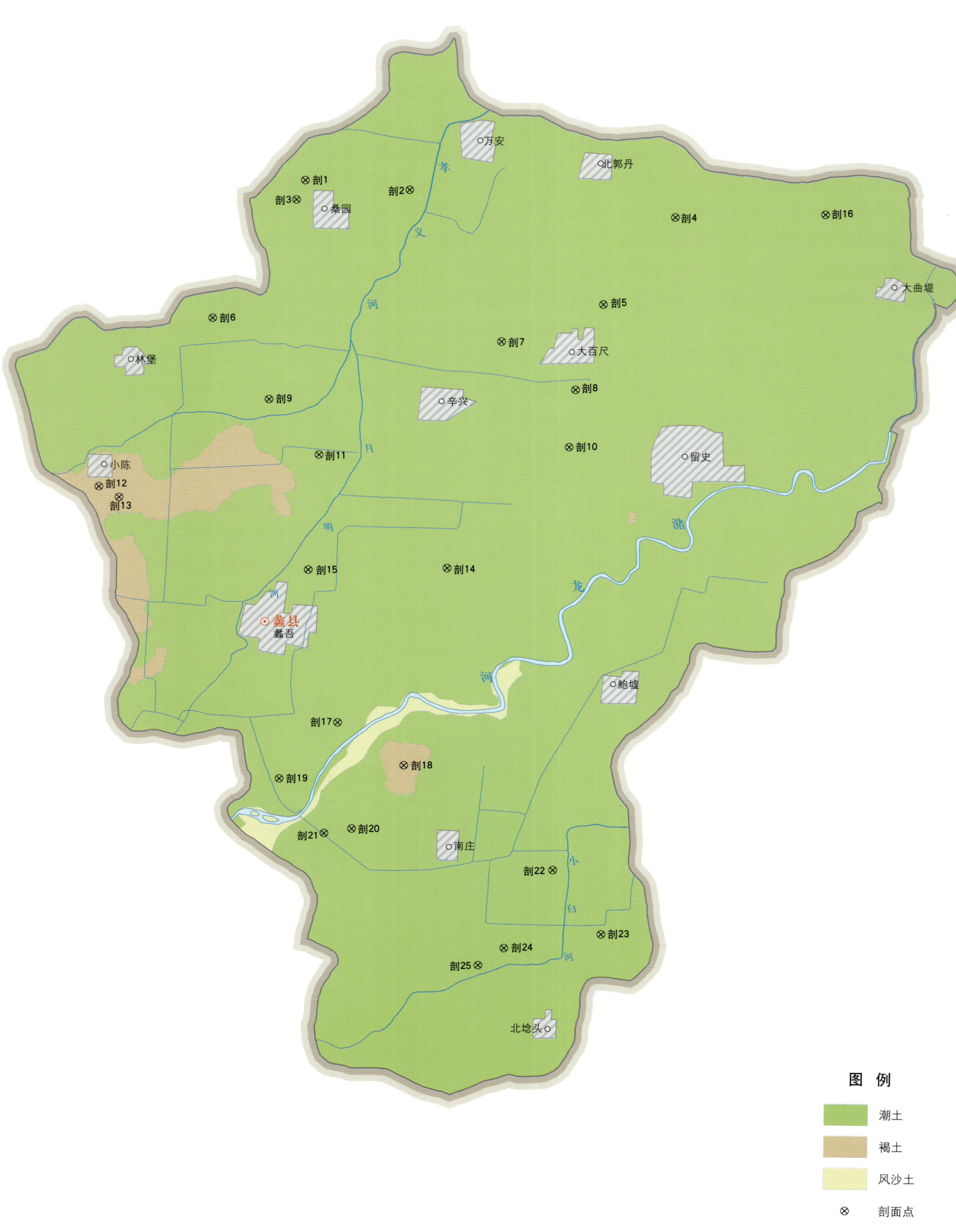

蠡县土壤剖面理化性状表

剖面号 Soil profile	土纲 Soil order	土类 Soil great group	亚类 Soil subgroup	土属 Soil genus	土种 Soil species	土层码 Layer code	土层厚度 Depth/cm	颜色 Soil color	质地 Soil texture	土壤结构 Soil structure	pH	有机质 OM/(g/kg)	全氮 TN/(g/kg)	全磷 TP/(g/kg)	碱解氮 AN/(mg/kg)	有效磷 AP/(mg/kg)	速效钾 AK/(mg/kg)	阳离子交换量CEC/(cmol/kg)	土壤母质 Parent material	剖面点坐标 Profile coordinate	匹配指数 Matching index/%
剖1	半水成土	潮土	潮土	壤质潮土	轻壤质体砂潮土	1	0—20	黄棕色	轻壤土	屑粒状	7.8	7.8	0.66	0.56	27	1.5	260	11.8		E 115°35′02.0″ N 38°37′45.5″	83
						2	20—32	黄棕色	轻壤土	屑粒状	8.3	1.2	0.13	0.83	12	0.8	64	1.8			
						3	32—120	浅灰棕色	砂土	单粒状	8.5	0.9	0.07	0.29	4	0.6	33	3.1			
剖2	半水成土	潮土	潮土	壤质潮土	轻壤质夹黏潮土	1	0—24	暗棕色	轻壤土	棱块状	8.4	11.2	0.91	0.62	54	3.3	140	13.7		E 115°37′30.0″ N 38°37′36.5″	92
						2	24—40	棕色	重壤土	棱块状	8.6	8.5	0.62	0.47	47	3.3	160	17.5			
						3	40—108	棕色	砂壤土	屑粒状	8.6	2.3	0.20	0.36	13	0.8	44	56.0			
剖3	半水成土	潮土	潮土	砂壤质潮土	砂壤质腰黏潮土	1	0—39	黄棕色	砂壤土	屑粒状	8.8	6.3	0.46	0.93	20	8.5	80	9.9		E 115°34′50.0″ N 38°37′23.1″	86
						2	39—69	棕色	重壤土	棱块状	8.9	16.3	1.08	0.94	47	3.9	212	16.1			
						3	69—81	暗棕色	轻壤土	棱块状	8.2	10.3	0.37	0.85	22	2.2	132	18.6			
						4	81—102	棕色	重壤土	棱粒状	8.7	14.7	1.04	0.91	45	3.7	194	21.1			
						5	102—150	浅棕色	砂壤土	屑粒状	8.9	5.0	0.36	0.70	10	1.5	60	15.5			
剖4	半水成土	潮土	潮土	壤质潮土	中壤质底砂潮土	1	0—22	灰棕色	中壤土	块状	7.8	16.7	1.31	0.76	59	3.1	290	19.3		E 115°43′46.6″ N 38°37′10.2″	79
						2	22—61	暗棕色	重壤土	棱块状	7.8	13.3	1.10	0.62	40	5.4	248	22.5			
						3	61—110	灰棕色	重壤土	屑粒状	8.0	12.2	1.05	0.71	67	1.5	200	20.0			
						4	110—120	棕色	重壤土	屑粒状	8.1	8.1	0.71	0.66	38	1.5	220	16.3			
剖5	半水成土	潮土	潮土	壤质潮土	轻壤质底砂潮土	1	0—23	黄棕色	中壤土	屑粒状	8.4	8.7	0.66	0.55	27	4.0	152	13.1		E 115°42′06.8″ N 38°35′29.8″	78
						2	23—38	暗棕色	轻壤土	屑粒状	8.7	6.2	0.45	0.48	15	0.3	52	12.8			
						3	38—69	暗棕色	砂壤土	屑粒状	8.5	2.7	0.23	0.46	8	0.5	40	5.0			
						4	69—150	浅灰棕色	砂土	单粒状	8.9	1.1	0.12	0.40	6	0.4	32	2.5			
剖6	半水成土	潮土	潮土	壤质潮土	轻壤质腰砂潮土	1	0—25	黄棕色	轻壤土	屑粒状	8.7	13.4	0.82	0.27	98	29.7	408	16.4		E 115°32′55.3″ N 38°35′06.0″	76
						2	23—55	浅黄棕色	砂土	单粒状	8.7	2.3	0.19	1.37	70	0.9	56	4.0			
						3	55—87	黄棕色	轻壤土	屑粒状	8.1	8.8	0.62	1.85	35	15.7	214	12.1			
						4	87—150	灰棕色	中壤土	屑粒状	8.7	2.5	0.14	0.43	8	1.2	48	9.0			
剖7	半水成土	潮土	褐潮土	壤质褐潮土	轻壤质褐潮土	1	0—20	浅棕色	轻壤土	屑粒状	8.5	15.0	1.03	0.73	60	12.6	190	14.3		E 115°39′44.3″ N 38°34′45.5″	72
						2	20—70	黄棕色	中壤土	块状	8.7	10.7	0.76	0.64	42	1.5	104	14.3			
						3	70—108	棕色	轻壤土	块状	8.5	7.8	0.68	0.59	33	0.7	94	16.6			
剖8	半水成土	潮土	盐化潮土	壤质硫酸盐氯化物盐化潮土	中壤质轻度硫酸盐氯化物盐化潮土	1	0—25	暗棕色	中壤土	块状	9.1	5.2	0.41	0.62	7	3.5	122	7.9		E 115°41′30.1″ N 38°33′52.2″	70
						2	25—55	暗棕色	中壤土	块状	9.1	5.5	0.42	0.58	10	0.5	96	12.4			
						3	55—100	棕色	轻壤土	块状	8.8	3.9	0.30	0.50	22	0.4	73	5.6			
剖9	半水成土	潮土	潮土	壤质潮土	中壤质底砂潮土	1	0—27	黄棕色	中壤土	屑粒状	8.5	9.7	0.77	0.65	45	0.2	144	17.5		E 115°34′17.8″ N 38°33′35.1″	71
						2	27—58	棕色	中壤土	屑粒状	8.6	7.3	0.63	0.61	39	微量	128	10.6			
						3	58—150	浅棕色	砂壤土	屑粒状	8.8	2.4	0.27	0.50	19	微量	82	4.3			
剖10	半水成土	潮土	盐化潮土	壤质硫酸盐氯化物盐化潮土	轻壤质重度硫酸盐氯化物盐化潮土	1	0—20	黄棕色	轻壤土	屑粒状	8.6	9.1	0.68		25	3.6	158	13.9		E 115°41′22.6″ N 38°32′46.7″	85
						2	20—30	浅棕色	中壤土	块状	9.2	4.6	0.75	0.69	11	0.6	74	9.9			
						3	30—70	黄棕色	轻壤土	块状	9.2	1.7	0.68	0.57	13	2.3	52	7.4			
						4	70—102	黄棕色	中壤土	块状	9.0	2.7	0.33	0.64	11	0.4	72	11.2			
剖11	半水成土	潮土	潮土	壤质潮土	轻壤质深位砂姜潮土	1	0—30	黄棕色	轻壤土	块状	8.2	5.0	0.42		22	1.4	76	8.1		E 115°35′29.8″ N 38°32′32.6″	78
						2	30—72	灰棕色	重壤土	棱块状	8.0	4.5	0.30	1.20	6	微量	74	14.3			
						3	72—150	黄棕色	砂壤土	块状	7.8	2.6	0.43	1.50	5	微量	57	10.5			
剖12	半淋溶土	褐土	潮褐土	壤质潮褐土	轻壤质腰黏褐土	1	0—29	棕色	中壤土	屑粒状	8.6	6.5	0.50		32	3.0	97	5.9		E 115°30′19.9″ N 38°31′51.1″	84
						2	29—72	棕色	重壤土	棱块状	8.6	6.7	0.50		19	1.0	82	18.3			
						3	72—80	浅棕色	砂壤土	屑粒状	9.1	2.5	0.26	0.61	21	1.0	44	9.0			
						4	80—150	棕色	中壤土	屑粒状	9.2	1.4	0.22	0.76	25	1.2	35	8.4			

续表 Continued

剖面号 Soil profile	土纲 Soil order	土类 Soil great group	亚类 Soil subgroup	土属 Soil genus	土种 Soil species	土层码 Layer code	土层厚度 Depth/cm	颜色 Soil color	质地 Soil texture	土壤结构 Soil structure	pH	有机质 OM/(g/kg)	全氮 TN/(g/kg)	全磷 TP/(g/kg)	碱解氮 AN/(mg/kg)	有效磷 AP/(mg/kg)	速效钾 AK/(mg/kg)	阳离子交换量CEC/(cmol/kg)	土壤母质 Parent material	剖面点坐标 Profile coordinate	匹配指数 Matching index/%
剖13	半淋溶土	褐土	潮褐土	壤质潮褐土	轻壤质底黏褐土	1	0—31	褐色	轻壤土	屑粒状	8.5	8.9	0.86	0.55	40	0.8	248	13.6		E 115°30′49.0″ N 38°31′39.2″	81
						2	31—52	褐色	中壤土	块状	8.7	10.6	0.78	0.50	20	0.8	340	19.1			
						3	52—120	暗褐色	重壤土	棱块状	8.8	10.9	0.88	0.52	28	5.0	240	22.9			
						4	120—150	黄褐色	中壤土	块状	9.0	5.1	0.46	0.69	20	1.3	134	26.0			
剖14	半水成土	潮土	褐潮土	壤质褐潮土	轻壤质底黏潮土	1	0—20	黄棕色	轻壤土	屑粒状	8.4	8.1	0.61	0.76	64	1.8	68	10.5		E 115°38′34.1″ N 38°30′25.9″	88
						2	20—53	黄棕色	轻壤土	屑粒状	8.5	5.3	0.45	0.69	20	68.0	60	13.0			
						3	53—86	棕色	中壤土	块状	8.3	10.2	0.72	0.76	60	60.0	92	20.5			
						4	86—120	深棕色	重壤土	棱块状	8.5	8.9	0.61	0.73	17	92.0	120	21.1			
剖15	半水成土	潮土	潮土	壤质潮土	轻壤质潮土	1	0—25	黄棕色	轻壤土	屑粒状	7.8	10.0	0.74	1.09	29	2.0	122	14.4		E 115°35′18.2″ N 38°30′20.9″	96
						2	25—80	黄棕色	轻壤土	屑粒状	8.4	6.8	0.53	1.23	20	1.1	130	12.5			
						3	80—150	棕色	轻壤土	屑粒状	8.4	5.8	0.51	1.21	12	1.6	68	12.5			
剖16	半水成土	潮土	盐化潮土	砂壤质硫酸盐化潮土	砂壤质轻度硫酸盐化潮土	1	0—20	浅棕色	砂壤土	屑粒状	8.2	6.0	0.43	0.87	13	2.1	72	10.3		E 115°47′19.0″ N 38°37′16.3″	99
						2	20—42	浅棕色	砂壤土	屑粒状	8.4	4.4	0.32	0.70	9	1.2	56	10.5			
						3	42—70	黄棕色	砂壤土	屑粒状	8.9	4.1	0.31	0.69	6	1.2	52	14.9			
						4	70—150	黄棕色	砂壤土	屑粒状	8.8	5.7	0.42	0.75	10	2.1	108	6.8			
剖17	半水成土	潮土	褐土性	砂壤质褐土性	砂壤质褐土性潮土	1	0—27	黄棕色	砂壤土	屑粒状	8.4	6.5	0.43	0.74	20	1.2	68	8.7		E 115°36′04.7″ N 38°28′27.4″	83
						2	27—78	浅棕色	砂壤土	块状	8.2	4.0	0.30	0.59	12	0.6	40	8.7			
						3	78—150	浅棕色	砂壤土	块状	8.3	8.0	0.69	0.76	14	0.9	108	21.1			
剖18	半淋溶土	褐土	褐土性	砂壤质褐土	砂壤质腰褐土	1	0—50	黄棕色	砂土	单粒状	8.0	3.5	0.41	0.86	16	0.6	138	6.2	砂质风积物	E 115°37′39.0″ N 38°26′39.8″	76
						2	50—70	浅棕色	砂土	单粒状	8.2	2.5	0.31	0.87	21	微量	90	1.9			
						3	70—150	黄棕色	砂土	单粒状	8.2	2.7	0.32	0.86	27	微量	108	4.3			
剖19	半水成土	潮土	褐潮土	砂壤质褐潮土	砂壤质底褐潮土	1	0—24	黄棕色	砂壤土	屑粒状	8.6	3.5	0.23	0.27	16	1.2	40	9.6		E 115°34′44.0″ N 38°26′21.5″	89
						2	24—108	黄棕色	中壤土	块状	8.4	5.3	0.37	1.02	13	1.0	68	14.6			
						3	108—123	浅棕色	中壤土	块状	8.5	3.2	0.15	1.05	44	1.5	46	13.3			
						4	123—150	棕色	中壤土	块状	8.4	5.6	0.29	1.22	81	1.2	87	15.8			
剖20	半水成土	潮土	褐潮土	砂壤质褐潮土	砂壤质底褐潮土	1	0—21	浅棕色	砂壤土	屑粒状	8.0	7.7	0.71	0.72	22	0.8	144	6.8		E 115°36′27.7″ N 38°25′26.4″	78
						2	21—60	黄棕色	中壤土	屑粒状	7.9	7.1	0.66	0.70	22	0.8	100	11.2			
						3	60—125	黄棕色	中壤土	块状	8.0	7.7	0.81	0.76	25	0.8	182	6.8			
剖21	半水成土	潮土	褐潮土	砂壤质褐潮土	砂壤质褐潮土	1	0—25	浅棕色	砂壤土	屑粒状	8.6	9.6	0.72	2.59	40	0.8	130	15.2		E 115°35′48.8″ N 38°25′20.6″	89
						2	25—60	黄棕色	重壤土	块状	8.5	8.5	0.56	0.38	55	3.1	84	15.8			
						3	60—75	灰棕色	中壤土	块状	8.3	15.1	0.74	2.68	66	3.1	114	26.4			
						4	75—150	黄棕色	轻壤土	屑粒状	8.7	6.4	0.49	1.55	259	1.2	87	14.6			
剖22	半水成土	潮土	盐化潮土	壤质硫酸盐化潮土	轻壤质中度硫酸盐化潮土	1	0—20	黄棕色	轻壤土	屑粒状	9.0	5.9	0.40	0.68	11	6.9	88	12.3		E 115°41′12.5″ N 38°24′43.6″	95
						2	20—85	黄棕色	中壤土	块状	9.1	3.5	0.23	0.53	3	0.4	56	6.2			
						3	85—150	灰棕色	中壤土	块状	8.7	2.4	0.13	0.58	3	0.8	28	56.0			
剖23	半水成土	潮土	盐化潮土	壤质硫酸盐化潮土	中壤质中度硫酸盐化潮土	1	0—25	黄棕色	中壤土	屑粒状	8.3	5.3	0.27	0.62	10	3.3	80	12.0		E 115°42′22.9″ N 38°23′31.0″	81
						2	20—69	浅棕色	中壤土	屑粒状	8.2	5.4	0.26	0.63	4	2.0	86	13.0			
						3	69—90	浅黄棕色	中壤土	屑粒状	8.5	2.0	0.13	0.58	3	0.8	72	9.3			
						4	90—120	棕色	砂壤土	屑粒状	8.3	3.6	0.28	0.61	4	1.5	148	8.7			
剖24	半水成土	潮土	潮土	壤质潮土	中壤质砂潮土	1	0—30	深棕色	中壤土	块状	8.1	10.6	0.93	0.82	34	1.2	220	21.7		E 115°40′06.6″ N 38°23′12.8″	90
						2	30—74	浅棕色	砂壤土	块状	8.2	6.4	0.64	0.72	34	0.8	150	9.3			
						3	74—110	黄棕色	轻壤土	屑粒状	8.2	10.9	1.14	0.69	56	0.4	176	22.9			
剖25	半水成土	潮土	潮土	壤质潮土	中壤质体砂潮土	1	0—20	深棕色	中壤土	屑粒状	8.1	10.9	0.89	0.63	25	2.0	138	24.4		E 115°39′30.4″ N 38°22′52.4″	84
						2	20—43	深棕色	轻壤土	屑粒状	8.2	5.5	0.38	0.46	6	1.0	72	11.9			
						3	43—150	深棕色	砂壤土	屑粒状	8.4	2.9	0.23	0.34	6	0.8	32	10.0			

顺 平 县

主要土类说明

褐土是顺平县主要土壤类型，占本县地域面积的 93%。褐土是在半干旱、半湿润、半淋溶条件下形成的具有黏化与钙质淋移淀积特征的土壤，在垂直带谱中位于棕壤之下，主要分布在太行山海拔 1000m 以下的低山丘陵及山麓平原地带。植被多为旱生阔叶林、灌木及草本植物，酸枣、荆条为褐土的重要指示植被，另外还有铁杆蒿、委陵菜、草木樨等。褐土所处地势较高，排水良好，地下水埋深为 4—6m，甚至更低，成土母质多属各种含碳酸盐物质，一般均有不同程度的石灰反应，盐基饱和。褐土通常具有以下主要特征：绝大部分为耕种土壤，耕作层有机质含量约为 10g/kg，呈灰棕色，具屑粒结构，疏松多孔，犁底层厚约 10cm，片状结构，比较紧实。有褐色黏化层。气候雨热同季，促进风化和黏粒的形成，上层黏粒轻度下移，剖面中有黏化层，内外排水良好。铁锰充分氧化，土粒覆铁膜，颜色鲜艳，以棕褐色为主。为核状、块状结构，沿结构面有不明显的胶膜。具钙积层。褐土母质多为含碳酸盐物质，在半淋溶条件下，土体钙质淋溶淀积，具有强弱不同的石灰反应，以假菌丝体、斑点或砂姜形成钙质淀积。土壤呈中性至微碱性，pH 为 7.0—8.0。

潮土是顺平县第二大土壤类型，占本县地域面积的 6%。潮土是直接发育在河流沉积物上，经耕种熟化形成的半水成土壤，主要分布在冲积平原地区。成土母质为近代河流冲积物，地势平坦，地下水埋深为 2—3m，地下水直接参与成土过程。潮土上自然植被较少，有杨、柳、榆、槐、椿和画眉草、车前子、稗草等。潮土形成过程主要有：所处地区地形平坦，排水欠通畅，地下水位较高，地下水可借毛管作用上升到地表，地下水参与成土过程。雨季时，地面水分增加，大部分渗入地下，因而抬高地下水埋深，但雨季过后，地下水又逐渐降低。冬季降雪稀少，春季气温增高而蒸发加快，所以到翌年雨季来临之前，地下水位降至最低。由于地下水升降频繁，氧化还原作用交替进行，使土壤中物质发生溶解、移动和淀积，在土体中形成锈色斑纹、铁子、铁锰结核及砂姜等。潮土一般直接发育在河流沉积物上，多属河流冲积母质，剖面质地变化比较复杂，或通体砂壤，或砂黏相间，有"一步三换土"之说，主要受河流冲积的影响。潮土的土层排列层次明显，通体石灰反应比较强，表土呈灰棕色，心土层常见锈色斑纹，底土层有小型铁子及铁锰结核，呈暗灰色，表现出潜育化特征。

本区域中心区气候特征

本区域中心区气候特征值
Regional climate characteristics in central area of the region

气候带：暖温带亚湿润气候 Climate region: Warm temperate subhumid climate	
年平均气温 /℃ Annual average temperature /℃	12.0
年平均最高气温 /℃ Annual average maximum temperature /℃	18.0
年平均最低气温 /℃ Annual average minimum temperature /℃	6.9
年降水量 /mm Annual precipitation /mm	502
≥10℃的积温 /℃ Daily temperature accumulated in a year (≥10℃) /℃	4355
年日照时数 /h Annual sunshine /h	2614
年平均相对湿度 /% Annual average relative humidity /%	58
干燥度 Dryness	1.45

本区域中心区月平均气温与月平均降水量
Monthly temperature and precipitation in central area of the region

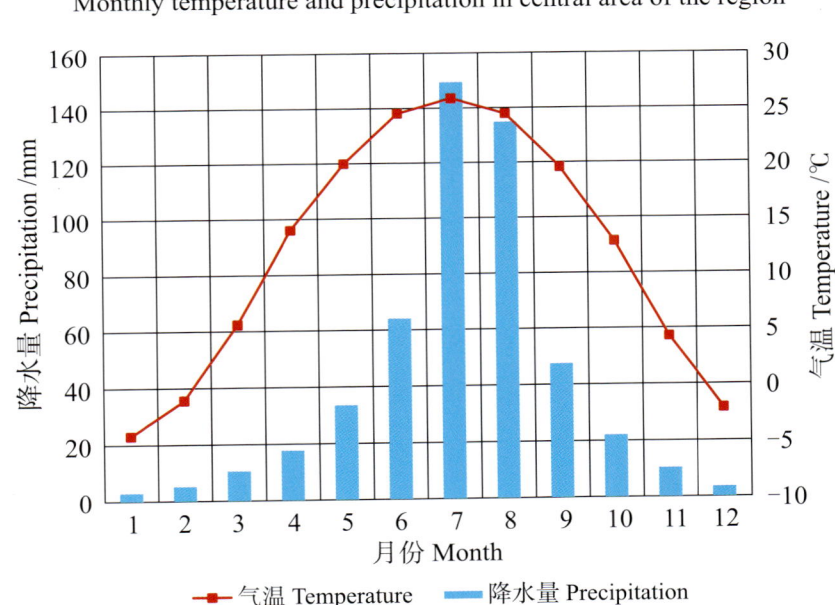

顺平县主要土壤类型与土壤剖面点分布图
1∶170 000

顺平县土壤剖面理化性状表

剖面号 Soil profile	土纲 Soil order	土类 Soil great group	亚类 Soil subgroup	土属 Soil genus	土种 Soil species	土层码 Layer code	土层厚度 Depth/cm	颜色 Soil color	质地 Soil texture	土壤结构 Soil structure	pH	有机质 OM/(g/kg)	全氮 TN/(g/kg)	全磷 TP/(g/kg)	阳离子交换量 CEC/(cmol/kg)	土壤母质 Parent material	剖面点坐标 Profile coordinate	匹配指数 Matching index/%
剖1	半淋溶土	褐土	淋溶褐土	石灰岩类淋溶褐土		1	0—33	暗棕色	轻壤土	团粒状	7.0	44.8		1.70		石灰岩类	E 114°55′59.5″ N 39°06′21.6″	78
						2	33—34	红棕色	轻壤土	团粒状	7.0	31.9	1.27	2.90				
						3	34—71	红褐色	多砾质轻壤土	团粒状	7.5	25.1		2.50				
剖2	半淋溶土	褐土	淋溶褐土	石灰岩类淋溶褐土	石灰岩类中层淋溶褐土	1	0—23	暗棕色	轻壤土	团粒状	7.0	53.6		1.75		石灰岩类	E 114°54′36.0″ N 39°05′55.3″	78
						2	23—36	棕色	重壤土	粒状	7.0	16.4	0.47	0.56				
						3	36—47	棕褐色	重壤土	粒状	7.0	9.7	0.47	0.41				
						4	47—95	红褐色	重壤土	棱状	7.0	8.2	0.38	0.56				
剖3	半淋溶土	褐土	淋溶褐土	砂岩类淋溶褐土		1	0—33	暗棕色	轻壤土	粒状	6.5	20.0		2.60		砂岩类	E 114°53′44.5″ N 39°03′41.4″	99
						2	33—53	黄棕色	轻壤土	粒状	7.0	21.0		2.90				
剖4	半淋溶土	褐土	褐土性土	页岩类褐土性土		1	0—30		砾质砂壤土			21.3	1.10	0.15		页岩类	E 115°04′07.7″ N 38°59′52.4″	82
						2	30—50		砾质土			9.4	0.51	0.32				
剖5	半淋溶土	褐土	褐土性土	耕种页岩类褐土性土		1	0—16	棕色	多砾质轻壤土	粒状	7.0	8.3	0.56	0.36		页岩类	E 115°06′41.8″ N 38°59′35.2″	74
						2	16—70	红棕色	轻壤土	块状	7.0	4.6	0.32	0.18				
剖6	半淋溶土	褐土	褐土性土	耕种石灰岩类褐土性土		1	0—20	黄褐色	轻壤土	粒状							E 115°04′32.2″ N 38°58′42.2″	72
						2	20—35	暗棕色	轻壤土	团粒状								
						3	35—45	红棕色	轻壤土	块状								
						4	45—70	红棕色	轻壤土	块状								
剖7	半淋溶土	褐土	褐土性土	耕种石灰岩类褐土性土		1	0—15	暗褐色	轻壤土	粒状	7.5	9.7	0.65	0.77	18.3	石灰岩类	E 115°07′30.7″ N 38°57′38.9″	78
						2	15—22	浅褐色	轻壤土	片状	7.5	9.2	0.28	0.62	18.3			
						3	22—47	浅褐色	轻壤土	粒状	7.5	7.2	0.43	0.68	18.8			
						4	47—75	浅褐色	轻壤土	块状	7.5	6.7	0.43	0.64	19.1			
剖8	半淋溶土	褐土	褐土性土	石灰岩类褐土性土	石灰岩类中层褐土性土	1	0—50	棕色	砾质轻壤土	粒状	8.4	43.7	2.60	0.53		石灰岩类	E 115°07′43.4″ N 38°56′25.5″	71
						2	50—70	浅褐色	轻壤土	粒状	8.3	37.7	1.90	0.47				
						3												
						4												
						5	83—145											
剖9	半淋溶土	褐土	石灰性褐土	黄土质石灰性褐土	轻壤质石灰性褐土	1	0—16	黄褐色	轻壤土	粒状	8.2	9.1	0.40	0.37		黄土	E 115°10′36.2″ N 38°51′59.3″	98
						2	20—26	灰褐色	轻壤土	片状	8.3	2.8	0.18	0.34				
						3	26—43	黄褐色	中壤土	粒状	8.2	3.8	0.36	0.47				
						4	43—83	褐色	中壤土	块状	8.2	2.6	0.12	0.52				
剖10	半淋溶土	褐土	褐土性土	花岗岩片麻岩类褐土性土		1	0—20	黄褐色	轻壤土	粒状	8.4	6.4	0.52	0.37	9.4	花岗岩，片麻岩类	E 115°00′28.4″ N 38°51′39.5″	88
						2	16—40	浅褐色	轻壤土	粒状	8.3	3.1	0.67	0.51	11.5			
						3	40—50	白色	碎砂石	块状	8.4	6.7	0.46	0.37				
剖11	半淋溶土	褐土	潮褐土	黄土质潮褐土	轻壤质潮褐土	1	0—21	浅褐色	轻壤土	小粒状	8.5	7.1	0.46	0.31	9.8	黄土	E 115°05′21.1″ N 38°50′11.0″	97
						2	21—26	浅褐色	轻壤土	粒状	8.6	4.7	0.35	0.38	13.5			
						3	26—45	暗褐色	轻壤土	小块状	8.6	8.6	0.50	0.51	15.2			
						4	45—63	褐色	中壤土	小块状	8.5	4.2	0.42	0.56	15.3			
						5	63—107	黑褐色	重壤土	棱块状	8.6	4.6		0.46				
						6	107—150	黑褐色	重壤土	块状	8.5	3.0		0.41				

续表 Continued

剖面号 Soil profile	土纲 Soil order	土类 Soil great group	亚类 Soil subgroup	土属 Soil genus	土种 Soil species	土层码 Layer code	土层厚度 Depth/cm	颜色 Soil color	质地 Soil texture	土壤结构 Soil structure	pH	有机质 OM/(g/kg)	全氮 TN/(g/kg)	全磷 TP/(g/kg)	阳离子交换量CEC/(cmol/kg)	土壤母质 Parent material	剖面点坐标 Profile coordinate	匹配指数 Matching index/%
剖12	半水成土	潮土	潮土	轻壤质潮土	砂壤质潮土	1	0–21	暗棕色	砂壤土	粒状		17.5	0.77	1.30			E 115°12′46.8″ N 38°49′14.2″	91
						2	21–27	灰棕色	中壤土	片状		16.4	0.67	1.26				
						3	27–48	棕色	中壤土	片状		11.3	0.62	1.27				
						4	48–56	黄棕色	中壤土	粒状		3.4		1.05				
						5	56–63	黄棕色	中壤土	粒状		10.9	0.48	1.26				
						6	63–82	黄棕色	轻壤土	块状		10.1	0.84	1.25				
						7	82–150	黄棕色	砂壤土	块状		1.1	0.12	3.01				
剖13	半水成土	潮土	潮土	轻壤质潮土		1	0–40	浅棕色	轻壤土	碎屑状	7.3	8.5	0.44	0.21			E 115°08′44.3″ N 38°49′06.6″	77
						2	40–74	暗棕色	重壤土	粒状	7.5	7.6	0.38	0.28				
						3	74–108	黄棕色	重壤土	团块状	9.0	5.8	0.40	0.27				
						4	108–145	浅黄棕色	砂壤土	无明显结构	9.0	3.2		0.47				
剖14	半水成土	潮土	盐化潮土	硫酸盐氯化物盐化潮土	轻度硫酸盐氯化物盐化潮土	1	0–20	浅黄棕色	轻壤土	粒状	8.4	7.6	0.48	0.51	8.2		E 115°10′04.4″ N 38°48′31.0″	83
						2	20–26	黄棕色	轻壤土	粒状	8.4	5.0	0.28	0.57	8.8			
						3	26–47	黄棕色	轻壤土	块状	8.4	6.3	0.33	0.42	14.8			
						4	47–85	棕色	重壤土	粒状	8.3	5.7	0.33	0.38	13.2			
						5	85–125	棕色	重壤土	粒状	8.4	3.8	0.23	0.36	11.1			
剖15	半水成土	潮土	潮土	中壤质潮土	中壤质潮土	1	0–18	浅棕色	中壤土	粒状	8.1	12.9	0.80	0.55	18.6		E 115°13′08.0″ N 38°48′01.1″	75
						2	18–26	棕色	中壤土	片状	8.2	10.3	0.58	0.50	19.1			
						3	26–33	黄棕色	中壤土	核状	8.2	7.4	0.52	0.51	19.2			
						4	33–38	黄棕色	中壤土	核状	8.3	7.9	0.47	0.41	22.5			
						5	38–44	棕色	重壤土	块状	8.4	9.2	0.59	0.63	24.2			
						6	44–84	棕色	重壤土	块状	8.5	8.8	0.68	0.59	22.1			
						7	84–130	浅棕色	重壤土	粒状	8.1	8.6		0.55	25.9			
剖16	半淋溶土	褐土	石灰性褐土	洪冲积石灰性褐土		1	0–20	灰褐色	砂壤土	粒状	8.4	6.0	0.41	0.42	7.3	洪积物、冲积物	E 115°06′22.0″ N 38°47′42.7″	84
						2	20–25	灰褐色	轻壤土	片状	8.2	4.5	0.32	0.34	7.8			
						3	25–34	灰褐色	轻壤土	粒状	8.3	4.5	0.20	0.34	7.4			
						4	34–54	浅褐色	中壤土	团粒状	8.2	5.9	0.43	0.44	9.1			
						5	54–65	浅褐色	砂壤土	粒状	8.3	5.1	0.39	0.40	11.5			
						6	65—	褐色	轻壤土	团块状	8.3	0.4		0.39	5.1			
剖17	半淋溶土	褐土	石灰性褐土	黄土质石灰性褐土		1	0–20	浅褐色	轻壤土	粒状	8.5	10.9	0.60	0.45	14.0	黄土	E 115°08′47.9″ N 38°46′52.5″	98
						2	20–40	黄棕色	轻壤土	粒状	8.5	6.9	0.28	0.53	12.1			
						3	40–64	暗棕色	轻壤土	粒状	8.5	7.3	3.03	0.89	17.0			
						4	64–90	褐色	重壤土	核状	8.5	6.1	0.37	0.54	13.3			
						5	90–140	暗褐色	重壤土	核状	8.5	9.6		0.54	18.6			

博 野 县

主要土类说明

褐土是博野县主要土壤类型，占本县地域面积的72%。褐土是在暖温带半湿润区发育形成的，具有黏化与钙质淋移淀积特征的土壤。该土壤盐基饱和，处于硅铝风化阶段，有明显的淀积黏化层。在其A–B–C剖面构型中，B层呈棕褐色。土壤pH为7.0—7.5，盐基饱和度在80%以上；B层下部有假菌丝状钙积层。本县褐土区处于冲积扇的边缘地区，是向潮土过渡的地带，在这个地带的亚类主要是潮褐土。

潮土是博野县第二大土壤类型，占本县地域面积的26%，多分布于局部性低平洼地，地下水位高，四周由褐土环绕，质地一般较重。本县潮土直接发育在河流冲积母质上，所处地势平坦，层次深厚而多变，通体石灰反应强，呈微碱性。心土层毛管作用强，心土层以下部分结构紧实，有锈色斑纹、铁子及铁锰结核，有的表层呈现出潜育化特征，成为脱沼泽潮土。

本区域中心区气候特征

本区域中心区气候特征值
Regional climate characteristics in central area of the region

气候带：暖温带亚湿润气候 Climate region: Warm temperate subhumid climate	
年平均气温 /℃ Annual average temperature /℃	13.0
年平均最高气温 /℃ Annual average maximum temperature /℃	18.7
年平均最低气温 /℃ Annual average minimum temperature /℃	8.1
年降水量 /mm Annual precipitation /mm	541
≥10℃的积温 /℃ Daily temperature accumulated in a year (≥10℃) /℃	4669
年日照时数 /h Annual sunshine /h	2561
年平均相对湿度 /% Annual average relative humidity /%	60
干燥度 Dryness	1.46

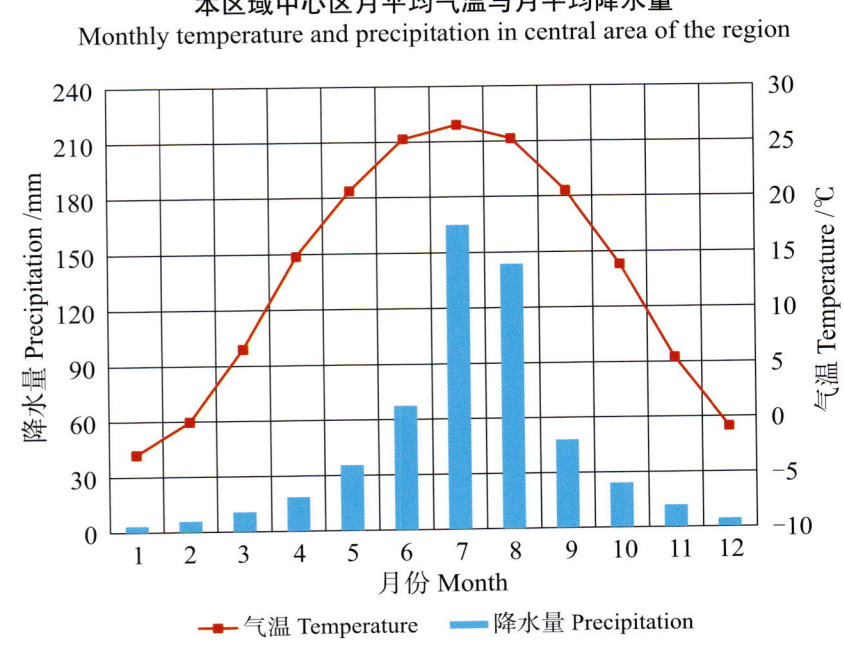

本区域中心区月平均气温与月平均降水量
Monthly temperature and precipitation in central area of the region

博野县主要土壤类型与土壤剖面点分布图
1∶130 000

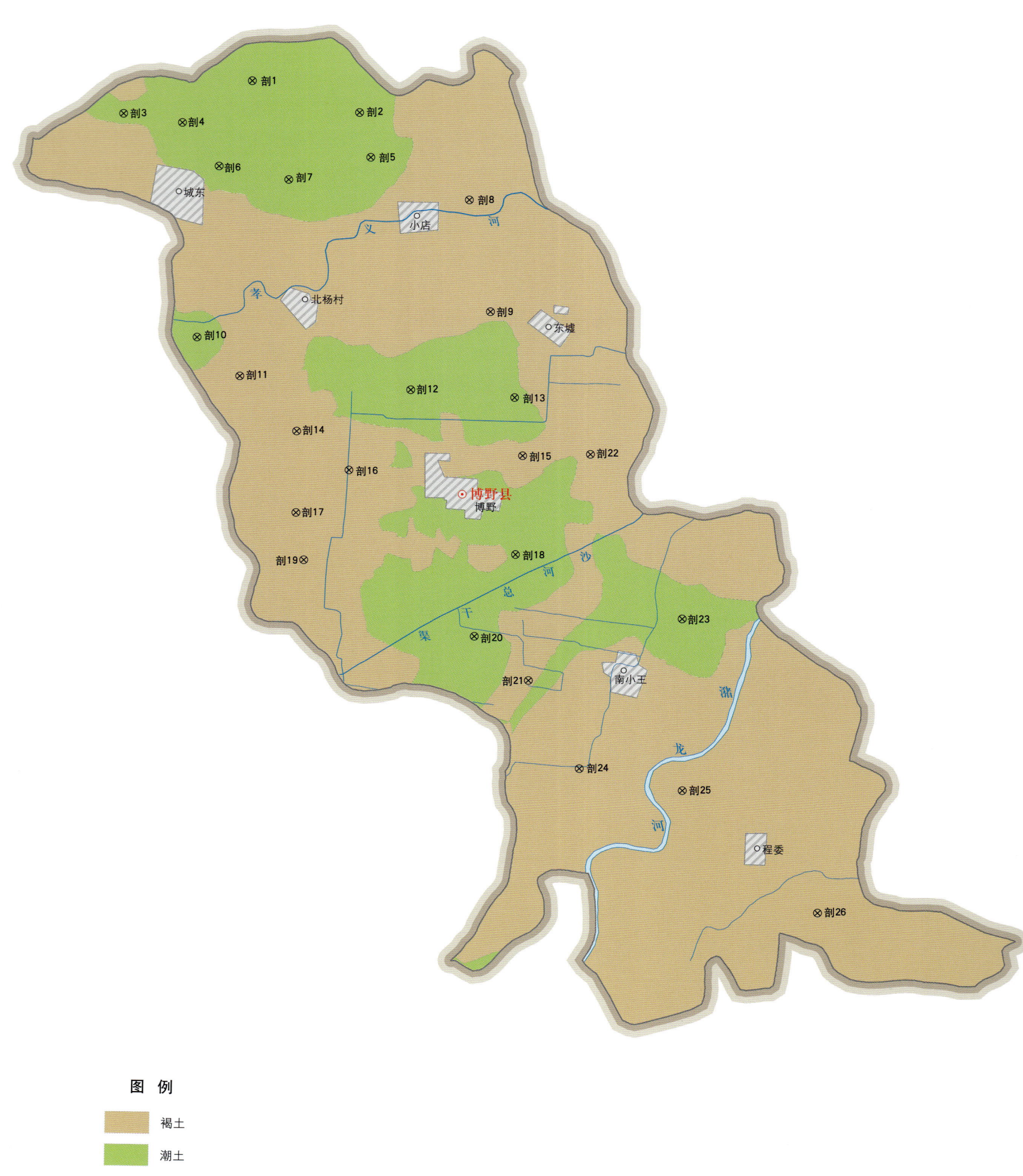

博野县土壤剖面理化性状表

剖面号 Soil profile	土纲 Soil order	土类 Soil great group	亚类 Soil subgroup	土属 Soil genus	土种 Soil species	土层码 Layer code	土层厚度 Depth/cm	颜色 Soil color	质地 Soil texture	土壤结构 Soil structure	pH	有机质 OM/(g/kg)	全氮 TN/(g/kg)	全磷 TP/(g/kg)	阳离子交换量CEC/(cmol/kg)	剖面点坐标 Profile coordinate	匹配指数 Matching index/%
剖1	半水成土	潮土	潮土	砂质潮土	砂质潮土	1	0—32	浅灰棕色	砂土	单粒状	8.3	5.6	0.37	0.52	5.9	E 115° 23′ 08.9″ N 38° 34′ 03.7″	86
						2	32—110	暗灰棕色	砂土	单粒状	8.3	4.4	0.26	0.50			
						3	110—132	浅灰棕色	中壤土	小块状	8.3	4.4	0.30	0.51	9.6		
剖2	半水成土	潮土	潮土	砂质潮土	砂壤质体黏底潮土	1	0—20	浅灰棕色	砂壤土	屑粒状	8.2	9.0		0.65		E 115° 25′ 19.2″ N 38° 33′ 35.6″	97
						2	20—76	浅灰棕色	重壤土	块状	8.6	14.3		0.69			
						3	76—90	浅黄棕色	轻壤土	屑粒状	8.4	3.3		0.50			
						4	90—140	浅黄棕色	轻壤土	屑粒状	8.2	15.2		0.75			
剖3	半水成土	潮土	潮土	壤质脱沼泽化潮土	轻壤质体黏底砂姜脱沼泽化潮土	1	0—23	浅黄棕色	轻壤土	屑粒状	8.2	11.9	0.76	0.57		E 115° 20′ 35.1″ N 38° 33′ 29.0″	76
						2	23—43	灰棕色	轻壤土	屑粒状	8.4	5.2	0.35	0.53			
						3	43—93	棕色	重壤土	块状	8.3	5.4	0.26	0.38			
						4	93—113	浅棕色	中壤土	小块状	8.4	5.4	0.37	0.38			
剖4	半水成土	潮土	潮土	砂质脱沼泽化潮土	砂壤质底砂脱沼泽化潮土	1	0—20	浅黄棕色	砂壤土	单粒状	8.4	6.5		0.56		E 115° 21′ 46.1″ N 38° 33′ 21.6″	71
						2	20—57	浅黄棕色	砂壤土	单粒状	8.6	4.5		0.29			
						3	57—86	黄棕色	砂壤土	单粒状	8.1	3.5		0.54			
						4	86—135	黑棕色	重壤土	块状	8.2	3.5		0.36			
						5	135—150	灰白色	重壤土	块状	8.5	3.7		0.42			
剖5	半水成土	潮土	潮土	壤质潮土	轻壤质砂底潮土	1	0—20	黄棕色	轻壤土	屑粒状	8.4	6.9	0.49	0.61	9.3	E 115° 25′ 34.0″ N 38° 32′ 52.4″	92
						2	20—40	浅黄棕色	轻壤土	屑粒状	8.4	9.3	0.58	0.52	9.8		
						3	40—90	棕色	中壤土	屑粒状	8.5	6.4	0.45	0.57	9.6		
						4	90—150	灰棕色	面砂土	碎屑状	8.6	2.3	0.22	0.43	7.8		
剖6	半水成土	潮土	潮土	壤质脱沼泽化潮土	轻壤质底砂姜脱沼泽化潮土	1	0—30	浅灰棕色	轻壤土	屑粒状	8.4	9.2		0.65		E 115° 22′ 31.8″ N 38° 32′ 40.1″	70
						2	30—44	暗黄褐色	轻壤土	屑粒状	8.4	6.1	0.49	0.40			
						3	44—68	暗棕褐色	中壤土	小块状	8.5	5.6	0.27	0.50			
						4	68—115	灰棕色	砂壤土	碎屑状	8.5	3.8	0.33				
剖7	半水成土	潮土	潮土	壤质脱沼泽化潮土	轻壤质底砂潮土	1	0—29	浅棕褐色	中壤土	屑粒状	8.4	8.9		0.51	9.4	E 115° 23′ 56.0″ N 38° 32′ 28.7″	74
						2	29—50	黄棕色	重壤土	小块状	8.3	5.5	0.35	0.39	16.1		
						3	50—90	棕色	中壤土	屑粒状	8.5	6.0	0.29	0.52	10.1		
						4	90—150	浅棕褐色	面砂土	屑粒状		3.3	0.29				
剖8	半淋溶土	褐土	潮褐土	壤质潮褐土	轻壤质底砂潮褐土	1	0—24	浅黄褐色	轻壤土	屑粒状	8.4	9.5		0.57		E 115° 27′ 33.8″ N 38° 32′ 13.2″	74
						2	24—52	暗黄褐色	重壤土	屑粒状	8.5	7.0	0.43	0.64			
						3	52—80	黄褐色	重壤土	单粒状	8.6	13.2	0.75	0.49			
						4	80—140	浅黄褐色	面砂土	屑粒状	8.8	5.3	0.38				
剖9	半淋溶土	褐土	潮褐土	壤质潮褐土	轻壤质底砂潮褐土	1	0—22	浅黄棕色	轻壤土	屑粒状	8.2	6.8	0.38	0.47		E 115° 28′ 02.6″ N 38° 30′ 24.8″	88
						2	22—80	黄棕色	重壤土	块状	8.4	8.3	0.10	0.45			
						3	80—160	棕褐色	砂壤土	块状	8.4	4.3	0.26				
剖10	半水成土	潮土	潮土	壤质潮褐土	中壤质沼泽化潮土	1	0—18	棕褐色	中壤土	小块状	8.2	5.2	0.65	0.65		E 115° 22′ 10.9″ N 38° 29′ 52.8″	84
						2	18—28	暗棕褐色	重壤土	块状	8.2	9.5	0.68	0.67			
						3	28—130	黄褐色	重壤土	屑粒状	8.3	6.2	0.58	0.46			
剖11	半淋溶土	褐土	潮褐土	壤质潮褐土	轻壤质底黏潮褐土	1	0—23	黄褐色	轻壤土	块状		0.2		6.20		E 115° 23′ 03.5″ N 38° 29′ 16.4″	96
						2	23—72	浅黄褐色	轻壤土	屑粒状		7.3		5.60			
						3	72—148	棕色	重壤土	块状		6.9		4.80			

续表 Continued

剖面号 Soil profile	土纲 Soil order	土类 Soil great group	亚类 Soil subgroup	土属 Soil genus	土种 Soil species	土层编码 Layer code	土层厚度 Depth/ cm	颜色 Soil color	质地 Soil texture	土壤结构 Soil structure	pH	有机质 OM/ (g/kg)	全氮 TN/ (g/kg)	全磷 TP/ (g/kg)	阳离子 交换量CEC/ (cmol/kg)	剖面点坐标 Profile coordinate	匹配指数 Matching index/%
剖12	半水成土	潮土	潮土	壤质潮土	轻壤质潮土	1	0—22	灰棕色	轻壤土	屑粒状	8.2	6.1	0.41	0.51	9.9	E 115°26′29.4″ N 38°29′07.4″	84
						2	22—51	灰棕色	轻壤土	屑粒状	8.8	4.8	0.16	0.48	8.7		
						3	51—76	暗灰棕色	中壤土	碎块状	9.1	7.3	0.42	0.54	12.4		
						4	76—102	暗棕色	中壤土	碎块状	9.1	3.8	0.26	0.55	11.5		
						5	102—160	灰棕色	轻壤土	屑粒状	8.9	3.5	0.10	0.40	6.6		
剖13	半水成土	潮土	潮土	壤质潮土	轻壤质腰粘潮土	1	0—19	灰灰棕色	轻壤土	屑粒状	8.6	5.9	0.42	0.39	8.9	E 115°28′34.7″ N 38°29′02.4″	82
						2	19—38	暗棕色	轻壤土	屑粒状	8.5	5.3	0.26	0.56	10.0		
						3	38—67	暗棕色	黏土	块状	8.4	11.0	0.66	0.60	9.5		
						4	67—102	黄黄褐色	中壤土	屑粒状	8.7	4.0	0.20	0.50	9.0		
						5	102—150	浅黄褐色	砂壤土	屑粒状	8.4	1.9	0.10	0.36	8.9		
剖14	半淋溶土	褐土	褐土性土	砂质褐土性土	通体砂质褐土性土	1	0—19	黄褐色	面砂土	单粒状	8.4	4.0	0.37	0.53		E 115°24′14.0″ N 38°28′46.2″	70
						2	19—53	棕褐色	面砂土	单粒状	8.3	3.0	0.18	0.53			
						3	53—104	浅灰棕色	砂土	单粒状	8.3	3.0	0.18	0.53			
						4	104—150	灰白色	砂土	单粒状	8.3	3.0	0.18	0.53			
剖15	半淋溶土	褐土	潮褐土	砂质潮褐土	砂壤质粘体潮褐土	1	0—23	浅棕色	砂壤土	屑粒状		7.5		0.63		E 115°28′46.2″ N 38°28′05.9″	99
						2	23—73	棕褐色	重壤土	碎块状		10.2		0.54			
						3	73—150	浅黄褐色	砂壤土	单粒状		4.4		0.33			
剖16	半淋溶土	褐土	潮褐土	砂质潮褐土	砂壤质底壤潮褐土	1	0—27	黄黄褐色	砂壤土	屑粒状		7.7		0.63		E 115°25′18.1″ N 38°27′47.5″	98
						2	27—83	浅灰棕色	中壤土	屑粒状		4.4		0.40			
						3	83—120	暗棕褐色	中壤土	小块状		7.6		0.48			
剖17	半淋溶土	褐土	潮褐土	砂质潮褐土	通体砂壤潮褐土	1	0—21	浅黄褐色	砂壤土	屑粒状		7.7	0.46	0.60		E 115°28′41.2″ N 38°26′29.4″	91
						2	21—80	棕褐色	轻壤土	屑粒状	8.4	5.6	0.30	0.51	8.0		
						3	80—130	浅棕褐色	轻壤土	屑粒状	8.3	1.9	0.13	0.65	6.7		
						4	130—150	浅黄褐色	轻壤土	屑粒状	8.2	3.5	0.23	0.50	8.5		
剖18	半水成土	潮土	潮土	砂壤质潮土	砂壤质夹粘潮土	1	0—19	浅灰棕色	轻壤土	小块状	8.3	5.4	0.31	0.56	11.5	E 115°24′15.9″ N 38°27′04.7″	70
						2	19—46	灰灰棕色	轻壤土	片状	8.3	4.1	0.28	0.53			
						3	46—63	暗棕色	重壤土	屑粒状	8.4	11.4	0.27	0.63			
						4	63—120	暗棕色	中壤土	小块状		4.5	0.29	0.49			
剖19	半淋溶土	褐土	潮褐土	砂壤质潮褐土	砂壤质粘体潮褐土	1	0—22	棕褐色	砂壤土	屑粒状		6.8		0.56		E 115°28′27.0″ N 38°26′18.6″	98
						2	22—36	浅黄褐色	面砂	小块状	8.2	4.5	0.46	0.56	5.0		
						3	36—113	暗棕褐色	中壤土	屑粒状	8.4	7.0	0.26	0.45	6.7		
						4	113—143	浅棕褐色	轻壤土	屑粒状	8.7	2.6	0.31	0.57	7.0		
						5	143—150	灰棕色	中壤土	单粒状	8.7	5.4	0.19	0.49			
剖20	半水成土	潮土	潮土	壤质潮土	轻壤质粘体潮褐土	1	0—19	灰棕色	轻壤土	小块状	8.9	7.4	0.31	0.42	9.6	E 115°27′54.4″ N 38°25′09.1″	99
						2	19—50	灰灰棕色	砂壤土	屑粒状	8.2	6.0	0.39	0.71	10.9		
						3	50—62	暗棕褐色	中壤土	小块状	8.4	0.5	0.26	0.52	10.7		
						4	62—103	棕褐色	轻壤土	屑粒状		3.5	0.19	0.54			
						5	103—129	灰棕色	中壤土	单粒状		3.9	0.31	0.42			
						6	129—150	暗棕褐色	轻壤土	小块状		4.8	0.32	0.45			
剖21	半淋溶土	褐土	潮褐土	壤质潮褐土	轻壤质腰皮潮褐土	1	0—21	黄棕褐色	轻壤土	屑粒状	8.2	6.8	0.40	0.52		E 115°29′01.0″ N 38°24′27.4″	85
						2	21—42	浅黄褐色	砂壤土	屑粒状	8.3	5.2	0.28	0.46			
						3	42—75	棕褐色	重壤土	小块状		9.5					
						4	75—140	浅棕褐色	中壤土	屑粒状	8.3	6.2	0.68	0.30			

续表 Continued

剖面号 Soil profile	土纲 Soil order	土类 Soil great group	亚类 Soil subgroup	土属 Soil genus	土种 Soil species	土层码 Layer code	土层厚度 Depth/cm	颜色 Soil color	质地 Soil texture	土壤结构 Soil structure	pH	有机质 OM/(g/kg)	全氮 TN/(g/kg)	全磷 TP/(g/kg)	阳离子交换量CEC/(cmol/kg)	剖面点坐标 Profile coordinate	匹配指数 Matching index/%
剖22	半淋溶土	褐土	潮褐土	砂壤质潮褐土	砂壤质底黏潮褐土	1	0—17	浅灰棕色	砂壤土	屑粒状		5.5	0.39	0.62		E 115°30′07.5″ N 38°28′08.9″	88
						2	17—27	灰棕色	砂壤土	屑粒状		2.4	0.09	0.43			
						3	27—63	灰棕色	砂壤土	屑粒状		4.1	0.24	0.49			
						4	63—117	暗棕色	重壤土	块状							
						5	117—150	黄棕色	面砂土	单粒状							
剖23	半水成土	潮土	潮土	壤质潮土	轻壤质夹黏潮土	1	0—20	浅棕褐色	轻壤土	屑粒状		9.0	0.51	0.61		E 115°32′03.5″ N 38°25′31.4″	79
						2	20—32	黄棕色	轻壤土	屑粒状		15.3	0.98	0.73			
						3	32—50	暗棕色	重壤土	块状		15.1	0.97	0.67			
						4	50—74	黄棕色	轻壤土	屑粒状		10.5	0.64	0.67	8.3		
						5	74—145	暗棕色	重壤土	块状		14.9	0.90	0.60			
剖24	半淋溶土	褐土	潮褐土	壤质潮褐土	通体轻壤质潮褐土	1	0—20	浅黄褐色	轻壤土	屑粒状	8.4	8.3	0.57	0.69		E 115°30′05.0″ N 38°23′02.8″	75
						2	20—80	暗黄棕色	轻壤土	屑粒状	8.2	10.6	0.62	0.74			
						3	80—150	暗黄棕色	轻壤土	单粒状	8.1	9.1	0.55	0.55			
剖25	半淋溶土	褐土	潮褐土	砂质潮褐土	通体砂质潮褐土	1	0—79	灰棕色	砂土	单粒状		4.7	0.48	0.61		E 115°32′09.6″ N 38°22′44.0″	74
						2	79—142	浅黄棕色	砂土	小块状		2.2	0.37	0.60			
剖26	半淋溶土	褐土	潮褐土	壤质潮褐土	通体中壤质潮褐土	1	0—23	浅黄褐色	中壤土	小块状		15.3		0.66		E 115°34′56.3″ N 38°20′48.5″	88
						2	23—54	浅黄褐色	轻壤土	屑粒状		7.3	0.59	0.59			
						3	54—135	浅黄棕色	轻壤土	屑粒状		6.3		0.50			

雄 县

主要土类说明

潮土是雄县主要土壤类型，占本县地域面积的98%。潮土是直接发育在河流沉积物上，经耕种熟化形成的半水成土壤。主要分布在冲积平原地区，母质为近代河流冲积物，地势平坦，地下水埋深为2—3m，地下水直接参与成土过程。潮土上自然植被较少，有杨、柳、榆、槐、椿和画眉草、车前子、稗草等。潮土形成过程有：所处地区地形平坦，排水欠通畅，地下水位较高，可借毛管作用上升到地表，地下水参与成土过程。雨季时，地面水分增加，大部分渗入地下，因而抬高地下水埋深，但雨季过后，地下水又逐渐降低。冬季降雪稀少，春季气温增高而蒸发加快，所以到翌年雨季来临之前，地下水位降至最低。由于地下水升降频繁，氧化还原作用交替进行，使土壤中物质发生溶解、移动和淀积，在土体中形成锈色斑纹、铁子、铁锰结核及砂姜等。潮土一般直接发育在河流沉积物上，多属河流冲积母质，剖面质地变化比较复杂，或通体砂壤，或砂黏相间，有"一步三换土"之说，主要受河流冲积的影响。潮土的土层排列层次明显，通体石灰反应比较强，表土呈灰棕色，心土层常见锈色斑纹，底土层有小型铁子及铁锰结核，呈暗灰色，表现出潜育化特征。

本区域中心区气候特征

本区域中心区气候特征值
Regional climate characteristics in central area of the region

气候带：暖温带亚湿润气候 Climate region: Warm temperate subhumid climate	
年平均气温 /℃ Annual average temperature /℃	12.6
年平均最高气温 /℃ Annual average maximum temperature /℃	18.2
年平均最低气温 /℃ Annual average minimum temperature /℃	7.7
年降水量 /mm Annual precipitation /mm	542
≥10℃的积温 /℃ Daily temperature accumulated in a year (≥10℃) /℃	4551
年日照时数 /h Annual sunshine /h	2626
年平均相对湿度 /% Annual average relative humidity /%	59
干燥度 Dryness	1.42

本区域中心区月平均气温与月平均降水量
Monthly temperature and precipitation in central area of the region

雄县主要土壤类型与土壤剖面点分布图
1∶120 000

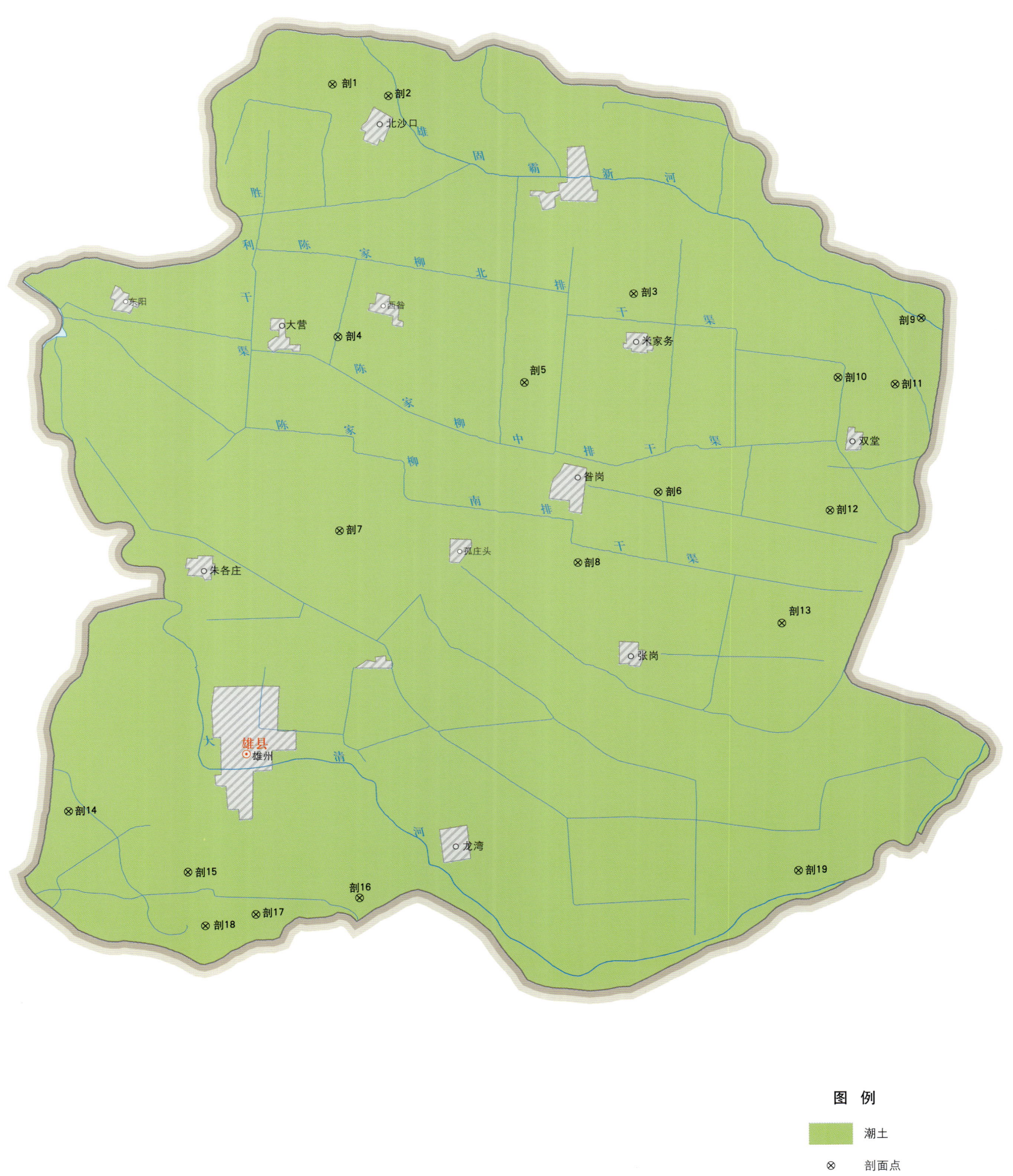

雄县土壤剖面理化性状表

剖面号 Soil profile	土纲 Soil order	土类 Soil great group	亚类 Soil subgroup	土属 Soil genus	土种 Soil species	土层码 Layer code	土层厚度/cm Depth/cm	颜色 Soil color	质地 Soil texture	土壤结构 Soil structure	pH	有机质 OM/(g/kg)	全氮 TN/(g/kg)	全磷 TP/(g/kg)	全钾 TK/(g/kg)	碱解氮 AN/(mg/kg)	有效磷 AP/(mg/kg)	速效钾 AK/(mg/kg)	阳离子交换量CEC/(cmol/kg)	土壤母质 Parent material	剖面点坐标 Profile coordinate	匹配指数 Matching index/%
剖1	半水成土	潮土	褐潮土	壤质褐潮土	轻壤质褐潮土	1	0—26	浅黄棕色	砂壤土	屑粒状	9.0	7.1	0.40	0.25		26	1.8	138	13.8		E 116°07′08.8″ N 39°08′52.9″	90
						2	26—82	灰棕色	轻壤土	屑粒状	9.2	4.1	0.25	0.24		22	1.2	88	17.5			
						3	82—128	浅棕色	砂壤土	屑粒状	9.3	2.9	0.16	0.23		11	1.2	52	11.6			
						4	128—150	暗棕色	中壤土	小块状	8.8	9.0	0.53	0.29		34	2.8	114	20.6			
剖2	半水成土	潮土	褐潮土	砂壤质褐潮土	砂壤质褐潮土	1	0—16	灰棕色	轻壤土	屑粒状	9.3	7.7	0.48	0.28		32	2.2	132	16.3		E 116°08′12.5″ N 39°08′42.7″	92
						2	16—60	灰棕色	轻壤土	屑粒状	9.6	6.8	0.48	0.27		22	0.5	116	15.6			
						3	60—79	暗棕色	中壤土	小块状	9.7	7.3	0.43	0.26		22	1.1	100	17.0			
						4	79—150	浅黄棕色	砂壤土	屑粒状	9.8	2.2	0.11	0.22		9	1.8	44	5.2			
剖3	半水成土	潮土	潮土	壤质潮土	轻壤质潮土	1	0—20	灰棕色	轻壤土	屑粒状	8.6	7.9	0.58	0.23		100	2.2	118	31.5		E 116°12′53.3″ N 39°05′44.9″	92
						2	20—71	浅棕色	砂壤土	屑粒状	8.8	1.6	0.14	0.28		43	2.6	47	6.6			
						3	71—114	暗棕色	中壤土	小块状	8.8	8.0	0.62	0.32		148	2.2	160	14.9			
						4	114—150	浅棕色	砂壤土	单粒状	8.8	2.7	0.23	0.29		48	1.6	600	25.2			
剖4	半水成土	潮土	潮土	壤质潮土	轻壤质底砂潮土	1	0—20	灰棕色	轻壤土	屑粒状	8.9	9.4	0.65	0.30		119	4.0	200	15.2		E 116°07′17.8″ N 39°05′03.1″	89
						2	20—66	灰棕色	轻壤土	屑粒状	9.1	5.6	0.42	0.32		90	2.1	98	16.1			
						3	66—150	浅黄棕色	砂土	单粒状	9.2	2.2	0.18	0.23		60	2.2	91	10.2			
剖5	半水成土	潮土	潮土	砂壤质脱盐化潮土	砂壤质脱盐化潮土	1	0—20	浅黄棕色	砂壤土	屑粒状	8.5	10.0	0.58	0.27		35	1.6	97	29.7		E 116°10′50.2″ N 39°04′23.2″	93
						2	20—43	灰棕色	砂壤土	屑粒状	8.7	8.6	0.47	0.28		27	2.2	81	28.6			
						3	43—80	暗棕色	轻壤土	屑粒状	8.8	7.2	0.40	0.27		24	1.2	94	32.1			
						4	80—150	浅黄棕色	中壤土	屑粒状	8.8	2.5	0.13	0.27		10	1.0	30	18.5			
剖6	半水成土	潮土	潮土	壤质脱盐化潮土	中壤质脱盐化潮土	1	0—20	浅黄棕色	中壤土	小块状	8.9	14.3	0.80	0.25		50	3.3	190	27.1		E 116°13′22.8″ N 39°02′44.5″	78
						2	20—50	灰棕色	中壤土	小块状	8.8	14.2	0.93	0.34		45	1.8	162	37.5			
						3	50—57	暗棕色	重壤土	块状	8.9	16.0	0.92	0.22		50	1.8	144	30.2			
						4	57—150	暗棕色	中壤土	块状	8.8	11.3	0.75	0.20		38	1.0	136	30.1			
剖7	半水成土	潮土	潮土	砂壤质潮土	砂壤质潮土	1	0—20	浅黄棕色	砂壤土	屑粒状	9.0	7.1	0.43	0.25		32	2.2	107	16.1		E 116°07′21.4″ N 39°02′07.1″	97
						2	20—40	暗棕色	砂壤土	屑粒状	9.0	5.9	0.34	0.27		25	1.2	63	18.8			
						3	40—64	暗棕色	轻壤土	屑粒状	9.1	2.7	0.15	0.22		16	2.0	51	21.2			
						4	64—150	浅黄棕色	砂壤土	屑粒状	9.1	3.2	0.17	0.25		12	1.2	70	13.3			
剖8	半水成土	潮土	潮土	壤质脱盐化潮土	轻壤质脱盐化潮土	1	0—25	灰棕色	轻壤土	屑粒状	8.6	13.8	0.83	0.33		53	3.0	158	21.8		E 116°11′52.4″ N 39°01′39.4″	73
						2	25—101	灰棕色	轻壤土	屑粒状	9.1	6.8	0.44	0.28		27	2.4	96	16.8			
						3	101—150	灰棕色	轻壤土	屑粒状	9.0	5.5	0.32	0.42		23	2.0	80	15.8			
剖9	半水成土	潮土	潮土	壤质潮土	底黑两合土	1	0—20	浅黄棕色	砂壤土	屑粒状	8.2	9.6	0.54	0.28	15.8		8.0	194	21.9	河流冲积物、洪积物、冲积物	E 116°18′20.5″ N 39°05′24.4″	78
						2	20—45	浅黄棕色	砂壤土	屑粒状	8.2	9.9	0.56	0.32	15.8		1.0	160	21.3			
						3	45—81	浅灰棕色	砂质黏壤土	屑粒状	8.3	2.8	0.15	0.28	15.6		1.0	46	11.9			
						4	81—150	灰蓝色	黏壤土	块状	8.4	7.2	0.44	0.21	18.2		3.0	106	22.1			
剖10	半水成土	潮土	盐化潮土	硫酸盐氯化物壤质潮土	轻壤质轻度盐化潮土	1	0—5		轻壤土	屑粒状	8.7	10.2	0.63	0.32		48	7.2	196	24.9		E 116°16′46.5″ N 39°04′29.6″	75
						2	5—10		轻壤土	屑粒状	9.1	8.6	0.51	0.34		31	1.8	115	25.4			
						3	10—20		轻壤土	屑粒状	9.0	7.3	0.46	0.27		26	1.4	112	24.7			
						4	20—69		轻壤土	屑粒状	9.0	7.5	0.45	0.28		29	1.4	111	28.0			
						5	69—108		砂壤土	屑粒状	9.3	2.6	0.15	0.26		9	2.4	40	14.3			
						6	108—150		中壤土	小块状	9.0	9.3	0.57	0.31		31	2.2	146	33.0			

续表 Continued

剖面号 Soil profile	土纲 Soil order	土类 Soil great group	亚类 Soil subgroup	土属 Soil genus	土种 Soil species	土层码 Layer code	土层厚度 Depth/cm	颜色 Soil color	质地 Soil texture	土壤结构 Soil structure	pH	有机质 OM/(g/kg)	全氮 TN/(g/kg)	全磷 TP/(g/kg)	全钾 TK/(g/kg)	碱解氮 AN/(mg/kg)	有效磷 AP/(mg/kg)	速效钾 AK/(mg/kg)	阳离子交换量CEC/(cmol/kg)	土壤母质 Parent material	剖面点坐标 Profile coordinate	匹配指数 Matching index/%
剖11	半水成土	潮土	盐化潮土	硫酸盐氯化物壤质潮土	轻壤质重度盐化潮土	1	0~5		轻壤土	屑粒状	8.6	7.6	0.45	0.19		33	2.2	111	34.4		E 116°17′51.0″ N 39°04′23.9″	95
						2	5~10		轻壤土	屑粒状	8.8	7.3	0.45	0.19		25	1.8	99	30.0			
						3	10~20		轻壤土	屑粒状	8.6	7.2	0.44	0.17		25	1.6	90	21.3			
						4	20~37		轻壤土	屑粒状	9.1	4.1	0.25	0.16		10	2.2	70	17.5			
						5	37~78		砂壤土	碎块状	9.3	2.6	0.16	0.15		9	3.0	34	12.8			
						6	78~90		中壤土	屑粒状	9.0	13.1	0.75	0.37		41	3.0	141	31.6			
						7	90~127		轻壤土	屑粒状	9.3	4.7	0.26	0.33		14	2.8	84	19.9			
						8	127~150		砂土	单粒状	9.3	3.7	0.17	0.24		10	2.2	36	13.0			
剖12	半水成土	潮土	潮土	壤质潮土	中壤质潮土	1	0~20	暗棕色	中壤土	小块状	9.0	20.2	1.11	0.33		77	2.2	161	48.8		E 116°16′38.3″ N 39°02′28.7″	84
						2	20~30	暗棕色	中壤土	小块状	8.9	14.7	0.88	0.33		50	3.2	150	28.9			
						3	30~40	暗棕色	重壤土	块状	8.7	18.5	1.05	0.33		68	1.8	170	31.0			
						4	40~150	暗棕色	中壤土	小块状	8.9	15.1	0.92	0.32		53	3.5	152	29.9			
剖13	半水成土	潮土	潮土	重壤质潮土	重壤质潮土	1	0~20	暗棕色	重壤土	小块状	9.0	20.4	1.21	0.37		74	9.7	291	30.7		E 116°15′44.3″ N 39°00′45.4″	94
						2	20~44	暗棕色	重壤土	块状	9.0	17.3	1.01	0.31		71	4.2	163	33.3			
						3	44~70	暗棕色	重壤土	块状	9.0	16.8	0.99	0.31		63	2.2	171	30.8			
						4	70~150	暗棕色	重壤土	小块状	9.1	13.2	0.79	0.31		42	2.8	151	30.5			
剖14	半水成土	潮土	潮土	壤质脱沼泽化潮土	中壤质脱沼泽化潮土	1	0~19	灰棕色	中壤土	屑粒状	8.5	22.5	1.32	0.34		110	6.4	162	26.2		E 116°02′16.4″ N 38°57′49.3″	95
						2	19~45	暗棕色	重壤土	小块状	8.6	14.6	0.89	0.29		65	5.8	212	31.5			
						3	45~65	灰棕色	轻壤土	屑粒状	8.6	14.0	0.90	0.29		60	6.5	204	31.0			
						4	65~150	暗棕色	重壤土	块状	8.4	30.2	1.86	0.27		120	4.8	148	29.2			
剖15	半水成土	潮土	潮土	人工堆垫壤质潮土	轻壤质人工堆垫潮土	1	0~20	浅黄棕色	轻壤土	屑粒状	9.3	8.8	0.46	0.30		29	2.2	104	16.3		E 116°04′32.5″ N 38°56′55.0″	75
						2	20~50	浅灰棕色	砂壤土	屑粒状	9.3	4.3	0.24	0.30		14	1.0	54	11.0			
						3	50~125	浅灰棕色	砂壤土	屑粒状	9.1	4.2	0.23	0.25		15	1.2	46	9.6			
						4	125~150	暗棕色	重壤土	块状	8.9	12.7	0.73	0.29		52	6.1	173	23.0			
剖16	半水成土	潮土	潮土	壤质脱沼泽化潮土	轻壤质脱沼泽化潮土	1	0~20	暗棕色	轻壤土	屑粒状	9.2	9.6	0.54	0.28		41	8.2	194	21.9		E 116°07′47.2″ N 38°56′32.8″	98
						2	20~45	暗棕色	轻壤土	屑粒状	9.2	9.9	0.56	0.32		38	1.4	160	21.3			
						3	45~81	浅棕色	砂壤土	屑粒状	9.4	2.8	0.15	0.28		18	1.0	46	11.9			
						4	81~150	浅棕色	中壤土	小块状	9.3	7.2	0.44	0.21		39	3.0	106	22.1			
剖17	半水成土	潮土	潮土	砂壤质潮土	砂壤质底黏潮土	1	0~19	灰蓝色	中壤土	屑粒状	8.8	14.9	0.85	0.34		20	2.6	98	21.5		E 116°05′49.7″ N 38°56′17.5″	100
						2	19~51	浅黄棕色	砂壤土	屑粒状	8.8	3.1	0.14	0.26		20	3.0	33	8.1			
						3	51~83	浅黄棕色	砂壤土	单粒状	8.9	4.0	0.18	0.23		25	2.0	36	14.3			
						4	83~150	暗棕色	重壤土	块状	8.6	16.3	0.95	0.33		81	3.2	139	29.5			
剖18	半水成土	潮土	潮土	砂壤质脱沼泽化潮土	砂壤质脱沼泽化潮土	1	0~20	暗棕色	砂壤土	屑粒状	8.8	8.4	0.50	0.34		39	2.4	96	15.6		E 116°04′52.8″ N 38°56′06.9″	79
						2	20~127	浅黄棕色	砂壤土	屑粒状	8.5	3.1	0.19	0.27		18	8.2	50	5.8			
						3	127~150	蓝黑色	重壤土	小块状	8.9	12.0	0.64	0.30		54	6.1	225	10.2			
剖19	半水成土	潮土	潮土	砂质潮土	砂质潮土	1	0~30	浅棕色	砂土	屑粒状	8.8	2.0	0.11	0.21		11	2.2	37	12.7		E 116°16′04.9″ N 38°56′58.9″	73
						2	30~70	浅棕色	砂土	单粒状	8.7	5.7	0.27	0.14		25	1.6	76	17.0			
						3	70~150	浅棕色	砂壤土	单粒状	8.7	2.9	0.14	0.15		15	1.6	40	17.8			

涿 州 市

主要土类说明

褐土是涿州市主要土壤类型，占本市地域面积的59%。褐土是在半干旱、半湿润、半淋溶条件下形成的具有黏化与钙质淋溶淀积特征的土壤，在垂直带谱中位于棕壤之下，主要分布在太行山海拔1000m以下的低山丘陵及山麓平原地带。褐土所处地区地势较高，排水良好，地下水埋深为4—6m，甚至更低，成土母质多为含碳酸盐物质，一般均有不同程度的石灰反应，盐基饱和。褐土绝大部分为耕种土壤，耕作层有机质含量约为10g/kg，呈灰棕色，具屑粒结构，疏松多孔，犁底层厚约10cm，片状结构，比较紧实。有褐色黏化层。气候雨热同季，促进风化和黏粒的形成，上层黏粒轻度下移，剖面中有黏化层，内外排水良好。铁锰充分氧化，土粒覆铁膜，颜色鲜艳，以棕褐色为主，呈核状、块状结构，沿结构面有不明显的胶膜。具钙积层。褐土母质多为含碳酸盐物质，在半淋溶条件下，土体钙质淋溶淀积，以假菌丝体、砂姜形成钙质淀积。土壤呈中性至微碱性，pH为7.0—8.0。

潮土是涿州市第二大土壤类型，占本市地域面积的29%。潮土是直接发育在河流沉积物上，经耕种熟化形成的半水成土壤，主要分布在冲积平原地区。成土母质为近代河流冲积物，地势平坦，地下水埋深为2—3m，地下水直接参与成土过程。雨季时，地面水分增加，大部分渗入地下，因而抬高地下水埋深，但雨季过后，地下水又逐渐降低。冬季降雪稀少，春季气温增高而蒸发加快，所以在翌年雨季来临之前，地下水位降至最低。由于地下水升降频繁，氧化还原作用交替进行，使土壤中物质发生溶解、移动和淀积，在土体中形成锈色斑纹、铁子、铁锰结核及砂姜等。潮土一般直接发育在河流沉积物上，多属河流冲积母质，剖面质地变化比较复杂，或通体砂壤，或砂黏相间。潮土的土层排列层次明显，通体石灰反应比较强，表土呈灰棕色，心土层常见锈色斑纹，底土层有小型铁子及铁锰结核，呈暗灰色，表现出潜育化特征。

水稻土是涿州市第三大土壤类型，占本市地域面积的7%，分布在扇缘洼地、交接洼地及沿河洼地。排水较差，地下水埋深较浅，一般约为1m，原土壤多为湿潮土、草甸沼泽土及潮土等，往往有一定的沥涝。种稻后有一定的水源和灌排条件，不致沥涝，但对土壤的潜育化有影响。水稻土是非地带性土壤类型，是长期种植水稻，水耕水作熟化的土壤。在水稻生长期间，灌水后耕作层及犁底层的上部处于水分饱和状态，耕层与大气之间为水分所隔，有机质的嫌气分解导致土壤发生还原作用，整个耕层处于还原状态。但犁底层有滞水作用，因能保护心土层水分不饱和，而有一定比例的空隙，使土壤处于氧化状态。这种表层还原、下层氧化的状态，为铁锰的还原淋溶和氧化淀积创造了条件。铁锰活化迁移到心土层，形成大量的锈色斑纹和灰蓝色的潜育层，这是水稻土的主要特征。

本区域中心区气候特征

本区域中心区气候特征值
Regional climate characteristics in central area of the region

气候带：暖温带亚湿润气候 Climate region: Warm temperate subhumid climate	
年平均气温 /℃ Annual average temperature /℃	12.3
年平均最高气温 /℃ Annual average maximum temperature /℃	18.0
年平均最低气温 /℃ Annual average minimum temperature /℃	7.2
年降水量 /mm Annual precipitation /mm	525
≥10℃的积温 /℃ Daily temperature accumulated in a year (≥10℃) /℃	4390
年日照时数 /h Annual sunshine /h	2672
年平均相对湿度 /% Annual average relative humidity /%	57
干燥度 Dryness	1.42

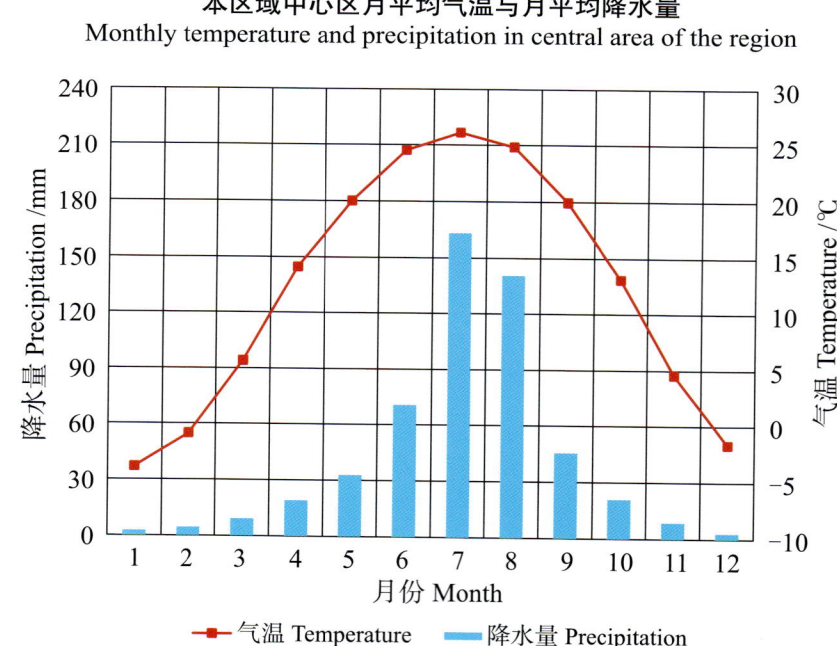

本区域中心区月平均气温与月平均降水量
Monthly temperature and precipitation in central area of the region

涿州市主要土壤类型与土壤剖面点分布图
1∶150 000

图 例
褐土
潮土
水稻土
⊗ 剖面点

第四编 河北省分县土壤图与土壤剖面数据

涿州市土壤剖面理化性状表

剖面号 Soil profile	土纲 Soil order	土类 Soil great group	亚类 Soil subgroup	土属 Soil genus	土种 Soil species	土层码 Layer code	土层厚度 Depth/cm	颜色 Soil color	质地 Soil texture	土壤结构 Soil structure	pH	有机质 OM/(g/kg)	全氮 TN/(g/kg)	全磷 TP/(g/kg)	全钾 TK/(g/kg)	有效磷 AP/(mg/kg)	速效钾 AK/(mg/kg)	阳离子交换量CEC/(cmol/kg)	土壤母质 Parent material	剖面点坐标 Profile coordinate	匹配指数 Matching index/%
剖1	半淋溶土	褐土	潮褐土	砂质洪积潮褐土	细砂潮黄土	1	0-20	浅棕色	砂壤土	屑粒状	8.0	8.9	0.53	0.54	16.0	3.0	76	6.9	洪冲积物	E 115°51′07.6″ N 39°30′47.3″	72
						2	20-43	浅灰棕色	砂壤土	屑粒状	8.0	8.6	0.50	0.55	14.9	4.0	69	8.0			
						3	43-65	灰白色	砂壤土	单粒状	8.0	1.7	0.11	0.50	17.1	4.0	45	2.6			
						4	65-113	棕褐色	黏壤土	碎块状	8.1	12.5	0.81	0.59	15.7	4.0	70	11.6			
						5	113-150	灰白色	砂壤土	单粒状	8.1	1.4	0.10	0.44	17.2	3.0	49	2.4			
剖2	半水成土	潮土	盐化潮土	硫酸盐化潮土		1	0-5	灰棕色	砂壤土	屑粒状	8.0	8.5	0.51	0.63	17.3	5.0	100	5.2		E 115°54′28.4″ N 39°30′45.5″	100
						2	5-10	灰棕色	砂壤土	屑粒状	8.3	8.2	0.48	0.62	17.3	7.0	61	5.0			
						3	10-20	灰棕色	砂壤土	屑粒状	8.2	7.3	0.43	0.61	17.2	3.0	51	5.3			
						4	20-40	浅灰棕色	砂壤土	屑粒状	8.2	5.5	0.28	0.58	17.3	4.0	38	6.1			
						5	40-70	棕色	砂壤土	屑粒状	8.3	5.5	0.31	0.55	16.7	3.0	52	6.3			
						6	70-130	浅棕色	砂壤土	屑粒状	8.3	2.9	0.16	0.52	16.6	4.0	30	3.8			
						7	130-150	浅灰棕色	砂壤土	屑粒状	8.3	2.8	0.16	0.50	16.6	3.0	30	4.3			
剖3	半淋溶土	褐土	潮褐土	砂壤质洪积潮褐土		1	0-20	浅棕色	砂壤土	屑粒状	8.0	8.9	0.53	0.54	16.0	3.0	69	6.9		E 115°59′50.5″ N 39°30′31.4″	87
						2	20-43	灰白色	砂土	单粒状	8.0	8.6	0.50	0.55	14.9	4.0	45	8.0			
						3	43-65	棕褐色	砂壤土	屑粒状	8.1	1.7	0.11	0.50	17.1	4.0	38	2.6			
						4	65-113	灰白色	砂土	屑粒状	8.1	12.5	0.81	0.59	15.7	4.0	70	11.6			
						5	113-150	灰白色	砂土	单粒状	8.1	1.4	0.10	0.44	17.2	3.0	49	2.4			
剖4	半淋溶土	褐土	潮褐土	壤质冲积潮褐土	漏砂潮黄土	1	0-20	灰棕色	砂质黏壤土	屑粒状	7.4	8.5	0.53	0.62	21.3	2.0	54	10.1	板岩、页岩、千枚岩类残积物、坡积物	E 116°03′35.4″ N 39°33′15.1″	96
						2	20-75	黄棕色	砂土	单粒状	7.4	13.7	0.85	0.56	19.9	2.0	97	18.4			
						3	75-112	黄棕色	砂质黏壤土	屑粒状	7.6	5.5	0.32	0.54	22.0	2.0	45	7.3			
						4	112-150	棕色	黏壤土	碎块状	7.4	18.8	1.12	0.65	22.9	2.0	70	18.0			
剖5	半淋溶土	褐土	潮褐土	砂壤质洪积脱沼泽潮褐土		1	0-35	浅棕色	砂壤土	屑粒状	7.9	6.5	0.41	0.51	19.1	3.0	81	7.8		E 116°07′21.4″ N 39°30′43.2″	100
						2	35-70	浅棕色	砂壤土	屑粒状	8.1	4.8	0.30	0.46	19.2	2.0	70	9.9			
						3	70-85	暗棕色	中壤土	碎块状	7.8	5.9	0.37	0.34	21.8	2.0	95	13.5			
						4	85-115	暗棕色	重壤土	碎块状	8.3	3.3	0.21	0.41	18.4	2.0	56	9.6			
						5	115-150	灰棕色	中壤土	屑粒状	8.0	2.4	0.15	0.38	19.4	3.0	56	7.6			
剖6	人为土	水稻土	淹育水稻土	中壤冲积淹育水稻土		1	0-11	棕灰色	中壤土	屑粒状	8.2	33.0	1.61	0.65	19.2	6.0	101	16.1		E 115°56′15.4″ N 39°29′26.5″	92
						2	11-23	灰棕色	中壤土	碎块状	8.2	18.9	0.82	0.62	18.4	7.0	93	15.1			
						3	23-54	黄棕灰色	重壤土	屑粒状	8.3	10.2	0.44	0.65	18.4	9.0	88	15.1			
						4	54-70	灰棕色	中壤土	屑粒状	8.2	7.5	0.32	0.59	22.8	5.0	105	12.4			
剖7	半淋溶土	褐土	石灰性褐土	砂性洪积石灰性褐土	蒙金面砂黄土	1	0-19	浅棕色	砂壤土	屑粒状	8.2	114.0	0.53	0.51	20.7	5.0	95	8.6		E 115°49′19.1″ N 39°28′13.1″	77
						2	19-62	褐色	砂壤土	屑粒状	8.3	8.0	0.38	0.46	20.4	4.0	70	7.9			
						3	62-150	棕色色	黏壤土	屑粒状	8.2	82.9	0.44	0.29	21.6	4.0	93	14.9			
剖8	人为土	水稻土	淹育水稻土	黏质冲积淹育水稻土		1	0-19	灰棕色	重壤土	块状	8.4	25.3	1.54	0.66	21.3	7.0	169	23.3		E 116°03′26.9″ N 39°29′18.3″	82
						2	19-31	灰棕色	重壤土	块状	7.7	30.0	1.85	0.71	21.3	6.0	169	25.9			
						3	31-75	灰蓝色	中壤土	碎块状	8.3	14.6	0.92	0.57	21.1	4.0	151	18.9			
						4	75-150	灰蓝色	中壤土	碎块状	8.2	7.9	0.47	0.48	21.3	4.0	124	16.2			

定 州 市

主要土类说明

褐土是定州市主要土壤类型，占本市地域面积的61%。褐土是在半干旱、半湿润、半淋溶条件下形成的具有黏化与钙质淋移淀积特征的土壤，在垂直带谱中位于棕壤之下，主要分布在太行山海拔1000m以下的低山丘陵及山麓平原地带。褐土所处地区地势较高，排水良好，地下水埋深为4—6m，甚至更低，成土母质多属各种含碳酸盐物质，一般均有不同程度的石灰反应，盐基饱和。褐土绝大部分为耕种土壤，耕作层有机质含量约为10g/kg，呈灰棕色，具屑粒结构，疏松多孔，犁底层厚约10cm，片状结构，比较紧实。有褐色黏化层。气候雨热同季，促进风化和黏粒的形成，上层黏粒轻度下移，剖面中有黏化层，内外排水良好。铁锰充分氧化，土粒覆铁膜，颜色鲜艳，以棕褐色为主，呈核状、块状结构，沿结构面有不明显的胶膜。具钙积层。褐土母质多为含碳酸盐物质，在半淋溶条件下，土体钙质淋溶淀积，具有强弱不同的石灰反应，以假菌丝体、砂姜形成钙质淀积。土壤呈中性至微碱性，pH为7.0—8.0。

潮土是定州市第二大土壤类型，占本市地域面积的29%。潮土是直接发育在河流沉积物上，经耕种熟化形成的半水成土壤，主要分布在冲积平原地区。成土母质为近代河流冲积物，地势平坦，地下水埋深为2—3m，地下水直接参与成土过程。雨季时，地面水分增加，大部分渗入地下，因而抬高地下水埋深，但雨季过后，地下水又逐渐降低。冬季降雪稀少，春季气温增高而蒸发加快，所以到翌年雨季来临之前，地下水位降至最低。由于地下水升降频繁，氧化还原作用交替进行，使土壤中物质发生溶解、移动和淀积，在土体中形成锈色斑纹、铁子、铁锰结核及砂姜等。潮土一般直接发育在河流沉积物上，多属河流冲积母质，剖面质地变化比较复杂，或通体砂壤，或砂黏相间。潮土的土层排列层次明显，通体石灰反应比较强，表土呈灰棕色，心土层常见锈色斑纹，底土层有小型铁子及铁锰结核，呈暗灰色，表现出潜育化特征。

新积土是定州市第三大土壤类型，占本市地域面积的3%，主要分布在沿河流两侧的河漫滩，地势比较起伏，成土母质为新近的河流沉积物，没有或很少有植物生长，仅有稀疏的草被生长，在雨季，河水暴涨时，常常被水淹没。剖面中没有发生层次，通体多为砂质，土层深厚，土层底部常夹杂一些大小不等的卵石，pH约为8.5。

小于本市地域面积3%的土壤类型还有风沙土等。

本区域中心区气候特征

本区域中心区气候特征值
Regional climate characteristics in central area of the region

气候带：暖温带亚湿润气候 Climate region: Warm temperate subhumid climate	
年平均气温 /℃ Annual average temperature /℃	12.7
年平均最高气温 /℃ Annual average maximum temperature /℃	18.5
年平均最低气温 /℃ Annual average minimum temperature /℃	7.7
年降水量 /mm Annual precipitation /mm	525
≥10℃的积温 /℃ Daily temperature accumulated in a year (≥10℃) /℃	4593
年日照时数 /h Annual sunshine /h	2541
年平均相对湿度 /% Annual average relative humidity /%	60
干燥度 Dryness	1.47

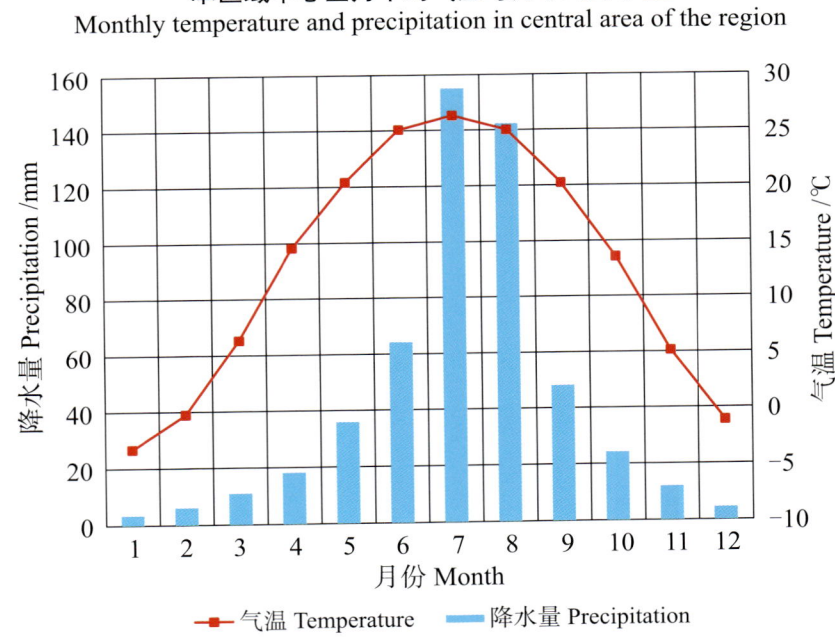

本区域中心区月平均气温与月平均降水量
Monthly temperature and precipitation in central area of the region

定州市主要土壤类型与土壤剖面点分布图
1∶180 000

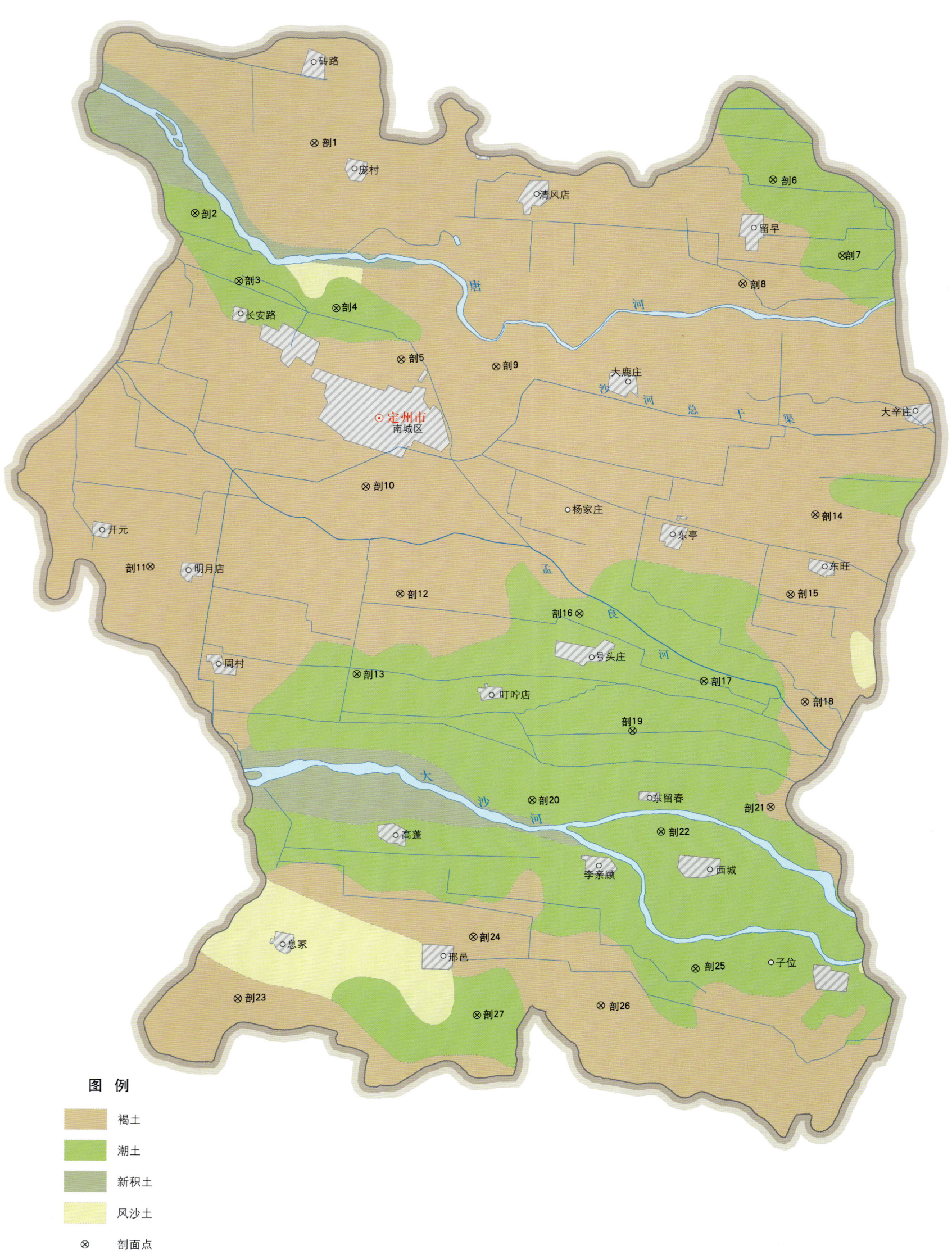

定州市土壤剖面理化性状表

剖面号 Soil profile	土纲 Soil order	土类 Soil great group	亚类 Soil subgroup	土属 Soil genus	土种 Soil species	土层码 Layer code	土层厚度 Depth/cm	颜色 Soil color	质地 Soil texture	土壤结构 Soil structure	pH	有机质 OM/(g/kg)	全氮 TN/(g/kg)	全磷 TP/(g/kg)	阳离子交换量 CEC/(cmol/kg)	土壤母质 Parent material	剖面点坐标 Profile coordinate	匹配指数 Matching index/%
剖1	半淋溶土	褐土	石灰性褐土	轻壤质洪冲积石灰性褐土	轻壤质砂石灰性褐土	1	0—25	棕色	轻壤土	屑块状		11.3		0.73			E 114°56′49.9″ N 38°37′30.7″	76
						2	25—30	浅棕色	轻壤土	屑块状		9.3		0.73				
						3	30—54	浅棕色	轻壤土	屑块状		3.8		0.69				
						4	54—82	浅褐色	轻壤土	屑块状		3.2		0.67				
						5	82—150	灰白色	砂土	单粒状		2.0		0.49				
剖2	半水成土	潮土	潮土	砂壤质潮土	砂壤质底砂黏潮土	1	0—20	黄棕色	砂壤土	屑粒状	8.5	5.5	0.30	0.55		冲积物	E 114°53′23.6″ N 38°35′48.5″	91
						2	20—32	黄棕色	砂壤土	屑粒状	8.6	4.3	0.30	0.49				
						3	32—40	黄棕色	砂壤土	屑粒状	8.6	4.1	0.29	0.47				
						4	40—62	黄棕色	砂壤土	屑粒状	8.6	2.7	0.29	0.41				
						5	62—98	灰棕色	砂土	单粒状	8.0	1.8	0.23	0.41				
						6	98—150	暗棕色	重壤土	块状	8.1	11.6		0.60				
剖3	半水成土	潮土	盐化潮土	重碳酸盐轻壤质盐化潮土	轻壤质底砂轻度盐化潮土	1	0—18	棕色	轻壤土	屑块状							E 114°54′42.8″ N 38°34′14.2″	77
						2	18—27	浅棕色	轻壤土	层状								
						3	27—44	浅棕色	轻壤土	屑粒状								
						4	44—74	浅棕色	轻壤土	屑粒状								
						5	74—150	灰白色	砂土	单粒状								
剖4	半水成土	潮土	潮土	砂壤质潮土	砂壤质底砂潮土	1	0—20	浅棕色	砂壤土	屑块状	8.0	8.4	0.64	0.64		冲积物	E 114°57′34.6″ N 38°33′38.9″	70
						2	20—35	灰棕色	砂土	单粒状	8.2	5.9	0.39	0.60				
						3	35—49	灰棕色	砂土	屑粒状	8.0	4.0	0.43	0.57				
						4	49—90	灰白色	砂土	单粒状	8.0	3.8	0.40	0.56				
						5	90—150	灰白色	粗砂土	单粒状	8.0	1.4	0.11	0.54				
剖5	半淋溶土	褐土	潮褐土	砂壤质人工堆垫潮褐土	砂壤质体砂人工堆垫潮褐土	1	0—24	浅棕色	砂壤土	屑粒状	8.3	7.5	0.54	0.56			E 114°59′30.0″ N 38°32′28.2″	99
						2	24—35	浅棕色	砂壤土	层状	8.5	4.5	0.36	0.54				
						3	35—48	暗棕色	中壤土	屑粒状	8.5	3.4	0.29	0.69				
						4	48—69	灰白色	重壤土	单粒状	8.5	1.3	0.07	0.64				
						5	69—150	灰白色	中壤土	屑块状	8.3	1.6	0.08	0.52				
剖6	半水成土	潮土	盐化潮土	重碳酸盐轻壤质盐化潮土	轻壤质底姜轻度盐化潮土	1	0—23	浅棕色	轻壤土	层状							E 115°10′14.8″ N 38°36′51.0″	96
						2	23—34	浅棕色	中壤土	小块状		6.5						
						3	34—66	深棕色	重壤土	块状		4.6						
						4	66—102	黄棕色	中壤土	小块状		5.8						
						5	102—150	黄棕色	轻壤土	屑块状		4.5						
剖7	半水成土	潮土	潮土	轻壤质潮土	轻壤质底姜潮土	1	0—20	棕色	轻壤土	层状		1.6		0.58			E 115°12′19.1″ N 38°35′06.8″	86
						2	20—29	浅棕色	砂壤土	屑粒状		10.3		0.54				
						3	29—40	浅棕色	砂土	屑粒状		6.8		0.52				
						4	40—110	棕色	砂土	单粒状		2.0		1.19				
						5	110—150	浅棕色	砂土	单粒状		0.8		0.52				
剖8	半淋溶土	褐土	潮褐土	轻壤质洪冲积潮褐土	轻壤质底砂潮褐土	1	0—26	棕色	轻壤土	屑粒状		1.1					E 115°09′25.2″ N 38°34′24.6″	84
						2	26—44	浅棕色	砂土	单粒状								
						3	44—74	灰棕色	砂土	单粒状								
						4	74—125		砂土									
						5	125—150											

续表 Continued

剖面号 Soil profile	土纲 Soil order	土类 Soil great group	亚类 Soil subgroup	土属 Soil genus	土种 Soil species	土层码 Layer code	土层厚度 Depth/cm	颜色 Soil color	质地 Soil texture	土壤结构 Soil structure	pH	有机质 OM/(g/kg)	全氮 TN/(g/kg)	全磷 TP/(g/kg)	阳离子交换量CEC/(cmol/kg)	土壤母质 Parent material	剖面点坐标 Profile coordinate	匹配指数 Matching index/%
剖9	半淋溶土	褐土	潮褐土	砂壤质洪冲积潮褐土	砂壤质潮褐土	1	0~20	棕褐色	砂壤土	屑粒状		10.0					E 115°02′16.8″ N 38°32′20.8″	91
						2	20~30	棕褐色	砂壤土	层状		8.0						
						3	30~86	棕色	砂壤土	屑块状		12.3						
						4	86~104	棕色	轻壤土	屑块状		7.3						
						5	104~150	黄棕色	砂壤土	屑块状		2.1						
剖10	半淋溶土	褐土	石灰性褐土	轻壤质洪冲积石灰性褐土	轻壤质石灰性褐土	1	0~20	棕褐色	轻壤土	屑粒状	8.4	8.7	0.59	0.39			E 114°58′33.4″ N 38°29′28.1″	96
						2	20~33	浅棕色	轻壤土	层状	8.2	7.3	0.51	0.37				
						3	33~89	褐色	轻壤土	屑粒状	8.1	5.4	0.43	0.33				
						4	89~150	暗褐色	轻壤土	屑粒状	8.1	5.0	0.43	0.33				
剖11	半淋溶土	褐土	潮褐土	砂壤质洪冲积潮褐土	砂壤质潮褐土	1	0~21	浅棕色	砂壤土	屑粒状		8.8		0.56			E 114°52′20.4″ N 38°27′27.7″	92
						2	21~33	浅棕色	轻壤土	屑粒状		7.7		0.54				
						3	33~69	棕色	中壤土	块状		8.4		0.54				
						4	69~150	深棕色	轻壤土	屑粒状		7.9		0.50				
剖12	半淋溶土	褐土	潮褐土	轻壤质洪冲积潮褐土	轻壤质潮褐土	1	0~22	浅棕色	轻壤土	屑粒状		5.3		0.36			E 114°59′38.0″ N 38°26′57.5″	81
						2	22~46	棕色	轻壤土	层状		4.5		0.32				
						3	46~70	棕色	轻壤土	屑粒状		5.7		0.41				
						4	70~100	深棕色	轻壤土	屑粒状		8.3		0.52				
						5	100~115	深棕色	重壤土	屑粒状		4.1		0.34				
						6	115~150	浅灰棕色	轻壤土	屑块状		3.5		0.35				
剖13	半水成土	潮土	潮土	轻壤质潮土	轻壤质底黏潮土	1	0~24	黄棕色	轻壤土	屑块状	8.3	9.7	0.55	0.60			E 114°58′26.0″ N 38°25′02.3″	96
						2	24~29	黄棕色	轻壤土	屑状	8.1	7.0	0.51	0.57				
						3	29~53	浅棕色	轻壤土	屑块状	8.3	7.2	0.43	0.54				
						4	53~93	浅棕色	轻壤土	屑块状	8.1	7.2	0.40	0.51				
						5	93~125	灰棕色	重壤土	小块状	8.3	7.0	0.42	0.48				
						6	125~150	浅灰棕色	中壤土	小块状	8.3	4.8	0.50	0.49				
剖14	半淋溶土	褐土	潮褐土	砂壤质洪冲积潮褐土	砂壤质底砂洪积潮褐土	1	0~20	棕色	轻壤土	层状							E 115°11′41.1″ N 38°29′02.1″	81
						2	20~28	浅棕色	砂壤土	屑块状		7.1		0.57				
						3	28~50	浅棕色	砂壤土	屑粒状		3.7		0.60				
						4	50~67	棕色	砂土	屑粒状		1.0		0.61				
						5	67~80	棕褐色	轻壤土	屑粒状		5.2		0.50				
剖15	半淋溶土	褐土	潮褐土	砂壤质体砂洪冲积潮褐土	砂壤质体砂洪冲积潮褐土	1	0~25	浅棕色	轻壤土	屑块状		10.0					E 115°11′00.6″ N 38°27′08.5″	73
						2	25~48	浅棕色	轻壤土	屑粒状		5.5						
						3	48~110	棕色	砂壤土	屑粒状		7.9						
						4	110~150	深棕色	砂壤土	屑粒状		5.5						
剖16	半水成土	潮土	盐化潮土	重碳酸盐轻壤质盐化潮土	轻壤质轻度盐化潮土	1	0~20	棕色	轻壤土	屑粒状							E 115°04′52.3″ N 38°26′34.8″	89
						2	20~30	棕色	砂壤土	屑粒状								
						3	30~50	深棕色	砂壤土	屑粒状		4.0						
						4	50~64	深棕色	砂壤土	屑粒状		4.0						
						5	64~80	深棕色	砂壤土	屑粒状								
						6	80~150	黄棕色	砂壤土	屑粒状		2.5						

续表 Continued

剖面号 Soil profile	土纲 Soil order	土类 Soil great group	亚类 Soil subgroup	土属 Soil genus	土种 Soil species	土层码 Layer code	土层厚度 Depth/cm	颜色 Soil color	质地 Soil texture	土壤结构 Soil structure	pH	有机质 OM/(g/kg)	全氮 TN/(g/kg)	全磷 TP/(g/kg)	阳离子交换量 CEC/(cmol/kg)	土壤母质 Parent material	剖面点坐标 Profile coordinate	匹配指数 Matching index/%
剖17	半水成土	潮土	盐化潮土	重碳酸盐轻壤质盐化潮土	轻壤质底黏轻度盐化潮土	1	0—30	浅棕色	轻壤土	屑块状	8.2	8.4	0.50	0.52			E 115° 08′ 32.6″ N 38° 25′ 03.4″	93
						2	30—46	浅棕色	轻壤土	层状	8.4	7.2	0.43	0.45				
						3	46—88	深棕色	中壤土	小块状	8.5	7.2	0.36	0.41				
						4	88—113	浅灰棕色	轻壤土	屑块状	8.4	5.1	0.26	0.40				
						5	113—150	灰棕色	轻壤土	屑块状	8.5	4.9	0.28	0.40				
剖18	半淋溶土	褐土	潮褐土	轻壤质洪冲积潮褐土	轻壤质砂底潮褐土	1	0—14	灰棕色	轻壤土	层状	8.2	9.7	0.65	0.45			E 115° 11′ 30.1″ N 38° 24′ 37.4″	87
						2	14—23	灰棕色	轻壤土	屑粒状	8.4	8.1	0.48	0.47				
						3	23—58	棕褐色	砂壤土	屑粒状	7.9	4.6	0.34	0.35				
						4	58—100	黄褐色	砂壤土	屑粒状	8.2	4.1	0.27	0.24				
						5	100—150	黄褐色	砂壤土	屑粒状	7.9	3.9		0.30				
剖19	半水成土	潮土	潮土	轻壤质潮土	轻壤质砂体潮土	1	0—17	浅棕色	轻壤土	屑块状	8.4	0.9		0.64			E 115° 06′ 29.9″ N 38° 23′ 51.4″	73
						2	17—35	棕色	砂土	屑粒状	8.5	3.8	0.18	0.63				
						3	35—101	棕色	砂土	单粒状	8.1	0.8	0.26	0.35				
						4	101—150	棕色	砂土	屑粒状	8.3	2.9	0.15	0.68				
剖20	半水成土	潮土	潮土	砂质潮土	砂质冲积潮土	1	0—33	浅棕色	细砂土	单粒状	8.6	7.7	0.58	0.74	8.1	冲积物	E 115° 03′ 37.5″ N 38° 22′ 09.7″	80
						2	33—50	灰灰棕色	砂土	单粒状	8.7	1.4	0.07	0.70	6.6			
						3	50—150					0.4	0.34	0.39	4.7			
剖21	半淋溶土	褐土	潮褐土	砂壤质洪冲积潮褐土	砂壤质底黏潮褐土	1	0—19	棕色	砂壤土	屑块状		7.8		0.42	6.8		E 115° 10′ 34.5″ N 38° 22′ 08.0″	71
						2	19—30	棕色	砂壤土	屑块状		4.9		0.38	9.3			
						3	30—51	棕褐色	砂壤土	屑块状		3.4		0.32				
						4	51—73	深棕色	重壤土	块状		1.6		1.04				
						5	73—150	灰白色	砂土	单粒状		2.9						
剖22	半水成土	潮土	潮土	砂质潮土	砂质底潮壤土	1	0—20	浅棕色	砂壤土	屑片状		4.1	0.71			冲积物	E 115° 07′ 24.5″ N 38° 21′ 29.5″	82
						2	20—30	黄棕色	砂壤土	屑块状		2.6		0.61				
						3	30—44	灰棕色	砂壤土	屑块状		4.2		0.55				
						4	44—84	浅棕色	轻壤土	屑块状		5.4		0.53				
						5	84—140	灰白色	轻壤土	屑块状		6.6		0.60				
						6	140—150	白砂土	单粒状			1.4		0.62				
剖23	半淋溶土	褐土	潮褐土	轻壤质洪冲积潮褐土	轻壤质体砂潮褐土	1	0—16	棕色	轻壤土	屑块状	8.2	2.5	0.74	0.57			E 114° 55′ 13.8″ N 38° 17′ 18.2″	89
						2	16—22	黄棕色	砂壤土	层状		10.4	0.69	0.58				
						3	22—41	灰棕色	砂土	屑块状		7.5	0.48	0.54				
						4	41—55	灰白色	砂土	屑块状		1.3	0.16	0.41				
						5	55—150	灰白色	白砂土	单粒状		1.3	0.04	6.00				
剖24	半淋溶土	褐土	潮褐土	砂壤质洪冲积潮褐土	砂壤质底砂潮褐土	1	0—20	棕色	砂壤土	屑块状	8.2	8.0	0.40	0.51			E 115° 02′ 01.3″ N 38° 18′ 53.6″	71
						2	20—32	浅棕色	砂壤土	屑块状	8.3	2.2	0.19	0.47				
						3	32—82	灰棕色	砂土	屑块状	8.4	1.3	0.07	0.61				
						4	82—130	黄棕色	砂土	单粒状		1.0	0.05	0.77				
剖25	半水成土	潮土	潮土	砂质潮土	砂壤质潮土	1	0—20	黄棕色	砂壤土	层状		7.6		0.68		冲积物	E 115° 08′ 30.7″ N 38° 18′ 16.2″	81
						2	20—29	棕色	砂壤土	屑粒状		5.3		0.59				
						3	29—64	棕色	砂壤土	屑粒状		3.7		0.60				
						4	64—89	浅黄棕色	砂壤土	屑粒状		4.6		0.53				
						5	89—140	棕色	砂壤土	屑粒状		5.7		0.55				
						6	140—150											

续表 Continued

剖面号 Soil profile	土纲 Soil order	土类 Soil great group	亚类 Soil subgroup	土属 Soil genus	土种 Soil species	土层码 Layer code	土层厚度 Depth/cm	颜色 Soil color	质地 Soil texture	土壤结构 Soil structure	pH	有机质 OM/(g/kg)	全氮 TN/(g/kg)	全磷 TP/(g/kg)	阳离子交换量 CEC/(cmol/kg)	土壤母质 Parent material	剖面点坐标 Profile coordinate	匹配指数 Matching index/%
剖26	半淋溶土	褐土	潮褐土	轻壤质洪冲积潮褐土	轻壤质底姜潮褐土	1	0—19	浅棕色	轻壤土	屑块状	8.2	6.8	0.36	0.46			E 115°05′47.0″ N 38°17′21.5″	78
						2	19—30	浅棕色	轻壤土	屑块状	8.4	5.9	0.32	0.43				
						3	30—92	暗褐色	轻壤土	屑块状	8.4	6.5	0.33	0.42				
						4	92—150	浅褐色	砂壤土	屑粒状	8.7	3.5	0.16	0.45				
剖27	半水成土	潮土	潮土	砂壤质潮土	砂壤质底壤潮土	1	0—20	棕色	砂壤土	屑粒状	8.4	9.2	0.50	0.64		冲积物	E 115°02′11.0″ N 38°17′03.8″	70
						2	20—31	浅棕色	砂壤土	屑粒状	8.4	5.5	0.31	0.60				
						3	31—50	浅棕色	砂壤土	屑块状	8.4	5.5	0.32	0.51				
						4	50—78	深棕色	轻壤土	屑块状	8.5	4.6	0.32	0.51				
						5	78—150	灰棕色	中壤土	块状	8.3	5.4	0.28	0.41				

安国市

主要土类说明

褐土是安国市主要土壤类型，占本市地域面积的68%。褐土是在半干旱、半湿润、半淋溶条件下形成的具有黏化与钙质淋移淀积特征的土壤，在垂直带谱中位于棕壤之下，主要分布在太行山海拔1000m以下的低山丘陵及山麓平原地带。植被多为旱生阔叶林、灌木及草本植物，酸枣、荆条为褐土的重要指示植被，另外还有铁杆蒿、委陵菜、草木樨等。褐土所处地势较高，排水良好，地下水埋深为4—6m，甚至更低，成土母质多属各种含碳酸盐物质，一般均有不同程度的石灰反应，盐基饱和。褐土通常具有以下主要特征：绝大部分为耕种土壤，耕作层有机质含量约为10g/kg，呈灰棕色，具屑粒结构，疏松多孔，犁底层厚约10cm，片状结构，比较紧实。有褐色黏化层，气候雨热同季，促进风化和黏粒的形成，上层黏粒轻度下移，剖面中有黏化层，内外排水良好。铁锰充分氧化，土粒覆铁膜，颜色鲜艳，以棕褐色为主，呈核状、块状结构，沿结构面有不明显的胶膜。具钙积层。成土母质多为含碳酸盐物质，在半淋溶条件下，土体钙质淋溶淀积，具有强弱不同的石灰反应，以假菌丝体、斑点或砂姜形成钙质淀积。土壤呈中性至微碱性，pH为7.0—8.0。

潮土是安国市第二大土壤类型，占本市地域面积的21%。潮土是直接发育在河流沉积物上，经耕种熟化形成的半水成土壤，主要分布在冲积平原地区。成土母质为近代河流冲积物，地势平坦，地下水埋深为2—3m，地下水直接参与成土过程。潮土上自然植被较少，有杨、柳、榆、槐、椿和画眉草、车前子、稗草等。潮土形成过程主要有：所处地区地形平坦，排水欠通畅，地下水位较高，地下水可借毛管作用上升到地表，地下水参与成土过程。雨季时，地面水分增加，大部分渗入地下，因而抬高地下水埋深，但雨季过后，地下水又逐渐降低。冬季降雪稀少，春季气温增高而蒸发加快，所以到翌年雨季来临之前，地下水位降至最低。由于地下水升降频繁，氧化还原作用交替进行，使土壤中物质发生溶解、移动和淀积，在土体中形成锈色斑纹、铁子、铁锰结核及砂姜等。潮土一般直接发育在河流沉积物上，多属河流冲积母质，剖面质地变化比较复杂，或通体砂壤，或砂黏相间，有"一步三换土"之说，主要受河流冲积的影响。潮土的土层排列层次明显，通体石灰反应比较强，表土呈灰棕色，心土层常见锈色斑纹，底土层有小型铁子及铁锰结核，呈暗灰色，表现出潜育化特征。

风沙土是安国市第三大土壤类型，占本市地域面积的7%。风沙土主要分布于河流两岸和古河道附近，无植物生长或生长很少，有随风流动的特征。剖面发育不明显或没有发育，通体是细砂土或砂土。本市绝大部分的风沙土已被利用。

本区域中心区气候特征

本区域中心区气候特征值
Regional climate characteristics in central area of the region

气候带：暖温带亚湿润气候 Climate region: Warm temperate subhumid climate	
年平均气温 /℃ Annual average temperature /℃	13.0
年平均最高气温 /℃ Annual average maximum temperature /℃	18.7
年平均最低气温 /℃ Annual average minimum temperature /℃	8.1
年降水量 /mm Annual precipitation /mm	541
≥10℃的积温 /℃ Daily temperature accumulated in a year（≥10℃）/℃	4669
年日照时数 /h Annual sunshine /h	2561
年平均相对湿度 /% Annual average relative humidity /%	60
干燥度 Dryness	1.46

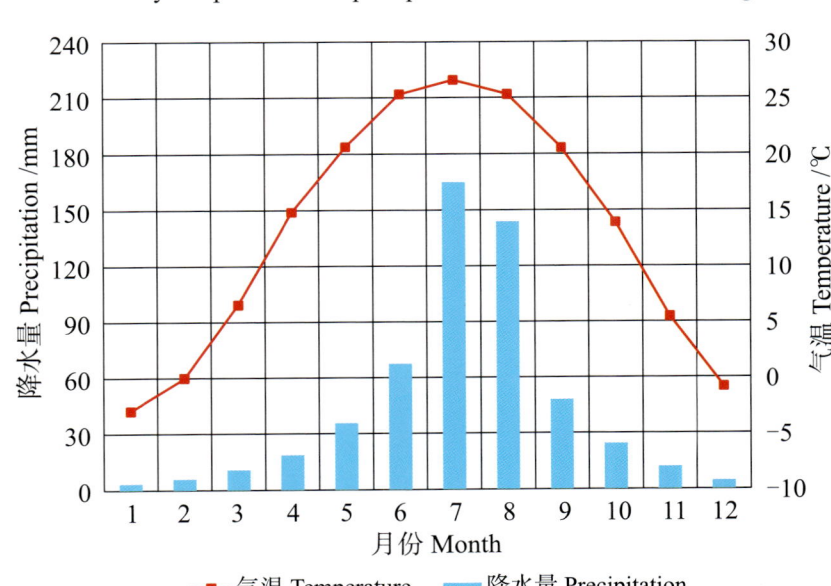

本区域中心区月平均气温与月平均降水量
Monthly temperature and precipitation in central area of the region

安国市主要土壤类型与土壤剖面点分布图
1 : 120 000

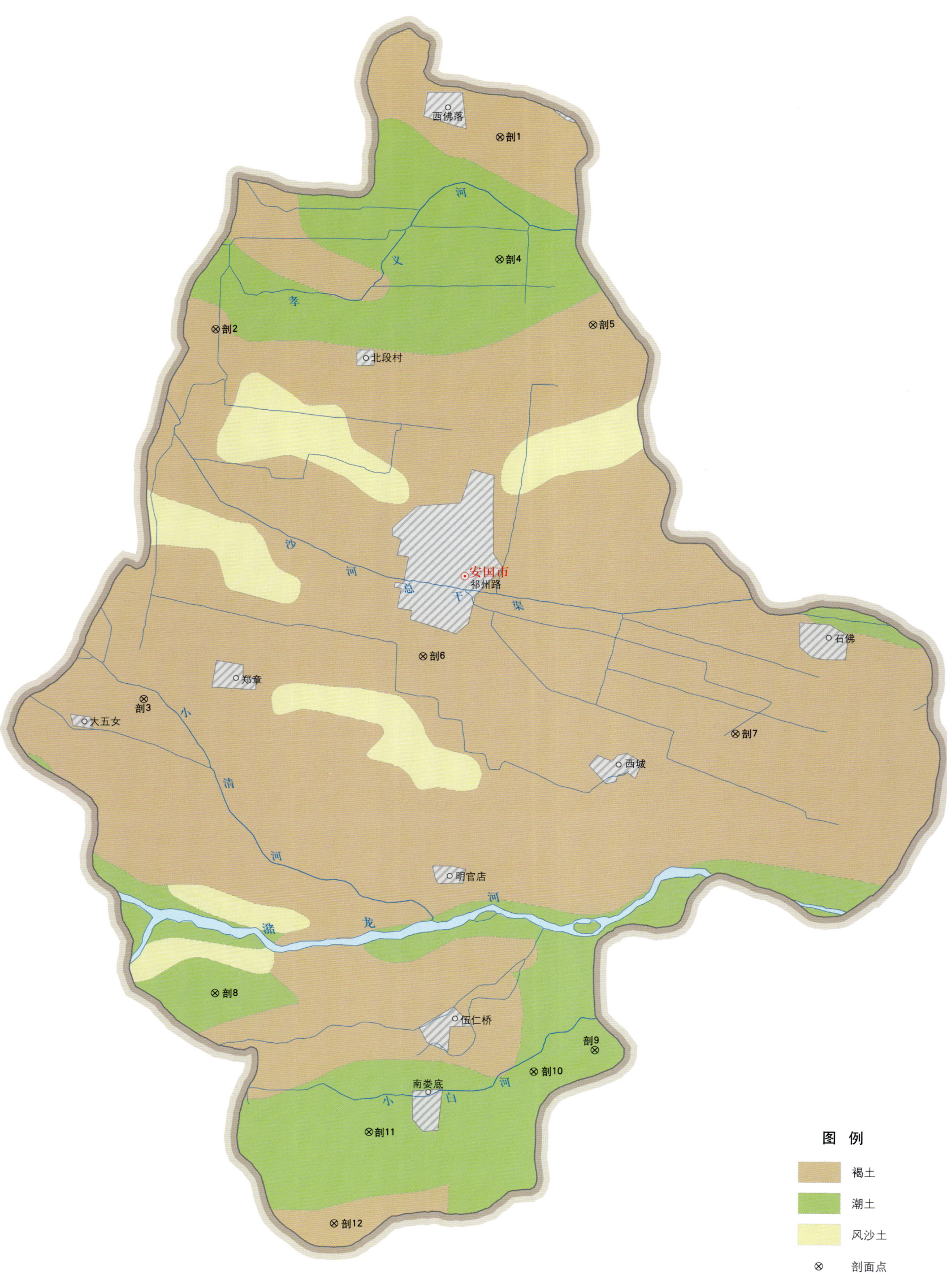

安国市土壤剖面理化性状表

剖面号 Soil profile	土纲 Soil order	土类 Soil great group	亚类 Soil subgroup	土属 Soil genus	土种 Soil species	土层码 Layer code	土层厚度 Depth/cm	颜色 Soil color	质地 Soil texture	土壤结构 Soil structure	pH	有机质 OM/(g/kg)	全氮 TN/(g/kg)	全磷 TP/(g/kg)	全钾 TK/(g/kg)	碱解氮 AN/(mg/kg)	有效磷 AP/(mg/kg)	速效钾 AK/(mg/kg)	阳离子交换量CEC/(cmol/kg)	土壤母质 Parent material	剖面点坐标 Profile coordinate	匹配指数 Matching index/%
剖1	半淋溶土	褐土	潮褐土	壤质洪冲积潮褐土	中壤质潮褐土	1	0—21	灰棕色	中壤土	碎块状	7.5	13.0	0.97	1.60		86	9.5	162	13.5		E 115° 20′ 10.3″ N 38° 31′ 35.2″	84
						2	21—67	灰褐色	中壤土	碎块状	7.6	8.2	0.83	1.70		73	5.0	130	13.2			
						3	67—78	暗褐色	中壤土	块状	7.6	5.3	0.55	1.70		21	3.0	90	14.5			
						4	78—92	棕褐色	轻壤土	碎块状	7.5	2.7	0.12	1.40		17	2.0	82	14.6			
						5	92—116	浅棕褐色	中壤土	碎块状	7.7	2.3	0.12	1.60		13	2.0	85	15.8			
						6	116—150	黄棕色	轻壤土	碎块状	7.7	2.3	0.05	1.30		7	1.0	43	13.2			
剖2	半淋溶土	褐土	潮褐土	砂质洪冲积潮褐土	砂壤质底潮褐土	1	0—18	浅棕色	砂壤土	屑粒状	7.6	7.0	0.61	1.30		47	9.0	85	8.5		E 115° 14′ 44.6″ N 38° 28′ 30.8″	87
						2	18—47	棕色	砂壤土	屑粒状	7.5	4.5	0.65	1.40		42	6.0	73	8.4			
						3	47—150	暗棕色	中壤土	碎块状	8.0	5.6	0.72	1.30		55	5.0	100	9.5			
剖3	半淋溶土	褐土	潮褐土	砂质洪冲积潮褐土	砂壤质底黏潮褐土	1	0—20	黄棕色	砂壤土	屑粒状	8.0	8.7	0.34	1.40		72	12.0	100	5.8		E 115° 13′ 30.4″ N 38° 22′ 42.6″	87
						2	20—80	浅棕色	砂壤土	屑粒状	8.0	4.5	0.29	1.20		31	8.0	80	8.1			
						3	80—150	暗棕色	重壤土	块状	8.1	4.1	0.39	1.30		90	10.0	120	2.3			
剖4	半水成土	潮土	潮土	壤质潮土	轻壤质潮土	1	0—23	浅灰棕色	砂壤土	屑粒状	8.0	11.8	0.82	1.05		55	9.0	60	21.5		E 115° 20′ 12.1″ N 38° 29′ 40.6″	84
						2	23—60	灰棕色	砂壤土	屑粒状	7.5	5.0	0.28	0.80		34	8.0	40	15.4			
						3	60—150	暗棕色	砂壤土	屑粒状	8.0	5.3	0.40	0.40		31	4.0	48	18.8			
剖5	半淋溶土	褐土	潮褐土	砂质洪冲积潮褐土	砂壤质底体潮褐土	1	0—21	灰棕色	砂壤土	屑粒状	8.0	9.8	0.47	1.50		70	10.0	90	10.3		E 115° 22′ 01.6″ N 38° 28′ 40.6″	97
						2	21—41	黄棕色	黏土	碎屑状	7.7	7.5	0.51	1.30		57	8.0	86	9.8			
						3	41—100	暗棕色	砂壤土	块状	8.0	9.6	0.48	1.20		82	8.0	100	15.7			
						4	100—150	浅棕色	砂壤土	碎屑状	8.0	5.2	0.31	1.10		31	6.0	65	11.3			
剖6	半淋溶土	褐土	潮褐土	壤质洪冲积潮褐土	两合潮黄土	1	0—14	灰棕色	砂壤土	碎屑状	8.0	8.5	0.80	1.15		38	6.0	153	10.4		E 115° 18′ 52.6″ N 38° 23′ 28.0″	78
						2	14—36	浅灰棕色	砂壤土	碎屑状	8.0	6.9	0.62	1.90		33	4.0	127	8.1			
						3	36—150	灰棕色	砂壤土	碎屑状	8.0	6.9	0.53	1.50		41	1.5	83	11.1			
剖7	半淋溶土	褐土	潮褐土	壤质洪冲积潮褐土		A_{11}	0—21	灰棕色	黏壤土	碎块状	8.0	13.0	0.97	0.70	19.4	86	10.0	162	15.5	玄武岩类基性岩残积物、坡积物	E 115° 24′ 55.8″ N 38° 22′ 20.6″	89
						AB	21—67	灰棕色	黏壤土	碎块状	8.1	8.2	0.83	0.74	19.4	73	5.0	130	13.2			
						Bk	67—78	暗棕色	壤质黏土	碎块状	8.2	5.3	0.55	0.74	19.3	21	3.0	90	13.6			
						Cu_1	78—92	棕褐色	黏壤土	碎粒状	8.1	2.7	0.12	0.61	18.7	17	2.0	82	11.5			
						Cu_2	92—116	浅棕褐色	黏壤土	碎屑状	8.3	2.3	0.33	0.70	19.6	13	2.0	85	12.8			
						Cu_3	116—150	黄棕色	砂粒黏壤土	碎屑状	8.0	2.3	0.05	0.57	18.9	7	1.0	43	10.2			
剖8	半水成土	潮土	潮土	砂质潮土	砂壤质底砂潮土	1	0—19	灰棕色	轻壤土	碎屑状	7.8	6.0	0.47	0.77		38	6.0	60	8.5		E 115° 15′ 00.7″ N 38° 18′ 06.5″	83
						2	19—91	浅灰棕色	砂粒	碎屑状	8.0	5.7	0.42	1.20		41	4.0	75	9.3			
						3	91—150	白棕色	轻壤土	碎粒状	7.5	1.2	0.15	1.10		23	1.0	21	8.7			
剖9	半水成土	潮土	潮土	壤质潮土	轻壤质体黏潮土	1	0—30	灰棕色	轻壤土	碎屑状	8.2	9.9	0.85	0.90		70	10.0	110	12.6		E 115° 22′ 21.0″ N 38° 17′ 21.3″	96
						2	30—49	浅棕褐色	重壤土	碎粒状	8.1	4.7	0.26	0.90		25	8.0	80	13.4			
						3	49—99	暗棕色	砂壤土	碎屑状	8.3	8.6	0.55	1.20		63	9.0	95	16.0			
						4	99—150	浅棕色	砂壤土	碎屑状	8.0	4.9	0.33	1.25		32	3.0	63	11.7			
剖10	半水成土	潮土	潮土	砂质潮土	砂壤质潮土	1	0—24	黄棕色	轻壤土	屑粒状	8.0	7.0	0.40	1.60		32	6.0	70	8.7		E 115° 21′ 11.2″ N 38° 17′ 00.2″	90
						2	24—55	浅灰棕色	轻壤土	块状	8.5	6.7	0.32	1.70		31	4.0	63	9.3			
						3	55—120	灰棕色	轻壤土	小粒状	8.0	6.3	0.21	1.60		23	2.0	52	8.5			
						4	120—150	灰棕色	轻壤土	小粒状	8.0	2.5	0.11	1.25		15	1.0	25	8.2			
剖11	半水成土	潮土	潮土	壤质潮土	轻壤质底黏潮土	1	0—20	黄棕色	轻壤土	碎屑状	8.2	9.1	0.87	1.16		90	10.0	110	13.2		E 115° 18′ 02.5″ N 38° 16′ 00.8″	87
						2	20—55	浅黄棕色	轻壤土	屑粒状	8.0	5.0	0.41	0.93		82	8.0	100	11.3			
						3	55—150	灰棕色	重壤土	块状	8.5	6.9	0.56	1.04		23	4.0	132	15.8			

续表 Continued

剖面号 Soil profile	土纲 Soil order	土类 Soil great group	亚类 Soil subgroup	土属 Soil genus	土种 Soil species	土层码 Layer code	土层厚度 Depth/cm	颜色 Soil color	质地 Soil texture	土壤结构 Soil structure	pH	有机质 OM/(g/kg)	全氮 TN/(g/kg)	全磷 TP/(g/kg)	全钾 TK/(g/kg)	碱解氮 AN/(mg/kg)	有效磷 AP/(mg/kg)	速效钾 AK/(mg/kg)	阳离子交换量CEC/(cmol/kg)	土壤母质 Parent material	剖面点坐标 Profile coordinate	匹配指数 Matching index/%
剖12	半淋溶土	褐土	潮褐土	砂质洪冲积潮褐土	砂壤质底砂潮褐土	1	0—15	灰棕色	砂壤土	屑粒状	7.7	9.7	0.52	0.15		30	3.0	60	8.1		E 115°17′24.8″ N 38°14′34.8″	94
						2	15—42	黄棕色	轻壤土	粒状	8.1	6.3	0.41	0.15		28	2.7	57	13.5			
						3	42—150	浅棕色	砂壤土	屑粒状	7.9	2.6	0.20	0.20		12	2.0	20	5.9			

高 碑 店 市

主要土类说明

潮土是高碑店市主要土壤类型，占本市地域面积的65%。潮土是直接发育在河流沉积物上，经耕种熟化形成的半水成土壤，主要分布在冲积平原地区，母质为近代河流冲积物，地势平坦，地下水埋深为2—3m，地下水直接参与成土过程。潮土上自然植被较少，有杨、柳、榆、槐、椿和画眉草、车前子、稗草等。潮土形成过程主要有：所处地区地形平坦，排水欠通畅，地下水位较高，地下水可借毛管作用上升到地表，参与成土过程。雨季时，地面水分增加，大部分渗入地下，因而抬高地下水埋深，但雨季过后，地下水又逐渐降低。冬季降雪稀少，春季气温增高而蒸发加快，所以到翌年雨季来临之前，地下水位降至最低。由于地下水升降频繁，氧化还原作用交替进行，使土壤中物质发生溶解、移动和淀积，在土体中形成锈色斑纹、铁子、铁锰结核及砂姜等。潮土一般直接发育在河流沉积物上，多属河流冲积母质，剖面质地变化比较复杂，或通体砂壤，或砂黏相间，有"一步三换土"之说，主要受河流冲积的影响。潮土的土层排列层次明显，通体石灰反应比较强，表土呈灰棕色，心土层常见锈色斑纹，底土层有小型铁子及铁锰结核，呈暗灰色，表现出潜育化特征。

褐土是高碑店市第二大土壤类型，占本市地域面积的32%。褐土是在半干旱、半湿润、半淋溶条件下，发生地带性成土过程形成的土类，在垂直带谱中位于棕壤之下，主要分布在太行山海拔1000m以下的低山丘陵及山麓平原地带。植被多为旱生阔叶林、灌木及草本植物，酸枣、荆条为褐土的重要指示植被，另外还有铁杆蒿、委陵菜、草木樨等。褐土所处地势较高，排水良好，地下水埋深为4—6m，甚至更低，成土母质多属各种含碳酸盐物质，一般均有不同程度的石灰反应，盐基饱和。褐土通常具有以下主要特征：绝大部分为耕种土壤，耕作层有机质含量约为10g/kg，呈灰棕色，具屑粒结构，疏松多孔，犁底层厚约10cm，片状结构，比较紧实。有褐色黏化层。气候雨热同季，促进风化和黏粒的形成，上层黏粒轻度下移，剖面中有黏化层，内外排水良好。铁锰充分氧化，土粒覆铁膜，颜色鲜艳，以棕褐色为主，呈核状、块状结构，沿结构面有不明显的胶膜。具钙积层。褐土母质多为含碳酸盐物质，在半淋溶条件下，土体钙质淋溶淀积，具有强弱不同的石灰反应，以假菌丝体、斑点或砂姜形成钙质淀积。土壤呈中性至微碱性，pH为7.0—8.0。

本区域中心区气候特征

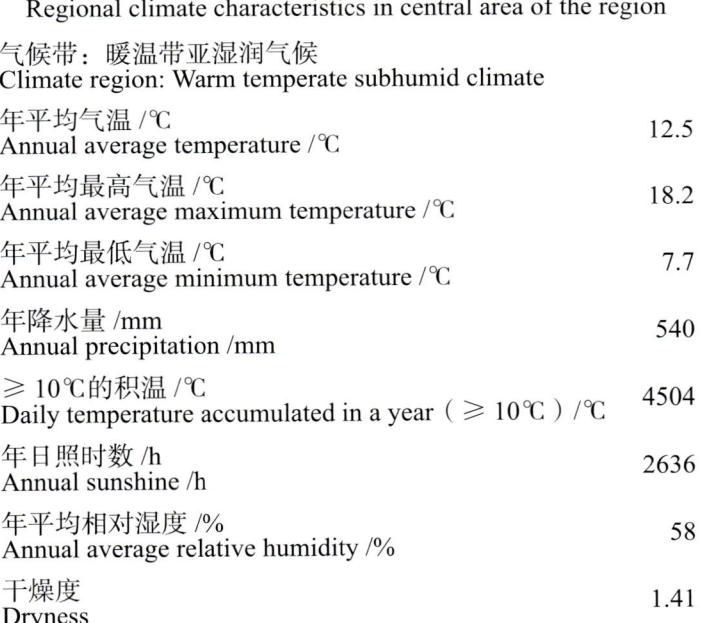

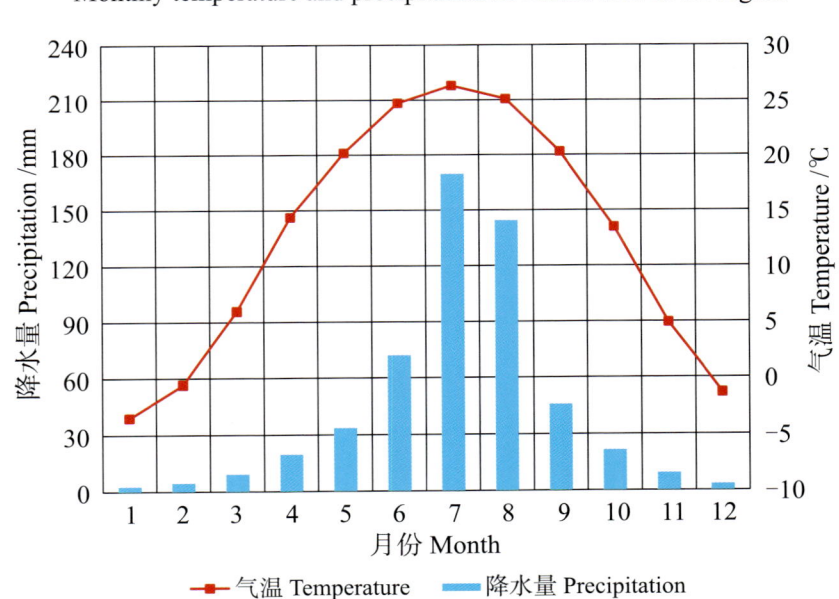

高碑店市主要土壤类型与土壤剖面点分布图
1∶150 000

图 例
- 潮土
- 褐土
- ⊗ 剖面点

高碑店市土壤剖面理化性状表

剖面号 Soil profile	土纲 Soil order	土类 Soil great group	亚类 Soil subgroup	土属 Soil genus	土种 Soil species	土层码 Layer code	土层厚度 Depth/cm	颜色 Soil color	质地 Soil texture	土壤结构 Soil structure	pH	有机质 OM/(g/kg)	全氮 TN/(g/kg)	全磷 TP/(g/kg)	碱解氮 AN/(mg/kg)	有效磷 AP/(mg/kg)	速效钾 AK/(mg/kg)	阳离子交换量CEC/(cmol/kg)	剖面点坐标 Profile coordinate	匹配指数 Matching index/%
剖1	半水成土	潮土	潮土	脱沼泽壤质潮土	轻壤质脱沼泽潮土	1	0—40	灰棕色	轻壤土	碎屑状	8.0	8.8	0.57	1.30	53	9.0	108	13.2	E 115°54′20.2″ N 39°20′26.3″	95
						2	40—100	暗棕色	中壤土	块状	7.8	8.8	0.46	1.10				17.6		
						3	100—150	黄棕色	砂壤土	无明显结构	8.0	2.1	0.19	0.90				10.3		
剖2	半淋溶土	褐土	石灰性褐土	碳酸岩洪积石灰性褐土	轻壤质碳酸岩褐土	1	0—20	灰棕色	轻壤土	碎屑状	8.2	8.8	0.53	1.40	45	2.9	104	13.9	E 115°47′57.0″ N 39°20′08.8″	87
						2	20—83	暗棕色	中壤土	碎屑状	7.9	6.4	0.43	1.10				17.0		
						3	83—150	暗棕色	中壤土	碎块状	7.9	6.7	0.45	0.70				17.1		
剖3	半淋溶土	褐土	潮土	潮褐土洪冲积潮褐土	轻壤质潮褐土	1	0—55	灰棕色	轻壤土	碎屑状	7.7	6.9	0.46	1.20	30	3.9	86	13.6	E 115°59′36.0″ N 39°19′16.9″	80
						2	55—100	灰棕色	中壤土	碎屑状	7.7	4.1	0.27	0.80				14.3		
						3	100—150	灰棕色	轻壤土	碎屑状	7.7	2.6	0.17	1.30				10.7		
剖4	半水成土	潮土	潮土	壤质潮土	轻壤质漏砂潮土	1	0—22	棕色	轻壤土	碎屑状	7.9	7.0	0.43	1.50	37	10.0	99	14.0	E 115°58′55.3″ N 39°10′09.5″	70
						2	22—43	暗棕色	轻壤土	碎屑状		6.4	0.38	1.30				15.0		
						3	43—102	浅棕色	砂土	单粒状		4.2	0.35	1.10				5.1		
						4	102—129	暗棕色	砂壤土	碎屑状		6.9	0.40	1.10				9.2		
						5	129—150	浅棕色	砂土	单粒状		2.0	0.12	1.20				4.3		
剖5	半水成土	潮土	潮土	壤质潮土	轻壤质砂姜土	1	0—50	灰棕色	轻壤土	碎屑状	7.9	6.8	0.41	1.40	41	8.9	148	9.7	E 116°11′02.2″ N 39°18′46.2″	75
						2	50—63	棕色	砂壤土	单粒状		5.0	0.40	1.30				14.6		
						3	63—150	浅棕色	砂土	单粒状		1.5	0.09	1.00				1.4		
剖6	半水成土	潮土	盐化潮土	脱沼泽重碳酸盐盐化潮土	轻碳酸盐轻度盐化潮土	1	0—51	棕色	轻壤土	屑粒状	7.6	7.8	0.52	1.30	31	4.0	120	13.4	E 116°03′23.8″ N 39°18′03.2″	87
						2	51—109	暗棕色	中壤土	屑粒状	8.1	6.3	0.40	1.00				16.8		
						3	109—150	暗棕色	轻壤土	碎屑状	8.0	4.3	0.34	1.00				12.3		
剖7	半水成土	潮土	潮土	壤质潮土	中壤质腰砂潮土	1	0—42	浅棕色	中壤土	碎屑状	8.0	7.0	0.44	1.20	30	3.8	117	17.0	E 116°07′25.0″ N 39°17′31.2″	88
						2	42—95	浅棕色	砂土	单粒状		2.7	0.13	1.10				6.0		
						3	95—150	灰棕色	轻壤土	片状		8.8	0.50	1.20				15.0		
剖8	半水成土	潮土	潮土	砂质潮土	砂质潮土	1	0—55	暗棕色	砂壤土	单粒状	8.1	2.2	0.11	1.10	38	3.8	90	5.7	E 116°06′05.4″ N 39°17′14.6″	76
						2	55—62	暗棕色	中壤土	屑粒状	7.9	3.9	0.25	1.20				8.4		
						3	62—95	灰棕色	砂壤土	屑粒状	7.9	2.6	0.13	1.10				10.0		
						4	95—110	暗棕色	中壤土	屑粒状	7.8	3.6	0.24	1.20				12.4		
						5	110—150	暗棕色	轻壤土	碎屑状	7.9	4.2	0.25	1.20				5.5		
剖9	半水成土	潮土	潮土	砂质潮土	砂质潮质黏潮土	1	0—22	浅棕色	砂壤土	单粒状	7.9	5.5	0.41	1.20	47	2.2	144	5.0	E 116°03′00.7″ N 39°16′42.6″	74
						2	22—53	暗棕色	砂壤土	单粒状		2.9	0.19	1.00				15.0		
						3	53—95	暗棕色	重壤土	片状		9.0	0.47	1.30				5.1		
						4	95—117	棕色	砂壤土	碎屑状		5.7	0.31	1.20				4.0		
						5	117—150	浅棕色	砂土	单粒状		1.5	0.11	0.90				6.0		
剖10	半水成土	潮土	潮土	砂质潮土	砂壤质夹黏潮土	1	0—45	暗棕色	轻壤土	碎屑状	8.0	4.9	0.33	1.10	40	4.1	140	13.0	E 116°06′03.1″ N 39°16′01.8″	71
						2	45—84	浅棕色	中壤土	碎屑状		5.3	0.35	1.50				5.0		
						3	84—110	棕色	砂土	单粒状		3.3	0.22	1.20				14.0		
						4	110—150	棕色	中壤土	碎块状		6.8	0.45	1.30				6.0		
剖11	半水成土	潮土	潮土	砂壤质潮土	砂壤质夹黏潮土	1	0—24	暗棕色	砂壤土	碎屑状	8.0	8.0	0.53	1.30	37	11.4	100	6.0	E 116°02′43.4″ N 39°15′47.9″	96
						2	24—38	棕色	中壤土	碎屑状		5.4	0.35	1.30				5.5		
						3	38—50	暗棕色	砂壤土	片状		9.3	0.56	1.40				14.0		
						4	50—60	浅棕色	砂壤土	单粒状		3.3	0.22	1.10				5.0		
						5	60—150	棕色	轻壤土	碎屑状		4.9	0.33	1.30				7.0		

续表 Continued

剖面号 Soil profile	土纲 Soil order	土类 Soil great group	亚类 Soil subgroup	土属 Soil genus	土种 Soil species	土层码 Layer code	土层厚度 Depth/cm	颜色 Soil color	质地 Soil texture	土壤结构 Soil structure	pH	有机质 OM/(g/kg)	全氮 TN/(g/kg)	全磷 TP/(g/kg)	碱解氮 AN/(mg/kg)	有效磷 AP/(mg/kg)	速效钾 AK/(mg/kg)	阳离子交换量CEC/(cmol/kg)	剖面点坐标 Profile coordinate	匹配指数 Matching index/%
剖12	半水成土	潮土	盐化潮土	重碳酸盐盐化潮土	砂壤质重碳酸盐轻度盐化潮土	1	0—16	红棕色	砂壤土	碎屑状	7.9	7.6	0.34	1.20	33	10.0	104	13.1	E 116°10′30.2″ N 39°14′47.1″	86
						2	16—34	红棕色	轻壤土	碎屑状	8.1	6.6	0.38	1.30				17.4		
						3	34—110	棕色	轻壤土	碎屑状	8.1	3.8	0.21	1.10				10.9		
						4	110—150	浅灰棕色	轻壤土	碎屑状	8.0	8.5	0.53	1.20				21.0		
剖13	半水成土	潮土	潮土	砂壤质潮土	砂壤质潮土	1	0—17	浅棕色	砂壤土	碎屑状	7.9	7.3	0.49	1.20	33	5.3	126	5.5	E 116°10′17.4″ N 39°12′11.2″	90
						2	17—24	暗棕色	砂壤土	碎屑状		4.8	0.32	1.10				5.3		
						3	24—70	棕色	轻壤土	块状		5.4	0.36	1.30				13.0		
						4	70—102	暗棕色	中壤土	块状		5.4	0.33	1.40				14.0		
						5	102—150	浅棕色	砂壤土	碎屑状		1.8	0.12	1.00				4.0		
剖14	半水成土	潮土	潮土	壤质潮土	轻壤质腰黏潮土	1	0—20	棕色	轻壤土	碎屑状	7.9	14.0	0.93	1.60	65	14.0	123	16.0	E 116°09′41.8″ N 39°11′40.6″	100
						2	20—48	棕色	轻壤土	块状		9.0	0.60	1.30				15.0		
						3	48—73	暗棕色	黏土	碎屑状		13.7	0.91	1.30				24.0		
						4	73—130	棕色	中壤土	片状		8.9	0.59	1.30				20.0		
						5	130—150	浅棕色	砂壤土	碎屑状		3.1	0.21	0.90				7.0		
剖15	半水成土	潮土	潮土	砂壤质潮土	砂壤质底砂潮土	1	0—42	灰棕色	砂土	单粒状	8.0	9.1	0.58	1.30	55	3.0	154	7.1	E 116°05′49.2″ N 39°11′33.7″	95
						2	42—56	棕色	砂壤土	碎屑状	8.1	5.7	0.33	1.10				6.0		
						3	56—76	暗棕色	砂壤土	单粒状	8.1	9.1	0.45	1.20				10.9		
						4	76—126	暗棕色	砂壤土	单粒状	8.2	4.7	0.32	1.10				7.6		
						5	126—150	棕色	砂土	单粒状	8.3	1.5	0.09	1.30				4.0		
剖16	半水成土	潮土	潮土	壤质潮土	轻壤质黏潮土	1	0—23	灰棕色	轻壤土	碎屑状	8.0	9.5	0.53	1.00	32	9.4	104	13.0	E 115°58′13.4″ N 39°09′44.6″	79
						2	23—63	浅灰棕色	砂土	单粒状		2.5	0.15	1.40				4.5		
						3	63—104	浅棕色	中壤土	块状		9.2	0.60	1.20				16.0		
						4	104—150	灰棕色	中壤土	块状		6.8	0.47							
剖17	半水成土	潮土	盐化潮土	氯化物硫酸盐盐化潮土	砂壤氯化物硫酸盐轻度盐化潮土	1	0—29	棕色	砂壤土	碎屑状	7.9	8.5	0.49	1.30	41	8.5	82	9.5	E 115°57′37.5″ N 39°09′02.8″	86
						2	29—36	暗棕色	重壤土	块状	8.1	13.8	0.87	1.60				18.1		
						3	36—111	浅谈棕色	砂土	无明显结构	7.8	2.4	0.24	1.50				6.0		
						4	111—150	暗棕色	中壤土	块状	7.6	16.9	1.02	1.40				17.0		
剖18	半水成土	潮土	潮土	壤质潮土	轻壤质潮土	1	0—23	灰棕色	轻壤土	碎屑状	8.0	9.8	0.66	1.40	49	5.3	124	17.0	E 115°58′09.2″ N 39°08′22.3″	80
						2	23—70	暗棕色	黏土	片状		14.6	0.87	1.50				25.0		
						3	70—110	暗棕色	砂壤土	单粒状		3.2	0.24	1.30				9.0		
						4	110—150	暗棕色	重壤土	块状		12.5	0.78						21.0		
剖19	半水成土	潮土	潮土	壤质潮土	重壤质潮土	1	0—25	灰棕色	重壤土	块状	7.8	17.0	1.14	1.80	80	14.6	250	24.1	E 115°58′50.5″ N 39°09′13.6″	71
						2	25—85	棕色	重壤土	片状	7.7	14.0	0.90	1.50				27.8		
						3	85—150	棕色	重壤土	块状	7.7	14.0	0.93	1.70				27.1		
剖20	半水成土	潮土	潮土	壤质潮土	中壤质砂潮土	1	0—23	棕色	中壤土	碎块状	8.1	12.1	0.81	1.40	39	6.0	148	16.7	E 115°57′41.6″ N 39°07′17.9″	98
						2	23—85	暗棕色	轻壤土	碎屑状		5.8	0.41	1.30				13.4		
						3	85—150	浅棕色	砂土	无明显结构		2.6	0.24	1.10				8.9		
剖21	半淋溶土	褐土	褐土性土	冲积风积褐土性土	砂质褐土性土	1	0—150	浅棕色	砂土	无明显结构	8.3	3.3	0.20	0.90	10	3.0	94	1.3	E 116°04′37.6″ N 39°09′52.9″	91
剖22	半水成土	潮土	潮土	壤质潮土	轻壤质潮土	1	0—33	棕色	轻壤土	碎屑状	8.0	8.3	0.66	1.40	81	8.0	144	13.1	E 116°03′38.0″ N 39°09′30.0″	82
						2	33—67	暗棕色	轻壤土	碎屑状	8.2	7.6	0.48	1.30				11.7		
						3	67—96	灰棕色	砂壤土	屑粒状	8.3	4.1	0.28	1.20				18.1		
						4	96—150	浅棕色	砂土	单粒状	8.5	1.5	0.09	1.00				4.8		

续表 Continued

剖面号 Soil profile	土纲 Soil order	土类 Soil great group	亚类 Soil subgroup	土属 Soil genus	土种 Soil species	土层码 Layer code	土层厚度 Depth/cm	颜色 Soil color	质地 Soil texture	土壤结构 Soil structure	pH	有机质 OM/(g/kg)	全氮 TN/(g/kg)	全磷 TP/(g/kg)	碱解氮 AN/(mg/kg)	有效磷 AP/(mg/kg)	速效钾 AK/(mg/kg)	阴离子交换量CEC/(cmol/kg)	剖面点坐标 Profile coordinate	匹配指数 Matching index/%
剖23	半水成土	潮土	盐化潮土	重碳酸盐盐化潮土	轻壤质重碳酸盐轻度盐化潮土	1	0—67	棕色	轻壤土	碎屑状	8.1	10.0	0.67	1.60	36	4.6	120	150.0	E 116°01′58.8″ N 39°08′56.0″	87
						2	67—98	灰棕色	砂壤土	碎屑状	8.0	4.8	0.32	1.30				12.4		
						3	98—150	浅灰棕色	砂土	无明显结构	7.9	1.2	0.12	1.20				4.9		
剖24	半水成土	潮土	潮土	砂质潮土	砂质底壤潮土	1	0—45	浅棕色	砂壤土	粒状	8.0	3.5	0.23	1.30	27	7.3	112	8.5	E 116°00′02.9″ N 39°08′20.0″	76
						2	45—60	灰棕色	砂壤土	碎屑状		3.7	0.25	1.20				8.0		
						3	60—94	暗棕色	中壤土	块状		9.7	0.65	1.40				13.0		
						4	94—120	灰棕色	砂壤土	碎屑状		2.6	0.17	1.30				3.5		
						5	120—150	棕色	中壤土	碎屑块状		9.5	0.63	1.30				13.0		
剖25	半水成土	潮土	潮土	壤质潮土	中壤质潮土	1	0—30	灰棕色	中壤土	碎屑状	8.0	9.1	0.65	1.30	39	3.2	136	17.0	E 116°03′06.5″ N 39°08′06.7″	94
						2	30—65	灰棕色	中壤土	碎屑状		7.1	0.48	1.30				16.2		
						3	65—96	棕色	中壤土	碎屑状		6.0	0.52	1.20				14.3		
						4	96—150	浅棕色	砂土	无明显结构		2.0	0.15	0.90				5.5		

张 家 口 市

市 辖 区

主要土类说明

褐土是张家口市主要土壤类型，占本市地域面积的48%。本市褐土发生于暖温带半湿润区，是具有黏化与钙质淋移淀积特征的土壤，具 A–B–Bk–C 剖面构型。盐基饱和，处于硅铝风化阶段，有明显的黏化淀积层与假菌丝状钙积层。B 层呈棕褐色，pH 为 7.0—7.5，盐基饱和度在 80% 以上，有时过饱和。

栗褐土是张家口市第二大土壤类型，占本市地域面积的35%。栗褐土是暖温带半干旱草原及灌木下形成的弱黏化、弱淋溶土壤。通体具石灰反应，碳酸钙含量为 7%—8%，具有弱度石灰淋溶、弱度黏化特征。该土类较栗钙土无明显灰白色钙积层，较黑垆土无深厚的腐殖质层。

灌淤土是张家口市第三大土壤类型，占本市地域面积的9%。因长期引入高泥沙含量的灌溉水进行淤灌，在落淤后即行翻耕，逐渐加厚土层至 50cm 以上，从根本上改变了灌淤土区原来土壤的层次。灌淤土一般包括表土及其他土层，均作为埋藏层，从而形成土体深厚，色泽、质地均一，土壤水分物理性状良好的土壤特征。

小于本市地域面积 3% 的土壤类型还有棕壤、风沙土、石质土和潮土等。

本区域中心区气候特征

本区域中心区气候特征值
Regional climate characteristics in central area of the region

气候带：暖温带亚湿润气候 Climate region: Warm temperate subhumid climate	
年平均气温 /℃ Annual average temperature /℃	8.5
年平均最高气温 /℃ Annual average maximum temperature /℃	15.2
年平均最低气温 /℃ Annual average minimum temperature /℃	2.9
年降水量 /mm Annual precipitation /mm	368
≥10℃的积温 /℃ Daily temperature accumulated in a year（≥10℃）/℃	3246
年日照时数 /h Annual sunshine /h	3019
年平均相对湿度 /% Annual average relative humidity /%	52
干燥度 Dryness	1.38

张家口市市辖区（部分）主要土壤类型与土壤剖面点分布图

1:260 000

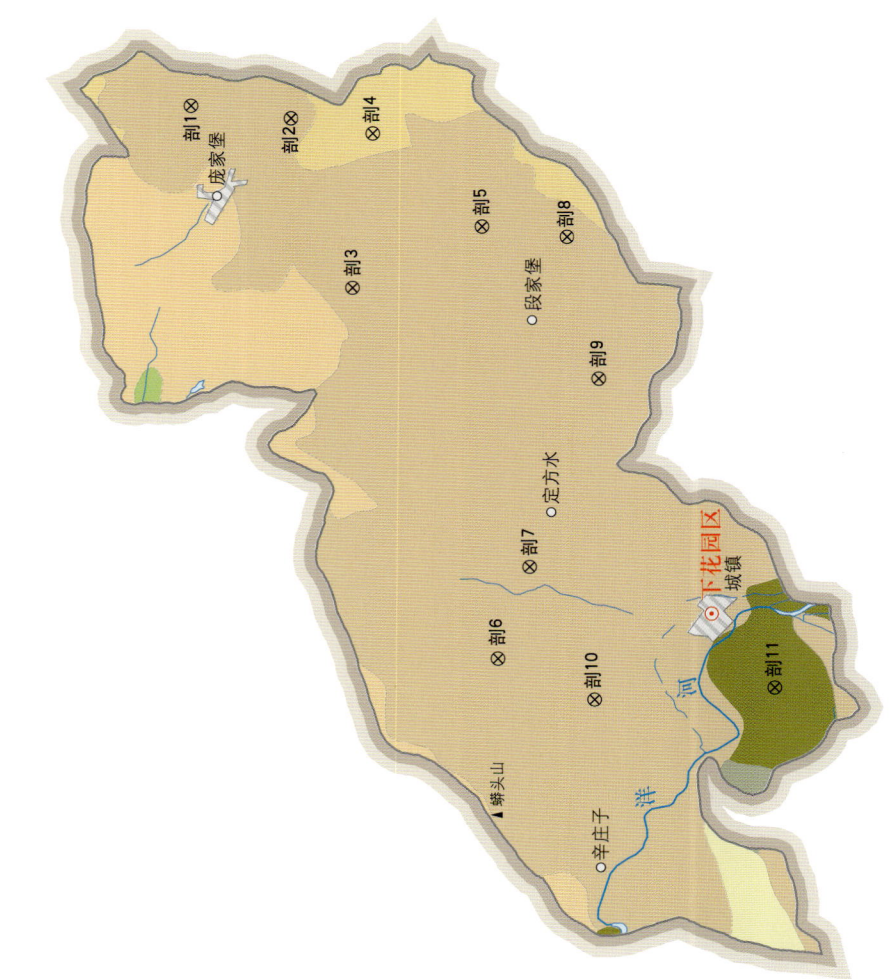

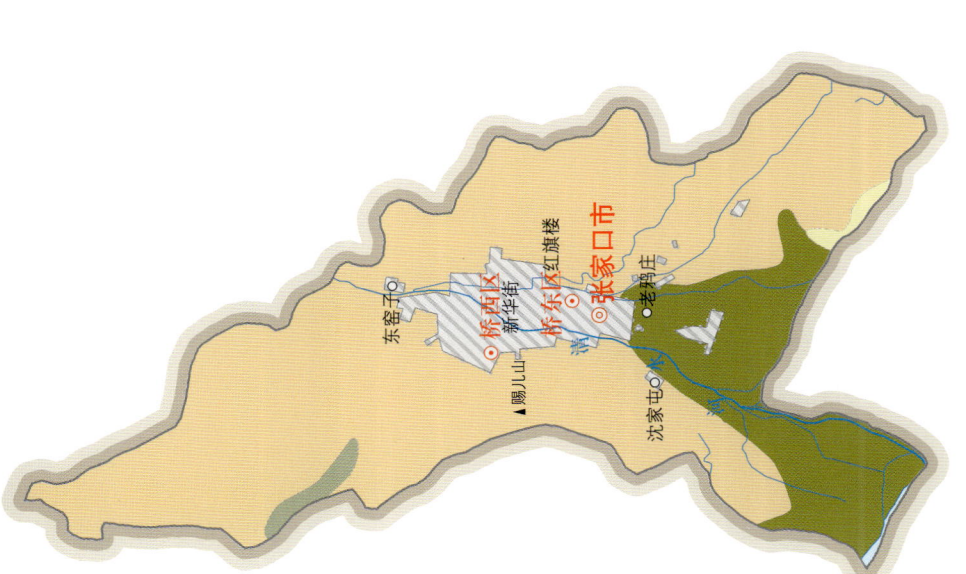

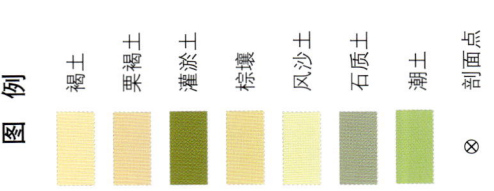

第四编　河北省分县土壤图与土壤剖面数据

张家口市土壤剖面理化性状表

剖面号 Soil profile	土纲 Soil order	土类 Soil great group	亚类 Soil subgroup	土属 Soil genus	土种 Soil species	土层码 Layer code	土层厚度 Depth/cm	颜色 Soil color	质地 Soil texture	土壤结构 Soil structure	pH	有机质 OM/(g/kg)	全氮 TN/(g/kg)	全磷 TP/(g/kg)	有效磷 AP/(mg/kg)	速效钾 AK/(mg/kg)	阳离子交换量 CEC/(cmol/kg)	土壤母质 Parent material	剖面点坐标 Profile coordinate	匹配指数 Matching index/%
剖1	半淋溶土	褐土	石灰性褐土	壤质黄土质石灰性褐土	轻壤质石灰性褐土	1	0—20				7.8	10.4	0.65	1.20			16.1		E 115°29′06.0″ N 40°39′06.5″	89
						2	20—55				8.0	7.9	0.54	1.12			17.2			
						3	55—150				8.0	5.5	0.38	1.14			15.2			
剖2	半淋溶土	褐土	淋溶褐土	碳酸岩类残坡积淋溶褐土	碳酸岩少砾轻壤质中层淋溶褐土	1	0—9	暗棕色	轻壤土		7.9	44.8	2.35	1.09			30.1	碳酸岩类残积物、坡积物	E 115°28′49.6″ N 40°37′15.0″	91
						2	9—34	浅灰棕色	轻壤土		8.0	32.7	1.33	0.97						
						3	34—46													
剖3	半淋溶土	褐土	褐土性	碳酸岩类残坡积褐土性	碳酸岩轻壤质薄层褐土性土	1	0—8	棕灰色	轻壤土		8.1	18.1	0.92	1.30			12.5	碳酸岩类残积物、坡积物	E 115°24′37.4″ N 40°36′02.5″	97
						2	8—19		轻壤土		8.2	10.7	0.63	1.24			11.1			
剖4	淋溶土	棕壤	棕壤	基性岩类残坡积棕壤	基性岩轻壤质中层棕壤	1	0—17	黑棕色	轻壤土		7.2	58.7	2.57	1.32			35.9	基性岩类残积物、坡积物	E 115°28′29.6″ N 40°35′43.4″	98
						2	17—45	褐棕色	轻壤土		7.2	60.6	2.59	1.30			35.5			
剖5	半淋溶土	褐土	褐土性	基性岩类残坡积褐土性	基性岩轻壤质薄层褐土性土	1	0—8	黄棕色	轻壤土		8.0	50.2	2.54	1.29			23.9	基性岩类残积物	E 115°26′12.8″ N 40°33′39.6″	83
剖6	半淋溶土	褐土	褐土性	砂砾岩残积褐土性	砂砾岩轻壤土	1	0—14	灰棕色	多砾质轻壤土		8.1	9.3	0.59	1.42			10.9	砂砾岩类残积物、坡积物	E 115°15′23.8″ N 40°33′12.6″	87
						2	14—42	灰白色	砾质土		8.2	6.2	0.38	1.47			11.2			
剖7	半淋溶土	褐土	石灰性褐土	壤质黄土质石灰性褐土	轻壤质洪积石灰性褐土	1	0—17	灰黄色	轻壤土		8.0	5.8	0.45	1.20			14.2		E 115°17′41.6″ N 40°32′39.8″	71
						2	17—28	灰黄色	轻壤土		8.1	2.9	0.37	1.08			14.5			
						3	28—150	灰黄色	轻壤土		8.3	2.4	0.19	0.94			12.7			
剖8	半淋溶土	褐土	淋溶褐土	基性岩类残坡积淋溶褐土		1	0—13	黑褐色	轻壤土		7.9	57.6	2.77	1.48			30.8	基性岩类残积物、坡积物	E 115°25′59.5″ N 40°32′04.6″	80
						2	13—37	黑棕色	轻壤土		8.3	25.0	1.05	1.68			13.6			
剖9	半淋溶土	褐土	石灰性褐土	壤质黄土洪冲积石灰性褐土	轻壤质洪冲积石灰性褐土	1	0—16	棕色	轻壤土		8.3	11.3	0.58	1.23			14.8		E 115°22′26.6″ N 40°31′26.0″	80
						2	16—46	暗棕色	轻壤土		8.3	12.9	0.68	1.26			23.1			
						3	46—81	棕色	轻壤土		8.1	15.0	0.79	1.39			11.6			
						4	81—150		砂壤土		8.3	4.1	0.22	1.17			18.6			
剖10	半淋溶土	褐土	褐土性	页岩类坡麓堆积褐土性土	页岩类坡麓厚层褐土性土	1	0—20	棕色	轻壤土		8.2	16.7	0.72	1.43			12.6	页岩类坡麓堆积物	E 115°14′24.4″ N 40°31′23.9″	98
						2	20—76	暗棕色	轻壤土		8.3	7.2	0.36	1.30		250	10.4			
						3	76—119	暗棕色	中壤土		8.4	3.7	0.32	1.15		217	23.9			
						4	119—150	黑棕色	黏土		8.2	12.8	0.66	1.29		200				
剖11	人为土	灌淤土	灌淤土	黏性灌淤土	黏淤土	A_{11}	0—20	棕色	壤质黏土	碎块状	8.0	15.7	0.91	1.37	7.0		23.9	砂壤质海相沉积物	E 115°14′47.4″ N 40°28′03.4″	96
						Ab	20—38	棕色	壤质黏土	块状	8.1	18.9	1.08	1.33	1.0		27.6			
						C	38—150	栗色	壤质黏土	状状	8.2	13.7	0.83	1.31	1.0		23.9			

宣 化 区

主要土类说明

栗钙土是宣化区主要土壤类型，占本区地域面积的 80%。从石质中低山、黄土坡梁、黄土台地、洪积扇、盆地、阶地到河漫滩均有分布。自然植被稀疏，主要有蒿草、针茅、菅草、狗尾草、稗草、苍耳、车前子、蒲公英、田旋花和沙蓬等。栗钙土是在温带半干旱草原条件下形成的具有栗色腐殖质层和灰白色钙积层的土壤。该土壤表层为栗色腐殖质层，厚 20—30cm，有机质含量为 15—45g/kg。其下，灰白色钙积层发育明显，钙积层见于 20—30cm 深处，厚 20—40cm，呈斑点状或层状钙积，石膏及易溶盐局部聚积。本土类全剖面均有假菌丝体或假菌丝状物质。碳酸钙含量约为 6.9%，pH 约为 8.4。

栗褐土是宣化区第二大土壤类型，占本区地域面积的 4%。栗褐土是在暖温带半干旱草原及灌木下形成的弱黏化、弱淋溶土壤。该土壤通体有石灰反应，碳酸钙含量为 70—80g/kg，具有弱度石灰淋溶和弱度黏化特征。与栗钙土相比，无明显灰白色钙积层。与黑垆土相比，无深厚的腐殖质层。

褐土是宣化区第三大土壤类型，占本区地域面积的 4%，主要分布在本区东部和东南部桑干河河谷地带。植被类型以虎榛子、酸枣、荆条、刺玫、蒿草、菅草等半干旱草本植被为主。褐土是在暖温带半湿润区发育形成的具有黏化与钙质淋移淀积特征的土壤。该土壤盐基饱和，处于硅铝风化阶段，有明显黏淀层。在其 A-B-C 剖面构型中，B 层呈棕褐色。土壤 pH 为 7.0—7.5，盐基饱和度在 80% 以上。B 层下部有假菌丝状钙积层。本区褐土属过渡类型土壤，剖面土体构型及特征特性不明显。

棕壤占宣化区地域面积的 3%，主要分布于本区北部边墙山和东南部水口山一带。主要植被为湿润暖温带落叶阔叶林，但大部分已经被垦殖，以旱作为主。该土处于硅铝风化阶段，是具有黏化特征的棕色土壤，土体可见黏粒淀积，盐基充分淋失，pH 为 6.0—7.0，见少量游离铁。多有干鲜果类生长，山地多森林覆盖。

小于本区地域面积 3% 的土壤类型还有灌淤土、潮土、风沙土、水稻土、石质土等。

本区域中心区气候特征

本区域中心区气候特征值
Regional climate characteristics in central area of the region

气候带：暖温带亚湿润气候 Climate region: Warm temperate subhumid climate	
年平均气温 /℃ Annual average temperature /℃	8.3
年平均最高气温 /℃ Annual average maximum temperature /℃	14.9
年平均最低气温 /℃ Annual average minimum temperature /℃	2.6
年降水量 /mm Annual precipitation /mm	367
≥10℃的积温 /℃ Daily temperature accumulated in a year（≥10℃）/℃	3187
年日照时数 /h Annual sunshine /h	2962
年平均相对湿度 /% Annual average relative humidity /%	52
干燥度 Dryness	1.34

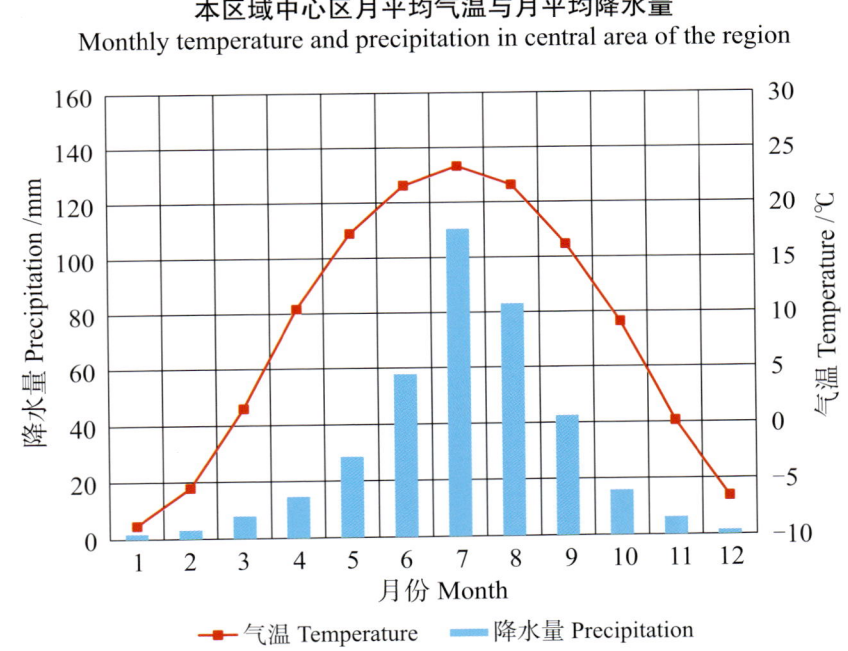

本区域中心区月平均气温与月平均降水量
Monthly temperature and precipitation in central area of the region

宣化县主要土壤类型与土壤剖面点分布图
1:300 000

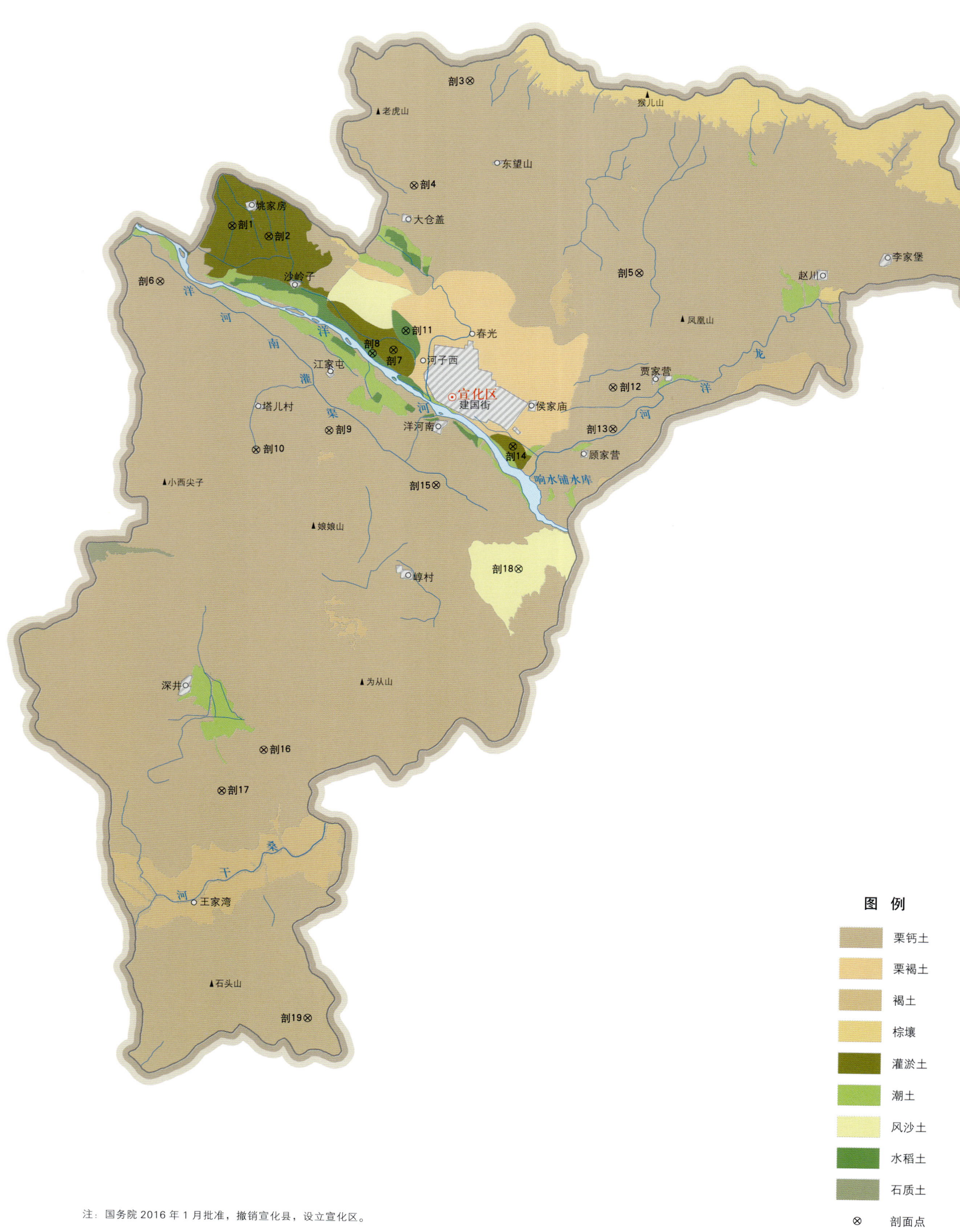

注：国务院2016年1月批准，撤销宣化县，设立宣化区。

宣化区土壤剖面理化性状表

剖面号 Soil profile	土纲 Soil order	土类 Soil great group	亚类 Soil subgroup	土属 Soil genus	土种 Soil species	土层码 Layer code	土层厚度 Depth/cm	颜色 Soil color	质地 Soil texture	土壤结构 Soil structure	pH	有机质 OM/(g/kg)	全氮 TN/(g/kg)	全磷 TP/(g/kg)	全钾 TK/(g/kg)	碱解氮 AN/(mg/kg)	有效磷 AP/(mg/kg)	速效钾 AK/(mg/kg)	阳离子交换量CEC/(cmol/kg)	土壤母质 Parent material	剖面点坐标 Profile coordinate	匹配指数 Matching index/%
剖1	人为土	灌淤土	灌淤土	壤质人工灌淤土	轻壤质灌淤土	1	0~20	褐色	轻壤土	碎块状	8.4	4.4	0.35	1.23	17.6	36	7.0	157	13.3		E 114°51′23.0″ N 40°42′13.0″	84
						2	20~50	灰黄色	轻壤土	块状	8.4	1.6	0.18	1.18	18.5	20	4.3	74	6.9			
						3	50~100	栗色	中壤土	块状	8.3	5.0	0.35	1.27	17.0	37	6.7	91	9.3			
						4	100~150	暗灰棕色	中壤土	碎屑状	8.3	9.9	0.63	1.28	17.3	62	3.2	149	16.3			
剖2	人为土	灌淤土	灌淤土	壤质人工灌淤土	中壤质灌淤土	1	0~20	暗灰棕色	中壤土	碎屑状	8.3	10.7	0.73	1.38	17.4	69	5.1	178	13.6		E 114°53′12.8″ N 40°41′51.0″	73
						2	20~60	暗灰棕色	中壤土	单粒状	8.4	11.4	0.72	1.35	16.8	68	2.3	191	13.2			
						3	60~100	暗灰棕色	中壤土	块状	8.4	8.0	0.54	1.30	17.1	54	2.3	128	17.3			
						4	100~150	暗灰棕色	中壤土	块状	8.4	9.6	0.63	1.26	17.2	61	3.2	154	17.8			
剖3	钙层土	栗钙土	淡栗钙土	壤质洪冲积淡栗钙土性土	少砾轻壤质底砂淡栗钙土性土	1	0~37	灰棕色	多砾质轻壤土	碎屑状	8.4	8.0	0.61	1.18	18.8	55			15.4	花岗岩类残积物、坡积物	E 115°02′57.1″ N 40°48′07.6″	95
						2	37~45	灰黄色	砾质土	碎屑状	8.4	7.9	0.56	1.16	18.6	55			13.6			
剖4	钙层土	栗钙土	淡栗钙土	黄土洪冲积淡栗钙土性土		1	0~19	灰黄色	轻壤土	屑粒状	8.3	11.7	0.77	1.30	16.9	66			17.1		E 115°00′20.1″ N 40°44′00.2″	95
						2	19~59	黄棕色	中壤土	块状	8.5	6.6	0.49	1.32	16.5	45			13.8			
						3	59~150	黄棕色	砂土	粒状												
剖5	钙层土	栗钙土	淡栗钙土	砂质洪冲积淡栗钙土性土	轻壤质淡栗钙土性土	1	0~20	灰黄色	轻壤土	碎块状	8.3	7.2	0.53	1.17	18.1	33	2.4	113	15.5		E 115°11′38.6″ N 40°40′50.3″	99
						2	20~46	暗黄棕色	轻壤土	块状	8.2	7.7	0.59	1.16	18.4	30	2.1	101	16.6			
						3	46~150	暗黄棕色	砂壤土	块状	8.4	8.1	0.59	1.19	18.2	31	2.4	106	17.4			
剖6	钙层土	栗钙土	淡栗钙土	砂质洪冲积淡栗钙土性土	少砾砂壤质淡栗钙土性土	1	0~25	暗黄棕色	砂壤土	屑粒状	8.3	4.8	0.38	1.25	18.2	34	4.5	157	11.0		E 114°47′54.1″ N 40°39′58.3″	90
						2	25~60	浅黄棕色	轻壤土	块状	8.5	1.2	0.16	1.23	18.2	15	1.5	95	12.9			
						3	60~150	浅黄棕色	砂壤土	粒状	8.3	0.4	0.09	1.24	17.8	20	2.2	78	12.0			
剖7	人为土	灌淤土	潮灌淤土	壤性潮灌淤土	湿淤泥土	1	0~22	棕色	黏壤土	碎块状	8.3	18.1	0.95	1.40			6.0	220	22.3	壤质海相沉积物	E 114°59′34.3″ N 40°37′37.3″	80
						2	22~40	棕色	黏壤土	块状	8.3	15.1	0.79	1.42			25.0	220				
						3	40~150	棕色	重壤土	块状	8.3	13.7	0.79	1.34			4.0	179	27.1			
剖8	人为土	水稻土	潜育水稻土	黏质冲积潜育水稻土		1	0~22	灰褐色	重壤土	块状	8.2	18.9	0.94	1.34							E 114°58′32.9″ N 40°37′26.5″	89
						2	22~54	灰褐色	重壤土	碎块状	8.4	1.8	0.11	1.25	18.4	33	2.3	88	12.0			
						3	54~110	暗黄棕色	轻壤土	块状	8.3	11.2	0.66	1.36	19.4	21	2.0	91	19.3			
						4	110~150	暗黄棕色	砂土	粒状	8.3	9.5	0.60	1.31	19.4	22	2.1	73	15.1			
剖9	钙层土	栗钙土	淡栗钙土	砂质洪冲积淡栗钙土性土	多砾砂壤质淡栗钙土性土	1	0~18	暗黄棕色	多砾质砂壤土	碎屑状	8.3	6.3	0.46	1.23	19.0	53	4.1	178	32.8		E 114°56′31.2″ N 40°34′23.2″	77
						2	18~38	暗黄棕色	砂壤土	块状	8.4	6.8	0.41	1.22								
						3	38~130	暗黄棕色	砂壤土	粒状	8.4	5.2	0.31	1.34								
						4	130~150	暗黄棕色	砂壤土	粒状	8.3	22.8	1.00	1.26	16.0	48	6.5	162	16.3			
剖10	钙层土	栗钙土	淡栗钙土	壤质洪冲积淡栗钙土性土	多砾石体淡栗钙土性土	1	0~20	黄棕色	多砾质轻壤土	碎屑状	8.3	6.9	0.54	1.27	15.9	42	4.2	130	15.6		E 114°52′56.3″ N 40°33′32.4″	100
						2	20~37	黄棕色	多砾质轻壤土	碎屑状		5.4	0.43									
						3	37~150	灰黄棕色	砾石													
剖11	水稻土	水稻土	潜育水稻土	壤质冲积潜育水稻土	中壤质潜育水稻土	1	0~15	暗黄棕色	中壤土	块状	8.1	29.8	1.55	1.33		70			22.0		E 115°00′06.2″ N 40°38′24.2″	98
						2	15~33	灰黄棕色	重壤土	块状	8.2	27.3	1.34	1.46	18.3	50			22.7			
						3	33~150	黄棕色	轻壤土	块状	8.3	6.6	0.39	1.38		56			17.4			
剖12	钙层土	栗钙土	淡栗钙土	壤质洪冲积淡栗钙土性土	轻壤质淡栗钙土性土	1	0~20	黄棕色	轻壤土	碎屑状	8.4	8.4	0.67	1.30	18.2	46			16.2		E 114°52′56.3″ N 40°36′22.7″	88
						2	20~40	栗色	轻壤土	块状	8.3	5.8	0.44	1.34	18.2				12.9			
						3	40~128	灰黄棕色	轻壤土	块状	8.4	8.8	0.59	1.28	18.4				17.2			
						4	128~150	灰黄色	中壤土	块状	8.5	5.4	0.44	1.28	16.3				13.0			
剖13	钙层土	栗钙土	淡栗钙土	壤质洪冲积石淡栗钙土性土	中壤质底砾石淡栗钙土性土	1	0~20	黄棕色	中壤土	块状	8.4	12.4	0.75	1.33	17.2	35			15.0		E 115°10′34.5″ N 40°34′45.4″	76
						2	20~52	黄棕色	中壤土	块状	8.5	7.4	0.52	1.29	16.5	42			15.9			
						3	52~150		砾石													

续表 Continued

剖面号 Soil profile	土纲 Soil order	土类 Soil great group	亚类 Soil subgroup	土属 Soil genus	土种 Soil species	土层码 Layer code	土层厚度 Depth/cm	颜色 Soil color	质地 Soil texture	土壤结构 Soil structure	pH	有机质 OM/(g/kg)	全氮 TN/(g/kg)	全磷 TP/(g/kg)	全钾 TK/(g/kg)	碱解氮 AN/(mg/kg)	有效磷 AP/(mg/kg)	速效钾 AK/(mg/kg)	阳离子交换量 CEC/(cmol/kg)	土壤母质 Parent material	剖面点坐标 Profile coordinate	匹配指数 Matching index/%
剖14	人为土	灌淤土	灌淤土	壤质冲积灌淤土	轻壤质灌淤土	1	0—21	褐色	中壤土		8.2	21.5	1.23	1.40					26.8		E 115°05′38.9″ N 40°33′58.3″	73
						2	21—42	褐色	中壤土		8.2	17.6	0.96	1.36								
						3	42—150	褐色	中壤土		8.3	14.2	0.78	1.34								
剖15	钙层土	栗钙土	淡栗钙土性土	壤质洪积淡栗钙土性土	中壤质淡栗钙土性土	1	0—27	栗色	中壤土	块状	8.3	83.8	0.92	1.31	18.6	72			24.5		E 115°01′54.6″ N 40°32′23.4″	88
						2	27—80	栗色	中壤土	块状	8.3	8.0	0.55	1.28	17.2	40			17.3			
						3	80—150	栗色	轻壤土	块状	8.4	13.7	0.92	1.29	18.2	66			27.5			
剖16	钙层土	栗钙土	淡栗钙土性土	黄土质淡栗钙土性土	轻壤质淡栗钙土性土	1	0—17	浅黄棕色	轻壤土	屑粒状	8.2	8.0	0.60	1.26	16.4	54			13.8		E 114°53′50.1″ N 40°21′53.2″	97
						2	17—67	浅黄棕色	轻壤土	块状	8.5	4.6	0.39	1.24	16.5	27			13.3			
						3	67—150	浅黄棕色	轻壤土	块状	8.5	4.3	0.35	1.24	16.5	23			13.5			
剖17	钙层土	栗钙土	淡栗钙土			1	0—12	褐色	多砾质轻壤土	块状	8.2	25.2	1.62	1.21	16.8	125			17.3	碳酸岩类残积物、坡积物	E 114°51′50.4″ N 40°20′15.4″	96
剖18	初育土	风沙土	风沙土	砂质半流动风沙丘风沙土	砂质风沙土	1	0—28	黄棕色	砂土	单粒状	8.6	3.0	0.21	1.20	19.4	20	0.4	5			E 115°06′06.8″ N 40°29′14.3″	85
						2	28—82	黄棕色	砂土	单粒状	8.6	1.0	0.09	1.21	20.5	11	0.3	6				
						3	82—150	黄棕色	砂土	单粒状	8.6	0.5	0.09	1.20	20.7	10	0.4	4				
剖19	钙层土	栗钙土	淡栗钙土			1	0—19	灰黄色	多砾质轻壤土	屑粒状	8.1	20.0	1.16	1.23	15.8	124			17.4	基性岩类残积物、坡积物	E 114°56′29.2″ N 40°11′30.2″	86
						2	19—41	灰黄色	砾质土	屑粒状		4.7	0.37	1.10	16.0	78			23.4			

万 全 区

主要土类说明

栗钙土是万全区主要土壤类型，占本区地域面积的73%。栗钙土是在温带半干旱草原下形成的具有栗色腐殖质层和灰白色钙积层的土壤。该土壤表层为栗色腐殖质层，厚20—30cm，有机质含量为15—45g/kg。其下，灰白色钙积层发育明显，钙积层见于20—30cm深处，厚20—40cm，呈斑点状或层状钙积，石膏及易溶盐局部聚积。

灌淤土是万全区第二大土壤类型，占本区地域面积的15%，主要分布在本区洗马林山间盆地和洋河河谷阶地上，面积以南部河川地区最大，其次是旧堡乡、高庙堡乡、宣平堡乡、洗马林镇，其他各乡镇的河谷两岸也有分布。长期引用高泥沙含量灌溉水淤灌，在落淤后即行翻耕，逐渐加厚土层至50cm以上，从根本上改变了原来土壤的层次。灌淤土一般包括表土及其他土层，均作为埋藏层，从而形成土体深厚，色泽、质地均一，土壤水分物理性状良好的土壤特征。

沼泽土是万全区第三大土壤类型，占本区地域面积的5%。沼泽土所处地势低洼，长期地表积水，适于喜湿植被生长。该土壤有机质积累及还原作用强烈，具有潜育层。土体的泥炭层或腐泥层厚度小于50cm，剖面构型为泥炭状有机质层 – 潜育层。本区沼泽土仅有一个草甸沼泽土亚类，分布在安家堡乡的洋河河漫滩地势低洼处，由河流冲积物静水沉积而成。该土壤目前全部为荒地，植被以蒲草为主。土壤表层有黑色的腐泥，剖面中灰蓝色潜育层密布。

石质土占本区地域面积的3%，广泛分布于侵蚀严重、岩石裸露的石质山地、侵蚀残丘，以及在丘顶、山脊、山坡等坡度陡峻的地形部位。该类土壤表层岩石裸露，风化层浅薄，一般小于10cm，风化度低，富含砾石，多碎屑岩粒，风化层下为坚硬岩石层。

小于本区地域面积3%的土壤类型还有潮土和水稻土等。

本区域中心区气候特征

本区域中心区气候特征值
Regional climate characteristics in central area of the region

气候带：中温带亚干旱气候 Climate region: Mid temperate subarid climate	
年平均气温 /℃ Annual average temperature /℃	6.3
年平均最高气温 /℃ Annual average maximum temperature /℃	12.9
年平均最低气温 /℃ Annual average minimum temperature /℃	0.5
年降水量 /mm Annual precipitation /mm	351
≥10℃的积温 /℃ Daily temperature accumulated in a year（≥10℃）/℃	2832
年日照时数 /h Annual sunshine /h	2984
年平均相对湿度 /% Annual average relative humidity /%	53
干燥度 Dryness	1.06

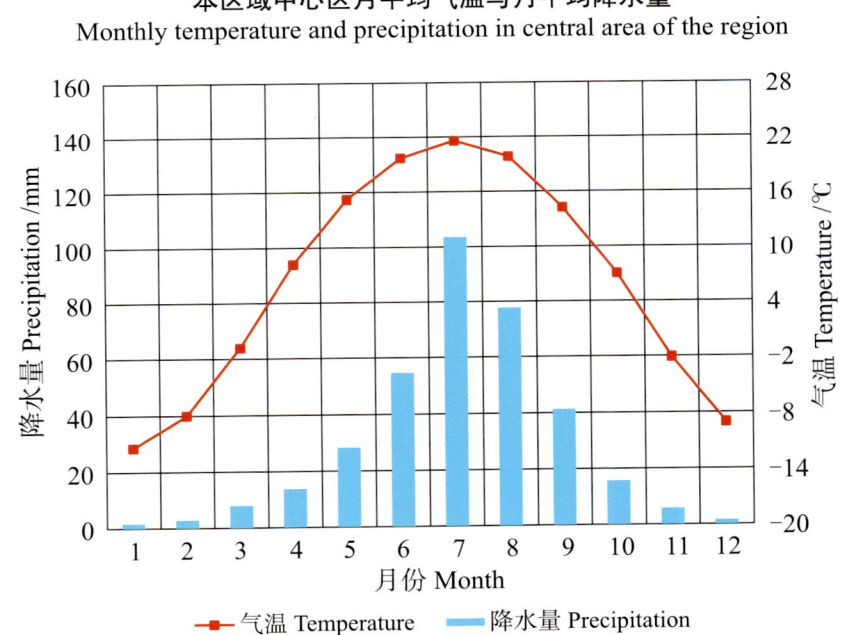

本区域中心区月平均气温与月平均降水量
Monthly temperature and precipitation in central area of the region

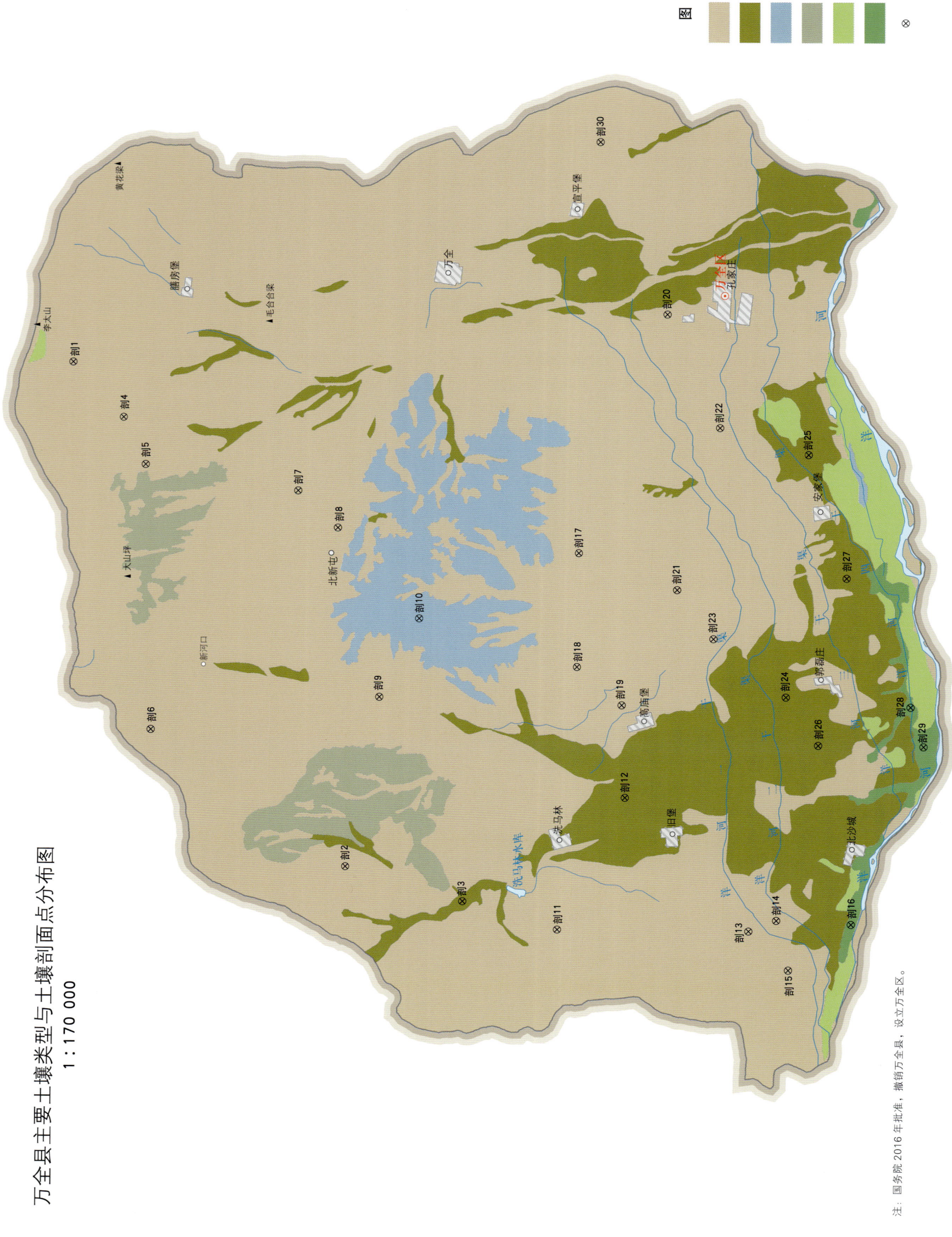

万全县主要土壤类型与土壤剖面点分布图 1∶170 000

注：国务院 2016 年批准，撤销万全县，设立万全区。

万全区土壤剖面理化性状表

剖面号 Soil profile	土纲 Soil order	土类 Soil great group	亚类 Soil subgroup	土属 Soil genus	土种 Soil species	土层码 Layer code	土层厚度 Depth/cm	颜色 Soil color	质地 Soil texture	土壤结构 Soil structure	pH	有机质 OM/(g/kg)	全氮 TN/(g/kg)	全磷 TP/(g/kg)	全钾 TK/(g/kg)	有效磷 AP/(mg/kg)	速效钾 AK/(mg/kg)	阳离子交换量CEC/(cmol/kg)	土壤母质 Parent material	剖面点坐标 Profile coordinate	匹配指数 Matching index/%
剖1	钙层土	栗钙土	暗栗钙土	玄武岩残坡积暗栗钙土	玄武岩轻壤质暗栗钙土	1	0~30	栗色	轻壤土	碎屑状	8.6	22.5	1.23	1.14				16.4		E 114°41′21.2″ N 41°00′01.1″	72
						2	30~79	栗色	轻壤土	碎屑状	8.7	18.5	0.99	1.18				17.1			
						3	79~150	栗色	轻壤土	碎屑状	8.6	19.8	1.07	1.09				15.3			
剖2	钙层土	栗钙土	暗栗钙土	玄武岩残坡积暗栗钙土	玄武岩少砾质暗栗钙土	1	0~15	暗栗色	轻壤土	屑粒状	8.5	34.7	1.93	1.43				23.9		E 114°26′27.2″ N 40°53′35.9″	78
						2	15~30	暗栗色	多砾质轻壤土	块状	8.5	23.9	1.29	2.03				27.3			
						R	30~60														
剖3	人为土	灌淤土	灌淤土	砾质洪冲积灌淤土	少砾中壤质洪冲积灌淤土	1	0~20	浅黄棕色	中壤土	碎屑状	8.0	11.3	0.71	1.48				22.5		E 114°25′31.2″ N 40°50′58.9″	72
						2	20~38	浅黄棕色	中壤土	碎块状	8.2	9.6	0.63	1.42				23.8			
						3	38~85	浅黄棕色	多砾质轻壤土	碎块状	8.2	6.1	0.44	0.78				13.8			
						4	85~150	黄棕色	轻壤土	块状	8.3	3.8	0.29	1.00				19.6			
剖4	钙层土	栗钙土	淡栗钙土	砂砾岩残坡积淡栗钙土	砂砾岩淡中层淡栗钙性土	1	0~18	棕色	中壤土	碎块状	8.7	10.3	0.60	0.86				22.8		E 114°39′44.3″ N 40°58′51.7″	80
						2	18~62	棕色	多砾质轻壤土	块状	8.7	11.5	0.71	0.73				15.6			
						R	62~100														
剖5	钙层土	栗钙土	淡栗钙土性土	壤质洪冲积淡栗钙土性土	中壤质洪冲积淡栗钙性土	1	0~20	棕色	中壤土	碎块状	8.1	11.0	0.70	1.32				22.0		E 114°38′20.4″ N 40°58′20.2″	83
						2	20~35	浅栗色	中壤土	碎屑块状	8.2	9.6	0.64	1.38				18.5			
						3	35~58	黑棕色	中壤土	碎块状	8.2	10.7	0.71	1.31				22.7			
						4	58~150	浅棕色	中壤土	碎块状	8.2	7.4	0.48	1.02				19.1			
剖6	钙层土	栗钙土	暗栗钙土	玄武岩残坡积暗栗钙土	玄武岩中层暗栗钙土	1	0~18	暗栗色	中壤土	碎屑状	7.5	36.8	1.99	1.93				36.5		E 114°30′22.7″ N 40°58′00.8″	93
						2	18~64	暗栗色	中壤土	碎块状	7.3	23.6	1.37	2.07				36.6			
						R	64~100														
剖7	钙层土	栗钙土	淡栗钙土性土	黏质洪积淡栗钙土性土	黏质洪积淡栗钙性土	1	0~20	紫棕色	重壤土	碎块状	8.4	9.2	0.61	1.12				30.8		E 114°37′41.9″ N 40°54′56.9″	71
						2	20~40	棕色	重壤土	碎块状	8.3	11.1	0.71	1.12				33.1			
						3	40~60	灰棕色	重壤土	碎块状	8.4	9.7	0.62	0.90				31.7			
						4	60~80	灰棕色	重壤土	碎块状	8.4	13.9	0.73	0.96				31.0			
						5	80~150	灰棕色	少砾质重壤土	碎块状	8.4	9.5	0.67	0.89				32.9			
剖8	钙层土	栗钙土	栗钙土	玄武岩残坡积栗钙土	多砾轻壤质洪冲积栗钙土	1	0~20	暗栗色	多砾质轻壤土	碎块状	8.3	19.3	1.03	1.50				20.3		E 114°36′37.8″ N 40°54′02.5″	78
						2	20~150	黑棕色	多砾质轻壤土	碎块状	8.3	19.8	1.05	1.13				24.5			
剖9	钙层土	栗钙土	淡栗钙土性土	砾质洪冲积淡栗钙土性土	多砾轻壤质洪冲积淡栗钙土性土	1	0~24	棕色	多砾质轻壤土	碎块状	8.3	14.2	0.91	1.46				19.8		E 114°31′34.9″ N 40°52′59.5″	76
						2	24~49	棕色	多砾质轻壤土	碎块状	8.3	12.5	0.79	0.74				24.5			
						3	49~150	黄棕色	多砾质轻壤土	碎块状	8.2	5.0	0.46	0.68				22.7			
剖10	水成土	沼泽土	草甸沼泽土	冲沉积草甸沼泽土	中壤质薄层冲沉积草甸沼泽土	1	0~20	黄棕色	中壤土	碎块状	8.3	20.1	1.05	1.50				22.3		E 114°33′59.1″ N 40°52′10.4″	94
						2	20~25	浅灰棕	重壤土	碎块状	8.1	39.2	1.94	1.57				33.1			
						3	25~100	灰蓝色	砂土	单粒状	8.5	2.3	0.09	1.49				2.6			
剖11	钙层土	栗钙土	粗骨性栗钙土	片麻岩粗骨性栗钙土	片麻岩薄层粗骨性栗钙土	1	0~15	黄棕色	砾石	碎块状	8.3	16.3	0.78	2.61				15.9		E 114°24′46.7″ N 40°48′51.9″	91
						2	15~25	浅棕色	砾石		8.1	12.4	0.72	3.41				17.8			
						3	25~50														
剖12	人为土	灌淤土	灌淤土	砾质洪冲积灌淤土	少砾轻壤质洪冲积灌淤土	1	0~23	浅棕色	轻壤土	屑粒状	8.2	8.0	0.61	1.23				13.4		E 114°28′49.8″ N 40°47′28.7″	81
						2	23~56	黄棕色	多砾质轻壤土	碎块状	8.2	7.0	0.52	1.05				13.6			
						3	56~90	浅棕色	块状	块状	8.2	5.2	0.42	1.00				13.3			
						4	90~150	浅棕色	多砾质轻壤土	块状	8.2	3.1	0.35	0.92				11.5			

续表 Continued

剖面号 Soil profile	土纲 Soil order	土类 Soil great group	亚类 Soil subgroup	土属 Soil genus	土种 Soil species	土层码 Layer code	土层厚度 Depth/cm	颜色 Soil color	质地 Soil texture	土壤结构 Soil structure	pH	有机质 OM/(g/kg)	全氮 TN/(g/kg)	全磷 TP/(g/kg)	全钾 TK/(g/kg)	有效磷 AP/(mg/kg)	速效钾 AK/(mg/kg)	阳离子交换量 CEC/(cmol/kg)	土壤母质 Parent material	剖面点坐标 Profile coordinate	匹配指数 Matching index/%
剖13	钙层土	栗钙土	淡栗钙土性土	砂质洪冲积淡栗钙土性土	砂砾质洪积淡栗钙土性土	1	0—23	灰黄棕色	多砾质轻壤	屑粒状	8.5	5.3	0.32	2.34				9.4		E 114°24′56.2″ N 40°44′37.7″	91
						2	23—40	浅棕色	砂土	粒状	8.5	4.9	0.29	2.69				12.3			
						3	40—60	暗棕色	砂土	粒状	8.5	2.5		1.81				7.6			
						4	60—150	暗棕色	砂土	粒状	8.7	3.1		1.97				10.6			
剖14	钙层土	栗钙土	淡栗钙土性土	洪冲积淡栗钙土性土	少砾质厚层洪冲积淡栗钙土性土	1	0—20	浅棕黄色	轻壤土	屑粒状	8.5	10.6		1.02				24.8		E 114°25′17.0″ N 40°44′01.7″	94
						2	20—50	浅棕黄色	轻壤土	碎粒块状	8.7	8.1		0.96				22.8			
						3	50—105	浅黄棕色	砾质土	无明显结构											
剖15	钙层土	栗钙土	淡栗钙土性土	砾质洪冲积淡栗钙土性土	多砾质厚层洪冲积淡栗钙土性土	1	0—19	黄棕色	多砾质轻壤	碎粒状	8.4	16.2	0.77	2.50				18.3		E 114°23′49.9″ N 40°43′43.3″	73
						2	19—32	浅黄色	砂壤土	碎粒状	8.5	3.9	0.18	2.16				9.7			
						3	32—53	棕色	轻壤土	碎粒状	8.3	12.9	0.68	1.93				21.0			
						4	53—92	浅黄色	轻壤土	屑粒状	8.5	7.6	0.40	2.57				18.2			
						5	92—113	浅黄色	砂土	单粒状	8.7	2.8	0.12	1.84				9.4			
剖16	人为土	水稻土	潜育水稻土	黏质冲积潜育水稻土		1	0—20	灰色	重壤土	块状	8.2	25.8	1.30	1.52				21.2		E 114°25′15.2″ N 40°42′22.3″	88
						2	20—55	灰蓝色	轻壤土	碎粒状	8.2	23.2	1.08	1.23				18.6			
						3	55—100	灰色	轻壤土	碎屑状	8.1	10.1	0.47	0.94				10.7			
剖17	钙层土	栗钙土	淡栗钙土性土	砂砾岩残坡积淡栗钙土性土	砂砾质多砾质薄层淡栗钙土	1	0—4	暗棕褐色	多砾质轻壤	碎粒状	8.1	38.3	1.89	1.38				19.6		E 114°36′06.1″ N 40°48′41.8″	99
						2	4—12	暗棕褐色	多砾质轻壤	碎粒状	8.2	20.2	0.92	1.15				19.8			
						3	12—100	灰白色													
剖18	钙层土	栗钙土	淡栗钙土性土	砂砾岩残坡积淡栗钙土性土		1	0—11	浅黄棕色	砾质土	碎粒状	8.2	13.5	0.68	0.68				18.8		E 114°32′41.3″ N 40°48′38.9″	96
						2	11—21	灰棕色													
剖19	钙层土	栗钙土	淡栗钙土性土	壤质洪冲积淡栗钙土性土	少砾中壤质冲积淡栗钙土性土	1	0—20	棕色	中壤土	碎粒状	8.3	16.3	0.55	1.62				20.9		E 114°31′35.0″ N 40°47′37.7″	93
						2	20—40	棕色	中壤土	块状	8.5	16.5	0.51	1.12				22.3			
						3	40—54	浅棕色	中壤土	块状	8.5	12.3	0.77	0.87				20.0			
						4	54—150	黄棕色	轻壤土	块状	8.6	6.5	0.37	0.87				18.7			
剖20	钙层土	栗钙土	淡栗钙土性土	黄土质淡栗钙土性土	少砾轻壤质中层黄棕淡栗钙土	1	0—20	浅黄棕色	轻壤土	碎粒状	8.1	10.5	0.55	1.04				18.6		E 114°43′19.6″ N 40°46′55.1″	74
						2	20—41	暗棕色	轻壤土	块状	8.0	8.9	0.51	1.02				18.4			
						3	41—65	浅棕黄色	轻壤土	块状	8.0	13.3	0.77	1.02				30.6			
						4	65—150	浅黄棕色	轻壤土	碎块状	8.2	6.4	0.37	0.70				14.1			
剖21	钙层土	栗钙土	淡栗钙土性土	多砾质洪冲积淡栗钙土性土	多砾质中层洪积淡栗钙土性土	1	0—23	浅棕黄色	多砾质轻壤	碎屑状	8.2	11.7	0.70	1.27				18.7		E 114°35′06.0″ N 40°46′29.6″	79
						2	23—58	黄棕色	轻壤土	碎块状	8.3	3.3	0.20	1.07				15.3			
						3	58—150	黄棕色	轻壤土	块状	8.3	4.1	0.27	1.17				16.1			
剖22	钙层土	栗钙土	淡栗钙土性土	砾质洪冲积淡栗钙土性土	多砾质洪冲积淡栗钙土性土	1	0—22	浅黄棕色	多砾质轻壤	碎粒状	8.1	8.9		0.98				15.5		E 114°39′58.7″ N 40°45′40.3″	77
						2	22—56	浅棕色	砾质土	块状	8.0	8.9		0.86				15.7			
						3	56—100	浅黄棕色	中壤土	碎块状	8.0	13.7	0.76	0.98				15.6			
剖23	钙层土	栗钙土	淡栗钙土性土	砾质洪冲积淡栗钙土	少砾质中壤底层洪积灌淤土	1	0—35	黄棕色	多砾质轻壤	碎屑状	8.2	8.3	0.44	0.45				14.1		E 114°33′39.6″ N 40°45′39.2″	96
						2	35—60	暗棕色	多砾质轻壤	碎粒状	8.2	2.8	0.18	0.19				22.4			
						3	60—130	浅棕色	中壤土	块状	8.3	2.5	0.17	0.46				17.4			
						4	130—150	浅棕色	砾石	碎块状	8.4	10.6	0.63	1.42				25.5			
剖24	人为土	灌淤土	灌淤土	砾质洪冲积灌淤土		1	0—27	棕色	黏土	碎块状	8.0	18.7	1.07	1.66				38.1		E 114°31′59.2″ N 40°44′00.2″	88
						2	27—43	暗灰棕色	重壤土	块状	8.2	17.0	1.07	1.50				38.8			
						3	43—56	棕色	重壤土	块状	8.3	14.3	0.84	1.48				39.1			
						4	56—150														
剖25	人为土	灌淤土	灌淤土	黏质洪冲积灌淤土	黏质洪冲积灌淤土	1	0—28	栗色	重壤土	碎块状	8.4	18.7	1.07	1.66				38.1		E 114°39′15.1″ N 40°43′41.5″	75
						2	28—52	栗色	重壤土	块状	8.3	17.0	1.07	1.50				38.8			
						3	52—86	浅栗色	重壤土	碎块状	8.3	14.3	0.84	1.48				39.1			
						4	86—150	浅黄棕色	少砾质重壤	碎块状	8.2	14.9	0.87	1.38				30.2			

续表 Continued

剖面号 Soil profile	土纲 Soil order	土类 Soil great group	亚类 Soil subgroup	土属 Soil genus	土种 Soil species	土层码 Layer code	土层厚度 Depth/cm	颜色 Soil color	质地 Soil texture	土壤结构 Soil structure	pH	有机质 OM/(g/kg)	全氮 TN/(g/kg)	全磷 TP/(g/kg)	全钾 TK/(g/kg)	有效磷 AP/(mg/kg)	速效钾 AK/(mg/kg)	阳离子交换量 CEC/(cmol/kg)	土壤母质 Parent material	剖面点坐标 Profile coordinate	匹配指数 Matching index/%
剖26	人为土	灌淤土	灌淤土	壤质冲积灌淤土	中壤质底砂洪冲积灌淤土	1	0—18	浅棕色	中壤土	碎屑状	8.2	11.3	0.54	1.32				15.8		E 114°30′35.3″ N 40°43′14.9″	81
						2	18—38	棕色	中壤土	块状	8.3	10.0		1.30				20.1			
						3	38—55	栗色	重壤土	块状	8.0	23.9	1.46	1.58				38.0			
						4	55—71	棕色	中壤土	块状	8.4	11.7		1.19				24.8			
						5	71—150	棕色	砂壤土	块状	8.5	4.9		0.84				11.5			
剖27	人为土	灌淤土	灌淤土	壤质洪冲积灌淤土	中壤质洪冲积灌淤土	1	0—20	浅黄棕色	中壤土	屑粒状	8.1	14.0	0.83	1.37				31.9		E 114°35′36.6″ N 40°42′45.4″	90
						2	20—58	暗黄棕色	中壤土	块状	8.1	14.6	0.86	1.41				31.6			
						3	58—150	暗黄棕色	中壤土	块状	8.1	13.6	0.86	1.37				32.8			
剖28	人为土	水稻土	潜育水稻土	壤性潜育水稻土	黏烂泥田	1	0—6	暗灰棕色	壤质黏土	碎块状	8.1	25.2	1.18	1.58	17.4	4.5	155	29.0	砂质风积物	E 114°31′49.2″ N 40°41′14.3″	81
						2	6—25	暗棕色	壤质黏土	棱块状	8.1	25.6	1.40	1.62	14.9	4.0	210	31.8			
						3	25—55	暗棕褐色	壤质黏土	棱块状	8.1	19.0	0.84	1.44	14.9	2.0	95	35.0			
						4	55—60	褐色	黏土	棱块状	8.5	1.8	0.08	1.03	13.6	3.3	50	2.7			
						5	60—														
剖29	人为土	水稻土	潜育水稻土	黏质冲积潜育水稻土	黏中层冲积潜育水稻土	1	0—6	黄棕色	黏土	块状	8.1	25.2	1.18	1.58				29.0		E 114°30′39.6″ N 40°40′55.2″	89
						2	6—25	暗灰色	重壤土	块状	8.1	25.6	1.40	1.62				31.8			
						3	25—55	灰蓝色	重壤土	棱块状	8.1	19.0	0.84	1.44				35.0			
						4	55—100	灰蓝色	砂土	单粒状	8.5	1.8	0.06	1.03				2.7			
剖30	钙层土	栗钙土	淡栗钙土性土	黄土质淡栗钙性土	轻壤质黄土性土	1	0—21	浅棕色	轻壤土	碎块状	8.6	13.7	0.85	1.09				25.9		E 114°48′24.8″ N 40°48′31.0″	95
						2	21—43	红黄色	轻壤土	块状	8.6	9.1	0.60	0.98				20.7			
						3	43—150	红棕色	轻壤土	块状	8.8	3.7	0.30	0.90				23.0			

崇 礼 区

主要土类说明

栗钙土是崇礼区主要土壤类型，占本区地域面积的 65%。栗钙土是在温带、暖温带干旱与半干旱地区的干草原植被下发育的一类土壤。其主要成土过程为钙化过程和腐殖化过程，诊断特征是：表土以栗色为主，心土有碳酸钙淀积，pH 偏碱性。表层的栗色腐殖质层厚 20—30cm，有机质含量在 15—45g/kg。腐殖质层下，灰白色钙积层发育明显，钙积层常见于 20—30cm 深处，厚 20—40cm，呈斑点状或层状钙积，石膏及易溶盐局部聚积。

棕壤是崇礼区第二大土壤类型，占本区地域面积的 27%。本区的主要植被为湿润暖温带落叶阔叶林，但大部分已经被垦殖，以旱作为主。棕壤处于硅铝风化阶段，是具有黏化特征的棕色土壤，土体可见黏粒淀积，盐基充分淋失，pH 为 6.0—7.0，见少量游离铁。多有干鲜果类生长，山地多森林覆盖。

褐土是崇礼区第三大土壤类型，占本区地域面积的 6%。褐土发生于暖温带半湿润区，是具有黏化与钙质淋移淀积特征的土壤，具 A–B–Bk–C 剖面构型。盐基饱和，处于硅铝风化阶段，有明显的黏化淀积层与假菌丝状钙积层。B 层呈棕褐色，pH 为 7.0—7.5，盐基饱和度在 80% 以上，有时过饱和。

小于本区地域面积 3% 的土壤类型还有潮土等。

本区域中心区气候特征

本区域中心区气候特征值
Regional climate characteristics in central area of the region

气候带：中温带亚干旱气候 Climate region: Mid temperate subarid climate	
年平均气温 /℃ Annual average temperature /℃	6.5
年平均最高气温 /℃ Annual average maximum temperature /℃	13.2
年平均最低气温 /℃ Annual average minimum temperature /℃	0.8
年降水量 /mm Annual precipitation /mm	363
≥ 10℃的积温 /℃ Daily temperature accumulated in a year (≥ 10℃) /℃	2794
年日照时数 /h Annual sunshine /h	3026
年平均相对湿度 /% Annual average relative humidity /%	54
干燥度 Dryness	1.06

本区域中心区月平均气温与月平均降水量
Monthly temperature and precipitation in central area of the region

崇礼县主要土壤类型与土壤剖面点分布图

1:260 000

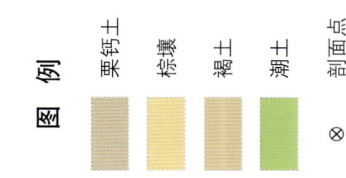

注：国务院2016年批准，撤销崇礼县，设立崇礼区。

崇礼区土壤剖面理化性状表

剖面号 Soil profile	土纲 Soil order	土类 Soil great group	亚类 Soil subgroup	土属 Soil genus	土种 Soil species	土层码 Layer code	土层厚度 Depth/cm	pH	有机质 OM/(g/kg)	全氮 TN/(g/kg)	全磷 TP/(g/kg)	土壤母质 Parent material	剖面点坐标 Profile coordinate	匹配指数 Matching index/%
剖1	钙层土	栗钙土	暗栗钙土	次生黄土暗栗钙土	中壤质暗栗钙土	1	0—20	8.0	45.0	2.21	2.10		E 115°23′27.9″ N 41°11′57.7″	83
						2	20—75	7.9	30.1	1.42	1.69			
						3	75—126	7.5	20.9	1.09	1.58			
						4	126—150	7.4	7.3	0.45	1.02			
剖2	钙层土	栗钙土	暗栗钙土	花岗岩类残积坡积暗栗钙土	中壤质中层暗栗钙土	1	0—25	7.9	69.9	3.32	1.02	花岗岩类残积物、坡积物	E 115°25′46.6″ N 41°10′17.8″	71
						2	25—50	7.8	21.8	1.06	0.44			
						3	50—60	7.5	7.6	4.42	0.28			
剖3	钙层土	栗钙土	暗栗钙土	基性岩类残积坡积暗栗钙土	多砾砂壤质中层暗栗钙土	1	0—20	8.0	17.5	0.91	1.07	基性岩类残积物、坡积物	E 114°48′54.4″ N 41°01′37.9″	100
						2	20—35	8.1	19.0	0.95	0.93			
						3	35—50	7.7	3.2	0.56	0.89			
剖4	钙层土	栗钙土	淡栗钙土	砂质风积淡栗钙土	砂质底壤栗钙土	1	0—21	8.5	10.0	0.53	0.48	砂质风积物	E 114°59′13.6″ N 41°01′22.8″	94
						2	21—86	8.6	13.5	0.41	0.44			
						3	86—150	8.1	7.2	0.37	0.71			
剖5	钙层土	栗钙土	栗钙土	基性岩类残积坡积栗钙土	多砾轻壤质薄层栗钙土	1	0—15	8.3	16.3	0.93	1.74	基性岩类残积物、坡积物	E 114°56′57.6″ N 41°00′55.0″	97
						2	15—28	8.3	16.8	0.66	1.19			
剖6	钙层土	栗钙土	淡栗钙土	花岗岩类洪积坡积淡栗钙土	砂质淡栗钙土	1	0—20	8.4	8.7	0.50	0.35	花岗岩类残积物、坡积物	E 115°05′59.6″ N 41°02′47.4″	77
						2	20—35	8.4	14.1	0.77	0.58			
剖7	钙层土	栗钙土	淡栗钙土性土	砂质洪冲积淡栗钙土性土	砂质中层砾底淡栗钙土性土	1	0—10	8.5	18.4	0.97	1.95	砂质洪积物、冲积物	E 114°54′05.8″ N 40°52′58.8″	90
						2	10—15	8.5	13.1	0.70	1.05			
						3	15—35	8.3	13.0	0.72	1.04			
剖8	钙层土	栗钙土	淡栗钙土	次生黄土淡栗钙土	轻壤质淡栗钙土	1	0—35	8.4	10.6	0.69	1.11		E 115°03′07.6″ N 40°59′34.1″	92
						2	35—63	8.4	7.9	0.49	0.92			
						3	63—120	8.4	7.5	0.48	0.93			
						4	120—150	8.1	4.9	0.31	0.89			
剖9	钙层土	栗钙土	栗钙土	花岗岩类残积坡积栗钙土	多砾轻壤质中层栗钙土	1	0—24	8.3	27.8	1.49	1.77	花岗岩类残积物、坡积物	E 115°07′10.6″ N 40°55′01.2″	100
						2	24—89	8.6	7.6	0.53	6.40			
剖10	淋溶土	棕壤	棕壤	花岗岩类残积坡积棕壤	中壤质厚层棕壤	1	0—33	6.5	93.8	4.52	2.06	花岗岩类残积物、坡积物	E 115°23′58.6″ N 40°59′24.3″	83
						2	33—105	6.9	51.4	2.39	5.15			
						3	105—150	7.1	4.9	0.18	0.51			
剖11	淋溶土	棕壤	棕壤	基残棕壤	中壤质中层棕壤	1	0—25	7.0	111.2	5.39	2.22		E 115°21′52.2″ N 40°57′35.0″	76
						2	25—50	7.0	110.2	5.31	2.46			
剖12	钙层土	栗钙土	淡栗钙土性土	壤质洪冲积淡栗钙土性土	少砾轻壤质中层底砾栗钙土性土	1	0—20	8.0	15.9	1.01	1.73	壤质洪积物、冲积物	E 115°20′00.6″ N 40°54′35.4″	97
						2	20—54	8.2	28.3	1.58	1.32			
						3	54—70	8.3	19.3	1.05	1.37			
剖13	淋溶土	棕壤	棕壤	花岗岩类残积坡积棕壤	少砾中壤质中层棕壤	1	0—19	6.9	86.8	3.93	1.42	花岗岩类残积物、坡积物	E 115°16′32.2″ N 40°49′23.3″	
						2	19—46	7.1	41.0	1.82	0.86			
						3	46—78	7.3	36.7	1.74	0.79			

张 北 县

主要土类说明

栗钙土是张北县主要土壤类型,占本县地域面积的94%。栗钙土是在温带半干旱草原下形成的具有栗色腐殖质层和灰白色钙积层的土壤。栗钙土表层为栗色腐殖质层,厚20—30cm,有机质含量为15—45g/kg。环境越趋半干旱,有机质层越薄,含量亦减。腐殖质层下,灰白色钙积层发育明显,钙积层见于20—30cm深处,厚度可达40cm,呈斑点状或层状钙积,石膏及易溶盐局部聚积。

小于本县地域面积3%的土壤类型还有草甸土、草甸盐土、碱土和栗褐土等。

本区域中心区气候特征

本区域中心区气候特征值
Regional climate characteristics in central area of the region

气候带:中温带亚干旱气候 Climate region: Mid temperate subarid climate	
年平均气温 /℃ Annual average temperature /℃	5.5
年平均最高气温 /℃ Annual average maximum temperature /℃	12.2
年平均最低气温 /℃ Annual average minimum temperature /℃	−0.2
年降水量 /mm Annual precipitation /mm	352
≥10℃的积温 /℃ Daily temperature accumulated in a year(≥10℃)/℃	2667
年日照时数 /h Annual sunshine /h	3027
年平均相对湿度 /% Annual average relative humidity /%	54
干燥度 Dryness	0.93

本区域中心区月平均气温与月平均降水量
Monthly temperature and precipitation in central area of the region

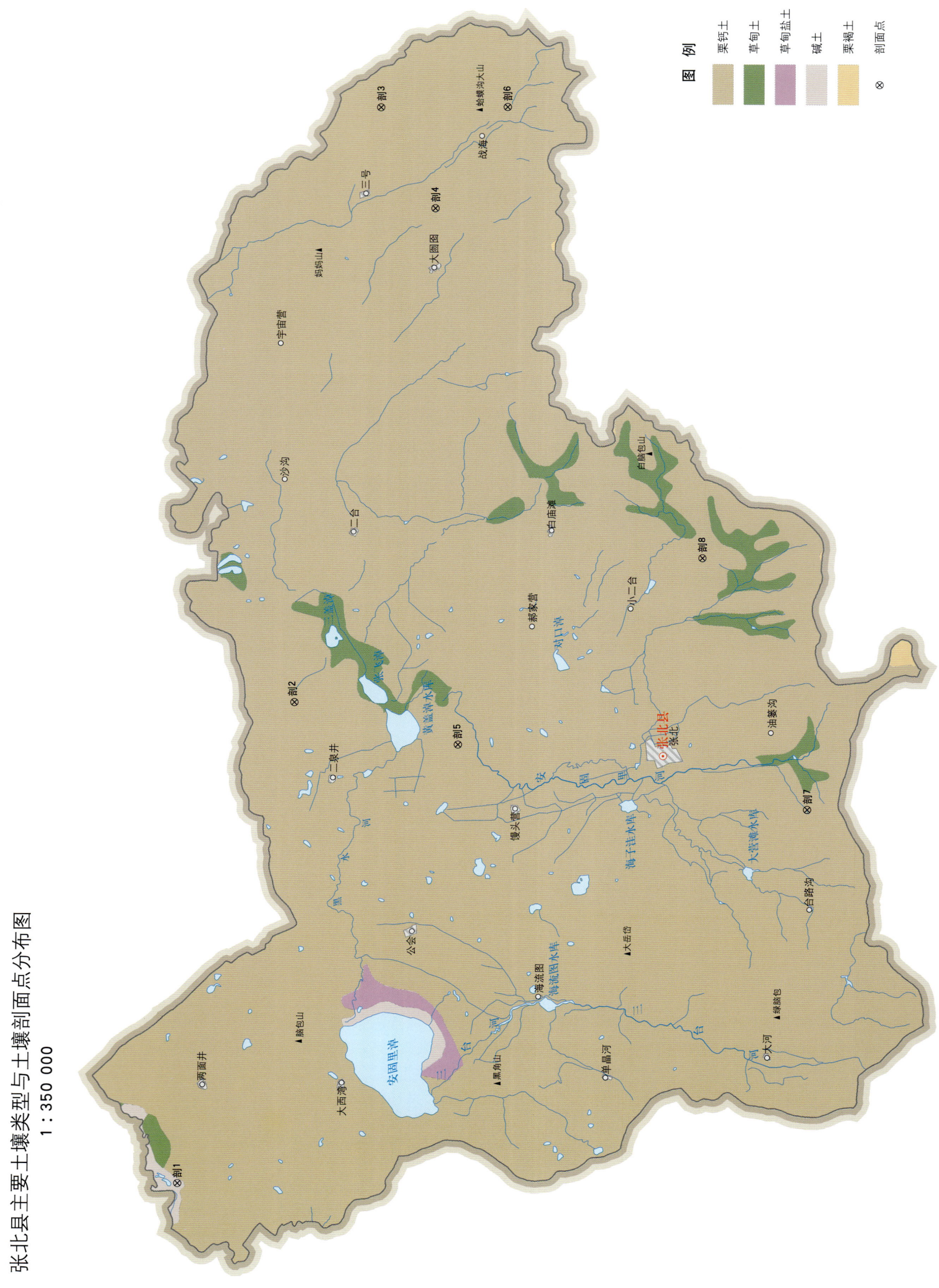

张北县土壤剖面理化性状表

剖面号 Soil profile	土纲 Soil order	土类 Soil great group	亚类 Soil subgroup	土属 Soil genus	土种 Soil species	土层码 Layer code	土层厚度 Depth/cm	颜色 Soil color	质地 Soil texture	土壤结构 Soil structure	pH	有机质 OM/(g/kg)	全氮 TN/(g/kg)	全磷 TP/(g/kg)	全钾 TK/(g/kg)	有效磷 AP/(mg/kg)	速效钾 AK/(mg/kg)	阳离子交换量 CEC/(cmol/kg)	土壤母质 Parent material	剖面点坐标 Profile coordinate	匹配指数 Matching index/%
剖1	盐碱土	碱土	草甸碱土	氯化物草甸碱土	光板碱土	1	0—10	棕色	粉砂质壤土	粒状	8.9	7.1	0.42	0.77	19.7	7.0	440	10.4		E 114°15′12.6″ N 41°30′28.8″	76
						2	10—20	灰棕色	粉砂质黏壤土	碎块状	9.0	8.1	0.49	0.92	18.3	6.5	430	12.8			
						3	20—47	灰棕色	粉砂质黏壤土	块状	8.7	9.7	0.47	0.68	17.0	5.7	380	13.4			
						4	47—103	暗灰棕色	粉砂质黏壤土	棱块状	9.2	8.2	0.40	0.98	17.4	4.9	395	17.4			
						5	103—125	浅褐色	壤土	块状	9.5	3.2	0.17	0.59	20.1	3.6	200	10.5			
						6	125—150	暗棕色	黏土	棱块状	9.0	5.6	0.40	1.00	17.3	2.5	267	28.3			
剖2	钙层土	栗钙土	栗钙土	浅位钙积栗钙土		1	0—26	浅栗色	砂壤土	碎屑状										E 114°45′12.3″ N 41°26′00.7″	93
						2	26—91	白灰色	砂质中壤土	块状											
						3	91—140	黄棕色	重壤土	块状											
剖3	钙层土	栗钙土	暗栗钙土	壤性洪冲积暗栗钙土	细炉黑土	1	0—20	栗色	砂质黏壤土	碎块状	8.2	20.1	1.26	1.03	17.0	4.9	185	17.0		E 115°22′03.7″ N 41°22′52.3″	88
						2	20—70	浅栗色	黏壤土	块状	8.2	9.8	1.16	1.33	17.0	2.5	80	20.3			
						3	70—130	浅栗色	砂壤土	粒状	8.3	9.6	0.62	0.82	17.4	2.3	30	15.7			
						4	130—150	浅栗色	砂壤土	粒状	8.4	4.6	0.57	0.86	17.4	2.3	30	11.0			
剖4	钙层土	栗钙土	栗钙土	深位钙积栗钙土		1	0—21	栗色	砾质砂土	碎屑状										E 115°15′55.2″ N 41°20′17.7″	94
						2	21—62	暗棕色	轻壤土	块状											
						3	62—92	棕黄色	轻壤土	块状											
						4	92—108	灰白色	重壤土	无明显结构											
						5	108—140	黄棕色	砂壤土	块状											
剖5	钙层土	栗钙土	草甸栗钙土	浅位钙积草甸栗钙土		1	0—17	栗色	轻壤土	块状										E 114°42′53.3″ N 41°18′33.5″	87
						2	17—42	白灰色	砂土	块状											
						3	42—59	白色	砂土	无明显结构											
						4	59—75	灰黄色	轻壤土	棱块状											
						5	75—120	暗灰色	轻壤土	团块状											
剖6	钙层土	栗钙土	暗栗钙土	洪冲积暗栗钙土		1	0—20	栗色	轻壤土	团块状										E 115°22′15.0″ N 41°17′08.4″	99
						2	20—70	暗栗色	轻壤土	块状											
						3	70—130	栗色	轻壤土	块状											
						4	130—150	暗棕色	轻壤土	粒状		53.1	2.39	1.16				25.2			
剖7	钙层土	栗钙土	暗栗钙土	残坡积壤质暗栗钙土		1	0—20	暗栗色	轻壤土	团块状		68.8	3.06	1.48				26.8		E 114°39′31.7″ N 41°02′40.6″	80
						2	20—35	暗栗色	轻壤土	块状		9.7	0.55	0.43				18.3			
						3	35—65	黄棕色	中壤土	块状		6.5	0.47	1.03				18.9			
						4	65—120	棕色	砂壤土	碎屑状											
						R	120—150	浅灰色	砂壤土	块状									洪积物、冲积物		
剖8	钙层土	栗钙土	栗钙土	坡积栗钙土		1	0—13	栗色	砂壤土	块状										E 114°54′48.6″ N 41°07′46.9″	76
						2	13—35	栗色	砂壤土	块状											
						3	35—75	栗色	砂壤土												
						4	75—135	棕黄色	砂土												

康 保 县

主要土类说明

栗钙土是康保县主要土壤类型，占本县地域面积的 99%。栗钙土是在温带半干旱草原下形成的具有栗色腐殖质层和灰白色钙积层的土壤。栗钙土表层为栗色腐殖质层，厚 20—30cm，有机质含量为 15—45g/kg。环境越趋半干旱，有机质层越薄，含量亦减。腐殖质层下，灰白色钙积层发育明显，钙积层见于 20—30cm 深处，厚达 40cm，呈斑点状或层状钙积，石膏及易溶盐局部聚积。

小于本县地域面积 3% 的土壤类型还有草甸土和草甸盐土等。

本区域中心区气候特征

本区域中心区气候特征值
Regional climate characteristics in central area of the region

气候带：中温带亚干旱气候 Climate region: Mid temperate subarid climate	
年平均气温 /℃ Annual average temperature /℃	3.5
年平均最高气温 /℃ Annual average maximum temperature /℃	10.1
年平均最低气温 /℃ Annual average minimum temperature /℃	-2.2
年降水量 /mm Annual precipitation /mm	336
≥10℃的积温 /℃ Daily temperature accumulated in a year (≥10℃) /℃	2207
年日照时数 /h Annual sunshine /h	3061
年平均相对湿度 /% Annual average relative humidity /%	57
干燥度 Dryness	0.62

本区域中心区月平均气温与月平均降水量
Monthly temperature and precipitation in central area of the region

康保县主要土壤类型与土壤剖面点分布图
1∶280 000

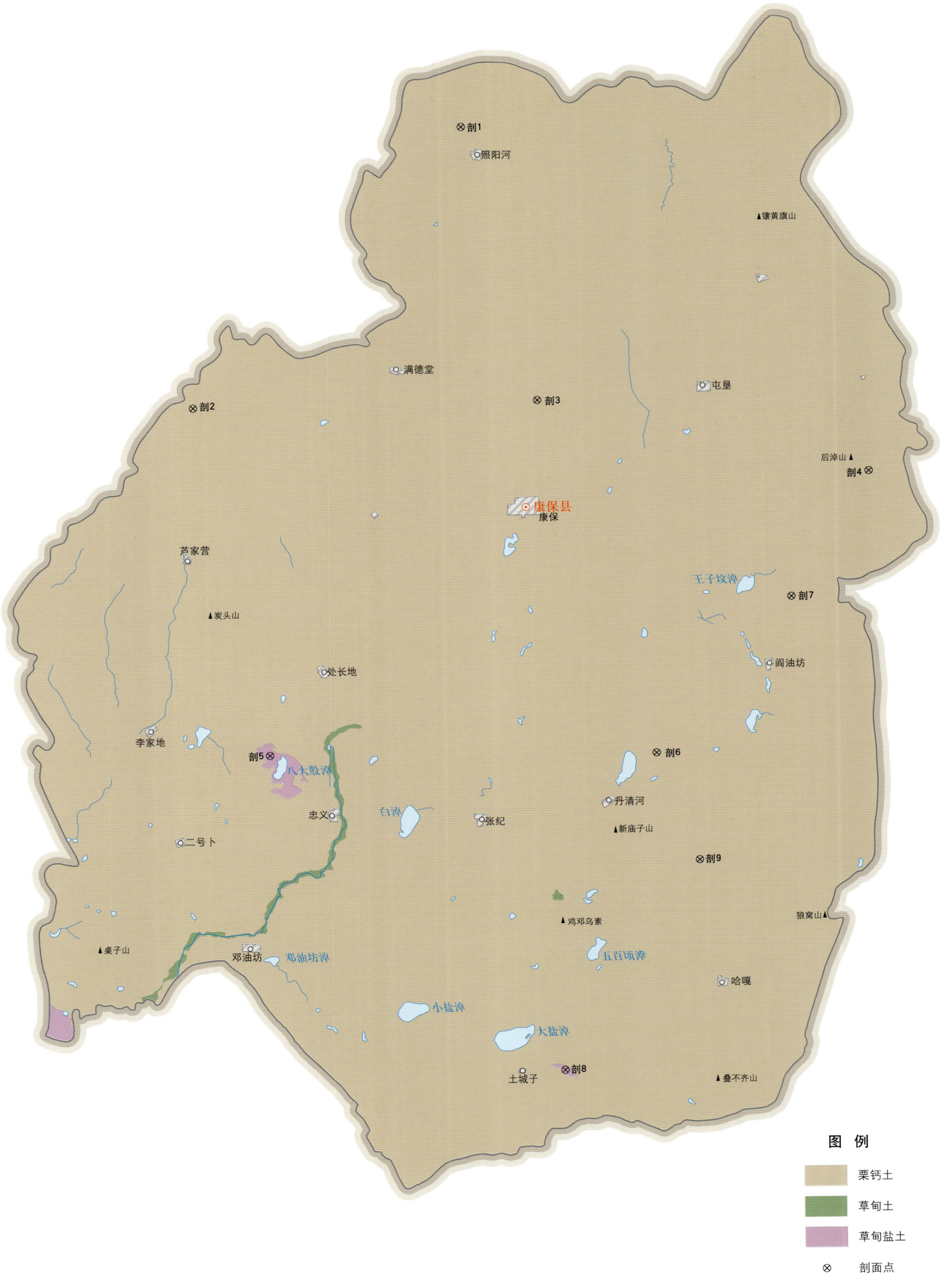

康保县土壤剖面理化性状表

剖面号 Soil profile	土纲 Soil order	土类 Soil great group	亚类 Soil subgroup	土属 Soil genus	土种 Soil species	土层码 Layer code	土层厚度 Depth/cm	颜色 Soil color	质地 Soil texture	土壤结构 Soil structure	pH	有机质 OM/(g/kg)	全氮 TN/(g/kg)	全磷 TP/(g/kg)	全钾 TK/(g/kg)	碱解氮 AN/(mg/kg)	有效磷 AP/(mg/kg)	速效钾 AK/(mg/kg)	阳离子交换量CEC/(cmol/kg)	土壤母质 Parent material	剖面点坐标 Profile coordinate	匹配指数 Matching index/%
剖1	钙层土	栗钙土	栗钙土	暗栗状栗钙土	厚暗渣护土	1	0—32	浅栗色	黏土	屑粒状	8.1	20.1	1.06	0.39	23.2		1.0	40	35.5	洪积物、冲积物	E 114°33′02.5″ N 42°05′24.0″	84
						2	32—	黄棕色	砂质黏壤土	碎块状	8.2	19.0	0.67	0.35	24.0		0.5	25	10.6			
剖2	钙层土	栗钙土	栗钙土	粗散状栗积栗钙土	厚麻渣护土	1	0—23	栗色	砂质黏壤土	碎屑状	8.4	20.0	1.19	0.70	24.4		4.0	85	10.0	洪积物、冲积物	E 114°19′39.3″ N 41°54′43.8″	78
						2	23—58	栗色	砂质黏壤土	块状	8.0	23.3	1.38	0.63	23.8		2.8	60	12.6			
						R	58—90	浅灰色	砂质黏壤土	块状	7.7	4.2	0.26	1.15	30.0		2.0	50	13.1			
剖3	钙层土	栗钙土	栗钙土	碳酸岩类残坡积栗钙土	砂壤质中层栗钙土	1	0—25	栗色	砂壤土	屑粒状	7.9	21.0	1.34	0.41		106	1.8		10.8		E 114°37′03.4″ N 41°55′12.7″	90
						2	25—55	红棕色	轻壤土		7.9	16.3	1.03	0.26		71	1.2		16.8			
						R	55—	浅灰色														
剖4	钙层土	栗钙土	栗钙土	洪冲积红质栗钙土	砂壤质底黏栗钙土	1	0—14	栗色	砂壤土	屑粒状	8.0	10.9	0.68	0.29		58	1.8		9.0	洪积物、冲积物	E 114°53′19.0″ N 41°52′46.2″	86
						2	14—31	暗黄棕色	砂壤土	屑粒状	8.1	10.4	0.67	0.32		64	1.2		9.4			
						3	31—62	暗黄棕色	壤土	屑粒状	8.1	7.3	0.49	0.25		40	0.7		8.8			
						4	62—150	浅棕红色	重壤土	块状	8.1	4.6	0.31	0.38		45	0.5		31.2			
剖5	盐碱土	草甸盐土	草甸盐土	黏质硫酸盐氯化物草甸盐土	黏质浅位钙积硫酸盐氯化物化盐土	1	0—33	暗棕黄色	重壤土	块状	8.2	16.0	1.03	0.94		59	9.8		19.6		E 114°24′22.0″ N 41°41′39.3″	91
						2	33—48	暗灰黄色	重壤土	块状	8.2	10.6	0.71	0.81		54	8.9		14.5			
						3	48—71	暗灰黄色	重壤土	块状	8.2	7.8	0.63	0.74		40	9.2		15.9			
						4	71—104	暗灰黄色	重壤土	块状	8.2	8.6	0.53	0.82		48	10.6		15.9			
						5	104—150	褐色	重壤土	块状	8.3	8.5	0.49	0.85		45	14.2		14.6			
剖6	钙层土	栗钙土	栗钙土	典型钙积栗钙土	砂壤质浅位钙积栗钙土	1	0—24	暗棕色	砂壤土	碎屑状	8.1	12.2	0.78	0.40		66	3.6		9.4		E 114°43′12.0″ N 41°42′01.8″	95
						2	24—65	灰白色	轻壤土	块状	9.1	7.2	0.46	0.26		37	0.2		8.9			
						3	65—101	浅棕色	壤质黏土	块状	9.3	2.8	0.20	0.28		22			8.8			
						4	101—150	浅棕色	重壤土	碎屑状	9.1	2.2	0.15	0.29		21			11.3			
剖7	钙层土	栗钙土	栗钙土	粗散状栗钙土	麻渣护土	1	0—20	暗棕色	砂壤土	块状	8.3	22.4	1.43	0.48	19.8		2.3	30	8.5	洪积物、冲积物	E 114°49′38.5″ N 41°47′59.6″	94
						2	20—55	棕色	砂壤土	块状	8.1	13.9	0.86	0.33	29.0		0.7	37	13.7			
						3	55—															
剖8	盐碱土	草甸盐土	草甸盐土	氯化物草甸盐土	黏壤油盐土	1	0—33	褐色	粉砂质黏土	块状	8.2	16.0	1.03	0.94	25.4		9.8	352	19.6		E 114°39′01.4″ N 41°30′03.6″	70
						2	33—48	浅栗色	砂质黏壤土	碎块状	8.2	10.6	0.71	0.81	21.9		8.9	286	14.5			
						3	48—71	暗棕色	黏质土	块状	8.2	7.8	0.63	0.74	20.7		9.2	250	14.5			
						4	71—104	灰棕色	壤质黏土	块状	8.2	8.6	0.53	0.82	19.8		10.6	265	15.9			
						5	104—150	灰褐色	壤质黏土	块状	8.5	8.5	0.49	0.85	21.4		14.2	180	14.6			
剖9	钙层土	栗钙土	栗钙土	石英岩类残坡积栗钙土	砂壤质中层栗钙土	1	0—32	暗棕色	砂壤土	块状	7.7	17.8	1.13	0.42		91	1.3		9.9	石英岩类残积物、坡积物	E 114°45′23.8″ N 41°38′01.7″	84
						2	32—60	棕色	砂壤土	块状	7.8	10.1	0.66	0.30		61	0.7		8.8			

沽 源 县

主要土类说明

栗钙土是沽源县主要土壤类型，占本县地域面积的89%。栗钙土是在温带半干旱草原下形成的具有栗色腐殖质层和灰白色钙积层的土壤。其表层为栗色腐殖质层，厚20—30cm，有机质含量为15—45g/kg。环境越趋半干旱，有机质层越薄，含量亦减。腐殖质层下，灰白色钙积层发育明显，钙积层见于20—30cm深处，厚20—40cm，呈斑点状或层状钙积，石膏及易溶盐局部聚积。

草甸土是沽源县第二大土壤类型，占本县地域面积的7%。草甸土是受地下水影响较大的一个土类，主要分布在下湿滩地。本县草甸土主要分布在小厂镇、丰源店乡下湿滩地，以及闪电河水库上游和五甲地水库上游下湿滩地。草甸土在冷湿条件下受地下水浸润，并在草甸植被下发育形成。因所处地下水较浅，受地下水升降与浸润作用，潜水参与土壤形成过程，有明显腐殖质积累和铁锰氧化还原，土体出现锈色斑纹层。

小于本县地域面积3%的土壤类型还有灰色森林土、沼泽土、草甸盐土和石质土等。

本区域中心区气候特征

本区域中心区气候特征值
Regional climate characteristics in central area of the region

气候带：中温带亚干旱气候 Climate region: Mid temperate subarid climate	
年平均气温 /℃ Annual average temperature /℃	4.6
年平均最高气温 /℃ Annual average maximum temperature /℃	11.4
年平均最低气温 /℃ Annual average minimum temperature /℃	-1.2
年降水量 /mm Annual precipitation /mm	377
≥10℃的积温 /℃ Daily temperature accumulated in a year (≥10℃) /℃	2388
年日照时数 /h Annual sunshine /h	3038
年平均相对湿度 /% Annual average relative humidity /%	57
干燥度 Dryness	0.73

沽源县主要土壤类型与土壤剖面点分布图

1 : 350 000

图例：栗钙土　草甸土　灰色森林土　沼泽土　草甸盐土　石质土　剖面点

沽源县土壤剖面理化性状表

剖面号 Soil profile	土纲 Soil order	土类 Soil great group	亚类 Soil subgroup	土属 Soil genus	土种 Soil species	土层码 Layer code	土层厚度 Depth/cm	pH	有机质 OM/(g/kg)	全氮 TN/(g/kg)	全磷 TP/(g/kg)	全钾 TK/(g/kg)	碱解氮 AN/(mg/kg)	有效磷 AP/(mg/kg)	速效钾 AK/(mg/kg)	阳离子交换量 CEC/(cmol/kg)	土壤母质 Parent material	剖面点坐标 Profile coordinate	匹配指数 Matching index/%
剖1	半水成土	草甸土	盐化草甸土	硫酸盐氯化物盐化草甸土	轻壤质中度盐化草甸土	1	0—19	8.7	69.0	4.06	1.67		416	6.9	120	25.8		E 115°42′26.3″ N 41°41′55.3″	80
						2	19—37	8.6	41.4	2.32	1.34		201	1.1	70	25.3			
						3	37—115	8.3	28.6	1.33	1.37		103	0.9	75	32.4			
						4	115—150	8.5	10.9	0.43	1.28		30	3.0	65	27.1			
剖2	钙层土	栗钙土	草甸栗钙土	砂质冲沉积草甸栗钙土	少砾砂壤质底砾草甸栗钙土	1	0—18	8.5	21.8	1.35	0.87		103	2.5	123	12.6		E 115°35′13.4″ N 41°40′33.5″	99
						2	18—64	8.7	11.8	0.66	0.47		60	1.5	55	11.3			
						3	64—100	8.8	1.6	0.22	0.18		12	0.3	28	3.2			
						4	100—150	8.8	2.2	0.14	0.26		15	0.7	18	1.3			
剖3	半水成土	草甸土	盐化草甸土	硫酸盐化草甸土	轻壤质中度盐化草甸土	1	0—23	8.3	88.0	4.94	1.64		317	4.4	295	24.9		E 115°30′59.8″ N 41°40′26.8″	71
						2	23—48	8.5	79.4	4.57	1.26		327	2.5	125	26.9			
						3	48—75	7.7	41.4	1.80	1.13		167	3.6	110	28.1			
						4	75—150	8.7	20.7	0.90	1.02		81	3.0	101	16.3			
剖4	半水成土	草甸土	盐化草甸土	硫酸盐化物盐化草甸土	轻壤质轻度盐化草甸土	1	0—19	8.3	24.8	1.70	0.59		126	2.8	110	13.9		E 115°46′32.5″ N 41°43′54.8″	93
						2	19—50	8.7	29.4	1.54	1.11		132	1.8		22.3			
						3	50—74	8.1	21.1	1.16	0.56		110	0.9	145	12.6			
						4	74—150	8.4	28.8	1.57	0.95		153	1.1	130	19.3			
剖5	半水成土	草甸土	沼泽草甸土	壤质冲沉积沼泽草甸土	轻壤质底砂沼泽草甸土	1	0—21	8.1	88.2	3.53	1.30	29.0	241	6.1	225	26.4		E 115°46′41.9″ N 41°40′46.2″	82
						2	21—56	8.1	11.1	0.72	0.46	28.0	55	1.4	40	9.3			
						3	56—87	7.6	7.9	0.44	0.42	26.0	39	1.4	18	3.9			
						4	87—150	8.6	6.8	0.35	0.26	28.3	32	1.6	45	6.3			
剖6	钙层土	栗钙土	草甸栗钙土	砂质冲沉积草甸栗钙土	砂壤质底砾草甸栗钙土	1	0—19	8.4	39.1	2.14	1.34		171	1.9	147	18.9		E 116°02′31.1″ N 41°45′53.5″	82
						2	19—55	9.0	30.0	1.64	0.10		134	0.8	87	18.5			
						3	55—78	8.9	8.3	0.46	0.62		67	0.4	42	10.6			
						4	78—150	9.2	2.6	0.09	0.43		19		25	1.6			
剖7	钙层土	栗钙土	栗钙土	壤质冲积栗钙土	轻壤质草甸栗钙土	1	0—15	8.2	26.3	1.41	0.84		149	3.3	298	17.4		E 116°00′53.7″ N 41°45′37.4″	78
						2	15—65	8.5	16.2	0.60	0.39		70	0.8	67	20.3			
						3	65—150	8.4	4.7	0.28	0.29		48	0.8	60	18.2			
剖8	钙层土	栗钙土	栗钙土	砂质洪冲积栗钙土	多砾砂壤质体砾栗钙土	1	0—20	8.3	26.5	1.43	1.11		119		90	10.2		E 114°57′00.7″ N 41°35′31.7″	72
						2	20—40	8.5	24.6	1.47	0.95		116	2.0	44	13.4			
						3	40—150	8.7	4.8	2.77	0.28		23	2.4	31	7.3			
剖9	钙层土	栗钙土	草甸栗钙土	砂质冲积栗钙土	少砾砂壤质底砾草甸栗钙土	1	0—20	9.2	24.8	1.44	0.88		127	2.0	165	12.9		E 115°06′03.2″ N 41°35′18.2″	75
						2	20—37	9.2	10.9	0.62	0.64		47	0.7	78	11.1			
						3	37—75	9.8	6.4	0.16	0.36		16	0.4	38	5.2			
						4	75—150	9.5	5.9	0.32	0.59		23	0.6	108	13.1			
剖10	钙层土	栗钙土	草甸栗钙土	苏打盐化草甸栗钙土	轻壤质浅位积重度盐化草甸栗钙土	1	0—23	8.9	22.9	1.15	1.74		9	4.4	140	8.9		E 115°02′34.4″ N 41°34′38.6″	93
						2	23—66	10.2	12.4	0.48	1.55		26	2.9	76	7.6			
						3	66—95	10.0	8.8	0.47	1.17		18	0.9	174	12.6			
						4	95—150	10.0	6.2	0.13	0.68		11	0.4	44	4.0			

续表 Continued

剖面号 Soil profile	土纲 Soil order	土类 Soil great group	亚类 Soil subgroup	土属 Soil genus	土种 Soil species	土层码 Layer code	土层厚度 Depth/cm	pH	有机质 OM/(g/kg)	全氮 TN/(g/kg)	全磷 TP/(g/kg)	全钾 TK/(g/kg)	碱解氮 AN/(mg/kg)	有效磷 AP/(mg/kg)	速效钾 AK/(mg/kg)	阳离子交换量CEC/(cmol/kg)	土壤母质 Parent material	剖面点坐标 Profile coordinate	匹配指数 Matching index/%
剖11	盐碱土	草甸盐土	内陆盐土	氯化物内陆盐土	轻壤质内陆盐土	1	0–5	9.1	33.3	2.07	1.41	25.0	153	13.8	283	11.7		E 115°01′01.5″ N 41°34′06.4″	89
						2	5–10	9.7	12.9	0.54	1.20	22.3	37	4.7	310	12.0			
						3	10–15	9.8	9.6	0.30	1.08	24.0	34	4.5	305	13.3			
						4	15–20	10.2	24.4	1.56	0.64	23.5	50	21.4	270	15.5			
						5	20–65	10.1	18.7	1.18	1.34	22.8	41	9.7	273	14.9			
						6	65–105	10.0	15.3	0.90	1.24	22.5	26	6.8	268	12.4			
						7	105–150	10.0	15.2	0.86	1.15	22.0	26	7.3		12.4			
剖12	钙层土	栗钙土	草甸栗钙土	苏打盐化草甸栗钙土	少砾轻壤质浅位钙轻度盐化草甸栗钙土	1	0–19	8.7	29.3	1.55	0.85	23.8	138	3.0	70	15.2		E 115°03′31.5″ N 41°33′09.2″	90
						2	19–54	9.1	11.1	0.51	0.39	20.5	52	1.4	30	11.1			
						3	54–150	9.1	12.1	0.44	0.43	20.0	3	1.3	36	13.8			
剖13	钙层土	栗钙土	草甸栗钙土	硫酸盐氯化物盐化草甸栗钙土	轻壤质浅位钙积重度盐化草甸栗钙土	1	0–8	9.2	7.3	3.60	1.75		271	7.7	266	22.8		E 115°05′19.3″ N 41°32′52.1″	80
						2	8–32	8.7	17.9	0.90	0.68	28.8	66	2.1	178	9.4			
						3	32–90		7.5	0.37	0.79	23.9	23	0.5	213	19.2			
						4	90–150		6.6	0.15	0.39	24.9	10	0.2	105	7.4			
剖14	钙层土	栗钙土	草甸栗钙土	砂质冲沉积草甸栗钙土	少砾砂壤质草甸栗钙土	1	0–20	8.8	19.1	1.16	0.71	20.5	92	2.3	118	8.5		E 115°07′44.8″ N 41°32′31.6″	70
						2	20–46	8.7	14.4	0.84	0.45	24.7	78	0.8	34	8.0			
						3	46–110	8.7	8.6	0.57	0.40	20.9	46	0.6	40	6.4			
						4	110–150	9.3	1.9	0.14	0.60	21.0	12	0.1	18	2.1			
剖15	钙层土	栗钙土	草甸栗钙土	砂质冲积钙位草甸栗钙土	少砾砂壤质浅位钙草甸栗钙土	1	0–20	8.7	26.8	1.31	0.90	21.8	123	3.0	173	10.9		E 115°13′30.4″ N 41°31′13.4″	99
						2	20–45	9.5	6.6	0.38	0.59		36	0.4	69	7.5			
						3	45–70	9.3	1.5	0.22	0.45		22	0.2	41	8.9			
						4	70–150	9.2	5.2	0.21	0.46		10	0.1	20	7.0			
剖16	钙层土	栗钙土	草甸栗钙土	砂质洪冲积栗钙土	少砾砂壤质浅位钙砾栗钙土	1	0–19	8.7	28.8	1.47	0.72		131	1.2	80	12.7		E 115°23′48.1″ N 41°34′40.4″	91
						2	19–45	8.5	8.7	1.12	0.50		107	1.0	46	11.1			
						3	45–150	8.4	13.8	0.71	0.37		69	0.5	43	9.5			
剖17	钙层土	栗钙土	草甸栗钙土	砂质洪冲积栗钙土	少砾砂壤质砾栗钙土	1	0–22	8.7	28.0	1.47	0.76		143	3.9	111	9.1		E 115°16′10.2″ N 41°33′12.6″	100
						2	22–40	8.7	12.5	0.77	0.44		81	0.6	25	5.6			
						3	40–57	8.7	3.9	0.38	0.17		31	0.4	25	4.6			
						4	57–150	8.6	8.6	0.31	0.17		46	0.4	43	11.6			
剖18	钙层土	栗钙土	草甸栗钙土	苏打盐化草甸栗钙土	轻壤质浅位钙积轻度盐化草甸栗钙土	1	0–15	9.1	32.1	1.60	0.87	30.0	137	2.1	249	14.3		E 115°17′31.9″ N 41°30′01.8″	72
						2	15–24	9.4	15.3	0.65	0.45	24.4	52	1.1	95	12.2			
						3	24–68	9.3	10.2	0.15	0.29	28.5	18	1.0	70	7.4			
						4	68–150	8.2	2.6	0.16	0.26	26.2	13	1.0	83	5.3			
剖19	钙层土	栗钙土	草甸栗钙土	氯化物硫酸盐盐化草甸栗钙土	轻壤质浅位钙积轻度盐化草甸栗钙土	1	0–20	7.8	58.3	3.36	1.45		241	2.8	118	23.7		E 115°38′47.4″ N 41°38′26.2″	100
						2	20–49	8.5	13.5	0.64	0.53		48	0.4	50	12.4			
						3	49–78	8.3	11.0	0.33	0.46		25	0.2	35	10.0			
						4	78–150	8.4	2.9	0.23	0.40		17	0.2	30	5.9			
剖20	钙层土	栗钙土	栗钙土	基性岩类残坡积栗钙土	轻壤质中层栗钙土	1	0–9	8.2	45.7	2.62	1.05		279	4.1	99	18.6	基性岩类残积物、坡积物	E 115°34′45.1″ N 41°38′06.4″	72
						2	9–31	8.3	39.5	2.37	0.77		222	2.4	55	18.6			
剖21	钙层土	栗钙土	栗钙土	砂质洪冲积栗钙土	砂壤质底砾栗钙土	1	0–18	8.1	47.8	2.46	1.32		187	5.6	203	32.8		E 115°44′49.2″ N 41°35′49.9″	70
						2	18–34	8.1	43.6	2.22	1.67		172	4.5	183	24.2			
						3	34–68	8.2	36.8	1.75	1.29		154	2.6	109	21.3			
						4	68–150	8.2	9.5	0.94	0.22		52	1.3					

续表 Continued

剖面号 Soil profile	土纲 Soil order	土类 Soil great group	亚类 Soil subgroup	土属 Soil genus	土种 Soil species	土层码 Layer code	土层厚度 Depth/cm	pH	有机质 OM/(g/kg)	全氮 TN/(g/kg)	全磷 TP/(g/kg)	全钾 TK/(g/kg)	碱解氮 AN/(mg/kg)	有效磷 AP/(mg/kg)	速效钾 AK/(mg/kg)	阳离子交换量 CEC/(cmol/kg)	土壤母质 Parent material	剖面点坐标 Profile coordinate	匹配指数 Matching index/%
剖22	钙层土	栗钙土	草甸栗钙土	砂质浅洪积钙积草甸栗钙土	砂壤质浅位钙积草甸栗钙土	1	0—20	8.3	29.7	1.67	1.19		155	10.1	175	12.1		E 115°35′31.2″ N 41°34′03.7″	78
						2	20—51	8.6	29.2	0.81	1.11		152	6.3	150	14.0			
						3	51—68	8.7	6.5	0.67	0.47		61	0.6	35	11.7			
						4	68—150	8.7	6.2	0.16	0.23		15	0.4	35	6.5			
剖23	钙层土	栗钙土	栗钙土	砂质洪冲积栗钙土	砂壤质栗钙土	1	0—20	8.2	37.2	1.93	1.32		178	12.1	225	19.4		E 115°35′49.6″ N 41°30′47.9″	71
						2	20—31	8.2	32.7	1.76	1.15		151	4.8	120	17.8			
						3	31—68	8.2	32.3	1.75	0.90		158	3.4	94	12.9			
						4	68—150	8.2	29.1	1.52	0.96		128	6.6	150	18.9			
剖24	钙层土	栗钙土	草甸栗钙土	氯化物硫酸盐盐化草甸栗钙土	轻壤质浅位钙积轻度盐化草甸栗钙土	1	0—19	8.2	46.3	2.78	1.26	23.6	179	2.1	83	17.7		E 115°48′33.5″ N 41°37′14.9″	78
						2	19—73	8.7	22.4	1.07	0.54	27.0	75	0.5	55	15.0			
						3	73—103	8.7	7.8	0.32	0.31	18.8	19	0.4	15	6.7			
						4	103—150	8.7	5.5	0.18	0.26		16	0.3	25	15.6			
剖25	半水成土	草甸土	盐化草甸土	氯化物盐盐化草甸土	轻壤质中度盐化草甸土	1	0—12	8.7	40.9	2.45	1.26		204	3.3	225	15.3		E 115°51′16.0″ N 41°37′03.2″	96
						2	12—42	8.8	18.9	1.18	0.70		90	0.9	72	11.5			
						3	42—62	8.7	6.2	0.39	0.60		28	0.9	80	17.0			
						4	62—150	8.5	2.1	0.16	0.29		20	1.1	64	9.1			
剖26	半水成土	草甸土	盐化草甸土	氯化物盐盐化草甸土	轻壤质漏砂轻度盐化草甸土	1	0—13	8.8	64.1	3.81	1.25		274	5.2	200	22.9		E 115°53′38.6″ N 41°36′54.0″	80
						2	13—23	8.9	35.1	1.79	1.04		142	0.4	85	22.2			
						3	23—50	8.2	22.1	0.92	0.58		80	1.1	81	25.2			
						4	50—100	8.5	10.8	0.33	0.46		29	2.1	36	7.4			
						5	100—150	8.5	5.6	0.20	0.33		21	1.9	43	4.7			
剖27	钙层土	栗钙土	栗钙土	壤质洪冲积栗钙土	少砾轻壤质栗钙土	1	0—23	8.0	38.1	1.88	1.18		148	2.6	160	23.2		E 115°52′49.8″ N 41°30′08.6″	97
						2	23—40	8.4	35.2	1.68	1.11		152	1.5	144	23.8			
						3	40—105	8.2	20.7	1.05	0.70		83	1.7	128	22.9			
						4	105—150	8.5	7.1	0.44	0.91		48	1.6	112	18.7			
剖28	水成土	沼泽土	草甸沼泽土	硫酸盐盐化草甸沼泽土	轻壤质砂砂底砂质砂甸沼泽土	1	0—32	7.9	46.5	2.23	0.95		205	4.6	168	16.0		E 115°21′00.4″ N 41°27′44.3″	79
						2	32—52	8.6	3.6	0.17	0.38		23	2.3	78	9.3			
						3	52—88	8.3	2.8	0.13	0.40		18	1.6	85	8.7			
						4	88—150	8.1	5.8	0.22	0.60		22	1.7	145	12.7			
剖29	半水成土	草甸土	盐化草甸土	硫酸盐盐化草甸土	轻壤质砂底盐化草甸土	1	0—19	8.1	81.9	4.12	1.62		325	4.4		30.2		E 115°23′02.0″ N 41°27′01.4″	84
						2	19—34	8.4	46.6	2.56	0.97		191	2.0	39	23.2			
						3	34—66	8.2	31.5	1.49	0.63		126	1.4	45	22.5			
						4	66—150	8.1	4.4	0.19	0.19		28	1.5	35	8.4			
剖30	钙层土	栗钙土	草甸栗钙土	砂质冲沉积草甸栗钙土	砂质甸草栗钙土	1	0—18	8.3	33.2	1.99	1.07		179	2.1	81	15.9		E 115°29′38.4″ N 41°26′38.4″	78
						2	18—53	8.6	21.3	1.06	0.49		74	0.2	20	14.8			
						3	53—84	8.3	16.2	0.59	0.35		48	0.2	29	18.3			
						4	84—116	8.2	4.5	0.19	0.20		19	0.2	31	8.8			
						5	116—150	8.9	1.6	0.09	0.33		11	1.1	28	4.7			
剖31	钙层土	栗钙土	栗钙土	壤质洪冲积栗钙土	少砾轻壤质砂底砾栗钙土	1	0—18	8.2	44.1	2.05	1.42	27.8	179	7.5	249	24.1		E 115°29′22.6″ N 41°20′48.8″	94
						2	18—29	8.6	34.3	1.47	1.13	28.0	132	2.3	85	18.4			
						3	29—51	8.8	35.5	1.46	1.10	27.5	143	1.1	75	20.1			
						4	51—91	8.2	32.5	1.49	1.20	27.5	135	1.8	78	19.6			

续表 Continued

剖面号 Soil profile	土纲 Soil order	土类 Soil great group	亚类 Soil subgroup	土属 Soil genus	土种 Soil species	土层码 Layer code	土层厚度 Depth/cm	pH	有机质 OM/(g/kg)	全氮 TN/(g/kg)	全磷 TP/(g/kg)	全钾 TK/(g/kg)	碱解氮 AN/(mg/kg)	有效磷 AP/(mg/kg)	速效钾 AK/(mg/kg)	阳离子交换量 CEC/(cmol/kg)	土壤母质 Parent material	剖面点坐标 Profile coordinate	匹配指数 Matching index/%
剖32	水成土	沼泽土	草甸沼泽土	硫酸盐氯化物草甸沼泽土	轻壤质底砂轻度盐化草甸沼泽土	1	0~27	8.2	37.7	3.62	1.64		267	5.9	79	28.3		E 115°32′46.0″ N 41°29′15.7″	82
						2	27~52	8.2	36.6	2.05	1.11		158	3.2	80	21.9			
						3	52~150	8.3	7.3	0.37	0.32		32	0.3	79	6.7			
剖33	半水成土	草甸土	盐化草甸土	硫酸盐氯化物盐化草甸土	轻壤质底砂轻度盐化草甸土	1	0~22	8.2	28.8	1.54	0.93		121	2.2	106	16.7		E 115°31′34.0″ N 41°29′06.7″	75
						2	22~31	8.1	34.2	1.90	1.17		166	2.6	105	17.9			
						3	31~54	8.2	32.5	1.75	1.02		155	0.9	80	20.1			
						4	54~150	8.8	2.2	0.12	0.25		14	微量	28	3.0			
剖34	钙层土	栗钙土	栗钙土	砂质洪冲积栗钙土	少砾砂壤质轻腰砾栗钙土	1	0~20	7.5	14.3	0.77	0.39		80	0.7	75	7.8		E 115°37′42.2″ N 41°28′14.2″	78
						2	20~30	7.7	11.9	0.67	0.31		63	0.2	55	11.6			
						3	30~74	8.2	4.7	0.22	0.19		34		40	5.9			
						4	74~150	8.0	2.6	0.16	0.21		16			5.9			
剖35	半水成土	草甸土	盐化草甸土	氯化物硫酸盐盐化草甸土	轻壤质轻度盐化草甸土	1	0~20	8.9	58.3	3.50	1.62		274	4.4	255	18.2		E 115°30′05.0″ N 41°27′53.6″	81
						2	20~67	8.6	26.2	1.62	0.98		121	1.0	69	15.4			
						3	67~100	8.4	23.2	0.96	0.67		85	1.4	55	24.3			
剖36	钙层土	栗钙土	栗钙土	基性岩类残积坡积栗钙土	少砾轻壤质薄层栗钙土	1	0~14	8.4	42.3	2.61	1.35		213	2.9	85	19.5	基性岩类残积物、坡积物	E 115°31′17.4″ N 41°27′41.0″	94
剖37	钙层土	栗钙土	栗钙土	基性岩类残积坡积栗钙土	少砾轻壤质薄层栗钙土	1	0~17	8.1	40.8	2.18	1.11		186	2.6	210	13.3	基性岩类残积物、坡积物	E 115°42′44.1″ N 41°26′12.7″	100
剖38	钙层土	栗钙土	栗钙土	基性岩类残积坡积栗钙土	少砾轻壤质中层栗钙土	1	0~10	8.2	35.8	2.08	0.88		173	1.1	85	12.0	基性岩类残积物、坡积物	E 115°44′53.0″ N 41°25′24.4″	87
						2	10~34	8.3	41.7	2.30	1.03		202	1.3	290	13.0			
剖39	钙层土	栗钙土	栗钙土	花岗岩类残积坡积栗钙土	多砾轻壤质薄层栗钙土	1	0~23	7.7	46.8	2.47	1.20		253	2.6	104	17.0	花岗岩类残积物、坡积物	E 115°35′02.0″ N 41°21′25.2″	74
剖40	钙层土	栗钙土	栗钙土	砂质洪冲积栗钙土	少砾砂壤质薄层栗钙土	1	0~15	8.8	16.0	0.80	0.78		74	2.3	60	10.5		E 115°47′17.4″ N 41°28′27.6″	73
						2	15~80	8.7	8.6	0.42	0.46		40	0.7	45	13.3			
						3	80~110	8.7	4.2	0.17	0.31		15	0.3	40	9.2			
						4	110~150	8.7	5.1	0.15	1.30		15	0.7	35	9.1			
剖41	半水成土	草甸土	草甸土	壤质冲沉积草甸土	轻壤质轻度草甸土	1	0~22	8.0	31.1	1.59	1.29	25.5	136	15.1	195	16.5		E 115°42′44.1″ N 41°26′12.9″	74
						2	22~43	7.7	33.4	1.70	1.21	25.5	158	1.7	100	16.4			
						3	43~90	7.8	16.6	0.80	0.81	26.0	79	1.1	60	11.7			
						4	90~150	7.8	12.6	0.59	0.53	21.8	63	1.3	50	7.8			
剖42	钙层土	栗钙土	暗栗钙土	壤质洪冲积暗栗钙土	轻壤质暗栗钙土	1	0~20	8.0	54.4	2.72	1.46		279	3.0	130	20.0		E 115°57′42.8″ N 41°25′24.6″	82
						2	20~70	7.7	49.0	2.25	1.35		210	1.8	105	26.5			
						3	70~95	7.7	21.8	1.08	1.09		101	0.9	275	26.8			
						4	95~150	7.7	7.8	0.48	1.10		57	0.4	145	24.7			
剖43	钙层土	栗钙土	暗栗钙土	壤质洪冲积暗栗钙土	轻壤质暗栗钙土	1	0~17	8.1	36.1	1.78	1.31		184	6.1	173	22.0		E 115°49′08.0″ N 41°24′06.5″	93
						2	17~34	8.1	38.0	2.00	1.37		212	2.7	128	22.0			
						3	34~91	8.2	23.4	1.13	0.88		148	2.0	69	19.1			
						4	91~150	8.4	4.4	0.26	0.39		33	0.9	45	8.2			
剖44	钙层土	栗钙土	栗钙土	花岗岩类残积坡积栗钙土	轻壤质薄厚栗钙土	1	0~20	7.9	9.1	1.30	0.81		137	1.8	200	14.0	花岗岩类残积物、坡积物	E 115°45′04.6″ N 41°24′04.4″	80
剖45	钙层土	栗钙土	暗栗钙土	花岗岩类残积坡积暗栗钙土	砂壤质厚层暗栗钙土	1	0~20	7.7	15.1	1.00	0.46		94	2.3	58	7.7	花岗岩类残积物、坡积物	E 115°56′25.4″ N 41°21′39.2″	81
						2	20~45	7.6	17.7	0.96	0.52		110	1.1	55	10.2			
						3	45~80	7.5	4.0	0.32	0.33		38	1.8	55	9.9			
						4	80~104	7.7	2.3	0.13	0.37		23	1.7	55	8.3			
						5	104~150	8.2	5.0	0.37	0.85		35	2.8	105	19.6			

续表 Continued

剖面号 Soil profile	土纲 Soil order	土类 Soil great group	亚类 Soil subgroup	土属 Soil genus	土种 Soil species	土层码 Layer code	土层厚度 Depth/cm	pH	有机质 OM/(g/kg)	全氮 TN/(g/kg)	全磷 TP/(g/kg)	全钾 TK/(g/kg)	碱解氮 AN/(mg/kg)	有效磷 AP/(mg/kg)	速效钾 AK/(mg/kg)	阳离子交换量CEC/(cmol/kg)	土壤母质 Parent material	剖面点坐标 Profile coordinate	匹配指数 Matching index/%
剖46	半水成土	草甸土	草甸土	壤质洪冲积草甸土	轻壤质底砾草甸土	1	0—8	8.4	42.3	2.24	1.42		245	5.6	208	24.9		E 115° 54′ 29.2″ N 41° 21′ 29.2″	74
						2	8—37	7.0	45.6	1.15	1.62		332	3.8	84	25.1			
						3	37—67	6.6	46.5	1.23	1.72		277	4.2	105	26.7			
						4	67—100	8.1	48.2	1.22	1.86		267	5.0	125	26.1			
剖47	钙层土	栗钙土	暗栗钙土	壤质洪冲积暗栗钙土	轻壤质体砾暗栗钙土	1	0—26	7.3	32.4	1.74	1.50		154	8.1	160	16.7		E 115° 48′ 13.5″ N 41° 20′ 20.1″	97
剖48	钙层土	栗钙土	暗栗钙土	基性岩类残积坡积暗栗钙土	少砾轻壤质薄层暗栗钙土	1	0—14	8.1	41.2	2.24	1.08		207	3.5	154	22.2	基性岩类残积物、坡积物	E 115° 49′ 43.3″ N 41° 19′ 33.7″	96
剖49	半水成土	草甸土	草甸土	壤质冲沉积草甸土	轻壤质底砾草甸土	1	0—15	8.4	50.6	2.90	2.28		230	6.4	333	16.9		E 115° 54′ 54.1″ N 41° 17′ 21.1″	93
						2	15—39	8.5	49.2	2.69	2.48		189	3.5	443	15.9			
						3	39—59	9.3	34.4	1.94	1.85		125	0.4	910	13.1			
						4	59—150	8.8	8.1	0.44	0.71		43	6.9	715	6.6			

尚 义 县

主要土类说明

栗钙土是尚义县主要土壤类型，占本县地域面积的93%。栗钙土是在温带半干旱草原下形成的具有栗色腐殖质层和灰白色钙积层的土壤。其表层为栗色腐殖质层，厚20—30cm，有机质含量为15—45g/kg。环境越趋半干旱，有机质层越薄，含量亦减。腐殖质层下，灰白色钙积层发育明显，钙积层见于20—30cm深处，厚达40cm，呈斑点状或层状钙积，石膏及易溶盐局部聚积。

草甸土是尚义县第二大土壤类型，占本县地域面积的3%。草甸土所处区域地下水位较浅，潜水参与土壤形成过程。草甸土是在明显的腐殖质积累和地下水升降与浸润作用下形成的具有锈色斑纹的土壤，具 A–Cu 或 A–C–Cu 剖面构型。

小于本县地域面积3%的土壤类型还有草甸盐土、栗褐土和风沙土等。

本区域中心区气候特征

本区域中心区气候特征值
Regional climate characteristics in central area of the region

气候带：中温带亚干旱气候 Climate region: Mid temperate subarid climate	
年平均气温 /℃ Annual average temperature /℃	5.4
年平均最高气温 /℃ Annual average maximum temperature /℃	12.0
年平均最低气温 /℃ Annual average minimum temperature /℃	-0.4
年降水量 /mm Annual precipitation /mm	344
≥10℃的积温 /℃ Daily temperature accumulated in a year (≥10℃) /℃	2796
年日照时数 /h Annual sunshine /h	2969
年平均相对湿度 /% Annual average relative humidity /%	53
干燥度 Dryness	0.93

本区域中心区月平均气温与月平均降水量
Monthly temperature and precipitation in central area of the region

尚义县主要土壤类型与土壤剖面点分布图
1∶300 000

图 例
- 栗钙土
- 草甸土
- 草甸盐土
- 栗褐土
- 风沙土
- ⊗ 剖面点

尚义县土壤剖面理化性状表

剖面号 Soil profile	土纲 Soil order	土类 Soil great group	亚类 Soil subgroup	土属 Soil genus	土种 Soil species	土层码 Layer code	土层厚度 Depth/cm	颜色 Soil color	质地 Soil texture	土壤结构 Soil structure	pH	有机质 OM/(g/kg)	全氮 TN/(g/kg)	全磷 TP/(g/kg)	全钾 TK/(g/kg)	碱解氮 AN/(mg/kg)	有效磷 AP/(mg/kg)	速效钾 AK/(mg/kg)	阳离子交换量 CEC/(cmol/kg)	土壤母质 Parent material	剖面点坐标 Profile coordinate	匹配指数 Matching index/%
剖1	盐碱土	草甸盐土	内陆盐土	壤质氯化物内陆盐土	中壤质内陆盐土	1	0—5	棕色	中壤土	碎块状	8.7	11.5	0.57	1.24	23.7	33	22.6	605	23.8		E 113° 58′ 14.8″ N 41° 28′ 27.0″	83
						2	5—10	棕色	中壤土	碎块状	8.7	11.7	0.54	1.31	20.1	23	27.1	615	23.8			
						3	10—20	棕色	中壤土	碎块状	8.6	11.3	0.49	1.31	18.4	21	29.3	605	22.8			
						4	20—47	浅灰黄色	中壤土	块状	8.8	10.7	0.54	1.48	21.0	27	30.3	616	26.9			
						5	47—75	暗灰黄色	重壤土	块状	8.8	11.7	0.55	1.52	18.6	33	34.7	693	26.7			
						6	75—150	灰白色	重壤土	块状	9.0	10.0	0.44	1.07	21.9	24	23.1	501	18.6			
剖2	半水成土	草甸土	盐化草甸土	苏打盐化草甸土	中马尿碱湿土	1	0—5	棕色	砂质黏壤土	块状	9.0	23.1	1.22	1.73	25.9		13.7	44	11.0		E 113° 57′ 20.2″ N 41° 02′ 59.6″	93
						2	5—10	棕色	砂质黏壤土	块状	9.0	12.3	0.43	0.74	29.3		0.7	76	3.5			
						3	10—20	暗棕色	砂土	粒状	8.9	3.6	0.14	0.65	28.0		1.7	50	3.6			
						4	20—56	暗棕色	砂质黏壤土	块状	8.6	11.6	0.52	0.80	31.3		0.6	92	8.1	黏质静水沉积物		
						5	56—150	暗棕色	中壤土	块状	8.5	18.2	0.44	1.28	22.2		0.4	62	13.2			
剖3	钙层土	栗钙土	暗栗钙土	花岗岩类残坡积暗栗钙土	中壤质薄层暗栗钙土	1	0—20	黑棕色	中壤土	块状	7.4	50.6	2.46	1.01	19.5	209	3.6	145	24.8	花岗岩类残积物、坡积物	E 113° 59′ 15.4″ N 40° 59′ 13.9″	99
						2	20—26	棕色	中壤土	块状	7.6	14.0	0.70	1.04	19.1	76	0.9	42	14.1			
						R	26—															
剖4	钙层土	栗钙土	碱性栗钙土	壤质冲积坡积暗栗钙土	中壤质内陆盐土	1	0—5	暗黄棕色	砂质黏土	屑粒状	9.3	17.7	1.08	0.64	18.3		1.2	131	10.9		E 114° 09′ 45.2″ N 41° 31′ 29.3″	100
						2	5—10	灰棕色	砂质黏土	屑粒状	9.4	17.0	1.29	0.57	20.3		3.4	90	10.5			
						3	10—20	浅棕色	砂质黏土	屑粒状	9.3	17.3	1.01	0.57	18.9		0.7	102	11.6			
						4	20—57	黄棕色	砂质黏壤土	碎块状	9.6	5.0	0.23	0.34	13.6		0.6	31	8.3			
						5	57—150	黄褐色	砂质黏壤土	块状	9.4	4.3	0.20	0.32	11.7		0.2	41	7.1			
剖5	盐碱土	草甸盐土	内陆盐土	壤质硫酸盐氯化物内陆盐土		1	0—5	棕色	中壤土	块状	9.4	27.3	1.67	1.46	23.5	98	25.6	424	24.8		E 114° 07′ 10.7″ N 41° 31′ 26.8″	81
						2	5—10	棕色	中壤土	块状	9.4	20.0	1.18	1.38	22.8	68	25.9	372	23.2			
						3	10—20	暗棕色	中壤土	块状	9.4	16.5	1.00	1.28	22.0	80	24.5	381	23.9			
						4	20—44	棕色	中壤土	块状	8.9	7.9	0.36	0.77	22.7	18	4.7	214	17.1			
						5	44—100	棕色	中壤土	块状	9.2	9.3	0.56	0.87	21.1	31	12.0	247	18.2			
						6	100—150	灰棕色	砂土	单粒状	9.6	6.3	0.24	0.61	22.8	112	9.2	144	14.3			
剖6	钙层土	栗钙土	暗栗钙土	基性岩类暗栗钙土	中壤质中层暗栗钙土	1	0—15	黑棕色	中壤土	屑粒状	8.9	40.0	2.17	1.03		158	3.9	210	25.5	基性岩类残积物、坡积物	E 114° 02′ 29.4″ N 41° 27′ 04.3″	77
						2	15—38	黑棕色	中壤土	屑粒状	8.7	37.1	2.12	0.98		173	1.3	126	28.1			
						3	38—															
剖7	半水成土	草甸土	盐化草甸土	壤质硫酸盐氯化物盐化草甸土	中壤质中度盐化草甸土	1	0—5	黑棕色	中壤土	块状	9.2	33.8	1.35	1.50		97	7.6	289	26.4		E 114° 04′ 31.9″ N 41° 13′ 32.5″	77
						2	5—10	黑棕色	中壤土	块状	9.2	37.6	1.96	1.27		168	9.7	253	22.7			
						3	10—20	暗棕色	轻壤土	屑粒状	8.6	26.5	1.42	0.93		120	3.2	127	18.3			
						4	20—35	暗棕色	中壤土	块状	9.3	6.5	0.27	0.34		22	2.2	40	7.0			
						5	35—55	黑棕色	中壤土	块状	8.7	43.8	2.25	1.15		167	5.4	217	28.3			
						6	55—150	暗灰色	轻壤土	块状	9.0	30.7	1.79	0.98		138	3.9	155	19.0			
剖8	半水成土	草甸土	盐化草甸土	硫酸盐盐化草甸土	轻潮碱黏湿土	1	0—5	暗灰棕色	粉砂质黏土	块状	8.6	30.2	1.75	0.32	24.9		4.7	350	32.8	河流冲积物	E 114° 06′ 34.6″ N 41° 13′ 28.6″	84
						2	5—10	暗灰棕色	粉砂质黏土	块状	8.8	28.6	1.61	3.11	32.7		3.9	309	32.6			
						3	10—20	暗灰棕色	壤质黏土	块状	8.8	24.1	1.39	2.70	30.0		1.4	203	26.4			
						4	20—45	灰棕色	壤质黏土	块状	6.6	20.6	1.15	2.57	28.0		13.7	175	25.9			
						5	45—150	黄棕色	中壤土	块状	8.9	14.3	0.88	2.24	27.5		3.8	231	27.1			

续表 Continued

剖面号 Soil profile	土纲 Soil order	土类 Soil great group	亚类 Soil subgroup	土属 Soil genus	土种 Soil species	土层码 Layer code	土层厚度 Depth/cm	颜色 Soil color	质地 Soil texture	土壤结构 Soil structure	pH	有机质 OM/(g/kg)	全氮 TN/(g/kg)	全磷 TP/(g/kg)	全钾 TK/(g/kg)	碱解氮 AN/(mg/kg)	有效磷 AP/(mg/kg)	速效钾 AK/(mg/kg)	阳离子交换量 CEC/(cmol/kg)	土壤母质 Parent material	剖面点坐标 Profile coordinate	匹配指数 Matching index/%
剖9	半水成土	草甸土	盐化草甸土	壤质苏打盐化草甸土	中壤质轻度盐化草甸土	1	0—5	暗棕色	中壤土	块状	8.5	30.1	1.74	1.23		122	1.0	322	28.6		E 114°06′22.0″ N 41°09′54.0″	90
						2	5—10	暗棕色	中壤土	块状	8.8	26.4	1.51	1.26		105	0.2	154	31.9			
						3	10—20	灰黄棕色	重壤土	块状	8.7	27.9		1.17		134	0.3	251	31.8			
						4	20—38	暗棕色	重壤土	块状	8.7	29.9	1.71	1.12		113	0.2	146	28.3			
						5	38—150	暗灰棕色	重壤土	块状	8.8	22.9	1.19	1.09		78	0.8	241	34.8			
剖10	钙层土	栗钙土	暗栗钙土	花岗岩类残坡积暗栗钙土	多砾砂壤质厚层暗栗钙土	1	0—13	暗棕色	砂壤土	碎屑状	7.4	77.5	3.83	1.87		28	2.9	447	31.4	花岗岩类残积物、坡积物	E 114°10′07.7″ N 41°06′21.6″	84
						2	13—42	暗棕色	砂壤土	屑粒状	7.3	61.0	3.06	2.22		25	2.3	397	23.0			
						3	42—87	黑棕色	中壤土	块状	7.4	62.8	3.13	2.24	12.5	27	1.7	349	27.4			
						R	87—															
剖11	钙层土	栗钙土	暗栗钙土	花岗岩类残坡积暗栗钙土	多砾轻壤质薄层暗栗钙土	1	0—11	暗灰棕色	轻壤土	屑粒状	7.6	41.6	2.30	1.11		154	0.6	188	18.1	花岗岩类残积物、坡积物	E 114°07′45.5″ N 41°05′46.3″	75
						2	11—27	暗棕色	砂壤土	屑粒状	7.5	23.6	1.17	0.47		104	0.3	36	10.1			
						R	27—															
剖12	钙层土	栗钙土	淡栗钙土	次生黄土淡栗钙土	轻壤质淡栗钙土	1	0—20	橙色	轻壤土	屑粒状	8.0	12.4	0.79	0.90		52	3.3	156	16.2		E 114°12′25.6″ N 41°01′22.4″	100
						2	20—53	黄橙色	轻壤土	碎块状	7.6	15.0	0.92	0.93		65	0.6	116	17.6			
						3	53—150	暗黄橙色	轻壤土	碎块状	7.7	10.3	0.52	0.83		36	0.6	92	17.2			
剖13	钙层土	栗钙土	暗栗钙土	花岗岩类残积坡积暗栗钙土	轻壤质薄层暗栗钙土	1	0—9	暗棕色	轻壤土	屑粒状	8.4	10.1	0.48	1.08		62	0.6	67	15.6	花岗岩类残积物、坡积物	E 114°00′03.9″ N 40°58′10.1″	90
						2	9—17	暗棕色	轻壤土	屑粒状	8.4	10.5	0.46	1.11		53	0.6	67	8.7			
						R	17—															
剖14	钙层土	栗钙土	暗栗钙土	花岗岩类残积坡积暗栗钙土	轻壤质中层暗栗钙土	1	0—28	暗棕色	轻壤土	屑粒状	7.8	48.0	2.21	1.17		178	4.3	148	23.3	花岗岩类残积物、坡积物	E 114°02′13.4″ N 40°56′35.2″	96
						2	28—38	浅棕色	轻壤土	屑粒状	7.8	32.4	1.54	0.89		130	1.6	104	21.7			
						R	38—															
剖15	钙层土	栗钙土	淡栗钙土	次生黄土淡栗钙土	轻壤质淡栗钙土	1	0—8	紫灰色	轻壤土	块状	8.1	22.0	1.19	1.23		101	3.0	157	15.4		E 114°14′19.5″ N 40°51′25.1″	73
						2	8—28	灰棕色	轻壤土	块状	8.0	32.1	1.65	1.11		135	2.1	100	13.4			
						R	28—															
剖16	半水成土	草甸土		砂质洪冲积草甸土	砂壤质草甸土	1	0—14	浅棕色	砂壤土	屑粒状	8.4	8.7	0.31	0.42	20.1	39	2.1	80	7.0		E 114°06′18.1″ N 40°50′22.8″	73
						2	14—40	浅棕色	砂壤土	屑粒状	8.4	6.2	0.27	1.01	19.3	35	0.7	111	7.7			
						3	40—91	棕色	砂壤土	屑粒状	8.1	7.1	0.42	1.01	19.9	47	1.0	64	10.7			
						4	91—150	浅棕色	砂土	单粒状	8.7	10.5	0.13	0.84		14	微量	14	1.4			
剖17	钙层土	栗钙土	淡栗钙土	次生黄土淡栗钙土	轻壤质中层淡栗钙土	1	0—20	灰棕色	轻壤土	屑粒状	8.7	6.8	0.91	0.81		88	1.0	102	13.9		E 114°12′03.0″ N 40°49′38.9″	82
						2	20—45	灰棕色	轻壤土	屑粒状	8.5	7.1	1.00	0.50		84	1.1	60	22.0			
						R	45—															
剖18	钙层土	栗钙土	淡栗钙土	马兰黄土淡栗钙土	轻壤质淡栗钙土	1	0—20	浅棕色	轻壤土	块状	8.3	8.1	0.49	1.19	18.5	31	0.4	113	14.7		E 114°19′35.6″ N 40°46′33.6″	96
						2	20—70	浅棕色	中壤土	块状	8.2	7.7	0.44	1.19	18.5	26	0.4	115	14.6			
						3	70—					7.0	0.45	0.91	18.5	22	0.9	123				

蔚 县

主要土类说明

栗钙土是蔚县主要土壤类型，占本县地域面积的 76%。栗钙土是在温带半干旱草原下形成的具有栗色腐殖质层和灰白色钙积层的土壤。其表层有栗色腐殖质层，厚 20—30cm，有机质含量为 15—45g/kg。环境越趋半干旱，有机质层越薄，含量亦减。腐殖质层下，灰白色钙积层发育明显，钙积层见于 20—30cm 深处，厚达 40cm，呈斑点状或层状钙积，石膏及易溶盐局部聚积。

褐土是蔚县第二大土壤类型，占本县地域面积的 11%。褐土发生于暖温带半湿润区，是具有黏化与钙质淋移淀积特征的土壤，具 A-B-Bk-C 剖面构型。盐基饱和，处于硅铝风化阶段，有明显的黏化淀积层与假菌丝状钙积层。B 层呈棕褐色，pH 为 7.0—7.5，盐基饱和度在 80% 以上，有时过饱和。

棕壤是蔚县第三大土壤类型，占本县地域面积的 6%。本县棕壤的主要植被为湿润暖温带落叶阔叶林，但大部分已经被垦殖，以旱作为主。本县棕壤处于硅铝风化阶段，是具有黏化特征的棕色土壤，土体可见黏粒淀积，盐基充分淋失，pH 为 6.0—7.0，见少量游离铁。多有干鲜果类生长，山地多森林覆盖。

潮土占蔚县地域面积的 5%。潮土见于近代河流冲积平原或低平阶地，地下水位浅，潜水参与成土过程。在潮土成土过程中，底土氧化还原作用交替进行，形成锈色斑纹和小型铁子。在长期耕作条件下，表层有机质含量为 10—15g/kg。

小于本县地域面积 3% 的土壤类型还有水稻土、草甸盐土和山地草甸土等。

本区域中心区气候特征

本区域中心区气候特征值
Regional climate characteristics in central area of the region

气候带：中温带亚干旱气候 Climate region: Mid temperate subarid climate	
年平均气温 /℃ Annual average temperature /℃	9.5
年平均最高气温 /℃ Annual average maximum temperature /℃	16.0
年平均最低气温 /℃ Annual average minimum temperature /℃	3.8
年降水量 /mm Annual precipitation /mm	404
≥10℃的积温 /℃ Daily temperature accumulated in a year (≥10℃) /℃	3435
年日照时数 /h Annual sunshine /h	2803
年平均相对湿度 /% Annual average relative humidity /%	53
干燥度 Dryness	1.38

本区域中心区月平均气温与月平均降水量
Monthly temperature and precipitation in central area of the region

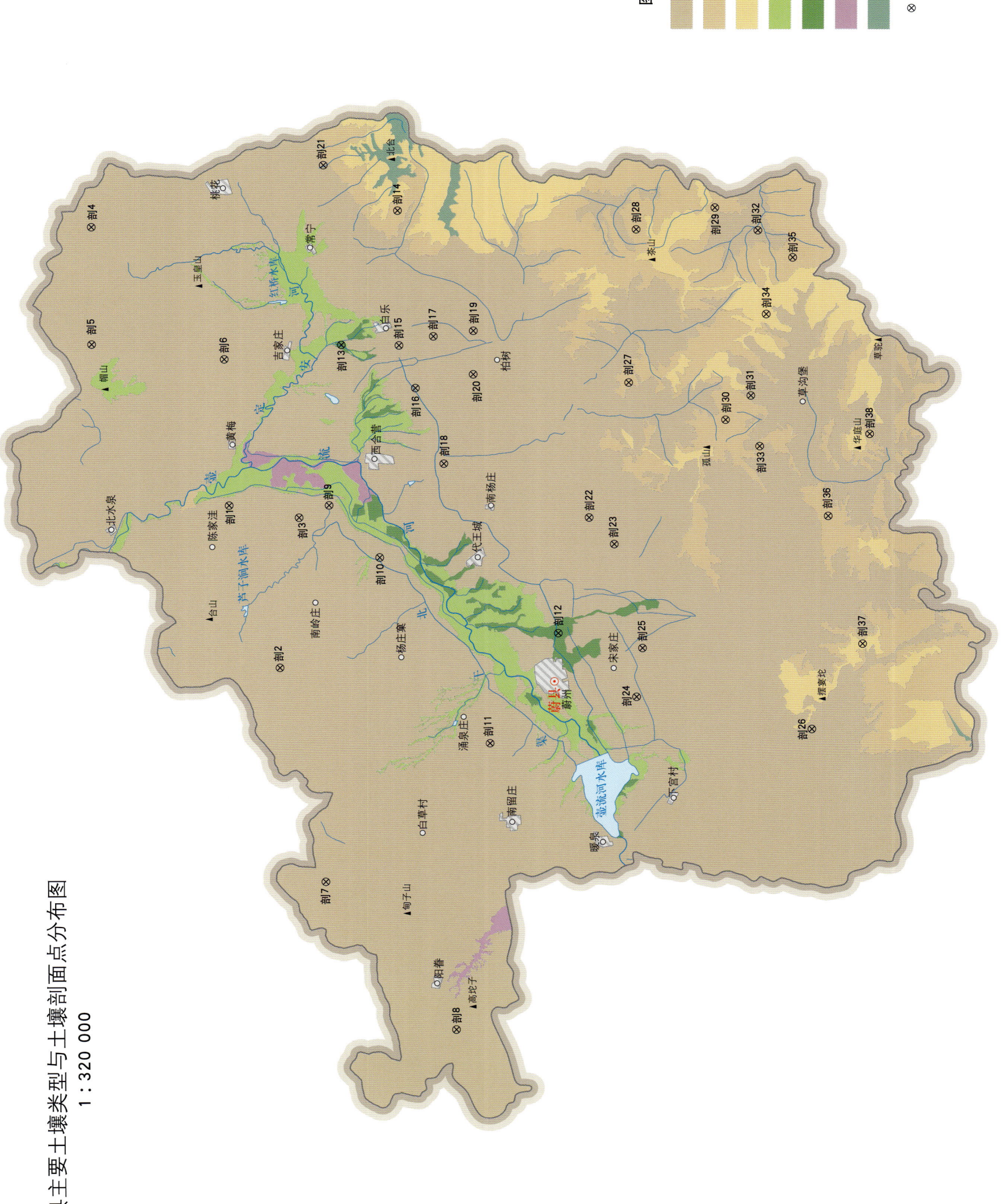

蔚县主要土壤类型与土壤剖面点分布图

蔚县土壤剖面理化性状表

剖面号 Soil profile	土纲 Soil order	土类 Soil great group	亚类 Soil subgroup	土属 Soil genus	土种 Soil species	土层码 Layer code	土层厚度 Depth/cm	颜色 Soil color	质地 Soil texture	土壤结构 Soil structure	pH	有机质 OM/(g/kg)	全氮 TN/(g/kg)	全磷 TP/(g/kg)	全钾 TK/(g/kg)	碱解氮 AN/(mg/kg)	有效磷 AP/(mg/kg)	速效钾 AK/(mg/kg)	阳离子交换量CEC/(cmol/kg)	土壤母质 Parent material	剖面点坐标 Profile coordinate	匹配指数 Matching index/%
剖1	钙层土	栗钙土	淡栗钙土性土	壤质洪冲积淡栗钙土性土	少砾轻壤质洪冲积淡栗钙土性土	1	0~18	灰黄色	轻壤土	屑粒状	7.9	8.6	0.60	0.61	21.0	48	2.9	148	12.2		E 114°42′51.1″ N 40°03′15.6″	94
						2	18~58	浅灰黄色	轻壤土	屑粒状	8.3	6.1	0.48	0.58	19.0	34	2.9	115	15.6			
						3	58~90	浅灰黄色	轻壤土	屑粒状	8.5	3.9	0.32	0.54	17.5	29	1.4	98	12.1			
						4	90~150	浅灰黄色	轻壤土	屑粒状	8.5	4.9	0.34	0.50	19.8	32	0.7	94	10.7			
剖2	钙层土	栗钙土	淡栗钙土			1	0~20	紫棕色	砾质土	单粒状	8.1	13.7	0.94	0.58	17.2	45	0.5	206	21.7	砂砾岩类残积物、坡积物	E 114°34′23.2″ N 40°01′04.8″	97
剖3	钙层土	栗钙土	淡栗钙土性土	次生淡栗钙土性土	轻壤质次生淡栗钙土性土	1	0~20	灰黄色	轻壤土	屑粒状	8.1	7.5	0.51	0.51	19.3	44	1.4	67	12.2		E 114°42′17.6″ N 40°00′28.9″	72
						2	20~40	灰黄色	轻壤土	屑粒状	8.3	6.9	0.53	0.43	18.2	54	1.1	71	15.0			
						3	40~80	浅灰黄色	轻壤土	屑粒状	8.3	6.0	0.40	0.35	19.3	52	0.4	71	18.1			
						4	80~150	浅灰黄色	白胶土	屑粒状	8.5	3.5	0.26	0.37	20.6	32	1.8	74	15.9			
剖4	钙层土	栗钙土	淡栗钙土		深位白胶质淡栗钙土	1	0~22	白色	轻壤土	碎屑状	7.9	31.0	1.88	0.46	21.8	41	2.8	82	25.1		E 114°57′21.3″ N 40°08′57.4″	100
						2	22~56	白色	砾质土	碎屑状	7.9	14.2	0.80	0.49	23.0	18	0.2	47	14.1			
剖5	钙层土	栗钙土	淡栗钙土性土	原生淡栗钙土性土	栗钙土性土	1	0~30	浅黄棕色	轻壤土	碎屑状	8.1	6.7	0.50	0.55	16.9	31	1.1	74	13.9	砂砾岩类残积物、坡积物	E 114°51′10.7″ N 40°08′50.0″	78
						2	30~70	浅黄棕色	轻壤土	碎屑状	8.0	4.7	0.34	0.53	16.9	17	0.4	78	13.8			
						3	70~150	浅黄棕色	轻壤土	碎屑状	8.0	5.3	0.37	0.56	18.0	19	0.7	78	14.4			
剖6	钙层土	栗钙土	淡栗钙土	碳酸岩类残坡积淡栗钙土性土		1	0~27	暗棕色	轻壤土	团屑状	7.8	57.0	2.99	0.74	16.0	210	3.9	259	23.9	碳酸岩类残积物、坡积物	E 114°50′34.2″ N 40°03′35.9″	97
						2	27~74	暗黄棕色	轻壤土	屑粒状	7.9	52.2	2.82	0.68	12.9	207	3.1	147	23.9			
						3	74~150	暗黄棕色	轻壤土	碎屑状	8.0	43.3	2.36	0.70	20.3	90	1.6	81	20.9			
剖7	钙层土	栗钙土	淡栗钙土	原生淡栗钙土性土		1	0~16	黄棕色	轻壤土	碎屑状	8.0	5.8	0.72	0.49	15.0	227	0.9	166	13.3	基性岩类残积物、坡积物	E 114°23′09.2″ N 39°59′02.8″	99
						2	16~33	黑黑色	轻壤土	碎屑状	8.6	13.4	1.20	0.50	15.9	186	0.9	166	14.3			
剖8	钙层土	栗钙土	淡栗钙土性土	原生淡栗钙土性土	轻壤质原生淡栗钙土性土	1	0~17	浅黄棕色	轻壤土	碎屑状	8.1	5.9	0.46	0.55	16.6	31	1.1	111	12.4		E 114°15′37.9″ N 39°53′44.6″	100
						2	17~52	浅黄棕色	轻壤土	碎屑状	8.1	4.8	0.37	0.54	16.4	28	2.7	61	14.3			
						3	52~150	浅黄棕色	轻壤土	碎屑状	8.3	4.6	0.34	0.55	17.7	24	3.6	68	13.6			
剖9	钙层土	栗钙土	淡栗钙土性土	壤质洪冲积淡栗钙土性土	轻壤质洪积淡栗钙土性土	1	0~40	灰黄色	轻壤土	屑粒状	8.5	9.0	0.51	1.04	17.8	36	0.7	71	13.5	洪积物、冲积物	E 114°42′59.2″ N 39°59′19.4″	92
						2	40~85	暗黄棕色	轻壤土	屑粒状	8.7	7.3	0.46	1.05	18.7	27	4.3	68	13.5			
						3	85~150	浅黄棕色	轻壤土	屑粒状	8.5	5.5	0.37	1.25	18.7	25	1.8	68	12.1			
剖10	钙层土	栗钙土	淡栗钙土	壤质洪相沉积淡栗钙土性土	轻壤质白胶淡栗钙土性土	1	0~21	暗黄棕色	轻壤土	屑粒状	8.2	10.6	0.58	0.62	17.6	42	0.4	68	13.4		E 114°40′18.8″ N 39°57′16.2″	84
						2	21~33	灰黄色	白胶土	块状	8.2	7.5	0.46	0.54	7.4	21	0.4	64	12.0			
						3	33~65	棕灰色	白胶土	碎块状	8.2	5.9	0.45	0.35	10.6	27	0.4	47	12.1			
						4	65~111	灰黄色	白胶土	碎屑状	8.3	4.7	0.34	0.48	14.7	28	0.4	78	15.7			
						5	111~150	灰黄色	轻壤土	碎屑状	8.2	5.3	0.35	0.51	10.6	31	0.4	92	18.5			
剖11	钙层土	栗钙土	淡栗钙土性土	砂质洪冲积淡栗钙土性土	轻壤质洪底砂冲积淡栗钙土性土	1	0~20	浅棕色	砂壤土	屑粒状	8.2	3.1	0.20	0.95	18.9	15	0.1	114	10.7		E 114°30′40.0″ N 39°52′43.7″	85
						2	20~40	灰棕色	砂砾土	屑粒状	8.4	1.7	0.18	0.83	18.9	11	0.5	94	11.8			
						3	40~150	灰黄色	砾石	单粒状	8.5	2.6	0.16	0.92	18.6	13	0.2	94	10.0			
剖12	人为土	水稻土	淹育水稻土	壤质冲积淹育水稻土	轻壤质冲积淹育水稻土	1	0~19	灰棕色	轻壤土	屑粒状										洪积物、冲积物	E 114°36′34.7″ N 39°50′09.6″	80
						2	19~51	浅棕色	中壤土	屑粒状												
						3	51~150	浅棕色	砂土	单粒状												
剖13	人为土	水稻土	潜育水稻土	壤质冲积潜育水稻土	轻壤质冲积潜育水稻土	1	0~12	棕灰色	轻壤土	糊状	7.9	21.6	1.38	0.62	23.0	56	3.0	88	13.9		E 114°51′27.7″ N 39°58′59.5″	86
						2	12~32	棕灰色	中壤土	碎块状	7.9	15.2	0.87	0.72	21.3	57	7.3	152	13.4			
						3	32~110	暗灰棕色	轻壤土	糊状	8.0	16.0	0.99	0.60	22.0	75	4.5	95	16.5			
剖14	半淋溶土	褐土	淋溶褐土	花岗岩类残坡积淋溶褐土		1	0~17	棕色	砾质土	屑粒状	7.7	34.3	2.29	0.70	23.5	86	3.9	178	23.4	花岗岩类残积物、坡积物	E 114°58′35.4″ N 39°56′54.7″	86
						2	17~39	浅黄色	砾质土		7.8	30.2	1.89	0.67	22.7	122	1.4	113	22.5			
						3	39~50	灰白色	砾质土	屑粒状	7.8	30.5	1.86	0.61	23.1	119	2.1	85	23.5			

续表 Continued

剖面号 Soil profile	土纲 Soil order	土类 Soil great group	亚类 Soil subgroup	土属 Soil genus	土种 Soil species	土层码 Layer code	土层厚度 Depth/cm	颜色 Soil color	质地 Soil texture	土壤结构 Soil structure	pH	有机质 OM/(g/kg)	全氮 TN/(g/kg)	全磷 TP/(g/kg)	全钾 TK/(g/kg)	碱解氮 AN/(mg/kg)	有效磷 AP/(mg/kg)	速效钾 AK/(mg/kg)	阳离子交换量CEC/(cmol/kg)	土壤母质 Parent material	剖面点坐标 Profile coordinate	匹配指数 Matching index/%
剖15	钙层土	栗钙土	淡栗钙土性土	壤质洪冲积淡栗钙土性土	轻壤质洪积淡栗钙土性土	1	0~14	浅棕色	轻壤土	碎屑状	8.1	4.0	0.32	0.52	17.1	28	1.3	84	9.8		E 114°51′30.4″ N 39°56′43.2″	79
						2	14~48	浅棕橙色	轻壤土	碎屑状	8.2	2.1	0.18	0.52	17.4	15	1.6	60	8.6			
						3	48~150	浅黄棕色	轻壤土	碎屑状	8.0	2.2	0.21	0.62	15.9	14	3.8	81	10.3			
剖16	钙层土	栗钙土	淡栗钙土性土	砂壤质洪积淡栗钙土性土		1	0~12	浅棕色	砂壤土	碎屑状	8.2	8.0	0.59	0.60	18.1	57	0.5	87	9.5		E 114°49′16.7″ N 39°56′02.4″	81
						2	12~48	深棕色	砂壤土	碎屑状	8.2	5.1	0.37	0.54	20.8	42	0.5	60	8.3			
						3	48~150		砾石													
剖17	钙层土	栗钙土	淡栗钙土性土	壤质洪冲积淡栗钙土性土		1	0~15	棕色	轻壤土	碎屑状	8.0	11.4	0.80	0.60	24.2	66	2.2	95	14.7		E 114°52′01.2″ N 39°55′22.4″	100
						2	15~57	紫棕色	轻壤土	碎屑状	8.1	7.4	0.51	0.53	19.7	49	0.2	68	12.7			
						3	57~96	浅黄棕色	轻壤土	碎屑状	8.0	10.1	0.71	0.47	20.7	60	0.5	68	16.3			
						4	96~150		砾石													
剖18	钙层土	栗钙土	淡栗钙土性土	次生淡栗钙土性土	轻壤质次生淡栗钙土性土	1	0~45	浅灰黄色	轻壤土	屑粒状	8.3	4.5	0.37	0.56	18.5	19	0.4	68	12.2		E 114°45′19.8″ N 39°54′50.0″	74
						2	45~120	浅灰黄色	轻壤土	屑粒状	8.5	3.5	0.27	0.57	17.7	12	0.4	68	11.5			
						3	120~150	浅黄棕色	轻壤土	屑粒状	8.4	3.5	0.27	0.55	17.8	16	2.1	78	11.9			
剖19	钙层土	栗钙土	淡栗钙土性土	壤质洪冲积淡栗钙土性土		1	0~15	浅棕色	轻壤土	屑粒状	8.2	7.7	0.50	0.49	20.1	39	0.5	74	9.9	洪积物, 冲积物	E 114°52′21.7″ N 39°53′48.1″	84
						2	15~47	黄棕色	轻壤土	屑粒状	8.1	5.9	0.43	0.48	22.3	30	0.5	60	10.3			
						3	47~86	灰棕色	轻壤土	屑粒状	8.1	7.2	0.55	0.54	19.7	32	1.3	50	10.3			
						4	86~150		砾石													
剖20	钙层土	栗钙土	淡栗钙土性土	壤质洪冲积淡栗钙土性土		1	0~10	浅棕色	轻壤土	屑粒状	8.0	9.7	0.60	0.59	23.4	3	2.0	134	10.1		E 114°50′04.9″ N 39°53′46.0″	88
						2	10~20	浅棕色	轻壤土	屑粒状	8.1	8.4	0.52	0.60	22.2	37	1.6	84	10.1			
						3	20~150		砾石													
剖21	钙层土	栗钙土	淡栗钙土性土			1	0~24	暗棕色	轻壤土	碎屑状	7.7	52.4	3.34	0.67	21.4	223	6.8	102	25.7	花岗岩类残积物, 坡积物	E 115°00′54.0″ N 39°59′52.8″	85
						2	24~50	黄棕色	砾质土	碎屑状	8.1	25.9	1.75	0.44	19.4	113	0.4	68	19.7			
剖22	钙层土	栗钙土	淡栗钙土性土	壤质洪冲积淡栗钙土性土		1	0~14	黄棕色	轻壤土	碎屑状	8.3	7.0	0.50	0.43	22.0	32	0.5	54	9.7	洪积物, 冲积物	E 114°42′40.0″ N 39°49′03.4″	92
						2	14~35	浅棕色	砂壤土	碎屑状	8.3	5.9	0.37	0.46	22.9	26	0.2	47	8.4			
						3	35~150		砾石													
剖23	钙层土	栗钙土	淡栗钙土性土	壤质洪冲积淡栗钙土性土		1	0~14	浅棕色	轻壤土	碎屑状	8.3	7.5	0.52	0.59	19.6	36	1.3	77	12.6		E 114°41′18.2″ N 39°48′02.5″	73
						2	14~58	棕色	轻壤土	碎屑状	8.1	6.6	0.46	0.50	21.6	35	0.5	64	12.6			
						3	58~98	紫棕色	轻壤土	碎屑状	8.2	10.7	0.60	0.49	21.7	40	0.5	81	19.0			
						4	98~150		砾石													
剖24	钙层土	栗钙土	淡栗钙土性土	壤质洪冲积淡栗钙土性土	小砾轻壤质洪冲积淡栗钙土性土	1	0~18	紫色	砂壤土	碎屑状	8.4	2.3	0.19	0.46	16.8	17	0.7	47	12.6		E 114°33′18.7″ N 39°47′00.2″	88
						2	18~49	紫棕色	砂壤土	碎屑状	8.3	5.6	0.44	0.49	16.3	31	0.4	54	12.6			
						3	49~150	浅棕色	砂壤土	碎屑状	8.2	6.5	0.49	0.49	15.5	37	0.4	74	11.0			
剖25	钙层土	栗钙土	淡栗钙土性土	砂壤质洪积淡栗钙土性土		1	0~15	紫色	砂壤土	碎屑状	8.1	6.9	0.48	0.43	18.4	37	1.8	64	8.9	洪积物, 冲积物	E 114°35′53.5″ N 39°46′49.8″	72
						2	15~51	浅棕色	砂壤土	碎屑状	8.2	6.9	0.45	0.44	19.0	37	0.7	54	10.0			
						3	51~150		砾石													
剖26	钙层土	栗钙土	淡栗钙土性土	碳酸岩类残坡积淡栗钙土		1	0~18	暗灰棕色	轻壤土	屑粒状	7.8	30.1	1.69	0.72	17.0	97	2.0	92	23.4		E 114°31′49.4″ N 39°40′04.8″	74
						2	18~50	棕黄色	轻壤土	屑粒状	7.7	32.2	1.67	0.77	17.9	77	1.3	92	25.1			
						3	50~85	棕黄色	轻壤土	屑粒状	7.7	35.7	1.65	0.78	16.0	87	4.2	82	27.4			
剖27	半淋溶土	褐土	淋溶褐土			1	0~23	浅黄色	轻壤土	屑粒状		21.9									E 114°49′49.4″ N 39°47′38.0″	78
						2	23~58	浅黄色	轻壤土	屑粒状	6.7	74.6	4.67	0.81	16.3	323	7.5	101	37.5			
剖28	半淋溶土	褐土	淋溶褐土	碳酸岩类残坡积淋溶褐土		1	0~15	暗红色	轻壤土	屑粒状	7.4	77.0	4.50	1.20	18.1	258	2.9	62	37.5	碳酸岩类残积物, 坡积物	E 114°57′52.6″ N 39°47′29.4″	70
						2	15~50	暗红色	轻壤土	屑粒状	6.9	42.8	2.36	1.19	20.8	192	2.5	65	28.6			
						3	50~70	灰黄色	轻壤土	屑粒状	7.3	55.6	3.36	0.65	22.5	199	5.4	310	22.9			
剖29	半淋溶土	褐土	淋溶褐土	碳酸岩类残坡积淋溶褐土		1	0~16	暗棕色	轻壤土	团粒状	6.9	52.6	3.15	0.60	20.5	187	2.5	96	25.1	碳酸岩类残积物, 坡积物	E 114°59′07.1″ N 39°44′24.5″	82
						2	16~35	暗棕色	轻壤土	屑粒状												
						3	35~70	棕色	轻壤土	屑粒状	7.5	21.9	1.30	0.35	19.9	79	1.1	61	18.2			

续表 Continued

剖面号 Soil profile	土纲 Soil order	土类 Soil great group	亚类 Soil subgroup	土属 Soil genus	土种 Soil species	土层码 Layer code	土层厚度 Depth/cm	颜色 Soil color	质地 Soil texture	土壤结构 Soil structure	pH	有机质 OM/(g/kg)	全氮 TN/(g/kg)	全磷 TP/(g/kg)	全钾 TK/(g/kg)	碱解氮 AN/(mg/kg)	有效磷 AP/(mg/kg)	速效钾 AK/(mg/kg)	阳离子交换量CEC/(cmol/kg)	土壤母质 Parent material	剖面点坐标 Profile coordinate	匹配指数 Matching index/%
剖30	半淋溶土	褐土	淋溶褐土	基性岩类坡积淋溶褐土		1	0—23	棕色	轻壤土	屑粒状										基性岩类残积物、坡积物	E 114°47′58.9″ N 39°43′47.3″	90
						2	23—61	暗黄棕色	轻壤土	屑粒状												
						3	61—70	灰黄色	轻壤土	屑粒状												
剖31	钙层土	栗钙土	淡栗钙土	花岗岩类坡积淡栗钙土		1	0—15	浅棕色	轻壤土	屑粒状	7.9	20.8	1.36	0.70	23.1	92	3.2	156	17.4	花岗岩类残积物、坡积物	E 114°49′17.8″ N 39°42′48.6″	94
						2	15—45	浅黄棕色	轻壤土	碎屑状	8.2	6.4	0.47	0.63	22.4	27	0.7	85	16.9			
						3	45—150	浅黄棕色	砾质土	碎屑状	8.1	6.0	0.49	0.63	28.1	23	1.8	129	16.9			
剖32	钙层土	栗钙土	淡栗钙土	基性岩类坡积淡栗钙土		1	0—20	浅灰黄色	轻壤土	屑粒状	7.5	23.5	1.55	0.57	20.0	95	0.4	74	16.5	基性岩类残积物、坡积物	E 114°57′57.6″ N 39°42′41.4″	87
剖33	半淋溶土	褐土	淋溶褐土			1	0—15	黄棕色	轻壤土	碎屑状										基性岩类残积物、坡积物	E 114°46′37.9″ N 39°42′24.8″	93
						2	15—40	浅棕色	砾质土	碎屑状												
剖34	淋溶土	棕壤	棕壤	花岗岩类残坡积棕壤		1	0—45	暗灰棕色	轻壤土	团粒状	7.2	59.3	3.48	0.57	18.7	268	5.0	96	26.1	花岗岩类残积物、坡积物	E 114°53′34.6″ N 39°42′16.8″	77
						2	45—90	黄棕色	砾质土	碎屑状	7.6	7.2	0.43	0.22	20.3	30	1.1	54	14.5			
剖35	半淋溶土	褐土	淋溶褐土	花岗岩类残坡积淋溶褐土		1	0—16	暗棕色	轻壤土	团块状										花岗岩类残积物、坡积物	E 114°56′34.4″ N 39°41′17.5″	100
						2	16—40	棕色	中壤土	碎屑状												
						3	40—46	棕色	中壤土	碎屑状												
剖36	半淋溶土	褐土	淋溶褐土	碳酸岩类残积淋溶褐土		1	0—15	黑棕色	轻壤土	团粒状										碳酸岩类残积物、坡积物	E 114°43′02.0″ N 39°39′38.5″	95
						2	15—70	暗棕色	轻壤土	屑粒状												
						3	70—100	黑棕色	轻壤土	屑粒状												
剖37	淋溶土	棕壤	棕壤	碳酸岩类残积棕壤	轻壤质厚层碳酸岩类坡积棕壤	1	0—20	暗红色	轻壤土	屑粒状	6.9	66.0	3.75	0.96	15.9	78	3.1	144	28.0	碳酸岩类残积物、坡积物	E 114°36′23.3″ N 39°38′09.6″	90
						2	20—55	暗红色	轻壤土	屑粒状	6.5	56.0	3.18	1.02	17.5	52	2.4	110	25.4			
						3	55—150	浅黄色	轻壤土	屑粒状	6.8	30.8	1.65	1.02	20.1	31	3.9	106	20.0			
剖38	半淋溶土	褐土	淋溶褐土	砂砾岩类残积淋溶褐土		1	0—19	黄灰色	砾质土	碎屑状										砂砾岩类残积物、坡积物	E 114°47′24.4″ N 39°38′05.6″	72
						2	19—45	黄棕色	砾质土	碎屑状												
						3	45—74	黄棕色	砾质土	碎屑状												

阳 原 县

主要土类说明

栗钙土是阳原县主要土壤类型,占本县地域面积的73%。栗钙土是本县的代表土类,分布区属寒凉半干旱大陆性季风气候区,主要植被为干旱半干旱灌丛草原植被,该土类所处海拔为850—2000m。母质为碳酸岩类、花岗岩类、基性岩类等残积物、坡积物及洪积物、冲积物、黄土和湖积物。土壤的物理风化强烈,土壤质地较粗,土体构型中多有菌丝状、斑状钙积,pH为8.1—9.0。本县栗钙土分为栗钙土、淡栗钙土、淡栗钙土性土等亚类。

潮土是阳原县第二大土壤类型,占本县地域面积的10%。潮土见于近代河流冲积平原或低平阶地,地下水位浅,潜水参与成土过程。在潮土成土过程中,底土氧化还原作用交替进行,形成锈色斑纹和小型铁子。在长期耕作条件下,表层有机质含量为10—15g/kg。

石质土占本县地域面积的8%,广泛分布于侵蚀严重、岩石裸露的石质山地、侵蚀残丘,以及在丘顶、山脊、山坡等坡度陡峻的地形部位。该类土壤表层岩石裸露,风化层浅薄,一般小于10cm,风化度低,富含砾石,多碎屑岩粒,风化层下为坚硬岩石层。

粗骨土占本县地域面积的6%。粗骨土属于A–C型,甚至(A)–C型土壤。A层发育不明显,与母质土层性状相似,略显有机质积累。有时母质层富含砾石,甚少剖面分异与发育特征。

小于本县地域面积3%的土壤类型还有草甸盐土等。

本区域中心区气候特征

本区域中心区气候特征值
Regional climate characteristics in central area of the region

气候带:中温带亚干旱气候 Climate region: Mid temperate subarid climate	
年平均气温 /℃ Annual average temperature /℃	8.4
年平均最高气温 /℃ Annual average maximum temperature /℃	15.1
年平均最低气温 /℃ Annual average minimum temperature /℃	2.6
年降水量 /mm Annual precipitation /mm	386
≥10℃的积温 /℃ Daily temperature accumulated in a year(≥10℃)/℃	3165
年日照时数 /h Annual sunshine /h	2795
年平均相对湿度 /% Annual average relative humidity /%	52
干燥度 Dryness	1.29

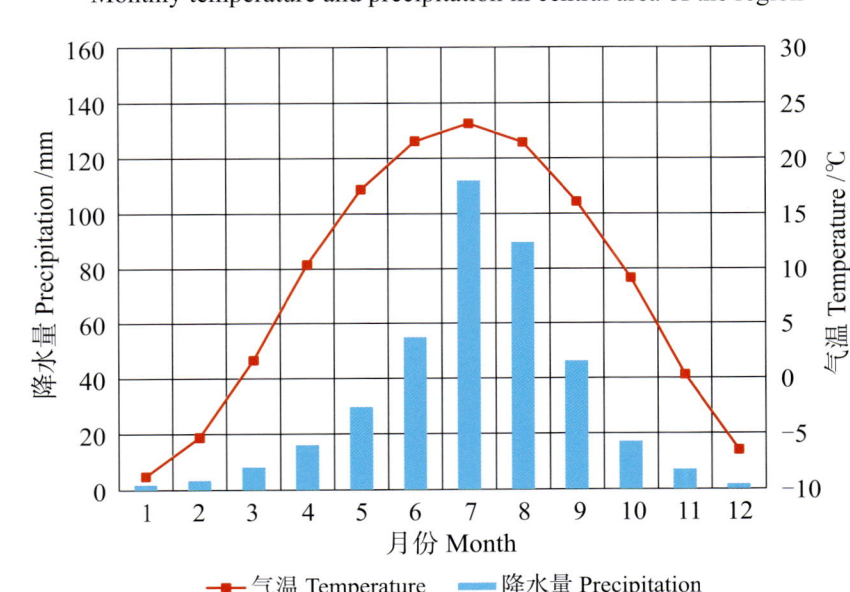

本区域中心区月平均气温与月平均降水量
Monthly temperature and precipitation in central area of the region

阳原县主要土壤类型与土壤剖面点分布图

1∶260 000

图 例

栗钙土　潮土　石质土　粗骨土　草甸盐土　剖面点

阳原县土壤剖面理化性状表

剖面号 Soil profile	土纲 Soil order	土类 Soil great group	亚类 Soil subgroup	土属 Soil genus	土种 Soil species	土层码 Layer code	土层厚度 Depth/cm	颜色 Soil color	质地 Soil texture	土壤结构 Soil structure	pH	有机质 OM/(g/kg)	全氮 TN/(g/kg)	全磷 TP/(g/kg)	碱解氮 AN/(mg/kg)	速效钾 AK/(mg/kg)	阳离子交换量CEC/(cmol/kg)	土壤母质 Parent material	剖面点坐标 Profile coordinate	匹配指数 Matching index/%
剖1	钙层土	栗钙土	淡栗钙土性	壤质湖积淡栗钙土性残	轻壤质浅位湖积淡栗钙土性土	1	0—20	灰黄色	轻壤土	碎块状		7.3	0.55	0.47	26		6.8		E 113°58′18.6″ N 40°02′34.5″	78
						2	20—36	灰黄色	轻壤土	片状		5.4	0.37	0.52	19		9.0			
						3	36—150	白蓝色	黏土	棱块状		2.8	0.42	0.68	15		11.4			
剖2	钙层土	栗钙土	淡栗钙土性	壤质碳酸岩类残	少砾中壤质薄层淡栗钙土	1	0—14	浅栗色	中砾质	碎块状		5.9	1.63	0.29	98	120	20.0	碳酸岩类残积物、坡积物	E 114°21′19.8″ N 40°13′59.5″	85
						2	14—33	浅栗色	砾质土			1.5	0.06	0.12	36	20	7.1			
						3	33—	灰白色												
剖3	钙层土	栗钙土	淡栗钙土性	砂质洪冲积淡栗钙土性	砂砾质淡栗钙土性土	1	0—20	黄棕色	砂壤土	屑粒状	8.8	5.0	0.28	0.49	17	110	2.4		E 114°37′00.5″ N 40°12′33.0″	82
						2	20—32	黄棕色	砂壤土	屑粒状	9.1	3.0	0.22		11	70	7.2			
						3	32—59	浅黄棕色	轻壤土	碎块状	8.7	6.3	0.44	0.57	14	56	10.0			
						4	59—96	黄棕色	轻壤土	碎屑状	8.7	3.2	0.27		8	45	11.9			
						5	96—150	浅黄棕色	轻壤土	碎块状	8.6	8.7	0.63		21		15.0			
剖4	钙层土	栗钙土	淡栗钙土	中壤质黄土质淡栗钙土	中壤质淡栗钙土	1	0—18	浅栗色	中壤土	块状	8.4	7.8	0.61			144	13.8		E 114°40′11.6″ N 40°12′10.8″	93
						2	18—39	浅栗色	中壤土	片状	8.5	5.7	0.41			110	13.4			
						3	39—74	浅栗色	中壤土	柱状	8.5	4.4	0.44			125	16.0			
						4	74—115	浅栗色	中壤土	柱状	8.6	3.5	0.07			116	15.4			
						5	115—150	浅栗色	中壤土	柱状	8.5	2.8	0.32			116	14.8			
剖5	钙层土	栗钙土	淡栗钙土性	壤质洪冲积淡栗钙土性	少砾轻壤质淡栗钙土性土	1	0—18	浅黄棕色	轻壤土	碎块状	8.7	5.0	0.22	0.18	10	145	11.3		E 114°06′29.7″ N 40°07′04.5″	94
						2	18—62	浅黄棕色	轻壤土	碎块状	8.8	2.3	0.40	0.08	9	93	9.8			
						3	62—100	黄棕色	轻壤土	碎块状	8.8	2.0	0.21	0.11	19	90	11.3			
						4	100—150	黄棕色	轻壤土	碎屑状	8.7	2.7	0.18	0.23	9	70	15.8			
剖6	钙层土	栗钙土	淡栗钙土性	壤质湖积淡栗钙土性	少砾质湖积淡栗钙土性土	1	0—17	灰棕色	少砾质轻壤土	碎块状	9.0	3.4	0.25	0.30	8	71	8.3		E 114°14′36.2″ N 40°05′42.4″	71
						2	17—40	灰黄色	少砾质轻壤土	碎块状	8.5	2.2	0.33	0.27	12	57				
						3	40—150	灰黄色	黏土	片状	8.7		0.29	0.47	8	61				
剖7	盐碱土	草甸盐土	草甸盐土	壤质硫酸盐氯化物草甸盐土	轻壤质草甸盐土	1	0—20	栗色	轻壤土	碎块状									E 114°10′02.3″ N 40°02′47.4″	80
						2	20—42	黄棕色	轻壤土	片状										
						3	42—73	黄棕色	轻壤土	碎屑状		3.7	0.27			180	12.5			
						4	73—120	黄棕色	轻壤土	碎屑状		3.3	0.24			168	9.9			
						5	120—150	黄棕色	轻壤土	碎屑状		2.6	0.22			115	11.3			
剖8	盐碱土	草甸盐土	草甸盐土	砂质湖积淡栗钙土性	砂壤质草甸盐土	1	0—5	褐色	砂壤土	屑粒状									E 114°13′56.3″ N 40°01′58.1″	75
						2	5—10	褐色	砂壤土	屑粒状										
						3	10—20	褐色	砂壤土	屑粒状		3.8	2.40			129	15.2			
						4	20—57	褐色	砂壤土	碎屑状		1.5	0.10			96	13.1			
						5	57—90	灰黄色	砂壤土	碎屑状		1.8	0.16			72	15.1			
						6	90—127	浅黄色	砂壤土	碎屑状										
剖9	盐碱土	草甸盐土	草甸盐土	壤质硫酸盐氯化物草甸盐土	中壤质草甸盐土	1	0—15	浅栗色	黏土	块状									E 114°02′33.9″ N 40°00′29.4″	92
						2	15—20	黑棕色	黏土	块状										
						3	20—150	暗棕色	中壤土	碎屑状										
剖10	钙层土	栗钙土	淡栗钙土性	壤质洪冲积淡栗钙土性	少砾中壤质底砾石淡栗钙土性土	1	0—17	栗色	中壤土	片状									E 114°22′27.8″ N 40°09′46.4″	91
						2	17—26	浅栗色	中壤土	块状										
						3	26—66			粒状										
						4	66—150		砾石											

续表 Continued

剖面号 Soil profile	土纲 Soil order	土类 Soil great group	亚类 Soil subgroup	土属 Soil genus	土种 Soil species	土层码 Layer code	土层厚度 Depth/cm	颜色 Soil color	质地 Soil texture	土壤结构 Soil structure	pH	有机质 OM/(g/kg)	全氮 TN/(g/kg)	全磷 TP/(g/kg)	碱解氮 AN/(mg/kg)	速效钾 AK/(mg/kg)	阳离子交换量CEC/(cmol/kg)	土壤母质 Parent material	剖面点坐标 Profile coordinate	匹配指数 Matching index/%
剖11	钙层土	栗钙土	淡栗钙土性土	壤质洪冲积淡栗钙土性土	少砾中壤质淡栗土性土	1	0—18	灰黄色	中壤土	碎块状		4.9	0.45	0.44	21	74	12.5		E 114° 15′ 23.0″ N 40° 08′ 49.9″	77
						2	18—30	灰黄色	中壤土	片状		3.4	0.40	0.43	10	52	17.1			
						3	30—130	灰黄色	中壤土	碎块状		2.2	0.22	0.27	7	51	11.0			
						4	130—150	灰黄色	砾质土	碎块状		0.7	0.08	0.08	2	15	4.9			
剖12	钙层土	栗钙土	淡栗钙土性土	壤质湖积淡栗钙土性土	中壤质浅位湖积淡栗钙土性土	1	0—25	灰黄色	中壤土	碎块状	8.4	5.2	0.55	0.44	28	117	11.5		E 114° 24′ 57.1″ N 40° 08′ 32.5″	71
						2	25—50	褐色	黏土	片状	8.4	3.2	0.34	0.34	14	131	16.0			
						3	50—88	灰白色	黏土	块状	8.4	4.4	0.49	0.49	13	152	19.3			
						4	88—130	灰白色	黏土	块状	8.4	3.4	0.56	0.56	16	143	17.9			
						5	130—150	白色	黏土	块状	8.5	4.5	0.57	0.57	14	138	17.7			
剖13	钙层土	栗钙土	淡栗钙土性土	壤质洪冲积淡栗钙土性土	轻壤质淡栗钙土性土	1	0—20	黄色	轻壤土	碎块状	9.0	5.6	0.65		29	173	17.4		E 114° 23′ 10.7″ N 40° 06′ 20.2″	91
						2	20—46	黄色	轻壤土	片状	9.0	4.2	0.45	0.53	22	142	14.7			
						3	46—72	浅黄棕色	中壤土	碎块状	8.9	3.8	0.41		13	93	19.6			
						4	72—150	浅黄棕色	中壤土	碎块状	8.9	5.2	0.46		13	107	21.3			
剖14	钙层土	栗钙土	淡栗钙土性土	壤质洪冲积淡栗钙土性土	中壤质淡栗钙土性土	1	0—20	浅棕色	中壤土	碎屑状	8.7	8.4	0.71	0.53	35	189	9.0		E 114° 25′ 12.4″ N 40° 05′ 33.0″	80
						2	20—35	浅棕色	中壤土	片状	8.8	7.4	0.68	0.53	30	205	13.2			
						3	35—80	浅棕色	中壤土	块状	8.7	4.8	0.52	0.47	23	133	16.2			
						4	80—150	浅棕色	中壤土	块状	8.8	4.4	0.36	0.34	21	123	16.2			
剖15	钙层土	栗钙土	淡栗钙土性土	壤质湖积淡栗钙土性土	少砾轻壤质浅位湖积淡栗钙土性土	1	0—23	褐色	轻壤土	碎块状									E 114° 19′ 17.5″ N 40° 04′ 50.9″	86
						2	23—52	黄色	轻壤土	片状										
						3	52—130	黄色	黏土	碎块状										
						4	130—150	栗色	中壤土	块状										
剖16	钙层土	栗钙土	淡栗钙土性土	壤质洪冲积淡栗钙土性土	少砾中壤质淡栗钙土性土	1	0—15	栗色	砾石	块状									E 114° 09′ 10.1″ N 39° 58′ 38.6″	95
						2	15—40	栗色	砾石	块状										
						3	40—87	浅栗色	轻壤土	碎屑状										
						4	87—117	浅栗色	多砾质中壤土	碎屑状										
						5	117—150		砾石											
剖17	钙层土	栗钙土	淡栗钙土性土	壤质洪冲积淡栗钙土性土	多砾中壤质淡栗钙土性土	1	0—15	棕色	多砾质中壤土		8.1	129.5	4.70			205			E 114° 06′ 10.1″ N 39° 57′ 12.6″	98
						2	15—46	浅棕色	中壤土	片状	8.0	77.8	4.78			107				
						3	46—150	浅棕色	中壤土	粒状										
剖18	钙层土	栗钙土	栗钙土	壤质碳酸岩类残坡积栗钙土	中壤质中层栗钙土	1	0—2	棕色		粒状								碳酸岩类残积物、坡积物	E 114° 07′ 40.8″ N 39° 55′ 08.0″	86
						2	2—5	暗栗色	中壤土	粒状	8.0		3.67			80				
						3	5—25	栗色	中壤土			64.2								

怀 来 县

主要土类说明

褐土是怀来县主要土壤类型，占本县地域面积的 72%。褐土发生于暖温带半湿润区，是具有黏化与钙质淋移淀积特征的土壤，具 A–B–Bk–C 剖面构型。盐基饱和，处于硅铝风化阶段，有明显的黏化淀积层与假菌丝状钙积层。B 层呈棕褐色，pH 为 7.0—7.5，盐基饱和度在 80% 以上，有时过饱和。

棕壤是怀来县第二大土壤类型，占本县地域面积的 9%。本县棕壤的主要植被为湿润暖温带落叶阔叶林，但大部分已经被垦殖，以旱作为主。处于硅铝风化阶段，是具有黏化特征的棕色土壤，土体可见黏粒淀积，盐基充分淋失，pH 为 6.0—7.0，见少量游离铁。多有干鲜果类生长，山地多森林覆盖。

灌淤土是怀来县第三大土壤类型，占本县地域面积的 6%。灌淤土区因长期引用高泥沙含量灌溉水进行淤灌，在落淤后即行翻耕，土层逐渐加厚，至 50cm 以上，从根本上改变了原来土壤的层次。一般包括表土及其他土层，均作为埋藏层，从而形成土体深厚，色泽、质地均一，土壤水分物理性状良好的土壤类型。

小于本县地域面积 3% 的土壤类型还有风沙土、粗骨土、石质土、潮土和水稻土等。

本区域中心区气候特征

本区域中心区气候特征值
Regional climate characteristics in central area of the region

气候带：暖温带亚湿润气候 Climate region: Warm temperate subhumid climate	
年平均气温 /℃ Annual average temperature /℃	9.7
年平均最高气温 /℃ Annual average maximum temperature /℃	16.2
年平均最低气温 /℃ Annual average minimum temperature /℃	4.1
年降水量 /mm Annual precipitation /mm	397
≥10℃的积温 /℃ Daily temperature accumulated in a year (≥10℃) /℃	3528
年日照时数 /h Annual sunshine /h	2990
年平均相对湿度 /% Annual average relative humidity /%	52
干燥度 Dryness	1.47

本区域中心区月平均气温与月平均降水量
Monthly temperature and precipitation in central area of the region

怀来县主要土壤类型与土壤剖面点分布图
1 : 260 000

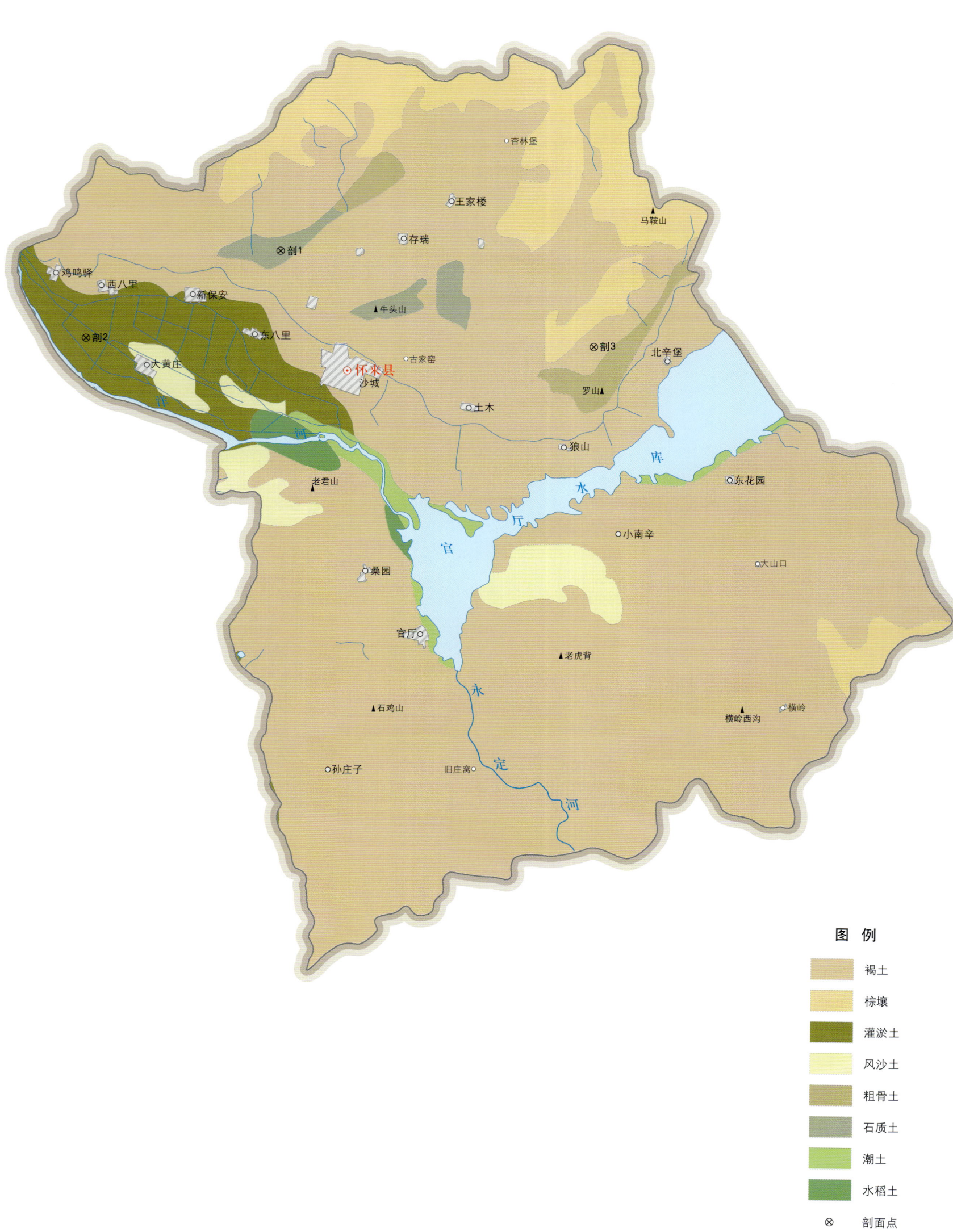

怀来县土壤剖面理化性状表

剖面号 Soil profile	土纲 Soil order	土类 Soil great group	亚类 Soil subgroup	土属 Soil genus	土种 Soil species	土层码 Layer code	土层厚度 Depth/cm	颜色 Soil color	质地 Soil texture	土壤结构 Soil structure	pH	有机质 OM/(g/kg)	全氮 TN/(g/kg)	全磷 TP/(g/kg)	全钾 TK/(g/kg)	有效磷 AP/(mg/kg)	速效钾 AK/(mg/kg)	阳离子交换量CEC/(cmol/kg)	土壤母质 Parent material	剖面点坐标 Profile coordinate	匹配指数 Matching index/%
剖1	初育土	石质土	钙质石质土	灰砾石土	怀来灰石土	A	0—11	浊黄棕色	砂壤土	屑粒状	8.3	16.7	0.80	0.41	11.7	2.0	182	25.8	石灰岩类风化残积物、坡积物	E 115°28′08.8″ N 40°27′59.4″	99
						R	11—														
剖2	人为土	灌淤土	盐化灌淤土	硫酸盐盐化灌淤土	轻销淤土	1	0—20	棕色	粉砂质壤土	屑粒状	8.6	15.1	0.79	0.64	20.0	3.7	215	15.9	近代河流冲积物	E 115°19′53.4″ N 40°24′55.1″	78
						2	20—85	棕色	粉砂质壤土	碎块状	8.8	8.8	0.54	0.56	28.0	2.6	119	13.8			
						3	85—150	黄棕色	砂土	单粒状	7.2	3.0	0.17	0.51	14.1	2.2	27	4.4			
剖3	半淋溶土	褐土	淋溶褐土	泥质淋溶褐土	红片石褐土	1	0—20	暗棕色	黏壤土	团粒状	8.1	66.6	3.13	0.36	14.9	2.7	174	18.5	洪冲积物	E 115°41′38.8″ N 40°24′57.2″	70
						2	20—35	暗棕色	黏壤土	块状	7.9	48.7	2.37	0.60	19.7	3.5	98	32.2			
						C	35—														

涿 鹿 县

主要土类说明

褐土是涿鹿县主要土壤类型，占本县地域面积的 54%。褐土发生于暖温带半湿润区，是具有黏化与钙质淋移淀积特征的土壤，具 A–B–Bk–C 剖面构型。盐基饱和，处于硅铝风化阶段，有明显的黏化淀积层与假菌丝状钙积层。B 层呈棕褐色，pH 为 7.0—7.5，盐基饱和度在 80% 以上，有时过饱和。

棕壤是涿鹿县第二大土壤类型，占本县地域面积的 11%。本县棕壤的主要植被为湿润暖温带落叶阔叶林，但大部分已经被垦殖，以旱作为主。其处于硅铝风化阶段，是具有黏化特征的棕色土壤，土体可见黏粒淀积，盐基充分淋失，pH 为 6.0—7.0，见少量游离铁。多有干鲜果类生长，山地多森林覆盖。

石质土是涿鹿县第三大土壤类型，占本县地域面积的 11%，广泛分布于侵蚀严重、岩石裸露的石质山地、侵蚀残丘，以及在丘顶、山脊、山坡等坡度陡峻的地形部位。表层岩石裸露，风化层浅薄，一般小于 10cm，风化度低，富含砾石，多碎屑岩粒，属 A–R 型土。

灌淤土占涿鹿县地域面积的 10%。灌淤土区因长期引用高泥沙含量灌溉水进行淤灌，在落淤后即行翻耕，土层逐渐加厚至 50cm 以上，从根本上改变了原来土壤的层次。灌淤土一般包括表土及其他土层，均作为埋藏层，从而形成土体深厚，色泽、质地均一，土壤水分物理性状良好的土壤类型。

栗褐土占涿鹿县地域面积的 8%。栗褐土是在暖温带半干旱草原及灌木下形成的弱黏化、弱淋溶土壤。通体具石灰反应，碳酸钙含量为 7%—8%，具有弱度石灰淋溶、弱度黏化特征。该土较栗钙土无明显灰白色钙积层，较黑垆土无深厚的腐殖质层。

粗骨土占涿鹿县地域面积的 4%。粗骨土属于 A–C 型，甚至（A）–C 型土壤，A 层发育不明显，与母质土层性状相似，略显有机质积累；有时母质层富含砾石，甚少有剖面分异与发育特征。本土类广泛分布在河谷阶地、丘陵、低山和中山等多种地貌单元和地形部位。

小于本县地域面积 3% 的土壤类型还有山地草甸土、风沙土和水稻土等。

本区域中心区气候特征

本区域中心区气候特征值
Regional climate characteristics in central area of the region

气候带：暖温带亚湿润气候 Climate region: Warm temperate subhumid climate	
年平均气温 /℃ Annual average temperature /℃	9.8
年平均最高气温 /℃ Annual average maximum temperature /℃	16.3
年平均最低气温 /℃ Annual average minimum temperature /℃	4.2
年降水量 /mm Annual precipitation /mm	406
≥10℃的积温 /℃ Daily temperature accumulated in a year（≥10℃）/℃	3554
年日照时数 /h Annual sunshine /h	2869
年平均相对湿度 /% Annual average relative humidity /%	53
干燥度 Dryness	1.45

本区域中心区月平均气温与月平均降水量
Monthly temperature and precipitation in central area of the region

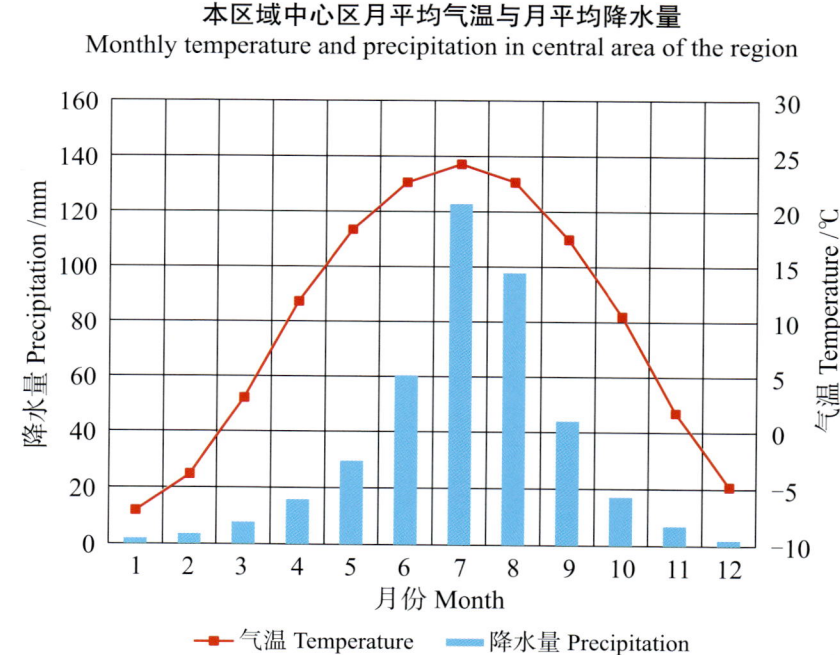

涿鹿县主要土壤类型与土壤剖面点分布图
1 : 300 000

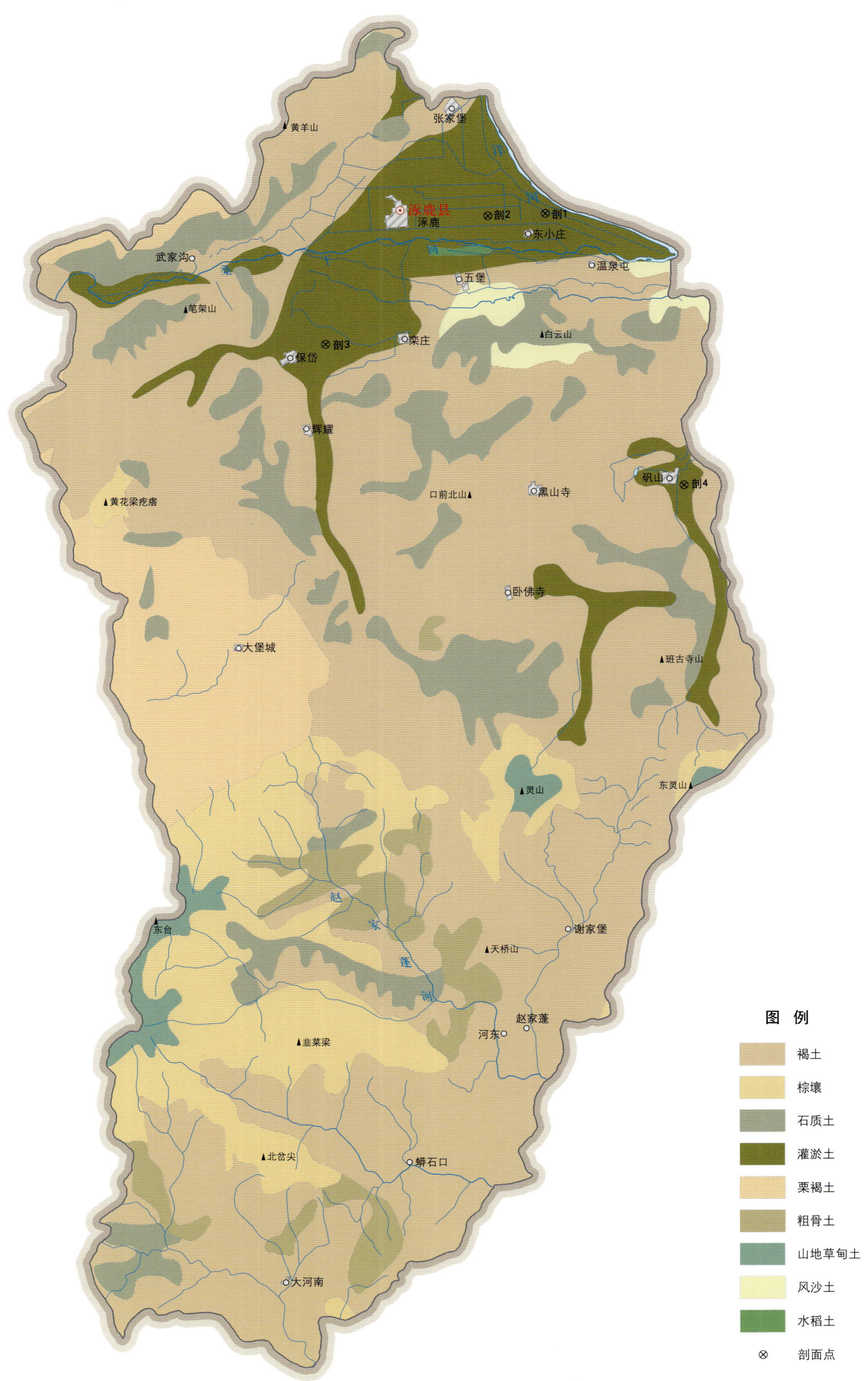

涿鹿县土壤剖面理化性状表

剖面号 Soil profile	土纲 Soil order	土类 Soil great group	亚类 Soil subgroup	土属 Soil genus	土种 Soil species	土层码 Layer code	土层厚度 Depth/cm	颜色 Soil color	质地 Soil texture	土壤结构 Soil structure	pH	有机质 OM/(g/kg)	全氮 TN/(g/kg)	全磷 TP/(g/kg)	有效磷 AP/(mg/kg)	速效钾 AK/(mg/kg)	土壤母质 Parent material	剖面点坐标 Profile coordinate	匹配指数 Matching index/%
剖1	人为土	灌淤土	潮灌淤土	黏性潮灌淤土	黏潮淤土	1	0—21	暗棕色	壤质黏土	碎块状	8.5	17.4	0.94	1.37	21.0	313		E 115°19′46.8″ N 40°22′46.3″	95
						2	21—37	暗棕色	黏土	碎块状	8.4	15.0	0.88	1.39	5.0	123			
						3	37—80	棕色	黏土	块状	8.5	12.6	0.79	1.31	3.0	88			
						4	80—150	棕色	壤质黏土	块状	8.6	9.9	0.59	1.28		57			
剖2	人为土	灌淤土	盐化灌淤土	硫酸盐盐化灌淤土	轻硝黏性淤土	1	0—23	暗棕色	黏质壤土	块状	8.6	11.3	0.67	1.39	2.0	177	壤质冲积物	E 115°17′06.4″ N 40°22′38.3″	84
						2	23—52	棕色	黏壤土	块状	8.9	10.1	0.61	1.32	2.0	105			
						3	52—73	浅棕色	黏壤土	块状	8.8	6.0	0.34	1.21	1.5	103			
						4	73—127	浅棕色	黏壤土	粒状	8.7	8.5	0.52	1.29	1.5	112			
剖3	人为土	灌淤土	灌淤土	壤性灌淤土	二合淤土	1	0—19	棕色	粉砂质壤土	碎块状	8.4	10.2	0.81	1.65	17.0	117	黏质冲积物	E 115°09′40.7″ N 40°17′48.1″	84
						2	19—50	浅棕色	粉砂质壤土	碎块状	8.4	11.9	0.72	1.48	5.0	48			
						3	50—82	浅棕色	粉砂质壤土	块状	8.4	5.6	0.39	1.31	3.0	30			
						4	82—150	浅棕色	砂壤土	块状	8.5	4.8	0.31	1.24	4.0	30			
剖4	人为土	灌淤土	灌淤土	壤性灌淤土	细砂淤土	1	0—32	浅棕色	砂壤土	屑粒状	8.5	86.0	5.10	0.32	4.0	26	冲积物	E 115°26′30.8″ N 40°12′52.6″	92
						C	32—												

赤 城 县

主要土类说明

褐土是赤城县主要土壤类型，占本县地域面积的 68%。褐土发生于暖温带半湿润区，是具有黏化与钙质淋移淀积特征的土壤，具 A–B–Bk–C 剖面构型。盐基饱和，处于硅铝风化阶段，有明显的黏化淀积层与假菌丝状钙积层。B 层呈棕褐色，pH 为 7.0—7.5，盐基饱和度在 80% 以上，有时过饱和。

棕壤是赤城县第二大土壤类型，占本县地域面积的 31%。本县棕壤主要植被为湿润暖温带落叶阔叶林，但大部分已经被垦殖，以旱作为主。该土处于硅铝风化阶段，是具有黏化特征的棕色土壤，土体可见黏粒淀积，盐基充分淋失，pH 为 6.0—7.0，见少量游离铁。多有干鲜果类生长，山地多森林覆盖。

小于本县地域面积 3% 的土壤类型还有石质土、栗钙土和潮土等。

本区域中心区气候特征

本区域中心区气候特征值
Regional climate characteristics in central area of the region

气候带：暖温带亚湿润气候 Climate region: Warm temperate subhumid climate	
年平均气温 /℃ Annual average temperature /℃	7.5
年平均最高气温 /℃ Annual average maximum temperature /℃	14.1
年平均最低气温 /℃ Annual average minimum temperature /℃	1.7
年降水量 /mm Annual precipitation /mm	406
≥10℃的积温 /℃ Daily temperature accumulated in a year（≥10℃）/℃	3041
年日照时数 /h Annual sunshine /h	2984
年平均相对湿度 /% Annual average relative humidity /%	55
干燥度 Dryness	1.09

本区域中心区月平均气温与月平均降水量
Monthly temperature and precipitation in central area of the region

赤城县主要土壤类型与土壤剖面点分布图
1∶390 000

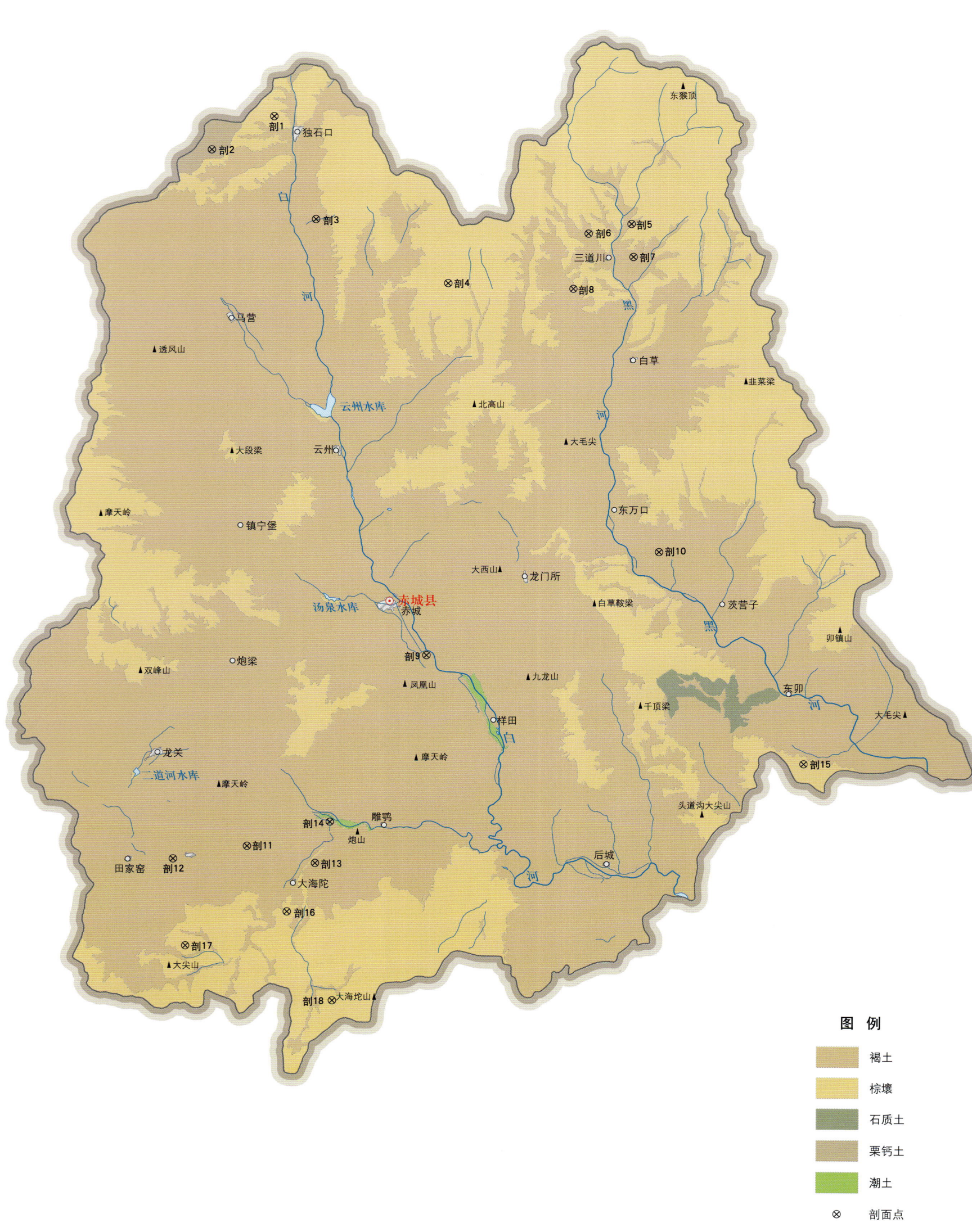

图 例
- 褐土
- 棕壤
- 石质土
- 栗钙土
- 潮土
- ⊗ 剖面点

赤城县土壤剖面理化性状表

剖面号 Soil profile	土纲 Soil order	土类 Soil great group	亚类 Soil subgroup	土属 Soil genus	土层码 Layer code	土层厚度 Depth/cm	pH	有机质 OM/(g/kg)	全氮 TN/(g/kg)	全磷 TP/(g/kg)	土壤母质 Parent material	剖面点坐标 Profile coordinate	匹配指数 Matching index/%
剖1	淋溶土	棕壤	棕壤性土	花岗岩类残积坡积棕壤性土	1	0–15	7.4	71.7	4.15	0.34	花岗岩类残积物、坡积物	E 115° 41′ 21.3″ N 41° 19′ 28.7″	78
					2	15–35	5.6	40.3	2.28	0.24			
剖2	钙层土	栗钙土	暗栗钙土	马兰黄土暗栗钙土	1	0–20	6.8	65.4	4.22	0.45		E 115° 37′ 16.6″ N 41° 17′ 44.4″	75
					2	20–50	6.5	26.7	1.74	0.32			
					3	50–150	6.6	5.3	0.42	0.16			
剖3	半淋溶土	褐土	石灰性褐土	马兰黄土质石灰性褐土	1	0–19	8.0	12.3	1.06	0.36		E 115° 44′ 11.4″ N 41° 14′ 16.1″	74
					2	19–35	8.2	11.3	0.55	0.28			
					3	35–120	8.3	6.4	0.93				
剖4	淋溶土	棕壤	棕壤	花岗岩残积坡积棕壤	1	0–20	6.6	69.3	3.68	0.29	花岗岩类残积物、坡积物	E 115° 52′ 55.3″ N 41° 11′ 05.9″	86
					2	20–50	6.0	43.2	2.29	0.20			
剖5	半淋溶土	褐土	淋溶褐土	次生黄土质淋溶褐土	1	0–30	8.1	15.2	1.07	0.39		E 116° 04′ 54.1″ N 41° 14′ 12.5″	80
					2	30–150	8.2	4.6	0.49	0.45			
剖6	半淋溶土	褐土	淋溶褐土	马兰黄土淋溶褐土	1	0–20	7.8	9.9	0.76	0.30		E 116° 02′ 05.6″ N 41° 13′ 41.5″	71
					2	20–60	7.2	4.2	0.38	0.34			
					3	60–150	7.6	4.1	0.38	0.38			
剖7	半淋溶土	褐土	淋溶褐土	花岗岩类残积坡积淋溶褐土	1	0–20	7.5	40.8	2.55	0.42	花岗岩类残积物、坡积物	E 116° 05′ 03.5″ N 41° 12′ 32.0″	76
					2	20–70	7.6	51.3	3.02	0.44			
					3	70–150	6.9	23.0	1.30	0.31			
剖8	半淋溶土	褐土	淋溶褐土	壤质冲洪积淋溶褐土	1	0–20	7.8	24.2	2.56	0.44		E 116° 01′ 08.0″ N 41° 10′ 53.0″	100
					2	20–45	8.2	24.7	3.14	0.39			
剖9	半淋溶土	褐土	潮褐土	砂质冲洪积潮褐土	1	0–20	7.9	10.0	0.70	0.48		E 115° 51′ 52.5″ N 40° 52′ 05.9″	78
					2	20–80	9.0	11.3	0.97	0.47			
剖10	半淋溶土	褐土	淋溶褐土	花岗岩类残积坡积淋溶褐土	1	0–30	7.6	65.0	3.96	0.68	花岗岩类残积物、坡积物	E 116° 06′ 57.8″ N 40° 57′ 30.8″	71
剖11	半淋溶土	褐土	淋溶褐土	碳酸岩类残积坡积淋溶褐土	1	0–15	8.0	32.5	1.93	0.13	碳酸岩类残积物、坡积物	E 115° 40′ 22.8″ N 40° 42′ 11.2″	92
					2	15–25	8.3	15.8	1.09	0.07			
剖12	半淋溶土	褐土	石灰性褐土	次生黄土质石灰性褐土	1	0–20	8.1	21.9	1.52	0.34		E 115° 35′ 34.3″ N 40° 41′ 29.0″	83
					2	20–50	8.0	26.3	1.67	0.39			
剖13	半淋溶土	褐土	石灰性褐土	壤质洪冲积石灰性褐土	1	0–21	8.1	16.2	1.21	0.62		E 115° 44′ 49.2″ N 40° 41′ 22.6″	82
					2	21–50	8.3	11.3	0.86	0.48			
					3	50–150	8.2	11.0	8.36	0.46			
剖14	半淋溶土	褐土	潮褐土	壤质洪积潮褐土	1	0–20	8.1	17.0	1.26	0.47		E 115° 45′ 44.3″ N 40° 43′ 31.4″	95
					2	20–33	8.2	13.4	1.07	0.45			
剖15	淋溶土	棕壤	棕壤	碳酸岩类残积坡积棕壤	1	0–20	7.4	89.1	1.93	0.62	碳酸岩类残积物、坡积物	E 116° 16′ 33.9″ N 40° 46′ 46.7″	70
					2	20–65	7.7	32.5	1.84	0.46			
剖16	淋溶土	棕壤	棕壤性土	基性岩类残积坡积棕壤性土	1	0–20	6.8	46.2	2.50	0.40	基性岩类残积物、坡积物	E 115° 43′ 03.0″ N 40° 38′ 51.7″	87
					2	20–32	7.0	38.9	2.30	0.38			
剖17	淋溶土	棕壤	棕壤性土	基性岩类残积坡积棕壤性土	1	0–18	7.1	100.5	6.29	0.89	基性岩类残积物、坡积物	E 115° 36′ 29.1″ N 40° 37′ 03.2″	98
					2	18–29	7.2	67.8	4.15	0.79			
剖18	淋溶土	棕壤	棕壤	基性岩类残积坡积棕壤	1	0–15	7.2	186.1	10.98	0.68	基性岩类残积物、坡积物	E 115° 46′ 05.2″ N 40° 34′ 23.8″	94
					2	15–32	6.7	91.6	5.63	0.66			

承 德 市

市 辖 区

主要土类说明

褐土是承德市主要土壤类型，占本市地域面积的60%。褐土是在暖温带半干旱性的季风气候条件下形成的，多分布在低山、丘陵和河谷阶地。本市褐土分为淋溶褐土、褐土、褐土性土、石灰性褐土和草甸褐土等亚类。土体中铁锰充分氧化，使土壤以棕褐色为主，又因心土层有黏粒和有机质积聚，故呈暗棕色。褐土呈中性至微碱性。有机质含量一般不高。褐土在形成过程中有一定程度的淋溶作用，使可溶性物质下移，但不如棕壤的强烈，因此，在剖面一定深度有碳酸钙淀积，呈白色假菌丝状。

棕壤是承德市第二大土壤类型，占本市地域面积的15%，分布在阴坡海拔600m、阳坡海拔800m之上的山区。在阴坡面上，土体上湿下润，有一定强度的淋溶，有棕黏化、酸化、有机质积累和铁锰还原等表现。阳坡上土壤湿润度降低，淋溶强度减弱，因此棕壤向生草棕壤过渡。

潮土是承德市第三大土壤类型，占本市地域面积的14%，分布在河漫滩低阶地以及山谷沟底。潮土是受地下水影响，在洪冲积母质上发育的半水成土。地下水埋深为1—3m。地下水升降频繁，氧化还原交替进行，形成锈色斑纹层。潮土大都开垦为农田，其中部分是近年改河造田，由垒坝、淤滩及垫地而成，所以草甸化过程不太明显。又由于近年地下水下降，致使一部分地势偏高的潮土朝褐土化方向转化。

粗骨土占承德市地域面积的7%。粗骨土与石质土有些相似，但在剖面构型上是不同的。粗骨土的剖面为A-C型，A层下为不同厚薄的风化岩层，如花岗岩、片麻岩的风化岩层，均为松散碎屑层。粗骨土在本市遭到侵蚀的山地和丘陵上均有分布。在粗骨土上可植树造林，农用时应设法清除表土中的石砾和石块。

本区域中心区气候特征

本区域中心区气候特征值
Regional climate characteristics in central area of the region

气候带：暖温带亚湿润气候 Climate region: Warm temperate subhumid climate	
年平均气温 /℃ Annual average temperature /℃	9.1
年平均最高气温 /℃ Annual average maximum temperature /℃	15.8
年平均最低气温 /℃ Annual average minimum temperature /℃	3.4
年降水量 /mm Annual precipitation /mm	513
≥10℃的积温 /℃ Daily temperature accumulated in a year (≥10℃) /℃	3455
年日照时数 /h Annual sunshine /h	2744
年平均相对湿度 /% Annual average relative humidity /%	55
干燥度 Dryness	1.06

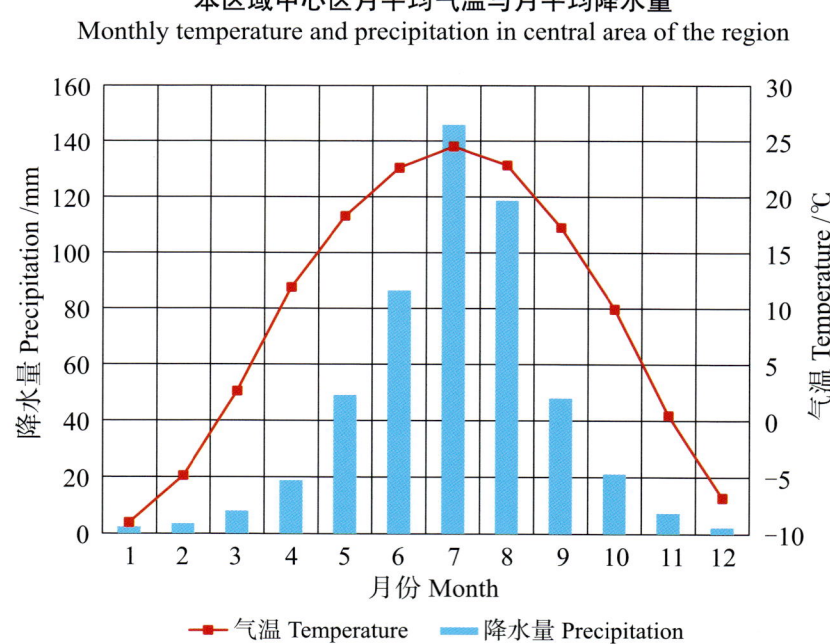

本区域中心区月平均气温与月平均降水量
Monthly temperature and precipitation in central area of the region

承德市市辖区（部分）主要土壤类型与土壤剖面点分布图
1:140 000

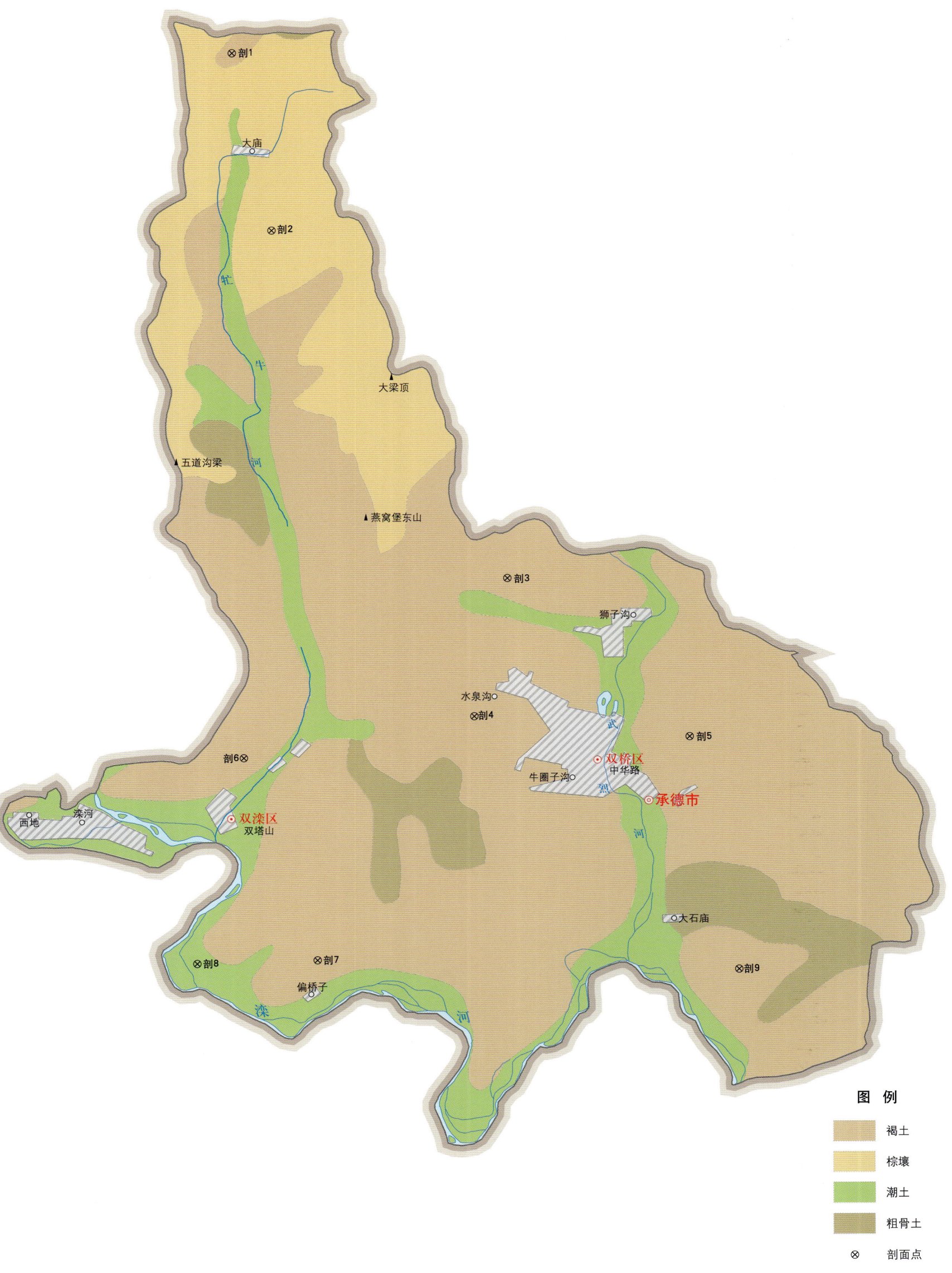

承德市土壤剖面理化性状表

剖面号 Soil profile	土纲 Soil order	土类 Soil great group	亚类 Soil subgroup	土属 Soil genus	土种 Soil species	土层码 Layer code	土层厚度 Depth/cm	颜色 Soil color	质地 Soil texture	土壤结构 Soil structure	pH	有机质 OM/(g/kg)	全氮 TN/(g/kg)	全磷 TP/(g/kg)	阳离子交换量 CEC/(cmol/kg)	土壤母质 Parent material	剖面点坐标 Profile coordinate	匹配指数 Matching index/%
剖1	半淋溶土	褐土	褐土	黄土质褐土	中壤质褐土	1	0—18	暗褐色	中壤土	屑粒状	7.8	12.0	0.72	1.07	17.8		E 117°47′36.2″ N 41°11′17.7″	72
						2	18—45	褐色	中壤土	碎块状	7.8	4.4	0.38	0.97				
						3	45—100	棕褐色	中壤土	棱块状	7.6	4.1	0.36	1.20				
剖2	淋溶土	棕壤	棕壤	砂砾岩棕壤	轻壤质中层棕壤	1	0—10	灰棕色	轻壤土	团粒状	6.8	84.3	3.62	1.16	23.1		E 117°48′31.0″ N 41°08′01.0″	82
						2	10—25	暗棕色	轻壤土	团粒状	6.9	45.2	2.03	0.95				
						3	25—44				7.0	13.8	0.59	0.34				
剖3	半淋溶土	褐土	石灰性褐土	次生黄土质石灰性褐土	中壤质石灰性褐土	1	0—22	灰褐色	中壤土	屑粒状	8.2	9.8	0.83	1.37	21.1		E 117°54′01.7″ N 41°01′33.9″	97
						2	22—27	黄褐色	中壤土	碎块状	8.1	6.0	0.51	1.16				
						3	27—50	褐色	中壤土	块状	8.1	4.2	0.37	1.20				
						4	50—100	褐色	中壤土	块状	8.3	5.8	0.42	1.48				
剖4	半淋溶土	褐土	褐土性土	砂砾岩褐土性土	薄层褐土性土	1	0—8	灰褐色	轻壤土	屑粒状	6.7	33.6	1.62	0.95	11.5		E 117°53′11.8″ N 40°59′00.7″	92
						2	8—35	浅灰色				20.1	1.00	0.79				
剖5	半淋溶土	褐土	淋溶褐土	砂砾岩淋溶褐土	多砾轻壤质薄层淋溶褐土	1	0—20	灰褐色	轻壤土	团粒状	7.0	33.0	1.64	0.82	17.4		E 117°58′18.1″ N 40°58′35.7″	90
						2	20—36	棕褐色	轻壤土	屑粒状	7.2	6.9	0.71	0.61				
						R	36—											
剖6	半淋溶土	褐土	石灰性褐土	黄土质石灰性褐土	轻壤质石灰性褐土	1	0—18	暗褐色	轻壤土	屑粒状	8.3	7.3	0.50	2.03	18.8	黄土	E 117°47′43.4″ N 40°58′17.5″	84
						2	18—65	褐色	中壤土	块状	8.2	4.8	0.34	1.89				
						3	65—100	浅灰褐色	中壤土	块状	8.4	3.8	0.30	1.93				
剖7	半淋溶土	褐土	褐土	次生黄土褐土	中壤质褐土	1	0—16	棕褐色	中壤土	碎屑状	7.5	8.8	0.62	0.81	12.4		E 117°49′24.8″ N 40°54′32.0″	94
						2	16—55	棕褐色	中壤土	块状	8.0	3.9	0.32	0.97				
						3	55—100	浅棕褐色	中壤土	块状	7.2	3.1	0.32	1.02				
剖8	半水成土	潮土	潮土	冲积潮土	中壤质潮土	1	0—20	暗灰色	重壤土	碎块状	8.0	20.7	1.15	1.36	27.8		E 117°46′33.8″ N 40°54′29.8″	73
						2	20—42	灰黑色	中壤土	块状	8.1	22.4	1.40	1.70				
						3	42—100	棕褐色	中壤土	碎块状	8.1	8.9	0.63	1.65				
剖9	半淋溶土	褐土	淋溶褐土	黄土质淋溶褐土	中壤质淋溶褐土	1	0—18	暗褐色	中壤土	块状	7.0	11.8	0.72	1.11	20.4		E 117°59′24.0″ N 40°54′16.3″	84
						2	18—92	棕褐色	中壤土	块状	6.5	3.0	0.30	0.99				
						3	92—110	褐色	中壤土	块状	6.5	15.0	0.80	0.83				

承 德 县

主要土类说明

褐土是承德县主要土壤类型，占本县地域面积的57%。褐土是在半干旱暖温气候条件和弱度淋溶条件下进行地带性成土过程而形成的土类。地形部位为低山丘陵及大川谷坡，分布在棕壤之下，海拔为250—700m。气候特点是冬寒夏热、雨热同期，冬季长达四个多月，在雨季一定强度的淋溶条件下，黏粒积聚，有一定的黏化现象，表层碳酸盐随水下移或侧移。

棕壤是承德县第二大土壤类型，占本县地域面积的38%。在南部，棕壤分布于海拔约600m以上，在北部，分布于海拔700m以上。在森林草被和半湿润冷凉气候条件下，土壤经较长期的中度淋溶，黏粒形成与移动过程明显，盐基淋溶十分活跃，石灰已经淋失，盐基不饱和，呈微酸性，pH低于6.5。棕壤上层为棕色，下层为浅灰棕色，心土层棱块明显，表层有凋落物与腐殖质层。本县棕壤分为棕壤、生草棕壤、棕壤性土等亚类。

潮土是承德县第三大土壤类型，占本县地域面积的4%，分布于河漫滩及少量二级阶地。成土母质多为冲积物及少量黄土状母质，土质疏松，质地多为轻壤土和砂壤土。植被有薄荷、车前子、芦苇、蓼类等。地下水位高，潜水参与成土过程。在潮土成土过程中，底土氧化还原交替作用，形成锈色斑纹和小型铁子。

本区域中心区气候特征

本区域中心区气候特征值
Regional climate characteristics in central area of the region

气候带：暖温带亚湿润气候 Climate region: Warm temperate subhumid climate	
年平均气温 /℃ Annual average temperature /℃	9.0
年平均最高气温 /℃ Annual average maximum temperature /℃	15.7
年平均最低气温 /℃ Annual average minimum temperature /℃	3.2
年降水量 /mm Annual precipitation /mm	502
≥10℃的积温 /℃ Daily temperature accumulated in a year (≥10℃) /℃	3638
年日照时数 /h Annual sunshine /h	2742
年平均相对湿度 /% Annual average relative humidity /%	55
干燥度 Dryness	1.07

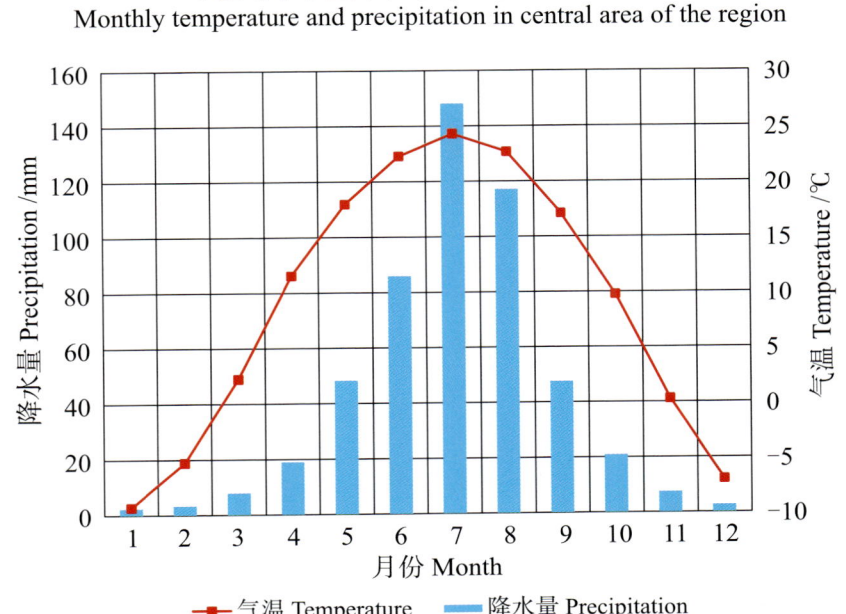

本区域中心区月平均气温与月平均降水量
Monthly temperature and precipitation in central area of the region

承德县主要土壤类型与土壤剖面点分布图
1:400 000

承德县土壤剖面理化性状表

剖面号 Soil profile	土纲 Soil order	土类 Soil great group	亚类 Soil subgroup	土属 Soil genus	土种 Soil species	土层码 Layer code	土层厚度 Depth/cm	颜色 Soil color	质地 Soil texture	土壤结构 Soil structure	pH	有机质 OM/(g/kg)	全氮 TN/(g/kg)	全磷 TP/(g/kg)	全钾 TK/(g/kg)	有效磷 AP/(mg/kg)	速效钾 AK/(mg/kg)	阳离子交换量 CEC/(cmol/kg)	土壤母质 Parent material	剖面点坐标 Profile coordinate	匹配指数 Matching index/%
剖1	半淋溶土	褐土	淋溶褐土	酸性岩类淋溶褐土		1	0—18				7.8	27.6	1.69	0.60					酸性岩类	E 118°12′01.8″ N 41°21′07.1″	71
						2	18—30				7.9	16.1	0.99	0.41							
						3	30—100				8.4	9.3	6.20	0.40							
剖2	淋溶土	棕壤	棕壤	洪冲积棕壤		1	0—20					17.0	14.75	0.40					洪积物，冲积物	E 118°17′48.1″ N 41°22′48.4″	83
						2	20—40					14.7	16.05	0.44							
剖3	半淋溶土	褐土	潮褐土	黄土质潮褐土		1	0—20				8.5	11.6	0.78	0.49						E 118°14′59.0″ N 41°17′52.4″	87
						2	20—40				8.3	7.7	0.58	0.28							
						3	40—100				7.8	5.3	0.38	0.21							
剖4	半淋溶土	褐土	淋溶褐土	复石灰性淋溶褐土		1	0—15				8.4	11.3	0.74	0.40						E 118°03′35.6″ N 41°17′31.8″	84
						2	15—29				7.9	2.8	0.26	0.20							
						3	29—100				7.8	2.6	0.31	0.24							
剖5	淋溶土	棕壤	棕壤性土	酸性岩类棕壤性土		1	0—15					17.4	14.38	0.45				17.6	酸性岩类	E 118°11′23.9″ N 41°08′47.4″	97
						2	15—30					5.9	16.50	0.67							
剖6	半淋溶土	褐土	石灰性褐土	黄土质石灰性褐土		1	0—30				8.5	4.9	0.67	0.46					黄土	E 118°11′17.1″ N 41°06′52.6″	80
						2	30—60				8.3	12.5	0.70	0.70							
						3	60—100				8.6	5.9	0.44	0.44							
剖7	半淋溶土	褐土	褐土性土	酸性岩类褐土性土		1	0—17				8.2	35.5	1.46	0.75					酸性岩类	E 118°13′59.7″ N 41°03′57.3″	75
						2	17—				8.7	25.5	1.32	0.70							
剖8	淋溶土	棕壤	棕壤	酸性岩类棕壤		1	0—9				6.4	31.5	1.38	0.59					酸性岩类	E 118°26′27.3″ N 41°07′13.7″	87
						2	9—35				6.2	12.5	0.70	0.28							
剖9	半淋溶土	褐土	淋溶褐土	碳酸岩类淋溶褐土		1	0—16				7.9	6.8	0.56	0.30						E 118°20′06.4″ N 41°04′52.3″	88
						2	16—55				7.4	1.4	0.25	0.26							
						3	55—100				7.5	4.0	0.25	0.29							
剖10	半淋溶土	褐土	石灰性褐土	砂砾岩类石灰性褐土		1	0—10				8.0	13.3	0.82	0.43					砂砾岩类	E 118°07′20.3″ N 40°59′43.1″	76
						2	10—40				7.8	9.6	0.64	0.45							
						3	40—60				7.7	6.2	0.44	0.41							
						4	60—100				7.7	5.6	0.43	0.44							
剖11	淋溶土	棕壤	棕壤	砂砾岩类棕壤		1	0—20					17.8		0.46	13.6				砂砾岩类	E 118°04′53.0″ N 40°54′50.4″	97
						2	20—42					8.8		0.31	14.2						
						3	42—60					5.8		0.14	14.5						
剖12	半淋溶土	褐土	褐土性土	砂砾岩类褐土性土		1	0—14				7.1	32.3	1.75	0.31					砂砾岩类	E 118°12′40.7″ N 40°52′24.2″	100
						2	14—32				7.0	18.8	0.92	0.37							
剖13	淋溶土	棕壤	棕壤性土	酸性岩类棕壤性土		1	0—15					44.1	2.42	0.33					酸性岩类	E 117°34′02.6″ N 40°46′04.1″	72
剖14	淋溶土	棕壤	棕壤	洪冲积棕壤	壤棕土	1	0—23	暗棕色	砂壤土	粒状	7.2	42.3	2.10	0.92	21.0	11.1	300	14.1	洪冲积物	E 117°32′21.8″ N 40°42′38.0″	72
						2	23—38	浅棕色	砂壤土	粒状	7.1	27.5	1.42	0.79	20.3	3.4	155	14.8			
						3	38—				6.9	26.0	0.98	0.21							
剖15	淋溶土	棕壤	棕壤	碳酸岩类棕壤		1	0—12				6.8	109.6	4.60	0.37					碳酸类	E 117°58′30.0″ N 40°44′25.8″	71
						2	12—35				6.5	20.8	0.96	0.17							
						3	35—100				7.2	72.4	2.92	0.38							
剖16	半淋溶土	褐土	褐土性土	碳酸岩类褐土性土		1	0—20				7.8	19.6	0.95	0.20						E 117°55′24.6″ N 40°42′42.5″	95
						2	20—50														

续表 Continued

剖面号 Soil profile	土纲 Soil order	土类 Soil great group	亚类 Soil subgroup	土属 Soil genus	土种 Soil species	土层码 Layer code	土层厚度 Depth/cm	颜色 Soil color	质地 Soil texture	土壤结构 Soil structure	pH	有机质 OM/(g/kg)	全氮 TN/(g/kg)	全磷 TP/(g/kg)	全钾 TK/(g/kg)	有效磷 AP/(mg/kg)	速效钾 AK/(mg/kg)	阳离子交换量CEC/(cmol/kg)	土壤母质 Parent material	剖面点坐标 Profile coordinate	匹配指数 Matching index/%
剖17	半淋溶土	褐土	淋溶褐土	覆盖砂砾岩淋溶褐土	覆盖砂砾岩淋溶褐土	1	0—20				7.2	1.9	0.62	0.35						E 118°12′06.6″ N 40°45′44.2″	73
						2	20—50				7.2	9.2	0.47	0.33							
						3	50—100				7.4	6.4	0.45	0.33							

兴 隆 县

主要土类说明

褐土是兴隆县主要土壤类型，占本县地域面积的45%。褐土是在半干旱半湿润季风气候和森林灌丛草原草本植被下形成的地带性土壤，有弱度淋溶过程，分布在本县低山、丘陵、黄土台地及河流沟谷形成的阶地上，海拔在150—700m，气候特点是干湿季节明显，雨热同期出现。在雨季一定强度的淋溶作用下，黏粒下移，心土有较轻的黏化现象，表层碳酸盐类物质随水下移或侧移。根据石灰淋洗程度及地下水的影响，本县褐土可根据土体发育特征分为淋溶褐土、褐土、草甸褐土、褐土性土等亚类。淋溶褐土亚类分布在山坡、台地、沟谷，处于棕壤带与褐土带中间部位，气候比褐土湿润，比棕壤干燥。土体内钙质淋失，无石灰反应，pH为6.5—7.0。褐土亚类分布在黄土台地及碳酸岩山下的坡地和沟塘地上，表层有石灰反应，心土、底土层石灰反应不明显，此亚类面积较小，且都在耕地上。草甸褐土亚类分布在河流两岸的低阶地上或水量较丰富的沟谷内，地下水位在3—5m，底土有锈色斑纹，但不太明显。褐土性土亚类分布在石质低山、丘陵，坡度大，侵蚀严重，植被生长极差，成土过程不断被侵蚀所中断，土壤发育层次不明显，多分布在山顶或阳坡。

棕壤是兴隆县第二大土壤类型，占本县地域面积的38%。棕壤分布在海拔600m以上，南部棕壤分布较低些。在森林草被、湿润半湿润凉温气候下，土壤在形成过程中有较强的淋溶作用，黏化现象和黏粒下移明显，钙质已被淋洗，盐基不饱和，呈微酸性，pH为5.5—6.5。在距地表20cm左右可见到棕色的黏化层，结构面上常出现铁锰胶膜。表层为黑棕色或灰棕色，有机质含量较高，部分林地表层有较厚的残落物和腐殖质层。本县棕壤分为棕壤、生草棕壤、棕壤性土等亚类。

粗骨土是兴隆县第三大土壤类型，占本县地域面积的6%。粗骨土在本县遭到侵蚀的山地和丘陵上均有分布，它的突出特点是"粗骨性"。粗骨土的剖面为A-C型，A层下为不同厚薄的风化岩层，如花岗岩、片麻岩风化岩层，均为松散碎屑层。

石质土占兴隆县地域面积的5%，广泛分布在石质山地或丘陵顶部，石质土属幼年土壤，剖面属A-R构型，A层一般小于10cm，在A层下为基岩层。土质很粗，含有很多石砾和碎石。由于岩性的不同，肥力产生一定差异。

潮土占兴隆县地域面积的3%。潮土分布在古河漫滩和受泉水浸润的沟谷底部，母质为洪积物、冲积物，地下水埋深小于3m，表土较湿润，心土层、底土层可发现锈色斑纹，质地为轻壤土或砂壤土，土层厚薄不一，有的土种表土下有砾石层，肥力差。

本区域中心区气候特征

本区域中心区气候特征值
Regional climate characteristics in central area of the region

气候带：暖温带亚湿润气候 Climate region: Warm temperate subhumid climate	
年平均气温 /℃ Annual average temperature /℃	10.3
年平均最高气温 /℃ Annual average maximum temperature /℃	16.5
年平均最低气温 /℃ Annual average minimum temperature /℃	4.8
年降水量 /mm Annual precipitation /mm	539
≥10℃的积温 /℃ Daily temperature accumulated in a year (≥10℃) /℃	3761
年日照时数 /h Annual sunshine /h	2696
年平均相对湿度 /% Annual average relative humidity /%	58
干燥度 Dryness	1.13

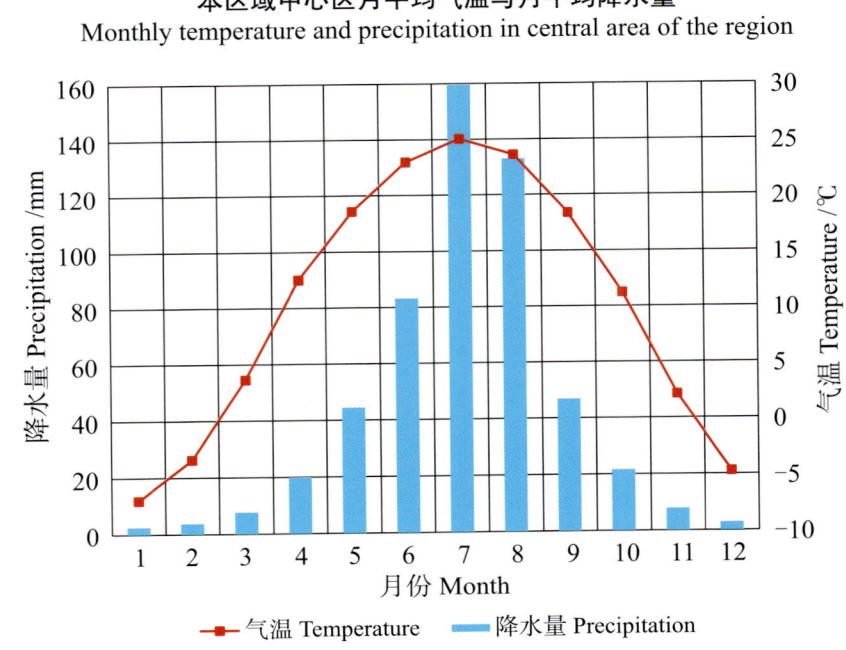

本区域中心区月平均气温与月平均降水量
Monthly temperature and precipitation in central area of the region

兴隆县主要土壤类型与土壤剖面点分布图
1∶300 000

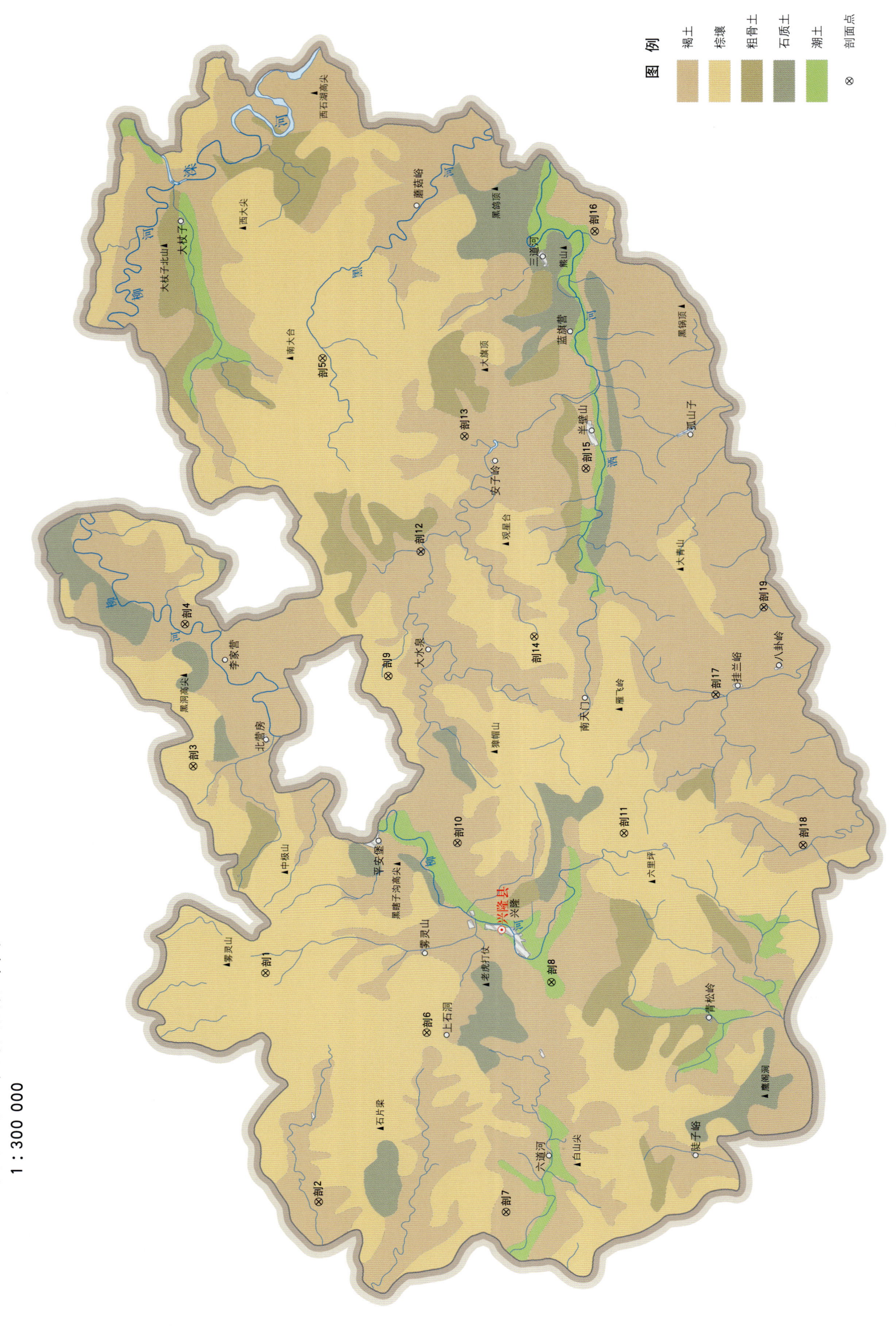

兴隆县土壤剖面理化性状表

剖面号 Soil profile	土纲 Soil order	土类 Soil great group	亚类 Soil subgroup	土属 Soil genus	土种 Soil species	土层码 Layer code	土层厚度 Depth/cm	颜色 Soil color	质地 Soil texture	土壤结构 Soil structure	pH	有机质 OM/(g/kg)	全氮 TN/(g/kg)	全磷 TP/(g/kg)	全钾 TK/(g/kg)	有效磷 AP/(mg/kg)	速效钾 AK/(mg/kg)	阳离子交换量 CEC/(cmol/kg)	土壤母质 Parent material	剖面点坐标 Profile coordinate	匹配指数 Matching index/%
剖1	淋溶土	棕壤	棕壤	砂砾岩类棕壤	少砾轻壤质中层棕壤	1	0—20	棕色	轻壤土	粒状	6.6	1.4	0.77		3.5			10.5	砂砾岩类	E 117°28′12.3″ N 40°34′28.2″	98
						2	20—55	暗棕色	轻壤土	块状	6.0	1.8	1.26		13.4						
						3	55—65	红棕色	砾石	单粒状	6.0	0.2	0.24		5.6						
剖2	半淋溶土	褐土	淋溶褐土	花岗岩类淋溶褐土	少砾壤质薄层棕壤	1	0—15				6.3	28.4	1.29	1.49	22.5			10.4	花岗岩类	E 117°16′40.1″ N 40°32′27.6″	89
						2	15—45				6.3	2.1	0.10	0.25	7.6						
剖3	淋溶土	棕壤	淋溶褐土	花岗岩类棕壤	少砾壤质薄层棕壤	1	0—11				7.3	59.1	24.40	0.54	17.6			15.9	花岗岩类	E 117°38′44.1″ N 40°37′10.4″	88
						2	11—29				7.4	14.8	0.67	0.92	13.2						
						3	29—63				7.3	5.4	0.29	0.37	10.2						
剖4	半淋溶土	褐土	淋溶褐土	洪冲积耕种淋溶褐土	多砾沙壤体砂砾淋种淋溶褐土	1	0—20	浅褐色	砂壤土	团块状	6.8	10.0	0.59	1.21	10.2			7.3	洪积物、冲积物	E 117°45′58.5″ N 40°37′27.0″	94
						2	20—40	黄褐色	砂壤土	团粒状	6.8	9.8	0.53	1.34	11.6						
						3	40—100	黄褐色	砾石	单粒状	6.8	5.3	0.30	0.89	8.0						
剖5	淋溶土	棕壤	棕壤	砂砾岩类棕壤	薄层有机质少砾轻壤质中层棕壤	1	0—10	暗棕色	轻壤土	团粒状	6.9	63.2	3.16	1.30	20.2				砂砾岩类	E 117°59′22.9″ N 40°32′12.1″	70
						2	10—27	暗棕色	中壤土	碎块状	6.6	19.4	1.19	1.02	9.8						
						3	27—59	棕色	重壤土	块状	7.3	9.6	0.69	0.85	20.8						
						4	59—100	黄棕色	砾石	单粒状	8.2	5.9	0.40	0.62	9.8						
剖6	淋溶土	褐土	棕壤性土	碳酸岩类棕壤性土	碳酸岩类薄层壤性土	1	0—15				8.3	27.3	1.47	0.67	13.8			11.5		E 117°25′10.3″ N 40°28′24.7″	72
						2	15—35				8.2	4.2	0.24	0.12	3.7						
剖7	半淋溶土	褐土	淋溶褐土	花岗岩类淋溶褐土	少砾砂壤质中层淋溶褐土	1	0—34	褐色	砂壤土	碎块状	6.2	9.2	0.40	0.56	11.1			4.1	花岗岩类	E 117°16′10.3″ N 40°25′25.7″	73
						2	34—54	暗褐色	轻壤土	团粒状	6.4	5.6	0.24	0.39	5.5						
						3	54—77	黄褐色	砾石	单粒状	6.5	4.3	0.16	0.84	17.2						
						4	77—93	浅褐色	砾石	单粒状	6.7	4.9	0.20	1.13	18.8						
剖8	半水成土	潮土	潮土	洪冲积潮土		1	0—25	黄褐色	砂壤土	屑粒状	7.2	15.2	0.79	1.35	25.3			11.0	洪积物、冲积物	E 117°27′42.1″ N 40°23′43.7″	85
						2	25—75	暗褐色	砾石	团粒状	7.2	44.0	2.00	0.59	11.6						
剖9	淋溶土	棕壤	棕壤性土	碳酸岩类棕壤性土	少砾砂壤质中层棕壤	1	0—20	浅褐色	轻壤土	团粒状	6.6	20.7	1.03	0.64	21.7			3.9	碳酸岩类	E 117°43′16.5″ N 40°29′48.8″	84
						2	20—45	黄褐色	轻壤土	单粒状	6.8	6.2	0.34	0.70	5.6						
剖10	半淋溶土	褐土	石灰性褐土	复石灰性褐土	中层耕种复石灰性褐土	1	0—18	浅褐色	砂壤土	团粒状	7.8	10.7	0.64	1.07	16.4			8.3	花岗岩类	E 117°34′48.8″ N 40°27′15.0″	74
						2	18—36	褐色	轻壤土	碎块状	7.6	8.2	0.47	1.08	15.9						
						3	36—88	灰褐色	砾石	单粒状	7.8	3.3	0.07	0.39	4.5						
剖11	淋溶土	棕壤	棕壤性土	砂砾岩类棕壤性土		1	0—21	暗褐色	轻壤土	屑粒状	6.4	15.7	0.98	0.34	7.7			4.5	砂砾岩类	E 117°35′16.8″ N 40°20′59.6″	77
						2	21—45	黄褐色	砾石	单粒状	6.2	2.6	0.10	0.10	4.8						
剖12	半淋溶土	褐土	淋溶褐土	洪冲积耕种淋溶褐土	中壤质耕种淋溶褐土	1	0—20	浅褐色	中壤土	团粒状	7.4	15.0	0.95	1.11	22.6			11.2	洪积物、冲积物	E 117°49′32.9″ N 40°28′34.3″	99
						2	20—45	褐色	轻壤土	碎块状	7.2	11.6	0.63	0.94	26.7						
						3	45—65	暗褐色	轻壤土	碎块状	7.2	9.3	0.52	0.79	25.7						
						4	65—100	褐色	中壤土	块状	7.0	7.7	0.43	0.78	25.0						
剖13	半淋溶土	褐土	褐土性	砂砾岩类褐土性土	砂砾岩类薄层褐土性土	1	0—25	褐色	轻壤土	屑粒状	6.8	10.6	0.48	0.54	5.8			5.2	砂砾岩类	E 117°55′21.6″ N 40°26′53.7″	94
						2	25—50	浅褐色	砾石	单粒状	7.0	1.2	0.06	0.09	1.1						
剖14	淋溶土	棕壤	棕壤	花岗岩类棕壤	厚层有机质轻壤质棕壤	1	0—5	棕色	轻壤土	团粒状	6.4	98.1	4.00	1.56	11.8			20.8	花岗岩类	E 117°45′13.5″ N 40°24′19.9″	100
						2	5—25	浅棕色	轻壤土	碎粒状	6.2	46.5	2.12	1.18	11.4						
						3	25—45	暗棕色	轻壤土	团粒状	6.0	24.2	1.29	0.71	8.5						
						4	45—80	浅棕色	轻壤土	块状	7.2	11.1	0.67	1.49	23.6						
剖15	半淋溶土	褐土	淋溶褐土	黄土质耕种淋溶褐土	少砾轻壤质耕种淋溶褐土	1	0—20	黄褐色	中壤土	块状	7.2	9.9	0.68	0.90	25.6			8.9	花岗岩类	E 117°53′39.8″ N 40°22′21.1″	92
						2	20—42	黄褐色	中壤土	块状	7.4	9.4	0.57	0.93	24.3						
						3	42—100														

续表 Continued

剖面号 Soil profile	土纲 Soil order	土类 Soil great group	亚类 Soil subgroup	土属 Soil genus	土种 Soil species	土层码 Layer code	土层厚度 Depth/cm	颜色 Soil color	质地 Soil texture	土壤结构 Soil structure	pH	有机质 OM/(g/kg)	全氮 TN/(g/kg)	全磷 TP/(g/kg)	全钾 TK/(g/kg)	有效磷 AP/(mg/kg)	速效钾 AK/(mg/kg)	阳离子交换量CEC/(cmol/kg)	土壤母质 Parent material	剖面点坐标 Profile coordinate	匹配指数 Matching index/%
剖16	半淋溶土	褐土	淋溶褐土	砂砾岩类淋溶褐土	少砾轻壤质中层淋溶褐土	1	0—18	浅褐色	轻壤土	团粒状	6.8	12.8	0.58	0.49	13.4			4.5	砂砾岩类	E 118° 05′ 36.4″ N 40° 21′ 55.7″	88
						2	18—45	黄褐色	中壤土	屑粒状	6.8	6.1	0.38	0.36	11.7						
						3	45—70	褐色	砾质土	屑粒状	7.0	1.0	0.08	0.21	5.5						
剖17	半淋溶土	褐土	潮褐土	洪冲积潮褐土	少砾轻壤质底砂砾耕种潮褐土	1	0—23	褐色	轻壤土	团粒状	7.4	15.2	0.77	2.12	24.6			11.0		E 117° 42′ 14.0″ N 40° 17′ 31.9″	100
						2	23—52	暗色	轻壤土	块状	7.4	13.8	0.67	2.49	25.9						
						3	52—70	浅褐色	轻壤土		7.2	5.4	0.41	3.26	27.9						
						4	70—100	浅褐色	砂砾土	单粒状	7.0	2.8	0.19	3.09	30.8						
剖18	半淋溶土	褐土	淋溶褐土	壤性洪积淋积褐土	漏砂黑黄土	1	0—23	浅棕色	砂质黏壤土	屑粒状	8.4	13.1	0.72	0.56	19.5	4.3	147	15.2		E 117° 34′ 39.4″ N 40° 14′ 16.1″	84
						2	23—56	浅褐色	砂质黏壤土	碎块状	8.4	17.8	0.82	0.95	22.3	1.9	147	16.2			
						3	56—	浅黄棕色	砂质壤土		8.2	7.8	0.44	0.24	17.7	2.6	90	14.2			
剖19	半淋溶土	褐土	潮褐土	砂质洪冲积潮褐土	底石潮黄土	1	0—15	褐色	砂壤土	屑粒状	6.5	10.4	0.41	0.21	10.7	4.7	86	8.3	黏质洪积物、冲积物	E 117° 46′ 38.1″ N 40° 15′ 42.9″	79
						2	15—30	褐色	砂土	单粒状	6.7	7.5	0.42	0.24	10.5	3.2	66	9.6			
						3	30—70	黄褐色	砾质土	单粒状	7.2	1.2	0.16	0.19	17.0	3.3	110	4.4			

滦 平 县

主要土类说明

褐土是滦平县主要土壤类型，占本县地域面积的69%。褐土是在半干旱、暖温气候条件下，经长期弱度淋溶生成的地带性土壤。在垂直带上，褐土分布在棕壤下的低山地区或黄土丘陵和平川地，海拔700m以下，气候特点是冬干夏湿，高温与多雨季节一致。土壤黏化过程明显，雨季黏粒微弱下移，心土有黏化层，旱季随水下移的碳酸盐又随水上升，在生成的褐土和石灰性褐土的不同层位上，有石灰反应，盐基呈饱和状态，pH为7.0—8.0，呈中性至碱性，表层的腐殖质层较薄，土色以褐色、棕褐色为主。根据碳酸盐淋洗的程度，本县褐土分为淋溶褐土、褐土、石灰性褐土、草甸褐土和褐土性土等亚类。

棕壤是滦平县第二大土壤类型，占本县地域面积的27%，主要分布在海拔700m以上的垂直带上，下接淋溶褐土。气候条件为半湿润寒冷气候，一般垂直分布。土壤经长期淋溶作用，石灰已经淋失，阳离子交换量较低，呈不饱和态。土壤呈中性偏酸，pH为5.8—6.8。土色表层为灰棕色，心土层呈棱块状结构明显，结构体表面多有铁锰胶膜包被，表面有残落物。本县棕壤分为棕壤、生草棕壤、棕壤性土等亚类。

潮土是滦平县第三大土壤类型，占本县地域面积的4%。潮土是本县耕地土壤的主要类型之一，主要成土母质为洪积物，多分布于河流的河漫滩上，地下水位为1.0—3.0m，直接参与成土过程。剖面中多有锈色斑纹。由于成土过程与耕作过程同时进行，有机质含量比山地土壤低，土色浅，地势较平，耕作条件良好，质地砂黏适中，有利于农业生产。

本区域中心区气候特征

本区域中心区气候特征值
Regional climate characteristics in central area of the region

气候带：暖温带亚湿润气候 Climate region: Warm temperate subhumid climate	
年平均气温 /℃ Annual average temperature /℃	8.9
年平均最高气温 /℃ Annual average maximum temperature /℃	15.5
年平均最低气温 /℃ Annual average minimum temperature /℃	3.2
年降水量 /mm Annual precipitation /mm	494
≥10℃的积温 /℃ Daily temperature accumulated in a year (≥10℃) /℃	3449
年日照时数 /h Annual sunshine /h	2791
年平均相对湿度 /% Annual average relative humidity /%	56
干燥度 Dryness	1.07

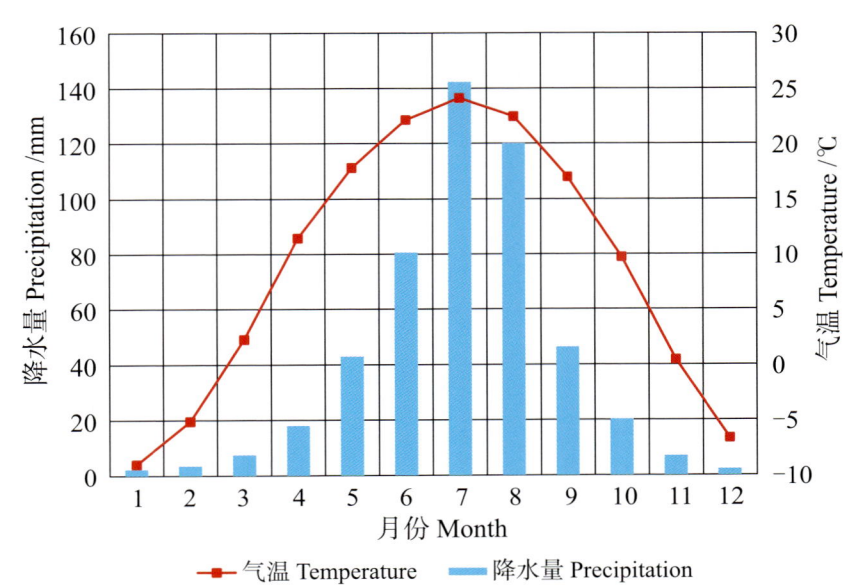

本区域中心区月平均气温与月平均降水量
Monthly temperature and precipitation in central area of the region

滦平县主要土壤类型与土壤剖面点分布图
1∶350 000

滦平县土壤剖面理化性状表

剖面号 Soil profile	土纲 Soil order	土类 Soil great group	亚类 Soil subgroup	土属 Soil genus	土种 Soil species	土层码 Layer code	土层厚度 Depth/cm	颜色 Soil color	质地 Soil texture	土壤结构 Soil structure	pH	有机质 OM/(g/kg)	全氮 TN/(g/kg)	全磷 TP/(g/kg)	全钾 TK/(g/kg)	有效磷 AP/(mg/kg)	速效钾 AK/(mg/kg)	阳离子交换量CEC/(cmol/kg)	土壤母质 Parent material	剖面点坐标 Profile coordinate	匹配指数 Matching index/%
剖1	半淋溶土	褐土	淋溶褐土	壤质洪冲积淋溶褐土		1	0—27		轻壤土		7.6	13.2	0.78	1.63				16.5		E 117°25′38.6″ N 41°12′37.4″	88
						2	27—40		砂壤土		7.9	4.3	0.21	2.04				10.9			
						3	40—74		轻壤土		7.6	8.8	0.52	1.02				14.2			
剖2	半淋溶土	褐土	石灰性褐土	碳酸岩类荒山褐土		1	0—16				8.0	8.4	0.37	1.60				24.5		E 117°36′54.0″ N 41°08′30.4″	98
						2	16—40				8.2	6.1	0.35	1.77				23.5			
						3	40—80				8.1	2.3	0.70	3.60				20.4			
剖3	半淋溶土	褐土	石灰性褐土	黄土质石灰性褐土		1	0—28				8.2	6.8	0.42	0.94				19.3	黄土	E 117°30′02.1″ N 41°06′07.9″	85
						2	28—64				8.1	4.3	0.31	0.98				19.0			
						3	64—120				8.0	6.6	0.43	0.87				21.9			
剖4	半淋溶土	褐土	潮褐土	洪冲积潮褐土		1	0—20		砂壤土		8.0	8.0	0.45	1.73					洪积物、冲积物	E 117°32′59.8″ N 41°05′21.3″	98
						2	20—52		砂壤土		8.3	6.2	0.32	1.46							
						3	52—80		砂土		8.5	2.7	0.16	1.98							
						4	80—100		砂砾土		8.5	2.5	0.16	1.91							
剖5	半淋溶土	褐土	褐土	复钙褐土	灰胶泥土	1	0—20	浅棕色	重壤土	小块状	8.1	9.3	0.55	0.62	10.7	3.0	90	17.7		E 117°30′41.8″ N 41°04′12.7″	100
						2	20—45	棕褐色	轻黏土	小块状	8.1	5.8	0.29	0.51	10.0	2.0	70	17.4			
						3	45—65	浅褐色	轻黏土	屑粒状	7.8	19.4	0.82	0.55	9.0	6.0	100	25.4			
剖6	半淋溶土	褐土	淋溶褐土	砂砾岩类山淋溶褐土		1	0—15		轻壤土		7.5	41.3	2.37	0.85					砂砾岩类	E 117°30′07.8″ N 40°53′04.6″	73
						2	15—65		砂土		7.6	7.3	0.49	0.30							
						3	65—85		砂砾土		7.5	3.3	0.25	0.29							
剖7	半淋溶土	褐土	淋溶褐土	壤质洪积棕淋溶褐土	重壤质淋溶褐土	1	0—14		重壤土		7.2	13.4	0.94			6.0	130			E 116°54′52.2″ N 40°52′43.0″	85
						2	14—29				7.3	6.8	0.59			5.0	10				
						3	29—100				7.6	5.6	0.55			4.0	130				
剖8	半淋溶土	褐土	淋溶褐土	酸性岩类山淋溶褐土		1	0—25		轻壤土		7.2	50.7	2.28	0.89			385	16.5	酸性岩类	E 116°57′15.1″ N 40°50′41.3″	81
						2	25—61		砂壤土		7.4	8.8	0.39	1.60			85	13.0			
						3	61—72		砂壤土		7.5	7.3	0.42	1.85			50	14.0			
剖9	半淋溶土	褐土	石灰性褐土	洪冲积石灰性褐土		1	0—25		中壤土		8.0	14.5	0.83	1.02						E 116°50′40.6″ N 40°55′13.8″	71
						2	25—71		重壤土		8.1	11.3		0.93							
						3	71—105		砂壤土		8.2	3.7	0.21	0.99							
剖10	淋溶土	褐土	淋溶褐土	页岩类荒山淋溶褐土		1	0—12		轻壤土		7.0	44.9	2.35	0.90					页岩类	E 117°12′46.4″ N 40°51′14.0″	87
						2	12—20		砂壤土			23.6	1.45	0.65							
						3	20—40														
剖11	淋溶土	棕壤	棕壤	砂砾岩类棕壤		1	0—17		轻壤土		6.5	51.7	2.54						砂砾岩类	E 117°08′24.8″ N 40°51′10.9″	87
						2	17—42		砂壤土		7.0	16.6	0.88								
						3	42—76		砂壤土		6.5	5.4	0.41								
剖12	半淋溶土	褐土	潮褐土	壤质堆垫潮褐土		1	0—18		中壤土		8.2	15.2	0.84	1.90						E 117°17′03.8″ N 40°54′01.8″	81
						2	18—38		中壤土		8.3	9.2	0.52	1.59							
						3	38—95		中壤土		8.2	13.9	0.79	1.60							
						4	95—110		砂壤土		8.1	3.7	0.22	4.00							
剖13	半淋溶土	褐土	淋溶褐土	酸性岩类荒山淋溶褐土	轻壤质中层淋溶褐土	1	0—20		轻壤土		7.7	20.9	1.29	0.80			45		酸性岩类	E 116°57′39.2″ N 40°48′07.6″	85
						2						10.5	0.68					11.9			
						3						6.1	0.36	0.75				13.1			
剖14	半淋溶土	褐土	淋溶褐土	红黄土质淋溶褐土		1	0—20													E 117°00′02.9″ N 40°49′46.9″	85
						2	20—62														
						3	62—120					4.5	0.28	0.98				11.8			

续表 Continued

剖面号 Soil profile	土纲 Soil order	土类 Soil great group	亚类 Soil subgroup	土属 Soil genus	土种 Soil species	土层码 Layer code	土层厚度 Depth/cm	颜色 Soil color	质地 Soil texture	土壤结构 Soil structure	pH	有机质 OM/(g/kg)	全氮 TN/(g/kg)	全磷 TP/(g/kg)	全钾 TK/(g/kg)	有效磷 AP/(mg/kg)	速效钾 AK/(mg/kg)	阳离子交换量CEC/(cmol/kg)	土壤母质 Parent material	剖面点坐标 Profile coordinate	匹配指数 Matching index/%
剖15	淋溶土	棕壤	棕壤	酸性岩类棕壤		1	0—14		中壤土		6.5	68.7	2.87	0.81			190		酸性岩类	E 117°02′17.1″ N 40°43′08.2″	72
						2	14—41		重壤土		6.2	18.0	0.81	0.39			55				
						3	41—75		重壤土		6.2	0.5	0.45	0.40			95				
剖16	淋溶土	棕壤	棕壤	酸性岩类棕壤	轻壤质中层棕壤	1	0—21				6.6	18.5	0.77	1.71			142		酸性岩类	E 117°28′49.9″ N 40°48′16.6″	93
						2	21—48				6.7			1.96			405				
剖17	淋溶土	棕壤	棕壤	碳酸岩类棕壤		1	0—5				7.5	163.7		1.40						E 117°22′35.1″ N 40°41′36.2″	83
						2	5—22				7.3	73.6		1.01							
						3	22—52				7.5	22.8		0.94							

隆 化 县

主要土类说明

棕壤是隆化县主要土壤类型，占本县地域面积的84%。棕壤是在半湿润冷凉气候和森林植被覆盖条件下形成的土壤。本县棕壤分布在南部海拔700m以上、北部海拔800m以上的山地，植被为耐寒性湿生及旱生乔木灌木和草本植物。乔木主要有栎、松、椴、桦、杨等树种。土壤经长期中度淋溶，黏粒下移，石灰已全部淋失，呈微酸性反应，pH为5.5—6.5。土壤表面有1—5cm厚的半腐烂枯枝落叶层，淋溶层呈暗棕色，有机质含量高，在荒山平均可达5%；淀积层为棕色黏化层，下部有岩石碎片；母质层不明显，下部为岩石风化物。本县棕壤分为棕壤、生草棕壤和棕壤性土等亚类。

褐土是隆化县第二大土壤类型，占本县地域面积的15%。褐土是在半干旱暖湿气候和半淋溶条件下形成的土类。该土水平分布，与华北褐土带相连接，地形处于棕壤以下的山地和河谷阶地，成土过程不受地下水影响。雨季淋溶程度较轻，土色以褐色、浅褐色、灰褐色为主，土壤呈中性至微碱性，pH为6.5—8.5。本县褐土分为潮褐土、淋溶褐土、褐土、石灰性褐土、草甸褐土和褐土性土等亚类。潮褐土亚类潜水位较高，潜水参与成土过程，土体下部有铁锈斑纹存在，肥力较高。淋溶褐土亚类位于棕壤界线以下，处于褐土带的上部，淋溶作用较强，1m以内土体无石灰反应，pH为6.8—8.3。褐土亚类分布在黄土梁，土体钙质为淋溶钙积型，表土无石灰反应，心土以下有石灰反应，pH为7.7—8.4。石灰性褐土亚类多在黄土梁阳坡，土壤通体有石灰反应，碳酸钙含量为1.5%—14.3%，大多数土体下部有各种形式的钙积层，pH为7.9—8.4。草甸褐土亚类分布于河谷阶地，地下水位为3—5m，底土季节性受地下水浸润，干湿交替变化明显，有锈色斑纹。褐土性土亚类分布于石质山阳坡和沿河的砂地，植被稀疏，水土流失，土少石多，成土过程不断被侵蚀中断，没有明显的发育层次。

小于本县地域面积3%的土壤类型还有潮土等。

本区域中心区气候特征

本区域中心区气候特征值
Regional climate characteristics in central area of the region

气候带：中温带亚干旱气候 Climate region: Mid temperate subarid climate	
年平均气温 /℃ Annual average temperature /℃	7.0
年平均最高气温 /℃ Annual average maximum temperature /℃	13.9
年平均最低气温 /℃ Annual average minimum temperature /℃	1.0
年降水量 /mm Annual precipitation /mm	447
≥10℃的积温 /℃ Daily temperature accumulated in a year（≥10℃）/℃	3395
年日照时数 /h Annual sunshine /h	2863
年平均相对湿度 /% Annual average relative humidity /%	55
干燥度 Dryness	0.93

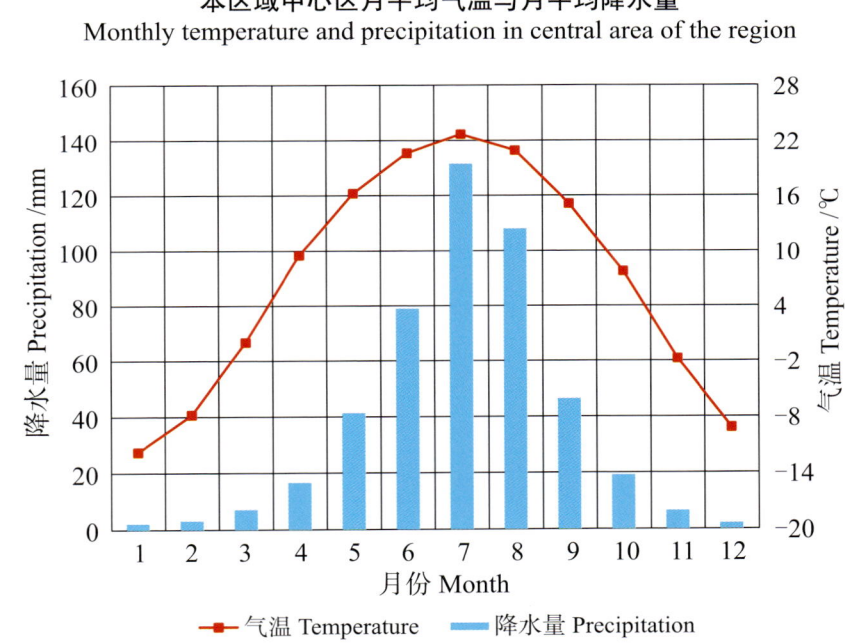

本区域中心区月平均气温与月平均降水量
Monthly temperature and precipitation in central area of the region

隆化县主要土壤类型与土壤剖面点分布图

1 : 420 000

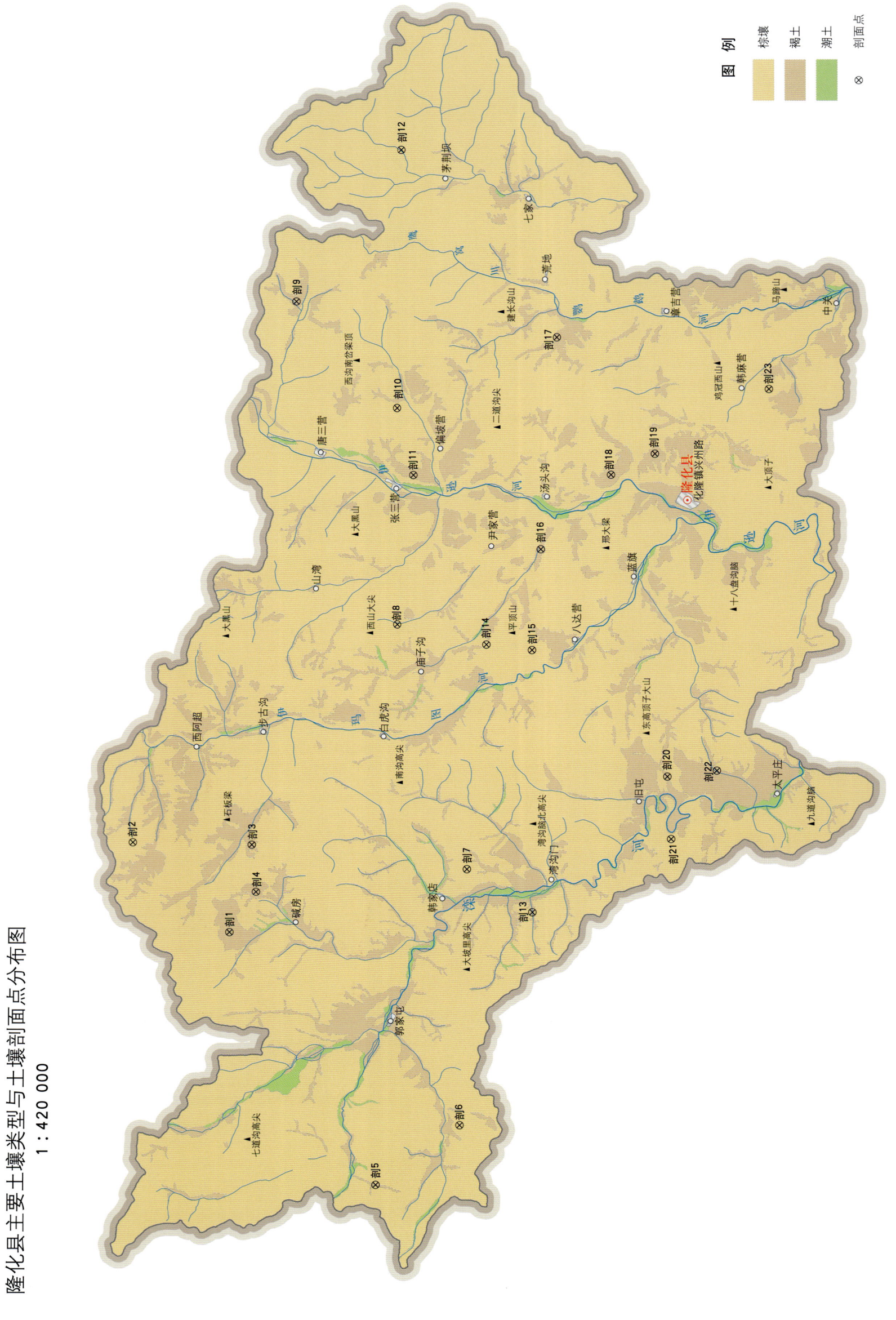

隆化县土壤剖面理化性状表

剖面号 Soil profile	土纲 Soil order	土类 Soil great group	亚类 Soil subgroup	土属 Soil genus	土种 Soil species	土层码 Layer code	土层厚度 Depth/cm	颜色 Soil color	质地 Soil texture	土壤结构 Soil structure	pH	有机质 OM/(g/kg)	全氮 TN/(g/kg)	全磷 TP/(g/kg)	全钾 TK/(g/kg)	有效磷 AP/(mg/kg)	速效钾 AK/(mg/kg)	阳离子交换量 CEC/(cmol/kg)	土壤母质 Parent material	剖面点坐标 Profile coordinate	匹配指数 Matching index/%
剖1	半淋溶土	褐土	淋溶褐土	洪冲积淋溶褐土		1	0—30				8.0	15.1	0.86	0.92	27.9			13.5	洪积物、冲积物	E 117° 12′ 07.3″ N 41° 43′ 13.9″	80
						2	30—60				8.0	10.1	0.53	0.80	27.9			8.9			
						3	60—100				8.2	6.5	0.36	0.76	29.3			6.9			
剖2	淋溶土	棕壤	棕壤	页岩棕壤		1	0—15				6.4	73.0	3.18	1.48	23.9			8.6		E 117° 18′ 42.6″ N 41° 48′ 22.1″	80
						2	15—30				6.7	50.4	2.24	1.78	24.6			13.9			
						3	30—40				6.7	12.0	0.53	0.80	32.5			11.2			
剖3	半淋溶土	褐土	褐土性土	冲洪积褐土性土		1	0—18				8.5	8.2	0.47	0.94	27.2			8.0		E 117° 18′ 31.6″ N 41° 42′ 01.8″	75
						2	18—55				8.5	4.1	0.21	0.80	26.5			7.5			
						3	55—65				8.5	2.8	0.17	0.76	26.5			4.4			
剖4	半淋溶土	褐土	淋溶褐土	黄土质淋溶褐土	黄褐土	1	0—15	灰棕色	粉砂质壤土	屑粒状	7.4	11.3	0.72	0.56	20.3	2.6	142	19.9	洪积物、冲积物	E 117° 15′ 05.7″ N 41° 41′ 48.5″	95
						2	15—94	褐色	粉砂质壤土	柱状	7.1	9.9	0.57	0.44	20.3	21.4	100	2.6			
						3	94—150	褐色	粉砂质壤土	柱状	6.6	3.5	0.31	0.24	21.9	31.4	120	23.4			
剖5	半淋溶土	褐土	褐土性土	花岗岩类褐土性土		1	0—30				7.3	11.4	0.99	0.80	33.4			7.3	花岗岩类	E 116° 53′ 46.7″ N 41° 35′ 23.3″	70
						2	30—70				7.6	9.9	0.49	0.48	32.0			9.6			
剖6	淋溶土	棕壤	棕壤	花岗岩类棕壤		1	0—20				6.9	83.9	3.84	1.82	24.9			28.4	花岗岩类	E 116° 58′ 07.4″ N 41° 30′ 56.1″	83
						2	20—40				7.0	75.0	3.36	1.90	23.2			27.5			
						3	40—58				7.1	31.7	1.40	0.94	26.6			19.2			
剖7	淋溶土	棕壤	棕壤性土	砂页岩类棕壤性土		1	0—20				6.5	35.7	1.62	0.74	24.9			13.5	砂页岩类	E 117° 16′ 45.1″ N 41° 30′ 34.9″	82
						2	20—40				6.7	16.8	0.82	0.64	24.2			11.4			
						3	40—73				6.8	4.2	0.28	0.53	25.6			10.1			
剖8	淋溶土	棕壤	棕壤	花岗岩类棕壤		1	0—15				6.4	42.2	2.22	1.42	33.4			11.5	花岗岩类	E 117° 34′ 36.1″ N 41° 34′ 16.0″	88
						2	15—40				6.5	32.4	1.53	1.12	33.4			10.3			
						3	40—70				7.1	3.3	0.21	0.78	40.6			1.5			
剖9	半淋溶土	褐土	淋溶褐土	黄土质淋溶褐土		1	0—20				8.0	14.7	0.76	1.00	27.9			13.9		E 117° 58′ 12.0″ N 41° 39′ 30.6″	73
						2	20—50				8.1	7.9	0.46	0.74	27.9			12.0			
						3	50—86				8.1	8.4	0.45	0.68	27.9			10.9			
剖10	淋溶土	棕壤	棕壤	凝灰岩类耕地棕壤		1	0—20				7.9	16.7	0.91	1.16	27.8			13.3	凝灰岩类	E 117° 50′ 22.2″ N 41° 34′ 12.4″	95
						2	20—80				7.1	11.2	0.49	1.06	27.0			16.8			
						3	80—100				6.6	11.4	0.55	1.14	26.2			20.7			
剖11	半淋溶土	褐土	石灰性褐土	黄土质石灰性褐土		1	0—25				8.4	9.0	0.57	1.00	24.2			14.2		E 117° 45′ 29.2″ N 41° 33′ 21.2″	97
						2	25—80				8.5	6.3	0.39	0.94	24.2			16.9			
						3	80—120				8.4	5.7	0.34	1.12	27.0			17.1			
剖12	淋溶土	棕壤	棕壤	冲洪积耕地棕壤		1	0—10				7.0	32.3	1.58	2.90	28.3			10.0		E 118° 09′ 09.0″ N 41° 33′ 49.3″	75
						2	10—25				7.0	29.2	1.39	1.96	28.3			8.0			
						3	25—60				7.2	13.6	0.67	1.88	30.0			9.2			
						4	60—80				7.3	12.9	0.60	2.08	28.3			7.7			
剖13	半淋溶土	褐土	潮褐土	轻壤质冲积潮褐土		1	0—20				7.8	17.0	0.95	1.13	26.2			12.0		E 117° 13′ 34.7″ N 41° 27′ 05.8″	95
						2	20—50				7.5	14.2	0.65	1.03	25.6			16.6			
						3	50—110				7.3	7.0	0.34	1.15	26.2			10.9			
剖14	淋溶土	棕壤	棕壤	凝灰岩类棕壤		1	0—2				6.7	43.6	1.58	1.24	28.3			20.4	凝灰岩类	E 117° 33′ 06.8″ N 41° 29′ 30.8″	89
						2	2—70				6.4	22.4	1.15	0.98	30.0			16.9			
						3	70—100														

续表 Continued

剖面号 Soil profile	土纲 Soil order	土类 Soil great group	亚类 Soil subgroup	土属 Soil genus	土种 Soil species	土层码 Layer code	土层厚度 Depth/cm	颜色 Soil color	质地 Soil texture	土壤结构 Soil structure	pH	有机质 OM/(g/kg)	全氮 TN/(g/kg)	全磷 TP/(g/kg)	全钾 TK/(g/kg)	有效磷 AP/(mg/kg)	速效钾 AK/(mg/kg)	阳离子交换量CEC/(cmol/kg)	土壤母质 Parent material	剖面点坐标 Profile coordinate	匹配指数 Matching index/%
剖15	淋溶土	棕壤	棕壤性土	花岗岩类棕壤性土		1	0—20				6.9	21.1	1.01	0.72	31.6			14.0	花岗岩类	E 117°32′41.5″ N 41°27′05.6″	84
						2	20—45				7.2	5.3	0.20	0.30	43.0			9.8			
						3	45—100				7.1	2.3	0.07	0.36	39.1			7.6			
剖16	褐土	褐土		砂性洪冲积褐土	杏黄砂砾土	1	0—30	棕色	砂砾土	单粒状	8.4	16.6	0.76	0.27	19.9	0.4	70	6.9	黏质洪冲积物	E 117°40′00.5″ N 41°26′36.2″	100
						2	30—40	棕褐色	轻壤土	片状	8.4	11.8	0.73	0.25	19.1	0.4	74	12.4			
						3	40—70	褐色	轻壤土	屑粒状	8.5	12.5	1.16	0.17	18.7	0.3	79	14.7			
						4	70—100	褐色	轻壤土	屑粒状	8.5	12.5	1.16	0.17	18.7	0.3	79	14.7			
剖17	半淋溶土	褐土	潮褐土	砂壤质冲积潮褐土		1	0—20				8.1	16.4	0.89	0.92	28.6			9.0		E 117°55′23.9″ N 41°25′40.1″	72
						2	20—60				8.4	6.1	0.27	0.72	37.6			4.6			
剖18	半淋溶土	褐土	石灰性褐土	冲洪积石灰性褐土		1	0—20				8.2	12.6	0.83	1.12	27.3			16.2		E 117°45′24.1″ N 41°22′50.2″	93
						2	20—80				8.5	6.4	0.44	0.92	25.6			16.0			
						3	80—125				8.5	5.3	0.40	0.90	25.6			15.7			
剖19	半淋溶土	褐土	淋溶褐土	花岗岩类淋溶褐土		1	0—20				7.1	26.0	1.37	0.76	27.0			9.2	花岗岩类	E 117°46′54.1″ N 41°20′29.0″	84
						2	20—70				7.7	10.7	0.60	0.63	27.0			8.6			
						3	70—90				7.5	16.9	0.82	0.71	25.6			10.4			
剖20	半淋溶土	褐土	褐土	冲洪积褐土		1	0—30				8.3	15.5	0.89	1.34	36.2			10.9		E 117°23′26.5″ N 41°19′53.8″	71
						2	30—80				8.2	10.5	0.51	1.24	26.2			12.1			
						3	80—110				7.2	15.7	0.74	1.18	25.0			18.6			
剖21	淋溶土	棕壤	棕壤	页岩坡地棕壤		1	0—15				7.3	21.3	1.10	0.92	25.5			15.0		E 117°18′54.7″ N 41°19′41.5″	94
						2	15—40				6.6	6.2	0.38	0.70	27.0			9.4			
						3	40—100				5.9	3.9	0.29	0.96	26.2			14.7			
剖22	半淋溶土	褐土	褐土	黄土质褐土		1	0—15				7.9	12.2	0.82	0.98	24.9			21.0		E 117°23′52.8″ N 41°17′15.0″	78
						2	15—80				7.8	11.3	0.59	0.96	25.6			23.9			
						3	80—140				8.2	5.4	0.29	1.08	24.9			15.1			
剖23	淋溶土	棕壤	棕壤	黄土质棕壤		1	0—15				6.3	55.9	2.26	0.88	20.8			16.5		E 117°51′30.6″ N 41°14′23.3″	74
						2	15—22				5.9	20.0	0.88	0.56	21.6			12.1			
						3	22—45				6.3	6.1	0.34	0.86	24.9			10.0			
						4	45—70				6.7	2.1	0.22	0.84	27.7			10.1			

丰宁满族自治县

主要土类说明

棕壤是丰宁满族自治县主要土壤类型，占本县地域面积的 55%，主要分布在本县中、低山垂直带上，南部在海拔 800m 以上，中部在海拔 900m 以上，北部在海拔 1000m 以上。在半湿润凉温气候条件下，土壤经较长期的淋溶，黏粒形成与移动较明显，盐基不饱和，石灰淋失，呈微酸性，pH 为 6.0—6.5，上部土色为棕色，下为浅灰棕色，心土层为棱块状结构，在结构面上多覆盖铁锰胶膜，土壤表层有残落物与腐殖质层。本县棕壤分为棕壤、生草棕壤、棕壤性土和草甸棕壤等亚类。

褐土是丰宁满族自治县第二大土壤类型，占本县地域面积的 27%。褐土为半干旱半湿润暖温地区，在旱生森林灌木、草原植被下生成的地带性土壤，分布在本县低山、丘陵和山麓下缘，黄土阶地及平川地，海拔有差异，南部在 800m 以下，中部在 900m 以下，北部在 1000m 以下。气候特点是冬寒夏热，雨热同期，冬季长达五个多月，在雨季一定强度的淋溶条件下，黏粒下移，心土有黏化现象，表层碳酸盐随水下移或侧移。本县褐土分为淋溶褐土、褐土、石灰性褐土、草甸褐土和褐土性土等亚类。

栗钙土是丰宁满族自治县第三大土壤类型，占本县地域面积的 15%。栗钙土处在本县坝上岗梁、坡梁地的下部，地下水位较低，土壤弱度淋溶，发育在黄土母质上或玄武岩类残坡积母质上。除钙积层明显外，发育在风积母质上的栗钙土则无明显钙积层，石灰反应微弱。栗钙土有机质含量约为 24g/kg。本县栗钙土分为栗钙土、暗栗钙土、淡栗钙土、草甸栗钙土和栗钙土性土等亚类。

小于本县地域面积 3% 的土壤类型还有草甸土、风沙土和沼泽土等。

本区域中心区气候特征

本区域中心区气候特征值
Regional climate characteristics in central area of the region

气候带：中温带亚干旱气候 Climate region: Mid temperate subarid climate	
年平均气温 /℃ Annual average temperature /℃	5.7
年平均最高气温 /℃ Annual average maximum temperature /℃	12.6
年平均最低气温 /℃ Annual average minimum temperature /℃	-0.2
年降水量 /mm Annual precipitation /mm	421
≥10℃的积温 /℃ Daily temperature accumulated in a year（≥10℃）/℃	2809
年日照时数 /h Annual sunshine /h	2963
年平均相对湿度 /% Annual average relative humidity /%	57
干燥度 Dryness	0.80

本区域中心区月平均气温与月平均降水量
Monthly temperature and precipitation in central area of the region

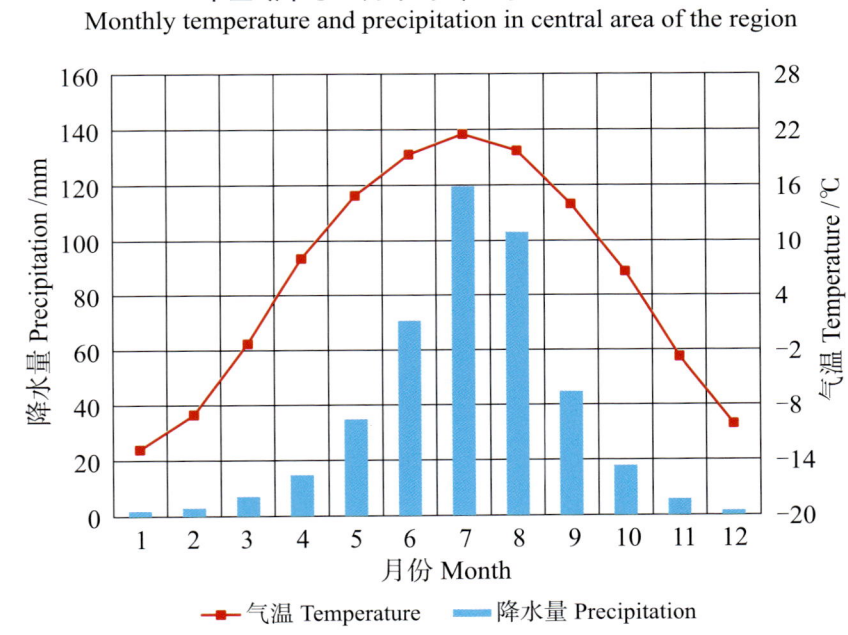

丰宁满族自治县主要土壤类型与土壤剖面点分布图

1∶560 000

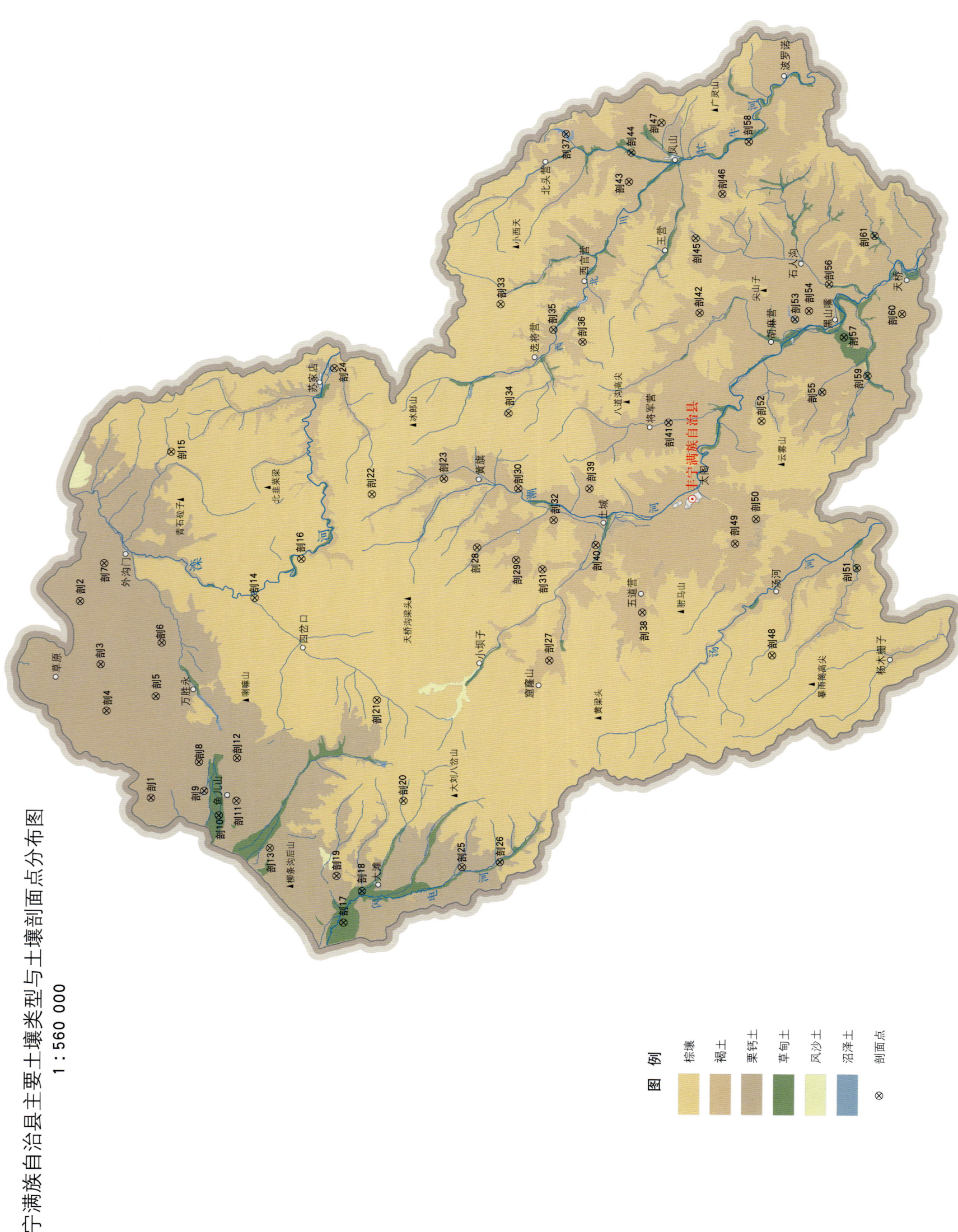

丰宁满族自治县土壤剖面理化性状表

剖面号 Soil profile	土纲 Soil order	土类 Soil great group	亚类 Soil subgroup	土属 Soil genus	土种 Soil species	土层码 Layer code	土层厚度 Depth/cm	颜色 Soil color	质地 Soil texture	土壤结构 Soil structure	pH	有机质 OM/(g/kg)	全氮 TN/(g/kg)	全磷 TP/(g/kg)	全钾 TK/(g/kg)	有效磷 AP/(mg/kg)	速效钾 AK/(mg/kg)	阳离子交换量CEC/(cmol/kg)	土壤母质 Parent material	剖面点坐标 Profile coordinate	匹配指数 Matching index/%
剖1	钙层土	栗钙土	栗钙土	粗面岩类残积坡积	轻壤质中层栗钙土	1	0~20				7.0	25.7	3.03	1.78	25.5				粗面岩类残积物、坡积物	E 116°08′43.4″ N 41°50′51.0″	90
						2	20~80				7.1	77.9	2.93	1.70	22.8						
剖2	钙层土	栗钙土	栗钙土	黄土质栗钙土	砂壤质薄层栗钙土	1	0~40				8.0	28.8	2.43	1.16	18.5					E 116°28′04.8″ N 41°56′06.0″	96
						2	40~90				8.3	12.1	0.60	0.98	20.0						
剖3	钙层土	栗钙土	栗钙土	粗面岩类残积坡积	砂壤质中层栗钙土	1	0~30				8.2	22.3	2.12	0.74	30.0				粗面岩类残积物、坡积物	E 116°21′49.3″ N 41°54′34.9″	79
						2	30~				8.3	18.7	0.82	0.40	41.5						
剖4	钙层土	栗钙土	栗钙土	黄土质耕地栗钙土	轻壤质耕地栗钙土	1	0~18				7.6	29.5	1.47	0.89	22.3					E 116°17′15.0″ N 41°54′07.2″	80
						2	18~31				7.4	32.5	1.33	0.94	21.8						
						3	31~93				7.6	24.3	1.03	0.81	23.3						
						4	93~105				7.3	7.0	0.36	0.94	21.3						
剖5	钙层土	栗钙土	栗钙土	黄土质耕地栗钙土	轻壤质中层栗钙土	1	0~18				8.1	15.6	0.78	1.01	23.3					E 116°18′43.6″ N 41°50′36.2″	75
						2	18~27				8.3	11.3	0.59	0.89	22.3						
						3	27~50				8.3	13.6	0.66	0.87	25.5						
						4	50~90				8.2	5.9	0.34	0.92	24.5						
剖6	钙层土	栗钙土	浅栗钙土	黄土质耕地淡栗钙土	轻壤质薄层浅位钙积地淡栗钙土	1	0~16				7.8	19.6	1.01	0.88						E 116°24′02.5″ N 41°50′13.9″	95
						2	16~24				7.9	8.5	0.41	0.74							
						3	24~100				8.3	4.9	0.21	0.97							
剖7	钙层土	栗钙土	栗钙土	风积耕地栗钙土	砂质中层栗钙土	1	0~25				7.7	23.9	1.04	0.98	25.5					E 116°31′50.2″ N 41°54′25.2″	95
						2	25~65				7.6	10.5	0.39	0.72	21.8						
						3	65~100				7.7	2.5	0.07	0.50	21.3						
剖8	钙层土	栗钙土	暗栗钙土	黄土质耕地暗栗钙土	轻壤质中层耕地暗栗钙土	1	0~15				7.4	46.3	1.94	1.59	27.3					E 116°12′19.1″ N 41°47′27.2″	91
						2	15~60				7.6	48.9	1.99	1.66	25.5						
						3	60~100				8.5	21.3	0.95	1.06	24.5						
剖9	钙层土	栗钙土	栗钙土	黄土质耕地栗钙土	轻壤质浅位钙积栗钙土	1	0~20				8.3	24.0	1.23	1.02	23.5					E 116°09′29.2″ N 41°47′02.8″	95
						2	20~35				8.3	20.7	1.10	0.99	19.0						
						3	35~90				8.4	7.8	0.42	0.98	18.5						
剖10	半水成土	草甸土	盐化草甸土	冲积耕地盐化草甸土	轻壤质轻度盐化耕地草甸土	1	0~20				8.6	10.5	0.63	2.00	23.5					E 116°07′05.9″ N 41°45′59.8″	86
						2	20~50				8.4	9.5	0.57	2.17	25.0						
						3	50~100				8.3	9.5	0.57	2.04	23.5						
剖11	钙层土	栗钙土	栗钙土	冲洪积耕地栗钙土	轻壤质中层栗钙土	1	0~15				8.0	33.4	1.65	0.92	21.8					E 116°08′33.1″ N 41°44′44.6″	83
						2	15~25				8.1	26.7	1.29	0.80	19.3						
						3	25~48				8.2	22.2	1.06	0.76	17.3						
						4	48~75				8.2	11.5	0.47	0.46	19.0						
剖12	钙层土	栗钙土	栗钙土	冲洪积耕地栗钙土	少砾砂壤质中层耕地栗钙土	1	0~20				8.4	21.4	1.16	0.75	21.8					E 116°12′44.4″ N 41°44′44.5″	88
						2	20~50				8.2	16.3	0.87	0.58	21.0						
						3	35~60				8.6	5.0	0.26	0.50	21.8						
剖13	钙层土	栗钙土	草甸栗钙土	冲积耕地草甸栗钙土	砂壤质耕地草甸栗钙土	1	0~20				8.6	33.6	1.70	8.10	22.8					E 116°08′56.7″ N 41°42′17.5″	98
						2	20~27				8.6	27.2	1.52	0.76	20.0						
						3	27~100				8.6	18.9	0.94	0.66	17.3						
剖14	淋溶土	棕壤	棕壤	冲洪积耕地棕壤		1	0~20				7.6	14.8	0.83	1.20	27.2					E 116°28′32.2″ N 41°43′37.6″	74
						2	20~34				7.2	10.1	1.52	1.06	26.5						

续表 Continued

剖面号 Soil profile	土纲 Soil order	土类 Soil great group	亚类 Soil subgroup	土属 Soil genus	土种 Soil species	土层码 Layer code	土层厚度 Depth/cm	颜色 Soil color	质地 Soil texture	土壤结构 Soil structure	pH	有机质 OM/(g/kg)	全氮 TN/(g/kg)	全磷 TP/(g/kg)	全钾 TK/(g/kg)	有效磷 AP/(mg/kg)	速效钾 AK/(mg/kg)	阳离子交换量CEC/(cmol/kg)	土壤母质 Parent material	剖面点坐标 Profile coordinate	匹配指数 Matching index/%
剖15	淋溶土	棕壤	棕壤	黄土质耕地棕壤	轻壤质耕地棕壤	1	0—20					13.1	0.51	1.13						E 116°42′49.2″ N 41°49′41.2″	86
						2	20—30					4.6	0.28	1.16							
						3	30—42					6.9	0.35	1.13							
						4	42—61					5.2	0.28	0.82							
剖16	淋溶土	棕壤	棕壤	冲洪积耕地棕壤	轻壤质腰砂砾耕地棕壤	1	0—21				7.6	15.2	0.79	0.90	22.3					E 116°32′25.2″ N 41°40′19.1″	77
						2	21—44				7.6	6.7	0.37	0.77	24.5						
剖17	半水成土	草甸土	草甸土	壤质冲积草甸土	轻壤质冲积草甸土	1	0—20				7.6	44.7	1.50	1.60	26.3				冲积物	E 115°56′38.0″ N 41°36′56.5″	75
						2	20—70					59.8	3.08	1.12	26.3						
						3	70—99					15.9	0.45	0.60	31.0						
剖18	半水成土	草甸土	草甸土	砂质冲积草甸土	砂壤质冲积草甸土	1	0—14				8.4	8.3	0.39	1.95	24.5					E 115°59′46.0″ N 41°35′38.8″	77
						2	14—28				8.4	3.5	0.17	2.10	20.0						
						3	28—				8.7	2.8	0.15	2.12	14.5						
剖19	钙层土	栗钙土	栗钙土性土	风积耕地栗钙性土	砂质耕地栗钙性土	1	0—20					13.4	0.78	0.57	32.0					E 116°01′14.2″ N 41°37′29.5″	97
						2	20—29					14.4	0.78	0.68	29.0						
						3	29—					19.2	0.85	0.82	29.0						
剖20	淋溶土	棕壤	棕壤	冲洪积耕地棕壤	少砾砂壤质砂砾耕地棕壤	1	0—17				7.2	25.6	1.11	0.86	24.0					E 116°08′47.4″ N 41°32′48.1″	78
						2	17—26				7.4	32.5	1.31	1.06	24.0						
						3	26—100				7.5	36.4	1.62	1.13	23.5						
剖21	淋溶土	棕壤	棕壤性土	粗面岩类棕壤性土	粗面岩类棕壤性土	1	0—7				6.4	36.3	1.83	1.02	26.3				粗面岩类	E 116°18′36.4″ N 41°34′48.4″	80
剖22	淋溶土	棕壤	棕壤性土	花岗岩类棕壤性土	花岗岩类棕壤性土	1	0—25				6.5	45.2	2.00	1.22	24.0				花岗岩类	E 116°38′45.6″ N 41°35′19.3″	100
						2	25—40				6.0	17.0	0.79	0.80	24.5						
剖23	半淋溶土	褐土	褐土	黄土质褐土	中壤质褐土	1	0—20				6.5	11.3	0.63	0.98	26.2					E 116°40′19.6″ N 41°30′10.4″	78
						2	20—60				6.5	5.2	0.29	1.35	29.5						
						3	60—80				8.0	4.7	0.22	1.00	25.0						
剖24	半淋溶土	褐土	淋溶褐土	冲洪积淋溶褐土	轻壤质淋溶褐土	1	0—20		轻壤土		8.0	21.0	0.99	1.02	31.0					E 116°51′07.9″ N 41°38′03.8″	87
						2	20—35				8.0	18.6	0.85	0.98	23.5						
						3	35—100				8.0	21.0	0.91	1.02	25.5						
剖25	钙层土	栗钙土	暗栗钙土	暗栗泥砂土	细砂黑土	A₁₁	0—15	浊黄棕色	砂壤土	屑粒状	8.0	33.4	1.65	0.40	18.1	6.0	106	17.0		E 116°02′16.5″ N 41°28′32.4″	75
						A₁₂	15—25	暗棕色	砂壤土	碎粒状	8.2	26.7	1.99	0.35	16.0	2.0	60	16.0			
						Bk	25—48	暗棕色	砂壤土	小块状	8.5	22.2	1.06	0.33	14.4	3.0	50	15.0			
						Ck	48—75	暗棕色	砂壤土	碎块状	8.2	11.5	0.47	0.20	15.8	2.0	50	11.0			
剖26	半水成土	草甸土	草甸土	壤质冲积草甸土	砂壤质冲积草甸土	1	0—18		砂壤土		8.0	10.5	0.59	1.82	22.3					E 116°40′50.3″ N 41°25′50.5″	76
						2	18—25				8.0	4.5	0.21	2.00	22.5						
						3	25—45				8.5	3.3	0.17	1.36	21.8						
剖27	半淋溶土	褐土	石灰性褐土	冲洪积石灰性褐土	少砾砂壤质底砂砾石灰性褐土	1	0—20		砂壤土		8.7	10.3	0.61	1.36	22.8					E 116°22′37.6″ N 41°22′31.1″	81
						2	20—30				9.0	5.9	0.31	1.96	23.5						
剖28	半淋溶土	褐土	石灰性褐土	黄土质石灰性褐土	轻壤质石灰性褐土	1	0—17		轻壤土		8.1	21.7	1.02	2.18	24.5					E 116°33′39.3″ N 41°27′45.9″	93
						2	17—30		轻壤土		8.3	19.0	1.07	2.14	23.5						
						3	30—100		轻壤土		8.1	4.9	1.24	2.17	20.0						
剖29	半淋溶土	褐土	石灰性褐土	黄土质褐土	轻壤质褐土	1	0—25		轻壤土		8.1	11.9	0.47	1.39	21.0					E 116°32′27.8″ N 41°24′57.7″	71
						2	25—40		轻壤土		8.3	8.3	0.47	1.17	22.8						
						3	40—100		轻壤土		8.0	6.9	0.40	1.16	24.0						
剖30	半淋溶土	褐土	褐土	黄土质褐土	轻壤质褐土	1	0—15				8.1	9.6	0.42	1.15	22.3					E 116°39′24.5″ N 41°24′51.1″	91
						2	15—25				8.0	8.4	0.45	1.10	24.5						
						3	25—50				8.0	5.5	0.31	0.93	27.3						
						4	50—				8.4	5.4	0.32	0.92	24.5						

续表 Continued

剖面号 Soil profile	土纲 Soil order	土类 Soil great group	亚类 Soil subgroup	土属 Soil genus	土种 Soil species	土层码 Layer code	土层厚度 Depth/cm	颜色 Soil color	质地 Soil texture	土壤结构 Soil structure	pH	有机质 OM/(g/kg)	全氮 TN/(g/kg)	全磷 TP/(g/kg)	全钾 TK/(g/kg)	有效磷 AP/(mg/kg)	速效钾 AK/(mg/kg)	阳离子交换量CEC/(cmol/kg)	土壤母质 Parent material	剖面点坐标 Profile coordinate	匹配指数 Matching index/%
剖31	半淋溶土	褐土	淋溶褐土	冲洪积淋溶褐土	少砾砂壤质底砂砾淋溶褐土	1	0–15		砂壤土			30.2	1.62	1.86	21.0					E 116° 31′ 33.6″ N 41° 23′ 05.3″	90
						2	15–21					16.5	0.86	2.10	21.0						
						3	21–45					21.4	1.10	1.85	31.0						
剖32	半淋溶土	褐土	石灰性褐土	冲洪积石灰性褐土	少砾轻壤质石灰性褐土	1	0–20		轻壤土			12.5	0.50	0.93	25.0					E 116° 36′ 22.3″ N 41° 22′ 19.6″	86
						2	20–30					6.7	0.41	0.86	26.2						
						3	30–100					7.7	0.48	0.94	25.0						
剖33	淋溶土	棕壤	棕壤	粗面凝灰岩类残坡积物坡积棕壤	少砾轻壤质中层棕壤	1	0–5				6.3	52.3	2.00	1.21	23.3				粗面凝灰岩类残积物、坡积物	E 116° 57′ 26.3″ N 41° 26′ 11.4″	94
						2	5–40				6.0	33.2	1.26	0.99	23.3						
剖34	淋溶土	棕壤	棕壤	黄土质棕壤	轻壤质棕壤	1	0–15				6.3	34.0	1.15	1.12	22.3					E 116° 46′ 46.2″ N 41° 25′ 35.4″	82
						2	15–35				6.4	46.8	1.94	1.16	32.0						
						3	35–100				6.5	19.2	0.64	0.99	35.0						
剖35	半淋溶土	褐土	淋溶褐土	冲洪积石灰性褐土	少砾砂壤质石灰性褐土	1	0–18		轻壤土			11.8	0.72	1.16	27.7					E 116° 54′ 58.3″ N 41° 22′ 25.7″	91
						2	18–45					9.3	0.50	1.26	30.0						
						3	45–60					8.1	0.40	1.16	27.2						
剖36	半淋溶土	褐土	石灰性褐土	复钙性淋溶褐土	砂壤质复钙淋溶褐土	1	0–20		砂壤土			17.3	0.96	1.28	27.2					E 116° 53′ 47.8″ N 41° 20′ 19.3″	93
						2	20–33					15.1	0.82	1.88	25.0						
						3	33–50					8.9	0.52	2.18	23.2						
剖37	水成土	沼泽土	泥炭沼泽土	静水沉积泥炭沼泽土	泥炭沼泽土	1	0–20	暗褐色	轻壤土			11.0	4.61	1.95	17.3					E 117° 14′ 02.8″ N 41° 21′ 31.3″	78
						2	20–25	黄棕色				13.7		0.48	17.3						
						3	25–46	暗栗色				31.9	0.91	1.29	27.3						
						4	46–60	灰黑色				99.6	3.32	0.66	23.3						
剖38	半淋溶土	褐土	淋溶褐土	复钙性淋溶褐土	轻壤质复钙淋溶褐土	1	0–17		轻壤土			13.7	0.80	1.12	23.5					E 116° 27′ 26.0″ N 41° 15′ 55.1″	84
						2	17–30				8.4	14.5	0.79	1.39	24.5						
						3	30–80				8.2	27.9	1.21	1.21	25.0						
剖39	半淋溶土	褐土	石灰性褐土	黄土质石灰性褐土	轻壤质石灰性褐土	1	0–30		轻壤土		8.5	8.3	0.40	0.80	26.0					E 116° 39′ 25.9″ N 41° 19′ 45.8″	89
						2	30–50		轻壤土		8.3	4.4	0.23	0.70	26.2						
						3	50–100		轻壤土		8.4	4.7	0.24	0.74	24.5						
剖40	半淋溶土	褐土	石灰性褐土	冲洪积石灰性褐土	轻壤质石灰性褐土	1	0–15		轻壤土		8.5	12.2	0.60	0.98	21.0					E 116° 33′ 58.3″ N 41° 19′ 17.8″	99
						2	15–25		轻壤土		8.5	12.4	0.68	0.98	21.3						
						3	25–40				8.5	4.9	0.33	0.95	21.0						
						4	40–80				8.0	12.3	0.68	1.08	21.7						
剖41	半淋溶土	褐土	褐土性	黄土质石灰性褐土	砂质褐土性土	1	0–10		砂土		8.1	9.2	1.00	1.60	28.3					E 116° 45′ 55.8″ N 41° 14′ 08.9″	84
						2	10–25				8.1	5.2	1.30	1.80	27.8						
						3	25–100				8.8	4.4	0.31	1.20	23.5						
剖42	半淋溶土	褐土	石灰性褐土	黄土质石灰性褐土	轻壤质浅位砂姜石灰性褐土	1	0–20		轻壤土		8.3	12.9	0.74	1.22	26.0					E 116° 56′ 38.4″ N 41° 11′ 58.6″	95
						2	20–30		轻壤土		8.3	10.5	0.60	0.94	22.8						
						3	30–100		轻壤土		8.4	5.1	0.26	0.91	22.3						
剖43	半淋溶土	褐土	石灰性褐土	黄土质石灰性褐土	中壤质石灰性褐土	1	0–30		中壤土		8.5	14.3	0.77	1.00	24.0					E 117° 09′ 22.3″ N 41° 17′ 02.4″	87
						2	30–100				8.5	6.9	0.35	1.14	21.0						
剖44	半水成土	草甸土	草甸土	壤质冲积草甸土	轻壤质砂砾石冲积草甸土	1	0–15		轻壤土		8.0	21.4	1.15	1.34	26.3					E 117° 12′ 13.3″ N 41° 16′ 52.0″	99
						2	15–25		轻壤土		8.1	17.9	0.94	1.21	25.5						
						3	25–35				8.1	14.1	0.74	1.19	26.3						
						4	35–60				8.8	4.5	0.25	0.92	28.3						
剖45	半淋溶土	褐土	石灰性褐土	冲积石灰性褐土	砾石石灰性砂壤土	1	0–20		轻壤土		8.5	8.8	0.63	1.23	26.3					E 117° 03′ 51.5″ N 41° 12′ 15.8″	92
						2	20–31		轻壤土		8.6	6.8	0.39	1.21	27.3						
						3	31–42		轻壤土		8.4	2.7	0.14		29.5						

续表 Continued

剖面号 Soil profile	土纲 Soil order	土类 Soil great group	亚类 Soil subgroup	土属 Soil genus	土种 Soil species	土层码 Layer code	土层厚度 Depth/cm	颜色 Soil color	质地 Soil texture	土壤结构 Soil structure	pH	有机质 OM/(g/kg)	全氮 TN/(g/kg)	全磷 TP/(g/kg)	全钾 TK/(g/kg)	有效磷 AP/(mg/kg)	速效钾 AK/(mg/kg)	阳离子交换量CEC/(cmol/kg)	土壤母质 Parent material	剖面点坐标 Profile coordinate	匹配指数 Matching index/%
剖46	半淋溶土	褐土	淋溶褐土	复钙性淋溶褐土	少砾砂壤质体砂砾复钙淋溶褐土	1	0—11		砂壤土			9.5	0.55	0.61	32.0					E 117°08′10.7″ N 41°10′21.4″	86
						2	11—21					5.6	0.32	0.51	32.0						
						3	21—100					5.8	0.29	0.52	23.2						
剖47	半淋溶土	褐土	淋溶褐土	黄土质淋溶褐土	中壤质淋溶褐土	1	0—14				7.5	7.6	0.46	0.45	22.8					E 117°15′07.9″ N 41°14′42.0″	99
						2	14—23				7.2	5.0	0.31	0.45	22.2						
						3	23—47				7.3	2.1	0.18	0.55	21.7						
						4	47—100				6.5	4.5	0.20	0.89	23.5						
剖48	淋溶土	棕壤	棕壤	黄土质耕地棕壤	中壤质耕地棕壤	1	0—15					12.6	0.68	0.94						E 116°23′21.1″ N 41°06′36.0″	94
						2	15—35					3.9	0.23	0.98							
						3	35—95					4.8	0.21	1.10							
剖49	半淋溶土	褐土	淋溶褐土	花岗岩类淋溶褐土		1	0—35				7.6	26.0	1.27	1.86	26.2				花岗岩类	E 116°34′12.0″ N 41°09′19.2″	78
						2	35—50				7.4	13.5	0.68	1.31	26.2						
剖50	半淋溶土	褐土	石灰性褐土	冲积石灰性褐土		1	0—15		轻壤土		8.5	14.8	0.79	1.38	24.0					E 116°36′35.6″ N 41°07′50.5″	78
						2	15—30		轻壤土		8.5	11.9	0.61	1.34	22.8						
剖51	半水成土	草甸土	草甸土	壤质冲积草甸土	轻壤质底砂砾草甸土	1	0—15				8.4	6.0	0.31	1.02	34.0				冲积物	E 116°31′57.0″ N 41°00′36.4″	93
						2	15—25				8.4	6.1	0.31	0.94	31.0						
剖52	淋溶土	棕壤	棕壤	花岗岩类残积坡积棕壤	少砾轻壤质中层棕壤	1	0—5				5.3	101.6	4.07	1.35	21.0				花岗岩类残积物、坡积物	E 116°46′07.3″ N 41°07′30.0″	96
						2	5—25				6.0	13.6	0.67	0.84	22.0						
						3	25—65														
剖53	水成土	沼泽土	淤泥沼泽土	壤质水沉淤泽土	厚有机质淤泥沼泽土	1	0—12		轻壤土			19.0	1.07	1.93	22.8					E 116°56′01.7″ N 41°05′09.2″	86
						2	12—34		轻壤土			23.0	1.10	1.93	23.3						
						3	34—70		细砂土			12.3	0.60	2.14	23.5						
						4	70—90		轻壤土			13.2	0.60	2.29	21.3						
剖54	半淋溶土	褐土	淋溶褐土	花岗岩淋溶褐土		1	0—13				7.4	26.8	1.42	1.09	17.3				花岗岩类	E 116°56′51.4″ N 41°04′08.8″	96
剖55	半淋溶土	褐土	石灰性褐土	黄土质石灰性褐土	中壤质石灰性褐土	1	0—20		中壤土		8.5	7.5	0.56	1.27	23.5					E 116°48′58.3″ N 41°03′10.4″	71
						2	20—40		中壤土		8.5	7.2	0.38	1.14	21.8						
						3	40—90		中壤土		8.5	6.2	0.32	1.08	22.8						
						4	90—100		中壤土		8.5	3.6	0.20	1.08	23.3						
剖56	半水成土	草甸土	草甸土	冲洪积石灰性草甸土	轻壤质底砂砾石灰性草甸土	1	0—20		轻壤土			3.1	0.20	1.21	22.7					E 116°59′25.8″ N 41°02′42.4″	87
						2	20—35					4.0	0.22	1.12	23.2						
						3	35—100					1.5	0.08	2.40	20.0						
剖57	半水成土	草甸土	草甸土	壤质冲积草甸土	砂壤质草甸土	1	0—20		中壤土		8.1	12.4	0.66	1.16	24.0					E 116°54′18.7″ N 41°01′39.0″	94
						2	20—31		中壤土		8.3	4.8	0.25	8.98	21.7						
						3	31—100		中壤土		8.4	4.6	0.22	8.98	23.5						
剖58	半淋溶土	褐土	淋溶褐土	黄土质淋溶褐土	轻壤质淋溶褐土	1	0—20		中壤土		8.0	4.4	0.29	0.80	23.2					E 117°13′16.3″ N 41°08′27.6″	98
						2	20—30		轻壤土		7.5	2.4	0.17	0.82	24.0						
						3	30—100				8.0	2.6	0.14	0.80	21.2						
剖59	半水成土	草甸土	草甸土	砂质冲积草甸土	砂壤质底砂砾草甸土	1	0—19				8.9	0.74	0.74	1.15	22.8					E 116°50′33.7″ N 40°59′57.5″	95
						2	19—50				6.1	0.19	0.19	1.07	24.5						
						3	50—70				6.2	0.17	0.17	1.36	25.5						
剖60	半淋溶土	褐土	淋溶褐土	坡积淋溶褐土	少砾轻壤质中层淋溶褐土	1	0—20		砂壤土			12.8	0.63	1.00	26.0					E 116°56′33.7″ N 40°57′29.9″	91
						2	20—41					23.1	1.18	0.95	26.3						
						3	41—100					26.0	0.95	0.94	23.5						
剖61	半水成土	草甸土	草甸土	砂质冲积草甸土	砂壤质草甸土	1	0—20				9.3	6.5	0.38	0.45	24.5					E 117°04′07.0″ N 40°59′28.7″	100
						2	20—100				9.0	5.8	0.32	0.57	25.5						

宽城满族自治县

主要土类说明

褐土是宽城满族自治县主要土壤类型，占本县地域面积的65%。褐土是在半湿润半干旱暖温气候条件和弱度淋溶条件下，水平分布于棕壤带以下的地带性土类。地形部位为低山、丘陵、黄土台地及沟谷平川地，干旱同期，雨热同季，冬季冻土期达四个月之久，在一定程度的雨季淋溶条件下，黏粒和有机质下移，心土层有程度不同的黏化现象，表层碳酸盐类物质随水下移。本县褐土分为褐土、淋溶褐土、石灰性褐土、褐土性土等亚类。

棕壤是宽城满族自治县第二大土壤类型，占本县地域面积的22%。棕壤垂直分布在海拔600（东部都山附近）—700m（西部鸭嘴山附近）以上。环境较湿润，为凉温气候条件，土壤经过长期的中度淋溶，黏粒形成与移动过程明显，盐基淋溶作用十分活跃，钙质已经淋失，盐基不饱和，呈微酸性，pH为5.0—6.5，由表层往下递减，越往下越酸。土壤颜色上深下浅，上部为棕黑色，下部为浅棕色。心土层棱块状结构明显，结构面多覆被铁锰胶膜。表层有凋落物及腐殖质层（荒山）。有机质含量有差异，在荒山平均为81.6g/kg，耕地平均为13.3g/kg。本县棕壤分为棕壤、生草棕壤、棕壤性土等亚类。

粗骨土是宽城满族自治县第三大土壤类型，占本县地域面积的7%，在本县遭到侵蚀的山地和丘陵上均有分布。粗骨土与石质土有些相似，但在剖面构型上是不同的。粗骨土的剖面为A–C型，A层下为不同厚薄的风化岩层，如花岗岩、片麻岩风化岩层，均为松散碎屑层。

石质土占宽城满族自治县地域面积的3%，广泛分布在石质山地或丘陵顶部，石质土属幼年土壤，剖面属A–R构型，A层厚度一般小于10cm，在A层下为基岩层。石质土的主要特征是：土质粗，含有大量石砾和碎石。由于岩性的不同，肥力产生一定差异。

小于本县地域面积3%的土壤类型还有潮土等。

本区域中心区气候特征

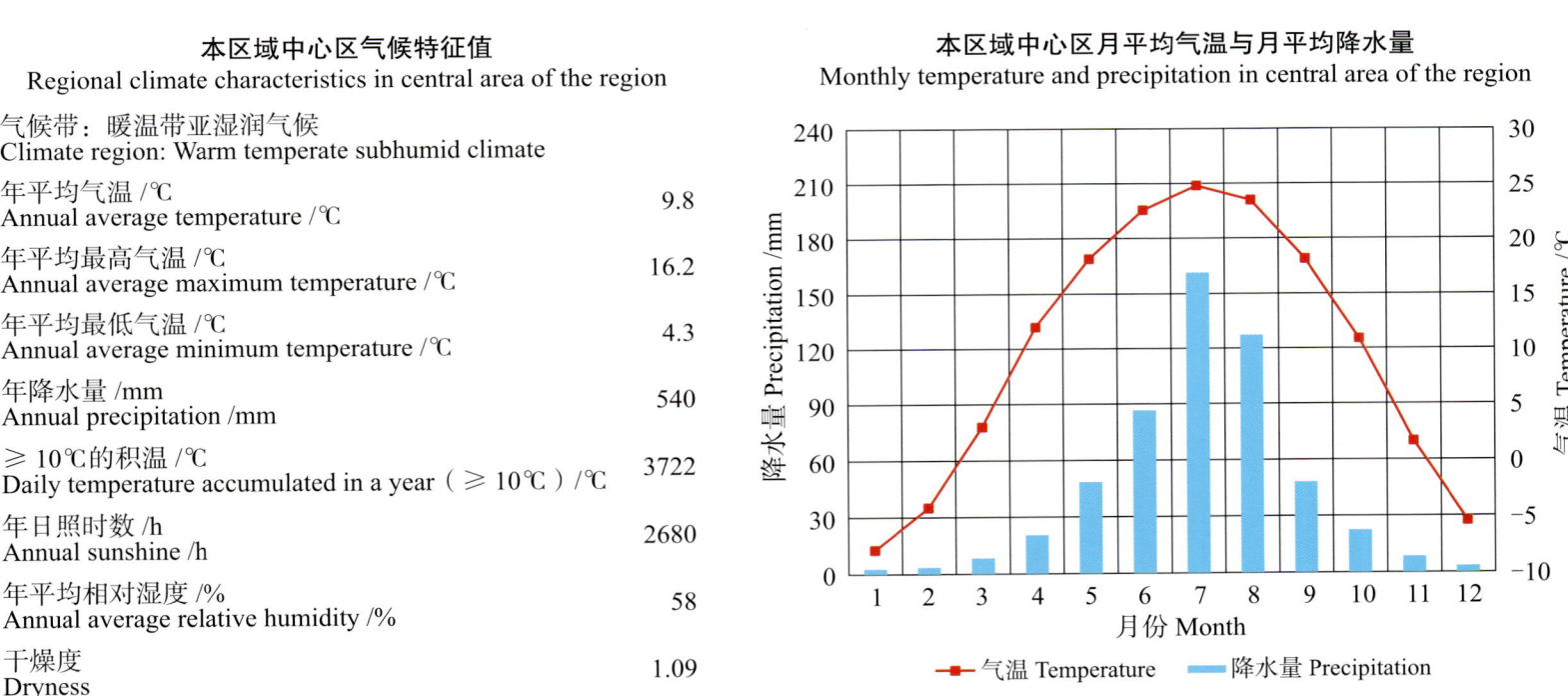

本区域中心区气候特征值
Regional climate characteristics in central area of the region

气候带：暖温带亚湿润气候 Climate region: Warm temperate subhumid climate	
年平均气温/℃ Annual average temperature /℃	9.8
年平均最高气温/℃ Annual average maximum temperature /℃	16.2
年平均最低气温/℃ Annual average minimum temperature /℃	4.3
年降水量/mm Annual precipitation /mm	540
≥10℃的积温/℃ Daily temperature accumulated in a year (≥10℃) /℃	3722
年日照时数/h Annual sunshine /h	2680
年平均相对湿度/% Annual average relative humidity /%	58
干燥度 Dryness	1.09

本区域中心区月平均气温与月平均降水量
Monthly temperature and precipitation in central area of the region

宽城满族自治县主要土壤类型与土壤剖面点分布图

1:280 000

图例: 褐土 | 棕壤 | 粗骨土 | 石质土 | 潮土 | ⊗ 剖面点

宽城满族自治县土壤剖面理化性状表

剖面号 Soil profile	土纲 Soil order	土类 Soil great group	亚类 Soil subgroup	土属 Soil genus	土种 Soil species	土层码 Layer code	土层厚度 Depth/cm	颜色 Soil color	质地 Soil texture	土壤结构 Soil structure	pH	有机质 OM/(g/kg)	全氮 TN/(g/kg)	全磷 TP/(g/kg)	全钾 TK/(g/kg)	有效磷 AP/(mg/kg)	速效钾 AK/(mg/kg)	阳离子交换量 CEC/(cmol/kg)	土壤母质 Parent material	剖面点坐标 Profile coordinate	匹配指数 Matching index/%
剖1	半淋溶土	褐土	淋溶褐土	黏质洪积淋溶褐土		1	0–25				6.5	20.3	0.95	0.45	28.8			13.9		E 118°40′59.9″ N 40°39′27.0″	89
						2	25–50				6.5	11.8	0.84	0.22	28.4			8.0			
						3	50–100				6.5	1.6	0.34	0.30	23.2			10.0			
剖2	半淋溶土	褐土	淋溶褐土	壤质冲积淋溶褐土	轻壤体淋溶褐土	1	0–20				6.0	18.1	1.06	0.80				11.3		E 118°34′48.4″ N 40°36′13.7″	73
						2	20–40				6.0	15.7	0.81	0.72	56.0			8.6			
						3	40–80				6.0	19.7	0.81	0.56	39.2			5.3			
						4	80–110				6.0	11.4	0.50					5.4			
						5	110–130				6.0	7.8	0.34	0.48				17.2			
剖3	淋溶土	棕壤	棕壤	洪积棕壤	少砾中壤质耕种棕壤	1	0–15				6.0	16.5	0.87	0.40				27.6		E 118°42′48.6″ N 40°33′27.7″	87
						2	15–35				6.0	7.1	0.95	0.32				17.6			
						3	35–80				6.0	4.7	0.39	0.42				11.8			
剖4	半淋溶土	褐土	淋溶褐土	坡积堆积淋溶褐土	砾质砂壤体淋溶褐土	1	0–15				7.0	23.2	0.87	0.32				16.0		E 118°33′08.5″ N 40°31′56.3″	70
						2	15–35				6.0	10.3	0.64	0.19				9.9			
						3	35–80				6.0	8.3	0.59	0.33				13.8			
剖5	半淋溶土	褐土	淋溶褐土	壤质冲积淋溶褐土	轻壤质腰砂淋溶褐土	1	0–27				7.5	11.1	0.64	0.67	29.6			15.4		E 118°54′36.7″ N 40°35′46.0″	70
						2	27–42				8.0	6.9	0.39	0.59				26.7			
						3	42–50				7.5	8.9	0.56	0.53				22.0			
						4	50–70				6.5	6.5	0.36	0.61				24.2			
						5	70–80				8.0	2.3	0.25	0.42				23.5			
						6	80–100				7.5	9.4	0.56	0.56				28.7			
剖6	淋溶土	棕壤	棕壤	坡积堆积棕壤	少砾中壤质中层底卵质棕壤	1	0–15				6.0	21.9	1.12	0.34				10.6		E 118°45′17.6″ N 40°30′23.8″	96
						2	15–33				6.0	17.2	0.87	0.26	49.0			16.5			
						3	33—				6.0	15.2	0.56	0.27	51.2			20.6			
剖7	半淋溶土	褐土	淋溶褐土	壤质洪积淋溶褐土		1	0–24				6.0	12.7	0.81	0.69	52.8			13.8		E 119°05′18.6″ N 40°37′49.8″	89
						2	24–40				6.0	9.6	0.59	0.67	53.6			11.0			
						3	40—				6.0	4.5	0.17	0.63				17.6			
剖8	半淋溶土	褐土	淋溶褐土	壤质冲积淋溶褐土	中壤体淋溶褐土	1	0–20				6.0	14.3	0.81	0.99	10.4			27.2		E 118°35′55.0″ N 40°28′20.6″	93
						2	20–55				6.5	8.8	0.50	0.69	6.4			16.9			
						3	55–100				7.0	7.5	0.42	0.83				19.1			
剖9	半淋溶土	褐土	淋溶褐土	硅质淋溶褐土	白石渣褐土	1	0–10	浅褐色	砂壤土	团粒状	7.3	23.3	1.12	0.20	10.2	2.5	100	21.4	洪积物、冲积物	E 118°33′50.8″ N 40°27′09.0″	85
						2	10–55	棕褐色	砂壤土	屑粒状	7.3	14.0	0.98	0.21	9.6	4.0	110	29.4			
						C	55—														
剖10	半水成土	潮土	潮土	壤质潮土	中壤体潮土	1	0–25				6.5	17.2	0.95	0.61	48.8			18.8		E 118°30′11.5″ N 40°25′40.4″	74
						2	25–45				6.5	11.6	0.76	0.34				16.2			
						3	45–70				6.5	12.3	0.79	0.47	51.2			15.1			

围场满族蒙古族自治县

主要土类说明

棕壤是围场满族蒙古族自治县主要土壤类型，占本县地域面积的 58%。棕壤垂直分布在海拔 900m 以上。具森林草原植被，环境较湿润，为凉温气候条件，土壤经较长期的中度淋溶，黏粒形成与移动过程明显，盐基淋溶作用十分活跃，石灰已经淋失，盐基不饱和，呈微酸性，pH 为 6.0—6.5。土色上层为棕色，下层为浅灰棕色、褐棕色。心土层棱块状结构明显，结构面多覆被铁锰胶膜。表层有凋落物与腐殖质层。在荒山，有机质含量平均为 47.6g/kg，耕地为 22.2g/kg。本县棕壤分为棕壤、生草棕壤、棕壤性土、草甸棕壤等亚类。

褐土是围场满族蒙古族自治县第二大土壤类型，占本县地域面积的 12%，分布于海拔 800—900m 的低山、黄土台地及平川地。褐土是发生于半干旱暖温气候条件和弱度淋溶条件下，进行地带性成土过程形成的土类。气候特点是冬寒夏暖，雨热同期，冬季长达五个多月。在雨季一定强度的淋溶条件下，黏粒下移，心土有黏化现象，表层碳酸盐随水下移或侧移。本县褐土分为淋溶褐土、褐土、石灰性褐土等亚类。

灰色森林土是围场满族蒙古族自治县第三大土壤类型，占本县地域面积的 12%，分布在坝上高原。分布区为寒温型半湿润气候，具森林草原植被。剖面特征是：①具有残落物 - 有机质层，有机质含量平均可达 340g/kg。②脱钙微酸。土体无石灰反应，pH 为 5.9—6.5，心土较表土稍酸。湿润还原条件下，铁膜还原下淋，土色较浅，淀积层不明显。③具有硅粉层。底土有浅色二氧化硅粉末填充于砾石和沙粒之间。④具有母质层。本县灰色森林土分为灰色森林土和暗灰色森林土等亚类。

风沙土占围场满族蒙古族自治县地域面积的 4%，分布于南北川河东岸迎风坡上。风沙土是在风积沙母质上发育起来的土壤，风蚀重，通体砂质，发育层次不明显。

山地草甸土占围场满族蒙古族自治县地域面积的 3%。山地草甸土是暖温带半湿润地区的山地土壤，它在垂直带谱中位于棕壤之上，在中山山顶（海拔大于 1600m）和高原缓丘顶部均有分布。成土母质以酸性硅铝质残积物、坡积物和基性硅铝质残积物、坡积物为主。山地草甸土区气候寒冷，冻结期和积雪期均很长。植被为中生杂草草甸或灌丛草甸。此外还有一些稀疏的灌木分布在山地草甸土的下界线。其表层为草皮层，其下是有锈色斑纹或络合铁锰胶膜的薄层土壤，具 As–A–C–D 剖面构型。

小于本县地域面积 3% 的土壤类型还有沼泽土、粗骨土、潮土、草甸土、黑土、新积土和石质土等。

本区域中心区气候特征

本区域中心区气候特征值
Regional climate characteristics in central area of the region

气候带：中温带亚干旱气候 Climate region: Mid temperate subarid climate	
年平均气温 /℃ Annual average temperature /℃	5.7
年平均最高气温 /℃ Annual average maximum temperature /℃	12.7
年平均最低气温 /℃ Annual average minimum temperature /℃	-0.4
年降水量 /mm Annual precipitation /mm	403
≥10℃的积温 /℃ Daily temperature accumulated in a year (≥10℃) /℃	3537
年日照时数 /h Annual sunshine /h	2916
年平均相对湿度 /% Annual average relative humidity /%	54
干燥度 Dryness	0.85

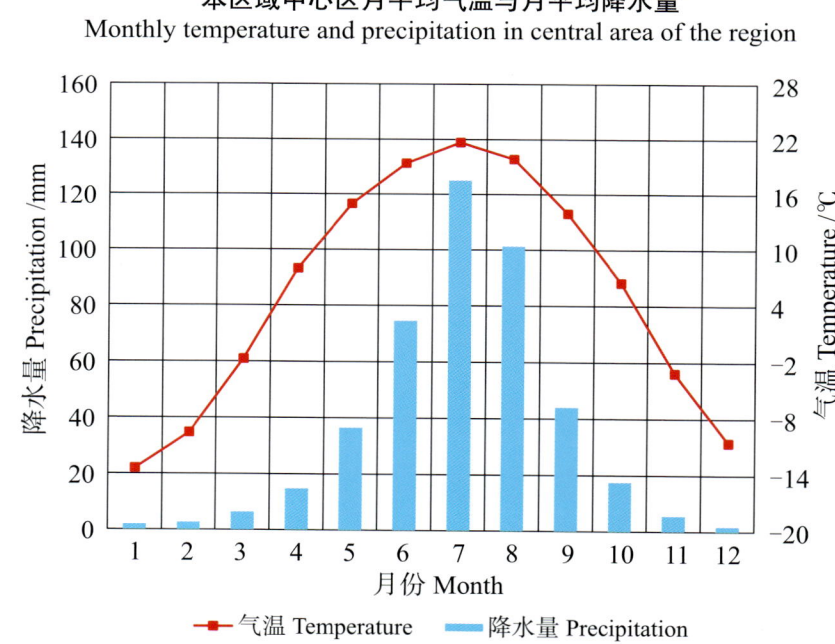

本区域中心区月平均气温与月平均降水量
Monthly temperature and precipitation in central area of the region

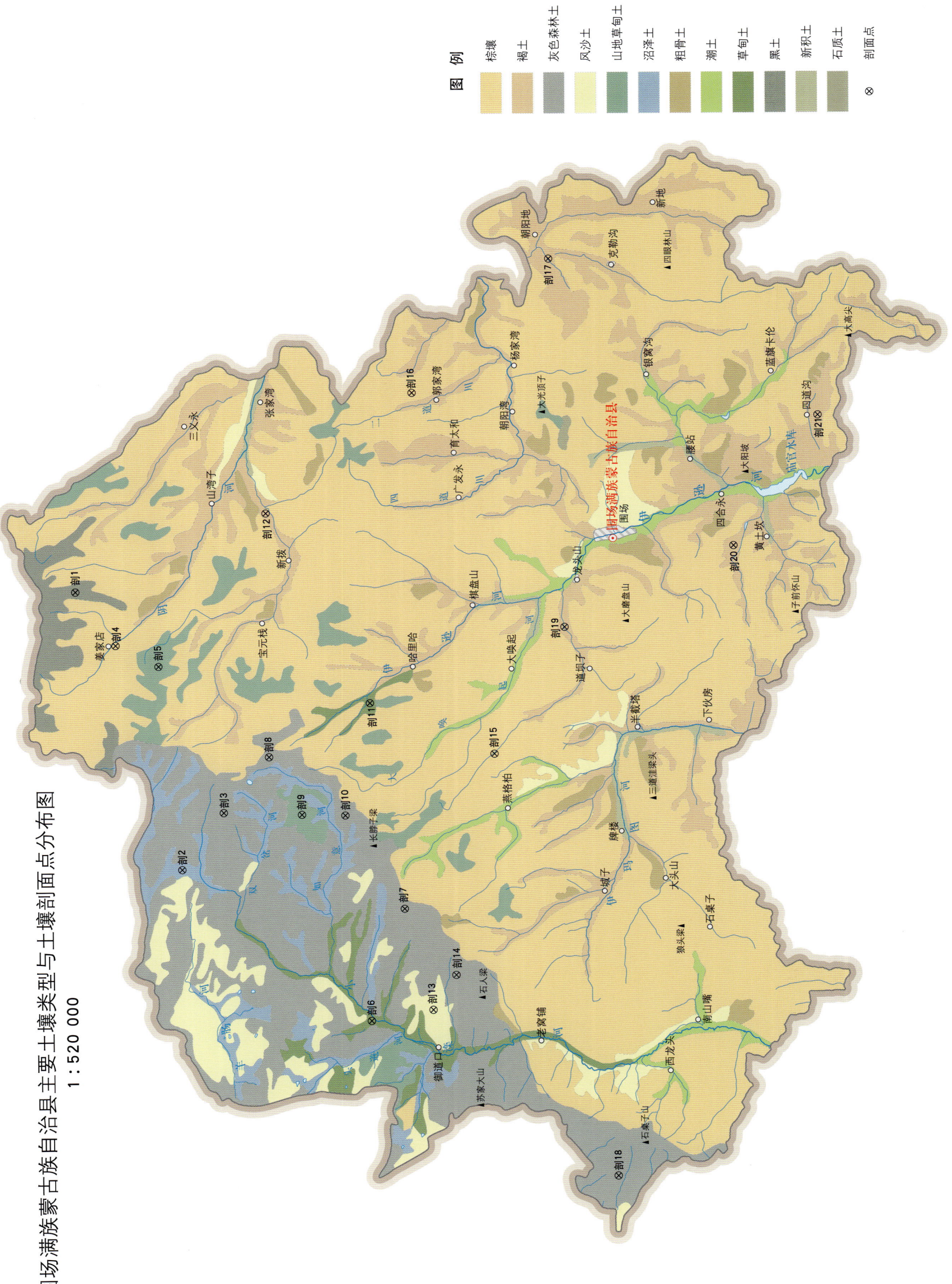

围场满族蒙古族自治县土壤剖面理化性状表

剖面号 Soil profile	土纲 Soil order	土类 Soil great group	亚类 Soil subgroup	土属 Soil genus	土种 Soil species	土层码 Layer code	土层厚度 Depth/cm	颜色 Soil color	质地 Soil texture	土壤结构 Soil structure	pH	有机质 OM/(g/kg)	全氮 TN/(g/kg)	全磷 TP/(g/kg)	全钾 TK/(g/kg)	有效磷 AP/(mg/kg)	速效钾 AK/(mg/kg)	阳离子交换量 CEC/(cmol/kg)	土壤母质 Parent material	剖面点坐标 Profile coordinate	匹配指数 Matching index/%
剖1	半淋溶土	黑土	黑土	暗沃状黑土	红松洼黑土	1	0—7	暗棕色	砂壤土	团粒状	6.9	47.0	2.60	1.70	28.0	3.9	245	12.1		E 117°40′42.4″ N 42°32′31.2″	71
						2	7—35	灰棕色	砂壤土	屑粒状	6.5	37.9	2.13	1.73	27.0	2.5	115	20.2			
						3	35—60	黄棕色	砂壤土	屑粒状	6.8	14.2	0.81	1.09	28.0	2.0	78	11.1			
						4	60—82	黄棕色	砂土	片状	6.7	6.1	0.35	0.65	27.0	4.0	90	11.5			
						5	82—110	浅棕色	砂质黏壤土	屑粒状	6.8	2.5	0.18	1.23	27.0	5.0	92	11.2			
剖2	水成土	沼泽土	草甸沼泽土	湖积草甸沼泽土	面砂草泥土	1	0—10	暗灰棕色	砂壤土	屑粒状	7.2	44.0	2.29	0.48	16.6	7.5	80	39.9	冲积物	E 117°14′47.9″ N 42°25′36.4″	87
						2	10—30	灰棕色	砂壤土	屑粒状	6.8	17.4	8.59	0.74	14.5	8.6	100	42.1			
						3	30—50	浅灰蓝色	砂壤土	屑粒状	6.5	26.5	12.46	1.10	10.8	2.6	75	48.3			
						4	50—70	灰白色	砂壤土	单粒状	6.4	10.3	4.75	0.44	14.9	1.0	275	24.8			
剖3	半淋溶土	灰色森林土	灰色森林土	暗沃状灰色森林土	厚黑灰砂土	1	0—10	暗棕色	砂壤土	屑粒状	6.2	101.0	5.05	2.59	20.9	16.5	338	34.1		E 117°20′05.3″ N 42°22′48.0″	91
						2	10—30	暗棕色	砂壤土	屑粒状	6.4	85.5	4.43	2.52	21.0	5.0	130	34.4			
						3	30—55	暗棕色	砂壤土	屑粒状	6.4	62.0	2.12	3.05	20.0	1.5	930	6.3			
						4	55—100	灰白色	砂质黏壤土	屑粒状	5.9	45.0	1.94	1.99	21.0	0.9	53	23.9			
						5	100—150	灰白色	砂土	单粒状	6.5	3.1	0.58	0.18	24.0	0.9	150	15.8			
剖4	淋溶土	棕壤	棕壤	洪冲积棕壤	砂棕土	1	0—24	黄色	砂土	单粒状	6.5	29.3	1.40	0.10	14.1	2.3	60	3.3	洪积物、冲积物	E 117°35′41.3″ N 42°29′52.8″	93
						2	24—53	黄色	砂土	单粒状	6.5	13.3	0.70	0.07	13.7	1.8	20	4.2			
						3	53—	黄色	砂土	单粒状	6.7	5.1	0.30	0.06	12.5	1.8	20	3.0			
剖5	半水成土	山地草甸土	山地草甸土	暗沃状山地草甸土	亮兵台山黑土	1	0—30	黑色	砂壤土	粒状	6.1	84.2	4.47	1.65	19.5	1.9	130	32.0		E 117°33′42.0″ N 42°27′02.2″	84
						2	30—40	黑色	砂壤土	块状	5.4	56.4	2.67	1.75	20.3	0.5	103	23.7			
						3	40—55	栗色	砂质黏壤土	块状	6.0	11.3	0.61	0.62	21.6	3.2	70	11.8			
						4	55—100	浅黄棕色	砂质黏壤土	棱块状	6.6	4.4	0.28	0.29	24.1	3.4	60	8.1			
剖6	半水成土	草甸土	潜育草甸土	壤性潜育草甸土	黏壤泥土	1	0—33	黑色	砂质黏壤土	屑粒状	6.2	61.0	1.86	1.19	13.0	0.5	75	22.1	河流冲积物	E 117°00′42.9″ N 42°13′02.8″	73
						2	33—67	黑色	砂质黏壤土	块状	6.2	39.0	1.59	1.15	13.6	1.0	120	21.1			
						3	67—80	黑色	粉砂黏壤土	块状	6.5	42.0	1.93	0.94	11.5	3.0	110	18.8			
						4	80—150	浅黑色	粉砂黏壤土	块状	6.5	15.0	1.51	0.89	17.4	2.0	100	17.7			
剖7	半淋溶土	灰色森林土	灰色森林土	粗散状灰色森林土	麻灰砂土	1	0—26	灰黑色	砂土	团粒状	7.0	36.5	1.67	0.76	17.4	3.0	10	7.7		E 117°10′58.5″ N 42°10′46.5″	70
						2	26—50	暗灰棕色	砂壤土	屑粒状	6.8	31.2	0.97	0.62	17.0	1.0	9	9.8			
						3	50—59	暗灰色	砂壤土	屑粒状	7.0	17.1	0.73	0.44	17.4	1.0	18	5.9			
						4	59—														
剖8	半淋溶土	灰色森林土	灰色森林土	暗灰土	黑黑砂土	0 Ah	0—10	棕色	砂壤土	团粒状	6.4	85.5	4.43	2.52	21.0	5.0	130	34.4	玄武岩风化残积物、坡积物	E 117°25′10.2″ N 42°19′43.3″	90
						AhB	10—30	棕色	砂壤土	碎块状	6.3	62.0	2.12	3.05	20.0	2.0	93	26.3			
						B	30—55	暗棕色	砂壤土	块状	6.0	45.0	1.94	1.99	21.0	1.0	53	23.9			
						C	55—100	浅白色	砂土	单粒状	6.5	3.1	0.58	0.18	24.0	1.0	150	15.8			
剖9	半水成土	山地草甸土	山地草甸土	山甸暗土	亮兵台山黑土	Ah	0—30	黑色	砂壤土	团粒状	6.1	84.2	4.47	1.65	19.5	2.0	130	32.0	风积沙	E 117°19′50.2″ N 42°17′34.4″	71
						AhC	30—40	黑色	砂壤土	块状	5.4	56.4	2.67	1.75	20.3	1.0	103	23.7			
						Cu	40—55	浊黄棕色	砂质黏壤土	块状	6.0	11.3	0.61	0.62	21.6	3.0	70	11.8			
						C	55—100	亮黄棕色	砂壤土	块状	6.6	4.4	0.28	0.29	24.1	3.0	60	8.1			
剖10	半淋溶土	灰色森林土	灰色森林土	暗沃状灰色森林土	黑灰砂土	1	0—5	暗灰棕色	砂壤土	团粒状	6.3	47.3	2.15	0.21	12.4	1.7	112	18.9		E 117°19′43.6″ N 42°14′40.5″	96
						2	5—20	暗灰棕色	砂壤土	团粒状	6.1	21.6	1.38	0.85	14.0	1.3	35	16.4			
						3	20—35	灰色	砂壤土	团粒状	6.1	4.7	0.26	0.32	16.1	0.7	21	11.3			
						4	35—52	灰白色	砂壤土	粒状											
						5	52—														

续表 Continued

剖面号 Soil profile	土纲 Soil order	土类 Soil great group	亚类 Soil subgroup	土属 Soil genus	土种 Soil species	土层码 Layer code	土层厚度 Depth/cm	颜色 Soil color	质地 Soil texture	土壤结构 Soil structure	pH	有机质 OM/(g/kg)	全氮 TN/(g/kg)	全磷 TP/(g/kg)	全钾 TK/(g/kg)	有效磷 AP/(mg/kg)	速效钾 AK/(mg/kg)	阳离子交换量CEC/(cmol/kg)	土壤母质 Parent material	剖面点坐标 Profile coordinate	匹配指数 Matching index/%
剖11	半水成土	草甸土	草甸土	冲积草甸土		1	0—20				7.0	22.9	1.10	0.94				14.4		E 117°30′04.3″ N 42°12′57.2″	95
						2	20—40				6.5	27.8	1.29	1.18				16.9			
剖12	半淋溶土	褐土	淋溶褐土	冲洪积淋溶褐土		1	0—40				7.4	20.2	1.01	0.79						E 117°47′43.1″ N 42°19′43.3″	92
						2	40—70				7.5	23.4	1.10	0.93							
						3	70—80				7.5	8.9	0.47	0.68							
						4	80—110				7.4	11.3	0.59	0.70							
剖13	初育土	风沙土	草原风沙土	固定草原风沙土	生草灰沙土	1	0—26	灰褐色	砂土	单粒状	6.5	12.8	0.48	0.27	1.2	7.0	62	8.7		E 117°01′39.7″ N 42°08′55.7″	81
						2	26—54	灰褐色	砂壤土	单粒状	7.0	10.4	0.66	0.15	8.3	2.0	10	5.1			
						3	54—100	灰褐色	砂壤土	单粒状	7.0	5.4	0.24	0.17	7.9	2.0	50	4.2			
剖14	半淋溶土	灰色森林土	灰色森林土	风积灰色森林土	塞罕坝砂砾土	1	0—30	暗灰棕色	砂壤土	团粒状	6.7	84.2	3.98	1.53	24.3	7.7	260	16.1	洪积物、冲积物	E 117°04′49.5″ N 42°07′23.0″	81
						2	10—30	暗灰棕色	砂壤土	屑粒状	6.5	55.4	2.97	1.49	25.0	4.0	126	19.1			
						3	30—65	暗灰棕色	砂土	粒状	6.8	3.7	0.19	0.53	27.5	0.9	30	4.1			
						4	65—105	暗灰棕色	砂壤土	粒状	6.5	24.7	1.16	1.31	25.5	0.4	53	13.7			
						5	105—150	暗黄棕色	砂壤土	粒状	6.7	40.0	1.95	1.28	24.5	0.5	60	18.9			
剖15	淋溶土	棕壤	棕壤	花岗岩类棕壤		1	0—3				6.7	264.5	11.20	2.00				53.7	花岗岩类	E 117°25′14.2″ N 42°04′40.4″	93
						2	3—27				6.0	101.3	3.64	3.00				32.2			
						3	27—60				6.2	29.0	1.00	0.60				20.0			
剖16	淋溶土	棕壤	棕壤	黄土质棕壤	棕黄土	1	0—20	浅棕色	壤土	团块状	6.8	8.7	0.66	0.27	13.3	3.0	75	14.4	洪积物、冲积物	E 117°58′40.8″ N 42°09′50.0″	92
						2	20—40	黄棕色	壤土	块状	6.5	4.6	0.12	0.17	12.5	7.5	40	13.6			
						3	40—60	黄棕色	砂壤土	块状	6.5	3.3	0.18	0.48	12.5	10.0	120	10.2			
						4	60—80	黄棕色	砂壤土	块状	6.1	2.2	0.11	0.33	13.8	10.0	110	13.9			
						5	80—100	黄棕色	砂壤土	块状	6.5	2.0	0.14	0.33	12.5	8.0	75	12.3			
剖17	半淋溶土	褐土	潮褐土	冲积潮褐土	御道口灰砂中壤	1	0—17				7.5	31.9	1.54	1.16						E 118°10′48.1″ N 42°00′32.4″	74
						2	17—56				7.5	34.3	1.40	0.96							
						3	56—73				7.2	10.4	0.60	0.45							
						4	73—92				7.1	3.6	0.20	0.56							
						5	92—130				7.4	17.4	0.84	0.65							
剖18	半淋溶土	灰色森林土	灰色森林土	风积灰色森林土		1	0—19	棕灰色	砂壤土	粒状	6.7	53.5	0.84	1.33	21.4	2.3	114	14.4		E 116°46′24.7″ N 41°56′38.8″	81
						2	19—35	灰黑色	砂壤土	粒状	6.9	10.9	0.29	0.71	13.3	1.7	107	12.1			
						3	35—48	灰白色	砂壤土	单粒状	6.2	0.8	0.22	0.39	3.2	1.4	74	7.5			
剖19	半淋溶土	褐土	石灰性褐土	黄土质耕地石灰性褐土	重浸色中壤	1	0—20				8.1	16.3	0.93	1.33						E 117°36′53.9″ N 41°59′52.8″	75
						2	20—50				7.8	12.9	0.90	0.54							
						3	50—110				7.6	6.6	0.34	0.70							
剖20	半淋溶土	褐土	淋溶褐土	黄土质淋溶褐土		1	0—19				7.2	7.1	0.47	0.67						E 117°44′08.5″ N 41°48′31.8″	98
						2	19—58				7.3	3.1	0.28	0.60							
						3	58—150				7.3	1.7	0.16	0.73							
剖21	半淋溶土	褐土	淋溶褐土	坡积淋溶褐土		1	0—30				7.7	13.7	0.65	0.51						E 117°56′02.8″ N 41°42′46.4″	100
						2	30—80				7.3	5.4	0.19	0.62							
						3	80—96				7.1	2.5	0.13	0.68							
						4	96—150				6.9	2.0	0.15	0.77							

平 泉 市

主要土类说明

褐土是平泉市主要土壤类型，占本市地域面积的60%，多分布在海拔700m以下的黄土丘陵、石质残丘、低山以及平坦的阶地。该土普遍受侵蚀沟的分割，所处地形比较破碎。成土母质主要为黄土和黄土性冲积物，以及一部分沉积岩、变质岩残积物、坡积物。在侵蚀严重的地方，黄土下覆的红土层广泛出露，形成侵蚀沟网。褐土发生于暖温带季风影响下的半湿润半干旱地区，春季干旱多风，夏季温热多雨，冬季寒冷干旱。热量条件比较优越，高温、高湿同季，降水集中于夏季，有利于植物生长和土体中黏化作用的发育；由于降水量分布的特点，土壤中碳酸钙淋溶程度不等。褐土区的自然植被为旱生森林和灌木草原，主要有油松、辽东栎、蒙古栎、山杏等；灌木以荆条和酸枣为代表；草本植物种类较多，有菅草、白羊草、鹅冠草、白头翁和蒿类等。有些褐土已开垦为农田，以粮果为主，作物种植多为一年一熟。该土壤盐基饱和，处于硅铝风化阶段，有明显的淀积黏化层。在其A-B-C剖面构型中，B层呈棕褐色。土壤pH为7.0—7.5，盐基饱和度在80%以上。B层下部有假菌丝状钙积层。

棕壤是平泉市第二大土壤类型，占本市地域面积的36%，主要分布在中山、低山和丘陵的较高地形部位。棕壤的形成受温带大陆性季风气候的影响，气候特点：夏季温热多雨，冬季寒冷干燥。成土母质有各种岩石残积物、坡积物和黄土状沉积物等。植被以夏绿阔叶林为主，间有针阔混交林。但棕壤区人口较为稠密，人为影响较大，因此原始森林多不复存在，现在的森林植被多为天然次生林和人工林，以栎属和松属为主，其中有辽东栎、蒙古栎、槲树、麻栎、栓皮栎和油松等，还有华北落叶松械和小叶杨等树种。在棕壤乔木林下还生长着种类繁多的灌木和草本植物，如杜鹃、北京丁香和胡枝子等。因此土壤中积聚着大量的有机质，许多低山丘陵的棕壤上已建成果园，这些棕壤肥力的变化在很大程度上受着人为活动的影响。该土壤处于硅铝风化阶段，具有黏化特征，土壤呈棕色。土体见黏粒淀积，盐基充分淋失，pH为6.0—7.0，见少量游离铁。

潮土是平泉市第三大土壤类型，占本市地域面积的4%。潮土见于近代河流冲积平原或低平阶地，地下水位浅，潜水参与成土过程。在潮土成土过程中，底土氧化还原作用交替进行，形成锈色斑纹和小型铁子。在长期耕作条件下，表层有机质含量为10—15g/kg。

本区域中心区气候特征

本区域中心区气候特征值
Regional climate characteristics in central area of the region

气候带：暖温带亚湿润气候 Climate region: Warm temperate subhumid climate	
年平均气温 /℃ Annual average temperature /℃	9.0
年平均最高气温 /℃ Annual average maximum temperature /℃	15.7
年平均最低气温 /℃ Annual average minimum temperature /℃	3.2
年降水量 /mm Annual precipitation /mm	492
≥10℃的积温 /℃ Daily temperature accumulated in a year (≥10℃) /℃	3815
年日照时数 /h Annual sunshine /h	2744
年平均相对湿度 /% Annual average relative humidity /%	55
干燥度 Dryness	1.10

平泉县主要土壤类型与土壤剖面点分布图
1:330 000

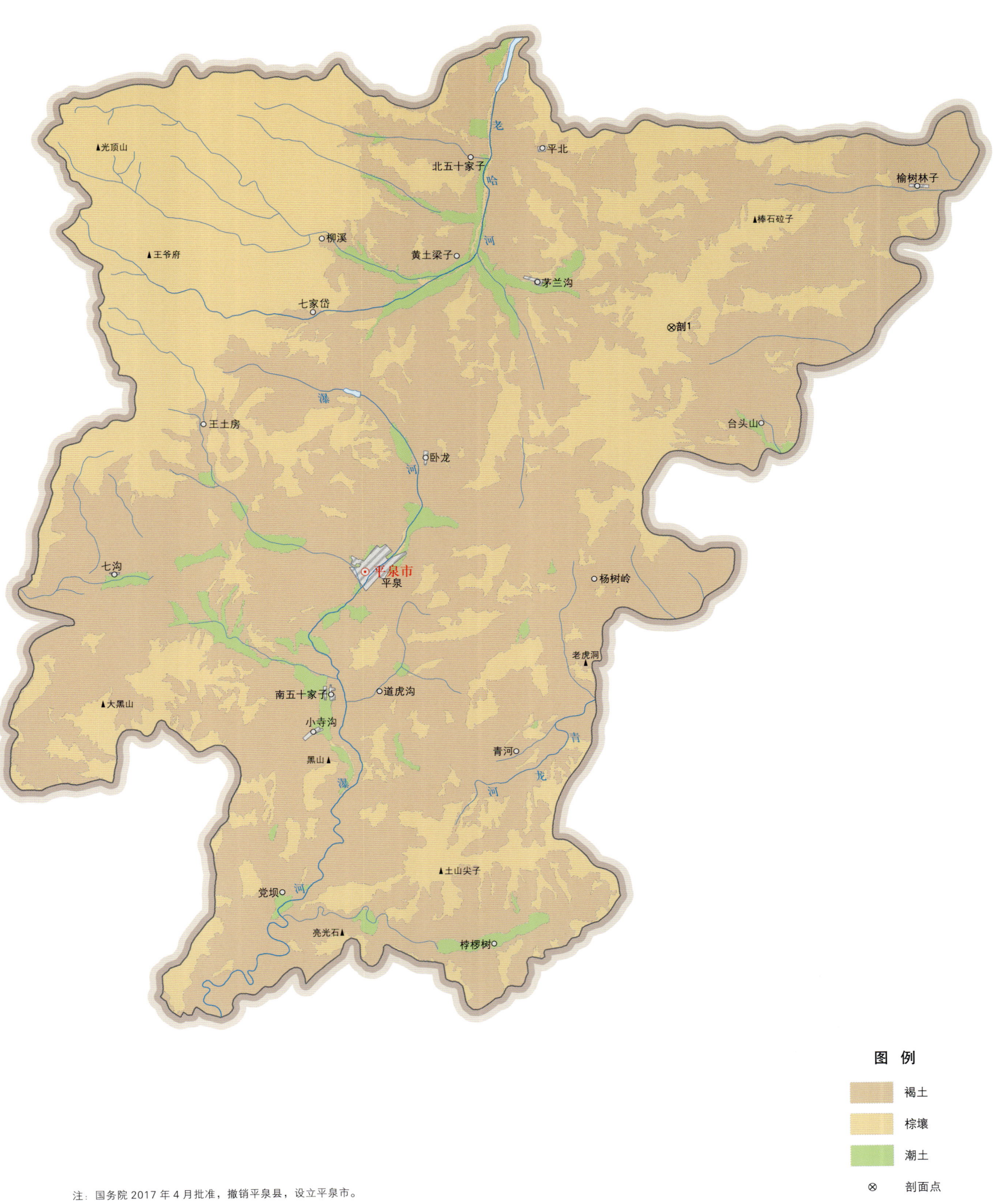

注：国务院 2017 年 4 月批准，撤销平泉县，设立平泉市。

图 例

- 褐土
- 棕壤
- 潮土
- ⊗ 剖面点

平泉市土壤剖面理化性状表

剖面号 Soil profile	土纲 Soil order	土类 Soil great group	亚类 Soil subgroup	土属 Soil genus	土种 Soil species	土层码 Layer code	土层厚度 Depth/cm	颜色 Soil color	质地 Soil texture	土壤结构 Soil structure	pH	有机质 OM/(g/kg)	全氮 TN/(g/kg)	全磷 TP/(g/kg)	全钾 TK/(g/kg)	有效磷 AP/(mg/kg)	速效钾 AK/(mg/kg)	阳离子交换量CEC/(cmol/kg)	土壤母质 Parent material	剖面点坐标 Profile coordinate	匹配指数 Matching index/%
剖1	淋溶土	棕壤	棕壤	洪冲积棕壤	堆底石棕土	1	0—14	浅棕色	粉砂质壤土	碎块状	7.0	21.2	0.92	0.79	6.1	18.8	253	21.9	洪积物、冲积物	E 118°57′37.7″ N 41°09′53.1″	73
						2	14—37	棕色	粉砂质壤土	碎块状	7.0	11.1	0.76	0.65	6.7	13.8	237	21.3			
						3	37—	暗黄棕色	粉砂质壤土	块状	7.0	6.6	0.46	0.26	7.7	1.3	141	27.0			

沧 州 市

青 县

主要土类说明

潮土是青县主要土壤类型，占本县地域面积的96%。潮土区的地下水直接参与成土过程，并能通过毛管作用直接补充到地表，而且耕层有机质积累较少、颜色较浅。潮土的石灰含量较高，一般在8%—12%，为强石灰反应土壤，pH大都在8.0以上。潮土的层状特征明显，多数剖面有反复交错叠加的特点，形成了一些轻壤质体黏、底黏，中壤质体黏、底黏的土体构型。耕层耕性良好，下层保水保肥，但也导致了一些地区上黏下砂，耕层无法耕种，下层漏水漏肥。潮土在成土过程中，地下水的升降引起了土壤的氧化还原作用交替进行，沿土壤孔隙、裂隙部分，形成了大量的胶膜和锈色斑纹，并在地下水升降比较频繁的土层形成了大量的砂姜。本县潮土分为潮土、盐化潮土、湿潮土等亚类。

小于本县地域面积3%的土壤类型还有草甸盐土等。

本区域中心区气候特征

本区域中心区气候特征值
Regional climate characteristics in central area of the region

气候带：暖温带亚湿润气候 Climate region: Warm temperate subhumid climate	
年平均气温 /℃ Annual average temperature /℃	12.8
年平均最高气温 /℃ Annual average maximum temperature /℃	18.4
年平均最低气温 /℃ Annual average minimum temperature /℃	8.2
年降水量 /mm Annual precipitation /mm	582
≥10℃的积温 /℃ Daily temperature accumulated in a year（≥10℃）/℃	4671
年日照时数 /h Annual sunshine /h	2610
年平均相对湿度 /% Annual average relative humidity /%	62
干燥度 Dryness	1.37

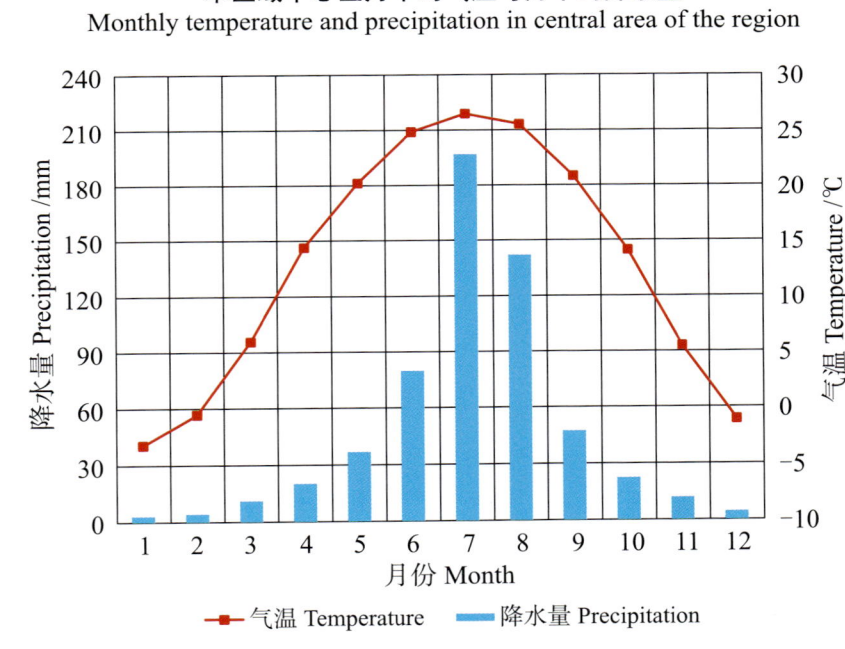

本区域中心区月平均气温与月平均降水量
Monthly temperature and precipitation in central area of the region

青县主要土壤类型与土壤剖面点分布图
1∶180 000

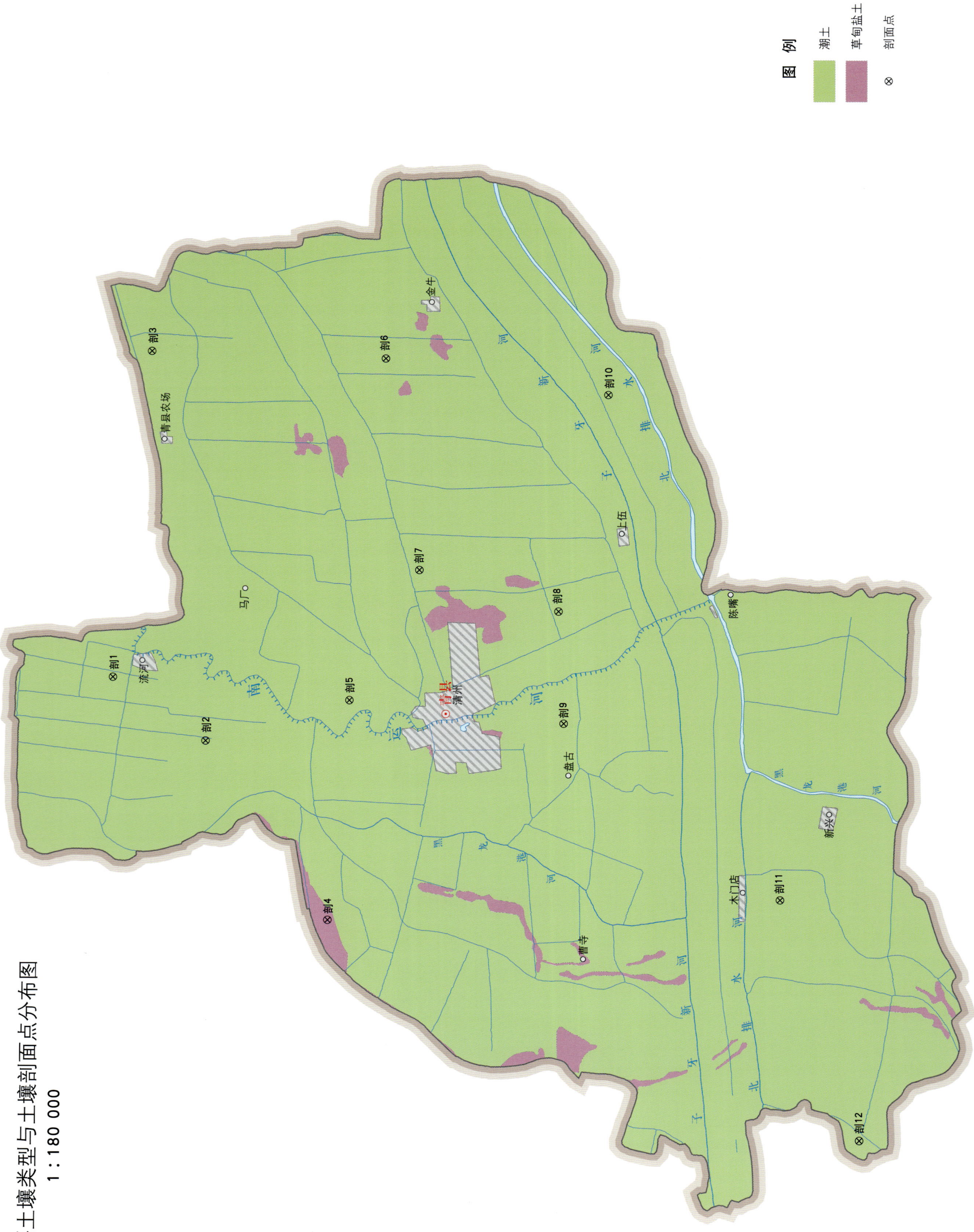

青县土壤剖面理化性状表

剖面号 Soil profile	土纲 Soil order	土类 Soil great group	亚类 Soil subgroup	土属 Soil genus	土种 Soil species	土层码 Layer code	土层厚度 Depth/cm	颜色 Soil color	质地 Soil texture	土壤结构 Soil structure	pH	有机质 OM (g/kg)	全氮 TN (g/kg)	全磷 TP (g/kg)	全钾 TK (g/kg)	碱解氮 AN (mg/kg)	有效磷 AP (mg/kg)	速效钾 AK (mg/kg)	阳离子交换量CEC (cmol/kg)	土壤母质 Parent material	剖面点坐标 Profile coordinate	匹配指数 Matching index/%
剖1	半水成土	潮土	盐化潮土	两合土盐碱地盐化潮土	轻度盐化轻壤质盐碱底黏土	1	0—20	灰棕色	轻壤土	单粒状	8.0	6.4	0.43	1.36		32	4.0	44	10.4		E 116°50′31.9″ N 38°42′24.5″	92
						2	20—60	灰棕色	轻壤土	粒状	7.9	6.5	0.44	1.40		35	4.0	75	14.4			
						3	60—100	灰棕色	重壤土	粒状	8.0	7.9	0.56	1.13		39	8.0	165	21.7			
						4	100—150	灰蓝色	中壤土	单粒状	8.2	9.2	0.56	4.49		38	14.0	68	11.9			
剖2	半水成土	潮土	盐化潮土	黏性两合土盐碱地盐化潮土	轻度盐化中壤质潮土	1	0—20	浅棕色	中壤土	粒状	7.7	8.3	0.57	1.24		32	5.0	53	15.9		E 116°48′40.0″ N 38°40′18.5″	78
						2	20—60	浅棕色	中壤土	粒状	8.2	7.6	0.54	1.38		42	5.0	53	15.9			
						3	60—100	黄棕色	重壤土	碎块状	8.0	7.6	0.62	1.38		17	3.0	119	20.0			
						4	100—150	红棕色	黏土	块状	7.9	6.9	0.54	1.26		17	5.0	127	17.5			
剖3	半水成土	潮土	潮土	黏质潮土	潮黏土	1	0—20	灰棕色	黏土	块状	7.9	13.6	0.80	0.55	20.8	32	0.9	222	17.7	河流冲积物、洪积物、冲积物	E 117°00′12.2″ N 38°41′33.5″	81
						2	20—60	灰棕色	粉砂质黏壤土	棱块状	8.0	9.8	0.80	0.55	21.7	42	0.7	222	23.3			
						3	60—100	灰棕色	粉砂质黏壤土	块状	8.0	9.6	0.70	0.34	19.6		0.8	222	21.9			
						4	100—150	暗灰棕色	粉砂质黏壤土	棱块状	8.0	9.6	0.66	0.50	18.8		0.4	146	20.4			
剖4	盐碱土	草甸盐土	草甸盐土	氯化物草甸盐土	黏黑油土	1	0—35	红棕色	粉砂质黏壤土	碎块状	8.7	10.9	0.87	0.62	18.2		5.0	98	19.7		E 116°43′21.0″ N 38°37′31.8″	74
						2	35—45	黄棕色	粉砂质黏壤土	棱块状	8.9	9.9	0.30	0.68	18.9		4.5	98	19.7			
						3	45—100	红棕色	粉砂质黏壤土	核状	8.8	9.5	0.56	0.62	12.5		4.5	75	16.8			
						4	100—150	红棕色	粉砂质黏壤土	块状	8.8	8.9	0.44	0.57	13.2		6.2	65	16.1			
剖5	半水成土	潮土	潮土	两合土	轻壤质潮土	1	0—20	浅棕色	轻壤土	屑粒状	8.3	8.2	0.76	1.36		48	1.0	83	15.5		E 116°49′52.7″ N 38°37′04.2″	79
						2	20—60	黄棕色	轻壤土	屑粒状	8.2	5.4	0.39	1.36		42	1.0	53	14.0			
						3	60—100	浅黄色	轻壤土	屑粒状	8.2	6.4	0.43	1.31		42	4.0	61	15.6			
						4	100—150	浅黄色	壤质黏土	屑粒状	8.3	4.9	0.35	1.33		35	1.0	53	14.0			
剖6	半水成土	潮土	湿潮土	黏质湿潮土	湿黏土	1	0—20	灰棕色	壤质黏土	屑粒状	7.9	17.1	1.09	0.61	22.2		2.0	363	20.4	河流漫流沉积物	E 116°59′59.3″ N 38°36′17.3″	75
						2	20—60	灰棕色	粉砂质黏壤土	块状	7.8	13.9	0.89	0.61	19.8		3.0	307	21.1			
						3	60—100	灰蓝色	粉砂质黏壤土	块状	7.8	10.7	0.76	0.55	19.0		3.0	222	26.0			
						4	100—150	灰蓝色	粉砂质黏壤土	块状	8.0	12.9	0.76	0.56	16.6		2.0	222	24.0			
剖7	半水成土	潮土	盐化潮土	黏性两合土盐碱地盐化潮土	中度盐化中壤质潮土	1	0—20	浅棕色	中壤土	粒状	7.7	9.6	0.71	1.40		36	3.0	70	15.4		E 116°53′44.2″ N 38°35′30.8″	89
						2	20—60	浅棕色	中壤土	粒状	7.9	8.0	0.60	1.40		28	1.0	53	13.7			
						3	60—100	黄棕色	砂壤土	单粒状	8.0	3.5	0.24	1.40		3	3.0	53	8.8			
						4	100—150	浅棕色	黏土	块状	8.0	6.8	0.50	1.30		17	4.0	118	25.3			
剖8	半水成土	潮土	盐化潮土	两合土盐碱地盐化潮土	中度盐化轻壤质潮土	1	0—20	灰棕色	轻壤土	粒状	7.8	7.8	0.41	1.36		34	4.0	56	13.1		E 116°52′31.1″ N 38°32′22.6″	71
						2	20—60	黄棕色	轻壤土	粒状	8.3	6.1	0.48	1.14		17	3.0	44	14.9			
						3	60—100	灰棕色	轻壤土	单粒状	8.2	2.8	0.27	1.25		14	4.0	36	9.0			
						4	100—150	红棕色	黏土	块状	8.3	7.7	0.61	1.22		24	4.0	75	24.8			
剖9	半水成土	潮土	潮土	壤质潮土	中壤质潮土	1	0—20	浅棕色	中壤土	碎粒状	8.3	7.2	0.54	1.24		42	2.0	153	12.5		E 116°49′13.2″ N 38°32′14.5″	97
						2	20—40	浅棕色	中壤土	粒状	8.3	7.7	0.56	1.15		35	4.0	202	18.5			
						3	40—100	黄棕色	中壤土	粒状	8.4	6.3	0.45	1.09		35	3.0	180	14.1			
						4	100—150	红棕色	胶泥土	块状	7.8	9.6	0.69	1.24		66	4.0	295	22.1			
剖10	半水成土	潮土	潮土	红黏土	黏质潮土	1	0—20	红棕色	重黏土	粒状	7.8	10.7	0.78	1.46		60	1.0	193	18.2		E 116°58′54.8″ N 38°31′16.2″	93
						2	20—60	棕色	黏土	粒状	8.1	11.5	0.90	1.29		50	1.0	255	27.6			
						3	60—100	红棕色	胶泥土	块状	7.8	9.7	0.79	1.08		60	1.0	207	24.7			
						4	100—150	红棕色	胶泥土	块状	7.9	10.0	0.79	1.43		68	6.0	207	24.7			

续表 Continued

剖面号 Soil profile	土纲 Soil order	土类 Soil great group	亚类 Soil subgroup	土属 Soil genus	土种 Soil species	土层码 Layer code	土层厚度 Depth/cm	颜色 Soil color	质地 Soil texture	土壤结构 Soil structure	pH	有机质 OM/(g/kg)	全氮 TN/(g/kg)	全磷 TP/(g/kg)	全钾 TK/(g/kg)	碱解氮 AN/(mg/kg)	有效磷 AP/(mg/kg)	速效钾 AK/(mg/kg)	阳离子交换量CEC/(cmol/kg)	土壤母质 Parent material	剖面点坐标 Profile coordinate	匹配指数 Matching index/%
剖11	半水成土	潮土	潮土	壤质潮土	中壤质体黏潮土	1	0—20	灰棕色	中壤土	粒状	8.3	8.2	0.63	1.40		39	2.0	114	13.8		E 116°44′02.0″ N 38°27′19.8″	76
						2	20—60	浅棕色	重壤土	粒状	8.1	13.3	0.89	1.49		39	2.0	146	25.0			
						3	60—100	黄棕色	黏土	块状	7.9	10.1	0.76	1.41		43	2.0	121	25.0			
						4	100—150	黄棕色	黏土	块状	7.8	10.0	0.73	1.37		39	8.0	121	24.7			
剖12	半水成土	潮土	潮土	砂壤质潮土	砂壤质潮土	1	0—20	灰黄色	砂壤土	单粒状	8.2	2.9	0.14	0.80		21	2.0	32	7.4		E 116°37′00.6″ N 38°25′29.3″	83
						2	20—100	灰黄色	砂壤土	单粒状	7.7	1.5	0.06	0.80		17	1.0	32	5.3			
						3	100—150	浅黄色	中壤土	屑粒状	7.9	6.5	0.49	1.50		34	8.0	81	22.2			

东 光 县

主要土类说明

潮土是东光县主要土壤类型，占本县地域面积的99%。潮土是直接发育在河流冲积沉积物上，受地下水作用，经耕种熟化而成的旱耕地土壤。植被为草本植被，成土物质颗粒的粗细不仅在平面分布上有分选差异，在同一剖面中也有表现。土层排列明显，其剖面特征为通体石灰反应较强，各发生层的质地和色泽均一，中下部土层有明显的锈色斑纹，或有细微的铁锰结合，底土层呈典型的暗灰色，表现出潜育化的特征。此类土壤由于地下水埋深较浅，一般为2—3m，在土壤毛管作用下常伴有夜间返潮现象。

本区域中心区气候特征

本区域中心区气候特征值
Regional climate characteristics in central area of the region

气候带：暖温带亚湿润气候 Climate region: Warm temperate subhumid climate	
年平均气温 /℃ Annual average temperature /℃	13.2
年平均最高气温 /℃ Annual average maximum temperature /℃	18.8
年平均最低气温 /℃ Annual average minimum temperature /℃	8.5
年降水量 /mm Annual precipitation /mm	597
≥10℃的积温 /℃ Daily temperature accumulated in a year (≥10℃) /℃	4834
年日照时数 /h Annual sunshine /h	2603
年平均相对湿度 /% Annual average relative humidity /%	62
干燥度 Dryness	1.38

本区域中心区月平均气温与月平均降水量
Monthly temperature and precipitation in central area of the region

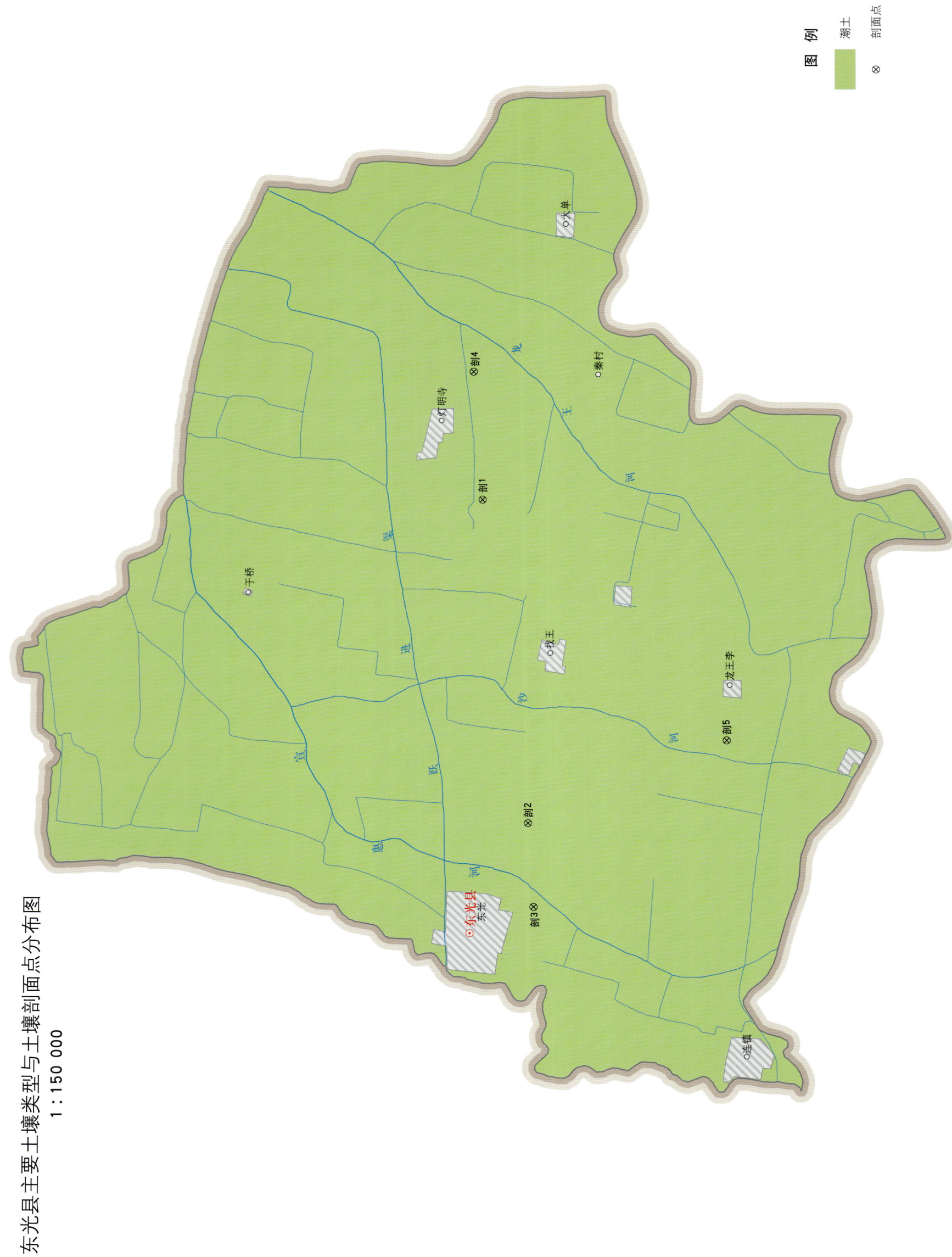

东光县主要土壤类型与土壤剖面点分布图 1∶150 000

东光县土壤剖面理化性状表

剖面号 Soil profile	土纲 Soil order	土类 Soil great group	亚类 Soil subgroup	土属 Soil genus	土种 Soil species	土层码 Layer code	土层厚度 Depth/cm	颜色 Soil color	质地 Soil texture	土壤结构 Soil structure	pH	有机质 OM/(g/kg)	全氮 TN/(g/kg)	全磷 TP/(g/kg)	碱解氮 AN/(mg/kg)	有效磷 AP/(mg/kg)	速效钾 AK/(mg/kg)	阳离子交换量CEC/(cmol/kg)	剖面点坐标 Profile coordinate	匹配指数 Matching index/%
剖1	半水成土	潮土	潮土	轻壤质潮土	轻壤质潮土	1	0—20	灰棕色	轻壤土	碎屑状	8.5	9.7	0.50		30	4.3	150	3.5	E 116°42′41.8″ N 37°52′59.9″	77
						2	20—60	灰棕色	轻壤土	粒状	8.2	6.3	0.30		22	0.3	91	4.9		
						3	60—100	棕灰色	轻壤土	棱状	8.4	5.0	0.30		19	0.3	71	4.7		
						4	100—150	棕灰色	轻壤土	小块状	8.4	2.4	0.14		9	0.3	51	7.7		
剖2	半水成土	潮土	潮土	中壤质潮土	中壤质潮土	1	0—20	灰棕色	中壤土	屑粒状、块状	8.5	8.5	0.52		29	0.6	175	5.6	E 116°34′29.3″ N 37°52′04.4″	99
						2	20—60	棕灰色	中壤土	小块状、块状	8.5	6.4	0.32		20	<0.3	61	4.2		
						3	60—100	暗灰棕色	中壤土	块状、柱状	8.4	5.8	0.30		15	<0.3	58	3.9		
						4	100—150	暗灰棕色	中壤土	块状	8.2	5.5	0.32		13	<0.3	63			
剖3	半水成土	潮土	潮土	黏质潮土	黏质潮土	1	0—18	浅棕灰色	重壤土	小块状	7.9	16.8	0.90	1.51	47	14.7	318	6.3	E 116°32′20.9″ N 37°51′57.0″	89
						2	18—55	棕灰色	重壤土	块状	8.0	9.9	0.61	1.50	32	1.0	189	6.8		
						3	55—80	浅棕色	重壤土	块状	8.0	10.2	0.60	1.24	26	0.5	202	9.6		
						4	80—150	褐棕色	重壤土	块状	8.0	9.7	0.56	1.09	22	1.6	189	11.1		
剖4	半水成土	潮土	潮土	中壤质潮土	中壤质体黏潮土	1	0—20	浅棕色	中壤土	粒块状	8.1	12.4	0.70	1.38	31	13.8		5.8	E 116°45′56.3″ N 37°53′10.9″	80
						2	20—40	灰棕色	黏土		8.4	8.8	0.48	1.23	21	<0.3	151	6.7		
						3	40—110		黏土	块状	8.2	9.9	0.57	1.13	22	<0.3	220	9.8		
						4	110—130	灰棕色	中壤土		8.5	8.2	0.44	1.12	17	0.3	146	7.7		
						5	130—150		黏土	块状	8.0	7.6	0.44	1.10	16	0.4	170	8.5		
剖5	半水成土	潮土	潮土	砂壤质潮土	砂壤质潮土	1	0—20	浅灰棕色	砂壤土	屑粒状	8.4	6.4	0.38	0.95	25	2.0	64	2.8	E 116°36′37.4″ N 37°48′12.2″	82
						2	20—60	灰棕色	砂壤土	屑粒状	8.6	4.3	0.26	1.02	15	0.9	56	3.7		
						3	60—100	棕灰色	砂壤土	粒状	8.6	2.5	0.10	0.93	8	0.7	45	1.9		
						4	100—150		砂壤土	粒状										

海 兴 县

主要土类说明

潮土是海兴县主要土壤类型，占本县地域面积的75%。潮土是本县分布面积最大的主要耕作土壤类型，是由海相沉积物和河流冲积物混合发育而成的。10亿年前，本处为大陆架，后逐渐沉积，海退形成陆地。后有黄河多次改道，海岸多次海潮，形成冲积物与沉积物相间、砂黏相间、厚度不一的潮土特征。由于地下水位较高，借毛管作用的上下运动，形成了土壤氧化还原作用交替发生的潮化过程，并在土壤剖面中形成各种色泽的锈色斑纹和细小的铁锰结核。由于高矿化度的地下水参与成土过程，土壤易盐碱化，形成盐化潮土。潮土的自然肥力较高，但生物积累较弱，有机质偏低，钾、磷含量中等。本县潮土分为潮土、盐化潮土、脱盐潮土等亚类。

滨海盐土是海兴县第二大土壤类型，占本县地域面积的20%。成土母质是冲积母质，加之高矿化度地下水和海水的浸蚀形成盐土。其特点是：各种易溶性盐类向地表积聚，表层有盐结皮式盐霜。地下水苦咸，以氯离子钠盐为主。土壤肥力瘠薄，植被稀疏，表土生长典型的盐生植物，如红荆、芦苇、碱蓬等，农作物在此土壤上一般不能种植和着生。

小于本县地域面积3%的土壤类型还有褐土等。

本区域中心区气候特征

本区域中心区气候特征值
Regional climate characteristics in central area of the region

气候带：暖温带亚湿润气候 Climate region: Warm temperate subhumid climate	
年平均气温 /℃ Annual average temperature /℃	12.5
年平均最高气温 /℃ Annual average maximum temperature /℃	18.3
年平均最低气温 /℃ Annual average minimum temperature /℃	7.6
年降水量 /mm Annual precipitation /mm	583
≥10℃的积温 /℃ Daily temperature accumulated in a year (≥10℃) /℃	4590
年日照时数 /h Annual sunshine /h	2592
年平均相对湿度 /% Annual average relative humidity /%	65
干燥度 Dryness	1.30

本区域中心区月平均气温与月平均降水量
Monthly temperature and precipitation in central area of the region

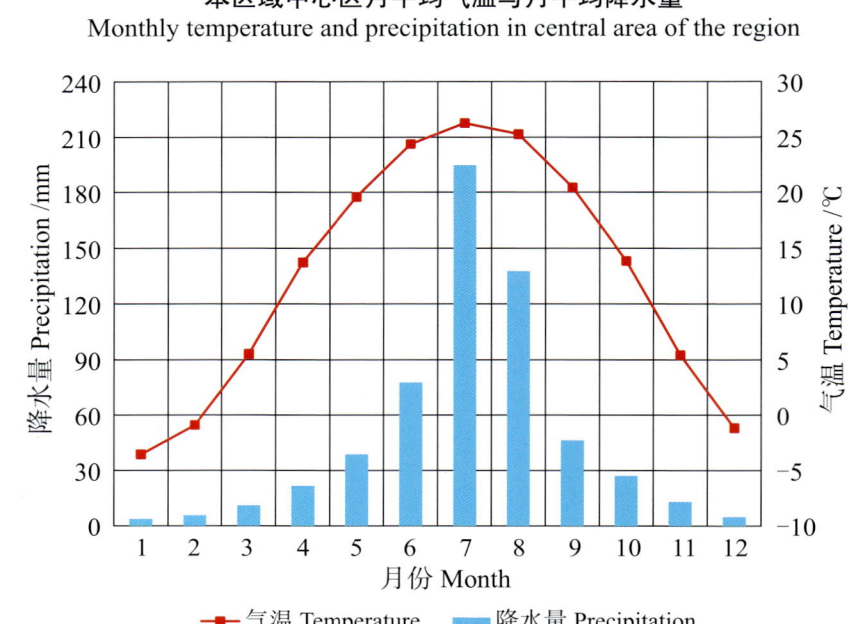

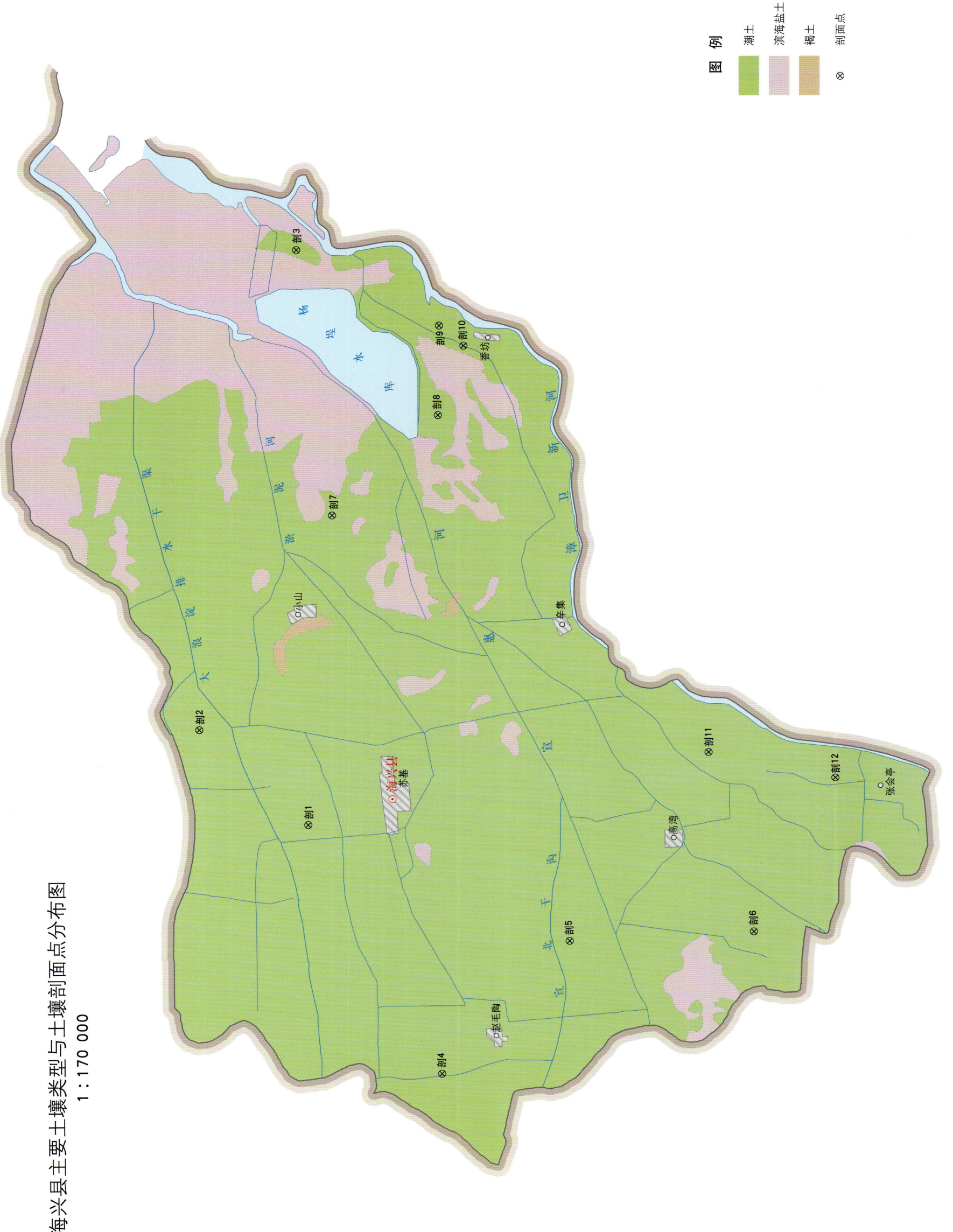

海兴县主要土壤类型与土壤剖面点分布图
1∶170 000

海兴县土壤剖面理化性状表

剖面号 Soil profile	土纲 Soil order	土类 Soil great group	亚类 Soil subgroup	土属 Soil genus	土种 Soil species	土层码 Layer code	土层厚度 Depth/cm	颜色 Soil color	质地 Soil texture	pH	有机质 OM/(g/kg)	全氮 TN/(g/kg)	阳离子交换量CEC/(cmol/kg)	剖面点坐标 Profile coordinate	匹配指数 Matching index/%
剖1	半水成土	潮土	潮土	轻壤质潮土	滨海轻壤质黏底潮土	1	0–5	浅灰棕色	轻壤土	8.7	10.6	0.63	10.5	E 117°28′39.6″ N 38°10′22.8″	73
						2	5–80	黄棕色	砂壤土	9.1	9.8	0.70	10.9		
						3	80–105	红棕色	黏土	9.2	6.0	0.49	14.5		
						4	105–150	灰棕色	轻壤土	9.3	7.5	0.53	11.8		
剖2	半水成土	潮土	盐化潮土	轻壤质盐化潮土	滨海盐度盐化轻壤质潮土	1	0–5							E 117°31′30.4″ N 38°12′49.7″	75
						2	5–10								
						3	10–20								
						4	20–60		中壤土						
						5	60–85		轻壤土						
						6	85–110		黏土						
						7	110–135		砂壤土						
						8	135–150		黏土						
剖3	半水成土	潮土	潮土	砂壤质潮土	滨海砂壤质腰质潮土	1	0–38	黄棕色	砂壤土	8.0	9.3	0.55	14.1	E 117°45′35.5″ N 38°10′32.3″	76
						2	38–58	灰棕色	中壤土	8.6	5.6	0.29	12.6		
						3	58–150	黄棕色	砂土	8.0	8.2	0.51	9.6		
剖4	半水成土	潮土	潮土	轻壤质潮土	滨海轻壤质潮土	1	0–20	灰棕色	轻壤土	9.8	5.3	0.34	6.0	E 117°21′21.2″ N 38°07′24.2″	79
						2	20–50	灰棕色		8.4	9.5	0.55	23.5		
						3	50–130	浅棕色		8.9	2.1	0.13	8.5		
						4	130–150	红棕色		8.7	6.5	0.41	18.7		
剖5	半水成土	潮土	潮土	中壤质潮土	滨海中壤质潮土	1	0–20	灰棕色	中壤土	8.4	11.8	0.71	11.8	E 117°25′11.6″ N 38°04′29.6″	77
						2	20–60	红棕色		8.5	10.1	0.66	21.4		
						3	60–90	灰棕色		8.5	9.1	0.45	10.5		
						4	90–150	浅棕色		8.6	1.9	0.08	3.3		
剖6	半水成土	潮土	潮土	中壤质潮土	滨海中壤质体黏质潮土	1	0–20	灰棕色	中壤土	8.0	7.9	0.45	7.2	E 117°25′25.3″ N 38°00′20.2″	87
						2	20–60	棕色	黏土	8.5	13.2	0.42	13.2		
						3	60–94	褐棕色	中壤土	8.0	11.0	0.70	15.6		
						4	94–134	灰棕色	轻壤土	8.5	6.7	0.50	21.0		
						5	134–150	红棕色		7.9	9.6	0.60	11.4		
剖7	半水成土	潮土	盐化潮土	中壤质盐化潮土	滨海重度盐化中壤质底砂潮土	1	0–5	灰棕色	中壤土					E 117°37′46.6″ N 38°09′46.8″	70
						2	5–10	红棕色	中壤土						
						3	10–20	灰棕色	砂壤土						
						4	20–87	浅棕色	砂壤土						
						5	87–150								
剖8	半水成土	潮土	潮土	黏质潮土	滨海黏质潮土	1	0–20	浅红棕色	黏土	8.6	10.6	0.65	17.6	E 117°40′41.9″ N 38°07′22.1″	71
						2	20–63	浅红棕色		8.7	12.3	0.80	24.4		
						3	63–85	暗灰棕色		8.5	9.8	0.55	19.2		
						4	85–150	黄棕色		8.6	3.0	0.14	6.6		
剖9	半水成土	潮土	潮土	轻壤质潮土	滨海轻壤质体黏质潮土	1	0–20	黄棕色		8.6	10.0	0.58	9.9	E 117°43′19.5″ N 38°07′19.5″	98
						2	20–80	灰棕色		8.8	12.0	0.67	14.2		
						3	80–110	灰棕色		8.7	9.0	0.53	18.1		
						4	110–140	红棕色		8.9	7.8	0.49	18.4		
						5	140–150	灰棕色		8.9	6.6	0.30	12.4		

续表 Continued

剖面号 Soil profile	土纲 Soil order	土类 Soil great group	亚类 Soil subgroup	土属 Soil genus	土种 Soil species	土层码 Layer code	土层厚度 Depth/cm	颜色 Soil color	质地 Soil texture	pH	有机质 OM/(g/kg)	全氮 TN/(g/kg)	阳离子交换量CEC/(cmol/kg)	剖面点坐标 Profile coordinate	匹配指数 Matching index/%
剖10	半水成土	潮土	潮土	砂壤质潮土	滨海砂壤质潮土	1	0—20	浅棕黄色	砂壤土	8.6	2.0	0.09	5.4	E 117° 42′ 43.4″ N 38° 06′ 46.7″	75
						2	20—60	黄棕色		8.7	1.8	0.58	7.2		
						3	60—150	黄棕色		8.6	3.5	0.19	7.8		
剖11	半水成土	潮土	潮土	中壤质潮土	滨海中壤质底砂潮土	1	0—20	灰棕色	中壤土	8.4	12.7	0.86	13.8	E 117° 30′ 43.2″ N 38° 01′ 19.4″	78
						2	20—80	暗棕色	中壤土	8.7	8.3	0.52	18.0		
						3	80—100	浅褐棕色	砂壤土	8.6	2.7	0.37	8.4		
						4	100—125	浅褐棕色	砂壤土	8.5	4.2	0.20	7.2		
						5	125—150	浅褐棕色	砂壤土	8.4	2.0	0.24	7.8		
剖12	半水成土	潮土	潮土	轻壤质潮土	滨海轻壤质腰黏潮土	1	0—20	黄棕色		8.6	11.0	0.65	10.2	E 117° 29′ 55.9″ N 37° 58′ 28.0″	85
						2	20—75	红棕色		8.8	10.1	0.75	23.8		
						3	75—110	黄棕色		8.5	6.7	0.39	13.9		
						4	110—150	浅黄棕色		9.2	5.1	0.36	9.0		

盐 山 县

主要土类说明

潮土是盐山县主要土壤类型，占本县地域面积的98%。潮土由近代河流冲积物发育而成。在平原地区，由于受"紧砂慢淤"沉积规律支配，近河分布着砂土，水流缓慢的远河处分布着黏土，两者之间分布着两合土。土体上下质地变化大，或砂或黏，厚度不等。潮土形成过程包括两个方面：一是由地下水借毛管作用的上下运动所引起的土壤氧化还原交替进行，从而发生的潮化过程。在低水位期间，地下水位以上的土层为氧化层，高水位时，全部或部分为水分所饱和而产生还原过程。变化频繁的氧化还原过程和干湿交替，影响土壤物质的溶解、积累和沉淀，并在土壤剖面中形成各种色泽的锈斑或细小的铁锰结核，成为潮土剖面形态的典型特征。在潮化过程中，水分和养分的上下运动、积累，有利于满足作物生长发育的需要。同时，在地下水矿化度较高的地方，又易因毛管作用而可能发生盐碱化。二是耕作熟化过程，通过施肥耕作和排灌等措施，创造出适宜作物生长的土壤条件，形成了松软肥沃的耕作层。由于农业生产活动的影响，不同潮土在土壤物理和化学性质上有显著差别。潮土质地变化较大，具有明显的分选性，沉积层明显。局部低洼地区，地下水矿化度高，可达3g/L甚至更高。如耕作栽培不当，土壤易盐碱化。土体内富含石灰质，一般含量为10%—20%，呈微碱性至强碱性。pH通常为8.0—9.0。潮土的自然肥力较高，但土壤微生物积累较弱。有机质含量较低，在5—10g/kg，其原因主要是旱季较长，有机质分解迅速。钾含量丰富，可达20—26g/kg，全磷含量中等，为1.2—1.4g/kg。

本区域中心区气候特征

本区域中心区气候特征值
Regional climate characteristics in central area of the region

气候带：暖温带亚湿润气候 Climate region: Warm temperate subhumid climate	
年平均气温 /℃ Annual average temperature /℃	12.7
年平均最高气温 /℃ Annual average maximum temperature /℃	18.5
年平均最低气温 /℃ Annual average minimum temperature /℃	7.7
年降水量 /mm Annual precipitation /mm	582
≥10℃的积温 /℃ Daily temperature accumulated in a year (≥10℃) /℃	4670
年日照时数 /h Annual sunshine /h	2590
年平均相对湿度 /% Annual average relative humidity /%	64
干燥度 Dryness	1.33

本区域中心区月平均气温与月平均降水量
Monthly temperature and precipitation in central area of the region

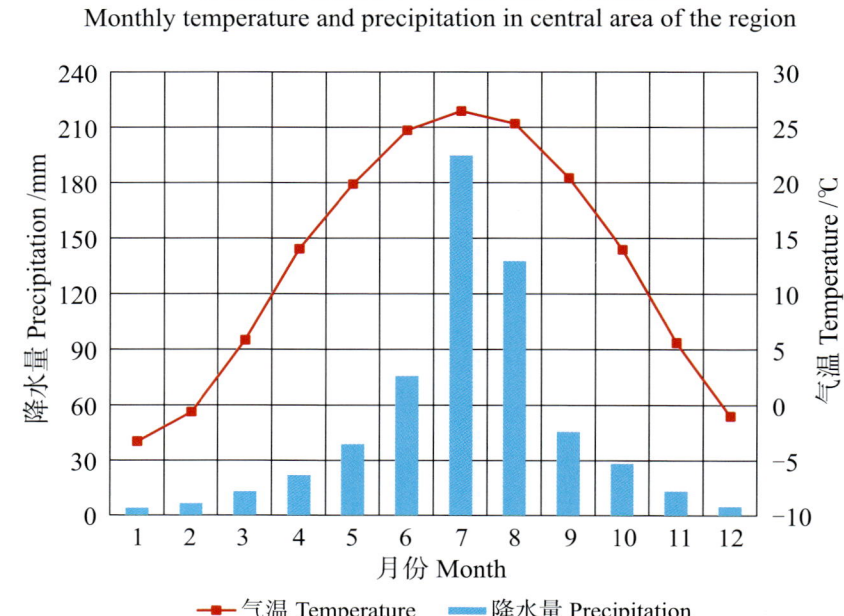

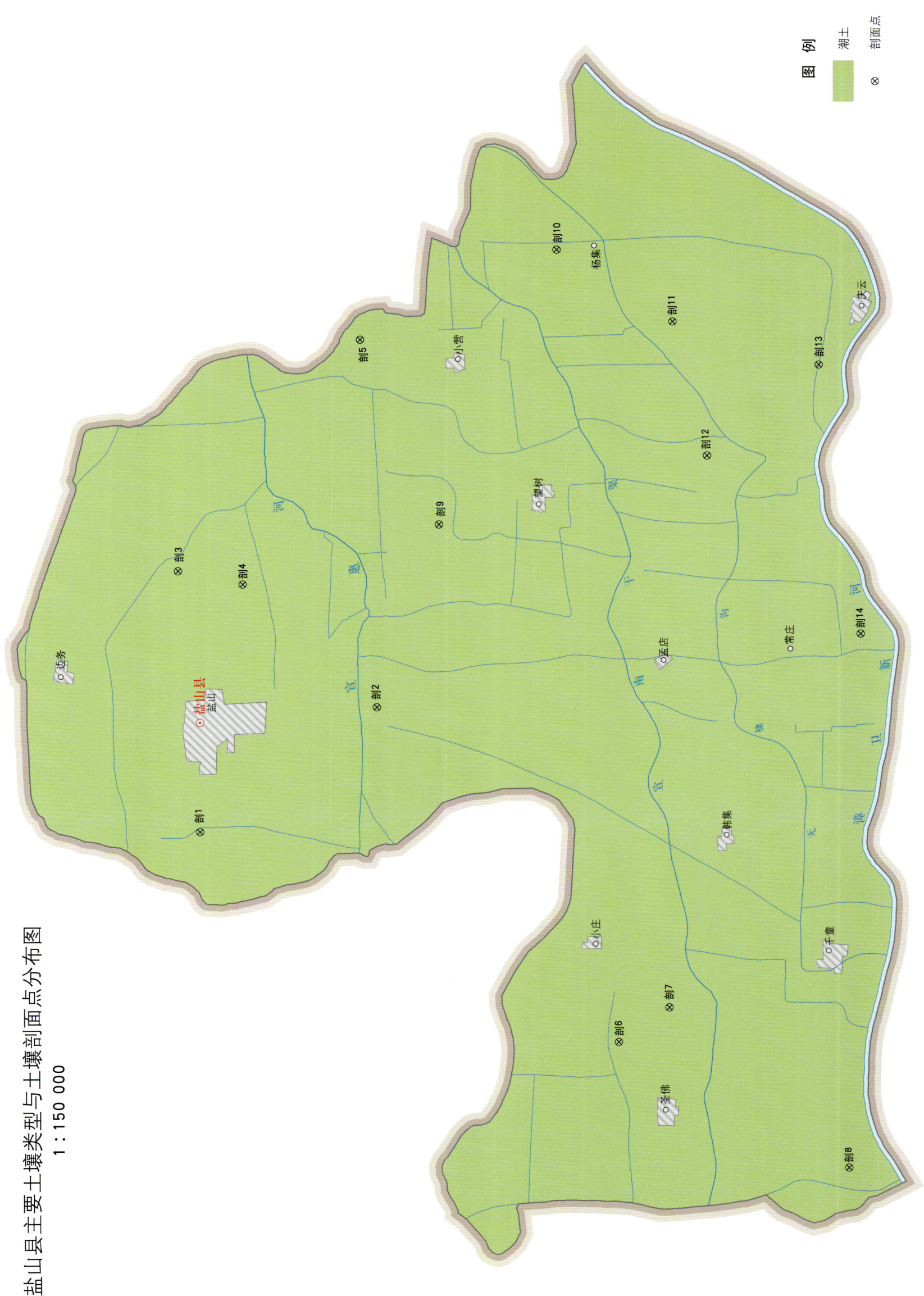

盐山县主要土壤类型与土壤剖面点分布图
1∶150 000

盐山县土壤剖面理化性状表

剖面号 Soil profile	土纲 Soil order	土类 Soil great group	亚类 Soil subgroup	土属 Soil genus	土种 Soil species	土层码 Layer code	土层厚度 Depth/cm	颜色 Soil color	质地 Soil texture	土壤结构 Soil structure	pH	有机质 OM/(g/kg)	全氮 TN/(g/kg)	全磷 TP/(g/kg)	碱解氮 AN/(mg/kg)	有效磷 AP/(mg/kg)	速效钾 AK/(mg/kg)	阳离子交换量CEC/(cmol/kg)	剖面点坐标 Profile coordinate	匹配指数 Matching index/%
剖1	半水成土	潮土	潮土	轻壤质潮土	轻壤质底砂潮土	1	0—20	浅灰棕色	轻壤土	团粒状	8.3	6.2	0.27	1.40	51	6.2	113	7.8	E 117° 10′ 50.2″ N 38° 03′ 37.8″	79
						2	20—80	浅灰棕色	轻壤土	团粒状	8.3	6.9	0.45	1.30	49	6.2	145	9.9		
						3	80—150	黄灰棕色	砂土	单粒状	8.3	3.4	0.11	1.30	31	3.5	78	7.7		
剖2	半水成土	潮土	盐化潮土	轻壤质氯化物硫酸盐潮土	重度盐化轻壤质黄潮土	1	0—5	浅灰棕色	轻壤土	屑粒状	8.5	5.6	0.35	1.20	16	2.0	72	8.6	E 117° 13′ 55.2″ N 38° 00′ 14.4″	74
						2	5—10	浅灰棕色	轻壤土	屑粒状	8.9	4.2	0.28	1.20	22	1.5	60	6.6		
						3	10—20	浅灰棕色	轻壤土	屑粒状	8.4	3.5	0.23	1.09	20	2.4	72	5.3		
						4	20—51	灰棕色	轻壤土	团粒状	8.5	4.4	0.26	1.20	44	1.1	65	7.3		
						5	51—77	浅灰棕色	轻壤土	屑粒状	8.7	4.0	0.24	1.20	19	1.9	60	5.4		
						6	77—118	浅黄棕色	轻壤土	屑粒状	8.7	2.4	0.14	1.14	11	1.0	38	5.6		
						7	118—150	浅黄棕色	砂壤土	粒状	8.7	1.2	0.14	0.90	5	1.0	20	5.7		
剖3	半水成土	潮土	盐化潮土	轻壤质氯化物硫酸盐潮土	轻度盐化轻壤质黄潮土	1	0—5	灰棕色	轻壤土	团粒状	3.9	4.5	0.37	1.24	32	2.1	83	7.8	E 117° 17′ 19.7″ N 38° 04′ 01.9″	75
						2	5—10	灰棕色	轻壤土	团粒状	9.1	4.8	0.25	1.14	26	1.2	83	7.2		
						3	10—20	灰棕色	轻壤土	团粒状	9.2	4.0	0.14	1.09	26	1.7	72	7.5		
						4	20—60	灰棕色	砂壤土	团粒状	9.5	2.8	0.18	1.04	13	1.5	50	7.4		
						5	60—74	浅灰棕色	轻壤土	粒状	9.2	0.8	0.14	1.04	5	1.0	22	5.1		
						6	74—122	浅灰棕色	轻壤土	屑粒状	8.9	1.1	0.43	1.04	5	0.9	32	8.1		
						7	122—130	浅灰棕色	盐土	块状	8.6	0.4	0.28	1.04	20	1.1	150	21.6		
						8	130—150	浅灰棕色	砂壤土	粒状	8.8	0.7	0.49	0.86	4	1.3	20	6.5		
剖4	半水成土	潮土	盐化潮土	轻壤质氯化物硫酸盐潮土	重度盐化轻壤质腰黏土潮土	1	0—5	暗灰棕色	轻壤土	片状	8.7	3.9	0.11	1.09	10	1.1	58	10.0	E 117° 16′ 59.5″ N 38° 04′ 47.8″	86
						2	5—10	暗灰棕色	轻壤土	片状	8.9	4.3	0.22	0.90	8	1.8	90	11.3		
						3	10—20	灰棕色	重壤土	碎块状	8.9	3.3	0.27	1.14	12	1.3	90	11.9		
						4	20—29	灰棕色	重壤土	碎块状	8.9	3.0	9.80	1.24	9	1.9	86	10.5		
						5	29—54	灰棕色	重壤土	碎块状	9.0	2.2	0.29	1.14	9	1.6	48	8.9		
						6	54—62	浅灰棕色	砂壤土	碎块状	9.0	2.6	0.16	1.14	18	1.3	50	10.9		
						7	62—150	浅灰棕色	轻壤土	粒状	9.2	1.4	0.24	1.04	10	1.5	100	6.3		
剖5	半水成土	潮土	盐化潮土	轻壤质氯化物硫酸盐潮土	中度盐化轻壤质腰黏土潮土	1	0—5	暗灰棕色	黏土	团粒状	8.9	8.9	0.71	1.48	39	0.7	120	12.9	E 117° 23′ 03.3″ N 38° 00′ 32.3″	86
						2	5—10	灰棕色	黏土	团粒状	8.8	8.0	0.68	1.46	29	0.7	120	13.4		
						3	10—20	灰棕色	中壤土	团粒状	8.5	5.9	0.37	1.24	25	0.5	130	18.1		
						4	20—64	黄棕色	黏土	团粒状	8.5	8.2	0.22	1.24	29	微量	120	21.6		
						5	64—89	灰棕色	中壤土	团粒状	8.9	3.8	0.35	1.14	18	1.9	100	15.0		
						6	89—98	黄棕色	黏土	大块状	8.8	5.8	0.15	0.97	21	微量	120	20.1		
						7	98—121	浅灰棕色	重壤土	碎块状	9.0	3.3	0.26	1.20	16	0.6	90	16.9		
						8	121—150	浅灰棕色	中壤土	粒状	9.1	1.4	0.14	1.14	7	1.3	38	7.4		
剖6	半水成土	潮土	潮土	中壤质潮土	中壤质潮土	1	0—20	灰棕色	中壤土	团粒状	8.9	8.0	1.09	0.45	80	2.8	145	10.6	E 117° 05′ 35.5″ N 37° 55′ 38.3″	74
						2	20—70	灰棕色	盐土	块状	9.1	7.9	1.22	0.12	49	1.0	133	7.6		
						3	70—120	棕色	盐土	粒状	8.9	6.9	1.20	0.37	31	1.3	152	16.8		
						4	120—150	浅黄棕色	中壤土	块状	9.2	3.0	1.04	0.16	13	1.0	73	10.8		
剖7	半水成土	潮土	潮土	轻壤质潮土	轻壤质底黏潮土	1	0—20	黄棕色	轻壤土	粒状	8.6	7.2	0.37	1.04	59	5.5	198	9.0	E 117° 06′ 26.6″ N 37° 54′ 40.3″	79
						2	20—60	浅黄棕色	轻壤土	粒状	8.5	3.7	0.28	1.20	19	1.6	104	9.6		
						3	60—110	浅黄棕色	盐土	粒状	8.7	2.2	0.09	1.16	8	1.0	83	9.1		
						4	110—150	棕色	盐土	块状	8.6	5.7	0.08	1.04	28	1.5	115	21.8		
剖8	半水成土	潮土	潮土	砂壤质潮土	砂壤质潮土	1	0—25	黄棕色	砂壤土	单粒状	8.3	3.2	0.09	1.24	38	2.0	80	15.4	E 117° 02′ 28.3″ N 37° 51′ 14.8″	77

续表 Continued

剖面号 Soil profile	土纲 Soil order	土类 Soil great group	亚类 Soil subgroup	土属 Soil genus	土种 Soil species	土层码 Layer code	土层厚度 Depth/cm	颜色 Soil color	质地 Soil texture	土壤结构 Soil structure	pH	有机质 OM/(g/kg)	全氮 TN/(g/kg)	全磷 TP/(g/kg)	碱解氮 AN/(mg/kg)	有效磷 AP/(mg/kg)	速效钾 AK/(mg/kg)	阳离子交换量CEC/(cmol/kg)	剖面点坐标 Profile coordinate	匹配指数 Matching index/%
剖9	半水成土	潮土	盐化潮土	轻壤质氯化物硫酸盐潮土	中度盐化轻壤质潮土	1	0—5	浅灰棕色	轻壤土	屑状	8.5	2.4	0.25	1.30	39	1.9	32	4.2	E 117°18′27.7″ N 37°59′02.4″	70
						2	5—10	浅灰棕色	轻壤土	屑粒状	8.8	2.7	0.31	1.22	22	2.4	50	7.2		
						3	10—20	灰棕色	轻壤土	屑粒状	8.5	4.9	0.31	1.04	52	3.8	95	7.2		
						4	20—66	灰棕色	砂壤土	碎块状	8.8	4.2	0.32	1.14	28	1.5	72	10.2		
						5	66—105	灰棕色	轻壤土	碎块状	9.2	2.5	0.21	1.08	40	1.4	50	9.2		
						6	105—150	浅黄棕色	中壤土	单粒状	9.2	0.7	0.17	0.86	9	1.3	16	5.6		
剖10	半水成土	潮土	盐化潮土	中壤质氯化物硫酸盐潮土	轻度盐化中壤质潮土	1	0—5	灰棕色	中壤土	团块状	8.7	10.3	0.62	1.24	60	6.0	195	14.6	E 117°25′16.0″ N 37°56′46.3″	97
						2	5—10	灰棕色	中壤土	团块状	8.7	10.1	0.63	1.40	64	3.9	190	14.9		
						3	10—20	浅灰棕色	中壤土	团块状	9.0	10.4	0.28	1.46	40	1.9	179	15.6		
						4	20—37	灰棕色	重壤土	块状	8.6	7.7	0.37	1.40	27	1.0	150	17.1		
						5	37—104	暗棕色	黏土	块状	8.6	9.0	0.57	1.30	35	0.5	165	25.3		
						6	104—119	灰棕色	砂壤土	块状	8.8	4.1	0.29	1.20	18	0.6	75	13.4		
						7	119—150	浅灰棕色	黏壤土	粒状	8.9	2.1	0.18	1.14	15	0.4	48	10.5		
剖11	半水成土	潮土	潮土	黏质潮土	黏质潮土	1	0—20	灰棕色	黏土	团粒状	9.0	9.9	0.36	1.14	63	2.4	95	13.5	E 117°23′28.7″ N 37°54′33.8″	81
						2	20—90	灰棕色	黏土	块状	8.5	10.8	0.58	1.14	58	1.5	158	19.3		
						3	90—120	浅棕色	黏土	块状	8.7	10.0	0.64	0.98	42	1.4	183	20.9		
						4	120—150	浅棕色	黏土	块状	8.8	11.0	0.61	1.04	44	2.1	203	27.3		
剖12	半水成土	潮土	潮土	中壤质潮土	中壤质体黏潮土	1	0—30	暗黄棕色	中壤土	团块状	8.5	8.0	0.40	1.06	51	2.0	168	14.7	E 117°20′08.3″ N 37°53′54.8″	81
						2	30—105	灰棕色	黏土	块状	8.4	8.9	0.66	1.00	40	2.0	215	24.9		
						3	105—150	黄棕色	中壤土	片状	8.6	5.9	0.49	1.09	23	1.1	117	18.3		
剖13	半水成土	潮土	潮土	轻壤质潮土	轻壤质体黏潮土	1	0—35	浅棕色	轻壤土	粒状	8.7	8.0	0.35	1.14	40	2.5	164	13.3	E 117°22′23.5″ N 37°51′46.4″	77
						2	35—100	红棕色	黏土	块状	8.5	9.9	0.36	1.04	43	1.1	215	23.1		
						3	100—150	浅灰棕色	轻壤土	片状	8.5	5.0	0.08	1.14	28	2.0	98	12.8		
剖14	半水成土	潮土	潮土	轻壤质潮土	轻壤质腰黏潮土	1	0—40	浅灰棕色	轻壤土	团粒状	8.6	7.4	0.45	1.24	28	2.0	160	13.4	E 117°15′42.4″ N 37°50′59.4″	82
						2	40—80	浅灰棕色	黏土	粒状	8.5	6.7	0.42	1.00	11	1.1	157	18.8		
						3	80—105	黄棕色	砂壤土	粒状	8.5	6.7	0.40	1.09	6	1.5	63	9.6		
						4	105—120	浅棕色	黏土	块状	8.5	6.3	0.44	0.92	9	1.8	160	21.3		
						5	120—150	黄棕色	轻壤土	片状	8.5	3.2	0.35	1.00	9	1.8	119	14.8		

肃 宁 县

主要土类说明

潮土是肃宁县主要土壤类型，占本县地域面积的98%。潮土是在地下水作用下，在河流冲积物上直接经过旱耕熟化而形成的非地带性土壤。潮土所处地区地势平坦，土体冲积层次明显，地下水埋深2—3m，地下水直接参与成土过程。土壤颜色发暗，表层多呈灰棕色。由于干湿交替，心土、底土层氧化还原作用交替进行，影响土壤物质的溶解、积累和沉积，形成锈色斑纹、小型铁子及铁锰结核，表现出潴育化特征，且通体石灰反应强烈。本县潮土在以潮土化过程为主导的同时，部分进行着盐化为辅的成土过程，分为潮土和盐化潮土等亚类。潮土亚类分布最广，遍及全县。盐化潮土亚类主要分布于二坡的中下部，或在河洼地周边呈条带状分布。地下水位较高，地下水矿化度一般大于2.0g/L，旱冬地表积盐，有不同程度的盐斑，缺苗断垄。

本区域中心区气候特征

本区域中心区气候特征值
Regional climate characteristics in central area of the region

气候带：暖温带亚湿润气候 Climate region: Warm temperate subhumid climate	
年平均气温 /℃ Annual average temperature /℃	13.1
年平均最高气温 /℃ Annual average maximum temperature /℃	18.7
年平均最低气温 /℃ Annual average minimum temperature /℃	8.3
年降水量 /mm Annual precipitation /mm	558
≥10℃的积温 /℃ Daily temperature accumulated in a year (≥10℃) /℃	4726
年日照时数 /h Annual sunshine /h	2580
年平均相对湿度 /% Annual average relative humidity /%	60
干燥度 Dryness	1.45

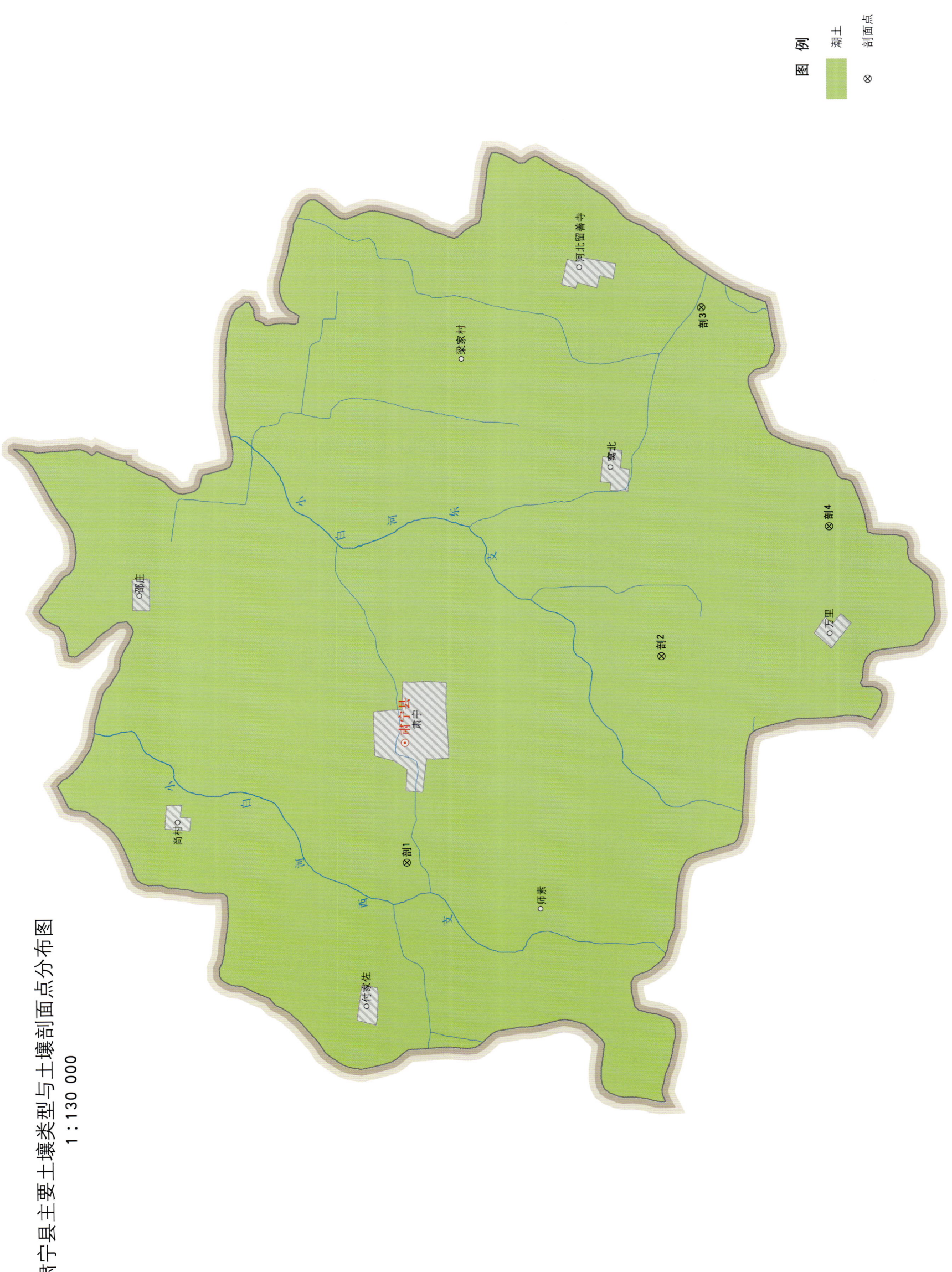

肃宁县土壤剖面理化性状表

剖面号 Soil profile	土纲 Soil order	土类 Soil great group	亚类 Soil subgroup	土属 Soil genus	土种 Soil species	土层码 Layer code	土层厚度 Depth/cm	颜色 Soil color	质地 Soil texture	土壤结构 Soil structure	pH	有机质 OM/(g/kg)	全氮 TN/(g/kg)	全磷 TP/(g/kg)	全钾 TK/(g/kg)	碱解氮 AN/(mg/kg)	有效磷 AP/(mg/kg)	速效钾 AK/(mg/kg)	阳离子交换量CEC/(cmol/kg)	剖面点坐标 Profile coordinate	匹配指数 Matching index/%
剖1	半水成土	潮土	潮土	轻壤质潮土	轻壤质潮土	1	0—20	浅褐色	轻壤土	屑粒状	8.6	0.9	0.62	0.66	18.3	44	5.0	81	11.3	E 115°47′02.0″ N 38°25′58.1″	80
						2	20—60	灰棕色	轻壤土	粒状	8.7	5.5	0.40	0.62	18.8	26	2.0	75	11.0		
						3	60—100	灰棕色	轻壤土	屑粒状	8.7	5.5	0.39	0.60	19.2	27	3.0	84	14.9		
						4	100—150	暗灰棕色	中壤土	碎块状	8.5	5.9	0.45	0.58	19.7	23	3.0	98	13.2		
剖2	半水成土	潮土	潮土	轻壤质潮土	轻壤质腰黏底砂潮土	1	0—20	浅灰棕色	轻壤土	屑粒状	8.3	9.2	0.66	0.39	16.8	36	8.0	61	11.9	E 115°51′36.3″ N 38°21′42.8″	96
						2	20—40	棕红色	黏土	粒状	8.4	3.6	0.40	0.49	20.6	17	1.0	31	7.9		
						3	40—60	棕红色	黏土	块状	8.4	13.8	1.00	0.52	18.8	59	1.0	142	28.0		
						4	60—100	浅黄棕色	黏土	单粒状	8.4	2.9	0.37	0.51	17.8	13	1.0	32	4.3		
						5	100—150	暗棕红色	黏土	棱块状	8.9	2.0	0.31	0.61	20.1	16	2.0	22	6.9		
剖3	半水成土	潮土	潮土	黏质潮土	黏质潮土	1	0—20	暗棕红色	黏土	块状	8.1	15.6	1.10	0.59	18.6	64	5.0	158	23.8	E 115°59′16.3″ N 38°21′04.6″	95
						2	20—60	红棕色	黏土	块状	8.1	13.6	0.78	0.51	20.1	54	2.0	125	25.2		
						3	60—100	红棕色	黏土	棱块状	8.1	11.1	0.74	0.57	19.9	41	4.0	136	28.6		
						4	100—150	灰棕色	中壤土	碎块状	8.3	10.0	0.81	0.63	19.2	48	6.0	139	25.1		
剖4	半水成土	潮土	潮土	黏质潮土	黏质底砂潮土	1	0—20		黏土		7.8	15.2	0.99	0.56	19.2	62	3.0	165	23.6	E 115°54′28.4″ N 38°18′54.7″	98
						2	20—55		黏土		8.1	5.0	0.79	0.49	19.2	46	1.0	111	21.5		
						3	55—65		中壤土		8.2	5.4	0.57	0.25	17.8	25	1.0	82	15.5		
						4	65—97		砂壤土		8.2	3.6	0.16	0.51	18.8	20	2.0	46	10.3		
						5	97—150		黏土		8.3	10.7				49	1.0	92	26.4		

南 皮 县

主要土类说明

潮土是南皮县主要土壤类型，占本县地域面积的96%。潮土是本县分布最广、面积最大的耕作土壤，耕地全部为本土类。潮土系由黄河和海河两大水系的洪积冲积物发育而来的土壤。由于历史上这两大水系多次泛滥，受"紧砂慢淤"沉积规律支配，近河处分布着砂壤土和轻壤土，水流缓慢的远河处分布砂黏土，两者之间分布着中壤土。而且土体上下质地变化也大，或砂或黏，厚度不等。一般古河道处通体为砂壤土，远处通体较黏，两者间轻黏不一。潮土的形成过程主要是地下水借毛管作用频繁地上下升降，加剧了土壤中干湿交替作用的进行，使土壤中氧化还原过程交替发生，从而促进了土壤中物质的溶解、移动和积聚，在土壤的剖面中形成各种色泽的锈色斑纹、假菌丝体或细小的铁锰结核等。而且在局部低洼地带地下水矿化度较高的地方，也易因毛管作用而发生土壤盐碱化。另外，由于农业生产活动的影响，土壤物理和化学性质产生变化，也是潮土形成过程的一个重要因素。

小于本县地域面积3%的土壤类型还有草甸盐土等。

本区域中心区气候特征

本区域中心区气候特征值
Regional climate characteristics in central area of the region

气候带：暖温带亚湿润气候 Climate region: Warm temperate subhumid climate	
年平均气温 /℃ Annual average temperature /℃	13.0
年平均最高气温 /℃ Annual average maximum temperature /℃	18.7
年平均最低气温 /℃ Annual average minimum temperature /℃	8.2
年降水量 /mm Annual precipitation /mm	598
≥10℃的积温 /℃ Daily temperature accumulated in a year (≥10℃) /℃	4777
年日照时数 /h Annual sunshine /h	2623
年平均相对湿度 /% Annual average relative humidity /%	62
干燥度 Dryness	1.37

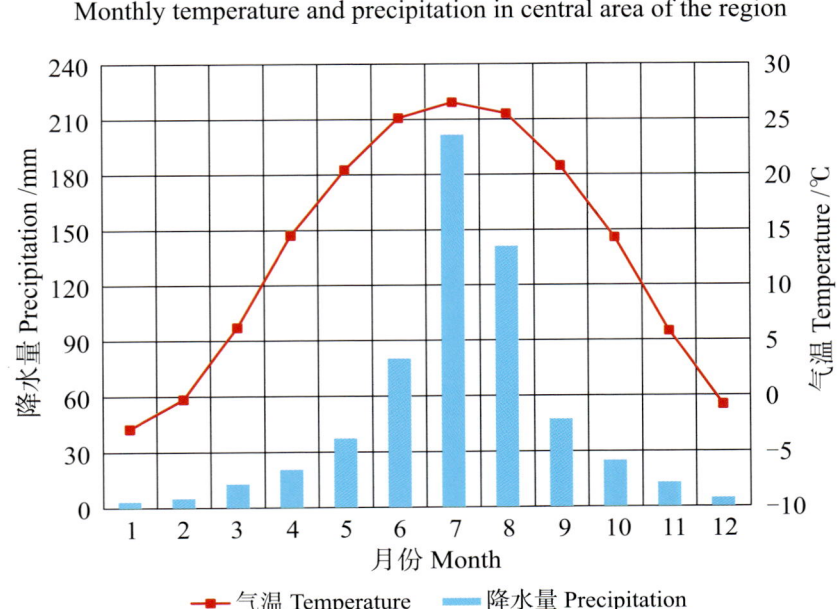

本区域中心区月平均气温与月平均降水量
Monthly temperature and precipitation in central area of the region

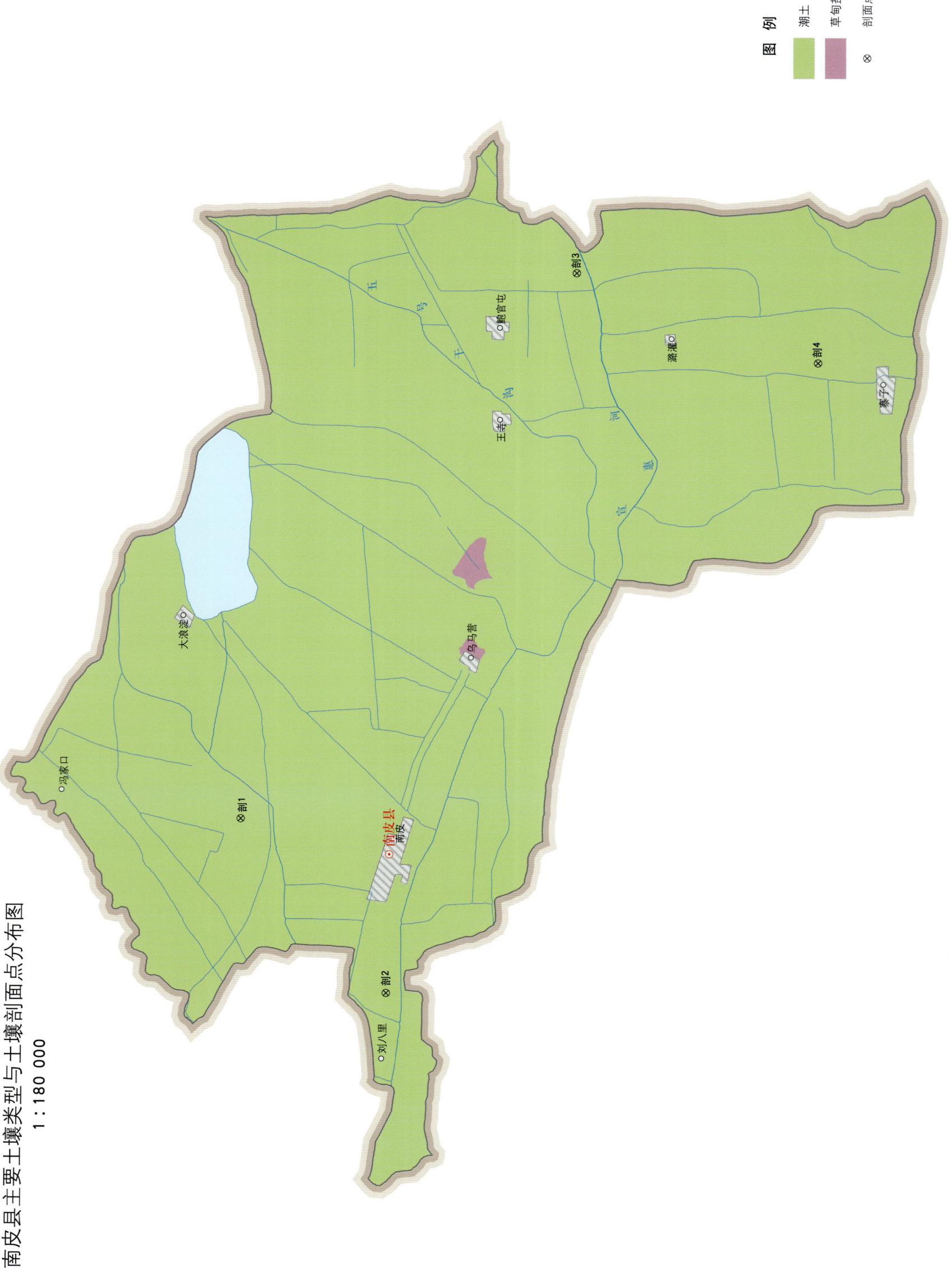

南皮县土壤剖面理化性状表

剖面号 Soil profile	土纲 Soil order	土类 Soil great group	亚类 Soil subgroup	土属 Soil genus	土种 Soil species	土层码 Layer code	土层厚度 Depth/cm	颜色 Soil color	质地 Soil texture	土壤结构 Soil structure	pH	有机质 OM/(g/kg)	全氮 TN/(g/kg)	全磷 TP/(g/kg)	全钾 TK/(g/kg)	碱解氮 AN/(mg/kg)	有效磷 AP/(mg/kg)	速效钾 AK/(mg/kg)	阳离子交换量CEC/(cmol/kg)	土壤母质 Parent material	剖面点坐标 Profile coordinate	匹配指数 Matching index/%
剖1	半水成土	潮土	潮土	中壤质潮土	中壤质潮土	1	0—20	灰棕色	中壤土	粒状	7.6	8.6	0.84	2.01	11.8	57	5.5	263	8.3		E 116°43′25.7″ N 38°05′46.0″	98
						2	20—70	灰棕色	中壤土	粒状	7.9	7.8	0.80	1.71	7.9	67	1.2	175	9.0			
						3	70—150	灰棕色	中壤土	粒状	7.9	5.8	0.48	1.44	1.4	34	1.3	130	11.5			
剖2	半水成土	潮土	潮土	黏质潮土	黏质潮土	1	0—20	灰棕色	黏土	粒状	7.8	10.9	0.53	2.03	11.3	51	1.2	167	15.3		E 116°38′11.8″ N 38°02′23.6″	83
						2	20—50	灰色	黏土	小块状	8.6	8.8	0.64	1.77	21.0	57	1.4	137	19.3			
						3	50—140	红棕色	黏质黏壤土	块状	7.8	6.4	0.59	1.99	7.9	62	4.5	82	21.5			
						4	140—150	浅黄棕色	轻壤土	粒状												
剖3	半水成土	潮土	盐化潮土	氯化物盐化潮土	中卤黏潮土	1	0—20	棕色	粉砂质黏土	块状	8.4	18.4	1.11	0.63	18.3		13.2	240	21.8	河流冲积物	E 116°59′45.6″ N 37°58′08.1″	97
						2	20—38	浅棕色	粉砂质黏土	块状	8.3	5.7	0.40	0.53	16.9		0.6	75	13.5			
						3	38—70	浅棕色	粉砂质黏壤土	块状	8.3	6.2	0.40	0.51	18.3		2.0	112	18.7			
						4	70—130	棕色	粉砂质黏壤土	块状	8.3	3.5	0.24	0.47	15.6		0.6	50	10.3			
						5	130—150	棕色	粉砂质黏壤土	块状	8.3	6.7	0.46	0.52	18.1		0.6	160	19.7			
剖4	半水成土	潮土	潮土	轻壤质潮土	轻壤质潮土	1	0—20	灰棕色	轻壤土	粒状	8.2	11.6	0.49	1.87	5.3	40	1.5	225	8.8		E 116°57′06.9″ N 37°52′35.6″	73
						2	20—60	灰棕色	轻壤土	粒状	8.0	4.8	0.48	1.94	5.3	40	1.2	137	6.0			
						3	60—100	灰棕色	轻壤土	粒状	8.1	4.6	0.57	1.74	7.1	34	1.5	130	8.8			
						4	100—150	灰棕色	轻壤土	粒状	8.3	7.6	0.56	1.96	5.3	51	1.5	120	6.8			

吴 桥 县

主要土类说明

潮土是吴桥县主要土壤类型，占本县地域面积的98%。成土母质为近代河流冲沉积物，尤以黄河冲积物为主。潮土是经过人为耕作熟化而形成旱地的耕作土壤。受暖温带半干旱季风气候的影响，着生的自然植被多为半旱生的草本植被，土层深厚、质地较轻，以轻壤土为主，但多变，水平排列层次明显，地下水位约为2.5m，由于受地下水的强烈影响，土壤物质发生溶解、移动和淀积现象，铁、锰氧化还原作用交替进行，在心土层和底土层出现锈色斑纹、铁锰结核或砂姜，底土层呈暗灰色，表现出潜育化特征。

本区域中心区气候特征

本区域中心区气候特征值
Regional climate characteristics in central area of the region

气候带：暖温带亚湿润气候 Climate region: Warm temperate subhumid climate	
年平均气温 /℃ Annual average temperature /℃	13.7
年平均最高气温 /℃ Annual average maximum temperature /℃	19.2
年平均最低气温 /℃ Annual average minimum temperature /℃	9.1
年降水量 /mm Annual precipitation /mm	604
≥10℃的积温 /℃ Daily temperature accumulated in a year (≥10℃) /℃	4988
年日照时数 /h Annual sunshine /h	2550
年平均相对湿度 /% Annual average relative humidity /%	61
干燥度 Dryness	1.39

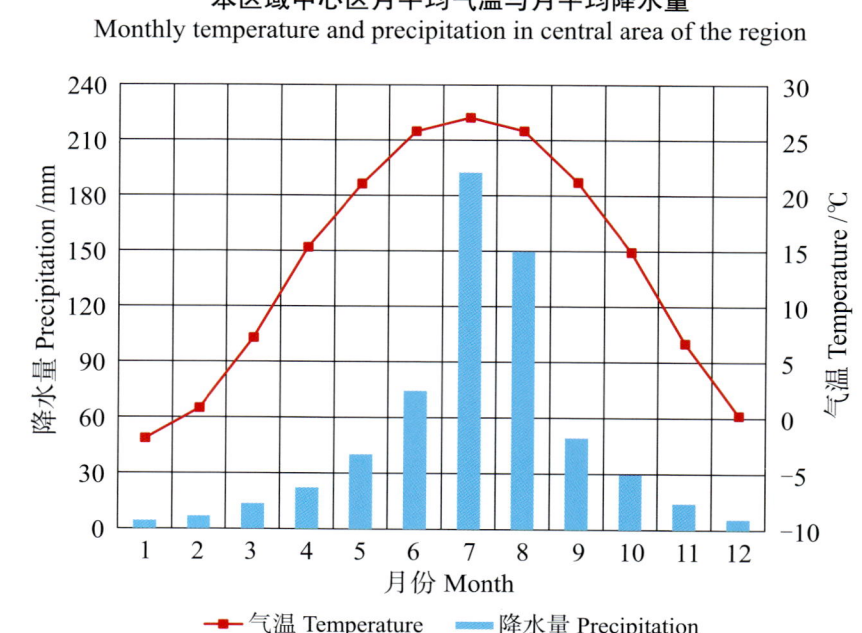

本区域中心区月平均气温与月平均降水量
Monthly temperature and precipitation in central area of the region

吴桥县主要土壤类型与土壤剖面点分布图
1 : 150 000

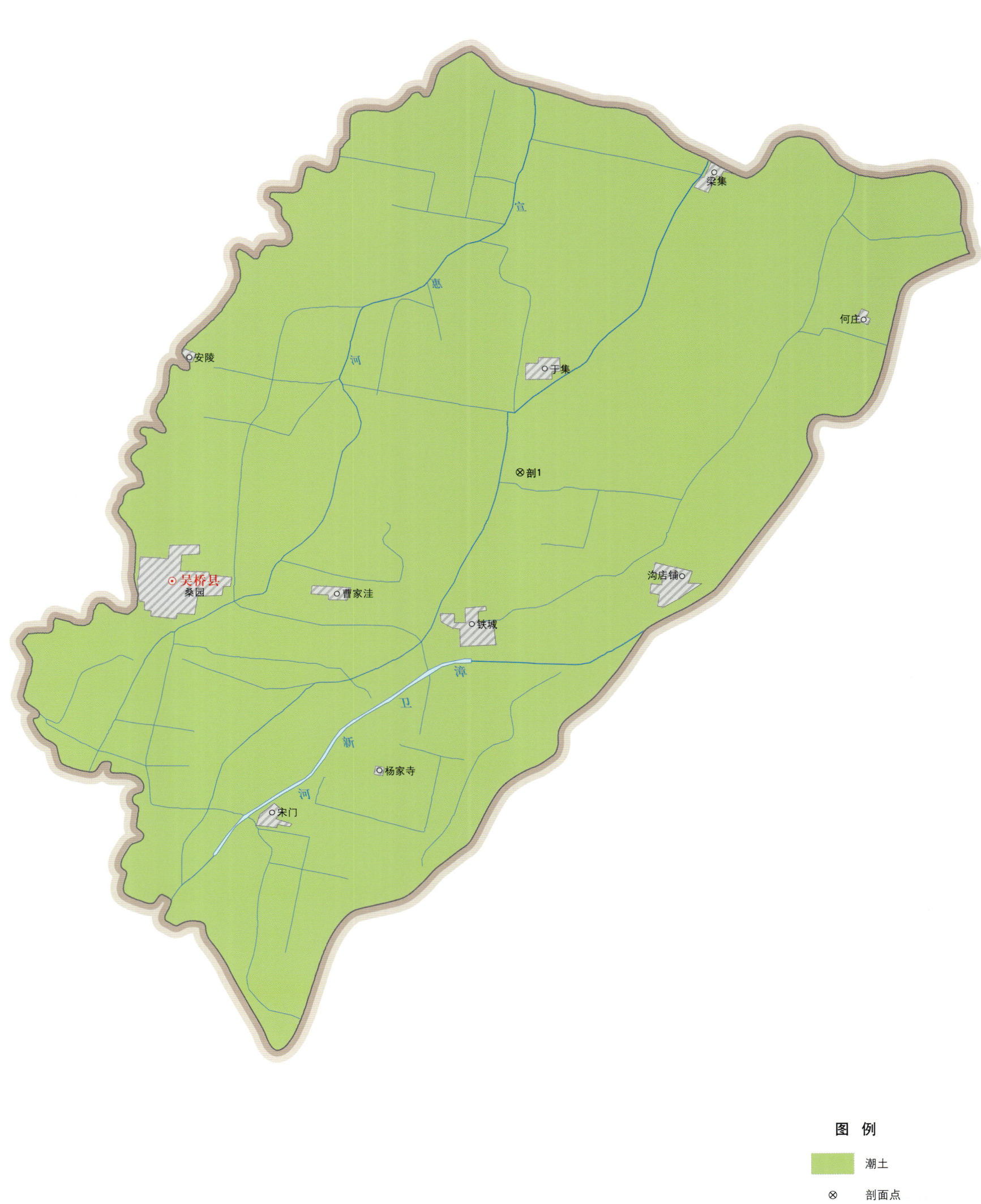

图 例

潮土

⊗ 剖面点

吴桥县土壤剖面理化性状表

剖面号 Soil profile	土纲 Soil order	土类 Soil great group	亚类 Soil subgroup	土属 Soil genus	土种 Soil species	土层码 Layer code	土层厚度 Depth/cm	颜色 Soil color	质地 Soil texture	土壤结构 Soil structure	pH	有机质 OM/(g/kg)	全氮 TN/(g/kg)	全磷 TP/(g/kg)	全钾 TK/(g/kg)	有效磷 AP/(mg/kg)	速效钾 AK/(mg/kg)	阳离子交换量CEC/(cmol/kg)	土壤母质 Parent material	剖面点坐标 Profile coordinate	匹配指数 Matching index/%
剖1	半水成土	潮土	褐潮土	黏质褐潮土	小红土	1	0—20	黄棕色	粉砂质黏土	碎块状	9.2	12.0	0.53	0.62	19.0	7.9	218	20.1	近代河流冲积物、静水沉积物	E 116°31′14.0″ N 37°39′38.6″	80
						2	20—50	红棕色	粉砂质黏土	碎块状	8.9	11.8	0.62	0.60	20.0	1.3	163	24.0			
						3	50—100	灰棕色	粉砂质黏土	块状	8.9	10.6	0.47	0.57	20.7	1.6	160	25.3			
						4	100—150	暗棕色	粉砂质黏土	块状	8.9	10.4	0.35	0.67	20.7	1.6	172	26.4			

献　县

主要土类说明

潮土是献县主要土壤类型，占本县地域面积的 98%。潮土系指地下水直接参与成土过程，并通过毛管作用直接补充到地表，而且耕层有机质积累较少、颜色较浅的土壤。潮土的石灰含量较高，一般在 8%—12%，为强石灰反应土壤，pH 大都在 8.0 以上。潮土的层状特征明显，多数剖面呈反复交错叠加的特点，形成了一些轻壤质体黏、底黏、中壤质体黏、底黏的土体构型。耕层耕性良好，下层保水保肥；但也导致了一些地区上黏下砂，耕作层无法耕种，下层漏水漏肥。潮土在成土过程中，地下水的升降引起了土壤的氧化还原作用交替进行，沿土壤孔隙、裂隙部分，形成了大量的胶膜和锈色斑纹，并在地下水升降比较频繁的土层形成了大量的砂姜。本县潮土分为褐潮土、潮土、盐化潮土、盐化湿潮土和湿潮土等亚类。

小于本县地域面积 3% 的土壤类型还有风沙土等。

本区域中心区气候特征

本区域中心区气候特征值
Regional climate characteristics in central area of the region

气候带：暖温带亚湿润气候 Climate region: Warm temperate subhumid climate	
年平均气温 /℃ Annual average temperature /℃	13.2
年平均最高气温 /℃ Annual average maximum temperature /℃	18.9
年平均最低气温 /℃ Annual average minimum temperature /℃	8.5
年降水量 /mm Annual precipitation /mm	579
≥10℃的积温 /℃ Daily temperature accumulated in a year (≥10℃) /℃	4803
年日照时数 /h Annual sunshine /h	2594
年平均相对湿度 /% Annual average relative humidity /%	60
干燥度 Dryness	1.43

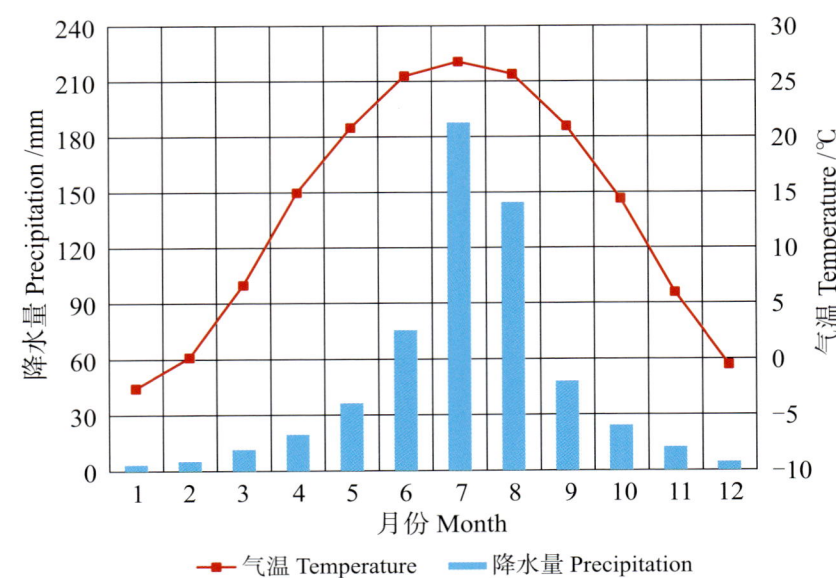

本区域中心区月平均气温与月平均降水量
Monthly temperature and precipitation in central area of the region

献县主要土壤类型与土壤剖面点分布图

1∶200 000

图　例
- 潮土
- 风沙土
- ⊗ 剖面点

献县土壤剖面理化性状表

剖面号 Soil profile	土纲 Soil order	土类 Soil great group	亚类 Soil subgroup	土属 Soil genus	土种 Soil species	土层码 Layer code	土层厚度 Depth/cm	颜色 Soil color	质地 Soil texture	土壤结构 Soil structure	pH	有机质 OM/(g/kg)	全氮 TN/(g/kg)	全磷 TP/(g/kg)	全钾 TK/(g/kg)	碱解氮 AN/(mg/kg)	有效磷 AP/(mg/kg)	速效钾 AK/(mg/kg)	阳离子交换量CEC/(cmol/kg)	土壤母质 Parent material	剖面点坐标 Profile coordinate	匹配指数 Matching index/%
剖1	初育土	风沙土	半固定风沙土	半固定风沙土		1	0—20	浅黄棕色	砂土	单粒状	8.6	1.3	0.26	0.64	17.3	22	1.9	59	7.7		E 116°16′53.2″ N 38°20′45.3″	99
						2	20—60	浅黄棕色	砂土	单粒状	8.7	1.4	0.20	0.47	17.9	27	0.8	39	4.2			
						3	60—100	浅黄棕色	砂土	单粒状	8.0	1.0	0.25	0.70	18.1	32	0.9	26	4.2			
						4	100—150	浅黄棕色	砂土	单粒状	8.5	4.2	0.50	0.13	18.3	30	1.8	54	5.3			
剖2	半水成土	潮土	潮土	轻壤质潮土		1	0—20	浅棕色	轻壤土	小碎块状											E 115°58′51.2″ N 38°14′05.6″	80
						2	20—30	浅棕色	轻壤土	片状												
						3	30—60	浅棕色	轻壤土	屑粒状												
						4	60—100	浅黄棕色	轻壤土	粒状												
						5	100—150	灰棕棕色	黏土	棱块状												
剖3	半水成土	潮土	潮土	砂壤质潮土		1	0—20	浅黄棕色	砂壤土												E 115°54′23.3″ N 38°11′52.6″	72
						2	20—40	浅棕色	砂壤土	屑粒状												
						3	40—60	棕色	砂壤土	单粒状												
						4	60—100	浅黄棕色	中壤土	单粒状												
						5	100—160	浅黄棕色	中壤土	单粒状												
剖4	半水成土	潮土	湿潮土	黏质湿潮土		1	0—18	红棕色	黏土	棱块状											E 116°04′19.9″ N 38°15′11.9″	100
						2	18—25	红棕色	黏土	棱块状												
						3	25—70	浅灰棕色	中壤土	碎块状												
						4	70—100	浅灰棕色	中壤土	碎块状												
						5	100—150	浅黄棕色	轻壤土	屑粒状												
剖5	半水成土	潮土	湿潮土	轻壤质湿潮土		1	0—20	浅黄棕色	轻壤土	片状											E 116°09′54.0″ N 38°13′34.0″	83
						2	20—40	灰黄棕色	黏壤土	粒状												
						3	40—70	灰蓝色	重壤土	碎块状												
						4	70—100	灰蓝色	轻壤土													
						5	100—150	浅黄棕色	砂壤土	粉粒状												
剖6	半水成土	潮土	湿潮土	砂壤质湿潮土		1	0—20	黄棕色	砂壤土	单粒状											E 116°01′32.5″ N 38°12′49.7″	79
剖7	半水成土	潮土	碱化潮土	硫酸盐碱化潮土	轻硝碱碱土	1	0—20	黄棕色	砂壤土	屑粒状	9.0	10.7	0.72	1.55	18.5		6.0	192	16.9	河流冲积物	E 116°19′55.9″ N 38°16′33.2″	72
						2	20—40	浅黄棕色	壤土	屑粒状	9.0	6.3	0.55	1.40	18.8		2.0	99				
						3	40—80	灰棕色	黏壤土	碎块状	8.8	3.4	0.27	1.15	17.6		2.0	70				
						4	80—120	浅黄棕色	砂壤土	单粒状	8.7	5.6	0.66	1.26	19.5		4.0	130				
剖8	半水成土	潮土	碱化潮土	碱潮泥土	硝碱潮土	A_{11}	0—20	黄棕色	壤土	屑粒状	9.0	10.7	0.72	1.55	18.5		6.0	192	11.6	河流冲积物	E 116°00′08.8″ N 38°09′58.7″	73
						Cu_1	20—40	亮棕色	壤土	屑粒状	9.0	6.3	0.55	1.40	18.8		2.0	99				
						Cu_2	40—80	灰黄棕色	黏壤土	碎块状	8.8	3.4	0.27	1.15	17.6		2.0	70	15.2			
						Ck	80—100	亮棕色	砂壤土	单粒状	8.7	5.6	0.66	1.26	19.5		4.0	130				
剖9	半水成土	潮土	碱化潮土	硫酸盐碱化土	中硝碱潮土	1	0—20	黄棕色	砂壤土	屑粒状	9.0	9.0	0.42	1.31	17.0		0.1	117		冲积物	E 116°09′40.7″ N 38°09′29.9″	97
						2	20—40	黄棕色	壤土	屑粒状	9.1	8.2	0.36	1.48	17.2		3.2	52				
						3	40—60	黄棕色	壤土	屑粒状	8.8	4.5	0.30	0.73	16.2		2.5	73				
						4	60—100	黄棕色	壤土	屑粒状	8.7	4.5	0.30	0.73	17.2		1.9	73				

孟村回族自治县

主要土类说明

潮土是孟村回族自治县主要土壤类型，占本县地域面积的99%。潮土是由近代河流冲积物发育而成的，土体上下质地变化大，或砂或黏，厚度不等。潮土形成过程包括两个方面：一是由地下水借毛管作用的上下运动，引起土壤氧化还原作用交替发生的潮化过程，在低水位期间，地下水位以上的土层为氧化层，高水位时全部或部分水分饱和而产生还原过程，变化频繁的干湿交替和氧化还原过程，影响土壤物质的溶解、沉积和转移，并在土壤剖面中形成各种色泽的锈色斑纹或细小的铁锰结核，此为潮土剖面的典型特征。在潮化过程中，水分和养分的上下运动、积累，有利于作物生长发育，同时在地下水矿化度较高的地方，又易因毛管作用而可能发生盐碱化。二是旱耕熟化过程。通过施肥耕作和排灌措施，创造出适宜作物生长的土壤条件，形成了松软肥沃的耕作层。由于农业生产活动的影响，潮土在土壤物理和化学性质上有显著差别，其特性有：土壤质地变化较大，具有明显分选性，沉积层明显。局部低洼地区，地下水矿化度高，在1—3g/L以上，若耕作栽培不当，土壤易盐碱化。土体富含石灰质，一般含量为10%—20%，呈微碱性到强碱性，pH一般为8.0—9.0。自然肥力较高，土壤微生物积累较高，有机质含量较低，速效钾含量丰富。本县潮土分为潮土、盐化潮土和褐潮土等亚类。

本区域中心区气候特征

本区域中心区气候特征值
Regional climate characteristics in central area of the region

气候带：暖温带亚湿润气候 Climate region: Warm temperate subhumid climate	
年平均气温 /℃ Annual average temperature /℃	12.9
年平均最高气温 /℃ Annual average maximum temperature /℃	18.6
年平均最低气温 /℃ Annual average minimum temperature /℃	8.1
年降水量 /mm Annual precipitation /mm	595
≥10℃的积温 /℃ Daily temperature accumulated in a year (≥10℃) /℃	4742
年日照时数 /h Annual sunshine /h	2618
年平均相对湿度 /% Annual average relative humidity /%	63
干燥度 Dryness	1.36

本区域中心区月平均气温与月平均降水量
Monthly temperature and precipitation in central area of the region

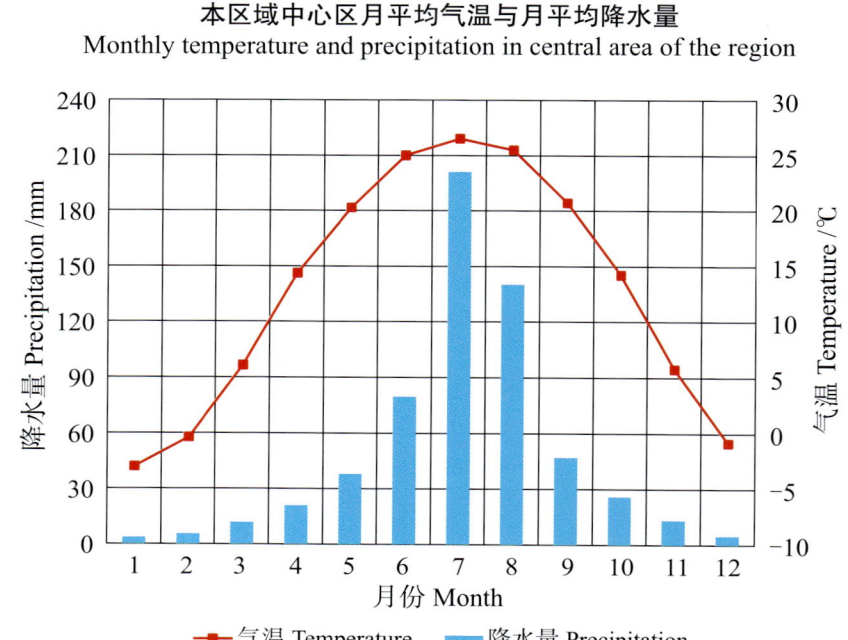

孟村回族自治县主要土壤类型与土壤剖面点分布图
1∶130 000

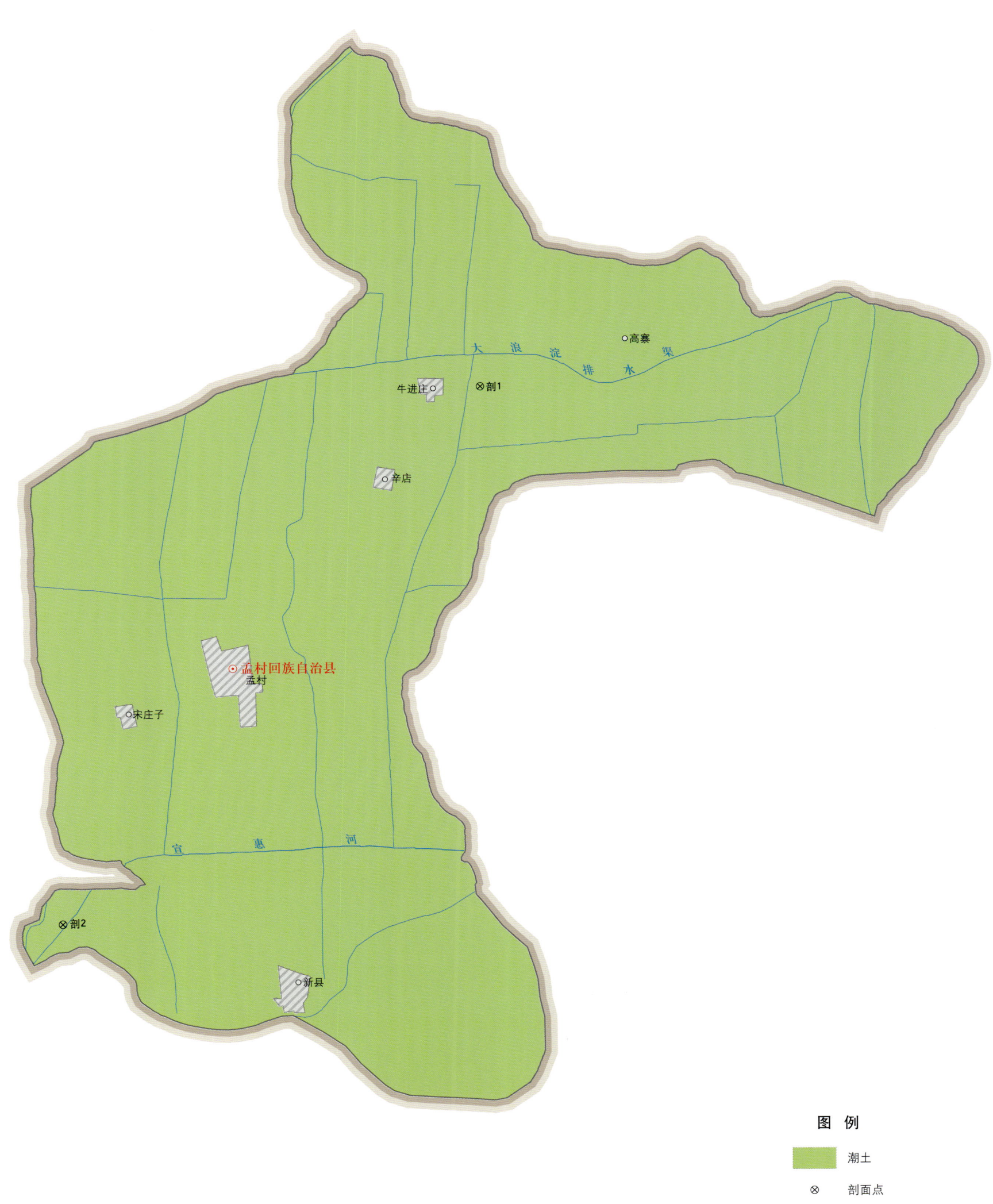

孟村回族自治县土壤剖面理化性状表

剖面号 Soil profile	土纲 Soil order	土类 Soil great group	亚类 Soil subgroup	土属 Soil genus	土种 Soil species	土层码 Layer code	土层厚度 Depth/cm	颜色 Soil color	质地 Soil texture	土壤结构 Soil structure	pH	有机质 OM/(g/kg)	全氮 TN/(g/kg)	全磷 TP/(g/kg)	全钾 TK/(g/kg)	有效磷 AP/(mg/kg)	速效钾 AK/(mg/kg)	阳离子交换量 CEC/(cmol/kg)	土壤母质 Parent material	剖面点坐标 Profile coordinate	匹配指数 Matching index/%
剖1	半水成土	潮土	盐化潮土	氯化物盐化潮土	中壤二合土	1	0—20	浅棕色	粉砂质壤土	碎块状	8.6	8.7	0.48	0.18	10.5	1.5	114	14.8	河流冲积物	E 117°10′37.9″ N 38°08′19.9″	89
						2	20—70	浅棕色	粉砂质壤土	块状	8.8	10.5	0.71	0.16	12.5	1.0	158	14.2			
						3	70—120	棕色	粉砂质壤土	块状	8.9	7.8	0.62	0.14	14.7	0.7	126	24.2			
						4	120—150	浅黄棕色	粉砂质壤土	块状	8.9	4.1	0.61	0.15	18.3	1.1	39	12.0			
剖2	半水成土	潮土	盐化潮土	氯化物潮砂土	中壤二合土	$A_{11}z$	0—20	浅棕色	粉砂质壤土	碎块状	8.6	8.7	0.48	0.18	10.5	1.0	114		近代河流冲积物	E 117°02′03.2″ N 37°59′23.7″	85
						C	20—70	浅棕色	粉砂质壤土	块状	8.8	10.5	0.71	0.16	12.5	1.0	158				
						Cu_1	70—120	棕色	粉砂质壤土	块状	8.9	7.8	0.62	0.14	14.7	1.0	126				
						Cu_2	120—150	浅黄棕色	粉砂质壤土	块状	8.9	4.1	0.61	0.15	18.3	1.0	39				

泊 头 市

主要土类说明

潮土是泊头市主要土壤类型，占本市地域面积的98%。潮土是发育在河流冲积物上，受地下水影响，经人为耕种熟化而成的旱地耕作土壤。成土母质是近代河流冲积物，所处地势平坦，由于包含不同粒级组成的冲积物，颗粒具有明显的层叠性，沉积层理清楚，色泽较均一，土层深厚，除砂土外矿质营养较高，受交互沉积和覆盖沉积的影响，质地剖面有均质型、夹层型、底垫型，以及局部剖面，埋藏异源母质构型，地下水位较高，一般为2—3m，通体石灰反应强烈。表土疏松，一般为灰棕色，心土层毛管作用强烈，较湿润，沿根孔常有锈色斑纹，底土层紧实，结构上有胶膜、小型铁子及铁锰结核，底土层为暗灰色。

本区域中心区气候特征

本区域中心区气候特征值
Regional climate characteristics in central area of the region

气候带：暖温带亚湿润气候 Climate region: Warm temperate subhumid climate	
年平均气温 /℃ Annual average temperature /℃	13.3
年平均最高气温 /℃ Annual average maximum temperature /℃	18.9
年平均最低气温 /℃ Annual average minimum temperature /℃	8.6
年降水量 /mm Annual precipitation /mm	590
≥10℃的积温 /℃ Daily temperature accumulated in a year（≥10℃）/℃	4835
年日照时数 /h Annual sunshine /h	2597
年平均相对湿度 /% Annual average relative humidity /%	61
干燥度 Dryness	1.41

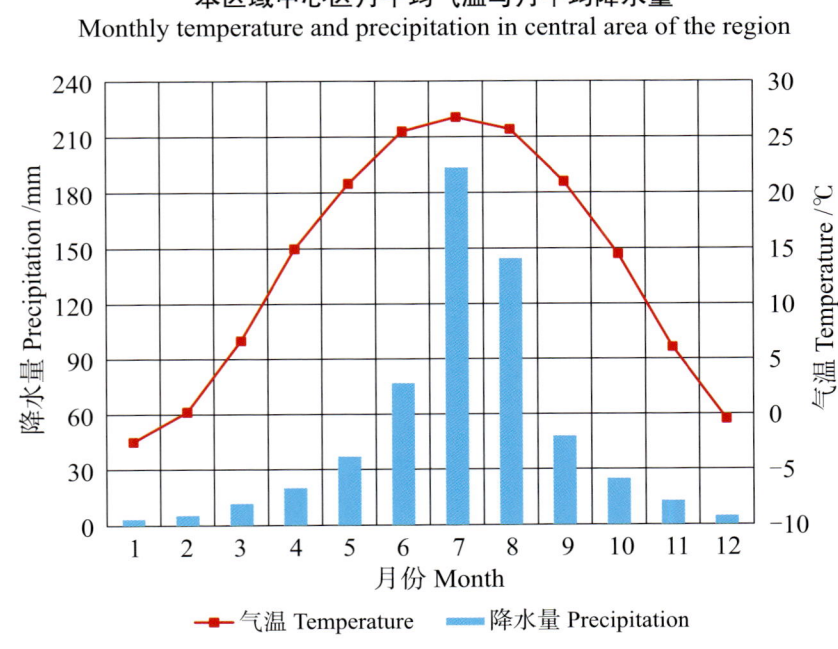

本区域中心区月平均气温与月平均降水量
Monthly temperature and precipitation in central area of the region

泊头市主要土壤类型与土壤剖面点分布图
1∶210 000

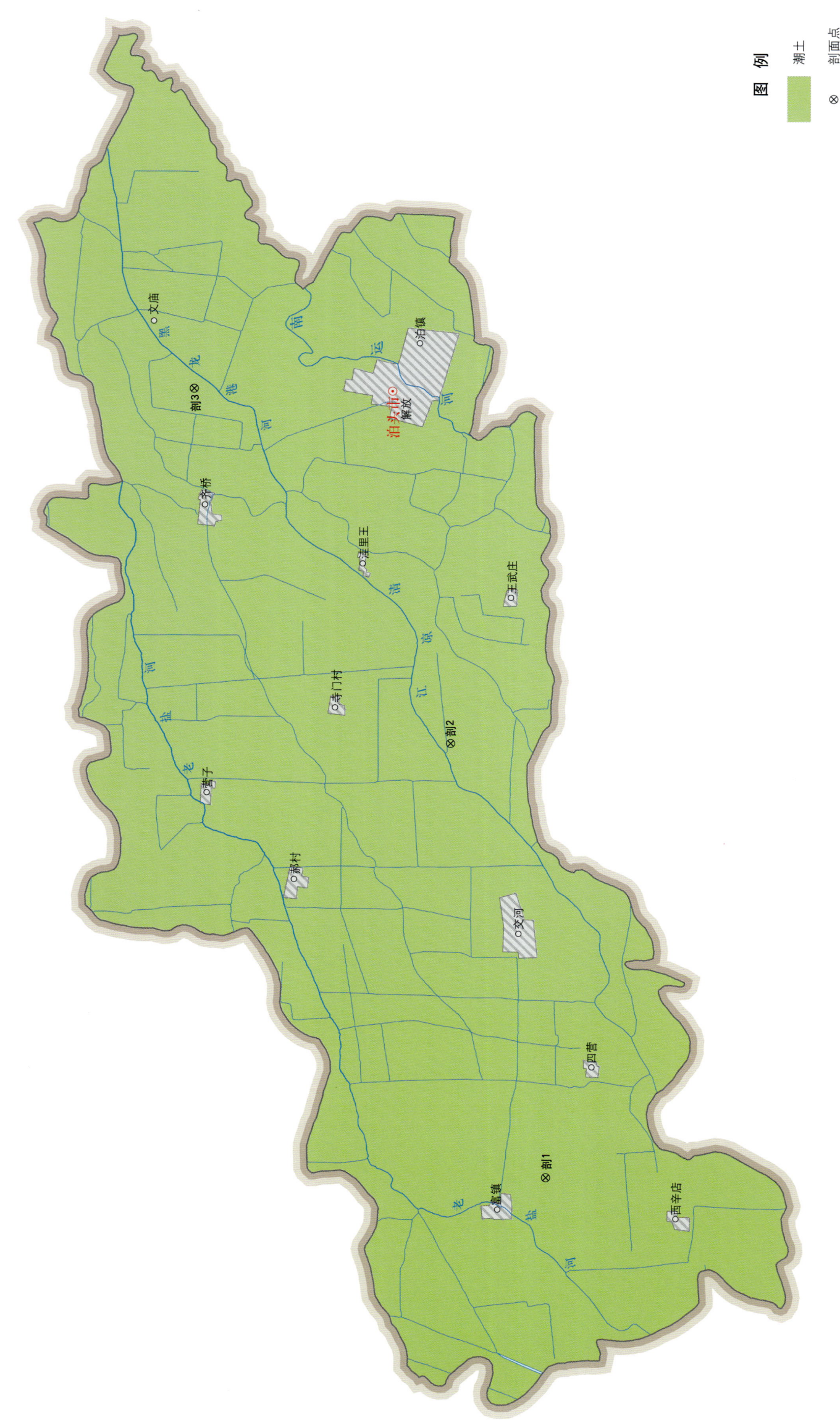

泊头市土壤剖面理化性状表

剖面号 Soil profile	土纲 Soil order	土类 Soil great group	亚类 Soil subgroup	土属 Soil genus	土种 Soil species	土层码 Layer code	土层厚度 Depth/cm	颜色 Soil color	质地 Soil texture	土壤结构 Soil structure	pH	有机质 OM/(g/kg)	全氮 TN/(g/kg)	全磷 TP/(g/kg)	全钾 TK/(g/kg)	碱解氮 AN/(mg/kg)	有效磷 AP/(mg/kg)	速效钾 AK/(mg/kg)	阳离子交换量 CEC/(cmol/kg)	土壤母质 Parent material	剖面点坐标 Profile coordinate	匹配指数 Matching index/%
剖1	半水成土	潮土	潮土	壤质潮土	蒙金土	A₁₁	0—20	灰棕色	壤土	屑粒状	8.3	8.3	0.70	0.84	18.8		0.9	187	9.3			78
						C	20—60	灰棕色	壤土	屑粒状	8.3	4.9	0.53	0.93	19.9		0.5	91	11.0			
						Cu	60—110	暗棕色	粉砂质黏土	棱块状	8.4	7.6	0.68	2.50	21.0		0.3	137	25.1			
						Cg	110—150	浅棕色	砂壤土	屑粒状	8.2	3.0	0.28	0.75	19.0		0.8	35	7.8			
剖2	半水成土	潮土	潮土	潮壤土	交河底黏两合土	A₁₁	0—20	灰棕色	壤土	屑粒状	8.3	8.3	0.70	0.84	18.8		2.0	187	9.3	河流冲积物	E 116°22′53.0″ N 38°03′06.8″	81
						C	20—60	灰棕色	壤土	碎块状	8.3	4.9	0.53	0.98	19.9		1.0	90	11.0			
						Cu	60—110	灰棕色	粉砂质黏土	棱块状	8.4	7.5	0.68		21.0		1.0	136	25.1			
						Cg	110—150	亮棕色	砂壤土	单粒状	8.2	3.0	0.28	0.75	19.0		2.0	35	7.8			
剖3	半水成土	潮土	潮土	轻壤质潮土	轻壤质潮土	1	0—20	浅灰棕色	轻壤土	屑粒状	8.9	6.7	0.64	1.23		29	0.6		8.5		E 116°34′04.6″ N 38°09′26.4″	87
						2	20—60	灰棕色	轻壤土	碎块状	9.0	5.9	0.53	1.07		25	0.1		10.1			
						3	60—110	浅灰色	砂壤土	单粒状	9.0	3.4	0.36	0.98		14	0.1		8.7			
						4	110—150	暗褐色	黏土	块状	8.5	9.7	0.69	0.94		35			21.8			

任 丘 市

主要土类说明

潮土是任丘市主要土壤类型,占本市地域面积的 94%。潮土是地下水直接参与成土过程的土壤,地下水能通过毛管作用直接补充到地表,而且耕层有机质积累较少,颜色较浅。潮土的石灰含量较高,一般在 8%—12%,为强石灰反应土壤,pH 大都在 8.0 以上。潮土的层状特征明显,多数剖面具有反复交错叠加的特点,形成了部分轻壤质体黏、底黏,中壤质体黏、底黏的土体构型。耕层耕性良好,下层保水保肥;但也导致了部分地区上黏下砂,耕层无法耕种,下层漏水漏肥。潮土在成土过程中,地下水的升降引起了土壤氧化还原作用交替进行,沿土壤孔隙、裂隙部分,形成了大量的胶膜和锈色斑纹,并在地下水升降比较频繁的土层形成了大量的砂姜。

小于本市地域面积 3% 的土壤类型还有沼泽土等。

本区域中心区气候特征

本区域中心区气候特征值
Regional climate characteristics in central area of the region

气候带:暖温带亚湿润气候 Climate region: Warm temperate subhumid climate	
年平均气温 /℃ Annual average temperature /℃	12.8
年平均最高气温 /℃ Annual average maximum temperature /℃	18.4
年平均最低气温 /℃ Annual average minimum temperature /℃	8.1
年降水量 /mm Annual precipitation /mm	558
≥10℃的积温 /℃ Daily temperature accumulated in a year(≥10℃)/℃	4639
年日照时数 /h Annual sunshine /h	2607
年平均相对湿度 /% Annual average relative humidity /%	60
干燥度 Dryness	1.41

本区域中心区月平均气温与月平均降水量
Monthly temperature and precipitation in central area of the region

任丘市主要土壤类型与土壤剖面点分布图
1∶190 000

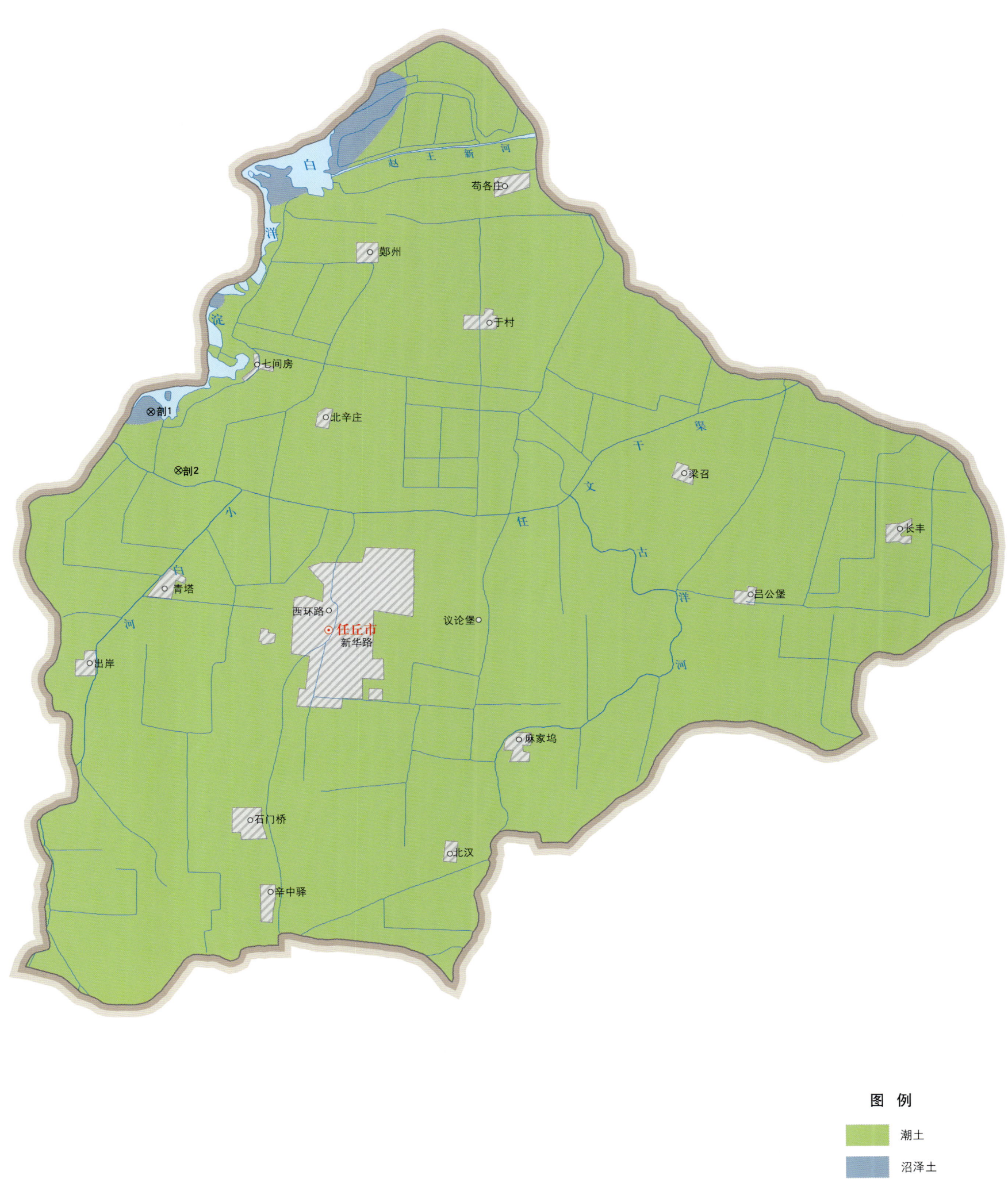

任丘市土壤剖面理化性状表

剖面号 Soil profile	土纲 Soil order	土类 Soil great group	亚类 Soil subgroup	土属 Soil genus	土种 Soil species	土层码 Layer code	土层厚度 Depth/cm	颜色 Soil color	质地 Soil texture	土壤结构 Soil structure	pH	有机质 OM/(g/kg)	全氮 TN/(g/kg)	全磷 TP/(g/kg)	全钾 TK/(g/kg)	有效磷 AP/(mg/kg)	速效钾 AK/(mg/kg)	阳离子交换量CEC/(cmol/kg)	土壤母质 Parent material	剖面点坐标 Profile coordinate	匹配指数 Matching index/%
剖1	水成土	沼泽土	沼泽土	黏质沼泽土		1	0—20	灰棕色	黏土	块状	7.2	20.8	1.41	3.93	18.2	16.0	149	18.7		E 116°00′09.0″ N 38°47′35.9″	95
						2	20—40	灰蓝色	黏土	块状	7.2	20.8	1.41	3.70	19.0	16.0	149	15.3			
						3	40—60	灰蓝色	黏土	块状	7.2	19.9	1.07	2.78	21.1	22.8	135	29.7			
						4	60—120	灰蓝色	黏土		7.5	19.7	1.29	6.42	15.3	23.3		10.4			
剖2	半水成土	潮土	盐化潮土	硫酸盐盐化潮土	重硝黏潮土	1	0—30	浅棕色	粉砂质黏壤土	块状	7.2	9.0	0.32	2.16	18.3	2.0	168	7.5	近代河流冲积物	E 116°00′59.8″ N 38°46′11.6″	77
						2	30—90	棕色	粉砂质黏壤土	块状	7.1	10.4	0.46	5.60	19.3	2.8	167	8.4			
						3	90—130	灰棕色	粉砂质壤土	块状	7.2	9.1	0.27	5.70	15.2	3.8	169	12.8			
						4	130—150	灰棕色	粉砂质黏土	块状	7.2	5.0	0.25	4.54	16.2	3.2	159	5.7			

黄 骅 市

主要土类说明

潮土是黄骅市主要土壤类型，占本市地域面积的82%。本市潮土地处滨海平原，地势低洼平坦，地下水位较高，一般约为2m，成土母质为近代河流沉积物，土体层次排列明显，由于受地下水的强烈影响，土壤物质发生溶解、移动和淀积，铁锰氧化还原，在心土层、底土层出现锈色斑纹、铁锰结核和石灰结核，底土层有灰蓝色潜育层。根据分化特征，本市潮土分为滨海潮土、滨海盐化潮土、滨海沼泽化潮土等亚类。

滨海盐土是黄骅市第二大土壤类型，占本市地域面积的9%，主要分布在沿海一带及管养场和杨庄村东部。滨海盐土主要发育在海相沉积母质上，地下水位浅，矿化度高，由于矿化地下水的影响，1m深的土体平均含盐量在0.6%以上，表土已有脱盐现象，生长野生耐盐植物，主要有黄须、盐蒿、獐毛、荆条、碱蓬和芦苇等。有机质含量一般约为10g/kg，有一定的潜在肥力，若搞好农田基本建设，降低土壤盐分，可逐步改造成好的耕地。本市滨海盐土分为滨海草甸盐土和滨海盐土等亚类。

沼泽土是黄骅市第三大土壤类型，占本市地域面积的4%，分布在周青庄村、歧口村和管养场一带。沼泽土为在长年地表水还原作用下形成的水成土，地势低洼，雨季积水，旱季退水，种植芦苇等耐湿植物，表土为丰富的腐泥层，以下有灰蓝色潜育层。本市沼泽土分为滨海盐化草甸沼泽土和滨海潮土化沼泽土等亚类。

本区域中心区气候特征

本区域中心区气候特征值
Regional climate characteristics in central area of the region

气候带：暖温带亚湿润气候 Climate region: Warm temperate subhumid climate	
年平均气温 /℃ Annual average temperature /℃	12.6
年平均最高气温 /℃ Annual average maximum temperature /℃	18.3
年平均最低气温 /℃ Annual average minimum temperature /℃	7.9
年降水量 /mm Annual precipitation /mm	587
≥10℃的积温 /℃ Daily temperature accumulated in a year (≥10℃) /℃	4620
年日照时数 /h Annual sunshine /h	2608
年平均相对湿度 /% Annual average relative humidity /%	63
干燥度 Dryness	1.33

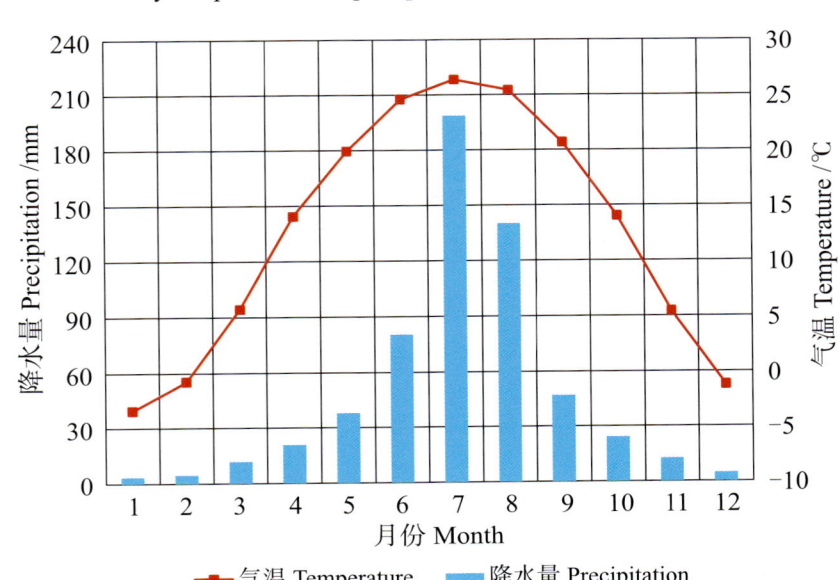

本区域中心区月平均气温与月平均降水量
Monthly temperature and precipitation in central area of the region

黄骅市主要土壤类型与土壤剖面点分布图
1∶240 000

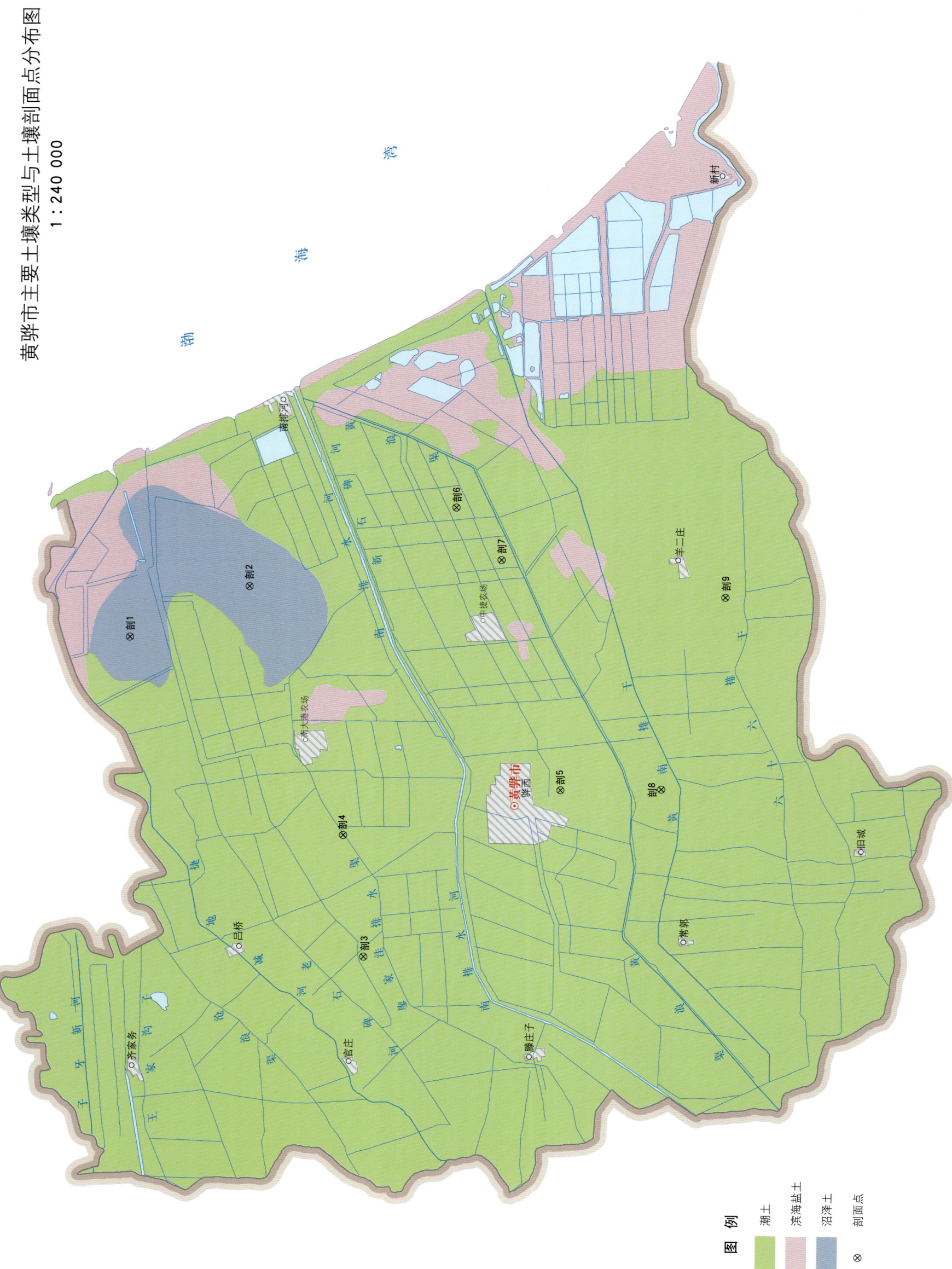

黄骅市土壤剖面理化性状表

剖面号 Soil profile	土纲 Soil order	土类 Soil great group	亚类 Soil subgroup	土属 Soil genus	土种 Soil species	土层码 Layer code	土层厚度 Depth/cm	颜色 Soil color	质地 Soil texture	土壤结构 Soil structure	pH	有机质 OM/(g/kg)	全氮 TN/(g/kg)	全磷 TP/(g/kg)	全钾 TK/(g/kg)	有效磷 AP/(mg/kg)	速效钾 AK/(mg/kg)	阳离子交换量CEC/(cmol/kg)	土壤母质 Parent material	剖面点坐标 Profile coordinate	匹配指数 Matching index/%
剖1	水成土	沼泽土	盐化沼泽土	湖积盐化沼泽土	黏盐泥土	1	0—25	青灰色	粉砂质黏土	屑粒状	8.4	7.1	0.46	0.07	20.8	5.7	98	12.8	冲积物	E 117°27′20.5″ N 38°34′22.4″	90
						2	25—35	青灰色	黏壤土	屑粒状	8.5	6.5	0.66	0.61	21.7	2.9	98	16.8			
						3	35—	黑灰色	粉砂质黏壤土	棱块状	8.2	6.2	0.49	0.52	20.8	1.0	95	15.5			
剖2	水成土	沼泽土	盐化沼泽土	湖积盐化沼泽土	二合盐泥土	1	0—35	灰棕色	壤土	碎屑状	8.2	11.8	0.62	0.72	17.5	4.5	86	14.3	冲积物，沉积物	E 117°29′25.8″ N 38°30′37.4″	88
						2	35—60	暗灰棕色	壤土	棱块状	8.2	15.6	0.57	0.78	18.2	4.4	87	16.1			
						3	60—110	青灰色	壤土	棱块状	8.2	10.6	0.62	0.92	16.2	4.3	83	12.1			
剖3	半水成土	潮土	滨海潮土	中壤质滨海潮土	中壤质滨海潮土	1	0—30	棕色	中壤土	碎屑状	8.5	10.6	0.76	0.24				20.9		E 117°14′12.1″ N 38°27′00.4″	99
						2	30—80	红棕色	重黏土	块状	8.6	6.6	0.59	0.68				15.0			
						3	80—110	暗棕色	重黏土	块状	8.4	7.9	0.57	0.56				27.5			
						4	110—150	浅棕色	轻壤土	粒状	8.5	3.3	0.29	0.54				9.4			
剖4	半水成土	潮土	滨海潮土	轻壤质滨海潮土	轻壤质底黏滨海潮土	1	0—20	黄棕色	轻壤土	粒状	8.6	8.3	0.45	0.64				28.8		E 117°19′11.6″ N 38°27′39.6″	96
						2	20—55	黄棕色	轻壤土	碎块状	8.6	8.3	0.45	0.64				28.8			
						3	55—115	红棕色	中黏土	棱块状	8.6	3.6	0.22	0.50				10.0			
						4	115—150	暗棕色	中黏土	块状	8.4	7.2	0.55	0.45				22.5			
剖5	半水成土	潮土	滨海潮土	轻壤质滨海潮土	轻壤质体黏滨海潮土	1	0—20	浅灰棕色	轻壤土	粒状	8.3	7.7	0.48	0.73				16.3		E 117°21′03.9″ N 38°20′51.5″	100
						2	20—65	暗灰棕色	中黏土	碎块状	8.0	9.0	0.57	0.87				26.9			
						3	65—120	红棕色	中黏土	块状	8.1	7.1	0.46	0.61				29.7			
						4	120—150	浅棕色	砂壤土	粒状	8.3	4.1	0.30	0.49				15.6			
剖6	半水成土	潮土	滨海潮土	黏质滨海潮土	黏质滨海潮土	1	0—20	红棕色	中壤土	块状	8.4	10.5	0.60	0.66				26.3		E 117°32′39.8″ N 38°24′08.6″	81
						2	20—56	红棕色	中壤土	块状	8.4	10.2	0.58	0.66				26.0			
						3	56—70	暗棕色	中壤土	碎块状	8.4	9.9	0.51	0.66				23.8			
						4	70—115	黄棕色	中壤土	碎屑状	8.6	4.9	0.45	0.47				13.1			
						5	115—150	灰棕色	轻壤土	棱块状	8.4	7.0	0.48	0.69				19.4			
剖7	半水成土	潮土	滨海潮土	砂壤质滨海潮土	砂壤质滨海潮土	1	0—20	黄棕色	砂壤土	粉粒状	8.3	4.3	0.29	0.64				12.2		E 117°30′29.8″ N 38°22′43.4″	97
						2	20—105	浅黄色	砂土	细粒状	8.1	2.9	0.27	0.54				8.8			
剖8	半水成土	潮土	滨海潮土	中壤质滨海潮土	中壤质底砂滨海潮土	1	0—20	灰棕色	中壤土	团粒状	8.3	4.2	0.28	0.73				8.8		E 117°21′06.1″ N 38°17′41.6″	94
						2	20—62	暗棕色	重壤土	小块状	8.5	11.1	0.66	0.43				18.8			
						3	62—120	黄棕色	砂壤土	粉粒状	8.2	2.2	0.14	0.49				6.3			
						4	120—150	灰棕色	轻壤土	块状	8.2	7.5	0.55	0.26				25.0			
剖9	半水成土	潮土	滨海潮土	轻壤质滨海潮土	轻壤质滨海潮土	1	0—40	浅棕色	轻壤土	粉粒状	8.3	9.1	0.55	0.85				21.0		E 117°28′57.1″ N 38°15′42.1″	95
						2	40—110	浅黄色	轻壤土	粉粒状	8.6	5.0	0.32	0.54				18.3			
						3	110—150	浅黄色	中壤土	粉粒状	8.8	4.1	0.21	0.45				20.2			

河 间 市

主要土类说明

潮土是河间市主要土壤类型，占本市地域面积的98%。成土母质为近代河流冲积物，所处地势平坦，土层深厚，质地层次明显，表层颜色呈浅棕色到暗棕色，心土层沿根孔常见锈色斑纹，底土紧实，地下水位高，表层土质一般疏松，毛管作用强，地下水可沿毛管上升到地表，加之气态水低温下凝结，使表土变潮，这种情况在秋季的早晨特别明显。通体为石灰反应，pH为7.5—8.2，呈微碱性。由于近年降水逐渐减少，用水量增加，地下水位下降（埋深5.5—10m），所以，局部缓岗高坡地带潮土正在向褐潮土转化。

小于本市地域面积3%的土壤类型还有风沙土等。

本区域中心区气候特征

本区域中心区气候特征值
Regional climate characteristics in central area of the region

气候带：暖温带亚湿润气候 Climate region: Warm temperate subhumid climate	
年平均气温 /℃ Annual average temperature /℃	13.1
年平均最高气温 /℃ Annual average maximum temperature /℃	18.7
年平均最低气温 /℃ Annual average minimum temperature /℃	8.4
年降水量 /mm Annual precipitation /mm	583
≥10℃的积温 /℃ Daily temperature accumulated in a year (≥10℃) /℃	4751
年日照时数 /h Annual sunshine /h	2617
年平均相对湿度 /% Annual average relative humidity /%	60
干燥度 Dryness	1.41

本区域中心区月平均气温与月平均降水量
Monthly temperature and precipitation in central area of the region

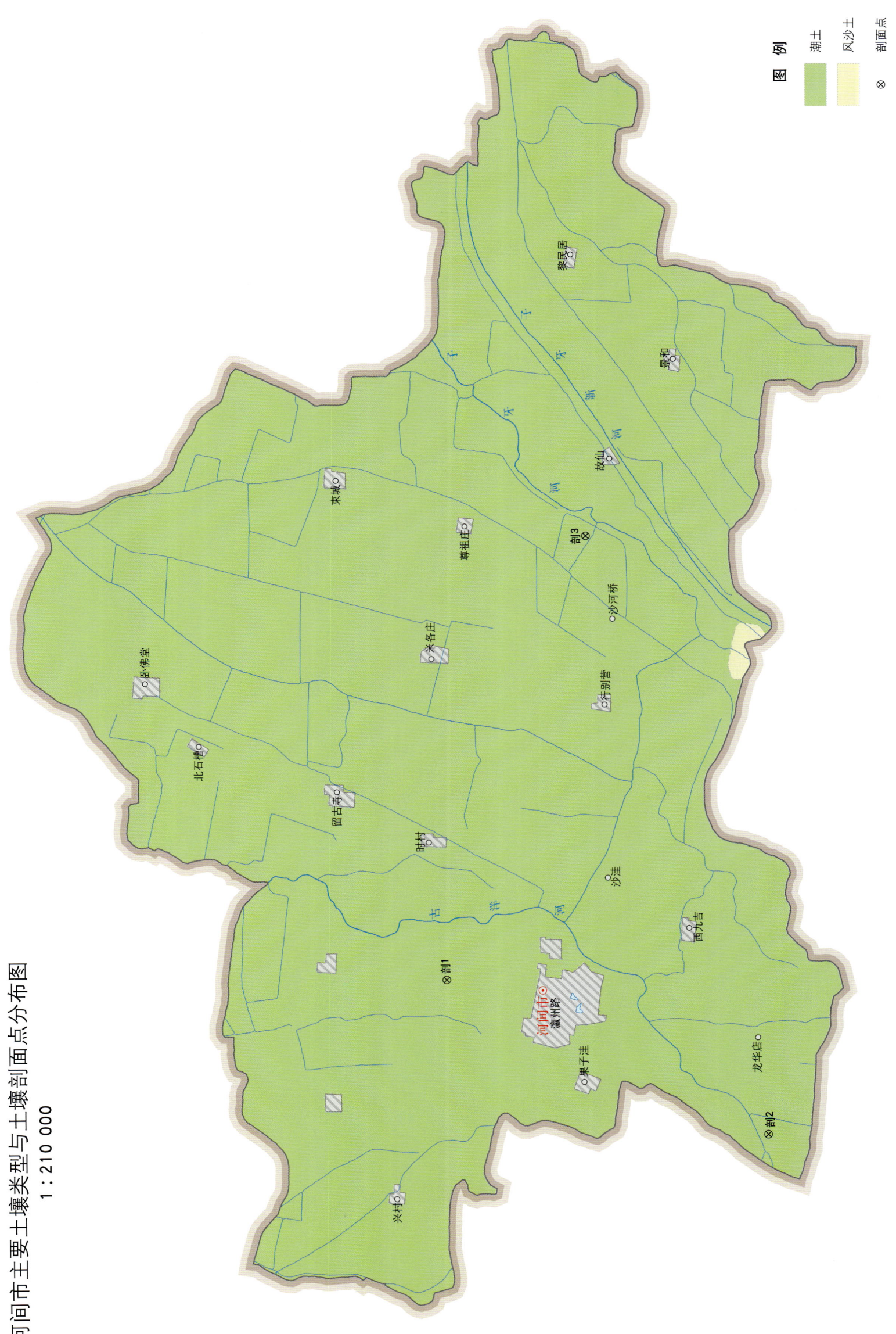

河间市土壤剖面理化性状表

剖面号 Soil profile	土纲 Soil order	土类 Soil great group	亚类 Soil subgroup	土属 Soil genus	土种 Soil species	土层码 Layer code	土层厚度 Depth/cm	颜色 Soil color	质地 Soil texture	土壤结构 Soil structure	pH	有机质 OM/(g/kg)	全氮 TN/(g/kg)	全磷 TP/(g/kg)	全钾 TK/(g/kg)	碱解氮 AN/(mg/kg)	有效磷 AP/(mg/kg)	速效钾 AK/(mg/kg)	阳离子交换量CEC/(cmol/kg)	剖面点坐标 Profile coordinate	匹配指数 Matching index/%
剖1	半水成土	潮土	潮土	轻壤质潮土	轻壤质潮土	1	0—20	浅棕色	轻壤土	屑粒状	7.5	3.4	0.45	0.53	17.4	25	1.3	68	10.6	E 116°06′01.5″ N 38°29′09.1″	78
						2	20—60				7.4	3.4	0.40	0.54	14.1	23	1.0	71	10.2		
						3	60—100				7.5	3.1	0.46	0.55	17.0	27	1.3	60	8.1		
						4	100—120				7.2	1.6	0.33	0.51	16.6	19	1.3	73	12.6		
						5	120—150				7.1	3.8	0.43	0.52	16.2	21	0.9	83	12.3		
剖2	半水成土	潮土	潮土	黏质潮土	黏质潮土	1	0—20				7.8	10.5	0.92	0.60	21.6	55	14.3	246	25.9	E 116°00′54.4″ N 38°20′48.5″	96
						2	20—60				7.7	6.8	0.72	0.43	21.6	50	4.5	173	24.2		
						3	60—100				7.7	10.5	0.80	0.50	22.0	51	4.0	170	29.3		
						4	100—150				8.3	11.0	0.75	0.52	20.7	51	4.0	169	20.2		
剖3	半水成土	潮土	潮土	砂壤质潮土	砂壤质潮土	1	0—20	浅棕色	砂壤土	单粒状	8.4	5.7	0.44	0.48	20.3	39	1.9	83	7.2	E 116°21′06.1″ N 38°25′36.5″	99
						2	20—45				8.4	2.4	0.26	0.48	18.7	20	0.8	52	7.2		
						3	45—100				8.5	1.2	0.23	0.47	18.7	17	0.8	47	5.6		
						4	100—150				8.4	0.1	0.07	0.43	18.3	11	0.8	30	5.3		

廊 坊 市

市 辖 区

主要土类说明

潮土是廊坊市主要土壤类型，占本市地域面积的95%。潮土是发育于河流冲积平原中沉积物上的耕种土壤，所处地势低平，地下水位较高，地下水直接参与成土过程，人为耕作影响明显。潮土地下水埋深为1—3m，雨季可升至1m以上。在地下水高水位持续时期，毛管水可达到地表。白天在太阳照射下，土壤水分蒸发量大于毛管水上升量，地表显干燥；夜间则毛管水上升量大于蒸发量而形成"夜潮"现象。潮土区水源比较丰富，地势平坦，土层深厚，农耕历史悠久，是本市重要的农业生产基地。

小于本市地域面积3%的土壤类型还有褐土和风沙土等。

本区域中心区气候特征

本区域中心区气候特征值
Regional climate characteristics in central area of the region

气候带：暖温带亚湿润气候 Climate region: Warm temperate subhumid climate	
年平均气温 /℃ Annual average temperature /℃	12.4
年平均最高气温 /℃ Annual average maximum temperature /℃	18.0
年平均最低气温 /℃ Annual average minimum temperature /℃	7.7
年降水量 /mm Annual precipitation /mm	561
≥10℃的积温 /℃ Daily temperature accumulated in a year（≥10℃）/℃	4455
年日照时数 /h Annual sunshine /h	2588
年平均相对湿度 /% Annual average relative humidity /%	60
干燥度 Dryness	1.31

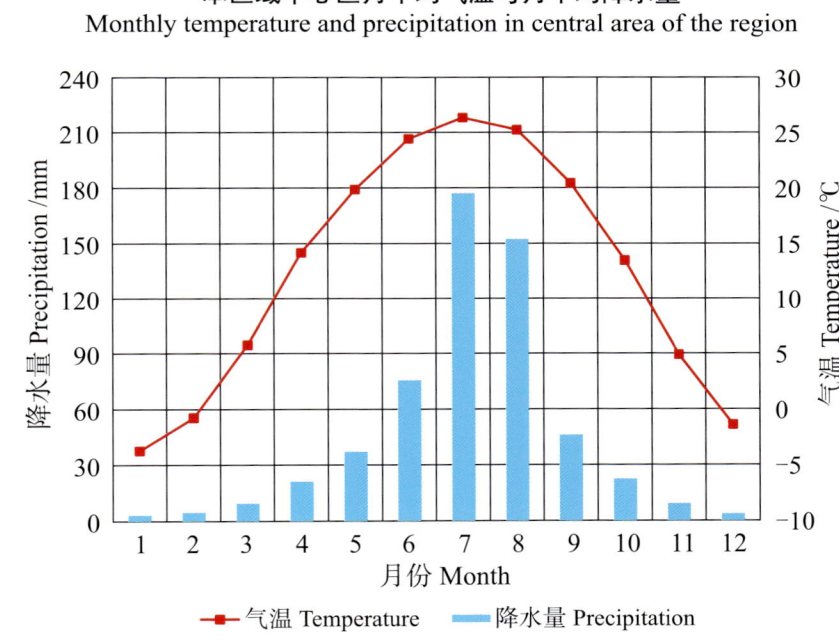

本区域中心区月平均气温与月平均降水量
Monthly temperature and precipitation in central area of the region

廊坊市市辖区主要土壤类型与土壤剖面点分布图
1∶190 000

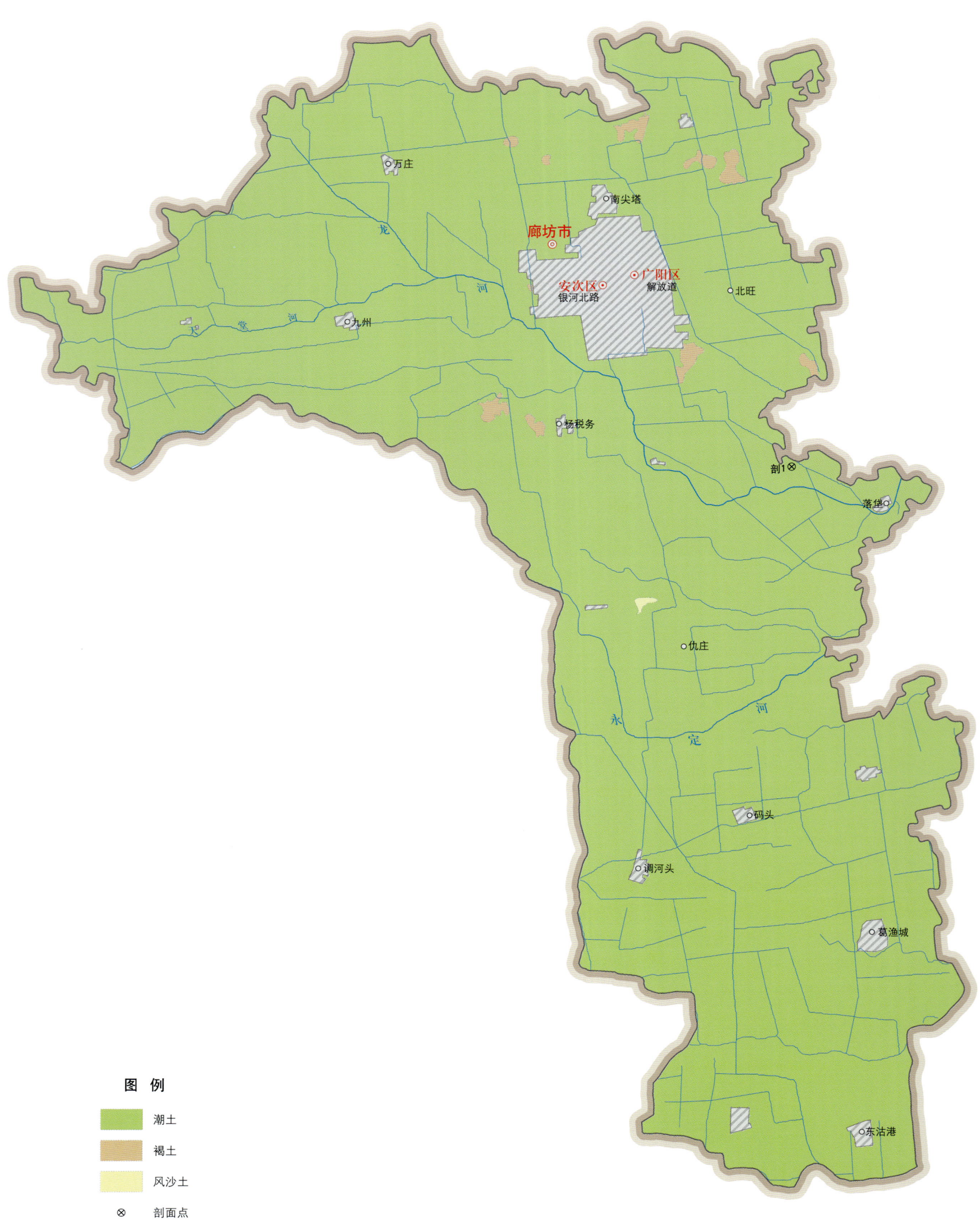

廊坊市土壤剖面理化性状表

剖面号 Soil profile	土纲 Soil order	土类 Soil great group	亚类 Soil subgroup	土属 Soil genus	土种 Soil species	土层码 Layer code	土层厚度 Depth/cm	颜色 Soil color	质地 Soil texture	土壤结构 Soil structure	pH	有机质 OM/(g/kg)	全氮 TN/(g/kg)	全磷 TP/(g/kg)	全钾 TK/(g/kg)	有效磷 AP/(mg/kg)	速效钾 AK/(mg/kg)	阳离子交换量CEC/(cmol/kg)	土壤母质 Parent material	剖面点坐标 Profile coordinate	匹配指数 Matching index/%
廊1	半水成土	潮土	湿潮土	盐化湿潮土	轻盐泥土	1	0—25	灰棕色	砂质黏壤土	屑粒状	8.3	8.4	0.60	0.59	19.8	5.0	77	11.1	静水沉积物	E 116°47′40.4″ N 39°26′59.7″	82
						2	25—41	灰棕色	砂壤土	单粒状	9.4	2.9	0.27	0.59	25.0	2.0	119	8.7			
						3	41—100	黄棕色	砂土	单粒状	9.0	2.5	0.18	0.56	18.0	2.0	105	10.8			

固 安 县

主要土类说明

潮土是固安县主要土壤类型，占本县地域面积的98%。成土母质为河流冲积物，主要分布在冲积平原的二坡地和洼地上。地下水埋深一般为1.0—2.5m，水位升降变幅在1.0—1.7m。地下水直接参与成土过程，在成土过程中由于地下水的升降，土壤中氧化还原作用交替发生，沿土壤孔隙、裂隙部分形成大量的胶膜和锈色斑纹，有小型铁子及铁锰结核。土壤质地复杂，砂、壤、黏均有，且分布范围广，加上本县受永定河多次改道决口的影响，故土体构型复杂，土种繁多。由于地形、地貌、气候、母质及植被等成土因素的影响，潮土向不同方向演变。本县潮土分为潮土、褐潮土和盐化潮土等亚类。

本区域中心区气候特征

本区域中心区气候特征值
Regional climate characteristics in central area of the region

气候带：暖温带亚湿润气候 Climate region: Warm temperate subhumid climate	
年平均气温 /℃ Annual average temperature /℃	12.6
年平均最高气温 /℃ Annual average maximum temperature /℃	18.1
年平均最低气温 /℃ Annual average minimum temperature /℃	7.7
年降水量 /mm Annual precipitation /mm	549
≥10℃的积温 /℃ Daily temperature accumulated in a year (≥10℃) /℃	4500
年日照时数 /h Annual sunshine /h	2631
年平均相对湿度 /% Annual average relative humidity /%	58
干燥度 Dryness	1.38

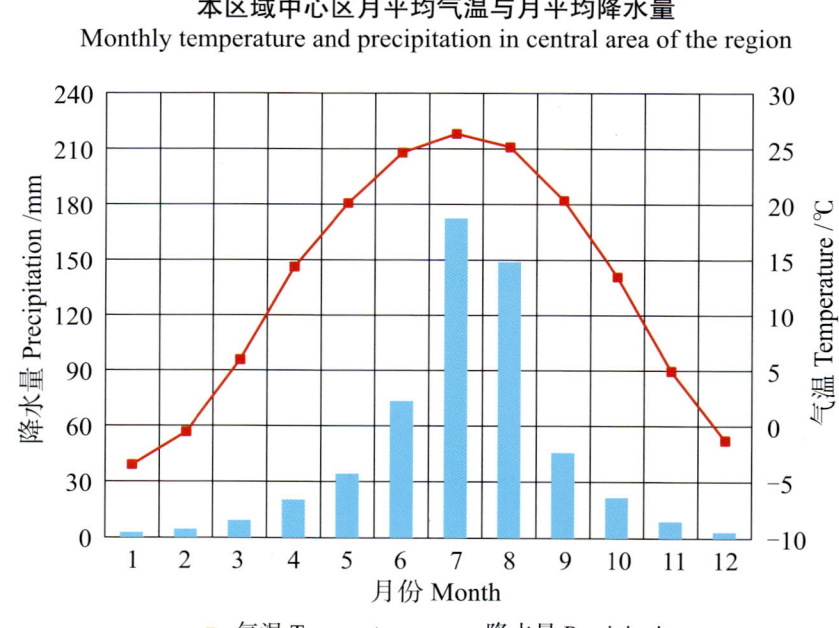

本区域中心区月平均气温与月平均降水量
Monthly temperature and precipitation in central area of the region

固安县主要土壤类型与土壤剖面点分布图
1 : 150 000

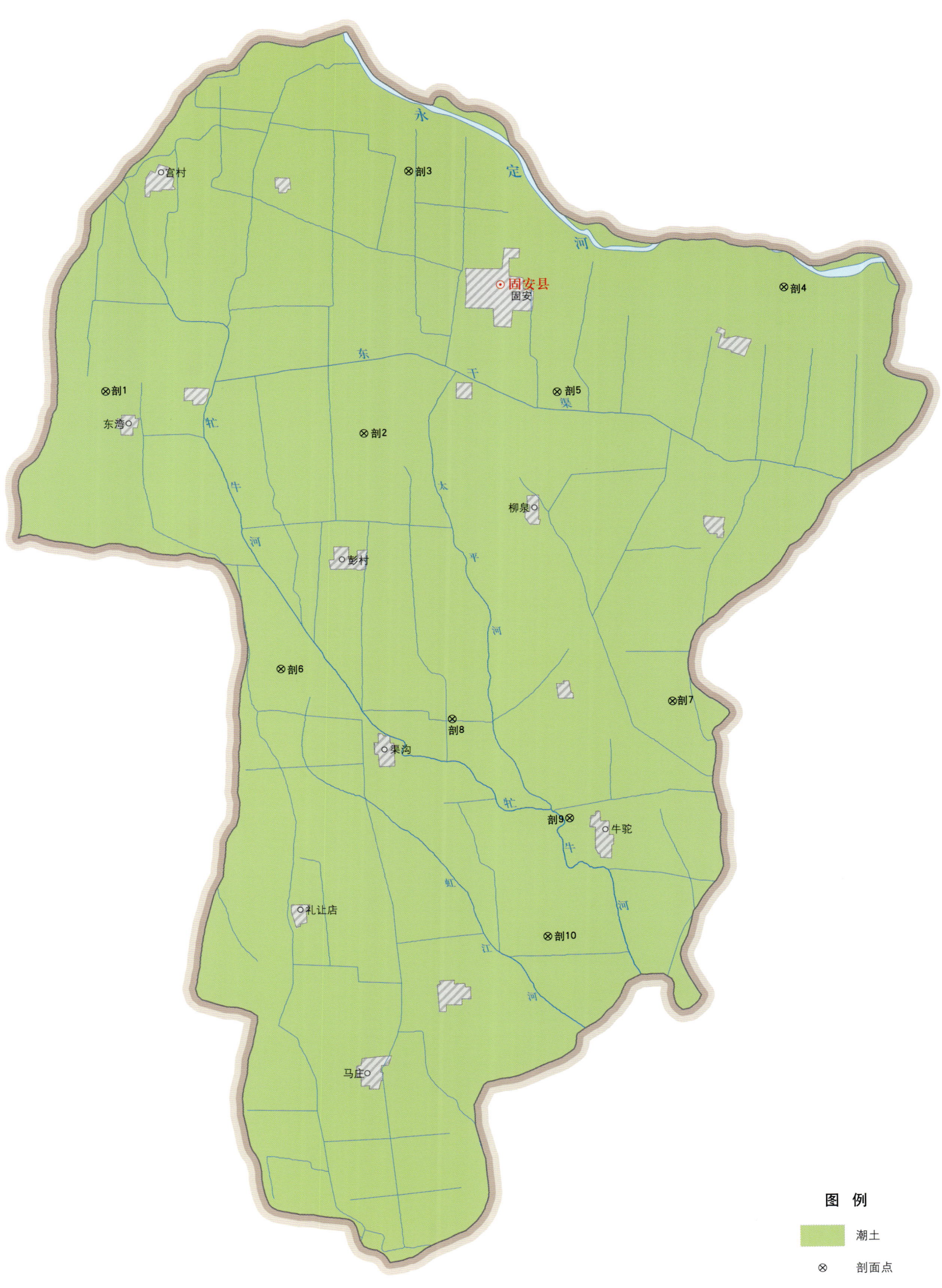

固安县土壤剖面理化性状表

剖面号 Soil profile	土纲 Soil order	土类 Soil great group	亚类 Soil subgroup	土属 Soil genus	土种 Soil species	土层码 Layer code	土层厚度 Depth/cm	颜色 Soil color	质地 Soil texture	土壤结构 Soil structure	pH	有机质 OM/(g/kg)	全氮 TN/(g/kg)	全磷 TP/(g/kg)	全钾 TK/(g/kg)	碱解氮 AN/(mg/kg)	有效磷 AP/(mg/kg)	速效钾 AK/(mg/kg)	剖面点坐标 Profile coordinate	匹配指数 Matching index/%
剖1	半水成土	潮土	潮土	砂壤质潮土	砂壤质底黏潮土	1	0—24	浅棕色	砂壤土	屑粒状	8.4	8.3	0.57	1.30	19.8	32	6.3	37	E 116°08′36.6″ N 39°24′12.2″	83
						2	24—76	暗棕色	砂壤土	屑粒状	8.4	5.9	0.60	1.20	19.8	32	6.0	14		
						3	76—97	暗棕色	黏土	块状	8.4	8.3	0.62	1.40	21.2	38	5.8	38		
						4	97—150	浅棕色	黏土	块状	8.3	7.0	0.63	1.40	20.8	30	2.9	32		
剖2	半水成土	潮土	潮土	砂壤质潮土	砂壤质体黏潮土	1	0—20	浅棕色	砂壤土	屑粒状	8.3	7.6	0.65	1.30	21.2	38	9.0	45	E 116°14′43.8″ N 39°23′25.8″	94
						2	20—60	暗棕色	黏土	碎块状	8.3	5.2	0.44	1.40	21.8	21	3.0	30		
						3	60—90	暗棕色	黏土	块状	8.2	8.4	0.67	1.30	21.8	28	1.8	31		
						4	90—100	暗棕色	黏土	块状	8.5	5.9	0.45	1.10	21.8	20	2.4	17		
						5	100—150	暗棕色	黏土	块状	8.5	7.7	0.63	1.40	21.8	31	2.5	49		
剖3	半水成土	潮土	潮土	砂质潮土	砂质潮土	1	0—27	浅棕色	砂土	单粒状	8.1	4.7	0.36	1.10	20.4	19	5.6	38	E 116°15′46.4″ N 39°28′22.8″	75
						2	27—95	浅棕色	砂土	单粒状	8.3	2.0	0.25	1.20	21.2	7	4.5	23		
						3	95—150	浅棕色	砂土	单粒状	8.6	1.4	0.20	1.10	24.4	13	2.8	26		
剖4	半水成土	潮土	潮土	壤质潮土	轻壤质底黏潮土	1	0—20	浅棕色	轻壤土	屑粒状	8.6	10.3	0.70	1.40	20.1	44	4.6	54	E 116°24′39.7″ N 39°26′11.9″	94
						2	20—65	暗棕色	黏土	屑粒状	8.5	5.5	0.43	1.10	19.8	24	3.3	23		
						3	65—110	暗棕色	黏土	碎块状	8.7	9.7	0.63	1.30	21.8	43	3.9	39		
剖5	半水成土	潮土	潮土	砂壤质潮土	砂壤质底黏潮土	1	0—20	浅棕色	砂壤土	屑粒状	8.3	6.7	0.57	1.30	19.8	34	3.2	33	E 116°19′18.1″ N 39°24′13.7″	83
						2	20—65	暗棕色	轻壤土	屑粒状	8.2	5.0	0.40	1.20	21.2	25	2.4	23		
						3	65—150	浅棕色	轻壤土	屑粒状	8.5	3.8	0.37	1.00	19.8	21	2.8	33		
剖6	半水成土	潮土	潮土	壤质潮土	轻壤质潮土	1	0—20	浅棕色	轻壤土	屑粒状	7.9	10.0	0.73	1.30	21.2	50	9.6	62	E 116°12′46.8″ N 39°18′59.0″	84
						2	20—63	棕色	中壤土	碎块状	8.1	7.2	0.56	1.20	21.2	36	4.6	47		
						3	63—82	浅棕色	砂壤土	屑粒状	8.1	4.5	0.38	1.60	22.1	17	7.3	28		
						4	82—87	暗棕色	黏土	块状	8.2	8.7	0.61	1.40	23.0	40	5.8	54		
						5	87—135	浅棕色	砂壤土	屑粒状	8.4	5.6	0.44	1.30	22.1	26	1.4	38		
						6	135—150	暗棕色	砂土	单粒状	8.3	1.3	0.20	0.90	22.1	11	1.4	55		
剖7	半水成土	潮土	潮土	砂壤质潮土	砂壤质夹黏潮土	1	0—33	浅棕色	黏土	块状	8.3	10.3	0.79	1.50	23.6	44	7.0	59	E 116°22′02.3″ N 39°18′23.0″	88
						2	33—51	暗棕色	砂壤土	屑粒状	8.3	3.5	0.31	0.90	21.2	13	3.0	23		
						3	51—115	暗棕色	黏土	碎块状	8.3	4.3	0.40	1.10	21.8	20	6.0	40		
						4	115—150	暗棕色	砂土	单粒状	8.4	6.7	0.54	1.30	22.1	25	5.0	43		
剖8	半水成土	潮土	潮土	黏质潮土	黏质夹砂潮土	1	0—40	棕色	黏土	团粒状	8.4	13.9	0.91	1.50	21.8	43	6.2	92	E 116°16′49.8″ N 39°18′02.5″	86
						2	40—55	黄棕色	砂壤土	块状	8.4	7.7	0.56	1.20	21.2	23	3.7	79		
						3	55—90	黄棕色	重壤土	块状	8.3	5.5	0.43	1.20	20.4	18	2.0	60		
						4	90—120	棕色	砂壤土	屑粒状	8.5	4.1	0.30	1.10	20.4	9	1.4	36		
剖9	半水成土	潮土	潮土	黏质潮土	黏质夹砂潮土	1	0—21	深棕色	黏土	块状	8.4	8.5	0.58	1.30	22.4	20	1.8	54	E 116°19′36.6″ N 39°16′10.0″	73
						2	21—40	暗棕色	黏土	屑粒状	8.6	6.3	0.43	1.20	21.2	12	1.6	42		
						3	40—76	棕色	中壤土	碎块状	8.7	12.0	0.83	1.40	20.8	53	4.0	81		
						4	76—102	棕色	中壤土	碎块状	8.4	6.0	0.49	1.20	19.8	26	3.3	52		
						5	102—127	暗棕色	重壤土	块状	8.4	8.5	0.58	1.30	22.2	20	1.8	54		
						6	127—150	浅棕色	轻壤土	屑粒状	8.4	6.3	0.43	1.20	21.2	12	1.6	42		
剖10	半水成土	潮土	潮土	黏质潮土	黏质砂潮土	2	25—79	棕色	黏土	碎块状	8.3	3.3	0.29	1.10	17.8	12	3.6	60	E 116°19′05.7″ N 39°13′55.6″	75
						3	79—87	浅棕色	轻壤土	屑粒状	8.6	2.4	0.34	1.00	17.8	8	2.4	30		
						4	87—150	黄棕色	砂土	单粒状										

永 清 县

主要土类说明

潮土是永清县主要土壤类型，占本县地域面积的97%。潮土分布在冲积平原的二坡地上，成土母质为河流冲积母质，地下水埋深在1—3m，地下水直接参与成土过程，通过地下水的升降，引起土壤氧化还原的交替作用，沿土壤孔隙、裂隙部分形成大量胶膜及锈色斑纹。土壤质地砂、壤、黏俱全，在地表呈带状分布，土壤层次排列明显，由于气候干旱，好气性微生物活动旺盛，有机质的矿化过程大于腐殖化过程，分解多，积累少，故有机质含量不高，表层有机质含量为2—16g/kg，一般为6—10g/kg。由于河流多次改道决口，多次沉积，致使土体构型多变，土种繁多。

小于本县地域面积3%的土壤类型还有草甸盐土等。

本区域中心区气候特征

本区域中心区气候特征值
Regional climate characteristics in central area of the region

气候带：暖温带亚湿润气候 Climate region: Warm temperate subhumid climate	
年平均气温 /℃ Annual average temperature /℃	12.7
年平均最高气温 /℃ Annual average maximum temperature /℃	18.2
年平均最低气温 /℃ Annual average minimum temperature /℃	8.1
年降水量 /mm Annual precipitation /mm	554
≥10℃的积温 /℃ Daily temperature accumulated in a year（≥10℃）/℃	4587
年日照时数 /h Annual sunshine /h	2579
年平均相对湿度 /% Annual average relative humidity /%	60
干燥度 Dryness	1.37

永清县主要土壤类型与土壤剖面点分布图
1∶150 000

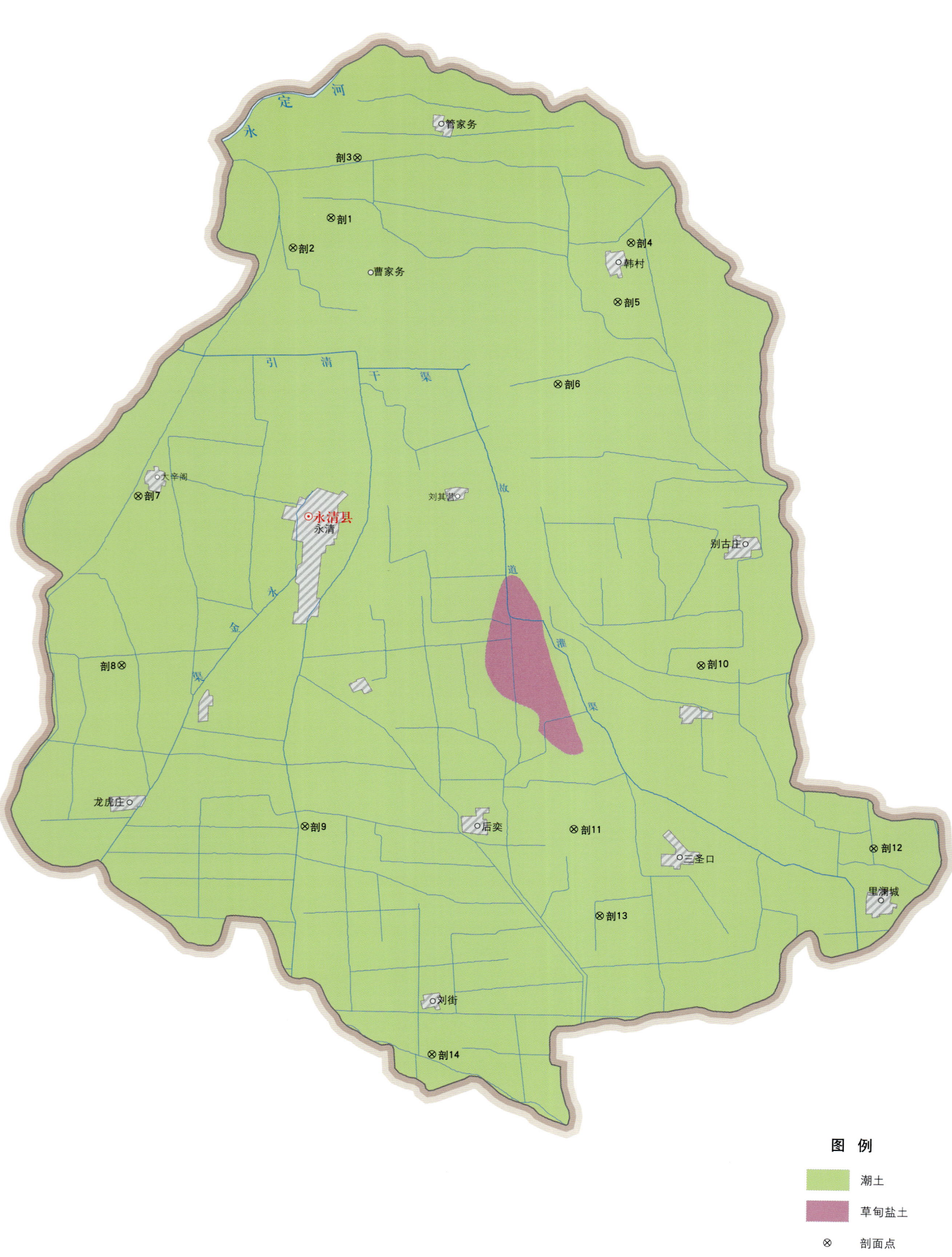

永清县土壤剖面理化性状表

剖面号 Soil profile	土纲 Soil order	土类 Soil great group	亚类 Soil subgroup	土属 Soil genus	土种 Soil species	土层码 Layer code	土层厚度 Depth/cm	颜色 Soil color	质地 Soil texture	土壤结构 Soil structure	pH	有机质 OM/(g/kg)	全氮 TN/(g/kg)	全磷 TP/(g/kg)	全钾 TK/(g/kg)	碱解氮 AN/(mg/kg)	有效磷 AP/(mg/kg)	速效钾 AK/(mg/kg)	阳离子交换量 CEC/(cmol/kg)	剖面点坐标 Profile coordinate	匹配指数 Matching index/%
剖1	半水成土	潮土	潮土	壤质潮土	轻壤质底黏潮土	1	0—22	棕色	轻壤土	散块状	8.2	7.8	0.58	1.52	17.0	44	13.0	107	5.4	E 116°29′47.4″ N 39°25′09.1″	71
						2	22—55	棕色	轻壤土	散块状	8.0	9.0	0.66	1.52	20.3	50	11.5	108	10.5		
						3	55—100	暗棕色	重壤土	块状	8.3	12.4	0.83	1.29	20.3	46	3.8	73	13.1		
剖2	半水成土	潮土	潮土	壤质潮土	砂壤质腰壤潮土	1	0—22	黄棕色	砂壤土	肩粒状	8.3	7.8	0.47	1.40	18.5	45	4.4	95	9.0	E 116°28′52.7″ N 39°24′33.9″	82
						2	22—40	深棕色	中壤土	散块状	8.4	7.5	0.52	1.40	21.7	30	3.5	110	9.0		
						3	40—61	深棕色	中壤土	块状	8.3	7.2	0.48	1.40	21.7	30	3.5	112	9.1		
						4	61—100	黄棕色	砂壤土	肩粒状	8.2	4.7	0.25	1.78	21.0	12	3.2	63	8.2		
剖3	半水成土	潮土	潮土	壤质潮土	砂壤质底黏潮土	1	0—25	浅棕色	砂壤土	肩粒状	7.9	79.0	1.16	0.57	19.8	31	7.2	91	7.8	E 116°30′25.2″ N 39°26′19.0″	70
						2	25—50	浅棕色	砂土	单粒状	8.1	81.0	1.22	0.23	17.0	20	6.0	46	7.1		
						3	50—63	棕色	轻壤土	散粒块状	8.1	81.0	1.28	0.49	19.8	30	6.8	116	14.4		
						4	63—77	浅棕色	砂壤土	肩粒状		64.5	1.04	0.30	16.5	18	7.6	46	7.3		
						5	77—100	棕色	中壤土	块状	7.9	78.5	1.52	0.79	19.8	48	5.8	175	15.4		
剖4	半水成土	潮土	潮土	壤质潮土	砂壤质腰黏潮土	1	0—20	浅棕色	砂壤土	肩粒状	8.1	7.9	0.45	1.38	20.3	39	3.8	80	4.8	E 116°37′04.8″ N 39°24′42.8″	99
						2	20—45	浅棕色	中壤土	肩粒状	8.0	5.0	0.27	1.20	19.0	26	3.6	40	5.2		
						3	45—65	红棕色	轻壤土	块状	8.1	10.9	0.63	1.40	18.8	49	3.5	95	15.1		
						4	65—100	黄棕色	砂土	单粒状	8.1	4.0	0.28	1.70	18.4	25	3.2	43	5.6		
剖5	半水成土	潮土	潮土	壤质潮土	轻壤质体黏潮土	1	0—20	棕色	轻壤土	散块状	8.3	8.3	0.39	1.30	18.4	36	4.2	46	4.0	E 116°36′46.4″ N 39°23′34.1″	74
						2	20—43	棕色	重壤土	碎块状	8.2	7.9	0.26	1.27	18.4	31	3.5	41	4.8		
						3	43—100	暗棕色	中壤土	块状	8.0	13.4	0.76	1.23	19.0	50	2.0	119	0.7		
剖6	半水成土	潮土	潮土	壤质潮土	砂壤质体壤潮土	1	0—23	浅棕色	砂壤土	肩粒状	8.5	8.7	0.53	1.46	21.0	46	5.2	95	8.1	E 116°35′20.5″ N 39°21′57.9″	77
						2	23—55	棕色	中壤土	块状	8.3	7.5	0.52	1.04	20.3	36	4.2	73	8.4		
						3	55—100	棕色	中壤土	肩粒状	8.3	8.1	0.48	1.04	21.7	30	3.2	81	9.4		
剖7	半水成土	潮土	潮土	壤质潮土	砂壤质体壤潮土	1	0—20	浅棕色	砂壤土	肩粒状	8.2	9.4	0.60	1.36	18.5	44	4.2	76	9.0	E 116°25′11.6″ N 39°19′43.3″	75
						2	20—47	浅棕色	砂壤土	肩粒状	8.4	4.4	0.24	1.38	25.5	17	4.2	43	9.1		
						3	47—77	浅棕色	砂壤土	肩粒状	8.5	2.6	0.25	1.64	21.0	10	3.2	40	8.6		
						4	77—100	浅棕色	砂壤土	肩粒状	8.2	4.7	0.25	1.78	21.7	12	3.2	63	8.2		
剖8	半水成土	潮土	潮土	壤质潮土	轻壤质体黏潮土	1	0—28	浅棕色	轻壤土	散块状	8.4	9.3	0.63	1.22	20.3	36	5.8	91	5.5	E 116°24′51.0″ N 39°16′26.1″	97
						2	28—53	暗棕色	重壤土	碎块状	8.4	13.7	0.94	1.34	24.0	57	3.2	107	13.8		
						3	53—70	黄棕色	中壤土	肩粒状	8.6	5.7	0.33	1.52	22.9	15	3.2	46	4.5		
						4	70—100	暗棕色	中壤土	块状	8.2	13.1	0.90	1.52	24.8	46	2.5	119	13.8		
剖9	半水成土	潮土	潮土	壤质潮土	轻壤质体壤潮土	1	0—41	棕色	轻壤土	散块状	8.5	10.8	0.75	1.42	16.5	52	6.2	73	9.1	E 116°29′20.8″ N 39°13′20.6″	80
						2	41—47	浅棕色	砂土	散块状	8.8	3.9	0.25	1.16	15.9	14	6.0	43	4.3		
						3	47—82	黄棕色	砂壤土	单粒状	8.6	4.9	0.39	1.27	15.9	17	3.2	52	8.2		
						4	82—100	暗棕色	中壤土	块状	8.7	8.2	0.48	1.24	15.6	26	2.5	91	10.6		
剖10	半水成土	潮土	潮土	壤质潮土	轻壤质体砂潮土	1	0—25	棕色	轻壤土	散块状	8.6	8.3	0.53	1.74	22.9	31	6.2	71	9.5	E 116°38′53.2″ N 39°16′33.2″	84
						2	25—75	浅棕色	砂土	单粒状	8.8	1.6	0.13	1.48	23.5	4	3.2	40	6.7		
						3	75—100	黄棕色	砂壤土	肩粒状	8.3	3.6	0.24	1.00	20.3	15	2.7	63	8.9		
剖11	半水成土	潮土	潮土	砂质潮土	砂质潮土	1	0—38	浅棕色	砂土	单粒状	8.6	3.1	0.19	1.36	20.0	14	3.7	32	2.2	E 116°35′51.2″ N 39°13′21.0″	76
						2	38—61	黄棕色	砂壤土	肩粒状	8.6	1.7	0.09	1.44	19.0	8	3.7	25	2.4		
						3	61—74	黄棕色	砂壤土	肩粒状	8.4	3.7	0.22	1.30	20.3	17	3.5	29	3.7		
						4	74—100	浅黄棕色	砂土	单粒状	8.4	3.7	0.22	1.17	21.7	17	3.2	29	3.2		

续表 Continued

剖面号 Soil profile	土纲 Soil order	土类 Soil great group	亚类 Soil subgroup	土属 Soil genus	土种 Soil species	土层码 Layer code	土层厚度 Depth/cm	颜色 Soil color	质地 Soil texture	土壤结构 Soil structure	pH	有机质 OM/(g/kg)	全氮 TN/(g/kg)	全磷 TP/(g/kg)	全钾 TK/(g/kg)	碱解氮 AN/(mg/kg)	有效磷 AP/(mg/kg)	速效钾 AK/(mg/kg)	阳离子交换量CEC/(cmol/kg)	剖面点坐标 Profile coordinate	匹配指数 Matching index/%
剖12	半水成土	潮土	潮土	壤质潮土	轻壤质底砂潮土	1	0—20	棕色	轻壤土	散块状	8.7	9.3	0.58	1.49	19.0	43	4.2	85	7.3	E 116°43′07.3″ N 39°13′02.3″	94
						2	20—37	浅棕色	轻壤土	散块状	8.7	8.1	0.55	1.29	17.1	32	2.7	80	7.2		
						3	37—72	浅棕色	砂壤土	屑粒状	8.8	4.6	0.27	1.08	17.1	18	3.2	56	5.7		
						4	72—100	黄棕色	砂土	单粒状	9.6	3.1	0.19	1.42	15.9	8	3.2	40	5.8		
剖13	半水成土	潮土	潮土	壤质潮土	砂壤质底黏潮土	1	0—20	浅棕色	砂壤土	屑粒状	8.2	9.2	0.60	1.27	19.8	52	4.1	139	5.0	E 116°36′30.6″ N 39°11′40.6″	71
						2	20—75	黄棕色	砂壤土	屑粒状	8.6	4.5	0.26	0.98	19.0	20	4.2	38	4.3		
						3	75—100	暗棕色	重壤土	块状	8.2	10.3	0.65	1.40	19.8	37	2.5	126	13.1		
剖14	半水成土	潮土	潮土	黏质潮土	黏质潮土	1	0—30	红棕色	重壤土	块状	7.9	13.1	0.88	1.34	19.8	53	6.8	163	21.2	E 116°32′30.3″ N 39°08′57.1″	79
						2	30—70	棕色	重壤土	块状	7.9	14.2	0.94	1.29	21.0	61	6.1	214	21.4		
						3	70—100	棕色	重壤土	块状	7.9	14.8	1.03	1.34	20.3	47	4.5	157	24.0		

香 河 县

主要土类说明

潮土是香河县主要土壤类型,占本县地域面积的88%。潮土分布在本县东部、东南部和南部,海拔5—10m。成土母质为富含石灰的冲积母质,有夜潮现象。心土层和底土层有大量锈色斑纹、铁锰结核。由于成土条件和成土过程不同,形成不同的土壤类型,其形态特征有所差异,表现在表层质地、颜色、土体构型、发育程度、养分含量、农业状况等方面。本县潮土分为潮土、褐潮土、盐化潮土、沼泽化潮土等亚类。

褐土是香河县第二大土壤类型,占本县地域面积的7%,分布在本县北部的梁家务、蒋辛屯、大罗屯、金辛庄等乡镇村庄,属暖温带半湿润区。褐土是具有黏化与钙质淋溶淀积特征的土壤,具 A–B–Bk–C 剖面构型。土壤盐基饱和,处于硅铝风化阶段,有明显的黏化淀积层与假菌丝状钙积层。B 层呈棕褐色,pH 为 7.0—7.5,盐基饱和度在80%以上,有时过饱和。

小于本县地域面积3%的土壤类型还有砂姜黑土和风沙土等。

本区域中心区气候特征

本区域中心区气候特征值
Regional climate characteristics in central area of the region

气候带:暖温带亚湿润气候 Climate region: Warm temperate subhumid climate	
年平均气温 /℃ Annual average temperature /℃	11.9
年平均最高气温 /℃ Annual average maximum temperature /℃	17.6
年平均最低气温 /℃ Annual average minimum temperature /℃	7.0
年降水量 /mm Annual precipitation /mm	564
≥10℃的积温 /℃ Daily temperature accumulated in a year (≥10℃) /℃	4273
年日照时数 /h Annual sunshine /h	2621
年平均相对湿度 /% Annual average relative humidity /%	60
干燥度 Dryness	1.24

本区域中心区月平均气温与月平均降水量
Monthly temperature and precipitation in central area of the region

香河县主要土壤类型与土壤剖面点分布图
1∶120 000

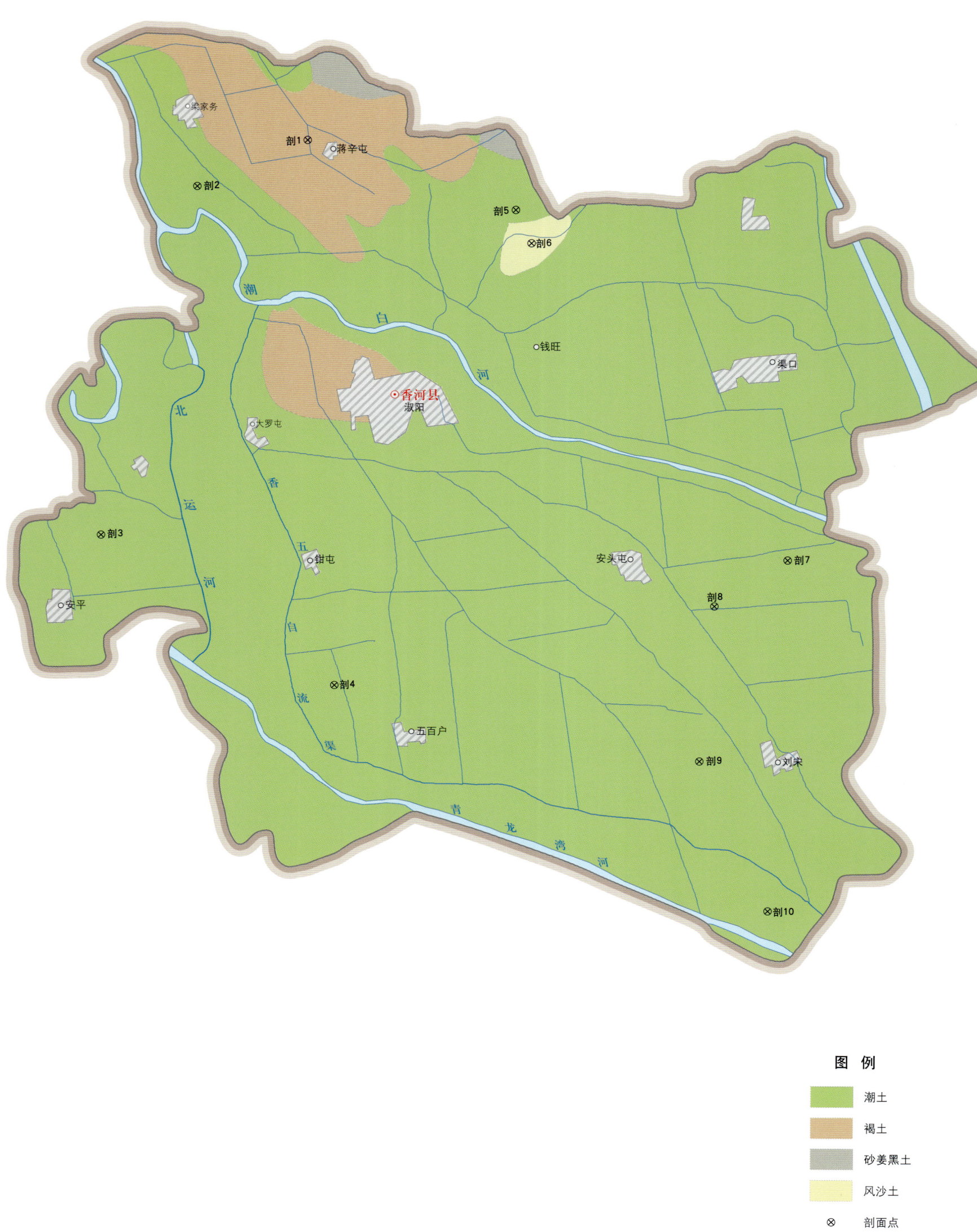

香河县土壤剖面理化性状表

剖面号 Soil profile	土纲 Soil order	土类 Soil great group	亚类 Soil subgroup	土属 Soil genus	土种 Soil species	土层码 Layer code	土层厚度 Depth/cm	颜色 Soil color	质地 Soil texture	土壤结构 Soil structure	pH	有机质 OM/(g/kg)	全氮 TN/(g/kg)	全磷 TP/(g/kg)	全钾 TK/(g/kg)	有效磷 AP/(mg/kg)	速效钾 AK/(mg/kg)	阳离子交换量CEC/(cmol/kg)	土壤母质 Parent material	剖面点坐标 Profile coordinate	匹配指数 Matching index/%
剖1	半淋溶土	褐土	潮褐土	壤质潮褐土	轻壤质潮褐土	1	0—20		中壤土		8.1	10.7	0.80					18.0		E 116° 58′ 41.9″ N 39° 49′ 36.5″	85
						2	20—40		中壤土		8.2	6.6	0.50					17.8			
						3	40—55		中壤土		8.1	8.3	0.67					19.3			
						4	55—100		重壤土		8.3	4.3	0.40					23.0			
剖2	半水成土	潮土	潮土	砂壤质潮土	砂壤质底黏潮土	1	0—22					7.7	0.53	1.40	28.2			18.0		E 116° 56′ 31.2″ N 39° 48′ 53.8″	77
						2	22—55					5.3	0.38	1.30	27.8			16.3			
						3	55—100					8.4	0.58	1.16	26.2			26.5			
剖3	半水成土	潮土	褐潮土	壤质褐潮土	褐潮土	1	0—20	黄棕色	壤土	屑粒状	8.2	11.0	0.78	0.68	21.6	2.0	66	16.8	河流冲积物	E 116° 54′ 36.7″ N 39° 43′ 25.3″	78
						2	20—46	灰棕色	壤土	屑粒状	8.3	7.7	0.46	0.72	21.8	0.8	63	18.3			
						3	46—100	暗棕色	砂质黏壤土	块状	8.1	10.9	0.67	0.74	21.3	1.2	82	23.0			
剖4	半水成土	潮土	潮土	砂壤质潮土	砂壤质潮土	1	0—20					4.9	0.38	1.33	30.0			13.9		E 116° 59′ 12.8″ N 39° 41′ 04.2″	83
						2	20—50					6.4	0.54	1.29	28.8			16.3			
						3	50—100					5.0	0.53	1.20	27.4			18.0			
剖5	半水成土	潮土	潮土	砂质潮土	砂质潮土	1	0—22				8.2	4.2	0.35	0.26	27.4			14.8		E 117° 02′ 48.2″ N 39° 48′ 30.6″	75
						2	22—100					2.2	0.16	1.22	26.5			10.0			
剖6	初育土	风沙土	风沙土	风沙土	耕种沙地	1	0—20			单粒状	8.2	5.0	0.37					11.5		E 117° 03′ 06.5″ N 39° 47′ 59.3″	90
						2	20—38			单粒状	8.3	4.1	0.32					12.0			
						3	38—51			单粒状	8.4	2.0	0.14					10.5			
						4	51—100				8.3	1.9	0.27					27.5			
剖7	半水成土	潮土	潮土	黏质潮土	黏质潮土	1	0—20					17.4	1.22	1.55	30.0			25.0		E 117° 08′ 08.5″ N 39° 43′ 00.8″	87
						2	20—36					15.7	1.13	1.54	30.3			23.6			
						3	36—98					10.1	0.81	1.34	30.0			16.9			
						4	98—122					5.8	0.32	1.43	27.4						
剖8	半水成土	潮土	盐化潮土	壤质盐化潮土	轻壤质轻盐化潮土	1	0—23		中壤土		9.0	5.8	0.40	1.34	25.9			15.3		E 117° 06′ 41.8″ N 39° 42′ 18.0″	87
						2	23—56		中壤土		9.0	4.1	0.37	1.22	27.4			15.5			
						3	56—150		中壤土		8.0	10.8	0.74	1.30	26.8			28.5			
剖9	半水成土	潮土	潮土	中壤质潮土	中壤质潮土	1	0—23		中壤土		8.2	15.1	0.97					20.6		E 117° 06′ 24.1″ N 39° 39′ 52.2″	83
						2	23—54		中壤土		8.5	7.8	0.58					19.5			
						3	54—87		中壤土		8.6	7.9	0.59					22.7			
						4	87—100		中壤土		8.7	2.7	0.26					12.8			
剖10	半水成土	潮土	潮土	砂壤质潮土	砂壤质腰壤潮土	1	0—20	浅棕色	砂壤土	碎粒状	8.6	6.7	0.53	1.44	24.6			15.8		E 117° 07′ 44.9″ N 39° 37′ 31.2″	81
						2	20—32	浅棕色	砂壤土	碎粒状	8.6	7.1	0.51	1.50	23.6			8.3			
						3	32—66	暗棕色	中壤土	棱块状	8.3	11.3	0.97	1.68	25.0			22.3			
						4	66—100	灰棕色	轻壤土	碎块状	8.3	6.0	0.68	1.70	26.5			19.4			

大 城 县

主要土类说明

潮土是大城县主要土壤类型,占本县地域面积的98%,分布在冲积平原地区。成土母质是近代河流冲积物,潮土所处地势平坦,土层排列层次清晰,地下水位较高,一般约为2m,通体石灰反应较强。表土呈灰棕色,心土层毛管作用强烈,沿根孔常见锈色斑纹,较湿润,靠下部有铁管、铁子和铁锰结核,底土层紧实,呈暗灰色,地下水长期浸渍,有灰蓝色的潜育层。本县潮土分为潮土、褐潮土和盐化潮土等亚类。

小于本县地域面积3%的土壤类型还有草甸盐土等。

本区域中心区气候特征

本区域中心区气候特征值
Regional climate characteristics in central area of the region

气候带:暖温带亚湿润气候 Climate region: Warm temperate subhumid climate	
年平均气温 /℃ Annual average temperature /℃	12.9
年平均最高气温 /℃ Annual average maximum temperature /℃	18.5
年平均最低气温 /℃ Annual average minimum temperature /℃	8.3
年降水量 /mm Annual precipitation /mm	576
≥10℃的积温 /℃ Daily temperature accumulated in a year (≥10℃) /℃	4693
年日照时数 /h Annual sunshine /h	2613
年平均相对湿度 /% Annual average relative humidity /%	61
干燥度 Dryness	1.40

大城县主要土壤类型与土壤剖面点分布图
1∶170 000

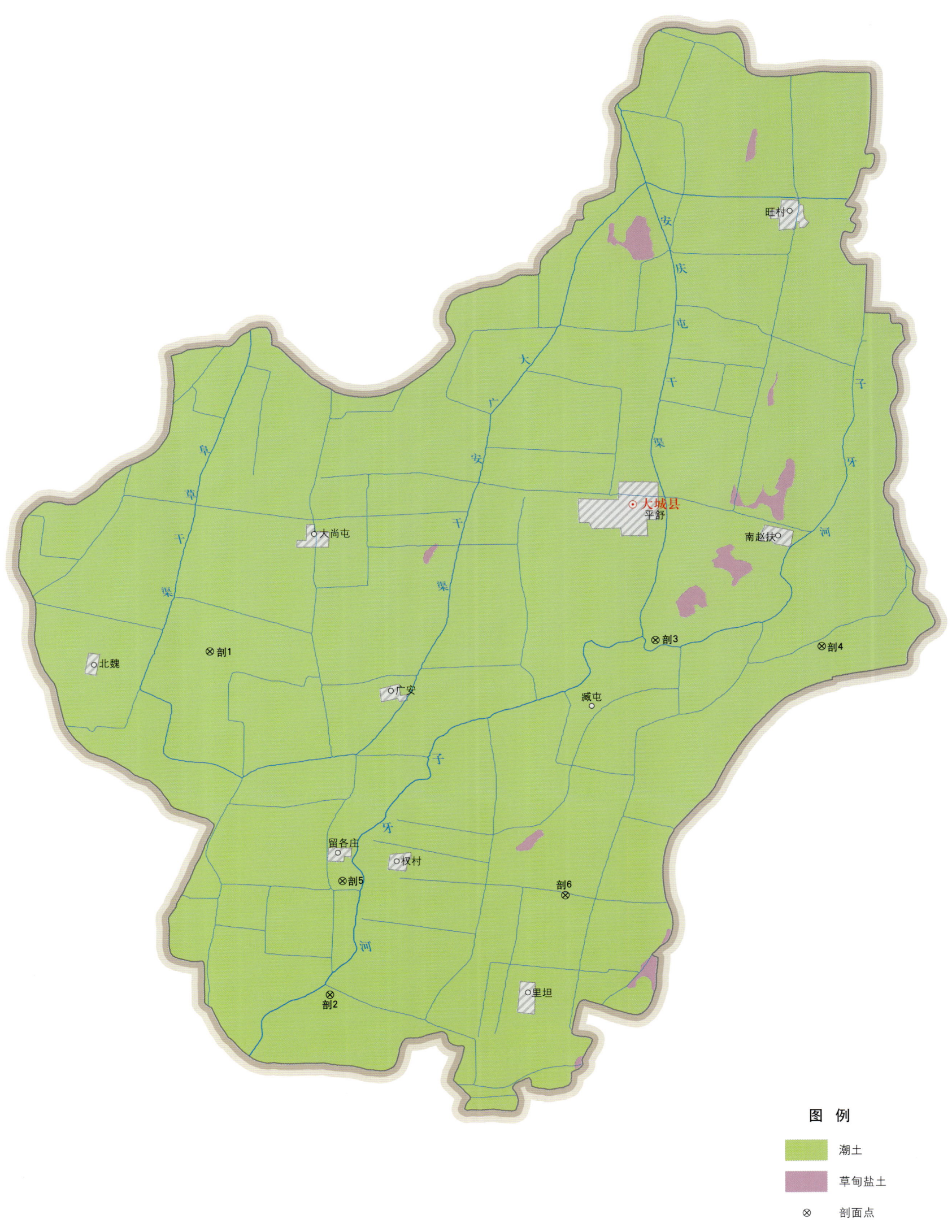

大城县土壤剖面理化性状表

剖面号 Soil profile	土纲 Soil order	土类 Soil great group	亚类 Soil subgroup	土属 Soil genus	土种 Soil species	土层码 Layer code	土层厚度 Depth/cm	颜色 Soil color	质地 Soil texture	土壤结构 Soil structure	有机质 OM/(g/kg)	碱解氮 AN/(mg/kg)	有效磷 AP/(mg/kg)	速效钾 AK/(mg/kg)	土壤母质 Parent material	剖面点坐标 Profile coordinate	匹配指数 Matching index/%
剖1	半水成土	潮土	褐潮土	壤质冲积褐潮土	轻壤质褐潮土	1	0—20	浅棕色	轻壤土	屑粒状	6.9	35	1.9	171		E 116°26′35.5″ N 38°38′31.6″	86
						2	20—75	红褐色	轻壤土	屑粒状	4.2	23	20.9	220			
						3	75—113	暗棕色	中壤土	碎块状	5.5	13	1.9	1085			
						4	113—150	浅棕色	轻壤土	屑粒状	3.4	10	12.3	990			
剖2	半水成土	潮土	潮土	壤质潮土	轻壤质潮土	1	0—24	灰棕色	轻壤土	屑粒状	7.1	33	2.4	96		E 116°29′55.3″ N 38°30′56.9″	72
						2	24—102	灰棕色	轻壤土	屑粒状	6.2	23	0.7	102			
						3	102—150	黄棕色	砂壤土	屑粒状	3.9	15	0.3	69			
剖3	半水成土	潮土	潮土	壤质潮土	砂壤质潮土	1	0—20	黄棕色	砂壤土	屑粒状	6.7	26	1.9	72		E 116°38′49.6″ N 38°38′48.5″	86
						2	20—96	黄暗棕色	砂壤土	屑粒状	3.0	11	0.9	42			
						3	96—150	黄暗棕色	轻壤土	屑粒状	4.9	19	1.8	81			
剖4	半水成土	潮土	潮土	壤质潮土	中壤质潮土	1	0—20	灰棕色	中壤土	屑粒状	10.4	43	1.4	164		E 116°43′23.5″ N 38°38′40.6″	89
						2	20—52	暗棕色	中壤土	碎粒状	9.1	37	0.8	173			
						3	52—150	红棕色	黏土	块状	8.6	26	2.3	116			
剖5	半水成土	潮土	潮土	砂质潮土	砂质潮土	1	0—20	黄棕色	砂土	粒状	3.0	22	0.4	52	冲积物	E 116°30′15.8″ N 38°33′26.3″	100
						2	20—150	黄棕色	砂土	粒状	1.3	12	0.6	40			
剖6	半水成土	潮土	潮土	黏质潮土	黏质潮土	1	0—23	灰棕色	重壤土	屑粒状	10.2	39	1.5	171		E 116°36′22.3″ N 38°33′07.9″	98
						2	23—150	红棕色	黏土	块状	9.5	31	0.9	164			

文 安 县

主要土类说明

潮土是文安县主要土壤类型,占本县地域面积的 97%。潮土是发育于河流冲积平原中的沉积物上的耕种土壤,所处地势低平,地下水位较高,地下水直接参与成土过程,人为耕作影响明显。潮土地下水埋深 1—3m,雨季可升至 1m 以上。地下水在高水位持续时期,毛管水可达到地表。白天在太阳照射下,土壤水分蒸发量大于毛管水上升量,地表显干燥;夜间则毛管水上升量大于蒸发量而形成"夜潮"现象。潮土区水源比较丰富,地势平坦,土层深厚,农耕历史悠久,是本县重要的农业生产基地。

小于本县地域面积 3% 的土壤类型还有草甸盐土和沼泽土等。

本区域中心区气候特征

本区域中心区气候特征值
Regional climate characteristics in central area of the region

气候带:暖温带亚湿润气候 Climate region: Warm temperate subhumid climate	
年平均气温 /℃ Annual average temperature /℃	12.8
年平均最高气温 /℃ Annual average maximum temperature /℃	18.3
年平均最低气温 /℃ Annual average minimum temperature /℃	8.1
年降水量 /mm Annual precipitation /mm	558
≥10℃的积温 /℃ Daily temperature accumulated in a year (≥10℃) /℃	4628
年日照时数 /h Annual sunshine /h	2598
年平均相对湿度 /% Annual average relative humidity /%	60
干燥度 Dryness	1.39

本区域中心区月平均气温与月平均降水量
Monthly temperature and precipitation in central area of the region

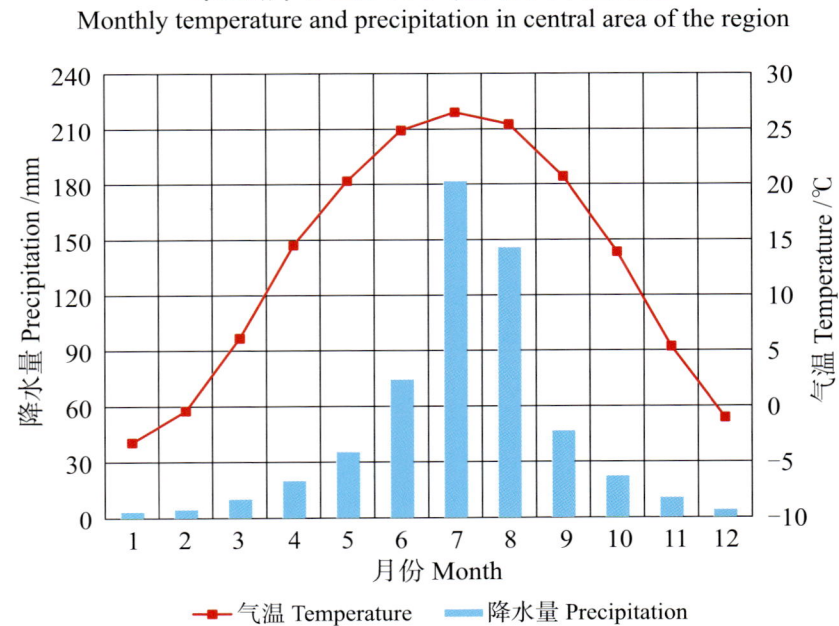

文安县主要土壤类型与土壤剖面点分布图
1∶170 000

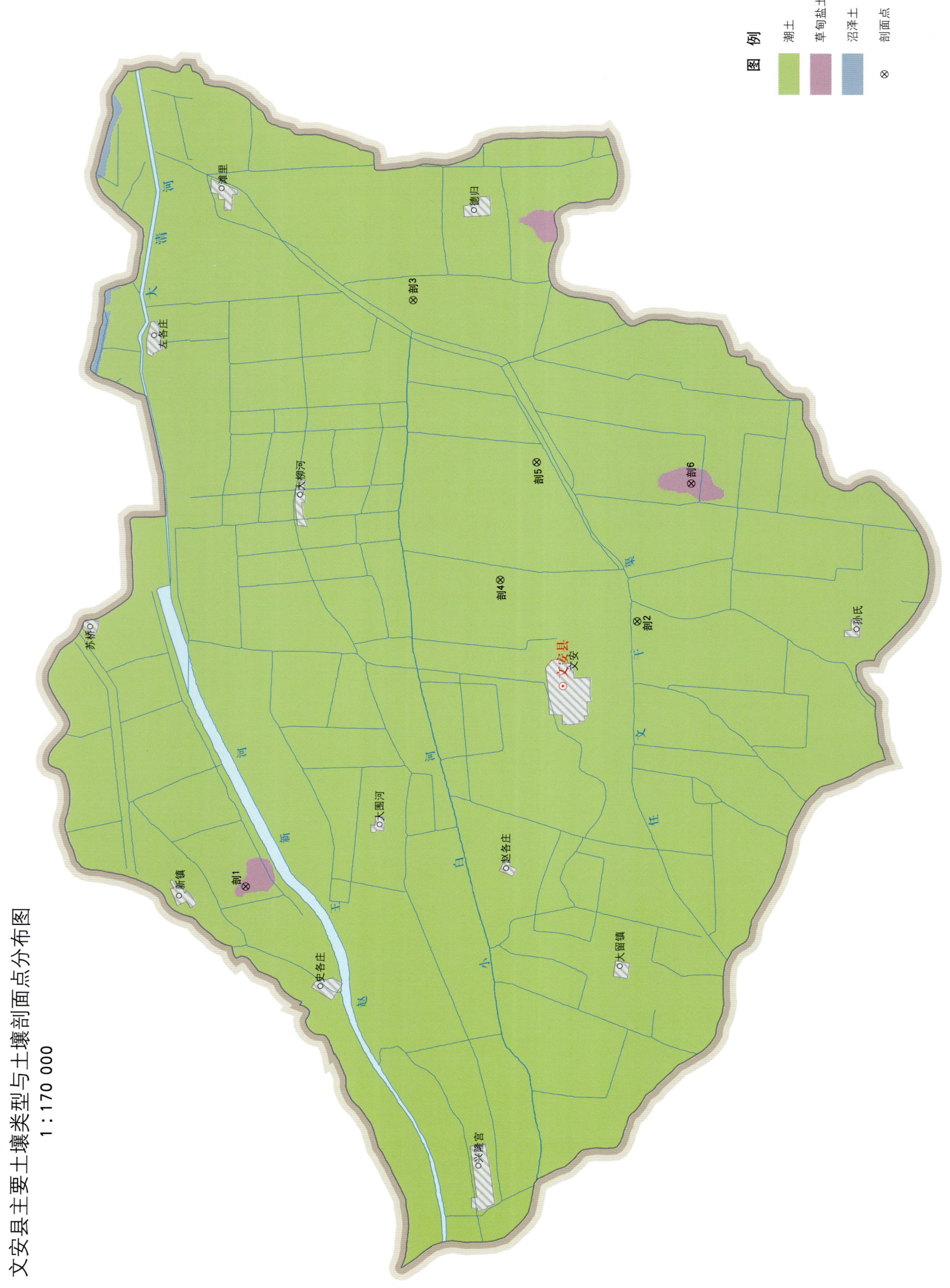

文安县土壤剖面理化性状表

剖面号 Soil profile	土纲 Soil order	土类 Soil great group	亚类 Soil subgroup	土属 Soil genus	土种 Soil species	土层码 Layer code	土层厚度 Depth/cm	颜色 Soil color	质地 Soil texture	土壤结构 Soil structure	pH	有机质 OM/(g/kg)	全氮 TN/(g/kg)	全磷 TP/(g/kg)	全钾 TK/(g/kg)	有效磷 AP/(mg/kg)	速效钾 AK/(mg/kg)	阳离子交换量CEC/(cmol/kg)	土壤母质 Parent material	剖面点坐标 Profile coordinate	匹配指数 Matching index/%
剖1	盐碱土	草甸盐土	草甸盐土	氯化物硫酸盐草甸盐土	中壤质氯化物硫酸盐草甸盐土	1	0—5	灰棕色	中壤土	碎屑状	8.4	7.5	0.47	0.66	17.0	5.2	73	11.4		E 116°21′39.4″ N 38°58′46.2″	81
						2	5—10	灰棕色	轻壤土	碎屑状	8.5	7.7	0.50	0.66	17.3	0.2	68	11.2			
						3	10—20	灰棕色	轻壤土	碎屑状	8.5	7.1	0.44	0.66	17.7	1.0	75	12.4			
						4	20—60	暗棕色	轻壤土	碎屑状	8.6	6.3	0.40	0.69	17.3	1.2	64	12.4			
						5	60—150	浅棕色	砂壤土	粒状	8.6	1.7	0.13	0.45	16.5	1.0	41	16.1			
剖2	半水成土	潮土	湿潮土	盐化湿潮土	中盐泥土	1	0—25	灰棕色	砂质黏壤土	碎块状	8.3	8.6	0.50	0.88	20.0	6.8	64	11.1	近代河流冲积物	E 116°29′17.5″ N 38°50′25.1″	74
						2	25—54	暗棕色	壤质黏土	块状	8.4	8.9	0.48	0.68	23.8	0.5	69	16.4			
						3	54—135	棕色	壤质黏土		8.6	8.2	0.49	0.59	23.8	0.4	72	16.4			
剖3	半水成土	潮土	湿潮土	黏质冲积湿潮土	黏质湿潮土	1	0—60	暗棕色	黏土	碎块状	8.1	14.1	0.88	0.58	22.5	1.9	74	20.1		E 116°38′19.7″ N 38°55′17.4″	96
						2	60—92	暗棕色	黏土	碎块状	8.1	10.9	0.62	0.53	22.5	0.2	50	19.1			
						3	92—150	暗棕色	黏土	粒状	8.3	2.7	0.14	0.34	30.0	0.4	34	19.0			
剖4	半水成土	潮土	湿潮土	轻壤质冲积湿潮土	轻壤质体黏湿潮土	1	0—30	棕色	轻壤土	屑粒状	8.4	6.8	0.43	0.72	14.1	0.6	61			E 116°30′25.9″ N 38°53′22.2″	79
						2	30—49	浅棕色	轻壤土	屑粒状	8.4	5.1	0.34	0.62	14.7	0.2	53				
						3	49—100	灰蓝色	黏土	块状	8.3	11.1	0.61	0.55	17.3	0.4	55				
						4	100—130	棕色	轻壤土	碎块状	8.6	4.8	0.25	0.54	14.7	0.1	44	16.8			
剖5	半水成土	潮土	湿潮土	壤质冲积湿潮土	中壤质湿潮土	1	0—21	灰棕色	中壤土	碎块状	8.0	11.2	0.70	0.62	17.0	1.2	78	16.3		E 116°33′45.7″ N 38°52′36.8″	86
						2	21—51	灰蓝色	中壤土	块状	8.0	7.7	0.52	0.62	17.0	0.3	57	16.4			
						3	51—85	灰棕色	黏土	块状	8.0	8.8	0.54	0.60	18.7	0.2	46	16.0			
						4	85—105	黄棕色	黏土	块状	8.0	19.0	0.26	0.69	16.5	0.3	35	12.3			
						5	105—150	浅棕色	砂壤土	块状	8.1	2.1	0.12	0.71	20.0	1.5	36	11.4			
剖6	盐碱土	草甸盐土	草甸盐土	氯化物硫酸盐草甸盐土	轻壤质氯化物硫酸盐草甸盐土	1	0—5	灰棕色	轻壤土	粒状	8.4	7.0	0.33	0.60	18.8	4.9	81	11.2		E 116°33′12.2″ N 38°49′17.0″	87
						2	5—10	灰棕色	轻壤土	粒状	8.4	7.0	0.38	0.58	18.8	4.9	35	12.3			
						3	10—20	灰棕色	轻壤土	粒状	8.4	7.0	0.38	0.59	20.0	4.9	35	12.4			
						4	20—43	灰棕色	轻壤土	粒状	8.5	6.0	0.36	0.60	20.0	0.6	35	12.4			
						5	43—72	暗棕色	轻壤土	粒状	8.5	5.2	0.23	0.53	20.0	1.1	35	12.4			
						6	72—150	暗棕色	轻壤土	粒状	8.5	2.8	0.18	0.18	28.8	4.5	55	11.5			

大厂回族自治县

主要土类说明

褐土是大厂回族自治县主要土壤类型，占本县地域面积的60%。褐土是发育在富含石灰的洪冲积母质上的地带性土壤。褐土的形成有着共同的特点，剖面中碳酸盐与黏粒均有不同程度的淋溶与淀积。同时，经过长期耕作熟化，剖面形态和属性产生很大差异，养分含量也有增减，在原来褐土的特点上又发生了不同方向的演变。

潮土是大厂回族自治县第二大土壤类型，占本县地域面积的38%。本县潮土发育在潮白河、鲍邱河冲积物上。地下水位一般为1—2.5m，地下水直接参与成土过程，其季节性的升降频繁，致使氧化还原作用交替进行，影响土壤中物质的溶解、移动和淀积，在剖面中形成锈色斑纹、铁锰结核和石灰结核。但因耕作，影响了潮土的发育特征。在潮土形成过程中，由于水分、盐分条件的不同，会伴随发生沼泽化和盐化过程。本县潮土分为潮土、盐化潮土和沼泽化潮土等亚类。

小于本县地域面积3%的土壤类型还有风沙土等。

本区域中心区气候特征

本区域中心区气候特征值
Regional climate characteristics in central area of the region

气候带：暖温带亚湿润气候 Climate region: Warm temperate subhumid climate	
年平均气温 /℃ Annual average temperature /℃	11.7
年平均最高气温 /℃ Annual average maximum temperature /℃	17.5
年平均最低气温 /℃ Annual average minimum temperature /℃	6.7
年降水量 /mm Annual precipitation /mm	560
≥10℃的积温 /℃ Daily temperature accumulated in a year (≥10℃) /℃	4213
年日照时数 /h Annual sunshine /h	2660
年平均相对湿度 /% Annual average relative humidity /%	58
干燥度 Dryness	1.24

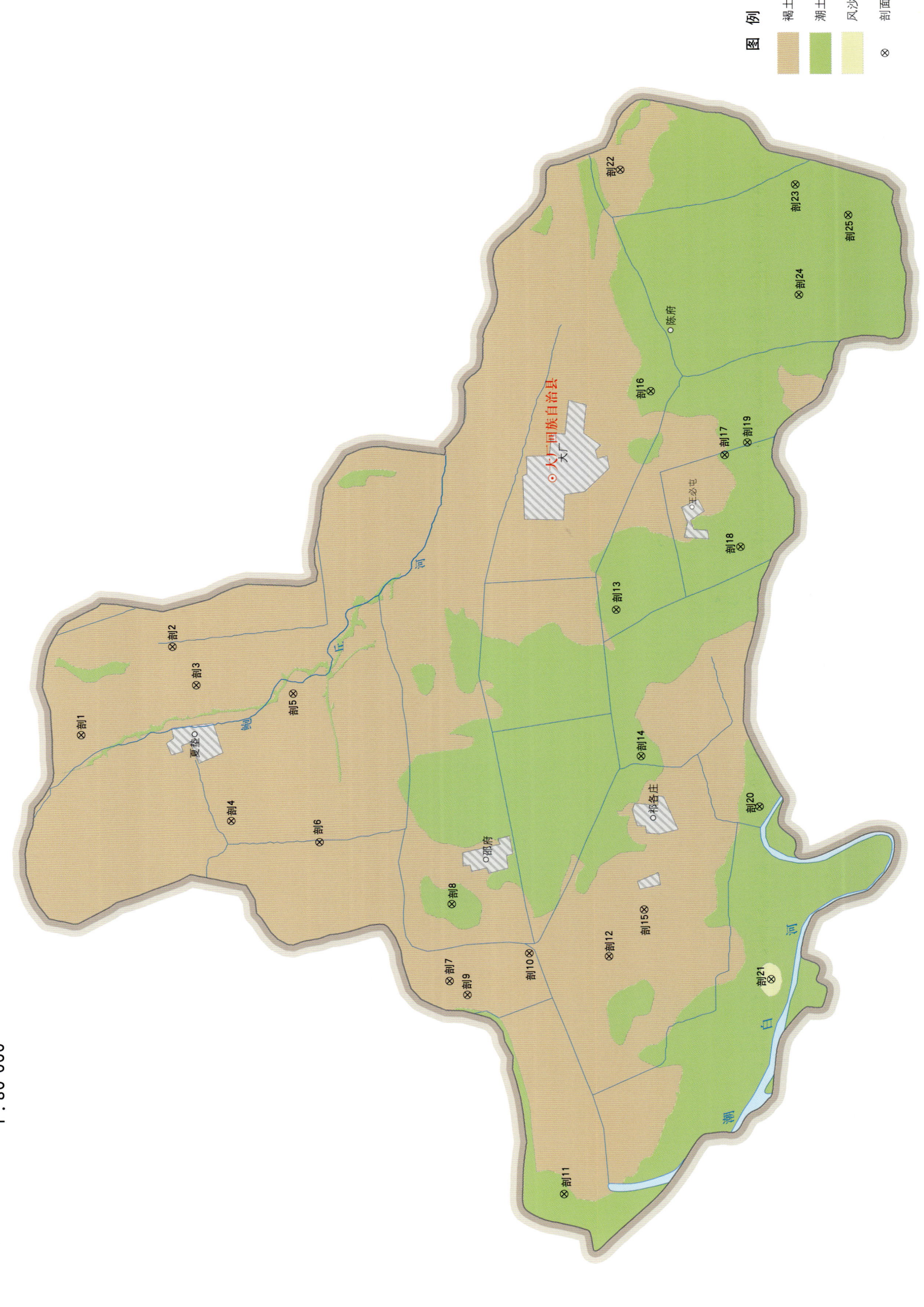

大厂回族自治县土壤剖面理化性状表

剖面号 Soil profile	土纲 Soil order	土类 Soil great group	亚类 Soil subgroup	土属 Soil genus	土种 Soil species	土层码 Layer code	土层厚度 Depth/cm	颜色 Soil color	质地 Soil texture	土壤结构 Soil structure	pH	有机质 OM/(g/kg)	全氮 TN/(g/kg)	全磷 TP/(g/kg)	全钾 TK/(g/kg)	有效磷 AP/(mg/kg)	阳离子交换量CEC/(cmol/kg)	剖面点坐标 Profile coordinate	匹配指数 Matching index/%
剖1	半淋溶土	褐土	潮褐土	壤质洪冲积潮褐土	中壤质底姜潮褐土	1	0—22	浅棕色	中壤土	碎块状								E 116°55′23.2″ N 39°57′55.1″	93
						2	22—41	暗棕色	中壤土	碎块状									
						3	41—64	暗棕色	中壤土	块状									
						4	64—100	黄褐色	重壤土	块状									
剖2	半淋溶土	褐土	潮褐土	壤质洪冲积潮褐土	轻壤质腰黏底姜潮褐土	1	0—22				8.2					4.4		E 116°56′33.4″ N 39°56′60.0″	79
						2	22—43				8.3					2.8			
						3	43—67				8.1					2.8			
						4	67—100				8.2					2.8			
剖3	半淋溶土	褐土	潮褐土	壤质洪冲积潮褐土	轻壤质底黏潮褐土	1	0—30	浅褐色	轻壤土	屑块状	8.3	10.1	0.60	1.00		1.6	35.0	E 116°56′02.4″ N 39°56′46.0″	98
						2	30—45	暗褐色	轻壤土	片状	8.2	9.3	0.53	0.94		1.9	37.0		
						3	45—64	暗褐色	中壤土	碎块状	8.1	7.3	0.53	0.70		2.2	44.0		
						4	64—84	灰褐色	重壤土	屑状	8.2	5.8	0.19	1.04		1.9	59.0		
						5	84—112	浅棕色	重壤土	块状	8.2	4.9	0.21	1.04		1.0			
						6	112—150		中壤土	粒状	8.5	3.6	0.18	0.94		1.6	33.0		
剖4	半淋溶土	褐土	潮褐土	壤质洪冲积潮褐土	轻壤质潮褐土	1	0—25			屑粒状	8.2					2.1		E 116°54′13.3″ N 39°56′25.1″	80
						2	25—80			屑粒状	8.3					0.5			
						3	80—100			碎块状	8.4					1.3			
剖5	半淋溶土	褐土	潮褐土	壤质洪冲积潮褐土	中壤质潮褐土	1	0—23				8.1	17.2	1.00	1.04	4.2	5.7	32.1	E 116°55′55.2″ N 39°55′47.6″	91
						2	23—39				8.1	13.7	0.86	1.22	7.9	4.4	32.5		
						3	39—104				8.0	10.7	0.75	0.84	17.4	3.9	38.9		
						4	104—126				8.0	7.2	0.37	0.94	10.5	2.5	34.4		
						5	126—150				8.1	5.1	0.33	0.92	6.5	2.1	31.8		
剖6	半淋溶土	褐土	潮褐土	壤质洪冲积潮褐土	轻壤质潮褐土	1	0—21	浅褐色	轻壤土	屑粒状								E 116°53′55.3″ N 39°55′32.2″	70
						2	21—29	灰褐色	轻壤土	屑粒状									
						3	29—46	暗褐色	中壤土	屑粒状									
						4	46—100	浅褐色	轻壤土	碎块状									
剖7	半淋溶土	潮土	潮土	壤质洪冲积潮褐土	轻壤质体姜潮褐土	1	0—24	浅褐色	轻壤土	团粒状	8.1	11.4				2.1		E 116°52′03.7″ N 39°54′14.5″	87
						2	24—40	灰棕色	轻壤土	片状	8.1	8.6				0.9			
						3	40—100				8.3					3.2			
剖8	半水成土	潮土	潮土	壤质潮土	轻壤质潮褐土	1	0—21	浅褐色	轻壤土	屑粒状	8.0	8.2				1.6		E 116°53′04.9″ N 39°54′13.0″	97
						2	21—35	灰棕色	中壤土	屑粒状	8.0	8.1				2.2			
						3	35—59	黄棕色	中壤土	屑粒状	8.0	3.7				1.9			
						4	59—74	黄棕色	轻壤土	屑粒状	8.0	6.9				1.3			
						5	74—99	灰棕色	中壤土	单粒状	8.0					1.6			
						6	99—150	暗棕色	砂壤土	屑粒状	8.1					1.9			
剖9	半淋溶土	褐土	潮褐土	砂壤质洪冲积潮褐土	砂壤质潮褐土	1	0—27	浅褐色	砂壤土	单粒状	8.0		0.30	0.52		0.7		E 116°51′52.7″ N 39°54′03.8″	89
						2	27—67	浅褐色	砂壤土	屑粒状	8.0		0.18	0.43		1.9			
						3	67—118		砂壤土	单粒状	7.6		0.15	0.94		1.0			
						4	118—150	灰白色	砂土	单粒状	7.6		0.14	0.48		0.7			

续表 Continued

剖面号 Soil profile	土纲 Soil order	土类 Soil great group	亚类 Soil subgroup	土属 Soil genus	土种 Soil species	土层码 Layer code	土层厚度 Depth/cm	颜色 Soil color	质地 Soil texture	土壤结构 Soil structure	pH	有机质 OM/(g/kg)	全氮 TN/(g/kg)	全磷 TP/(g/kg)	全钾 TK/(g/kg)	有效磷 AP/(mg/kg)	阳离子交换量CEC/(cmol/kg)	剖面点坐标 Profile coordinate	匹配指数 Matching index/%
剖10	半淋溶土	褐土	潮褐土	砂壤质洪冲积潮褐土	砂壤质底黏潮褐土	1	0—27	浅棕色	砂壤土	屑粒状	8.1	10.3		1.20		1.3		E 116°49′13.8″ N 39°53′06.4″	89
						2	27—55	灰棕色	轻壤土	屑粒状	7.8	8.3		0.68		0.7			
						3	55—83	黄棕色	轻壤土	碎块状	8.0	6.6		0.82		1.6			
						4	83—106	棕褐色	重壤土	块状	8.2	5.3		0.84		1.0			
						5	106—150	灰白色	砂壤土	单粒状	8.8	0.8		0.44		1.3			
剖11	半水成土	潮土	潮土	黏质潮土	黏质潮土	1	0—23	暗灰棕色	重壤土	碎块状								E 116°52′22.4″ N 39°52′38.6″	83
						2	23—40	黑棕色	重壤土	片状									
						3	40—60	暗棕色	中壤土	屑粒状									
						4	60—100	暗棕色	中壤土	屑粒状									
剖12	半淋溶土	褐土	潮褐土	砂壤质洪冲积潮褐土	砂壤质底黏潮褐土	1	0—22	浅棕色	砂壤土	屑粒状	8.2	14.5				1.3		E 116°57′01.1″ N 39°52′33.2″	75
						2	22—51	浅棕色	轻壤土	屑粒状	8.0	16.7				0.5			
						3	51—100	灰棕色	轻壤土	屑粒状	8.0	12.0				0.4			
剖13	半水成土	潮土	潮土	壤质潮土	中壤质底姜潮土	2	20—51				8.0	6.1				1.3		E 116°55′03.7″ N 39°52′18.8″	96
						3	51—75				8.3	3.0				1.3			
						4	75—135				7.8					5.2			
						5	135—				8.0					1.7			
剖14	半水成土	潮土	潮土	壤质潮土	轻壤质潮土	1	0—25				7.9					2.5			82
						2	25—45				7.7					1.3			
						3	45—73				8.0					0.3			
						4	73—100				8.0					2.8			
剖15	半淋溶土	褐土	潮褐土	砂壤质洪冲积潮褐土	砂壤质底姜体姜潮褐土	1	0—20				8.1					1.7		E 116°52′59.5″ N 39°52′17.4″	87
						2	20—40				8.2					1.3			
						3	40—55				8.2					1.7			
						4	55—100				8.2					0.5			
剖16	半水成土	潮土	潮土	壤质潮土	轻壤质轻潮土	1	0—20				8.1					0.5		E 116°59′56.4″ N 39°51′27.7″	79
						2	20—51				7.9					1.3			
						3	51—100				8.0					1.3			
剖17	半水成土	潮土	盐化潮土	壤质冲积硫酸盐氯化物盐化潮土	轻壤质轻盐化潮土	1	0—30				8.2					0.5		E 116°59′04.9″ N 39°51′27.7″	80
						2	30—80				8.1					2.8			
						3	80—100				7.9					3.9			
剖18	半水成土	潮土	潮土	壤质潮土	中壤质潮土	1	0—18				8.0					5.2		E 116°57′51.4″ N 39°51′18.5″	70
						2	18—62				7.9								
						3	62—100				8.0								
剖19	半水成土	潮土	盐化潮土	壤质冲积硫酸盐氯化物盐化潮土	轻壤质底黏底姜轻盐化潮土	1	0—22				8.1					0.9		E 116°59′14.7″ N 39°51′14.1″	99
						2	22—56				7.9					0.9			
						3	56—73				7.9					2.1			
						4	73—100				7.9					4.4			
剖20	半水成土	潮土	潮土	壤质潮土	轻壤质腰砂潮土	1	0—20				8.0					5.2		E 116°54′22.2″ N 39°51′07.8″	98
						2	20—48												
						3	48—72												
						4	72—100												
						5	100—120												
剖21	初育土	风沙土	风沙土	风积风沙土	风沙土	1	0—20					1.3	0.11	0.92		3.9		E 116°52′03.4″ N 39°51′01.4″	79

续表 Continued

剖面号 Soil profile	土纲 Soil order	土类 Soil great group	亚类 Soil subgroup	土属 Soil genus	土种 Soil species	土层码 Layer code	土层厚度 Depth/cm	颜色 Soil color	质地 Soil texture	土壤结构 Soil structure	pH	有机质 OM/(g/kg)	全氮 TN/(g/kg)	全磷 TP/(g/kg)	全钾 TK/(g/kg)	有效磷 AP/(mg/kg)	阳离子交换量CEC/(cmol/kg)	剖面点坐标 Profile coordinate	匹配指数 Matching index/%
剖22	半淋溶土	褐土	褐土性土	砂壤质冲积褐土性土	砂壤质褐土性土	1	0—28				7.5	3.9	0.27	0.38		6.5	19.9	E 117°02′54.2″ N 39°52′29.6″	84
						2	28—60				7.3	2.8	0.16	0.44		11.6	18.5		
						3	60—130				7.5	1.8	0.15	0.32		9.3	13.3		
						4	130—160				7.6	1.4	0.11	0.38		15.5	17.5		
剖23	半水成土	潮土	盐化潮土	壤质冲积硫酸盐氯化物盐化潮土	中壤质腰砂底姜中盐化潮土	1	0—24				8.4					8.4		E 117°02′41.6″ N 39°50′44.5″	91
						2	24—66				8.6					1.3			
						3	66—100				8.5					1.7			
剖24	半水成土	潮土	盐化潮土	壤质冲积硫酸盐氯化物盐化潮土	中壤质底姜轻盐化潮土	1	0—20				8.8	9.9		0.94		10.3	19.9	E 117°01′13.4″ N 39°50′42.7″	76
						2	20—40				8.5	9.6		1.10		0.9	19.3		
						3	40—72				8.2	7.9		0.90		0.5	19.9		
						4	72—115				8.3	5.7		0.82		1.7	18.8		
						5	115—150				8.4	4.8				1.3			
剖25	半水成土	潮土	盐化潮土	壤质冲积硫酸盐氯化物盐化潮土	轻壤质中度盐化潮土	1	0—16				8.0					1.7		E 117°02′17.2″ N 39°50′12.8″	98
						2	16—39				8.0					3.2			
						3	39—63				8.1					1.3			
						4	63—100				8.0					1.3			

霸 州 市

主要土类说明

潮土是霸州市主要土壤类型，占本市地域面积的92%。潮土是发育于河流冲积平原中的沉积物上的耕种土壤，所处地势低平，地下水位较高，地下水直接参与成土过程，人为耕作影响明显。潮土地下水埋深1—3m，雨季可升至1m以上。地下水在高水位持续时期，毛管水可达到地表。白天在太阳照射下，土壤水分蒸发量大于毛管水上升量，地表显干燥；夜间则毛管水上升量大于蒸发量而形成"夜潮"现象。潮土区水源比较丰富，地势平坦，土层深厚，农耕历史悠久，是本市重要的农业生产基地。

沼泽土是霸州市第二大土壤类型，占本市地域面积的4%。分布区经常处于湿润状态，地表没有积水，但在夏季多雨季节，可有短期积水。自然植被多为棱草、蒲草、红蓼和芦苇等。沼泽土有明显的表土层、心土层和底土层。表土层有机质较多，并有草根或粗腐殖质聚积。心土层为灰色或黑棕色的泥炭层，泥炭层厚度不一，一般为10—20cm，是植物残体氧化还原过程中分解程度不同的植物组织混合物，有的呈泥炭状，有的呈半腐泥状。泥炭层的土壤比重较轻，吸水性较强，导热性差，有机质含量高达70g/kg，阳离子交换量为100cmol/kg，pH为5.5—6.0。底土层为灰蓝色潜育层。在嫌气条件下，土壤以还原过程为主，嫌气微生物产生各种还原物质及一些有机酸类，同时土壤母质的矿质化作用，使铁还原为蓝铁矿及其铁盐类而呈灰蓝色，形成潜育层。虽然成土过程以还原过程为主，但也有氧化过程，所以沼泽土中也含有少量的铁子、铁锰结核和锈色斑纹等。

本区域中心区气候特征

本区域中心区气候特征值
Regional climate characteristics in central area of the region

气候带：暖温带亚湿润气候 Climate region: Warm temperate subhumid climate	
年平均气温 /℃ Annual average temperature /℃	12.8
年平均最高气温 /℃ Annual average maximum temperature /℃	18.3
年平均最低气温 /℃ Annual average minimum temperature /℃	8.1
年降水量 /mm Annual precipitation /mm	554
≥10℃的积温 /℃ Daily temperature accumulated in a year (≥10℃) /℃	4611
年日照时数 /h Annual sunshine /h	2595
年平均相对湿度 /% Annual average relative humidity /%	60
干燥度 Dryness	1.40

本区域中心区月平均气温与月平均降水量
Monthly temperature and precipitation in central area of the region

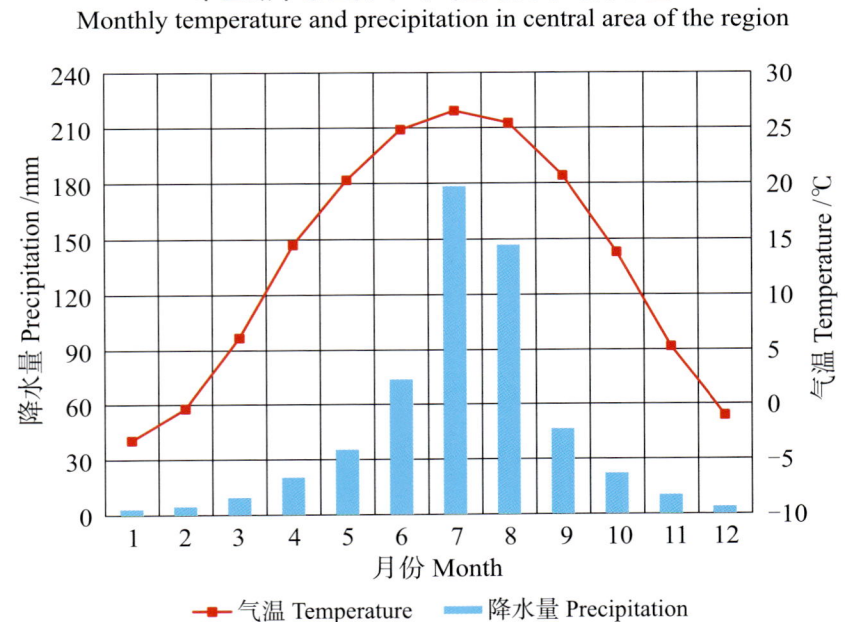

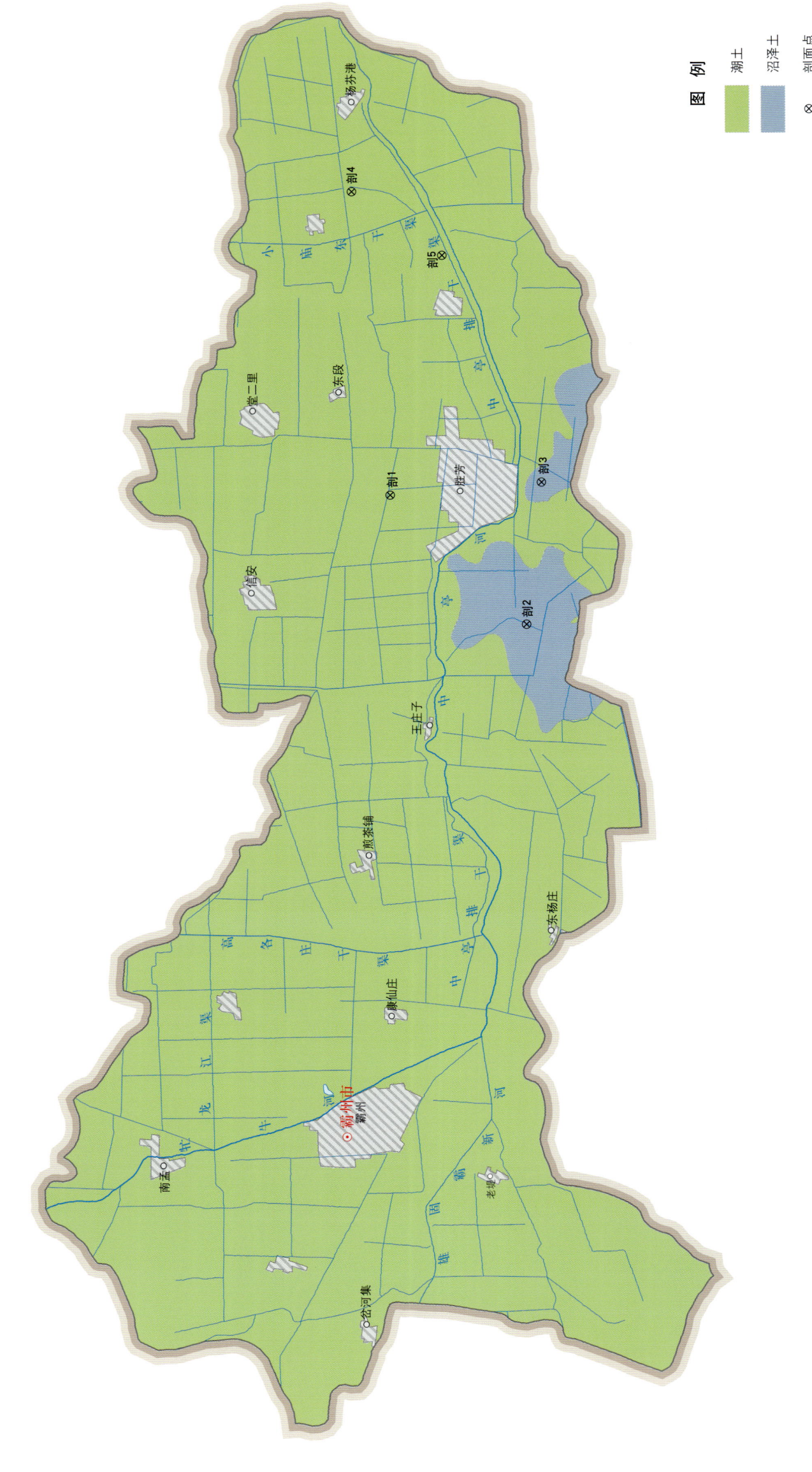

霸州市土壤剖面理化性状表

剖面号 Soil profile	土纲 Soil order	土类 Soil great group	亚类 Soil subgroup	土属 Soil genus	土种 Soil species	土层码 Layer code	土层厚度 Depth/cm	颜色 Soil color	质地 Soil texture	土壤结构 Soil structure	pH	有机质 OM/(g/kg)	全氮 TN/(g/kg)	全磷 TP/(g/kg)	全钾 TK/(g/kg)	有效磷 AP/(mg/kg)	速效钾 AK/(mg/kg)	阳离子交换量CEC/(cmol/kg)	土壤母质 Parent material	剖面点坐标 Profile coordinate	匹配指数 Matching index/%
剖1	半水成土	潮土	盐化潮土	硫酸盐盐化潮土	轻硝砂潮土	1	0—20	浅棕色	砂土	单粒状	8.4	5.7	0.32	0.78	18.8	3.1	2	6.4	河流冲积物	E 116°41′29.1″ N 39°05′57.4″	85
						2	20—110	黄棕色	砂土	单粒状	7.6	4.1	0.27	0.69	17.8	2.2	2	5.0			
剖2	水成土	沼泽土	草甸沼泽土	耕种黏质湖相沉积草甸沼泽土	耕种黏质草甸沼泽土	1	0—21	灰棕色	重壤土	粒状	8.0	52.4	3.63	0.66	20.0	5.0	142	20.0		E 116°37′51.6″ N 39°03′02.5″	82
						2	21—28	暗棕色	重壤土	屑粒状	7.6	143.0	7.56	0.74	21.7	6.5	119	17.0			
						3	28—53	黄棕色	重壤土	块状	8.0	33.6	2.23	0.70	23.3	6.5	119	17.0			
						4	53—100	棕灰色	重壤土	块状	8.1	33.6	2.22	0.70	23.0	6.5	119	18.0			
剖3	水成土	沼泽土	草甸沼泽土	黏质湖相沉积草甸沼泽土	黏质草甸沼泽土	1	0—25	暗棕色	重壤土	粒状	7.4	31.0	1.06	0.66	20.0	5.0	142	20.0		E 116°41′52.0″ N 39°02′44.2″	100
						2	25—100	灰蓝色	黏土	粒状	7.6	40.0	2.65	0.66	20.0	6.5	119	21.0			
剖4	半水成土	潮土	潮土	中壤质潮土	中壤质腰砂潮土	1	0—28	暗棕色	中壤土	碎屑状	8.5	13.1	0.85	0.61	31.3	6.0	101	14.5		E 116°50′01.7″ N 39°06′47.5″	70
						2	28—53	浅棕色	砂土	单粒状	8.0	9.3	0.15	0.61	22.5	6.0	29	4.3			
						3	53—100	棕色	中壤土	碎块状	8.5	13.5	0.88	0.70	32.5	4.5	70	2.0			
剖5	半水成土	潮土	盐化潮土	硫酸盐盐化潮土	中硝砂潮土	1	0—30	浅棕色	砂土	单粒状	8.5	3.0	0.22	0.54	2.4	2.8	32	7.1	河流冲积物、沉积物	E 116°48′14.0″ N 39°04′52.0″	93
						2	30—65	浅棕色	砂土	单粒状	8.3	3.1	0.23	0.50	0.5	2.0	40	7.5			
						3	65—85	灰棕色	砂土	单粒状	9.2	4.1	0.32	0.51	2.3	2.2	17	7.8			
						4	85—120	浅棕色	砂土	单粒状	9.4	3.5	0.25	0.52	2.4	3.3	36	7.2			

三 河 市

主要土类说明

褐土是三河市主要土壤类型，占本市地域面积的 66%。褐土发育于燕山山麓平原的第四纪洪冲积物和近代洪冲积物，是在半干旱半湿润季风气候区，落叶阔叶林、灌丛和草原草本植被下形成的地带性土壤。由于干湿季节分明，湿热同期出现，有助于化学风化。土体上部土层中的黏土矿物受降水机械淋溶作用，不断下移，聚积在心土层，故黏化过程较为明显。黏粒在土体中机械淋溶和淀积，在心土层形成暗棕色的黏化层，出现部位多在土体 60—70cm 深处。褐土所处的地势较高，土壤母质富含碳酸盐，所处地区的地下水埋深大都在 4—8m，土体脱离地下水的影响，加上土壤本身排水性能较好，致使土体中的碳酸盐物质发生不同程度的淋洗。但因为蒸发量大，所以石灰性物质的移动和积累受土壤水分升降影响很大。土壤中的石灰性物质随降水由上部表土层向下部迁移，而水分的蒸发又把淋洗到下部的石灰性物质携至心土层，聚积成假菌丝体，甚至为石灰结核。在降水淋洗和水分蒸发作用的同时，旱生阔叶林、灌丛或草本植被的根系在土壤深处吸收水分，也起到钙积作用，使碳酸钙大量淀积在心土层，不能在土体中进行完全淋洗，故本市褐土的钙质移动方式呈淋溶淀积型。

潮土是三河市第二大土壤类型，占本市地域面积的 30%。潮土是发育于河流冲积平原中的沉积物上的耕种土壤，所处地势低平，地下水位较高，地下水直接参与成土过程，人为耕作影响明显。潮土地下水埋深 1—3m，雨季可升至 1m 以上。地下水在高水位持续时期，毛管水可达到地表。白天在太阳照射下，土壤水分蒸发量大于毛管水上升量，地表显干燥；夜间毛管水上升量大于蒸发量而形成"夜潮"现象。潮土区水源比较丰富，地势平坦，土层深厚，农耕历史悠久，是本市重要的农业生产基地。

小于本市地域面积 3% 的土壤类型还有石质土和砂姜黑土等。

本区域中心区气候特征

本区域中心区气候特征值
Regional climate characteristics in central area of the region

气候带：暖温带亚湿润气候 Climate region: Warm temperate subhumid climate	
年平均气温 /℃ Annual average temperature /℃	11.6
年平均最高气温 /℃ Annual average maximum temperature /℃	17.4
年平均最低气温 /℃ Annual average minimum temperature /℃	6.6
年降水量 /mm Annual precipitation /mm	560
≥10℃的积温 /℃ Daily temperature accumulated in a year (≥10℃) /℃	4183
年日照时数 /h Annual sunshine /h	2646
年平均相对湿度 /% Annual average relative humidity /%	59
干燥度 Dryness	1.22

本区域中心区月平均气温与月平均降水量
Monthly temperature and precipitation in central area of the region

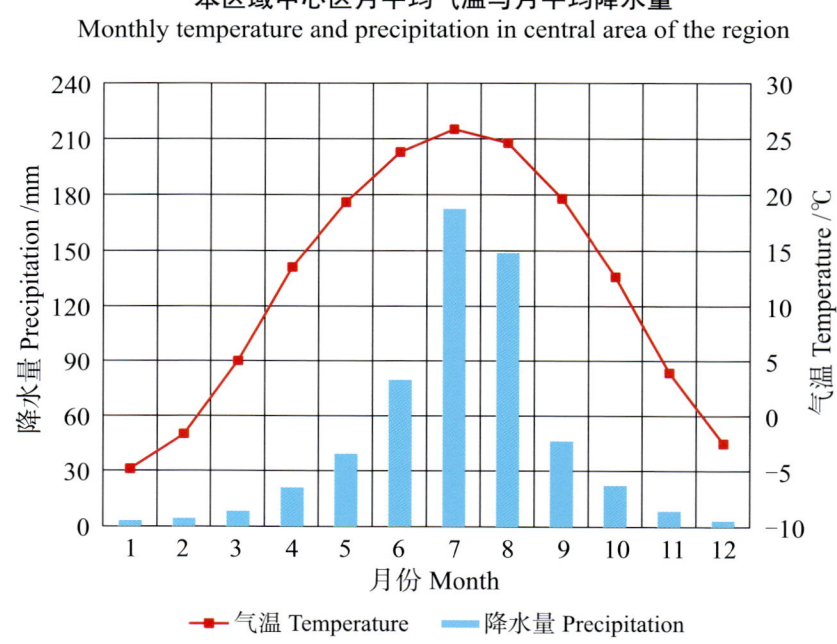

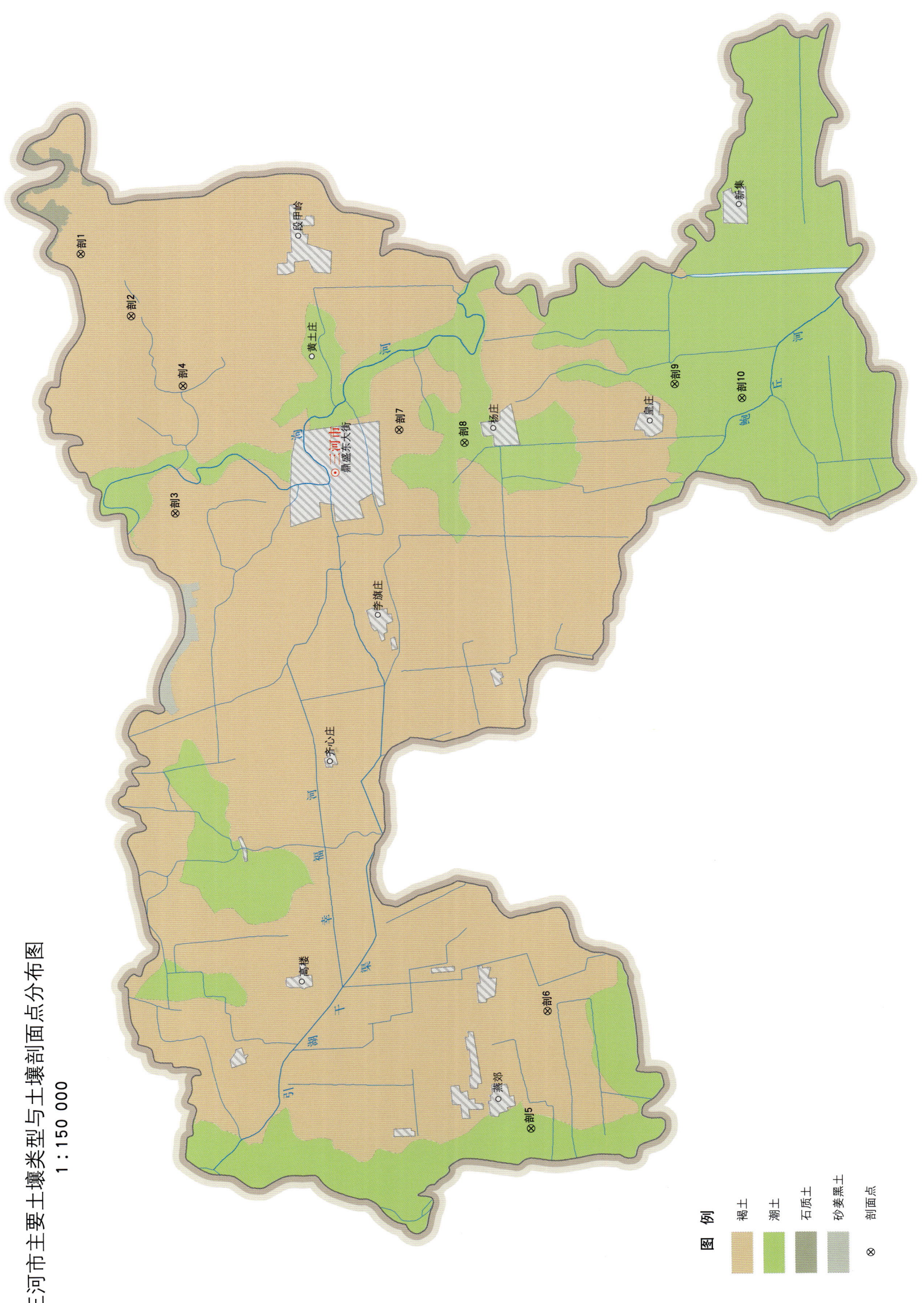

三河市土壤剖面理化性状表

剖面号 Soil profile	土纲 Soil order	土类 Soil great group	亚类 Soil subgroup	土属 Soil genus	土种 Soil species	土层码 Layer code	土层厚度 Depth/ cm	颜色 Soil color	质地 Soil texture	土壤结构 Soil structure	pH	有机质 OM/ (g/kg)	全氮 TN/ (g/kg)	全磷 TP/ (g/kg)	全钾 TK/ (g/kg)	有效磷 AP/ (mg/kg)	速效钾 AK/ (mg/kg)	阳离子 交换量CEC/ (cmol/kg)	土壤母质 Parent material	剖面点坐标 Profile coordinate	匹配指数 Matching index/%
剖1	半淋溶土	褐土	褐土	黏性洪冲积褐土	黏黄土	1	0—20	暗棕色	黏土	块状	8.2	14.0	0.96	0.58	20.7	4.7	124	16.1		E 117°09′22.2″ N 40°03′55.7″	76
						2	20—70	浅栗色	黏土	块状	8.2	6.7	0.68	0.47	20.1	3.0	100	19.9			
						3	70—100	浅栗色	轻壤土	块状	8.2	7.0	0.58	0.39	19.3	2.1	94	18.8			
剖2	半淋溶土	褐土	褐土	黄土质洪积褐土	黄土质壤质褐土	1	0—20	棕褐色	轻壤土	屑粒状										E 117°07′47.8″ N 40°02′58.7″	89
						2	20—35	棕褐色	中壤土	小块状											
						3	35—60	棕褐色	轻壤土	块状											
						4	60—135	浅棕褐色	轻壤土	块状											
剖3	半淋溶土	褐土	褐土	洪冲积褐土	轻壤质褐土	1	0—20	棕褐色	轻壤土	粒状									洪积物、冲积物	E 117°02′48.7″ N 40°02′08.8″	94
						2	20—70	棕褐色	轻壤土	小块状											
						3	70—100	浅棕褐色	轻壤土	块状											
剖4	半淋溶土	褐土	褐土	黄土质洪积褐土	少砾质黄土质黄土	1	0—20				8.1	6.3	0.47	0.92						E 117°06′01.8″ N 40°01′59.9″	87
						2	20—77				8.2	5.8	0.40	0.86							
						3	77—110				8.2	3.4	0.19	0.88							
						4	110—150				8.0	3.2	0.12	0.96							
剖5	半淋溶土	潮土	潮褐土	砂壤质潮褐土	砂壤质褐土	1	0—20	浅棕色	砂壤土	屑粒状										E 116°47′16.5″ N 39°55′27.1″	82
						2	20—72	浅棕褐色	砂壤土	粒状											
						3	72—120	浅棕褐色	砂壤土	小块状											
剖6	半淋溶土	潮土	潮褐土	洪冲积潮褐土	砂壤质潮褐土	1	0—20	浅灰棕色	砂壤土	屑粒状									洪积物、冲积物	E 116°50′11.8″ N 39°55′08.0″	86
						2	20—65	灰棕色	砂壤土	小块状											
						3	65—100	浅棕色	轻壤土	块状											
剖7	半淋溶土	褐土	潮褐土	洪冲积潮褐土	轻壤质潮褐土	1	0—19				8.1	12.2	0.89	1.36					洪积物、冲积物	E 117°04′54.7″ N 39°57′54.8″	96
						2	19—50				8.4	10.5	0.70	1.24							
						3	50—100				7.9	5.3	0.41	1.00							
剖8	半水成土	潮土	湿潮土	黏质冲积潮土	中壤质潮土	1	0—20	灰棕色	中壤土	核状										E 117°04′35.0″ N 39°56′40.7″	84
						2	20—70	暗棕色	重壤土	大块状											
						3	70—100	灰棕色	中壤土	块状											
剖9	半水成土	潮土	湿潮土	壤质冲积湿潮土	轻壤质潮土	1	0—20	浅灰棕色	轻壤土	粒状										E 117°06′03.0″ N 39°52′42.3″	82
						2	20—62	暗棕色	轻壤土	块状											
						3	62—115	浅棕色	轻壤土	块状											
剖10	半水成土	潮土	湿潮土	静水沉积湿潮土	黏质湿潮土	1	0—20			块状	8.2	18.5	1.15	1.48						E 117°05′41.3″ N 39°51′25.9″	92
						2	20—60			块状	8.3	7.1	0.52	1.08							
						3	60—110			块状	8.2	9.1	0.67	0.76							

衡 水 市

市 辖 区

主要土类说明

潮土是衡水市主要土壤类型，占本市地域面积的92%。潮土指直接发育在河流冲积物上，经耕种熟化而成的土壤。地下水直接参与成土过程，地表有机质积累较少，土壤颜色较浅。潮土所处地势低平开阔，微有起伏，坡降很小，一般不超过1/4000，低平处在1/8900—1/6000，排水不畅，历史上多有洪涝灾害。新中国成立后，水库与排水工程发挥作用，洪害基本停止，但涝灾在低洼地区仍有发生。潮土的地下水埋深较浅，多为1.2—4m，变幅在1—2m。土壤发生特征是：潮化过程明显，土壤形成直接受地下水作用，底土潮润。地下水随季节而升降，土壤中的铁锰物质经还原淋溶或氧化淀积，形成锈色斑纹或铁锰结核。通体含有碳酸钙，含量为5%—14%，pH为7.3—8.7。潮土因受黄土性母质的影响，矿质养分较丰富，但有机质含量较低。因地势低平，径流缓滞，地下水矿化度较高处易发生盐化，渠灌后次生盐渍化威胁亦大。

本区域中心区气候特征

本区域中心区气候特征值
Regional climate characteristics in central area of the region

气候带：暖温带亚湿润气候 Climate region: Warm temperate subhumid climate	
年平均气温 /℃ Annual average temperature /℃	13.7
年平均最高气温 /℃ Annual average maximum temperature /℃	19.2
年平均最低气温 /℃ Annual average minimum temperature /℃	9.0
年降水量 /mm Annual precipitation /mm	582
≥10℃的积温 /℃ Daily temperature accumulated in a year（≥10℃）/℃	4970
年日照时数 /h Annual sunshine /h	2503
年平均相对湿度 /% Annual average relative humidity /%	61
干燥度 Dryness	1.46

本区域中心区月平均气温与月平均降水量
Monthly temperature and precipitation in central area of the region

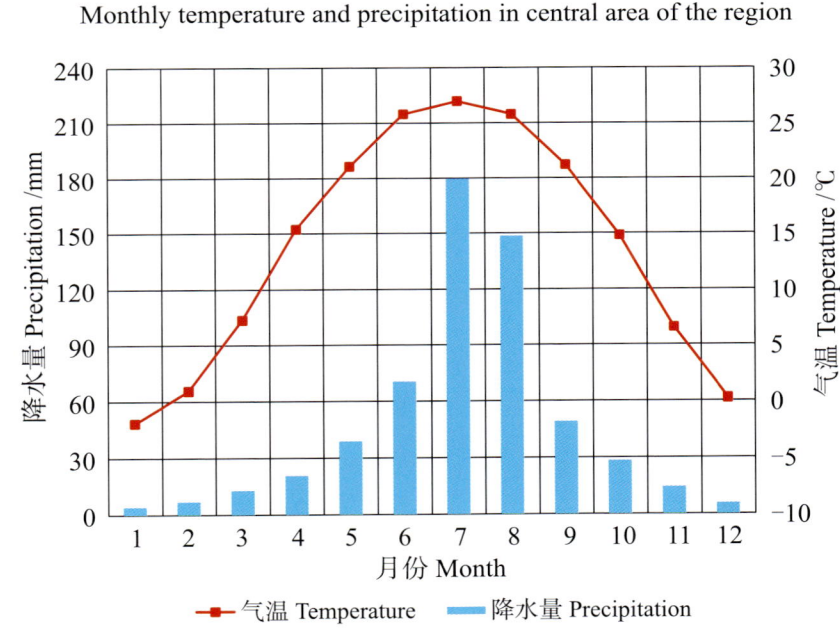

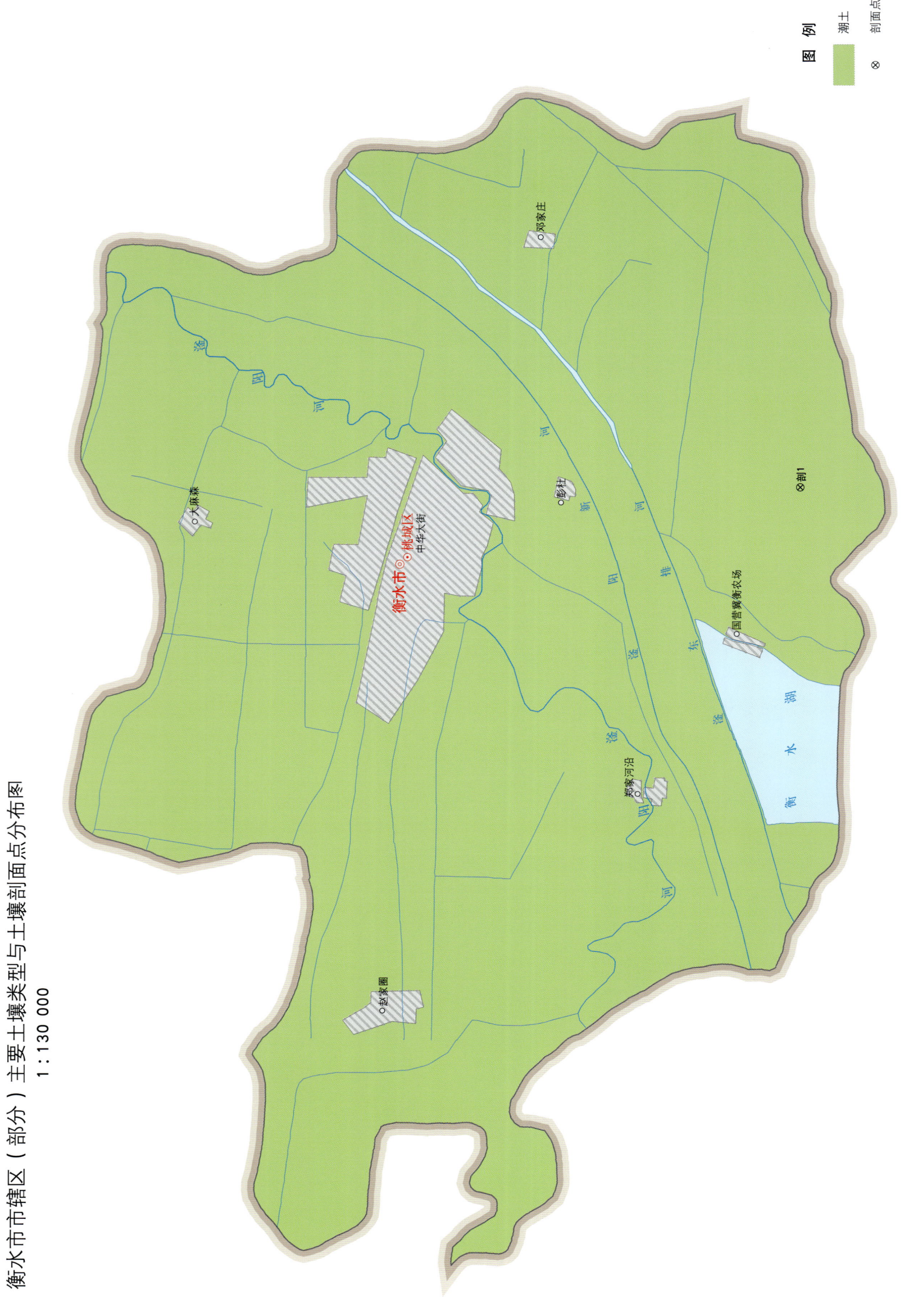

衡水市市辖区（部分）主要土壤类型与土壤剖面点分布图
1∶130 000

衡水市土壤剖面理化性状表

剖面号 Soil profile	土纲 Soil order	土类 Soil great group	亚类 Soil subgroup	土属 Soil genus	土种 Soil species	土层码 Layer code	土层厚度 Depth/cm	颜色 Soil color	质地 Soil texture	土壤结构 Soil structure	pH	有机质 OM/(g/kg)	全氮 TN/(g/kg)	全磷 TP/(g/kg)	全钾 TK/(g/kg)	有效磷 AP/(mg/kg)	速效钾 AK/(mg/kg)	阳离子交换量CEC/(cmol/kg)	土壤母质 Parent material	剖面点坐标 Profile coordinate	匹配指数 Matching index/%
剖1	半水成土	潮土	盐化潮土	硫酸盐盐化潮土	轻硝二合土	1	0—20	灰棕色	壤土	碎屑状	7.7	5.8	0.27	0.51	16.8	2.8	89	11.4	河流冲积物	E 115°41′57.3″ N 37°37′56.6″	91
						2	20—80	灰棕色	砂壤土	碎屑状	7.8	3.9	0.22	0.45	16.1	1.3	37	17.9			
						3	80—150	灰棕色	壤土	碎屑状	7.8	3.4	0.21	0.51	14.8	1.6	36	18.6			

冀 州 区

主要土类说明

潮土是冀州区主要土壤类型，占本区地域面积的96%。成土母质以黄河冲积物为主。在成土过程中，因沉积特性的差异和沉积物所形成的局部地貌，直接影响土壤质地，多为轻壤土和砂壤土，剖面层次排列较明显，但变化复杂，特别是河流泛滥冲积较频繁的地方，层次排列尤为复杂。潮土多分布于滏阳河以西的黄河、漳河、滹河三河交互沉积区，当地群众称之为"一步三换土"。但整体耕层质地过渡性很不明显。因地下水埋藏较浅，直接参与土壤的形成过程，在半干旱季风气候的影响下，地下水的升降引起土壤氧化还原的交互作用，土体内有明显的潜育化现象，表土干湿交替明显，有机质分解充分，积累少，耕层疏松多孔，由于地势低平，排水不畅，水质不佳，矿化度较高，多为2—4g/L，在毛管水分强烈上升的情况下，土壤盐分聚积地表，形成盐化土壤，一般呈复区分布。

小于本区地域面积3%的土壤类型还有草甸盐土等。

本区域中心区气候特征

本区域中心区气候特征值
Regional climate characteristics in central area of the region

气候带：暖温带亚湿润气候 Climate region: Warm temperate subhumid climate	
年平均气温 /℃ Annual average temperature /℃	13.8
年平均最高气温 /℃ Annual average maximum temperature /℃	19.3
年平均最低气温 /℃ Annual average minimum temperature /℃	9.1
年降水量 /mm Annual precipitation /mm	568
≥10℃的积温 /℃ Daily temperature accumulated in a year (≥10℃) /℃	4969
年日照时数 /h Annual sunshine /h	2460
年平均相对湿度 /% Annual average relative humidity /%	62
干燥度 Dryness	1.48

本区域中心区月平均气温与月平均降水量
Monthly temperature and precipitation in central area of the region

冀州市主要土壤类型与土壤剖面点分布图
1∶200 000

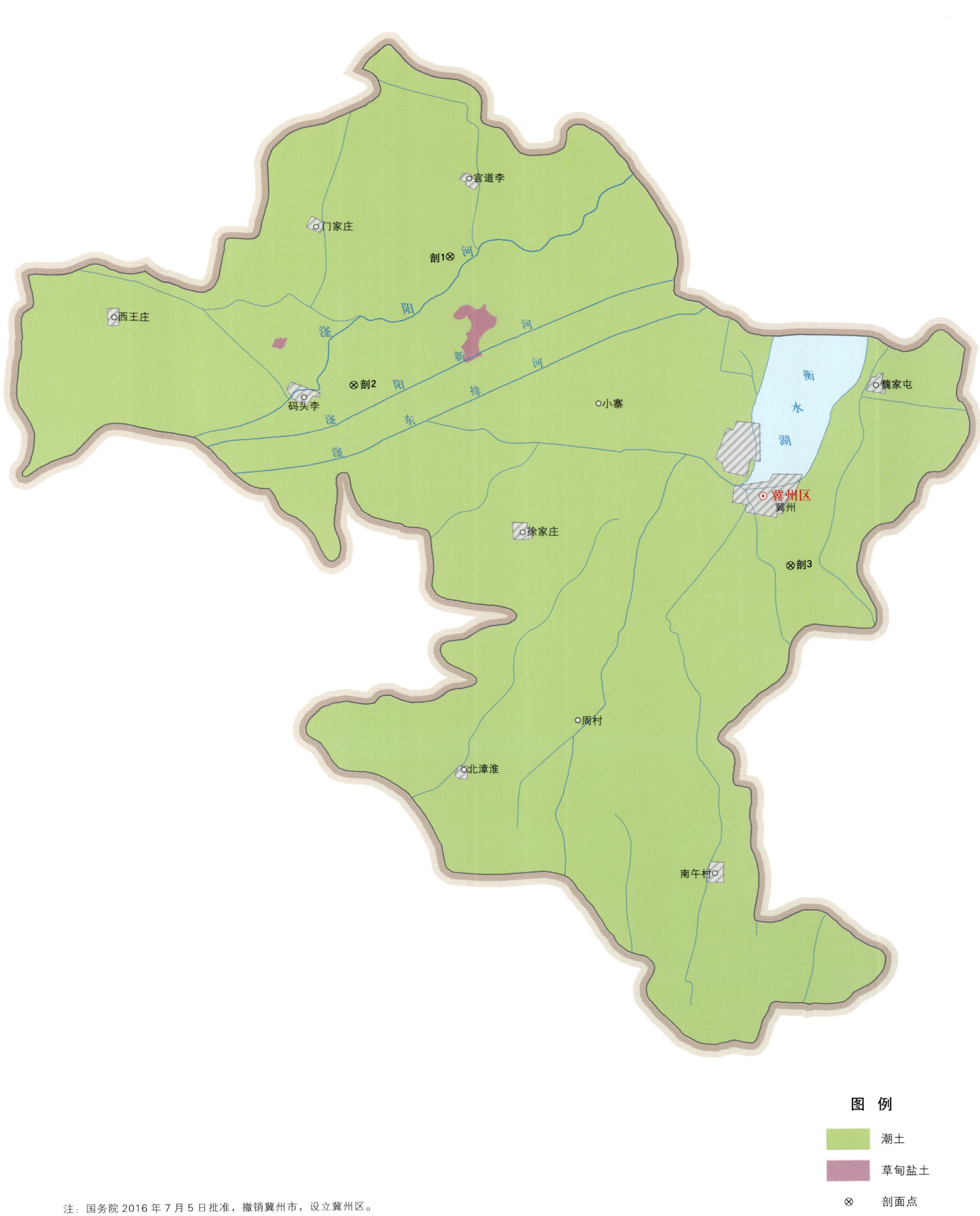

注：国务院 2016 年 7 月 5 日批准，撤销冀州市，设立冀州区。

冀州区土壤剖面理化性状表

剖面号	土纲	土类	亚类	土属	土种	土层码	土层厚度/cm	颜色	质地	土壤结构	pH	有机质 OM/(g/kg)	全氮 TN/(g/kg)	全磷 TP/(g/kg)	全钾 TK/(g/kg)	有效磷 AP/(mg/kg)	速效钾 AK/(mg/kg)	阳离子交换量CEC/(cmol/kg)	土壤母质	剖面点坐标	匹配指数/%
剖1	半水成土	潮土	盐化潮土	氯化物盐化潮土	中卤砂潮土	1	0—20	浅灰色	砂壤土	单粒状	8.8	2.0	0.31	0.14	17.0	10.9	40	18.4	河流冲积物、洪冲积物	E 115°24′35.6″ N 37°39′09.2″	71
						2	20—60	浅灰色	砂壤土	单粒状	8.8	3.1	0.27	0.17	16.5	9.8	40	10.3			
						3	60—100		砂壤土		8.7	1.4	0.42	0.11	16.3	9.5	24	3.9			
剖2	半水成土	潮土	盐化潮土	氯化物盐化潮土	轻卤砂潮土	1	0—20	浅棕色	砂壤土	粒状	8.9	1.0	0.29	0.14	18.0	11.8	38	17.5		E 115°21′37.8″ N 37°35′50.7″	98
						2	20—100	浅棕色	砂壤土	粒状	8.7	3.1	0.43	0.13	16.0	8.5	22	3.6			
剖3	半水成土	潮土	盐化潮土	氯化物盐化潮土	油碱土	1	0—20	棕色	壤土	屑粒状	8.5	4.4	0.28	0.16	18.0	11.0	69	4.6	河流冲积物	E 115°35′21.8″ N 37°31′19.9″	91
						2	20—60	浅棕色	黏壤土	屑粒状	8.9	3.5	0.29	0.16	17.0	16.3	37	6.9			
						3	60—100	浅棕色	壤土	单粒状											

枣 强 县

主要土类说明

潮土是枣强县主要土壤类型，占本县地域面积的 99%。成土母质属河流冲积物，地下水直接参与成土过程。气候属半干旱季风气候，干湿季节分明。地下水季节性升降导致土壤内氧化还原过程交替进行，从而形成了以潜育现象为主导作用的土壤。土壤表层呈灰棕色，通体石灰反应，土层排列明显，心土层常出现锈色斑纹和铁锰结核。其剖面基本上可划分为三个发生层次：表土层，颜色为灰棕色，土层疏松，孔隙度大，土壤 pH 一般为 7.0—8.0；心土层往往有一定的沉淀层次，养分含量低，一般有碳酸钙的沉淀物和锈色斑纹产生；底土层，一般脱离了人为活动的影响，土壤颜色较重，养分含量很低，一般作物的根系达不到。

本区域中心区气候特征

本区域中心区气候特征值
Regional climate characteristics in central area of the region

气候带：暖温带亚湿润气候 Climate region: Warm temperate subhumid climate	
年平均气温 /℃ Annual average temperature /℃	13.9
年平均最高气温 /℃ Annual average maximum temperature /℃	19.4
年平均最低气温 /℃ Annual average minimum temperature /℃	9.3
年降水量 /mm Annual precipitation /mm	589
≥10℃的积温 /℃ Daily temperature accumulated in a year (≥10℃) /℃	5029
年日照时数 /h Annual sunshine /h	2478
年平均相对湿度 /% Annual average relative humidity /%	61
干燥度 Dryness	1.44

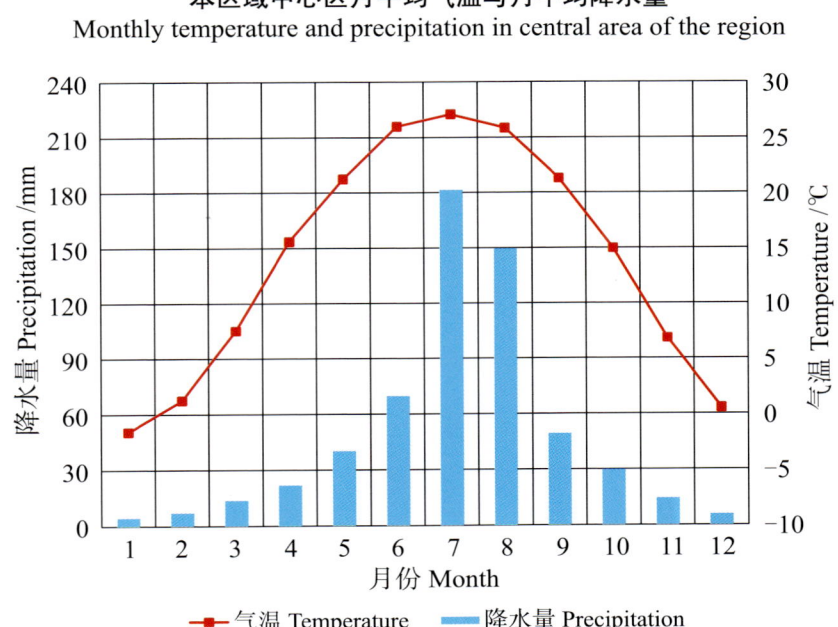

本区域中心区月平均气温与月平均降水量
Monthly temperature and precipitation in central area of the region

枣强县主要土壤类型与土壤剖面点分布图
1∶170 000

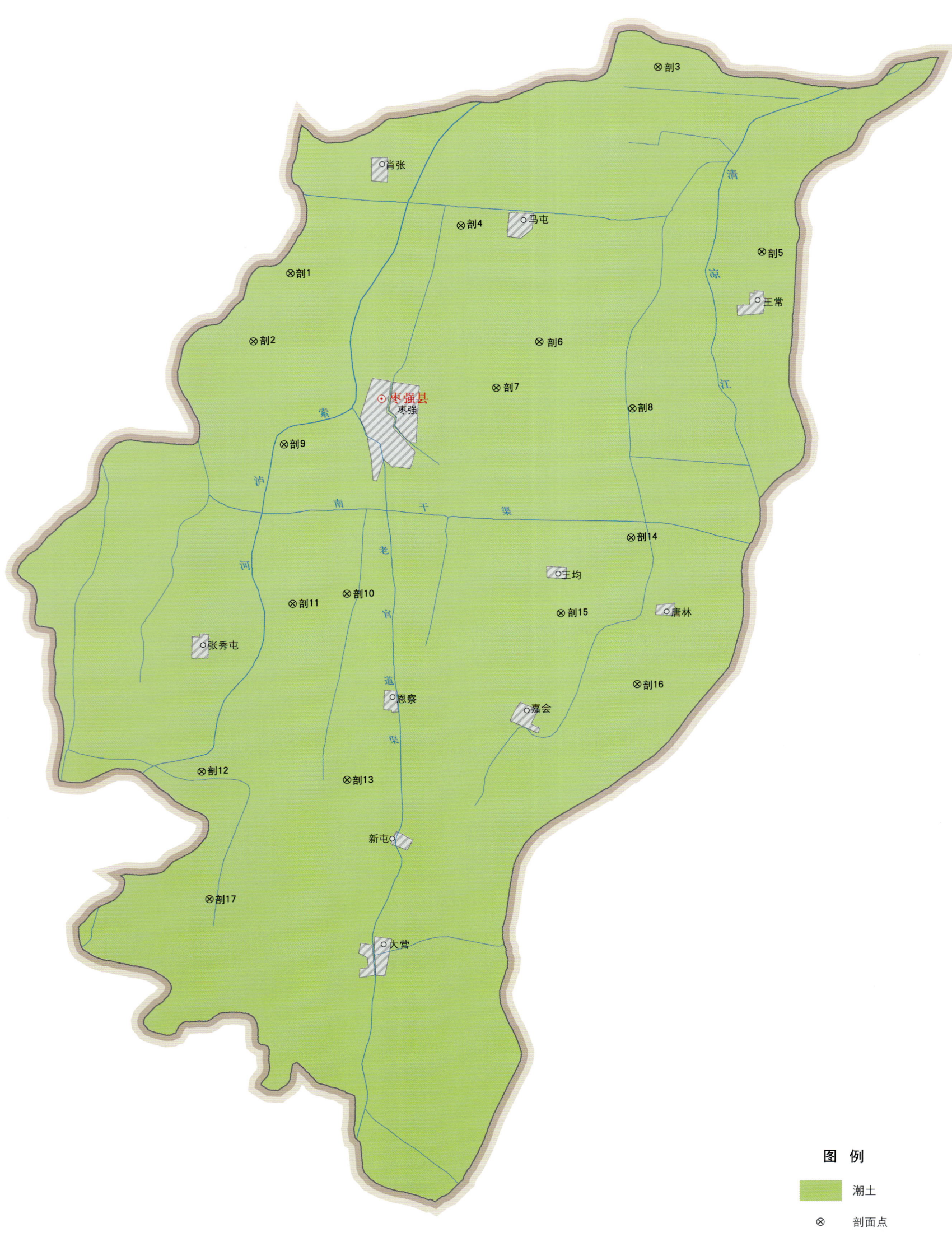

枣强县土壤剖面理化性状表

剖面号 Soil profile	土纲 Soil order	土类 Soil great group	亚类 Soil subgroup	土属 Soil genus	土种 Soil species	土层码 Layer code	土层厚度 Depth/cm	颜色 Soil color	质地 Soil texture	土壤结构 Soil structure	pH	有机质 OM/(g/kg)	全氮 TN/(g/kg)	全磷 TP/(g/kg)	全钾 TK/(g/kg)	有效磷 AP/(mg/kg)	速效钾 AK/(mg/kg)	阳离子交换量 CEC/(cmol/kg)	土壤母质 Parent material	剖面点坐标 Profile coordinate	匹配指数 Matching index/%
剖1	半水成土	潮土	褐潮土	壤质褐潮土	蒙金褐潮土	1	0—20	浅灰棕色	壤土	碎屑状	8.3	7.4	0.42	0.59	18.4	1.7	137	12.8	河流冲积物	E 115°40′29.3″ N 37°33′37.0″	83
						2	20—40	浅灰棕色	砂壤土	碎屑状	8.2	8.3	0.50	0.63	17.7	2.1	106	12.4			
						3	40—82	棕褐色	粉砂质黏壤土	块状	8.2	9.8	0.62	0.57	19.5	1.6	77	26.1			
						4	82—150	浅灰棕色	轻壤土	粒状	8.4	2.7	0.17	1.33	19.5	1.0	174	8.1			
剖2	半水成土	潮土	盐化潮土	壤质硫酸盐氯化物盐化潮土	轻壤质底黏轻度盐化潮土	1	0—5	灰棕色	轻壤土	屑状	8.3	4.8	0.26	1.35						E 115°39′29.9″ N 37°32′04.9″	96
						2	5—10	灰棕色	轻壤土	屑状	8.3	4.8	0.22	1.40							
						3	10—20	灰棕色	轻壤土	屑状	8.2	7.8	0.31	1.27							
						4	20—80	灰棕色	轻壤土	屑状	8.5	3.3	0.20	1.21							
						5	80—100	褐棕色	胶泥土	块状	8.1	8.6	0.46	1.25							
						6	100—150	棕褐色	重壤土	屑粒状	8.5	1.9	0.12	1.34							
剖3	半水成土	潮土	盐化潮土	壤质硫酸盐氯化物盐化潮土	轻壤质轻度盐化潮土	1	0—5	灰棕色	轻壤土	碎屑状	8.0	7.9	0.44	1.32						E 115°50′28.3″ N 37°38′18.2″	96
						2	5—10	灰棕色	轻壤土	碎屑状	8.3	7.7	4.14	1.27							
						3	10—20	灰棕色	轻壤土	碎屑状	8.1	7.8	0.40	1.19							
						4	20—40	灰棕色	轻壤土	碎屑状	8.0	8.5	0.40	1.19							
						5	40—90	暗棕褐色	轻壤土	碎屑状	8.1	8.3	0.26	1.07							
						6	90—150	浅灰棕色	轻壤土	碎屑状	8.2	3.9	0.45	1.40							
剖4	半水成土	潮土	盐化潮土	壤质硫酸盐氯化物盐化潮土	轻壤质中度盐化潮土	1	0—5	灰棕色	轻壤土	碎屑状	7.8	10.0	0.36	1.33						E 115°45′07.2″ N 37°34′42.6″	98
						2	5—10	灰棕色	轻壤土	碎屑状	8.0	7.7	0.42	1.32							
						3	10—20	灰棕色	轻壤土	碎屑状	8.1	7.7	0.10	2.70							
						4	20—108	灰棕色	砂壤土	碎粒状	8.0	5.6	0.25	1.11							
						5	108—139	灰棕色	轻壤土	块状	8.2	4.7	0.22	1.21							
						6	139—150		砂土	单粒状	9.0	5.0	0.42	1.32				11.0			
剖5	半水成土	潮土	褐潮土	壤质褐潮土	轻壤质底黏褐潮土	1	0—20	灰棕色	轻壤土	碎屑状	8.4	7.6	0.32	1.36				11.2		E 115°53′20.4″ N 37°34′10.9″	87
						2	20—59	灰棕色	中壤土	碎屑状	8.2	5.6	0.48	1.27				19.7			
						3	59—84		胶泥土	块状	9.1	9.1	0.54	1.21				26.2			
						4	84—150	灰棕色	中壤土	碎屑状	9.9	9.9	0.23	1.25				9.5			
剖6	半水成土	潮土	潮土	壤质潮土	中壤质褐潮土	1	0—20	浅灰棕色	轻壤土	碎屑状	8.3	10.1	0.39	1.30				11.1		E 115°47′17.5″ N 37°32′08.2″	95
						2	20—40	灰棕色	轻壤土	碎屑状	8.6	6.1	0.69	1.34				22.6			
						3	40—80	暗棕褐色	中壤土	碎粒状	8.1	12.4	0.65	1.20				27.4			
						4	80—150	棕褐色	胶泥土	块状	7.9	10.3	0.10	1.38				10.1			
剖7	半水成土	潮土	褐潮土	壤质褐潮土	中壤质褐潮土	1	0—20		中壤土	单粒状	8.5	8.9	4.29	1.42				21.0		E 115°46′08.0″ N 37°31′05.2″	70
						2	20—68		中壤土	碎屑状	8.5	1.2	0.62	1.22				27.0			
						3	68—112		胶泥土	碎屑状	8.4	9.9	0.56	1.18				18.0			
						4	112—150		轻壤土	碎屑状	8.5	6.1	0.31	1.18				10.2			
剖8	半水成土	潮土	潮土	壤质潮土	轻壤质潮土	1	0—20	浅灰棕色	轻壤土	碎屑状	7.8	6.9	0.39	1.18				11.0		E 115°49′50.9″ N 37°30′39.2″	94
						2	20—45	灰棕色	轻壤土	碎屑状	7.9	8.0	0.24	1.28				11.7			
						3	45—110	暗棕褐色	轻壤土	碎块状	8.7	9.5	0.54	1.37				21.7			
						4	110—150	浅灰棕色	重壤土	碎屑状	8.9	5.8	0.32	1.04				5.9			
剖9	半水成土	潮土	潮土	壤质潮土	砂壤质潮土	1	0—50		砂土	单粒状	8.9	4.2	0.20	0.98				6.9		E 115°40′22.1″ N 37°29′46.4″	78
						2	50—80		砂土	单粒状	8.7	2.6	0.11	1.06				6.0			
						3	80—120		砂土	单粒状	8.7	2.5	0.12	1.08				5.2			
						4	120—150		砂土		8.5	8.7	0.13								

续表 Continued

剖面号 Soil profile	土纲 Soil order	土类 Soil great group	亚类 Soil subgroup	土属 Soil genus	土种 Soil species	土层码 Layer code	土层厚度 Depth/cm	颜色 Soil color	质地 Soil texture	土壤结构 Soil structure	pH	有机质 OM/(g/kg)	全氮 TN/(g/kg)	全磷 TP/(g/kg)	全钾 TK/(g/kg)	有效磷 AP/(mg/kg)	速效钾 AK/(mg/kg)	阳离子交换量CEC/(cmol/kg)	土壤母质 Parent material	剖面点坐标 Profile coordinate	匹配指数 Matching index/%
剖10	半水成土	潮土	潮土	壤质潮土	砂壤质黏姜金潮土	1	0~20	浅灰棕色	轻壤土	屑粒状	8.3	7.4	0.42	1.36				12.8		E 115°42′07.8″ N 37°26′27.5″	99
						2	20~37	浅灰棕色	轻壤土	屑粒状	8.8	8.3	0.50	1.44				12.4			
						3	37~64	棕褐色	重壤土	屑粒状	8.9	9.8	0.63	1.30				26.1			
						4	64~78	棕褐色	轻壤土	碎屑状	8.4	2.7	0.17	1.31				8.1			
						5	78~107	浅灰棕色	砂壤土	碎屑状	8.3	7.0	0.42	1.19				21.3			
						6	107~150	浅灰棕色	砂壤土	碎屑状	8.4	2.2	0.20	1.22				5.8			
剖11	半水成土	潮土	褐潮土	壤质褐潮土	砂壤质黏姜金褐潮土	1	0~23	浅灰棕色	砂壤土	碎屑状	8.6	6.8	0.35	1.18				7.3		E 115°40′39.4″ N 37°26′12.8″	96
						2	23~36	褐棕色	重壤土	碎屑状	8.2	5.3	0.27	1.18				9.1			
						3	36~61	褐棕色	重壤土	碎屑状	8.3	5.9	0.33	1.16				15.6			
						4	61~81	暗灰棕色	壤土	碎屑状	8.4	3.2	0.20	1.20				6.5			
						5	81~150	浅灰棕色	砂壤土	碎屑状	8.7	1.9	0.13	1.44							
剖12	半水成土	潮土	褐潮土	砂质褐潮土	砂质褐潮土	1	0~30		砂土	单粒状	8.6	3.4	0.20	0.96				5.2		E 115°38′14.6″ N 37°22′26.5″	78
						2	30~60		砂土	单粒状	8.8	3.0	0.15	1.06				2.2			
						3	60~100		砂土	单粒状	8.7	2.1	0.11	0.96				5.1			
						4	100~150		砂土	单粒状	8.6	2.8	0.13	0.96				4.9			
剖13	半水成土	潮土	潮土	壤质褐潮土	轻壤质底砂土	1	0~20	浅灰棕色	轻壤土	屑碎状	8.1	8.2	0.45	1.29				9.6		E 115°42′12.2″ N 37°22′17.8″	100
						2	20~40	浅灰棕色	轻壤土	屑碎状	8.3	7.8	0.42	1.28				10.7			
						3	40~150		砂土	单粒状	8.7	2.0	0.13	1.16				5.0			
剖14	半水成土	潮土	褐潮土	壤质褐潮土	轻壤质褐潮土	1	0~20	浅灰棕色	轻壤土	碎块状	8.4	9.6	0.54	1.38				10.2		E 115°49′50.9″ N 37°27′46.8″	70
						2	20~45	暗灰棕色	轻壤土	碎块状	8.3	7.6	0.46	1.36				11.0			
						3	45~110	暗灰棕色	重壤土	碎屑状	8.3	6.1	0.32	1.31				11.6			
						4	110~150	浅灰棕色	轻壤土	碎屑状	8.2	10.2	0.54	1.19				21.7			
剖15	半水成土	潮土	褐潮土	壤质褐潮土	轻壤质褐潮土	1	0~20	灰棕色	中壤土	碎屑状	8.3	10.1	0.48	1.27				10.5		E 115°47′57.5″ N 37°26′04.2″	70
						2	20~45	灰棕色	重壤土	碎屑状	8.2	7.5	0.44	1.32				13.4			
						3	45~60	灰棕色	重壤土	碎屑状	8.2	6.1	0.37	1.21				15.8			
						4	60~90	灰棕色	胶泥土	碎屑状	8.3	10.0	0.58	1.34				29.2			
						5	90~150	浅灰棕色	砂壤土	单粒状	8.4	2.1	0.14	1.28				5.3			
剖16	半水成土	潮土	盐化潮土	壤质硫酸盐氯化物盐化潮土	砂壤质轻度盐化潮土	1	0~5	浅灰棕色	砂壤土	碎粒状	8.2	3.3	0.20	1.11						E 115°50′03.8″ N 37°24′30.0″	75
						2	5~10	灰棕色	砂壤土	碎粒状	8.5	2.7	0.15	1.07							
						3	10~20	灰棕色	砂土	碎屑状	8.4	2.8	0.16	1.13							
						4	20~58	灰棕色	砂壤土	单粒状	8.6	1.5	0.17	1.25							
						5	58~110	灰棕色	轻壤土	碎屑状	8.5	4.2	0.10	1.59							
						6	110~130	灰棕色	重壤土	碎粒状	8.2	2.3	0.21	1.17				8.2			
						7	130~150	灰棕色	砂壤土	碎粒状	8.3	5.8	0.14	0.99							
剖17	半水成土	潮土	褐潮土	壤质褐潮土	砂壤质褐潮土	1	0~20	浅灰棕色	砂壤土	屑粒状	9.3	5.8	0.40	1.34				8.2		E 115°38′30.2″ N 37°19′34.1″	76
						2	20~67	灰棕色	轻壤土	屑粒状	9.3	5.5	0.09	1.20				8.4			
						3	67~150		砂土	屑粒状	9.4	3.3	0.23	1.43				7.8			

武 邑 县

主要土类说明

潮土是武邑县主要土壤类型，占本县地域面积的98%。成土母质为河流冲积物，地下水位较高，并直接参与成土过程。潮土区处于半湿润易干旱季风气候区，干湿季节变化明显，降水集中。每逢夏季，高温高湿同时出现，土体含水量增加，地下水位升高；雨季过后，水位逐降，加之冬春干旱，特别是春季，地温上升快、多风、蒸发量大；翌年雨季到来之前地下水位降至最低，其变幅为1—3m，导致土壤内氧化还原过程交替进行，有机质和矿物质的转化、移动和积累也进行相应的变化，从而形成潮土。土壤表层呈浅灰棕色，通体有石灰反应，剖面基本可分为三个发生层次：表土层，颜色为浅灰棕色，土层疏松，孔隙度较大，土壤pH为7.3—8.9；心土层，常见有明显的沉积层次，养分含量低，有锈色斑纹、铁锰结核及碳酸钙的沉积物（假菌丝体和砂姜等）；底土层，呈暗灰棕色，基本脱离了人为活动的影响。

本区域中心区气候特征

本区域中心区气候特征值
Regional climate characteristics in central area of the region

气候带：暖温带亚湿润气候 Climate region: Warm temperate subhumid climate	
年平均气温 /℃ Annual average temperature /℃	13.7
年平均最高气温 /℃ Annual average maximum temperature /℃	19.2
年平均最低气温 /℃ Annual average minimum temperature /℃	9.0
年降水量 /mm Annual precipitation /mm	588
≥10℃的积温 /℃ Daily temperature accumulated in a year（≥10℃）/℃	4971
年日照时数 /h Annual sunshine /h	2519
年平均相对湿度 /% Annual average relative humidity /%	61
干燥度 Dryness	1.44

本区域中心区月平均气温与月平均降水量
Monthly temperature and precipitation in central area of the region

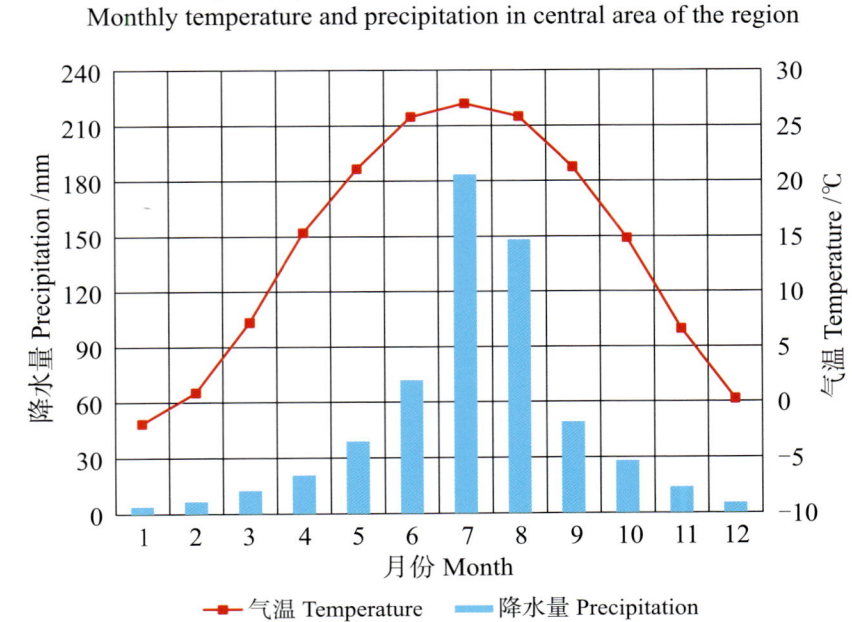

武邑县主要土壤类型与土壤剖面点分布图
1∶150 000

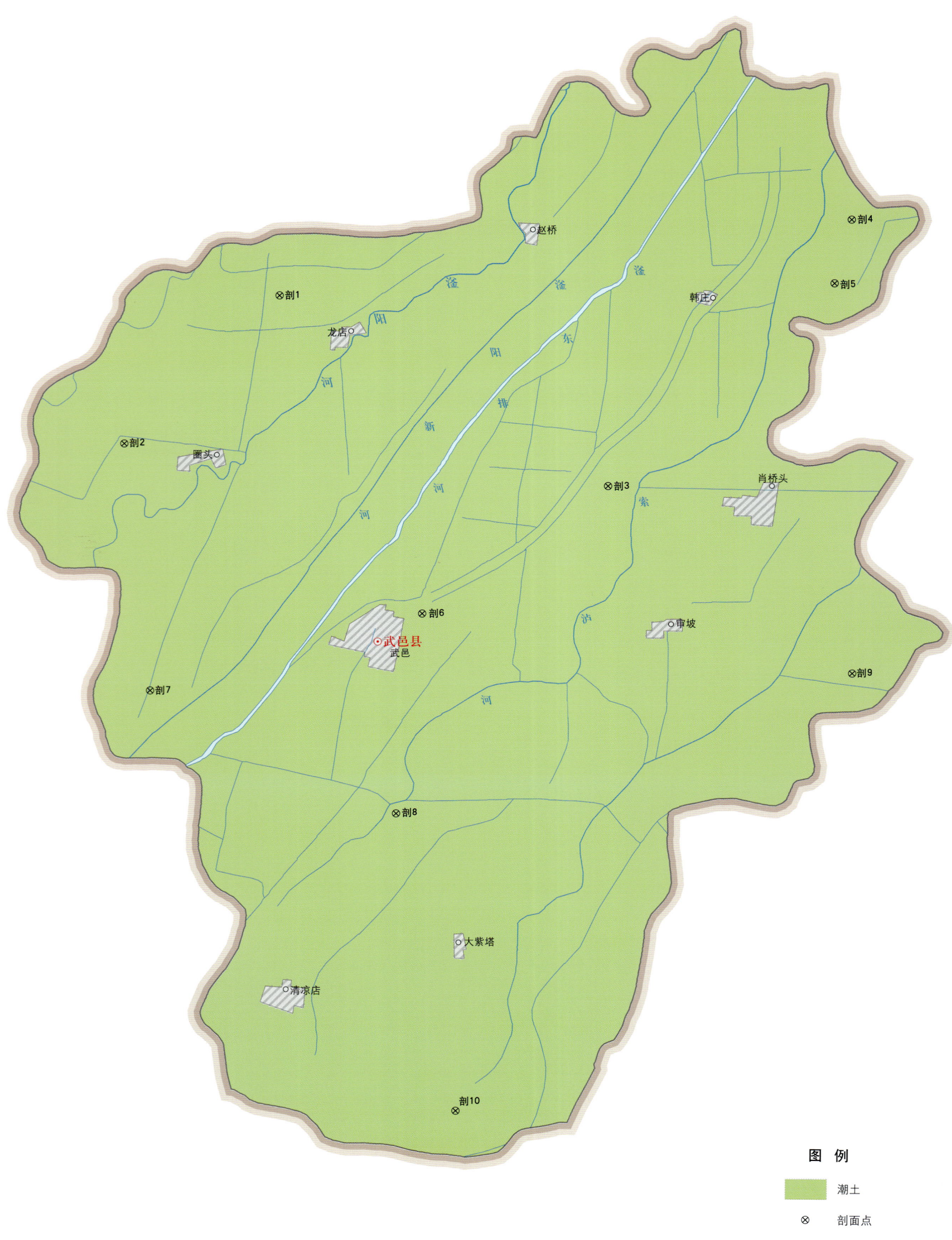

武邑县土壤剖面理化性状表

剖面号 Soil profile	土纲 Soil order	土类 Soil great group	亚类 Soil subgroup	土属 Soil genus	土种 Soil species	土层码 Layer code	土层厚度 Depth/cm	颜色 Soil color	质地 Soil texture	土壤结构 Soil structure	pH	有机质 OM/(g/kg)	全氮 TN/(g/kg)	全磷 TP/(g/kg)	全钾 TK/(g/kg)	碱解氮 AN/(mg/kg)	有效磷 AP/(mg/kg)	速效钾 AK/(mg/kg)	阳离子交换量CEC/(cmol/kg)	土壤母质 Parent material	剖面点坐标 Profile coordinate	匹配指数 Matching index/%
剖1	半水成土	潮土	潮土	壤质潮土	重壤质潮土	1	0~20	暗灰棕色	重壤土	碎屑状	8.0	11.7	0.72	1.50		54	6.0	204	16.3		E 115° 50′ 45.1″ N 37° 54′ 58.5″	86
						2	20~60	暗灰棕色	重壤土	碎屑状	7.9	11.2	0.82	1.48		56	5.0	208	17.9			
						3	60~120	红棕色	中壤土	碎屑状	7.9	10.3	0.71	1.31		43	5.0	205	24.8			
						4	120~150	灰棕色	轻壤土	碎屑状	7.9	8.6	0.59	1.29		30	6.0	203	21.8			
剖2	半水成土	潮土	盐化潮土	硫酸盐盐化潮土	中硝二合土	1	0~20	灰棕色	壤土	碎屑状	8.3	7.9	0.49	0.62	18.0		3.3	101	8.8	砂质洪积物，冲积物	E 115° 47′ 00.6″ N 37° 51′ 58.0″	80
						2	20~68	灰棕色	壤土	碎屑状	8.3	6.7	0.39	0.61	17.5		3.0	76	9.1			
						3	68~150	浅灰棕色	砂壤土	屑粒状	8.4	2.7	0.21	0.55	17.0		6.0	76	9.1			
剖3	半水成土	潮土	潮土	壤质潮土	轻壤质潮土	1	0~15	浅浅棕色	轻壤土	碎粒状	8.1	7.3	0.54	1.54		37	3.0	172	7.5		E 115° 58′ 51.8″ N 37° 51′ 15.2″	100
						2	15~80	浅浅棕色	轻壤土	碎屑状	8.4	4.7	0.38	1.41	17.5	25	4.0	113	8.8			
						3	80~150	浅浅棕色	砂壤土	屑粒状	8.3	2.7	0.20	1.36	17.0	15	3.0	72	5.5			
剖4	半水成土	潮土	盐化潮土	硫酸盐盐化潮土	中硝二合土	A₁,z	0~20	灰棕色	壤土	碎屑状	8.3	7.9	0.49	0.62	18.0		3.3	101		近代河流冲积物	E 116° 04′ 43.7″ N 37° 56′ 37.9″	92
						Cu₁	20~68	灰棕色	壤土	碎屑状	8.3	6.7	0.39	0.61	17.5		3.0	76	6.0			
						Cu₂	68~150	浅灰棕色	砂壤土	屑粒状	8.4	2.7	0.21	0.55	17.0		6.0	76				
剖5	半水成土	潮土	盐化潮土	硫酸盐盐化潮土	重硝二合土	1	0~20	灰棕色	壤土	碎屑状	8.6	2.5	0.42	0.60	19.5		3.3	50	6.0	壤质湖相沉积物	E 116° 04′ 20.1″ N 37° 55′ 21.6″	81
						2	20~50	灰棕色	壤土	小粒状	8.0	6.2	0.59	0.59	24.3		3.0	97	12.8			
						3	50~100	灰棕色	壤土	小粒状	8.3	3.2	0.57	0.57	24.8		3.0	58	7.1			
						4	100~150	浅灰棕色	壤土	碎屑状	8.2	1.8	0.49	0.49	17.9		4.0	45	7.3			
剖6	半水成土	潮土	盐化潮土	氯化物盐化壤土	轻卤二合土	A₁,z	0~20	灰棕色	壤土	碎屑状	8.0	5.7	0.36	0.51	17.3		3.0	143		近代河流冲积物	E 115° 54′ 22.3″ N 37° 48′ 39.7″	84
						Cz	20~65	灰棕色	砂壤土	碎块状	8.3	4.8	0.40	0.47	17.2		2.0	101	13.5			
						Cu	65~150	浅灰棕色	壤土	屑粒状	8.4	3.2	0.22	0.40	18.6		1.0	55	10.9			
剖7	半水成土	潮土	盐化潮土	氯化物盐化壤土	轻卤二合土	1	0~20	灰棕色	壤土	碎屑状	8.0	5.7	0.36	0.51	17.3		2.5	143	14.5	河流冲积物	E 115° 47′ 45.0″ N 37° 47′ 02.0″	91
						2	20~65	灰棕色	砂壤土	屑粒状	8.3	4.8	0.40	0.47	17.2		2.0	100	5.6			
						3	65~150	浅灰棕色	砂壤土	屑粒状	8.4	3.2	0.22	0.40	18.6		1.0	55	5.1			
剖8	半水成土	潮土	潮土	砂壤质潮土	砂壤质潮土	1	0~21	灰棕色	砂壤土	屑粒状	8.0	6.2	0.47	1.21		36	4.0	91	4.1		E 115° 53′ 48.8″ N 37° 44′ 39.8″	92
						2	21~48	浅灰棕色	砂壤土	粒状	8.0	6.5	0.37	1.21		33	4.0	87	13.5			
						3	48~150	浅灰棕色	砂壤土	粒状	8.3	2.0	0.16	1.15		10	3.0	48	12.3			
剖9	半水成土	潮土	潮土	壤质潮土	轻壤质底粘潮土	1	0~20	灰棕色	轻壤土	碎屑状	8.0	9.6	0.75	1.62		44	5.0	189	13.2		E 116° 04′ 53.9″ N 37° 47′ 35.4″	71
						2	20~55	灰棕色	轻壤土	屑状	7.9	8.7	0.41	1.59		41	6.0	138	12.0			
						3	55~105	红棕色	胶泥土	块状	8.0	10.8	0.57	1.26		44	4.0	190	11.5			
						4	105~150	浅灰棕色	砂壤土	屑粒状	8.1	3.9	0.25	1.31		18	4.0	102				
剖10	半水成土	潮土	潮土	壤质潮土	中壤质潮土	1	0~18	灰棕色	中壤土	碎屑状	8.0	9.4	0.68	1.53		44	4.0	183	12.7		E 115° 55′ 24.7″ N 37° 38′ 45.0″	72
						2	18~45	暗灰棕色	中壤土	碎屑状	8.1	7.3	0.63	1.51		35	4.0	156	27.7			
						3	45~60	灰棕色	重壤土	碎块状	8.3	10.7	0.87	1.27		45	4.0	213	26.7			
						4	60~150	红棕色	胶泥土	块状	8.2	10.1	0.64	1.27		36	5.0	143				

武 强 县

主要土类说明

潮土是武强县主要土壤类型，占本县地域面积的98%。本县潮土区地势低平，地下水位较高，直接参与成土过程。气候属半湿润易干旱的季风气候，干湿季节变化明显，自然降水集中。每逢夏季，高温高湿同时出现，土体含水量增加，地下水位抬高；雨季过后，水位下降，加之冬春干旱，特别是春季地温上升快、多风、蒸发量大；翌年雨季到来之前地下水位降至最低，变幅1—5m，这导致土壤内氧化还原作用交替进行，有机质和矿物质的转化、移动和积累也进行相应变化，从而形成潮土。土壤层次分布情况是：表土层，颜色为浅灰棕色，土层疏松，孔隙度大，土壤pH为7.9—9.5；心土层，常见明显的沉积层次，养分含量少，有锈色斑纹、铁锰结核及铁子；底土层，呈暗灰棕色，基本脱离了人为活动的影响。由于在主要的成土过程中伴随着次要的成土过程，还受气候、地形等多因素的影响，本县潮土分为潮土和盐化潮土等亚类。

小于本县地域面积3%的土壤类型还有草甸盐土等。

本区域中心区气候特征

本区域中心区气候特征值
Regional climate characteristics in central area of the region

气候带：暖温带亚湿润气候 Climate region: Warm temperate subhumid climate	
年平均气温 /℃ Annual average temperature /℃	13.4
年平均最高气温 /℃ Annual average maximum temperature /℃	19.0
年平均最低气温 /℃ Annual average minimum temperature /℃	8.7
年降水量 /mm Annual precipitation /mm	575
≥10℃的积温 /℃ Daily temperature accumulated in a year (≥10℃) /℃	4837
年日照时数 /h Annual sunshine /h	2567
年平均相对湿度 /% Annual average relative humidity /%	60
干燥度 Dryness	1.45

武强县主要土壤类型与土壤剖面点分布图
1∶120 000

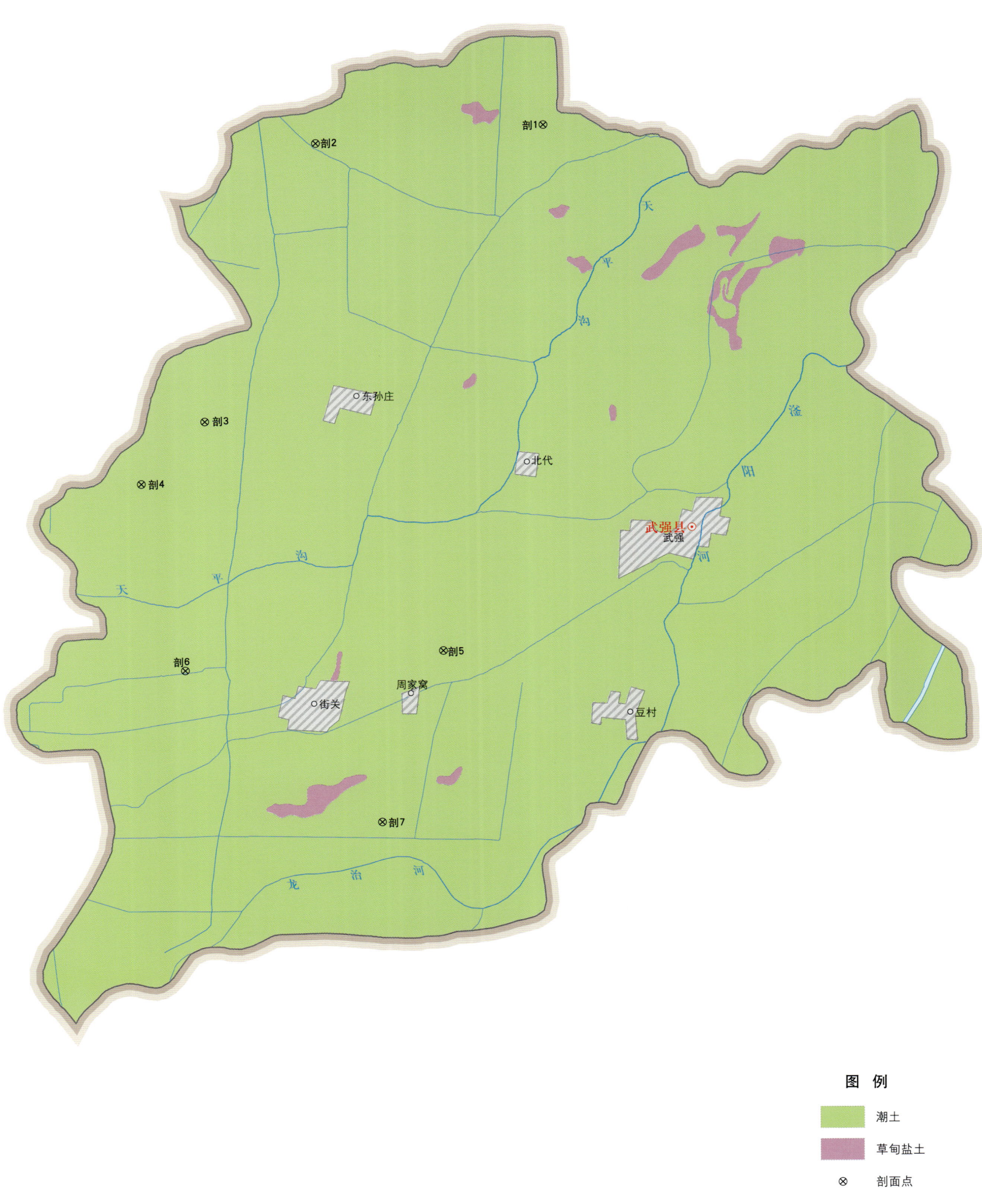

武强县土壤剖面理化性状表

剖面号 Soil profile	土纲 Soil order	土类 Soil great group	亚类 Soil subgroup	土属 Soil genus	土种 Soil species	土层码 Layer code	土层厚度 Depth/cm	颜色 Soil color	质地 Soil texture	土壤结构 Soil structure	pH	有机质 OM/(g/kg)	全氮 TN/(g/kg)	全磷 TP/(g/kg)	全钾 TK/(g/kg)	有效磷 AP/(mg/kg)	速效钾 AK/(mg/kg)	阳离子交换量CEC/(cmol/kg)	土壤母质 Parent material	剖面点坐标 Profile coordinate	匹配指数 Matching index/%
剖1	半水成土	潮土	盐化潮土	硫酸盐盐化潮土	中硝黏盐化潮土	1	0—20	棕色	粉砂质黏土	块状	8.9	16.2	0.34	0.62	21.0	9.5	153	14.5	壤质洪冲积物	E 115°55′28.9″ N 38°08′29.4″	74
						2	20—56	棕色	粉砂质黏土	块状	8.9	12.3	0.54	0.40	20.0	6.0	130	26.5			
						3	56—150	暗棕色	粉砂质黏壤土	屑状	8.6	7.1	0.54	0.37	20.0	10.3	88	16.4			
剖2	半水成土	潮土	潮土	壤质潮土	中壤质底砂潮土	1	0—20	浅灰棕色	中壤土	屑块状	8.5	10.2	0.63	1.38				8.9		E 115°51′14.9″ N 38°08′10.1″	84
						2	20—70	浅灰棕色	中壤土	屑块状	8.3	5.7	0.19	0.84				10.1			
						3	70—94	浅灰棕色	轻壤土	屑粒状	8.2	9.1	5.76	1.19				21.0			
						4	94—150	浅灰棕色	砂壤土	屑粒状	8.4	4.3	0.15	0.92				8.8			
剖3	半水成土	潮土	潮土	壤质潮土	轻壤质潮土	1	0—20	浅灰棕色	轻壤土	屑块状	8.9	12.5	12.54	1.48				10.7		E 115°49′14.9″ N 38°03′56.2″	97
						2	20—40	浅灰棕色	轻壤土	屑粒状	8.7	7.4	7.35	1.12				12.5			
						3	40—70	浅灰棕色	中壤土	小块状	8.3	11.2	11.16	0.98				18.2			
						4	70—150	暗棕色	轻壤土	屑粒状	8.6	4.5		0.92				6.9			
剖4	半水成土	潮土	潮土	壤质潮土	轻壤质底黏潮土	1	0—20	浅灰棕色	轻壤土	屑块状	8.7	8.6	0.54	1.20				9.7		E 115°48′04.7″ N 38°02′59.2″	96
						2	20—60	灰棕色	轻壤土	屑块状	8.7	4.4	0.29	0.97				7.3			
						3	60—150	暗棕色	重壤土	小块状	8.3	13.4	0.87	1.22				25.9			
剖5	半水成土	潮土	潮土	壤质潮土	中壤质潮土	1	0—20	浅灰棕色	中壤土	屑块状	8.6	10.8	0.53	2.12				10.1		E 115°53′43.8″ N 38°00′30.6″	92
						2	20—65	浅灰棕色	中壤土	屑块状	8.7	7.2	0.39	1.90				12.2			
						3	65—150	暗灰棕色	重壤土	小块状	8.6	11.2	0.68	1.24				22.9			
剖6	半水成土	潮土	潮土	壤质潮土	重壤质砂潮土	1	0—20	浅灰棕色	重壤土	屑块状	9.1	7.0	0.52	1.22				11.4		E 115°48′56.2″ N 38°00′10.1″	70
						2	20—65	暗棕色	砂壤土	碎块状	9.1	5.9	0.46	1.21				11.5			
						3	65—150	浅灰棕色	重壤土	屑粒状	9.5	1.9	0.17	1.17				6.8			
剖7	半水成土	潮土	潮土	壤质潮土	重壤质潮土	1	0—20	暗灰棕色	重壤土	屑块状	8.4	10.8	0.81	1.42				16.7		E 115°52′37.6″ N 37°57′54.0″	93
						2	20—95	暗棕色	重壤土	屑块状	8.5	11.6	0.78	1.46				22.6			
						3	95—150	灰棕色	胶泥土	块状	8.4	9.9	0.75	1.18				25.8			

饶 阳 县

主要土类说明

潮土是饶阳县主要土壤类型，占本县地域面积的97%。成土母质为河流冲积物，地下水位较高，直接参与成土过程，位于半干旱、半湿润气候区，干湿季节明显，降水集中。每逢夏季，高温高湿同时出现，土体含水量增加，地下水位抬高；雨季过后，地下水位逐降，加之冬春干旱，特别是春季地温上升快，多风、蒸发量大；翌年雨季到来之前地下水位降至最低，一般为3—7m，深则在7m以下，其变幅为1—5m，导致土壤内氧化还原过程交替进行，有机质和矿物质的转化、移动和积累也进行相应变化。低洼地带有盐渍化土壤分布。这类土壤土层排列层次明显，通体石灰反应强烈，剖面可划分为三个发生层次：表土层，颜色为浅灰棕色，土层疏松，孔隙度大，pH为7.8—8.5；心土层，常见明显的沉积层次，养分含量少，有锈色斑纹和铁锰结核；底土层，呈暗灰色，土层紧实，孔隙度极小，基本脱离了人为活动的影响。

小于本县地域面积3%的土壤类型还有风沙土等。

本区域中心区气候特征

本区域中心区气候特征值
Regional climate characteristics in central area of the region

气候带：暖温带亚湿润气候 Climate region: Warm temperate subhumid climate	
年平均气温 /℃ Annual average temperature /℃	13.2
年平均最高气温 /℃ Annual average maximum temperature /℃	18.9
年平均最低气温 /℃ Annual average minimum temperature /℃	8.4
年降水量 /mm Annual precipitation /mm	555
≥10℃的积温 /℃ Daily temperature accumulated in a year (≥10℃) /℃	4763
年日照时数 /h Annual sunshine /h	2555
年平均相对湿度 /% Annual average relative humidity /%	60
干燥度 Dryness	1.46

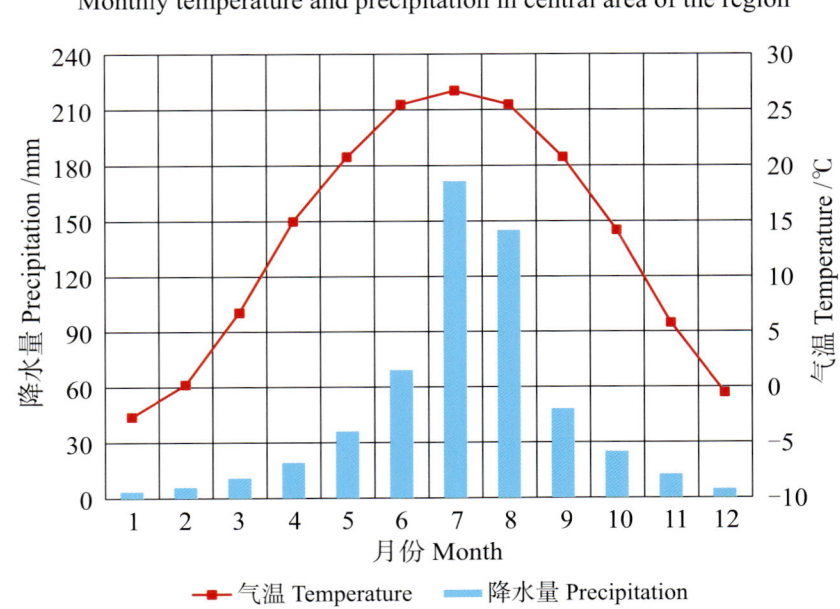

本区域中心区月平均气温与月平均降水量
Monthly temperature and precipitation in central area of the region

饶阳县主要土壤类型与土壤剖面点分布图
1∶140 000

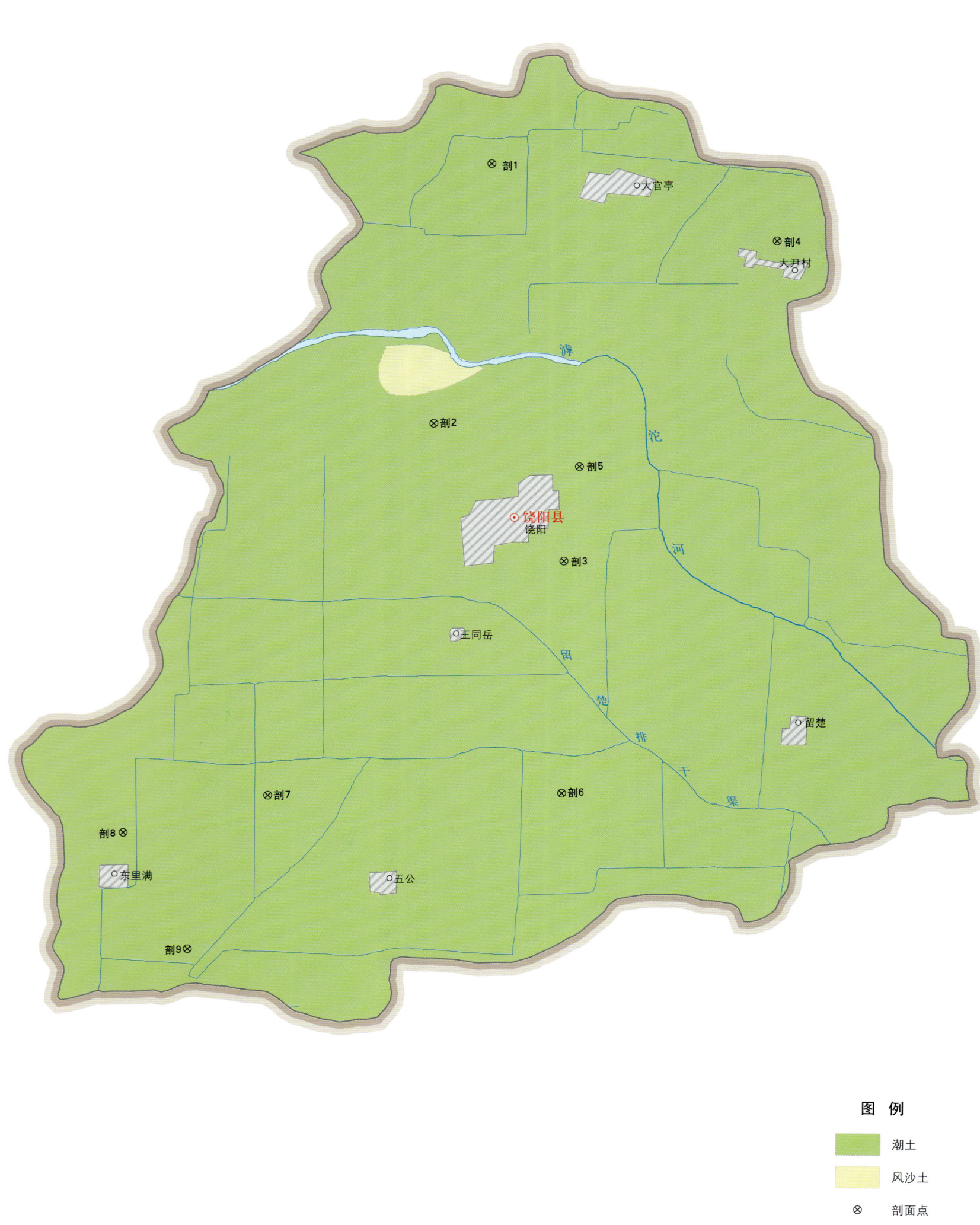

饶阳县土壤剖面理化性状表

剖面号 Soil profile	土纲 Soil order	土类 Soil great group	亚类 Soil subgroup	土属 Soil genus	土种 Soil species	土层码 Layer code	土层厚度 Depth/cm	颜色 Soil color	质地 Soil texture	土壤结构 Soil structure	pH	有机质 OM/(g/kg)	全氮 TN/(g/kg)	全磷 TP/(g/kg)	碱解氮 AN/(mg/kg)	有效磷 AP/(mg/kg)	剖面点坐标 Profile coordinate	匹配指数 Matching index/%
剖1	半水成土	潮土	潮土	壤质潮土	轻壤质漏砂潮土	1	0–16	浅灰棕色	轻壤土	屑粒状	8.4	10.4	0.65	1.37	55	2.0	E 115°43′03.7″ N 38°20′18.2″	85
						2	16–34	浅灰棕色	砂壤土	屑粒状	8.4	2.8	0.27	1.32	20	1.0		
						3	34–110	褐灰棕色	砂壤土	屑粒状	8.5	2.9	0.21	1.05	15	2.0		
						4	110–120	浅灰棕色	胶泥土	片状	8.2	10.0	0.70	1.45	48	1.0		
						5	120–150	浅灰棕色	砂壤土	屑粒状	8.4	2.6	0.21	1.20	19	微量		
剖2	半水成土	潮土	潮土	砂质潮土	砂质潮土	1	0–20	浅灰棕色	砂土	单粒状	8.5	5.8	0.37	1.20	25	3.0	E 115°41′55.0″ N 38°15′46.4″	79
						2	20–92	浅灰棕色	砂壤土	屑粒状	8.4	5.3	0.34	1.21	22	2.0		
						3	92–150	灰棕色	砂土	单粒状	8.5	4.3	0.30	1.06	17	3.0		
剖3	半水成土	潮土	潮土	砂壤质潮土	砂壤质潮土	1	0–21	浅灰棕色	砂壤土	屑粒状	8.3	10.1	0.63	1.22	48	3.0	E 115°44′44.9″ N 38°13′25.0″	88
						2	21–57	浅灰棕色	砂土	单粒状	8.2	2.3	0.32	1.10	13	5.0		
						3	57–96	灰棕色	砂壤土	屑粒状	7.9	8.8	1.34	1.08	32	4.0		
						4	96–150	浅灰棕色	砂土	单粒状	8.0	1.6		1.20	13	5.0		
剖4	半水成土	潮土	潮土	壤质潮土	中壤质底砂潮土	1	0–20	暗灰棕色	中壤土	团粒状	8.0	14.1	1.04	1.39	46	5.0	E 115°49′12.6″ N 38°19′01.8″	74
						2	20–36	暗灰棕色	中壤土	团粒状	8.0	9.9	0.78	1.42	40	6.0		
						3	36–56	浅灰棕色	轻壤土	碎屑状	8.2	5.0	0.30	6.51	28	3.0		
						4	56–69	暗灰棕色	中壤土	核状	8.2	10.3	0.82	1.39	55	3.0		
						5	69–83	浅灰棕色	轻壤土	碎屑状	8.2	5.0	0.54	1.35	39	3.0		
						6	83–150	浅灰棕色	砂壤土	碎屑状	8.4	3.1	0.36	1.16	34	3.0		
剖5	半水成土	潮土	潮土	壤质潮土		1	0–18	暗灰棕色	中壤土	团粒状	8.3	14.5	1.05	1.21	57	6.0	E 115°45′02.9″ N 38°15′03.6″	82
						2	18–40	灰灰棕色	轻壤土	碎屑状	8.3	8.8	0.63	1.62	33	5.0		
						3	40–49	暗灰棕色	重壤土	块状		15.1	0.99	1.25	55	3.0		
						4	49–69	褐灰棕色	重壤土	碎屑状	8.2	9.2	0.74	1.69	39	4.0		
						5	69–83	暗灰棕色	轻壤土	碎屑状	8.3	4.2	0.35	1.53	27	2.0		
						6	83–101	浅灰棕色	砂壤土	单粒状	8.0							
						7	101–110		砂壤土	碎屑状	8.4	4.1	0.36	1.15	25	4.0		
						8	110–129	浅灰棕色	轻壤土	块状	8.3	6.8	0.38	3.30	39	6.0		
						9	129–136	褐灰棕色	轻壤土	碎屑状	7.9	9.9	0.72	1.49	57	4.0		
						10	136–150	浅灰棕色	轻壤土	屑状	8.5	8.0	0.65	1.40	46	2.0		
剖6	半水成土	潮土	潮土	壤质潮土	轻壤质潮土	1	0–23	浅灰棕色	轻壤土	块状	8.3	15.2	1.07	1.45	78	2.0	E 115°44′47.0″ N 38°09′23.0″	85
						2	23–47	浅灰棕色	轻壤土	屑粒状	8.2	6.4	0.34	1.52	34	4.0		
						3	47–57	浅灰棕色	砂土	单粒状	8.1	2.8	0.24	1.17	17	4.0		
						4	57–72	浅灰棕色	轻壤土	屑粒状	7.9	7.9	0.47	1.39	41	4.0		
						5	72–87	浅灰棕色	砂壤土	碎屑状	8.2	7.9	0.40	1.33	37	9.0		
						6	87–150	浅灰棕色	砂土	单粒状								
剖7	半水成土	潮土	潮土	砂壤质潮土	砂壤质蒙金潮土	1	0–21	浅灰棕色	胶泥土	块状	8.0	1.7	0.80	1.32	38	3.0	E 115°38′30.1″ N 38°09′15.5″	95
						2	21–30	浅灰棕色	砂壤土	碎屑状	8.1	5.1	0.42	1.21	21	2.0		
						3	30–52	褐棕色	胶泥土	碎屑状	7.8	8.7	0.54	1.27	30	3.0		
						4	52–86	灰棕色	砂壤土	块状								
						5	86–111	灰棕色	轻壤土	碎屑状								
						6	111–120	褐棕色	胶泥土	块状								
						7	120–150	浅灰棕色	砂土	单粒状	8.1	2.2	0.22	1.05	14	2.0		

续表 Continued

剖面号 Soil profile	土纲 Soil order	土类 Soil great group	亚类 Soil subgroup	土属 Soil genus	土种 Soil species	土层码 Layer code	土层厚度 Depth/cm	颜色 Soil color	质地 Soil texture	土壤结构 Soil structure	pH	有机质 OM/(g/kg)	全氮 TN/(g/kg)	全磷 TP/(g/kg)	碱解氮 AN/(mg/kg)	有效磷 AP/(mg/kg)	剖面点坐标 Profile coordinate	匹配指数 Matching index/%
剖8	半水成土	潮土	潮土	壤质潮土	砂壤质底黏潮土	1	0—18	浅灰棕色	砂壤土	碎屑状	7.9	12.3	0.86	1.49	47	7.0	E 115°35′25.5″ N 38°08′33.5″	98
						2	18—56	浅灰棕色	砂壤土	碎屑状	8.2	9.7	0.64	1.38	36	2.0		
						3	56—76	浅褐棕色	砂土	单粒状	8.3	2.2	0.31	1.23	11	3.0		
						4	76—150	灰褐棕色	重壤土	屑状	7.7	11.7	0.82	1.60	48	11.0		
剖9	半水成土	潮土	潮土	壤质潮土	轻壤质裘金潮土	1	0—23	灰棕色	轻壤土	屑状	8.1	8.0	3.30	1.19	37	2.0	E 115°36′51.1″ N 38°06′32.9″	72
						2	23—38	灰棕色	砂土	单粒状	8.1	6.6	0.67	1.29	20	2.0		
						3	38—49	暗灰棕色	砂质黏土	碎片状	8.3	12.3	0.41	1.38	52	3.0		
						4	49—63	褐灰棕色	胶泥土	块状	8.3	12.9	0.56	1.40	62	3.0		
						5	63—81	灰棕色	重壤土	屑块状	8.3	10.9	0.70	1.19	51	3.0		
						6	81—92	灰褐色	砂壤土	屑状	8.2	4.8	0.48	1.19	33	3.0		
						7	92—113	灰褐棕色	中壤土	核状	8.3	8.0	0.60	1.34	34	3.0		
						8	113—150	灰褐棕色	砂壤土	屑状	8.4	4.5	0.28	1.16	19	2.0		

安 平 县

主要土类说明

潮土是安平县主要土壤类型，占本县地域面积的95%。本县潮土冲积层次排列明显，砂黏相间，地下水直接参与成土过程。夏季降水集中，地下水抬高；春季地温上升，蒸发量大，地下水下降，导致土壤内氧化还原过程交替进行，有机质和矿物质的转化、移动和积聚也进行相应的变化。通体石灰反应较强，pH约为8.0。表土层为灰棕色；心土层毛管作用强烈，较湿润，沿根孔常见锈色斑纹；底土层紧实，结构面上有胶膜。

小于本县地域面积3%的土壤类型还有褐土等。

本区域中心区气候特征

本区域中心区气候特征值
Regional climate characteristics in central area of the region

气候带：暖温带亚湿润气候 Climate region: Warm temperate subhumid climate	
年平均气温 /℃ Annual average temperature /℃	13.1
年平均最高气温 /℃ Annual average maximum temperature /℃	18.9
年平均最低气温 /℃ Annual average minimum temperature /℃	8.3
年降水量 /mm Annual precipitation /mm	546
≥10℃的积温 /℃ Daily temperature accumulated in a year (≥10℃) /℃	4736
年日照时数 /h Annual sunshine /h	2543
年平均相对湿度 /% Annual average relative humidity /%	60
干燥度 Dryness	1.47

本区域中心区月平均气温与月平均降水量
Monthly temperature and precipitation in central area of the region

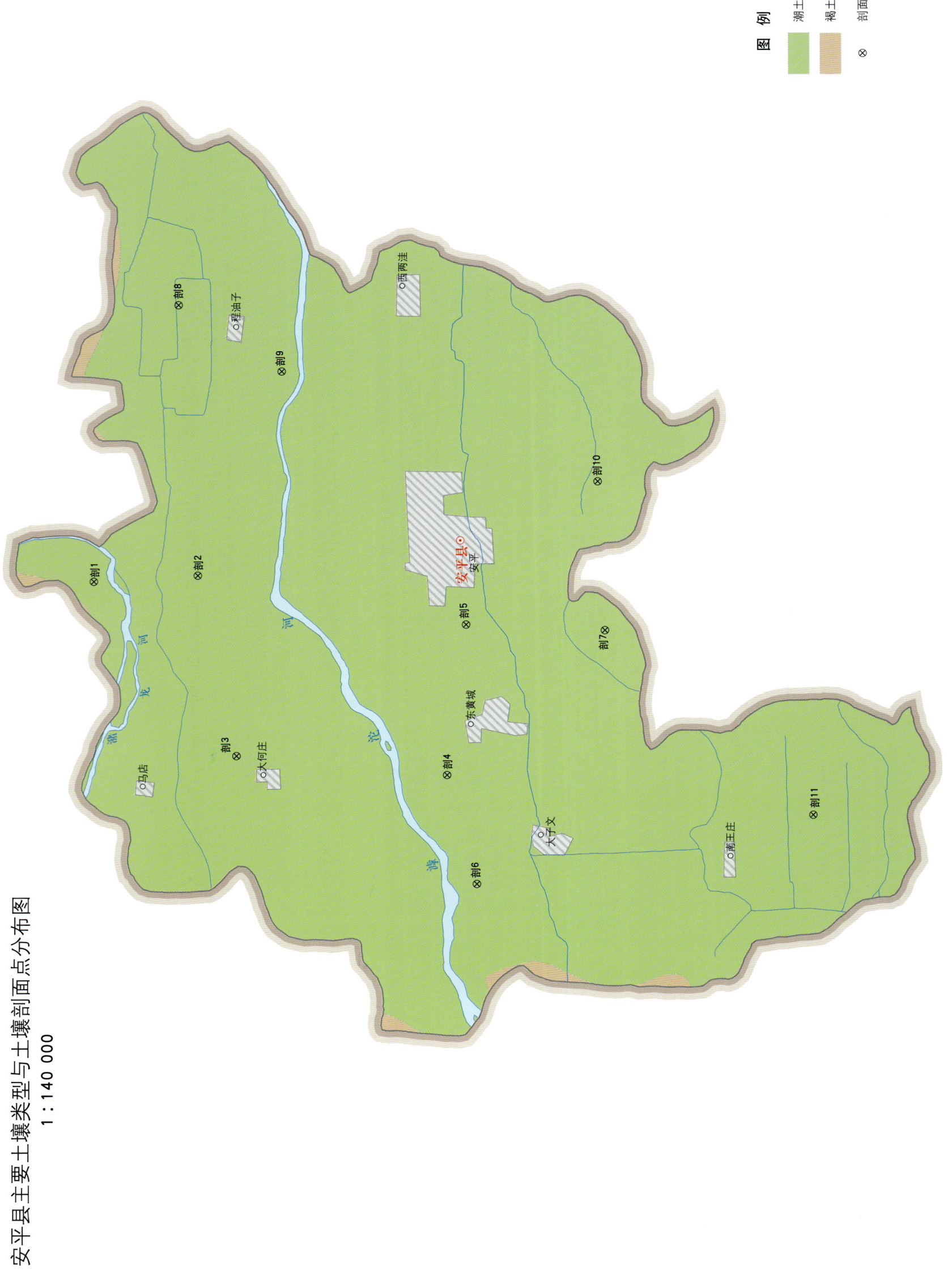

安平县主要土壤类型与土壤剖面点分布图
1∶140 000

安平县土壤剖面理化性状表

剖面号 Soil profile	土纲 Soil order	土类 Soil great group	亚类 Soil subgroup	土属 Soil genus	土种 Soil species	土层码 Layer code	土层厚度 Depth/cm	颜色 Soil color	质地 Soil texture	土壤结构 Soil structure	pH	有机质 OM/(g/kg)	全氮 TN/(g/kg)	全磷 TP/(g/kg)	全钾 TK/(g/kg)	碱解氮 AN/(mg/kg)	有效磷 AP/(mg/kg)	速效钾 AK/(mg/kg)	阳离子交换量CEC/(cmol/kg)	土壤母质 Parent material	剖面点坐标 Profile coordinate	匹配指数 Matching index/%
剖1	半水成土	潮土	潮土	砂质潮土	砂壤质潮土	1	0~20	浅灰棕色	砂土	单粒状	8.6	9.1	0.57	0.72		38	6.5		9.5		E 115°29′27.2″ N 38°20′00.7″	95
						2	20~80	暗棕色	砂壤土	屑粒状	8.5	7.2	0.34	0.58		21	0.8		10.8			
						3	80~150	浅棕色	砂土	单粒状	8.4	2.4	0.16	0.56		11	1.0		8.9			
剖2	半水成土	潮土	潮土	砂壤质潮土	砂壤质潮土	1	0~22	浅棕色	砂壤土	屑粒状	8.1	16.9	0.89	0.74		58	3.0		15.0		E 115°29′37.7″ N 38°18′10.4″	100
						2	22~150	灰黄棕色	砂壤土	屑粒状	8.4	10.7	0.63	0.71		40	2.0		14.8			
剖3	半水成土	潮土	潮土	壤质潮土	轻壤质底黏潮土	1	0~20	浅黄棕色	轻壤土	团粒状	8.5	11.7	0.63	0.66		40	10.5		12.3		E 115°25′28.6″ N 38°17′26.5″	72
						2	20~47	浅黄棕色	轻壤土	粒状	9.1	8.5	0.55	0.62		29	0.8		13.7			
						3	47~67	浅黄棕色	轻壤土	碎块状	8.8	10.4	0.65	0.62		36	1.0		18.4			
						4	67~78	褐棕色	胶泥土	片状	8.5	11.8	0.75	0.64		40	3.5		23.6			
						5	78~131	浅褐棕色	重壤土	块状	8.5	10.6	0.60	0.62		35	8.5		24.5			
						6	131~150	浅棕色	轻壤土	屑粒状	8.7	8.9	0.57	0.66		29	2.5		18.1			
剖4	半水成土	潮土	潮土	砂壤质潮土	砂壤质小淀金潮土	1	0~18	灰黄棕色	砂壤土	屑粒状	8.4	11.0	0.65	0.52		37	2.5		12.2		E 115°25′06.4″ N 38°13′42.8″	79
						2	18~28	黄棕色	中壤土	粒状	8.6	10.6	0.49	0.57		40	2.0		11.9			
						3	28~48	褐棕色	砂土	碎块状	8.4	3.5	0.75	0.56		36	2.0		19.9			
						4	48~73	浅灰棕色	轻壤土	片状	8.4	11.4	0.17	0.52		12	1.0		6.7			
						5	73~87	灰褐棕色	砂壤土	碎块状	8.4	10.9	0.50	0.56		35	3.0		11.8			
						6	87~103	浅棕色	砂土	单粒状	8.4	8.5	0.54	0.56		25	1.5		11.6			
						7	103~150	灰黄棕色	砂土	屑粒状	8.2	2.9	0.20	0.52		8	1.0		5.8			
剖5	半水成土	潮土	潮土	壤质潮土	轻壤质潮土	1	0~17	黄棕色	轻壤土	屑粒状	8.1	11.2	0.63	0.53		37	1.0		14.0		E 115°28′35.0″ N 38°13′25.5″	85
						2	17~48	灰棕色	轻壤土	屑粒状	8.6	9.7	0.55	0.56		31	1.0		14.3			
						3	48~53	褐棕色	砂土	碎块状	8.5	4.9	0.20	0.44		10	1.0		8.1			
						4	53~74	灰棕色	砂壤土	屑粒状	8.6	6.6	0.44	0.56		27	2.0		15.9			
						5	74~150	黄棕色	屑粒土	屑粒状	8.7	4.5	0.30	0.61		19	1.5		12.3			
剖6	半水成土	潮土	潮土	砂质潮土	蒙金面砂潮土	1	0~28	浅灰棕色	砂壤土	碎块状	8.2	9.0	0.51	0.57	17.0	54	3.1	86	11.0	河流冲积物、洪冲积物	E 115°22′36.1″ N 38°10′09.2″	92
						2	28~58	暗棕色	粉砂质黏土	碎块状	8.2	12.2	0.78	0.54	17.0	51	3.0	157	20.7			
						3	58~150	浅棕色	砂壤土	团块状	8.5	5.6	0.33	0.57	20.0	29	2.9	98	21.3			
剖7	半水成土	潮土	潮土	壤质潮土	中壤质潮土	1	0~18	暗棕色	中壤土	块状	8.4	14.6	0.95	0.70		54	5.0		19.7		E 115°28′29.7″ N 38°10′58.1″	74
						2	18~26	褐棕色	重壤土	碎粒状	8.5	14.8	0.90	0.52		51	1.5		26.8			
						3	26~39	暗棕色	胶泥土	暗粒状	8.3	11.5	0.64	0.64		39	1.0		21.9			
						4	39~54	暗棕色	中壤土	片状	8.4	12.6	0.89	0.62		42	2.5		15.8			
						5	54~73	暗棕色	重壤土	碎屑状	8.4	10.1	0.58	0.64		36	3.0		11.0			
						6	73~150	暗棕色	中壤土	碎屑状	8.7	7.1	0.14	0.67		30	2.0		10.8			
剖8	半水成土	潮土	潮土	砂质潮土	轻壤质砂潮土	1	0~25	浅灰棕色	轻壤土	碎块状	8.5	12.8	0.74	0.62		45	2.0		10.8		E 115°35′52.8″ N 38°18′34.9″	94
						2	25~49	浅灰棕色	轻壤土	片状	8.5	5.0	0.53	0.62		34	1.0		9.5			
						3	49~69	暗棕色	砂壤土	粒状	8.4	5.7	0.25	0.56		22	2.0		8.9			
						4	69~85	褐棕色	重壤土	块状	8.5	9.2	0.73	0.64		42	2.5		8.0			
						5	85~150	灰黄棕色	砂土	单粒状	8.6	11.6	0.89	0.50		10	1.0		8.0			
剖9	半水成土	潮土	潮土	砂质潮土	砂质底潮土	1	0~15	浅棕色	砂土	无明显结构	8.6	4.7	0.24	0.57		20	1.5		6.1		E 115°34′22.1″ N 38°16′44.6″	85
						2	15~51	浅黄棕色	砂土	无明显结构	8.5	5.4	0.25	0.62		25	1.0		6.2			
						3	51~75	浅黄棕色	砂壤土	无明显结构	8.7	4.0	0.32	0.61		11	1.0		7.9			
						4	75~140	灰棕色	轻壤土	粒状	8.5	8.5	0.67	0.52		33	3.0		15.7			
						5	140~150	浅棕色	砂壤土	屑粒状	8.5	4.1	0.32	0.54		19	1.5		8.5			

续表 Continued

剖面号 Soil profile	土纲 Soil order	土类 Soil great group	亚类 Soil subgroup	土属 Soil genus	土种 Soil species	土层码 Layer code	土层厚度 Depth/ cm	颜色 Soil color	质地 Soil texture	土壤结构 Soil structure	pH	有机质 OM/ (g/kg)	全氮 TN/ (g/kg)	全磷 TP/ (g/kg)	全钾 TK/ (g/kg)	碱解氮 AN/ (mg/kg)	有效磷 AP/ (mg/kg)	速效钾 AK/ (mg/kg)	阳离子 交换量CEC/ (cmol/kg)	土壤母质 Parent material	剖面点坐标 Profile coordinate	匹配指数 Matching index/%
剖10	半水成土	潮土	潮土	砂壤质潮土	砂壤质底黏潮土	1	0—20	灰棕色	砂壤土	屑粒状	8.7	10.3	0.60	0.63		41	3.5		10.0		E 115°31′55.6″ N 38°11′08.2″	72
						2	20—51	灰黄棕色	轻壤土	片状	8.3	9.0	0.36	0.62		32	3.2		16.0			
						3	51—79	褐棕色	重壤土	块状	8.3	12.7	0.39			43	3.5		26.5			
						4	79—113	灰黄棕色	砂壤土	屑粒状	8.4	17.0	0.41	0.64		37	3.0		13.5			
						5	113—133	褐棕色	中壤土	碎粒状	8.2	10.4	0.43	0.63		37	3.5		20.0			
						6	133—150	灰黄棕色	轻壤土	碎粒状	8.5	9.6	0.53	0.62		30	4.5		10.4			
剖11	半水成土	潮土	潮土	壤质潮土	轻壤质腰砂潮土	1	0—26	灰棕色	轻壤土	屑粒状	8.3	9.8	0.39	0.54		39	1.0		12.8		E 115°24′19.1″ N 38°07′13.8″	86
						2	26—62	黄棕色	砂土	无明显结构	8.2	5.1	1.80	0.45		11	0.8		7.8			
						3	62—74	黄棕色	砂壤土	单粒状	8.2	7.9	4.40	0.53		27	0.5		12.1			
						4	74—88	黄棕色	砂土	单粒状	8.3	5.6	2.60	0.46		11	0.8		8.0			
						5	88—150	暗灰棕色	中壤土	碎块状	8.2	7.3	3.65	0.52		20	0.8		14.8			

故 城 县

主要土类说明

潮土是故城县主要土壤类型，占本县地域面积的98%。潮土母质为河流冲积物的沉积物，地下水位较高，并直接参与成土过程，又因处于半干旱、半湿润的季风气候区，干湿季节交替明显，降水集中，每逢夏季高温高湿同时出现，土体含水量增加，地下水位抬高，雨季过后，水位逐降，加之冬春干旱，特别是春季地温上升快，多风、蒸发量大，翌年雨季到来之前地下水位降至最低，其变幅为1—5m，导致土壤内氧化还原过程交替进行，有机质和矿物质的转化、移动和积累也进行相应的变化。这类土壤土层排列层次明显，通体石灰反应强烈，潮土剖面基本上可划分为三个发生层次：表土层颜色为浅灰棕色，土层疏松，孔隙度大，土壤pH多为7.8—8.5；心土层为常见明显的沉积层次，养分含量少，有锈色斑纹与铁锰结核及碳酸钙的沉积物（假菌丝体和砂姜）；底土层呈暗灰色，基本脱离人为活动的影响。本县潮土分为潮土、褐潮土、盐化潮土和沼泽化潮土等亚类。

本区域中心区气候特征

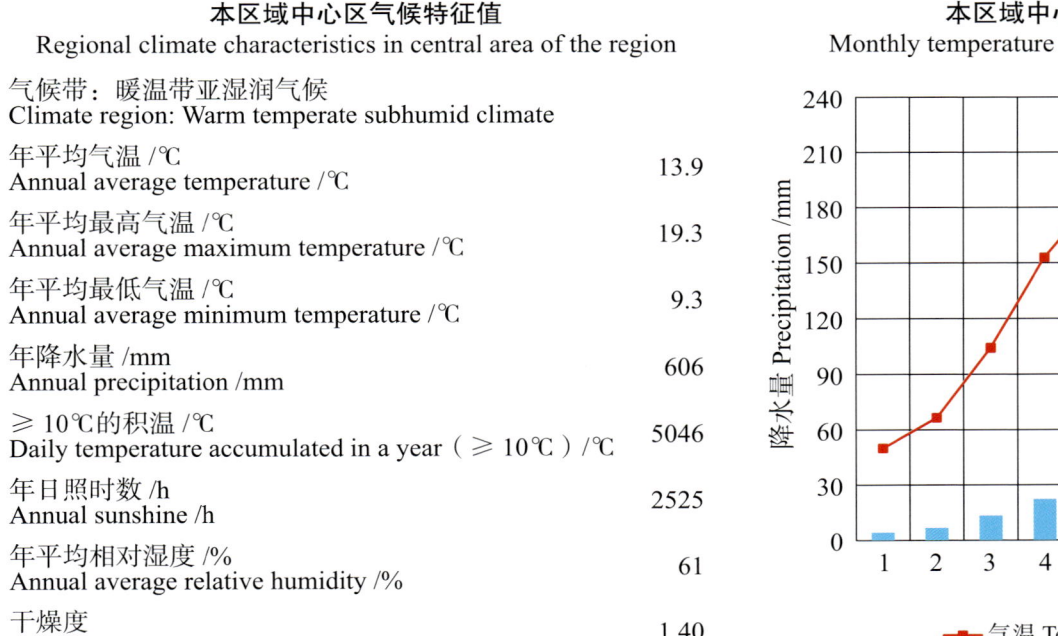

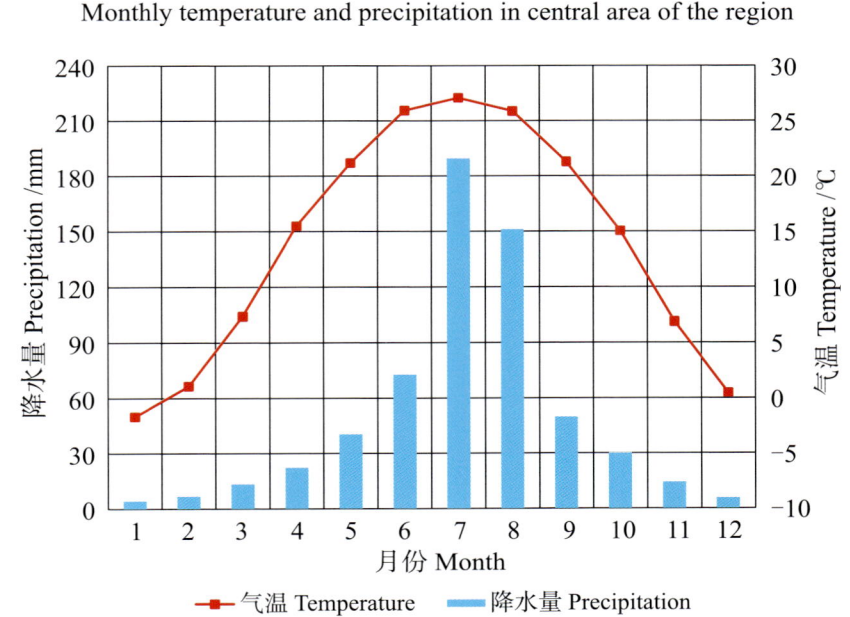

本区域中心区气候特征值
Regional climate characteristics in central area of the region

气候带：暖温带亚湿润气候 Climate region: Warm temperate subhumid climate	
年平均气温 /℃ Annual average temperature /℃	13.9
年平均最高气温 /℃ Annual average maximum temperature /℃	19.3
年平均最低气温 /℃ Annual average minimum temperature /℃	9.3
年降水量 /mm Annual precipitation /mm	606
≥10℃的积温 /℃ Daily temperature accumulated in a year（≥10℃）/℃	5046
年日照时数 /h Annual sunshine /h	2525
年平均相对湿度 /% Annual average relative humidity /%	61
干燥度 Dryness	1.40

本区域中心区月平均气温与月平均降水量
Monthly temperature and precipitation in central area of the region

故城县主要土壤类型与土壤剖面点分布图
1∶210 000

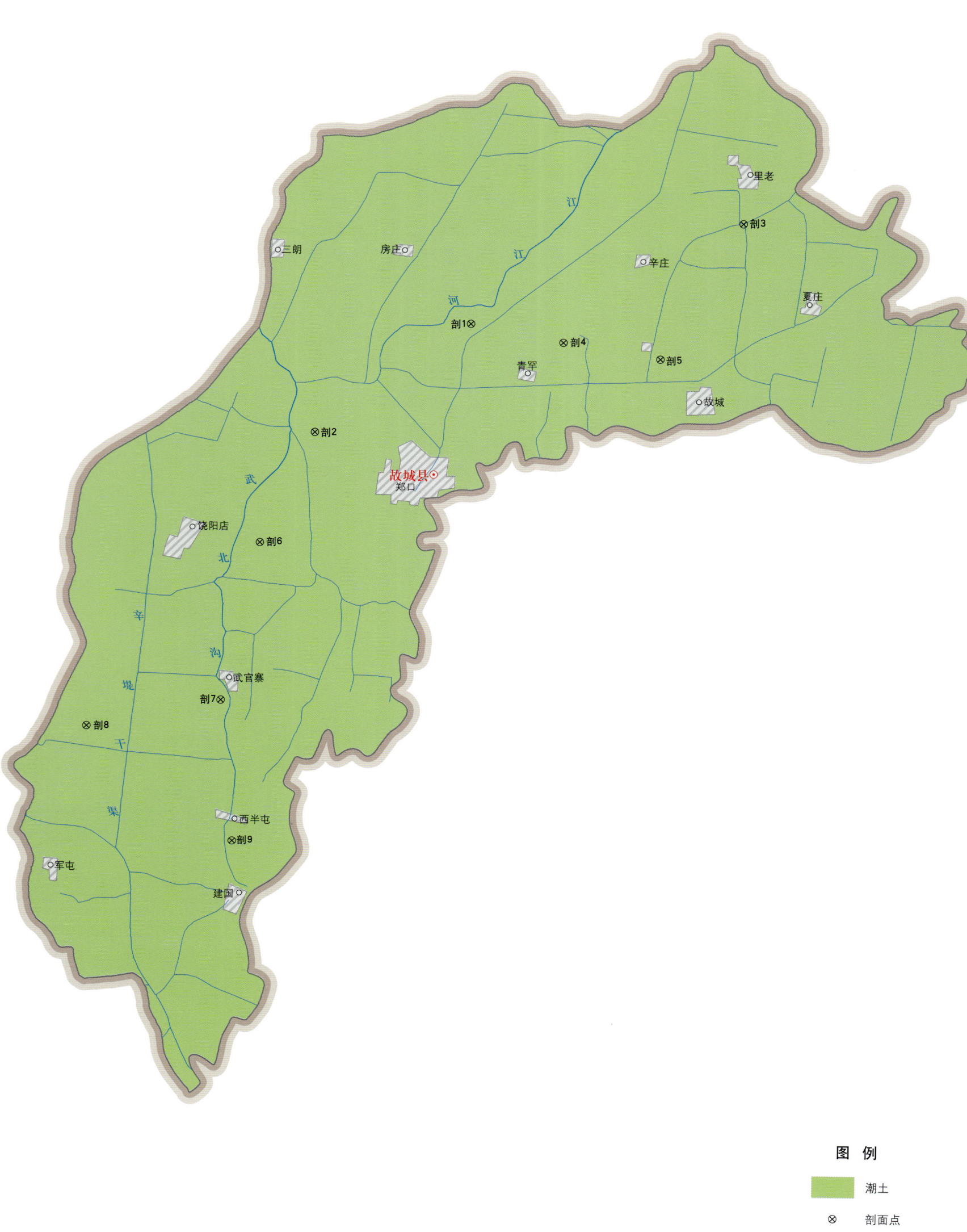

图 例

潮土

⊗ 剖面点

故城县土壤剖面理化性状表

剖面号 Soil profile	土纲 Soil order	土类 Soil great group	亚类 Soil subgroup	土属 Soil genus	土种 Soil species	土层码 Layer code	土层厚度 Depth/cm	颜色 Soil color	质地 Soil texture	土壤结构 Soil structure	pH	有机质 OM/(g/kg)	全氮 TN/(g/kg)	全磷 TP/(g/kg)	剖面点坐标 Profile coordinate	匹配指数 Matching index/%
剖1	半水成土	潮土	盐化潮土	氯化物硫酸盐化潮土		1	0—5	灰棕色	轻壤土	屑粒状	8.6	4.2	0.31	1.23	E 115°59′35.5″ N 37°25′05.9″	100
						2	5—10	灰棕色	轻壤土	屑粒状	8.5	4.2	0.31	1.23		
						3	10—20	灰棕色	轻壤土	屑粒状	8.3	4.2	0.30	1.23		
						4	20—79	灰棕色	轻壤土	屑粒状	8.3	3.6	0.20	1.17		
						5	79—150	红棕色	胶泥土	块状	8.5	9.0	0.65	1.33		
剖2	半水成土	潮土	潮土	壤质潮土	中壤质潮土	1	0—20	浅棕棕色	中壤土	屑粒状	8.4	8.8	0.59	1.41	E 115°54′28.4″ N 37°22′04.1″	97
						2	20—132	暗灰棕色	重壤土	块状	8.2	10.3	0.74	1.17		
						3	132—150	浅灰棕色	轻壤土	屑粒状	8.7	4.4	0.31	1.32		
剖3	半水成土	潮土	潮土	壤质潮土	砂质潮土	1	0—20	浅灰棕色	砂壤土	屑粒状	8.4	6.9	0.48	1.37	E 116°08′35.2″ N 37°27′55.1″	92
						2	20—30	浅灰棕色	砂壤土	屑粒状	8.5	4.6	0.38	1.32		
						3	30—68	浅灰棕色	砂壤土	屑粒状	8.8	3.0	0.28	1.19		
						4	68—150	浅灰棕色	砂土	单粒状	8.9	1.6	0.18	1.29		
剖4	半水成土	潮土	潮土	砂质潮土	砂质潮土	1	0—20	浅灰棕色	砂壤土	单粒状	8.7	3.4	0.27	1.22	E 116°02′39.8″ N 37°24′37.1″	85
						2	20—70	灰灰棕色	砂壤土	单粒状	8.5	2.5	0.17	1.18		
						3	70—150	暗灰棕色	砂土	粒状	8.4	2.3	0.20	1.10		
剖5	半水成土	潮土	潮土	壤质潮土	轻壤质底黏潮土	1	0—20	灰灰棕色	轻壤土	屑粒状	8.6	8.6	0.54	1.31	E 116°05′53.9″ N 37°24′11.9″	78
						2	20—50	灰灰棕色	轻壤土	屑粒状	8.6	5.5	0.34	1.31		
						3	50—113	暗灰棕色	重壤土	碎块状	8.3	9.6	0.61	1.19		
						4	113—150	灰灰棕色	砂壤土	碎粒状	8.1	2.2	0.17	1.13		
剖6	半水成土	潮土	潮土	壤质潮土	轻壤质底砂潮土	1	0—20	灰灰棕色	轻壤土	碎屑状	8.8	7.0	0.45	1.26	E 115°52′43.7″ N 37°19′02.6″	99
						2	20—70	灰灰棕色	轻壤土	碎屑状	8.8	5.0	0.40	1.21		
						3	70—115	灰灰棕色	砂土	单粒状	8.8	3.1	0.21	1.15		
						4	115—150	灰灰棕色	砂土	单粒状	8.8	2.5	0.20	1.10		
剖7	半水成土	潮土	潮土	壤质潮土	轻壤质潮土	1	0—20	灰灰棕色	轻壤土	屑粒状	8.0	7.7	0.60	1.36	E 115°51′32.2″ N 37°14′43.3″	76
						2	20—102	灰灰棕色	轻壤土	屑粒状	8.2	5.6	0.50	1.31		
						3	102—150	灰灰棕色	砂壤土	屑粒状	8.3	3.5	0.28	1.12		
剖8	半水成土	潮土	褐潮土	壤质褐潮土	轻壤质底黏褐潮土	1	0—20	灰棕色	轻壤土	屑粒状	8.4	8.5	0.73	1.41	E 115°47′06.4″ N 37°13′57.0″	87
						2	20—51	灰棕色	轻壤土	屑粒状	8.6	5.0	0.52	1.39		
						3	51—102	暗灰棕色	重壤土	屑块状	8.5	9.1	0.71	1.24		
						4	102—150	灰灰棕色	重壤土	屑粒状	8.6	5.2	0.46	1.20		
剖9	半水成土	潮土	褐潮土	壤质褐潮土	轻壤质潮土	1	0—20	灰棕色	轻壤土	屑粒状	8.7	6.5	0.45	1.24	E 115°52′00.3″ N 37°10′52.4″	93
						2	20—150	灰棕色	轻壤土	屑粒状	8.5	4.1	0.34	1.28		

景 县

主要土类说明

潮土是景县主要土壤类型，占本县地域面积的 99%。成土母质为河流冲积物的沉积物，地下水位较高，并直接参与成土过程。潮土区属半干旱季风气候区，干湿季节变化明显，降水集中，每逢夏季，高温高湿同时出现，土体含水量增加，地下水位抬高；雨季过后，水位逐渐下降，加之冬春干旱，特别是春季地温上升快，多风，蒸发量大；翌年雨季来临前，地下水位降至最低位置，其变幅在 1—5m，导致土壤内氧化还原过程交替进行，进而形成潮土。这类土壤表土为灰棕色，通体石灰反应，土层排列明显，心土层常出现铁锰结核及锈色斑纹。潮土剖面基本上可分为三个发生层次：表土层，颜色为浅灰棕色，土层疏松，孔隙度较大，土壤 pH 为 7.5—8.0；心土层，常见有明显的沉积层次，养分含量低，有锈色斑纹、铁锰结核、铁子及碳酸钙的沉积物（假菌丝体及砂姜等）；底土层，呈暗灰棕色，基本脱离人为活动的影响。

本区域中心区气候特征

本区域中心区气候特征值
Regional climate characteristics in central area of the region

气候带：暖温带亚湿润气候 Climate region: Warm temperate subhumid climate	
年平均气温 /℃ Annual average temperature /℃	13.8
年平均最高气温 /℃ Annual average maximum temperature /℃	19.2
年平均最低气温 /℃ Annual average minimum temperature /℃	9.2
年降水量 /mm Annual precipitation /mm	599
≥10℃的积温 /℃ Daily temperature accumulated in a year（≥10℃）/℃	5009
年日照时数 /h Annual sunshine /h	2523
年平均相对湿度 /% Annual average relative humidity /%	61
干燥度 Dryness	1.42

景县主要土壤类型与土壤剖面点分布图

1:200 000

景县土壤剖面理化性状表

剖面号 Soil profile	土纲 Soil order	土类 Soil great group	亚类 Soil subgroup	土属 Soil genus	土种 Soil species	土层码 Layer code	土层厚度 Depth/cm	颜色 Soil color	质地 Soil texture	土壤结构 Soil structure	pH	有机质 OM/(g/kg)	全氮 TN/(g/kg)	全磷 TP/(g/kg)	剖面点坐标 Profile coordinate	匹配指数 Matching index/%
剖1	半水成土	潮土	潮土	砂质潮土	砂质潮土	1	0—20	浅灰棕色	砂土	单粒状	8.2	4.3	0.19	0.87	E 116°14′34.4″ N 37°47′26.7″	71
						2	20—118	浅灰棕色	砂土	单粒状	8.2	1.9	0.19	0.99		
						3	118—150	浅灰棕色	砂壤土	粒状	8.3	1.7	0.19	1.00		
剖2	半水成土	潮土	潮土	壤质潮土	轻壤质体潜潮土	1	0—22	浅灰棕色	轻壤土	碎屑状	8.1	7.6	0.57	1.51	E 116°26′00.6″ N 37°48′50.7″	86
						2	22—45	浅灰棕色	轻壤土	碎屑状	8.2	7.6	0.71	1.48		
						3	45—112	褐棕色	重壤土	碎块状	8.1	9.1	0.71	1.20		
						4	112—137	暗棕色	重壤土	碎块状	8.4	1.9	0.27	0.95		
						5	137—150	棕色	胶泥土	块状	8.4	6.6	0.27	1.29		
剖3	半水成土	潮土	潮土	壤质潮土	轻壤质底黏潮土	1	0—20	浅灰棕色	轻壤土	碎屑状	8.7	9.6	0.69	0.98	E 116°26′02.7″ N 37°46′20.6″	73
						2	20—52	褐棕色	重壤土	碎块状	8.2	9.7	0.68	1.10		
						3	52—75	红棕色	胶泥土	块状	8.3	8.8	0.72	1.53		
						4	75—150	暗灰棕色	砂壤土	屑粒状	8.6	2.5	0.30	1.44		
剖4	半水成土	潮土	潮土	砂壤质潮土	砂质潮土	1	0—19	浅灰棕色	砂壤土	屑粒状	7.9	7.7	0.48	1.46	E 116°18′07.1″ N 37°43′00.0″	70
						2	19—67	浅灰棕色	砂壤土	碎屑状	8.0	5.1	0.42	1.41		
						3	67—109	灰棕色	砂壤土	碎屑状	8.0	4.0	0.31	1.18		
						4	109—150	灰棕色	砂壤土	粒状	8.1	2.3	0.30	1.04		
剖5	半水成土	潮土	潮土	壤质潮土	中壤质潮土	1	0—28	灰棕色	中壤土	碎屑状	7.9	8.6	0.73	1.53	E 116°20′28.7″ N 37°41′51.7″	99
						2	28—67	褐棕色	重壤土	碎块状	8.0	6.3	0.67	1.24		
						3	67—113	浅灰棕色	中壤土	碎屑状	7.8	2.2	0.17	1.33		
						4	113—150	红棕色	胶泥土	块状	8.0	6.3	0.69	1.16		
剖6	半水成土	潮土	潮土	壤质潮土	轻壤质底黏潮土	1	0—26	暗灰棕色	轻壤土	碎屑状	7.8	10.1	0.80	2.10	E 115°58′02.3″ N 37°36′28.4″	99
						2	26—60	暗灰棕色	重壤土	碎屑状	7.9	5.5	0.33	2.84		
						3	60—91	褐棕色	中壤土	碎屑状	7.7	8.2	0.55	1.37		
						4	91—110	暗棕色	轻壤土	碎屑状	7.8	7.6	0.42	1.81		
						5	110—150	暗灰棕色	轻壤土	碎屑状	8.1	3.9	0.34	1.28		
剖7	半水成土	潮土	潮土	壤质潮土	轻壤质潮土	1	0—18	浅灰棕色	轻壤土	碎屑状	7.7	8.3	0.47	1.12	E 116°06′54.2″ N 37°38′31.4″	75
						2	18—42	灰棕色	中壤土	碎屑状	7.8	7.5	0.61	0.99		
						3	42—85	灰棕色	中壤土	碎屑状	7.8	9.0	0.57	1.41		
						4	85—150	灰棕色	砂壤土	粒状	7.9	3.6	0.27	1.41		
剖8	半水成土	潮土	潮土	砂壤质潮土	砂壤质潮土	1	0—18	灰棕色	砂壤土	屑碎状	7.6	5.3	0.36	1.45	E 116°11′51.0″ N 37°33′14.4″	88
						2	18—45	灰棕色	轻壤土	碎屑状	7.7	4.6	0.27	1.38		
						3	45—96	灰棕色	砂壤土	碎屑状	7.5	3.6	0.22	1.45		
						4	96—124	褐棕色	胶泥土	块状	7.6	7.1	0.51	1.44		
						5	124—150	灰棕色	中壤土	碎屑状	7.8	4.4	0.27	1.25		

阜 城 县

主要土类说明

潮土是阜城县主要土壤类型，占本县地域面积的98%。潮土是发育在河流冲积物上，经耕种熟化而成的土壤。潮土地下水位高，潜水参与成土过程。在潮土成土过程中，底土氧化还原交替作用，形成锈色斑纹和小型铁子。土壤耕层有机质含量一般为8—12g/kg，土壤pH一般为8.0—8.7，适宜多种作物生长。

本区域中心区气候特征

本区域中心区气候特征值
Regional climate characteristics in central area of the region

气候带：暖温带亚湿润气候 Climate region: Warm temperate subhumid climate	
年平均气温 /℃ Annual average temperature /℃	13.3
年平均最高气温 /℃ Annual average maximum temperature /℃	18.9
年平均最低气温 /℃ Annual average minimum temperature /℃	8.6
年降水量 /mm Annual precipitation /mm	595
≥10℃的积温 /℃ Daily temperature accumulated in a year (≥10℃) /℃	4858
年日照时数 /h Annual sunshine /h	2594
年平均相对湿度 /% Annual average relative humidity /%	61
干燥度 Dryness	1.40

本区域中心区月平均气温与月平均降水量
Monthly temperature and precipitation in central area of the region

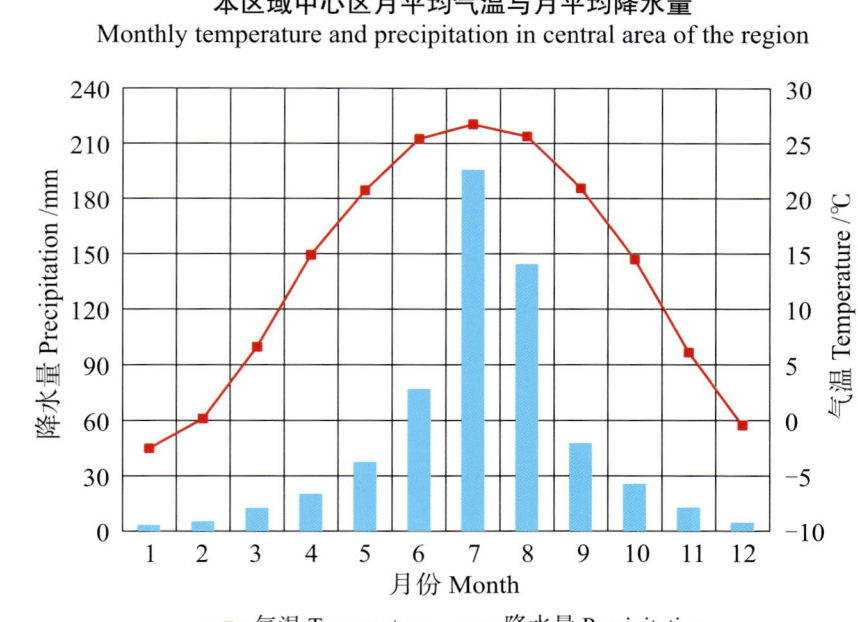

阜城县主要土壤类型与土壤剖面点分布图

1∶160 000

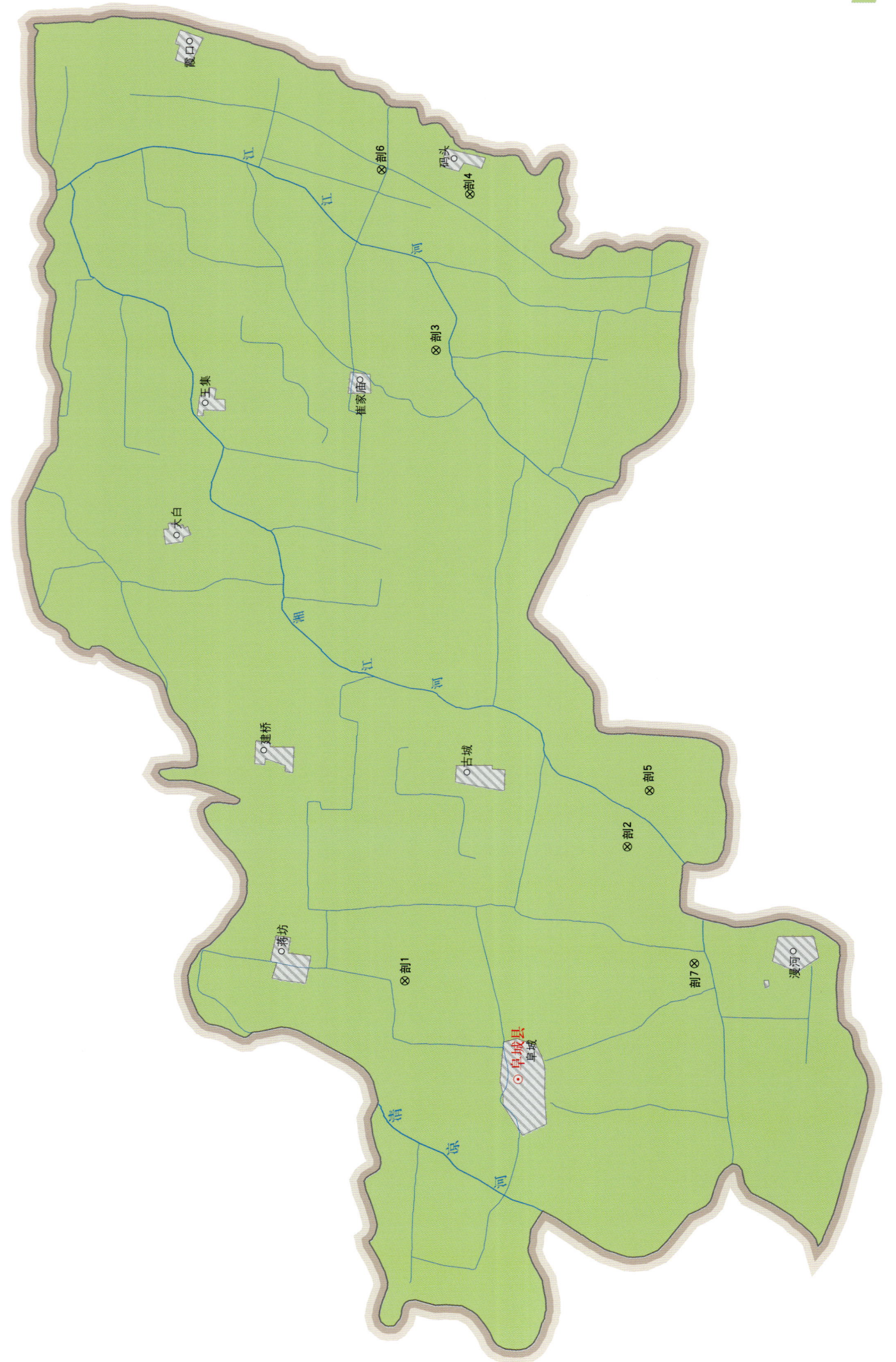

阜城县土壤剖面理化性状表

剖面号 Soil profile	土纲 Soil order	土类 Soil great group	亚类 Soil subgroup	土属 Soil genus	土种 Soil species	土层码 Layer code	土层厚度 Depth/cm	颜色 Soil color	质地 Soil texture	土壤结构 Soil structure	pH	有机质 OM/(g/kg)	全氮 TN/(g/kg)	全磷 TP/(g/kg)	全钾 TK/(g/kg)	碱解氮 AN/(mg/kg)	有效磷 AP/(mg/kg)	速效钾 AK/(mg/kg)	阳离子交换量CEC/(cmol/kg)	土壤母质 Parent material	剖面点坐标 Profile coordinate	匹配指数 Matching index/%
剖1	半水成土	潮土	盐化潮土	壤质氯化物盐化潮土	轻壤质中度盐化潮土	1	0—18	浅灰棕色	轻壤土	碎屑状	8.4	4.8	0.29	0.66		14	3.0	108	9.5		E 116°11′12.1″ N 37°54′20.5″	84
						2	18—21	灰棕色	轻壤土	片状	8.4	4.8	0.29	0.66		14	3.0	108	9.5			
						3	21—110	浅灰棕色	砂壤土	碎屑状	8.8	1.0	0.09	0.63		5	2.0	48	5.9			
						4	110—150	浅灰棕色	轻壤土	碎屑状	8.3	3.3	0.28	0.69		14	3.0	110	12.6			
剖2		潮土	潮土	砂壤质潮土	砂壤质潮土	1	0—19	浅灰棕色	砂壤土	碎屑状	8.1	9.4	0.66	0.77		36	11.0	93	9.0		E 116°14′24.0″ N 37°50′24.0″	70
						2	19—62	暗灰棕色	轻壤土	片状	8.1	9.4	0.66	0.77		36	11.0	93	9.0			
						3	21—62	浅灰棕色	砂土	碎屑状	8.2	4.4	0.34	0.60		16	1.0	42	11.9			
						4	62—76	暗棕色	砂土	单粒状	8.4	4.7	0.16	0.56		7	1.0	32	7.7			
						5	76—91	褐棕色	胶泥土	块状	8.0	6.5	0.45	0.57		17	1.0	97	18.4			
						6	91—107	灰棕色	中壤土	核状	8.1	5.1	0.36	0.59		16	1.0	79	16.6			
						7	107—150	浅灰棕色	砂壤土	碎屑状	8.3	2.9	0.21	0.61		8	1.0	41	10.0			
剖3	半水成土	潮土	潮土	壤质潮土	轻壤质潮土	1	0—18	浅灰棕色	轻壤土	碎屑状	8.5	9.2	0.64	0.74		34	5.0	84	10.1		E 116°25′53.0″ N 37°53′56.0″	80
						2	18—21	浅灰棕色	轻壤土	片状	8.5	9.2	0.64	0.74		34	5.0	84	10.1			
						3	21—118	暗灰棕色	轻壤土	碎屑状	8.5	6.2	0.42	0.62		21	3.0	80	14.4			
						4	118—150	暗灰棕色	重壤土	块状	8.3	8.0	0.61	0.68		23	7.0	149	24.0			
剖4	半水成土	潮土	潮土	壤质潮土	轻壤质底砂潮土	1	0—19	浅灰棕色	轻壤土	碎屑状	8.5	7.9	0.48	0.70		35	4.0	89	7.4		E 116°29′30.4″ N 37°53′21.0″	86
						2	19—22	暗灰棕色	轻壤土	片状	8.5	7.9	0.48	0.70		35	4.0	89	7.4			
						3	22—44	浅灰棕色	轻壤土	碎屑状	8.2	5.4	0.34	0.65		25	4.0	74	7.5			
						4	44—84	浅灰棕色	砂壤土	碎屑状	8.4	1.1	0.11	0.63		8	3.0	56	3.8			
						5	84—150	浅灰棕色	砂土	单粒状	8.5	2.1	0.14	0.53		8	2.0	50	7.4			
剖5	半水成土	潮土	潮土	壤质潮土	轻壤质底黏潮土	1	0—15	暗灰棕色	轻壤土	碎屑状	8.4	10.7	0.70	0.88		42	5.0	139	12.8		E 116°15′42.2″ N 37°50′01.1″	72
						2	15—18	浅灰棕色	轻壤土	片状	8.4	10.7	0.70	0.88		42	5.0	139	12.8			
						3	18—70	暗灰棕色	轻壤土	碎屑状	8.0	9.6	0.75	0.67		37	2.0	283	27.0			
						4	70—150	灰棕色	重壤土	块状	8.3	8.0	0.42	0.93		32	4.0	137	14.5			
剖6	半水成土	潮土	盐化潮土	壤质硫酸盐盐化潮土	轻壤质轻度盐化潮土	1	0—14	浅灰棕色	砂壤土	片状	8.0	5.9	0.49	0.67		28	4.0	89	8.9		E 116°30′04.0″ N 37°54′55.8″	72
						2	14—17	浅灰棕色	砂壤土	片状	8.0	5.9	0.49	0.67		28	4.0	89	8.9			
						3	17—31	浅灰棕色	砂土	碎屑状	8.5	2.4	0.29	0.64		13	1.0	35	6.6			
						4	31—82	红棕色	砂土	单粒状	8.5	1.9	0.15	0.63		9	1.0	26	5.8			
						5	82—121	浅灰棕色	胶泥土	块状	8.3	7.9	0.69	0.66		32	2.0	142	22.5			
						6	121—150	浅灰棕色	砂土	碎屑状	8.8	1.4	0.22	0.59		7	2.0	32	5.1			
剖7	半水成土	潮土	潮土	砂质潮土	潮砂土	1	0—20	浅灰棕色	砂土	碎屑状	8.7	2.7	0.24	0.49	16.0		2.0	23	5.0	近代河流冲积物	E 116°11′42.1″ N 37°49′10.2″	77
						2	20—140	浅灰棕色	砂土	单粒状	8.5	1.5	0.14	0.65	17.0		2.0	45	5.3			
						3	140—150	灰棕色	砂壤土	碎屑状	8.2	5.2	0.43	0.67	17.0		4.0	80	16.8			

深 州 市

主要土类说明

潮土是深州市主要土壤类型，占本市地域面积的 96%。潮土成土母质为河流冲积物，地下水埋深较高，并直接参与成土过程。潮土区属半干旱、半湿润季风气候区，干湿季节变化明显，降水集中。每逢夏季，高温高湿同时出现，土体含水量增加，地下水位抬高；雨季过后，水位下降，加之冬春干旱，特别是春季地温上升快，多风，蒸发量大；翌年雨季到来之前地下水位降至最低，变幅达 1—5m，导致土壤内氧化还原过程交替进行。潮土以灰棕色为主，土层排列明显，通体石灰反应强烈，心土层常出现铁锰结核及锈色斑纹。潮土剖面基本上可划分为三个发生层次：表土层颜色为浅灰棕色，土层疏松，孔隙度大，pH 为 7.0—8.0；心土层常见有明显的沉积层次，养分含量少，有锈色斑纹、铁子及铁锰结核，地形较高的地方有时出现假菌丝体；底土层呈暗灰棕色，基本脱离人为活动的影响。

小于本市地域面积 3% 的土壤类型还有草甸盐土等。

本区域中心区气候特征

本区域中心区气候特征值
Regional climate characteristics in central area of the region

气候带：暖温带亚湿润气候 Climate region: Warm temperate subhumid climate	
年平均气温 /℃ Annual average temperature /℃	13.6
年平均最高气温 /℃ Annual average maximum temperature /℃	19.1
年平均最低气温 /℃ Annual average minimum temperature /℃	8.9
年降水量 /mm Annual precipitation /mm	578
≥10℃的积温 /℃ Daily temperature accumulated in a year（≥10℃）/℃	4926
年日照时数 /h Annual sunshine /h	2519
年平均相对湿度 /% Annual average relative humidity /%	61
干燥度 Dryness	1.46

本区域中心区月平均气温与月平均降水量
Monthly temperature and precipitation in central area of the region

深县主要土壤类型与土壤剖面点分布图
1:200 000

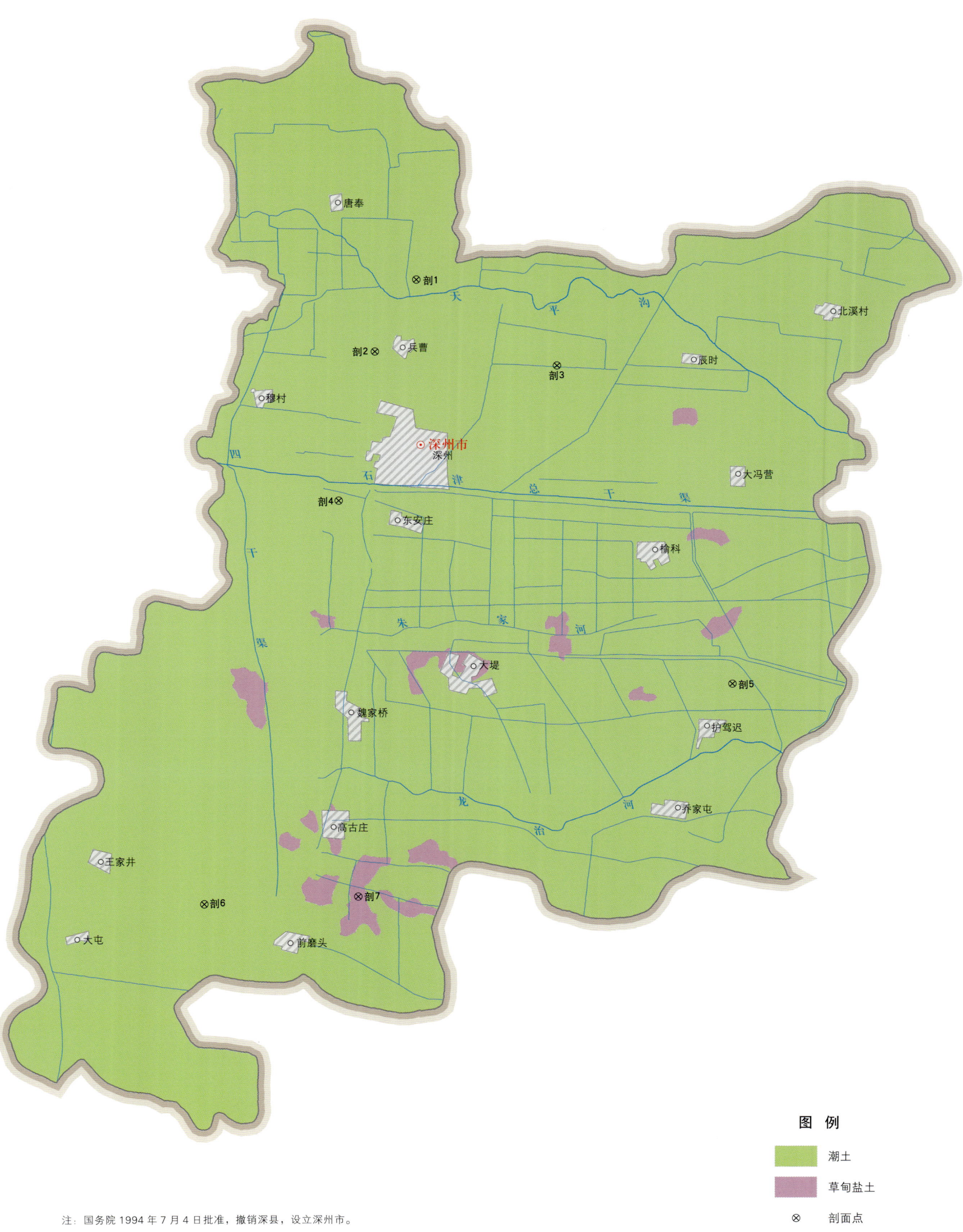

注：国务院1994年7月4日批准，撤销深县，设立深州市。

深州市土壤剖面理化性状表

剖面号 Soil profile	土纲 Soil order	土类 Soil great group	亚类 Soil subgroup	土属 Soil genus	土种 Soil species	土层码 Layer code	土层厚度 Depth/cm	颜色 Soil color	质地 Soil texture	土壤结构 Soil structure	pH	有机质 OM/(g/kg)	全氮 TN/(g/kg)	全磷 TP/(g/kg)	全钾 TK/(g/kg)	有效磷 AP/(mg/kg)	速效钾 AK/(mg/kg)	阳离子交换量CEC/(cmol/kg)	土壤母质 Parent material	剖面点坐标 Profile coordinate	匹配指数 Matching index/%
剖1	半水成土	潮土	潮土	壤质潮土	轻壤质盖金潮土	1	0—20	灰棕色	轻壤土	碎屑状	7.9	8.0	0.53	1.09						E 115°32′51.2″ N 38°05′09.6″	100
						2	20—30	灰棕色	轻壤土	碎屑状	8.0	6.8	0.43	1.18							
						3	30—45	暗棕色	中壤土	碎屑状	8.3	9.2	0.35	0.91							
						4	45—78	红棕色	重壤土	块状	8.1	10.8	0.72	1.05							
						5	78—90	暗棕色	中壤土	碎块状	8.2	9.9	0.43	1.11							
						6	90—150	红棕色	重壤土	块状	8.2	9.2	0.63	1.19							
剖2	半水成土	潮土	潮土	壤质潮土	轻壤质潮土	1	0—23	灰棕色	轻壤土	碎屑状	7.7	11.6	0.67	1.42						E 115°31′33.0″ N 38°03′15.2″	100
						2	23—88	暗棕色	中壤土	块状	7.6	9.6	0.68	1.23							
						3	88—99	暗棕色	轻壤土	碎屑状	7.5	7.6	0.54	1.22							
						4	99—150	暗棕色	中壤土	碎屑状	7.5	7.5	0.43	1.08							
剖3	半水成土	潮土	潮土	壤质潮土	砂质潮土	1	0—24	浅棕色	砂土	单粒状	8.0	5.6	0.23	0.93						E 115°37′27.1″ N 38°02′58.6″	72
						2	24—65	浅棕色	砂土	单粒状	7.8	2.6	0.21	0.98							
						3	65—115	灰棕色	砂土	单粒状	7.3	1.0	0.11	1.37							
						4	115—150	浅棕色	砂土	单粒状	8.0	1.3	0.08	1.16							
剖4	半水成土	潮土	潮土	壤质潮土	砂质潮土	1	0—20	浅灰棕色	砂壤土	碎屑状	7.5	7.6	0.63	1.07						E 115°30′28.8″ N 37°59′18.6″	93
						2	20—29	灰棕色	砂壤土	碎屑状	7.4	5.7	0.30	0.96							
						3	29—39	暗棕色	中壤土	碎屑状	7.6	7.8	0.52	0.91							
						4	39—59	浅灰棕色	砂壤土	碎屑状	7.4	5.1	0.29	0.98							
						5	59—72	暗棕色	重壤土	块状	7.4	9.8	0.58	0.97							
						6	72—150	浅灰棕色	砂壤土	碎屑状	7.5	4.4	0.26	0.92							
剖5	半水成土	潮土	潮土	壤质潮土	中壤质潮土	1	0—20	灰棕色	中壤土	碎屑状	7.5	11.9	0.76	1.18						E 115°43′17.8″ N 37°54′40.4″	96
						2	20—40	棕色	重壤土	碎屑状	7.6	9.8	0.60	1.23							
						3	40—70	灰棕色	中壤土	碎屑状	7.5	7.3	0.50	1.16							
						4	70—98	灰棕色	中壤土	碎屑状	7.5	7.1	0.29	1.08							
						5	98—150	棕色	重壤土	块状	7.5	2.7	0.18	0.93							
剖6	半水成土	潮土	褐潮土	壤质褐潮土	轻壤质砂底褐潮土	1	0—20	灰棕色	轻壤土	碎屑状	8.0	8.1	0.68	1.22						E 115°26′24.0″ N 37°48′37.8″	95
						2	20—38	灰棕色	轻壤土	碎屑状	7.5	6.4	0.38	2.16							
						3	38—50	暗棕色	中壤土	碎屑状	7.9	6.8	0.37	1.15							
						4	50—119	浅棕色	砂土	单粒状	8.0	1.0	0.08	0.89							
						5	119—136	灰棕色	轻壤土	碎屑状	8.0	4.9	0.38	1.02							
						6	136—150	浅灰棕色	砂土	单粒状	7.9	2.4	0.23	1.01							
剖7	盐碱土	草甸盐土	草甸盐土	氯化物草甸盐土	黑油盐土	1	0—20	灰棕色	壤土	屑粒状	8.7	7.4	0.50	0.45	16.2	3.9	140	6.9	页岩、砂页岩残积物、坡积物	E 115°31′21.3″ N 37°48′53.6″	93
						2	20—50	浅灰棕色	砂壤土	屑粒状	8.5	6.1	0.25	0.39	17.0	2.6	75	10.6			
						3	50—100	浅灰棕色	粉砂质壤土	单粒状	8.5	3.6	0.14	0.34	16.1	2.8	29	6.7			

中国土壤剖面数据集·京津冀卷

附 录

附录1　北京市县级行政区及分县主要土壤类型与土壤剖面点分布图地域名对照表

行政区划	县级行政区划[1]	分县主要土壤类型与土壤剖面点分布图地域名[2]
北京市	东城区	市辖区*
	西城区	
	朝阳区	
	丰台区	
	石景山区	
	海淀区	
	门头沟区	门头沟区
	房山区	房山区
	通州区	通州区
	顺义区	顺义区
	昌平区	昌平区
	大兴区	大兴区
	怀柔区	怀柔县
	平谷区	平谷县
	密云区	密云县
	延庆区	延庆县

注：1）为民政部于2022年3月发布的《2021年中华人民共和国行政区划代码》中的县级行政区名称。该名称也作为本数据集分县目录。分县排序按《2021年中华人民共和国行政区划代码》中的地级、县级行政区排列。

2）分县主要土壤类型与土壤剖面点分布图地域名是全国第二次土壤普查中分县采样调查、制图的县级行政区名称。分县主要土壤类型与土壤剖面点分布图采用的县级行政域是从国家测绘局获取的1：25万DLG（公众版）数据（使用许可协议编号：非2011—1011）。附录1显示了全国第二次土壤普查时的县级行政区域名与《2021年中华人民共和国行政区划代码》中的县级行政区名称之间的关联。附录1中仅有《2021年中华人民共和国行政区划代码》中的县级行政区名称，而没有对应的分县主要土壤类型与土壤剖面点分布图地域名的分县，表示该县级行政区无土壤剖面数据，未纳入分县目录。

* 在附录1中，凡分县主要土壤类型与土壤剖面点分布图地域名表示为"市辖区"的地域，均指在全国第二次土壤普查中，在城市中心区及近郊区完成的采样调查和制图。此时，县级行政区名称与分县主要土壤类型与土壤剖面点分布图地域名不是完全的对应关系。如北京市市辖区主要土壤类型与土壤剖面点分布图代表土壤调查中北京市城区及近郊区的土壤分布状况。此时将"市辖区"作为这一节的标题。

附录2　天津市县级行政区及分县主要土壤类型与土壤剖面点分布图地域名对照表

行政区划	县级行政区划[1]	分县主要土壤类型与土壤剖面点分布图地域名[2]
天津市	和平区	市辖区*
	河东区	
	河西区	
	南开区	
	河北区	
	红桥区	
	东丽区	
	西青区	
	津南区	
	北辰区	
	武清区	武清县
	宝坻区	宝坻县
	滨海新区	滨海新区
	宁河区	宁河县
	静海区	静海县
	蓟州区	蓟县

注：1）为民政部于2022年3月发布的《2021年中华人民共和国行政区划代码》中的县级行政区名称。该名称也作为本数据集分县目录。分县排序按《2021年中华人民共和国行政区划代码》中的地级、县级行政区排列。

2）分县主要土壤类型与土壤剖面点分布图地域名是全国第二次土壤普查中分县采样调查、制图的县级行政区名称。分县主要土壤类型与土壤剖面点分布图采用的县级行政域是从国家测绘局获取的1∶25万DLG（公众版）数据（使用许可协议编号：非2011—1011）。附录1显示了全国第二次土壤普查时的县级行政区域名与《2021年中华人民共和国行政区划代码》中的县级行政区名称之间的关联。附录1中仅有《2021年中华人民共和国行政区划代码》中的县级行政区名称，而没有对应的分县主要土壤类型与土壤剖面点分布图地域名的分县，表示该县级行政区无土壤剖面数据，未纳入分县目录。

＊ 在附录2中，凡分县主要土壤类型与土壤剖面点分布图地域名表示为"市辖区"的地域，均指在全国第二次土壤普查中，在城市中心区及近郊区完成的采样调查和制图。此时，县级行政区名称与分县主要土壤类型与土壤剖面点分布图地域名不是完全的对应关系。如天津市市辖区土壤图代表土壤调查中天津市城区及近郊区的土壤分布状况。此时将"市辖区"作为这一节的标题。

附录3　河北省县级行政区及分县主要土壤类型与土壤剖面点分布图地域名对照表

地级行政区划	县级行政区划[1]	分县主要土壤类型与土壤剖面点分布图地域名[2]	地级行政区划	县级行政区划[1]	分县主要土壤类型与土壤剖面点分布图地域名[2]
石家庄市	长安区	市辖区*	唐山市	古冶区	
	桥西区			开平区	
	新华区			丰南区	丰南县
	井陉矿区			丰润区	丰润县
	裕华区			曹妃甸区	唐海县
	藁城区	藁城市		滦南县	滦南县
	鹿泉区	获鹿县		乐亭县	乐亭县
	栾城区	栾城县		迁西县	迁西县
	井陉县	井陉县		玉田县	玉田县
	正定县	正定县		遵化市	遵化市
	行唐县	行唐县		迁安市	迁安县
	灵寿县	灵寿县		滦州市	滦县
	高邑县	高邑县	秦皇岛市	海港区	市辖区*
	深泽县	深泽县		山海关区	
	赞皇县	赞皇县		北戴河区	
	无极县	无极县		抚宁区	抚宁县
	平山县	平山县		青龙满族自治县	青龙满族自治县
	元氏县	元氏县		昌黎县	昌黎县
	赵县	赵县		卢龙县	卢龙县
	辛集市		邯郸市	邯山区	市辖区*
	晋州市	晋州市		丛台区	
	新乐市	新乐市		复兴区	
唐山市	路南区			峰峰矿区	
	路北区			肥乡区	肥乡县

续表

地级行政区划	县级行政区划[1]	分县主要土壤类型与土壤剖面点分布图地域名[2]	地级行政区划	县级行政区划[1]	分县主要土壤类型与土壤剖面点分布图地域名[2]
邯郸市	永年区	永年县	保定市	唐县	唐县
	临漳县	临漳县		高阳县	高阳县
	成安县	成安县		容城县	容城县
	大名县	大名县		涞源县	涞源县
	涉县	涉县		望都县	望都县
	磁县	磁县		安新县	安新县
	邱县	丘县		易县	易县
	鸡泽县	鸡泽县		曲阳县	曲阳县
	广平县	广平县		蠡县	蠡县
	馆陶县	馆陶县		顺平县	顺平县
	魏县	魏县		博野县	博野县
	曲周县	曲周县		雄县	雄县
	武安市	武安市		涿州市	涿州市
邢台市	襄都区	市辖区*		定州市	定州市
	信都区			安国市	安国市
	任泽区	任县		高碑店市	高碑店市
	南和区	南和县	张家口市	桥东区	市辖区*
	临城县	临城县		桥西区	
	内丘县	内丘县		下花园区	
	柏乡县	柏乡县		宣化区	宣化县
	隆尧县	隆尧县		万全区	万全县
	宁晋县	宁晋县		崇礼区	崇礼县
	巨鹿县	巨鹿县		张北县	张北县
	新河县	新河县		康保县	康保县
	广宗县	广宗县		沽源县	沽源县
	平乡县	平乡县		尚义县	尚义县
	威县	威县		蔚县	蔚县
	清河县	清河县		阳原县	阳原县
	临西县	临西县		怀安县	
	南宫市	南宫市		怀来县	怀来县
	沙河市	沙河市		涿鹿县	涿鹿县
保定市	竞秀区	市辖区*		赤城县	赤城县
	莲池区		承德市	双桥区	市辖区*
	满城区	满城县		双滦区	
	清苑区	清苑县		鹰手营子矿区	
	徐水区	徐水县		承德县	承德县
	涞水县	涞水县		兴隆县	兴隆县
	阜平县	阜平县		滦平县	滦平县
	定兴县	定兴县		隆化县	隆化县

续表

地级行政区划	县级行政区划[1]	分县主要土壤类型与土壤剖面点分布图地域名[2]	地级行政区划	县级行政区划[1]	分县主要土壤类型与土壤剖面点分布图地域名[2]
承德市	丰宁满族自治县	丰宁满族自治县		广阳区	市辖区*
	宽城满族自治县	宽城满族自治县		固安县	固安县
	围场满族蒙古族自治县	围场满族蒙古族自治县		永清县	永清县
	平泉市	平泉县		香河县	香河县
沧州市	新华区		廊坊市	大城县	大城县
	运河区			文安县	文安县
	沧县			大厂回族自治县	大厂回族自治县
	青县	青县		霸州市	霸州市
	东光县	东光县		三河市	三河市
	海兴县	海兴县		桃城区	市辖区*
	盐山县	盐山县		冀州区	冀州市
	肃宁县	肃宁县		枣强县	枣强县
	南皮县	南皮县		武邑县	武邑县
	吴桥县	吴桥县		武强县	武强县
	献县	献县	衡水市	饶阳县	饶阳县
	孟村回族自治县	孟村回族自治县		安平县	安平县
	泊头市	泊头市		故城县	故城县
	任丘市	任丘市		景县	景县
	黄骅市	黄骅市		阜城县	阜城县
	河间市	河间市		深州市	深县
廊坊市	安次区	市辖区*			

注：1）为民政部于 2022 年 3 月发布的《2021 年中华人民共和国行政区划代码》中的县级行政区名称。该名称也作为本数据集分县目录。分县排序按《2021 年中华人民共和国行政区划代码》中的地级、县级行政区排列。

2）分县主要土壤类型与土壤剖面点分布图地域名是全国第二次土壤普查中分县采样调查、制图的县级行政区名称。分县主要土壤类型与土壤剖面点分布图采用的县级行政域是从国家测绘局获取的 1：25 万 DLG（公众版）数据（使用许可协议编号：非 2011—1011）。附录 1 显示了全国第二次土壤普查时的县级行政区域名与《2021 年中华人民共和国行政区划代码》中的县级行政区名称之间的关联。附录 1 中仅有《2021 年中华人民共和国行政区划代码》中的县级行政区名称，而没有对应的分县主要土壤类型与土壤剖面点分布图地域名的分县，表示该县级行政区无土壤剖面数据，未纳入分县目录。

* 在附录 3 中，凡分县主要土壤类型与土壤剖面点分布图地域名表示为"市辖区"的地域，均指在全国第二次土壤普查中，在城市中心区及近郊区完成的采样调查和制图。此时，县级行政区名称与分县主要土壤类型与土壤剖面点分布图地域名不是完全的对应关系。如石家庄市市辖区土壤图代表土壤调查中石家庄市城区及近郊区的土壤分布状况。此时，将"市辖区"作为这一节的标题。

附录4　专题图基础地理要素图例

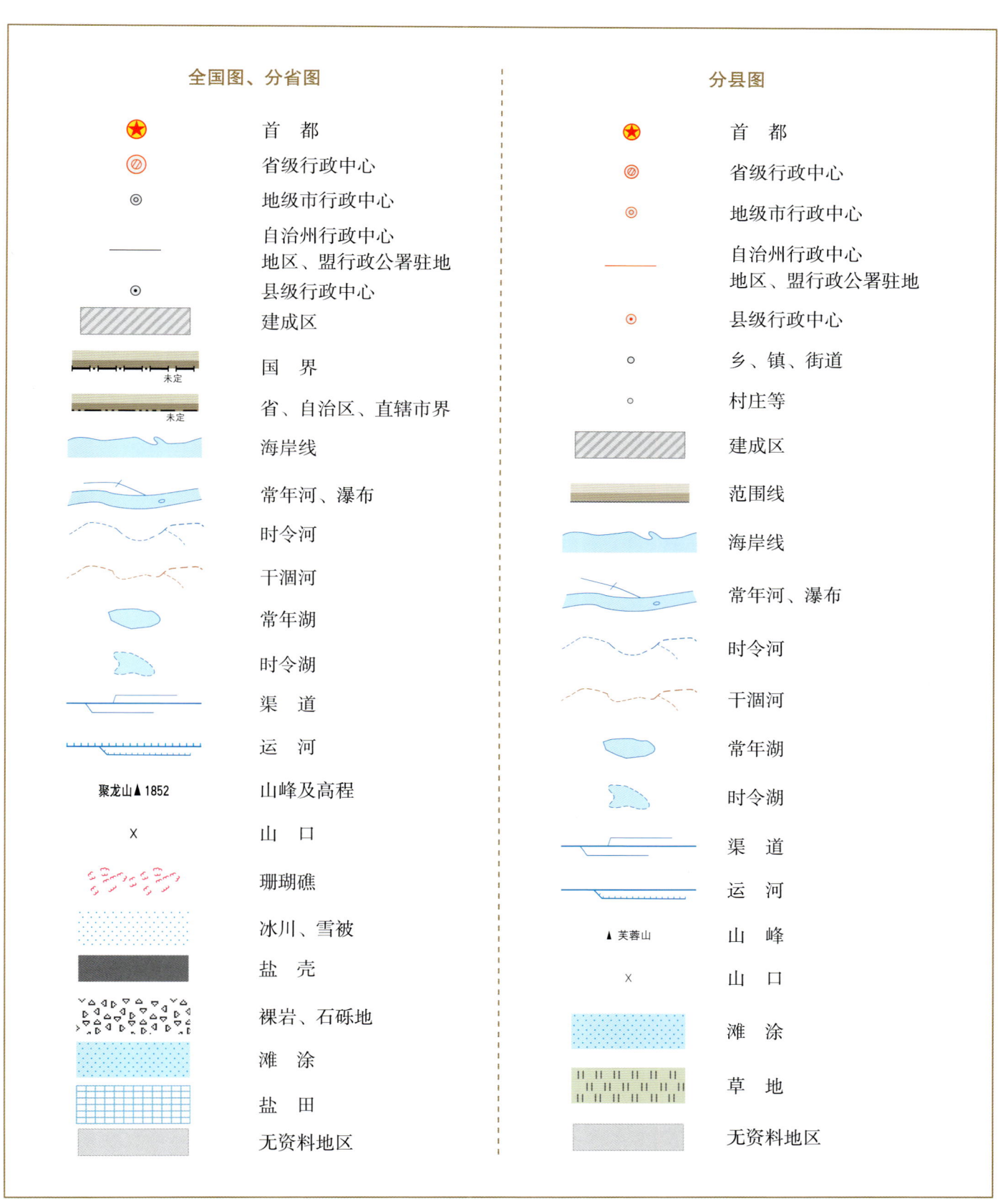

附录5 土壤图土类图例

图例	土类名	色码（RGB）	色码（CMYK）	图例	土类名	色码（RGB）	色码（CMYK）
	砖红壤	253, 139, 149	0, 56, 26, 0		棕钙土	250, 221, 212	2, 17, 13, 0
	赤红壤	253, 160, 170	0, 47, 17, 0		灰钙土	230, 214, 165	11, 15, 40, 1
	红　壤	252, 199, 209	1, 29, 6, 0		灰漠土	246, 237, 182	4, 6, 36, 0
	黄　壤	250, 238, 14	2, 5, 92, 0		灰棕漠土	232, 207, 118	8, 19, 62, 1
	黄棕壤	247, 231, 171	3, 9, 40, 0		棕漠土	238, 220, 86	5, 12, 76, 1
	黄褐土	249, 236, 121	2, 5, 64, 0		黄绵土	249, 223, 2	1, 13, 93, 0
	棕　壤	238, 218, 147	6, 14, 50, 1		红黏土	247, 149, 143	1, 52, 33, 0
	暗棕壤	226, 181, 98	9, 33, 68, 2		新积土	184, 199, 156	30, 11, 44, 2
	白浆土	223, 226, 205	15, 7, 22, 0		龟裂土	254, 252, 55	0, 7, 86, 0
	棕色针叶林土	206, 169, 142	18, 35, 40, 4		风沙土	242, 242, 180	6, 2, 39, 0
	灰化土	183, 169, 182	31, 31, 16, 4		石灰（岩）土	176, 175, 85	28, 21, 75, 9
	漂灰土*	220, 219, 162	15, 9, 44, 1		火山灰土	223, 167, 170	11, 41, 19, 2
	燥红土	250, 161, 9	0, 46, 95, 0		紫色土	199, 177, 221	28, 31, 0, 0
	褐　土	225, 201, 153	12, 21, 43, 1		磷质石灰土	240, 250, 156	7, 1, 51, 0
	灰褐土	228, 219, 186	12, 12, 30, 0		石质土	171, 181, 150	35, 18, 43, 5
	黑　土	142, 164, 151	46, 21, 38, 8		粗骨土	196, 187, 132	23, 21, 53, 4
	灰色森林土	162, 178, 175	40, 19, 27, 4		草甸土	128, 171, 117	51, 14, 63, 7

续表

图例	土类名	色码（RGB）	色码（CMYK）	图例	土类名	色码（RGB）	色码（CMYK）
	黑钙土	230，188，50	6，30，88，1		潮　土	169，219，118	34，1，68，0
	栗钙土	214，195，161	17，22，37，2		砂姜黑土	191，202，188	29，13，26，1
	栗褐土	240，213，157	5，18，43，1		林灌草甸土	171，191，44	31，12，93，5
	黑垆土	201，204，125	22，12，60，3		山地草甸土	132，184，161	52，9，42，3
	沼泽土	144，183，212	49，14，8，2		灌漠土	158，184，110	39，12，67，6
	泥炭土	150，140，173	46，41，10，6		草毡土	150，172，169	45，20，29，6
	草甸盐土	222，145，201	21，49，0，0		黑毡土	129，157，106	48，19，63，14
	滨海盐土	232，206，217	10，22，5，0		寒钙土	198，214，203	26，8，21，1
	酸性硫酸盐土	187，159，184	29，38，9，3		冷钙土	194，194，96	23，15，72，5
	漠境盐土	209，130，159	16，58，11，3		冷棕钙土	183，186，169	31，20，32，3
	寒原盐土	187，159，184	29，38，9，3		寒漠土	235，223，181	9，12，33，0
	碱　土	227，211，211	13，18，11，0		冷漠土	223，197，102	11，22，68，2
	水稻土	107，176，107	59，9，72，3		寒冻土	196，171，79	19，29，77，8
	灌淤土	136，146，47	38，24，90，21				

注：* 漂灰土，《中国土壤分类与代码》（GB/T 17296—2009）中无此土类，在全国第二次土壤普查中完成的中国1:100万土壤图和分县土壤图中含漂灰土，主要分布于西藏自治区南部，总面积约为112 km^2。

附录6 中国主要土壤类型简表

土纲名[1]	土类名[2]	主要成土条件及特征[3]	分布区域	WRB 土组名[4]	MR[5]/%	百分比[6]/%
铁铝土纲 Ferrallisols	砖红壤 Latosols	热带雨林或季雨林下，强烈脱硅富铝化，游离铁占全铁的80%，土壤呈砖红色，具 A–Bs–Bv–C 剖面构型	海南、广东等	Acrisols	29	0.46
	赤红壤 Latosolic red soils	南亚热带季雨林下，脱硅富铝化程度次于砖红壤、强于红壤，铁的游离度介于二者之间，土壤呈赤红色，具 A–Bs–C 剖面构型	广东、云南、广西、福建等	Acrisols	40	2.23
	红壤 Red soils	中亚热带常绿阔叶林下，中度脱硅富铝化，具有深厚红色土层，具 A–Bs–Bv 或 A–Bs–C 剖面构型	南部的江西、福建、湖南等	Cambisols	35	6.79
	黄壤 Yellow soils	亚热带湿润气候条件下，多见于海拔700—1200m 的山区，中度富铝化，土壤有机质累积较多，土壤呈黄色，具 O–A–AB–B–C 剖面构型	贵州、四川、云南、西藏、台湾等	Cambisols	45	2.65
淋溶土纲 Alfisols	黄棕壤 Yellow-brown soils	北亚热带暖湿落叶阔叶林下，弱度富铝化，母质多为砂页岩及花岗岩风化物，黏化特征明显，土壤呈黄棕色，具 A–B–C 或 A–(B)–C 剖面构型	长江中下游沿江低山丘陵区，以及云南、贵州、四川、陕西、西藏等	Cambisols	39	2.37
	黄褐土 Yellow-cinnamon soils	北亚热带地区，黄土状母质，无游离碳酸钙，黏化淀积明显，土壤呈灰黄棕色，具 A–B–C 或 A–Bt–C 剖面构型	河南、安徽面积最大，陕南、鄂北、江苏、川东北、江西等地也有分布	Luvisols	58	0.59
	棕壤 Brown soils	湿润暖温带地区，处于硅铝风化阶段，盐基已淋失，土体见黏粒淀积，土壤呈棕色，具 O–A–Bt–C 剖面构型	辽东至苏北低山丘陵，以及内蒙古、河南、西藏、云南、湖北等地的山地垂直带	Luvisols	51	2.73
	暗棕壤 Dark brown soils	湿润温带地区，针阔叶混交林下，弱酸性淋溶，有机质富集明显，土体B层呈棕色，具 O–A–B–C 剖面构型	黑龙江、吉林、内蒙古等	Cambisols	48	4.12

续表

土纲名[1]	土类名[2]	主要成土条件及特征[3]	分布区域	WRB 土组名[4]	MR[5]/%	百分比[6]/%
淋溶土纲 Alfisols	白浆土 Bleached baijiang soils	湿润温带平缓岗地森林草原下，上层土壤周期性滞水，还原铁、锰，漂洗形成灰黄色至灰白色白浆土层 E，具 Ah-E-Bt-C 剖面构型	黑龙江、吉林等	Luvisols	46	0.49
	棕色针叶林土 Brown coniferous forest soils	寒温带针叶林下，酸性淋溶，表层盐基饱和度降低，B 层呈棕色，具 O-A-AB-B-C 剖面构型	内蒙古、黑龙江、四川、云南、吉林、新疆等	Cambisols	47	1.15
	灰化土 Podzolic soils	寒冷湿润针叶林下，表层有机质层深厚，强烈淋溶和 SiO_2 淀积形成灰化层 A_2，具 A_1-A_2-B-BC 剖面构型	西藏	Podzols	100	<0.01
半淋溶土纲 Semi-alfisols	燥红土 Torrid red soils	热带、亚热带干旱河谷与雨区稀树草原下形成的盐基饱和的红色土壤，具 A-B-C（D）剖面构型	海南、贵州、云南、四川等	Luvisols	100	0.08
	褐土 Cinnamon soils	暖温带半湿润，黏化与钙质淋移淀积，盐基饱和，B 层呈棕褐色，具 A-B-Bk-C 剖面构型	河北、山西、北京等	Cambisols	48	2.88
	灰褐土 Gray-cinnamon soils	温带干旱、半干旱山地云冷杉下，腐殖质累积与钙积作用明显，弱黏淀特征，具 Ao-A-B-C 剖面构型	甘肃、内蒙古、新疆、西藏、青海、宁夏等地的山地垂直带	Cambisols	43	0.65
	黑土 Black soils	温带半湿润草甸草原下，具深厚的腐殖质层，无石灰性的黑色土壤，底层轻度淋溶，具 A-ABh-BhC-C 剖面构型	东北平原	Phaeozems	31	0.68
	灰色森林土 Gray forest soils	温带森林植被下，腐殖质层深厚，弱度淋溶，剖面下部见硅粉，具 O-A-AB 或（B）-BC-C 剖面构型	内蒙古、新疆、河北	Phaeozems	77	0.34
钙层土 Pedocals	黑钙土 Chernozems	温带半湿润草甸草原下，具深厚的腐殖质层、碳酸钙淋溶淀积层	内蒙古、新疆、吉林、黑龙江、青海、甘肃	Chernozems	50	1.51
	栗钙土 Castanozems	温带半干旱草原下，具有栗色腐殖质层和灰白色钙积层	内蒙古、新疆、河北、山西、吉林等	Kastanozems	61	4.18
	栗褐土 Castano-cinnamon soils	暖温带半干旱草原及灌木下，弱度黏化和弱度淋溶，通体有石灰反应	山西、内蒙古、河北	Cambisols	40	0.47
	黑垆土 Dark loessial soils	黄土高原上，由黄土母质发育，有机质含量低，腐殖质层深厚，无明显黏化层	甘肃面积最大，其次为陕北和宁南地区	Cambisols	59	0.21
干旱土 Aridisols	棕钙土 Brown caliche soils	温带干旱草原向荒漠过渡区，具浅棕色薄腐殖质层、灰白色薄钙积层，钙积层接近地表	内蒙古、甘肃、青海、新疆	Cambisols	36	2.81
	灰钙土 Sierozems	暖温带干旱草原下，母质多为黄土，低腐殖质、弱淋溶，具腐殖质层和钙积层	甘肃、宁夏、新疆、青海、内蒙古、陕西	Cambisols	63	0.50

续表

土纲名[1]	土类名[2]	主要成土条件及特征[3]	分布区域	WRB 土组名[4]	MR[5]/%	百分比[6]/%
漠土 Desert soils	灰漠土 Gray desert soils	温带干旱漠境边缘区	宁夏、内蒙古、甘肃、新疆等	Cambisols	44	0.72
	灰棕漠土 Gray-brown desert soils	温带干旱中心	新疆、内蒙古等	Cambisols	78	3.11
	棕漠土 Brown desert soils	暖温带极干旱漠境中心	新疆、甘肃等	Cambisols	65	2.69
初育土 Amorphic soils	黄绵土 Loessial soils	黄土高原上，由黄土母质直接翻耕形成，具 A-C 剖面构型	陕西、甘肃、山西、宁夏等	Cambisols	33	1.97
	红黏土 Red primitive soils	由第三纪红色黏土及部分第四纪老黄土发育	陕西、甘肃、河南、山西、辽宁等	Regosols	48	0.07
	新积土 Neo-alluvial soils	新近冲积、洪积、坡积、塌积或人工堆垫，具 A-C 或（A）-C 剖面构型	全国各地，以吉林、陕西面积最大，其次为黑龙江、宁夏、四川等	Fluvisols	51	0.57
	龟裂土 Takyr	干旱、漠境地区山前细土洪积微弱发育，表层为不规则龟裂结皮	新疆、甘肃、内蒙古、宁夏	Cambisols	72	0.06
	风沙土 Aeolian soils	半干旱、干旱及滨海地区，由风成沙性母质发育	新疆、内蒙古、甘肃、青海等	Arenosols	75	7.03
	石灰（岩）土 Limestone soils	由热带、亚热带石灰岩母质发育	贵州、广西、四川、湖南等	Cambisols	80	1.73
	火山灰土 Volcanic ash soils	由火山喷发碎屑、粉尘状堆积物发育，具 A-C 剖面构型	黑龙江、江苏、海南等	Andosols	53	0.04
	紫色土 Purplish soils	由热带、亚热带紫红色岩层侵蚀发育，土层浅薄，具 A-C 剖面构型	四川、云南、湖南、贵州、广西等	Cambisols	68	2.44
	磷质石灰土 Phospho-calcic soils	热带珊瑚岛礁上，由海鸟粪与珊瑚礁风化物形成	南海的西沙、南沙、东沙、中沙诸岛	Arenosols	81	<0.01
	石质土 Lithosols	石质山地岩石风化残积物，风化层厚度一般小于10cm，具 A-R 剖面构型	西北和华北山地	Leptosols	100	1.87
	粗骨土 Skeletal soils	基岩风化残积物、坡积物，属于 A-C 或（A）-C 剖面构型	辽宁、内蒙古、山东、浙江等地的河谷阶地、丘陵、低山和中山	Regosols	93	1.76
水成土 Aqueous soils	沼泽土 Bog soils	所处地势低洼，长期地表积水，还原作用形成潜育层G，泥炭层或腐泥层厚度小于50cm，具 H-G 剖面构型	黑龙江、青海、内蒙古等地的沟谷、平原河湖滨低洼地区均有分布，主要分布于东北	Gleysols	53	1.53
	泥炭土 Peat soils	泥炭层 H 厚度大于50cm，其下为潜育层G，具 H-G 剖面构型	青海、四川、黑龙江、吉林等	Histosols	48	0.06

续表

土纲名[1]	土类名[2]	主要成土条件及特征[3]	分布区域	WRB 土组名[4]	MR[5]/%	百分比[6]/%
半水成土 Semi-aqueous soils	草甸土 Meadow soils	冷湿条件下受地下水浸润并在草甸植被下发育，有明显腐殖质累积，铁、锰氧化还原形成锈纹层 Cu，具 A-Cu 或 A-C-Cu 剖面构型	黑龙江、内蒙古、新疆、四川等	Cambisols	92	3.54
	潮土 Fluvo-aquic soils	河流冲积平原或低平阶地耕作土壤，地下水位高，底土氧化还原交替形成锈纹层 Cu，具 A_{11}-A_{12}-Cu 或 A_{11}-C-Cu 剖面构型	主要分布于黄淮海平原，内蒙古、辽宁、湖北等地的河谷平原，滨湖低地与山间谷地也有分布	Cambisols	85	3.71
	砂姜黑土 Lime concretion black soils	河湖沉积物经脱沼与长期耕作形成，底土见砂姜	主要分布于安徽、河南、山东、江苏等，河北、湖北、广西等地也有分布	Cambisols	79	0.54
	林灌草甸土 Shrubby meadow soils	漠境河谷平原沿河一带的胡杨林下发育，有交替氧化还原作用，具 Ao-AC-C 剖面构型	新疆、内蒙古、甘肃等	Cambisols	87	0.24
	山地草甸土 Mountain meadow soils	中海拔山顶平台草甸植被下发育的薄层土壤，草皮层 As 下见铁锰锈纹、胶膜，具 As-A-C-D 剖面构型	除青藏高原及西北高山区以外，各省、自治区、直辖市均有分布，以西部为多，西南部次之	Cambisols	60	0.04
盐碱土 Alkali-saline soils	草甸盐土 Meadow solonchaks	草甸土、潮土、沼泽土地区，盐分累积量大于 6g/kg，有盐化表土层 Az，具 Az-C 剖面构型	从长江口到松辽平原均有分布	Solonchaks	55	1.21
	滨海盐土 Coastal solonchaks	母质为滨海沉积物，盐分来自海水和高矿化潜水，通常含盐量为 10g/kg，具 Az-Cz 剖面构型	山东、浙江、福建等沿海地区	Solonchaks	47	0.31
	酸性硫酸盐土 Acid sulphate soils	热带、南亚热带滨海低平原的海潮可及处，红树林残体形成的硫化物经氧化形成硫酸，土壤呈强酸性	海南、广东、广西、福建、台湾等	Solonchaks	36	<0.01
	漠境盐土 Desert solonchaks	极端干旱的漠境条件，含盐量通常在 100g/kg 以上	新疆、青海、甘肃等	Solonchaks	50	0.31
	寒原盐土 Frigid plateau solonchaks	青藏高寒地区退缩内陆湖盆、河间洼地	西藏	Solonchaks	88	0.10
	碱土 Solonetzes	碱化度（交换性钠占阳离子交换量百分比）大于 20%	零星分布于东北、华北、西北的内陆地区	Solonetz	50	0.06
人为土 Anthrosols	水稻土 Paddy soils	长期季节性淹灌、排水，水下翻耕，氧化还原交替，形成多种发生层分异：淹育层 Aa、犁底层 Ap、渗育层 P、潴育层 W 与潜育层 G	全国各地，以四川、江西、湖南等地面积为大	Anthrosols	83	4.93
	灌淤土 Irrigated warped soils	引用高泥沙含量灌溉水淤灌，加厚土层大于 50cm	新疆、宁夏、甘肃、河北、青海、西藏等	Anthrosols	70	0.22

续表

土纲名[1]	土类名[2]	主要成土条件及特征[3]	分布区域	WRB 土组名[4]	MR[5]/%	百分比[6]/%
人为土 Anthrosols	灌漠土 Irrigated desert soils	干旱荒漠地区，坎儿井水长期耕灌	新疆、甘肃、宁夏、青海等地的荒漠绿洲地带	Anthrosols	68	0.12
高山土 Alpine soils	草毡土 Felty soils	高寒区平缓高原面上，强度生草腐殖质累积与弱度氧化还原形成草毡层	青海、西藏、四川、新疆等	Cambisols	69	5.46
	黑毡土 Dark felty soils	高寒区略较温湿的原面上，草毡层初步分解，色泽较暗，有机质含量较高	西藏、四川、新疆、甘肃等	Cambisols	61	2.73
	寒钙土 Frigid calcic soils	高寒半干旱区，弱度腐殖质累积，底层积钙	西藏、青海、新疆、甘肃等	Calcisols	70	7.88
	冷钙土 Cold calcic soils	高寒区冷凉半干旱原面下，具弱腐殖质累积与钙积特征	新疆、西藏、甘肃等	Cambisols	45	1.43
	冷棕钙土 Cold brown calcic soils	高寒区温凉的半干旱河谷处，土壤弱腐殖质累积，弱度淋溶与积钙	西藏	Cambisols	67	0.09
	寒漠土 Frigid desert soils	高寒干旱条件下成土	青藏高原西北部海拔4000m以上地区，涉及新疆、四川、西藏、青海等	Cryosols	87	0.29
	冷漠土 Cold desert soils	亚高山冷凉干旱条件下成土	西藏海拔4500m以下的湖盆、河谷及山地中下部	Cambisols	42	0.03
	寒冻土 Frigid frozen soils	高山冰川冰缘地带条件下，以物理风化为主	青藏高原冰缘地区，涉及新疆、西藏、甘肃等	Leptosols	100	3.23

注：1）中国土壤分类系统中土纲名及土纲英译名。
2）中国土壤分类系统中土类名及土类英译名。
3）本栏所用土层及后缀代码释义。
　　自然土壤：A 表土层，As 草根层、草毡层，A_2 灰化层，B 母质特征消失的表下层，C 受成土作用影响小的母质层，D 未受成土作用影响的碎屑层，R 坚硬岩石层，E 漂白层、白浆层，H 泥炭状有机质层，Hi 纤维状泥炭层，He 半分解泥炭层，O 凋落物有机质层。
　　旱地土壤：A_{11} 旱耕层，A_{12} 亚耕层，C_1 心土层，C_2 底土层。
　　水田土壤：Aa 耕作层（淹育层），Ap 犁底层（淹育层），P 渗育层，W 潴育层，G 潜育层，Gw 脱潜层，M 腐泥层。
　　土层后缀代码：d 漂灰特征，c 铁结核或硬结核，f 冰冻特征，h 有机质淀积，k 石灰聚积，n 碱化特征，q 硅聚积，t 黏粒淀积，v 网纹特征，x 脆盘，z 易溶盐聚积，su 硫化物聚积，b 埋藏或重叠，e 漂洗特征，g 潜育特征，i 弱分解有机质，m 胶结或固结，p 人工扰动，s 三氧化二物聚积，u 锈色斑纹，w 色泽或结构发育，y 石膏聚积，mo 铁锰胶膜。
4）世界土壤资源参比基础（world reference base for soil resources, WRB）工作组发布土组名，WRB土组划分原则与中国土壤分类系统中土纲接近。
5）WRB土组对中国土壤分类系统中各土类的最大可参比性（maximum referencibility, MR）。
6）该土类面积占各土类总面积的百分比。

附录 7　北京市、天津市、河北省主要土壤类型表

省域	土纲名[1]	土类名[2]	WRB 土组名[3]	MR[4]/%	百分比[5]/%
北京市	淋溶土纲 Alfisols	棕壤 Brown soils	Luvisols	51	8.5
	半淋溶土纲 Semi-alfisols	褐土 Cinnamon soils	Cambisols	48	58.6
	初育土 Amorphic soils	新积土 Neo-alluvial soils	Fluvisols	51	0.1
		风沙土 Aeolian soils	Arenosols	75	0.1
		石质土 Lithosols	Leptosols	100	0.4
		粗骨土 Skeletal soils	Regosols	93	6.5
	半水成土 Semi-aqueous soils	潮土 Fluvo-aquic soils	Cambisols	85	23.1
		砂姜黑土 Lime concretion black soils	Cambisols	79	0.3
		山地草甸土 Mountain meadow soils	Cambisols	60	0.1
	人为土 Anthrosols	水稻土 Paddy soils	Anthrosols	83	0.3
天津市	淋溶土纲 Alfisols	棕壤 Brown soils	Luvisols	51	0.1
	半淋溶土纲 Semi-alfisols	褐土 Cinnamon soils	Cambisols	48	7.5
	水成土 Aqueous soils	沼泽土 Bogs soils	Gleysols	53	2.5
	半水成土 Semi-aqueous soils	潮土 Fluvo-aquic soils	Cambisols	85	73.4
	盐碱土 Alkali-saline soils	滨海盐土 Coastal solonchaks	Solonchaks	47	10.5
河北省	淋溶土纲 Alfisols	棕壤 Brown soils	Luvisols	51	13.7
	半淋溶土纲 Semi-alfisols	褐土 Cinnamon soils	Cambisols	48	32.3
		黑土 Black soils	Phaeozems	31	0.1
		灰色森林土 Gray forest soils	Phaeozems	77	0.8
	钙层土 Pedocals	栗钙土 Castanozems	Kastanozems	61	7.2
		栗褐土 Castano-cinnamon soils	Cambisols	40	4.9
	初育土 Amorphic soils	新积土 Neo-alluvial soils	Fluvisols	51	0.6
		风沙土 Aeolian soils	Arenosols	75	1.0
		石质土 Lithosols	Leptosols	100	1.8
		粗骨土 Skeletal soils	Regosols	93	5.4

续表

省域	土纲名[1]	土类名[2]	WRB 土组名[3]	MR[4]/%	百分比[5]/%
河北省	水成土 Aqueous soils	沼泽土 Bogs soils	Gleysols	53	0.5
	半水成土 Semi-aqueous soils	草甸土 Meadow soils	Cambisols	92	0.4
		潮土 Fluvo-aquic soils	Cambisols	85	28.1
		砂姜黑土 Lime concretion black soils	Cambisols	79	0.5
		山地草甸土 Mountain meadow soils	Cambisols	60	0.2
	盐碱土 Alkali-saline soils	草甸盐土 Meadow solonchaks	Solonchaks	55	0.2
		滨海盐土 Coastal solonchaks	Solonchaks	47	1.0
	人为土 Anthrosols	水稻土 Paddy soils	Anthrosols	83	0.3
		灌淤土 Irrigated warped soils	Anthrosols	70	0.5

注：1）中国土壤分类系统中土纲名及土纲英译名。
2）中国土壤分类系统中土类名及土类英译名。
3）世界土壤资源参比基础（world reference base for soil resources,WRB）工作组发布土组名，WRB 土组划分原则与中国土壤分类系统中土纲接近。
4）WRB 土组对中国土壤分类系统中各土类的最大可参比性（maximum referencibility, MR）。
5）该土类占北京市、天津市、河北省各省（直辖市）域面积百分比，土类面积不足本省（直辖市）域面积0.05%的土类未列入本表。

附录8 分省土壤有机质含量图有机质含量分级图例

图例	分级序号	色码（CMYK）	色码（RGB）	图例	分级序号	色码（CMYK）	色码（RGB）
	1	2, 2, 17, 0	255, 255, 220		8	38, 0, 74, 0	157, 218, 104
	2	4, 1, 35, 0	248, 255, 190		9	42, 0, 80, 0	146, 210, 90
	3	8, 0, 47, 0	238, 255, 165		10	48, 1, 85, 0	132, 200, 80
	4	17, 0, 53, 0	220, 249, 150		11	52, 4, 89, 1	123, 190, 70
	5	23, 0, 60, 0	203, 242, 135		12	54, 11, 94, 3	115, 175, 55
	6	28, 0, 62, 0	185, 235, 130		13	61, 18, 98, 7	92, 158, 37
	7	34, 0, 68, 0	169, 225, 118		14	64, 24, 100, 15	70, 138, 20

附录 9 北京市、天津市、河北省典型剖面 0—20cm 土层土壤理化性状中位数与平均数

土壤理化性状[1]	北京市[2]			天津市[2]			河北省[2]			京津冀[2]			华北地区[3]			全国[4]		
	中位数	平均数	样本量*	中位数	平均数	样本量*	中位数	平均数	样本量*	中位数	平均数	样本量*	中位数	平均数	样本量*	中位数	平均数	样本量*
有机质 /(g/kg)	13.8	21.7	160	14.4	17.2	112	9.9	14.3	2317	10.2	14.9	2589	10.8	16.9	12113	18.6	25.4	53243
pH	8.0	7.8	119	8.2	8.1	105	8.1	8.0	2121	8.1	8.0	2345	8.1	7.9	11290	6.8	6.8	54014
全氮 /(g/kg)	0.85	1.22	164	0.79	0.89	112	0.67	0.93	2235	0.69	0.95	2511	0.70	0.99	11933	1.06	1.37	49409
全磷 /(g/kg)	1.02	1.11	150	0.62	0.65	104	0.82	0.98	2134	0.81	0.97	2388	0.62	0.79	11529	0.60	0.78	50185
全钾 /(g/kg)	23.6	23.3	37	20.3	20.2	102	22.0	25.0	665	21.6	24.3	804	22.2	23.2	2998	18.0	17.5	29736
碱解氮 /(mg/kg)	64	69	38	51	57	32	46	57	1491	47	57	1561	50	65	3453	90	114	19316
有效磷 /(mg/kg)	7.3	13.2	84	4.1	8.2	55	3.7	5.7	1591	3.9	6.2	1730	3.9	6.1	3783	4.4	7.5	23100
速效钾 /(mg/kg)	114	136	76	129	139	49	105	124	1512	106	125	1637	103	124	4841	90	110	23841
阳离子交换量 (cmol/kg)	13.1	14.4	42	16.0	16.0	73	12.5	13.6	1790	12.6	13.8	1905	12.8	14.2	7432	13.1	14.8	22361

注：1）土壤全氮、全磷、全钾、碱解氮、有效磷、速效钾含量均以氮、磷、钾纯养分量计。

2）本卷收录的北京市、天津市和河北省典型剖面采样量分别为 220、124 和 2545 个，共计 2889 个。通过对剖面数据的土层厚度转换，附录 9 给出了这些典型剖面 0—20cm 土层土壤理化性状中位数与平均数。全国第二次土壤普查剖面采样为典型土类采样，而非网格化采样。0—20cm 土层土壤理化性状中位数与平均数对了解京津冀 20 世纪 80 年代土壤肥力性状具有一定参考价值。

3）华北地区包括北京、天津、河北、河南、山东、山西和内蒙古 7 个省、自治区、直辖市，本数据集收录该地区的剖面共计 13828 个。

4）数据集全集收录的剖面共计 63792 个。

* 样本量的单位为 "个"。

附录 10 北京市、天津市、河北省主要土地利用类型 0—30cm 土层土壤有机质含量[1]

土地利用类型	北京市		天津市		河北省		京津冀		华北地区[2]		全国	
	占市域面积百分比/%[3]	有机质/(g/kg)	占域面积百分比/%	有机质/(g/kg)	占省域面积百分比/%	有机质/(g/kg)	占地域面积百分比/%	有机质/(g/kg)	占地域面积百分比/%	有机质/(g/kg)	占地域面积百分比/%	有机质/(g/kg)
耕地	5.71	11.85	27.69	13.38	32.07	12.65	29.83	12.69	19.51	14.14	13.52	18.65
园地	7.71	12.35	3.10	15.75	5.35	13.59	5.40	13.54	1.93	11.05	2.13	16.68
林地	59.08	15.05	12.46	15.88	34.15	18.22	34.84	17.68	24.52	29.75	30.04	26.96
草地	0.88	23.54	1.26	16.09	10.35	17.16	9.13	17.16	32.56	16.48	27.97	19.18
湿地	0.19	11.51	2.75	14.67	0.76	14.51	0.82	14.47	2.36	20.15	2.48	17.56

注：1）各土地利用类型 0—30cm 土层土壤有机质含量由本卷编制的北京市、天津市、河北省土壤有机质含量图和自然资源部土地科学数据中心编制的 2019 年 1:100 万比例尺全国土地利用缩编图通过叠加、计算生成。
其中，耕地包括水田、水浇地和旱地；园地包括果园、茶园和其他园地；林地包括有林地、灌木林地和其他林地，人工牧草地和其他草地；湿地包括沼泽地、沿海滩涂和内陆滩涂。
2）华北地区包括北京、天津、河北、河南、山东、山西和内蒙古 7 个省、自治区、直辖市。
3）土地利用类型占比根据第三次全国国土调查发布的 2019 年土地利用现状分类面积汇总数据计算生成。

附录 11 北京市、天津市、河北省耕地、园地、林地和草地中主要土壤类型占比[1)]

北京市								天津市								河北省							
耕地		园地		林地		草地		耕地		园地		林地		草地		耕地		园地		林地		草地	
土类名	占比/%	土类名	占比/%	土类名	占比/%	土类名	占比/%	土类名	占比/%	土类名	占比/%	土类名	占比/%	土类名	占比/%	土类名	占比/%	土类名	占比/%	土类名	占比/%	土类名	占比/%
潮土	65.4	褐土	85.9	褐土	61.2	潮土	61.4	潮土	94.2	褐土	52.3	潮土	68.1	潮土	55.0	潮土	53.9	褐土	60.5	褐土	37.7	褐土	28.3
褐土	30.7	潮土	8.9	潮土	17.1	棕壤	26.6	沼泽土	3.3	潮土	44.5	褐土	28.3	滨海盐土	6.2	褐土	27.4	潮土	17.3	棕壤	30.4	栗钙土	22.6
砂姜黑土	2.3	粗骨土	4.1	棕壤	11.7	褐土	9.8	褐土	1.4	沼泽土	0.4	棕壤	0.8	沼泽土	2.0	栗钙土	6.9	粗骨土	9.1	粗骨土	9.6	栗褐土	13.6
水稻土	1.3	棕壤	0.7	粗骨土	8.6	粗骨土	1.8	滨海盐土	0.2	滨海盐土	0.2	沼泽土	0.7	褐土	0.7	栗褐土	3.9	棕壤	5.7	潮土	9.3	粗骨土	10.5
粗骨土	0.1	石质土	0.3	石质土	0.5							滨海盐土	0.1			棕壤	1.6	栗褐土	3.8	栗钙土	3.8	棕壤	9.1
棕壤	0.1			砂姜黑土	0.2											砂姜黑土	1.0	石质土	1.3	栗褐土	3.2	石质土	5.2
				山地草甸土	0.1											灌淤土	1.0	风沙土	0.6	石质土	2.5	灰色森林土	3.1
				新积土	0.1											粗骨土	0.9	新积土	0.6	灰色森林土	1.1	潮土	1.5
合计	99.9	合计	99.9	合计	99.5	合计	99.6	合计	99.1	合计	97.4	合计	98.0	合计	63.9	合计	96.6	合计	98.9	合计	97.6	合计	93.9

续表

京津冀								华北地区[2]								全国							
耕地		园地		林地		草地		耕地		园地		林地		草地		耕地		园地		林地		草地	
土类名	占比/%	土类名	占比/%	土类名	占比/%	土类名	占比/%	土类名	占比/%	土类名	占比/%	土类名	占比/%	土类名	占比/%	土类名	占比/%	土类名	占比/%	土类名	占比/%	土类名	占比/%
潮土	53.9	褐土	60.5	褐土	37.7	褐土	28.3	潮土	33.5	褐土	42.1	褐土	17.2	栗钙土	28.6	水稻土	14.9	水稻土	14.3	红壤	16.7	寒钙土	21.8
褐土	27.4	潮土	17.3	棕壤	30.4	栗钙土	22.6	褐土	16.7	粗骨土	19.7	棕色针叶林土	12.5	棕钙土	15.5	潮土	14.3	红壤	13.1	暗棕壤	10.3	草毡土	14.4
栗钙土	6.9	粗骨土	9.1	粗骨土	9.6	栗钙土	13.6	栗钙土	8.5	棕壤	15.3	暗棕壤	10.8	风沙土	12.8	草甸土	9.1	砖红壤	11.5	黄壤	7.0	栗钙土	9.7
栗褐土	3.9	棕壤	5.7	潮土	9.3	粗骨土	10.5	草甸土	4.9	潮土	13.8	粗骨土	9.0	黑钙土	6.1	褐土	6.1	褐土	10.5	黄棕壤	6.3	棕钙土	7.4
棕壤	1.6	栗褐土	3.8	栗褐土	3.8	棕壤	9.1	砂姜黑土	4.8	栗褐土	1.6	棕壤	8.5	灰棕漠土	6.1	紫色土	4.8	赤红壤	9.6	棕壤	5.8	寒冻土	5.3
砂姜黑土	1.0	石质土	1.3	栗褐土	3.2	石质土	5.2	栗褐土	4.3	石质土	1.6	风沙土	7.1	草甸土	5.3	红壤	4.7	紫色土	5.6	赤红壤	5.1	风沙土	4.8
灌淤土	1.0	风沙土	0.6	石质土	2.5	灰色森林土	3.1	棕壤	3.9	黄绵土	1.5	栗钙土	4.9	灰漠土	4.3	黑土	3.4	粗骨土	5.0	褐土	4.6	灰棕漠土	4.4
粗骨土	0.9	新积土	0.6	灰色森林土	1.1	潮土	1.5	黄褐土	3.7	黄褐土	0.6	灰色森林土	4.0	褐土	3.3	黑钙土	3.2	潮土	4.8	紫色土	4.5	黑钙土	4.0
合计	96.6	合计	98.9	合计	97.2	合计	93.9	合计	80.3	合计	96.2	合计	74.0	合计	82.0	合计	60.5	合计	74.4	合计	60.3	合计	71.8

注：1) 耕地、园地、林地和草地中主要土壤类型占比由本卷编制的京市、天津市、河北省土壤图和自然资源部土地科学数据中心编制的2019年1:100万比例尺全国土地利用缩编图通过叠加、计算生成。耕地包括水田、水浇地和旱地。园地包括果园、茶园和其他园地。林地包括有林地、灌木林地和其他林地。草地包括天然牧草地、人工牧草地和其他草地。当某省、自治区、直辖市中某土地利用类型所含土壤类型较多时，本表仅列出占比比较大的土壤类型。

2) 华北地区包括北京、天津、河北、河南、山东、山西和内蒙古7个省、自治区、直辖市。

附录 12　《中国土壤剖面数据集》参编单位

国家科技基础性工作专项重点项目"我国1:5万土壤图籍编撰及高精度数字土壤构建"主持与参加单位	
中国农业科学院农业资源与农业区划研究所	湖南农业大学
中国科学院南京土壤研究所	西北农林科技大学
中国农业科学院农业环境与可持续发展研究所	沈阳大学
中国科学院地理科学与资源研究所	山东省国土测绘院
国家基础地理信息中心	辽宁省基础测绘院
全国农业技术推广服务中心	黑龙江省农业科学院土壤肥料与环境资源研究所
中国农业大学	海南省农业科学院
华中农业大学	上海市农业科学院生态环境保护研究所
中国地质大学（北京）	城信迪赛（北京）科技有限公司
参加数据集各分卷审核和修订工作的单位	
北京市农林科学院植物营养与资源研究所	广西农业科学院农业资源与环境研究所
河北省农林科学院农业资源环境研究所	重庆市农业技术推广总站
山西省农业科学院农业环境与资源研究所	贵州省农业科学院土壤肥料研究所
辽宁省农业科学院植物营养与环境资源研究所	云南省农业科学院农业环境资源研究所
吉林省农业科学院农业资源与环境研究所	甘肃省农业科学院土壤肥料与节水农业研究所
江苏省农业科学院农业资源与环境研究所	青海省农林科学院土壤肥料研究所
福建省农业科学院	宁夏农林科学院农业资源与环境研究所
江西省土壤肥料技术推广站	新疆农业科学院土壤肥料与农业节水研究所
山东省农业科学院农业资源与环境研究所	西藏自治区农牧科学院
湖南省土壤肥料研究所	

续表

参加分县大比例尺纸质土壤图与土种志收集的单位	
北京市耕地建设保护中心	福建省农田建设与土壤肥料技术总站
天津市农田建设管理处	山东省土壤肥料总站
河北省土壤肥料总站	河南省土壤肥料站
山西省耕地质量监测保护中心	湖北省耕地质量与肥料工作总站（湖北省土壤肥料调查测试中心）
内蒙古自治区土壤肥料和节水农业工作站	湖南省土壤肥料工作站
辽宁省土壤肥料总站	广东省农业科学院农业资源与环境研究所
吉林省土壤肥料总站	河池市土壤肥料工作站
黑龙江八一农垦大学	成都土壤肥料测试中心
上海市农业技术推广服务中心	云南省土壤肥料工作站
江苏省农业科学院	陕西省耕地质量与农业环境保护工作站
扬州市土壤肥料站	甘肃省耕地质量建设保护总站
安徽省土壤肥料总站	

注：表中各参编单位仅出现一次，参与多项工作的单位不重复列出。

参考文献

［1］张维理，徐爱国，张认连，等．土壤分类研究回顾与中国土壤分类系统的修编［J］．中国农业科学，2014，47（16）：3214-3230.

［2］张维理，KOLBE H，张认连，等．世界主要国家土壤调查工作回顾［J］．中国农业科学，2022，55（18）：3565-3583.

［3］MCBRATNEY A B，MENDONÇA SANTOS M L，MINASNY B. On digital soil mapping［J］. Geoderma，2003（117）：3-52.

［4］USDA. Natural Resources Conservation Service［EB/OL］. Soils National Soil Information System（NASIS）［2021-12-01］. http://www.nrcs.usda.gov/wps/portal/ nrcs/detail/soils/survey/cid=nrcs142p2_053552.

［5］CSIRO Land and Water. Australian Soil Resource Information System（ASRIS）［EB/OL］.［2021-12-01］. http://www.asris.csiro.au/asris.

［6］European Soil Data Centre［EB/OL］.［2021-12-01］. http://eusoils.jrc.ec.europa.eu/.

［7］全国土壤普查办公室．全国第二次土壤普查暂行技术规程［M］．北京：农业出版社，1979.

［8］张维理，张认连，徐爱国，等．中国1∶5万比例尺数字土壤的构建［J］．中国农业科学，2014，47（16）：3195-3213.

［9］张维理，傅伯杰，徐爱国，等．中国土壤调查结果的地统计特征［J］．中国农业科学，2022，55（13）：2572-2583.

［10］张维理．海量空间数据提取、整合与制图表达方法概要［J］．中国农业科学，2014，47（16）：3231-3249.

［11］张维理．智能化海量空间信息分析与地图制图软件包IMAT设计及构建［J］．中国农业科学，2014，47（16）：3250-3263.

［12］《第一次全国地理国情普查地图集》编纂委员会．第一次全国地理国情普查地图集［M］．北京：中国地图出版社，2019.

［13］中国地图出版社．中国地图集［M］．3版．北京：中国地图出版社，2022.

［14］全国土壤质量标准化技术委员会．土壤制图 1∶25 000 1∶50 000 1∶100 000 中国土壤图用色和图例规范：GB/T 36501—2018［S］．北京：中国标准出版社，2018.

［15］张维理，KOLBE H，张认连．土壤有机碳作用及转化机制研究进展［J］．中国农业科学，2020，53（2）：317-331.

［16］周北燕，石家星．中国地形图［M］．北京：中国地图出版社，2009.

［17］《中华人民共和国气候图集》编委会．中华人民共和国气候图集［M］．北京：气象出版社，2002.

［18］中国标准化与信息分类编码研究所，全国农业技术推广服务中心．中国土壤分类与代码：GB/T 17296—1998［S］.

［19］中国标准研究中心．中国土壤分类与代码：GB/T 17296—2000［S］.

［20］全国信息分类编码标准化技术委员会．中国土壤分类与代码：GB/T 17296—2009［S］．北京：中国标准出版社，2009.

［21］ISSS，ISRIC，FAO. World Reference Base for Soil Resources. Wageningen/Rome，1998.

［22］SHI X Z，YU D S，XU S X，et al. Cross-reference for relating Genetic Soil Classification of China with WRB at different scales［J］. Geoderma，2010（155）：344-350.

［23］全国土壤普查办公室．中国土种志 第一卷［M］．北京：中国农业出版社，1993.

［24］全国土壤普查办公室．中国土种志 第二卷［M］．北京：中国农业出版社，1994.

［25］全国土壤普查办公室．中国土种志 第三卷［M］．北京：中国农业出版社，1994.

［26］全国土壤普查办公室．中国土种志 第四卷［M］．北京：中国农业出版社，1995.

［27］全国土壤普查办公室．中国土种志 第五卷［M］．北京：中国农业出版社，1995.

［28］全国土壤普查办公室．中国土种志 第六卷［M］．北京：中国农业出版社，1996.

［29］全国土壤普查办公室．中国土壤［M］．北京：中国农业出版社，1998.